VORLESUNGEN

ÜBER

GESCHICHTE DER MATHEMATIK

VON

MORITZ CANTOR.

ERSTER BAND.

VON DEN ÄLTESTEN ZEITEN BIS ZUM JAHRE 1200 N. CHR.

LEIPZIG,
DRUCK UND VERLAG VON B. G. TEUBNER.
1880.

Vorwort.

Der Band, welcher seinen Lesern hiermit übergeben wird, ist aus den Vorlesungen über Geschichte der Mathematik herausgewachsen, welche ich seit einer Reihe von Jahren an der Heidelberger Hochschule einzubürgern mich bemüht habe. Frühere Zuhörer werden ganz besonders die Berechtigung des Wortes anerkennen, dieser Band sei aus jenen Vorlesungen herausgewachsen. Wie der Stoff von Halbjahr zu Halbjahr sich häufte, ohne dass es thunlich schien die jetzt schon über anderthalb Jahre sich erstreckende Frist oder die auf zwei wöchentliche Stunden beschränkte Vorlesungszeit zu vergrössern, zeigte sich zwingend und zwingender das Bedürfniss, bald diese bald jene Abtheilung mit Vorliebe zu behandeln, oder bis zu einem gewissen Grade zu vernachlässigen. So entstand nach und nach der Wunsch, für die rascher durchlaufenen Wegstücke einen Ersatz in Gestalt eines Buches bieten zu können. Zugleich drängte sich aber die Ueberzeugung mir auf, dass ein solches Buch erst geschrieben werden müsse, dass es auch einem anderen viel bedeutsameren Bedürfnisse als dem verhältnissmässig weniger Zuhörer abzuhelfen bestimmt sei.

Ich habe in verschiedenen Schriften, welche ich seit den 25 Jahren, in welchen ich historisch-mathematisch thätig war, durch den Druck veröffentlicht habe, mit Vergnügen hervorheben können, dass der Kreis der Mitarbeiter auf diesem Gebiete sich mehr und mehr erweitre. Entdeckung folgte auf Entdeckung und schuf ganz neue Grundlagen, von welchen die Verfasser der älteren Geschichtswerke der Mathematik, vor Allen Montucla, dessen grosses Werk, wenn auch selbstverständlich vielfach fehlerhaft, noch unübertroffen ist, keine Ahnung hatten. In dem Maasse, in welchem das Wissen zunahm, nahm auch die Schwierigkeit zu das Wissen sich anzueignen. Nicht Jeder ist in der Lage, die vielen kleineren Einzelarbeiten sich verschaffen zu können, in welchen das Neue enthalten ist, nicht Jeder kennt sie insgesammt auch nur dem Titel nach. Es erschien geboten wieder einmal eine umfassende Zusammenstellung alles dessen zu geben, was den Bestand der gegenwärtigen historisch-mathematischen Wissenschaften bildet, damit Mathematiker, welche über einen geschichtlichen Fragepunkt sich Rath holen wollen, sich diesen verschaffen können, so weit es heute möglich ist, damit auch von da aus klarer sich zeige, wo noch Lücken, wo noch Zweifel vorhanden sind, wo die selbständige historische Forschung anzusetzen habe mit der Hoffnung, ihre Mühe nicht fruchtlos aufzuwenden, und auch dieses zu leisten liegt in der Absicht des nunmehr vollendeten Bandes.

Eine Gefahr drohte allerdings, und, wie ich eingestehen muss, nicht ganz vergebens. Wenn ein Wissensgebiet von vielen Gelehrten bearbeitet wird, so kann ein zusammenfassendes Handbuch leicht überholt werden, während es noch unter der Feder des Verfassers sich befindet. Ich habe dieser Gefahr dadurch auszuweichen versucht, dass ich die letzte Niederschrift dieses Bandes auf möglich kürzeste Zeit zusammendrängte. Sie ist unter Aufwand aller mir zu Gebote stehenden Arbeitskraft in der Zeit vom 1. November 1879 bis zum 15. März 1880 entstanden, und ich habe bewusstermassen keine Abhandlung unbenutzt gelassen, welche mir bis zu dem letztgenannten Tage bekannt geworden ist, wie ein Blick auf die beigefügten Anmerkungen dem Leser wird beweisen können. Um so grundsätzlicher schloss ich während des Druckes, für dessen rasche und sorgsame Ausführung ich der Verlagshandlung meinen wärmsten Dank sage, jede sachliche Veränderung aus, mir vorbehaltend in dem Vorwort auf die Dinge zu reden zu kommen, welche ganz neusten Datums sind, oder wenigstens mir erst ganz neuster Zeit bekannt wurden.

Vornehmlich sind es Arbeiten eines französischen Fachgenossen, welche ich in dieser Beziehung zu erwähnen habe. Herr Paul Tannery hat theils in der „*Revue philosophique*", theils in dem „*Bulletin des sciences mathématiques et astronomiques*" Abhandlungen zur Geschichte der griechischen Mathematik veröffentlicht, welche unbedingt an den verschiedensten Stellen dieses Bandes genannt zu werden das Recht hätten. Von anderen Arbeiten aus seiner Feder, welche die Presse noch nicht verlassen haben, bin ich durch seine liebenswürdigen brieflichen Mittheilungen in Kenntniss gesetzt, und insbesondere die letzteren würden vermuthlich manche meiner Folgerungen wesentlich verändert haben, wenn ich frühzeitig genug über sie hätte verfügen können. Ich bin berechtigt, so viel davon zu verrathen, dass H. Tannery sämmtliche angenäherte Quadratwurzeln bei Archimed und bei Heron von Alexandria einzeln in Untersuchung genommen hat und aus ihnen ermittelt hat, dass meine Meinung, jene Werthe seien nicht nach der Formel $\sqrt{a^2+r} = a + \frac{r}{2a}$ entstanden, irrig ist, dass vielmehr aus dieser näherungsweise richtigen Gleichung sämmtliche verhandene Werthe folgen, wenn nur einige besondere Zusatzannahmen hinzutreten, die namentlich auf die Zerlegung eines Bruches in Stammbrüche sich beziehen.

Einen verändernden Einfluss auf meine Darstellung würde auch der Aufsatz: „*A quelle époque vivait Diophante? par M. Paul Tannery*" in dem Bullet. d. scienc. math. & astron. geübt haben, hätte ich ihn früher gekannt. In dieser 8 Seiten starken Abhandlung hat nämlich der Verfasser bewiesen, dass der von Suidas genannte Diophantus, Lehrer des Labienus, keinenfalls der Mathematiker Diophant war, dass also diese Stütze für die Annahme Diophant habe in der zweiten Hälfte des IV. S. gelebt wegfällt. Des Weiteren ist aber wahrscheinlich gemacht, dass Diophant schon am Ende des III. S. lebte, ein muthmasslicher Zeitgenosse des Pappus, und damit schwindet die Schwierigkeit, welche das Epigramm des Metrodorus über Diophant chronologisch bereiten muss.

Eine briefliche Bemerkung von H. Tannery veranlasst mich auch auf die Lebenszeit des Thymaridas hier zurückzukommen. Ich habe in meinen Math. Beitr. Kulturl. S. 97 und 380, Note 175 als selbstverständlich angenommen, der Erfinder des Epanthem sei Thymaridas von Tarent, welchen Jamblichus unter den unmittelbaren Schülern des Pythagoras genannt hat. Herr Th. H. Martin (*Les signes numéraux et l'arithmétique chez les peuples de l'antiquité et du moyen-âge* pag. 25) warf dagegen ein, mit welchem Rechte ich Thymaridas von Tarent für den richtigen hielte, da derselbe Jamblichus auch einen Pythagoräer Thymaridas von Paros nenne, dessen Zeitalter völlig unbestimmt sei. Dieser Einwand schien mir so sehr gerechtfertigt, dass ich auf die Möglichkeit das Epanthem sei schon vor Platon entstanden in meinem Texte nicht wieder zurückgekommen bin. Will man dagegen in der That Thymaridas und sein Epanthem so weit zurückverlegen, so werde ich der letzte sein Einsprache zu erheben, da meine ganze Anschauung von der Ursprünglichkeit griechischer Algebra damit nur Bestätigung gewinnt.

Der späten Erscheinungszeit wegen konnte auch das Osterprogramm des Eisenacher Realgymnasiums „Zur Boetiusfrage von Prof. Dr. H. Weissenborn" keine Berücksichtigung finden. Die Ergebnisse meiner Untersuchungen wären übrigens keinenfalls andere geworden, da es H. Weissenborn nicht besser in dieser letzten Abhandlung als in den früheren gelungen ist, mich zu seiner Ueberzeugung von der Unechtheit der Geometrie des Boethius zu bekehren.

So viel über Arbeiten, welche während des Druckes dieses Bandes zu meiner Kenntniss gelangt sind. Andere neuere Untersuchungen beziehen sich auf Gegenstände, welche erst in den beiden folgenden Bänden zur Sprache kommen werden. Ich beabsichtige nämlich in einem II. Bande, dessen Materialien in einer ersten Bearbeitung zu Zwecken meiner Vorlesungen schon vereinigt sind, die Mathematik in ihrer Entwicklung vom Jahre 1200 bis auf Leibnitz zu führen und als III. Band Leibnitz nebst seinen unmittelbaren wie mittelbaren Nachfolgern bis zu Lagrange einschliesslich zu behandeln.

Zum Schluss bleibt mir die angenehme Pflicht, den Fachgenossen meinen Dank zu erstatten, welche es ermöglicht haben, mir eine ziemlich vollständige Kenntniss des zu behandelnden Stoffes zu verschaffen. Die einzelnen Namen wird der Leser in den Anmerkungen angegeben finden. Zwei Gelehrten konnte sich aber dort meine Erkenntlichkeit nicht aussprechen, den Herrn Prof. E. Windisch in Leipzig und H. Thorbecke in Heidelberg, welche eine Correktur des indischen, beziehungsweise des arabischen Abschnittes lasen und für die Rechtschreibung der betreffenden Namen und Wörter Sorge trugen. Wie nothwendig dieser war, erhellt zur Genüge aus den vorhergehenden Abschnitten, in welchen dergleichen Namen, wenn auch nicht häufig, doch in um so missratheneren Gestalt, vorkommen, was ich mit meiner mangelnden Kenntniss der betreffenden Sprachen und der Verschiedenartigkeit der zweiten Quellen, aus welchen ich zu schöpfen genöthigt war, zu entschuldigen bitte.

Heidelberg, August 1880.

Moritz Cantor.

Einleitung.

Längst war der Erdball so weit erkaltet, dass auf der festgewordenen Oberfläche Organismen sich entwickeln konnten. In Zeiträumen, deren jeder weitaus die Spanne übertrifft, welche wir mit dem stolzen Namen der Geschichte belegen — als ob nur durch den Menschen Etwas geschehen könne! — hatten neue und neue Arten lebender Wesen sich abgelöst. Jetzt erschien der Mensch, ausgezeichnet durch Entwicklungsfähigkeit vor allen anderen Geschöpfen, hilflos wie keines in das Leben tretend, mächtig wie keines auf dem Gipfel seiner Ausbildung.

Der einzelne Mensch liefert nur das verkleinerte Bild des Menschengeschlechtes. Die Entwicklung des Menschengeistes hat in den, Völker genannten, Gesammtheiten stattgefunden, und ihre auf einanderfolgenden Stufen zu vergleichen ist von spannender Anziehung.

Eines dürfen wir freilich bei Anerkennung der Aehnlichkeit der Entwicklung des Einzelmenschen mit der des Menschengeschlechtes nicht ausser Augen lassen. Das Kind lernt vom Tage seiner Geburt an durch Menschen. Das Menschengeschlecht begann damit von niedrigeren Geschöpfen lernen zu müssen. Werden doch wohl Thiere sein Vorbild gewesen sein, aus deren Beispiel er entnahm, wie man den Durst, den Hunger stille, wie man in Höhlen Schutz suche vor der Unbill der Witterung, wie man zur Wehr sich setze gegen feindlichen Angriff. Aber der Mensch war schwächeren Körpers als seine Lehrmeister. Ihm war nicht eine dichtere Behaarung während der kälteren Jahreszeiten gegeben. Er konnte nicht mit Händen und Zähnen des Bären oder der Hyäne Herr werden, denen er, die ihm den Aufenthalt streitig machten. Und seine Schwäche wurde seine Stärke. Er musste denken! Er musste erfinden, wenn er leben wollte. Er musste von der ihm äusserlich gebotenen Erfahrung weiter schreiten. Das Thier führte ihn zum Baume der Erkenntniss, die Frucht desselben pflückte er selbst.

Mit dem Gedanken war das Bedürfniss der Mittheilung derselben erwacht, die Sprache entstand. Der Mensch lernte den Menschen verstehen, nicht nur in dem Sinne wie das Thier das Thier versteht, nicht nur wo es den Ausdruck besonders starker Empfindungen durch Tonbildung galt, sondern wo bestimmte Ereignisse oder gar Begriffe zur Kenntniss des Anderen gebracht werden sollten. Freilich begann die Sprachbildung nicht erst, als die Begriffsbildung abgeschlossen war. Ist doch Erstere wie Letztere bis auf den heutigen Tag noch im Flusse. Die beiden Thätigkeiten gingen offenbar neben einander einher, und selbst Begriffe, welche einer und derselben Gedankenreihe entstammen, sind mit ihrer lautlichen Versinnlichung als zu verschiedenen Zeiten entstanden zu denken. Für das Sprachliche an dieser Behauptung ist es nicht schwer den Beweis zu führen, auch nur unter Zuziehung solcher Wörter, die dem Mathematiker von ältester und hervorragendster Wichtigkeit sind; wir meinen die Zahlwörter.

Zählen, insofern damit nur das bewusste Zusammenfassen bestimmter Einzelwesen gemeint ist, bildet, wie scharfsinnig hervorgehoben worden ist [1]), keine menschliche Eigenthümlichkeit; auch die Ente zählt ihre Jungen. Diesem niedersten Standpunkte ziemlich nahe bleibt das, was von einem südafrikanischen Stamme berichtet wird [2]), dass während wenige weiter zählen können als zehn, dessen ungeachtet ihre Vorstellung von der Grösse einer Heerde Vieh so bestimmt ist, dass nicht ein Stück daran fehlen darf, ohne dass sie es sogleich merkten. „Wenn Heerden von 400 bis 500 Rindern zu Hause getrieben werden, sieht der Besitzer sie hereinkommen und weiss bestimmt ob einige fehlen, wie viel und sogar welche. Wahrscheinlich haben sie eine Art zu zählen, bei welcher sie keine Worte brauchen und wovon sie nicht Rechenschaft zu geben wissen, oder ihr Gedächtniss erlangt für diesen einzelnen Gegenstand durch die Uebung eine so ungemeine Stärke.“ Ohne nach so fernen Gegenden unseren Blick zu richten, können wir ähnliche Erfahrungen täglich an ganz kleinen Kindern machen, welche sofort wissen, wenn von Dominosteinen etwa, mit denen sie zu spielen gewohnt sind, ein einzelner fehlt, während sie sich und anderen über die Anzahl ihrer Steine noch nicht Rechenschaft zu geben wissen. Sie kennen eben die Einzelindividuen als einzelne, nicht als Theile einer Gesammtheit, und ihr Gedächtniss ist für die Erinnerung an Angeschautes um so treuer, je weniger andere Eindrücke es zu bewahren hat. In der Sprache drückt sich diese Individualisirung nicht selten dadurch aus, dass dieselbe Anzahl je nach den gezählten Dingen einen anderen Namen führt, wie es bei manchen oceanischen Völkerstämmen, aber auch für Sammelwörter im Deutschen vorkommt, wenn man von einer Heerde Schaafe, von einem Rudel Hirsche, von einer Flucht Tauben, von einer Kette Feldhühner zu reden pflegt [3]).

Das eigentliche Zählen, das menschliche Zählen, wenn man so sagen darf, setzt voraus, dass die Gegenstände als solche gleichgiltig geworden sind, dass nur das getrennte Vorhandensein unterschiedener

[1]) H. Hankel, Zur Geschichte der Mathematik im Alterthum und Mittelalter. Leipzig, 1874. S. 7. Wir citiren dieses Buch künftig immer als Hankel.
[2]) Pott, Die quinäre und vigesimale Zählmethode bei Völkern aller Welttheile. Halle, 1847. S. 17. Dieses Buch citiren wir in der ganzen Einleitung als Pott I, während Pott II die Schrift desselben Verfassers: Pott, die Sprachverschiedenheit in Europa an den Zahlwörtern nachgewiesen, sowie die quinäre und vigesimale Zählmethode. Halle, 1868. bedeuten soll. [3]) Pott I, S. 126.

Dinge begrifflich erfasst, dann sprachlich bezeichnet werden soll. Es liegt darin bereits eine keineswegs unbedeutende Aeusserung der Fähigkeit zu verallgemeinern, zugleich auch eine ihrer frühsten Aeusserungen, denn die Zahlwörter gehören zu den ältesten Theilen des menschlichen Sprachschatzes. In ihnen lassen sich oft noch Aehnlichkeiten, mithin Beweise alter Stammesgemeinschaft später getrennter Völker auffinden, während kaum andere Wörter auf die gleiche Zeit eines gemeinsamen Ursprunges zurückdeuten. Und was war nun der ursprüngliche Sinn dieser ältesten, der Entstehungszeit wie dem Inhalte nach ersten Zahlwörter? Die Annahme hat gewiss viel für sich, dass sie anfänglich nicht Zahlen, sondern ganz bestimmte Gegenstände bedeuteten, sei es nun, dass man von der eigenen, von der angeredeten, von der besprochenen Persönlichkeit, also von den Wörtern: ich, du, er ausging, um aus ihnen den Urklang für: eins, zwei, drei zu gewinnen[1]), sei es, dass man von Gliedmassen seines Körpers deren Anzahl entnahm[2]): „Es war dem Menschen ohne Zweifel ein eben so interessantes Bewusstsein fünf Finger als zwei Hände oder zwei Augen zu haben; und das Interesse an dieser Kenntniss, welche einmal einer Entdeckung bedurfte, war ihm der Schöpfung eines zu deren Zählung eigens verwendbaren Ausdruckes wohl werth; von hier aus mag der Gebrauch auf andere zu zählende Dinge übertragen worden sein, zunächst auf solche, bei denen es auffallen mochte, dass sie in ebenso grosser Zahl vorhanden waren, als die Hand Finger hat.“ Wir wiederholen es, solche Annahmen haben viel für sich, sie tragen ihre beste Empfehlung in sich selbst, aber leider auch ihre einzige. Die Sprachforschung hat nicht vermocht deren Bestätigung zu liefern, oder vielmehr Jeder, der mit der Deutung der Zahlwörter sich befasste, hat aus ihnen diejenigen Zusammenhänge zu erkennen gewusst, welche seiner Annahme entsprachen, lauter vollgelungene Beweise, wenn man den Einen hört, sich gegenseitig vernichtend, wenn man bei Mehreren sich Rath holt, und dieser Mehreren sind obendrein recht viele. Sind demnach die eigentlichen Fachmänner über den Ursprung der ältesten einfachen Zahlwörter im Hader, so müssen wir um so mehr darauf verzichten auf die noch keineswegs erledigten Fragen hier einzugehen. Einige Sicherheit tritt erst bei Besprechung der abgeleiteten, also jüngeren Zahlwörter hervor.

Es ist leicht begreiflich, dass auch die regste Einbildungskraft, das stärkste Gedächtniss es nicht vermochten, für alle auf einander folgenden Zahlen immer neue Wörter zu bilden, zu behalten. Man musste mit Nothwendigkeit sehr bald zu gewissen Zusammensetzungen schreiten, welchen die Entstehungsweise einer Zahl aus anderen zu Grunde liegt, welche uns aber damit auch schon einen unumstöss-

[1]) Pott I, S. 119. [2]) L. Geiger, Ursprung und Entwickelung der menschlichen Sprache und Vernunft. 1868. Bd. I, S. 319.

lichen Beweis für die hochwichtige Thatsache liefern: dass zur Zeit, als die meisten Zahlwörter erfunden wurden, der Mensch von dem einfachsten Zählen bereits zum Rechnen vorgeschritten war.

Das älteste Rechnen dürfte durch ein gewisses Anordnen vermittelt worden sein, sei es der Gegenstände selbst, denen zu Liebe man die Rechnung anstellte, sei es anderer leichter zu handhabender Dinge. Kleine Steinchen, kleine Muscheln können die Vertretung übernommen haben, wie sie es noch heute bei manchen Völkerschaften thun, und diese Marken, diese Rechenpfennige würde man heute sagen, werden in kleinere oder grössere Häufchen gebracht, in Reihen gelegt das Zusammenzählen ebenso wie das Theilen einer gegebenen Menge wesentlich erleichtert haben. So lange man es nur mit kleinen Zahlen zu thun hatte, trug man sogar das leichteste Versinnlichungsmittel stets bei sich: die Finger der Hände, die Zehen der Füsse. Man reichte freilich unmittelbar damit nicht weit, und Völkerschaften des südlichen Afrika zeigen uns gegenwärtig noch, wie genossenschaftliches Zusammenwirken die Schwierigkeit besiegt mit nur zehn Fingern grössere Anzahlen sich zu versinnlichen[1]: „Beim Aufzählen, wenn es über Hundert geht, müssen in der Regel immer drei Mann zusammen die schwere Arbeit verrichten. Einer zählt dann an den Fingern, welche er einen nach dem andern aufhebt und damit den zu zählenden Gegenstand andeutet oder womöglich berührt, die Einheiten. Der Zweite hebt seine Finger auf (immer mit dem kleinen Finger der linken Hand beginnend und fortlaufend bis zum kleinen Finger der Rechten) für die Zehner, so wie sie voll werden. Der Dritte figurirt für die Hunderte."

Die hierbei festgehaltene Ordnung der Finger mag man nun erklären wollen, wie es auch sei[2], sie findet statt und wird uns im Verlaufe der Untersuchungen als Grundlage des sogen. Fingerrechnens noch mehr als einmal begegnen. Sie wird sogar abwechselnd mit der entgegengesetzten Ordnung benutzt, um einem Einzelnen zu ermöglichen beliebig viele Gegenstände abzuzählen. Ist nämlich mit dem kleinen Finger der rechten Hand die Zehn erfüllt worden, so beginnt mit eben demselben allein aufgehoben die nächste Zehnzahl, um diesesmal nach links sich fortzusetzen, d. h. der kleine Finger der linken Hand vollendet die Zwanzig und wird zugleich auch wieder Anfang der nächsten Zehnzahl u. s. f. Natürlich muss bei dieser Zahlenangabe, wenn es nicht um ein allmäliges Entstehen, sondern um ein einmaliges Ausdrücken einer Zahl sich handelt, besonders angedeutet werden, dass und wie oft Zehn vollendet wurde, was etwa so geschehen kann wie bei den Zulukaffern[3], die in solchem Falle beide Hände mit ausgestreckten Fingern wiederholt zusammenschlagen.

[1]) Schrumpf in der Zeitschrift der deutschen morgenländischen Gesellschaft XVI, 463. [2]) Pott II, S. 46 aber auch S. 31 und 42. [3]) Pott II, S. 47.

Es ist wohl zu beachten, dass diese letztere Methode der Versinnlichung einer Zahl, einfacher in so weit als sie nur die Hände eines Einzigen beschäftigt, begrifflich weit unter jener anderen Methode steht, die unmittelbar vorher gekennzeichnet wurde und drei oder gar noch mehrere Darsteller einer Zahl erfordert. Der Einzelne kommt durch die Zehnzahl der menschlichen Finger allerdings dazu die Gruppe Zehn als eine besonders hervortretende zu erkennen, aber wie oft diese Gruppe selbst auch erzeugt werde, jede Neuerzeugung ist für ihn der anderen ebenbürtig. Ganz anders bei der Methode stufenmässiger Darstellung durch mehrere Personen. Wie der Erste so hat der Zweite, der Dritte nur je zehn Finger, und so erscheint die Gruppirung von zehn Einern zwar zunächst, aber in gleicher Weise auch die von zehn Zehnern, von zehn Hundertern. Das scheinbar umständlichere Verfahren führt zu dem einfacheren Gedanken, zum Zahlensystem. Wenn von einem Schriftsteller[1]) darauf hingewiesen worden ist, dass die Wiederholung der Zehnzahl bis zu 10 mal 10 sich bei Erfüllung der nächsten 10 eben so wohl zu 11 mal 10 als zu 10 mal 10 und 10, in Worten eben so wohl zu elfzig als zu hundertzehn fortsetzen konnte, und dass es ein besonders glücklicher Griff war, der fast allen Völkern der Erde gelang, so weit ihre Fassungskraft überhaupt bis zum Bewusstwerden bestimmter höherer Zahlen ausreicht, grade die Wahl zu treffen, welche dem Zahlensystem seine Grundlage gab, so ist diese feine Bemerkung vielleicht dahin zu ergänzen, dass auf eine der hier erörterten nahe stehende Weise jene glückliche Wahl eingeleitet worden sein mag.

Ueber die Grundzahlen solcher Zahlensysteme werden wir sogleich noch reden. Für's Erste halten wir daran fest, dass Zahlensysteme eine allgemein menschliche Erfindung darstellen, in allen bekannt gewordenen Sprachen zu einer Grundlage der Bildung von bald mehr bald weniger Zahlwörtern benutzt, indem höhere Zahlen durch Vervielfältigung von niedrigeren zusammengesetzt werden und bei Benennung der Zwischenzahlen auch Hinzufügungen noch nothwendig erscheinen. Multiplication und Addition sind also zwei Rechnungsverfahren so alt wie die Bildung der Zahlwörter.

Das Zahlensystem, welches wir in seinem Entstehen uns zu vergegenwärtigen suchten, wurde, sofern es auf der Grundzahl zehn fusste, zum Decimalsystem heute wie unserem Zifferrechnen so auch in unseren Maassen, Gewichten, Münzen fast der ganzen gebildeten Erdbevölkerung unentbehrlich. Wir haben als wahrscheinlich erkannt, dass es nach der Zahl der Finger sich bildete, aber eben vermöge dieses Ursprunges war es nicht das allein mögliche. Wie man sämmtliche Finger durchzählen konnte, um eine Einheit höheren

---

[1]) Hankel, S. 10—11.

Ranges zu gewinnen, so konnte man Halt machen nach den Fingern nur einer Hand, man konnte neben den Fingern der Hände die Zehen der Füsse benutzen. In dem einen Falle blieb man beim Quinarsysteme, in dem anderen ging man zum Vigesimalsystem über.

Ein strenges Quinarsystem würde, wie leicht ersichtlich, 5 mal 5 oder 25, 5 mal 5 mal 5 oder 125 u. s. w. als Einheiten höheren Ranges nächst der 5 selbst besitzen müssen, welche durch einfache oder auch zusammengesetzte Namen bezeichnet mit den Namen der Zahlen 1, 2, 3, 4 sich vereinigen um so alle zwischenliegende Zahlen zu benennen. Ein solches strenges Quinarsystem gibt es nicht[1]). Dagegen gibt es Quinarsysteme in beschränkterem Sinne des Wortes, wenn zur Benutzung dieses Wortes schon der Umstand als genügend erachtet wird, dass die 5 bei allmäliger Zahlenbildung einen Ruhepunkt gewähre, von dem aus eine weitere Zählung wieder anhebt.

Was dem entsprechend von einem strengen Vigesimalsysteme zu verlangen ist, leuchtet gleichfalls ein: ein solches muss die Grundzahl 20 durchhören lassen, muss die Einheit höheren Ranges 20 mal 20 oder 400, vielleicht auch noch höhere Einheiten unter besonderen Namen besitzen. Sprachen, in welchen dieses System massgebend ist, hat man mehrfach gefunden. Die Mayas in Yukatan[2]) haben eigene Wörter für 20, 400, 8000, 160000. Die Azteken in Mexiko[3]) hatten wenigstens besondere Wörter für 20, 400, 8000 mit der Urbedeutung: das Gezählte, das Haar, der Beutel, wobei auffallend erscheinen mag, dass das Haar eine verhältnissmässig niedrige Zahlenbedeutung hat, während es in caraibischen Sprachen[4]) weit übereinstimmender mit der Wirklichkeit eine sehr grosse Zahl auszudrücken bestimmt ist. Noch andere Beispiele eines bemerkbaren mehr oder minder durchgeführten Vigesimalsystems hat vornehmlich Pott, dem wir hier fast durchweg folgen, in Fülle gesammelt. Wir erwähnen davon nur als den Meisten unserer Leser zweifellos bekannt die Ueberreste eines keltischen Vigesimalsystems in der französischen Sprache in Wörtern wie *quatrevingts, sixvingts, quinzevingts*[5]). Von dänischen Ueberresten eines Systems, in welchem Vielfache von 20 eine Rolle spielen, ist weiter unten in etwas anderem Zusammenhange die Rede.

Den Ursprung der drei Systeme, deren Grundzahlen 5, 10, 20 heissen, haben wir oben in die Finger und Zehen des Menschen verlegt. Auch dafür sind sprachliche Anklänge vorhanden. Zwischen den Wörtern für 5 und für Hand ist in manchen Sprachen völlige Gleichheit, in anderen nahe Verwandtschaft[6]). Alsdann darf man

[1]) Pott II, S. 35 und 46 in den Anmerkungen. [2]) Pott I, S. 93. [3]) Pott I, S. 97—98. [4]) Pott II, S. 68. [5]) Pott I, S. 88. [6]) Pott I, S. 27 flgg. und S. 128 flgg. führt Beispiele aus oceanischen Sprachen, aus dem Sanskrit und dem Hebräischen an, wenn er auch den letzteren gegenüber, die von Benary und Ewald herrühren, sich ziemlich skeptisch verhält.

aber wohl annehmen, dass es früher wünschenswerth war die Glieder des eigenen Körpers zu benennen, als Zahlwörter zu bilden, dass also 5 von Hand abgeleitet wurde, nicht umgekehrt. Das Wort für 10 heist in der Corasprache[1]) (einem amerikanischen Idiome) so viel wie Darreichung der Hände, und dass ein und dasselbe Wort 20 und Mensch bedeutet kommt mehrfach vor[2]). Ob freilich, wie Manche wollen, auch das deutsche zehn mit den Zehen, das lateinische *decem* mit *digiti* in Verbindung gebracht werden darf, darüber gehen die Meinungen weit auseinander, und Pott, unser Gewährsmann, steht auf der Seite der Verneinenden. Jedenfalls ist aber schon durch die erwähnten Beispiele ein innerer Zusammenhang der drei genannten Systeme unter einander und mit den menschlichen Extremitäten hinlänglich unterstützt. Gibt es nun Sprachen, in welchen auch andere Grundzahlen als 5, 10 oder 20 sich nachweisen lassen?

Wenn man gesagt hat[3]), dass kein Volk auf der ganzen Erde je von einer anderen Grundzahl, als einer der genannten aus, sein Zahlensystem mit einiger Consequenz ausgebildet habe, so ist dieser Ausspruch entschieden allzu verneinend, selbst wenn man einen besonderen Nachdruck auf das Wort Consequenz legt, dem gegenüber die Frage erhoben werden möchte, wo denn folgerichtige Anwendung des Quinarsystems sich finde?

Allerdings hat man einige Gattungen von Zahlensystemen nur mit Unrecht nachweisen zu können geglaubt. Falsch war es, wenn Leibnitz bei den Chinesen ein Binarsystem annahm[4]). Falsch scheint Kohl den Osseten im Kaukasus ein Octodecimalsystem zugeschrieben zu haben[5]). Dagegen sind andere Angaben doch zu wohl beglaubigt, um sie ohne Weiteres leugnen oder todtschweigen zu dürfen. Die Neuseeländer mit ihrem merkwürdigen Undecimalsysteme[6]), welches besondere Wörter für 11, für 11 mal 11 oder 121, für 11 mal 11 mal 11 oder 1331 besitzt, welches 12 durch 11 mit 1, 13 durch 11 mit 2, 22 durch 2 mal 11, 33 durch 3 mal 11 u. s. w. ausdrückt, lassen sich nicht vornehm bei Seite schieben. Das Wort *triouech* oder 3 mal 6 für 18 in der Sprache der Niederbretagner ist neben dem *deunaw* oder 2 mal 9 der Welschen[7]) für eben dieselbe Zahl nun einmal vorhanden. Die Bolaner oder Buramaner an der Westküste Afrikas[8]) lassen, wenn sie 6 und 1 für 7, wenn sie 2 mal 6 für 12, wenn sie 4 mal 6 für 24 sagen, die Grundzahl 6 gleichfalls durchhören. Und wenn der Altfriese 120 mit den Worten *tolftich* benannte[9]), so ist das sogar ein Hinweis darauf, dass auch das vorhin als menschlichem Geiste im

[1]) Pott I, S. 90. [2]) Pott I, S. 92. [3]) Hankel, S. 19. [4]) M. Cantor, Mathematische Beiträge zum Kulturleben der Völker. Halle, 1863. S. 48 flgg., auch S. 44. Wir citiren dieses Buch künftig immer als: Math. Beitr. Kulturl. [5]) Kohl, Reisen in Südrussland. Bd. II, S. 216 und Pott I, S. 81. [6]) Pott I, S. 75 flgg. [7]) Pott II, S. 33. [8]) Pott II, S. 30. [9]) Pott II, S. 36.

Allgemeinen fremdverpönte elfzig seine Analogien besitzt, ist es zugleich ein Beispiel für ein eigenthümlich gemischtes System mit Decimal- und Duodecimalstufen, wie Skandinaven und Angelsachsen es theilweise besassen[1]), wie, eine verhältnissmässig spätere Wissenschaft es in Babylon einbürgerte, von wo es als Sexagesimalsystem das astronomische Rechnen aller Völker durch Jahrhunderte beherrscht.

Das Vorhandensein von Zahlensystemen, deren Grundzahl nicht 5 oder Vielfaches von 5 ist, dürfte damit nachgewiesen sein. Aber allerdings bilden dieselben nur Ausnahmen von seltenem, vereinzeltem Vorkommen. Auch eine andere Gattung von Ausnahmen gegen früher Erwähntes müssen wir kurz berühren. Wir haben hervorgehoben, dass die Zwischenzahlen zwischen den Einheiten aufeinander folgenden Ranges multiplicativ und additiv gebildet werden; wir haben daraus auf das hohe Alter dieser Rechnungsverfahren geschlossen. Es gibt nun Sprachen, welche die Bildung der Zahlwörter auf Subtraktionen und Divisionen stützen, wodurch das hohe Alter auch dieser Rechnungsverfahren wenigstens bei den Völkern, denen jene Sprachen angehören, gleichfalls zur Möglichkeit gelangt.

Die Subtraktion wird am häufigsten bezüglich der Zahlwörter eins und zwei geübt[2]). Dieses entspricht z. B. in der lateinischen Sprache durchweg dem Gebrauch bei den Zehnern. Man sagt *duodeviginti*, d. h. 2 von 20 für 18, ebenso *undecentum* 1 von 100 für 99 u. s. w. Auch im Griechischen werden 1 und 2 bei den Zehnern zuweilen abgezogen, wozu das Zeitwort *δεῖν* in seiner transitiven wie in seiner intransitiven Bedeutung als bedürfen und als fehlen angewandt wird. So drückt man 58 aus durch *δυοῖν δέοντες ἑξήκοντα* = 60 welche 2 bedürfen, 49 durch *ἑνὸς δέοντος πεντήκοντα* = 50 woran 1 fehlt, und ein vereinzeltes Vorkommen von 9700 = 10,000 welche 300 bedürfen *τριακοσίων ἀποδέοντα μύρια* wird aus den Schriften des Thukydides angeführt[3]). In der gemeinsamen Stammsprache, im Sanskrit, ist gleichfalls eine Subtraktion mittelst des Wortes *una* (vermindert, weniger) im Gebrauch. Sei es nun, dass das *una* selbst allein einem Zahlwort vorgesetzt wird, und man im Gedanken *eka* eins hinzuhören muss, z. B. *unavingsati*, vermindertes 20 statt 19, oder dass das *eka* wirklich ausgesprochen wird und sich dabei mit *una* zu *ekona* zusammensetzt, z. B. *ekonaschaschta*, um 1 vermindertes 60 statt 59, oder dass andere Zahlen als 1 abgezogen werden, z. B. *pantschonangsatam*, um 5 vermindertes 100 statt 95.

Am seltensten dient die Division zur sprachlichen Bildung der Zahlwörter. Hier kommen neben den sofort verständlichen Theilungen: ein viertel Hundert, ein halbes Tausend u. s. w. namentlich solche Wörter in Betracht, welche eine nicht voll vorhandene Einheit zur

[1]) Math. Beitr. Kulturl. S. 147. [2]) Math. Beitr. Kulturl. S. 157. [3]) Pott I, S. 181, Anmerkung.

Theilung bringen. Anderthalb, dritthalb, sechsthalb besagen, dass das Andere, d. h. Zweite, dass das Dritte, dass das Sechste halb zu nehmen sei, die Existenz des Ersten, der 2, der 5 Vorhergehenden als selbstverstanden vorausgesetzt. Verwandte Bildungen sind in lateinischer und in griechischer Sprache *sesquialter* = *ἐπιδεύτερος* $= 1^1/_2$, *sesquitertius* = *ἐπίτριτος* $= 1^1/_3$, *sesquioctavus* = *ἐπόγδοος* $= 1^1/_8$ u. s. w. Besonderer Hervorhebung scheint es werth, dass die dänische Sprache in Europa und im fernen Süden und Osten die Sprache der Dajacken und Malaien auf den nächsten Zwanziger beziehungsweise Zehner übergreift um ihn hälftig vorweg zu nehmen [1]). Ein altes Vigesimalsystem in deutlichen Spuren verrathend (S. 8) sagt die dänische Sprache nicht bloss *tresindstyve* oder 3mal 20 für 60, *firesindstyve* oder 4mal 20 für 80, sondern auch *halvtredsinstyve*, *halvfirdsindstyvc* für 50 und 70, d. h. der dritte, der vierte Zwanziger, welcher bei 60, bei 80 voll vorhanden ist, kommt hier nur zur Hälfte in Rechnung. Ja man hat sogar *halvfemsindstyve* oder fünfthalb Zwanziger für 90, während 100 nur durch *hundrede* und nie durch *femsindstyve* ausgedrückt wird. Bei den Malaien heisst halb dreissig, halb sechzig es solle von dem letzten, also hier von dem dritten, sechsten Zehner nur die Hälfte genommen werden, man meine also 25, 55.

Alle diese Theilungen in sich schliessende Ausdrücke sind gewiss merkwürdig, eine genaue Einsicht in das Alter der Division verglichen mit dem Alter der Sprachbildung geben sie uns desshalb doch nicht. Es sind eben Wörter mit Zahlenbedeutung, aber es sind nicht die Zahlwörter! Neben ihnen und statt ihrer sind auch andere möglicherweise viel ältere Ausdrücke in Gebrauch und lassen die Entstehungszeit der jüngeren Benennung im dichtesten Dunkel. Nicht anders verhält es sich mit den vorerwähnten subtraktiven Bildungen, zu welchen als weiteres Beispiel bestimmter Grenzpunkte, auf welche Vorhergehendes ebenso wie Folgendes bezogen wird, die Kalenderbezeichnung der Römer mit ihren Calenden, Nonen und Iden treten mag. Entscheidend dagegen sind die subtraktiven Zahlwörter einiger Sprachen, z. B. der Krähenindianer in Nordamerika [2]). Bei ihnen heissen 8 und 9 nie anders als *nópape*, *amátape*, d. h. wörtlich 2 davon, 1 davon, und das Wort Zehn, d. h. die Anzahl von welcher 2, beziehungsweise 1 weggenommen werden sollen ist als selbstverständlich weggelassen. Hier kann ein Zweifel kaum walten: die Namen der 8 und 9 sind erst entstanden, nachdem der Begriff der 10 sich gebildet hatte, nachdem das Rechnungsverfahren der Subtraktion erfunden war. Mit dieser Bemerkung kehren wir zu unserer früheren Behauptung zurück (S. 4), zu deren Begründung wir die ganze Erörterung über Zahlwörter und über die ersten Anfänge des Rechnens gleich hier anknüpfen durften. Die Sprache hielt in ihrer Entstehung

[1]) Pott I, S. 103 und II, S. 88. [2]) Pott II, S. 65.

nicht immer gleichen Schritt mit der Entstehung der Begriffe. Das aufeinander folgende Zählen wurde unterbrochen durch das Bewusstsein nothwendiger Zahlenverknüpfungen, Sprünge in der Erfindung der Zahlwörter sind nahezu sicher.

Und wieder machte der menschliche Erfindungsgeist einen Schritt vorwärts, einen Schritt, zu welchem er auch nicht die geringste Anregung von aussen erhielt, der ganz aus eigenem Antriebe erfolgend mindestens ebenso sehr wie die künstliche Entfachung des Feuers als wesentlich menschlich, als keinem anderen Geschöpfe möglich anerkannt werden muss: er erfand die Schrift. Bilderschrift, so nimmt man gegenwärtig wohl ziemlich allgemein an, war die erste, welche dem Spiegel der Rede (wie bei einem Negervolke das Geschriebene heisst)[1]) den Ursprung gab. Aber mit Bildern allein kam man nicht aus. Neben wirklichen Gegenständen mussten Thätigkeiten, Eigenschaften, Empfindungen dem künftigen Wissen aufbewahrt werden. Die Nothwendigkeit symbolischer oder willkürlich eingeführter Zeichen für diese nicht gegenständlichen Begriffe zwang zur Abhilfe. So müssen Begriffszeichen entstanden sein, gemeinsam mit den früheren Bildern eine Wortschrift herstellend. Jetzt erst — aber wer weiss in wie langer Zeit? — konnte man dahin gelangen in dem Gesprochenen nicht nur den ganzen Klang, sondern die einzelnen Laute, aus welchen er sich zusammensetzt, zu verstehen, und diese Einzellaute dem Auge zu versinnlichen. Die Silben- und Buchstabenschrift entstand. Für die Zahlen behielt man allgemein das Verfahren bei, welches in anderer Beziehung sich überlebt hatte. Inmitten der Silben-, der Buchstabenschrift treten Zahlzeichen, d. h. Wortzeichen auf, und wer ein Freund philosophischen Grübelns ist, mag darüber sinnen, warum grade hier eine Ausnahme sich aufdrängte. Warum hat gerade das mathematische Denken von jeher durch Wortzeichen, sei es durch Zahlzeichen, sei es durch andere sogenannte mathematische Zeichen, Unterstützung, Erleichterung und Förderung gefunden? Wir stellen die Frage, wir wagen nicht sie zu beantworten. Aber die Thatsache, an welche wir die Frage knüpften, steht fest, ebenso wie es fest steht, dass ein Zahlenschreiben in älteste Kulturzeiten hinaufreicht, wo dessen Zeichen inmitten geschichtlicher Inschriften vorkommen.

Die Verschiedenheit der Zahlzeichen ist eine gewaltige. Wir werden in mannigfachen Kapiteln dieses Bandes von solchen zu reden haben und wünschen nicht vorzugreifen. Aber ein Princip der Zahlenschreibung hat sich überall Bahn gebrochen, dessen Entdeckung dem Scharfsinne Hankel's[2]) um so grössere Ehre macht, als es trotz seiner grossen Einfachheit stets übersehen worden war. Es ist das Gesetz der Grössenfolge, wie wir, um eine kürzere Redeweise

[1]) Pott I, S. 18. [2]) Hankel S. 32.

zu besitzen, es künftig nennen wollen, und besteht darin, dass bei allen additiv vereinigten Zahlen das Mehr stets dem Weniger vorausgeht[1]). Natürlich ist die Richtung der Schrift bei Prüfung dieses Gesetzes wohl zu beachten, und wenn bei der von links nach rechts gehenden Schrift des Abendlandes der Hauptheil der Zahl links auftreten muss, so ist die Stellung bei Zahlendarstellungen semitischen Ursprunges entgegengesetzt, und wieder eine andere, wenn, wie bei den Chinesen, die Schrift in von oben nach unten gerichteten Reihen verläuft.

Die mathematischen Begriffe, bei denen wir in unserer flüchtigen Betrachtung der Anfänge menschlicher Kulturentwicklung, Anfänge, welche selbst Jahrtausende in Anspruch genommen haben mögen, zu verweilen Gelegenheit nahmen, gehören sämmtlich dem einen Zweige der Grössenlehre an, welcher über das Wieviel? der neben einander auftretenden Dinge das Was? derselben vernachlässigt. Es ist aber wohl keinem Zweifel unterworfen, dass neben Kenntniss und einfachster Verbindung der Zahlen einfache astronomische wie geometrische Begriffe wach geworden sein müssen.

Wir werden der Geschichte der Astronomie grundsätzlich fern bleiben, um nicht den so schon für uns fast unbezwingbar sich gestaltenden Gegenstand unserer Darstellung ohne Noth zu vergrössern, aber zwei Bemerkungen können wir hier nicht unterdrücken. Aufgang und Untergang der Sonne waren gewiss schon in den Zeiten nomadischen Wanderns die beiden Marksteine, die Zeit und Raum in Grenzen schlossen. Morgen und Abend, Ost und West waren Begriffepaare, deren Entstehung wohl nicht früh genug angenommen werden können. Und als beim Ansässigwerden der Völker die Sonne zwar immer noch ihre Uhr, aber nicht ihren täglichen Wegweiser bildete, nach deren Stande sie sich zu richten pflegten, war das Orientirungsgefühl doch noch geblieben, hatte womöglich an Genauigkeit noch zugenommen. Am Südende des Pfäffiker-Sees in der Schweiz sind Pfahlbauten beobachtet worden, welche genau nach den Himmelsgegenden gerichtet sind[2]), und jene Bauten reichen jenseits der sogenannten Broncezeit in eine Periode hinauf, welche nach geologischer Schätzung etwa 4000 Jahre vor Christi Geburt lag. Von ähnlichen Orientirungen werden wir verschiedentlich zu reden haben. Die Richtung nach den Himmelsgegenden selbst wird uns niemals als Beweis der Uebertragung von Begriffen von einem Volke zum andern gelten dürfen. Nur die Ermittlungsweise dieser Richtung wird zum genannten Zwecke tauglich erscheinen.

---

[1]) Ueber die einzige uns bekannte Abweichung von diesem Gesetze in syrischen Handschriften vergl. Kapitel 4. [2]) Diese Beobachtung rührt von Professor Quincke her, der uns freundlichst gestattete, von dieser seiner mündlichen Mittheilung Gebrauch zu machen.

Auch geometrische Begriffe, sagten wir, müssen frühzeitig entstanden sein. Körper und Figuren mit gradliniger, mit krummliniger Begrenzung müssen dem Auge des Menschen aufgefallen sein, sobald er anfing nicht bloss zu sehen, sondern um sich zu schauen. Die Zahl der Ecken, in welchen jene Flächen, jene Linien aneinander stossen, wird ihm der Bemerkung werth gewesen sein, wird ihn herausgefordert haben jenen Gebilden Namen zu geben. Vielleicht ist auch in ältesten Zeiten und in gegenseitiger Unabhängigkeit an vielen Orten zugleich beachtet worden, dass der Arm beim Biegen am Ellenbogen, das Bein beim Biegen am Knie, dass die beiden Beine beim Ausschreiten einen Winkel bilden, und der Name jeder von zwei einen Winkel bildenden Linien als *σκέλος* bei den Griechen, *crus* bei den Römern, Schenkel bei den Deutschen, *leg* bei den Engländern, *jambe* bei den Franzosen, *bâhu*, d. h. Arm bei den Indern, *kou*, d. h. Hüfte bei den Chinesen, der Zusammenhang *γῶνος* Winkel mit *γόνυ* Knie, dieses und ähnliches braucht nicht in allen Fällen Uebertragung zu sein. Die genannten modernen Namen werden allerdings kaum anders als durch Uebersetzung aus dem Lateinischen, wenn nicht aus dem Griechischen entstanden sein, aber die antiken Wörter können sehr wohl uraltes Ergebniss mehrfacher Selbstbeoachtung sein, uraltes Wissen.

Ist nun uraltes Wissen auch uralte Wissenschaft? Muss eine Geschichte der Mathematik so weit zurückgreifen, als sie noch hoffen darf mathematischen Begriffen zu begegnen?

Wir haben unsere Auffassung, unsere Beantwortung dieser Fragen darzulegen geglaubt, indem wir diese Einleitung vorausschickten. Kein Erzähler hat das Recht das Brechen, das Zusammentragen der ersten Bausteine, aus welchen Jahrhunderte dann ein stolzes Gebäude aufgerichtet haben, ganz unbeachtet zu lassen; aber die Bausteine sind noch nicht das Gebäude. Die Wissenschaft beginnt erzählbar erst dann zu werden, wenn sie Wissenschaftslehre geworden ist. Erst von diesem Zeitpunkte an kann man hoffen wirkliche Ueberreste von Regeln und Vorschriften zu finden, welche es erlauben mit einiger Sicherheit und nicht in Allem und Jedem dem eigenen Gedankenfluge vertrauend Bericht zu erstatten. Mögen Schriftsteller früherer Jahrhunderte ihre eigentlichen historisch-mathematischen Untersuchungen mit der Schöpfung begonnen haben den Worten der Schrift folgend: Aber du hast alles geordnet mit Maass, Zahl und Gewicht[1]). Uns beginnt eine wirkliche Geschichte der Mathematik mit dem ersten Schriftdenkmal, welches auf Rechnung und Figurenvergleichung Bezug hat.

[1]) Weisheit Salomo's XI, 22.

I. Aegypter.

Kapitel I.

Die Aegypter. Arithmetisches.

Die älteste Literatur, welche gegenwärtig in einigermassen ausgiebigen Ueberresten bekannt ist, ist die ägyptische, und ihr gehört auch das erste mathematische Handbuch an, mit welchem wir uns zu beschäftigen haben. Aegypten sei ein Geschenk des Nils, sagt Herodot[1]), und derselbe Schriftsteller leitet an einer anderen Stelle[2]), die uns noch beschäftigen wird, die Erfindung der Geometrie aus der Nothwendigkeit her, die in Folge der Nilüberschwemmungen verloren gegangenen Begrenzungen wieder herzustellen. Wirklich ist die Kultur des Landes wie das Land selbst ohne jenen Strom, der das Erdreich herabgeschwemmt hat aus den Hochlanden des inneren Afrikas, nicht denkbar. Die alljährlich wiederkehrende Wasserfülle bringt in gleicher Regelmässigkeit grosse Schlammmassen mit sich, die sie dort, wo der Absturz des Stromes an Steilheit abnimmt, wo das Bett der Ueberfluthung offener ist, fallen lässt. Die Wasser verlaufen sich, und die Sonne Afrikas härtet den neuen Boden. Auf das mögliche Alterthum des bewohnten und angebauten Schwemmlandes wirft es ein gewisses Licht, dass man aus dem gegenwärtig noch wahrnehmbaren und messbaren Schlammabsatze berechnet hat, dass unter gleichen Bedingungen weit über 70 Jahrtausende nothwendig wären, um die Entstehung Aegyptens in seiner jetzigen Ausdehnung zu erklären[3]). Nehme man immerhin an, dass ehemals eine viel schnellere Vergrösserung stattfand, es bleibt unter allen Umständen eine Zahl übrig, welche nur mit der sagenmässigen Vergangenheit chaldäischer und chinesischer Astronomie in Vergleich zu bringen ist.

Das so alte Land gewann seine Bevölkerung nach der durch Diodor[4]) überlieferten Meinung von Süden her aus Aethiopien, während der biblische Berichterstatter Mizraim[5]) den Stammvater der Aegypter, einen Enkel Noah's, aus Chaldäa einwandern lässt. Die

---

[1]) Herodot II, 5. [2]) Herodot II, 109. [3]) G. Maspero's Geschichte der morgenländischen Völker im Alterthum nach der zweiten Auflage des Originals und unter Mitwirkung des Verfassers übersetzt von Dr. Richard Pietschmann. Leipzig, 1877, S. 7. Wir citiren dieses vielfach von uns benutzte Buch als: Maspero-Pietschmann. [4]) Diodor III, 3—8. [5]) I. Moses 10, 6.

neuere Forschung[1]) hat auf Grundlage ägyptischer Denkmäler selbst dem östlichen Ursprunge Sicherheit verliehen, hat erkannt, dass die Kultur jedenfalls in nordsüdlicher Richtung nilaufwärts sich verbreitete, nicht umgekehrt. Die ägyptische Sprache hält man gegenwärtig für eine ältere Schwester der semitischen Sprachen. Freilich muss die Trennung erfolgt sein, als beide in ihrer Entwicklung noch sehr zurück waren, und der semitische Stamm muss als der für Sprachbildung befähigtere angesehen werden.

Das ägyptische Reich wurde durch XXX auf einander folgende Dynastien beherrscht. Der Gründer der I. Dynastie Mena, Menes der Griechen, wird auf das Jahr 4455 vor Christi Geburt etwa gesetzt, wobei allerdings nicht unbemerkt bleiben darf, dass bei diesen ältesten Datirungen eine Unsicherheit von 100, auch von 200 Jahren als selbstverständlich gilt und als Abweichung in den Angaben der verschiedenen Gelehrten, welche sich daran versucht haben, kenntlich wird. Mena's Sohn Teta wird schon als Gelehrter, als Verfasser anatomischer Schriften[2]), genannt, und Nebka, griechisch Tosorthros, der zweite König der III. Dynastie um 3800, trat in Teta's Fussstapfen und verfasste medizinische Abhandlungen, welche 4 Jahrtausende nach seiner Regierung noch bekannt waren und ihn mit dem griechischen Gotte der Heilkunst, mit Asklepios, in eine Persönlichkeit vereinigen liessen[3]). Die Könige der IV. Dynastie, seit 3686 am Ruder, sind die bekannten Pyramidenbauer Chufu, Chafrā, Menkarā. Schon in ihrer Zeit muss es Baumeister gegeben haben, deren Ausbildung nicht zu unterschätzen ist. Wie in den ältesten monumentalen Grabesräumen der Aegypter stets nach Osten zu eine Denksäule steht[4]), so sind insbesondere die Pyramiden so scharf orientirt, dass man unter den mannigfachen Vermuthungen, welche frühere und spätere Schriftsteller über diese riesigen Königsgräber auszusprechen sich bemüssigt fanden, auch derjenigen begegnet, die Pyramiden seien in der Absicht erbaut worden mittels ihrer Grundlinien die Himmelsrichtungen festzuhalten. Zufall ist es jedenfalls nicht gewesen, wenn der Orientirungsgedanke damals bereits so genau zur Ausführung gebracht wurde. Zufall möchten wir ebensowenig in dem Umstande erkennen, dass in fast allen alten Pyramiden der Winkel, welchen die Seitenwand der Pyramide mit der Grundfläche bildet, wenig oder gar nicht von 52° abweicht.[5]) Das setzt wie gesagt ausgebildete Baumeister, das setzt mathematische Hilfswissenschaften der Baukunst voraus, sei es, dass die Regeln von Mund zu

---

[1]) Maspero-Pietschmann S. 13 und 16. [2]) Ebenda S. 54. [3]) Ebenda S. 59. [4]) Ebenda S. 60. [5]) Ein mathematisches Handbuch der alten Aegypter (Papyrus Rhind des British Museum), übersetzt und erklärt von Aug. Eisenlohr. Leipzig, 1877, S. 137. Wir citiren künftig diese Hauptquelle für ägyptische Mathematik als Eisenlohr, Papyrus.

Mund sich fortpflanzten, sei es sogar, dass man sie niederschrieb. Steht es doch fest, dass die Aufbewahrung vererbten Wissens, dass das Sammeln von Bücherrollen zu den Sitten der ältesten Dynastien gehört haben muss, wenn bereits am Anfange der VI. Dynastie eigene Beamten ernannt wurden, deren Titel „Verwalter des Bücherhauses" in ihren Grabschriften sich erhalten hat[1]). Ein Jahrtausend etwa überspringend nennen wir aus der XII. Dynastie Amenemhat III., einen Fürsten von 42jähriger wohlbeglaubigter Regierung, wenn auch ihre Datirung weniger gesichert ist als ihre Dauer[2]). Er war der Erbauer des grossartigen Tempelpalastes unweit vom Mörissee, aus dessen Namen Lope-ro-hunt = Tempel am Eingang zum See das Wort Labyrinth entstand. Man hat für Amenemhat III. verschiedene Beinamen in Anspruch genommen[3]), nämlich Petesuchet = Gabe der Suchet, Aasuchet = Sprössling der Suchet und Sasuchet = Sohn der Suchet. Wäre diese Annahme gesichert, so könnte man in ihm die Persönlichkeiten erkennen, welche unter verwandten Namen bei mehreren Schriftstellern auftretend bei anderen Aegyptologen als unserem Gewährsmanne nicht verschmolzen zu werden pflegten. Amenemhat III. wäre alsdann der Gesetzgeber Asychis des Herodot[4]), der Köhig Petesuchis, der das Labyrinth erbaute, des Plinius[5]), endlich der durch Verstand hervorragende König Sasyches, der die Geometrie erfand, des Diodor[6]). Bereits während der XII. Dynastie begannen von Osten über die Landenge von Suez her die Einfälle plünderungssüchtiger Wüstenstämme, welche sich selbst als Shus, Shasu = Räuber bezeichneten. Aber 200 Jahre und mehr waren nöthig bis Asses, ein Hik-Shus, d. h. ein Fürst jener Räuber die XV. ägyptische Dynastie stürzen und sich an deren Stelle setzen konnte. Die zwei folgenden Dynastien gehören gewissermassen den Hiksoskönigen an, wie man in Nachbildung jenes eben erläuterten Titels zu sagen sich gewöhnt hat, und erst mit Ahmes, dem Gründer der XVIII. Dynastie um 1700, gelang es einem Sohne uralter ägyptischer Abstammung die Eindringlinge zu vertreiben. Unter den Hiksoskönigen war es, dass das mathematische Handbuch niedergeschrieben wurde, zu dessen genauer Inhaltsangabe wir uns nun wenden müssen.

Die Anfangsworte lauten[7]): „Vorschrift zu gelangen zur Kenntniss aller dunklen Dinge .... aller Geheimnisse, welche enthalten sind in den Gegenständen. Verfasst wurde dieses Buch im Jahre 33, Mesori Tag .. unter dem König von Ober- und Unterägypten Ra-ā-us

[1]) Maspero-Pietschmann S. 74. [2]) Nach Lepsius regierte Amenemhat III. von 2221 bis 2179; nach Lauth dagegen (vergl. dessen Aufsatz „Der geometrische Papyrus" in der Beilage zur Allgemeinen Zeitung vom 20. September 1877, Nro. 263) von 2425 bis 2383. [3]) Vergl. Lauth l. c. Seine Gründe hängen mit seinen chronologischen Annahmen auf's Engste zusammen. [4]) Herodot II, 136. [5]) Plinius, Histor. natur. XXXVI, 13. [6]) Diodor I, 94. [7]) Eisenlohr, Papyrus S. 27—29.

Leben gebend, nach dem Vorbild von alten Schriften, die verfertigt wurden in den Zeiten des Königs [Ra-en-m]ät' durch den Schreiber Ahmes verfasst diese Schrift."

Aus dieser Angabe, dass an einem ursprünglich angegebenen, jetzt durch einen Riss verloren gegangenen Tage des Monats Mesori des 33. Regierungsjahres Königs Ra-ā-us' der Schreiber Ahmes das Buch verfasst habe, ist eine so bestimmte Datirung möglich, als sie überhaupt für so weit zurückliegende Zeiten thunlich ist. Ra-ā-us ist nämlich, wie aus einem dem ägyptischen Süden, dem sogenannten Fayum, entstammenden Holzfragmente des berliner ägyptischen Museums erkannt worden ist[1]), Niemand anders als der Hiksoskönig Apepa, der Apophis der Griechen. Alle Zweifel, welche an die Zeit und Dauer der Hiksosherrschaft sich knüpfen, in Rechnung gebracht irrt man gewiss nicht, wenn man Ra-a-us zwischen die Jahre 2000 und 1700 v. Chr. setzt, und da überdies das Aeussere des Papyrus, die Schrift etc. dieser Zeit genau entspricht, so ist damit eine Vermuthung über dessen Alter gewonnen, in welcher die sonst nicht immer übereinstimmenden Kenner ägyptischer Sprache sich sämmtlich begegnen. Wenn auch nicht ganz das Gleiche mit Bezug auf den Namen jenes Königs stattfindet, unter welchem die alten als Vorbild dienenden Schriften verfasst worden waren, so ergänzt man doch meistens diese Lücke durch Raenmat[2]), und das ist kein Anderer als König Amenemhat III. Ist diese Ergänzung richtig, und hat man in Amenemhat wirklich auch Sasyches zu erkennen, so lässt Diodors Angabe über den Erfinder der Geometrie eine andere Deutung wohl nicht zu als in Beziehung auf unsern Papyrus. Das Original zu der Bearbeitung des Ahmes würde dann viele Jahrhunderte hindurch in der Ueberlieferung fortlebend sich mythisch mit der Erfindung der Geometrie vereinigt haben[3]).

„Vorschrift zu gelangen zur Kenntniss aller dunklen Dinge", so lauten die Anfangsworte des Papyrus. Später spricht Ahmes von einer „Vorschrift der Ergänzung", von einer „Vorschrift zu berechnen ein rundes Fruchthaus", von einer „Vorschrift zu berechnen Felder", von einer „Vorschrift zu machen einen Schmuck" und dergl. mehr. Wer aber aus diesen Ueberschriften den Schluss ziehen wollte, es seien hier überall wirkliche Vorschriften gegeben, Regeln gelehrt, wie man zu verfahren habe, der würde in einem gewaltigen Irrthume

---

[1]) Die Entdeckung stammt von Herrn Dr. Ludwig Stern, dessen brieflichen Mittheilungen wir diese Thatsache entnehmen. [2]) G. Ebers in einer Recension von Eisenlohr, Papyrus im Literarischen Centralblatt vom 12. October 1878 hält diese Ergänzung für zweifelhaft. Dagegen stimmt er durchaus damit überein, der Papyrus könne nach allen äusseren Anzeichen nur in der Zeit zwischen der XVII. und der XVIII. Dynastie geschrieben sein. [3]) Vergl. Lauth l. c.

befangen sein. Einzelne Vorschriften in unserem heutigen Sinne des Wortes kommen allerdings vor, aber weitaus in einer überwiegenden Zahl von Fällen begnügt sich Ahmes damit mehrere Aufgaben gleicher Gattung nach einander zu behandeln. Eine Induction aus diesen Aufgaben und ihrer Lösung auf allgemeine Regeln ist nicht grade schwierig, allein Ahmes vollzieht sie nicht. Er überlässt diese Folgerungen dem Leser oder dem mündlichen Unterrichte des Lehrers, ohne welchen die Benutzung des Handbuches kaum gedacht werden kann. Das häufige Auftreten des Wortes „Vorschrift" entspricht nur der ägyptischen Gewohnheit der Gedächtnissübung, wie sie geradezu als Grundlage jeder Unterweisung beigeblieben ist[1]. Lassen sich doch regelmässig wiederkehrende Ausdrücke am leichtesten einprägen. Gewiss entstammen noch andere gleichfalls unaufhörlich sich wiederholende Redensarten bei Ahmes derselben Rücksicht auf das Gedächtniss des Schülers. So heisst es bei ihm: „gesagt ist dir", oder „wenn dir sagt der Schreiber", oder „wenn dir gegeben ist" und „mache wie geschieht", oder „mache es also", wo ein Schriftsteller unserer Zeit: Aufgabe und Auflösung sagen würde.

Die Zahlen, mit welchen gerechnet wird, sind theils ganze Zahlen, theils und zwar grösstentheils Brüche, woraus sich von selbst ergibt, dass der Leserkreis, für welchen Ahmes schrieb, als ein in der Rechenkunst schon vorgeschrittener gedacht werden muss. Ein Handbuch für Anfänger müsste und musste zu allen Zeiten sich namentlich am Anfange auf den Gebrauch ganzer Zahlen beschränken. Ueber die Zeichen, deren Ahmes sich für ganze und für gebrochene Zahlen bedient, werden wir zwar noch in diesem Kapitel aber in einem anderen Zusammenhange reden. Für jetzt muss eine Bemerkung über die Art der vorkommenden Brüche und über deren Bezeichnung unter Voraussetzung gegebener Zeichen für ganze Zahlen genügen. Ahmes benutzt nämlich nicht Brüche in dem allgemeinsten Sinne des Wortes, d. h. angedeutete Theilungen, wobei der Zähler wie der Nenner von beliebiger Grösse sein können, sondern nur Stammbrüche, d. h. solche die bei ganzzahligem Nenner die Einheit als Zähler haben und die er dadurch anzeigte, dass er die Zahl des Nenners hinschrieb und ein Pünktchen darüber setzte. Brüche mit anderem Zähler konnte er wohl denken, wie aus dem ganzen Charakter seiner Aufgaben zur Genüge hervorgeht, er konnte sie aber nur dann schreiben, wenn mehrere derselben mit gemeinsamem Nenner in Zwischenrechnungen auftraten. Er begnügte sich sonst jeden beliebigen Bruch als Summe von Stammbrüchen anzuschreiben, z. B. $\frac{1}{3}\ \frac{1}{15}$ statt $\frac{2}{5}$, wenn das blosse Nebeneinandersetzen zweier Stammbrüche deren additive Zusammenfassung bezeichnen soll.

---

[1]) Herotod II, 77.

Eine einzige Ausnahme bildet von dem hier Ausgesprochenen der Bruch $\frac{2}{3}$. Ahmes weiss ganz genau, dass derselbe eigentlich $\frac{1}{2}\ \frac{1}{6}$ ist und versteht diese Zerlegung vortrefflich zu benutzen, aber daneben hat er ein eigenes Zeichen für $\frac{2}{3}$, so dass auch dieser Bruch in seinen Rechnungen mitten unter Stammbrüchen vielfältig vorkommt und uneigentlich zu denselben gezählt werden mag.

Nach dieser Bemerkung lässt sich sofort erkennen, dass es eine Aufgabe gab, welche Ahmes unbedingt an die Spitze stellen musste, mit deren Lösung der Schüler vertraut sein musste, bevor er an irgend eine andere Rechnung ging, die Aufgabe: einen beliebigen Bruch als Summe von Stammbrüchen darzustellen. Das scheint uns denn auch die Bedeutung einer Tabelle zu sein, deren Entwickelung die ersten Blätter des Papyrus füllt. Allerdings ist diese Bedeutung nicht unmittelbar aus dem Wortlaut zu erkennen. Dieser heisst vielmehr zuerst[1]: „Theile 2 durch 3“, dann „durch 5“, später wieder z. B. „theile 2 durch 17“, kurzum es handelt sich um die Darstellung von

$$\frac{2}{2n+1},$$

(wo n der Reihe nach die ganzen Zahlen von 1 bis 49 bedeutet, als Divisoren mithin alle ungraden Zahlen von 3 bis 99 erscheinen), als Summe von 2, 3 oder gar 4 Stammbrüchen. Tabellarisch geordnet unter Weglassung aller Zwischenrechnungen gewinnt Ahmes folgende Zerlegungen[2]:

$$\frac{2}{3}=\frac{2}{3} \qquad \frac{2}{23}=\frac{1}{12}\ \frac{1}{276}$$
$$\frac{2}{5}=\frac{1}{3}\ \frac{1}{15} \qquad \frac{2}{25}=\frac{1}{15}\ \frac{1}{75}$$
$$\frac{2}{7}=\frac{1}{4}\ \frac{1}{28} \qquad \frac{2}{27}=\frac{1}{18}\ \frac{1}{54}$$
$$\frac{2}{9}=\frac{1}{6}\ \frac{1}{18} \qquad \frac{2}{29}=\frac{1}{24}\ \frac{1}{58}\ \frac{1}{174}\ \frac{1}{232}$$
$$\frac{2}{11}=\frac{1}{6}\ \frac{1}{66} \qquad \frac{2}{31}=\frac{1}{20}\ \frac{1}{124}\ \frac{1}{155}$$
$$\frac{2}{13}=\frac{1}{8}\ \frac{1}{52}\ \frac{1}{104} \qquad \frac{2}{33}=\frac{1}{22}\ \frac{1}{66}$$
$$\frac{2}{15}=\frac{1}{10}\ \frac{1}{30} \qquad \frac{2}{35}=\frac{1}{30}\ \frac{1}{42}$$
$$\frac{2}{17}=\frac{1}{12}\ \frac{1}{51}\ \frac{1}{68} \qquad \frac{2}{37}=\frac{1}{24}\ \frac{1}{111}\ \frac{1}{296}$$
$$\frac{2}{19}=\frac{1}{12}\ \frac{1}{76}\ \frac{1}{114} \qquad \frac{2}{39}=\frac{1}{26}\ \frac{1}{78}$$
$$\frac{2}{21}=\frac{1}{14}\ \frac{1}{42} \qquad \frac{2}{41}=\frac{1}{24}\ \frac{1}{246}\ \frac{1}{328}$$

[1] Eisenlohr, Papyrus S. 36-45. [2] Ebenda S. 46—48.

$$\frac{2}{43} = \frac{1}{42}\ \frac{1}{86}\ \frac{1}{129}\ \frac{1}{301}$$
$$\frac{2}{45} = \frac{1}{30}\ \frac{1}{90}$$
$$\frac{2}{47} = \frac{1}{30}\ \frac{1}{141}\ \frac{1}{470}$$
$$\frac{2}{49} = \frac{1}{28}\ \frac{1}{196}$$
$$\frac{2}{51} = \frac{1}{34}\ \frac{1}{102}$$
$$\frac{2}{53} = \frac{1}{30}\ \frac{1}{318}\ \frac{1}{795}$$
$$\frac{2}{55} = \frac{1}{30}\ \frac{1}{330}$$
$$\frac{2}{57} = \frac{1}{38}\ \frac{1}{114}$$
$$\frac{2}{59} = \frac{1}{36}\ \frac{1}{236}\ \frac{1}{531}$$
$$\frac{2}{61} = \frac{1}{40}\ \frac{1}{244}\ \frac{1}{488}\ \frac{1}{610}$$
$$\frac{2}{63} = \frac{1}{42}\ \frac{1}{126}$$
$$\frac{2}{65} = \frac{1}{39}\ \frac{1}{195}$$
$$\frac{2}{67} = \frac{1}{40}\ \frac{1}{335}\ \frac{1}{536}$$
$$\frac{2}{69} = \frac{1}{46}\ \frac{1}{138}$$
$$\frac{2}{71} = \frac{1}{40}\ \frac{1}{568}\ \frac{1}{710}$$
$$\frac{2}{73} = \frac{1}{60}\ \frac{1}{219}\ \frac{1}{292}\ \frac{1}{365}$$
$$\frac{2}{75} = \frac{1}{50}\ \frac{1}{150}$$
$$\frac{2}{77} = \frac{1}{44}\ \frac{1}{308}$$
$$\frac{2}{79} = \frac{1}{60}\ \frac{1}{237}\ \frac{1}{316}\ \frac{1}{790}$$
$$\frac{2}{81} = \frac{1}{54}\ \frac{1}{162}$$
$$\frac{2}{83} = \frac{1}{60}\ \frac{1}{332}\ \frac{1}{415}\ \frac{1}{498}$$
$$\frac{2}{85} = \frac{1}{51}\ \frac{1}{255}$$
$$\frac{2}{87} = \frac{1}{58}\ \frac{1}{174}$$
$$\frac{2}{89} = \frac{1}{60}\ \frac{1}{356}\ \frac{1}{534}\ \frac{1}{890}$$
$$\frac{2}{91} = \frac{1}{70}\ \frac{1}{130}$$
$$\frac{2}{93} = \frac{1}{62}\ \frac{1}{186}$$
$$\frac{2}{95} = \frac{1}{60}\ \frac{1}{380}\ \frac{1}{570}$$
$$\frac{2}{97} = \frac{1}{56}\ \frac{1}{679}\ \frac{1}{776}$$
$$\frac{2}{99} = \frac{1}{66}\ \frac{1}{198}$$

Es ist einleuchtend, dass unter wiederholter Anwendung dieser Tabelle ein Bruch, dessen Zähler auch die 2 übersteigt, wenn er nur seinem Nenner nach in der Tabelle sich findet, in Stammbrüche zerlegt werden kann. Zeigen wir versuchsweise an $\frac{7}{29}$, wie wir dieses Verfahren uns denken. Zunächst ist $7 = 1 + 2 + 2 + 2$ also

$$\frac{7}{29} = \frac{1}{29} + \left(\frac{1}{24}\ \frac{1}{58}\ \frac{1}{174}\ \frac{1}{232}\right) + \left(\frac{1}{24}\ \frac{1}{58}\ \frac{1}{174}\ \frac{1}{232}\right) + \left(\frac{1}{24}\ \frac{1}{58}\ \frac{1}{174}\ \frac{1}{232}\right)$$
$$= \frac{1}{29}\ \frac{1}{24}\ \frac{1}{58}\ \frac{1}{174}\ \frac{1}{232} + \left(\frac{2}{24}\ \frac{2}{58}\ \frac{2}{174}\ \frac{2}{232}\right)$$
$$= \frac{1}{29}\ \frac{1}{24}\ \frac{1}{58}\ \frac{1}{174}\ \frac{1}{232}\ \frac{1}{12}\ \frac{1}{29}\ \frac{1}{87}\ \frac{1}{116}$$
$$= \frac{2}{29}\ \frac{1}{24}\ \frac{1}{58}\ \frac{1}{174}\ \frac{1}{232}\ \frac{1}{12}\ \frac{1}{87}\ \frac{1}{116}$$
$$= \frac{1}{24}\ \frac{1}{58}\ \frac{1}{174}\ \frac{1}{232}\ \frac{1}{24}\ \frac{1}{58}\ \frac{1}{174}\ \frac{1}{232}\ \frac{1}{12}\ \frac{1}{87}\ \frac{1}{116}$$
$$= \frac{2}{24}\ \frac{2}{58}\ \frac{2}{174}\ \frac{2}{232}\ \frac{1}{12}\ \frac{1}{87}\ \frac{1}{116}$$
$$= \frac{1}{12}\ \frac{1}{29}\ \frac{1}{87}\ \frac{1}{116}\ \frac{1}{12}\ \frac{1}{87}\ \frac{1}{116}$$

$$= \frac{2}{12}\;\frac{2}{87}\;\frac{2}{116}\;\frac{1}{29}$$
$$= \frac{1}{6}\;\frac{1}{58}\;\frac{1}{174}\;\frac{1}{58}\;\frac{1}{29}$$
$$= \frac{2}{58}\;\frac{1}{6}\;\frac{1}{174}\;\frac{1}{29}$$
$$= \frac{1}{29}\;\frac{1}{6}\;\frac{1}{174}\;\frac{1}{29}$$
$$= \frac{2}{29}\;\frac{1}{6}\;\frac{1}{174}$$
$$= \frac{1}{24}\;\frac{1}{58}\;\frac{1}{174}\;\frac{1}{232}\;\frac{1}{6}\;\frac{1}{174}$$
$$= \frac{2}{174}\;\frac{1}{24}\;\frac{1}{58}\;\frac{1}{232}\;\frac{1}{6}$$
$$= \frac{1}{87}\;\frac{1}{24}\;\frac{1}{58}\;\frac{1}{232}\;\frac{1}{6}$$

oder besser geordnet $\frac{7}{29} = \frac{1}{6}\;\frac{1}{24}\;\frac{1}{58}\;\frac{1}{87}\;\frac{1}{232}$. Niemand wird behaupten wollen, diese Zerlegungsweise sei besonders elegant, oder sie führe besonders schnell zum Ziele. Aber sie führt doch dazu, sie ist ausreichend, vorausgesetzt wenigstens, dass im Verlaufe der Rechnung kein mit dem Zähler 2 versehener Bruch auftrete, dessen ungrader Nenner die Zahl 100 überschreitet, widrigenfalls von einer grösseren Ausdehnung der Tabelle nicht abgesehen werden könnte.

Drei Bemerkungen drängen sich von selbst auf. Die eine geht dahin, dass es nicht bloss e i n e Zerlegung eines Bruches gibt, sondern dass man die Auswahl zwischen man kann fast sagen beliebig vielen Zerlegungen hat. So ist z. B. auch $\frac{7}{29} = \frac{1}{5}\;\frac{1}{29}\;\frac{1}{145}$ neben der oben erhaltenen Zerlegung. So ist $\frac{2}{29} = \frac{1}{15}\;\frac{1}{435} = \frac{1}{16}\;\frac{1}{232}\;\frac{1}{464}$ neben dem in der Tabelle angegebenen Werthe u. s. w. Daran knüpft sich die zweite Bemerkung, dass für die complicirteren Fälle allmäliger Zerlegung, deren wir einen $\left(\frac{7}{29}\right)$ behandelt haben, es sich als zweckdienlich erweist, wenn die Nenner der in der Tabelle als erste Zerlegungsergebnisse vorhandenen Stammbrüche g r a d e Zahlen sind, weil dadurch ein Aufheben durch 2 vielfach ermöglicht wird. Der ägyptische Rechner war nämlich, und das ist unsere dritte Bemerkung, gewöhnt wenn auch muthmasslich nicht die Theilbarkeit einer Zahl durch irgend eine andere, doch jedenfalls ihre T h e i l b a r k e i t d u r c h 2 sofort zu erkennnen. Das geht ohne die Möglichkeit eines Zweifels aus der Tabelle selbst hervor. Nur wenn die Verwandlungen $\frac{2}{4} = \frac{1}{2}$, $\frac{2}{6} = \frac{1}{3}$, $\frac{2}{8} = \frac{1}{4}$ u. s. w. von vorn herein klar waren, ist deren folgerichtige Ausschliessung aus der Tabelle erklärlich.

Aber auch eine Frage drängt sich auf: w i e i s t d i e T a b e l l e entstanden[1])? wie wäre ihre Fortsetzung zu beschaffen, welche doch, wie wir sahen, bei Zerlegung von Brüchen, deren Zähler die 2 übersteigen, unter Umständen nothwendig wird? Die Vermuthung dürfte eine nicht allzugewagte sein, dass die Tabelle, ein altes Erbstück schon zur Zeit des Ahmes, wohl niemals auf einen Schlag gebildet worden ist. Eine allmälige Entstehung, so dass die Zerlegung bald dieses bald jenes Bruches, bald dieser bald jener Gruppe von Brüchen gelang, dass die gewonnenen Erfahrungen aufbewahrt und gesammelt wurden, dürfte der Wahrheit so nahe kommen, dass man sich berechtigt fühlen möchte, die Mathematik ihrem geschichtlichen Ursprunge nach und ohne in die Streitfragen nach der philosophischen Begründung ihrer einfachsten Begriffe einzutreten eine Erfahrungswissenschaft zu nennen. Jedenfalls kann man auch mit Bezug auf die uns gegenwärtig beschäftigende Tabelle nicht Vorsicht genug gegen die Versuchung üben, allgemeine Methoden aus gegebenen Fällen herauszudeuten, damit man sie nicht vielmehr hineindeute.

Eine allgemeine Methode weist allerdings der Text des Papyrus selbst durch eine der seltenen Stellen, in welchen eine wirkliche Vorschrift gegeben ist, auf. Wir meinen die Aufgabe 61. nach der Nummerirung, mit welcher der Herausgeber des Papyrus die auf die Tabelle folgenden Aufgaben versehen hat. Dort heisst es[2]): „$\frac{2}{3}$ zu machen von einem Bruch. Wenn dir gesagt ist: was ist $\frac{2}{3}$ von $\frac{1}{5}$? so mache du sein Doppeltes und sein Sechsfaches, das ist sein zwei Drittel. Also ist es zu machen in gleicher Weise für jeden gebrochenen Theil, welcher vorkommt."

Um diese Vorschrift zu verstehen, müssen wir uns erinnern, dass zum Anschreiben eines Stammbruches (S. 21) der mit einem Pünktchen versehene Nenner genügte. „Sein Doppeltes" von einem Bruche gesagt heisst demnach: der doppelte Nenner, selbst mit einem Punkte darüber, und ist dem Werthe nach nicht ein Doppeltes sondern ein Halbes. Die erwähnte Vorschrift zeigt also erstlich, dass, wie wir früher vorgreifend gesagt haben, die Zerlegung $\frac{2}{3} = \frac{1}{2}\,\frac{1}{6}$ bekannt war, wenn sie auch in der Tabelle nicht enthalten ist. Sie zeigt ferner, dass man „für jeden gebrochenen Theil, welcher vorkommt", für jedes $\frac{1}{a}$ in gleicher Weise $\frac{2}{3} \times \frac{1}{a} = \frac{1}{2a}\,\frac{1}{6a}$ rechnete. Aber ein Anderes ist immerhin $\frac{2}{3}$ von $\frac{1}{a}$ zu nehmen, ein Anderes 2 durch $3a$ zu theilen!

---

[1]) Eisenlohr, Papyrus S. 30—34 hat sich eingehend mit dieser Frage beschäftigt. Unsere Auseinandersetzung trifft in vielen Punkten mit der dort gegebenen überein, weicht aber auch in einigen nicht ganz nebensächlichen Dingen davon ab. [2]) Ebenda S. 150.

Wir sind nicht berechtigt ohne Weiteres vorauszusetzen, dass man gewusst habe, es sei $\frac{2}{3} \times \frac{1}{a} = \frac{2}{3a}$, also auch $\frac{2}{3a} = \frac{1}{2a}\frac{1}{6a}$. Die Tabelle beweist uns das Vorhandensein dieser Kenntniss, denn sie liefert ausnahmslos bei jedem durch 3 theilbaren Nenner grade diese Zerlegung $\frac{2}{9} = \frac{1}{6}\frac{1}{18}$, $\frac{2}{45} = \frac{1}{30}\frac{1}{90}$, $\frac{2}{93} = \frac{1}{62}\frac{1}{186}$ u. s. w.

Bezieht sich etwa das „also ist es zu machen für jeden gebrochenen Theil, welcher vorkommt" wie auf den Bruch $\frac{1}{a}$ so auch auf $\frac{2}{3}$, oder mit anderen Worten ist auch, wenn p eine von 3 verschiedene Primzahl bedeutet, in der Tabelle eine Verwerthung der Zerlegung von $\frac{2}{p}$ bei der Zerlegung von $\frac{2}{pa}$ ersichtlich? Gibt es ferner eine Zerlegung von $\frac{2}{p}$ selbst, welche zur Zerlegung $\frac{2}{3} = \frac{1}{2}\frac{1}{6}$ eine geistige Verwandtschaft besitzt?

Die zweite dieser Fragen lässt sich sofort bejahend beantworten. Wenn p eine Primzahl ist (und zwar selbstverständlich eine von 2 verschiedene Primzahl), so muss $\frac{p+1}{2}$ eine ganze Zahl sein. Nun ist $\frac{2}{p} = \frac{1}{\frac{p+1}{2}} + \frac{1}{\frac{p+1}{2} \times p}$, und dieser Zerlegungsformel, deren geschichtliche Berechtigung freilich erst im folgenden Bande dieses Werkes zur Sprache kommen kann, entspricht $\frac{2}{3} = \frac{1}{2}\frac{1}{6}$. Ihr folgen ebenso die Zerlegungen der Tabelle unter Annahme von $p = 5, 7, 11, 23$ mit $\frac{2}{5} = \frac{1}{3}\frac{1}{15}$, $\frac{2}{7} = \frac{1}{4}\frac{1}{28}$, $\frac{2}{11} = \frac{1}{6}\frac{1}{66}$, $\frac{2}{23} = \frac{1}{12}\frac{1}{276}$, aber $p = 13, 17, 19, 29, 31, 37, 41, 43, 47, 53, 59, 61, 67, 71, 73, 79, 83, 89, 97$, oder eine Mehrheit von neunzehn Primzahlen gegen fünf beweist, dass es irrig wäre anzunehmen, diese Zerlegungsart sei als Gesetz vorhanden gewesen. Noch weniger fügt sich die Zerlegung der Brüche $\frac{2}{pa}$ einem Gesetze. Wie $\frac{2}{3a} = \frac{1}{2a}\frac{1}{6a}$, hätte man $\frac{2}{5a} = \frac{1}{3a}\frac{1}{15a}$ zu erwarten. Diese Erwartung erfüllt sich nur bei $a = 5, 13, 17$. Die Zerlegung $\frac{2}{7a} = \frac{1}{4a}\frac{1}{28a}$ findet nur statt bei $a = 7, 11$. Die Zerlegung $\frac{2}{11a} = \frac{1}{6a}\frac{1}{66a}$, sollte man vermuthen, könne nur bei $a > 11$ eintreten, also die Ausdehnung der Tabelle überschreiten. Statt dessen gilt sie für $a = 5$, so dass 55 als Vielfaches seines grösseren Faktors 11, nicht seines kleineren Faktors 5 behandelt ist. Noch auffallender ist die Ausnahmestellung, welche $\frac{2}{35} = \frac{1}{30}\frac{1}{42}$ und $\frac{2}{91} = \frac{1}{70}\frac{1}{130}$ einnehmen. Die erstere Zerlegung kümmert sich, nach unserer bisherigen Auffassung betrachtet, weder um den Faktor 5 noch um den Faktor 7 von 35, die letztere um keinen der Faktoren 7 oder 13 von 91. Und doch lassen sich diese Zerlegungen in unter sich gleicher Weise aus jenen Faktoren herleiten. Wenn p und q zwei ungrade Zahlen sind, $\frac{p+q}{2}$ demnach ganzzahlig ausfallen muss, so ist $\frac{2}{p \times q} = \frac{1}{q \times \frac{p+q}{2}} + \frac{1}{p \times \frac{p+q}{2}}$, und setzt man nun $p = 7$, $q = 5$ beziehungsweise $p = 13$, $q = 7$, so erhält man obige Zerlegungen. Soll man hierbei an Zufall, soll man an eine Entstehungsweise denken, wie wir sie in Formel brachten? Wir können ohne Unvorsichtigkeit nur eine Folgerung ziehen, dieselbe die in unserer Besprechung vorgreifend an die Spitze gestellt ward. Nur eine allmälige Entstehung der Tabelle lässt sich denken! Es will nicht in Abrede gestellt werden, dass an einem guten Theile der Zerlegungen mehr oder weniger bewusst gewisse Regeln zur Ausübung gelangten, aber grade deren ebenmässiges, gleichberechtigtes Vorhandensein schliesst wieder rückwärts jede Möglichkeit eines einheitlichen Grundgedankens aus, und sei es auch nur eines solchen wie der, dass wenn thunlich Stammbrüche mit geradem Nenner erscheinen sollen.

Wir schalten noch eine Bemerkung ein, deren Bedeutung erst im 33. Kapitel uns hervortreten wird. Die Aufgabe „theile 2 durch 3" beziehungsweise durch 5, durch 17 u. s. w. lautet ägyptisch *nas* 2 *χent* 3, oder wie der Divisor heissen mag. Von den beiden Kunstwörtern[1]) *nas* und *χent* bedeutet das letztere so viel wie in, unter, zwischen. Das erstere *nas* mit dem Determinativ eines die Hand ausstreckenden Mannes bedeutet anrufen, beten. Ahmes hat aber als Determinativ einen den Finger an den Mund legenden Mann benutzt. Dadurch könnte die Bedeutung „aussprechbar machen" gerechtfertigt werden und es hiesse *nas* 2 *χent* 17 so viel wie „mache 2 aussprechbar in 17". Damit wäre mittelbar behauptet, der Aegypter habe leicht aussprechbare Formen nur für Stammbrüche besessen, während ein Bruch wie $\frac{2}{17}$ oder allgemeiner $\frac{m}{n}$ ihm Schwierigkeiten sogar grammatikalischer Natur bereitete; eine Vermuthung, welche noch ihrer Bestätigung harret.

Wir haben die Anwendung der Tabelle zur Zerlegung von Brüchen, deren Zähler grösser als 2 sind, deutlich zu machen gesucht, haben erkannt, dass diese Anwendung begrifflich leicht in der Ausführung misslich ist. Um so wünschenswerther musste es sein die Zerlegung von Brüchen mit einem besonders oft vorkommenden Nenner ein für alle Mal vorräthig zu haben. Ein solcher Nenner war die bei den

---

[1]) Die hier ausgesprochene Vermuthung ist Eigenthum des Herrn Leon Rodet, der sie uns brieflich unter dem 10. Juli 1879 mittheilte und deren Benutzung in diesem Werke gütigst gestattet hat.

Fruchtmaassen und der Feldereintheilung der Aegypter sehr beliebte Zahl 10, und desshalb wohl ist der grossen Tabelle eine zweite kleinere angeschlossen gewesen, aus deren allerdings sehr lückenhaften Ueberresten[1]) man die Zerlegung der verschiedenen Zehntel in Stammbrüche entziffert hat.

Wir kehren nochmals zur grossen Tabelle zurück. Wenn gleich eine Anleitung zu ihrer Herstellung von uns vermisst wurde, so ist doch ein Beweis der Richtigkeit der einzelnen angegebenen Zerlegungen unter dem Namen *Smot*, Ausrechnung, geführt. Ist etwa die Zerlegung von $\frac{2}{A}$ in die beiden Stammbrüche $\frac{1}{\alpha_1}\ \frac{1}{\alpha_2}$ angegeben, so zeigt die Ausrechnung, dass $\frac{1}{\alpha_1} \cdot A + \frac{1}{\alpha_2} \cdot A$ oder mit anderen Worten der $\alpha_1$te und der $\alpha_2$te Theil von A zusammen die 2 geben. Der Grundgedanke von dieser Ausführung besteht darin, dass zuerst allmälig die immer kleineren aliquoten Theile von A ermittelt werden, und dass ein kleiner Strich, im Drucke durch den Herausgeber übersichtlicher durch ein Sternchen ersetzt, diejenigen Zahlen hervorhebt, welche zusammen die 2 liefern sollen.

So heisst z. B. bei $\frac{2}{7} = \frac{1}{4}\ \frac{1}{28}$ die Ausrechnung[2]):

*		$3\frac{1}{2}$		1	7
	$\frac{1}{2}$				
*	$\frac{1}{4}$	$1\frac{1}{2}$	$\frac{1}{4}$	2	14
*	4	28	$\frac{1}{4}$	4	28

Der Sinn dieser Ausrechnung besteht darin, dass man mit dem Umwege über die Erkenntniss, dass die Hälfte von sieben $3\frac{1}{2}$ beträgt, zu $\frac{1}{4} \times 7 = 1\frac{1}{2}\ \frac{1}{4}$ gelangt. Nicht als ob der Aegypter nicht im Stande gewesen wäre sofort den vierten Theil von 7 zu erkennen, aber die Absicht war offenbar in erster Linie zu zeigen, dass die Hälfte von 7 mehr als 2 beträgt, dass also der Stammbruch $\frac{1}{2}$ bei der Zerlegung von $\frac{2}{7}$ nicht vorkommen kann. Dagegen liefert $\frac{1}{4} \times 7$ nicht die ganzen 2, sondern nur $1\frac{1}{2}\ \frac{1}{4}$. Im Kopfe wird jetzt die Subtraktion $2 - 1\frac{1}{2}\ \frac{1}{4} = \frac{1}{4}$ vollzogen und erwogen, dass dieser Rest durch 7 mal einem zweiten Stammbruche erzeugt werden muss, dessen Nenner folglich 7 mal 4 oder 4 mal 7 sein muss. Das ist die Bedeutung der an zweiter Stelle auftretenden Multiplikation $1 \times 7 = 7$, $2 \times 7 = 14$, $4 \times 7 = 28$.

Man könnte freilich, namentlich mit Beziehung auf die von uns

[1]) Eisenlohr, Papyrus S. 49—53. [2]) Ebenda S. 36.

als im Kopfe ausgeführt behauptete Subtraktion $2 - 1\frac{1}{2}\ \frac{1}{4}$ zweifelhaft sein, ob wir hier nicht Dinge hineinlesen, an welche Ahmes nicht dachte, wenn nicht die Zerlegungen von $\frac{2}{17}, \frac{2}{19}, \frac{2}{37}, \frac{2}{41}, \frac{2}{53}$ als Bestätigungen unserer Darstellung erschienen. Dort, wo die Zerlegung der Tabelle drei Stammbrüche gibt, enthält die Ausrechnung ganz ähnliche Subtraktionen mit ausdrücklicher Erwähnung derselben. Ueberzeugen wir uns bei $\frac{2}{17} = \frac{1}{12}\ \frac{1}{51}\ \frac{1}{68}$. Die Ausrechnung hat folgende Gestalt[1]):

1	17		1	$\frac{1}{17}$	
$\frac{2}{3}$	$11\frac{1}{3}$		2	$\frac{1}{34}$	
$\frac{1}{3}$	$5\frac{2}{3}$		* 3	$\frac{1}{51}$	$\frac{1}{3}$
$\frac{1}{6}$	$2\frac{1}{2}\ \frac{1}{3}$		* 4	$\frac{1}{68}$	$\frac{1}{4}$
* $\frac{1}{12}$	$1\frac{1}{4}\ \frac{1}{6}$	Rest $\frac{1}{3}\ \frac{1}{4}$			

wo die Worte „Rest $\frac{1}{3}\ \frac{1}{4}$" bedeuten, dass $\frac{1}{12} \times 17$ von den verlangten 2 abgezogen noch $\frac{1}{3}\ \frac{1}{4}$ zum Reste lassen.

Statt des so beseitigten Einwurfes droht uns ein zweiter, der die Ausrechnung selbst, den auftretenden Rest, die durch denselben erzwungenen ergänzenden Stammbrüche in Widerspruch setzen möchte gegen unsere Behauptung, eine Ableitungsmethode der Tabelle sei nicht ersichtlich. Und dennoch können wir diese Behauptung aufrecht erhalten. Mag immerhin, wenn der erste Theilbruch der Zerlegung gegeben war, auf den oder die anderen Theilbrüche durch eine Restrechnung geschlossen worden sein, die Wahl des ersten Theilbruches selbst war davon unbeeinflusst, und auf sie kam Alles an. So gibt z. B. die Tabelle $\frac{2}{43} = \frac{1}{42}\ \frac{1}{86}\ \frac{1}{129}\ \frac{1}{301}$. Wollte man zum ersten Theilbruche nur einen solchen wählen, dessen 43faches unterhalb der 2, aber nahe bei ihr lag, so hinderte Nichts folgende Rechnung anzustellen, der wir zum Vergleiche mit den übrigen eine ganz ägyptische Anordnung geben:

1	43	1	43
$\frac{2}{3}$	$28\frac{2}{3}$	2	86
$\frac{1}{3}$	$14\frac{1}{3}$	3	129
$\frac{1}{6}$	$7\frac{1}{6}$	* 6	258

[1]) Ebenda S. 37.

$\frac{1}{12}$	$3\frac{1}{2}\ \frac{1}{12}$	12	516
* $\frac{1}{24}$	$1\frac{1}{2}\ \frac{1}{4}\ \frac{1}{24}$ Rest $\frac{1}{6}\ \frac{1}{24}$	* 24	1032

und man hätte $\frac{2}{43} = \frac{1}{24}\ \frac{1}{258}\ \frac{1}{1032}$ gefunden. Der Rechner muss doch irgend eine Veranlassung gehabt haben mit $\frac{1}{42}$ statt etwa, wie es hier gezeigt wurde, mit $\frac{1}{24}$ zu beginnen, und welches diese Veranlassung war, wissen wir eben nicht. Das heisst wir kennen nicht die Ableitung der Tabelle.

Man fasse übrigens die Ausrechnung auf, wie immer man wolle, der Umstand bleibt jedenfalls bemerkenswerth, dass ein Rest bei ihr zur Rede kommt, dass also eine gegebene Zahl von einer anderen (hier von der Zahl 2) abgezogen wurde, dass man diesem Rest entsprechend eine Ergänzung durch Vervielfachung wieder einer gegebenen Zahl (des Nenners des zu zerlegenden Bruches $\frac{2}{A}$) mit zu suchenden Stammbrüchen zu beschaffen hatte. So sehen wir die Möglichkeit, wenn nicht die Nothwendigkeit einer eigentlichen Ergänzungs- oder Vollendungsrechnung, und eine solche unter dem ägyptischen Namen *Seqem* schliesst sich mit 17 Beispielen unmittelbar an die grosse und die auf letztere folgende kleine Zerlegungstabelle an[1]). Die Seqemrechnung hat es mit multiplikativen und additiven Ergänzungen zu thun, d. h. es wird in den ersten Beispielen gelehrt, womit eine bald aus Brüchen allein, bald aus mit Brüchen verbundenen Ganzen bestehende gegebene Zahl vervielfacht werden muss, es wird in späteren Beispielen gelehrt, wie viel zu einer ähnlichen gegebenen Zahl hinzugefügt werden muss, um einen gegebenen Werth hervorzubringen. Wir könnten kürzer sagen: es wird mit einer gegebenen Zahl in eine andere dividirt, oder aber sie wird von einer anderen subtrahirt, wenn nicht dadurch der Zweck wie die Verfahrungsweise des Aegypters durchaus verwischt würde.

Das Verfahren besteht wesentlich in einer Zurückführung der gegebenen Brüche auf einen gemeinsamen Nenner, die als Hilfsrechnung durch andersfarbige (rothe) Schriftzüge sich hervorhebt, und wobei gewissermassen über unsere moderne Anwendung von Generalnennern hinausgegangen wird, indem man sich nicht versagt, auch solche gemeinsame Nenner zu wählen, in welchen die Nenner der gegebenen Stammbrüche nicht eine ganzzahlige Anzahl von Malen enthalten sind. Maassgebend ist nur, dass jener Generalnenner zur Aufgabe selbst oder zu der bis dahin geführten Rechnung in Beziehung stehe, und nicht etwa Scheu vor zu grossen Generalnennern

[1]) Ebenda S. 53—60.

bestimmt die Wahl desselben. Eine solche Scheu kannte man thatsächlich nicht, wie Aufgabe No. 33. beweist, in welcher 5432 als Generalnenner vorkommt[1]). Zwei von den Seqemrechnungen, No. 23. und No. 13., mögen jene die additive, diese die multiplikative Ergänzung erkennen lassen.

In No. 23. soll $\frac{1}{4}\ \frac{1}{8}\ \frac{1}{10}\ \frac{1}{30}\ \frac{1}{45}$ additiv zu 1 ergänzt werden. Generalnenner wird 45, allerdings ohne dass ein Wort davon verlautete. Es werden eben nur die genannten Stammbrüche durch die Zahlen $11\frac{1}{4}$, $5\frac{1}{2}\frac{1}{8}$, $4\frac{1}{2}$, $1\frac{1}{2}$, 1 ersetzt, und damit ist für den Sachkundigen hinlänglich erklärt, dass Fünfundvierzigstel gemeint sind. Deren Summe $23\frac{1}{2}\frac{1}{4}\frac{1}{8}$ Fünfundvierzigstel bedarf zur Ergänzung auf $\frac{2}{3}$ noch $\frac{6\frac{1}{8}}{45} = \frac{5}{45}\ \frac{1\frac{1}{8}}{45} = \frac{1}{9}\ \frac{1}{40}$; dann fehlt noch $\frac{1}{3}$, mithin ist die ganze Ergänzung $\frac{1}{3}\ \frac{1}{9}\ \frac{1}{40}$.

In No. 13. soll $\frac{1}{16}\ \frac{1}{112}$ multiplikativ zu $\frac{1}{8}$ ergänzt werden. Wohl mit Rücksicht darauf, dass $112 = 7 \times 16$, wird ein grades Vielfaches von 7, nämlich 28, zum Generalnenner gewählt, also $\frac{1}{16} = \frac{1\frac{3}{4}}{28}$, $\frac{1}{112} = \frac{\frac{1}{4}}{28}$ und deren Summe $= \frac{2}{28}$ gesetzt. Diese soll zu $\frac{1}{8} = \frac{3\frac{1}{2}}{28}$ gemacht werden, und das geschieht, indem man die $\frac{2}{28}$ selbst, deren Hälfte $\frac{1}{28}$ und die Hälfte dieser Hälfte $\frac{\frac{1}{2}}{28}$ vereinigt. Mit anderen Worten $\frac{1}{16}\ \frac{1}{112}$ wird durch Vervielfachung mit $1\ \frac{1}{2}\ \frac{1}{4}$ zu $\frac{1}{8}$ vollendet.

Unsere Darstellung des letzten Beispieles gibt uns nicht bloss einen Einblick in eine Seqemaufgabe, sondern in das Dividiren der Aegypter überhaupt, wie es im ganzen Papyrus an den verschiedensten Stellen wiederkehrt, stets den Weg mittelbarer Vervielfältigung wählend, in verwickelteren Fällen zunächst mit einem angenäherten Ergebnisse sich begnügend, welches dann selbst noch nachträglich eine Ergänzung nothwendig macht.

Wenn es in No. 58. heisst[2]): „Mache du vervielfältigen die Zahl $93\frac{1}{3}$ um zu finden 70. Vervielfältige die Zahl $93\frac{1}{3}$, ihre Hälfte $46\frac{2}{3}$, ihr Viertel $23\frac{1}{3}$. Mache du $\frac{1}{2}\ \frac{1}{4}$", so ist die Meinung keine andere, als die, dass jene Hälfte mit $46\frac{2}{3}$ und jenes Viertel mit $23\frac{1}{3}$ zusammen die verlangten 70 geben.

Wenn No. 32. verlangt $1\frac{1}{3}\ \frac{1}{4}$ zu 2 zu machen[3]), so vervielfältigt

[1]) Ebenda S. 73. [2]) Ebenda S. 144. [3]) Ebenda S. 70.

Ahmes die gegebene Zahl zunächst mit $\frac{2}{3}\,\frac{1}{3}\,\frac{1}{6}\,\frac{1}{12}$ (wobei der Umweg erst $\frac{2}{3}$ und dann noch $\frac{1}{3}$ der Zahl statt dieser selbst zu nehmen nur durch den Wunsch erklärt werden kann, bei der weiteren Arbeit möglich viele Multiplikationsergebnisse von $1\,\frac{1}{3}\,\frac{1}{4}$ zu kennen) und bringt die Summe aller dieser Theilprodukte in die Form $1\,\frac{1}{6}\,\frac{1}{12} \times 1\,\frac{1}{3}\,\frac{1}{4} = \frac{285}{144}$. Er will aber $2 = \frac{288}{144}$ erhalten, zu deren Ergänzung noch $\frac{3}{144} = \frac{1}{72}\,\frac{1}{144}$ erforderlich sind. Nun war bei der Gewinnung des angenäherten Produktes $1\,\frac{1}{3}\,\frac{1}{4}$ in die Form $\frac{228}{144}$ gebracht worden. Daraus geht hervor, dass $\frac{1}{228} \times 1\,\frac{1}{3}\,\frac{1}{4} = \frac{1}{144}$ sein muss und $\frac{1}{114} \times 1\,\frac{1}{3}\,\frac{1}{4} = \frac{1}{72}$. Der gesammte gesuchte Quotient ist daher $\frac{2}{1\,\frac{1}{3}\,\frac{1}{4}} = 1\,\frac{1}{6}\,\frac{1}{12}\,\frac{1}{114}\,\frac{1}{228}$.

Wir sind fast unverantwortlich ausführlich in der Darstellung dieser Rechnungsverfahren und ihrer tabellarischen Hilfsmittel gewesen. Möge es uns gelungen sein dem Leser die Denkweise eines ägyptischen Rechners einigermassen zu vergegenwärtigen. Die eine Wahrheit wird wohl sicherlich genügend zu Tage getreten sein, dass Ahmes dieses Handbuch nicht für den ersten Besten, sondern nur für die Ersten und Besten der Rechnungsverständigen seiner Zeit schrieb. Sein Werk setzt das gemeine Rechnen mit ganzen Zahlen durchaus voraus. Es schliesst nicht aus, dass die Zwischenrechnungen unter Anwendung von Hilfsmitteln ausgeführt wurden, von welchen Ahmes nicht redet. Wenden wir uns nunmehr zu den eigentlichen Aufgaben des Papyrus, welchen wir gleichfalls den Stempel eines verhältnissmässig höheren Wissens aufgeprägt finden.

An der Spitze dieser Aufgaben stehen die *Hau*-Rechnungen, die dem Inhalte nach Nichts anderes sind, als was die heutige Algebra Gleichungen ersten Grades mit einer Unbekannten nennt. Die unbekannte Grösse heisst *Hau*, der Haufen, und mit diesem Worte wird nicht bloss bis zu einem gewissen Grade gerechnet, es kommen sogar mathematische Zeichen vor, welche von den gegenwärtig gebräuchlichen sich nur in so weit unterscheiden, als sie ohne Anwendung von zugleich mit ihnen auftretenden Wörtern nicht ausreichen einen nicht misszuverstehenden Sinn herzustellen. Als solche mathematische Hieroglyphen dürfen wir ausschreitende Beine für Addition und Subtraktion nennen. Die Addition wird durch dieselben bezeichnet, wenn die Beine der Zeichnung der Füsse gemäss eben nach der Richtung gehen, wohin auch die Köpfe der Vögel, der

[1]) Ebenda S. 60—88.

Menschen u. s. w. in den dergleichen darstellenden Hieroglyphen schauen, die Subtraktion im entgegengesetzten Falle. Wir nennen ferner ein aus drei horizontalen parallelen Pfeilen bestehendes Zeichen für Differenz. Wir nennen endlich das Zeichen $\lessdot$ in der Bedeutung „das macht zusammen" oder „gleich". Stellen wir einige dieser Aufgaben in ihrem Wortlaute zusammen, welchen wir die Schreibweise als Gleichungen folgen lassen.

No. 24. Haufen, sein Siebentel, sein Ganzes, es macht 19. D. h. $\frac{x}{7} + x = 19$.

No. 28. $\frac{2}{3}$ hinzu, $\frac{1}{3}$ hinweg bleibt 10 übrig. D. h. $\left(x + \frac{2}{3}x\right) - \frac{1}{3}\left(x + \frac{2}{3}x\right) = 10$.

No. 29. $\frac{2}{3}$ hinzu, $\frac{1}{3}$ hinzu, $\frac{2}{3}$ hinweg (?) bleibt 10 übrig. D. h. $\left(x + \frac{2}{3}x\right) + \frac{1}{3}\left(x + \frac{2}{3}x\right) - \frac{2}{3}\left[\left(x + \frac{2}{3}x\right) + \frac{1}{3}\left(x + \frac{2}{3}x\right)\right] = 10$.

No. 31. Haufen, sein $\frac{2}{3}$, sein $\frac{1}{2}$, sein $\frac{1}{7}$, sein Ganzes, es beträgt 33. D. h $\frac{2}{3}x + \frac{x}{2} + \frac{x}{7} + x = 33$.

Das Wesen einer Gleichung besteht nun allerdings weit weniger in dem Wortlaute als in der Auflösung, und so müssen wir, um die Berechtigung unseres Vergleichs zu prüfen, zusehen, wie Ahmes seine Haurechnungen vollzieht. Er geht dabei ganz methodisch zu Werke, indem er die Glieder, welche, wie man heute sagen würde, links vom Gleichheitszeichen stehen, zunächst in eins vereinigt. Freilich thut er das in doppelter Weise, bald so, dass die Vereinigung im Nebeneinanderschreiben der betreffenden Stammbrüche bestehend nur eine formelle ist, z. B. No. 31.: $1\,\frac{2}{3}\,\frac{1}{2}\,\frac{1}{7}\,x = 33$; bald so, dass durch Zurückführung auf einen Generalnenner wirkliche Addition vorgenommen ist, z. B. No. 24.: $\frac{8}{7}x = 19$; No. 28.: $\frac{10}{9}x = 10$; No. 29.: $\frac{20}{27}x = 10$. Im erstgenannten Falle wird sofort durch den Coefficienten der unbekannten Grösse in die gegebene Zahl dividirt, wie eben der Aegypter zu dividiren pflegt, d. h. bei No. 31. man vervielfältigt $1\,\frac{2}{3}\,\frac{1}{2}\,\frac{1}{7}$ so lange bis 33 herauskommen und findet so den freilich Nichts weniger als übersichtlichen Werth des Haufens $14\,\frac{1}{4}\,\frac{1}{97}\,\frac{1}{56}\,\frac{1}{679}\,\frac{1}{776}\,\frac{1}{194}\,\frac{1}{388}$, bei welchem wir nur zu bemerken geben, dass $\frac{1}{56}\,\frac{1}{679}\,\frac{1}{776}$ der aus der Tabelle herrührende Werth von $\frac{2}{97}$ ist. Der zweite Fall eröffnet wieder zwei Möglichkeiten. Entweder man löst $\frac{a}{b}x = C$ indem die Division $\frac{C}{a}$ vollzogen und deren Quotient mit b vervielfacht wird; so in No. 24., wo zuerst 8 in 19 als $2\frac{1}{4}\frac{1}{8}$ mal enthalten und dann 7 mal $2\frac{1}{4}\frac{1}{8}$ als $16\frac{1}{2}\frac{1}{8}$ gefunden wird. Oder aber man dividirt mit $\frac{a}{b}$ in 1 und vervielfacht diesen Quotienten mit C; so wahrscheinlich in den Aufgaben No. 28. und 29. In No. 28. wird nämlich $\frac{1}{10}$ von 10 gesucht und von 10 abgezogen um den Haufen 9 zu finden; wir fassen das so auf, es sei $\frac{\frac{1}{10}}{9} = \frac{9}{10} = 1 - \frac{1}{10}$ gewonnen und dann $1 - \frac{1}{10}$ mal 10 ermittelt worden. Bei No. 29. wird $\frac{\frac{1}{20}}{27}$ oder $\frac{27}{20}$ im Werthe von $1\frac{1}{4}\frac{1}{10}$ berechnet und dieses 10 mal genommen, so dass $13\frac{1}{2}$ als der Haufen erscheint.

Die letztere Methode ist als ägyptisch vollends gesichert durch andere Aufgaben, welche im Papyrus räumlich von den Haurechnungen getrennt von No. 62. an auftreten[1]), und bei welchen sie fast durchgehend in Uebung ist. Diese Aufgaben würden in modernen Uebungsbüchern, in welchen sich regelmässig verwandte Dinge behandelt finden, unter dem Namen der Gesellschaftsrechnungen erscheinen. Die deutlichste derselben, No. 63., hat nach zweifellos richtig hergestelltem Texte folgenden Wortlaut: „Vorschrift zu vertheilen 700 Brode unter vier Personen, $\frac{2}{3}$ für Einen, $\frac{1}{2}$ für den Zweiten, $\frac{1}{3}$ für den Dritten, $\frac{1}{4}$ für den Vierten.“ Als Gleichung geschrieben wäre hier $\frac{2}{3}x + \frac{1}{2}x + \frac{1}{3}x + \frac{1}{4}x = 700$ oder $1\frac{1}{2}\frac{1}{4}x = 700$. Nun wird zwar nicht in ägyptischer Weise mit $1\frac{1}{2}\frac{1}{4}$ in 1 dividirt, aber doch das Ergebniss $\frac{1}{2}\frac{1}{14}$ sofort hingeschrieben, ein Ergebniss, welches der Seqemaufgabe No. 9. entnommen sein kann[2]), woraus zugleich ein weiterer Nutzen dieser Ergänzungsrechnungen und damit eine weitere Begründung der Nothwendigkeit ihrer besonderen frühzeitigen Einübung hervorgeht. Der Wortlaut ist nämlich anknüpfend an den der Aufgabe: „Addire du $\frac{2}{3}\frac{1}{2}\frac{1}{3}\frac{1}{4}$, das gibt nun $1\frac{1}{2}\frac{1}{4}$. Theile du 1 durch $1\frac{1}{2}\frac{1}{4}$, das gibt nun $\frac{1}{2}\frac{1}{14}$. Mache du $\frac{1}{2}\frac{1}{14}$ von 700, das ist 400.“

Unter den Aufgaben der letzterwähnten Gruppe ist No. 66. nicht

[1]) Ebenda S. 151—174; insbesondere S. 159 für die Aufgabe Nr. 63. und S. 165—166 für die Aufgabe Nr. 66. [2]) Ebenda S. 55.

ohne sachliches Interesse, wo aus dem Fettertrage eines Jahres der tägliche Durchschnittsertrag mit Hilfe der Theilung durch 365 ermittelt wird. Die Länge des Jahres zu 365 Tagen führt in Aegypten auf eine sagenhafte Urzeit noch vor König Mena zurück.[1]) Der Gott Thot soll der Mondgöttin im Brettspiele 5 Tage abgewonnen haben, die er den bis dahin in der Zahl von 360 üblichen Tagen des Jahres zulegte. Und wie die Aegypter mindestens als Mitbewerber zu anderen ältesten Kulturvölkern um den Vorrang der Kenntniss der Jahreslänge von 365 Tagen auftreten, so gebührt ihnen ganz gewiss das Erstlingsrecht in der Einführung des Schaltjahres von 366 Tagen, welches nach je drei gewöhnlichen Jahren eintretend eine Ausgleichung der Jahresdaten mit den wirlichen Jahreszeiten zum Zwecke hat. Das Edikt von Kanopus vom 7. März 238 v. Chr. führte diese Einrichtung ein, wenn sie auch bald wieder in Vergessenheit gerieth.[2])

Dem Inhalte und der Art des Auftretens nach hochbedeutsam sind die Aufgaben No. 40, 64, 79 des Papyrus. Ihr getrenntes Vorkommen scheint darauf hinzuweisen, dass der mathematische Zusammenhang derselben für Ahmes nicht deutlich, oder nicht erheblich genug war um die Anordnung der Aufgaben zu beeinflussen. Ihr Gegenstand ist der Lehre von den arithmetischen und den geometrischen Reihen entnommen.

No. 40. „Brode 100 an Personen 5; $\frac{1}{7}$ von 3 ersten das von Personen 2 letzten. Was ist der Unterschied?"[3]) Ahmes will eine arithmetische Reihe von 5 Gliedern gebildet haben, deren grösstes Anfangsglied a, deren negative Differenz $-d$ sei, und welche der Bedingung entspricht, dass $\frac{a+(a-d)+(a-2d)}{7}=(a-3d)+(a-4d)$, oder $11(a-4d)=2d$, beziehungsweise $d=5\frac{1}{2}\times(a-4d)$ sei. Mit anderen Worten der Unterschied der Glieder muss das $5\frac{1}{2}$ fache des niedersten Gliedes betragen, damit der einen ausgesprochenen Bedingung genügt werde, und Ahmes kleidet dieses ohne jede Begründung in die Worte: „Mache wie geschieht, der Unterschied $5\frac{1}{2}$," worauf er die Reihe hinschreibt, welche die 1 als letztes Glied besitzt: 23, $17\frac{1}{2}$, 12, $6\frac{1}{2}$, 1. Allein die Summe s dieser Reihe ist nur 60, während sie nach der anderen ausgesprochenen Bedingung 100 sein soll. Nun ist 100 das $1\frac{2}{3}$ fache von 60, man braucht also nur jedes Reihenglied $1\frac{2}{3}$ mal zu nehmen um beiden Bedingungen

[1]) Maspero-Pietschmann S. 76—77. [2]) Ueber das im April 1866 aufgefundene Edikt von Kanopus vergl. R. Lepsius, das bilingue Dekret von Kanopus. Berlin, 1866. Bd. I. [3]) Eisenlohr, Papyrus S. 90—92.

zugleich gerecht zu werden. Bei Ahmes heisst dieses wieder ohne weitere Begründung „mache du vervielfältigen die Zahl $1\frac{2}{3}$ mal,“ wodurch er zu der richtigen Reihe $38\frac{1}{3}$, $29\frac{1}{6}$, 20, $10\frac{2}{3}\frac{1}{6}$, $1\frac{2}{3}$ gelangt. Wir werden uns dieses Verfahren, zuerst einen falschen Ansatz zu versuchen, um ihn nachträglich zu verbessern, für später zu bemerken haben.

No. 64. „Vorschrift des Abtheilens Unterschiede. Wenn gesagt dir Getreide Maass 10 an Personen 10. Der Unterschied von Person jeder zu ihrer zweiten beträgt an Getreide Maass $\frac{1}{8}$, ist er.“[1]) Hier ist aus der Summe s, der wieder negativ gewählten Differenz $-d$, und der Gliederzahl n das Anfangsglied a der fallenden arithmetischen Reihe zu suchen. Nun ist $a + (a - d) + .. + (a - (n-1)\,d) = s = na - \frac{n(n-1)}{2}d$ und daraus $a = \frac{s}{n} + (n-1) \cdot \frac{d}{2}$ und genau nach dieser Formel lässt Ahmes rechnen. Der Wortlaut mag diese Behauptung begründen. Ahmes schreibt vor: „Ich theile in der Mitte [d. h. ich bilde den mittleren Durchschnitt $\frac{s}{n}$] d. i. 1 Maass. Ziehe ab 1 von 10 Rest 9 [d. h. bilde $n - 1$]. Mache die Hälfte des Unterschiedes [d. h. mache $\frac{d}{2}$] d. i. $\frac{1}{16}$. Nimm es mal 9 [d. i. nimm $\frac{d}{2} \times (n-1)$], das gibt bei dir $\frac{1}{2}\frac{1}{16}$. Lege es hinzu zur Theilung mittleren [d. h. vollziehe die Addition $\frac{s}{n} + \frac{d}{2} \times (n+1)$]. Ziehe ab du Maass $\frac{1}{8}$ für Person jede um zu erreichen das Ende.“

In beiden Aufgaben bedurfte es von uns der Erläuterungen, um die betreffenden Auflösungsmethoden zu rechtfertigen. Ahmes setzt kein Wort von dieser Art hinzu. Das beweist doch mit aller Bestimmtheit, dass die nothwendigen Formeln aus einem anderen Lehrbuche hergenommen sein mussten, oder aber, dass der mündliche Unterricht für die nöthige Erklärung bei solchen Schülern sorgte, die zur Frage: warum macht man das so? reif waren. Keinenfalls konnte der ägyptische Mathematiker, wenn die Anwendung dieses Wortes gestattet ist, in seinem Wissen von arithmetischen Reihen auf die unbewiesenen, ungerechtfertigten Formeln beschränkt gewesen sein, von denen in No. 40. und 64. Gebrauch gemacht ist. Dafür spricht noch weiter das Vorhandensein eines besonderen Ausdruckes Tunnu, die Erhebung, für den Unterschied zweier auf einander folgender Glieder der Reihe.

---

[1]) Ebenda S. 159—162.

Wir haben uns auch noch auf die Aufgabe Nr. 79. für Kenntnisse in der Lehre von den geometrischen Reihen bezogen. Wie weit diese sich erstreckten, ist freilich viel zweifelhafter als bei den arithmetischen Reihen. In der genannten Aufgabe[1]) ist von einer Leiter, Sutek, die Rede, welche aus den Gliedern 7, 49, 343, 2401, 16807 bestehe. Neben diesen Zahlen, offenbar neben den 5 ersten Potenzen von 7, stehen Wörter, die auf deutsch Bild, Katze, Maus, Gerste, Maass heissen. Ob diese Wörter Namen der aufeinanderfolgenden Potenzen sein sollen? Der Herausgeber des Papyrus nimmt es an, und wir fühlen uns weder im Stande ihm zu widersprechen, noch unterstützende Thatsachen für seine Ansicht anzuführen. Mit diesen Gliedern rechnet nun Ahmes. Er addirt sie zu 19607 und findet in einer Nebenrechnung die gleiche Zahl 19607 als Produkt von 7 mal 2801. Allerdings ist nicht gesagt, wie Ahmes grade zu dem Faktor 2801 gelangte, aber andrerseits ist auch nicht in Abrede zu stellen, dass $2801 = \frac{16807 - 1}{7 - 1}$, dass also möglicherweise hier die Kenntniss der Summirungsformel für die geometrische Reihe $a + a^2 + \ldots + a^n = \frac{a^n - 1}{a - 1} \times a$ durchschimmert, wenn auch von einer Gewissheit keine Rede sein kann.

Das wäre etwa der Inhalt des Uebungsbuches des Ahmes, soweit er für die Rechenkunst von Wichtigkeit ist. Bevor wir den geometrischen Theil der Aufgaben zur Sprache bringen und des Metrologischen im Vorbeigehen gedenken, schalten wir hier Erörterungen ein, die sich auf die schriftliche Bezeichnung der Zahlen bei den Aegyptern und auf das Rechnen derselben beziehen.

Dass die Schrift der Aegypter ihren ursprünglichen Charakter als Bilderschrift in den Zeichen, welche zur monumentalen Anwendung kamen, am Reinsten bewahrt hat, braucht gewiss kaum gesagt zu werden. Die Hieroglyphen, eingehauen in die Obelisken und Gedenksteine, aufgemalt auf die Wände der Tempel und der Grabeskammern lassen auf den ersten Blick sich als Zeichnungen von Menschen, von Thieren, von Gliedmaassen, von Gegenständen des täglichen Gebrauches erkennen, wenn sie auch allmälig mit Silben- oder Buchstabenaussprache versehen wurden, welche mit dem dargestellten Bilde oft nur lautlich zusammenhängen. Bei rascherem Schreiben veränderten sich selbstverständlich die Zeichen. Absichtlich oder zufällig abgerundet verschwammen sie bis zur Unerkennbarkeit ihres Ursprunges in rasch hinzuwerfende Züge der hieratischen Schrift. Endlich ist als letzte Erscheinungsweise dieses Abhandenkommens der ersten Umrisse die demotische Schrift zu erwähnen, heute noch die meisten Schwierigkeiten bereitend, bei

[1]) Ebenda S. 202—204.

denen wir uns glücklicherweise nicht aufzuhalten brauchen, da diejenigen Schriftstücke, von denen allein die Rede sein muss, theils in Hieroglyphen an verschiedenen noch zu nennenden Tempelwänden, theils in hieratischer Schrift — so besonders das bisher besprochene Werk des Ahmes — erhalten sind.

Die Richtung der Schrift ist bei Hieroglyphen wechselnd. Man pflegte nämlich auf die Richtung, in welcher der Lesende vorüberschreitend gedacht war, Rücksicht zu nehmen, und so musste bei Inschriften auf zwei Parallelwänden nothwendigerweise auf der Wand zur Rechten des Hindurchgehenden die Schrift von rechts nach links fortschreiten, auf der anderen Wand von links nach rechts. Sämmtliche Hieroglyphen kommen daher bald in einer Form vor, bald in der durch Spiegelung aus jener entstehenden zweiten Form. Man hat sich gewöhnt bei der Wiedergabe der Hieroglyphen im Drucke stets die Form anzuwenden, welche dem Lesen von links nach rechts entspricht. Die hieratische Schrift dagegen führt immer von rechts nach links.[1])

Sollten in hieroglyphischen Inschriften Zahlen dargestellt werden, so standen dazu verschiedene Mittel zu Gebote.[2]) Bald wiederholte man das zu Zählende, wie z. B. in einer Inschrift von Karnak, wo „9 Götter" in der Weise geschrieben ist, dass das Zeichen für Gott neunfach nebeneinander abgebildet ist. Bald schrieb man die Zahlwörter alphabetisch aus, ein höchst wichtiges Vorkommen, da hieraus die Kenntniss des Wortlautes wenigstens in einigen Fällen zu gewinnen war, wozu alsdann Ergänzungen theils aus der Benutzung von Zahlzeichen in Silbenbedeutung, theils aus der koptischen Sprache u. s. w. kamen, so dass man gegenwärtig über eine ziemliche Menge von ägyptischen Zahlwörtern verfügt.[3]) Bei weitem am häufigsten gebrauchten aber die Aegypter bestimmte Zahlzeichen, denen der Franzose Jomard schon während der ägyptischen Expedition 1799 auf die Spur kam, und die er 1812 bekannt machte. Sie stammen meistens aus dem sogenannten „Grabe der Zahlen", das Champollion unweit der Pyramiden von Gizeh auffand, und in welchem dem reichen Besitzer seine Heerden mit Angabe der einzelnen Thiergattungen vorgezählt werden, als 834 Ochsen, 220 Kühe, 3234 Ziegen, 760 Esel, 974 Schaafe.

Die Zeichen sind ihrer Bedeutung nach 1 (𓏺), 10 (𓎆), 100 (𓍢), 1000 (𓆼), 10000 (𓂭); auch ein Zeichen für 100000 (𓆐), für Million (𓁨), sogar für 10 Million (𓍯) ist bekannt geworden.[4])

---

[1]) Maspero-Pietschmann S. 590. [2]) Mathem. Beitr. Kulturl. S. 15. [3]) Eisenlohr, Papyrus S. 13—21. [4]) Hieroglyphische Grammatik von H. Brugsch. Leipzig, 1872, S. 33.

Was die Zeichen darstellen, ist nicht bis zur vollen Sicherheit klar. Dass 1 durch einen senkrechten Stab, 10000 durch einen deutenden Finger, 100000 durch eine Kaulquappe, Million durch einen sich verwundernden Mann zu erklären sei, darin mögen wohl Alle einig sein. Die vier übrigen Zeichen dagegen für 10, 100, 1000, 10 Million sind bald so, bald so gedeutet worden. So hat man beispielsweise in dem Zeichen für 100 bald einen Palmstengel, bald einen Priesterstab, in dem für 1000 bald eine Lotusblume, bald eine Lampe erkennen wollen. Wir sehen von dieser Einzeldeutung als uns nicht berührend ab und schildern nur die Methode, nach welcher mittels dieser Zeichen die Zahlen geschrieben wurden.

Sie ist eine rein additive durch Nebeneinanderstellung oder Juxtaposition, indem das Zeichen der Einheit einer jeden Ordnung so oft wiederholt wird als sie vorkommen sollte. Der leichteren Uebersicht ward dadurch Vorschub geleistet, dass Zeichen derselben Art, wenn mehr als vier derselben auftreten sollten, in Gruppen zerlegt zu werden pflegten, so dass nicht mehr als höchstens vier Zeichen derselben Art dicht nebeneinander geschrieben wurden. Eine derartige Gruppirung scheint übrigens fast aller Orten sich frühzeitig eingebürgert zu haben, selbst bei solchen Völkern, die in ihren mit lauter einfachen Strichen versehenen Kerbhölzern zu der niedrigsten Form eines schriftlichen Festhaltens einer Zahl allein sich aufzuschwingen vermochten.[1] Die Reihenfolge der Zeichen überhaupt und, bei Zeichen derselben Art, der Gruppen gehorcht dem Gesetze der Grössenfolge, welches wir in der Einleitung erläutert haben. Bei den von links nach rechts verlaufenden Hieroglyphentexten steht demnach das Zeichen, beziehungsweise die Gruppe höchster Zahlenbedeutung immer links von den anderen, und umgekehrt verhält es sich bei den Texten entgegengesetzten Verlaufs. Kamen neben den Ganzen auch Brüche vor, so wurden diese selbstverständlich nach den Ganzen geschrieben. Die Bezeichnung der Stammbrüche findet so statt, dass der Nenner in gewöhnlicher Weise geschrieben wird, darüber aber das Zeichen 𓂋 Platz findet, welches *ro* ausgesprochen wird. Nur statt $\frac{1}{2}$ schreibt man 𓐛 und statt des uneigentlichen Stammbruches $\frac{2}{3}$ 𓂚 oder 𓂚

Die hieratischen Zahlzeichen wurden fast ebenso frühzeitig wie die hieroglyphischen bekannt, indem Champollion zwischen 1824 und 1826 aus der überaus reichen ägyptischen Sammlung zu Turin und den Papyrusrollen des Vatikan die Grundlage zu ihrer Entzifferung gewann. Dass auch hier das Gesetz der Grössenfolge für ganze Zahlen wie für Brüche massgebend ist, dass der Richtung der hieratischen

[1] Pott I, S. 8—9; II, S. 53.

Schrift entsprechend das Grössere ausnahmslos rechts von dem Kleineren steht, braucht kaum gesagt zu werden. Zum Schreiben der ganzen Zahlen benutzt die hieratische Schrift beträchtlich mehr Zeichen als die hieroglyphische, weil sie von der Juxtaposition unter sich gleicher Zeichen Abstand nimmt, vielmehr für die neun möglichen Einer, für die ebensovielen Zehner, Hunderter, Tausender sich lauter besonderer von einander leicht unterscheidbarer Zeichen bedient. Sie spart an Raum und stellt dafür höhere Anforderungen an das Wissen des Schreibenden oder Lesenden. Nicht als ob jene Zeichen insgesammt voneinander unabhängig wären. Ein Blick auf die Tafel am Schlusse dieses Bandes genügt, um zu erkennen, dass die Einer mit geringen Ausnahmen sich aus der Vereinigung der betreffenden Anzahl von Punkten zu Strichen und aus der Verbindung solcher Striche zusammengesetzt haben [1]), dass die Hunderter und Tausender aus den Zeichen für 100 und 1000 mit den sie vervielfachenden Einern enstanden sind, dass jene Zeichen für 1000, für 100, auch für 10 den Hieroglyphen entstammen, unter Beachtung des Gegensatzes zwischen einer rechtsläufigen und einer linksläufigen Schrift. Die übrigen Zehner fordern jedoch den Scharfsinn des Erklärers so weit heraus, dass wir darauf verzichten auch nur einen Versuch in dieser Beziehung anzustellen.

Die Hieroglyphe für 10 hat sich, wie man bemerken wird, bei der hieratischen Schrift oben zugespitzt, und so bestätigt sich der Bericht eines wahrscheinlich in Aegypten geborenen griechischen Schriftstellers aus dem Anfange des V. Jahrhunderts nach Chr., Horapollon, welcher mittheilt [2]), die 10 werde durch eine grade Linie dargestellt, an welche eine zweite sich anlehne. Derselbe Schriftsteller sagt auch [3]), die 5 werde durch einen Stern dargestellt, wie gleichfalls von der neueren Forschung bestätigt worden ist, wenn auch dieses Zeichen weniger Zahlzeichen als eigentliche Worthieroglyphe gewesen zu sein scheint.

Bei der hieratischen Schreibweise der Brüche hat das hieroglyphische *ro* sich zu dem Punkte verdichtet, der, wie wir schon wissen, über die ganze Zahl des Nenners gesetzt den Stammbruch erkennen liess. (S. 21.) Den Hieroglyphen von $\frac{2}{3}$ und $\frac{1}{2}$ entsprechen gleichfalls aus ihnen abgeleitete Zeichen. Ausserdem gibt es noch besondere hieratische Zeichen für $\frac{1}{3}$ und $\frac{1}{4}$, deren Ursprung nicht wohl ersichtlich ist, es müsste denn bei dem Zeichen für $\frac{1}{4}$ an die Viertheilung der Ebene durch zwei sich kreuzende Linien gedacht worden sein?

---

[1]) R. Lepsius, Die altägyptische Elle und ihre Eintheilung (Abhandlungen der Berliner Akademie 1865) S. 42. [2]) Horapollon, Hieroglyphica Lib. II. cap. 30. [3]) Horapollon, Hieroglyphica Lib. I. cap. 13.

Die hieratische Schreibweise der ganzen Zahlen insbesondere war nicht systemlos. Sie konnte das Rechnen, namentlich das Multipliciren bedeutend unterstützen, vorausgesetzt, dass man nur eine Kenntniss dessen besass, was als Ergebniss der Vervielfachung der Einer unter einander und der Einheiten verschiedener Ordnung erscheint. Aber eine solche Einmaleinstabelle haben die Aegypter muthmasslich nie besessen. Der Beweis dafür liegt in der Thatsache, dass sie Multiplikationen so gut wie nie auf einen Schlag vollzogen und auch bei der Ermittellung der Theilprodukte den Multiplikator keineswegs nach dekadisch unterschiedenen Theilen zu zerlegen pflegten. Wollte man z. B. das 13 fache einer Zahl bilden, so suchte man nicht etwa das 3 fache und 10 fache, sondern das 1 fache, 2 fache, 4 fache, 8 fache durch wiederholte Verdoppelung und vereinigte dann das 1 fache, 4 fache, 8 fache zum gewünschten Produkte. Der gleiche Kunstgriff reichte aus, wenn Stammbrüche mit Stammbrüchen vervielfacht werden sollten, da vermöge der Schreibart der Brüche hier die Gleichartigkeit mit der Vervielfachung ganzer Zahlen unter einander auf der Hand lag, so dass wir in dieser Bezeichnung der Brüche selbst entweder eine geniale Erfindung oder einen glücklichen Griff, wahrscheinlich das Letztere, zu rühmen haben.

Wir haben an den früher besprochenen Beispielen die Methoden allmäliger Vervielfachung ganzer und gebrochener Zahlen sowohl zum Zwecke eigentlicher Multiplikation, als indirekter Division zur Genüge kennen gelernt. Wir haben (S. 32) hervorgehoben, dass das Handbuch des Ahmes nur für Geübtere geschrieben sein kann, und mögen auch seine Schlussworte[1]): „Fange Ungeziefer, Mäuse, Unkraut frisches, Spinnen zahlreiche. Bitte Ra um Wärme, Wind, Wasser hohes" sich an einen Landmann wenden, mögen die Aufgaben selbst vielfach an die Beschäftigungen eines Landmanns erinnern, Niemand wird desshalb glauben wollen, dass ein gewöhnlicher Landmann Hau- und Tunnurechnungen zu bewältigen im Stande gewesen sei. Neben dem höheren, dem wissenschaftlichen Rechnen kann daher und muss vielleicht an ein Elementarrechnen gedacht werden, dessen Spuren wir anderwärts als in dem Papyrus des Ahmes aufzusuchen haben. Das Meiste, was die Wissenschaft erfand, sickert im Laufe der Jahre, wenn nicht der Jahrhunderte durch die verschiedenen Volksklassen hindurch, allgemeine Verbreitung erst dann erlangend, wenn höhere Bildung schon weit darüber hinaus gegangen ist, oder gar es als falsch erkannt hat. So muss es auch mit dem Rechnen gegangen sein in dem Lande, wo es vielleicht zu Hause war.

Auf die ägyptische Herkunft der Rechenkunst weisen Volkssagen hin, welche von griechischen Schriftstellern uns aufbewahrt wurden. „Die Aegypter", so sagt uns der Eine[2]), „erzählen,

[1]) Eisenlohr, Papyrus S. 223—225. [2]) Diogenes Laertius prooem. s. 11.

sie hätten das Feldmessen, die Sternkunde und die Arithmetik erfunden." Ein anderer hat gehört[1]), der Gott Thot der Aegypter habe zuerst die Zahl und das Rechnen und Geometrie und Astronomie erfunden. Ein dritter[2]) führt die ganze Mathematik auf Aegypten zurück, denn dort, meint er, war es dem Priesterstande vergönnt Musse zu haben. Und wenn Josephus, sei es seinem Nationalstolze eine Genugthuung verschaffend, sei es zum Theil wenigstens der Wahrheit die Ehre gebend, behauptet, die Aegypter hätten die Arithmetik von Abraham erlernt, der sie gleich der Astronomie aus Chaldäa nach Aegypten mitbrachte, so fügt er doch hinzu, die Aegypter seien die Lehrer der Hellenen in dieser Wissenschaft gewesen.[3])

Die Frage ist nun, wie das älteste elementare Rechnen der Aegypter beschaffen war, dasjenige, welches nach unserer Auffassung auch zur Zeit des Ahmes und später noch das allgemein übliche war? Zur Beantwortung dieser Frage stehen uns theils Vermuthungen, theils eine bestimmte Aussage eines zuverlässigen Berichterstatters zu Gebote, und bald auf die einen, bald auf die andere uns stützend glauben wir an ein Fingerrechnen, wissen wir von einem instrumentalen Rechnen der Aegypter.

Das Rechnen an den Fingern, nicht nur so wie es unwillkürlich das Kind schon ausführt, welches zu addirende Zahlen durch ebensoviele ausgestreckte Finger sich versinnlicht, um die Summe vor Augen zu haben, sondern unter einigermassen künstlicher Ausbildung mit bestimmtem Werthe der einzelnen Finger ist (S. 6) bei Völkern nachgewiesen worden, für die wir kaum mehr als die ersten Anfänge von Bildung in Anspruch nehmen dürfen. Wir wollen keinerlei Gewicht darauf legen, dass die Völker, von denen an jener Stelle die Rede war, dem Inneren und dem Süden Afrikas angehören, dass somit bei der nordsüdlichen Richtung, welche auf jenem Erdtheile die Bildung eingehalten zu haben scheint, bei der geringen geistigen Begabung der Negerrassen hier ein solches Durchsickern altägyptischer Methoden, wie wir es eben als naturgemäss schilderten, so langsam von Statten gegangen sein könnte, dass sie erst nach Jahrtausenden in sehr viel südlicheren Breiten ankamen. Derartige Vermuthungen auszusprechen ist nicht ohne Reiz, sie können ein vereinzeltes Mal glücken, aber sie haben darum noch keine Berechtigung. Dagegen war in Aegypten selbst in der ersten Hälfte des V. nachchristlichen Jahrhunderts die Ueberlieferung von einer Zahlenbedeutung des Ringfingers noch vorhanden. Allein umgebogen, während alle anderen Finger gestreckt blieben, habe er den Werth 6 dargestellt, die erste vollkommene Zahl[4]), sei darum auch selbst der Vollkommen-

[1]) Platon, Phaedros pag. 274 m. [2]) Aristoteles, Metaphys. I, 1 in fine. [3]) Josephos, Antiquit. I, cap. 8, § 2. [4]) Ueber den Begriff der vollkommenen Zahl vergl. im 6. Kapitel.

heit theilhaftig worden und habe das Vorrecht erhalten, Ringe zu tragen.[1]) Zu dieser Sage kommen noch alterhaltene Denkmäler. In einer Pariser Sammlung ägyptischer Alterthümer[2]) findet sich eine rechte Hand, an welcher die zwei letzten Finger umgelegt sind. Das kann wenigstens eine Zahlenbedeutung gehabt haben. Ueber die Möglichkeit hinaus bis beinahe zur Gewissheit führen aber Bezeichnungen altägyptischer Ellen[3]), welche in mehreren Exemplaren vorhanden sind. Die Zahlen von 1 bis 5 sind durch die fünf Finger der linken Hand, welche allmälig vom kleinen Finger anfangend ausgestreckt werden — wenigstens wird der Daumen zuletzt ausgestreckt — dargestellt. Zur Bezeichnung der Zahl 6 dient alsdann die rechte Hand mit ausgestrecktem Daumen bei im Uebrigen geschlossenen Fingern, allerdings eine fast überraschende Uebereinstimmung mit der oben berührten Sitte jener von links nach rechts an den Fingern zählenden Negerstämme. Dagegen dürfen wir nicht verschweigen, dass nach diesen sechs Bildern, die an Deutlichkeit Nichts zu wünschen übrig lassen, wieder an verschiedenen Exemplaren sich bestätigend zwei weitere Bilder auftreten, jedes 4 ausgestreckte Finger ohne Daumen darstellend, welche unserer Deutung nicht ferner zu Hilfe kommen, wenn sie derselben auch nicht geradezu widersprechen. Dieser letzten Bilder wegen sahen wir uns zu dem behutsameren „beinahe" veranlasst, welches die Gewissheit des Fingerrechnens als durch die Fingerzahlen auf den Ellen bezeugt einschränken musste.

Mit aller Gewissheit ist uns von dem instrumentalen Rechnen der Aegypter Nachricht zugegangen. „Die Aegypter", so erzählt uns Herodot[4]), der Land und Leute aus eigener Anschauung genau kannte, und der stets unterscheidet, wenn er nur ihm selbst Berichtetes und nicht Erlebtes mittheilt „schreiben Schriftzüge und rechnen mit Steinen, indem sie die Hand von rechts nach links bringen, während die Hellenen sie von links nach rechts führen." Diese Erzählung ist nicht misszuverstehen. Als richtig von uns erkennbar, wo sie der hieratischen Schriftfolge der Aegypter von rechts nach links gedenkt, gewährleistet sie ein Rechnen mit Steinen muthmasslich auf einem Rechenbrette etwa für das Jahr 460 vor Chr. Sie gewährleistet es, was wir in einem späteren Kapitel in Erinnerung bringen werden, für die Griechen mit derselben Sicherheit wie für die Aegypter.

Der Begriff des Rechenbrettes, auf welchem mit Steinen ge-

---

[1]) Macrobius, Convivia Sarturnalia Lib. VII. cap. 13. [2]) *Claude du Molinet, le cabinet de la bibliothèque de Ste. Geneviève.* Paris, 1692. Tab. 9 p. 16. Auf diese sehr interessante Andeutung hat Heinr. Stoy, Zur Geschichte des Rechenunterrichtes 1. Theil, S. 40, Note 3 (Jenaer Habilitationsschrift von 1876) zuerst hingewiesen. [3]) Die Abbildungen bei R. Lepsius, die altägyptische Elle und ihre Eintheilung (Abhandlungen der Berliner Akademie 1865). [4]) Herodot II, 36.

rechnet wird, ist, wenn auch unter bedeutsamen Veränderungen, ein räumlich und zeitlich ungemein verbreiteter. Man kann das Gemeinsame desselben darin finden, dass auf irgend eine Weise unterschiedene Räume hergestellt werden, welche auf irgend eine Weise bezeichnet werden, worauf jedes Zeichen einen Erinnerungswerth erhält, abhängig sowohl von dem Zeichen selbst als von dem Orte, wo es sich findet. Es ist, kann man sagen, ein mnemonisches Benutzen zweier Dimensionen.

In dieser weitesten Bedeutung kann man schon die Quipu oder Knotenschnüre der alten Peruaner[1]) dem Begriffe unterordnen. Die Schnüre waren oft von verschiedener Farbe. Die rothe Schnur bedeutete alsdann Soldaten, die weisse Silber, die grüne Getreide u. s. w., und die Knoten an den Schnüren bedeuteten, je nachdem sie einfach, doppelt, oder noch mehrfach verschlungen waren, 10, 100, 1000 u. s. w. Mehrere Knoten neben einander auf derselben Schnur wurden addirt. Aehnlicher Knotenschnüre bedienten sich die Chinesen, und ihre durch Zeichnung auf Papier übertragene Gestalt bildete die oft missverstandenen Kua's.[2]) Sollen wir alten Einrichtungen, in welchen das genannte Princip zur Erscheinung kam, ganz neue an die Seite stellen, so haben wohl manche unserer Leser eigenthümlich zurechtgeschnittene Kärtchen oder Holztäfelchen gesehen, deren man besonders in Frankreich sich bedient, um bei gewissen Spielen, die auf einem Zählen beruhen und folglich voraussetzen, dass die bei jeder einzelnen Tour erlangten Zahlen aufgeschrieben (markirt) werden, dieses Geschäft durch Umklappen betreffender Abtheilungen zu besorgen.[3]) Wirkliche Rechenbretter sind freilich jene Schnüre und Kärtchen noch nicht.

Das Rechenbrett im engeren Sinne des Wortes setzt voraus, dass der Werth, welchen eine einheitliche Bezeichnung, sei es ein Strich oder ein Steinchen oder was auch immer, an unterschiedenen leicht erkennbaren Stellen erhält, sich nach den auf einander folgenden Stufen des zu Grunde gelegten Zahlensystems verändert, dass also im Decimalsysteme bei wagrechter oder senkrechter Anordnung der Reihen, in welchen die Steinchen gelegt werden, jedes solches Steinchen einer Verzehnfachung unterworfen wird, sofern es von einer Horizontalreihe, beziehungsweise von einer Vertikalreihe, in die benachbarte Reihe gleicher Art verschoben wird. Nur bei Horinzontalreihen kann

---

[1]) Pott II, S. 54. [2]) Duhalde, Ausführliche Beschreibung des chinesischen Reiches und der grossen Tartarei; übersetzt von Mosheim. Rostock, 1747 Bd. II S. 338. Ferner vergl. *Le Chouking un des livres sacrés chinois traduit par le P. Gaubil revu et corrigé par M. de Guignes.* Paris, 1770 an sehr verschiedenen Stellen, die im Register s. v. Koua zu entnehmen sind; die Abbildung S. 352. [3]) Auf die Analogie solcher Zählkärtchen zu Rechenbrettern hat wohl zuerst Vincent in der *Revue archéologique III,* 204 hingewiesen.

ein Hinauf- oder Herunterrücken, nur bei Vertikalreihen eine Verrückung nach Rechts oder nach Links diese Wirkung üben, und diese auf der Hand liegende Nothwendigkeit lehrt uns der erwähnten Aeusserung Herodot's den Beweis entnehmen, dass die Griechen wie die Aegypter sich Rechenbretter mit senkrechten Reihen bedienten. Wie wir die Werthfolge dieser senkrechten Reihen uns zu denken haben, ob in dem Ausspruche Herodots auch darüber nicht misszuverstehende Andeutungen enthalten sind oder nicht, das ist eine Frage höchst untergeordneter Bedeutung gegenüber von der gegen den Rechner senkrechten Gestalt der Reihen, die von geschichtlich grosser Tragweite sich erweisen wird. Es ist klar, dass bei einem eigentlichen Rechenbrette auf dekadischer Grundlage in jeder Reihe höchstens 9 Steinchen Platz finden können, da deren 10 durch 1 Steinchen in der folgenden Reihe ersetzt werden mussten. Darnach ist wohl nicht ganz mit Recht zur festeren Begründung des Thatsache, dass die Aegypter eines Rechenbrettes sich bedienten, auf eine alte Zeichnung Bezug genommen worden. Auf einem bekannten Papyrus hat sich eine Rechnung aus der Zeit des Königs Menephtah I.[1]) erhalten, bei welcher die nachfolgende Figur abgebildet ist.[2]) Der erste Anblick scheint

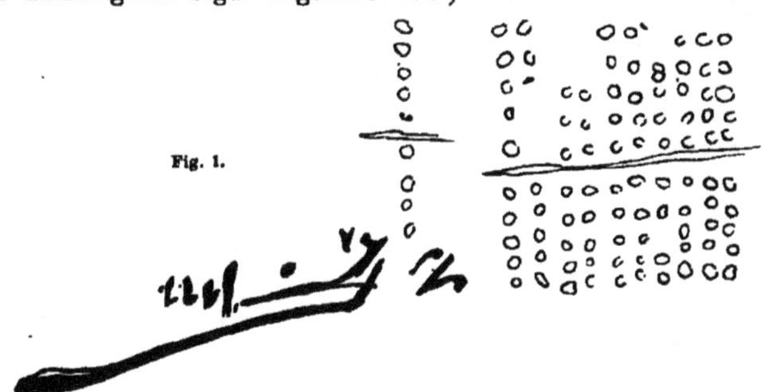
Fig. 1.

ja dafür zu sprechen, dass ein Rechenbrett mit seinen Steinchen dargestellt werden sollte, wenn nicht der Umstand, dass wiederholt 10 Pünktchen in einer Vertikalreihe (ebenso wie auch in einer Horizontalreihe) auftreten, die bedenklichsten Zweifel wachrufen müsste. Abbildungen von Rechnern finden sich unter den fast unzähligen ägyptischen Wandgemälden unseres Wissens nicht. Man stösst wiederholt auf Leute, die sich mit dem Moraspiele beschäftigen[3]) und

[1]) Er gehörte der XIX. Dynastie an und regierte Lepsius zufolge 1341—1321.
[2]) Die Figur stammt von der Rückseite des Papyrus Sallier IV. Aufsätze über den begleitenden Text von Goodwin (Zeitschrift für ägyptische Sprache und Alterthumskunde, Jahrgang 1867 S. 57 figg.) und von De Rougé (ebenda Jahrgang 1868 S. 129 figg.) enthalten kein Wort über die Figur. [3]) Wilkinson, *Manners and customs of the ancient Egyptians*. London, 1837. Vol. I pag. 44 fig. 3 und Vol. II pag. 417 fig. 292.

zu diesem Zwecke Finger beider Hände in die Höhe heben, aber weder das Fingerrechnen, noch das Tafelrechnen scheint veröffentlichende Wiedergabe gefunden zu haben, dürfte also wohl kaum auf bisher entdeckten Gemälden erkannt worden sein.

Kapitel II.

Die Aegypter. Geometrisches.

Wir kehren zu dem Papyrus des Ahmes zurück. Er hat sich als unschätzbare Fundgrube nicht bloss für die Kenntniss des algebraischen Wissens der Aegypter bewährt, auch Vieles andere hat aus ihm geschöpft werden können, worüber hier, wenn auch nicht in gleicher Ausführlichkeit aller Berichte gesprochen werden muss. Nur mit kurzen Worten können wir das Metrologische berühren. Die vergleichende Untersuchung der Maasssysteme, welche den einzelnen Völkern des Alterthums gedient haben, ist gewiss ein Gegenstand von hoher Wichtigkeit und auch dem Mathematiker bis zu einem gewissen Grade sympathisch, allein wie wir Astronomisches von unserer Aufgabe ausgeschlossen haben, so auch verwahren wir uns gegen die Verpflichtung Metrologisches aufzunehmen. Wir müssen uns daran genügen lassen im Vorübergehen zu bemerken, dass nicht bloss die Rechnungsbeispiele vielfache Angaben enthalten, aus welchen das Verhältniss der ägyptischen Maasse in nicht anzuzweifelnder weil durch allzuzahlreiche Beispiele zu prüfender Gewissheit sich ergeben hat, dass sogar in zwei aufeinanderfolgenden Paragraphen, Nr. 80. und 81., die Umrechnung von einem Maasssysteme in ein anderes gradezu gelehrt wird.[1]) Die spätern Nachahmer des Ahmes haben, wie wir sehen werden, ähnliche Maassvergleichungen jederzeit in ihre Schriften aufgenommen.

Unsere eingehendste Beachtung gebührt dagegen den geometrischen Aufgaben des Ahmes, deren Erörterung wir eine vielleicht überflüssige, jedenfalls nicht unwichtige Bemerkung vorausschicken. Uebungsbücher der höheren Rechenkunst von der ältesten bis auf die neueste Zeit herab enthalten fast ausnahmslos neben anderen mannigfachen Beispielen auch solche aus der Geometrie und Stereometrie. Diese erheischen zu ihrer Berechnung gewisse Formeln, und diese Formeln sind als gegeben zu betrachten. An eine Ableitung derselben zu denken, oder gar weil die Ableitung nicht mitgetheilt ist zu argwöhnen, es habe eine solche überhaupt nicht gegeben, als das Uebungsbuch verfasst wurde, fällt Niemand ein. Wir dürfen dem Handbuche des Ahmes mit keiner Anforderung gegenübertreten, die wir sonst

---

[1]) Eisenlohr, Papyrus S. 204—211.

unbillig fänden. Wenn Ahmes sich geometrischer Regeln bedient, so müssen wir auch zu ihm das Zutrauen haben, er werde sie irgendwoher genommen haben, wo auch seine Schüler sich Raths erholen konnten, wir werden also an ein anderes geometrisches Buch glauben, das uns unmittelbar nicht bekannt ist, dessen einstmaliges Vorhandensein aber grade durch jene Formeln mittelbar erwiesen ist, gleichwie die Formeln für Summirung arithmetischer und vielleicht geometrischer Reihen, deren Ahmes sich bedient, uns einen Rückschluss auf in seinem Papyrus übergangene Ableitungsverfahren gestatteten.

Die geometrischen Beispiele des Ahmes lassen zunächst den Flächenraum von Feldstücken finden, deren einschliessende Seiten gegeben sind. Solcher Aufgaben konnte man am Ersten von einem ägyptischen Schriftsteller sich versehen, da, wie wir weiter unten zu zeigen haben, grade die eigentliche Feldmessung in Aegypten zu Hause gewesen sein soll. Damit ist aber freilich nicht gesagt, dass jede Feldmessung von vorn herein eine geometrische gewesen sein muss.

Mag die Nothwendigkeit die Gleichwerthigkeit oder Ungleichwerthigkeit von Feldstücken zu schätzen mit den ersten Streitigkeiten über das Mein und Dein des urbar gemachten Bodens, also mit der Einführung individuellen Grundbesitzes sich ergeben haben, diese Werthvergleichung konnte in mannigfacher Weise erfolgen. Man konnte die Zeit messen, welche zur Bebauung eines Feldstückes nöthig war, das Getreide wägen, welches auf demselben wuchs oder zur Einsaat in dasselbe zu verwenden war, und unsere deutschen Benennungen Morgen[1]) und Scheffel[2]) als Feldmaasse sind Zeugnisse dafür, dass man solche Methoden nicht immer verschmäht hat. Dem Wunsche einer Feldervergleichung mag in anderen Gegenden die Sitte entsprungen sein, den einzelnen Aeckern stets die gleiche Form, die gleiche Grösse zu geben, und ein weiterer Schritt auf diesem Wege der Geistesentwickelung war es, wenn man der Gestalt der Aecker entsprechend Flächenmaasse einführte, die, so viel uns bekannt ist, nirgend eine andere Figur darstellten als die eines Vierecks mit vier rechten Winkeln und in einem einfachen Zahlenverhältnisse zu einander stehenden, wenn auch nicht nothwendig gleichen Seiten, wiewohl an sich ein dreieckiges Maass z. B. ebensogut zu denken war. Auch aus Aegypten wird uns allerdings aus der verhaltnissmässig späten Zeit von mindestens drei Jahrhunderten nach Ahmes Aehnliches gemeldet. Herodot erzählt[3]), der König Sesostris habe die Aecker vertheilt und jedem ein gleich grosses Viereck überwiesen, auch darnach die jährliche

[1]) Pott 1, S. 124. [2]) R. Lepsius, Ueber eine hieroglyphische Inschrift am Tempel von Edfu (Abhandlungen der Berliner Akademie 1855) S. 77. [3]) Herodot II, 109.

Abgabe bestimmt. Sesostris ist Niemand anders als König Ramses II. aus der XIX. Dynastie, der etwa 1407—1341 lebte.

Aber eine irgendwie gestaltete Bodenfläche als Raumgebilde zu betrachten, sie unmittelbar aus ihren Grenzlinien messen zu wollen, das setzte schon gradezu mathematische Gedanken voraus, das war selbst eine mathematische That. In Aegypten hat man diese That vollzogen, muthmasslich zuerst vollzogen, und im Gefolge dieser That muss nothwendig eine mehr oder weniger entwickelte Kenntniss der Eigenschaften der verschiedenartigen Figuren, gewissermassen eine theoretische Geometrie, entstanden sein, mag auch für lange Zeit nur die praktische Feldmessung ihr eigentliches Endziel gewesen sein.

Die Feldstücke, welche Ahmes ausmessen lässt, sind gradlinig oder kreisförmig begrenzt, und die ihrer Genauigkeit nach nicht ganz aus freier Hand, sondern mit Benutzung eines Lineals aber ohne Zirkel angefertigten Figuren lassen deutlich erkennen, dass an gradlinigen Figuren nur gleichschenklige Dreiecke, Rechtecke und gleichschenklige Paralleltrapeze in Betracht gezogen werden sollen.

Das Rechteck bietet in seiner Ausrechnung am wenigsten Ausbeute. Es ist mehr als nur wahrscheinlich, dass, wie die Fläche des Quadrates von 10 Einheiten im Beispiele Nr. 44. zu 100 Flächeneinheiten erkannt war[1]), auch bei ungleichen Seiten des Rechtecks eine Vervielfältigung der beiden Ausmessungen stattfinden musste, aber das Beispiel Nr. 49., welches auf ein Rechteck von 10 Ruthen zu 2 Ruthen Bezug hat, lässt solches nicht erkennen, da wie es scheint durch ein Versehen des Ahmes zu dieser Aufgabe die Auflösung einer ganz anderen sich gesellt hat.[2])

Ein gleichschenkliges Dreieck von 10 Ruthen an seinem Merit, von 4 Ruthen an seinem Tepro bildet den Gegenstand des Beispiels Nr. 51. Die Hälfte von 4 oder 2 wird mit 10 vervielfältigt. „Sein Flächeninhalt ist es.[3])“ Auffallend ist hier die Lage des beigezeichneten gleichschenkligen Dreiecks, auffallend sind die gebrauchten Kunstausdrücke, nicht am wenigsten auffallend ist die Rechnung. Während wir die Gewohnheit haben die Figuren dem sie Anschauenden so symmetrisch als möglich vorzulegen, also bei einem gleichschenkligen Dreiecke die eine ungleiche Seite als Grundlinie unten, die beiden gleichen Schenkel nach aufwärts gerichtet zu zeichnen, hat Ahmes die Strecke 4 vertikal gezeichnet und von deren Endpunkten aus die beiden gleichen Schenkel in der Länge 10 gegen die Richtung der Schriftzeilen, also mit der Spitze nach rechts, zusammentreffen lassen. Die Seite von 4 Ruthen heisst ihm, wie schon angeführt, Tepro, die von 10 Ruthen Merit. Tepro oder der Mund für

---

[1]) Eisenlohr, Papyrus S. 110. [2]) Ebenda S. 122—123. [3]) Ebenda S. 125.

die Weite der Entfernung der Endpunkte zweier an der Feder des Schreibenden vereinigten, von da aus sich öffnenden Geraden ist einleuchtend. Ob aber der Name Merit oder der Hafen auf die Gleichheit der beiden anderen Schenkel, ob er auf die durch die Zeichnung gegebene Lage als obere Linie der Figur, als Scheitellinie sich beziehen soll, kann als ausgemacht hier wenigstens nicht gelten, da weder die eine noch die andere Beziehung eine Erklärung der Wahl gerade dieses Wortes liefert. Wir werden indessen später sehen, dass vermuthlich die Scheitellage mit Merit bezeichnet werden soll. Rücksichtlich der Figur haben wir noch zu bemerken, dass in No. 51. wie in anderen Aufgaben die Zahlen, welche die Längen der auftretenden Strecken messen an diese, der Inhalt mitunter in die Figur geschrieben erscheint. Das Rechnungsverfahren besteht darin, dass, wenn wir den Dreiecksinhalt $\triangle$, die Dreiecksseiten a, a, b nennen wollen, hier

$$\triangle = \frac{b}{2} \times a$$

gesetzt ist. Das ist nun allerdings nicht richtig; es müsste vielmehr

$$\triangle = \frac{b}{2} \times \sqrt{a^2 - \frac{b^2}{4}}$$

heissen, aber zwei Dinge fordern unsere Ueberlegung heraus. Erstlich ist zu erwägen, dass die Ausziehung einer Quadratwurzel eine Rechnungsaufgabe ist, die bei Ahmes nirgend vorkommt, ihm also muthmasslich unbekannt war, so dass die genaue Berechnung unseres Flächeninhaltes ihm geradezu unmöglich war; zweitens dann auch, dass der Fehler, welcher begangen wird, sofern b gegen a nur einigermassen klein ist, kaum in Anschlag kommt. Im Beispiele No. 51. ist die Dreiecksfläche mit 20 Quadratruthen angesetzt. Der richtige Werth ist fast genau $19,^6$ Quadratruthen. Der Fehler beträgt nicht mehr als 2 Procent. Dieses dürfte, natürlich nicht dem Ahmes und seiner Zeit, aber einer späteren Nachkommenschaft wohl als genügende Entschädigung erschienen sein an einem Verfahren festzuhalten, welches in der Rechnung so ungemein bequem und leicht, im Ergebniss kaum als falsch zu bezeichnen war. Wenn der ägyptische Feldmesser, wie wir in diesem Kapitel noch sehen werden, selbst anderthalb Jahrtausende nach Ahmes sich der altfränkischen Flächenformel fortwährend bediente, so konnte er der nicht ganz unbegründeten Meinung sein sich ihrer bedienen zu dürfen.

Die Dreiecksformel $\triangle = \frac{b}{2} \times a$ einmal vorausgesetzt liess mit mathematischer Strenge eine zweite Formel für die Fläche eines gleichschenkligen Paralleltrapezes folgen. Waren dessen beide unter sich gleiche nicht parallele Seiten je a, die parallelen Seiten b_1 und b_2, so musste die Fläche

$$\frac{b_1 + b_2}{2} \times a$$

sein, und dies ist die Formel, nach welcher in No. 52. die Rechnung geführt ist.[1]) Sie setzt nur voraus, dass das Trapez als abgeschnittenes Dreieck beziehungsweise als Unterschied zweier Dreiecke entstanden gedacht ist, und mit dieser Entstehungsweise stimmt die Zeichnung wie die Benennung der einzelnen Strecken überein. Wieder liegt das Trapez so, dass ein a Scheitellinie ist und den Namen Merit führt; wieder heisst die grössere links befindliche Parallele Tepro; und die kleinere Parallele, welche rechts vertikal die Figur abschliesst, führt den unsere Voraussetzung bestätigenden Namen Hak oder Abschnitt.

Die im Papyrus sich nun anschliessenden Aufgaben[2]) No. 53., 54., 55. beziehen sich auf die Theilung von Feldern, stimmen aber mit der einzigen beigegebenen Figur so absolut nicht überein, dass wir ein Errathen der eigentlichen Meinung des Verfassers für ein sehr schwieriges Problem halten, dessen Lösung noch nicht gelungen ist. Von Interesse dürfte, falls die Enträthselung überhaupt möglich ist, die Richtung des in der Figur gezeichneten Dreiecks sein, dessen Spitze nach links hin steht, während sie in den früheren Beispielen rechts war. Ausserdem werden sicherlich die zwei vertikal gezogenen Parallelen von Wichtigkeit sein, welche das ursprüngliche Dreieck in ein Dreieck und zwei Paralleltrapeze zerlegen.

Die Ausmessung des Kreises wird schon in No. 50. vorgenommen.[3]) Sie ist eine wirkliche Quadratur zu nennen, indem sie lehrt ein Quadrat zu finden, welches dem Kreise flächengleich sei, und zwar wird als Seite des Quadrates der um $\frac{1}{9}$ seiner Länge verminderte Kreisdurchmesser gewählt. Wie man zu dieser Vorschrift gekommen sein mag ist nicht entfernt zu errathen. Gesichert ist sie durch wiederholtes Auftreten, gesichert ist auch ihre ziemlich gute Anwendbarkeit, denn sie entspricht einem Werthe

$$\pi = \left(\frac{16}{9}\right)^2 = 3{,}1604\ldots.$$

für die Verhältnisszahl der Kreisperipherie zum Durchmesser, der weitaus nicht der schlechteste ist, dessen Mathematiker sich bedient haben.

Neben den geometrischen Aufgaben hat Ahmes seinen Lesern auch stereometrische vorgelegt. Es handelt sich dabei um den Rauminhalt von Fruchtspeichern und deren Fassungsvermögen für Getreide.[4]) Diese Aufgaben stehen noch vor den eben

[1]) Ebenda S. 127—128. [2]) Ebenda S. 130—133. [3]) Ebenda S. 124 vergl. aber auch die Aufgaben No. 41., 42., vielleicht 43., endlich 48. auf S. 100—109 und S. 117. [4]) Ebenda S. 101—116.

besprochenen geometrischen und geben dadurch deutlich zu erkennen, was wir einleitend in diesem Kapitel berührt haben: dass das Geometrische im Uebungsbuche des Ahmes niemals selbst Zweck der Darstellung, sondern nur Einkleidungsform von Rechenaufgaben ist, denn sonst würde unmöglich die Flächenausmessung des Kreises später erscheinen als die Berechnung des Rauminhaltes eines runden Fruchthauses, bei welcher jene bereits Anwendung findet. In diesen körperlichen Inhaltsaufgaben ist Manches noch unklar. Die eigentliche Gestalt der Fruchthäuser, welche der Berechnung unterworfen werden, ist Nichts weniger als genau bekannt, und wenn auch bienenkorbartige Zeichnungen von Fruchthäusern in ägyptischen Wandgemälden Etwas zur Verdeutlichung beitragen, sie genügen keineswegs, so lange eine geometrische Interpretation jener Zeichnungen fehlt. Soll der Bienenkorb als Halbkugel auf einen Cylinder aufgesetzt, soll er als eine Art von Umdrehungsparaboloid gedacht sein? Ist seine Grundfläche überhaupt kein Kreis sondern eine Ellipse? Das sind Fragen, deren Beantwortung aus den genannten Abbildungen nicht entnommen werden kann und doch auf die Rechnungsweise einen entscheidenden Einfluss ausüben muss. Hier ist also wieder zukünftiger Forschung noch manches Räthsel aufbewahrt, kaum zu lösen, wenn es nicht gelingt, weiteres Material aufzufinden. Bis dahin besteht der Vortheil, den wir aus diesen Beispielen zu ziehen vermögen, nur in den von uns schon angerufenen Bestätigungen der gewonnenen Ansichten über Inhaltsbestimmung des Rechteckes und des Kreises und in der Kenntnissnahme eines Wortes, welches den Aegyptologen auch sonst mannigfach begegnet ist. Eine der Abmessungen, welche bei den Fruchthäusern in Rechnung treten, heisst nämlich Qa, eigentlich die Höhe, wofür auch die Hieroglyphe — ein den Arm hochstreckender Mann — zeugt, dann aber in zweiter abgeleiteter Bedeutung die Richtung grösster Ausdehnung.[1])

Endlich bietet der Papyrus noch eine Gruppe von 5 geometrischen Aufgaben[2]), Nr. 56. bis 60., welche dem heutigen Leser am überraschendsten sein dürften, wenn er in ihnen die Vergleichung von Liniengrössen erkennt, soweit sie zu einem und demselben Winkel gehören, also eine Art von Aehnlichkeitslehre, wenn nicht ein Kapitel aus der Trigonometrie. Es handelt sich um Pyramiden, aber keineswegs um deren körperlichen Inhalt, sondern um den Quotienten der Hälfte einer an der Pyramide vorgenommenen Abmessung getheilt durch eine zweite, und dieser Quotient heisst Seqt, nach aller

---

[1]) Diese abgeleitete Bedeutung hat Brugsch erkannt: Hieroglyphisch-demotisches Wörterbuch S. 1435 und deutlicher betont in der Zeitschrift für ägypt. Sp. u. Alterth. (Jahrgang 1870) Bd. VIII, S. 160. Vergl. auch Eisenlohr, Papyrus S. 280. [2]) Eisenlohr, Papyrus S. 134–149.

Wahrscheinlichkeit eine causative Ableitung von Qet, Aehnlichkeit, also wohl Aehnlichmachung. Was das aber für Abmessungen an den Pyramiden waren, die so in Rechnung gezogen wurden, war von vorn herein aus den blossen Namen Uchatebt, Suchen der Fusssohle, und Piremus, Herausgehen, aus der Säge, keineswegs klar. Der Uchatebt musste zwar offenbar irgendwo am Boden, der Piremus (dessen Name augenscheinlich in dem Munde der Griechen zum Namen des ganzen Körpers wurde)[1]) irgendwo ansteigend gesucht werden, aber dabei gab es noch immer eine gewisse Auswahl. Die richtige Wahl zu treffen gelang dem Herausgeber des Papyrus, nachdem er den glücklichen Gedanken gefasst hatte, den Umstand zu berücksichtigen, dass die noch erhaltenen grossen ägyptischen Pyramiden wesentlich gleiche Winkel besitzen (S. 18), und dass Ahmes wohl auch ihnen ähnliche Körper bei seinen Rechnungen gemeint haben muss. Der von Ahmes errechnete Seqt muss also einem Winkel von etwa 52^0 zwischen der Seitenwand und der Grundfläche des Körpers entsprechen, und das findet nur dann statt, wenn der Piremus die Kante der Pyramide, der Uchatebt die Diagonale der quadratischen Grundfläche bedeutet, wenn also der Seqt das war, was wir gegenwärtig den Cosinus des Winkels nennen, den jene beiden Linien mit einander bilden. War die Grösse dieses Verhältnisses Seqt bekannt, so kannte man damit auch die Winkel, welche an der Pyramide sich zeigen. Man kannte sie freilich nur mittelbar, aber mittelbar ist auch jede andere Ausmessung von Winkeln, ist auch die nach Graden und Minuten, welche zunächst nicht dem Winkel selbst, sondern dem Kreisbogen gilt, der ihn als Mittelpunktswinkel gedacht bespannt. Diese bisherige Auseinandersetzung gilt allerdings nur für die 4 ersten Aufgaben der Gruppe. In der 5. Aufgabe, Nr. 60., ist nicht von einer Pyramide, sondern von einem Grabmale die Rede, welches viel steiler als die Pyramide, mit der es die quadratische Gestalt der Grundfläche übrigens theilt, sich zuspitzt. Die durch einander zu theilenden Strecken heissen hier ganz anders, sind auch muthmasslich andere als bei der Pyramide. Der Seqt endlich scheint hier die trigonometrische Tangente des Neigungswinkels der Seitenwandung des Denkmals gegen den Erdboden zu sein, und eine Uebereinstimmung mit den vorhergehenden Aufgaben findet sich nur in der mittelbaren Ausmessung eines Winkels.

Haben wir nun die Geometrie der Aegypter, so weit sie aus den Rechnungsbeispielen des Ahmes rückwärts erschlossen werden kann, erörtert, so beabsichtigen wir in ähnlicher Weise, wie es für die

---

[1]) Eigentlich sollte man daher die Orthographie „Piramide“ der „Pyramide“ vorziehen, und wir bedienen uns in diesem Werke der landläufigen Schreibart nur mit dem Bewusstsein ihrer Mangelhaftigkeit.

Rechenkunst geschehen ist, zu sammeln, was die Ueberlieferung insbesondere griechischer Schriftsteller, was auch sonstige Denkmäler zur Ergänzung uns bieten. Herodot erzählt[1]), wie schon oben theilweise verwerthet worden ist, Sesostris (also Ramses II.) habe das Land unter alle Aegypter so vertheilt, dass er Jedem ein gleich grosses Viereck gegeben und von diesem seine Einkünfte bezogen habe, indem er eine jährlich zu entrichtende Steuer auflegte. Wem aber der Fluss von seinem Theile etwas wegriss, der musste zu ihm kommen und das Geschehene anzeigen; er schickte dann die Aufseher, die auszumessen hatten, um wie viel das Landstück kleiner geworden war, damit der Inhaber von dem Uebrigen nach Verhältniss der aufgelegten Abgabe steuere. Hieraus, meint Herodot, scheint mir (*δοκέει δέ μοι*) die Geometrie entstanden zu sein, die von da nach Hellas kam. Isokrates gibt an[2]), die Aegypter hätten die Aelteren unter ihren Priestern über die wichtigsten Angelegenheiten gesetzt, die Jüngeren dagegen überredeten sie mit Hintansetzung des Vergnügens, sich mit Sternkunde, Rechenkunst und Geometrie zu beschäftigen. Platon hat häufig von der Mathematik der Aegypter gesprochen und einmal[3]) besonders hervorgehoben, dass bei jenem Volke schon die Kinder in den Messungen unterrichtet würden zur Bestimmung von Länge, Breite und Tiefe. Eine andere platonische Stelle[4]), in welcher gleichzeitig der Rechenkunst gedacht ist, und einen allgemein gehaltenen Ausspruch des Aristoteles[5]) haben wir im vorigen Kapitel unter den Belegen für das hohe Alter ägyptischer Rechenkunst angeführt. Heron von Alexandria lässt, was Herodot als ihm eigenthümliche Vermuthung äussert, vielleicht im Hinblick auf eben diesen damals schon seit vierthalb Jahrhunderten verstorbenen Schriftsteller zur alten Ueberlieferung werden[6]): Die frühste Geometrie beschäftigt sich, wie uns die alte Ueberlieferung lehrt, mit der Messung und Vertheilung der Ländereien, woher sie Feldmessung genannt ward. Der Gedanke einer Messung nämlich ward den Aegyptern an die Hand gegeben durch die Ueberschwemmung des Nil. Denn viele Grundstücke, die vor der Flussschwelle offen dalagen, verschwanden beim Steigen des Flusses und kamen erst nach dem Sinken desselben wieder zum Vorschein, und es war nicht mehr möglich über das Eigenthum eines Jeden zu entscheiden. Dadurch kamen die Aegypter auf den Gedanken der Messung des vom Nil blossgelegten Landes. Diodor stimmt gleichfalls überein.[7]) Die Aegypter, sagt er, behaupten, von ihnen sei die Erfindung der Buchstabenschrift und die Beobachtung der Gestirne ausgegangen; ebenso seien von ihnen die Theoreme

[1]) Herodot II, 109. [2]) Isokrates, Busiris cap. 9. [3]) Platon, Gesetze pag. 819. [4]) Platon, Phaedros pag. 274. [5]) Aristoteles, Metaphys. I, 1 in fine. [6]) Heron Alexandrinus (ed. Hultsch). Berlin, 1864, pag. 138. [7]) Diodor I, 69 und die Hauptstelle I, 81.

der Geometrie und die meisten Wissenschaften und Künste erfunden worden. An einer etwas späteren ausführlicheren Stelle fährt er fort: Die Priester lehren ihre Söhne zweierlei Schrift, die sogenannte heilige und die, welche man gewöhnlich lernt. Mit Geometrie und Arithmetik beschäftigen sie sich eifrig. Denn indem der Fluss jährlich das Land vielfach verändert, veranlasst er viele und mannigfache Streitigkeiten über die Grenzen zwischen den Nachbarn; diese können nun nicht leicht ausgeglichen werden, wenn nicht ein Geometer den wahren Sachverhalt durch direkte Messung ermittelt. Die Arithmetik dient ihnen in Haushaltungsangelegenheiten und bei den Lehrsätzen der Geometrie; auch ist sie denen von nicht geringem Vortheile, die sich mit Sternkunde beschäftigen. Denn wenn bei irgend einem Volke die Stellungen und Bewegungen der Gestirne sorgfältig beobachtet worden sind, so ist es bei den Aegyptern geschehen; sie verwahren Aufzeichnungen der einzelnen Beobachtungen seit einer unglaublich langen Reihe von Jahren, da bei ihnen von alten Zeiten her die grösste Sorgfalt hierauf verwendet worden ist. Die Bewegungen und Umlaufszeiten und Stillstände der Planeten, auch den Einfluss eines jeden auf die Entstehung lebender Wesen und alle ihre guten und schädlichen Einwirkungen haben sie sehr sorgfältig beachtet. Die gleiche Ueberlieferung finden wir bei Strabon.[1] Es bedurfte aber einer sorgfältigen und bis auf das Genauste gehenden Eintheilung der Ländereien wegen der beständigen Verwischung der Grenzen, die der Nil bei seinen Ueberschwemmungen veranlasst, indem er Land wegnimmt und zusetzt und die Gestalt verändert und die anderen Zeichen unkenntlich macht, wodurch das fremde und eigene Besitzthum unterschieden wird. Man muss daher immer und immer wieder messen. Hieraus soll die Geometrie entstanden sein.

Wir haben unsere Gewährsmänner, deren Lebenszeit etwa von 460 v. Chr. bis auf Christi Geburt sich erstreckt, chronologisch geordnet, woraus erschlossen werden kann, wie viel etwa die späteren derselben von ihren Vorgängern entnommen haben mögen ohne aus dem lebenden Quell fortdauernder volksthümlicher Sage zu schöpfen. Einem Schriftsteller des II. nachchristlichen Jahrhunderts werden wir im nächsten Kapitel, anderen späteren Schriftstellern an andrer Stelle das Wort geben, wo es um die Uebertragung der Geometrie nach Griechenland sich handeln wird. Nur einen der frühsten griechischen Zeugen für das Alter und für die Bedeutsamkeit ägyptischer Geometrie müssen wir jetzt noch nachträglich hören, den wir oben zwischen Herodot und Isokrates, wohin er seiner Lebenszeit nach gehörte, absichtlich zurückstellten, weil seine Aussage von so hervor-

[1] Strabon Lib. XVII, cap. 3.

ragender geschichtlicher Wichtigkeit ist, dass sie einer besonderen Erörterung bedarf.

Demokrit sagt[1]) nämlich um das Jahr 420: „Im Construiren von Linien nach Maassgabe der aus den Voraussetzungen zu ziehenden Schlüsse hat mich Keiner je übertroffen, selbst nicht die sogenannten Harpedonapten der Aegypter.“

Dass Harpedonapten ein griechisches Wort mit der Bedeutung Seilspanner sei, ist merkwürdigerweise von dem Verfasser des besten griechischen Wörterbuches übersehen worden.[2]) Allein auch die richtige Uebersetzung reicht zum Verstehen jenes Satzes nicht aus, wenn man nicht weiss, wer jene Seilspanner waren, denen Demokrit in seinem ruhmredigen Vergleiche ein hochehrendes Zeugniss geometrischer Gewandtheit ausstellt, und worin ihre Obliegenheiten bestanden. Beides ist bis zu einem gewissen Grade aus ägyptischen Tempelinschriften zu erkennen, welche von geschätzten Aegyptologen veröffentlicht worden sind.[3]) Die Tempel mussten in gleicher Weise wie die Pyramiden orientirt werden, und die Richtung nach Norden, deutlicher ausgedrückt nach dem Eintrittspunkte des Siebengestirnes um eine gegebene Zeit wurde beobachtungsweise festgestellt. „Ich habe gefasst den Holzpflock (*nebi*) und den Stil des Schlägels (*semes*), ich halte den Strick (*χa*) gemeinschaftlich mit der Göttin *Sạfech*. Mein Blick folgt dem Gange der Gestirne. Wenn mein Auge an dem Sternbilde des grossen Bären angekommen ist und erfüllt ist der mir bestimmte Zeitabschnitt der Zahl der Uhr, so stelle ich auf die Eckpunkte Deines Gotteshauses.“ Das sind die Worte, unter denen der König auf den Inschriften der Tempel die genannte Handlung vollzieht. Er schlägt mit der in seiner rechten Hand befindlichen Keule einen langen Pflock in den Erdboden und ein Gleiches thut ihm gegenüber *Sạfech* die Bibliotheksgöttin, die Herrin der Grundsteinlegung. Es ist klar, dass die diese beiden Pflöcke verbindende Grade die Richtung nach Norden, den Meridian des Tempels, be-

---

[1]) Clemens Alexandrinus, Stromata ed. Potter I, 357: *γραμμέων συνθέσιος μετὰ ἀποδείξιος οὐδείς κώ με παρήλλαξεν, οὐδ' οἱ Αἰγυπτίων καλεόμενοι Ἀρπεδονάπται.* [2]) Cantor, Gräkoindische Studien (Zeitschr. Math. Phys. Bd. XXII. Jahrgang 1877. Histor. literar. Abtheilung S. 18 und Note 68). [3]) Brugsch, Ueber Bau und Maasse des Tempels von Edfu (Zeitschr. f. ägypt. Spr. u. Alterth. Bd. VIII) und hieroglyphisch-demotisches Wörterbuch S. 327 und 967. An letzterer Stelle ist übrigens nur bemerkt, dass das ägyptische *hunu* = Feldmesser, Geometer sei. Von einem Seilspannen oder gar von einer Erinnerung an das griechische *ἀρπεδονάπται* ist dabei keine Rede. Ferner vergl. Dümichen in der Zeitschr. f. ägypt. Spr. u. Alterth. Bd. VIII und besonders dessen umfangreiche Schrift: Baugeschichte des Denderatempels und Beschreibung der einzelnen Theile des Bauwerkes nach den an seinen Mauern befindlichen Inschriften. Strassburg, 1877.

zeichnet, dass durch sie die gewünschte Orientirung des Grundrisses zur Hälfte vollzogen ist. Allerdings nur zur Hälfte! Die Wandungen des Tempels sollen senkrecht zu einander stehen, und demgemäss ist es nicht weniger nothwendig in einer zweiten Handlung diese mehr geometrische als astronomische Bestimmung zu treffen.

Man kann nun leicht mit der Antwort bereit sein, die ägyptischen Zimmerleute hätten gleich ihren heutigen Handwerksgenossen massive rechte Winkel besessen. Ein solcher ist z. B. auf einem Wandgemälde eine Schreinerwerkstätte darstellend[1]) deutlich abgebildet (Figur 2). Wohl. Aber die Richtigkeit dieses Werkzeuges musste doch selbst verbürgt, musste irgend einmal irgendwie geprüft sein, und das scheint immerhin in letzter Linie eine geometrische Construction vorauszusetzen, die vermuthlich bei so feierlichen Gelegenheiten wie die Gründung eines Tempels stets auf's Neue vollzogen wurde. Dass es so geschah liegt vielleicht in der Mehrzahl „die Eckpunkte Deines Gotteshauses" angedeutet, welche der König, wie wir gehört haben, aufstellt. Die Art der Bestimmung freilich verschweigt, so viel wir wissen, die Gründungsformel. Grade dazu diente nun, wenn uns ein Analogieschluss, dessen Ausführung wir auf einige ziemlich späte Kapitel dieses Bandes verschieben müssen, nicht irre leitet, das Seil, das um die Pflöcke gezogen war, das das eigentliche Geschäft der Seilspanner bezeichnend ihnen den Namen verlieh.

Fig. 2.

Denken wir uns, gegenwärtig allerdings noch ohne jede Begründung, den Aegyptern sei bekannt gewesen, dass die drei Seiten von der Länge 3, 4, 5 zu einem Dreiecke verbunden ein solches mit einem rechten Winkel zwischen den beiden kleineren Seiten bilden, und denken wir uns die Pflöcke auf dem Meridian um 4 Längeneinheiten von einander entfernt. Denken wir uns ferner das Seil von der Länge 12 und durch Knoten in die entsprechenden Abtheilungen 3, 4, 5 getheilt, so leuchtet ein (Figur 3), dass das Seil an dem einen Knoten gespannt, während die beiden anderen an den Pflöcken anlagen, nothwendigerweise einen genauen rechten Winkel zum Meridiane an dem einen Pflocke hervorbringen musste.

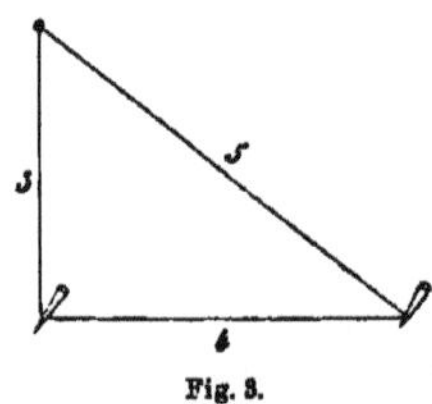

Fig. 3.

War dieses die Hauptaufgabe der Harpedonapten, zu deren Amtsgeheimniss es gehören mochte, die Pflöcke wie die Knoten an den richtigen Stellen anzubringen, wodurch wenigstens eine zweckdienliche Erklärung für das Stillschweigen der Inschriften über ihre Verfahrungsweise gegeben wäre, so konnte in der That ihnen der Ruhm „der Construction von Linien" zugesprochen werden, so waren sie in

[1]) Wilkinson, *Manners and customs of the ancient Egyptians.* Vol. III, pag. 144.

Besitz der Mysterien der Geometrie, die nicht jedem sich enthüllten, so wird es begreiflich, wie ihre Handlungen in den Wandgemälden dem Könige selbst in Verbindung mit einer Göttin beigelegt wurden.

Die Operation des Seilspannens ist ein ungemein alte. Man hat deren Erwähnung auf einer auf Leder geschriebenen Urkunde des Berliner Museums gefunden, wonach sie bereits unter Amenemhat I. stattfand.[1]) Vielleicht ist es gestattet hier nochmals daran (S. 20) zu erinnern, dass Ahmes in den einleitenden Worten seines Papyrus sich darauf beruft, er arbeite nach dem Muster älterer Schriften, und dass es vielleicht König Amenemhat III. war, unter dessen Regierung jene ältern Schriften verfasst wurden. Ist diese Annahme wirklich richtig, so würden wir wenigstens keinen Anstand nehmen die Möglichkeit solcher Kenntnisse, wie wir sie soeben für die Harpedonapten in Anspruch nahmen, schon in der XII. Dynastie, welcher die Amenemhat angehörten, zuzugestehen. Einer Zeit, welche die Winkellehre so weit ausgebildet hatte, dass sie den Seqt berechnete, können wir auch die Kenntniss des rechtwinkligen Dreiecks von den Seiten 3, 4, 5 zutrauen, die wesentlich erfahrungsmässig gewonnen worden sein wird, ohne dass irgendwie an einen strengen geometrischen Beweis in unserem heutigen Sinne des Wortes gedacht werden müsste.

Ueberhaupt zerfällt, wie wir meinen, grade dem Seqt gegenüber jeder Versuch die Geometrie der Aegypter auf eine blosse Flächenabschätzung zurückzuführen, während Winkeleigenschaften oder Verhältnisse von Strecken ihr fremd gewesen seien, von selbst, ohne dass es mehr nöthig wäre, gegen diese Zweifel eines überwundenen Wissensstandpunktes mit eingehender Widerlegung sich zu wenden. Dagegen ist um so erklärlicher, was ein später griechischer Schriftsteller von den Schülern des Pythagoras sagt[2]), was aber gewiss richtig auch auf seine Lehrer, die Aegypter, gedeutet worden ist, dass sie die Winkel als bestimmten Göttern geweiht ansahen, und dass der dreiartige Gott die erste Ursache zur Reihe der gradlinigen Figuren in sich begreife.

Eine mindestens nicht ganz zu verwerfende Bestätigung uralter geometrischer Kenntnisse bei den Aegyptern können wir noch beifügen.[3]) Wenn aus den ältesten Zeiten auf Wandgemälden Figuren

---

[1]) Dümichen, Denderatempel S. 33. [2]) Proclus Diadochus, Commentar zum I. Buche der euklidischen Elemente ed. Friedlein. Leipzig, 1873, pag. 130 und 155. Auf diese Stellen hat allerdings in der Absicht sie gegen eine wissenschaftliche Geometrie der Aegypter zu verwerthen Friedlein aufmerksam gemacht: Beiträge zur Geschichte der Mathematik II. Hof, 1872, S. 6. [3]) Zur Anstellung der hier folgenden Untersuchung regten uns einige Bemerkungen von G. J. Allman an: *Greek Geometry from Thales to Euclid* im V. Bd. der Hermathena. Dublin, 1877, pag. 169, Note 20 und pag. 186, Note 31.

von geometrischer Entstehung sich erhalten haben, so spricht deren Vorhandensein gewiss dafür, dass man mit solchen Zeichnungen sich damals beschäftigte. Ja man kann es wohl einleuchtend nennen, dass ein wirklicher Mathematiker, welcher dieselben, vielleicht Jahrhunderte nach ihrer Anfertigung, häufig, täglich zu Gesicht bekam, fast nothwendig darauf hingewiesen werden musste, über Eigenschaften dieser Figuren, die ihm noch nicht bekannt waren, nachzudenken. Glücklicherweise besitzen wir nun in einem mit Recht wegen seiner Treue und Zuverlässigkeit berühmten Bilderwerke[1]) eine überreiche Menge von Figuren der genannten Art, von denen nur einige wenige, und zwar der leichteren Herstellung wegen ohne die bunten Farben des Originals und in anderem Maassstabe, hier wiedergegeben werden mögen. Schon zur Zeit der V. Dynastie, der unmittelbaren Nachfolger der Pyramidenkönige, wurde in der Todtenstadt von Memphis eine aus in einander gezeichneten verschobenen Quadraten (Fig. 4) gebildete Verzierung angewandt. Das Quadrat

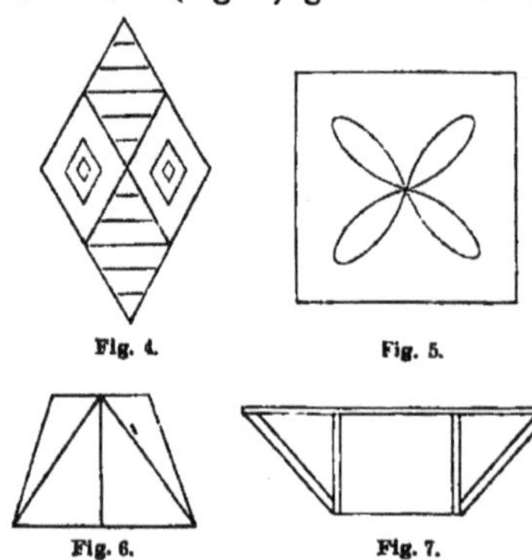

Fig. 4. Fig. 5. Fig. 6. Fig. 7.

mit seinen zu Blättern ergänzten Diagonalen (Fig. 5) findet sich von der XII. bis zur XXVI. Dynastie vielfach. Das gleichschenklige Paralleltrapez kommt in Varianten, welche auf die Zerlegung in anderweitige Figuren sich beziehen (Fig. 6 und 7) als Zeichnung von unteren Theilen eines Ständers für Waschgefässe und dergleichen fast zu allen Zeiten vor. Ein höchst merkwürdiges Gewebemuster (Fig. 8) kann als Vereinigung zweier sich symmetrisch durchsetzender Quadrate definirt werden. Unterbrechen wir hier die Angabe geometrischer Figuren aus ägyptischen Wandgemälden und schalten wir zunächst den Bericht über eine für uns ungemein werthvolle Entdeckung ein.

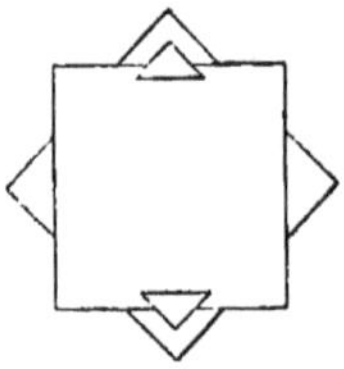

Fig. 8.

Die Aegypter pflegten die Wände, auf welchen sie Reliefarbeiten anbringen wollten, in lauter einander gleiche Quadrate zu zerlegen und mit deren Hilfe die Umrisse des Einzuhauenden zu zeichnen. Eine unvollendet gebliebene Kammer in dem sogenannten Grabe Belzoni, das ist in dem Grabe Seti I., des Vater Ramses II. aus der

[1]) *Prisse d'Avennes, Histoire de l'art Egyptien d'après les monuments.*

XIX. Dynastie, zeigt dieses ganz deutlich.[1]) Es wäre thörig hierin bewusste Anfänge eines Coordinatensystems erkennen zu wollen, aber eben so thörig wäre es zu verkennen, dass in dieser ausgeprägten Gewohnheit eine geometrische Proportionenlehre so weit enthalten ist, dass wir den verkleinernden, unter Umständen, wo es um Götterfiguren sich handelte, auch den vergrössernden Maassstab angewandt finden. Es kann fast auffallen, dass die Aegypter nicht noch einen Schritt weitergingen und die Perspektive erfanden. Bekanntlich ist von dieser bei ägyptischen Gemälden keine Spur vorhanden, und mag man religiöse oder was immer sonst für Gründe dafür in Anspruch nehmen, immer bleibt geometrisch ausgedrückt die Thatsache: die Aegypter übten nicht die Kunstfertigkeit die zu bemalende Wand als zwischen dem sehenden Auge und dem abzubildenden Gegenstande eingeschaltet zu denken und deren Durchschnittspunkte mit den Sehstrahlen nach jenem Gegenstande durch Linien zu vereinigen.

Wir kehren zu den Figuren geometrischer Art zurück, und zwar zu solchen, bei welchen die Kreislinie vorkommt. Durch Durchmesser in gleiche Kreisausschnitte getheilte Kreise kommen vielfach vor, und zwar ist bei Zierrathen die häufigste Theilung die durch 2 oder 4 Durchmesser in 4 oder 8 Theile, während auf Gefässen, welche von asiatischen Tributpflichtigen Königen der XVIII. Dynastie, etwa den Zeitgenossen des Schreibers Ahmes, überbracht werden, die Theilung des Kreises durch 6 Durchmesser in 12 Theile (Figur 9) ausnahmslose Regel ist. Wagenräder haben insbesondere seit Ramses II. aus der XIX. Dynastie fast regelmässig 6 Speichen, und Räder mit 4 Speichen kommen ganz selten vor. Eine Theilung des Kreises in 10 gleiche Theile durch 5 Durchmesser oder in 5 Theile durch 5 vom Mittelpunkte ausgehende Strahlen ist unserem darnach suchenden Auge nicht begegnet.

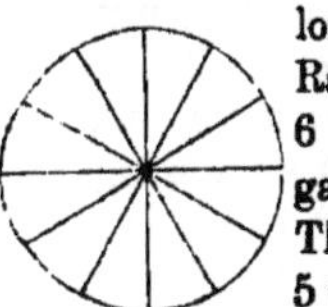
Fig. 9.

Wollen wir über wirklich geometrische Ueberbleibsel in ägyptischer Sprache, nicht über Zeichungen, aus welchen mehr oder minder gewagte Rückschlüsse auf geometrisches Wissen gezogen werden müssen, berichten, so haben wir plötzlich ungemein tief in der Zeitfolge hinabzugreifen bis zu den Inschriften des Tempels des Horus zu Edfu in Oberägypten[2]), in welchen der Grundbesitz der Priesterschaft dieses Tempels vermessen und angegeben ist. Die Pflocklegung dieses Tempels wurde nach alterthümlicher Sitte am

[1]) Wilkinson, *Manners and customs* III, pag. 313 und ebendesselben *Thebes and Egypt* pag. 107. [2]) R. Lepsius, Ueber eine hieroglyphische Inschrift am Tempel von Edfu (Abhandlungen der Berliner Akademie 1855, S. 69–114).

23. August 237 v. Chr. vollzogen.[1]) Die aufgezeichneten Grundstücke und deren Schenkung beziehen sich auf König Ptolemäus XI., Alexander I., dessen Regierung durch Gewaltthätigkeiten an Bruder und Mutter errungen und bewahrt von 107 bis 88 dauerte, in welch letzterem Jahre er selbst durch den mit Waffengewalt zurückkehrenden Bruder zur Flucht genöthigt wurde. Um das Jahr 100 v. Chr. wurden also die betreffenden Messungen angestellt, nicht weniger als 200 Jahre nachdem in Alexandria auf ägyptischem Boden und unter dem Schutze eines Königs von Aegypten Euklid gelebt und gelehrt hatte, dessen Name jedem Gebildeten bis zu einem Grade bekannt ist, der uns verstattet seiner als Maassstab für das mathematische Wissen seiner Zeit auch in diesem Kapitel schon uns zu bedienen. Damals gab es unzweifelhaft eine weit vorgeschrittene theoretische Geometrie, aber die Praxis der Feldmessung liess sich an den altherkömmlichen Formeln genügen. Wir haben dieses Festhalten an gewohnten, bequemen, eine Wurzelausziehung vermeidenden Methoden schon früher (S. 49) angekündigt. Wir haben es bis zu einem gewissen Grade gerechtfertigt und die Unbedeutendheit des begangenen Fehlers in Betracht gezogen. Es ist möglich gewesen aus den sich an einander anschliessenden Maassen der Edfuinschrift eine sehr wahrscheinliche Zeichnung der dort beschriebenen Ländereien anzufertigen[2]), und dieser Plan lässt erkennen, wie wenig die durch Hilfslinien hergestellten viereckigen Abtheilungen von Rechtecken sich unterscheiden, bis zu welchem Grade der Genauigkeit trotz Anwendung der alten Formeln man gelangte. In der Häufung jener Hilfslinien, in der Zerlegung des zu messenden Feldes in immer zahlreichere immer kleinere Theile lag die Verbesserung, welche ein Festhalten der Regeln der Urahnen gestattete, und diese Verbesserung war selbst keine Neuerung, sie hatte ihr Vorbild schon in dem Werke des Ahmes. Wir können die Ehrenrettung der Feldmesser zur Zeit von Ptolemäus XI. gewissermassen vollenden, indem wir an die Scheu vor Wurzelausziehungen erinnern, welche heute noch untergeordneten Beamten des Katasterwesens anzuhaften pflegt und sie wenigstens für vorläufige Flächenschätzung die sogenannten verglichen abgenommenen Maasse anwenden lässt, d. i. eben das altägyptische Verfahren seinem Hauptgedanken nach.

Wenn wir sagten, in den Edfuinschriften seien die Formeln angewandt, welche uns aus dem Uebungsbuche des Ahmes bereits bekannt sind, so müssen wir diese Aussage dahin ergänzen, dass eine weitere theoretisch noch missbräuchlichere Ausdehnung jener Formeln hinzugekommen und eine nicht ganz unbedeutende Gedankenverschiebung bei ihnen eingetreten ist.

---

[1]) Dümichen in der Zeitschr. f. ägypt. Spr. u. Alterth. Bd. VIII, S. 7.
[2]) R. Lepsius l. c. Tafel VI.

Die Formeln des Ahmes waren $\frac{b}{2} \times a$ und $\frac{b_1+b_2}{2} \times a$ für die Flächeninhalte des gleichschenkligen Dreiecks und des gleichschenkligen Paralleltrapezes. Die erstere Formel blieb in Geltung, und wenigstens in den im Drucke veröffentlichten Edfuinschriften sind andere als gleichschenklige Dreiecke nicht genannt. Bei den Vierecken aber ist die Bedingung, dass es gleichschenklige Paralleltrapeze seien, deren Fläche man berechnen wolle, abhanden gekommen. Die Anzahl so gestalteter Vierecke überwiegt allerdings auch in Edfu, aber neben ihnen kommen ganz willkürliche Vierecke mit den Seiten a_1, a_2, b_1, b_2 vor, wo die beiden durch a und dessgleichen die beiden durch b benannten Seiten einander gegenüberliegen sollen, und deren Fläche berechnet sich auf

$$\frac{a_1+a_2}{2} \times \frac{b_1+b_2}{2}.$$

So z. B. 16 zu 15 und 4 zu $3\frac{1}{2}$ macht $58\frac{1}{8}$; $45\frac{1}{4}$ zu $33\frac{1}{2}\frac{1}{4}$ und 17 zu 15 macht 632; $9\frac{1}{2}$ zu $10\frac{1}{2}$ und $24\frac{1}{2}\frac{1}{8}$ zu $22\frac{1}{2}\frac{1}{8}$ macht $236\frac{1}{4}$ u. s. w.

Die angekündigte Gedankenverschiebung besteht aber in Folgendem. Ahmes, das suchten wir aus der muthmasslichen Entstehung der Formeln, aus dem beim Vierecke gebrauchten Namen Hak, Abschnitt, für die eine Seite zu begründen, ging aus vom Dreiecke und liess das Trapez durch Abstumpfung jener ursprünglichen Figur entstehen. Jetzt hat die Sache sich umgekehrt. Das Viereck ist die zu Grunde liegende Figur geworden, das Dreieck entsteht aus ihm als besonderer Fall, indem eine Vierecksseite verschwindet. Nicht von Dreiecken mit den Seiten 5, 17, 17 oder 2, 3, 3 ist in Edfu die Rede, sondern von Figuren mit den Seiten 0 zu 5 und 17 zu 17, beziehungsweise 0 zu 2 und 3 zu 3, deren Flächen alsdann $42\frac{1}{2}$ und 3 sind.[1]) Das Wort Null wird, wie wir wohl zum Ueberflusse bemerken, nicht etwa durch ein besonderes Zahlzeichen, sondern durch eine aus zwei Bildchen sich zusammensetzende hieroglyphische Gruppe mit der Aussprache Nen dargestellt, welche gewöhnlich verneinende Beziehungen ausdrückt, hier die als Dingwort ausgesprochene Verneinung, das Nichts. An eine Zahl Null ist in keiner Weise zu denken.

Fassen wir in eine ganz kurze Uebersicht den Hauptinhalt der beiden von ägyptischer Mathematik handelnden Kapitel zusammen. Die Aegypter besassen, wie wir quellenmässig belegen konnten, schon im Jahre 1700 v. Chr., wahrscheinlich sogar bereits ein halbes Jahr-

---

[1]) Die hier erwähnten Beispiele vergl. bei Lepsius l. c. S. 75, 79, 82. Auf letzterer Seite findet sich die Rechtfertigung der Null.

tausend früher eine ausgebildete Rechenkunst mit ganzen Zahlen und Brüchen, wobei letztere stets als Stammbrüche geschrieben wurden, wenn auch der Begriff gewöhnlicher Brüche, wie aus der Zurückführung auf Generalnenner hervorgeht, nicht fremd war. Die Aufgaben, welche so der Rechnung unterbreitet wurden, gehören dem Gebiete der Gleichungen vom ersten Grade mit einer Unbekannten an; wobei die Wort-Einkleidung eine von einer Aufgabengruppe zur anderen wechselnde ist. Als Gipfelpunkte erscheinen nach moderner Auffassung Beispiele aus dem Gebiete der arithmetischen, vielleicht der geometrischen Reihen. Beispiele aus der Geometrie und Stereometrie gewählt lassen erkennen, dass in jener frühen Zeit die Aegypter einen nicht ganz unglücklichen Versuch gemacht hatten den Kreis in ein Quadrat zu verwandeln, dass ihre Berechnung des Flächeninhalts von gleichschenkligen Dreiecken und von als Abschnitte von Ersteren erhaltenen gleichschenkligen Paralleltrapezen von Näherungsformeln Gebrauch machte, ohne dass wir freilich irgend eine Auskunft darüber zu geben vermochten, ob man beim Kreise, ob man bei jenen gradlinig begrenzten Figuren sich bewusst war nur Angenähertes zu erhalten, oder ob man an die genaue Richtigkeit der Ergebnisse glaubte, und wie man zu denselben gelangt war. Des Weiteren haben wir gesehen, dass man es liebte, wohl auch für nothwendig hielt, gegebene Figuren zum Zwecke der Ausmessung durch Hilfslinien in andere Figuren von einfacherer Begrenzung zu zerlegen, und diese Uebung zu allen Zeiten beibehielt, gleichwie es mit den alten Näherungsformeln für die Flächen von Dreiecken und Vierecken der Fall war. Endlich ist festgestellt, dass in gleich grauem Alterthume, bis zu welchem aufwärts wir die Flächenberechnung verfolgen können, auch eine Vergleichung von Strecken zum Zwecke des Aehnlichmachens, d. h. zur Wiederholung desselben Winkels an verschiedenen Raumgebilden stattfand. Neben dieser quellenmässig gesicherten Wissenschaft lernten wir die Ueberlieferung kennen, welche Geometrie und Rechenkunst heimathlich auf Aegypten zurückführt, welche das bürgerliche Rechnen der Aegypter uns muthmasslich als Fingerrechnen, mit aller Bestimmtheit als Rechnen mit Steinchen kennen lehrt. Auch aus Figuren des täglichen Gebrauches durften wir geometrische Schlüsse ziehen, Handlungen, die mit der Tempelerbauung verbunden waren, durften wir erörtern und gelangten so zu der wahrscheinlichen Folgerung, dass neben jenen geometrischen Vorschriften, welche den Rechnungen dienten, auch solche bestanden, die auf Constructionen sich bezogen und namentlich die Zeichnung eines rechtwinkligen Dreiecks durch die gegebenen Längen seiner drei Seiten ermöglichten. Eine deutliche Darlegung dieser von uns vermutheten Vorschriften ist ebensowenig bekannt wie die vorher vermisste Ableitung der Flächenformeln, ebensowenig wie die Begründung der von Ahmes angewandten Formel für Auffindung des Anfangsgliedes einer geometrischen Reihe aus ihrer Summe, ihrer Gliederzahl und ihrer Differenz. So kommt man unabweislich zur Annahme eines noch nicht wieder aufgefundenen theoretischen Lehrbuches der Aegypter neben dem neuerdings bekannt gewordenen Uebungsbuche. Nicht als ob wir an eine Theorie im modernen Sinne dächten. Beweise werden meistens inductiv, wohl auch auf Grund sehr ungenügender Induction geführt worden sein, wenn man nicht gar den Augenschein für hinreichend hielt jeglichen Beweis zu ersetzen. Dagegen vermuthen wir, wie hier vorgreifend bemerkt werde, eine regelmässig wiederkehrende Form des Lehrbuches, unterschieden von der des Uebungsbuches und nur darin mit letzterer zusammentreffend, dass auch sie sich forterbte, gleichwie die Form des Uebungsbuches so gut wie ohne jede Veränderung in griechischer Nachbildung sich erhielt. Wir werden in späteren Kapiteln auf diese Meinung, auf diese Behauptung zurückkommen müssen, um die Letztere zu beweisen und dadurch der Ersteren eine Stütze zu verleihen.

II. Babylonier.

Kapitel III.

Die Babylonier.

In ziemlich gleichem Maasse, wie das Stromgebiet des Nils, welches der Durchforschung zu allen Zeiten so Vieles und Wunderbares enthüllt hat, wusste das Land, welches zwischen Euphrat und Tigris gelegen ist, die Aufmerksamkeit der Gelehrten auf sich zu ziehen. Hier in Chaldäa gaben die durch Jahrtausende aufgehäuften Trümmerhügel eine ähnlich werthvolle Ausbeute wie dort die in Stein gehauenen Gräber, die verschütteten Palastkammern Babylons eine ähnliche wie die unter günstigeren Verhältnissen aufrecht gebliebenen Tempel Aegyptens. Aber einen wesentlichen Unterschied hat die Forschung mit ziemlicher Bestimmtheit nachzuweisen vermocht. In Aegypten ist es im Grossen und Ganzen eine einzige Entwicklung eines einheitlichen Volkes, die von Ort zu Ort, von Tempel zu Tempel sich verfolgen lässt. In Chaldäa begegnen wir den Ueberresten mehrerer, mindestens zweier Nationen, die sich feindlich bekämpften, um schliesslich in ein Mischvolk überzugehen, dessen Bildung uns nur Wahrscheinlichkeitsschlüsse dafür gestattet, welchem der Urstämme wir diesen oder jenen Bestandtheil des später gemeinsamen Wissens gutschreiben sollen.

Neuere Völkerkunde hat die Gegend der Hochebene Pamir[1]), etwa unter dem 38. Grade nördlicher Breite und dem 90. Grade östlicher Länge gelegen, als das in Wirklichkeit freilich Nichts weniger als paradiesische Paradies der orientalischen Sagen erkannt. Vier Gewässer fliessen von ihr nach den vier Himmelsrichtungen ab, der Indus, der Helmund, der Oxus, der Yaxartes. Von dort zunächst, muthmasslich noch weiter von Nordosten, von den Abhängen des erzreichen Altaigebirges, drangen Skythenvölker turanischen Stammes, ihrem Hauptbestandtheile nach Sumerier[2]), herab, eine bereits ziemlich entwickelte mathematische Bildung mit sich bringend, wie wir nachher sehen wollen. Sie setzten sich fest auf dem Hochlande von Iran, besonders in dem nördlichsten Theile, der später Medien genannt wurde. Die Sumerier drangen dann weiter südlich bis nach

[1]) Maspero-Pietschmann S. 128. [2]) Diesen Namen erkannt zu haben gehört zu den zahlreichen Verdiensten von J. Oppert. Ueber die Wanderung der Sumerier vergl. Maspero-Pietschmann S. 131.

Chaldäa vor. Und ein zweites Volk kam ebendahin.[1]) Es war gleichfalls im Osten, aber weiter südlich aufgebrochen. Es kam der Ueberlieferung gemäss aus dem Lande Kusch, welches man in Baktrien zu suchen hat. Es führte demnach den Namen der Kuschiten und hat auf seinem Wege diesen Namen auf das Gebirge des Hindukusch übertragen, welches das Hochland von Iran, wo wir die Turanier Niederlassungen gründend fanden, von den Ebenen der Bucharei trennt. Die Sumerier sprachen eine jener sogenannten agglutinativen Sprachen, in welchen alle möglichen Beziehungen vermittelst neuer Bestandtheile bezeichnet werden, die sich mit den Wurzeln nie verschmelzen, also nie das hervorbringen, was man Beugung zu nennen pflegt. Die Sprache der Kuschiten dagegen war dem Hebräischen und Arabischen sehr nahe verwandt, sie war eine semitische Sprache, und die Meisten nehmen auch geradezu an, Semiten und Kuschiten seien nur zwei zu verschiedenen Zeiträumen zur Gesittung gelangte Theile ein und derselben Rasse.

Die erste Begegnung von Sumeriern und Kuschiten auf chaldäischem Boden gehört in die vorgeschichtliche Zeit, ein Wort, dessen Geltungsgebiet gegen früher weit zurückverlegt ist, seitdem die Entzifferungskunde alter Denkmäler gestattet hat, selbst als mythisch geltende Zustände und Ereignisse näher zu beleuchten. Aber so weit man auch die Ziele der Geschichtswissenschaften stecken mag, sie reichen nicht weiter als schriftliche Aufzeichnung, und solche sind uns in Chaldäa nur aus der Zeit der erfolgten Vereinigung jener Volkselemente erhalten, geben über die Vereinigung selbst keinen Aufschluss. Dagegen wissen wir aus einheimischen und fremden schriftlichen Denkmälern Mancherlei über die Schicksale des Mischvolkes. Sein staatlicher Verband blieb keineswegs unverändert, Hauptstädte und Fürstengeschlechter wechselten. Auf Ninive folgte Babylon, auf dieses wieder Ninive als Herrschersitz. Das altassyrische, das babylonische, das zweite assyrische Reich lösten einander in geschichtlicher Bedeutung ab, in bald siegreichen, bald ungünstig verlaufenden Kämpfen unter einander und mit den Nachbarvölkern, den Hebräern, den Phönikern, den Ägyptern, bis endlich das Perserreich Alles verschlang.

Wir haben einheimische Schriftdenkmäler erwähnt. Deren Schrift war, wie man annimmt, ursprünglich eine Bilderschrift, welche aber vermöge der gewählten Unterlage eine eigenthümliche Umbildung erfuhr. In Aegypten rundeten sich die hieroglyphischen Bilder, mit dem Schreibrohre auf Papyrus übertragen, allmälig ab. In Chaldäa dagegen ritzte man die Schriftzüge mittels eines Griffels in eine gleichviel wie zur nachträglichen Erhärtung gebrachte Thonmasse ein,

[1]) Maspero-Pietschmann S. 141 figg.

und dadurch entstanden in Winkeln an einander stossende Eindrücke, welche man bei der Wiederauffindung nicht unglücklich als keilförmig bezeichnet hat; es entstand die Keilschrift. Die meisten Fachgelehrten glauben, die Keilschrift sei bereits den Sumeriern eigenthümlich gewesen, doch mag sie entstanden sein, wo sie wolle, darüber ist kein Zweifel, dass sie in Chaldäa einer semitischen Sprache dienstbar wurde, die somit wundersam genug von links nach rechts, statt wie in allen anderen Fällen von rechts nach links zu lesen ist, eine Erscheinung, auf welche wir gleich jetzt bei Erörterung der Zahlzeichen der Keilschrift hinweisen müssen.[1] Das Princip der Grössenfolge wird nämlich ihr entsprechend, wo es zur Geltung kommt, veranlassen, dass wir die Zahlzeichen, welche den höheren Werth besitzen, stets links von denen zu suchen haben, welche mit niedrigerem Werthe behaftet durch Addition mit jenen verbunden sind.

Unter den vielfältigen Vereinigungen, welche aus keilförmigen Eindrücken sich bilden lassen, sind es vornehmlich drei, welche beim Anschreiben ganzer Zahlen benutzt wurden, der Vertikalkeil 𒁹, der Horizontalkeil ►, der aus zwei mit dem breiten Ende verschmolzenen, die Spitzen nach rechts oben und unten neigenden Keilen zusammengesetzte Winkelhaken 𒌋. Der Vertikalkeil stellte die Einheit, der Winkelhaken die Zehenzahl dar, und diese Elemente addirten sich durch Nebeneinanderstellung. Theils aus Gründen der Raumersparung, theils aus solchen der besseren Uebersehbarkeit wurden oft mehrere Keile oder Winkelhaken über einander in zwei bis drei Reihen abgebildet, stets höchstens drei Zeichen in einer Reihe. Blieb bei dieser Art der Zerlegung ein einzelnes Element übrig, so wurde dasselbe meistens in breiterer Form unter den übrigen beigefügt. Vielleicht kam auch die Beifügung eines solchen einzelnen Zeichens rechts von den übrigen vor, wie es durch das Gesetz der Grössenfolge gestattet war, während ein additives Einzelelement links neben anderen in Reihen verbundenen gleichartigen Elementen jenem Gesetze widersprochen haben würde. Mit diesen Bemerkungen erledigt sich die schriftliche Wiedergabe sämmtlicher ganzer Zahlen unter 100, aber von dieser Zahl an, deren Zeichen ein Vertikalkeil mit rechts folgendem Horizontalkeile 𒁹► ist, tritt eine wesentliche Veränderung ein. Zwar die Richtung der Zeichen im Grossen und Ganzen, also der Hunderter, Zehner, Einer, bleibt wie vorher von links nach rechts abnehmend, aber neben der Juxtaposition der Zahltheile verschiedener Ordnung erscheint plötzlich ein vervielfachendes Verfahren, indem links vor das Zeichen von 100 die kleinere Zahl gesetzt wird, welche

---

[1]) Wir haben diesen Gegenstand ausführlich und mit Verweisung auf Quellenschriften schon früher behandelt: Math. Beitr. Kulturl. S. 28 flgg. Unsere gegenwärtige theilweise wörtlich übereinstimmende Darstellung dürfte dem heutigen etwas veränderten Standpunkte des Wissens über diese Dinge entsprechen.

andeutet, wie viele Hundert gemeint sind. Die Vermuthung wird dadurch sehr nahe gelegt, es sei in Folge dieses multiplicativen Gedankens, dass 1000 durch Vereinigung des Winkelhakens, des Vertikal- und Horizontalkeils 𒌋𒁹𒀸 als 10mal 100 dargestellt werde. Aber dieses 1000 wird dann selbst wieder als neue Einheit benutzt, welche kleinere multiplicirende Coefficienten links vor sich nimmt. Gemäss der Deutung unserer Assyriologen kamen sogar „ein mal tausend" vor, d. h. multiplicatives Vorsetzen eines einzelnen Vertikalkeils links von dem Zeichen für 1000, und jedenfalls erscheint 10mal 1000 als die gesicherte Bedeutung von 𒌋𒌋𒁹𒀸, welches man nicht etwa 20mal 100, d. i. 2000 lesen darf. Vielfache von 10 000 werden als Tausender bezeichnet, mithin 30 000 als 30mal 1000, 100 000 als 100mal 1000, indem 30, beziehungsweise 100 links von 1000 geschrieben sind. Eine höchst bedeutsame Thatsache tritt dabei zu Tage, diejenige nämlich, dass die Babylonier das Bewusstsein der Einheiten verschiedener dekadischer Ordnungen in viel höherem Maasse hatten, als ihre Bezeichnungsweise der Zehntausender vermuthen lässt. Wer besondere Zeichen für 10 000, für 100 000 zur Verfügung hat, wird natürlich 127 000 in $100\,000 + 2 \cdot 10\,000 + 7 \cdot 1000$ zerlegen, von den Babyloniern dagegen, denen solche besondere Zeichen fehlten, wäre mit höherer Wahrscheinlichkeit ein Anschreiben in der Form $127 \cdot 1000$ zu erwarten. Nichts desto weniger bedienten sie sich jener für sie viel umständlicheren, aber mathematisch durchsichtigeren Schreibweise. Wenigstens ist 36 000 in der Form $30 \cdot 1000 + 6 \cdot 1000$ wahrscheinlich gemacht und 120 000 in der Form $100 \cdot 1000 + 20 \cdot 1000$ sicher gestellt. Bis zur Million scheint die Zahlenschreibung der Keilschrift sich nicht erstreckt zu haben; zum Mindesten sind keine Beispiele davon bekannt.[1])

Von Brüchen ist eine Bezeichung der verschiedenen Sechstel also $\frac{1}{6}, \frac{1}{3}, \frac{1}{2}, \frac{2}{3}, \frac{5}{6}$ nachgewiesen worden, deren Entstehung nicht ersichtlich ist.[2]) Von den wichtigen Sexagesimalbrüchen müssen wir nachher in anderem Zusammenhange reden.

Wir haben soeben gesagt, die Million sei bisher noch nicht aufgefunden worden. Müssen wir bei diesem Ausspruche das Wort „bisher" besonders betonen, oder dürfen wir in der That eine solche Beschränkung des Zahlbegriffes annehmen? Für die grosse Menge der Bevölkerung scheint uns die letztere Annahme nicht bloss keine Schwierigkeit zu haben, sondern allgemein verbreitete Noth-

---

[1]) *Ménant*, *Exposé des éléments de la grammaire assyrienne.* Paris, 1868, pag. 81: *Les inscriptions ne nous ont pas donné, jusqu' ici du moins, de nombre supérieur aux centaines de mille; le signe qui représente un million nous est encore inconnu.* [2]) Oppert, *Étalon des mesures assyriennes.* Paris, 1875, pag. 35.

wendigkeit zu sein. Bis auf den heutigen Tag, wo doch mit den Wörtern Million und sogar Milliarde nicht gerade haushälterisch umgegangen wird, ist der Begriff, wie viele Einheiten zu einer Million gehören, keineswegs vielen Menschen geläufig. Mancherlei Verdeutlichungen müssen diesen Begriff erst klar stellen. So hat z. B. am 13. Juni 1864 die Direktion des londoner Krystallpalastes den 10jährigen Bestand jenes Gebäudes feierlich begangen. Damals wurde bekannt gemacht, dass in jenem ersten Jahrzehnt der Palast von 15 266 882 Menschen besucht worden war, und um eine Veranschaulichung der Massenhaftigkeit dieser Zahl zu gewähren, liess man auf weisses Baumwollzeug eine Million schwarzer Punkte drucken. Jeder Punkt war $\frac{3}{16}$ Zoll breit und nur $\frac{1}{8}$ Zoll von dem nächsten Punkte erfernt; und doch bedeckten jene Punkte einen Flächenraum von 225 Fuss Länge auf 3 Fuss Breite, den Fuss zu zwölf Zoll gerechnet. Dass in den jedenfalls weit geringfügigeren Verkehrsverhältnissen einer um Jahrtausende zurückliegenden Zeit die Höhe der Zahlen noch viel früher zu einer Vergleichungslosigkeit verschwimmen musste, welche wir eine dunkle Ahnung des mathematischen Unendlichgrossen nennen würden, wenn wir nicht befürchteten dadurch die Meinung zu erwecken, als solle dadurch diesem Unendlichgrossen selbst ein solches Uralter verschafft werden, ist nur selbstverständlich.

Vielfache Stellen biblischer Schriften, die nach dem Exile unter der Einwirkung babylonischer Kultur entstanden zu sein scheinen, geben der Vermuthung Raum, dass nur die beiden grossen Zahlen 1000 und 10 000, sowie deren Vervielfältigung zur Schätzung allergrösster Vielheiten benutzt wurden. Saul hat Tausend geschlagen, David aber Zehntausend[1]), heisst es in bewusster Steigerung. Tausend mal tausend dieneten ihm, und Zehntausend mal zehntausend standen vor ihm[2]) heisst es an anderer Stelle, und noch auffallender bei dem Psalmisten: Der Wagen Gottes ist Zehntausend mal tausend.[3]) Auch steht nicht im Widerspruche, wenn der sterbende König David seine Schätze aufzählend erklärt: Siehe ich habe in meiner Armuth verschafft zum Hause des Herrn hunderttausend Centner Goldes und tausend mal tausend Centner Silbers[4]), denn die Unmöglichkeit diese concreten Zahlen buchstäblich zu nehmen, zwingt zur Auffassung, nur das unfassbar Grosse seines Reichthums sei gemeint. Sollte eine noch grössere Zahl bezeichnet werden, so mussten Vergleichungswörter dienen. Ich will Deinen Samen machen wie den Staub auf Erden; kann ein Mensch den Staub auf Erden zählen, der wird auch Deinen Samen zählen.[5]) Oder: Wer kann zählen den Staub Jakobs?[6]) Und unter Anwendung eines anderen Bildes: Siehe gen Himmel und

[1]) I. Samuel 18, 7. [2]) Daniel 7, 10. [3]) Psalm 68, 18. [4]) I. Chronik 23, 14. [5]) I. Mose 13, 16. [6]) IV. Mose 23, 10.

zähle die Sterne, kannst Du sie zählen? Also soll Deine Same werden.[1]) Ja es wird unter Anwendung desselben Gedankens die Vollführung der unmöglichen Aufgabe nur dem Höchsten vorbehalten: Er zählet die Sterne und nennet sie alle mit Namen.[2])

Auch anderswo finden wir, wenn wir Umfrage halten, aussergewöhnliche Vielheiten durch die dritte und vierte Einheit des dekadischen Zahlensystems angedeutet. In China wünscht das Volk, wenn es einen Grossen des Reiches leben lässt, ihm 1000 Jahre, während der dem Kaiser allein zukommende Heilruf sich auf 10 000 Jahre erstreckt.[3]) Das altslavische Wort *tma* bedeutete sowohl 10 000 als dunkel, während es im Russischen nur die letztere Bedeutung noch behalten hat.[4])

Jedenfalls gehören Zahlzeichen, mag ihre Anwendung sich erstrecken so weit oder so wenig weit als sie will, zu Zeichen, welche niemals ganz entbehrt werden konnten, welche sicherlich dem Volke bekannt gewesen sein müssen, das die betreffende Schrift, hier die Keilschrift, überhaupt erfand. War dieses, wie man annimmt, das Volk der Sumerier, so musste demnach ihm diejenige Bezeichnung der Zahlen, von der wir gesprochen haben, und die, wie wir nochmals hervorheben, einen durchaus decimalen Charakter trägt, bekannt gewesen sein. Um so auffallender ist es, dass in sumerischen Schriftdenkmälern, die von eigentlichen Mathematikern und Astronomen herzurühren scheinen, mit der decimalen Schreibweise eine andere wechselt, beruhend auf dem Sexagesimalsysteme.

Es wurde von einem englischen Assyriologen Hincks entdeckt.[5]) In dem von ihm entzifferten Denkmale handelt es sich darum anzugeben, wie viele Mondtheile an jedem der 15 Monatstage, die vom beginnenden Mondscheine bis zum Vollmonde verlaufen, beleuchtet seien. Es seien, heisst es, an diesen 15 Tagen der Reihe nach sichtbar:

5	10	20	40	1.20
1.36	1.52	2. 8	2.24	2.40
2.56	3.12	3.28	3.44	4

Hincks erläuterte die räthselhaften Zahlen mit Hilfe der Annahme, die Mondscheibe sei als aus 240 Theilen bestehend gedacht worden, es bedeuteten die weiter nach links gerückten Zeichen für 1, 2, 3, 4 je 60 der Einheiten, denen die rechts davon stehenden Zahlen angehören, und die Beleuchtungszunahme folge nach Angabe der Tabelle an den fünf ersten Tagen einer geometrischen, an den folgenden Tagen einer arithmetischen Reihe.

---

[1]) I. Mose 15, 5. [2]) Psalm 147, 4. [3]) *De Paravey, Essai sur l'origine unique et hiéroglyphique des chiffres et des lettres de tous les peuples.* Paris, 1826, pag. 111. [4]) Mündliche Mittheilung von H. Schapira. [5]) E. Hincks in den *Transactions of the R. Irish Academy. Polite Litterature XXII,* 6 pag. 406 figg.

Dass diese Erklärung Licht über die betreffende Tabelle verbreitet ist unzweifelhaft. Unzweifelhaft ist es auch, dass sie dem Gesetze der Grössenfolge Rechnung trägt, denn eine 60 bedeutende 1 kann links von 20, von 36, von 52 auftreten, während eine Eins gleichen Ranges mit jenen Zahlen zu ihrer Linken nicht geschrieben werden durfte. Gleichwohl bedurfte es zur vollen Bestätigung der Auffindung neuer Denkmäler, und solche sind die Tafeln von Senkereh. Ein Geologe W. K. Loftus fand 1854 bei Senkereh am Euphrat, dem alten Larsam, zwei kleine auf beiden Seiten mit Keilschriftzeichen bedeckte leider nicht ganz vollständige Täfelchen.[1]) Solche Täfelchen sind, allerdings nicht entfernt vergleichbaren Inhaltes, vielfach gesammelt worden. Die eine concave Seite ist immer als Vorderseite, die andere convexe als Rückseite zu betrachten. Läuft der Text auf beiden Seiten fort, so muss zum Weiterlesen ein Umwenden über Kopf stattfinden. Die Täfelchen aus Thon gebildet, wie fast überflüssiger Weise bemerkt sein soll, sind in der Mitte am stärksten und verdünnen sich alsdann gleichmässig gegen die Ecken. Diese Eigenschaft vereinigt mit dem Umstande, dass der Rand bei der Zerbrechbarkeit des Stoffes nicht unter einen gewissen Grad von Dünne abnehmen durfte, gestattet bei Bruchstücken von einiger Beträchtlichkeit, wie z. B. die erste der beiden Täfelchen von Senkereh uns darstellt, Schlüsse auf die Grösse des abgebrochenen und vermuthlich nicht wieder aufzufindenden Theiles zu ziehen, welche zur Ergänzung des Inhaltes von erheblichem Nutzen sein können. Das eine Täfelchen, und zwar das zweite nach der Bezeichnung, welche den Täfelchen bei der Veröffentlichung beigelegt wurde, enthielt auf Vorderseite und Rückseite zusammen 60 Zeilen, die ein fortlaufendes Ganzes bilden. Jede einzelne Zeile enthält links und rechts Zahlen, zwischen denselben sumerische Wörter, unter welchen eines *ibdi* zu lesen ist. Rawlinson erkannte zuerst, dass hier die Tabelle der ersten 60 Quadratzahlen vorliegt, und dass *ibdi* Quadrat bedeutet. Die Anordnung ist eine solche, dass es zu Anfang heisst:

1 ist das Quadrat von 1
4 ist das Quadrat von 2
9 ist das Quadrat von 3
16 ist das Quadrat von 4
25 ist das Quadrat von 5

[1]) Eine photographische Abbildung des einen Täfelchens ist der Abhandlung von R. Lepsius, die babylonisch-assyrischen Längenmasse nach der Tafel von Senkereh (Abhandlungen der Berliner Akademie für 1877) beigegeben. In eben dieser Abhandlung finden sich genaue Citate der verschiedenen Gelehrten, welche bei der Entzifferung betheiligt waren. Ebendort S. 111—112 Bemerkungen von Fr. Delitzsch über Gestalt und Anordnung solcher Täfelchen.

36 ist das Quadrat von 6
49 ist das Quadrat von 7.

Diese sieben Zeilen waren vermöge der schon früher erworbenen Kenntniss der Zahlzeichen der Keilschrift verhältnissmässig leicht zu lesen und aus ihnen der Inhalt der Tabelle zu entnehmen. Nun war selbstverständlich als folgende Zeile zu erwarten:

64 ist das Quadrat von 8

Aber so fand es sich nicht, sondern statt dessen

1 · 4 ist das Quadrat von 8

und dann setzten sich die weiteren Zeilen fort

1 · 21 ist das Quadrat von 9
1 · 40 ist das Quadrat von 10
. . . .
58 · 1 ist das Quadrat von 59
1 ist das Quadrat von 1

Diese ganze Fortsetzung konnte nur verstanden werden, wenn man den vereinzelt links auftretenden Zahlen eine sexagesimale Werthsteigerung beilegte, mithin 1 · 4 als $60 + 4$, 1 · 21 als $60 + 21$, 58 · 1 als $58 \times 60 + 1$ las und die letzte Zeile als 1×60^2 ist das Quadrat von 1×60. So war die Vermuthung von Hincks bestätigt. Zur vollen Gewissheit wurde sie bei Entzifferung des ersten Täfelchen von Senkereh erhoben. Dessen Vorderseite ist für die Geschichte der Metrologie von unschätzbarer Wichtigkeit, indem sie eine freilich lückenhafte Vergleichung zweier Maasssysteme enthält, deren eines jedenfalls vollständig nach dem Sexagesimalsysteme eingetheilt ist. Die Rückseite gibt uns in ihrem erhaltenen Theile die Kubikzahlen der auf einander folgenden Zahlen von 1 bis 32, und es ist mit an Sicherheit grenzender Wahrscheinlichkeit anzunehmen, dass auf dem seitlich fehlenden Stücke der Tafel auch die Kuben der Zahlen 33 bis 60 gestanden haben werden. Die Anordnung ist durchaus der der Quadratzahlentabelle nachgebildet. Auch hier treten regelmässig wiederkehrende Wörter in jeder Zeile auf, deren eines *badie* gelesen und Kubus übersetzt worden ist. Auch hier stehen am linken Anfang jeder Zeile höhere Werthe als nach rechts zu, und zwar in den drei ersten Zeilen 1, 8, 27 links neben 1, 2, 3 rechts, von vorn herein die Vermuthung erweckend, dass man es mit einer Kubikzahlentabelle zu thun habe. Auch hier ist die Schreibweise eine sexagesimale, indem gleich die vierte Zeile 64 oder den Kubus von 4 durch 1 · 4 darstellt. Von der 16. Zeile an geht diese Tabelle noch über die Sechziger hinaus. Ist doch $16^3 = 4096 = 1 \times 60^2 + 8 \times 60 + 16$, und so steht zu erwarten, dass in dieser Zeile 1 · 8 · 16 als Kubus von 16 angegeben sein werde, eine Erwartung, die sich vollständig erfüllt. Die weiteren Zeilen liefern die Kubikzahlen der folgenden

Zahlen bis dahin, wo es heisst: 7 · 30 ist der Kubus von 30, womit gemeint ist: $7 \times 60^2 + 30 \times 60 = 30^3$. Dann stehen noch in zwei aufeinander folgenden Zeilen rechts erhalten 31 und 32, während deren links zu suchende Kuben und alles Weitere fehlt. Die Schreiber der beiden Tafeln von Senkereh waren demnach in Besitz der an sich bedeutsamen Kenntniss von Quadrat- und Kubikzahlen, waren zugleich in Besitz eines folgerichtig ausgebildeten Sexagesimalsystemes mit wahrem Stellungswerthe der einzelnen Rangordnungen, da die Punkte, welche wir zur grösseren Deutlichkeit zwischen Einern und Sechzigern anbrachten, in der Urschrift nicht vorhanden sind. Welcher Stufe des Sexagesimalsystems die geschriebenen Zahlen angehörten, wurde in den uns bekannt gewordenen Beispielen dem Sinne entnommen. Dem Sinne nach verstand man offenbar, dass

1 ist das Quadrat von 1

gelesen werden wollte: 1×60^2 ist das Quadrat von 1×60; dem Sinne nach, dass

7 · 30 ist der Kubus von 30

heissen sollte: $7 \times 60^2 + 30 \times 60$ ist der Kubus von 30 Einheiten.

Genügte der Sinn auch zum Verständniss, wenn Einheiten irgend einer Stufe zwischen den anzuschreibenden fehlten? Wurde z. B. $7248 = 2 \times 60^2 + 48$ nur 2 . 48 geschrieben und überliess man es dem Leser aus dem Sinne zu entnehmen, dass in der That 7248 und nicht $168 = 2 \times 60 + 48$ gemeint war? Die Tafeln beantworten uns diese Frage nicht, würden sie auch nicht beantworten, wenn die ganze erste Tafel unzerbrochen auf uns gekommen wäre, da unter sämmtlichen Kubikzahlen bis zu $59^3 = 57 \times 60^2 + 2 \times 60 + 59$ keine einzige vorkommt, welche sich nur aus Einheiten der ersten und der dritten Stufe zusammensetzte. Und doch leuchtet die hohe geschichtliche Wichtigkeit dieser Frage, ob man das Fehlen von Einheiten einer mittleren Stufe besonders andeutete, sofort ein, wenn man ihr die nur der Form nach verschiedene Fassung gibt, ob die Babylonier eine Null besassen? Eine Null, das ist ja ein Symbol fehlender Einheiten! Ohne ein solches besassen die Babylonier eine immerhin interessante, aber vereinzelte systemlose Benutzung des Stellenwerthes. Mit einem solchen war von ihnen schon eine ausgebildete Stellungsarithmetik erfunden. Von dem Einen zu dem Andern führt ein dem Anscheine nach kleiner, in Wahrheit unermesslicher Schritt. Schon der Wunsch auf diese eine Frage eine Antwort zu erhalten lässt die Veranstaltung weiterer Ausgrabungen in Senkereh zu einem wissenschaftlichen Bedürfnisse heranwachsen. Dort war allem Anscheine nach eine grössere Bibliothek. Dort vermuthen Assyriologen wie A. H. Sayce eine erhebliche Menge von Thontafeln mathematischen Inhaltes.[1]) Dort würde die Geschichte

[1]) Briefliche Mittheilung des genannten Gelehrten.

der Mathematik möglicherweise ähnlich werthvolle Ausbeute gewinnen, wie das Buch des Ahmes für ägyptisches Wissen uns solche bot. Fast mit Sicherheit lässt sich mindestens das Eine erwarten, dass Ausgrabungen zu Senkereh Datirungen liefern würden, welche es möglich machten, den Zeitpunkt, dem die Anfertigung jener Täfelchen entspricht, annähernd zu bestimmen. Gegenwärtig ist nur aus den Wörtern für Quadrat und für Kubus der Schluss zu ziehen, dass diese Werthe, dass auch das Sexagesimalsystem den Sumeriern bekannt gewesen sein muss.[1]) Es ist dann weiter vielleicht die Folgerung erlaubt, dass jene Täfelchen vor der Regierung des Königs Sargon I. entstanden, weil damals das Sumerische bereits ausser Uebung gerathen war. Sargon selbst ist „Saryukin, der mächtige König, der König von Agana“ nach inschriftlich erhaltenem Titel.[2]) Auf ihn folgte sein Sohn Naramsin, auf diesen die Königin Ellatbau und diese wurde durch Chammuragas, König der Kassi im Lande Elam entthront, von welchem die Kissäerdynastie gestiftet wurde. Hier gewinnt die Forschung soweit festeren Boden, als es unter den Assyriologen sicher scheint, dass die Kissäerdynastie bis aufwärts von dem Jahre 1600 v. Chr. zurückgeht. Sayce folgert auf diese Wahrscheinlichkeitsrechnung gestützt, dass die Täfelchen von Senkereh etwa zwischen 2300 und 1600 v. Chr. entstanden sein dürften.[3])

Haben nun die besprochenen mathematischen Denkmäler ein, wir können wohl sagen, uraltes Sexagesimalsystem in der Schrift der Babylonier nachgewiesen, welches zur verhältnissmässig kurzen Bezeichnung recht grosser Zahlen führte, so kann, wie Oppert gezeigt hat, als sicher angenommen werden, dass das gleiche System auch nach abwärts führte, dass es Sexagesimalbrüche erzeugte, deren Nenner durch die nach rechts vorrückende Stellung der allein geschriebenen Zähler erkennbar sind. Dahin gehören die Unterabtheilungen des sexagesimalen Maasssystems auf der Vorderseite des ersten Täfelchen von Senkereh, von welchem oben im Vorbeigehen die Rede war.

Weitere Bestätigung durch die Ueberlieferung ist zwar nicht erforderlich, wo bestimmte Inschriften so deutlich reden. Gleichwohl lohnt es bei ihr Umfrage zu halten, was sie bezüglich babylonischen Rechnens überhaupt, was sie über das babylonische Sexagesimalsystem insbesondere uns zu sagen weiss.

Strabo lässt in Phönikien die Rechenkunst entstehen[4]); Josephus hat, wie wir S. 42 sahen, deren Erfindung den Chaldäern zugewiesen, von welchen sie durch Abraham den Weg nach Aegypten gefunden habe, und Cedrenus, ein byzantinischer Geschichtsschreiber der Mitte

[1]) Delitzsch, Soss, Ner und Sar. Zeitschr. Aegypt. 1878. [2]) Maspero-Pietschmann S. 194. [3]) Briefliche Mittheilung. [4]) Strabon XVI, 24 und XVII, 3 (ed. Meineke pag. 1056 und 1099).

des XI. S. nennt sogar Phönix, den Sohn des Agenor, der selbst Sohn des Neptun war, als Verfasser des ersten Buches über Philosophie der Zahlen (*περὶ τὴν ἀριθμητικὴν φιλοσοφίαν*) in phönikischer Sprache.[1]) Theon von Smyrna im II. S. n. Chr. lebend sagt: bei Untersuchung der Planetenbewegung hätten sich die Aegypter constructiver Methoden bedient, hätten gezeichnet, während die Chaldäer zu rechnen vorzogen, und von diesen beiden Völkern hätten die griechischen Astronomen die Anfänge ihrer Kenntnisse geschöpft.[2]) Porphyrius, selbst in Syrien geboren und am Ende des III. S. schreibend, erzählt: von Alters her hätten die Aegypter mit Geometrie sich beschäftigt, die Phönikier mit Zahlen und Rechnungen, die Chaldäer mit den Lehrsätzen, die sich auf den Himmel beziehen.[3])

Diese Ueberlieferungen bezeugen, dass man von einem hohen Alter der Rechenkunst in Vorderasien die Erinnerung bewahrt hatte. Ein Widerspruch gegen die andere Sage, die neben der Geometrie auch die Rechenkunst in Aegypten entstehen liess, kann uns in der Bedeutung, die wir solchen Ueberlieferungen beilegen, nicht irre machen. War doch in der That auch dort eine Rechenkunst vielleicht gleich hohen Alters zu Hause, und steht doch der Sage, Abraham habe Rechenkunst und Astronomie aus Chaldäa nach Aegypten gebracht, die andere gegenüber, Belos, der Ahne eines lydischen Königsgeschlechtes, sei Führer ägyptischer Einwanderer gewesen.[4]) Beide Bildungen, die des Nillandes, die des Euphratlandes, waren uralt; beide standen in uralter Berührung; beide beeinflussten das spätere Griechenthum sei es unmittelbar, sei es mittelbar, und das Erfinderrecht, welches griechische Schriftsteller, je weiter wir aufwärts gehen um so ausschliesslicher den Aegyptern zuweisen, hängt wohl damit zusammen, dass Griechen in grösserer Zahl weit früher nach den Hauptstädten von Aegypten, als nach denen von Vorderasien gelangten. Diese letztere Gegend kann kaum vor dem Alexanderzuge als genügend bekannt betrachtet werden.

Spuren des babylonischen Sexagesimalsystems in den Ueberlieferungen aufzufinden, wird uns gleichfalls gelingen, wenn wir nur richtig suchen. Wir werden nämlich hier nicht auf Aeusserungen ganz bestimmter Natur fahnden dürfen, die Babylonier oder die Phönikier oder dieses oder jenes dritte Nachbarvolk seien Erfinder eines Zahlensystems gewesen, welches nach der Grundzahl 60 fortschritt; wir werden uns begnügen müssen, der Zahl 60 und ihren Vielfachen als Zahlen unbestimmter Vielheit zu begegnen. Von Sammelwörtern zur Bezeichnung unbestimmter Vielheiten war in der

[1]) Cedrenus, Compendium Historiarum (ed. Xylander). Paris, 1647, pag. 19. [2]) Theo Smyrnaeus (ed. Ed. Hiller). Leipzig, 1878, pag. 177. [3]) Porphyrius, *De vita Pythagorica* s. 6 (ed. Kiessling, pag. 12). [4]) Diodor I, 28, 29.

Einleitung (S. 4), von gewissen Zahlen als Vertretern einer unübersehbar grossen Vielheit in diesem Kapitel (S. 71—72) schon die Rede. Allein neben den Ausdrücken unbestimmter Zusammenfassung, neben den Zahlen aussergewöhnlicher Vielheit bilden kleinere ganz bestimmte Zahlen in dem Sinne einer nicht genau abgezählten oder abzuzählenden Menge ein ganz regelmässiges Vorkommen.[1])

Die Zahlen 5, 10, 20 als in den menschlichen Gliedmassen begründet vertreten oftmals solche unbestimmte Vielheiten. Eben dahin gehört es, wenn der Chinese „die vier Meere" statt alle Meere sagt, wenn wir von „unseren sieben Sachen" statt von allen unseren Sachen reden, indem dort die vier Weltgegenden den Vergleichungspunkt zeigten, hier die weit und breit besonders geachtete Zahl 7 muthmasslich den 7 Tagen der Schöpfungswoche, die selbst mit den 7 Wandelsternen der alten Babylonier zusammenhängen dürften, ihre Heiligkeit und ihre häufige Anwendung verdankt. An diesen wenigen Beispielen erkennen wir bereits, dass nicht jede beliebige Zahl als unbestimmte Vielheit gewählt wird, sondern dass Gründe, die freilich nicht immer am Tage liegen, den Anlass gaben, bald dieser bald jener Zahl die genannte Rolle zuzuweisen. So bildet 40 die unbestimmte Vielheit der Türken bis auf den heutigen Tag. So waren es 40 Amazonen, von denen die skythische Sage berichtet. So brachten die Hebräer 40 Jahre in der Wüste, Mose 40 Tage und 40 Nächte auf dem Berge Sinai zu. So dauerte der Regen, der die Sintfluth einleitete, 40 Tage und 40 Nächte, und so sind noch viele andere biblische Stellen des alten wie des neuen Bundes, letztere wohl meistens bewusste Nachahmungen der ersteren, durch die Annahme zu erklären, die in ihnen vorkommende Zahl 40 sei eine unbestimmte Vielheit. Wie aber 40 zu dieser Rolle kam, und zwar in ältester Zeit kam, denn es sind grade die ältesten Bibelstellen, welche ein unbestimmtes 40 benutzen, das ist heute nicht bekannt.

Aehnlicherweise kommt nun 60 mit seinen Vielfachen und einigen in ihm enthaltenen kleineren Zahlen als unbestimmte Vielheit vor, aber immer und ausschliesslich in solchen Verhältnissen, wo eine Beeinflussung von Babylon aus nachweisbar oder wenigstens möglich ist. Wir haben vor wenigen Zeilen von ältesten Bibelstellen gesprochen. Theologische Kritik hat nämlich aus Eigenthümlichkeiten der Sprache, der Glaubenssätze, der Vorschriften u. s. w. ein verschiedenes Alter der in den 5 Büchern Mose vereinigten Erzählungen

[1]) Ueber solche unbestimmte Vielheiten vergl. Math. Beitr. Kulturl. 146—148 und 361—362, wo auf verschiedene Quellen hingewiesen ist. Zu diesen kommt noch: Pott I, 119; dann Himly, Einige räthselhafte Zahlwörter (Zeitschr. d. morgenl. Gesellsch. XVIII, 292 und 381); Kaempf, Die runden Zahlen im Hohenliede (ebenda XXIX, 629—632) und der Artikel: Zahlen von Kneucker in Schenkel's Bibellexicon.

nachzuweisen gewusst. Sie hat beispielsweise festgestellt, dass der Sintfluthsbericht der Bibel ein doppelter ist. Der älteren Erzählung gehört der vorerwähnte 40tägige Regen an. In dem jüngeren Berichte, der erst nach 535, d. h. nach der Rückkehr aus der babylonischen Gefangenschaft niedergeschrieben sein soll, sind die Maasse der Arche angegeben, 300 Ellen sei die Länge, 50 Ellen die Weite und 30 Ellen die Höhe.[1]) Die Länge und Weite der Arche in Berichten der Keilschrift scheinen auf 600 und auf 60 zu lauten.[2]) Das goldene Götterbild, welches König Nebukadnezar errichten liess, war 60 Ellen hoch und 6 Ellen breit.[3]) Um das Bett Salomos her stehen 60 Starke aus den Starken in Israel, und 60 ist die Zahl der Königinnen.[4]) Anderweitige Parallelstellen gewährt die ausserbiblische hebräische und chaldäische Literatur, von welchen wir nur der Reimzeile: „In des Einen Hause 60 Hochzeitbälle, in des Andern Kreise 60 Sterbefälle“[5]) gedenken. Auch die griechische Literatur lässt uns keineswegs im Stiche. Den ionischen Truppen wird von dem Perserkönige der Befehl ertheilt an der Brücke über den Ister 60 Tage zu warten; Xerxes lässt dem Hellesponte 300 Ruthenstreiche geben; Kyrus lässt den Fluss Gyndes, in welchem eines seiner heiligen Rosse ertrunken war, zur Strafe in 360 Rinsel abgraben. So nach Herodot.[6]) Entsprechend berichtet Strabo: Man sagt, es gebe ein persisches Lied, in welchem die 360 Nutzanwendungen der Palme besungen würden.[7]) Stobäus lässt durch Oinopides und Pythagoras ein grosses Jahr von 60 Jahren einrichten[8]), und wir werden später sehen, dass diese Philosophen als Schüler morgenländischer Weisheit betrachtet wurden. Vielleicht ist damit die freilich von unserem Berichterstatter, Pausanias, anders begründete Sitte in Zusammenhang zu bringen, dass das Fest der grossen Dädala mit den Platäern auch von den übrigen Böotern alle 60 Jahre gefeiert wurde: denn so lange war nach der Sage das Fest zur Zeit der Vertreibung der Platäer eingestellt.[9])

Endlich gehört sicherlich eine Stelle des Hesychios hierher, Saros sei eine Zahl bei den Babyloniern.[10]) Mit dieser Stelle haben wir

---

[1]) I. Mose 6, 5. [2]) Es ist nicht ohne Interesse, dass diese Angaben mit denen der Bibel zusammentreffen, sobald man annimmt die babylonische Einheit sei die Hälfte der biblischen Elle gewesen. [3]) Daniel 3, 1. [4]) Hohes Lied 3, 7 und 6, 8. [5]) Dieses Beispiel und mehrere andere namentlich bei Kaempf in dem obenerwähnten Aufsatze Zeitschr. d. morgenl. Gesellsch. XXIX. [6]) Herodot IV, 98; VII, 35; I, 189 und 202. [7]) Strabo XVII, 1, 14. [8]) Stobaeus, Eclog. Phys. I, 9, 2. [9]) Pausanias IX, 3. [10]) Auf diese Stelle hat J. Brandis in seinem vortrefflichen Werke: Das Münz-, Maass- und Gewichtswesen in Vorderasien bis auf Alexander d. Grossen. Berlin, 1866 aufmerksam gemacht. Für den Mathemathiker von besonderem Interesse sind S. 9, 15, 595. Parallelstellen zu Hesychios bei Suidas und Synkellos vergl. in dem Aufsatze von Fr. Delitzsch, Soss, Ner, Sar. Zeitschr. Aegypt. 1878, S. 56—70.

den Rückweg zu den Schriftdenkmälern der Babylonier gewonnen, aus welchen unser Gewährsmann unmittelbar oder mittelbar geschöpft haben muss. Die Sprache der Babylonier enthielt nämlich nicht bloss das Wort Sar mit einer Zahlenbedeutung, welche allseitig als 3600 verstanden wird, sondern auch noch Ner mit der Bedeutung 600 und Soss mit der Bedeutung 60.

Wir sagen ausdrücklich Soss, Ner, Sar haben diese Zahlenbedeutung, weil wir vermeiden wollen sie Zahlwörter zu nennen. Sie gehören eben zu den Wortformen, deren es in anderen Sprachen auch gibt, welche mit Zahlenwerth versehene Nennwörter sind, wie unser Dutzend = eine Anzahl von 12, Mandel = eine Anzahl von 15, Schock = eine Anzahl von 60, aber beim eigentlichen Zählen, insbesondere beim Bilden grösserer Zahlen, nicht anderen Zahlwörtern gleich benutzt werden. Ganz in derselben Weise wie das wohl nur zufällig lautverwandte Schock bezeichnet Soss eine Anzahl von 60 irgend welcher als Einheit gewählter Gegenstände. Das Ner ist so viel wie 10 Soss, der Sar so viel wie 60 Soss, aber immer unter Voraussetzung concreter Einheiten. So stellt uns der Soss, der Sar die nächsthöheren Stufen des aufsteigenden Sexagesimalsystems vor, welche auf die Einheiten folgen, und die Frage bleibt eine offene, ob es noch Namen über diese hinausgab, ob es etwa ein Wort gab für 60 Sar, d. h. für eine Anzahl von 216 000. Was über die den Babyloniern in ihrer Allgemeinheit wohl anhaftende Beschränkung des Zahlenbegriffes S. 70 gesagt wurde, genügt keineswegs diese Frage bei Seite zu schieben, denn wir stellen sie nicht mit Bezug auf bürgerliche, sondern auf wissenschaftliche Rechenkunst. Der Soss freilich, und wohl auch der Ner, sind zum gemeinsamen Volkseigenthume geworden. Ersterer in mathematischen Schriften, wie z. B. in den Tafeln von Senkereh, durch einen Einheitskeil bezeichnet, welchem die Stellung den Rang ertheilte, scheint auch sonstigen Inschriften in der Weise sich eingefügt zu haben, dass der Vertikalkeil links von Winkelhaken stehend, zu welchen er dem Gesetze der Grössenfolge halber nicht einfach addirt werden konnte, und welche er als Einheit vervielfachen zu sollen keine Veranlassung besass, die Bedeutung von Soss d. i. also von 60 gewann, wie in mathematischen Schriften, und so sich addirte.[1]) Freilich ist auch diese Behauptung, wie so manche andere, die sich auf Entzifferung von Keilschrift bezieht, noch bestritten, und der einzelne links von Winkelhacken befindliche Vertikalkeil wurde von Oppert und Lenormant als 50 gelesen, eine Auffassung, an welcher aber Oppert jedenfalls nicht mehr hartnäckig festhält.

Wir haben nun eine doppelte dem Mathematiker wichtige Frage

[1]) Lepsius, Babylonisch-assyrische Längenmaasse (Abhandl. Berlin. Akademie 1877) S. 142—143.

aufzuwerfen. Wie kam man dazu ein Sexagesimalsystem zu ersinnen, zu welchem in dem menschlichen Körper keinerlei anregende Veranlassung gegeben war? Wie kam man ferner dazu, dem Sexagesimalsysteme ein Wort wie das Ner für 600 einzuverleiben, und so diese Mischzahl aus sexagesimalen und decimalen Vorstellungen besonders zu bevorzugen? Wir werden auf beide Fragen Antwort zu geben suchen, erklären aber zum Voraus, dass wir hier nur auf dem Gebiete der Vermuthung uns umhertummeln, und wenn wir auch hoffen innere Gründe unserer Meinungen beibringen zu können, doch immerhin nur Meinungen aussprechen, für welche die äussern Belege bis jetzt fast gänzlich fehlen.

Das Sexagesimalsystem der Babylonier hängt, glauben wir, mit astronomisch-geometrischen Dingen zusammen. So ungern wir von unserer Absicht der Geschichte der Astronomie in diesem Werke fern zu bleiben abweichen, hier müssen wir eine kleine Ausnahme in so weit eintreten lassen, als wir von dem Alterthum babylonischer Sternkunde wenigstens Einiges berichten.[1]) Mag man die Hunderttausende von Jahren, durch welche hindurch Plinius anderen Berichterstattern folgend babylonische Beobachtungen angestellt sein lässt, belächeln; mag man zunächst auch den 31 000 Jahren vor Alexander dem Grossen mit ungläubigster Abwehr gegenüberstehen, aus welchen nach Porphyrius eine Beobachtungsreihe durch Kallisthenes an Aristoteles gelangte; folgende Dinge stehen fest: Klaudius Ptolemäus, der Verfasser des Almagest, wusste von einer babylonischen Liste von Mondfinsternissen seit 747. Die Sonnenfinsterniss vom 15. Juni 763 ist in den assyrischen Reichsarchiven angegeben. Für König Sargon, der, wie wir sahen, etwa 1700 v. Chr. gelebt haben mag, ist ein astrologisches Werk verfasst, welches der englische Assyriologe Sayce entziffert und übersetzt hat. Für eine sehr bedeutende Anzahl von Jahrestagen ist in diesem Werke, welches wir am deutlichsten als Vorbedeutungskalender bezeichnen, erörtert, welche Folge eine grade an diesem Tage eintretende Verfinsterung haben werde. Man überlege nun, welches statistische Material an Verfinsterungen und ihnen folgenden Ereignissen nöthig war, um ein solches Wahrscheinlichkeitsgesetz, welches man selbstverständlich für unfehlbare Wahrheit hielt, herzustellen, selbst wenn manche Ereignisse nicht der Erfahrung sondern der Einbildungskraft des Verfassers des Kalenders entstammten, so wird man so viel zuzugeben geneigt sein, dass wahrscheinlich mehrere Tausend Jahre vor Alexander eine babylonische Astronomie bestand, dass es unter allen Umständen zur Zeit von König Sargon

[1]) Eine sehr übersichtliche Zusammenstellung aller Quellen bei A. H. Sayce, *The astronomy and astrology of the Babylonians whith translations of the tablets relating to these subjects* in den *Transactions of the society of biblical Archaeology.* Vol. III, Part. 1. London, 1874.

eine beobachtende Sternkunde der Babylonier gab, die damals das Kalenderjahr längst besassen. Babylonisch und zwar aus ähnlich alter Zeit dürfte auch die 7tägige Woche sein, welche, wie wir schon gelegentlich bemerkt haben, in der biblischen Schöpfungswoche sich wiederspiegelt, während sie der Anzahl der bekannten Wandelsterne ihren eigentlichen Ursprung verdankt. Auf die babylonische Heimath weisen die 7 Stufen verschiedenen Materials hin, welche den Tempel des Nebukadnezar bildeten, dessen Trümmer im Birs Nimrud begraben wurden, und der, wie man glaubt, der Sprachenthurm der Bibel war. Ebendahin weisen uns die 7 Wälle von Ekbatana[1]), und die Macht der Planetengötter über das menschliche Geschlecht und dessen Schicksale bildete einen Theil der babylonischen Vorbedeutungswissenschaft.[2]) Babylonisch ist dann weiter die Eintheilung des Tages in Stunden. Hier freilich ist eine ganz bestimmte Kenntniss des Sachverhaltes nicht vorhanden, denn wenn Herodot uns ausdrücklich sagt, die Babylonier hätten den Tag in zwölf Theile getheilt[3]), so sprechen andere Gründe für eine Theilung des Tages in 60 Stunden, und man hat versucht sich damit zu helfen, dass man die 12 bürgerlichen Stunden, welche den Tag ohne die Nacht ausfüllten, von einer wissenschaftlichen Eintheilung zu astronomischen Zwecken unterschied.[4]) Die Vermuthung, man habe in Babylon den Tag in 60 Stunden getheilt, beruht vornehmlich auf zwei Gründen. Erstlich wendet Ptolemäus bei der auf Hipparch und auf die Chaldäer Bezug nehmenden Berechnung der Mondumläufe die Sechzigtheilung des Tages an[5]), und zweitens theilten die Vedakalender der alten Inder gleichfalls den Tag in 30 *muhûrta*, deren jeder aus 2 *nâdikâ* bestand, so dass 60 Theile gebildet wurden.[6]) Indische Astronomie weist aber vielfach mit zwingender Nothwendigkeit auf babylonische Beeinflussung zurück. Die Dauer des längsten Tages z. B. wurde in dem Vedakalender auf 18 *muhûrta*, d. h. also auf $\frac{18}{30}$ Tageslängen oder $14^h\,24^m$ angegeben. Ptolemäus in seiner Geographie bezeichnet sie zu $14^h\,25^m$ für Babylon. In chinesischen Quellen erscheint dieselbe Dauer in Gestalt von 60 *Khe*, deren jeder $14^m\,24^s$ beträgt.[7]) Die Dauer des längsten Tages ist aber selbstverständlich als von der Polhöhe abhängig nicht aller Orten gleich; ferner waren in so weit zurückliegenden Zeiten die Beobachtungen wie die daran sich knüpfenden Rechnungen nicht so feiner Natur, dass fast identische Ergebnisse an verschiedenen Orten zu erwarten wären. Die Wahrscheinlichkeit ist daher nicht zu unter-

---

[1]) Herodot I, 98. [2]) Diodor II, 30. [3]) Herodot II, 109. [4]) Lepsius, Chronologie der Aegypter S. 129, Note 1. [5]) Ptolemaeus, Almagestum IV, 2. [6]) Lassen, Indische Alterthumskunde pag. 823. A. Weber, Ueber den Veda-Kalender genannt Jyotischam (Abhandl. Berlin. Akad. 1862), S. 106. [7]) Biot, *Précis de l'astronomie Chinoise*. Paris, 1861, pag. 29.

schätzen, dass die Zahlenangabe für den längsten Tag sich von einem der drei Punkte nach den beiden anderen verbreitet haben werde, und zwar so, dass Babylon als Verbreitungsmittelpunkt zu gelten hätte.[1]) In Indien haben übrigens Zeitmesser, welche auf der Eintheilung des Tages in 60 Theile beruhen, bis auf die heutige Zeit sich erhalten, und der deutsche Reisende Herm. Schlagintweit war in der Lage der Münchner Akademie eine solche Uhr vorzuzeigen. Sie besteht aus einem Abschnitte einer Hohlkugel aus dünnem Kupferblech, welcher unten fein wie mit einem Nadelstich durchlöchert ist. Setzt man diese Vorrichtung auf Wasser, so füllt sich die Kugelschale allmälig an und sinkt nach bestimmter Zeit, etwa nach anderthalb *muhûrta*, unter hörbarem Zusammenklappen des Wassers über ihr, unter.[2])

Diese ganze Erörterung hat nun allerdings den eigentlichen Fragepunkt unserer Untersuchung kaum gestreift. Wenn man vielleicht auch der Ueberzeugung jetzt Raum geben mag, dass der Tag der Babylonier von den Astronomen in 60 Theile zerlegt zu werden pflegte, wenn für die Geschichte indischer Wissenschaft Folgerungen daraus zu ziehen uns künftig gestattet werden sollte, für Babylon ist doch höchstens ein Beispiel von Sechzigtheilung mehr gewonnen, und immer kehrt die Frage wieder: warum wählte man 60 Theile? Wir glauben indessen doch auf der richtigen Spur gewesen zu sein, als wir das astronomische Gebiet betraten, denn dort däucht uns liegt der Ursprung dieser Wahl. Wir stellen uns den Vorgang etwa folgendermassen vor und werden im 31. Kapitel unterstützende Thatsachen anführen können. Zuerst wurde von den Astronomen Babylons das Jahr von 360 Tagen erkannt, und die Kreistheilung in 360 Grade sollte den Weg versinnlichen, welchen die Sonne bei ihrem vermeintlichen Umlaufe um die Erde jeden Tag zurücklegte. Wollte man nun von dieser Kreistheilung, von diesen Graden, wieder grössere Mengen zusammenfassen, so lag es nahe, den Halbmesser auf dem Kreisumfang herumzutragen. Man erkannte, wie wir fürs Erste uns zu glauben bitten, die Begründung uns bis zum Schlusse des Kapitels versparend, wo wir uns mit babylonischer Geometrie beschäftigen müssen, dass ein sechsmaliges Herumtragen des Halbmessers als Sehne den Kreis vollständig bespannte und zum Ausgangspunkte zurückführend dem regelmässigen Sechsecke den Ursprung gab. Dann

---

[1]) A. Weber in den Monatsber. Berlin. Akad. 1862, S. 222 und in der vorcitirten Abhandlung S. 14—15 und 29—30. Vergl. auch desselben Verfassers: Vedische Nachrichten von den Naxatra II. Theil (Abhandl. Berlin. Akad. 1862), S. 362. Entgegengesetzter Meinung sind Whitney und G. Thibaut. Vergl. des Letzteren: *Contributions to the explanation of the Jyotisha-Vedánga*. pag. 13.

[2]) Sitzungsbericht der math. phys. Klasse d. bair. Akad. d. Wissenschaft in München für 1871, S. 128 flgg.

aber enthielt jeder dieser grösseren von einem Halbmesser bespannten Bögen genau 60 Theile und fasste man sie besonders ins Auge, so war damit die Sechzigtheilung, war zugleich die Sechstheilung gewonnen. Letztere könnte in den so häufig wiederkehrenden Sechsteln (S. 70) sich erhalten haben, Erstere diente hinfort, wo es um genauere Theilung sich handelte, sei es um die Theilung der Zeit, oder von Längen, oder was nur immer getheilt werden sollte. Der Ursprung der Sechzigtheilung kann dabei sehr leicht in Vergessenheit gerathen sein, so dass man beispielsweise in jener Mondbeleuchtungstheorie (S. 72) den vierten Theil der Mondscheibe in 60 Theile zerlegte, während man den Graden entsprechend 90 solcher Theile im Quadranten angenommen hätte, wenn nicht, wie wir sagten, der Ursprung der Sechzigtheilung bereits vergessen gewesen wäre.

Fast noch schwieriger als die Beantwortung der Frage nach dem Ursprunge des Sexagesimalsystemes ist es darüber Rechenschaft zu geben, wie so in dieses Sexagesimalsystem der Babylonier die Mischzahl des Ner von 600 eindrang. Wollen wir unsere Vermuthung über diesen Gegenstand erörtern, so müssen wir über das Rechnen der Babylonier Einiges vorausschicken. Dass sie rechneten, viel und gut rechneten, wissen wir bereits. Dass die Ergebnisse ihres wissenschaftlichen Rechnens im Sexagesimalsysteme niedergeschrieben wurden, wissen wir gleichfalls. Aber wie gelangte man zu diesen Ergebnissen? Nach dem, was wir in der Einleitung (S. 6), was wir im ersten Kapitel (S. 42—45) auseinandergesetzt haben, werden unsere Leser sich nicht erstaunen, wenn wir für die vorderasiatischen Völker der alten Zeiten ebenfalls ein Fingerrechnen und ein instrumentales Rechnen in Anspruch nehmen, allerdings mehr auf allgemeine Nothwendigkeit als auf besondere Zeugnisse uns stützend. Für das Fingerrechnen steht eine vereinzelte Notiz zu. Gebote, der Perser Orontes behaupte, der kleine Finger bedeute sowohl eine Myriade als Eins[1]), sowie die Erwähnung dieses Verfahrens bei Schriftstellern, welche mit der Geschichte jüdischer Wissenschaft sich beschäftigt haben.[2]) Noch schlimmer vollends steht es mit der äusseren Begründung des babylonischen Rechenbrettes, für welches nur der einzige Umstand geltend gemacht werden kann, dass bei den Stämmen Mittelasiens bis nach China hinüber ein Rechenbrett mit Schnüren zu allen Zeiten in Uebung gewesen zu sein scheint, während grade in jener Gegend eine Veränderung der Sitten und Gebräuche wenigstens in geschichtlich genauer bekannter Zeit so gut wie nicht vorgekommen ist, während andrerseits für babylonisch-chinesische Beziehungen ältester Vergangenheit neben dem, was vorher von der Dauer des

---

[1]) Pott II, 36 nach Suidas. [2]) Friedlein in der Zeitschr. Mathem. Phys. IX, 329.

längsten Tages gesagt wurde, noch eine andere bedeutungsvolle Aehnlichkeit uns nachher beschäftigen wird. Gibt man uns auf diese ziemlich unsichere Begründung, deren einzige Unterstützung wir im 4. Kapitel in einem griechischen Vasengemälde erlangen werden, zu, dass die Babylonier eines Rechenbrettes sich bedient haben müssen, weil diese Annahme schliesslich immer noch naturgemässer ist, als wenn man voraussetzen wollte, es seien alle Rechnungen von ihnen ohne dergleichen Hilfsmittel vollzogen worden, so schliessen wir folgendermassen weiter.[1]) Das Rechenbrett muss naturgemäss dem herrschenden Zahlensysteme sich anschliessen, und wo es zwei Zahlensysteme gibt, ein Decimal- und ein Sexagesimalsystem, da müssen auch zweierlei Bretter existirt haben, oder aber es muss die Möglichkeit geboten worden sein auf demselben Brette bald so, bald so zu rechnen. Die Veränderung bestand im letzteren Falle z. B. darin, dass man bald mehrerer bald weniger Rechenmarken sich bediente. So forderte das Rechenbrett des Decimalsystems für jede Rangordnung höchstens 9 Marken, während dasjenige des Sexagesimalsystems die Nothwendigkeit in sich schloss bis zu 59 Einheiten jeder Rangordnung anlegen zu können. Eben so viele Marken auf dem Raume, welcher für je eine Rangordnung bestimmt war, unmittelbar zur Anschauung zu bringen ist geradezu unmöglich. Alle Uebersichtlichkeit und mit ihr die Brauchbarkeit des Rechenbrettes ging verloren, wenn nicht auf ihm in diesem Falle innerhalb des Sexagesimalsystems das Decimalsystem zu Hilfe gezogen wurde. Das aber hatte so wenig Schwierigkeit, dass ähnliche Vorrichtungen, wie wir sie jetzt beschreiben wollen, nur in etwas veränderter Anwendung uns wiederholt begegen werden. Wir denken uns in jeder Stufenabtheilung des Rechenbrettes zwei Unterabtheilungen, eine obere und eine untere. Jene etwa sei für die Einer, diese für die Zehner der betreffenden Ordnung bestimmt. Jene bedarf zur Bezeichnung aller vorkommenden Zahlen 9, diese 5 Marken. Um nun die obere Abtheilung der ersten Stufe von der unteren in der Sprache zu unterscheiden, hatte man die althergebrachten Namen Einer und Zehner. In der folgenden Stufe stand für die Marken der oberen Abtheilung der Name Soss, für die der unteren der Name Ner zur Verfügung, beziehungsweise diese Namen wurden zum Zwecke der Benennung der Abtheilungen erfunden. In der dritten Stufe ist uns nur Sar als Name der oberen Abtheilung bekannt. Für die untere Abtheilung, deren Einheit 10 Sar oder 36000 betrug, müsste, wenn unsere Annahmen richtig sind, gleichfalls ein Wort erfunden worden sein. Freilich ist ein solches noch nicht bekannt geworden, aber auch Rechnungen

---

[1]) Vergl. unsere Recension von Oppert's *Étalon des mesures assyriennes* in der Zeitschr. Math. Phys. XX, Histor. literar. Abthlg. 161.

sind noch nicht bekannt geworden, in welchen innerhalb des Rahmens des Sexagesimalsystems Zahlen über 36 000 sich ergaben und schriftlich aufgezeichnet werden mussten; solche Rechnungen dürften überhaupt zu den Seltenheiten gehört haben.

Wir haben die Besprechung einer bedeutungsvollen Aehnlichkeit zugesagt, welche auf babylonisch-chinesische Beziehungen deute. Eigentlich ist es eine Aehnlichkeit zwischen Zahlenträumereien der Griechen und der Chinesen. Bei Plutarch wird den Pythagoräern nacherzählt, die sogenannte Tetraktys oder 36 sei, wie ausgeplaudert worden ist, ihr höchster Schwur gewesen; man habe dieselbe auch das Weltall genannt als Vereinigung der vier ersten Geraden und Ungeraden[1]), d. h. $36 = 2 + 4 + 6 + 8 + 1 + 3 + 5 + 7$. Diese heilige Vierzahl lässt Plutarch an einer zweiten Stelle durch Platon zu 40 ergänzt werden.[2]) Gewiss ist dieses eine unfruchtbare und darum nicht naturgemäss sich wiederholende Spielerei. Um so auffallender muss es erscheinen, wenn in China das erstere System dem Kaiser Fu hi, das zweite vollkommnere dem Où wâng, dem Vater des Kaisers Où wâng, der um 1200 v. Chr. regiert haben soll, als Erfinder zugewiesen wird.[3]) Chinesische Rückdatirungen sind zwar, wie wir seiner Zeit erörtern müssen, von Zuverlässigkeit weit entfernt. Wir legen den Jahreszahlen als solchen desshalb hier keinen sonderlichen Werth bei, aber um so mehr der Uebereinstimmung sinnloser Träumereien in so weit entlegener Gegend. Selbst die nicht zu vernachlässigende Thatsache, dass die vervollkommnete Tetraktys mit jener runden Zahl 40 übereinstimmt, die den ältesten hebräischen Sagen vorzugsweise anzugehören schien, kann uns in der Vermuthung nicht irre machen, dass wir es hier mit einem Stücke babylonischer Zahlensymbolik zu thun haben, welches nach Westen und nach Osten sich fortgepflanzt hat.

Babylonische Zahlensymbolik selbst ist über allen Zweifel gesichert. Träumereien über den Werth der Zahlen nahmen unter den religions philosophischen Begriffen der Chaldäer einen bedeutsamen Platz ein. Jeder Gott wurde durch eine der ganzen Zahlen zwischen 1 und 60 bezeichnet, welche seinem Range in der himmlischen Hierarchie entsprach. Eine Tafel aus der Bibliothek von Ninive hat uns die Liste der hauptsächlichsten Götter nebst ihren geheimissvollen Zahlen aufbewahrt. Es scheint sogar, als sei gegenüber dieser Stufenleiter ganzer Zahlen, die den Göttern beigelegt wurden, eine andere von Brüchen vorhanden gewesen, welche

[1]) Plutarch, *De Iside et Osiride* 75. [2]) Plutarch, *De animae procreatione in Timaeo Platonis* 14. [3]) Montucla, *Historie des mathématiques* I, 124, wo auch auf die Aehnlichkeit mit den Stellen bei Plutarch aufmerksam gemacht ist.

sich auf die Geister bezogen und gleichfalls ihrem jeweiligen Range entsprachen.[1])

Als weitere Stütze mögen die zahlensymbolischen Träumereien im VII. und VIII. Kapitel des Buches Daniel angeführt sein, eines Buches, das unter dem ersichtlichsten Einflusse babylonischer Denkart geschrieben ist. Aehnliches erhielt sich auf dem Boden Palästinas Jahrhunderte lang, wobei wir nur auf die Offenbarung Johannes als Beispiel hinweisen wollen. Wir könnten aber auch auf die jüdische Kabbala einen Fingerzeig uns gestatten, die, so spät auch das Buch Jezirah und andere kabbalistische Schriften verfasst sein mögen, der Ueberlieferung nach bis in die Zeit des Exils hinaufzureichen scheint. Kabbalistisch ist die sogenannte Gematria, wenn ein Wort durch das andere ersetzt wurde unter der Voraussetzung, dass die Buchstaben des einen Wortes als Zahlzeichen betrachtet dieselbe Summe gaben, wie die des anderen Wortes. Ueber diese Zahlenbedeutung hebräischer Buchstaben werden wir zwar erst im folgenden Kapitel im Zusammenhange mit ähnlichem Gebrauche der Syrer, der Griechen handeln und können um einiger Beispiele willen unseren Gang nicht unterbrechen; es sei trotzdem gestattet hier die Kenntniss jener Bezeichnungsart für einen Augenblick vorauszusetzen. Als nun Abram hörte, heisst es in der heiligen Schrift, dass sein Bruder gefangen war, wappnete er seine Knechte, 318 in seinem Hause geboren, und jagte ihnen nach bis gen Dan.[2]) Die Erklärer wollen, der Ueberlieferung folgend, 318 sei hier statt des Namens Elieser gesetzt, der in der That אליעזר $= 200 + 7 + 70 + 10 + 30 + 1 = 318$ gibt, wenn man von dem Gesetze der Grössenfolge Umgang nimmt und nur den Zahlenwerth der einzelnen Buchstaben, wie sie auch durch einander gewürfelt erscheinen mögen, beachtet. Im Propheten Jesaias verkündet der Löwe den Fall Babels.[3]) Die Erklärer haben wieder die Buchstaben des Wortes Löwe אריה $= 5 + 10 + 200 + 1 = 216$ addirt. Die gleiche Summe geben die Buchstaben חבקוק $= 100 + 6 + 100 + 2 + 8 = 216$ und somit sei Habakuk mit diesem Löwen gemeint. Ja eine Spur solcher Gematrie will man bereits in einer Stelle des Propheten Sacharja erkannt haben[4]), und wäre die uns einigermassen gekünstelt vorkommende Erklärung richtig, so wäre damit schon im VII. vorchristlichen Jahrhundert ein arithmetisches Experimentiren, wäre zugleich, was vielleicht noch wichtiger ist, für eben jene Zeit die Benutzung der hebräischen Buchstaben in Zahlenbedeutung nachgewiesen. Wir ziehen zunächst nur den Schluss, um dessen willen wir alle diese Dinge vereinigt haben, dass die Babylonier in ältester Zeit Zahlen-

---

[1]) F. Lenormant, *La magie chez les Chaldéens.* Paris, 1874, pag. 24.
[2]) I. Mose 14, 14. [3]) Jesaias 21, 8. [4]) Vergl. Hitzig, Die zwölf kleinen Propheten S. 378 flgg. zu Sacharja 12, 10.

spielereien sich hinzugeben liebten, die bei ihnen einen allerdings ernsten magischen Charakter trugen, und dass von ihnen Aehnliches zu anderen Völkern übergegangen ist.

Es ist keineswegs unmöglich, dass aus den magischen Anfängen sich die Beachtung von merkwürdigen Eigenschaften der Zahlen entwickelte, dass eine Vorbedeutungsarithmetik bei ihnen sich zur Kenntniss zahlentheoretischer Gesetze erhob. Wissen wir doch, woran wir hier zusammenfassend erinnern wollen, von dem Vorkommen eines ausgebildeten Sexagesimalsystems, von der Benutzung arithmetischer und geometrischer Reihen, von der Bekanntschaft mit Quadrat- und Kubikzahlen in alt-babylonischer Zeit, und auch gewisse Theile der Proportionenlehre sollen, wie wir vorgreifend erwähnen, griechischer Ueberlieferung gemäss aus Babylon stammen.

Mit der Lehre von den Vorbedeutungen ist überhaupt die babylonische Wissenschaft aufs Engste verknüpft gewesen. Vorbedeutungen zu suchen war, wie wir an jenem zu König Sargons Zeiten verfertigten Kalender gesehen haben, ein wesentlicher Zweck der Beobachtungen von Himmelsvorgängen. Neben dem Aufsuchen von Vorbedeutungen widmete sich die Priesterschaft des Landes dem Hervorbringen von Ereignissen: sie trachtete das Böse abzuwenden und theils durch Reinigungen, theils durch Opfer oder Zauberei zum Guten zu verhelfen.[1]) Die Priesterschaft des medischen Nachbarvolkes bestand ebenfalls aus gewerbmässigen Hexenmeistern, und sie, die Magusch, vererbten ihren Namen auf die Magie[2]), wie im römischen Kaiserreiche der Name Chaldäer gleichbedeutend war mit Sterndeuter, Wahrsager, gelegentlich auch mit Giftmischer. Die Wahrsagung beschränkte sich keineswegs auf Beobachtung der Gestirne, deren Einfluss auf das menschliche Geschick man zu kennen wähnte. Die Punktirkunst[3]) der persischen Zauberer, vielfach erwähnt in den Märchen der Tausend und eine Nacht und darin bestehend, dass auf ein mit Sand überdecktes Brett Punkte und Striche gezeichnet wurden, deren Verschiebungen und Veränderungen in Folge eines Anstosses an den Rand des Brettes beobachtet wurden, diese Kunst, die sich erhalten hat in dem Wahrsagen aus dem Kaffeesatze, die verwandt ist dem Bleigiessen in der Neujahrsnacht, welches da und dort noch heute geübt wird, sie dürfte selbst bis in die babylonische Zeit hinaufragen. Wenigstens ist es sicher, dass es eine Vorbedeutungsgeometrie in Babylon gab. Wir besitzen die Uebersetzung einer

[1]) Diodor II, 29, 3. [2]) Maspero-Pietschmann S. 466. [3]) Alex. von Humboldt in seinem Aufsatze über Zahlzeichen u. s. w. (Crelle's Journal IV, 216 Note) nennt diese Kunst *raml* und verweist dafür auf Richardson & Wilkins, *Diction. Persian and Arabic* 1806. T. I, pag. 482. Vergl. über die Punktirkunst auch Steinschneider, Zeitschr. d. morgenl. Gesellsch. XXV, 396 und XXXI, 762 flgg.

solchen[1]), und wenn uns schon die Neigung bemerkenswerth erscheint Vorbedeutungen aus Allem zu entnehmen, was in irgendwie wechselnden Verbindungen auftritt, so müssen wir andererseits auch die vorkommenden Figuren prüfen, deren Kenntniss die Babylonier somit sicherlich besassen, eine Kenntniss, die als Anfang der Geometrie gelten darf, so wie wir bei den Aegyptern (S. 58) zu ähnlichem Zwecke alte Wandzeichnungen durchmusterten. In jener Vorbedeutungsgeometrie sind insbesondere folgende Figuren hervorzuheben. Ein Paar Parallellinien (Figur 10), welche als doppelte Linien benannt werden; ein Quadrat (Figur 11); eine Figur mit einspringendem Winkel (Figur 12); eine nicht ganz vollständig vorhandene Figur, welche der Uebersetzer zu drei einander umschliessenden Dreiecken (Figur 13) zu ergänzen vorschlägt.[2]) Ob auch ein rechtwinkliges Dreieck vorkommt, ist nicht mit ganzer Sicherheit zu erkennen, aber wahrscheinlich. Von Interesse ist im verbindenden Texte das sumerische Wort *tim*, welches Linie, ursprünglich aber Seil bedeutete, so dass es nicht zu den Unmöglichkeiten gehört, es habe eine Art von Seilspannung, vielleicht freilich nur ein Messen mittels des Seiles, wofür Vermuthungsgründe uns sogleich bekannt werden sollen, auch in Babylon stattgefunden. Von hoher Wichtigkeit ist ferner ein in jenem Texte benutztes, aus drei sich symmetrisch durchkreuzenden Linien bestehendes Zeichen ✱, welches der Herausgeber durch „Winkelgrad" übersetzt hat. Diese Uebersetzung ist gerechtfertigt durch anderweitiges Vorkommen und gestattet selbst weitgehende Folgerungen.

Fig. 10.

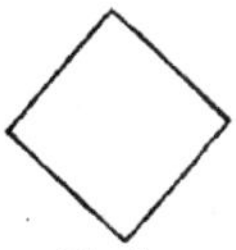

Fig. 11.

Fig. 12.

Fig. 13.

Im britischen Museum befindet sich ein als K 162 bezeichnetes Bruchstück, welches einem babylonischen Astrolabium oder Aehnlichem angehört hat und welches in 4 Fächern mit Inschriften in Keilschrift bedeckt ist. Die Bedeutung dieser Inschriften kann nicht anders lauten[3]) als dass in zwei Monaten, deren Name angegeben ist, der Ort von vier Sternen, zwei Sterne in dem einen, zwei in dem anderen Monate, aufgezeichnet ist, und diese Oerter heissen 140 Grad, 70 Grad, 120 Grad, 60 Grad nach Sayce's Uebersetzung. Der Grad ist auch hier in allen vier Fällen durch das Zeichen der drei

---

[1]) *Babylonian augury by means of geometrical figures by* A. H. Sayce in den *Transactions of the society ob biblical archaeology* IV, 302—314. [2]) Privatmittheilung von H. Sayce ebenso wie die nachfolgende Bemerkung über das rechtwinklige Dreieck. [3]) Privatmittheilung von H. Sayce.

einander schneidenden Linien ausgedrückt. Nehmen wir aber diese Uebersetzung einmal als richtig an, so ist in ihr eine Bestätigung unserer Meinung über die Entstehung des Sexagesimalsystems enthalten. Bei der Zählung der Winkelgrade, deren 360 auf der Kreisperipherie zu unterscheiden sind, fasste man, meinten wir, je 60 in eine neue Bogeneinheit zusammen, welche man erhielt, indem man den Halbmesser sechsmal auf dem Umkreise herumtrug. Für die erste Hälfte unserer Behauptung gibt es keine bessere Stütze als jenes Gradzeichen. Die drei symmetrisch gezeichneten Linien theilen ja den um den gemeinsamen Schnittpunkt befindlichen Raum in sechs gleiche Theile und lassen damit jeden dieser sechs Theile als besonders wichtig hervortreten!

Auch an weiterer Bestätigung dafür, dass den Babyloniern die Sechstheilung des Kreises bekannt war, fehlt es nicht. Wir erinnern uns, dass auf ägyptischen Wandgemälden es grade asiatische Tributpflichtige sind, welche auf ihren überbrachten Gefässen Zeichnungen haben, bei welchen der Kreis durch sechs Durchmesser in zwölf Theile getheilt ist (S. 59). Uebereinstimmend zeigen ninivitische Denkmäler in ihren Abbildungen des Königswagens dessen Räder mit 6 Speichen versehen[1]) (Figur 14). Endlich ist damit in Einklang die Dreitheilung eines rechten Winkels, welche auf einer assyrischen Thontafel geometrischen Inhaltes durch G. Smith entdeckt worden ist, bevor er seine letzte Reise, von welcher er nicht mehr heimkehren sollte, nach den Euphratländern antrat; eine Entdeckung, aus welcher weitere Folgerungen zu ziehen nicht gestattet ist, bevor der ganze Text der Oeffentlichkeit übergeben ist. Darauf aber wird man, wie zu befürchten steht, noch lange warten müssen, da die betreffende Tafel seit der Abreise ihres Entdeckers nicht wieder gesehen worden ist, also vermuthlich durch ihn in irgend eine Ecke für künftiges Studium bei Seite gestellt, eines Zufalles harret, der gerade auf sie unter den zahllos vorhandenen Tafeln die Aufmerksamkeit lenkt.

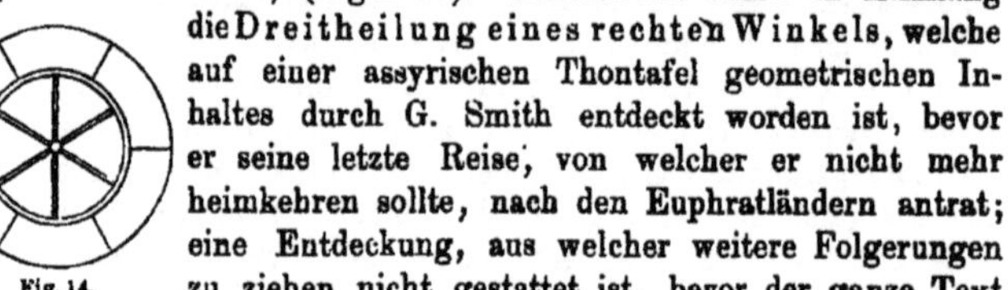

Fig. 14.

Ist aber nunmehr die Sechstheilung des Kreises als bewusste geometrische Arbeit der Babylonier ausser Zweifel gesetzt, so wird man auch unsere Behauptung, die Sechstheilung sei durch Herumtragen des Halbmessers erfolgt, habe also die Kenntniss des Satzes von der Seite des regelmässigen Sechsecks mit eingeschlossen, in den Kauf nehmen müssen. Es ist nun einmal, ausser im Zusammenhang mit diesem Satze, ein Grund zur geometrischen Sechstheilung des Kreises nicht vorhanden. Ausserdem sind wir im Stande eine Bestätigung

[1]) *Niniveh and its remains by* A. H. Layard. London, 1849. I, 337.

aus biblischer Nachahmung anzuführen. Wenn man, ohne mathematische Kenntnisse zu besitzen, sah, dass der Halbmesser 6 mal auf dem Kreisumfange als Sehne herumgetragen nach dem Ausgangspunkte zurückführt, so lag es sehr nahe Sehne und Bogen zu verwechseln und zur Annahme zu gelangen, der Kreisumfang selbst sei 6 mal der Halbmesser, beziehungsweise 3 mal der Durchmesser. Das gab die erste, freilich sehr ungenaue Rectification einer krummen Linie, ein Seitenstück zu der in Aegypten vorgefundenen (S. 50) Quadratur. Dort war ziemlich genau $\pi = 3{,}1604\ldots$; hier ist $\pi = 3$.

Diese Formel findet sich nun angewandt bei der Schilderung des grossen Waschgefässes, das unter dem Namen des ehernen Meeres bekannt eine Zierde des Tempels bildete, welchen Salomo von 1014 bis 1007 erbauen liess.[1]) Von diesem Gefässe heisst es: Und er machte ein Meer, gegossen, 10 Ellen weit von einem Rande zum andern, rund umher, und 5 Ellen hoch, und eine Schnur 30 Ellen lang war das Maass ringsum.[2]) Dabei ist offenbar $30 = 3 \times 10$. Mögen nun die Bücher der Könige erst um das Jahr 500 v. Chr. abgeschlossen worden sein, so ist doch unbestritten, dass in dieselben ältere Erinnerungen, wohl auch ältere Aufzeichnungen Aufnahme fanden, und so kann insbesondere die Erinnerung an eine Schnur, mit deren Hilfe Längenmessungen vorgenommen wurden, kann die Erinnerung an die Maasse des ehernen Meeres, an den Durchmesser 10 bei einem Kreisumfange 30, eine sehr alte sein. Die letztere hat sich auch nach abwärts durch viele Jahrhunderte fortgeerbt, und der Talmud wendet in der Mischna die Regel an: Was im Umfang 3 Handbreiten hat, ist 1 Hand breit.[3])

Nachdem wir für die geometrischen Kenntnisse der Babylonier auf Schriftsteller zweiter Ueberlieferung einmal eingegangen sind, wollen wir noch einige ähnlich verwerthbare Stellen aufsuchen. Eine solche Stelle führen wir nur an, um sie sogleich zu verwerfen. Bei der Beschreibung des Salomonischen Tempelbaues heisst es nach Luthers Uebersetzung: Und am Eingange des Chors machte er zwei Thüren von Oelbaumholz mit fünfeckigen Pfosten.[4]) Darnach wäre an eine Kenntniss des Fünfecks, muthmasslich des regelmässigen Fünfecks in Vorderasien in sehr alter Zeit zu denken. Da die Construction des regelmässigen Fünfecks eine verhältnissmässig bedeutende Summe geometrischer Sätze als Vorbedingung enthält, so wäre diese Thatsache um so überraschender, als nirgend auf asiatischen Denkmälern bei

---

[1]) Die Datirung nach Oppert: *Salomon et ses successeurs* in den *Annales de philosophie chrétienne* T. XI u. XII. 1876. [2]) I. Könige 7, 23 und II. Chronik 4, 2. [3]) Zuerst berücksichtigt in unserer Besprechung von Oppert, *Étalon des mesures assyriennes* in der Zeitschr. Math. Phys. XX, histor. literar. Abthlg. 164. [4]) I. Könige 6, 31.

eifrigstem Suchen in den betreffenden Kupferwerken ein Fünfeck von uns aufgefunden worden ist. Die Stelle selbst ist aber von Luther falsch übersetzt, und so dunkel ihr Sinn ist, die Bedeutung, dass von einem Fünfecke irgend wie die Rede sei, hat sie sicherlich nicht.[1])

Um so häufiger ist von viereckigen Figuren in der Bibel die Rede und zwar von Quadraten sowie von Rechtecken. Es ist vielleicht zum Vergleiche mit noch zu erwartenden Entzifferungen babylonischer Texte nützlich das Augenmerk auf die Maasszahlen dieser biblischen Rechtecke[2]) zu richten. Das Verhältniss 3 zu 4 für zwei senkrecht zu einander zu denkende Abmessungen, oder auch 10 mal 3 zu 4, 3 zu 5 mal 4 kommt wiederholt vor, und wenn wir nicht verschweigen wollen noch dürfen, dass ein Rechteck von 3 zu 5 ebenfalls an häufigeren Stellen sich bemerklich macht, so ist doch nicht ausgeschlossen, dass jene ersterwähnten Maasszahlen 3 zu 4 dazu dienten, einen rechten Winkel mittels des Dreiecks von den Seiten 3, 4, 5 zu sichern. Wenigstens wird die Kenntniss dieses letzteren Dreiecks in China von uns nachgewiesen werden.

Dafür aber, dass die Babylonier den rechten Winkel kannten, und zwar nicht bloss als in der Baukunst zur Anwendung kommend, sondern als der Geometrie, der Astronomie dienstbar, sind Beweisgründe zur Genüge vorhanden. Wir erinnern an das wahrscheinlich gemachte Vorkommen des rechten Winkels in jener von Sayce übersetzten Vorbedeutungsgeometrie. Wir erinnern an die den rechten Winkel selbst voraussetzende Dreitheilung desselben. Wir haben ferner den ausdrücklichen Bericht Herodots, dass von Babylon her die Hellenen mit dem Polos und dem Gnomon bekannt geworden seien[3]). Mag man auch nicht mit aller Sicherheit wissen, welcherlei Vorrichtungen unter diesen Namen verstanden wurden, so viel ist gewiss, dass es bei ihnen um Zeiteintheilung mittels der Länge des von der Sonne erzeugten Schattens sich handelte, dass also ein Stab senkrecht zu einer Grundfläche aufgerichtet werden musste. Der Uebergang des Gnomon zu den Griechen fand von Babylon aus statt, wann ist zweifelhaft. Ein Berichterstatter nennt Anaximander als den, der um 550 den Gnomon einführte[4]); ein anderer nennt uns dafür Anaximenes[5]); ein dritter nennt gar erst Berosus als Erfinder der Sonnenuhr[6]), womit nur jener Chaldäer gemeint sein kann, welcher unter Alexander dem Grossen geboren um 280 v. Chr. seine Blüthezeit hatte und als Historiker am bekanntesten ist, wenn auch das Alterthum ihn vorzüglich um seiner auf der Insel Kos gegenüber

---

[1]) Wir berufen uns für diese Behauptung auf mündliche Mittheilungen von Prof. Dr. A. Merx. [2]) II. Mose 36, 15 und 21; 37, 10; 39, 9—10. I. Könige 7, 27 und häufiger. [3]) Herodot II, 109. [4]) Suidas s. v. Ἀναξίμανδρος. [5]) Plinius *Historia naturalis* II, 76. [6]) Vitruvius IX, 9.

von Milet gegründeten und stark besuchten Schule wegen rühmte.[1]) Aelterer Zeit als alle diese Angaben gehört der biblische Bericht an, welcher von einer Sonnenuhr zu erzählen weiss. Er geht hinauf bis auf König Ahas von Juda, dessen Regierung von 743—727 währte.[2]) Wenn in jenem Berichte der Schatten am Zeiger Ahas 10 Stufen (oder Grade) hinter sich zurückging, die er war niederwärts gegangen, so ist diese Beschreibung von grösster Deutlichkeit, mag man über das beschriebene Ereigniss selbst denken, wie man will. Wir könnten auf eben diese Stelle zum Ueberflusse noch hinweisen, um sie als Beleg altasiatischer Kreiseintheilung zu benutzen, wenn ein solcher Beleg noch irgend erwünscht scheinen sollte.

Fassen wir wieder zusammen, was auf geometrischem Gebiete den Babyloniern bekannt gewesen ist, so haben wir Gewissheit für die Theilung des Kreises in 6 Theile, dann in 360 Grade, Gewissheit für die Kenntniss von Parallellinien, von Dreiecken, Vierecken, Gewissheit für die Herstellung rechter Winkel. Wahrscheinlich ist die Kenntniss der Gleichheit zwischen Halbmesser und Seite des dem Kreise eingeschriebenen regelmässigen Sechsecks, wahrscheinlich die Benutzung des Näherungswerthes $\pi = 3$ bei Bemessung des Kreisumfanges. Möglich endlich ist die Prüfung rechter Winkel durch die Seitenlängen des ein für allemal bekannten Dreiecks 3, 4, 5.

Die Hoffnung bleibt für Babylon wie für Aegypten nicht ausgeschlossen, dass Auffindung und Entzifferung neuer Denkmäler es noch gestatten werden, die kaum erst seit wenigen Jahrzehnten fester gestützte Geschichte der Geistesbildung jener Länder umfassender zu gestalten. Für die Geschichte der Mathematik in den Euphratländern bergen, wie wir schon gesagt haben, vielleicht die Schutthügel von Senkereh noch Unschätzbares. Es muss wohl die Mathematik dort eine erzählenswerthe Geschichte erlebt haben, wenn wir auch nur daraus schliessen, dass sie alten Schriftstellern würdig däuchte sich mit ihr zu beschäftigen. So wird berichtet, ein gewisser Perigenes habe über die Mathematiker von Chaldäa geschrieben[3]), wenn diese Lesart der an sich viel weniger wahrscheinlichen „über die Mathematiker von Chalcidien" vorzuziehen ist, und Mathematisches enthielt jedenfalls auch das umfassende Werk des Jamblichus von Chalcis über Chaldäisches, aus dessen 28. Buche eine Notiz sich erhalten hat.[4]) Nur um Missverständnissen vorzubeugen, welche auch bei

[1]) Die von Bailly, *Histoire de l'astronomie ancienne*. Paris, 1775, Livre IV, § 35 und 36 ausgehende Meinung, als seien zwei Berosus zu unterscheiden, der von Kos und der Historiker, ist von neueren Fachgelehrten entschieden verworfen. [2]) Jesaia 38, 8 und II. Könige 20, 11. Die Datirung nach Oppert, *Salomon et ses successeurs*. [3]) Nesselmann, Die Algebra der Griechen, S. 1—2. [4]) Zeller, Die Philosophie der Griechen in ihrer geschichtlichen Entwickelung III. Theil, 2. Abthlg. 2. Auflage. Leipzig, 1868, S. 615.

sonst zuverlässigen Schriftstellern sich vorfinden, sei hier bemerkt, dass mit diesem wissenschaftlichen Werke des Jamblichus von Chalcis über Chaldäisches, welches gegen Ende des IV. S. n. Chr. geschrieben sein muss, der Roman, welcher unter dem Titel „Babylonisches“ in der zweiten Hälfte des II. S. n. Chr. auch von einem Jamblichus[1]) verfasst worden ist, ja nicht verwechselt werden darf.

[1]) Erw. Rohde, Der griechische Roman und seine Vorläufer. Leipzig, 1876, S. 364 flgg.

III. Griechen.

Kapitel IV.

Die Griechen. Zahlzeichen. Fingerrechnen. Rechenbrett.

Wir verlassen die Länder ältester, aber bis vor Kurzem und theilweise bis auf den heutigen Tag weniger bekannter Kulturentwicklung. Wir gehen über zu dem Volke, von dessen Bildung wir selbst, der Schreiber wie der Leser, bewusst oder unbewusst, unmittelbar oder mittelbar die merkbarsten Spuren in uns tragen, dessen Schriftsteller uns schon wiederholt als willkommene Ergänzungen dienten, wenn für andere Länder die einheimischen Quellen allzuspärlich flossen, und wir sind geneigt zu erwarten, hier werde geschichtliche Gewissheit uns entgegentreten, jede blosse Vermuthung überflüssig machend und darum ersparend. Aber diese Erwartung wird getäuscht. Die Geschichte der griechischen Mathematik, allerdings durch Schriften einzelner hervorragender griechischer Mathematiker selbst unserem Erkennen näher gerückt, ist doch Nichts weniger als durchsichtig, als vollständig. Bald, und nicht bloss bei den ersten Anfängen, stehen wir an Lücken, an unvermittelten Uebergängen, welche uns nöthigen, um nur einigermassen Bescheid zu erhalten, Schriftsteller zu befragen, deren Glaubwürdigkeit uns selbst nicht gegen jeden Zweifel geschützt ist, oder gar zu eigenen Vermuthungen unsere Zuflucht zu nehmen, welche die gähnende Spalte uns überbrücken müssen. Wir glauben unter der Bedingung, dass wir unseren Lesern sagen, was gewiss, was nur möglich sei, eine solche hypothetische Darstellung nicht vermeiden zu sollen, wo der Mangel an sicherer Ueberlieferung uns dazu nöthigt.

Einst flossen die Quellen ergiebiger. Es war eine Eigenthümlichkeit der durch Aristoteles gegründeten peripatetischen Schule einen Urheber für jeden Gedanken ausfindig machen zu wollen. Dieser Hang verblieb auch den in Alexandria heimisch gewordenen, dort mit fremdartigen Elementen sich mengenden Peripatetikern. Man suchte allerdings von hier aus mit einer gewissen Vorliebe die Lehren griechischer Philosophen auf einen nichtgriechischen Ursprung zurückzuführen[1]), und mit dieser Neigung nimmt die Zuverlässigkeit

---

[1]) Nietzsche, *De Laertii Diogenis fontibus* im Rheinischen Museum XXIV, 205. Frankfurt a. M., 1869.

solcher Angaben wesentlich ab, sofern nicht andere Gründe obwalten, den Glauben an jene Aussagen wieder zu verstärken. Wir rechnen dazu vornehmlich zweierlei. Erstens erhöht es für uns die Bedeutung eines Ursprungszeugnisses aus fremdem Lande, wenn wir selbst dort Erzeugnissen begegnet sind, die dem, was als eingeführt bezeichnet wird, wesentlich gleichen. Zweitens vertrauen wir mit rückhaltloserer Hingebung den Aussprüchen eines Mannes, der als Sachverständiger, als Fachmann redet; ja wir benutzen lieber einen der Zeit nach späteren Mathematiker als Gewährsmann für früher Erdachtes als einen dem Ursprunge gleichaltrigen Laien, der die Jahre, um welche er den Ereignissen näher lebte, dadurch unwirksam macht, dass er dem Inhalte derselben ferner stand.

Mit vollstem Vertrauen würden wir daher die Geschichte der Geometrie, der Sternkunde, der Arithmetik als Quelle benutzen, welche Theophrastrus von Lesbos, der Schüler des Aristoteles, verfasst haben soll[1]), wenn dieselben uns auch nur in Spuren erhalten wären. Gern würden wir den gleichaltrigen Xenokrates in seinen Büchern über die Geometer[2]) als Führer wählen — vorausgesetzt, dass dieser Titel und nicht der „über Geometrisches" die richtige Lesart bildet — wenn nicht auch sie durchaus verschollen wären. Mit Freuden bedienen wir uns der Bruchstücke historischer Schriften über Geometrie und Astronomie, die ein dritter Schriftsteller aus der Zeit der unmittelbarsten aristotelischen Schule verfasst hat: Eudemus von Rhodos.[3]) Es sind, wie wir es ausgesprochen haben, nur Bruchstücke dieser Bücher bekannt, welche von anderen Schriftstellern abgeschrieben und gelegentlich, theils mit Nennung des Verfassers, theils mit blosser Andeutung desselben, ihren Werken einverleibt wurden, aber jedes einzelne Stückchen lässt den Werth des Verlorenen ermessen, seinen Verlust bedauern.

Neben diesen eigentlichen Geschichtsschreibern der Mathematik haben auch andere Fachmänner, Compilatoren und Commentatoren mathematischer Schriften, uns manche werthvolle Bemerkung hinterlassen, die wir dankbarst benutzen werden. Geminus von Rhodos, Theon von Smyrna, Porphyrius, Jamblichus, Pappus, Proklus, Eutokius sind die Namen solcher Verfasser, von denen wir mehr als nur einmal zu reden haben werden.

Die Ueberlieferungen nun in dem Sinne und Umfange benutzt, wie wir es vorausschickend erläutert haben, und unter fernerer Zuziehung auch nichtmathematischer Schriftsteller, wenn keine andere Wahl uns bleibt, belehren uns darüber, dass in dem weiten Ländergebiete, in welchem griechisch gesprochen und griechisch gedacht

[1]) Diogenes Laertius V, 48—50. [2]) Diogenes Laertius IV, 13. [3]) *Eudemi Rhodii Peripatetici fragmenta quae supersunt* ed. L. Spengel. Berlin, 1870. Die mathematischen Bruchstücke S. 111—143.

wurde, und welches desshalb für die Kulturgeschichte Griechenland heisst, wenn es auch keineswegs geographisch mit dem Königreiche Griechenland unseres Jahrhunderts sich deckt, die Mathematik weder gleichzeitig auftrat noch ebenmässig sich entwickelte. Die kleinasiatische Küstengegend südlich von Smyrna und die davor liegende Inselwelt waren der Schauplatz der ältesten ionischen Entwickelung. Süditalien und Sicilien mit ihrer dorischen Bevölkerung nahmen sodann in weit stärkerem Maassstabe an der Fortbildung Antheil. Jetzt erst als dritter Boden, auf welchem eine dritte Stufe erreicht ward, erscheint das eigentlich griechische Festland, erscheint namentlich Athen in der Geschichte der Mathematik. Aber auch von dort entfernt sich die Schule der vorzüglichsten Mathematiker. Auf ägyptischem Boden entsteht eine griechische Stadt, Alexandria, und dort blühen oder lernen doch wenigstens die grossen Geometer eines Jahrhunderts, welchem an Bedeutsamkeit für die Entwicklung der Mathematik nur ein einziges an die Seite gestellt werden kann, sofern unsere Gegenwart geschichtlicher Betrachtung sich noch entzieht: das Jahrhundert von der Mitte des XVI. bis zur Mitte des XVII. S., das Jahrhundert der beginnenden Infinitesimalrechnung. Die grossen Geisteshelden des euklidischen Zeitalters hatten ihre Epigonen, die, wenn sie theilweise auch an anderen Orten aufgesucht werden müssen, noch immer in Alexandria wurzeln. Dort zeigt sich in verschiedenen Jahrhunderten wiederholt eine Nachblüthe unserer Wissenschaft, die edle Früchte hervorzubringen im Stande ist. Männer wie Heron, wie Klaudius Ptolemäus, wie Pappus stehen keinem Mathematiker der euklidischen Zeit an persönlicher Geistesgrösse nach, nur die Dichtigkeit ihres Auftretens in einander nahe liegenden Zeiträumen fehlt, und damit das eigentlich kennzeichnende Merkmal der grossen alexandrinischen Epoche. Endlich kehrt die griechische Mathematik matt und absterbend nach Hellas zurück. Athen und die im ehemaligen Thrakien entstandene Welthauptstadt Byzanz sehen den Untergang unserer Wissenschaft, den Untergang derselben für die dortige Gegend. Weiter westlich wohnenden Völkern geht sie zur gleichen Zeit neu und strahlend auf.

Wir haben mit wenigen Strichen den Rahmen uns entworfen, in welchen wir das Bild der griechischen Mathematik einzuzeichnen gedenken. Wir müssen mit dieser Einzelarbeit beginnen. Wir sind bei Aegyptern und Babyloniern von den niedrigsten Rechnungsverfahren und von der Bezeichnung der Zahlen ausgegangen als von Dingen, welche kein Volk auch nur in den Anfängen seiner geistigen Entwicklung entbehren kann, und welche die Vorstufe zu jedem mathematischen Denken bilden. Aehnlich werden wir hier verfahren. Wir werden das Zahlenschreiben, wir werden bis zu einem gewissen Grade das Rechnen der Griechen vorwegnehmen müssen.

Ob wir es eine Zahlenbezeichnung[1]) zu nennen haben, wenn in griechischen Inschriften die Zahlwörter ausgeschrieben gefunden werden, dürfte dahingestellt sein. Ebenso kann die Auflösung einer Zahl in lauter einzelne neben einander befindliche Striche, wie sie z. B. für die Zahl sieben noch in einer Inschrift von Tralles in Karien aus dem IV. vorchristlichen Jahrhunderte nachgewiesen ist, wie sie aber naturgemäss für eine nur noch etwas grössere Zahl gar nicht denkbar ist, kaum als Zahlenbezeichnung gelten. Die älteste wirkliche Bezeichnung erfolgte durch Anfangsbuchstaben der Zahlwörter.[2]) Ihre Spuren sollen hinaufrücken bis in die Zeit Solon's, also etwa bis zum Jahre 600, während als untere Grenze das perikleische und nachperikleische Jahrhundert genannt wird, ja während Spuren bis auf die Zeit Cicero's hinabführen. Die benutzten Buchstaben sind folgende. Man schrieb Jota *I* für die Einheit, sei es nun, dass an eine alterthümliche Form des Wortes für eins gedacht werden muss, sei es, dass nur ein grader Strich gemacht wurde, der zufällig auch als Jota gedeutet werden kann. Für fünf wurde ein Pi *Π* geschrieben wegen *πέντε*, für zehn ein Delta *Δ* wegen *δέκα*. Hundert, *ἑκατόν*, bezeichnete man durch Eta *H*, welches ursprünglich kein *e*-Laut, sondern wie später bei den Römern Aspirationszeichen war. Tausend *χίλια* und zehntausend *μύρια* endlich schrieb man mit Chi *X* und My *M*. Ausserdem waren ebendieselben Buchstaben in und aneinander geschrieben als Zusammensetzungen, durch welche die Produkte von fünf in Einheiten verschiedenen Ranges dargestellt werden sollten, in Gebrauch, und auch ein als „zehn mal tausend“ zusammengesetztes Zehntausend wird überliefert. Dass das Gesetz der Grössenfolge stets gewahrt blieb, sei der Vollständigkeit wegen bemerkt. Wir bemerken ferner, dass diese Zeichen von Herodianus, einem byzantinischen Grammatiker, der etwa 200 n. Chr. lebte, geschildert wurden und dass sie desshalb nicht selten herodianische Zeichen heissen.

Noch während der drei Jahrhunderte, durch welche jene Bezeichung der Hauptsache nach verfolgt worden ist, bildeten sich zwei neue Methoden aus, beide wohl ziemlich gleichzeitig mit der sogenannten ionischen Schrift auftretend, etwa kurz nach 500. Die eine dieser Methoden benutzt die 24 Buchstaben des ionischen Alphabets um die Zahlen 1 bis 24 dadurch auszudrücken. Nach ihr wurden die zehn Phylai der athenischen Richter mit fortlaufender Nummer versehen. Nach ihr gaben später die Alexandriner den

---

[1]) Ausführliches über Zahlenbezeichnung der Griechen in dem Math. Beitr. Kulturl. 111–126. [2]) Ausser den in dem Math. Beitr. Kulturl. angeführten Quellen vergl. Koehler in den Monatsberichten der Berliner Akademie für 1865, S. 541 flgg. und Friedlein, Die Zahlzeichen und das elementare Rechnen der Griechen und Römer und des christlichen Abendlandes vom 7. bis 13. Jahrhundert. Erlangen, 1869, S. 9. [3]) Math. Beitr. Kulturl. 113.

Gesängen des Homer ihre Ordnungszahlen. Diese Methode so wenig wie die zweite Methode, welche wir dahin kurz erklären können, dass den einzelnen Buchstaben unter einander verschiedene aber in der natürlichen Zahlenreihe nicht immer unmittelbar sondern sprungweise auf einander folgende Werthe beigelegt werden, gehört den Griechen allein an. Wir müssen ihr Spuren auch anderwärts verfolgen und zu diesem Zwecke einschaltend von phönikischer, syrischer, hebräischer Zahlenbezeichnung reden.

Das eigentliche Handelsvolk der alten Welt waren die Phönikier, vielleicht die Fenchu ägyptischer Inschriften. Sie durchfurchten als kühne Seefahrer und Seeräuber von ihren dicht an der Küste gegründeten Städten aus das Mittelmeer, welches ihnen Verkehrsstrasse und Jagdgebiet war, überall Beziehungen unterhaltend, für welche Zahlenbekanntschaft unentbehrlich war. Dieselben Phönikier werden als Erfinder der eigentlichen reinen Buchstabenschrift gerühmt. Sie gingen mit dieser Erfindung weit hinaus über die Silben darstellenden Zeichen der Keilschrift wie auch über die Hieroglyphen, unter welchen eine Einheit der Bedeutung nicht herrschte, da unter ihnen wirkliche Buchstaben mit Silbenzeichen, mit Wortzeichen, ja mit solchen Zeichen wechselten, die selbst gar nicht ausgesprochen wurden, sondern als sogenannte Determinative die Aussprache anderer daneben geschriebener Zeichen regelten. Die phönikischen Buchstaben, 22 an der Zahl, sind aus hieratischen Zeichen der Aegypter, also ursprünglich aus Hieroglyphenbildern entstanden. In dieser Annahme sind alle Sachkundige einig, höchstens dass Einer den Durchgang durch hieratische Zeichen in Abrede stellend die phönikischen Buchstaben unmittelbar aus Hieroglyphen ableiten möchte. War nun diese Beschränkung auf einfachste Lautelemente in so geringer Anzahl schon ein ganz gewaltiger Schritt, so war es eine zweite wissenschaftliche That, wie man wohl sagen darf, den Buchstaben eine bestimmte Reihenfolge zu geben, aus ihnen ein Alphabet zu bilden. Die Aegypter scheinen allerdings auch hierin ein Vorbild gewesen zu sein.[1]) Mariette hat versucht aus Inschriftsanfängen eine Reihenfolge ägyptischer Buchstaben herzustellen, aber wenn seinem Versuche mehr als blosse Vermuthung zu Grunde liegt, so war diese ägyptische Anordnung sicherlich eine andere als die der Phönikier und derjenigen Völker, die mit ihnen ein Alphabet besassen. Phönikische Buchstaben in der späteren Ordnung scheinen bereits auf Thontafeln aus der Bibliothek des Assurbanipal in Ninive vorzukommen. Bei den Hebräern ist die Ordnung für die Zeiten, in welchen verschiedene Psalmen[2]) ge-

[1]) Für das Folgende vergl. insbesondere F. Lenormant, *Essai sur la propagation de l'alphabet phénicien*. Paris, 1872. I, 101 flgg. [2]) Psalm 111, 112 119, auch die Klagelieder des Jeremias fangen in aufeinander folgenden Versen mit den aufeinander folgenden Buchstaben des Alphabet an.

dichtet wurden, festgesichert, denn wenn auch nur eine nach unseren Begriffen zwecklose Spielerei mit Schwierigkeiten, Zufall kann es doch nicht sein, dass die Verse dieser Lieder der Reihe nach mit den Buchstaben des Alphabets beginnen, darin eine entfernte Aehnlichkeit mit der ersten Verwendung des griechischen Alphabetes zur Nummerirung der homerischen Gesänge bietend, auf welche wir oben anspielten. Noch eine andere Sicherung der Reihenfolge des hebräischen Alphabets gibt das sogen. Athbasch, welches sicherlich der babylonischen Gefangenschaft angehört.[1]) Es besteht darin, dass die 22 Buchstaben in zwei Reihen geordnet über einander stehen, der letzte Buchstabe ת über dem ersten א, der vorletzte, ש über dem zweiten ב u. s. w. Diese vier Buchstaben je zwei und zwei zusammengelesen lauten eben Athbasch. Der Zweck dieser Anordnung war eine Geheimschrift zu liefern, indem jedesmal statt eines eigentlich anzuschreibenden Buchstaben, der im Athbasch über beziehungsweise unter ihm stehende gesetzt wurde. Jedenfalls musste also damals auch schon die gewöhnliche Ordnung der nämlichen Buchstaben erfunden sein. Wir sagen „erfunden", denn bei der vollendeten Principlosigkeit der Anordnung ist von einem inneren Gesetze derselben, welches nur entdeckt zu werden brauchte, gewiss keine Rede. War die Buchstabenfolge eine willkürliche, eine vielleicht erst nachträglich eingeführte, nachdem die Buchstaben als solche bereits bestanden, so ist vermuthlich wieder ein besonderer Akt der Erfindung nothwendig gewesen, um die geordneten Buchstaben mit Zahlenwerthen zu versehen. Zwei Thatsachen stimmen namentlich zu dieser Vermuthung. Die eine, dass auf keiner der zahlreichen phönikischen oder punischen Inschriften, auf keiner Papyrushandschrift sich je eine Spur einer alphabetischen Zifferrechnung gefunden hat[2]); die andere, das nothwendige Seitenstück zur ersten bildend, dass eine nichtalphabetische Zahlenbezeichnung der Phönikier bekannt ist.

Die Phönikier schrieben entweder die Zahlwörter aus, oder sie bedienten sich gewisser Zeichen, die den Grundgedanken der Juxtaposition, vielleicht wechselnd mit dem der Multiplikation, zur Anwendung brachten.[3]) Eins bis neun wurde nämlich durch ebensoviele senkrechte Striche dargestellt. Zehn war meistens ein wagrechter Strich, der aber auch in mehr oder weniger nach oben gekrümmter oder einen Winkel bildender Form vorkommt. Die Zahlen 11 bis 19 wurden durch Juxtaposition eines Horizontalstriches mit Vertikalstrichen geschrieben, von welchen gemäss der von rechts nach links

---

[1]) Herzog's Realencyklopädie für protestantische Theologie und Kirche VII, 205 und XIV, 17. [2]) Diese Thatsache ist für Mathematiker zuerst bei Hankel S. 34 hervorgehoben und damit ein lange Zeit fortgeschleppter Irrthum beseitigt. [3]) Adalb. Merx, *Grammatica Syriaca*. Heft I. Halle, 1867. Tabelle zu pag. 17.

zu lesenden phönikischen Schrift dem Gesetze der Grössenfolge gehorchend der Horizontalstrich am Weitesten rechts sich befindet. Das nun folgende 20 ist durch zwei Horizontalstriche darzustellen, die aber nicht bloss parallel übereinander gezeichnet wurden, sondern auch schrägliegend und verbunden ⅄, oder gar zu einer Gestalt N oder Λ sich veränderten. Jedenfalls trat es jetzt als einfaches neues Zeichen in Gebrauch, ein Vigesimalsystem in der Schrift einleitend. Ein letztes neues Zeichen kam, so weit die Inschriften bis jetzt ergeben haben, durch 100 hinzu |<| oder |ɔ|, was wohl als liegende zehn zwischen zwei Einern zu denken ist, die in dieser Vereinigung eine verzehnfachende Wirkung üben, eine auffallende Erscheinung, welche aber auch nicht ganz vereinzelt dasteht, vielmehr in der römischen Zahlenbezeichnung ein Analogon besitzt.

Die phönikischen Inschriften, welchen diese Zeichen entnommen sind, reichen bis auf viele Jahrhunderte vor Christi Geburt zurück. Die Zeichen unterscheiden sich aber nicht sehr von anderen, welche vom Jahre 2 an bis zur Mitte des III. S. in Palmyra, dem heutigen Tadmor mitten in der syrischen Wüste, in Gebrauch waren.[1]) Die Hauptverschiedenheit, abgesehen von Abweichungen in den Formen für 10 und 20, besteht darin, dass ein Zeichen für fünf in der Gestalt Y hinzugekommen ist und dass bei den Hunderten das multiplikative Verfahren durchgeführt ist. Das Zeichen für 10 wird nämlich hier zu 100, indem nur einseitig, und zwar rechts ein nach dem Gesetze der Grössenfolge sonst unverständlicher Einheitsstrich ihm beigegeben ist, und gleicherweise werden 200, 300 u. s. w. geschrieben, indem die Zeichen 2, 3 u. s. w. sich rechts von dem für 10 befinden. Das eben beschriebene Zeichen von 100 nebst links folgendem 10 heisst dann natürlich 110, wird aber zum Zeichen von 1000, wenn noch ein horizontaler Deckstrich darüber kommt.

Wieder als Varianten der palmyrenischen Zeichen sind solche zu betrachten, welche in syrischen Handschriften des VI. und VII. S. aufgefunden worden sind.[2]) Eine kleine Merkwürdigkeit bieten sie insofern dar, als hier, soweit wir wissen, die einzige Abweichung vom Gesetze der Grössenfolge vorkommt. Während nämlich 1 durch einen Vertikalstrich, 2 durch zwei unten im Bogen zusammenhängende Vertikalstriche μ dargestellt wird, sollte 3 von rechts nach links so geschrieben werden, dass an die 2 eine 1 sich anfügte. Statt dessen steht rechts die 1 und links davon die 2, während im Uebrigen das oft genannte Gesetz befolgt wird.

---

[1]) Ueber palmyrenische Zahlzeichen vergl. Math. Beitr. Kulturl., S. 254. Zu den dort angegebenen Quellen tritt hinzu ein Aufsatz aus dem Nachlasse von E. F. F. Beer mit Erläuterung von M. A. Levy in der Zeitschr. d. morgenl. Gesellsch. XVIII, 65–117, besonders S. 115. [2]) Auch diese Zeichen sind besprochen Math. Beitr. Kulturl. 256.

Der Regel nach benutzten die Syrer allerdings die (S. 101) kurz erläuterte Buchstabenbezeichnung.[1]) In einer freilich verhältnissmässig späten, jedenfalls so späten Zeit, dass von Anfängen einer Bezeichnungsweise unter keiner Bedingung die Rede sein kann, bedienten sie sich der 22 Buchstaben ihres Alphabetes, um der Reihe nach die neun Einer (1 bis 9), die neun Zehner (10 bis 90) und die vier ersten Hunderter (100 bis 400) zu bezeichnen. Die folgenden Hunderter wurden durch Juxtaposition gewonnen: $500 = 400 + 100$, $600 = 400 + 200$, $700 = 400 + 300$, $800 = 400 + 400$, $900 = 400 + 400 + 100$ oder durch die Buchstaben, welche vorher schon 50 bis 90 bezeichnet hatten und über die man zur Verzehnfachung ein Pünktchen setzte. Tausende schrieb man durch Einer mit unten rechts angefügtem Komma. Zehntausendfachen Werth ertheilte den Einern und Zehnern ein kleiner darunter verlaufender Horizontalstrich. Vermillionfacht endlich wurde der Werth eines Buchstaben durch doppeltes Komma, d. h. also durch Vertausendfachung des schon Tausendfachen. Zur grösseren Deutlichkeit pflegte man von diesen beiden Komma das eine von links nach rechts, das andere von rechts nach links zu neigen. Auch Brüche kommen bei dieser Bezeichnung vor und zwar, wie es scheint, Stammbrüche, welche ähnlich wie bei den Aegyptern nur durch die Zahl des Nenners geschrieben wurden, während ein von links nach rechts geneigtes accentartiges Strichelchen darüber sie als Brüche kenntlich machte.

Der syrischen Buchstabenbezeichnung der Zahlen ist wieder die der Hebräer sehr nahe verwandt. Wann dieselbe entstand, ist eine noch ziemlich offene Frage. Auf hebräisch geprägten Münzen ist nicht früher als 137 v. Chr. alphabetische Bezeichnung der Zahlen nachweisbar.[2]) Eine derartige Zahlendarstellung findet sich ebensowenig unmittelbar in den Büchern des alten Testamentes. Nur ihre Anwendung zur Gematria bezeugt ihr Vorhandensein, und wenn diese wirklich bis zum VII. Jahrhundert hinaufreicht (S. 87), so ist das hebräische Volk dasjenige, bei welchem die älteste Spur des Zahlenalphabetes vorkommt, während im entgegengesetzten Falle Griechen auf die Priorität die gerechtesten Ansprüche haben und man alsdann anzunehmen hätte, es sei von den Griechen wieder nach Osten die Erfindung zurückgekehrt; eine Vermuthung, für welche wir uns freilich bei dem echt orientalischen Gepräge der Gematria selbst, die in Griechenland jedenfalls erst sekundär auftrat, nicht erwärmen können. Das hebräische Alphabet von 22 Buchstaben reichte gleich dem syrischen bis zur Bezeichnung von 400. Für die höheren Hunderte

[1]) Merx, *Grammatica Syriaca* pag. 14 flgg. [2]) Nach einer Mittheilung von Dr. Euting an Hankel, die dieser S. 34 seines Geschichtswerkes angeführt hat.

half man sich wieder durch Zusammensetzungen. Später kam man auf eine andere Aushilfe. Fünf Buchstaben des hebräischen Alphabetes, diejenigen nämlich, welche den Zahlenwerthen 20, 40, 50, 80, 90 entsprechen, besitzen zweierlei Gestalt, je nachdem sie am Anfange beziehungsweise in der Mitte eines Wortes auftreten, oder an dessen Ende, eine Eigenthümlichkeit, welche mehrere orientalische Schriftarten mit der hebräischen theilen und wovon auch die sogen. gothische Schrift in ſ und s ein Beispiel aufweist. Die fünf Finalbuchstaben nun benutzte man um die Hunderte von 500 bis 900 darzustellen und hatte nun die Möglichkeit der Darstellung sämmtlicher Zahlen bis zu 999. Bei einer Zahl, bei 15, benutzte man nicht die naturgemässe Bezeichnung 10 + 5, sondern schrieb statt ihrer 9 + 6. Der Grund davon war, dass die Buchstaben für 10 und 5 יה den Anfang des heiligen Namen Jehova bilden, der nicht entweiht werden darf durch unnöthiges Aussprechen oder Schreiben.[1]) Um die Tausende zu bezeichnen kehrte man wieder zum Anfange des Alphabets zurück, indem jeder Buchstabe durch zwei über ihn gesetzte Punkte den tausendfachen Werth erhielt, und so war es möglich alle Zahlen unterhalb einer Million zu schreiben, womit die Schreibart in Zeichen überhaupt abschliessen mochte, wie es unseren früheren Bemerkungen (S. 70) entsprechend auch mit dem genauen Zahlenbegriff der Fall war. Dass die Hebräer von rechts nach links schrieben, dass abgesehen von dem Falle geheimnissvoll erscheinen wollender Gematria, welche als Zahlenschreiben im eigentlichen Sinne des Wortes kaum betrachtet werden kann, das Gesetz der Grössenfolge eingehalten wurde, braucht kaum gesagt zu werden. Eben dieses Gesetz gestattete die vertausendfachenden Pünktchen oft wegzulassen, wenn die Reihenfolge der Zahlen die Bedeutung derselben schon ausser Zweifel stellte. Der Buchstabe für 1 א z. B. konnte dem für 5 ה in regelmässiger Zahlenbezeichnung nicht vorhergehen, wohl aber umgekehrt. Desshalb schrieb man 5001 nur durch ה̈א, dagegen 1005 durch א̈ה oder durch אה. Da ferner מ = 40, ף = 800 war, so konnte 5845 = ה̈ףמה geschrieben werden. Die letztere Zahl, die Anzahl der Verse im ganzen Gesetze, wurde von den Masoreten, deren Thätigkeit freilich erst im VIII. S. n. Chr. abschloss, sogar ה̈חמה geschrieben,[2]) indem ח, das Zeichen für 8, einen höheren Rang als das nachfolgende מ, zugleich einen niedrigeren als das vorhergehende durch die Stellung selbst vertausendfachte ה̈ besitzen musste und daher nur 800 bedeuten konnte. Die Verwechslung von Zahlen mit Wörtern war in der hebräischen Schrift, die fast regel-

---

[1]) Ist in dieser Schreibart von 15 die Veranlassung zur Gematria, oder nur das einfachste Beispiel derselben zu erkennen? [2]) Nesselmann, Die Algebra der Griechen. Berlin, 1842, S. 494.

mässig die Vokale wegliess und deren Ergänzung dem Leser übertrug, ungemein leicht. Sollte also eine Zahl als solche sofort erscheinen, so war ein Unterscheidungszeichen nothwendig. Dasselbe bestand darin, dass man über den letzten Zahlbuchstaben zwei Häkchen machte, oder auch diese Häkchen zwischen dem letzten und vorletzten Zahlbuchstaben anbrachte. Bei vier- oder gar mehrstelligen Zahlen wurden die Häkchen öfter wiederholt.

Wir kehren nach diesen Einschaltungen, welche die Wahrscheinlichkeit darthun sollten, dass wie das ionische Alphabet auch die Benutzung desselben zum Zwecke der Zahlenbezeichnung auf chanaanitischem Boden enstanden sein dürfte, nach Griechenland zurück, bei dieser Rückkehr beiläufig erwähnend, dass auch die Gematria, die symbolisirende Buchstabenverbindung zu Wörtern mit Zahlenwerth, sich bei späteren Griechen einheimisch machte. Die Zahl 666 der Apokalypse z. B., welche, wie jetzt wohl kein Fachmann mehr bezweifelt, aus dem Hebräischen stammt und נֵרוֹן קֵסַר (Nerun Kesar) bedeutet, wurde von Irenäus dem berühmten Kirchenlehrer des II. S. als *Λατεινος* gelesen und erklärt.

Die Zahlenwerthe der griechischen Buchstaben hier genauer zu erörtern möchte so ziemlich allen unseren Lesern gegenüber überflüssig sein. Wir begnügen uns daran zu erinnern, dass in dem zur Zahlenschreibung dienenden Alphabet alterthümliche Buchstaben, die sogen. Episemen, noch einen Platz einnehmen, welche unter den Buchstaben der Griechen als solchen abhanden gekommen waren.[1]) Die Buchstaben alpha bis sanpi genügten in ihrer Verbindung zur Darstellung der Zahlen 1 bis 999, wobei ein darüber befindlicher Horizontalstrich die Zahlen als solche kennzeichnete und der Verwechslung mit Wörtern vorbeugen sollte. Die Tausende schrieb man mittels der 9 Einheitsbuchstaben, α bis ϑ, denen man zur Linken einen in Kommagestalt geneigten Strich beifügte. Mitunter wurde, ähnlich wie der vertausendfachende Punkt der Hebräer, das den gleichen Zweck erfüllende Komma der Griechen unter gleichen Voraussetzungen weggelassen, nämlich wenn die Stellung vor einem Buchstaben, dem an und für sich ein höherer Zahlenwerth eigenthümlich war, die Nothwendigkeit ergab um des Gesetzes der Grössenfolge willen das betreffende Zahlzeichen tausendfach zu lesen. Zehntausend wurde als Myriade durch *Μυ.* oder durch *Μ.* bezeichnet. Bei Vielfachen von 10000 konnte der vervielfachende Coefficient eine dreifache Stellung einnehmen, links vor, rechts nach oder über dem *M.* Im ersten Falle wurde *M.* auch wohl durch einen einfachen Punkt vertreten, welcher aber nicht weggelassen werden durfte, weil die blosse Stellung,

---

[1]) Vergl. A. Kirchhoff, Studien zur Geschichte des griechischen Alphabets. 3. Auflage. Berlin, 1877.

wie wir erst bemerkt haben, nur vertausendfachte. Es bedeutete demnach $\overline{\beta\omega\lambda\alpha}$ stets 2831, $\overline{\beta.\,\omega\lambda\alpha}$ dagegen 20831.

Man hat verschiedentlich die Behauptung aufzustellen versucht, den Griechen sei, und zwar in alter Zeit, ein Zahlzeichen für Nichts, mithin eine wirkliche Null zu eigen gewesen. Man hat zu diesem Zwecke auf astronomische Werke des Ptolemäus und des Theon von Alexandria, man hat auf eine Steininschrift der Akropolis zu Athen, man hat auf einen Palimpsest im Vatikan hingewiesen. Aber alle diese Hinweise sind durchaus nichtig; von einer Null ist an keiner dieser Stellen die Rede.[1])

Brüche kommen bei griechischen Schriftstellern, insbesondere bei Mathematikern, häufig vor. Die Bezeichnung erfolgt im Allgemeinen so, dass man zuerst die Zähler hinschrieb und dieselben mit einem Accente rechts oben versah, dann die Nenner, denen ein doppelter Accent beigefügt wurde und die zweimal geschrieben wurden. Z. B. $\iota\zeta'\ \varkappa\alpha''\ \varkappa\alpha'' = \frac{17}{21}$. Hatte man es mit Stammbrüchen zu thun, so blieb der Zähler α' als selbstverständlich weg, und die einmalige Schreibung des Nenners genügte. Ohne weitere Bemerkung neben einander geschriebene Stammbrüche sollten durch Addition vereinigt werden. Z. B. $\delta'' = \frac{1}{4}$ und $\zeta''\ \varkappa\eta''\ \varrho\iota\beta''\ \sigma\varkappa\delta'' = \frac{1}{7} + \frac{1}{28} + \frac{1}{112} + \frac{1}{224} = \frac{43}{224}$. Zwei besondere Bezeichnungen sind bemerkenswerth: $\frac{1}{2}$ oder ἥμισυ wurde nicht durch β'' sondern durch das alterthümliche sigma c angedeutet, und dieses vereinigt sich mit $\varsigma'' = \frac{1}{6}$ zu einem neuen dem omega ähnlichen Zeichen ω″ um $\frac{1}{2} + \frac{1}{6} = \frac{2}{3}$ anzuschreiben.[2])

Die Frage, wie man dazu kam an Stelle einer anderen schon vorhandenen Bezeichnungsweise von Zahlen die neue alphabetische Methode einzuführen, verdient wohl gestellt zu werden und ist auch, wenn gleich nicht häufig, gestellt worden.[3]) So mächtig wirkt bei den meisten Geschichtsschreibern die Gewohnheit das geschichtlich nach einander Auftretende als Fortschritt aufzufassen, dass man auch hier einem Fortschritte gegenüberzustehen wähnte, und die Einführung eines solchen bedarf keiner besonderen Erklärung. Statt eines Fortschrittes haben wir es aber hier mit einem entschiedenen Rückschritte zu thun, insbesondere was die Fortbildungsfähigkeit der

---

[1]) Math. Beitr. Kulturl. S. 121 flgg. Wichtige Ergänzungen zu unseren Angaben über den Palimpsest bei Hultsch, *Scriptores metrologici Graeci*. Leipzig, 1864. Vorrede pag. V—VI. [2]) Ueber Brüche vergl. Hultsch l. c., pag. 173—175. [3]) Heinr. Stoy, Zur Geschichte des Rechenunterrichtes I. Theil. Jenaer Inauguraldissertation 1876, S. 25.

Ziffernschrift betrifft. Vergleichen wir die älteren herodianischen Zahlzeichen mit den späteren, für welche wir schon wiederholt den Namen alphabetischer Zahlzeichen gebraucht haben, so erkennen wir bei letzterem zwei Uebelstände, die dem ersteren nicht anhaften. Es mussten jetzt mehr Zeichen und deren Werth dem Gedächtnisse anvertraut werden, es musste auch das Rechnen eine viel angespanntere Gedächtnissthätigkeit in Anspruch nehmen. Die Addition ΔΔΔ + ΔΔΔΔ = 𐅄 ΔΔ (30 + 40 = 70) konnte mit der HHH + HHHH = 𐅅 HH (300 + 400 = 700) in einen Gedächtnissakt zusammenschmelzen, sofern drei und vier Einheiten derselben Art zu fünf und zwei Einheiten gleicher Art sich vereinigten. Dagegen war mit λ + μ = ο noch keineswegs τ + υ = ψ sofort mitgegeben! Nur einen einzigen Vorzug bot die neue Schreibweise der alten gegenüber, der sich zeigt, wenn man die schriftliche Darstellung nach ihrer Raumausdehnung vergleicht. Man beachte z. B. 849, welches herodianisch 𐅅HHHΔ ΔΔΔΓIIII, alphabetisch ωμθ aussieht. Jenes ist durchsichtiger, gewährt beim Rechnen die wichtigsten Vortheile; dieses ist unverhältnissmässig viel kürzer, und so werden wir auf diesem den Vermuthungen allein preisgegebenen dunkeln Gebiete wohl kaum einen Fehlgriff thun, wenn wir die Meinung aussprechen, nicht Rechner, sondern Schreiber haben die alte breite Zahlenbezeichnung um der neuen willen im Stich gelassen, und weil es in der grossen Menge der Bevölkerung mehr Schreiber gab als Rechner, die zugleich auch Schreiber waren, hat die neue alphabetische Methode so rasch und allgemein sich Eingang verschafft.

Wir sind mit diesen Bemerkungen bereits über die Besprechung des Zahlenschreibens bei den Griechen hinausgegangen und zu deren Zahlenrechnen gelangt. Wieder begegnen uns hier die beiden Rechnungsverfahren, denen wir allgemein menschliche Verbreitung zuerkannt haben: das Fingerrechnen und das Rechnen auf einem Rechenbrette.

Spuren des ersteren sind mancherlei vorhanden.[1]) Es mag ja zu weit gegangen sein für dasselbe auf eine Stelle des Herodot sich zu beziehen, wo einer an den Fingern die Monate abrechnet.[2]) Auch dass in homerischer Sprache Rechnen *πεμπάζειν*, d. h. wörtlich „abfünfen" heisst, mag von geringerer Tragweite erscheinen. Aber eine Stelle der Wespen des Aristophanes[3]) bezeugt, dass man Ueberschlagsrechnungen an den Fingern auszuführen pflegte. Wie die Griechen alter Zeit dabei verfuhren ist nicht bekannt. Die Wahrscheinlichkeit spricht dafür, dass ähnliche Grundsätze der Fingerbedeutung gegolten haben mögen wie in späterer Zeit, aber eine Sicherheit liegt keineswegs vor.

[1]) Stoy l. c. S. 35 Anmerkg. 4, S. 44 Anmerkg. 3. [2]) Herodot VI, 63 und 65. [3]) Aristophanis Vespae 656.

Wir wünschen daher nicht durch Vorgreifen den Anschein einer solchen Sicherheit hervorzurufen, und versparen uns die Darstellung spätgriechischer Fingerrechnung bis zum Schlusse dieses ganzen griechischen Abschnittes, wo eine erhaltene byzantinische Schrift über den Gegenstand uns nöthigende Veranlassung geben wird darauf einzugehen.

Das Rechnen auf einem Rechenbrette in Griechenland bezeugt uns Herodot durch dieselbe Stelle[1]), deren wir uns zum Beweise des gleichen Verfahrens in Aegypten schon bedient haben (S. 43). Wir hoben dort bereits hervor, dass die Kolumnen des Brettes gegen den Rechner senkrecht gezogen sein mussten und werden dafür noch anderweitige Gründe weiter unten angeben. Die auf dem Rechenbrette Verwendung findenden Steinchen hiessen *ψῆφοι*. Sie wurden, wie aus der Stelle in den Wespen des Aristophanes hervorgeht, auch in dessen Zeit zum genauen Rechnen benutzt, und die Verbreitung dieses Verfahrens wird ersichtlich aus dem Worte *ψηφίζειν*, mit Steinchen hantiren, welches allgemein für das Rechnen eintritt. Auch das Brett, auf welchem gerechnet wurde, bekam einen besonderen Namen *ἄβαξ*. Allein gleich bei diesem Namen Abax beginnen die Streitfragen, welche sich mehr und mehr häufen, je weiter die Geschichte der Entwicklung des Rechenbrettes fortschreitet. Man hat nämlich das Wort *ἄβαξ* bald dem semitischen אבק Staub verglichen und Staubbrett übersetzt, bald hat man den Stamm *βακ* mit verneinendem *α* zu einem Worte vereinigt, dem die Bedeutung des Nichtgehenkönnens, des Fusslosseins innewohnt.[2]) Die letztere Ableitung stützt sich vorwiegend auf die nicht in Zweifel zu stellende Anwendung des Wortes *ἄβαξ* und ähnlich klingender Wörter in Bedeutungen, welche an Staub in keiner Weise zu denken gestatten. So hiess eine Art von Würfelbrett, ein rundes Körbchen ohne Untergestell, eine runde Platte *ἄβαξ* und dergleichen mehr. Die erste Ableitung dagegen weiss nur einen Grund für sich anzugeben, der durch ein Spiel sprachlichen Zufalles sich sehr wohl erklären lässt: der griechische Abax als Rechenbrett war nämlich, wenigstens in einer Form, ein wirkliches Staubbrett.[3]) Wir wissen dieses aus einer Stelle des Jamblichus, in welcher dieser späte Pythagoräer erzählt, dass der Gründer ihrer Schule die Beweise

[1]) Herodot II, 36. [2]) Für die erste Ableitung Nesselmann, Algebra der Griechen S. 107, Anmerkg. 5 und Vincent in Liouville's *Journal des Mathématiques* IV, 275 Note mit Berufung auf Etienne Guichart, *Harmonie des langues*. Für die letztere Th. H. Martin, *Les signes numéraux et l'arithmétique chez les peuples de l'antiquité et du moyen-age*. Rome, 1864, pag. 34—35 mit zahlreichen Quellenangaben. [3]) Als Beispiel sprachlicher Zufälligkeiten erinnern wir an das englische *degree* und das arabische *daraga*. Beide bedeuten Grad (Winkeleintheilung), sind aber nicht entfernt verwandten Stammes trotz Gleichlautes und Bedeutungsgleichheit.

der Arithmetik wie der Geometrie auf dem Abax geführt habe, was nur dann verständlich ist, wenn auf dem Abax Zahlzeichen und Linien leicht gezeichnet, leicht verwischt werden konnten; wir wissen es deutlicher aus einer zweiten Stelle desselben Jamblichus, die uns ausdrücklich sagt, der Abax der Pythagoräer sei ein mit Staub bedecktes Brett gewesen.[1]) Auch eine Stelle des Eustathius ist damit in Uebereinstimmung, welche den Abax als den Philosophen, die Figuren auf denselben zeichneten, nützlich rühmt.[2]) Das letztere Zeugniss gehört freilich erst dem Ende des XII. S. an, aber bei der berühmten Gelehrsamkeit des Bischofs von Thessalonike, der sie niederschrieb, und dem sicherlich noch Quellen zugänglich waren, die wir nicht mehr kennen, nehmen wir ebensowenig Anstand dasselbe zu verwerthen, wie die oft angerufenen Zeugnisse späterer Lexikographen.

Sollte auf dem Abax gerechnet werden, so mussten, wie wir wissen, auf demselben Abtheilungen gebildet werden, deren jede zwischen zwei Strichen verlief, oder durch einen einzelnen Strich sich darstellte. Die Abtheilungen, Kolumnen nennt man sie gemeiniglich, und auch wir werden uns dieses Ausdruckes von jetzt an ausschliesslich bedienen, waren gegen den Rechner senkrecht gezeichnet. Das geht nächst der Stelle bei Herodot, welche wir so deuteten, aus einem Vasengemälde hervor, das aus griechischer Vorzeit auf uns gekommen ist. Wir meinen diejenige Vase, welche den Alterthumsfreunden als die grosse Dariusvase in Neapel wohl bekannt ist.[3]) Auf dieser Vase ist ein Rechner gut erkennbar, der auf einer Tafel den Tribut zu buchen scheint, welcher dem Darius dargebracht wird. Die Tafel ist in zu dem Rechner senkrechte mit Ueberschriften versehene Kolumnen eingetheilt, und die Ueberschriften bestehen aus heriodianischen Zahlzeichen. Eben dieses Vasengemälde ist es, welches einen zuverlässigen Beweis persischen, mithin muthmasslich auch babylonischen Kolumnenrechnens uns liefern würde, wenn wir der Gewissheit uns hingeben dürften, dass der Künstler nicht aus freier Phantasie arbeitend griechische Gewohnheiten ins Ausland übertrug, ohne sich darum zu kümmern, ob er damit der Wahrheit widersprach.

Die Kolumnen hatten den Zweck, den zum Rechnen dienenden Marken einen in verschiedenen Kolumnen verschiedenen Stellungswerth zu verleihen. Zwei Schriftsteller bezeugen uns dieses. Von Solon wird uns der Vergleich mitgetheilt, wer bei Tyrannen Ansehen besitze, sei wie der Stein bei der Rechnung; bald bedeute dieser

[1]) Jamblichus, *De vita Pythagorica* cap. V, § 22 und desselben *Exhortatio ad philosophiam Symbol.* XXXIV. [2]) Eustathius in Odysseam zu Gesang I, vers. 107. Vergl. die römische Ausgabe dieses Commentators pag. 1397 lin. 50. [3]) Vergl. eine Abhandlung von F. G. Welcker in dessen Alte Denkmäler V, 349 flgg. nebst Tafel XXIII. Der erste Abdruck in Gerhard's Archäologischer Zeitung 1857, S. 49—55, Tafel 103.

mehr, bald weniger, und so achte der Tyrann Jenen bald hoch, bald gar nicht.[1]) Desselben Vergleiches bedient sich Polybios, der arkadische Geschichtsschreiber, welcher 203—121 lebte, und gebraucht dabei einen nicht unwichtigen Ausdruck. Er sagt nämlich, die Marken auf dem Abax gelten nach dem Willen des Rechnenden bald einen Chalkus, bald ein Talent.[2])

Die Bedeutsamkeit grade dieser von Polybios genannten gegensätzlichen Werthe erkennen wir in ihrer Uebereinstimmung mit den Endwerthen niedersten und höchsten Ranges, welche auf einem erhaltenen griechischen Denkmale, auf der Tafel von Salamis angegeben sind. Damit ist nämlich entweder eine annähernde Datirung jener ihrem Alter nach bis jetzt ganz unbestimmbaren Marmortafel ermöglicht, oder man hat die für langdauernde Uebung Zeugniss ablegende Erhaltung genau derselben Abtheilungszahl vor sich. Die salaminische Tafel[3]) von Marmor 1,5 m lang, 0,75 m breit wurde zu Anfang des Jahres 1846 auf der Insel, deren Namen sie führt, aufgefunden. Sie war der Grösse ihrer Abmessungen, dem Gewichte des Materials, der durch beide vereinigten Umstände erhöhten Unbeweglichkeit zufolge, sicherlich keine gewöhnliche Rechentafel. Wir haben vielmehr entweder an den Geschäftstisch eines öffentlichen Wechslers zu denken, deren es in Griechenland bereits gab, oder an eine Art von Spielbrett mit zur Verrechnung von Gewinn und Verlust vorgerichteten Kolumnen. Die Einrichtung war nämlich allem Anscheine nach die, dass jedem der beiden Spieler, beziehungsweise Rechner, fünf Hauptkolumnen, je zwischen zwei Striche eingeschlossen, und vier Nebenkolumnen zur Verfügung standen. Erstere dienten von links nach rechts im Werthe abnehmend für Talente (6000 Drachmen), 1000, 100, 10 und 1 Drachmen, letztere für die Bruchtheile der Drachmen Obole ($\frac{1}{6}$ Drachme), halbe Obole, drittel Obole und sechstel Obole oder Chalkus. Jede der Hauptkolumnen war durch einen durch alle Abtheilungen gemeinschaftlich durchlaufenden Querstrich in zwei Hälften getheilt, deren eine, sei es die obere, sei es die untere, den eingelegten Marken den fünffachen Werth gab wie die anderen. Es ist das ein thatsächlich vorhandenes Beispiel dessen, was wir (S. 85) bei den Babyloniern vermuthungsweise annahmen, um die Entstehung des Wortes Ner uns zu verdeutlichen. Wir dürfen zugleich hervorheben, dass die 5 Hauptkolumnen ihrer Anzahl nach mit den fünf einfachen Grundzahlwörtern der Griechen von der Monas bis zur Myrias übereinstimmen, dürfen zugleich an das früher über Beschränkung volksthümlicher Zahlenbegriffe Gesagte erinnern. Dass unsere in allen wesentlichen Punkten von Letronne herstammende

[1]) Diogenes Laertius I, 59. [2]) Polybios V, 26, 13. [3]) Math. Beitr. Kulturl. S. 132 und 136 flgg. die genaueren Quellenangaben.

Erklärung der salaminischen Tafel richtig sein muss, beweisen insbesondere die auf der Tafel befindlichen selbst 13 mm hohen Zahlzeichen. Sie sind heriodianische Zeichen, und es ist eben so fein als richtig hervorgehoben worden, es sei kein Zufall, wenn diese Bezeichnung, welche neben den einzelnen Grundzahlen auch deren Fünffache kürzer zu schreiben gestatte, auf einem nach demselben Gedanken abgetheilten Rechentische sich finde[1]).

Dürfen wir vielleicht den Rückschluss ziehen, das Rechenbrett ähnlicher Art müsse bei den Griechen mindestens so alt wie jene Zeichen gewesen sein? Dürfen wir das in einer Quelle berichtete Vorkommen herodianischer Zeichen in solonischer Zeit mit dem eben angeführten Ausspruche Solons, der für das Vorhandensein eines Rechenbrettes zwingend wäre, wenn er selbst als beglaubigt betrachtet werden könnte, in Verbindung bringen? Dürfen wir beide als gegenseitige Stützen betrachten und somit um 600 ein schon ziemlich ausgebildetes Rechnen auf dem Rechenbrett in Griechenland annehmen?

Wir wollen uns nicht soweit in Vermuthungen einlassen, dass wir alle diese Möglichkeiten als Wahrheiten behaupteten. Nur Eines sei bemerkt, dass auf dem Sandbrette sehr leicht mittels eines Stiftes Kolumnen bildende Linien gezogen werden konnten, dass somit durchaus kein Grund vorliegt einen Zweifel zu hegen, ob gleichzeitig mit der Herstellung der salaminischen Tafel und ähnlicher Tische auch die pythagoräische Benutzung des Sandbrettes zum Rechnen in Uebung gewesen sei. Das Rechnen selbst beschränkte sich anfangs gewiss auf die einfachsten Grundverfahren des Zusammenzählens und Abziehens. Ein mathematisches Rechnen kam erst in Frage, als eine wirkliche Mathematik in Griechenland sich gebildet hatte, und wird erst in jener Zeit von uns behandelt werden dürfen.

Das mathematische Denken war in Griechenland vorzugsweise ein geometrisches. Der Geometrie gehören auch die Anfänge der Mathematik an, zu welchen wir uns jetzt wenden.

Kapitel V.

Thales und die älteste griechische Geometrie.

Ein gelehrter Philosoph des V. S. Proklus Diadochus hat uns ein ungemein werthvolles Bruchstück eines älteren Schriftstellers aufbewahrt, welches uns ein Bild der ältesten griechischen Mathematik in Jonien, in Unteritalien und in Athen den Umrissen nach erkennen lässt. Es stammt nach Proklus Aussage von denen her, „die die Geschichte geschrieben haben", und man ist allgemein darin einig hier

[1]) Stoy l. c. S. 26.

ein Fragment des Eudemus, oder wenigstens einen Auszug aus dessen historisch-geometrischen Schriften zu erkennen.[1]) Wir werden dasselbe häufig zu nennen haben und ihm zu diesem Zwecke den seinem Inhalte wohl am Meisten entsprechenden Namen des alten Mathematikerverzeichnisses beilegen. Chronologisch theilt es uns nämlich nach kurzer Einleitung die Namen derjenigen Männer mit, die nach der Meinung des Verfassers die Entwicklung der Mathematik vorzugsweise gefördert haben. Chronologisch, wie wir sie brauchen, werden wir die einzelnen Sätze abdrucken. Sie bilden gewissermassen die Ueberschrift einzelner Paragraphen, in welche wir unterzubringen haben werden, was in Bezug auf die einzelnen Persönlichkeiten aus anderen Quellen bekannt geworden ist. Die einleitenden Worte lauten folgendermassen:

„Da es nun nothwendig ist, auch die Anfänge der Künste und Wissenschaften in der gegenwärtigen Periode zu betrachten, so berichten wir, dass zuerst von den Aegyptern der Angabe der Meisten zufolge die Geometrie erfunden ward, welche ihren Ursprung aus der Vermessung der Ländereien nahm. Denn letztere war ihnen nöthig wegen der Ueberschwemmung des Nil, der die einem Jeden zugehörigen Grenzen verwischte. Es hat aber Nichts wunderbares, dass die Erfindung dieser sowie der anderen Wissenschaften vom Bedürfniss ausgegangen ist, da doch Alles im Entstehen Begriffene vom Unvollkommenen zum Vollkommenen vorwärtsschreitet. Es findet von der sinnlichen Wahrnehmung zur denkenden Betrachtung, von dieser zur vernünftigen Erkenntniss ein geziemender Uebergang statt. Sowie nun bei den Phönikiern des Handels und des Verkehrs halber eine genaue Kenntniss der Zahlen ihren Anfang nahm, so ward bei den Aegyptern aus dem erwähnten Grunde die Geometrie erfunden.“

Wir begnügen uns unter Abdruck dieser Sätze darauf aufmerksam zu machen, dass hier über die Erfindung der Geometrie dasselbe behauptet wird, was wir früher (S. 53—55) nach anderen Quellen als die wenigstens in Bezug auf den ägyptischen Ursprung wohlbegründete Meinung des griechischen Alterthums mitgetheilt haben. Die Geometrie kam aus Aegypten nach Griechenland. Wie und durch wen, darüber belehrt uns das Mathematikerverzeichniss, wenn es fortfährt:

„Thales, der nach Aegypten ging, brachte zuerst diese Wissen-

[1]) Diese Stelle ist abgedruckt in *Procli Diadochi in primum Euclidis elementorum librum commentarii* (ed. Friedlein). Leipzig, 1873, pag. 64 lin. 16—68 lin. 6. Der Urtext mit gegenüberstehender deutscher Uebersetzung bei Bretschneider, Die Geometrie und die Geometer vor Euklides. Leipzig, 1870, S. 27—30. Wir citiren dieses Werk künftig kurz als Bretschneider. Wir bedienen uns der Hauptsache nach der dort mitgetheilten Uebersetzung, von der wir nur in wenigen Punkten, wo wir B's Auffassung nicht theilen können, uns entfernen.

schaft nach Hellas hinüber und Vieles entdeckte er selbst, von Vielem aber überlieferte er die Anfänge seinem Nachfolger; das Eine machte er allgemeiner, das Andere sinnlich fassbarer."

Thales von Milet[1]), Sohn des Examios und der Kleobuline, aus einem ursprünglich phönikischen Geschlechte stammend, wurde um das 1. Jahr der 35. Olympiade, also um 640, geboren und lebte noch im 1. Jahre der 58. Olympiade, d. h. 548. Er wurde also über 90 Jahre alt, eine Berechnung, welche in vollem Einklang mit anderen Angaben ist, die ohne genaue Jahrgänge festzustellen ihn ein hohes Alter erreichen lassen. Eine ganze Menge von mehr unterhaltenden als wichtigen Geschichten knüpfen sich an seinen Namen. Aus denselben scheint hervorzugehen, dass Thales Kaufmann war, bald einen Salzhandel trieb, bald in Oelgeschäfte sich einliess, und dass er vermuthlich auf diese Weise nach Aegypten kam. Einen ägyptischen Aufenthalt bezeugt ferner die Bemerkung, Niemand sei dem Thales Lehrer gewesen, nur während seines Verweilens in Aegypten habe er mit den Priestern verkehrt.[2]) Ein drittes Zeugniss ist das der Pamphile, einer Geschichtsschreiberin zur Zeit Neros, welche weiss, dass Thales in Aegypten Geometrie erlernte.[3]) Die Belege könnten noch weiter bis zu fast beliebiger Anzahl vermehrt werden, so dass an der Thatsache, Thales sei in Aegypten gewesen und dort mit Geometrie bekannt geworden, nicht wohl zu zweifeln ist[4]), wenn auch zugegeben werden muss, dass keines der Zeugnisse älter als das Mathematikerverzeichniss zu sein scheint, und dieses eine höher liegende Quelle ausser für eine einzige Angabe überhaupt nicht angibt. Nach seiner Heimath Milet kehrte Thales in vorgeschrittenen Jahren zurück. „Er befasste sich erst später und gegen das Greisenalter hin mit Naturkunde, beobachtete den Himmel, musterte die Sterne und sagte öffentlich allen Miletern voraus, dass am Tage Nacht eintreten, die Sonne sich verbergen und der Mond sich davor legen werde, so dass ihr

---

[1]) Bretschneider S. 35—55. Allman, *Greek geometry from Thales to Euclid* (Hermathena III, 164—174). Eine Monographie von Decker, *De Thalete Milesio*, Halle, 1865 ist uns nur dem Titel nach bekannt. Hauptquelle ist Diogenes Laertius. Die Familie des Thales I, 1 nach Herodot, Duris und Demokrit; seine Lebenszeit I, 10 nach Apollodor und Sosikrates und I, 3, wo bezeugt ist, dass Thales beim Ausbruche des Vernichtungskampfes zwischen Krösus und Kyrus (548) noch lebte. [2]) Diogenes Laertius I, 27. [3]) Diogenes Laertius I, 24. [4]) Eine vortreffliche Zusammenstellung der Beweisstellen bei Zeller, Die Philosophie der Griechen in ihrer geschichtlichen Entwicklung I, 169, Anmerkung 1 (3. Auflage, Leipzig, 1869). Wenn in diesem Werke — wir werden es künftig nur als Zeller I citiren — dessen scharfe, mitunter vielleicht allzu skeptische Kritik mit Recht anerkannt ist, aus allen diesen Stellen die Ueberzeugung gewonnen wird, der ägyptische Aufenthalt des Thales sei möglich, sogar wahrscheinlich, aber allerdings nicht vollständig erwiesen, so dürfen wir diesen Ausspruch für unsere Meinung deuten.

Glanz und ihre Lichtstrahlen aufgefangen werden würden." So der wörtliche Bericht eines Schriftstellers, welcher in seiner Einfachheit sehr glaubwürdig erscheint.[1]) Offenbar ist in ihm von derselben Sonnenfinsterniss die Rede, von der neben Anderen auch Herodot weiss, dass Thales sie den Joniern angesagt hatte mit Vorausbestimmung des Jahres, in welchem die Umwandlung von Tag in Nacht erfolgen sollte.[2]) Nur im Vorbeigehen bemerken wir, auf die Aussage eines unverwerfbaren Fachgelehrten gestützt[3]), dass in so weiten Grenzen wie die eines Jahres die Verkündigung einer Sonnenfinsterniss unter allen Umständen möglich war. Trat nun gar diese Finsterniss zur Zeit einer Schlacht zwischen Medern und Lydern — wie man jetzt allgemein annimmt am 28. Mai 585 — ein und erhielt dadurch eine gewisse erhöhte historische Bedeutung, so begreift man, wie damit zugleich der Ruhm des Verkündigers unter seinen Landsleuten steigen musste. Um so glaublicher wird der von der Erzählung der Sonnenfinsternissvoraussagung unabhängige Bericht, Thales habe unter dem Archontat des Damasias (zwischen 585 und 583) den Beinamen des „Weisen" erhalten.[4]) Mit ihm zugleich erhielten denselben Beinamen bekanntlich noch 6 andere Männer, die uns aber insgesammt hier gleichgiltig sein können, weil nur eine politische Bedeutung der 7 Männer, eine Staatsweisheit, durch jene ehrende Bezeichnung anerkannt wurde, worin wir rückwärts eine Bestätigung dafür finden können, dass die Sonnenfinsterniss von 585 und deren Verkündigung erst nachträglich zur Bedeutung wuchs, als die leichtgläubige Bevölkerung in ihr eine Vorbedeutung erkennen mochte. Wir übergehen Einmengungen in das Staatsleben Milets, welche von Thales berichtet werden. Wir übergehen die ihm zugeschriebenen Ansichten über das Weltall und über vorzugsweise astronomische Dinge. Es muss uns genügen, Thales als der Zeit nach ersten ionischen Naturphilosophen zu kennzeichnen. Wir gelangen zu den mathematischen Dingen mit welchen der Name des Thales in Verbindung gebracht wird.

Proklus nennt Thales, abgesehen von jener dem Mathematikerverzeichnisse angehörenden Stelle, viermal.[5]) Dem alten Thales gebührt, so lautet die erste Stelle, wie für die Erfindung so vieles Anderen, so auch für die dieses Theorems Dank; er soll nämlich zuerst gewusst und gesagt haben, dass die Winkel an der Basis eines gleichschenkligen Dreiecks gleich seien, die gleichen Winkel nach alterthümlicher Ausdrucksweise als ähnliche benennend.

Die zweite Stelle besagt: Dieser Satz lehrt, dass, wenn zwei

---

[1]) Themistios Orat. XXVI, pag. 317. [2]) Herodot I, 74. [3]) Rud. Wolf, Geschichte der Astronomie. München, 1877, S. 10. [4]) Diogenes Laertius I, 1. [5]) Proklus (ed. Friedlein) 250, 299, 352, 157.

Gerade sich schneiden, die am Scheitel liegenden Winkel gleich sind. Erfunden ist dieses Theorem, wie Eudemus angibt, zuerst von Thales. Eines wissenschaftlichen Beweises aber achtete der Verfasser der Elemente (Euklid) es werth.

Zum dritten sagt Proklus bei Erörterung des Bestimmtseins eines Dreiecks durch eine Seite und die beiden ihr anliegenden Winkel: Eudemus führt in seiner Geschichte der Geometrie diesen Lehrsatz auf Thales zurück. Denn bei der Art, auf welche er die Entfernung der Schiffe auf dem Meere gefunden haben soll, sagt er, bedürfe er dieses Theorems ganz nothwendig.

Die vierte Erwähnung ist die Angabe: dass die Kreisfläche von dem Durchmesser halbirt wird, soll zuerst jener Thales bewiesen haben.

Zu diesen vier Erwähnungen bei einem und demselben mathematischen Schriftsteller kommen noch zwei andere. Pamphile erzählt, dass als Thales bei den Aegyptern Geometrie erlernte, er zuerst dem Kreise das rechtwinklige Dreieck eingeschrieben und desshalb einen Stier geopfert habe.[1]) Endlich ist es die sogenannte Schattenmessung, welche auf Thales zurückgeführt zu werden pflegt. Hieronymus von Rhodos, ein Schüler des Aristoteles, erzählt, Thales habe die Pyramiden mittels des Schattens gemessen, indem er zur Zeit, wenn der unsrige mit uns von gleicher Grösse ist, beobachtete.[2]) Entsprechend berichtet auch Plinius: das Höhenmaass der Pyramiden und aller ähnlichen Körper zu gewinnen erfand Thales von Milet, indem er den Schatten mass zur Stunde, wo er dem Körper gleich ist.[3]) Etwas darüber hinausgehend ist die Erzählung des Plutarch, der in seinem Gastmahle Thales mit Anderen über den König Amasis von Aegypten sich unterhalten lässt. Niloxenus äussert sich bei dieser Gelegenheit: Obschon er auch um anderer Dinge willen Dich bewundert, so schätzt er doch über Alles die Messung der Pyramiden, dass Du nämlich ohne alle Mühe und ohne eines Instrumentes zu bedürfen, sondern indem Du nur den Stock in den Endpunkt des Schatten stellst, den die Pyramide wirft, aus den durch die Berührung des Sonnenstrahls entstehenden zwei Dreiecken zeigest, dass der eine Schatten zum andern dasselbe Verhältniss hat wie die Pyramide zum Stock.[4])

Aus diesen der Zahl und der unmittelbaren Bedeutung nach geringfügigen Angaben ein vollständiges Bild von dem, was Thales aus Aegypten mitbrachte, von dem, was er selbst dazu erfunden hat, zu gewinnen ist schwer, und war doppelt schwer, so lange die ägyptische

---

[1]) Diogenes Laertius I, 24—25. [2]) Diogenes Laertius I, 27. [3]) Plinius, *Historia naturalis* XXXVI, 12, 17. [4]) Plutarch Vol 2, III pag. 174 ed. Didot.

Mathematik in tiefes Dunkel gehüllt war. So kam es, dass dem Einen bewiesen schien, die Aegypter hätten von Winkeln Nichts gewusst, und Thales sei der Erste gewesen, der eine Winkelgeometrie ersann; dass ein Zweiter das Verdienst des Thales darin fand, dass er eine Liniengeometrie in dem Sinne schuf, dass er das Verhältniss der Linien einer Figur ins Auge fasste, während den Aegyptern nur die praktische Geometrie der Flächenausmessung bekannt gewesen sei; dass ein Dritter nicht Anstand nahm Thales und die älteren Griechen überhaupt fast jeden Erfinderrechtes für verlustig zu erklären und ihr ganzes geometrisches Wissen für Aegypten zurückzufordern; dass ein Vierter an die entgegengesetzte Grenze streifend es für gleichgiltig hielt, ob Thales überhaupt Aegypten besucht habe oder nicht, weil er Geometrisches in nennenswerther Menge von dort nicht habe mitbringen können. Diese eine weite Kluft zwischen den Streitenden offen lassenden Gegensätze, welche wir hier erwähnen, welche aber nicht bei den Untersuchungen über Thales allein sich zeigten, sondern überall, wo es um durch bestimmte Persönlichkeiten vermittelte Uebertragung orientalischer Wissenschaft nach Griechenland sich handelte, müssen gegenwärtig sich einander wesentlich nähern, nachdem das Uebungsbuch des Ahmes uns zugänglich gemacht ist. Man wird nicht mehr leugnen wollen, dass Vieles von dem, was die Anfänge der griechischen Geometrie bildet, ägyptischen Lehren verdankt sein kann; man wird von der andern Seite des gewaltigen Unterschiedes sich bewusst bleiben, der zwischen ägyptischem und griechischem Denken auch bei Gleichheit des Gegenstandes des Denkens obwaltete.

Wird z. B. irgend wer, der an das Seqt genannte Verhältniss, an das Aehnlichmachen der Aegypter (S. 51) sich erinnert, der dieses selbe Verhältniss mit Nothwendigkeit in gleicher Grösse entstehen sieht, ob man von dem einen Endpunkte der Grundfläche ob von dem entgegengesetzten aus die betreffenden Messungen vornimmt, wird ein solcher zweifeln können, dass die Gleichheit der Winkel an der Grundlinie des gleichschenkligen Dreiecks den Schülern des Ahmes bekannt sein konnte, wenn nicht bekannt sein musste? Thales wusste und sagte es zuerst, d. h. er zuerst sagte es seinen Landsleuten, und muthet uns die alterthümliche Ausdrucksweise „ähnliche Winkel" statt gleicher Winkel, deren er sich dabei bediente, nicht an wie eine Uebersetzung von Seqt?

Wir fragen weiter. Kann nach Betrachtung der vielfach getheilten Kreise auf ägyptischen Wandgemälden ein Zweifel daran obwalten, dass auch die Wahrheit, dass der Durchmesser die Kreisfläche zu Hälften theile, in Aegypten gelernt werden konnte? Ja sogar einen Beweis dieser Wahrheit, der, wie uns gerühmt wird, von Thales zuerst geführt worden sei, möchten wir den Aegyptern nicht grade absprechen, wenn auch die Art des Beweises dort eine andere gewesen sein mag als in dem Munde von Thales.

Wir stehen hier an dem Punkte, von welchem aus die Verschiedenheit ägyptischen und griechischen Denkens, welche wir oben betonten, uns deutlicher bemerkbar wird. Das Mathematikerverzeichniss sagt uns von Thales, das Eine habe er allgemeiner, das Andere sinnlich fassbarer gemacht. Es will uns scheinen, als sei damit grade die griechische und zugleich ägyptisirende Form seiner Leistungen gekennzeichnet. Als Grieche hat er verallgemeinert, als Schüler Aegyptens sinnlich erfasst, was er dann den Griechen wieder fassbarer gemacht hat. Es war eine griechische Stammeseigenthümlichkeit den Dingen auf den Grund zu gehen, vom praktischen Bedürfnisse zu speculativen Erörterungen zu gelangen. Nicht so den Aegyptern. Wir glauben zwar nicht, dass die Aegypter jegliche Theorie entbehrten, wir haben schon früher (S. 63) das Gegentheil dieser Annahme ausgesprochen; aber wir haben dort auch gesagt, wie wir ägyptische Theorie uns denken: als wesentlich inductive, während die Geometrie der Griechen deductiver Natur ist. Der Aegypter könnte einen Beweis des Satzes, dass der Durchmesser den Kreis halbire durch die blosse Figur, oder vielleicht durch Berechnung der Flächen beider Halbkreise nach derselben möglicherweise unverstandenen Vorschrift als vollständig geführt erachtet haben. Der Grieche würde sich allenfalls mit der Figur begnügt haben, wenn auch der Beweis des Thales uns in keiner Andeutung bekannt ist. So zeigt sich, auch in den Beweisen, eine Abhängigkeit der griechischen Geometrie von der ägyptischen, die sich lange erhielt. Die griechische Deduction war bei ihrem Beginne selbst inductiv. Sie war gewohnt von dem Vielen zum Einen, von der Unterscheidung zahlreicher Fälle zum allgemein giltigen Satze überzugehen. Sie blieb deductiv, sofern sie nicht unterliess jeden Einzelfall aus sich heraus zu gestalten, ihn nicht der Erfahrung, der sinnlichen Anschauung zu entnehmen.

Fassen wir mit Bezug auf Thales zusammen, was wir hier in allgemeinerer Erörterung, deren nur persönliche Gültigkeit wir behaupten, die also Andersmeinenden eine eigentliche Beweiskraft kaum besitzen dürften, zu begründen suchten, so gelangen wir dahin die wissenschaftliche Bedeutung des Thales nicht in der Anzahl der Sätze zu finden, welche er selbst entdeckte, sondern in dem Anstoss zu geometrischen Studien, den er gab, nebst den Anfängen deductiver Behandlung, welche er lehrte. Dass wir übrigens von so wenigen Sätzen nur wissen, deren Urheberschaft in mehr oder weniger bestimmter Weise auf Thales zurückgeführt wird, kann auf zwei verschiedenen Umständen beruhen. Einmal ist nur über das erste Buch der euklidischen Elemente ein fortlaufender Commentar des Proklus auf uns gekommen. Wir können also nur erwarten durch denselben über die Urheberschaft von Sätzen jenes ersten Buches mit Bestimmtheit aufgeklärt zu werden, während Thales gar wohl Sätze der folgenden Bücher gekannt haben könnte, ohne dass wir berechtigt wären Proklus das Stillschweigen darüber in dem auf uns gelangten Commentare zu verübeln. Zweitens aber mag in der That das, was Thales in Aegypten sich anzueignen im Stande war, nicht Alles umfasst haben, was die Aegypter selbst wussten, er, dem, wie die Berichte uns sagten [1]), Niemand Lehrer war, bevor er mit den ägyptischen Priestern verkehrte, der sich erst später und gegen das Greisenalter hin mit Naturkunde befasste.

Man hat aus den Sätzen, welche als thaletisch überliefert sind, Schlussfolgerungen auf solche, die Thales bekannt gewesen sein müssen, gezogen. Der letzte Forscher auf diesem Gebiete [2]) insbesondere hat mit grossem Aufwande von Scharfsinn entwickelt, die Summe der Dreieckswinkel müsse dem Thales bekannt gewesen sein. Wenn nämlich Thales den Satz von den Winkeln eines gleichschenkligen Dreiecks und den vom rechtwinkligen Dreiecke im Kreise kannte, wenn ihm, wie dieser selbe Satz und der von der Halbirung des Kreises durch den Durchmesser bezeugen, die Definition des Kreises bekannt war, so musste ihm, meint Allman, etwa folgende Betrachtung gelingen. Er werde von dem Kreismittelpunkt O aus (Fig. 15) eine Linie OC nach der Spitze des rechten Winkels im Halbkreise gezogen haben. Aus den beiden gleichschenkligen Dreiecken ACO und BCO sei die Gleichheit der Winkel $CAO = ACO$ und $CBO = BCO$ mithin auch der Summe $CAO + CBO = ACO + BCO = ACB$ hervorgegangen; er habe aber gewusst, dass ACB ein rechter Winkel sei und demgemäss die Summe der Winkel bei A, bei B und bei C als zwei Rechten gleich gefunden. Wir haben dem Scharfsinne des Wiederherstellers unsere Anerkennung gezollt, wir sind auch geneigt von seinen Schlüssen einige uns anzueignen, allein wir möchten die umgekehrte Reihenfolge für richtiger halten. Wir nehmen an und wollen nachher begründen, auf welche Ueberlieferung hin wir zu dieser Annahme uns bekennen, Thales habe gewusst, dass die Dreieckswinkel zusammen zwei Rechte betragen, er habe auch gewusst, dass die Winkel an der Grundlinie des gleichschenkligen Dreiecks einander gleich sind, dann mag ihn höchst wahrscheinlich eine Zeichnung wie Figur 15 zur Erkenntniss geführt haben, dass der Winkel bei C so gross sein müsse als die Summe der Winkel

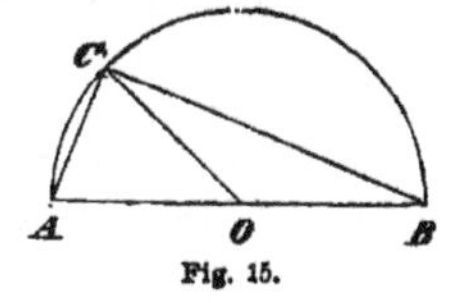

Fig. 15.

[1]) Diogenes Laertius I, 27 und Themistios, Orat. XXVI, pag. 317.
[2]) G. J. Allman, *Greek geometry from Thales to Euclid* (Hermathena III, 164—174).

bei A und B, mithin so gross als die halbe Winkelsumme des Dreiecks ABC, oder gleich einem rechten Winkel.

Unsere Beweggründe sind folgende. An und für sich sind beide Sätze, der von der Winkelsumme des Dreiecks, der vom rechten Winkel im Halbkreise, schon ziemlich künstlicher Natur, nicht auf den ersten Anblick einleuchtend. Der eine wie der andere bedurfte einer wirklichen Entdeckung und eines Beweises; wenn also eine gegenseitige Abhängigkeit beider Sätze stattzufinden scheint, so ist es von vorn herein ebenso gut möglich dem einen als dem andern das höhere Alter zuzuschreiben. Nun findet sich aber ein Beweis des Satzes vom rechten Winkel im Halbkreise bei Euklid Buch III Satz 31 vor, welcher dem von uns vermutheten sehr ähnlich ist. Eine Zusammenstellung wie die euklidischen Elemente ist aber, so genial, so gedankenreich ihr Verfasser sein mag, durch ihren Inhalt selbst darauf hingewiesen wesentlich compilatorisch zu sein, und so ist es gar nicht unmöglich, dass auch bei diesem Satze Euklid der alterthümlichen Beweisführung treu blieb, ohne dass wir davon unterrichtet sind, weil ein alter Commentar zum III. Buche nicht vorhanden ist. Dazu kommt als weitere Thatsache, dass wir über die älteste Beweisführung des Satzes von der Winkelsumme im Dreiecke Bescheid wissen, und dass diese auch nicht entfernt den Schlussfolgerungen gleicht, welche nach Allman's Meinung Thales gezogen haben soll.

Geminus, ein Mathematiker des letzten Jahrhunderts vor Christus, erzählt in einem bei einem noch späteren Schriftsteller, Eutokius von Askalon, erhaltenen Bruchstücke, dass „von den Alten für jede besondere Form des Dreiecks das Theorem der zwei Rechten besonders bewiesen ward, zuerst für das gleichseitige, sodann für das gleichschenklige, und endlich für das ungleichseitige, während die Späteren das allgemeine Theorem bewiesen: die 3 Innenwinkel jedes Dreiecks sind zweien Rechten gleich.“[1])

Wir werden nun bald sehen, dass die Späteren, von welchen Geminus redet, nicht gar lange nach Thales gelebt haben, dass also die Alten im Gegensatze zu jenen auf die thaletische Zeit, wenn nicht gar auf die ägyptischen Lehrer des Thales gedeutet werden müssen. Die Andeutungen des Geminus über diesen ältesten Beweis haben dem Scharfblicke Hankels die Möglichkeit gegeben, den älteren Beweis wiederherzustellen.[2]) Seine Gedanken darüber sind, nur wenig abgeändert, folgende. Den Figuren gemäss, welche wir bei den Ägyptern fanden, war dort, vielleicht aus asiatischer Quelle, seit dem XVII. S. v. Ch. die Zerlegung der Kreisfläche in 6 gleiche Ausschnitte bekannt. An diese Figur dachten wir oben, als wir die Kenntniss des Satzes,

---

[1]) Apollonii Pergaei Conica (ed. Halley). Oxford, 1710, pag. 9.
[2]) Hankel S. 95—96.

dass ein Durchmesser den Kreis halbire, für die Aegypter in Anspruch nahmen und die Figur selbst als Beweis dienen liessen. Verband man die Endpunkte der Halbmesser mit einander, so entstand das regelmässige Sechseck, oder vielmehr 6 um den Mittelpunkt geordnete gleichseitige Dreiecke, die den ebenen Raum um jenen Mittelpunkt herum vollständig ausfüllten. Drei dieser Winkel bildeten vereinigt einen gestreckten Winkel, wie der Augenschein lehrte, und vertraute man weiter dem Augenscheine für die Thatsache, dass jeder Winkel des gleichseitigen Dreiecks dem anderen gleich war, so hatte man jetzt den ersten Fall des Berichtes von Geminus erledigt: die Winkel des gleichseitigen Dreiecks betrugen zusammen 2 Rechte. Demnächst mochte man (Figur 16) die Zerlegbarkeit des gleichschenkligen Dreiecks in zwei Hälften, welche zu einem Rechtecke sich ergänzen, erkennen und wieder lehrte der Augenschein, dass bei einem derartigen Vereinigen der zwei Dreieckshälften 4 rechte Winkel erschienen, von welchen 2 aus den ursprünglichen Winkeln des gleichschenkligen Dreiecks, von denen nur einer in Gestalt zweier Hälften auftrat, sich zusammensetzten. Jetzt fehlte nur noch der dritte und letzte Schritt. Ein beliebiges Dreieck wurde (Figur 17) als Summe der Hälften zweier Rechtecke gezeichnet, so erschienen drei den ursprünglichen Dreieckswinkeln gleiche Winkel an der Spitze des Dreiecks zu einem gestreckten Winkel vereinigt.

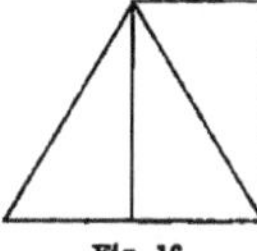
Fig. 16.

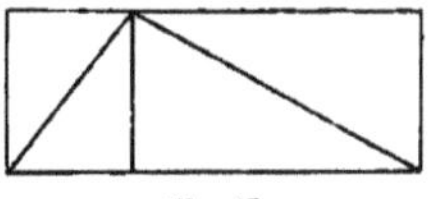
Fig. 17.

Eine Spur dieses ältesten Beweisverfahrens, wie es Geminus uns schildert, hat sich auf griechischem Boden bei einem sehr späten Praktiker erhalten. Ein anonymer Feldmesser des X. S., der nachweislich sein Buch aus ungefähr 1000 Jahre alten Musterwerken zusammenschrieb, sagt ausdrücklich: Dass aber jedes durch Einbildung oder Wahrnehmung zugängliche Dreieck die drei Winkel in der Grösse von zwei Rechten besitzt, ist daher offenbar, dass jedes Viereck seine Winkel vier Rechten gleich besitzt und durch die Diagonale in zwei Dreiecke mit 6 Winkeln geschieden wird.[1])

Eigentliche Beweisführung wird man solche Zeichnungen gewiss nicht nennen. Sie bewirkten Nichts, als dass der Augenschein inductiv wirkend eine Ueberzeugung herbeiführte. War die Ueberzeugung gebildet, so begnügte sich damit die ältere Zeit, die spätere suchte nach weiterer Begründung. Noch für andere Sätze, welche in Verbindung mit dem Namen des Thales auftreten, möchten wir den Augenschein als damals einzigen Beweis auffassen. Der Augenschein wird dem

[1]) *Notices et extraits des manuscrits de la bibliothèque Impériale de Paris. Tom. XIX, Partie 2,* pag. 368.

Satze von den Winkeln an der Grundlinie des gleichschenkligen Dreiecks, wird dem von den Scheitelwinkeln den Ursprung gegeben haben; und eine Unterstützung dieser Behauptung dürfte in der Angabe des Eudemus liegen, dass Thales den Satz von den Scheitelwinkeln erkannt, Euklid ihn eines Beweises werth geachtet habe.[1])

Wir gehen in der Durchsprechung der Dinge, welche aus den Ueberlieferungen der thaletischen Geometrie zu folgern sind, weiter. Man hat[2]) aus der Kenntniss des Satzes vom rechten Winkel im Halbkreise auf das damals schon vorhandene Bewusstsein dessen, was man später geometrischen Ort nannte, geschlossen. Wir begnügen uns solches zu erwähnen, ohne es uns aneignen zu können. Wir verbinden dagegen zu einem einheitlichen Gedanken die Schattenmessung und die Bestimmung eines Dreiecks durch eine Seite und die beiden anliegenden Winkel. Beides waren praktische Ausführungen, sofern das Dreieck, wie uns gesagt ist, zur Bestimmung von Schiffsentfernungen dient. Beide beruhten auf der Anwendung eines rechtwinkligen Dreiecks. Das eine Mal wurden die Katheten jenes Dreiecks gebildet durch den Stab und seinen Schatten, das andere Mal (Figur 18) durch die Warte, von welcher aus die Beobachtung angestellt wurde, und die Entfernung des Schiffes.[3]) Trennend ist zwischen beiden Aufgaben der Umstand, dass in dem einen Falle die Schattenlänge selbst gemessen, in dem anderen die Schiffsentfernung aus dem beobachteten Winkel erschlossen werden musste. Beide Aufgaben waren einem Schüler ägyptischer Geometrie zugänglich. Sie sind nahe verwandt dem Finden des Seqt aus gegebenen Seiten, dem Finden der einen Seite aus der anderen mit Hilfe des Seqt.

Fig. 18.

Zu einer Früheres ergänzenden nothwendigen Bemerkung gibt übrigens die Schattenmessung des Thales, welche ihm in zu wiederholter Beglaubigung zugeschrieben wird, als dass wir Zweifel in sie setzen könnten, Anlass. Mag die Schattenmessung nach der einfacheren oder nach der dem Gedanken nach zusammengesetzteren von den beiden berichteten Methoden erfolgt sein, mag sie ein blosses Messen der der gesuchten Höhe gleichen Schattenlänge, oder das Berechnen eines Verhältnisses gegebener Zahlen nöthig gemacht haben, Eines setzt sie unter allen Umständen voraus: die Uebung den von einem

[1]) Proklus (ed. Friedlein), pag. 299. [2]) Allman l. c., pag. 170—171. [3]) Bretschneider S. 43—46.

senkrecht aufgestellten Gegenstande geworfenen Schatten wirklich abzumessen. Damit vervollständigen sich unsere früheren Mittheilungen (S. 92) über den Gnomon, seine Erfindung und Uebertragung. Wir haben damals erwähnt, dass der eigentliche Gnomon nach Herodot in Babylon zu Hause war, dass gleichfalls nach Osten der Name des Berosus hinweist, dass die Bekanntschaft der Hebräer mit dem Stundenzeiger alt verbürgt ist. Neu tritt jetzt hinzu, dass auch in Aegypten Schatten gemessen wurden, eine Ueberlieferung, welche mit jener ersteren keineswegs in Widerspruch steht. Wir haben mehrfach schon mathematische Zeugnisse alter Verbindungen zwischen Nil- und Euphratländern anführen dürfen; hier ist vielleicht wieder ein solches, und überdies ist es noch immer nicht das Gleiche, wenn an einem Orte der Schatten zu geometrischen Zwecken gemessen wurde, am anderen zur Herstellung einer Schattenuhr diente.

Wir haben auch schon den Mann genannt, der die Schattenuhr den Griechen bekannt machte. Anaximander von Milet war es, welcher Favorinus zufolge[1]) zuerst eine solche in Lakedämon aufstellte; während wohl durch ein Missverständniss genau dasselbe durch Plinius[2]) dem Anaximenes, dem Schüler des Anaximander nachgerühmt wird. Anaximander war 611 geboren und wurde Schüler des Thales, als dieser in der Heimath sich niederliess, wofür wir etwa das Jahr 586 anzunehmen durch die vorausgesagte Sonnenfinsterniss Veranlassung haben. Anaximander starb kurz nachdem er 64 Jahre alt geworden war, also etwa 545. Ein Lexikograph Suidas berichtet von ihm, er habe nächst der Einführung des Gnomon vollständig eine Hypotyposis der Geometrie gezeigt.[3]) Wir begnügen uns mit der Wiedergabe des griechischen Wortes, mit welchem wir bei dem Fehlen jeder deutlicheren Angabe Nichts anzufangen wissen. Es ist ja richtig, dass Hypotyposis durch „bildliche Darstellung" übersetzt werden darf, ohne dass eine sprachliche Einrede erhoben würde; es ist auch möglich, dass die Meinung sei, Anaximander habe eine „Reisskunst" geschrieben, d. h. eine Angabe geometrischer Constructionen ohne Begründung derselben[4]); aber mehr als eine schwache Möglichkeit liegt nicht vor.

Jedenfalls hat das alte Mathematikerverzeichniss von dieser geometrischen Thätigkeit des zweiten ionischen Naturphilosophen nicht Notiz genommen. Es fährt nämlich fort:

„Nach ihm (Thales) wird Mamerkus, der Bruder des Dichters

---

[1]) Diogenes Laertius II, 1. [2]) Plinius, *Historia naturalis* II, 76. [3]) Suidas s. v. Anaximandros: *γνώμονά τ' εἰςήγαγε καὶ ὅλως γεωμετρίας ὑποτύπωσιν ἔδειξεν.* [3]) Bretschneider S. 62 theilweise nach Röth, Geschichte der abendländischen Philosophie II, 132. Friedlein, Beiträge zur Geschichte der Mathematik II. Hof, 1872, S. 15, übersetzt: er gab eine bildliche Darstellung der ganzen Geometrie heraus.

Stesichorus, als ein eifriger Geometer erwähnt; auch berichtet Hippias der Eleer von ihm, dass er sich als Geometer Ruhm erworben habe."

Diese Persönlichkeit ist ein so untrügliches Zeugniss für die Vergänglichkeit irdischen Ruhmes, wie kaum eine zweite, denn wir kennen heute von dem gerühmten Geometer nicht einmal mehr den Namen mit einiger Sicherheit. Wir haben hier Mamerkus nach der Lesart der gegenwärtig allgemein benutzten letzten Ausgabe des Proklus geschrieben.[1]) Andere nennen den Bruder des Stesichorus Mamertinus, noch Andere Ameristus. Ein wegen seiner Ungenauigkeit berüchtigter mathematischer Historiker des XVII. S., Milliet Dechales, macht sogar zwei berühmte Geometer aus ihm, einen Mamertinus und einen Amethistus. Wir begnügen uns mit dem Eingeständnisse gar Nichts von ihm zu wissen. Der Bruder Stesichorus ist eine bekanntere Persönlichkeit. Er starb um 560 im Alter von 85 Jahren und stammte aus Himera in Sicilien. Jedenfalls weist also die geometrische Thätigkeit des Bruders des Dichters uns darauf hin, dass der Geschmak an Wissenschaft, an Geometrie insbesondere, seit Thales die Anfänge aus Aegypten mitgebracht hatte, weitere Verbreitung gewann, dass die Zeit jetzt nahte, wo in Sicilien und in Unteritalien eine schulmässige Beschäftigung mit unserer Wissenschaft ihre gedeihliche Wirkung äussern konnte unter der Leitung eines Mannes, der eben dort seine Studien machte, wo auch Thales in die Geometrie eingeweiht worden war.

Thales also hat nebst seinen nächsten ionischen Nachfolgern für uns die Bedeutung, dass man durch ihn in Erfahrung gebracht hatte, wo Geometrie zu Hause sei; dass von ihm die ersten der Zahl nach geringen, der Anwendung nach schon werthvollen Sätze der Geometrie bekannt gemacht wurden; dass von ihm eine etwas strengere Beweisführung ausging; dass er endlich eine Schule gründete, die der Wissenschaft diente und nicht Staatsleben und Geldverdienst allein als die Dinge ehrte, denen ein Mann seine Kräfte widmen konnte. In allen diesen Richtungen können wir den Mann als seinen Nachfolger betrachten, dem wir jetzt uns zuwenden: Pythagoras von Samos.

Kapitel VI.

Pythagoras und die Pythagoräer. Arithmetik.

„Nach diesen verwandelte Pythagoras die Beschäftigung mit diesem Wissenszweige in eine wirkliche Wissenschaft, indem er die Grundlage derselben von höherem Gesichtspunkte aus betrachtete und die Theoreme derselben immaterieller und intellektueller erforschte.

---

[1]) Proklus (ed. Friedlein), pag. 65, lin. 12.

Er ist es auch, der die Theorie des Irrationalen und die Construction der kosmischen Körper erfand."

Pythagoras von Samos, über welchen wir soeben das alte Mathematikerverzeichniss haben reden lassen, war Sohn des Mnesarchus. Er gründete in den dorisch bevölkerten Städten von Süditalien, in dem sogenannten Grossgriechenland, eine Schule, die zahlreiche Anhänger versammelte und so geschlossen auftrat, eine solche auch politische Bedeutung gewann, dass sie die Feindschaft der ausserhalb der Schule Stehenden auf sich zog und gewaltsam zersprengt wurde.

Diese Thatsachen stehen nach den Aussprüchen sämmtlicher alten Berichterstatter allzu fest, als dass sie auch nur von einem einzigen neueren Geschichtsschreiber angefochten würden. In jeder anderen Beziehung aber herrschen über das Leben des Pythagoras, über seine Lehre, über das was man ihm, was man seinen Schülern zuzuschreiben habe, die allergrössten Meinungsverschiedenheiten. Greifen wir nur einige gewiss wichtige Punkte heraus: das Geburtsjahr des Pythagoras, das Jahr seiner Ankunft in Italien, sein Todesjahr, die Zeit, zu welcher die Schule zersprengt wurde, das Alles liegt im Widerstreite der Meinungen. Wenn ein Forscher[1]) Pythagoras 569 geboren, 510 in Italien aufgetreten, 470 bei dem gegen die Schule entbrannten Aufstande umgekommen sein lässt, sagt uns ein anderer Forscher[2]), die Geburt habe um 580, die Ankunft in Italien um 540 stattgefunden, Pythagoras sei um 500 gestorben, die Schule erst ein halbes Jahrhundert später zersprengt worden. Aehnliche Gegensätze treten in allen Aeusserungen derselben Gelehrten über Pythagoras und die Pythagoräer hervor, und wir können diese Gegensätze so ziemlich auf einen einzigen grundsätzlichen zurückführen. Der erste Gelehrte, dessen Datirungen wir angaben, ging von dem Bestreben aus die überreichen Mittheilungen, welche erst in nachchristlichen Jahrhunderten von griechischen Schriftstellern in Form spannender aber Roman-artiger mit Wundergeschichten reichlich durchsetzter Bücher zusammengestellt wurden, nach Ausscheidung dessen, was augenscheinlich sagenhafte Erfindung war, zu benutzen. Der Zweite verwirft jene Romane ganz und gar, lässt höchstens die Benutzung einiger weniger Stellen derselben zu, wo die Gewährsmänner ausdrücklich genannt sind und ihre Nennung selbst Vertrauen verdient. Beide gehen wohl in ihren polemisch erprobten und dadurch nur um so stärker befestigten Meinungen zu weit, wenn wir auch heute gern erklären, dass wir uns in den meisten Punkten den Ansichten des Vertreters derjenigen Auffassung, die man als skeptische bezeichnen könnte, nähern, wenn nicht anschliessen. Für uns gibt

[1]) Röth, Geschichte der abendländischen Philosophie. Bd. II. [2]) Zeller I.

es aber noch einen Mittelweg, den wir vielfach an der Hand des letzten Bearbeiters[1]) unseres Gegenstandes zu gehen lieben, so weit überhaupt die Geschichte der Mathematik uns die Pflicht auferlegt über die Streitpunkte ein Urtheil auszusprechen.

Ein derartiger Streitpunkt ist der Aufenthalt des Pythagoras in Aegypten, der von grösster Bedeutung für die ganze Entwicklungsgeschichte der griechischen Mathematik ist, wenn man an ihn glaubt, jene Geschichte noch räthselhafter macht, als sie vielfach bereits erscheint, wenn man ihn verwirft. Der älteste Bericht über diesen Aufenthalt, um dessen Glaubwürdigkeit oder Unglaubwürdigkeit es sich begreiflicherweise in erster Linie handelt, stammt von dem Redner Isokrates, dessen schriftstellerische Thätigkeit auf 393, also höchstens etwa 100 Jahre nach dem Tode des Pythagoras und bevor die Mythenbildung sich seiner Persönlichkeit bemächtigt hatte, fällt. Isokrates sagt von den ägyptischen Priestern[2]): Man könnte, wenn man nicht eilen wollte, viel Bewunderungswürdiges von ihrer Heiligkeit anführen, welche ich weder allein noch zuerst erkannt habe, sondern Viele der jetzt Lebenden und der Früheren, unter denen auch Pythagoras der Samier ist, der nach Aegypten kam und ihr Schüler wurde und die fremde Philosophie zuerst zu den Griechen verpflanzte. Dieser Stelle ist mit entschiedenem Zweifel begegnet worden[3]), der auf den Inhalt der Rede des Isokrates sich gründet. Busiris war eine ägyptische Stadt mitten im Nildelta, in der grosse Isisfeste gefeiert wurden. In Erinnerung an die frühere Abgeschlossenheit Aegyptens Fremden gegenüber hatte die griechische Sage aber auch einen König gleichen Namens mit der Stadt erdacht, der jeden Fremden schlachten liess. Zur Zeit der Sophisten liebten die griechischen Rhetoren sich mit Redestückchen gegenseitig zu überbieten, Lobreden auf Tadelnswerthe, Anklagen gegen Vortreffliche zu verfassen. So hatte Polykrates eine Apologie jenes Busiris geschrieben, und nun wollte Isokrates dem Nebenbuhler zeigen, wie er sein Thema eigentlich hätte behandeln müssen. Polykrates, meint er, habe darin gefehlt, dass er dem Busiris ganz unglaubliche Dinge zugeschrieben habe, einerseits die Ableitung des Nils, andrerseits das Auffressen der Fremden; dergleichen werde man bei ihm nicht finden. Wir lügen zwar beide, sagt er aufrichtig genug, aber ich mit Worten, welche einem Lobenden, Du mit solchen, welche einem Scheltenden geziemen. Aus diesem Geständnisse hat

[1]) A. Ed. Chaignet, *Pythagore et la philosophie Pythagoricienne contenant les fragments de Philolaus et d'Archytas. Ouvrage couronné par l'institut.* Paris, 1873. Wir citiren dieses Werk kurz als Chaignet. [2]) Isokrates, Busiris cap. 11. [3]) Die Zweifel sind hier theilweise wörtlich aus Zeller I, 259 Note 1 entnommen.

man die Folgerung gezogen, dass Angaben, die sich selbst als rednerische Erfindung geben, nicht den geringsten Werth haben. Diese Folgerung ist aber nur da richtig, wo es um rednerische Erfindung sich überhaupt handeln kann. Hätte also Busiris, dem Isokrates lobend nachlügt, er sei der Urheber der ganzen ägyptischen Kultur gewesen, wirklich gelebt, wir würden doch von jenem Lobe Nichts halten. Sind wir desshalb berechtigt, auch von der ägyptischen Kultur Nichts zu halten, Nichts von den ägyptischen Priestern als Trägern dieser Kultur? Das wünscht wohl der Zweifelsüchtigste nicht. Und wenn die allgemein anerkannte Thatsache ägyptischer hoher Bildung nur den unwahren Zwecken des Isokrates mittelbar dienen soll, so hat es für ihn auch nur mittelbare Bedeutung, wenn er jener Thatsache eine Stütze gibt, wenn er sich darauf beruft, Pythagoras sei Schüler dieser hochgebildeten Priester gewesen. Der falsche Satz: Busiris sei der Urheber aller Bildung, wird dadurch in keiner Weise wahr, wenn die Bildung vorhanden war, wenn sie auf fremde Persönlichkeiten sich übertrug. Ueberdies bedurfte Isokrates zu diesem letzteren Erweise keiner Unwahrheit. Er konnte auf die Reisen, auf die Berichte anderer Männer sich beziehen, eines Thales, eines Herodot, eines Demokritos. Wenn er es vorzog, statt ihrer nur Pythagoras zu nennen, so wird man das dadurch erklären müssen, dass das Ansehen, in welchem Pythagoras schon zur Zeit des Isokrates stand, doch ein anderes war, als das der eben genannten wenn auch berühmten Persönlichkeiten. Isokrates, wir können es nur immer stärker betonen, log nicht um zu lügen, er log nur in den Lobsprüchen, die er seinem um jeden Preis zu erhebenden Helden zollte, und die erfundenen Verdienste des Busiris konnten eine gewisse Scheinbarkeit, auf deren Erlangung es bei dem rednerischen Kunststückchen allein ankam, nur dann gewinnen, wenn alles Beiwerk der Wahrheit entsprach, wenn nicht auch nebensächliche Dinge den Hörer sofort kopfscheu machten. Wir zweifeln daher keinen Augenblick, dass der Aufenthalt des Pythagoras in Aegypten, dass der Unterricht, welchen er bei den dortigen Priestern genoss, zu den Dingen gehört, die landläufige Wahrheit waren, als Isokrates sie aussprach, die Niemand neu, Niemand absonderlich oder gar unwahrscheinlich vorkamen.[1])

Der Aufenthalt des Pythagoras in Aegypten, den wir jetzt schon für durchaus gesichert halten, wird weiter durch eine Menge anderer Schriftsteller behauptet. Freilich sind es Schriftsteller, die insgesammt später, theilweise viel später als Isokrates gelebt haben.

---

[1]) Chaignet pag. 43 hält die ägyptische Reise auch für erwiesen, lässt sich aber auf eine Vertheidigung des Ausspruches des Isokrates, wie wir sie geliefert haben, nicht ein. Dagegen sind bei ihm die Citate anderer Schriftsteller, welche über jene Reise berichten, in grosser Vollständigkeit gesammelt.

Strabon meldet uns in nüchternem, einfachem und dadurch um so glaubwürdigerem Tone: Die Geschichtsschreiber theilen mit, Pythagoras sei aus Liebe zur Wissenschaft nach Aegypten und Babylon gegangen.[1]) Antiphon, allerdings der Lebenszeit nach nicht genauer bestimmt, aber von spätern Schriftstellern unter Namensnennung mit grosser Zuversicht benutzt, hat in seinen Lebensbeschreibungen von durch Tugend sich auszeichnenden Männern Ausführliches über den ägyptischen Aufenthalt des Pythagoras erzählt.[2]) Viel weniger Gewicht legen wir — von anderen Zeugnissen zu schweigen — dem bei, was ägyptische Priester ruhmredig dem Diodor erzählten und was er uns mit folgenden Worten wiederholt: Die ägyptischen Priester nennen unter den Fremden, welche nach den Verzeichnissen in den heiligen Büchern vormals zu ihnen gekommen seien, den Orpheus, Musäus, Melampus und Dädalus, nach diesen den Dichter Homer und den Spartaner Lykurg, ingleichen den Athener Solon und den Philosophen Platon. Gekommen sei zu ihnen auch der Samier Pythagoras und der Mathematiker Eudoxus, ingleichen Demokritus von Abdera und Oinopides von Chios. Von allen diesen weisen sie noch Spuren auf.[3]) Diese altägyptischen Matrikellisten mit sammt den aufgewiesenen Spuren sind an sich recht sehr verdächtig, doppelt verdächtig durch Namen wie Orpheus und Homer, die dort eingetragen sein sollen. Wir haben die Stelle überhaupt nur aus einem, wie uns scheint, erheblichen Grunde mitgetheilt. Sie beweist nämlich, dass zu Diodors Zeiten um die dort genannten Männer ein ziemlich gleicher Strahlenkranz von Berühmtheit sich gebildet hatte, der von ihnen auf die Lehrer, die sie hatten oder gehabt haben sollten, zurückstrahlt.

Die von uns angeführte Stelle des Strabon gibt auch Auskunft über eine Studienreise des Pythagoras nach Babylon. Offenbar genoss diese zur Zeit von Christi Geburt, das ist zur Zeit Strabons, einer hinreichend guten Beglaubigung, um als geschichtliche Thatsache kurz erwähnt zu werden. Als sicher gestellt erscheint uns damit so viel, dass Pythagoras in Babylon hätte gewesen sein können. Drücken wir uns deutlicher aus. Wir meinen, es müssen innerhalb der pythagoräischen Schule Lehren vorgetragen worden sein, welche überraschende Aehnlichkeit mit solchen Dingen besassen, denen das Griechenthum seit dem Alexanderzuge an dem zweiten Mittelpunkte ältester Kulturverbreitung neben Aegypten, in Babylon wiederbegegnete. Eine gegentheilige Annahme würde das Entstehen des Glaubens an die Sage von dem Aufenthalte bei den Chaldäern jeder

---

[1]) Strabo XIV, 1, 16. [2]) Als Bruchstück erhalten bei Porphyrius, *De vita Pythagorae* cap. 7, auch bei Diogenes Laertius VIII, 3. [3]) Diodor I, 96.

Grundlage berauben. Wir nennen den Aufenthalt eine Sage, weil auch uns jetzt ein erstes Zeugniss Strabons ohne Kenntniss des Alters seiner Quellen zur vollen geschichtlichen Wahrheit nicht ausreicht. Immerhin bleibt die Art, wie babylonische Elemente, deren wir auf mathematischem Gebiete einige erkennen werden, in die pythagoräische Lehre eindrangen, und die Rolle, welche sie darin spielten, in hohem Grade räthselhaft, wenn wir ganz verwerfen wollten, Pythagoras selbst oder einer seiner nächsten Schüler sei unmittelbar an die Quelle gerathen, aus welcher dieselben zu schöpfen waren.

Mit dem Ausdrucke Pythagoras selbst oder einer seiner nächsten Schüler haben wir eine unleugbare Schwierigkeit bezeichnet, einen Gegenstand wissenschaftlichen Zweifels berührt, welcher hier im Wege liegt und zu dessen Wegräumung uns keine Mittel gegeben sind. Die pythagoräische Schule war, wie schon oben erwähnt wurde, eine eng geschlossene. Mag es Wahrheit oder Uebertreibung genannt werden, dass unverbrüchliches Stillschweigen überhaupt den Pythagoräern zur Pflicht gemacht war, dass ihnen unter allen Umständen das verboten war, was wir sprichwörtlich aus der Schule schwatzen nennen, sicher ist, dass über den oder die Urheber der meisten pythagoräischen Lehren kaum irgend welche Gewissheit vorliegt. *Ἐκεῖνος ἔφα* oder *Αὐτὸς ἔφα*, ER, der Meister hat's gesagt, war die vielbenutzte Redensart, und welcher Zeit dieselbe auch angehört, sie lässt, je später sie aufgekommen sein mag, um so deutlicher die ganz ungewöhnliche, durch viele Jahrhunderte in der Ueberlieferung sich erhaltende geistige Ueberlegenheit des Pythagoras, der Alles, was von Werth war, selbst gefunden und gelehrt haben sollte, lässt aber auch die Unmöglichkeit erkennen scharf zu sondern, was wirklich von Pythagoras selbst, was von seinen Schülern herrührte. Vielleicht ist es dabei gestattet aus den erwähnten inneren Gründen anzunehmen, dass, wo ein Pythagoräer als Entdecker bestimmt genannt ist, die Richtigkeit der Angabe nicht leicht zu bestreiten sei, dass dagegen, wo Pythagoras selbst der Urheber gewesen sein soll, sehr wohl eine Namensverschiebung stattgefunden haben könne.

Einige von den Dingen, welche ganz besonders der Geschichte der Mathematik angehören, werden wir allerdings nicht verzichten Pythagoras selbst zuzuschreiben. Dazu gehört der pythagoräische Lehrsatz, den wir unter allen Umständen ihm erhalten wissen wollen. Sei es darum, dass man den Zeugnissen des Vitruvius, des Plutarch, des Diogenes Laertius, des Proklus, so bestimmt sie auch lauten,[1]) wegen ihres späten Datums kein Gewicht beilegen dürfe. Schwerer fallen doch die in die Wagschale, welche Proklus als seine Gewährsmänner anführt: „Die welche Alterthümliches erkunden

[1]) Diese Zeugnisse zusammengestellt bei Allman l. c. pag. 183k.

wollen[1])" sei damit, wie man gewöhnlich annimmt, Eudemus gemeint oder nicht. Am Ueberzeugendsten vollends ist uns die mittelbare Bestätigung in dem alten Mathematikerverzeichnisse. Pythagoras, heisst es dort ausdrücklich, erfand die Theorie des Irrationalen. Eine solche Theorie war aber ganz unmöglich, eine Beschäftigung mit dem Irrationalen undenkbar, wenn nicht der Satz von den Quadraten der drei Seiten des rechtwinkligen Dreiecks vorher bekannt war, und man würde, wollte man Pythagoras nicht als seinen Urheber gelten lassen, in die noch schwierigere Lage versetzt, ihn als älter als Pythagoras annehmen zu müssen.

Auf Grundlage des Mathematikerverzeichnisses sehen wir auch in Pythagoras selbst wirklich den Erfinder der Construction der kosmischen Körper, d. h. der regelmässigen Vielflächner in einem Sinne, der nachher noch auseinandergesetzt werden soll.

Glaubwürdig ist uns auch, was der bekannte Musikschriftsteller Aristoxenus, einer der zuverlässigsten Gelehrten der peripatetischen Schule, berichtet, dass Pythagoras zuerst in Griechenland Maasse und Gewichte eingeführt habe. Wir glauben demselben Aristoxenus, dass Pythagoras vor Allen die Zahlenlehre[2]) in Achtung gehabt und dadurch gefördert habe, dass er von dem Bedürfnisse des Handels weiter schritt alle Dinge den Zahlen vergleichend.[3]) Wir glauben an die Berechtigung der Verbindung des Namens des Pythagoras mit der musikalischen Zahlenlehre, mag das Monochord von ihm herrühren oder nicht, wir glauben, dass er hauptsächlich um die arithmetische Unterabtheilung der Geometrie sich bemüht habe.[4])

Ja wir gehen noch weiter und schreiben dem Pythagoras den Besitz einer mathematischen Erfindungsmethode zu, des mathematischen Experimentes, wie wir dieses Verfahren anderwärts genannt haben,[5]) womit freilich ebensowenig gesagt sein soll, dass das Bewusstsein ihm innewohnte darin eine wirkliche Methode zu besitzen, als dass er ihr Erfinder war, die er aus den in Aegypten gewonnenen Anschauungen jedenfalls leicht abstrahiren konnte, wenn er sie nicht fertig von dort mitbrachte.

Auf die persönliche Zuweisung sonstiger Dinge verzichten wir und werden im Folgenden von der Mathematik der Pythagoräer, nicht des Pythagoras reden. Freilich vergrössert sich dadurch der Zeitraum,

---

[1]) Proklus ed. Friedlein 426 *τῶν μὲν ἱστορεῖν τὰ ἀρχαῖα βουλομένων*. Das Wort *ἱστορεῖν* besitzt bei Proklus nirgend eine spöttische Nebenbedeutung, man darf also nicht, wie es geschehen ist, übersetzen „die alte Geschichten erzählen wollen". [2]) Diogenes Laertius VIII, 14. [3]) Stobaeus, Ecloga phys. I, 1, 6. [4]) Diogenes Laertius VIII, 12: *μάλιστα δὲ σχολάσαι τὸν Πυθαγόραν περὶ τὸ ἀριθμητικὸν εἶδος αὐτῆς* (sc. *γεωμετρίας*) *τόν τε κάνονα τὸν ἐκ μιᾶς χορδῆς εὑρεῖν*. [5]) Math. Beitr. Kulturl. 92.

dessen wissenschaftliches Bild wir zu gewinnen trachten, erheblich. Wenn auch nicht bis zu den letzten eigentlichen Pythagoräern, deren Thätigkeit auf 366 angesetzt wird[1]), so doch bis vor Platon, etwa bis zum Jahre 400 erstreckt sich unserer Meinung nach die mathematische Thätigkeit des Pythagoräismus als solchen. Von seinen meistens namenlosen, mitunter an bestimmte Persönlichkeiten geknüpften Leistungen wissen wir aus verschiedenen theilweise späten, uns jedoch in den Dingen, für welche wir sie gebrauchen wollen, als zuverlässig geltenden Quellen.

Als solche Quelle betrachten wir vor allen Dingen den „Timäus" überschriebenen Dialog des Platon. Timäus von Lokri war ein echter Pythagoräer, Platon dessen Schüler. Soll man nun annehmen, Platon habe diesem seinem Lehrer wissenschaftliche Aeusserungen in den Mund gelegt, die er nicht ganz ähnlich von ihm gehört hatte, er habe ihm insbesondere Mathematisches untergeschoben? Wir können einem solchen Gedanken uns nicht hingeben, können es um so weniger, als Platons eigene Abhängigkeit von den Pythagoräern in vielen Dingen durch einen so unverdächtigen Zeugen wie Aristoteles bestätigt wird. Die Philosophie Platons, sagt er[2]), kam nach der pythagoräischen, in Vielem ihr folgend, Anderes eigenthümlich besitzend. Eine zweite wichtige Quelle liefert uns ein Werk des Theon von Smyrna.[3]) Dieser Schriftsteller lebte zwar erst um 130 n. Chr., also in einer Zeit, wo die Mythenbildung, die Pythagorassage, wie man einigermassen schroff sich ausgedrückt hat, in dem Leben des Pythagoras von Apollonius von Tyana, in den unglaublichen Dingen jenseits Thule von Antonius Diogenes, schon romanhafte Gestalt gewonnen hatte. Aber für die Dinge, für welche wir Theon gebrauchen wollen, war in einem Roman blutwenig zu schöpfen. Man lese doch das Leben des Pythagoras von Porphyrius, das ähnliche theilweise daran sich anlehnende Buch von Jamblichus, man lese was Diogenes Laertius von dem Leben des Pythagoras aufgespeichert hat, und man wird zwar unterhaltende Geschichtchen genug finden, Mathematisches aber nur in so weit als Laien mit mathematischen Wörtern um sich zu werfen im Stande sind, es sei denn, dass ältere Fachleute wie der Musiker Aristoxenus, der Rechenmeister Apollodorus als Gewährsmänner auftreten, zu welchen als Fachmann Jamblichus selbst hinzutritt, der uns in dieser Gestalt im 23. Kapitel begegnen wird. Was also Theon von Smyrna als pythagoräische mathematische Lehren hervorhebt, das muss aus ganz anderen nicht mythischen Schriften geschöpft sein, von welchen

[1]) Zeller I, 288, Note 5. [2]) Aristoteles Metaphys. I, 6. [3]) *Theonis Smyrnaei philosophi Platonici expositio rerum mathematicarum ad legendum Platonem utilium.* Edid. Ed. Hiller. Leipzig, 1878.

Porphyrius, Jamblichus in ihren Biographien des Pythagoras wenigstens in diesem Sinne keinen Gebrauch gemacht haben.

Die Benutzbarkeit des Theon von Smyrna gründet sich wesentlich auf dem ausgesprochenen Zwecke seines Werkes. Er will die zum Verständniss Platons und der Platoniker nöthigen Vorkenntnisse mittheilen. Er will dabei der Reihe nach die Arithmetik mit Inbegriff der musikalischen Zahlenverhältnisse, die Geometrie, die Stereometrie, die Astronomie, die Musik der Welten behandeln. Hier finden wir also hauptsächlich dasjenige in der Sprache des II. nachchristlichen Jahrhunderts vorgetragen, was von mathematischen Kenntnissen für das Studium Platons nothwendig ist. Das können aber vermöge der selbstverständlichen Thatsache, dass wissenschaftliche Anspielungen eines früheren Jahrhunderts nicht mit Hilfe der Errungenschaften eines späteren Jahrhunderts sich erklären, nur solche Kenntnisse sein, die nach Theons bestem Wissen den platonischen Schriften selbst geschichtlich voraus gingen, in ihnen zur Verwerthung kommen konnten. Da ferner Theon von Platon selbst sagt, er folge oft den Pythagoräern,[1]) so wird seine Brauchbarkeit für uns hier vollends erhöht. Diese beiden Werke sind also unsere Hauptquellen. Wir werden zu ihnen auch noch aus anderen Schriftstellern da und dort einen geringen Zufluss erhalten, die sich, wie wir sehen wollen, zu einem ganz stattlichen Ganzen vereinigen.

Theon hat, sagten wir, zuerst die Arithmetik behandelt. Damit ist uns Gelegenheit geboten eine ungemein wichtige Zweispaltung der Lehre von den Zahlen in's Auge zu fassen. Die ganze Mathematik zerfiel, nach Geminus,[2]) in zwei Haupttheile, deren Unterschied er darin erkannte, dass der eine Theil sich mit dem geistig Wahrnehmbaren, der andere sich mit dem sinnlich Wahrnehmbaren beschäftige. Geistigen Ursprungs ist ihm Arithmetik und Geometrie, sinnlichen Ursprungs dagegen Mechanik, Astronomie, Optik, Geodäsie, Musik, Logistik. Von den übrigen Theilen und dem, was Geminus des Weiteren über sie bemerkt, sehen wir ab. Arithmetik und Logistik erklärt er dahin, dass die Erstere die Gestaltungen der Zahl an und für sich betrachte, die Letztere aber mit Bezug auf sinnliche Gegenstände. Arithmetik ist ihm also eine theoretische, Logistik eine praktische Wissenschaft. Arithmetik ist ihm, um die heute gebräuchlichen Wörter anzuwenden, das was seit Gauss höhere Arithmetik, seit Legendre Zahlentheorie genannt wird. Logistik ist ihm die eigentliche Rechenkunst.

Diese strenge Unterscheidung war allerdings in den Zeiten pythagoräischer Mathematik noch nicht zum Durchbruch gelangt. Die

---

[1]) Theon Smyrnaeus (ed. Hiller), pag. 12. [2]) Proklus ed. Friedlein, pag. 38. Vergl. auch Nesselmann, Algebra der Griechen, S. 40 flgg.

Pythagoräer stellten die beiden Fragen: Wie viel? und Wie gross?[1]) In der Beantwortung beider trennten sie auf's Neue. Das eine Mal wurde die Vielheit an sich in der Arithmetik, die Vielheit bezogen auf Anderes in der Musik behandelt. Das andere Mal bildete die ruhende Grösse den Gegenstand der Geometrie, die bewegte Grösse den Gegenstand der Sphärik.

Bei manchem Wechsel der sonstigen Systematik blieb die eigentliche Arithmetik vom VI. bis zum I. vorchristlichen Jahrhundert, von den Pythagoräern bis zu Geminus fast mit gleichem Inhalte ausgestattet, und dieser gleichartige Inhalt wahrte sich weiter, so lange überhaupt in griechischer Sprache über diesen Theil der Mathematik geschrieben wurde. Einiges kam natürlich im Laufe der zeitlichen Entwicklung hinzu. In die griechische Arithmetik drang ein, was wir jetzt Algebra oder Lehre von den Gleichungen nennen, soviel davon bekannt war. Ihr gehörte die Lehre von den nach bestimmten Gesetzen gebildeten Reihen und deren Summirung, ihr die Proportionenlehre an, wie sie nach und nach in weiterem und weiterem Umfang sich bildeten, aber niemals begriff die Arithmetik das eigentliche Rechnen unter sich.

Wir werden uns wohl der Wahrheit nähern, wenn wir annehmen, die Logistik, die Rechenkunst, sei erst allmälig als Gegenstand schriftlicher Unterweisung in Büchern behandelt worden. Sie verdankte vorher ihre unentbehrliche Verbreitung vorwiegend dem mündlichen Unterricht. Sie war allgemeines Bedürfniss, nicht Wissenschaft, und es mag lange gedauert haben, bevor es einem Rechenmeister einfiel, über den Inhalt seines Unterrichts sich schriftlich auszusprechen. Zu dieser Annahme gelangen wir von der Erwägung aus, dass eine Logistik bestand und uns quellenmässig gesichert ist, lange bevor wir von Büchern über dieselbe hören. Ihr Name kommt schon in einem platonischen Dialoge vor, wo die Logistik der Arithmetik gegenübergestellt ist,[2]) und in einem anderen Dialoge des gleichen Verfassers ist von den Logistikern[3]) die Rede.

Wenn wir bei der Betrachtung der pythagoräischen Mathematik von den arithmetischen Dingen ausgehen, so folgen wir nur der Aussage, welche in dieses Gebiet die wesentlichsten Leistungen des Pythagoras verlegt, und welche, selbst wenn ihr kein Gewährsmann von der Bedeutung eines Aristoxenus Gewicht verliehe, in dem allgemeinen Bewusstsein, dass die der Arithmetik nächststehende Zahlensymbolik so recht eigentlich altpythagoräisch war, ihre Rechfertigung finden könnte. Wir haben ein Beispiel pythagoräischer Zahlenmystik an früherer Stelle (S. 86) verwerthet. Ein anderes mag hier Platz

[1]) Proklus ed. Friedlein 35—36. [2]) Platon, Gorgias 451, B. [3]) Platon, Euthydemus 290, B.

finden, welches gleichfalls Plutarch uns aufbewahrt hat: Es haben sich aber wohl die Aegypter die Natur des Weltalls zunächst unter dem Bilde des schönsten Dreiecks gedacht; auch Platon in der Schrift vom Staate scheint das Bild gebraucht zu haben, da wo er ein Gemälde des Ehestandes entwirft. Das Dreieck enthält eine senkrechte Seite von 3, eine Basis von 4 und eine Hypotenuse von 5 Theilen, deren Quadrat denen der Katheten gleich ist. Man kann nun die Senkrechte mit dem Männlichen, die Basis mit dem Weiblichen, die Hypotenuse mit dem aus beiden Geborenen vergleichen und somit den Osiris als Ursprung, die Isis als Empfängniss und den Horus als Erzeugniss denken.[1]) Mit dem Vorbehalte auf diese nicht unwichtige Stelle zurückzukommen, benutzen wir sie hier nur als freilich spätes Beispiel pythagoräischer Zahlenspielerei, dem eine übergrosse Menge ähnlicher Dinge, Vergleichungen von Zahlen mit einzelnen Gottheiten oder Vergleichungen von Zahlen mit gewissen sittlichen Eigenschaften u. s. w. aus älterer und ältester Zeit zur Seite gestellt werden könnte,[2]) wenn die Geschichte der Mathematik neben dem allgemeinen Vergleiche mit babylonischen Gedankenfolgen einen besonderen unmittelbaren Nutzen daraus zu ziehen im Stande wäre. Allenfalls könnte dieses für einen Satz zutreffen, welcher, wie sich zeigen wird, durch Jahrhunderte sich forterbte, den Satz: dass die Einheit Ursprung und Anfang aller Zahlen aber nicht selbst Zahl sei.[3])

Genug die Pythagoräer, seit Gründung der Schule, beachteten die Zahlen und wussten verschiedene Gattungen derselben, so namentlich die graden und ungraden Zahlen, erstere als *ἄρτιοι* letztere als *περισσοί*, zu unterscheiden.[4]) Diese Unterscheidung war so landläufig, dass zu Platons Zeit das Spiel „Grad oder Ungrad" schon in Uebung war.[5]) Wir erinnern uns, dass auch den Aegyptern dieser Unterschied nicht entgangen war, wie wir aus der Einrichtung ihrer Zerlegungstabelle für Brüche schliessen durften (S. 24). Ob sie freilich bestimmte Namen für das Grade und für das Ungrade hatten, was zum vollen Bewusstsein dieser Zahlengattungen gehört, das schwebt so lange im Dunkel, als nicht ein ägyptisches theoretisches Werk entdeckt ist, dessen Nothwendigkeit zur Ergänzung des Uebungsbuches wir eingesehen haben. Letzteres enthält jedenfalls solche Namen nicht.

Die Pythagoräer sahen überdies in den graden und ungraden

---

[1]) Plutarch, *De Iside et Osiride* 56. [2]) Eine reiche Sammlung von Stellen bei Zeller I, 334—345, namentlich in den Anmerkungen. [3]) Vergl. Aristoteles, Metaph. XIII, 8, ferner Nicomachus, Eisagoge arithmet. II, 6, 3 (ed. Hoche pag. 84) und am deutlichsten bei Theon Smyrnaeus (ed. Hiller) pag. 24: *οὔτε δὲ ἡ μονὰς ἀριθμὸς, ἀλλὰ ἀρχὴ ἀριθμοῦ.* [4]) *ὅ γε μὰν ἀριθμὸς ἔχει δύο μὲν ἴδεα εἴδη περισσὸν καὶ ἄρτιον* heisst es in einem Fragmente des Philolaus. Vergl. Zeller I, 299, Anmerkg. 1 und Chaignet I, 228. [5]) Platon, Lysis pag. 206.

Zahlen Glieder von Reihen, nannten solche Reihenglieder ὅροι und besassen vermuthlich in dem Worte ἔκθεσις auch einen Namen für den Begriff von Reihe selbst[1]). Auch diese Thatsache kann uns nicht in Erstaunen setzen, nachdem die Kenntniss der arithmetischen wie der geometrischen Reihe bei Aegyptern und Babyloniern, die Kenntniss der Summenformel für arithmetische Reihen mit Gewissheit, für geometrische Reihen als Möglichkeit bei den Aegyptern festgestellt werden konnte.

Mit den Reihen der graden und ungraden Zahlen wurden bei den Griechen — wir behaupten bei den Pythagoräern — nach den Zeugnissen des Theon von Smyrna mannigfache Summirungen vorgenommen. Man addirte die sämmtlichen auf einanderfolgenden Zahlen der natürlichen Zahlenfolge von der 1 bis zu einem beliebig gewählten Endgliede und fand $1 + 2 + 3 + \ldots + n = \frac{n(n+1)}{2}$ die Dreieckszahl.[2]) Man addirte die ungraden Zahlen für sich und fand $1 + 3 + 5 + \ldots + (2n - 1) = n^2$ die Quadratzahl, zu deren Erklärung man eben diese Entstehungsweise benutzte.[3]) Man addirte die graden Zahlen für sich, und fand $2 + 4 + 6 + \ldots + 2n = n(n + 1)$ die heteromeke Zahl,[4]) d. h. das Produkt zweier Faktoren, deren einer um die Einheit grösser ist als der andere, und welches eben dieses Grössersein der einen Zahl in seinen Namen aufnahm.

Wir haben hier arithmetische Erklärungen und Lehrsätse den Pythagoräern überwiesen, welche trotz ihres Vorkommens bei Theon von Smyrna, trotz der von uns vorausgeschickten allgemeinen Rechtfertigung der Benutzbarkeit seines Werkes für diese weit zurückliegende Zeit, einigermassen stutzig machen könnten. Da wir in unseren Folgerungen noch weiter zu gehen gedenken, so dürfte es nicht unzweckmässig sein, andere Beweisgründe für die Richtigkeit unserer Annahme hier einzuschalten, welche ein bedeutend älterer Schriftsteller von allseitig anerkannter Zuverlässigkeit, mit einem Worte, welche Aristoteles uns liefert. In dessen Metaphysik[5]) finden wir die sogenannte pythagoräische Kategorientafel, in welcher zehn Paar Grundgegensätze aufgezählt werden, die der pythagoräischen Schule angehört haben. Diese heissen 1. Grenze und Unbegrenztes; 2. Ungrades und Grades; 3. Eines und Vieles; 4. Rechtes und Linkes; 5. Männliches und Weibliches; 6. Ruhendes und Bewegtes; 7. Gerades und Krummes; 8. Licht und Finsterniss; 9. Gutes und Böses; 10. Quadrat und Heteromekie. Wir erkennen in den beiden mit 2. und mit 10. bezeichneten Paaren die Zusammengehörigkeit des Ungraden mit dem

[1]) Vergl. Bienaymé in einer Notiz über zwei Stellen des Stobäus in den *Comptes Rendus* der Pariser Akademie der Wissenschaften vom 3. October 1870.
[2]) Theon Smyrnaeus (ed. Hiller) 31. [3]) Ebenda 28. [4]) Ebenda 27 und 31.
[5]) Aristoteles, Metaphys. I, 5, 6 vergl. Zeller I, 302, Anmerkg. 3.

Quadrat, des Graden mit der Heteromekie, und sollte diese Zusammengehörigkeit nicht in der Entstehungsweise der Quadrate und der Heteromeken ihre vollgültige Begründung finden? Allerdings hat man, wie wir sehen werden, eine andere Erklärung gesucht, wesshalb das 10. Paar, dessen Vorhandensein unter allen Umständen einer Rechtfertigung bedarf, weil seine Gegensätze nicht so scharf und natürlich sind, wie die der neun anderen Paare, Aufnahme gefunden habe. Wir sind nicht gewillt, jene andere Erklärung schon jetzt geradezu zu verwerfen, aber noch weniger auf die unsrige zu verzichten. Konnte es doch in der Tafel der Grundgegensätze, auf welche alle Erscheinungen zurückzuführen sind, nur erwünscht sein, durch ein Paar sofort zwei wesentlich verschiedene Beziehungen dargestellt zu wissen. Ist doch überdies mindestens die Entstehung des Quadrats als Summe der mit der Einheit beginnenden ungraden Zahlen wieder durch Aristoteles als echt pythagoräisch bezeugt.[1])

Aristoteles bedient sich dabei eines Wortes, welches für uns von grosser und vielfacher Wichtigkeit ist, des Wortes Gnomon. Was ist ein Gnomon? Wörtlich genommen ein Erkenner, und zwar bedeutete es zunächst einen Erkenner der Zeit, dann der senkrechten Stellung, welche der Stab, um als Schattenwerfer und Stundenzeiger Anwendung finden zu können, einnehmen musste. So wurde das Wort allmälig aus einem Kunstausdrucke der praktischen Astronomie zu einem solchen der Geometrie, und man sagte „die nach dem Gnomon gerichtete Linie"[2]) wenn man von einer Senkrechten reden wollte. Der Sinn des Wortes veränderte sich aber nun noch weiter. Ein mechanisch herzustellender rechter Winkel (Figur 19) wurde so

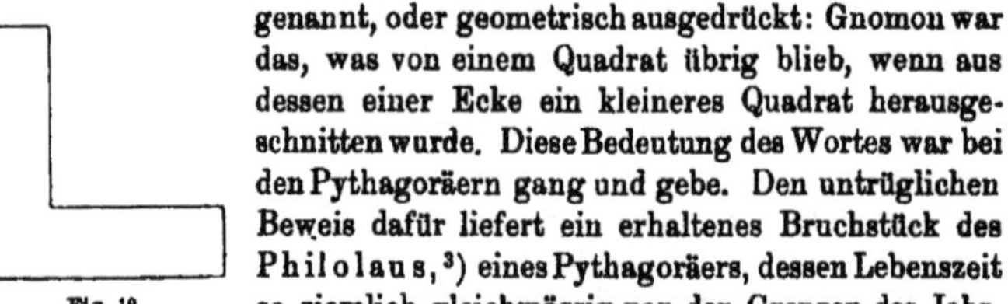

Fig. 19.

genannt, oder geometrisch ausgedrückt: Gnomon war das, was von einem Quadrat übrig blieb, wenn aus dessen einer Ecke ein kleineres Quadrat herausgeschnitten wurde. Diese Bedeutung des Wortes war bei den Pythagoräern gang und gebe. Den untrüglichen Beweis dafür liefert ein erhaltenes Bruchstück des Philolaus,[3]) eines Pythagoräers, dessen Lebenszeit so ziemlich gleichmässig von den Grenzen des Jahrhunderts zwischen 500 und 400 abstehen möchte. In noch späterer Zeit verschob sich die Bedeutung des Gnomon noch weiter. Euklid stellte um 300 die Definition auf, in einem Parallelogramme heisse ein jedes der um die Diagonale herumliegenden Parallelogramme mit den beiden Ergänzungen zusammen ein Gnomon.[4]) Der Sinn dieser

[1]) Aristoteles, Physic. III, 4. Vergl. Zeller I, 300 Anmerkung und Chaignet II, 61—62. [2]) Proklus ed. Friedlein 283, 9. [3]) Philolaus, des Pythagoreers Lehren nebst den Bruchstücken seines Werkes von Aug. Böckh. Berlin, 1819, Fragment 18, S. 141. — Chaignet I, 240. [4]) Euklid, Elemente II, Definition 2.

im Wortlaute nicht allzudeutlichen Erklärung ist folgender. Werden in einem Parallelogramme durch einen und denselben Punkt der Diagonale Parallellinien zu den beiden Seiten gezogen, so entstehen (Figur 20) zwei in unserer Figur wagerecht schraffirte Parallelogramme, und zwei in unserer Figur schräh schraffirte Ergänzungsdreieckchen. Diese vier kleinen Figuren zusammen bilden das euklidische Gnomon, eine

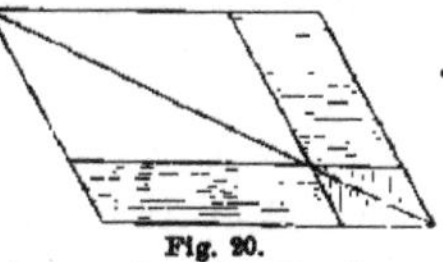
Fig. 20.

Verallgemeinerung des älteren Begriffes insofern, als ein Stück aus einem Parallelogramme statt aus einem Quadrate herausgeschnitten wird, um es hervorzubringen. Noch etwas allgemeiner wird die Erklärung, welche nach weiteren zwei Jahrhunderten Heron von Alexandria gab: Alles was zu einer Zahl oder Figur hinzugefügt das Ganze dem ähnlich macht, zu welchem hinzugefügt worden war, heisst Gnomon.[1] Doch auch diese letzte Verallgemeinerung knüpft wieder an alte Begriffe an, indem schon Aristoteles sagt, wenn man ein Gnomon um ein Quadrat herumlege, werde zwar die Grösse, aber nicht die Art der Figur verändert.[2]

Nachdem wir erörtert haben, was ein Gnomon in der Geometrie bedeute, ist der Zusatz wohl leicht verständlich, dass in alten Zeiten die ungrade Zahl auch wohl Gnomonzahl genannt wurde. Denken wir uns nämlich ein Quadrat, dessen Seite n Längeneinheiten misst, und beabsichtigen wir dieses Quadrat zum nächstgrösseren mit der Seite von $n + 1$ Längeneinheiten durch Hinzufügung eines Gnomon zu ergänzen, so ist klar, dass dieses Gnomon bestehen wird aus einem Quadratchen von der Seite 1 und aus zwei Rechtecken von den Seiten 1 und n, dass es also $1 + 2 \times n$ Flächeneinheiten besitzen wird, welche in der That die vorhandenen n^2 Flächeneinheiten des früheren Quadrates zu den $(n + 1)^2$ Flächeneinheiten des neuen Quadrates ergänzen. Das heisst in Zahlen: die Quadratzahl n^2 wird zur nächsten Quadratzahl $(n + 1)^2$, wenn man ihr die Gnomonzahl $2n + 1$ beifügt. So sind wir zum Verständniss der vorher angedeuteten Stelle der aristotelischen Physik gelangt[3]), einem Verständniss, in welchem wir uns mit allen alten und neuen Erklärern zusammenfinden. Die Pythagoräer, sagt dort Aristoteles, hätten die Quadratzahlen gebildet, indem sie die Gnomonen allmälig zur Einheit hinzufügten. Das will eben Nichts anders heissen als (Figur 21) die Pythagoräer haben die Summirung $1 + 3 + 5 + \ldots +$

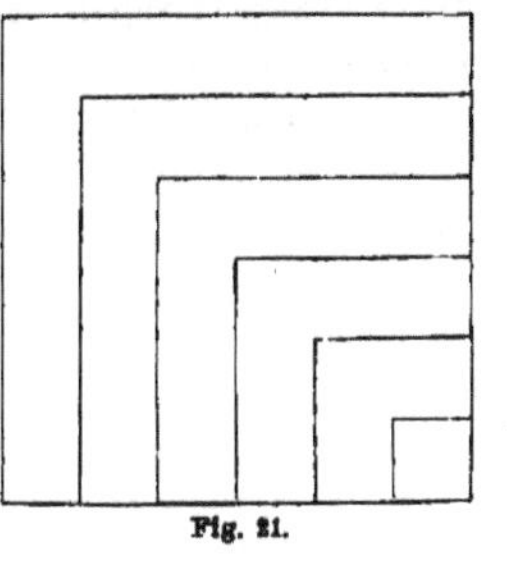
Fig. 21.

[1]) Heron Alexandrinus (ed. Hultsch) Definit. 59, pag. 21. [2]) Aristoteles, Categor. XIV, 5 und XI, 4. Vergl. Chaignet II, 62, Note 2. [3]) Aristoteles Physic. III, 4.

$(2n - 1) = n^2$ vollzogen, haben dieses Verfahren mit klarer Einsicht in den darin zu Tage tretenden Gedanken ausgeübt.

Sehen wir einen Augenblick von der arithmetischen Wichtigkeit des Satzes, der uns beschäftigt hat, ab, so ist er uns auch für die älteste Geometrie ein später noch zu verwerthendes Zeugniss. Er lässt uns erkennen, dass die Pythagoräer den Zusammenhang, welcher zwischen den Seiten eines Quadrates, eines Rechteckes und deren Flächeninhalt stattfindet, mehr als nur ahnten, was freilich bei Schülern einer aus Aegypten eingewanderten Geometrie nicht verwundern kann. Er lässt uns ferner die Kenntniss der eigenthümlichen Figur des Gnomon beachten. Einen mechanisch herzustellenden rechten Winkel nannten wir oben diese Figur, und in der That ist das Alter dieses Werkzeuges gradezu sagenhaft. In Aegypten sind wir ihm (S. 56) auf der bildlichen Darstellung einer Schreinerwerkstätte begegnet, und bei Plinius hat sich die Ueberlieferung erhalten, die Werkzeuge der Architekten, wie Axt, Säge, Bohrer, Setzwage rührten von Dädalus und dessen Neffen Talus her, welche vor dem trojanischen Kriege lebten, der rechte Winkel von Theodorus von Samos, einem der Erbauer des Tempels von Ephesus um das Jahr 600 etwa.[1])

Und noch Etwas lernen wir aus der pythagoräischen Begründung des Satzes von der Entstehung der Quadratzahlen: die Neigung zur geometrischen Versinnlichung von Zahlengrössen und deren Verknüpfungen, welche wir für griechische Eigenthümlichkeit halten, entsprechend dem viel und mit Recht gerühmten plastischen Sinne der Hellenen. Der erste Anstoss könnte ja, wenn man für Alles eine äussere Veranlassung suchen wollte, in der ägyptischen uns aus dem Uebungsbuche des Ahmes bekannten Gewohnheit den Figuren die Maasszahlen ihrer Längen, ihrer Flächen beizuschreiben gefunden werden, aber immerhin lässt das griechische Verfahren sich als einen Gegensatz zu diesem ägyptischen bezeichnen. Bei dem einen handelt es sich um die Möglichkeit geometrische Gebilde in Rechnung zu bringen, bei dem anderen um die Möglichkeit das Ergebniss rechnender Ueberlegung den Sinnen erfassbar zu machen. Die Gnomonzahlen waren unter den bis hierher besprochenen nicht die einzigen, deren Versinnlichung die Pythagoräer sich angelegen sein liessen. Die Quadratzahlen selbst bilden ein anderes Beispiel, ein anderes die Heteromeken. Auf die Versinnlichung führen auch die Namen Flächen- und Körperzahlen zurück, zu deren pythagoräischem Vorkommen wir uns nunmehr wenden.

Im platonischen Timäus findet sich eine Stelle, welche etwa folgendermassen heisst. Um mit zwei Flächen eine geometrische Proportion zu bilden, deren äussere Glieder sie sein sollen, genüge

[1]) Plinius, Histor. natural. VII, 56.

es eine dritte Fläche als geometrisches Mittel anzusetzen; sollen aber zwei Körper die äusseren Glieder einer geometrischen Proportion sein, so müsse man zwei von einander verschiedene innere Glieder annehmen, weil ein geometrisches Mittel nicht vorhanden sei.[1])

Flächen und Körper können hier nur als Zahlen und zwar als Produkte von zwei beziehungsweise von drei Faktoren angesehen werden. Das heisst man wusste damals, dass im Allgemeinen das Maass einer Fläche, eines Körpers gefunden werde, indem man zwei, drei Abmessungen mit einander vervielfältige. Die Erklärung von Flächen- und Körperzahlen als solcher Produkte ist ausgesprochen bei Euklid[2]), sie ist ausgesprochen bei Theon von Smyrna.[3]) Beide bedienen sich der Namen ἀριθμοὶ ἐπίπεδοι für die Flächen-, ἀριθμοὶ στερεοί für die Körperzahlen, und der pythagoräische Ursprung derselben beweist sich aus der eben hervorgehobenen Thatsache, dass nur mit ihrer Hilfe die Timäusstelle zur Klarheit gelangt. Denken wir uns $p_1 p_2 p_3$ $q_1 q_2 q_3$ als sechs Primzahlen und jedenfalls keine von den Primzahlen p einer Primzahl q gleich. Nun ist $p_1 p_2$ eine Flächenzahl, $q_1 q_2$ eine zweite. Deren geometrisches Mittel lässt sich bilden, d. h. $\sqrt{p_1 p_2 q_1 q_2}$ ist rational ausziehbar, sofern $p_1 = p_2$ und zugleich $q_1 = q_2$. Die gefundene Proportion heisst unter Weglassung der in diesem Falle unnöthig gewordenen Indices $p^2 : pq = pq : q^2$ und es genügte wirklich eine dritte Fläche als geometrisches Mittel anzusetzen, um mit den angegebenen beiden Flächen eine geometrische Proportion zu bilden, deren äussere Glieder sie sein sollten. Körperzahlen werden ferner sowohl $p_1 \cdot p_2 \cdot p_3$ als $q_1 \cdot q_2 \cdot q_3$. Deren geometrisches Mittel $\sqrt{p_1 p_2 p_3 q_1 q_2 q_3}$ ist aber nie rational, wenn die Vorschrift kein p einem q gleich werden zu lassen eingehalten wird, mögen die p und die q je unter sich gleich oder verschieden sein. Durch zwei Mittelglieder dagegen lässt sich die Proportion in mannigfaltiger Weise ergänzen z. B. $p_1 p_2 p_3 : p_1 p_2 q_1 = q_2 q_3 p_3 : q_1 q_2 q_3$ oder $p_1 p_2 p_3 : p_1 p_3 q_2 = q_1 q_3 p_2 : q_1 q_2 q_3$ u. s. w. Im Timäus heisst das so: Sollten zwei Körper die äusseren Glieder einer geometrischen Proportion sein, so musste man zwei von einander verschiedene innere Glieder annehmen, weil ein geometrisches Mittel nicht vorhanden ist. Werden hier die p und die q wieder alle als gleich betrachtet und lässt man desshalb die Indices wieder weg, so entsteht $p^3 : p^2 q = pq^2 : q^3$ oder $p^3 : pq^2 = p^2 q : q^3$. Eine andere Auswahl von Mittelgliedern gibt es in diesem besonderen Falle nicht. Grade er hat sich auch anderweitig erhalten. Euklid

---

[1]) *Études sur le Timée de Platon par* Th. H. Martin I, 91 und 337—345 und Hultsch in Fleckeisen und Masius, Neue Jahrbücher für Philologie und Pädagogik. Jahrgang 1873. Bd. 107, 493—501. [2]) Euklid VII, Definitionen 16 und 17. [3]) Theon Smyrnaeus (ed. Hiller), pag. 36—37 und häufiger.

beweist, dass zwischen zwei Quadratzahlen eine, zwischen zwei Kubikzahlen zwei mittlere Proportionalen fallen[1]) und Nikomachus nennt diese beiden Sätze ausdrücklich platonisch[2]), ohne Zweifel in Berücksichtigung der damals allgemein bekannten Timäusstelle.

Eben diese Stelle hat bei der ausführlicheren Besprechung noch erhöhte Bedeutsamkeit für uns gewonnen. Zwei wichtige Thatsachen gelangten dadurch zu unserem Bewusstsein, die eine dass der Begriff des Irrationalen der Schule des Pythagoras angehörte, die andere dass dieselbe Schule sich viel mit Verhältnissen beschäftigte. Auf den ersteren Gegenstand kommen wir im nächsten Kapitel bei Gelegenheit des pythagoräischen Lehrsatzes zu reden. Von den Verhältnissen handeln wir sogleich.

Wir sind nicht auf die Timäusstelle allein angewiesen, um die Analogien und Mesotäten, das sind die griechischen Namen für Verhältnisse und dabei auftretende Mittel, für die Pythagoräer in Anspruch zu nehmen. Ein bei Nikomachus aufbewahrtes Bruchstück des Philolaus[3]) lässt den Würfel die geometrische Harmonie genannt werden, weil seine sämmtlichen Abmessungen völlig gleich unter einander und somit in vollständigem Einklange seien. Dem entsprechend habe man den Namen harmonisches Verhältniss wegen der Aehnlichkeit mit der geometrischen Harmonie eingeführt. In der That spiegle sich dieses Verhältniss in jedem Würfel mit seinen 12 Kanten, 8 Ecken und 6 Flächen ab. Wir haben kaum nothwendig diese Stelle noch zu erläutern und zu bemerken, dass 6, 8, 12 in stetigem harmonischen Verhältnisse stehen, weil $\frac{1}{6} - \frac{1}{8} = \frac{1}{8} - \frac{1}{12}$.

Ein bei Porphyrius erhaltenes Bruchstück des Pythagoräers Archytas[4]) spricht nicht nur von dem arithmetischen, dem geometrischen und dem harmonischen Mittel, er definirt sie gradezu, und zwar die beiden ersten in der heute noch gebräuchlichen Weise. Bei dem harmonischen Verhältnisse, fährt er fort, übertrifft das erste Glied das zweite um den gleichen Theil seiner selbst, wie dieses mittlere Glied das dritte um den Theil des dritten. In Buchstaben geschrieben heisst das: b ist harmonisches Mittel zwischen a und c, wenn $a = b + \frac{a}{n}$ und zugleich $b = c + \frac{c}{n}$. Wirklich folgt aus diesen beiden Gleichungen $\frac{a-b}{b-c} = \frac{a}{c}$ und daraus $\frac{1}{c} - \frac{1}{b} = \frac{1}{b} - \frac{1}{a}$.

---

[1]) Euklid VIII, 11 und 12. [2]) Nicomachus, Eisagoge arithm. II, 24, 6 (ed. Hoche), pag. 129. [3]) Nicomachus, Eisagoge arithm. II, 26, 2 (ed. Hoche), pag. 135. Vergl. Boeckh, Philolaus fragm. 9, S. 87. Chaignet I, 238. [4]) Porphyrius ad Ptolomaei Harmonic. Vergl. Gruppe, Ueber die Fragmente des Archytas und der älteren Pythagoreer. Berlin, 1840, S. 94. Chaignet I, 282—283.

Jamblichus[1]) führt die Kenntniss der drei stetigen Proportionen, der arithmetischen, geometrischen und harmonischen, auf Pythagoras und seine Schule zurück und lässt die musikalische Proportion, welche aus zwei Zahlen, deren arithmetischem und harmonischem Mittel sich bilde ($a : \frac{a+b}{2} = \frac{2ab}{a+b} : b$, z. B. $6 : 9 = 8 : 12$), durch Pythagoras aus Babylon, wo sie erfunden worden sei, zu den Hellenen bringen.

Wir erinnern uns daran, dass Jamblichus sich genauer mit Chaldäischem beschäftigte (S. 93) und sind darum trotz der späten Zeit, in welche seine schriftstellerische Thätigkeit fällt, sehr geneigt diesen seinen Worten so weit Glauben zu schenken, als sie alte gräkobabylonische Beziehungen betreffen. In Aegypten ist wenigstens bis heute eine Proportionenlehre noch nicht nachgewiesen, und wenn auch arithmetische und geometrische Reihen dort so gut wie in Babylon bekannt waren, so gilt dieses nicht für die Quadratzahlen, nicht für die Kubikzahlen. Auch mehr oder weniger auf Zahlenspielerei herauskommende Zahlenverknüpfungen, Vergleichung von Zahlen mit einzelnen Götterfiguren, das sind lauter Dinge, die den Babyloniern, die den Pythagoräern eigen sind. Dafür aber, dass wir Alles in der pythagoräischen Schule von solchen Dingen Vorgetragene auch in ihr erfunden lassen sein sollten — der einzige Ausweg, wenn jede Verbindung mit Babylon verworfen wird — dafür erscheinen uns dieselben zu entwickelt. Solche arithmetische Kenntnisse setzen eine ganze lange Vorgeschichte voraus. Die Ueberzeugung davon würde nun ungemein befestigt, wenn es wahr sein sollte, dass auch die befreundeten und vollkommenen Zahlen bereits der pythagoräischen Schule angehörten.

Befreundete Zahlen sind solche, wie 220 und 284, von welchen jede gleich der Summe der aliquoten Theile der anderen ist: $220 = 1 + 2 + 4 + 71 + 142$ und $284 = 1 + 2 + 4 + 5 + 10 + 11 + 20 + 22 + 44 + 55 + 110$. Jamblichus führt deren Kenntniss auf Pythagoras selbst zurück.[2]) Man habe ihn befragt, was ein Freund sei, und er habe geantwortet: „Einer der ein anderes Ich ist, wie 220 und 284." Wir möchten freilich auf diese Behauptung wenig Gewicht legen und kein grösseres darauf, dass im IX. S. ein arabischer Gelehrter Tabit ben Korra für die Kenntniss der befreundeten Zahlen auf die Pythagoräer verwies.[3]) Letzterer kann sehr wohl seine Wissenschaft dieses Umstandes aus Jamblichus geschöpft haben, Ersterem kann vorgeschwebt haben, dass die Innigkeit der Freund-

---

[1]) Jamblichus, Introductio in Nicomachi arithmeticam (ed. Tennulius) Arnheim, 1668, pag. 141—142 und 168. [2]) Jamblichus in Nicomach. arithm. ed. Tennulius pag. 47—48. [3]) Vergl. Woepcke im *Journal Asiatique, IV. Série, T. 20* (Jahrgang 1852), pag. 420.

schaften unter den Pythagoräern von jeher als kennzeichnend für diese Schule galt.[1])

Vollkommene Zahlen sind solche, welche wie 6, 28, 496 der Summe ihrer aliquoten Theile gleich sind: $6 = 1 + 2 + 3$; $28 = 1 + 2 + 4 + 7 + 14$; $496 = 1 + 2 + 4 + 8 + 16 + 31 + 62 + 124 + 248$. Daneben unterscheidet man überschiessende und mangelhafte Zahlen, wenn die aliquoten Theile eine zu grosse beziehungsweise zu kleine Summe liefern, wie z. B. $12 < 1 + 2 + 3 + 4 + 6$; $8 > 1 + 2 + 4$. Euklid hat sich ausführlich mit den vollkommenen Zahlen beschäftigt.[2]) Theon von Smyrna hat den drei verschiedenen Gattungen seine Aufmerksamkeit zugewandt und dieselben als *ἀριθμοὶ τέλειοι, ὑπερτέλειοι, ἐλλιπεῖς* benannt.[3]) Man könnte demzufolge geneigt sein diese Begriffe als vorplatonische anzuerkennen, wenn nicht ein kaum zu beseitigender Gegengrund vorhanden wäre. Plato versteht nämlich in einer berühmten Stelle seines Staates den Ausdruck vollkommene Zahl ganz anders[4]) und Aristoteles bezeichnet muthmasslich aus pythagoräischer Quelle die Zehn als vollkommene Zahl[5]) wiederum nothwendig von einer ganz anderen Erklärung ausgehend. Diese beiden Gegenstände arithmetischer Grübelei werden wir daher am Sichersten zwar Pythagoräern aber nicht solchen der alten Schule zuschreiben, sondern solchen, die in viel späterer Zeit den Namen und zum Theil auch die Forschungsweise derselben erneuerten.

Die Dreieckszahlen, sagten wir (S. 135) gestützt auf Theon von Smyrna, wurden von den Pythagoräern gebildet, indem sie versuchsweise die aufeinanderfolgenden Zahlen der mit 1 beginnenden natürlichen Zahlenreihe addirten. In diesem Namen Dreieckszahl zeigt sich auf's Neue der Hang zur figürlichen Versinnlichung der nach unserer heutigen Auffassung abstracten Zahlenbegriffe. Die aufeinanderfolgenden Zahlen nämlich durch gleich weit von einander entfernte Punkte reihenweise unter einander zur Darstellung gebracht bildeten Dreiecke, und dass man diese Versinnlichung wirklich vornahm, mag man zu ihr gelangt sein wie man wolle, dafür bürgt eben der Name Dreieckszahl, *ἀριθμὸς τρίγωνος*. Es ist vielleicht wünschenswerth noch von anderer Seite her zu bestätigen, dass wir hier wirklich Alterthümliches vor uns haben, und dazu sind wir in der Lage. Wenig Gewicht freilich legen wir für diese Rückdatirung auf den an sich interessanten von Plutarch uns erhaltenen Lehrsatz, dass die mit 8 vervielfachten und um 1 vermehrten Dreieckszahlen Quadrat-

---

[1]) Vergl. Zeller I, 271, Anmerkung 3. [2]) Euklid IX, 36. [3]) Theon Smyrnaeus (ed. Hiller) 45. [4]) Plato Republ. VIII, pag. 546. Vergl. einen Aufsatz von Th. H. Martin in der *Revue Archéologique T. XIII.* [5]) Aristoteles Metaphys. I, 5.

zahlen gaben[1]) d. h. dass $8 \cdot \frac{n(n+1)}{2} + 1 = (2n+1)^2$. Erheblicher ist schon das, was Lucian uns erzählt.[2]) Pythagoras habe Einen zählen lassen. Dieser sagte: „1, 2, 3, 4" worauf Pythagoras dazwischen fuhr: Siehst du? Was du für 4 hältst, das ist 10 und ein vollständiges Dreieck und unser Eidschwur! Hierin ist die Kenntniss der Dreieckszahl 10 mit echt pythagoräischen Dingen in Verbindung gesetzt. Weit älter und dadurch noch überzeugender ist das Vorkommen des Begriffes wenn nicht des Wortes bei Aristoteles: Die Einen führen die Zahlen auf Figuren wie das Dreieck und Viereck zurück.[3]) Kommt nun endlich noch hinzu, dass einem Schüler des Sokrates und des Platon, dem Philippus Opuntius, bereits eine Schrift über vieleckige Zahlen zugeschrieben wird, welche er nebst einer andern über Arithmetik bei Philipp von Macedonien verfasst haben soll[4]), so scheint uns damit der Beweis geliefert, dass wie die Quadratzahl und ihre Entstehung aus den Ungraden, wie die heteromeke Zahl und ihre Entstehung aus den Graden, so auch die Dreieckszahl und ihre Entstehung aus den unmittelbar auf einander folgenden Zahlen bereits pythagoräisch gewesen sein müsse.

Bei diesen drei Summirungen von nach einfachen Gesetzen fortschreitenden Zahlen blieb man aber, wie uns berichtet wird, nicht stehen. Man schrieb die Reihe der Quadratzahlen, von der 1 an, man schrieb darunter aber erst von der 3 anfangend die ungraden Zahlen, und wenn man nun jede solche ungrade Zahl der zugehörigen Quadratzahl als Gnomon zufügte, so entstanden wieder Quadratzahlen.[5]) Für uns heute fällt freilich diese Entstehungsweise:

$$\begin{array}{cccl} 1 & 4 & 9 \ldots\ldots & n^2 \\ 3 & 5 & 7 \ldots\ldots & 2n+1 \\ \hline 4 & 9 & 16 \ldots\ldots & (n+1)^2 \end{array}$$

mit der ersterläuterten Bildung der Quadratzahlen zusammen, aber den Alten war sie besonderer Hervorhebung werth. Nikomachus, ungefähr Zeitgenosse des Theon von Smyrna, und ihm geistesverwandt, hat ein Beispiel ähnlichen Verfahrens bei Dreieckszahlen uns bewahrt.[6]) Jede Dreieckszahl, sagt er, mit der nächstfolgenden Dreieckszahl vereinigt gibt eine Quadratzahl, und wirklich ist $\frac{(n-1)n}{2} + \frac{n(n+1)}{2} = n^2$. Hier wagen wir nun, gestützt auf alle diese einander ähnlichen Verfahren, eine unmittelbar nicht auf Ueberlieferung sich stützende

---

[1]) Plutarch, Platonicae Quaestion. V, 2, 4. [2]) Lucian *Βίων πρᾶσις*, 4. Vergl. Allman, *Greek Geometry from Thales to Euclid* pag. 185, r. [3]) Aristoteles, Metaphys. XIV, 4. [4]) *Βιογράφοι, vitarum scriptores Graeci minores* edit. Westermann. Braunschweig, 1845, pag. 446. [5]) Theon Smyrnaeus (ed. Hiller) 32. [6]) Nicomachus, Eisagog. arithm. II, 12 (ed. Hoche), pag. 96.

Vermuthung.[1]) Wir nehmen an, es sei auch die Addition von je zwei auf einander folgenden Quadratzahlen vorgenommen worden, um wie in den vorher erwähnten Beispielen einmal zuzusehen, ob dabei etwas Bemerkenswerthes sich enthülle. In der That fand sich ein höchst auffallendes Ergebniss: Die Quadratzahlen 9 und 16 lieferten als Summe die nächste Quadratzahl 25, und nur bei ihnen zeigte sich diese Erscheinung. Dem heutigen Mathematiker ist Solches freilich nicht auffallend. Wir erkennen sofort, dass die Gleichung $(x-1)^2 + x^2 = (x+1)^2$ nur die Wurzeln $x = 4$ und $x = 0$ besitzt, dass also nur $3^2 + 4^2 = 5^2$ auftreten kann, wenn man $(-1)^2 + 0^2 = 1^2$ oder anders geschrieben $0 + 1 = 1$ nicht beachten will. Aber der Grieche jener alten Zeit konnte diese Ueberlegung nicht anstellen, konnte, wenn sie ihm möglich gewesen wäre, die zweite Gleichung nicht denken. Wir kommen auf den Zahlenbegriff der Griechen noch zurück. Gegenwärtig wissen wir nur, dass die Null, für welche sie kein Zeichen hatten, ihnen auch keine Zahl war. Wir sind darüber auf's Deutlichste durch einen der schon genannten Arithmetiker unterrichtet. Nikomachus sagt uns, jede Zahl sei die halbe Summe ihrer Nachbarzahlen und überhaupt die halbe Summe der zu beiden Seiten gleich weit von ihr abstehenden Zahlen; nur die Einheit bilde eine Ausnahme, weil sie keine zwei Nachbarzahlen besitze; sie sei darum die Hälfte der einen unmittelbar benachbarten Zahl.[2])

So mussten die Zahlen 9, 16, 25 und mit ihnen die Zahlen 3, 4, 5, deren Quadrate sie waren, welche ihre Ordnungszahlen in der Reihe der Quadratzahlen bildeten, der Aufmerksamkeit empfohlen sein, um so dringender empfohlen sein, wenn dieselben Zahlen schon anderweitig als mit merkwürdigen Eigenschaften versehen bekannt waren. Dass dem so war, darüber müssen wir uns jetzt zu vergewissern suchen.

Kapitel VII.

Pythagoras und die Pythagoräer. Geometrie.

Wir sind an dem Punkte angelangt, wo wir die nur im Bilde geometrische Arithmetik der Pythagoräer mit ihrer eigentlichen Geometrie in Verbindung treten sehen. Wir haben demgemäss auch auf diesem Gebiete abzusuchen, was unmittelbare oder mitttelbare Ueberlieferung dem Pythagoras und seiner Schule zuweist.

Zunächst können wir eine ganze Gruppe von geometrischen Kenntnissen zusammenfassen unter dem gemeinsamen Namen der

[1]) Math. Beitr. Kulturl. 105—107. [2]) Nicomachus, Eisagog. arithm. I, 8 (ed. Hoche), pag. 14.

Anlegung der Flächen. „Alterthümlich, so sagen die Schüler des Eudemus, und Erfindungen der pythagoräischen Muse sind diese Sätze, die Anlegung der Flächen, ihr Ueberschiessen, ihr Zurückbleiben," ἥ τε παραβολὴ τῶν χωρίων καὶ ἡ ὑπερβολὴ καὶ ἡ ἔλλειψις.[1]) So lautet der erläuternde Bericht des Proklus zu der euklidischen Aufgabe an einer gegebenen Graden unter gegebenem Winkel ein Parallelogramm zu entwerfen, welches einem gegebenen Dreieck gleich sei. Desselben Wortes ἐλλείπειν bei Anlegung von Flächen bedient sich Platon in seinem Menon,[2]) und Plutarch lässt an einer Stelle das Anlegen von Flächen, παραβάλλειν τοῦ χωρίου, von Pythagoras selbst herstammen,[3]) während er an einer anderen Stelle sich folgendermassen ausdrückt: „Eines der geometrischsten Theoreme oder vielmehr Probleme ist das, zu zwei gegebenen Figuren eine dritte anzulegen — παραβάλλειν —, die der einen gleich und der anderen ähnlich ist. Pythagoras soll, als er die Lösung gefunden, ein Opfer gebracht haben. Und wirklich ist es auch feiner und wissenschaftlicher als das, dass das Quadrat der Hypotenuse denen der beiden Katheten gleich ist."[4]) Ueber die genauere Bedeutung der drei Wörter Parabel, Ellipse, Hyperbel bei Flächenanlegungen werden wir bei Besprechung der euklidischen Geometrie im 13. Kapitel zu reden haben. Für's Erste genügt die allgemeine aus den angeführten Stellen leicht zu schöpfende Ueberzeugung, dass es um die Zeichnung von Figuren gegebener Art und gegebener Grösse sich handelt. Solche Zeichnung ist aber unmöglich, wofern man nicht mit den Haupteigenschaften der Parallellinien und ihrer Transversalen, mit den hauptsächlichen Winkelsätzen der Planimetrie vertraut ist, wofern man nicht die Auffindung von Flächeninhalten, deren Abhängigkeit von den die betreffende Figur bildenden Seiten in richtiger Weise kennt.

In der ersteren Beziehung sind wir wieder in der günstigen Lage, unsere Behauptung bestätigen zu können. Die Pythagoräer verwandten die Parallellinien zum Beweise des Satzes von der Winkelsumme des Dreiecks. Wir sahen (S. 120), dass die thaletische Zeit, vielleicht Thales selbst, den Satz von der Winkelsumme in dreifacher Abstufung an dem gleichseitigen, an dem gleichschenkligen, an dem unregelmässigen Dreiecke behandelte. Eudemus lässt durch die Pythagoräer den Satz für jedes beliebige Dreieck so bewiesen werden, dass durch die Spitze des Dreiecks die Parallele zur Grundlinie gezogen und daraus die Gleichheit der Winkel an der Grundlinie mit ihren an jener Parallelen hervortretenden Wechselwinkeln gefolgert wurde. Einer jener Wechselwinkel wurde sodann

[1]) Proklus (ed. Friedlein) 419. [2]) Platon, Menon pag. 87. [3]) Plutarch, *Non posse suaviter vivi secundum Epicur.* cap. 11. [4]) Plutarch, *Convivium VIII* cap. 4.

mit dem ursprünglichen Dreieckswinkel an der Spitze zu einem einzigen Winkel vereinigt, welcher selbst wieder den anderen Wechselwinkel als Nebenwinkel besass und mit ihm zusammen zwei Rechte ergab.[1])

Aus dieser Darstellung zeigt sich so recht deutlich an einem besonders merkwürdigen, in der Stufenfolge der Beweisführungen uns glücklich erhaltenen Beispiele, wie die Wissenschaft der Geometrie sich entwickelte. Von dem Zerlegen des Satzes in drei Fälle stieg man auf zur Behandlung des allgemeinen Falls, aber in diesem Aufwärtsstreben hielt man wieder ein. Man erhob sich noch nicht zu dem Ausspruche, die drei Winkel an der früheren Dreiecksspitze besässen als Winkel, die je einen Schenkel gemeinsam für zweie haben, und die einfach auftretenden äussersten Schenkel zu einer und derselben Geraden sich verlängern lassen, die Winkelsumme von zwei Rechten. Man musste vielmehr erst zwei Winkel zu einem neuen, diesen alsdann mit dem dritten verbinden. Freilich ist der letzterwähnte Fortschritt, den man noch nicht wagte, nach unserem Gefühle, auch wohl nach dem Gefühle des Proklus, welcher wenigstens von dessen Urheber uns Nichts sagt, ein weit geringerer, als der, den man wirklich vollzog, und wir erkennen hier bewundernd den „höheren Gesichtspunkt, von welchem aus Pythagoras, dem Mathematikerverzeichnisse (S. 124) zufolge, die Grundlage unserer Wissenschaft betrachtete.“

Wir haben auch die Nothwendigkeit betont, den Flächeninhalt einer Figur aus den dieselbe bildenden Seiten in richtiger Weise finden zu können. Unseren mathematischen Lesern dürfte diese Betonung überflüssig erscheinen, aber sie ist es nicht so ganz. Bei einem Volke von überwiegend geometrischer Begabung, wie es unstreitig das griechische war, konnte noch um das Jahr 400 v. Chr., also zur Zeit Platons, einer der geistreichsten, tiefsten Geschichtsschreiber aller Jahrhunderte, konnte noch ein Thukydides so wenig Bescheid wissen, dass er Inhalt und Umfang als proportional dachte, dass er in Folge dessen die Fläche der Insel nach der zum Umfahren nöthigen Zeit abschätzte.[2]) Diese Unkenntniss auch hochgebildeter Laien in einem theoretisch so einfachen, praktisch so wichtigen Kapitel der Planimetrie lässt sich dann weiter und weiter verfolgen. Um 130 v. Chr. erzählt Polybius, dass es Leute gebe, die nicht begreifen könnten, dass Lager bei gleicher Umwallungslänge verschiedenes Fassungsvermögen besitzen.[3]) Quintilian, der römische Schriftsteller über Beredtsamkeit in der zweiten Hälfte des ersten nachchristlichen Jahrhunderts, gibt als dem Laien leicht aufzudrängenden Trugschluss den

[1]) Proklus (ed. Friedlein) 379. [2]) Thukydides VI, 1 (ed. Rothe), pag. 95. [3]) Polybius IX, 21 (ed. Hultsch), pag. 686.

an, dass gleicher Umfang auch gleichen Inhalt beweise.[1]) Proklus erzählt mit offenbarer Beziehung auf Vorkommnisse seiner Zeit, also des V. S., dass Manche schon bei der Theilung von Flächen ihre Gesellschafter über's Ohr gehauen haben, indem sie eine grössere Fläche mit Bezugnahme auf die Gleichheit des Umfanges für sich beanspruchten.[2]) Steuerbeamte in Palästina liessen sich gleichfalls um das V. S. in solcher Weise täuschen, indem sie einem Gemeindevorsteher, welchem als Steuer der Ertrag einer mit Weizen zu besäenden Fläche von 40 Ellen im Quadrat auferlegt war, verwilligten, er könne in zwei Abtheilungen jedesmal eine Fläche von 20 Ellen im Quadrat besäen, in der Meinung, dann sei er seiner Verpflichtung nachgekommen[3]), und ganz Aehnliches wird von einem Araber des X. S. erzählt.[4]) Wir haben diese fehlerhafte Auffassung absichtlich durch einen längeren Zeitraum und durch Völker hindurch verfolgt, welche einer Stetigkeit der Geistesrichtung als Beispiel dienen können, denn das mathematische, in Sonderheit das geometrische Denken der Römer, der späteren Juden, der Araber war nicht anders als griechisch. Wir haben sie verfolgt, um uns über einen allgemeinen geschichtlichen Lehrsatz klar zu werden, dem wir eine nicht geringe Tragweite besonders bei geschichtlich vergleichenden Forschungen beilegen. Die Unwissenheit, so lautet unser Satz, und das noch schlimmere falsche Wissen sind erblich. Was an unrichtigen Ergebnissen einmal gewonnen ist, das wird so leicht nicht zerstört, das wird mit um so grösserer Zähigkeit festgehalten, je mehr es unverstanden ist. Nur die Menge der Unwissenden und Halbwissenden wechselt, und in ihrer Beschränkung liegt das, was man Fortschritt der Durchschnittsbildung nennt.

Der Flächenanlegung nahe verwandt und mit ihr den Pythagoräern eigen ist die Lehre von den regelmässigen Vielflächnern, angedeutet in den Worten des Mathematikerverzeichnisses: „Pythagoras ist es auch, der die Construction der kosmischen Körper erfand.“ Der Name der kosmischen Körper bedarf der Erklärung. Wie Aristoteles uns berichtet, war Empedokles von Agrigent in Sicilien, ein Philosoph, der um 440, jedenfalls später als Pythagoras lebte, der Erste, der vier Elemente, Erde, Wasser, Luft und Feuer, annahm, aus denen Alles zusammengesetzt sei.[5]) Vitruvius und andere Gewährsmänner wollen, Pythagoras habe schon vorher das Gleiche ausgesprochen.[6]) Wir haben eine Wahl zwischen beiden Meinungen hier nicht zu treffen. Jedenfalls übernahm Timäus von

[1]) Quintilianus, *Institutio oratoria* I, 10, 39 flgg. (ed. Halm) pag. 62.
[2]) Proklus (ed. Friedlein), pag. 237. [3]) Jerusalem. Talmud Sota 20a. nach Zuckermann, das Mathematische im Talmud. Breslau, 1878, S. 43, Note 58.
[4]) Dieterici, Die Propädeutik der Araber im X. Jahrhundert, S. 35.
[5]) Aristoteles, Metaphys. I, 4. [6]) Vergl. Chaignet II, 164 flgg.

Lokri aus der einen oder anderen Quelle die Lehre, wie der nach ihm benannte platonische Dialog erkennen lässt. Timäus erläutert die Entstehung der Welt, setzt das Vorhandensein der vier Grundstoffe auseinander, gibt denselben besondere Gestalten.[1]) Das Feuer trete als Tetraeder auf, die Luft bestehe aus Octaedern, das Wasser aus Ikosaedern, die Erde aus Würfeln, und da noch eine fünfte Gestaltung möglich war, so habe Gott diese, das Pentagondodekaeder benutzt, um als Umriss des Weltganzen zu dienen.[2]) Diese fünf Körper heissen dem entsprechend kosmische Körper als zum Kosmos in nothwendiger Beziehung stehend.

Die Geschichte der Mathematik entnimmt den atomistischen Versuchen jener ältesten Lehren dieser Art die wichtige Wahrheit, dass Timäus die fünf regelmässigen Körper kannte. Ob er ahnte, dass es wirklich keinen sechsten regelmässigen Körper gebe, ob er ohne auch nur die Frage nach einem solchen zu erheben sich mit Verwerthung der nun einmal bekannten Körperformen begnügte, wissen wir nicht. Wahrscheinlicher däucht uns das Letztere, und nun gar einen Beweis der Unmöglichkeit eines sechsten regelmässigen Körpers in so früher Zeit anzunehmen, würden wir auf's Entschiedenste ablehnen müssen. Dagegen hat es keine Schwierigkeit diejenigen Kenntnisse, welche wir als Timäus geläufig bezeichneten, d. h. die Gestalt der fünf regelmässigen Körper bis in jene Zeit, auch wohl darüber hinaus zu verfolgen.[3])

Körper wie der Würfel, das Tetraeder, welches Nichts anderes als eine Pyramide mit dreieckiger Grundfläche, das Octaeder, welches eine Doppelpyramide mit quadratischer Grundfläche ist, müssen noch weit über das Zeitalter des Pythagoras zurück sich als den Aegyptern bekannt vermuthen lassen. Wer bei ihnen Jahre lang verweilte, ja wer nur kurze Zeit die Baudenkmäler ihres Landes in Augenschein nahm, dem ist die Kenntniss auch jener Körper mit Nothwendigkeit zuzusprechen, und dass die Pythagoräer kein Bedenken trugen, was ihr Lehrer wusste, als seine Erfindung zu verehren, wurde schon erwähnt. Auch das Ikosaeder und nicht minder das Dodekaeder muss wohl oder übel den Pythagoräern bekannt gewesen sein. Sonst könnte nicht Philolaus schon von den fünf Körpern in der Kugel reden[4]), sonst würde nicht das alte Mathematikerverzeichniss nebst anderen übereinstimmenden Berichten[5]) so deutlich sämmtliche kosmische oder

---

[1]) Vergl. Th. H. Martin, *Études sur le Timée de Platon* I, 145 flgg. und II, 234—250. [2]) Zeller I, 350, Anmerkung 1 nimmt an, das Dodekaeder sei nicht die Gestalt des Weltganzen, sondern des Aetheratoms, d. h. des kleinsten Theiles der das Weltganze umgebenden äusseren Schichten. [3]) Das hier Folgende wesentlich nach Bretschneider S. 86 und 88. [4]) Boeckh, Philolaus fragm. 21, S. 160. Chaignet I, 248. [5]) Vergl. Wyttenbach, Ausgabe von Platon's Phädon. Leiden, 1810, pag. 304—307.

regelmässige Körper als pythagoräisch bezeichnen. Möglicherweise haben wir den Verlauf der Entdeckung jener Körper so zu denken, dass man zuerst nur von Würfel, Tetraeder, Octaeder wusste, dass dann das Ikosaeder, zuletzt erst, wenn auch jedenfalls noch vor Timäus, das Dodekaeder hinzutrat. Mit dieser Annahme würde die Schwierigkeit sich lösen, dass die ursprünglich jedenfalls in Vierzahl angenommenen Grundstoffe mit den fünf Körpern nur sehr künstlich in Verbindung zu bringen sind. Es würden nämlich zunächst 4 Körper mit 4 Elementen durch einen naturgemässen Gedanken sich gepaart haben, und zu dem nachträglich gefundenen fünften Körper würde dann eine kosmische Bedeutung erst gesucht worden sein.

Mit dieser Annahme würde auch die Erzählung des Jamblichus[1]) sich decken, dass Hippasus, ein Pythagoräer, der das Pentagondodekaeder der Kugel zuerst einschrieb und veröffentlichte, wegen dieser Gottlosigkeit im Meere umgekommen sei. Er habe den Ruhm der Entdeckung davongetragen, „aber es sei das Eigenthum JENES, so bezeichnen sie nämlich den Pythagoras und nennen ihn nicht bei Namen".

Man würde vielleicht eine grössere Sicherheit in der Beantwortung dieser Fragen erlangen, wenn man Alter und Herkunft eines noch vorhandenen Bronzedodekaeders zu bestimmen im Stande wäre.[2])

Mit den Angaben über die fünf Körper im engsten Zusammenhange stehen die über die Kugel, in welche jene beschrieben gedacht sind, und welche demzufolge nebst einigen ihrer Eigenschaften gleichfalls den Pythagoräern bekannt gewesen sein muss.

In demselben Zusammenhange erscheinen Angaben, welche sich auf die Grenzflächen jener Körper, auf die regelmässigen Vielecke, als Dreiecke, Vierecke, Fünfecke beziehen, und denen wir uns nunmehr zuzuwenden haben. Wir kehren damit zur Flächenanlegung zurück, deren Verwandtschaft zur Lehre von den Vielflächnern wir oben zunächst unerwiesen behauptet haben. Platon lässt seinen Timäus über die Entstehung der regelmässigen Dreiecke und Vierecke sich aussprechen. Er sagt, diese Figuren setzten ihre Fläche immer aus rechtwinkligen Dreiecken zusammen, und zwar entweder aus solchen, welche zugleich gleichschenklig sind, oder aus solchen, deren spitze Winkel, der Eine einem Drittheil, der Andere zwei Drittheilen des rechten Winkels gleich sind. Das hat nun offenbar seine Richtigkeit, indem das Quadrat in 2 oder 4 Dreiecke der ersten Art (Figur 22),

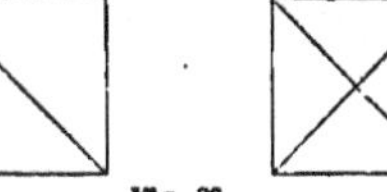
Fig. 22.

[1]) Jamblichus, *Vita Pythagorica* 88. [2]) Vergl. verschiedene Notizen von Graf Leopold Hugo in den *Comptes Rendus* der pariser Akademie der Wissenschaften. Bd. LXXVII.

das gleichseitige Dreieck in 2 oder 6 Dreiecke der zweiten Art (Figur 23) zerlegt werden kann. Uebereinstimmend damit, aber sicherlich einer anderen Quelle als dem platonischen Timäus, über dessen Angaben er hinausgeht, folgend sagt Proklus, es sei ein pythagoräischer Lehrsatz, dass die Ebene um einen Punkt herum durch 6 gleichseitige Dreiecke, 4 Quadrate oder 3 regelmässige Sechsecke vollständig erfüllt werde, so dass nur diese Figurengattungen zur gänzlichen Zerlegung einer Ebene in lauter identische Stücke Benutzung finden.[1]) Wir wollen daran anknüpfend nur erinnern, dass wir schon (S. 121) die Kenntniss solcher um einen Punkt herumliegenden 6 gleichseitigen Dreiecke wahrscheinlich zu machen suchen mussten, und dass folglich rückwärts die Angabe des Proklus unsere dortigen Behauptungen zu stärken im Stande ist.

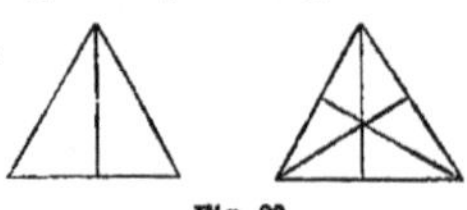

Fig. 23.

Wie verhält es sich aber gegenüber der Zerfällung der Grenzflächen der vier ersten Körper mit der Grenzfläche des fünften und letzten, mit dem regelmässigen Fünfecke? Das Fünfeck ist, wie leicht ersichtlich, mittels der beiden rechtwinkligen Dreieckchen, die wir nach der Vorschrift des Timäus für die Herstellung von Dreieck und Viereck benutzten, nicht zusammenzusetzen, eine Zerlegung in eben solche kann mithin nie gelungen sein. Wohl aber dürfen wir erwarten, Spuren verfehlter Versuche anzutreffen, und diese fehlen nicht. Plutarch hat an zwei Stellen von der Zerlegung der das Dodekaeder begrenzenden Fläche in 30 Elementardreiecke gesprochen, hat das einemal hervorgehoben, dass somit alle 12 Flächen 360 Dreieckchen liefern, gleich an Zahl mit den Zeichen des Thierkreises,[2]) hat das andremal bemerkt, es solle, wie man sage, das Elementardreieckchen des Dodekaeders von dem des Tetraeders, Octaeders, Ikosaeders verschieden sein.[3]) Ein anderer Schriftsteller des II. S., Alkinous, hat in seiner Einleitung zum Studium des Platon gleichfalls von den 360 Elementen gesprochen, welche erzeugt werden, indem jedes Fünfeck in 5 gleichseitige Dreiecke, jedes von diesen in 6 ungleichseitige zerfalle.[4]) Nimmt man nun diese Zerlegung wirklich vor (Figur 24), so tritt aus dem Gewirre der Linien am deutlichsten das Sternfünfeck heraus, welches demnach für sich schon ein Zeugniss der versuchten Zerlegung des Fünfecks in Elementardreiecke ablegt. Das Sternfünfeck (Figur 25)

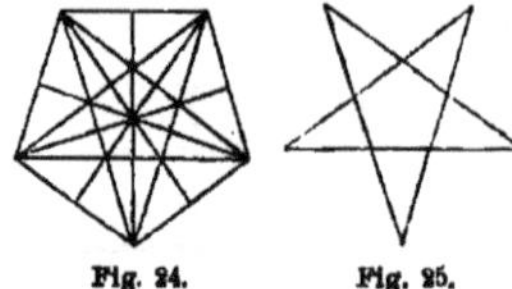

Fig. 24. Fig. 25.

[1]) Proklus (ed. Friedlein) 304—305. [2]) Plutarchus, Quaest. Platon. V. [3]) Plutarchus, *De silentio oracul.* cap. 33. [4]) Alcinous, *De doctrina Platonis* (ed. Lambinus). Paris, 1567, cap. 11.

soll aber unter den Pythagoräern Erkennungszeichen gewesen sein. Lucian und der Scholiast zu den Wolken des Aristophanes berichten darüber gleichmässig.[1]) Briefe pflegten mit irgend einer ständigen Anfangsformel eingeleitet zu werden. Die Einen schrieben: Freue Dich, χαίρειν, die Anderen mit Platon: Sei glücklich in Deinen Handlungen, εὐ πράττειν, die Pythagoräer: Sei gesund ὑγιαίνειν. Gesundheit heisst auch bei ihnen das dreifache Dreieck, das durch gegenseitige Verschlingung das Fünfeck erzeugt, das sogenannte Pentagramm, dessen sich die Glieder des Bundes als Erkennungszeichens bedienen.

Unter allen Umständen ist diese seltsame Bedeutung, welche die freilich auch seltsame Figur des Sternfünfecks bei den Pythagoräern besass, eine Unterstützung der kaum mehr bestrittenen Vermuthung, dass das regelmässige Fünfeck von den Pythagoräern selbst entdeckt worden sei. Dass diejenigen, welche dasselbe als Grenzfläche eines Körpers verwertheten, es gekannt haben müssen, bedarf keines Beweises, aber woher sollten sie es entnommen haben? Wir erinnern daran, dass wenigstens unter den Abbildungen aus ägyptischer, wie aus chaldäischer Vorzeit, welche wir vergleichen konnten, ein regelmässiges Fünf- oder Zehneck, eine Zerlegung der Kreisfläche in Ausschnitte nach irgend einer durch fünf theilbaren Anzahl nicht vorkommt (S. 59 und 92). Wir machen ferner darauf aufmerksam,[2]) dass die Einzeichnung des Fünfecks in den Kreis geometrisch genau erst dann erfolgen konnte, als der Satz von den Quadraten der Seiten des rechtwinkligen Dreiecks, als zugleich auch der goldne Schnitt bekannt geworden war.

Der goldne Schnitt spielte in der griechischen Baukunst der perikleischen Zeit eine nicht zu verkennende Rolle. Das ästhetisch wirksamste Verhältniss, und das ist das stetige, ist in den athenischen Bauten aus den Jahren 450—430 auf's Schönste verwerthet.[3]) Wir können bei solcher Regelmässigkeit des Auftretens nicht an ein instinktives Zutreffen glauben, am Wenigsten, wenn wir des eben berührten geistigen Zusammenhangs zwischen goldnem Schnitte, regelmässigem Fünfecke und pythagoräischem Lehrsatze gedenken.

Bevor wir zu diesem letzteren uns wenden, müssen wir[4]) noch einem längere Zeit viel verbreiteten Irrthume begegnen. Diogenes Laertius berichtet: „Unter den körperlichen Gebilden, sagen die Pythagoräer, sei die Kugel, unter den ebenen der Kreis am Schönsten.[5])“

---

[1]) Beide Stellen sind vielfach abgedruckt, z. B. bei Bretschneider S. 85—86. [2]) Bretschneider S. 87 hat diese gewiss richtige Bemerkung muthmasslich zuerst gemacht. [3]) Vergl. Zeising's verschiedene Schriften, über welche mit für den mathematischen Leser genügender Ausführlichkeit S. Günther in der Zeitschr. Math. Phys. XXI Histor. literar. Abthlg. S. 157—165 berichtet hat. [4]) Auch hier rührt die richtige Ansicht von Bretschneider S. 89—90 her. [5]) Diogenes Laertius VIII, 19.

Man hat daraus entnehmen wollen, Pythagoras oder doch seine Schule hätten auch die Grundlage zu der Lehre von den isoperimetrischen Raumgebilden gelegt. Man ist dabei gewiss von der richtigen Deutung jenes Satzes abgewichen. Es sollte damit ein eigentlicher geometrischer Lehrsatz überhaupt nicht ausgesprochen werden. Nur die gleichmässige Rundung erhielt in den gemeldeten Worten das gebührende Lob.

Den gemeinsamen, für Arithmetik und Geometrie gleichmässig bedeutsamen Schlussstein unserer Untersuchungen über Pythagoras und seine Schule bildet nunmehr der nach dem Lehrer selbst benannte Satz vom rechtwinkligen Dreiecke. Nicht als ob wir in ihm auch den Schlussstein des von den Pythagoräern aufgeführten mathematischen Gebäudes vermutheten. Keineswegs. Wir haben vielmehr schon gesehen und werden noch weiter sehen, dass unter den schon besprochenen geometrischen Dingen einige nicht gut anders als in Folge des Satzes vom rechtwinkligen Dreieck aufgetreten sein können. Die Beziehung des regelmässigen Fünfecks zu diesem Satze ist erst erwähnt. Die Elementardreieckchen des Timäus dienen als Beweis, dass die Pythagoräer denjenigen sonderbaren rechtwinkligen Dreiecken ihre Aufmerksamkeit zuwandten, welche in dieser physikalisch-geometrischen Eigenschaft Verwerthung fanden. Das war einmal dasjenige Dreieck, dessen beide Katheten je eine Längeneinheit als Maass besitzen, das war zweitens dasjenige, dessen Hypotenuse doppelt so gross ist als die kleinere Kathete, so dass also 1 und 2 die Maasse dieser beiden Seiten bezeichnen.

Wir haben uns (S. 129) schon darüber ausgesprochen, dass wir für den Satz vom rechtwinkligen Dreieck Pythagoras selbst als den Entdecker betrachten, und uns wesentlich auf den Bericht bezogen, diejenigen, welche Alterthümliches erkunden wollten, führten den Satz auf Pythagoras zurück.[1]) Der in Euklid's Elementen vorgetragene Beweis dagegen, derselbe Beweis, der auch heute noch der bekannteste ist, bei welchem die Quadrate über die drei Dreiecksseiten noch aussen hin gezeichnet werden und das Quadrat der Hypotenuse durch eine von der Spitze des rechten Dreieckswinkels auf die Hypotenuse gefällte gehörig verlängerte Senkrechte in zwei Rechtecke zerfällt, von denen jedes dem ihm benachbarten Kathetenquadrate flächengleich ist, dieser Beweis rührt nach Proklus' ausdrücklicher Aussage von Euklid selbst her. Dass Plutarch[2]) den Satz vom rechtwinkligen Dreieck als Satz des Pythagoras kennt, wissen wir (S. 145). Der Rechenmeister Apollodotus oder Apollodorus, wie Diogenes Laertius denselben nennt[3]), erzählt in Versen von dem Stieropfer,

---

[1]) Proklus (ed. Friedlein) 426. [2]) Plutarchus, *Convivium VIII*, 4. [3]) Diogenes Laertius. VIII, 12.

welches Pythagoras gebracht habe, als er den Satz von den Quadraten der Hypotenuse und der Katheten entdeckt hatte. Nicht wenige Schriftsteller sind in ihren Angaben bezüglich des Satzes in einer wesentlichen Beziehung genauer, indem sie den Namen des Pythagoras mit demjenigen rechtwinkligen Dreiecke in Verbindung bringen, dessen Seiten die Maasszahlen 3, 4, 5 besitzen. Am deutlichsten ist in dieser Beziehung Vitruvius, in dessen im Jahre 14 n. Chr. verfasster Architektur ausdrücklich berichtet wird, dass Pythagoras einen rechten Winkel mit Hilfe der drei Längenmaasse 3, 4, 5 zu construiren lehrte, und dass ebenderselbe erkannte, dass die Quadrate von 3 und von 4 dem von 5 gleich seien.[1]) Eine Plutarchstelle, in welcher dasselbe Dreieck besprochen wird[2]), ist uns (S. 134) schon vorgekommen. Dasselbe Dreieck spielt in Platon's Staate eine Rolle. Und wenn wir auf ganz späte Zeiten zu dem Zwecke herabgehen dürfen, um mindestens zu zeigen, dass die Ueberlieferung der Ueberlieferung sich erhalten hat, so möchten wir als letzten Gewährsmann einen Glossator vom Anfange des XII. S. nennen, der vom pythagoräischen Dreiecke redend das mit den Seiten 3, 4, 5 unter diesem Namen versteht.[3])

Wir glauben nun, dass die Wahrheit, welche jener Ueberlieferung zu Grunde liegt, darin besteht, dass Pythagoras an dem Dreiecke 3, 4, 5 seinen Satz erkannte. „Schwerlich leitete den Pythagoras das nach ihm benannte geometrische Theorem auf seine arithmetischen Sätze, sondern umgekehrt mögen ihn die Beispiele zweier Quadratzahlen, deren Summe wieder eine Quadratzahl ist, auf die Relation zwischen den Quadraten der Seiten eines rechtwinkligen Dreiecks aufmerksam gemacht haben.“[4]) So drückte sich ein deutscher Gelehrter bereits 1833 aus, welcher vermuthlich zuerst diese, wie wir glauben, richtige Anschauung von dem Entwicklungsgange sich aneignete. Pythagoras bemerkte, meinen wir, dass $9 + 16 = 25$ (S. 144). Als er diese unter allen Umständen interessante Bemerkung machte, kannte er bereits, gleichviel aus welcher Quelle, die Erfahrungsthatsache, dass ein rechter Winkel durch Annahme der Maasszahlen 3, 4, 5 für die Längen der beiden Schenkel und für die Entfernung der Endpunkte derselben construirt werde. Wir haben (S. 56) darauf hingewiesen, dass die Aegypter, (S. 92) dass die Babylonier vielleicht die gleiche Kenntniss besassen, dass die Chinesen ihrer sicherlich theilhaftig waren. Ein

[1]) Vitruvius IX, 2. [2]) Plutarchus, *De Iside et Osiride* 56. [3]) Cantor, Die römischen Agrimensoren und ihre Stellung in der Geschichte der Feldmesskunst. Leipzig, 1875, S. 156 und Note 288. Wir verweisen künftig auf dieses Buch unter dem Titel „Agrimensoren“. [4]) So Jul. Fr. Wurm schon 1833 in Jahn's Jahrbüchern IX, 62. Meine denselben Grundgedanken einzeln durchführende Darstellung in den Math. Beitr. Kulturl. ist 1863 entstanden, ohne dass ich Jahn's Aufsatz kannte.

chinesischer Schriftsteller hat nämlich gesagt: „Zerlegt man einen rechten Winkel in seine Bestandtheile, so ist eine die Endpunkte seiner Schenkel verbindende Linie 5, wenn die Grundlinie 3 und die Höhe 4 ist.“[1]) Die geometrische und die arithmetische Wahrheit vereinigten sich nun in dem Bewusstsein des Pythagoras zu einem gemeinschaftlichen Satze. Der Wunsch lag nahe zu prüfen, ob auch bei anderen rechtwinkligen Dreiecken die Maasse der Seiten zu Quadratzahlen erhöht das gleiche Verhalten bieten. Die einfachste Voraussetzung war die des gleichschenklig rechtwinkligen Dreiecks, wo Höhe und Grundlinie gleich der Längeneinheit waren. Die Hypotenuse wurde gemessen. Sie war grösser als eine, kleiner als zwei Längeneinheiten. Die mannigfaltigsten Versuche mögen darauf angestellt, andere und andere Zahlenwerthe für die gleichen Katheten eingesetzt worden sein, um eine Zahl für die Hypotenuse zu erhalten. Vergebens. Man erhielt wahrscheinlich Zahlen, die dem gesuchten Maasse der Hypotenuse nahe kamen, Näherungswerthe von $\sqrt{2}$ würden wir heute sagen, aber es war noch ein Riesenschritt von der Fruchtlosigkeit der angestellten Versuche auf die aller Versuche überhaupt zu schliessen, und diesen Schritt vollzog Pythagoras.

Er fand, dass die Hypotenuse des gleichschenkligen rechtwinkligen Dreiecks mit messbaren Katheten selbst unmessbar sei, dass sie durch keine Zahl benennbar, durch keine aussprechbar sei[2]); er entdeckte das Irrationale, worauf das alte Mathematikerverzeichniss ein so sehr berechtigtes Gewicht legt. Er entdeckte es grade an der Hypotenuse des gleichschenkligen rechtwinkligen Dreiecks, wie aus mehr als nur einem Umstande wahrscheinlich gemacht werden kann.

So erzählt uns Platon, der Pythagoräer Theodorus von Kyrene, der ihn selbst in der Mathematik unterrichtet hatte, habe bewiesen, dass die Quadratwurzel aus 3, aus 5 und anderen Zahlen bis zu 17 irrational sei.[3]) Von der Irrationalität der Quadratwurzel aus 2 ist dabei keine Rede; diese muss also vorher bekannt gewesen sein. Aristoteles weiss dagegen an vielen Stellen von der Irrationalität der Diagonale des Quadrates von der Seite 1 zu reden, und sagt einmal gradezu, der Grund dieser Irrationalität liege darin, weil sonst Grades und Ungrades gleich sein müsste.[4]) Den Sinn dieser Worte erläutert aber Euklid. Er gibt nämlich folgenden Beweis, den wir nur so weit abgeändert haben, dass wir Euklids Worte in moderne Zeichensprache umsetzten.[5]) Es sei $A\Gamma$ zu AB

---

[1]) Vergl. Biernatzki, Die Arithmetik der Chinesen in Crelle's Journal, Bd. 52. [2]) ῥητόν und ἄλογον sind die griechischen Namen für Rationalzahl und Irrationalzahl; ἄλογον heisst sowohl ohne Verhältniss als ohne Wort d. h. nicht aussprechbar. [3]) Platon, Theätet 147, D. [4]) Aristoteles, Analytica prot. I, 23, 11. [5]) Euklid X, 117.

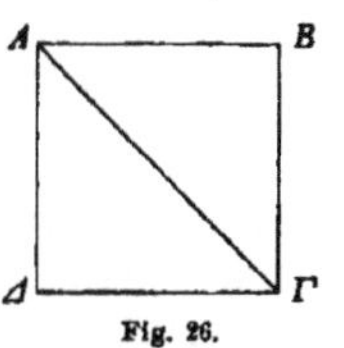

Fig. 26.

(Figur 26) commensurabel und verhalte sich in kleinsten Zahlen wie α zu β; folglich muss wegen $A\Gamma > AB$ auch $\alpha > \beta$ und sicherlich > 1 sein. Weiter folgt $A\Gamma^2 : AB^2 = \alpha^2 : \beta^2$ und wegen $A\Gamma^2 = 2\,AB^2$ auch $\alpha^2 = 2\beta^2$, folglich α^2 und mit dieser Zahl zugleich auch α eine grade Zahl. Die zu α theilerfremde β muss daher ungrade sein. Die grade α sei $= 2\gamma$, so folgt $\alpha^2 = 4\gamma^2$. Es war $\alpha^2 = 2\beta^2$, mithin ist $2\beta^2 = 4\gamma^2$, $\beta^2 = 2\gamma^2$ grad und auch β grad, was mit dem eben bewiesenen Gegentheil einen Widerspruch bildet, der zur Aufhebung der Annahme führt, als könne die Diagonale mit der Quadratseite in einem rationalen Zahlenverhältnisse stehen. Man sieht, das muss der Beweis gewesen sein, an welchen Aristoteles bei seiner Aeusserung dachte. Es ist also ein Beweis, dessen Alterthum über Aristoteles hinaufreicht, und der, nach der kurzen Weise, in welcher dieser ihn andeutet, zu schliessen, den Lesern des Aristoteles zur Genüge bekannt sein musste. Wir gehen desshalb vielleicht nicht zu weit, wenn wir grade diesen Beweis als einen hergebrachten ansehen, als denjenigen, der in der alten pythagoräischen Schule geführt wurde, mag ihn Pythagoras selbst oder einer seiner unmittelbaren Schüler und Nachfolger ersonnen haben.

War in der That die Diagonale des Quadrates als irrational, die Diagonale des Rechteckes mit den um eine Längeneinheit verschiedenen Seiten 3 und 4 als rational, nämlich mit der Länge 5, bekannt, dann war es möglich, dass man auch Quadrat und Heteromekie als diejenigen Gegensätze in die pythagoräische Kategorientafel, welche uns durch Aristoteles bekannt geworden ist, aufnahm, die den sonst dort fehlenden Gegensatz des Rationalen und Irrationalen ersetzen sollten.[1]) Wir haben eine solche von der unsrigen zunächst abweichende Erklärung angekündigt (S. 136) und nicht ganz von der Hand gewiesen. Allein sie vollkommen uns anzueignen, auch in der Verbindung mit unserer eigenen Vermuthung, die wir dort als nothwendig betonten, vermögen wir trotz eines unterstützenden Grundes, auf welchen wir im 11. Kapitel zu reden kommen, doch nicht. Es könnte nämlich grade das Fehlen des Gegensatzes des Rationalen und des Irrationalen in der Kategorientafel als bezeichnend betrachtet werden müssen.

Nach einem alten Scholion zum X. Buche der euklidischen Elemente, welches man in neuerer Zeit dem Proklus zuzuschreiben pflegt,[2]) dürfte diese Annahme eine nicht ungerechtfertigte sein. „Man sagt, dass derjenige, welcher zuerst die Betrachtung des Irra-

---

[1]) So die Meinung Hankel's S. 110, Anmerkung. [2]) Knoche, Untersuchungen über die neu aufgefundenen Scholien des Proklus Diadochus zu Euklid's Elementen. Herford, 1865, S. 17—28, besonders S. 23.

tionalen aus dem Verborgenen in die Oeffentlichkeit brachte, durch einen Schiffbruch umgekommen sei, und zwar weil das Unaussprechliche und Bildlose immer verborgen werden sollte, und dass der, welcher von Ungefähr dieses Bild des Lebens berührte und aufdeckte, in den Ort der Mütter versetzt und dort von ewigen Fluthen umspielt wurde. Solche Ehrfurcht hatten diese Männer vor der Theorie des Irrationalen."

Das Mystische dieser Erklärungen stimmt allerdings durchaus zu den übrigen philosophischen Floskeln des Proklus, und sie sind offenbar pythagoräischer Ueberlieferung entnommen. Mystisch war, das ist wieder einer der allseitig anerkannten Punkte, der ganze Pythagoreismus, und wir dürfen vielleicht hier als an dem geeignetsten Orte darauf hinweisen, dass Philolaus schon die Winkel von Figuren bestimmten Göttern weihte,[1]) dass Platon umgekehrt die Gottheit immer geometrisch zu Werke gehen liess.[2])

War einmal die Irrationalität als solche, und zwar an der Diagonale des Quadrates erkannt, war man sich bewusst geworden, dass die Diagonale des Rechtecks von den Seiten 3 und 4 genau in 5 Einheiten sich darstellte, die des Rechteckes von gleichen Seiten aber nicht angebbar war, welche Länge man auch den beiden Seiten beilegte, so musste man wohl auch andere Rechtecke prüfen, z. B. von der Voraussetzung ausgehen, dass die Diagonale zur einen Seite im einfachsten Zahlenverhältnisse von 2 zu 1 stehe, und nun die andere Rechtecksseite zu messen suchen. Wir sehen hier das zweite Elementardreieckchen vor uns, dessen Benutzung neben dem gleichschenkligen rechtwinkligen Dreiecke zur Flächenbildung wir aus Platons Timäus kennen, und dessen somit nachgewiesener pythagoräischer Ursprung den hier ausgesprochenen Vermuthungen eine immer breitere Grundlage gewähren dürfte.

Wieder weiterschliessend war die Untersuchung an einem Punkte angelangt, wo der Weg sich spaltete. Man konnte, wo die Zahl ihren Dienst versagte, geometrische Beweise für den Satz von den Quadraten über den Seiten rechtwinkliger Dreiecke suchen. Man konnte solche Zahlen suchen, die als Seiten rechtwinkliger Dreiecke auftreten konnten. Man schlug beide Wege ein.

Wir haben oben gesagt, dass der heute gebräuchlichste Beweis des pythagoräischen Lehrsatzes von Euklid herrühre. Der in der pythagoräischen Schule selbst geführte muss von diesem verschieden ge-

---

[1]) Böckh, Philolaus S. 155. Chaignet I, 245–247. [2]) Plutarchus Convivia VIII, 2 *Πῶς Πλάτων ἔλεγε τὸν Θεὸν ἀεὶ γεωμετρεῖν*. Die Stelle bei Platon selbst ist nicht bekannt. Wenn Vossius in seiner Geschichte der Mathematik dafür auf den Dialog „Philebus" verweist, so dürfte dieses Citat auf einem Irrthum beruhen.

wesen sein. Er dürfte seiner Alterthümlichkeit entsprechend viele Unterfälle unterschieden haben und grade vermöge dieser Weitläufigkeit aufs Gründlichste beseitigt worden sein, wie wir daraus schliessen dürfen, dass Proklus auch mit keiner Silbe des Ganges des voreuklidischen Beweises gedenkt. Waren Unterfälle unterschieden, so ist die Wahrscheinlichkeit vorhanden, die Beweisführung sei von dem gleichschenkligen rechtwinkligen Dreiecke ausgegangen[1]) und habe die Zerlegung des Quadrates durch seine Diagonalen (Figur 27) zur Grundlage gehabt,[2]) wenigstens hat sich in Platons Menon dieser Beweis des Sonderfalles erhalten. Wie der weitere Fortschritt zum Beweise des allgemeinen Satzes vollzogen wurde, darüber ist man in keiner Art unterrichtet. Die verschiedenen Wiederherstellungsversuche, so geistreich manche derselben sind, schweben alle so ziemlich in der Luft.[3])

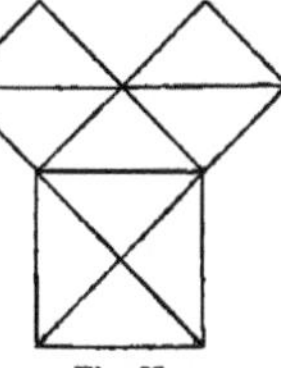

Fig. 27.

Die arithmetische Aufgabe Zahlen zu finden, welche als Seiten eines rechtwinkligen Dreiecks gezeichnet werden können, löste Pythagoras gleichfalls, und hier sind wir in der günstigen Lage, dass Proklus uns seine Auflösungsmethode aufbewahrt hat.[4]) Er sei von irgend einer ungraden Zahl $2\alpha + 1$ ausgegangen, welche er als kleinere Kathete betrachtete. Die Hälfte des um 1 verminderten Quadrates derselben gab die grössere Kathete $2\alpha^2 + 2\alpha$, diese wieder um 1 vermehrt die Hypotenuse $2\alpha^2 + 2\alpha + 1$. Wie kam Pythagoras zu dieser Auflösung? Ein möglicher Weg ist folgender, welchen wir nur wenig gegen die Art, wie er zuerst vermuthungsweise geschildert worden ist,[5]) verändert der Prüfung unterbreiten. Ist $a^2 = b^2 + c^2$, so ist $c^2 = a^2 - b^2 = (a + b)(a - b)$. Die Aufgabe der erstgeschriebenen Gleichung zu genügen lässt sich also erfüllen, wenn nur $a + b$ und $a - b$ beide grad oder beide ungrad und zudem solche Zahlen sind, welche mit einander vervielfacht eine Quadratzahl liefern. Solche Zahlen kannte höchst wahrscheinlich bereits die vorplatonische Zeit, da sie unter dem Namen ähnlicher Zahlen bei Theon von Smyrna erklärt sind.[6]) Die andere von uns hervorgehobene Bedingung beruht darauf, dass a und b ganzzahlig zu erhalten nur dann möglich ist, wenn Summa und Differenz von $a + b$ und $a - b$ beide grad sind. Der einfachste Fall ähnlicher Zahlen ist nun selbstverständlich der der Einheit und einer Quadratzahl c^2, und weil 1 ungrad ist, muss hier auch c^2 und somit

---

[1]) Hankel S. 98. [2]) Allman l. c. S. 186. [3]) Vergl. Camerer's Euklidausgabe I, 444 mit Bretschneider 82. [4]) Proklus (ed. Friedlein) 428. [5]) Röth, Geschichte der abendländischen Philosophie II, 527. [6]) Theon Smyrnaeus (ed. Hiller) 36.

c selbst ungrad sein, etwa $c = 2\alpha + 1$. So kam die Formel des Pythagoras darauf hinaus $(2\alpha + 1)^2 = (2\alpha + 1)^2 \cdot 1$ zu setzen, und darnach aus $(2\alpha + 1)^2 = a + b$ und $1 = a - b$ die Werthe $b = \frac{(2\alpha + 1)^2 - 1}{2}$ und $a = \frac{(2\alpha + 1)^2 - 1}{2} + 1$ zu ermitteln, welche zusammen mit $c = 2\alpha + 1$ die gestellte Aufgabe lösen. Die Formen, in welchen b und a auftreten, entsprechen, wie man sofort erkennt, genau dem Wortlaute der Angabe des Proklus, was immer ein günstiges Vorurtheil für die Richtigkeit eines Wiederherstellungsversuches gewährt, und da überdies in Aegypten, wie wir aus dem Uebungsbuche des Ahmes wissen, Aufgaben von algebraischer Natur zu lösen nicht ungebräuchlich war, so scheitert der Versuch auch nicht an der Frage, ob es für Pythagoras möglich gewesen sei, schon derartige Schlüsse zu ziehen, wie sie hier verlangt wurden.

Fassen wir den Inhalt dieses und des zunächst vorhergehenden Kapitels in Kürze zusammen. Pythagoras hat, so suchten wir zu erweisen, sicherlich in Aegypten, vielleicht in den Euphratländern mathematisches Wissen sich angeeignet. Ersteres geht wie aus den ausdrücklichen Ueberlieferungen, so auch aus dem ägyptischen Gepräge mancher geometrischer Entwicklungen, Letzteres aus den babylonisch anmuthenden Zahlendifteleien der Pythagoräer hervor. Die Summe des geometrischen Wissens, welches von Pythagoras und seiner Schule den Griechen vor dem Jahre 400 zugänglich gemacht wurde, ist eine nicht ganz geringfügige. Sie umfasste die Kenntniss von den Parallellinien und den durch dieselben beweisbaren Winkelsätzen, insbesondere den Satz von der Summe der Dreieckswinkel. Sie umfasste Congruenzsätze des Dreiecks und Sätze über Flächengleichheit, deren Anwendung die sogenannte Anlegung von Flächen bildete. Sie liess umgekehrt Figuren als Summe anderer Figuren entstehen, wobei vielleicht das Sternfünfeck entdeckt wurde, wenn wir auch für dieses nicht mit gleicher Sicherheit wie für die anderen Dinge die alten Pythagoräer als Urheber behaupten möchten. Sie umfasste den pythagoräischen Lehrsatz und den goldenen Schnitt. Sie enthielt endlich auch Anfänge einer Stereometrie, insbesondere die Kenntniss der fünf regelmässigen Körper und der Kugel, welche dieselben umfasst. Die Sätze waren mit Beweisen versehen. Allerdings liessen die Beweise vermuthlich nicht gleich die Strenge erkennen, welche man geradezu geometrische Strenge zu nennen pflegt, und legten erst nach und nach den Charakter eines Erfahrungsbeweises ab, nahmen noch später jene allgemeineren Fassungen an, welche in einheitlicher Betrachtung die Nothwendigkeit der Unterscheidung von Sonderfällen verbannt. Noch unvergleichbar mehr leistete die pythagoräische Schule in der Arithmetik, grade durch die Grösse der Leistungen die Wahrscheinlichkeit fremden Ursprunges auch für diesen Zweig griechischer

Mathematik bezeugend. Arithmetische, geometrische, harmonische Verhältnisse und Reihen, unter den arithmetischen Reihen auch solche, welche die Sprache heutiger Wissenschaft arithmetische Reihen höherer Ordnung nennt, sind Dinge, die man am Anfange einer Entwicklung nicht zu finden erwarten darf, noch weniger die freilich auch weniger gut beglaubigten befreundeten und vollkommenen Zahlen. Die Ueberlieferung lässt wirklich einige dieser Gegenstände aus Babylon eingeführt sein. Fremdländisch war vielleicht auch die Methode des mathematischen Experimentes d. h. der Zerlegung von Figuren in andersgestaltete, der Vereinigung von Reihengliedern derselben oder verschiedener Reihen zu Summen, zunächst nur in der unbestimmten Absicht zu versuchen, ob dabei etwas geometrisch, etwas arithmetisch Merkwürdiges sich offenbaren möchte. Für griechisch dagegen hielten wir die eigenthümliche Verquickung von Geometrie und Arithmetik, die geometrische Versinnlichung der Zahlenlehre, wie sie in der Ebenen- und Körperzahl, in der Dreiecks- und Quadratzahl, in der Vielecks- und Gnomonzahl zu Tage tritt. Pythagoräisch war nach unserer durch mannigfache Ueberlieferung gestützten Darstellung die Erfindung des Satzes von den Quadraten der Seiten des rechtwinkligen Dreiecks als eines arithmetischen ausgehend von dem bestimmten Zahlenbeispiele $3^2 + 4^2 = 5^2$. Pythagoräisch war endlich eine Regel zur Ermittelung anderer Zahlen als 3, 4, 5, welche als Seiten eines rechtwinkligen Dreiecks dienen können, pythagoräisch die Lehre vom Irrationalen. Vom Irrationalen sagen wir und müssen wir sagen, nicht von der Irrationalzahl, denn das Irrationale war den Griechen keine Zahl. War den Pythagoräern doch sogar die Einheit noch keine Zahl, sondern erst eine Vielheit von Einheiten. Brüche mögen dem Rechner vorgekommen sein, sei es als wirkliche Brüche mit Zähler und Nenner, sei es als Unterabtheilungen von Münzen, von Gewichten, von Feldmassen, jedenfalls immer als concrete Brüche. Der abstrakte Bruch war für den Arithmetiker nicht vorhanden. Er kannte Brüche nur mittelbar als Verhältniss zweier Zahlen. Um so weniger konnte ihm das Irrationale eine Zahl sein, welchem nicht einmal ein aussprechbares Verhältniss den Eintritt in die Zahlenreihe gestattete. Diese wichtige Beschränkung des Begriffes der Zahl erhielt sich über die Zeit der Pythagoräer weit hinaus. Sie blieb, was den Ausschluss des Irrationalen betrifft, so lange als überhaupt von griechischer Arithmetik die Rede ist.

Kapitel VIII.

Mathematiker ausserhalb der pythagoräischen Schule.

Die Mathematik nahm, wie wir weitläufig gesehen haben, einen mächtigen Aufschwung durch die pythagoräische Schule. Es war wohl eng damit verbunden, sei es als Ursache, sei es als Folge, dass, wie uns berichtet wird, die Mathematik den Pythagoräern als erstes und wichtigstes Lehrelement diente.[1]) Damit ist aber nicht ausgeschlossen, dass auch andere Schriftsteller sich noch verdient machten. Hören wir, wie das alte Mathematikerverzeichniss fortfährt:

„Nach ihm (dem Pythagoras) lieferte der Klazomenier Anaxagoras Vieles über Geometrie, ingleichen Oinopides von Chios, der etwas jünger ist als Anaxagoras. Beider gedenkt Platon in den Nebenbulern als berühmter Geometer.“

Anaxagoras von Klazomene[2]) wurde vermuthlich 500 geboren und starb 72 Jahre alt 428. Er gehörte einem vornehmen und reichen Hause an, achtete aber aus Liebe zur Wissenschaft weder auf die Verwaltung seines Vermögens, noch auf eine ihm leicht erringbare politische Stellung. Seinen verwahrlosten Besitz soll er schliesslich seinen Angehörigen überlassen, die Nichteinmengung in staatliche Verhältnisse aber damit erklärt haben, dass ihm der Himmel Vaterland und die Beobachtung der Gestirne seine Bestimmung sei. Um 464 etwa dürfte er nach Athen gekommen sein, wenn anders der Bericht der Wahrheit entspricht, dass sein dortiger Aufenthalt 30 Jahre gedauert habe. Er verliess nämlich diese Stadt um 434, wenige Jahre vor dem Beginne des peloponnesischen Krieges. Anaxagoras lehrte in Athen als einer der Ersten Philosophie, und unter seinen Schülern waren zwei Männer von verschieden begründetem, aber gleich hohem Ruhme: Euripides und Perikles. Perikles insbesondere blieb zu seinem Lehrer in fortwährend freundschaftlichem Verhältnisse, und als in der angegebenen Epoche, wenige Jahre vor 431 die Gegner des grossen athenischen Staatsmannes ihrer Feindschaft gegen ihn in Gestalt von Verfolgung seiner Freunde Luft zu machen begannen, war grade Anaxagoras eine zur Eröffnung des Angriffes geeignete Persönlichkeit. Lehren eines Philosophen zu verdächtigen, eines Denkers, welchen nicht Jeder aus dem grossen Haufen versteht, ist bei einigem guten Willen niemals unmöglich, und das musste Anaxagoras erfahren. Er wurde in's Gefängniss gebracht und entkam diesem, sowie der Stadt Athen, man weiss nicht genau wie. Die Einen berichten von Flucht aus dem Gefängnisse, die Anderen von Verbannung, die Dritten von Freisprechung und darauf folgendem nichterzwungenen Verlassen der ihm zuwider gewordenen Stadt. Sicher ist, dass Anaxagoras die letzte Zeit seines Lebens in Lampsakus zubrachte. Wir haben über den eigenen Bildungsgang des Anaxagoras Nichts gesagt. Die Nachrichten aus dem

[1]) Porphyrius, *De vita Pythagor.* 47. Jamblichus, *De philosophia Pythagor.* lib. III, abgedruckt bei *Ansse de Villoison*, *Anecdota Graeca*. Venedig, 1781, pag. 216. [2]) Schaubach, *Fragmenta Anaxagorae*. Leipzig, 1827. Zeller I, 783—791.

Alterthume schweigen entweder über einen Lehrer, dem er gefolgt wäre, oder sie nennen ihn Schüler des Anaximenes. Wieder Andere wissen von einer Studienreise nach Aegypten zu erzählen. Die erstere Angabe lässt sich mit dem gemeiniglich auf 499 angesetzten Todesjahr des Anaximenes nicht vereinigen. Die zweite ist an sich nicht unwahrscheinlich, da, wie wir bei Thales und Pythagoras gezeigt haben, ein Handelsverkehr zwischen den ionischen Städten und Aegypten stattfand und selbst Studienreisen wohl beglaubigt sind.

Von dem was Anaxagoras als Mathematiker leistete sind wir so ziemlich, davon wie er es leistete gar nicht unterrichtet. Dass es etwas Hervorragendes gewesen sein muss, lässt sich zum Voraus erwarten, da dem Mathematikerverzeichnisse zufolge Platon ihn einen berühmten Geometer nennt, Platon, der selbst von Geometrie verstand, was nur damals von ihr vorhanden war.

Plutarch erzählt, Anaxagoras habe im Gefängnisse, das wäre also um 434, die Quadratur des Kreises gezeichnet.[1]) So fraglich dieser Bericht früher erscheinen mochte, jetzt ist er sehr glaubwürdig geworden, nachdem wir wissen, dass die Aegypter mehr als ein Jahrtausend vor Anaxagoras die Quadratur des Kreises zeichneten, d. h. eine Figur construirten, welche als Quadrat die Fläche des Kreises mehr oder weniger genau darstellte. Dass Anaxagoras der mangelnden Genauigkeit sich voll bewusst gewesen sein sollte, ist nicht anzunehmen. Er wird wohl, wie Viele nach ihm, die volle Quadratur zu erreichen gesucht haben. Aber auch darin liegt ein Verdienst, eine Aufgabe an die Tagesordnung gebracht zu haben, welche später als fruchtbringend sich erwies.

Ein anderes Verdienst schreibt Vitruvius dem Anaxagoras zu. Als Aeschylus in Athen Dramen aufführen liess, also etwa um 470, habe ein gewisser Agatarchus die Schaubühne hergerichtet und eine Abhandlung darüber geschrieben. Daraus haben sodann Anaxagoras und Demokrit Veranlassung genommen den gleichen Gegenstand zu erörtern, wie man die gezogenen Linien den aus den Augen kommenden Sehstrahlen bei Annahme eines bestimmten Mittelpunktes entsprechend ziehe, so dass z. B. Gebäude auf Dekorationen dargestellt werden konnten, und was in einer Ebene gezeichnet war bald zurückzutreten, bald vorzurücken schien.[2]) Das ist wenn auch in ungenügender so doch in nicht misszuverstehender Weise beschrieben eine Perspektive. Deren Erfindung oder Ausbildung ist sicherlich nicht ohne Bedeutung, namentlich wenn die Reise des Anaxagoras nach Aegypten als wahr gelten darf, da er dort sein Auge nur an unperspektivisch entworfene Gemälde zu gewöhnen im Stande war,

---

[1]) Plutarchus, *De exilio* cap. 17 ἀλλ' Ἀναξαγόρας μὲν ἐν τῷ δεσμωτηρίῳ τὸν τοῦ κύκλου τετραγωνισμὸν ἔγραφε. [2]) Vitruvius VII, praefat. 11.

und die gewohnte Darstellung ihn eben so wenig gehindert haben wird als Tausende, die vor ihm, die nach ihm bewundernd die bemalten Tempelwände anstaunten.

Der andere von Platon hochgestellte Geometer, Oinopides von Chios, ist uns weniger bekannt. Er sei etwas jünger als Anaxagoras, meldet das uns in jeder Beziehung glaubwürdige Mathematikerverzeichniss. Eine annähernde Gleichaltrigkeit beider bestätigt Diogenes Laertius.[1]) Oinopides soll gleichfalls in Aegypten gewesen sein. Gekommen sei zu ihnen ingleichen Demokritus von Abdera und Oinopides von Chios,[2]) meldet Diodor an einer früher (S. 128) von uns angeführten Stelle. Geometrisches wissen wir von Oinopides nur, was Proklus in seinem Commentare zum ersten Buche der euklidischen Elemente ihm zuschreibt,[3]) dass er nämlich die beiden Aufgaben gelöst habe,[4]) von einem Punkte ausserhalb einer unbegrenzten Geraden ein Loth auf Letztere zu fällen und an einem in einer Geraden gegebenen Punkte einen Winkel anzulegen, der einem gegebenen Winkel gleich sei. Bei ersterer Aufgabe bedient sich Oinopides des „alterthümlichen" Wortes (S. 136) einer nach dem Gnomon gerichteten Linie. Aus dem ungemein elementaren Gegenstande der ihm zugeschriebenen Aufgaben einen Schluss auf die Verdienste des Oinopides ziehen wollen, hiesse Platon jede Urtheilsfähigkeit absprechen. Er muss noch Anderes und Bedeutenderes geleistet haben, was wir aber nicht kennen. Seine Beziehung zu den beiden Aufgaben des Lothes und der Winkelanlegung ist gewiss dahin richtig gedeutet worden,[5]) Proklus wolle nur sagen, die bei Euklid gelehrten Auflösungen rührten von Oinopides her, während andere Auflösungen derselben dem Praktiker auf Weg und Steg vorkommenden Aufgaben längst vorher in Aegypten wie in Griechenland bekannt gewesen sein müssen.

Im Zusammenhang mit beiden Geometern, mit Anaxagoras wie mit Oinopides, haben wir einen dritten genannt: Demokritus. Abdera, jenes thrakische Krähwinkel des Alterthums, von dessen Bewohnern die schnurrigsten Geschichten erzählt werden, war die Heimath des Demokritus, dessen Ruhm, so bedeutend er war, nicht hinreichte, das Abderitenthum in Schutz zu nehmen. Nach eigener Aussage 40 Jahre jünger als Anaxagoras[6]) muss er um 460 geboren sein. Nach Diodor sei er dagegen im 1. Jahre der 94. Olympiade, das ist 404 auf 403, im Alter von 90 Jahren gestorben,[7]) was einen unlösbaren Widerspruch herstellt. Beglaubigt ist, dass Demokritus ein hohes Alter von mindestens 90 Jahren erreichte; manche Be-

---

[1]) Diogenes Laertius IX, 37 und 41. [2]) Diodor I, 96. [3]) Proklus (ed. Friedlein) 283 und 333. [4]) Euklid I, 12 und 23. [5]) Bretschneider S. 65. [6]) Diogenes Laertius IX, 41. [7]) Diodor XIV, 11.

richte lassen ihn sein Leben sogar auf 100, auf mehr als 100, auf 109 Jahre bringen.[1]) Vereinigen wir seine Geburtsangabe als muthmasslich glaubwürdigste mit dieser Lebensdauer, so wird der Irrthum keinesfalls sehr gross sein, wenn man sein Leben etwa von 460 bis 370 ansetzt, den Mittelpunkt seiner Thätigkeit in die Jahre 420 bis 400 verlegt. Demokritus gehörte, wie aus der Diodorstelle hervorgeht, zu den Fremden, deren Namen in den Matrikellisten der ägyptischen Priester aufgeführt wurden. Nach einem weiteren Berichte des Diodor verweilte er fünf Jahre in Aegypten,[2]) und wenn in einem bei Clemens von Alexandria erhaltenen Bruchstücke des Demokrit selbst von 80jährigem Aufenthalte die Rede ist,[3]) so dürfte die Erklärung stichhaltig sein, hier habe einfach eine Verwechslung der älteren Zahlbezeichnung $\Pi = 5$ mit der jüngeren $\pi' = 80$ stattgefunden. Auch Vorderasien und Persien bereiste Demokrit, wie allgemein berichtet und geglaubt wird.[4]) Wir glauben diesen Umstand betonen zu sollen, da er je nach den persönlichen Ansichten des Einen oder des Anderen entweder dazu führen kann ähnlichen Reisen, welche Pythagoras etwa 100 Jahre früher unternommen haben soll, einen gewissen Wahrscheinlichkeitshalt zu gewähren, oder eine Erklärung uns darbietet, auf welche Weise ungefähr durch andere Reisende schon im V. S. vorchristlicher Zeitrechnung babylonische Lehren in das fast vollendete Gebäude pythagoräischer Schulweisheit Eingang finden konnten.

In Erinnerung an seinen ägyptischen Aufenthalt gebrauchte Demokrit das stolze Wort „Im Construiren von Linien nach Maassgabe der aus den Voraussetzungen zu ziehenden Schlüsse hat mich Keiner je übertroffen, selbst nicht die sogenannten Harpedonapten der Aegypter", dessen wir (S. 55) gedachten, als von jenen Seilspannern die Rede war. Auch Cicero rühmt Demokrit als gelehrten, in der Geometrie vollkommenen Mann.[5]) Mathematische Schriften des Demokrit nennt uns Diogenes Laertius,[6]) doch ist es leider nicht möglich aus diesen Büchertiteln mehr als nur allgemeinste Kenntniss ihres Inhalts, und das nicht immer, zu gewinnen. Ueber Geometrie; Zahlen, das sind Titel allgemeinster Art. Was mag aber der Titel *περὶ διαφορῆς γνώμονος ἢ περὶ ψαύσιος κύκλου καὶ σφαίρης* (wörtlich: über den Unterschied des Gnomon oder über die Berührung des Kreises und der Kugel) bedeuten? was *περὶ ἀλόγων γραμμῶν καὶ ναστῶν β'* (zwei Bücher von irrationalen Linien und den dichten Dingen)?[7])

---

[1]) Vergl. Zeller I, 686. [2]) Diodor I, 98. [3]) Clemens Alexandr. Stromata I, 304 A. [4]) Zeller I, 688. [5]) Cicero, *De finibus bonorum et malorum* I, 6, 20. [6]) Diogenes Laertius IX, 47. [7]) Dass *γραμμαὶ ἄλογαι* nicht Asymptoten bedeuten kann, wie in einer sonst brauchbaren Programmabhandlung gesagt ist, versteht sich von selbst.

Höchstens können wir mit Interesse daraus entnehmen, dass Name und vermuthlich auch Begriff des Irrationalen trotz der mystischen Scheu der Pythagoräer verhältnissmässig frühzeitig ausserhalb der Schule in Anwendung kam. Wichtig wäre uns vielleicht noch ganz besonders eine Stelle bei Plutarch, Demokrit habe den Kegel geschnitten,[1]) wenn über Art und Zweck der Schnittführung nur irgend Genaues gesagt wäre. Wir würden Einzelangaben etwa im Mathematikerverzeichnisse oder bei Proklus mit Freuden begrüssen. Da wie dort kommt der Name des Demokrit nicht einmal vor!

Das Schweigen des Proklus lässt allerdings als absichtliches sich auffassen. Proklus gehörte zu den begeistertsten Spätplatonikern. Platon war Gegner des Demokritus, dessen Werke er vernichtet wissen wollte, dessen Name er in seinen zahlreichen Schriften niemals nennt.[2]) Proklus mochte nach Platons Beispiel handeln. Aber das Mathematikerverzeichniss? Aristoteles, Theophrastus, Eudemus schätzten Demokritus und beschäftigten sich eingehend mit ihm. Dass das Mathematikerverzeichniss ihn, den vielgerühmten Geometer, nicht nennt, kann nur in doppelter Weise erklärt werden. Entweder liess Proklus aus dem Verzeichnisse den ihm missliebigen Namen weg, oder der Verfasser des Verzeichnisses hat ihn mit Unrecht vergessen, eine Vergesslichkeit, welche uns einen der zahlreichen Belege für den Satz liefert, dass aus dem zufälligen Schweigen eines Schriftstellers Schlüsse nicht gezogen werden dürfen.[3])

Der Vollständigkeit entbehrt das Mathematikerverzeichniss auch in einer anderen Beziehung, indem es über die Sophisten, welche der Mathematik sich befleissigten, insbesondere über Hippias von Elis in halbes Schweigen sich hüllt. Wir nennen es ein halbes Schweigen, weil der Name dieses Mannes, wie wir uns erinnern (S. 124), einmal bereits vorkam. Es handelte sich um den geometrischen Ruhm des Mamerkus, für welchen Hippias von Elis als Gewährsmann angerufen wurde, und diese Anrufung selbst genügt zum Nachweise, dass Hippias nach der Meinung des Verfassers des Verzeichnisses wohl fähig war über geometrische Tüchtigkeit ein Urtheil zu fällen. Allein der eigentliche Ort, des Hippias von Elis und seiner Verdienste um die Mathematik zu gedenken, würde doch erst neben oder nach Anaxagoras und Oinopides gewesen sein, und hier vermissen wir seine Erwähnung.

Proklus spricht dafür von ihm an zwei anderen Stellen.[4]) Man hat freilich mehrfach Zweifel dagegen erhoben, dass der bei Proklus

[1]) Plutarchus, *De communibus notitiis adversus Stoicos* cap. 39, § 3. [2]) Diogenes Laertius IX, 40. [3]) Vergl. Zeller I, 690. [4]) Proklus (ed. Friedlein) 272 und 356.

genannte Hippias wirklich Hippias von Elis sei[1]), aber sicherlich mit Unrecht. Proklus besitzt nämlich in seinem Commentare eine Gewohnheit, von der er nie abgeht. Er schildert einen Schriftsteller, welchen er anführt, sofern Missverständnisse möglich wären, mit deutlicher Benennung, lässt aber später die Beinamen weg, wenn er es unbeschadet der Deutlichkeit thun darf. So nennt er einen Zenon von Sidon später nur Zenon den früher erwähnten oder kurzweg Zenon; Laodamas heisst beim ersten Vorkommen von Thasos, später nur Laodamas; Oinopides von Chios wird später zum einfachen Oinopides, Theätet von Athen zum Theätet u. s. w. Hippokrates der Arzt wird an einer Stelle, Hippokrates von Chios an einer späteren genannt, und wo noch später der Letztere wieder auftritt, heisst er wieder Hippokrates von Chios, weil eben vorher zwei des Namens genannt waren, und damit zum Missverständnisse Gelegenheit geboten war. Wenn also Proklus uns einen Hippias schlechtweg nennt, so muss das Hippias von Elis sein, der schon vorher einmal in demselben Commentare deutlich bezeichnet war. Aber sehen wir sogar von dieser Gewohnheit des Proklus ab. Bei jedem Schriftsteller, insbesondere bei jedem, der den Werken Platons ein eingehendes Studium gewidmet hatte, konnte Hippias ohne jedwede andere Bezeichnung nur Hippias von Elis sein, eine viele Jahrhunderte lang theils um seiner Persönlichkeit willen, theils um seines mit zwei Dialogen verknüpften Namens wegen weit und breit bekannte Figur. Hippias von Elis war ein wegen seiner Eitelkeit, die selbst für einen Sophisten etwas hochgradig gewesen zu sein scheint, berüchtigter älterer Zeitgenosse des Sokrates. Seine Geburt dürfte auf 460 etwa anzusetzen sein.[2]) Die Geistesrichtung und die Thätigkeit der Sophisten ist bekannt. Den eignen Vortheil über Alles stellend lehrten sie auch Andere gegen mitunter recht hohe Bezahlung ihres Vortheils wahrnehmen und durch Künste der Beredtsamkeit, durch Schlüsse, welche Trugschlüsse sein durften, wenn sie nur wirksam sich erwiesen, im Staatswesen und vor Gericht Einfluss und Geltung sich erwerben. Sittlichkeit kann die berufsmässigen Rechthaber nicht ausgezeichnet haben, aber Scharfsinn, Schlagfertigkeit, umfassendes Wissen den Sophisten im Allgemeinen und dem Hippias als einem ihrer Hauptvertreter insbesondere abzusprechen ist man in keiner Weise befugt. So darf es gewiss nicht als Ironie aufgefasst werden, wenn der Verfasser eines gleichviel ob mit Recht oder Unrecht Platon zugeschriebenen Gespräches sich zu den Worten veranlasst sieht: Was du am besten verstehst, was die Sterne betrifft und was am Himmel sich

[1]) F. Blass in den Neuen Jahrbüchern für Philologie und Pädagogik Bd. 105 in einem Referate über Bretschneiders Geometrie und Geometer vor Euklid. Hankel S. 151; aber auch schon im *Bulletino Boncompagni* 1872, pag. 297. Friedlein, Beiträge III, S. 8 (Programm für 1873). [2]) Zeller I, 875.

zuträgt? ... Aber Etwas über Geometrie hören sie gern.[1]) Ironisch klingt es auch nicht, wenn gesagt wird: Hippias sei des Rechnens und der Rechenkunst kundig vor allen Anderen und kundig auch der Messkunst.[2]) Am allerwenigsten vollends kann ein solcher Beischmack in der Rede gefunden werden, welche Platon dem Protagoras in den Mund legt: die anderen Sophisten beeinträchtigen die Jünglinge. Sie führen dieselben, die von den Künsten sich abwendeten, den Künsten wider deren Willen zu, indem sie Rechenkunst und Sternkunde und Messkunst und Musik sie lehren — und dabei warf er einen Blick auf Hippias — kommt er aber zu mir, wird er über Nichts anderes Etwas lernen, als wesshalb er zu mir kam.[3]) Nach allen diesen Aeusserungen glauben wir uns berechtigt anzunehmen, dass Hippias von Elis als Lehrer der Mathematik mindestens in gleichem Range wie als eigentlicher Sophist gestanden haben muss, dass er in naturwissenschaftlichem, mathematischem und astronomischem Wissen auf der Höhe der Bildung seiner Zeit sich befand.[4])

Damit stimmt nun vollkommen überein, was von Hippias als Mathematiker uns mitgetheilt wird. Proklus spricht, wie erwähnt, zweimal von ihm. Die erste Stelle heisst: Nikomedes hat jeden gradlinigen Winkel gedrittheilt mittels der conchoidischen Linien, deren eigenthümlicher Natur Entdecker er ist, und von denen er Entstehung, Construction und Eigenschaften auseinandergesetzt hat. Andere haben dieselbe Aufgabe mittels der Quadratricen des Hippias und Nikomedes gelöst, indem sie sich der gemischten Curven bedienten, die eben den Namen Quadratrix (*τετραγωνίζουσα*) führten; wieder Andere theilten einen Winkel nach gegebenem Verhältnisse, indem sie von den Archimedischen Spirallinien ausgingen.[5]) Die zweite Stelle lautet: Ganz auf die nämliche Weise pflegen auch die übrigen Mathematiker die Curven zu behandeln, indem sie das jeder Eigenthümliche auseinandersetzen. So zeigt Apollonius das Eigenthümliche jedes Kegelschnittes, Nikomedes dasselbe für die Conchoiden, Hippias für die Quadratrix, Perseus für die Spiren.[6]) Eine dritte Stelle eines anderen mathematischen Gewährsmannes allerersten Ranges, des Pappus von Alexandria, sagt uns dagegen: Zur Quadratur des Kreises wurde von Dinostratus, Nikomedes und einigen anderen Neueren eine Linie benutzt, welche eben von dieser Eigenschaft den Namen erhielt. Sie wird nämlich von ihnen Quadratrix genannt.[7])

Aus der Zusammenfassung dieser drei Stellen[8]) dürfte kaum ein

---

[1]) Platon, Hippias major 285. [2]) Hippias minor 367—368. [3]) Platon, Protagoras 318. [4]) So Karl Steinhart in seiner Einleitung zum grösseren Hippias. [5]) Proklus (ed. Friedlein) 272. [6]) Proklus (ed. Friedlein) 356. [7]) Pappus, Collectio Lib. IV, cap. XXX (ed. Hultsch). Berlin, 1876—1878, pag. 250. [8]) Vergl. Bretschneider 96 und 153—154.

anderer Sinn zu entnehmen sein, als der folgende. Hippias, und zwar Hippias von Elis, hat um 420 etwa eine Curve erfunden, welche zu doppeltem Zwecke dienen konnte, zur Dreitheilung eines Winkels und zur Quadratur des Kreises. Von letzterer Anwendung erhielt sie ihren Namen, Quadratrix, wie er in lateinischer Uebersetzung zu lauten pflegt, aber dieser Name scheint nicht über Dinostratus hinaufzureichen, dessen Zeitalter als Bruder des Menächmus, eines Schülers des Eudoxus von Knidos etwa in die zweite Hälfte des IV. S. gesetzt werden muss. Ob die Curve früher einen anderen Namen führte, ob sie überhaupt mit Namen genannt wurde, wissen wir nicht. Der erste ganz gesicherte Name einer von der Kreislinie verschiedenen krummen Linie wird uns am Anfang des zweiten Drittels des IV. S., annähernd 20 bis 30 Jahre vor Dinostratus begegnen, wo Eudoxus seine Hippopade erfand. Ist aber der Name Quadratrix erst nachträglich der Curve des Hippias beigelegt worden, so schwindet die Nothwendigkeit anzunehmen, sie sei zum Zwecke der Kreisquadratur erfunden worden, und man darf ihren ursprünglichen Zweck in dem suchen, was nach Proklus durch sie zu verwirklichen war, in der Dreitheilung des Winkels.

Dass diese Aufgabe selbst auftauchte, kann uns nicht in Verwunderung setzen. Wir haben im vorigen Kapitel gesehen, dass die Construction regelmässiger Vielecke eines der geometrischen Lieblingsgebiete der Pythagoräer bildete. Die Theilung des ganzen Kreisumfanges in 6, in 4, in 5 gleiche Theile wurde gelehrt, und namentlich letztere als bedeutend schwieriger erkannt als die anderen längst bekannten Theilungen. Eine überwundene Schwierigkeit reizt zur Besiegung anderer, und so mag das Verlangen wach geworden sein nicht mehr den ganzen Kreis, sondern einen beliebigen Kreisbogen in eine beliebige Anzahl gleicher Theile zu theilen. Schon bei der Dreitheilung traten unbesiegbare Schwierigkeiten auf. Versuche diese Aufgaben mit Hilfe des Zirkels und des Lineals zu lösen mögen angestellt worden sein. Es ist uns Nichts von ihnen bekannt geworden. Sie mussten erfolglos bleiben. Aber das zweite grosse Problem der Geometrie des Alterthums neben der Quadratur des Kreises, deren wir bei Anaxagoras gedenken mussten, war gestellt, und wie in der Geschichte der Mathematik fast regelmässig zunächst unlösbaren Aufgaben zu Liebe neue Methoden sich entwickelten und kräftigten, so führte die Dreitheilung des Winkels, *τριχοτόμια γωνίας*, die Trisektion, wie man gewöhnlich sagt, zur Erfindung der ersten von der Kreislinie verschiedenen, durch bestimmte Eigenschaften gekennzeichneten und in ihrer Entstehung verfolgbaren krummen Linie.

Die Linie des Hippias entsteht durch Verbindung zweier Bewegungen, einer drehenden und einer fortschreitenden. „In ein Quadrat $\alpha\beta\gamma\delta$ (Figur 28) ist um α als Mittelpunkt und mit der Seite des Quadrats $\alpha\beta$ als Halbmesser ein Kreisquadrant $\beta\varepsilon\delta$ beschrieben. Die Gerade $\alpha\beta$ bewegt sich dabei so, dass ihr einer Endpunkt α fest bleibt, der andere β längs des Bogens $\beta\varepsilon\delta$ fortschreitet. Andererseits soll die $\beta\gamma$ immer der $\alpha\beta$ parallel bleibend mit dem Endpunkte β auf der $\beta\alpha$ fortrücken, und zwar sollen die beiden selbst gleichmässigen Bewegungen der Zeit nach so erfolgen, dass sie zugleich beginnen und zugleich endigen, dass also $\alpha\beta$ in seiner Drehung, $\beta\gamma$ in seinem Fortgleiten im selben Moment in die Lage $\alpha\delta$ eintreffen. Die beiden bewegten Geraden werden in jedem Augenblicke einen Durchschnittspunkt gemein haben, der selbst im Fortrücken begriffen eine gegen $\beta\varepsilon\delta$ hin gewölbte krumme Linie $\beta\zeta\eta$ erzeugt, welche geeignet erscheint ein der gegebenen Kreisfläche gleiches Quadrat finden zu lassen. Ihre beherrschende Eigenschaft besteht jedoch darin, dass eine beliebige Gerade $\alpha\zeta\varepsilon$ bis zum Kreisquadranten gezogen das Verhältniss dieses Quadranten zum Bogen $\varepsilon\delta$ gleich dem Verhältnisse der beiden Geraden $\beta\alpha$ und $\zeta\theta$ zu einander macht. Das ist nämlich klar aus der Entstehung der krummen Linie.“ So Pappus, der hier getreuer Berichterstatter über die alte Erfindung zu sein scheint. Die Kreisquadratur mit Hilfe der Quadratrix schliesst sich bei Pappus unmittelbar an. Wir werden diese Anwendung erst in Verbindung mit dem Namen Dinostratus zur Rede bringen.[1])

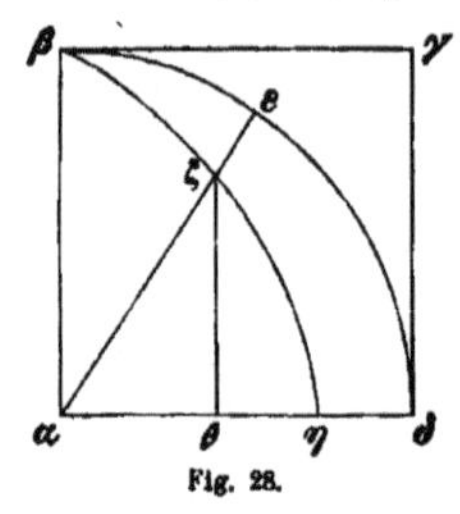

Fig. 28.

Noch von einer anderen Persönlichkeit müssen wir hier einschaltend Einiges sagen, von Zenon von Elea. Dieser Erfinder[2]) der eigentlichen Dialektik dürfte noch um 20 Jahre älter als Demokritus, um 30 bis 40 Jahre älter als Hippias gewesen sein und seine geistige Blüthe in der Zeit gefeiert haben, als Letzterer kaum geboren war. Würde Zenon als Mathematiker eine Bedeutung haben, so könnte man uns mit Recht den Vorwurf machen seiner hier an unrichtiger Stelle zu gedenken, der weiter oben behandelt werden musste. Aber Zenon war nicht Mathematiker. Man wäre fast versucht ihn das Gegentheil eines solchen zu nennen. Wenigstens versuchte er mit philosophischem Scharfsinne die mathematischen Meinungen zu stürzen statt sie zu stützen. Die Zeit brachte das so mit sich. Die Atomistiker hatten die Theilbarkeit der Körperwelt in Frage gestellt, indem sie untheilbar kleine Urtheilchen annahmen.

[1]) Diese ganze Stelle schliesst sich eng an Bretschneider l. c. an. [2]) Diogenes Laertius XI, 25 φησὶ δ' Ἀριστοτέλης ἐν τῷ Σοφιστῇ εὑρετὴν αὐτὸν γενέσθαι διαλεκτικῆς. Ebenso derselbe VIII, 57.

Noch ungeheuerlicher war der Bruch mit dem Gewohnten, als die Pythagoräer den Begriff des Irrationalen unter die Denker warfen. Beabsichtigt oder nicht, dieser Begriff drang, wie wir bei Demokritus (S. 164) gesehen haben, in weitere und weitere Kreise. Das Unaussprechliche war ausgesprochen, das Undenkbare in Worte gekleidet, das Unenthüllbare den Augen preisgegeben. Und wer nüchternerer Auffassung diese pythagoräische Scheu nicht theilte, dem war wenigstens eine ganz neue Schwierigkeit unterbreitet, welche strengen Schlüssen nicht Stand hielt. Zahl und Raumgrösse, bisher als zur gegenseitigen Messung oder Versinnlichung als unbedingt tauglich erachtet, zeigten plötzlich einen Widerspruch. Jeder Zahl entsprach noch immer eine Länge, aber nicht jeder Länge entsprach eine Zahl. Stetigkeit und Unstetigkeit waren damit entdeckt und den Philosophen als neues Denkobject vorgelegt. Kann man sich wundern, wenn Letztere, um des Widerspruches, der in jenem Gegensatze enthalten ist, sich zu erwehren, zu weit gingen, wenn sie dabei zur Leugnung der Vielheit, zur Leugnung der Bewegung gelangten?

Man kennt ja die eigenthümlichen Schlüsse Zenons [1]). Jede Vielheit ist eine Anzahl von Einheiten, eine wirkliche Einheit aber nur das Untheilbare. Jedes von dem Vielen muss also selbst eine untheilbare Einheit sein, oder aus solchen Einheiten bestehen. Was aber untheilbar ist, das kann keine Grösse haben, denn Alles, was eine Grösse hat, ist in's Unendliche theilbar. Die einzelnen Theile, aus denen das Viele besteht, haben mithin keine Grösse. Es wird also auch Nichts dadurch grösser werden, dass sie zu ihm hinzutreten, und Nichts dadurch kleiner, dass sie von ihm hinweggenommen werden. Was aber zu Anderem hinzukommend dieses nicht vergrössert, und von ihm weggenommen es nicht verkleinert, das ist Nichts. Das Viele ist mithin unendlich klein, denn jeder seiner Bestandtheile ist so klein, dass er Nichts ist. Andererseits aber müssen diese Theile auch unendlich gross sein. Denn da dasjenige, was keine Grösse hat, nicht ist, so müssen die Vielen, um zu sein, eine Grösse haben, ihre Theile müssen mithin von einander entfernt sein, d. h. es müssen andere Theile zwischen ihnen liegen. Von diesen gilt aber das Gleiche: auch sie müssen eine Grösse haben und durch weitere von den anderen getrennt sein, und so fort in's Unendliche, so dass wir demnach unendlich viele Grössen, oder eine unendliche Grösse erhalten. Man kennt den Ausspruch des Zenon gegen Protagoras, ein Scheffel Frucht könne beim Ausschütten ein Geräusch nicht hervorbringen, wenn nicht jedes einzelne Korn und jeder kleinste Theil eines Kornes ein Geräusch hervorbrächte. Man kennt seine Beweise

[1]) Vergl. Zeller I, 497—507, woher wir unsere Auszüge meistens wörtlich entnehmen.

für die Unmöglichkeit einer Bewegung. Ehe der bewegte Körper am Ziele ankommen kann, muss er erst in der Mitte des Weges angekommen sein, ehe er an dieser ankommt in der Mitte seiner ersten Hälfte, ehe er dahin kommt in der Mitte des ersten Viertels, und so fort in's Unendliche. Jeder Körper müsste daher, um von einem Punkte zum andern zu gelangen, unendlich viele Räume durchlaufen. Es ist mithin unmöglich von einem Punkte zu einem anderen zu gelangen, die Bewegung ist unmöglich. Ebenso folgt die Unmöglichkeit, dass die Schildkröte, wenn sie nur einen Vorsprung hat, durch den schnellen Achilleus eingeholt werden könne, weil während Achilleus den ersten Vorsprung durchläuft, die Schildkröte bereits einen zweiten Vorsprung gewonnen hat, und so fort in's Unendliche.

Der mathematisch sein sollenden Form wegen ist ein letzter Einwurf Zenons gegen die Bewegungslehre erwähnenswerth. Eine Reihe von Gegenständen α_1, α_2, α_3, α_4 ist räumlich mit zwei anderen Reihen von Gegenständen β_1, β_2, β_3, β_4 und γ_1, γ_2, γ_3, γ_4 in Beziehung gesetzt, so dass sie nachfolgende gegenseitige Lage besitzen:

$$\begin{array}{cccccccccc} & & & \alpha_1 & \alpha_2 & \alpha_3 & \alpha_4 & & & \\ \beta_4 & \beta_3 & \beta_2 & \beta_1 & & & & & & \\ & & & & & & \gamma_1 & \gamma_2 & \gamma_3 & \gamma_4 \end{array}$$

Die α sind in Ruhe, die β und die γ sind in entgegengesetzter Bewegung, jene von links nach rechts, diese von rechts nach links. Wenn β_1 bei α_4 angelangt ist, ist γ_1 bei α_1 angelangt, und zu derselben Zeit β_4 bei α_1, γ_4 bei α_4. Demgemäss ist β_1 sowohl an α_3 und α_4 als an γ_1, γ_2, γ_3, γ_4 vorbeigekommen, hat in einer und derselben Zeit an zwei und an vier Gegenständen von genau gleicher Entfernung sich vorbeibewegen können und folglich zugleich eine einfache und eine doppelte Geschwindigkeit besessen, was unmöglich ist.

Wir haben dem Zenon weiter oben die Eigenschaft als Mathematiker abgesprochen. Gerade dieser letzte Trugschluss rechtfertigt uns, denn hier sind irriger Weise absolute und relative Bewegungsgrössen einander gleichgesetzt, was einem Mathematiker kaum begegnet wäre. Anders dagegen verhält es sich mit den vorher hervorgehobenen Schlüssen und ihren sich widersprechenden Ergebnissen. Bei ihnen handelt es sich um Schwierigkeiten, denen in der That weder der Philosoph noch der Mathematiker in aller Strenge gerecht werden kann, wenn auch der Mathematiker dazu gelangte durch Einführung bestimmter Zeichen die Stetigkeit zu einer definirbaren Eigenschaft zu machen, und mit den Grenzen zugleich den Uebergang zu den Grenzen der Untersuchung zu unterwerfen. Zwei Jahrtausende und mehr haben an dieser zähen Speise gekaut, und es wäre unbillig von den Griechen des fünften vorchristlichen Jahrhunderts zu verlangen, dass sie in Klarheit gewesen seien über

Dinge, welche, freilich anders ausgesprochen, noch Streitfragen unserer Gegenwart bilden.

Kapitel IX.

Mathematiker ausserhalb der pythagoräischen Schule. Hippokrates von Chios.

Den Mathematikern scheint nächst dem Irrationalen bei Gelegenheit der Kreisquadratur der erste Anlass geboten worden zu sein, Fragen des stetigen Ueberganges zu behandeln, und dieses führt uns zurück zu dem Mathematikerverzeichnisse, welches mit den Worten fortfährt:

„Nach diesen wurde Hippokrates von Chios, der die Quadratur des Mondes fand, und Theodorus von Kyrene in der Geometrie berühmt. Unter den hier Genannten hat zuerst Hippokrates Elemente — στοιχεῖα — geschrieben."

Von dem Leben des Hippokrates von Chios sind uns nur wenige Züge bekannt.[1]) Ursprünglich Kaufmann kam er durch einen unglücklichen Zufall um sein Vermögen. Die Einen erzählen, die Zolleinnehmer von Byzanz, gegen welche er sich leichtgläubig erwies, hätten ihn darum geprellt, die Anderen lassen ihn durch Seeräuber geplündert worden sein. Man hat beide Angaben so zu vereinigen gesucht, dass man muthmasste, athenische Seeräuber hätten aus Veranlassung eines Krieges gegen Byzanz das Schiff des Hippokrates weggenommen. Jener Krieg sei der sogenannte Samische Krieg um das Jahr 440 gewesen, an welchem thatsächlich die Byzantiner gegen die Athener theilnahmen, und um diese Zeit sei also Hippokrates nach Athen gekommen. Ohne die Möglichkeit in Abrede zu stellen, dass es sich so verhalten haben könne, bedürfen wir jedoch dieser Vermuthung nicht um die wichtigste Folgerung zu ziehen, welche sie für uns enthält, nämlich den Aufenthalt des Hippokrates in Athen zu begründen und zeitlich zu bestimmen. Die ungefähre Lebenszeit des Hippokrates geht schon aus seiner Stellung innerhalb des Mathematikerverzeichnisses hervor, sein Aufenthalt in Athen, der Stadt, welche grade damals mit Recht begann als erste Stadt Griechenlands zu gelten, hat eine besondere Veranlassung nicht nothwendig gehabt. Jedenfalls war Hippokrates von Chios in der zweiten Hälfte des V. S. in Athen und kam dort mit Pythagoräern, d. h. offenbar mit versprengten Mitgliedern der italischen Schule zu-

[1]) Die betreffenden Stellen des Aristoteles (*Ethic. ad Eudem.* VII, 14) und des Johannes Philoponus (*Comment. in Aristotel. phys. auscult.* f. 18) sind abgedruckt bei Bretschneider 97, wo die im Texte dargestellte Vereinigung der beiden Angaben versucht ist.

sammen, in deren Gesellschaft er geometrisches Wissen sich aneignete. Es wird sogar erzählt, er habe es sehr bald dahin gebracht, selbst Unterricht in der Mathematik ertheilen zu können und habe dafür Bezahlung angenommen. Von da an hätten die Pythagoräer ihn gemieden.[1])

Diese Geschichte erscheint, insbesondere was den durch Hippokrates gewohnheitsmässig ertheilten mathematischen Unterricht betrifft, sehr glaubwürdig. Damit stimmt nämlich vortrefflich überein, was das Mathematikerverzeichniss uns meldet, dass Hippokrates das erste Elementarlehrbuch der Mathematik verfasst habe. Weit hervorragender aber sind die eigentlichen geometrischen Erfindungen des Hippokrates, welche auf zwei Probleme sich beziehen: auf die Quadratur des Kreises und auf die Verdopplung des Würfels.

Die Quadratur des Kreises, von Anaxagoras zuerst versucht, hat auch unter den Sophisten wenige Jahrzehnte vor Hippokrates wenn nicht bis zu seiner Zeit herab Bearbeiter gefunden. Mit wahrer Wortklauberei suchten die Einen nach einer Quadratzahl, die zugleich cyklisch sei,[2]) d. h. mit derselben Endziffer schliesse wie ihre Wurzel z. B. $25 = 5^2$, $36 = 6^2$, aber das müssen jedenfalls die mathematisch Unwissenden gewesen sein, gegen welche die Versuche eines Antiphon und eines Bryson wohlthätig abstechen.

Antiphon, ein Zeitgenosse des Sokrates, mit welchem er über verschiedene Dinge in Hader lag,[3]) schlug, wie es scheint, zwei Wege ein, welche als verschiedene Versuche von ähnlichem Gedankengange betrachtet werden müssen. Einmal schrieb er in den Kreis ein Quadrat ein,[4]) ging von diesem zum Achteck, Sechzehneck u. s. w. über. Man solle so fortschreiten bis dem Kreise ein Vieleck werde eingeschrieben werden, dessen Seiten ihrer Kleinheit halber mit dem Kreise zusammenfallen würden. Nun könne man, wie man in den Elementen gelernt habe, zu jedem Vielecke ein gleichflächiges Quadrat zeichnen, folglich auch zu dem Kreise mittels des Vielecks, welches an seine Stelle getreten sei. So der Bericht des Simplicius, eines Erklärers des Aristoteles aus dem VI. S., in seinem Commentare zur Physik des Stagiriten als Einleitung in den selbst aus Eudemus geschöpften Bericht über den Quadrirungsversuch des Hippokrates, der uns nachher zu beschäftigen hat. Ein anderer Commentator des Aristoteles, Themistius, weiss dagegen die Sache anders.[5]) Antiphon habe ein gleichseitiges Dreieck in den Kreis eingeschrieben und über

---

[1]) Jamblichus, *De philosoph. Pythagor.* lib. III, bei *Ansse de Villoison, Anecdota Graeca*, pag. 216. [2]) So berichtet Simplicius in einer unter Anderen bei Bretschneider 106—107 abgedruckten Stelle. [3]) Diogenes Laertius II, 46. [4]) Der Bericht des Simplicius abgedruckt bei Bretschneider, der das grosse Verdienst sich erworben hat, diese sämmtlichen Untersuchungen zuerst für die Geschichte der Mathematik nutzbringend gemacht zu haben. [5]) Bretschneider 125.

jede Seite desselben ein gleichschenkliges Dreieck, dessen Spitze auf dem Kreisumfang lag und so fort. So glaubte er, dass die gradlinige Seite des letzten Dreiecks mit dem Bogen zusammenfallen werde. Uns erscheinen diese beiden Versuche als gleich gut beglaubigt und einander in so weit ergänzend, als wir ihnen entnehmen, dass Antiphon mit dem Zusammenfallen des Kreises mit dem Vielecke von sehr vielen und sehr kleinen Seiten sich doch nicht so rasch und gänzlich befriedigt fühlte, und jedenfalls in zweierlei Annäherungen zu einer solchen aus graden Strecken zusammengesetzten Figur zu gelangen strebte, welche an die Stelle des Kreises treten sollte.

Ein anderer Geometer der gleichen Zeit etwa wie Antiphon war der Sophist Bryson aus Herakläa, der Sohn des Herodorus. Er wird auch wohl als Pythagoräer bezeichnet. Er ging in seinem Versuche die Quadratur des Kreises zu finden, von welchem wir wieder durch einen anderen Erklärer des Aristoteles, durch Johannes Philoponus, unterrichtet sind,[1]) um einen sehr bedeutsamen Schritt über Antiphon hinaus. Er begnügte sich nicht damit ein Kleineres als den Kreis zu finden, welches sich nur wenig von ihm unterschied, er verschaffte sich auch ein der gleichen Forderung genügendes Grösseres. Er zeichnete neben den eingeschriebenen Vielecken auch umschriebene Vielecke von immer grösserer Seitenzahl und beging bei Ausführung dieses vollständig richtigen Gedankens nur einen damals freilich verzeihlichen Fehler, indem er meinte, die Kreisfläche sei das arithmetische Mittel zwischen einem eingeschriebenen und einem umschriebenen Vielecke. Es ist nicht wahr, sagte später Proklus diesen Versuch vornehm zurückweisend, dass die Stücke, um welche jene Vielecke grösser und kleiner als der Kreis sind, sich gleichen. Aber auch welche Entwicklung der Geometrie zwischen Bryson und Proklus! Wir glauben über das Irrige an Bryson's Folgerung hinweggehen zu dürfen, den Tadel irgend einen Mittelwerth mit dem arithmetischen Mittel verwechselt zu haben ersticken zu müssen unter dem Lobe in der Erkenntniss des Grenzbegriffes weiter gekommen zu sein als alle Vorgänger.

So weit freilich wie Aristoteles, wenn wir dieses vorgreifend hier erwähnen dürfen, ist auch Bryson nicht gegangen. Aristoteles wusste und sagte[2]) in Worten, deren wir heute uns noch vielfach bedienen, ohne das Bewusstsein zu haben seine Schüler zu sein: „stetig — συνεχές — sei ein Ding, wenn die Grenze eines jeden zweier nächstfolgender Theile, mit der dieselben sich berühren, eine und die nämliche wird und, wie es auch das Wort bezeichnet, zusammengehalten wird." Aristoteles wusste, dass es ein Anderes ist

[1]) Bretschneider 126. [2]) Aristoteles Physic. III, 4. Die Zusammenstellung der auf den Grenzbegriff und auf das Unendliche bezüglichen Stellen des Aristoteles u. s. w. bildet eines der schönsten Kapitel bei Hankel 115—127.

unendlich Vieles zu zählen oder durch unendlich viele nicht von einander zu scheidende Punkte sich bewegen. Er löste das Paradoxon der Durchlaufung dieser unendlich vielen Raumpunkte in endlicher Zeit durch das neue Paradoxon, dass innerhalb der endlichen Zeit unendlich viele Zeittheile von unendlich kleiner Dauer anzunehmen seien. Es gibt für ihn kein reales Unendliches in zusammenhangloser Unbeschränktheit des Begriffes, so dass Grösseres oder Kleineres nicht möglich ist, sondern nur Endliches von beliebiger Grösse, von beliebiger Kleinheit. Aber man vergesse nicht, dass Aristoteles schon um ein weiteres Jahrhundert nach der Zeit lebte, welche uns in diesem Augenblicke beschäftigt, und dass er Aristoteles war, einer jener Geister, die für alle Zeiten lebend der eigenen Zeit meist unverstanden bleiben.

Bis zu einem gewissen Grade darf man Letzteres vielleicht auch für Antiphon und Bryson behaupten. Die Mitte des V. S. konnte sich mit Schlussfolgerungen, wie diese beiden Männer sie zogen, nicht befreunden. Sie konnte nicht über den Widerspruch hinaus, noch um den Widerspruch herum kommen, der darin liegt die krumme Kreisfläche durch eine gradlinig begrenzte Vielecksfläche erschöpfen zu lassen. Eine mathematische Begründung irgend welcher Art, am naturgemässesten ein selbst auf einen Widerspruch gebauter Beweis der Unmöglichkeit der entgegengesetzten Annahme, musste vorausgehen und das bilden, was man die geometrische Exhaustion nennt.

Aller Wahrscheinlichkeit nach versuchte Hippokrates von Chios zuerst oder als einer der Ersten eine solche Schlussfolgerung um zu dem Satze zu gelangen, dass Kreisflächen den Quadraten ihrer Durchmesser proportional seien, ein Satz, den er, wie Eudemus ausdrücklich sagt,[1] bewiesen hat.

Wir bemerken rückblickend auf die Quadraturversuche des Antiphon und des Bryson, dass dieselben nur solche geometrische Thatsachen voraussetzten, welche jedem Geometer pythagoräischer Schulung bekannt sein mussten: Einschreibung und Umschreibung regelmässiger Vielecke in und um einen Kreis und Verwandlung beliebig gestalteter gradlinig begrenzter Figuren in einander, beziehungsweise in ein Quadrat, und gehen nun zu dem Verfahren über, mittels dessen Hippokrates zur Quadratur des Kreises zu gelangen trachtete. Er beschrieb (Figur 29) über einer Geraden AB einen Halbkreis, zeichnete in denselben das gleichschenklige Dreieck $AB\Gamma$ und be-

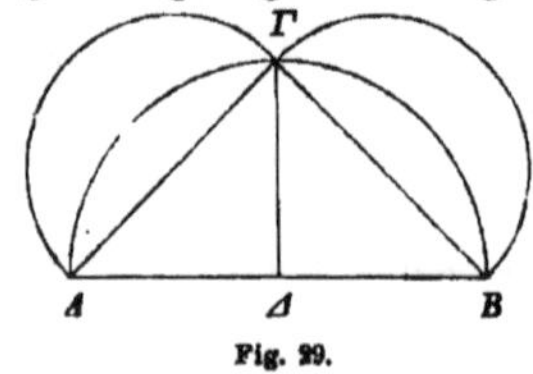

Fig. 29.

[1]) *Eudemi fragmenta* (ed. Spengel) pag. 128, lin. 29.

schrieb über dessen Katheten als Durchmesser neue Halbkreise. Nun ist $AB^2 = A\Gamma^2 + \Gamma B^2$ und wegen der Proportionalität von Kreisen, beziehungsweise von Halbkreisen mit den Quadraten ihrer Durchmesser wird auch der Halbkreis über AB der Summe der Halbkreise über $A\Gamma$ und ΓB gleich sein, oder dem Doppelten eines dieser kleineren Halbkreise. Der Halbkreis über AB ist selbst auch das Doppelte des Viertelkreises, welcher durch $A\Gamma\Delta$ zu benennen ist, mithin dieser Viertelkreis gleich dem Halbkreise über $A\Gamma$. Nimmt man von beiden den Kreisabschnitt weg, welchen die Sehne $A\Gamma$ mit dem Bogen $A\Gamma$ des zuerst gezeichneten Halbkreises bildet, so bleibt das gradlinige rechtwinklige in ein Quadrat verwandelbare Dreieck $A\Gamma\Delta$ gleich der durch zwei Bögen zwischen A und Γ eingeschlossenen halbmondförmigen Fläche, und diese Figur, welche bei Hippokrates μηνίσκος Mondchen (lateinisch *lunula*) heisst, ist somit thatsächlich quadrirt. Hippokrates geht nun weiter, und zwar auf dem Wege, dass er die Quadratur eines Kreises in Abhängigkeit von der einer halbmondartigen Figur bringt. Er zeichnet (Figur 30) in einen Halbkreis ein Paralleltrapez ein, dessen grössere Seite der Durchmesser selbst ist, während jede der drei anderen Seiten eine Seite des dem ganzen Kreise einschreibbaren regelmässigen Sechsecks, dem Halbmesser folglich gleich ist. Wird über jeder der kleineren Trapezseiten ein Halbkreis gezeichnet, so muss er

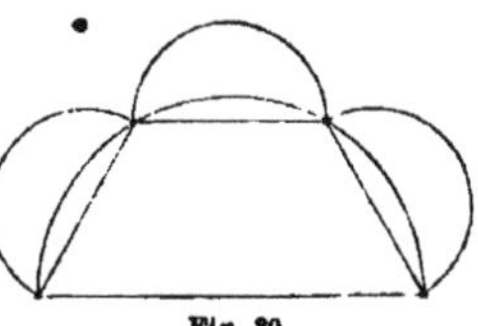

Fig. 30.

ein Viertel des ursprünglichen Halbkreises sein, oder die drei Halbkreise zusammen von dem ursprünglichen Halbkreise abgezogen lassen als Differenz einen kleinen Halbkreis von der Grösse der eben erhaltenen, d. h. einen solchen, dem der Halbmesser des ursprünglichen Halbkreises als Durchmesser dient. Dieselbe Differenz lässt nun, indem vom Subtrahenden und Minuenden gleiche Kreisabschnittchen weggelassen werden, sich in die Form einer Differenz zwischen dem gezeichneten Trapeze und dem Dreifachen eines von Kreisbögen gebildeten Mondes bringen. Wäre daher letzterer, der freilich von dem vorher untersuchten Mondchen wesentlich verschieden ist, quadrirbar, so wäre der kleine Halbkreis selbst quadrirt. Aber diese Eigenschaft findet nicht statt. Das eben benutzte Mondchen ist, wie Hippokrates einsieht, nicht unmittelbar quadrirbar, und nun geht sein Bestreben dahin, andere quadrirbare Mondchen zu entdecken, um durch Zurückführung der Kreisquadratur auf diese neuen Mondchen die Aufgabe, die er sich gestellt hat, zu lösen. Wir können nicht ausführlich bei den Versuchen verweilen, die Hippokrates in dieser Richtung noch anstellt. Nur so viel sei bemerkt, dass er dabei wieder von dem Kreise eingezeichneten Paralleltrapezen ausgeht, und zwar von solchen, welche je 3 unter einander gleiche Seiten besitzen die das einemal grösser, das anderemal kleiner als der Halbmesser ausfallen, so dass also über der vierten Trapezseite nach der Richtung hin, wo das Trapez gezeichnet ist, ein Kreisabschnitt sich ergibt, der im ersteren Falle grösser, in dem zweiten kleiner als ein Halbkreis ausfällt. Der erstere Fall entspricht bei Hippokrates überdies der Bedingung, dass die grössere Trapezseite im Quadrate genommen den drei identischen Quadraten der anderen Seiten zusammen gleich komme, dass also sämmtliche Seiten sich wie $1:1:1:\sqrt{3}$ verhalten[1]). Noch verwickelter sind die Bedingungen für den zweiten Fall, welcher überdies in dem uns erhaltenen Texte als einigermasse verstümmelt betrachtet werden muss. Jedenfalls gelangt Hippokrates wiederholt zu Mondchen, welche sowohl quadrirbar sind als auch in ihrer Entstehung von den ersten quadrirbaren Mondchen sich unterscheiden. Aber damit glaubt er keineswegs seine Aufgabe erfüllt zu haben. Er stellt noch weitere Versuche an und zeigt dadurch, dass er sein Ziel, das Mondchen auf der Secksecksseite zu quadriren, auf welches er die Ausmessung des Kreises schon zurückgeführt hat, nicht aus den Augen verliert, dass er dieses Ziel auf allerlei Umwegen noch immer zu erreichen strebt, wenn es ihm auch nicht gelingt hinzugelangen.

Wir haben oben (S. 172) Simplicius als Gewährsmann für die Quadraturversuche des Hippokrates von Chios genannt, haben erwähnt, dass dieser Berichterstatter selbst aus Eudemus geschöpft hat, den er theilweise wörtlich *κατὰ λέξιν* zu benutzen ausdrücklich erklärt. Einige alterthümlich klingende Umschreibungen in diesem Berichte lassen aber vermuthen[2]), dass man berechtigt sei, ihn noch weiter aufwärts zu verfolgen, dass man theilweise wenigstens den Wortlaut des Hippokrates selbst vor sich habe. Ist diese Annahme richtig, so folgt aus ihr als wichtige Thatsache, dass Hippokrates mit aller Bestimmtheit bereits die Gewohnheit besass die geometrischen Figuren mit zur Bezeichnung dienenden Buchstaben zu versehen. Er spricht von einer Linie „an welcher *AB* (steht)“, von einem Punkte „an welchem *K* (steht).“ Wir haben früher gesehen, dass die Aegypter ihren Figuren theilweise die Längenmaasse beischrieben, welche den Linien derselben zukamen. Wir haben darin vielleicht die Anregung gefunden, in Folge deren Zahlengrössen durch Linien zur Versinnlichung gebracht wurden (S. 138). Die Aegypter gingen über diese messende Bezeichnung hinaus. Eine gewisse Allgemeinheit gab sich kund, wenn die Scheitellinie mit *merit*, die Grundlinie der Pyramide mit *uchatebt* u. s. w. bezeichnet wurde, indem hierdurch die von Figur

[1]) Das tritt ein, wenn die kleinere Seite $a = r\sqrt{3-\sqrt{3}}$. Vergl. über die Mondchen des Hippokrates einen Aufsatz von Clausen (Crelle's Journal XXI, 375) und Hankel 127. [2]) Bretschneider S. 114, Note 2.

zu Figur unveränderliche Lage gegen die jedesmal wechselnde Länge als das Wichtigere in den Vordergrund trat. Aber Punkte nun gar durch Buchstaben zu benennen, welche nicht Zahlenwerthe, nicht Abkürzungen von Wörtern, welche etwa so anfingen, sein sollten, sondern nur Buchstaben als solche, damit die Möglichkeit zu geben eine Figur auch ziemlich verwickelter Art nur zu denken und doch mit dem Texte in verständlichen Einklang zu bringen; das ist eine Art von allgemeiner Symbolik, ist die bei Geometern erkennbare Vorläuferin der algebraischen Bezeichnung der Unbekannten durch einen Buchstaben, oder wenigstens durch ein Wort.

Ob Hippokrates freilich der Erste war, welcher Buchstaben an die Figuren setzte, dass wissen wir nicht. Wahrscheinlich ist es uns nicht, weil Eudemus sonst vermuthlich in seinem Berichte auf diese Neuerung hingewiesen haben würde. Wir vermuthen weit eher, dass Hippokrates die geometrische Anwendung der Buchstaben bei den Pythagoräern gelernt haben wird, denen er ja auch sein mathematisches Wissen überhaupt verdanken soll. Dafür spricht, dass das Sternfünfeck, welches die Pythagoräer als Erkennungszeichen, auch wohl als Briefüberschrift benutzten (S. 151), an seinen Ecken die Buchstaben geführt haben soll, welche das Wort Gesundheit bildeten. So wird wenigstens allgemein die Stelle aufgefasst, dass jene Figur Gesundheit genannt worden sei.

Bei Hippokrates bestand dagegen eine Sitte noch nicht, welche bei Euklid mit der Regelmässigkeit eines Gesetzes herrschend geworden ist: die Sitte nämlich unter die zur Bezeichnung von Figuren benutzten Buchstaben niemals das I zu begreifen, sondern nach Θ sofort zu K überzugehen. Offenbar wollte man dadurch der leicht möglichen Verwechslung des Buchstaben I mit einem einfachen Vertikalstriche vorbeugen.[1]) Hippokrates übersprang das I noch nicht[2]), und auch bei der eben erwähnten Bezeichnung der Ecken des Pentalpha spielt I eine Rolle.

Nicht ohne Interesse ist es ferner, dass einmal (Fig. 31) ein Fünfeck mit einspringendem Winkel erscheint, aber nicht anders genannt wird als „die geradlinige Figur, welche aus den drei Dreiecken ZBH, ZBK, ZKE besteht".[3]) Wir lassen es dahingestellt, ob man daraus entnehmen will, dass jene Figur als Fünfeck nicht angesehen zu werden pflegte, jedenfalls ist doch die Vereinigung der drei Dreiecke zu einem einheitlichen Gebilde ausgesprochen und damit das erste

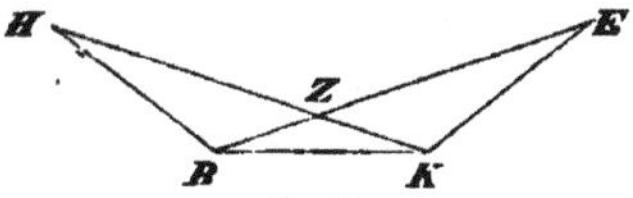

H E Z B K

Fig. 31.

[1]) Nach Professor Studemund. Vergl. Zeitschr. Math. Phys. XXI Historisch-literarische Abtheilung S. 183. [2]) *Eudemi fragm.* (ed. Spengel) pag. 134, lin. 23 figg. [3]) *Eudemi fragm.* pag. 133, lin. 8 figg.

bekannte Vorkommen eines Vielecks mit einspringendem Winkel in einer geometrischen Abhandlung gewonnen.

Bemerkenswerth ist ferner, was Eudemus ausdrücklich hervorhebt[1]), dass Hippokrates am Anfange seiner Abhandlung bewies, dass Halbkreise rechte Winkel umfassen, Segmente dagegen, welche grösser (kleiner) als Halbkreise sind, spitze (stumpfe) Winkel; dass Kreisflächen sich verhalten, wie die Quadrate ihrer Durchmesser und ähnliche Kreissegmente, d. h. solche, welche gleichvielte Theile ihrer betreffenden Kreise bilden, wie die Quadrate ihrer Sehnen. Es ist gewiss mit Recht betont worden[2]), es könne nicht um die Erfindung, sondern nur um den Nachweis dieser Sätze sich handeln. Bekannt waren einige derselben wohl schon früher, so der Satz vom rechten Winkel im Halbkreise schon Thales, dem wir sogar einen Beweis zuzutrauen wagten. Auch die Proportionalität der Kreisfläche und des Quadrates des Durchmessers kann nicht als neu angesehen werden, da die rechnende Kreisquadratur der Aegypter auf ihr beruhte.

Wir dürfen hier auf das Wort *δύναμις*, Vermögen, lateinisch *potentia* hinweisen, durch welches das Quadrat benannt ist.[3]) Dass aus der lateinischen Uebersetzung in erweiterter Bedeutung des Wortes unsere Potenzgrössen entstanden sind, liegt auf der Hand. Das Vorkommen des Wortes als Kunstausdruck bei Hippokrates, den Eudemus hier wörtlich ausgenutzt haben dürfte, ist das erste nachweisbare. Später kommt das Wort sowohl in mathematischem als in nichtmathematischem Sinne ungemein häufig vor. Platon hat es benutzt[4]), Aristoteles nicht minder an unzähligen Stellen, wo auch von dem dynamischen Auftreten dieser oder jener Eigenschaft — wir sagen gewöhnlicher in lateinischer Wortform deren virtuelles Auftreten — die Rede ist, der Kunstausdruck der einen Wissenschaft zum Kunstausdrucke einer anderen wurde. Es scheint fast, als läge in den Wörtern *δύναμις* und *τετράγωνος* ein ähnlicher Gegensatz wie in unseren Ausdrücken „zweite Potenz" und „Quadrat". Das eine bezieht sich auf die arithmetische Entstehung als Zahl, das andere auf die geometrische Deutung als Fläche, und somit wäre in der That bei Hippokrates von einer rechnenden Vergleichung der Kreisflächen, wie sie aus ihrem Durchmesser sich ergeben, ausgegangen worden. Ganz klar gestellt ist, wie sich im 11. Kapitel uns zeigen wird, diese schwierige, wie uns aber scheint nicht unwichtige Frage noch nicht, und ihre Beantwortung wird der Einzelforschung anheimgestellt bleiben müssen.

Kennzeichnend für die Schreibweise des Hippokrates und, wie wir sagten, die Annahme, dass Eudemus uns theilweise den alten

---

[1]) *Eudemi fragm.* pag. 128, lin. 26 — pag. 129, lin. 9. [2]) Bretschneider 132—133. [3]) *Eudemi fragm.* pag. 128, lin. 28. [4]) Platon, Theaetet pag. 147.

Wortlaut aufbewahrt habe, wesentlich unterstützend ist eine gradezu unerträgliche Weitläufigkeit, eine Breite der Wiederholungen nur daraus erklärbar, dass es damals an Elementarlehrbüchern fehlte, auf welche für die einfachsten Hilfssätze ein für allemal hätte verwiesen werden können. So mag, wie scharfsinnig vermuthet worden ist[1]), grade beim Verfassen dieser Abhandlung das Bewusstsein für Hippokrates recht deutlich zum Durchbruche gekommen sein, wie unentbehrlich ein Elementarwerk sei, so mag er nachher die Anfertigung eines solchen selbst in Angriff genommen haben, jedenfalls erst nachher, weil es sonst an Anführungen desselben bei ihm selbst gewiss nicht fehlen würde. Statt deren musste er in ermüdend einförmiger Weise die einfachsten Dinge wiederholen oder unbewiesen als an sich bekannt aussprechen.

Wir erwähnen in letzterer Beziehung den Satz, dass die Sechsecksseite dem Halbmesser des Kreises gleich ist, den anderen Satz, dass das Quadrat einer Dreiecksseite grösser (kleiner) als die Summe der Quadrate der beiden anderen Seiten ist, falls letztere einen stumpfen (spitzen) Winkel mit einander bilden.

Als selbstverständlich setzt Hippokrates auch die Trapeze voraus, welche er zur Herstellung seiner Mondchen bedarf. Dass diese Trapeze gleichschenklig sind, und als solche zu den bei Aegyptern und bei in Aegypten gebildeten ausländischen Geometern beliebtesten Figuren gehören, braucht für unsere Leser kaum mehr betont zu werden. Aber auch das gleichschenklige Trapez war unter allen Umständen so genau noch nicht studirt, dass die Gewissheit festgestanden hätte, es sei möglich ein solches zu bilden, dessen Seiten sich wie $1:1:1:\sqrt{3}$ verhalten, es sei ferner möglich ein solches in einen Kreis einzuzeichnen. Seiten, welche das genannte Verhältniss darboten, zu zeichnen, war freilich einem Schüler von Pythagoräern nicht schwierig. Zog man im gleichseitigen Dreiecke von der Spitze aus eine Senkrechte auf die gegenüberliegende Seite, so erhielt man das eine Elementardreieckchen des Timäus, dessen Seiten im Verhältnisse $1:\sqrt{3}:2$ stehen, und es war also nur nöthig die kleinere Kathete dieses Dreieckchens dreimal, die grössere einmal zu wählen, um die verlangten vier Strecken zu besitzen, aber es blieb zweifelhaft ob und wie damit ein Paralleltrapez zu construiren war, und Hippokrates fühlte noch nicht die Nothwendigkeit diesen Beweis zu führen, während, wie wir sehen werden, wenige Jahrzehnte später kein griechischer Geometer sich dessen hätte entschlagen dürfen ohne gerechtem Tadel zu verfallen. Dass jenes Trapez einmal gegeben zu einem Sehnenvierecke gemacht werden könne, beweist dagegen Hippokrates. Dass zu diesem Nachweise genüge zu zeigen, dass je zwei gegenüberliegende Winkel

[1]) Bretschneider 131.

sich zu zwei Rechten ergänzen, weiss Hippokrates offenbar noch nicht. Er zeigt vielmehr durch Congruenzen, dass der vierte Eckpunkt Δ des als gegeben gedachten Trapezes sich auf dem durch die drei anderen Eckpunkte $AB\Gamma$ gelegten Kreise befinde. (Fig. 32.)

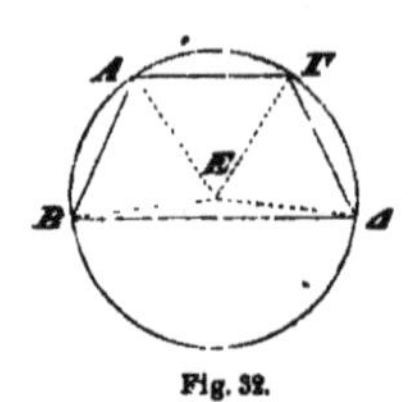

Fig. 32.

Er halbirt die Winkel bei A und Γ durch AE und ΓE und zieht von deren Durchschnittspunkte E aus die EB und $E\Delta$. Weil nun $AB = \Gamma\Delta$ war, wusste man daraus auf die Gleichheit der Winkel $BA\Gamma = A\Gamma\Delta$ zu schliessen. Daraus folgte, dass auch die Hälften BAE, $EA\Gamma$, $A\Gamma E$, $E\Gamma\Delta$ sämmtlich unter einander gleich waren. Ferner war gegeben $BA = A\Gamma = \Gamma\Delta$. Da nun AE sich selbst gleich, so ist vermöge des Congruenzsatzes von den beiden gleichen einen gleichen Winkel einschliessenden Seiten Dreieck $BAE \cong EA\Gamma$ und $EB = E\Gamma$. Wegen der Gleichheit der Winkel $EA\Gamma$, $A\Gamma E$ ist aber bereits $E\Gamma = EA$, mithin ist $EB = E\Gamma = EA$ oder E der Mittelpunkt des durch $AB\Gamma$ gelegten Kreises. Jetzt ist bei $A\Gamma = \Gamma\Delta$, $E\Gamma = E\Gamma$, Winkel $A\Gamma E = E\Gamma\Delta$ auch die Congruenz $A\Gamma E \cong E\Gamma\Delta$ erwiesen und in diesen Dreiecken $EA = E\Delta$ d. h. der genannte Kreis geht auch durch Δ. Dieser Beweis bestätigt unsere obige Bemerkung, Hippokrates habe versäumt den Nachweis zu liefern, dass ein Trapez von dem verlangten Seitenverhältnisse überhaupt möglich sei. Hier ist nämlich nur dieGleichheit von drei Seiten BA, $A\Gamma$, $\Gamma\Delta$, nicht deren Verhältniss zur vierten Seite $B\Delta$ berücksichtigt. Anders gesagt: es ist bewiesen, dass jedes Paralleltrapez mit drei gleichen Seiten ein Sehnenviereck ist.

Hippokrates beschäftigte sich, wie wir (S. 172) ankündigend bemerkten, auch noch mit einem anderen mathematischen Probleme, mit der Würfelverdoppelung. Das ist die letzte uns hier begegnende von den drei grossen Aufgaben der griechischen Mathematiker, welche ihnen Gelegenheit gaben ihre Kräfte zu üben und das zu erfinden, was man die höhere Mathematik jenes Zeitraumes zu nennen berechtigt ist. Ueber die Geschichte der Würfelverdoppelung sind wir durch namhafte Ueberbleibsel aus alter Zeit ziemlich gut berichtet, und selbst der sagenhafte Anstrich des Ursprungs der Aufgabe wird im 30. Kapitel sich als erheblich ausweisen. Ein griechischer Mathematiker Eratosthenes im III. S. schrieb an Ptolemäus Euergetes den ägyptischen König einen Brief über diesen Gegenstand, der sich bei Eutokius von Askalon, einem späten Commentator des Archimed, erhalten hat und dessen Anfang wir hier beifügen[1]). Trotzdem er ziemlich weit jenseits der gegenwärtig

[1]) Zur Geschichte der Würfelverdoppelung vergl. N. T. Reimer, *Historia*

allein zu behandelnden Zeit hinabführt, glaubten wir doch eine Trennung des zusammengehörigen Textes nicht vornehmen zu sollen und werden lieber später, wo es nöthig ist, auf dieses Kapitel hier zurückverweisen.

„Dem Könige Ptolemäus wünscht Eratosthenes Glück und Wohlsein. Von den alten Tragödiendichtern sagt man, habe einer den Minos, wie er dem Glaukos ein Grabmal errichten liess, und hörte, dass es auf allen Seiten 100 Fuss haben werde, sagen lassen:

Zu klein entwarfst Du mir die königliche Gruft,
Verdopple sie; des Würfels doch verfehle nicht.

Man untersuchte aber auch von Seiten der Geometer, auf welche Weise man einen gegebenen Körper, ohne dass er seine Gestalt veränderte, verdoppeln könnte, und nannte die Aufgabe der Art des Würfels Verdoppelung; denn einen Würfel zu Grunde legend suchte man diesen zu verdoppeln. Während nun lange Zeit hindurch Alle rathlos waren, entdeckte zuerst der Chier Hippokrates, dass, wenn man herausbrächte zu zwei gegebenen graden Linien, wovon die grössere der kleineren Doppelte wäre, zwei mittlere Proportionalen von stetigem Verhältnisse zu ziehen, der Würfel verdoppelt werden könnte; wonach er dann seine Rathlosigkeit in eine andere nicht geringere Rathlosigkeit verwandelte. Nach der Zeit, erzählt man, wären die Delier, weil sie von einer Krankheit befallen waren, einem Orakel zufolge geheissen worden einen ihrer Altäre zu verdoppeln und in dieselbe Verlegenheit gerathen. Sie hätten aber die bei Platon in der Akademie gebildeten Geometer beschickt und gewünscht, sie möchten ihnen das Verlangte auffinden. Da sich nun diese mit Eifer der Sache unterzogen und zu zwei Gegebenen zwei Mittlere suchten, soll sie der Tarentiner Archytas vermittelst der Halbcylinder aufgefunden haben, Eudoxus aber vermittelst der sogenannten Bogenlinien. Es widerfuhr ihnen aber insgesammt, dass sie zwar ihre Zeichnungen mit geometrischer Evidenz nachgewiesen hatten, sie aber nicht leicht mit der Hand ausführen und zur Anwendung bringen konnten, ausser etwa einigermassen die des Menächmus, doch auch nur mühsam.“

Der alte Tragiker, auf dessen Verse Eratosthenes sich beruft, ist kein anderer als Euripides, in dessen verloren gegangenem Poleidos sie vorkommen, wie sehr wahrscheinlich gemacht worden

---

problematis de cubi duplicatione. Göttingen, 1798. J. H. Dressler, Eratosthenes von der Verdoppelung des Würfels. Osterprogramm 1828 für die herzogl. Nassauischen Pädagogien zu Dillenburg, Hadamar und Wiesbaden. Ch. H. Biering, *Historia problematis cubi duplicandi.* Kopenhagen, 1844. Theilweise Neues auch an Stellenmaterial in der Dissertation von C. Blass, *De Platone mathematico.* Bonn, 1861, pag. 22—30. Unsere Uebersetzung des Briefes des Eratosthenes nach Dresler l. c. S. 8—10.

ist.[1]) Da nun Euripides 485—406 lebte, seine dichterische Wirksamkeit also etwa in die gleiche Zeit fällt, in die wir die wissenschaftliche Thätigkeit des Hippokrates verlegen, so geht hieraus hervor, dass eben damals die Sage von dem Grabmale des Glaukos bekannt war. Ob damals die Sage schon alt gewesen; ob Euripides ihrer gedachte, weil die Gelehrten des Tages sich bereits mit Würfelverdoppelung beschäftigten, die Anspielung also einen gewissen Eindruck auf die feiner gebildeten Zuhörer machen musste; ob man den entgegengesetzten Thatbestand annehmen soll, dass die Volksthümlicheit der Verse des Euripides die Mathematiker auf die eigenthümlich gestellte Aufgabe aufmerksam machte; ob wir daran erinnern dürfen, dass Euripides der Dichter selbst ein Gelehrter, dass er ein Schüler des Anaxagoras war, das Alles gehört in das Bereich gewagtester Vermuthung, oder wenigstens noch unerledigter Forschung. Als gesichert ist gemäss dem Berichte des Eratosthenes nur so viel zu betrachten, dass nach fruchtlosen Versuchen Anderer über die Aufgabe der Würfelverdoppelung Herr zu werden, Hippokrates von Chios auf die Bemerkung fiel, dass die Aufgabe auch in anderer Gestalt sich aussprechen lasse. Findet die fortlaufende Proportion $a : x = x : y = y : b$ statt, so ist $x^2 = ay$, $y^2 = bx$, mithin $x^4 = a^2y^2 = a^2bx$ und $x^3 = a^2b$ oder, wenn $b = 2a$, wie es bei der Würfelverdoppelung nothwendig erscheint, $x^3 = 2a^3$. Die Seite des doppelten Würfels ist in der That die erste von zwei mittleren Proportionalen, welche zwischen der einfachen und der doppelten Seite des ursprünglichen Würfels eingeschaltet werden. Diese Erkenntniss, welche auch Proklus[2]) dem Hippokrates nachrühmt, war ein Schritt weiter auf dem richtigen Wege, aber allerdings ein verhältnissmässig kleiner Schritt. Hippokrates verwandelte nur, wie Eratosthenes in fast scherzhaftem Tone sagt, seine Rathlosigkeit in eine andere nicht geringere Rathlosigkeit. Wie sollten jene beiden mittleren Proportionalen gefunden werden? Die Männer, welche der Lösung dieser Aufgabe sich gewachsen fühlten, sind es, die uns im Folgenden entgegentreten werden.

Auf ihre Gemeinschaft führt auch das Mathematikerverzeichniss uns hin, wenn es neben Hippokrates von Chios noch Theodorus von Kyrene in der Geometrie berühmt nennt. Von diesem wissen wir an geometrischen Thatsachen nur, dass er die Irrationalität der Quadratwurzeln von Zahlen zwischen 3 und 17 bewies[3]) (S. 154). Wir wissen von ihm ausserdem, dass er der Schule der Pythagoräer angehörte[4]), und dass er Lehrer des Platon in mathematischen Dingen war.[5])

---

[1]) Valkenarius, *Diatribe de fragm. Eurip.* pag. 203. Vergl. Reimer, *De cubi duplicatione* pag. 20. [2]) Proklus (ed. Friedlein) 213. [3]) Platon, Theätet 147, D. [4]) Jamblichus, *Vita Pythagor.* 267. [5]) Diogenes Laertius II, 103.

Platon und die Akademie nehmen jetzt, wie in der Geschichte der griechischen Philosophie, so in der Geschichte der griechischen Mathematik, die leitende Stellung ein. Mit ihnen müssen wir uns beschäftigen.

Kapitel X.

Platon.

Zwei Kriege von schwerwiegender Bedeutung für die Gestaltung staatlicher Verhältnisse, wie für die Entwicklung der Wissenschaften wurden auf griechischem Boden innerhalb eines Menschenlebens gekämpft. Der peloponnesische Krieg, welcher die Macht Athens vernichtete, welcher den Staat des Perikles von seiner geistigen, wissenschaftlichen wie künstlerischen Höhe herabstürzte, begann 431. Der sogenannte heilige Krieg, in welchem die Thebaner durch ein kurzes Uebergewicht erschöpft, König Philipp von Macedonien zu Hilfe riefen und ihm so den ersten willkommenen Anlass gaben in griechische Dinge sich einzumengen, endete 346. Dieselben Jahreszahlen begrenzen fast genau das Leben Platons. Seine Geburt fällt in das Jahr 429, in das Schreckensjahr, in welchem die durch die Schilderung des Thukydides in grässlicher Wahrheit bekannte Pest Athen in Trauer hüllte, in welchem Perikles starb. Sein Tod erfolgte 348 an demselben Tage, an welchem er 81 Jahre früher geboren war.

Platon gehörte einer der angesehensten athenischen Familien an. Bis auf König Kodrus führte der Stammbaum des Vaters, bis auf Solon der der Mutter zurück[1]. Platons erste Jugend fiel, wie wir wissen, in eine für Athen trübe und bewegte Zeit, aber bald lächelte das Glück der Stadt, welche es liebgewonnen, auf's Neue. Die Knabenjahre Platons fallen mit der Glanzzeit des Alkibiades zusammen, und der Freund des Alkibiades, Sokrates, war Platons Lehrer. Im Verkehre mit den geistig bedeutendsten Männern seiner Vaterstadt entwickelte der Knabe sich zum Manne. Um das Jahr 400 etwa, nachdem Sokrates den Giftbecher hatte leeren müssen, verliess Platon die Heimath, in welcher es für den nächsten Schüler des gleichviel ob gerechtem oder ungerechtem Volkshasse zum Opfer Gefallenen nicht mehr sicher war, und verwandte eine längere Reihe von Jahren zu Reisen, welche seine wissenschaftliche Ausbildung vollendeten. Nach Kyrene, wo an der Nordküste Afrikas griechische Bildung schon eine Pflanzstätte geschaffen hatte, lockte ihn der Ruhm des Theodorus, welchen wir am Schlusse des vorigen Kapitels Platons Lehrer in der Mathematik genannt haben. Aegypten sah ihn jedenfalls zu längerem Aufenthalte, wenn auch Strabons Berichterstatter sehr über-

[1] Diogenes Laertius III, 1.

trieben haben dürften. Bei der Beschreibung der alten Priesterstadt Heliopolis in Aegypten sagt nämlich dieser geographische Schriftsteller: Hier nun zeigt man die Häuser der Priester und auch die Wohnungen des Platon und Eudoxus. Denn Letzterer kam mit Platon hierher, und sie lebten daselbst mit den Priestern dreizehn Jahre zusammen, wie Einige angeben.[1]) Dann wird ein grosses Gewicht auf einen Aufenthalt Platons in Grossgriechenland zu legen sein, wo er mit Archytas von Tarent und mit Timäus von Lokri im engsten Verkehre stand.[2]) Weiter führte ihn sein Weg nach Sicilien, wo er im 40. Lebensjahre, also im Jahre 389 eintraf.[3]) Diese durch ihn selbst bezeugte Zeitangabe nöthigt uns auf alle Reisen bis nach Sicilien etwa 11 Jahre zu vertheilen und widerlegt somit die 13jährige Dauer des Aufenthalts in Aegypten. Platons Freimüthigkeit scheint bei dem Gewaltherrn von Syrakus, bei Dionysius, Anstoss erregt zu haben, so dass dieser ihn gefangen nehmen liess und ihn als Athener dem lakedämonischen Abgesandten auslieferte, welcher ihn als Sklaven nach Aegina verkaufte. Ein Kyrenaiker zahlte das erforderliche Lösegeld, um Platon wieder frei zu machen, und nun kehrte dieser nach Athen zurück, wo er in den schattigen Spaziergängen der durch Kimon einst verschönerten Akademie nordwestlich vor der Stadt seine die Philosophie umgestaltenden Vorträge hielt, deren Bedeutung auch für die Geschichte der Mathematik nicht hoch genug angeschlagen werden kann.[4])

Eigentlich mathematische Schriften hat Platon zwar nicht verfasst, aber Einiges wird doch auf ihn als Entdecker zurückgeführt, und vielleicht noch wichtiger ist seine Vorliebe für die Mathematik dadurch geworden, dass er auf fähige Schüler sie forterbte. Platon war ja ein Schüler der Pythagoräer in vielen Dingen, in so vielen, dass Aristoteles es ausdrücklich bezeugt hat[5]), dass Asklepius zu dieser Stelle der aristotelischen Metaphysik jedenfalls übertreibend hinzufügte: nicht Vieles, Alles habe Platon von den Pythagoräern entnommen. Wie nun die Pythagoräer Mathematik als den ersten Gegenstand eines wirklich wissenschaftlichen Unterrichts betrachteten, wie die Aegypter ihre Kinder zugleich mit den Buchstaben in den Anfangsgründen der Lehre von den Zahlen, von den auszumessenden Räumen und von dem Umlaufe der Gestirne unterrichteten, so wollte auch Platon verfahren haben.[6]) Kein Unkundiger der Geometrie trete

---

[1]) Strabo XVII, 1 ed. Meinicke pag. 1124. [2]) Cicero, *De finibus* V, 19, 50. Tusculan. I, 17, 39. *De republica* I, 10, 15. [3]) Platons Briefe: *Epistola* VII, 324, a. [4]) Ueber Platon in seinen Beziehungen zur Mathematik vergl. C. Blass, *De Platone mathematico*. Bonn, 1861 und B. Rothlauf, Die Mathematik zu Platons Zeiten und seine Beziehungen zu ihr. München, 1878. [5]) Aristoteles, Metaphys. I, 6. [6]) Die bezüglichen Stellen aus Platons Staat vergl. bei Rothlauf l. c. S. 12.

unter mein Dach, μηδεὶς ἀγεωμέτρητος εἰσίτω μοῦ τὴν στέγην, war die Ankündigung, mit welcher der angehende Akademiker empfangen wurde[1]), und Xenokrates, der nächst Speusippus als zweiter Nachfolger Platons die Akademie leitete[2]), blieb ganz in den Fussstapfen seines Lehrers, wenn er einen Jüngling, der die verlangten geometrischen Vorkenntnisse noch nicht besass, mit den Worten zurückwies: Gehe, Du hast die Handhaben noch nicht zur Philosophie, πορεύου λαβὰς γὰρ οὐκ ἔχεις φιλοσοφίας.[3])

Platon war in dieser Beziehung so sehr Pythagoräer geworden, dass er den Gegensatz nicht scheute, in welchen er seinen ältesten und verehrtesten Lehrer Sokrates scheinbar zu sich selbst setzte. Sokrates, wie Xenophon in seinen Erinnerungen ihn schildert[4]), wollte die Geometrie nur so weit getrieben wissen, bis man Land mit dem Maassstabe in Besitz nehmen oder übergeben könne. Der Sokrates in Platons Dialogen, dem dieser stets die Gesinnungen in den Mund zu legen liebt, die ihn selbst erfüllen, erklärt dagegen[5]), dass die ganze Wissenschaft doch nur der Erkenntniss wegen betrieben werde. Es ist bekanntlich, sagt er auch, in Bezug auf jedes Lernen, um besser aufzufassen, ein himmelhoher Unterschied zwischen Einem, der sich mit Geometrie befasst hat, und dem, der es nicht gethan hat.

Wir verzichten darauf alle Stellen zu sammeln, an welchen Plato ähnliche Gesinnungen über die Mathematik äussert, und zu welchen auch der Ausspruch (S. 156) gehört, dass Gott allezeit geometrisch verfahre, nur eine Bemerkung über das Wort Mathematik wollen wir hier einschalten. Von einer Wissenschaft der Mathematik wusste Platon so wenig wie seine Zeitgenossen.[6]) Wohl besassen sie das Wort μαθήματα (Lehrgegenstände), aber es umfasste Alles, was im wissenschaftlichen Unterrichte vorkam. Erst bei den Peripatetikern bekam das allgemeine Wort die besondere Bedeutung, welche wir ihm gegenwärtig noch beilegen, und umfasste fortan Rechenkunst und Arithmetik, Geometrie der Ebene und Stereometrie, Musik und Astronomie, während zugleich auch der Name der Philosophie, welcher für Platon erst die wörtliche Bedeutung der Weisheitsliebe besass, einer besonderen Wissenschaft zuertheilt wurde.

Die Vorliebe Platons für mathematische Dinge äussert sich neben den schon berührten Vorschriften über Jugenderziehung in seinem idealen Staatswesen, wo ein Schulzwang innerhalb der einfachsten Lehrgegenstände obwalten, wo Lesen, Schreiben und Rechnen allen Mädchen wie Knaben beigebracht werden soll[7]), auch darin, dass er

---

[1]) Tzetzes, Chil. VIII, 972. [2]) Diogenes Laertius I, 14. [3]) Diogenes Laertius IV, 10. [4]) Xenophon, Memorabil. IV, 7 und ihm folgend Diogenes Laertius II, 32. [5]) Die Stellen aus Platons Staat bei Rothlauf S. 2 und 7. [6]) Rothlauf S. 18—19. [7]) Platon, Gesetze pag. 805.

in vielen seiner in Gesprächsform geschriebenen Abhandlungen mathematische Beispiele zur Verdeutlichung philosophischer Gedanken benutzt. Meistens sind diese Beispiele für Laien berechnet und darum laienhaft einfach, so dass dieselben kaum ein Recht haben in einer Geschichte der Mathematik aufzutreten. Wir machen eine Ausnahme zu Gunsten der früher gradezu berüchtigten Kapitel des Menon.[1]) Nicht als ob es sich mit deren Inhalt anders verhielte, aber weil wir früher (S. 157) auf diese Kapitel uns berufen haben. Sie blieben den Erklärern platonischer Gespräche so lange unverstanden, als man in ihnen Wunder welche tiefsinnige Dinge suchte. Sie wurden kinderleicht und klar, sobald der Wortlaut mit den Figuren in Zusammenhang gebracht wurde, welche zwar in den Handschriften wie in den Druckausgaben fehlen, von welchen man aber dem Texte gemäss annehmen muss, dass sie im Laufe des Gespräches in den Sand gezeichnet worden waren. Diese Figuren dürften zwei an der Zahl gewesen sein, ein einfacher Kreis und eine einigermassen zusammengesetzte Vereinigung mehrerer gradliniger Figuren in eine einzige (Figur 33), die wir uns als nach und nach entstehend zu denken haben.

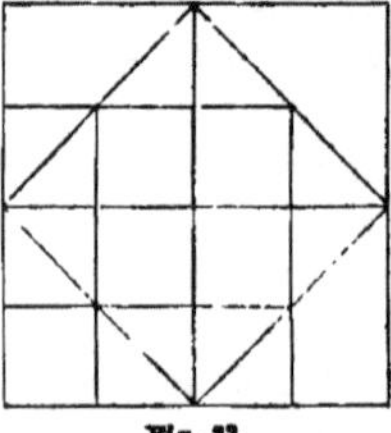
Fig. 33.

Den Kreis zeichnet Sokrates, um als Beispiel des Runden zu dienen, welches eine Figur, aber nicht die Figur überhaupt sei.[2]) Im weiteren Verlaufe des Gespräches[3]) zeichnet Sokrates, die leitende Persönlichkeit der Abhandlung, ein Quadrat von der Seitenlänge 2 mit seinen Mittellinien, welche die Mittelpunkte je gegenüberstehender Seiten verbinden. Er erweitert die Figur zur vierfachen Grösse, d. h. zum Quadrat mit der Seitenlänge 4, und innerhalb dieses grossen Quadrates zum Quadrat mit der Seitenlänge 3, das aus 9 Feldern besteht; endlich zeichnet er das Quadrat von der Fläche 8, dessen Seiten die Diagonalen, oder, wie die Sophisten und mit ihnen Platon immer sagten, die Diameter der 4 kleineren Quadrate sind, in welche das grösste Quadrat von der Seitenlänge 4 zerfällt. Dieses schrähliegende Quadrat von der Fläche 8 ist doppelt so gross als das ursprünglich gegebene Quadrat von der Fläche 4, und es kam Platon grade darauf an zu zeigen, dass ein solches Quadrat von doppelter Grösse als ein gegebenes genau und leicht gezeichnet werden könne. Es war, wie

[1]) Vergl. Benecke, Ueber die geometrische Hypothesis in Platons Menon. Elbing, 1867 und unsere Besprechung Zeitschr. Math. Phys. XIII, Literaturzeitung 9—13. Friedleins Programm von 1873: Beiträge zur Geschichte der Mathematik III pflichtet im Ganzen denselben Ansichten bei. Rothlauf S. 64 huldigt, trotzdem er Beneckes Programm kennt, einer künstlichen, wie wir überzeugt sind, falschen Meinung. [2]) Platon, Menon 73 E. [3]) Platon, Menon 82 B—85 B.

ganz richtig bemerkt worden ist[1]), der Beweis des pythagoräischen Lehrsatzes für den Fall des gleichschenklig rechtwinkligen Dreiecks, der hier geliefert wurde, möglicherweise, wie wir (S. 157) andeuteten, der älteste von Pythagoras selbst herrührende Beweis dieses ersten und einfachsten Falles, vorausgesetzt dass wirklich beim Beweise des pythagoräischen Lehrsatzes ursprünglich verschiedene Fälle unterschieden wurden. Nachdem mit dieser ersten und zweiten geometrischen Exemplification vollständig abgeschlossen ist, kehrt Sokrates an einer späteren Stelle[2]) wieder zur Geometrie zurück, um ihr ein passendes in die Sinne fallendes Beispiel für die eben zwischen ihm und Menon erörterte Frage, ob Tugend lehrbar sei oder nicht, zu entnehmen. Er will erörtern, dass das Thunliche im Allgemeinen sich selten behaupten lasse, dass es Fälle der Möglichkeit wie der Unmöglichkeit gebe. Er will ein recht zutreffendes Beispiel dafür wählen, und da bleibt sein ringsum suchendes Auge an den im Sande noch erkennbaren Figuren haften. Ist es, fragt er, möglich dieses Quadrat als gleichschenklig rechtwinkliges Dreieck in diesen Kreis auf dem Durchmesser als Grundlinie genau einzuzeichnen? Unter diesem Quadrate versteht er das von der Seitenlänge 2, dessen Verwandlung in ein gleichschenklig rechtwinkliges Dreieck aus der Figur gleichfalls zu erkennen war, wo das gewünschte Dreieck als Hälfte des schrähgezeichneten Quadrates erscheint. Sokrates hat die Frage gestellt, er gibt auch die Antwort. Sie lautet ja und nein! Es wird möglich sein das Verlangte zu thun, wenn die Seite des Quadrates dem Kreishalbmesser gleich ist, oder, was dasselbe heisst, wenn sie auf dem Durchmesser aufgetragen ein ihr gleiches Stück übrig lässt, sonst nicht. Der Wortlaut ist freilich einigermaassen dunkler, aber auch seine philologische Uebereinstimmung mit diesem hier frei erläuterten Sinne hat nachgewiesen werden können.

Die Stelle des Menon ihrer einstigen Schwierigkeit entkleidet enthält freilich nicht mehr den Beweis, dass Platon mit dieser oder jener feinen geometrischen Theorie bekannt war, aber sie enthüllt uns noch immer einen ungemein wichtigen methodischen Fortschritt[3]), der um diese Zeit sich vollzog. Sokrates leitet die letzte Auseinandersetzung durch die Worte ein: „Unter der Untersuchung von einer Voraussetzung aus verstehe ich das Verfahren, welches die Geometer oft im Auge haben; wenn sie Jemand fragt, z. B. über eine Fläche, ob in diesen Kreis die Fläche als Dreieck eingezeichnet werden könne u. s. w.“ Es war mithin damals schon oft von Geometern geschehen, was, wie wir im vorigen Kapitel (S. 179) sahen, Hippo-

---

[1]) Rothlauf S. 61. [2]) Platon, Menon 86. [3]) Blass in seiner Dissertation *De Platone mathematico* pag. 20 scheint zuerst die grosse methodische Bedeutung der Stelle Menon 86 erkannt zu haben.

krates von Chios noch unterliess. Es war die Frage aufgeworfen worden, ob eine Construction möglich sei oder nicht.

In der Akademie unter Platons Leitung wurden sicherlich diese und ähnliche Fragen erörtert.[1]) Die Philosophie der Mathematik ist in der Akademie entstanden. So führte nach Berichten bei Aristoteles, aber auch nach bestimmt nachweisbaren platonischen Stellen Platon geometrische Definitionen ein, welche in dem von ihm gebrauchten Wortlaut ein Alter von mehr als zwei Jahrtausenden erreicht haben. Die Figur ist die Grenze des Körpers, heisst es im Menon.[2]) Gerade ist doch, wessen Mitte dem beiderseitigen Aeussersten im Wege ist, heisst es im Parmenides[3]), und ebenda wird der Kreis definirt: rund ist doch wohl das, dessen äusserste Theile nach allen Seiten hin gleichweit von der Mitte abstehen. Der Punkt sei die Grenze der Linie, die Linie die Grenze der Fläche, die Fläche die Grenze des Körpers genannt worden, sagt uns Aristoteles; der Körper sei das, was drei Ausdehnungen besitze; die Linie sei Länge ohne Breite. Dass auch Grundsätze, wie der häufig bei Aristoteles erwähnte, dass Gleiches von Gleichem abgezogen Gleiches übrig lasse, schon der Akademie angehört haben werden, ist nicht in Zweifel zu ziehen. Wohl aber dürfte es in ähnlicher Weise wie bei den Pythagoräern schwer sein, innerhalb der Akademie eine Sonderung des geistigen Besitzes von Platon und seinen Schülern vorzunehmen, zu ermitteln, was von den Definitionen, von den Grundsätzen dem Einen, was den Anderen angehört.

Auf dem Gebiete mathematischer Methodik ist es noch eine einen gewaltigen Fortschritt eröffnende Erfindung, welche Platon zugeschrieben wird: die Erfindung der analytischen Methode. Wir haben darüber eine ganz kurze Notiz des Diogenes Laertius: Platon führte zuerst die analytische Methode der Untersuchung für Leodamas von Tasos ein[4]), und eine ausführlichere des Proklus: Es werden auch Methoden angeführt, von denen die beste die analytische ist, die das Gesuchte auf ein bereits zugestandenes Princip zurückführt. Diese soll Platon dem Leodamas mitgetheilt haben, der dadurch zu vielen geometrischen Entdeckungen soll hingeleitet worden sein. Die zweite Methode ist die trennnende, die, indem sie den vorgelegten Gegenstand in seine einzelnen Theile zerlegt, dem Beweise durch Entfernung alles der Construction der Aufgabe Fremdartigen einen festen Ausgangspunkt gewährt; auch diese rühmte Platon sehr als eine für alle Wissenschaften förderliche. Die dritte Methode ist die der Zurück-

---

[1]) Zusammenstellungen bei Friedlein, Beiträge zur Geschichte der Mathematik III, S. 9 flgg., bei Hankel S. 135—136, bei Rothlauf S. 51, von denen jede irgend etwas eigenthümlich hat, was in den anderen fehlt. [2]) Platon, Menon 76. [3]) Platon, Parmenides 137 E. [4]) Diogenes Laertius III, 24.

führung auf das Unmögliche, welche nicht das zu Findende selbst beweist, sondern das Gegentheil desselben bestreitet und so die Wahrheit durch Uebereinstimmung findet.[1]) Endlich gehören hierher die beiden bei Euklid erhaltenen Definitionen: Analysis ist die Annahme des Gesuchten als zugestanden durch Folgerungen bis zu einem als wahr Zugestandenen. Synthesis ist die Annahme des Zugestandenen durch Folgerungen bis zu dem Erschliessen und Wahrnehmen des Gesuchten[2]) und die dem Sinne nach damit übereinstimmenden im Wortlaute viel ausführlicheren Erörterungen des Pappus.[3])

Die Sache verhält sich folgendermassen.[4]) Soll die Wahrheit eines Satzes D bewiesen oder widerlegt werden — beides kann man verlangen — so sagt der Analytiker: Wenn D stattfindet ist C wahr; wenn C stattfindet ist B wahr; wenn B stattfindet ist A wahr; aus D folgt also endlich A; nun ist A wahr oder nicht wahr, also ist auch D wahr oder ist es nicht. Der Synthetiker dagegen beginnt mit der Behauptung der Wahrheit von A, welche ihm auf irgend eine Weise bekannt ist. Daran knüpft er die Folgerung, es werde B stattfinden, folglich sei auch C wahr, und folglich sei D wahr — oder möglicherweise ein Satz, der das Gegentheil von D bezeichnet, und den man desshalb Nicht-D zu nennen pflegt. Es ist einleuchtend, dass der synthetische Beweis unter allen Umständen richtig ist, der analytische aber nicht. Zur Richtigkeit desselben gehört nämlich, dass die in dem analytischen Beweise aufgestellten gleichzeitigen Wahrheiten auch in umgekehrter Reihenfolge sich gegenseitig bedingen, mathematisch ausgedrückt, dass man lauter umkehrbare Sätze aussprach. Von der Nothwendigkeit diese Umkehrbarkeit selbst zu erweisen ist man nur in einem Falle befreit, wenn nämlich das aus D geschlossene A nicht wahr ist. Dann freilich kann D nun und nimmermehr stattfinden. Das heisst: die Beweisform der Zurückführung auf das Unmögliche ist eine immer gestattete Unterart des analytischen Beweises; der direkte analytische Beweis dagegen erfordert stets eine Ergänzung, welche rückwärts gehend die Sätze synthetisch aus einander ableitet, deren Behauptungen die vorausgehende analytische Methode kennen lehrte. Aus diesen Betrachtungen gehen nun mehrere Folgerungen hervor.

Erstlich die, dass die analytische Methode, vermöge der Nothwendigkeit ihr, falls sie direkt zu Werke ging, eine Synthese folgen

---

[1]) Proklus (ed. Friedlein) pag. 211, lin. 18 — pag. 212, lin 4. [2]) Euklid XIII, 1. Anmerkung. [3]) Pappus, VII Praefatio (ed. Hultsch) pag. 634 flgg. [4]) Hübsche Entwicklungen über die analytische Methode der Alten bei Ofterdinger, Beiträge zur Geschichte der griechischen Mathematik. Ulm, 1860. Duhamel, *Des méthodes dans les sciences de raisonnement.* Paris, 1865—1866. Besonders T. I, chap. 10 *De l'analyse et de la synthèse chez les anciens.* Hankel 137—150.

zu lassen, weniger für die Beweisführung von Sätzen, dagegen vortrefflich für die Auflösung von Aufgaben sich eignet, bei welchen die analytisch gefundene Auflösung meistens die nothwendige Voraussetzung zur Entdeckung ihres synthetischen Beweises bildet, und in der That spielt die Analysis ihre Hauptrolle in dem sogen. aufgelösten Orte, d. h. bei Aufgaben, die einen geometrischen Ort oder eine Aufeinanderfolge von Punkten betreffen, deren jeder sich einer gewissen Eigenschaft erfreut, welche ihrerseits keinem anderen Punkte ausserhalb des Ortes zukommt.

Zweitens scheint die indirekte Methode der Zurückführung auf das Unmögliche, die sogen. apagogische Beweisführung[1]) wegen ihrer unbedingten Giltigkeit vorzuziehen. In der That haben die Alten sich derselben wenn auch nicht gerade überwiegend doch viel häufiger als die modernen Geometer bedient. Namentlich bei den Sätzen, in welchen eine sogen. Exhaustion vorgenommen wird, wo also der Grenzbegriff das unmittelbare Erreichen des Zieles ausschliesst und nur die synthetische Hypothese des Unendlichkleinen als Ersatz zu dienen vermag, wird man bei griechischen Schriftstellern stets Beweisen aus dem Gegentheil begegnen. Wir haben zugleich angedeutet, dass in neuerer Zeit die indirekten Beweise nicht beliebt sind. Der Grund liegt darin, dass bei aller zwingenden Strenge für den Verstand der indirekte Beweis der Einbildungskraft keine vollständige Befriedigung zu gewähren pflegt. Ungezügelt umherschweifend sucht sie noch immer dritte Fälle ausfindig zu machen, welche neben der Existenz von Nicht-D eine Coexistenz von D zulassen, und nur schwer gibt sie sich gefangen, dass wirklich die Eintheilungstheile des Eintheilungsganzen vollständig erschöpft wurden, dass wirklich zwei sich ausschliessende Thatsachen vorliegen, die nicht gleichzeitig gesetzt werden können.

Drittens liegt, wie wir gesehen haben, jedem Beweise, werde er analytisch oder synthetisch, direkt oder indirekt geführt, die Wahrheit eines gewissen Satzes A zu Grunde, deren man sich versichert halten muss. In vielen Fällen wird dieses A Ergebniss früherer Lehrsätze und gehörigen Ortes streng erwiesen sein. Allein immer ist dieses nicht der Fall und kann es nicht der Fall sein, da eine unendliche Kette von Rückschlüssen nicht denkbar ist. Irgend einmal muss man stehen bleiben und eine Grundwahrheit als von selbst einleuchtend oder erfahrungsmässig gegeben zum Ausgangspunkte der Beweisführung annehmen. Wer also wie Platon auf das Wesen der Beweisführung selbst einging, musste auf dem Wege dieser Untersuchung das thun, was wir oben von Platon berichtet haben. Er musste Definitionen

---

[1]) *ἀπαγωγὴ εἰς ἀδύνατον*, lateinisch *reductio ad absurdum* oder *demonstratio e contrario.*

geben, welche der unendlichen Spaltung der Begriffe zu Gunsten einfacher Begriffe ein Ziel setzten; er musste auch Axiome, Grundsätze und Annahmen, anerkennen, welche man nicht weiter beweist, sei es dass sie als von unmittelbarer Gewissheit nicht mehr bewiesen zu werden brauchen, oder dass sie nicht bewiesen werden können.

Wir kehren von dieser das Wesen antiker geometrischer Beweisführung berührender Auseinandersetzung, zu welcher die mathematischen Kapitel im Menon uns fast mehr Gelegenheit als Veranlassung boten zu einer anderen Schrift Platons und einer nicht minder übelberüchtigten Stelle derselben zurück. Wir meinen den Anfang des VIII. Buches vom Staate.[1]) Auch diese Stelle hat eine ganze Literatur hervorgerufen,[2]) welche jedoch unserem Gefühle nach noch nicht vermochte die Schwierigkeiten der sehr dunkeln Anspielungen, in welchen Platon sich hier gefällt, endgültig zu lösen. Gehen doch die Ansichten so weit auseinander, dass nicht bloss über den Sinn der sogen. platonischen Zahl, sondern über ihre Grösse selbst ein Einverständniss nicht herrscht. Nur ein wie beiläufig eingeschalteter kleiner Satz dieser Stelle ist in seiner Bedeutung sicher erkannt und gibt uns Anlass zu einer, wie wir glauben, geschichtlich wichtigen Bemerkung. Es ist von der Länge der Diagonale des Quadrates über der Seite 5 die Rede, welche rational ausfalle wenn 1 fehle, irrational wenn 2 fehlen.[3]) Man versteht das allgemein so, dass jene Diagonale oder $\sqrt{50}$ in den rationalen Werth 7 übergehe, wenn die Zahl 50 um 1 verringert werde, dagegen irrational $\sqrt{48}$ bleibe, wenn man 2 von den 50 abziehe. Wir haben, wo von der Entdeckung des Irrationalen durch Pythagoras (S. 154) die Rede war, hervorgehoben, man werde wohl Versuche angestellt haben die Diagonale eines Quadrates dadurch aussprechbar, also rational, zu machen, dass man andere und andere Seitenlängen wählte, man werde so zwar das wirklich angestrebte Ziel natürlich nicht erreicht, aber doch Näherungswerthe von $\sqrt{2}$ gefunden haben. Die eben angeführte platonische Stelle bringt uns diesen Gegenstand in's Gedächtniss zurück. Platon hat, wie wir sehen, unzweifelhaft gewusst, dass $\sqrt{50}$ oder $5\sqrt{2}$ nur wenig von 7 sich unterscheidet. Ist er so weit gegangen in der Praxis des Rechnens $\sqrt{2}$ annähernd gleich $^7/_5$ zu setzen? Darüber fehlt uns die Sicherheit, aber das steht fest, dass jenes Bewusstsein bei Platonikern und deren Schülern sich fortwährend erhalten hat. Proklus sagt uns ausdrücklich, es gebe keine Quadratzahl, welche

---

[1]) Platon, Staat 546 B, C. [2]) Vergl. Th. Henri Martin, *le nombre nuptial et le nombre parfait de Platon* im XIII. Bande der *Revue archéologique* und Rothlauf S. 29 flgg. Bei Martin insbesondere finden sich zahlreiche Verweisungen auf ältere Abhandlungen. [3]) *ἀπὸ διαμέτρων ῥητῶν πεμπάδος, δεομένων ἑνὸς ἑκάστων, ἀῤῥήτων δὲ δυεῖν.*

das Doppelte einer Quadratzahl anders als nahezu sei; so sei das Quadrat von 7 das Doppelte des Quadrates von 5, an welchem nur 1 fehle[1]). Es wird uns später gelingen, den Näherungswerth $\sqrt{2} = {}^7/_5$ noch bestimmter nachzuweisen und damit die Wahrscheinlichkeit zu erhöhen, dass die Nutzbarmachung jener bei Platon nachgewiesenen Kenntniss in der That stattgefunden habe. Dass nämlich Platon sich mit rationalen und mit irrationalen Quadratwurzeln überhaupt beschäftigt hat, geht aus einer anderen Nachricht hervor, von der jetzt die Rede sein soll.

Heron von Alexandria[2]) und ebenso auch Proklus[3]) theilen uns eine Methode zur Auffindung rationaler rechtwinkliger Dreiecke mit, welche sie ausdrücklich als Erfindung des Platon bezeichnen, und wenn auch Boethius von dieser Angabe abweichend einen Architas als Erfinder nennt[4]), so tragen wir doch kein Bedenken dem älteren griechischen Berichterstatter den Vorzug der Glaubwürdigkeit vor dem jüngeren römischen Schriftsteller zu gewähren. Schon Pythagoras fand, wie wir uns erinnern (S. 157), rationale rechtwinklige Dreiecke, indem er wohl davon ausging den Unterschied zwischen der Hypotenuse a und der grösseren Kathete b der Einheit gleich zu setzen, wodurch er genöthigt war die Summe der Hypotenuse und derselben Kathete in Form einer sonst beliebigen ungeraden Quadratzahl zu wählen. War solches in der That der Weg, auf welchem Pythagoras zu seinen Werthen gelangte, so musste ein nächster Versuch jene Differenz $a - b = 2$ setzen, und die ihr ähnliche Flächenzahl $a + b$ musste dann das Doppelte einer Quadratzahl oder $2\alpha^2$ sein, beziehungsweise die Hälfte einer geraden Quadratzahl $\frac{(2\alpha)^2}{2}$. Dann wurde von selbst $c = 2\alpha$, $b = \alpha^2 - 1$, $a = \alpha^2 + 1$, und genau so verfuhr Platon. Proklus sagt uns mit einer Deutlichkeit, die Nichts zu wünschen übrig lässt: Platons Methode geht von der geraden Zahl aus; man nimmt nämlich eine gerade Zahl an und setzt sie gleich einer der beiden Katheten; wird diese halbirt, die Hälfte quadrirt und zu diesem Quadrate die Einheit addirt, so ergibt sich die Hypotenuse; wird aber die Einheit vom Quadrate subtrahirt, so erhält man die andere Kathete.

So dienen beide Methoden, die des Pythagoras und die des Platon, einander zur Ergänzung und rechtfertigen gegenseitig die Vermuthungen, welche wir darüber aussprachen, wie man dieselben gefunden haben mag. Platon erscheint uns dabei nicht sowohl erfindungsreich, als dass er vorherbetretene Wege umsichtig zu gehen wusste.

---

[1]) Proklus (ed. Friedlein) pag. 427, lin. 21—24. [2]) Heron (ed. Hultsch) *Geometria* pag. 57. [3]) Proklus (ed. Friedlein) pag. 428. [4]) Boethius (ed. Friedlein) *Geometria* pag. 408.

Er muss jedenfalls auf der Höhe des mathematischen Wissens seiner Zeit gestanden haben, mag ihn im mathematischen Können dieser oder jener übertroffen haben. Seine für die damalige Zeit grosse mathematische Gelehrsamkeit wird durch Alles, was wir von ihm wissen, bestätigt. Wir erinnern uns des reichen für die Geschichte der Mathematik bei den Pythagoräern von uns ausgenutzten Inhaltes des platonischen Timäus. Die Zusammensetzung regelmässiger ebener Figuren aus rechtwinkligen Dreiecken, die Bildung der fünf regelmässigen Körper waren ihm bekannt. Wenn auch Pappus diese letzteren gradezu als solche bezeichnet, von denen bei Platon die Rede sei [1]), so wissen wir doch, dass Platon keineswegs der Erfinder war. Die eigentliche Stereometrie scheint übrigens, trotz der Kenntniss der regelmässigen Körper, damals noch recht im Argen gelegen zu haben. „Hinsichtlich der Messungen von Allem, was Länge, Breite und Tiefe hat, legen die Griechen eine in allen Menschen von Natur vorhandene ebenso lächerliche als schmähliche Unwissenheit an den Tag“, sagt Platon [2]) und fährt in wenig gewählter Ausdrucksweise fort, es sei in dieser Beziehung bestellt „nicht wie es Menschen, sondern wie es Schweinen geziemt, und ich schämte mich daher nicht bloss über mich selbst, sondern für alle Griechen“. Am Weitesten entwickelt war die Arithmetik. Dass Platon über die Proportionenlehre, über die Begriffe von Flächenzahlen und Körperzahlen Herr war, wissen wir aus dem Timäus. Wir erinnern uns auch, dass (S. 140) ein besonderer Fall der pythagoräischen Sätze über geometrische Mittel zwischen Flächenzahlen und zwischen Körperzahlen als platonisch genannt wird. [3]) Wir können noch zwei andere Stellen platonischer Schriften anführen, welche für seine Kenntnisse in der Arithmetik von Wichtigkeit sind. Im Phädon sagt Platon die ganze eine Hälfte der Zahlen sei grad, die andere sei ungrad. [4]) In den Gesetzen weiss er, dass die Zahl 5040 durch 59 verschiedene Zahlen theilbar ist, unter welchen sämmtliche Zahlen von 1 bis 10 sich befinden. [5]) Das sind in der That ganz anständige Kenntnisse, wenn wir auch natürlich annehmen, dass die Theiler von 5040 empirisch gefunden und gezählt wurden. Vielleicht kann das Aufsuchen der Theiler doch in Zusammenhang mit einer Bekanntschaft mit befreundeten und mit vollkommenen Zahlen gedeutet werden müssen, wenn wir auch (S. 142) uns sträubten diese in so frühe Zeit zu verlegen?

Eine Erfindung Platons wird uns berichtet, welche ihm als Geometer alle Ehre macht, und welche somit den ersten Theil dessen,

---

[1]) Pappus V, 19 (ed. Hultsch) pag. 352. [2]) Platon, Gesetze pag. 805. [3]) Nicomachus, Eisagoge arithm. II, 24, 6 (ed. Hoche) pag. 129. [4]) Platon, Phädon pag. 104. [5]) Platon, Gesetze pag. 737.

was das Mathematikerverzeichniss von Platon zu sagen weiss, ebenso voll bestätigt, wie der zweite Theil jener Charakteristik in unserer seitherigen Darstellung zur Geltung kam. Wir müssen nachholend diese Schilderung hier einschalten.

„Platon, der auf diese (Hippokrates und Theodorus) folgte, verschaffte sowohl den anderen Wissenschaften als auch der Geometrie einen sehr bedeutenden Zuwachs durch den grossen Fleiss, den er bekanntlich auf sie verwandte. Seine Schriften füllte er stark mit mathematischen Betrachtungen und hob überall hervor, was von der Geometrie sich in bemerkenswerther Weise an die Philosophie anschliesst."

Vielleicht ist unter dem bedeutenden Zuwachse, der durch Platons Fleiss der Geometrie verschafft wurde, seine Auflösung der Aufgabe von der Würfelverdoppelung verstanden, welcher wir uns hiermit zuwenden. Freilich steht es schlimm mit derselben, wenn die Meinung derer sich als richtig erweisen sollte, welche den ganzen darüber uns zugekommenen Bericht anzweifeln. Wir wollen die schwerwiegenden Bedenken derselben nachträglich erörtern und für's Erste dem Berichte selbst hier einen Platz einräumen.

Eutokius von Askalon hat im VI. S. einen Commentar zu des Archimed Schrift über Kugel und Cylinder verfasst und in diesen Commentar sehr wichtige Mittheilungen über die Aufgabe der Würfelverdoppelung eingeflochten. Dorther kennen wir den Brief des Eratosthenes über jenes Problem (S. 181), dorther eine ganze Anzahl von unter einander verschiedenen Auflösungen, darunter solche von Platon, von Menächmus, von Archytas. Die Auflösung des Archytas hat Eutokius dem Eudemus entnommen, und bei der unbedingten Zuverlässigkeit dieses Gewährsmannes ist an der Genauigkeit des Berichtes nie der leiseste Zweifel erhoben worden. Woher stammen die übrigen Auflösungen? Eutokius sagt es uns nicht, aber er leitet den ganzen Bericht damit ein, er wolle die Gedanken der Männer, welche auf uns gekommen sind, ersichtlich machen. Sollte in Zusammenhang mit dieser Erklärung sein Schweigen nicht beredt genug sein? Sollte es nicht zu verstehen geben, dass, wo eine zweite Quelle nicht genannt wurde, die Originalschriften selbst von Eutokius benutzt wurden, oder doch solche, welche er für die Originalschriften hielt? Sollte der Umstand, dass die Auflösungen als solche richtig sind und somit die Unverletztheit des Gehaltes der Schriften, von welchen Eutokius Gebrauch machte, verbürgen, nicht auch bei Prüfung der Richtigkeit der Namen, unter welchen die Auflösungen mitgetheilt sind, von Gewicht sein? Unter den von Eutokius mitgetheilten Auflösungen steht die Platons an der Spitze, muthmasslich wegen der grossen Berühmtheit des Verfassers. Jedenfalls ist eine Zeitfolge der Auflösungen aus der Anordnung, in welcher sie bei Eutokius erscheinen, in keiner Weise zu entnehmen. Sie sind vielmehr bunt durcheinandergewürfelt, und um nur solche Männer zu nennen, deren Zeitalter durch Jahrhunderte getrennt liegen, bei denen also ein Zweifel unmöglich ist, kommt Heron vor Apollonius, Pappus vor Menächmus zu stehen.

Das Verfahren des Platon[1]) beruht auf einer Vorrichtung, welche sich (Figur 34) als Rechteck $A\Delta EZ$ mit drei festen und einer in paralleler Lage verschiebbaren Seite $A\Delta$ bezeichnen lässt. Mittels gehöriger Verschiebung der beweglichen Seite nebst entsprechender Drehung der ganzen Vorrichtung soll unter vorheriger Annahme der Länge von zwei zu einander senkrechten Linien $AB = b$, $B\Gamma = a$ Folgendes bewirkt werden: A soll in den Durchschnitt der festen ZA mit der beweglichen $A\Delta$, Γ auf die zweite feste Seite ZE, zugleich der Endpunkt E des Rechtecks auf die Verlängerung von AB und endlich der zweite Durchschnittspunkt der beweglichen $A\Delta$ mit der dritten festen Seite $E\Delta$ auf die Verlängerung von ΓB fallen. Nennen wir nun $BE = x$, $B\Delta = y$, so ist im rechtwinkligen Dreiecke $\Gamma\Delta E$ die BE senkrecht aus der Spitze des rechten Winkels auf die Hypotenuse gefällt, und die gleiche Rolle spielt die $B\Delta$ im rechtwinkligen Dreiecke $A\Delta E$. Folglich ist $a : x = x : y$ und $x : y = y : b$. Mithin sind x und y die beiden mittleren Proportionalen, welche zwischen a und b eingeschaltet werden mussten, $x = a \cdot \sqrt[3]{\frac{b}{a}}$ und unter der Voraussetzung $b = 2a$ endlich $x = a\sqrt[3]{2}$. Wir bemerken[2]), dass dieses Verfahren, sofern es von Platon herrührt, uns ein Zeugniss dafür ist, dass damals griechische Geometer den Satz kannten, dass die Senkrechte aus der Spitze des rechten Winkels auf die Hypotenuse eines rechtwinkligen Dreiecks das geometrische Mittel zwischen den Stücken ist, in welche sie die Hypotenuse zerlegt.

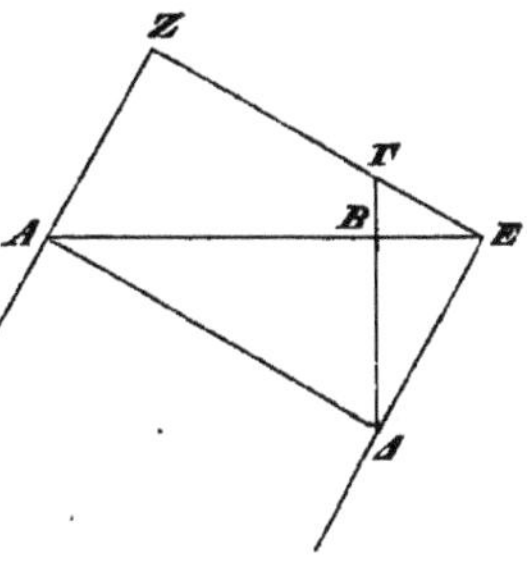

Fig. 34.

Wir stellen neben dieses Verfahren sofort dasjenige, welches Eutokius uns nach Eudemus von Archytas berichtet.[3]) Es stimmt, wie wir sehen werden, vollkommen zu den Worten im Briefe des Eratosthenes: „Der Tarentiner Archytas soll sie vermittelst der Halb-

[1]) Archimedis Opera ed. Torelli. Oxford, 1792, pag. 135. [2]) Vergl. Bretschneider 142. [3]) Archimedes (ed. Torelli) pag. 143.

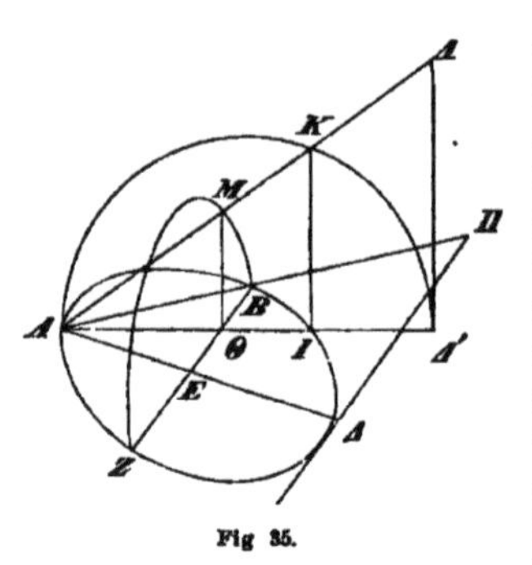

Fig 35.

cylinder aufgefunden haben.“ Es seien (Figur 35) $A\Delta = b$ und $AB = a$ die beiden Geraden, zwischen welche zwei mittlere Proportionalen einzuschalten sind. Die Grössere $A\Delta$ wird als Durchmesser eines Halbkreises benutzt, in welchen die Kleinere AB als Sehne eingezeichnet wird. Aber auch senkrecht zu diesem ersten Halbkreise wird über $A\Delta$ ein zweiter Halbkreis errichtet, der in A befestigt über die Ebene $AB\Delta$ weggeschoben werden kann. Er bildet dabei auf dem über dem Halbkreise $AB\Delta$ errichteten Halbcylinder eine krumme Linie. Andererseits ist das Dreieck $A\Delta\Pi$ gegeben durch die $A\Delta$, die AB und die Berührungslinie $\Delta\Pi$ an den Halbkreis in Δ. Dieses Dreieck liefert um $A\Delta$ als Axe in Drehung versetzt eine Kegeloberfläche, welche gleichfalls den Halbcylinder und die vorher auf ihm erzeugte Curve schneidet, letztere in einem Punkte K, der als dem Halbcylinder angehörend senkrecht über einem Punkte I des Halbkreisbogens $AB\Delta$ liegen muss. Während $A\Pi$ die Kegeloberfläche beschreibt, beschreibt endlich auch das Stück AB dieser Geraden eine Fläche gleicher Art, beziehungsweise der Punkt B einen Halbkreis BMZ, der senkrecht zur Horizontalebene $AB\Delta Z$ steht. Da zu dieser Ebene auch $AK\Delta'$ senkrecht steht, so ist zu ihr auch $M\Theta$ senkrecht, die Durchschnittsgerade der beiden genannten Ebenen, beziehungsweise $M\Theta \perp BZ$ als Durchschnittsgeraden der BMZ mit der $AB\Delta Z$. Daraus folgt mit Rücksicht auf die Eigenschaft von BMZ als Halbkreis und von BZ als dessen Durchmesser, dass $M\Theta^2 = B\Theta \times \Theta Z$. Aber $B\Theta \times \Theta Z = A\Theta \times \Theta I$, weil BZ und AI zwei in Θ sich schneidende Sehnen desselben Kreises sind. Also $M\Theta^2 = A\Theta \times \Theta I$, also der Winkel AMI ein Rechter, d. h. eben so gross wie $AK\Delta'$, welcher Winkel im Halbkreise ist, und folglich MI parallel zu $K\Delta'$. Damit ist die Aehnlichkeit des Dreiecks $\Delta'AK$ mit IAM, aber auch mit KAI bewiesen, und damit die Proportion $AM : AI = AI : AK = AK : \Delta'A$. Setzt man endlich $AM = AB = a$, $\Delta'A = A\Delta = b$, $AI = x$, $AK = y$, so ist wieder $a : x = x : y = y : b$, wie es verlangt wurde. Aus diesem Verfahren geht, was wir zu bemerken nicht versäumen wollen, die Kenntniss mehrer wichtiger Sätze von Seiten des Erfinders hervor. Nicht bloss die beiden planimetrischen Lehrsätze, dass die Berührungslinie an den Kreis senkrecht zum Durchmesser steht und dass Kreissehnen einander in umgekehrt proportionalen Stücken schneiden, mussten ihm geläufig sein, auch von der durch Platon beklagten allgemeinen Unwissenheit auf stereometrischem Gebiete bildete er eine rühmliche Ausnahme. Archytas wusste, dass die Durchschnittsgerade zweier zu einer dritten Ebene senkrechten Ebenen gleichfalls senkrecht auf dieser und insbesondere senkrecht auf deren Durchschnittsgeraden mit einer der senkrechten Ebenen steht. Er besass, was wir noch weit höher anschlagen, über die Entstehung von Cylindern und Kegeln, über gegenseitige Durchdringung von Körpern und dabei auf ihrer Oberfläche entstehenden Curven vollständig klare Anschauungen. Sollte Archytas ein Modell sich angefertigt haben, an welchem er sein Verfahren sich ausbildete? Wir stellen die Frage, ohne eine Antwort darauf zu wissen und finden eine solche auch nicht in den Worten des Diogenes Laertius, der uns erzählt: „Archytas zuerst behandelte die Mechanik methodisch, indem er sich dabei geometrischer Grundsätze bediente; auch führte er zuerst die organische Bewegung in die Construction geometrischer Figuren ein, indem er durch den Schnitt des Halbcylinders zwei mittlere Proportionalen zur Verdoppelung des Würfels zu erhalten suchte."[1]) In dem durch Eutokius überlieferten Text kommt auch das Wort τόπος, geometrischer Ort, vor.[2]) Wüssten wir mit Bestimmtheit, Eutokius habe hier wörtlich nach Eudemus, dieser wörtlich nach Archytas berichtet, so wäre uns dieser Ausdruck sehr bemerkenswerth, weil er einem mathematisch wichtigen Begriffe entspricht, dessen Anfänge wir zwar bei Archytas vorauszusetzen unbedingt genöthigt sind, an dessen bis zur Namensgebung vorgeschrittene Entwicklung in jener Zeit schon zu glauben uns aber schwer fällt. Wir vermuthen daher, Eudemus, dem Eutokius wahrscheinlich sehr genau folgte, habe beim Berichte über die Würfelverdoppelung des Archytas sich stylistische Aenderungen gestattet, und durch eine solche sei das Wort „Ort", welches inzwischen zur Bedeutung eines Fachausdruckes gelangt war, hineingekommen. Diese Vermuthung findet darin Unterstützung, dass die ganze Darstellung des Verfahrens des Archytas weit weniger alterthümlich klingt als z. B. der Bericht über die Quadraturversuche des Hippokrates von Chios. Selbstverständlich nehmen wir aber nur an, Eudemus habe den Wortlaut des Archytas einigermassen frei behandelt. Den Sinn muss er getreu wiedergegeben haben, und so bleiben die Folgerungen, welche wir auf stereometrische Kenntnisse des Archytas gezogen haben, unberührt.

Wir lassen auch die Würfelverdoppelungen des Menächmus gleich folgen. Eutokius theilt uns zwei von einander verschiedene Verfahren dieses Schrifstellers mit.[3]) Das einemal wird die Aufgabe durch eine Parabel in Verbindung mit einer Hyperbel gelöst, das anderemal werden zwei Parabeln benutzt. Hier kann, wie wir betonen müssen, ein wörtlicher Auszug aus Menächmus unter keiner Bedingung vor-

[1]) Diogenes Laertius VIII, 83. [2]) Archimedes (ed. Torelli) pag. 143, lin. 15 von unten. [3]) Archimedes (ed. Torelli) pag. 141.

liegen, da diese Namen Hyperbel und Parabel, wie wir noch sehen werden, viel späteren Ursprunges sind. Der Bericht des Eutokius über die Würfelverdoppelungen des Menächmus unterscheidet sich in wesentlicher Art von dem über die Methode des Archytas. Während bei Archytas nur die Synthese mitgetheilt, die Analyse aber verschwiegen ist[1]), ist bei Menächmus über Analyse und Synthese gleichmässig berichtet und uns dadurch ein vortreffliches Beispiel zur Kenntniss jener beiden Schlussarten der Alten in die Hand gegeben. Mögen a, x, y, b wieder die vorige Bedeutung haben, mithin $a : x = x : y = y : b$ zu construiren sein. Weil $a : x = x : y$ wird (Figur 36) ein Punkt Θ, von dem aus die Senkrechte $\Theta Z = x$ auf eine Gerade AH gefällt ist, auf der von einem gegebenen Anfangspunkte A aus die Länge $AZ = y$ genannt wird, nothwendig auf einer durch A hindurchgehenden Parabel liegen. Zieht man ferner $AK \# \Theta Z$ und $\Theta K \# AZ$, so ist das Rechteck $AK\Theta Z$ gemessen durch $x \times y$ d. h. wegen $a : x = y : b$, gemessen durch $a \times b$, oder gegeben. Demzufolge liegt Θ auch auf einer Hyperbel, deren Asymptoten die AK und AZ sind. Das ist die Analyse. Sie geht aus von der Annahme, der Punkt Θ, welcher durch die Linien x, y erst festgelegt werden soll, sei schon vorhanden, und zieht daraus Folgerungen, welche für die Lage von Θ anderweitige Merkmale liefern. Nun kommt die Synthese, d. h. hier die Construction der genannten Curven. In einem Punkte A lässt man zwei Senkrechte zusammentreffen. Dann zeichnet man eine Parabel mit A als Scheitelpunkt, der einen der gezogenen Geraden AH als Axe und a als Parameter. Ferner zeichnet man zwischen die beiden Geraden AH und AK als Asymptoten eine Hyperbel unter der Bedingung, dass das Rechteck der mit KA, AH bis zum Durchschnitte mit diesen Geraden in umgekehrter Folge von jedem Hyperbelpunkte gezogenen Parallelen dem Rechtecke aus a und b gleich sei. Dann schneiden sich Parabel und Hyperbel in dem Punkte Θ, dessen senkrechter Abstand von AH das gesuchte x ist. Die zweite Methode des Menächmus (Figur 37)

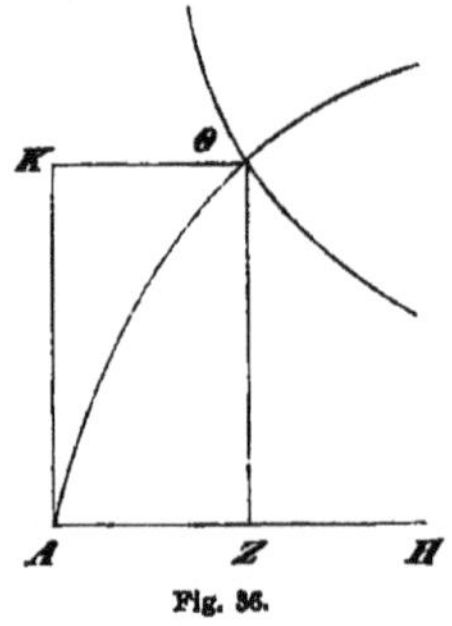

Fig. 36.

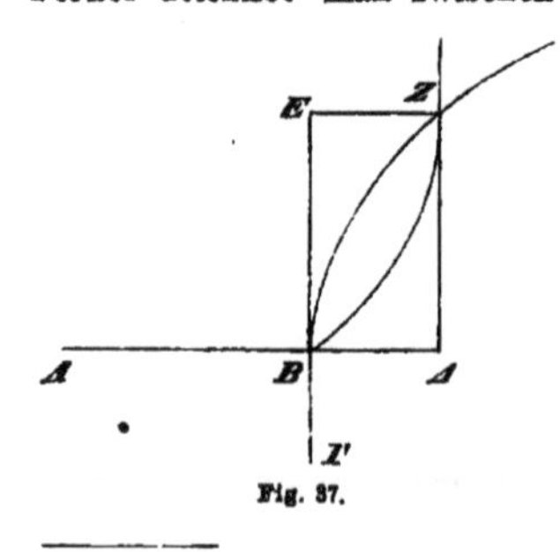

Fig. 37.

[1]) Bretschneider 152 hat versucht die Analyse des Archytas zu errathen und, wie uns scheint, mit ziemlichem Glück. Vergl. auch Flauti, *Geometria disito.* Neapel, 1821, pag. 173—174.

folgert wieder aus $a : x = x : y$, dass der gesuchte Punkt auf einer Parabel liege, ebenso aber aus $x : y = y : b$, dass er auf einer zweiten Parabel liege, deren beiderseitige Axen sich in dem beiden Parabeln gemeinschaftlichen Scheitelpunkte A senkrecht durchschneiden, was alsdann in der Synthese benutzt wird. Eutokius schliesst den Bericht über die Auflösungen des Menächmus mit den Worten: „Die Parabel zeichnet man mittels eines von dem Mechaniker Isidorus von Milet, unserem Lehrer, erfundenen Zirkels, der von ihm in seinem Commentare zu der Gewölblehre des Heron beschrieben worden ist." Dass die von Eutokius angewandte Form nicht die des Menächmus selbst gewesen sein kann, haben wir berührt. Auf die Glaubwürdigkeit des Inhalts fällt dadurch kein Schatten. Menächmus muss also die Curven gekannt haben, welche eine spätere Zeit Parabel und Hyperbel genannt hat; er muss die Asymptoten der Hyperbel gekannt haben; er muss diejenigen Grundeigenschaften beider Curven gekannt haben, welche die analytische Geometrie durch die Gleichungen $y^2 = ax$ und $xy = c^2$ auszudrücken weiss.

Im Briefe des Eratosthenes ist, wie wir uns erinnern, auch von einer Würfelverdoppelung des Eudoxus mittels der sogenannten Bogenlinien (S. 181) die Rede. Ueber diese berichtet Eutokius absichtlich gar nicht. Er setzt sich vielmehr in strengsten Gegensatz gegen diese Arbeit des Eudoxus.[1]) Er habe, sagt er etwa, die Abhandlung des Eudoxus vernachlässigt, weil dieser erstlich die Bogenlinien, von deren Benutzung er in der Einleitung rede, beim Beweise gar nicht anwende und zweitens eine unstetige Proportion gleich einer stetigen verwerthe, was nur zu denken nicht am Orte sei. Man hat hieraus, wie wir glauben berechtigterweise, den Schluss gezogen[2]), es werde dem Eutokius nur ein bis zur Unverständlichkeit verstümmelter Text des Eudoxus vorgelegen haben, da weder dem Eudoxus so grobe Fehler, wie Eutokius sie ihm vorwirft, zuzutrauen seien, noch auch Eratosthenes eine durchaus verfehlte Lösung der Erwähnung würdig gefunden haben würde, jedenfalls nicht ohne auf das Irrige derselben hinzuweisen. Fügen wir diesen Schlüssen noch hinzu, dass das Verfahren des Eutokius diesem einen Schriftsteller gegenüber uns die Klarheit und Reinheit der Quellen, welche ihm für die Würfelverdoppelungen der Anderen dienten, verbürgt.

Wir haben bei dieser Aufzählung von Würfelverdoppelungen nach Eutokius uns allzusehr von unserer Gewohnheit, die Schriftsteller, mit denen wir uns gerade beschäftigen, auch ihrer Persönlichkeit nach wenigstens einigermassen zu schildern, entfernt, um nicht schon hierdurch zu zeigen, dass wir mit Platon noch nicht abgeschlossen haben. Diese Einschaltungen — mögen wir auch später

---

[1]) Archimedes (ed. Torelli) pag. 135, lin. 11 flgg. [2]) Bretschneider 166.

uns auf dieselben zu beziehen haben — bezwecken an dieser Stelle nur das Urtheil bei Besprechung der Streitfrage zu leiten, ob das, was Eutokius als platonische Würfelverdoppelung gibt, wirklich echt sein kann. Stellen wir dazu die Einwendungen, welche man gemacht hat, zusammen.

Wir haben aus dem Briefe des Eratosthenes ersehen, dass, nachdem jene Aufgabe schon geraume Zeit die Geometer vergeblich beschäftigt hatte, nachdem eine Rathlosigkeit an die Stelle einer anderen getreten war, eine neue Veranlassung neue Bemühungen hervorrief, indem die Delier, welche einem Orakelspruche folgend um einer Seuche ein Ziel zu setzen einen Altar verdoppeln sollten, sich an Platon und seine Akademie um Rath wandten. Theon von Smyrna berichtet nach einer uns unbekannten Schrift des Eratosthenes, welche den Titel „Der Platoniker" geführt zu haben scheint, ganz ähnlich.[1]) Platon habe den Deliern, welche der Seuche halber den Altar ihres Gottes verdoppeln sollten und die Ausführung zu betreiben ihn befragten, die Antwort ertheilt: Nicht die Verdoppelung des Altars wünsche der Gott, er habe den Ausspruch nur als Tadel gegen die Hellenen verstanden, welche um die Wissenschaften sich nicht kümmerten und die Geometrie gering achteten. Plutarch ist ein dritter Schriftsteller, der in seinen Werken sogar zweimal auf den Gegenstand zu reden kam[2]), sie auch in einem Nebenumstande etwas abweichend angibt. Er fügt nämlich der Antwort Platons, die Gottheit habe ihre Missbilligung der allzugeringen Beschäftigung mit Geometrie bezeugen wollen, noch bei: um einen Körper so zu verdoppeln, dass er der ursprünglichen Gestalt durchaus ähnlich bleibe, bedürfe man der Auffindung zweier geometrischer Mittel, und das werde ihnen Eudoxus von Knidos oder Helikon der Kyzikener leisten, der Letztere ein Schüler des Eudoxus, der in der Geschichte der Astronomie genannt zu werden pflegt. Johannes Philoponus endlich lässt diese Verweisung auf Andere in der Antwort des Platon an die Delier wieder weg, während er der Nothwendigkeit zwei geometrische Mittel zu finden gedenkt.[3]) Aus allen diesen Angaben folgt, dass über die Frage der Würfelverdoppelung ein Meinungsaustausch zwischen Deliern und Platon stattgefunden hat, und daher rührt der Name der delischen Aufgabe, unter welchem die der Würfelverdoppelung vielfach vorkommt. Aber auch einen anderen Umstand kann man mit einigem Erstaunen bemerken. Eratosthenes, der doch von den erfolgreichen Bemühungen zur Auffindung der Seite des

---

[1]) Theon Smyrnaeus (ed. Hiller) pag. 2. *Ἐρατοσθένης μὲν γὰρ ἐν τῷ ἐπιγραφομένῳ Πλατωνικῷ κ. τ. λ.* [2]) Plutarchus, *De genio Socratis* cap. 7 und *De εἰ apud Delphos* cap. 6. [3]) Johannes Philoponus ad Aristotelis Analyt. post. I, 7.

verdoppelten Würfels besonders redet, erwähnt den Namen Platon und erwähnt nicht, dass er das Vertrauen, welches die Delier in seine Geschicklichkeit setzten, durch Lösung der Aufgabe rechtfertigte. Diesem Schweigen schliesst sich Theon von Smyrna an, der freilich aus Eratosthenes schöpfte, und Johannes Philoponus. Plutarch ergänzt es nun gar dadurch, dass Platon von vorn herein die Erwartung, als könne er die Frage lösen, unter Verweisung an andere Geometer von sich abzulenken wusste. Man muss zugeben, dass dieses Schweigen, dass dieser Zusatz sehr eigenthümlich, sehr schwer zu verstehen sind, wenn jene Schriftsteller das Verfahren Platons kannten, dass es noch staunenswerther wäre, wenn Platon den Würfel verdoppelt hätte und jene Schriftsteller von seiner Abhandlung, die doch zur Kenntniss des Eutokius gelangt sein muss, Nichts gewusst hätten. Es wäre darnach möglich, dass die Quelle des Eutokius eine jener gefälschten Abhandlungen gewesen wäre, wie sie zur Zeit des Neuplatonismus zu Dutzenden erschienen und auf Rechnung alter Lehrer gesetzt wurden.

Dazu kommt eine ganz bedenkliche Notiz, welche Plutarch zweimal mitgetheilt hat.[1]) Platon, sagt er, tadelte den Eudoxus und Archytas und Menächmus, welche die Verdoppelung des Körperraumes auf instrumentale und mechanische Verfahrungsweisen zurückführen, gleich als ob sie hierdurch zwei mittlere Proportionalen auf unerlaubte Weise zu erhalten versuchten. Denn auf solche Art werde der Vorzug der Geometrie aufgehoben und verdorben, sofern man sie wieder auf den sinnlichen Standpunkt zurückführt, sie, die in die Höhe gehoben werden und sich an ewige und körperlose Gedankenbilder halten sollte, wie dies bei Gott der Fall ist, der desshalb immer Gott ist. So die eine Stelle Plutarchs. Wo er aber an einer zweiten Stelle die gleiche Angabe wiederholt, verbindet er damit die Bemerkung, in Folge von Platons Unwillen über die Würfelverdoppelung durch Werkzeuge sei die Mechanik von der Geometrie vollständig getrennt worden und dadurch auf lange Zeit zu einer blossen Hilfswissenschaft der Kriegskunst herabgesunken. Konnte, sagt man, Platon einen derartigen Tadel gegen Eudoxus, gegen Archytas, gegen Menächmus aussprechen, wenn er selbst ein mechanisches Verfahren zur Würfelverdoppelung erdachte? Ist damit nicht der Beweis geliefert, dass der Bericht des Eutokius so weit irrig sein muss, als ihm Platon für den Erfinder einer Vorrichtung gilt, die von irgend einem Anderen herrührte?

Wir gestehen zu, dass diese Einwürfe sehr gefährlicher Natur sind, um so mehr als nicht zu bezweifeln ist, dass die Platon durch Plutarch beigelegte Meinung mit dem ganzen philosophischen Charakter

[1]) Plutarchus, *Quaest. conviv.* VIII, 92, 1 und *Vita Marcelli* 14, 5.

dessen, der die Ideen einführte, im vollsten Einklange steht. Es ist ferner nicht zu bezweifeln, dass lange Zeit, ob auf Platons Einfluss hin, wie behauptet worden ist[1]), lassen wir dahingestellt, nur die Geometrie des Zirkels und Lineals als eigentliche Geometrie betrachtet worden ist. Die Nachricht in der Form, wie Plutarch sie mittheilt, lautet überdies so bestimmt, dass es doch wohl allzugewagt wäre, ein Missverständniss anzunehmen.[2]) Es wird demnach nur die Wahl zwischen folgenden Möglichkeiten bleiben. Entweder, und das dürfte dem Vorwurfe der Künstlichkeit ausgesetzt sein, wird man annehmen, Platon habe, indem er jenen Tadel gegen Eudoxus, Archytas, Menächmus aussprach, zugleich beigefügt, es sei ja keine Kunst eine Würfelverdoppelung mechanisch vorzunehmen, dazu genüge eine einfache Vorrichtung, wie wir sie oben nach Eutokius geschildert haben, aber das sei keine Geometrie, denn diese solle und müsse an ewige und körperlose Gedankenbilder sich halten. Oder aber, und das ist entschieden das Bequemste, man hält sich nur an die Notiz des Plutarch, an das Schweigen des Eratosthenes und schiebt die ganze Mittheilung des Eutokius, wie oben bemerkt, vornehm bei Seite, so weit sie wenigstens auf Platon Bezug hat. Oder endlich, und das ist wenigstens das Ehrlichste, wenn kein anderer Vorzug noch Vorwurf an dieser Möglichkeit haftet, man gesteht zu, dass hier ein Widerspruch vorliege, den aus dem Wege zu räumen gegenwärtig keine genügenden Mittel zur Hand sind.

Kapitel XI.

Die Akademie. Aristoteles.

Wir folgen weiter dem Mathematikerverzeichnisse, welches im nächsten Satze drei Namen vereinigt, indem es sagt:

„In diese Zeit gehört auch Leodamas von Thasos und Archytas von Tarent und Theätet von Athen, durch welche die Theoreme vermehrt wurden und zu einer strengen wissenschaftlichen Darstellung gelangten.“

Von Leodamas von Thasos haben wir im vorigen Kapitel erzählt, was allein von ihm bekannt ist, nicht Vieles aber ein Grosses, dass für ihn (S. 188) Platon die analytische Methode ersann, beziehungsweise sie ihm mittheilte.

---

[1]) Hankel S. 156 spricht mit apodiktischer Gewissheit, aber durch kein Citat unterstützt den Satz aus: Wir verdanken Platon die für die Geometrie so wichtige Beschränkung der geometrischen Instrumente auf Zirkel und Lineal.
[2]) So haben wir selbst Zeitschr. Math. Phys. XX, histor. literar. Abtheilung 133 den Widerspruch zu beseitigen gesucht.

Archytas von Tarent[1]) mag etwa 430—365 gelebt haben, fast gleichzeitig mit Platon geboren, an welchen ihn auch, wie wir wissen, während dessen Aufenthalt in Grossgriechenland (S. 184) ein enges Freundschaftsverhältniss band. Archytas war seiner Heimath wie seinem Bildungsgange nach Pythagoräer. Er war Staatsmann und Feldherr und versah wiederholt die höchsten Aemter in seiner Vaterstadt. Seinen Tod fand er, wie wir durch Horaz wissen[2]), durch Schiffbruch am Vorgebirge Matinum, vielleicht beim Antritt einer Reise nach Griechenland. Warum das Mathematikerverzeichniss ihn gerade hier und nicht schon einige Zeilen früher nennt, ist nicht ganz klar. Möglicherweise soll durch seine Stellung mitten unter Männern der Akademie der mittelbare Einfluss bezeugt werden, den er durch seine früheren nahen Beziehungen zu Platon auf diese Schule ausübte. Ueber die Echtheit oder Unechtheit von Bruchstücken philosophischen, ethischen, musikalischen Inhaltes, welche unter dem Namen des Archytas auf uns gekommen sind, herrschen die entgegengesetztesten uns glücklicherweise nicht kümmernden Meinungen. Während die Einen jene Bruchstücke anerkennen, gehen die Andern so weit, sie fast insgesammt für Fälschungen eines alexandrinischen Juden um das Jahr 39 n. Chr. zu halten.[3]) Fast insgesammt, die mathematischen Bruchstücke nämlich bleiben vom Zweifel unbehelligt. Wir haben ihrer übrigens schon gedacht. Die Würfelverdoppelung des Archytas und die wichtigen Folgerungen, welche aus ihr für seine stereometrischen Kenntnisse zu ziehen sind, haben uns im vorigen Kapitel, die Leistungen des Archytas auf dem Gebiete der Proportionenlehre schon früher (S. 140) beschäftigt, und auf Letztere kommen wir gleich nachher noch einmal bei Gelegenheit des Eudoxus zu reden. Ein Letztes, was, wiewohl oben (S. 197) gesagt, hier besonders betont werden mag, ist, dass Archytas die Mechanik zuerst methodisch behandelte, indem er sich dabei geometrischer Grundsätze bediente.

Theätet von Athen, der Platon nahe genug stand, dass dieser ihn zur namengebenden Persönlichkeit eines auch mathematisch lesenswerthen Gespräches macht, ist seiner Lebenszeit nach nicht genauer zu bestimmen, als es durch diese eine Angabe geschieht. Seine Arbeiten müssen der Lehre von dem Irrationalen gewidmet gewesen sein. Er theilte sämmtliche Zahlen in zwei Klassen, in die

[1]) Jos. Navarro, *Tentamen de Archytae Tarentini vita atque operibus* (Koppenhagner Doktordissertation 1819). Gruppe, Ueber die Fragmente des Archytas und der älteren Pythagoräer (Preisschrift der Berliner Akademie 1840). L. Boeckh, Ueber den Zusammenhang der Schriften, welche der Pythagoräer Archytas hinterlassen haben soll (Karlsruher Lyceumsprogramm 1841). Chaignet I, 255—331. [2]) Horatius Lib. I, Ode 28. [3]) So besonders Gruppe, der diese These zuerst aufstellte.

der Quadratzahlen, welche durch Vervielfältigung einer Zahl mit einer ihr gleichen entstehen, und in die Rechteckszahlen, bei welchen die zu vervielfältigenden Zahlen ungleich gewählt werden müssen.[1]) Das eintheilende Unterscheidungsmerkmal ist hier demnach Rationalität, beziehungsweise Irrationalität bei der Ausziehung der Quadratwurzel, und man kann hier eine früher (S. 155) von uns angekündigte Bestätigung derjenigen Vermuthung finden, welche Quadrat und Heteromekie in der pythagoräischen Kategorientafel des Aristoteles einfach als Ersatzwörter für Rationalität und Irrationalität erklärt. Wenn Theätet sodann fortfährt „in Betreff der festen Körper machten wir es ähnlich," so ist der Sinn dieses Satzes verschiedener Deutung fähig. Es kann hier auf irrationale Kubikwurzeln angespielt sein[2]), möglicherweise auch auf die Ausziehbarkeit oder Nichtausziehbarkeit von Quadratwurzeln aus Produkten aus je drei Faktoren. Letzteres ist uns namentlich um desswillen wahrscheinlicher, als jede andere Notiz darüber, dass der Begriff der Kubikwurzel damals schon bekannt gewesen sein sollte — die Aufgabe der Würfelverdoppelung schliesst ihn noch keineswegs ein — uns fehlt, während von der Einschaltung eines oder zweier geometrischen Mittel zwischen Körperzahlen im platonischen Timäus (S. 140) die Rede war. Eine weitere Bestätigung dieser unserer Ansicht liegt in einer muthmasslich von Proklus herrührenden Anmerkung zum X. Buche des Euklid. Der 9. Satz des X. Buches dieses Schriftstellers heisst: Quadrate commensurabler Linien verhalten sich wie Quadratzahlen, incommensurabler Linien nicht wie Quadratzahlen und umgekehrt. Dazu bemerkt nun der Scholiast: „dies Theorem ist eine Erfindung des Theätet, und Platon gedenkt desselben in dem Dialoge Theätet; nur wird es dort speciell auseinandergesetzt, hier aber allgemein."[3]) Noch eine letzte Angabe über Theätet liefert uns Suidas, er habe zuerst über die fünf Körper geschrieben.[4]) Offenbar ist hier an ein zusammenhängendes Ganzes zu denken, was nicht ausschliesst, dass schon vorher Hippasos oder irgend ein Anderer über das Dodekaeder besonders geschrieben haben könnte. Ob auch diese Schrift des Theätet, wie man behauptet hat[5]), den Untersuchungen über Irrationales verwandt war, ob insbesondere über das Verhältniss der Kanten dieser Körper zum Halbmesser der umschriebenen Kugel Betrachtungen von der Art, wie sie im XIII. Buche des Euklid vorkommen, angestellt wurden, überlassen wir einzelnem Ermessen. Bestimmtere Angaben gibt es darüber nicht.

---

[1]) Platon, Theätet pag. 147—148. Vergl. Rothlauf S. 24 flgg. [2]) So die Meinung Rothlauf's l. c. [3]) Knoche, Untersuchungen über die neu aufgefundenen Scholien des Proklus Diadochus zu Euklids Elementen. Herford, 1865, S. 24—25. [4]) Suidas s. v. Θεαίτητος. [5]) Bretschneider S. 148.

Unser Verzeichniss fährt fort: „Jünger als Leodamas ist Neokleides und dessen Schüler Leon, welche zu dem, was vor ihnen geleistet worden war, Vieles hinzufügten; es hat auch Leon Elemente geschrieben, die in Bezug auf Umfang und das Bedürfniss der Anwendung des Bewiesenen sorgfältiger verfasst sind. Ebenso erfand er den Diorismus, wann das vorgelegte Problem möglich ist und wann unmöglich."

Diese Sätze ergänzen früher (S. 179 und 187) von uns Erwähntes. In Platons Akademie entstand die Frage, ob eine Aufgabe, welche gestellt war, überhaupt möglich sei, ob man nicht zuverlässig vergebliche Mühe anwende, wenn man ihre Lösung versuche. Diese Frage musste gestellt werden, sobald die analytische Methode entstand, die, wie wir gleichfalls sahen, nicht an sich zu jedesmal richtigen Ergebnissen führte, sondern erst einer Bestätigung durch die Synthesis bedurfte. Platon hat im Menon eine derartige Frage gestellt und beantwortet. Leon dürfte die Nothwendigkeit der Fragestellung ein für allemal dargethan und vielleicht den Kunstausdruck Diorismus eingeführt haben, dessen lateinische Uebersetzung determinatio lautet. Ueber Neokleides wissen wir den Worten des Mathematikerverzeichnisses Nichts hinzuzufügen. Höchstens können wir den Umstand als besonders bemerkenswerth erachten, wonach er Leons Lehrer gewesen sei, dieser also nicht als ausschliesslicher Schüler Platons unmittelbar betrachtet werden darf.

„Eudoxus von Knidos um wenig jünger als Leon und ein Genosse der Schule Platons war der Erste, welcher die Menge der Lehrsätze überhaupt vermehrte und zu den drei Proportionen noch drei hinzufügte; er führte auch weiter aus, was von Platon über den Schnitt begonnen worden war, wobei er sich der Analyse bediente."

Eudoxus[1]) lebte um 408—355. Man weiss, dass er in Knidos geboren ist, dass er Schüler des Archytas, in seinem 23. Lebensjahre auch während zwei Monaten Schüler Platons in Athen war. Zur Zeit des Königs Nectanabis, welcher zwischen 390 und 380 regierte, verweilte Eudoxus ein Jahr und vier Monate in Aegypten, wo er mit Platon verkehrte, wie Strabon nach ägyptischer Ueberlieferung uns erzählt. Um 375 stiftete Eudoxus selbst eine Schule in Kyzikus, dem heutigen Panorma am Marmarameere, kam mit zahlreichen Schülern nach Athen, wo er wieder mit Platon enge verkehrte. Dann aber

[1]) Ueber Eudoxus vergl. die bahnbrechende Abhandlung von Ludw. Ideler in den Abhandlungen der Berliner Akademie von 1828 (S. 189—212) und 1829 (S. 49—88). Dann hauptsächlich Schiaparelli, Ueber die homocentrischen Sphären des Eudoxus, des Kallippus und des Aristoteles (Abhandlg. des lombard. Instituts von 1874, deutsch von W. Horn in dem Supplementheft zu Zeitschr. Math. Phys. Bd. XXII).

kehrte er nach Knidos zurück und starb dort im Alter von 53 Jahren. Astronom, Geometer, Arzt, Gesetzgeber nennt ihn Diogenes Laertius, dem die wesentlichsten biographischen Angaben [1]) über Eudoxus entstammen. Wir haben es hier nur mit dem Geometer zu thun und wollen zunächst von den zwei bestimmten Thatsachen reden, welche das Mathematikerverzeichniss hervorhebt.

Eudoxus fügte zu den drei Proportionen drei weitere hinzu. Wir haben (S. 140) die Analogien und Mesotäten für die Pythagoräer in Anspruch genommen, wir haben gesehen, dass der Ursprung einer bestimmten Proportion nach Babylon verlegt wird, von wo Pythagoras sie mitgebracht habe, woraus für uns mindestens das folgt, dass man zur Zeit des Jamblichus wie in Griechenland, so in den Euphratländern jener sogenannten musikalischen Proportion Beachtung schenkte. Wir wollen hier über den Unterschied von Analogie und Mesotät Einiges einschalten. Die Erklärungen der griechischen Schriftsteller gehen freilich einigermassen auseinander, aber fasst man die verschiedenen Stellen alle zusammen, so kommt man zu folgender Auffassung. [2]) Ursprünglich hiess die geometrische Proportion *ἀναλογία*, die Proportion im Allgemeinen, nämlich die arithmetische, die geometrische, die harmonische und sämmtliche noch dazu kommende hiessen *μεσότητες*. Der spätere Sprachgebrauch dagegen verwischte diesen Unterschied und liess zuletzt unter Mesotät nur irgend Etwas verstehen, was zwischen gegebenen Aeussersten lag. Diese Darstellung schliesst zugleich in sich, dass es ursprünglich nur drei solcher Proportionen gab, für welche wir die von Archytas gegebenen Definitionen kennen gelernt haben. Es war die arithmetische, die geometrische, die entgegengesetzte Proportion, welche diesen ihren Namen, *ὑπεναντία*, mit dem durch Archytas und Hippasos, wie wir von Jamblichus erfahren, eingeführten Namen der harmonischen vertauschte. Als selbstverständlich ist dabei zu bemerken, dass nur Proportionen, die aus drei Zahlen gebildet wurden, in Betracht kamen und mit jenen Namen belegt wurden, also nur stetige Proportionen sind Mesotäten. Zu den drei alten Mesotäten kamen drei neue. Das Mathematikerverzeichniss sagt uns Eudoxus habe dieselben erfunden. Jamblichus berichtet, Archytas und Hippasos hätten sie eingeführt, Eudoxus und seine Schüler nur die Namen verändert. [3]) Endlich traten noch vier Mesotäten hinzu und brachten die Gesammtzahl auf zehn, welche Nikomachus im II. S. n. Chr. gekannt hat. Durch die Einführung der vier letzten machten sich, wieder Jamblichus zufolge, Temnonides und Euphranor verdient,

---

[1]) Diogenes Laertius VIII, 86—90. [2]) Nesselmann, Algebra der Griechen S. 210, Anmerkung 49. [3]) Jamblichus in Nicomachi Arithmeticam ed. Tennulius pag. 141 flgg., 159, 163.

Persönlichkeiten, die wir nur aus diesem einzigen Citate kennen. An bestimmten Zahlenbeispielen können wir am deutlichsten mit dem Wesen der 10 Proportionen uns bekannt machen. Es bilden die drei Zahlen α, β, γ

die 1. Proportion	$\alpha - \beta = \beta - \gamma$	wenn $\alpha = 3$ $\beta = 2$ $\gamma = 1$
2.	$\alpha : \beta = \beta : \gamma$	$\alpha = 1$ $\beta = 2$ $\gamma = 4$
3.	$\alpha : \gamma = (\alpha - \beta) : (\beta - \gamma)$	$\alpha = 6$ $\beta = 4$ $\gamma = 3$
4.	$\alpha : \gamma = (\beta - \gamma) : (\alpha - \beta)$	$\alpha = 6$ $\beta = 5$ $\gamma = 3$
5.	$\beta : \gamma = (\beta - \gamma) : (\alpha - \beta)$	$\alpha = 5$ $\beta = 4$ $\gamma = 2$
6.	$\alpha : \beta = (\beta - \gamma) : (\alpha - \beta)$	$\alpha = 6$ $\beta = 4$ $\gamma = 1$
7.	$\alpha : \gamma = (\alpha - \gamma) : (\beta - \gamma)$	$\alpha = 9$ $\beta = 8$ $\gamma = 6$
8.	$\alpha : \gamma = (\alpha - \gamma) : (\alpha - \beta)$	$\alpha = 9$ $\beta = 7$ $\gamma = 6$
9.	$\beta : \gamma = (\alpha - \gamma) : (\beta - \gamma)$	$\alpha = 7$ $\beta = 6$ $\gamma = 4$
10.	$\beta : \gamma = (\alpha - \gamma) : (\alpha - \beta)$	$\alpha = 8$ $\beta = 5$ $\gamma = 3$

Uns Neueren erscheint es gar verwunderlich, dass die Griechen alle diese Fälle unterschieden, mit deren sieben letzten im Grossen und Ganzen gar Nichts geleistet ist, dass sie in der Erfindung derselben Etwas hinlänglich Bedeutendes erkennen, um die Namen derer aufzubewahren, von welchen jene Leistung herrührt. Wir werden in die griechische Stufenleiter der Werthschätzung uns hineinfinden können, wenn wir zweierlei erwägen. Erstens, dass eine grosse Zahlengewandtheit dazu gehörte sämmtliche zehn Verhältnisse ganzzahlig zu erfüllen, zweitens dass die aus vier von einander verschiedenen Zahlen gebildete geometrische Proportion mit den aus ihr abzuleitenden für die Griechen bis zu einem gewissen Grade die Gleichungen und deren Umformung ersetzte. Die Folgerung von

$$\alpha : \beta = \gamma : \delta \text{ auf } (\alpha + \beta) : \beta = (\gamma + \delta) : \delta$$

z. B. spielt bei den Griechen fortdauernd die allerbedeutsamste Rolle. Stetige Proportionen hatten zur Kenntniss der arithmetischen, der geometrischen Reihen, jene wieder zur Kenntniss der vieleckigen Zahlen geführt. Was Wunder, dass man weiter experimentirte, dass man immer neue Verbindungen gleicher Verhältnisse zwischen Zahlen aufsuchte, welche selbst aus drei gegebenen Zahlen additiv oder subtraktiv zusammengesetzt waren? Solche neue Proportionen konnten zu neuen wichtigen Entdeckungen Gelegenheit geben, und thaten sie es nicht, so boten sie nur ein Beispiel, wie es deren in der Geschichte aller Wissenschaften gibt, dass Untersuchungen mit hochgespannten Hoffnungen und Erwartungen begonnen sich allmälig als unfruchtbar erwiesen.

Eudoxus, sagt uns das Verzeichniss noch, führte weiter aus, was von Platon über den Schnitt begonnen worden war, wobei er sich der analytischen Methode bediente. Der Schnitt, ἡ τομή, über welchen Untersuchungen von Platon begonnen worden waren, muss, wie in richtigem Verständniss dieses lange für unerklärbar dunkel gehaltenen Ausspruches erkannt worden ist[1]), ein ganz bestimmter gewesen sein, ein solcher, dem die damalige Zeit die grösste Bedeutung beilegte. Das aber war der Fall mit dem Schnitt der Geraden nach stetiger Proportion, mit dem sogenannten goldenen Schnitte, wie die spätere Zeit ihn genannt hat. Der goldene Schnitt tritt nun grade in Verbindung mit Anwendung der analytischen Methode in den fünf ersten Sätzen des XIII. Buches der euklidischen Elemente auf, nachdem er schon im II. Buche als Satz 11. gelehrt worden war. Die Annahme, jene fünf Sätze seien Eigenthum des Eudoxus und von Euklid in ihrem Zusammenhange pietätsvoll erhalten, hat sonach eine grosse Wahrscheinlichkeit für sich. Es sei ergänzend nur hinzugefügt, dass Eudoxus bei Untersuchungen über die Proportionenlehre fast mit Nothwendigkeit auch zu solchen Verhältnissen geführt werden musste, für welche Zahlenbeispiele nicht möglich waren, und deren Behandlung nur geometrisch gelang. Wir sagen, er musste dahin geführt werden, weil, wie wir (S. 138) im Vorbeigehen bemerkt haben, der Grieche die Zahl vorzugsweise in räumlicher Versinnlichung zu betrachten pflegte, und hat Eudoxus sie ebenso betrachtet, dann verstehen wir, warum das Mathematikerverzeichniss die Leistungen des Eudoxus in der Proportionenlehre und um den goldenen Schnitt in einem Athemzuge ausspricht. Auch das Letztgesagte lässt eine weitere Beglaubigung zu. Eudoxus hat die Proportionenlehre geometrisch betrachtet, denn ihm gehört nach der Behauptung eines vermuthlich von Proklus verfassten Scholion das ganze V. Buch des Euklid, das ist eben das der Proportionenlehre gewidmete, in allen seinen wesentlichen Theilen an.[2])

Eine ganz andere Gattung von Untersuchungen des Eudoxus, welche nicht minder gut verbürgt sind, hatte stereometrische Ausmessungen zum Gegenstande. Archimed sagt uns mit ausdrücklicher Bestimmtheit[3]), Eudoxus habe gefunden, dass jede Pyramide der dritte Theil eines Prisma sei, welches mit ihr die gleiche Grundfläche und Höhe habe, ferner, das jeder Kegel der dritte Theil eines Cylinders von der Grundfläche und Höhe des Kegels sei. Archimed deutet dabei den Weg an, welchen Eudoxus bei den Beweisen einschlug. Die griechischen Philosophen nannten λῆμμα, Einnahme, den Vordersatz, von welchem der Dialektiker bei seinen Schlüssen ausgeht. Dasselbe Wort bedeutete dem Mathematiker einen zum Gebrauche für das Nächstfolgende nothwendigen, aber den Zusammenhang einigermassen unterbrechenden Lehnsatz. Von einem

---

[1]) Bretschneider S. 167—168. [2]) Knoche, Untersuchungen über die neu aufgefundenen Scholien des Proklus Diadochus. Herford, 1865, S. 10—13. [3]) Archimeds Werke, übersetzt von Nizze. Stralsund, 1824, S. 42 und 12.

Lemma, welches Eudoxus hier anwandte, sagt uns auch Archimed. Es lautet wie folgt. „Wenn zwei Flächenräume ungleich sind, so ist es möglich den Unterschied, um welchen der kleinere von dem grösseren übertroffen wird, so oft zu sich selbst zu setzen, dass dadurch jeder gegebene endliche Flächenraum übertroffen wird.“ Archimed setzt hinzu, mit Hilfe des gleichen Lemma hätten auch die Alten die Proportionalität des Kreises zum Quadrat des Durchmessers bewiesen, so dass möglicherweise der Beweis des Hippokrates von Chios schon dieses Lemma voraussetzte, und nicht, wie wir (S. 178) wahrscheinlich zu machen suchten, von einer rechnenden Betrachtung ausging. Jedenfalls war, wenn auch die Kenntniss des Lemmas als solchen dem Eudoxus entrückt werden zu müssen scheint, seine Leistung eine sachlich wie methodisch hervorragende, und wir haben ihn als einen der ersten Bearbeiter des Exhaustionsverfahrens unter allen Umständen zu nennen.

Noch eine dritte Gruppe von geometrischen Untersuchungen des Eudoxus darf nicht schweigend übergangen werden. Eudoxus ist Erfinder einer Curve, welche zwar in der Astronomie ihre wesentliche Anwendung gefunden hat, aber darum nicht weniger der Geometrie angehört.[1]) Sie wurde von ihm selbst Hippopede, das heisst Pferdefessel, genannt, und Xenophon beschreibt sie in seinem Buche über die Reitkunst als die Art des Laufes, welche beide Seiten des Pferdes gleichmässig ausbilde und jegliche Wendung zu machen gestatte. Auch heutigen Tages sucht man durch das sogenannte Achterreiten die gleiche Wirkung hervorzubringen, und so wird sehr wahrscheinlich, dass es eine schleifenartige Curve war, welche Eudoxus so benannte. Damit stimmen Stellen des Proklus überein, welche die Hippopede eine spirische Linie nennen, und welche bezeugen, dass sie einen Winkel bilde, indem sie sich selbst schneide.[2]) Wir werden von dem Erfinder der spirischen Linien noch später zu reden haben. Jetzt dürfen wir aber schon bemerken, dass man unter Spire, σπεῖρα, einen sogenannten Wulst versteht, d. h. einen ringförmigen Rotationskörper, welcher durch die Drehung eines Kreises um eine in seiner Ebene liegende aber nicht durch den Mittelpunkt gehende Gerade erzeugt wird.[3]) Schneidet man diesen Wulst durch eine der Drehungsaxe parallele Ebene, so entsteht eine spirische Linie, deren Gestalt je nach der Entfernung der Schnittebene

---

[1]) Ueber diese Curve vergl. den V. Abschnitt des vorher erwähnten Aufsatzes von Schiaparelli, deutsche Uebersetzung S. 137—155 und Knoche und Maerker (*Ex Procli successoris in Euclidis elementa commentariis definitionis quartae expositionem quae de recta est linea et sectionibus spiricis commentati sunt Knoche et Maerker*). Herford, 1856. [2]) Proklus (ed. Friedlein) pag. 127, 128, 112. [3]) Proklus (ed. Friedlein) pag. 119. Heron Alexandrinus (ed. Hultsch) pag. 27, Definit. 98.

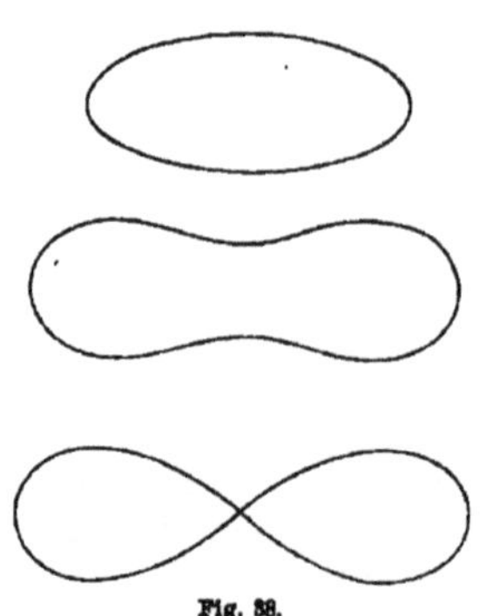
Fig. 38.

von der Drehungsaxe eine dreifache sein kann. (Figur 38.) Ist die schneidende Ebene von der Drehungsaxe weiter entfernt als der Kreismittelpunkt, so entsteht eine ovale in sich zurücklaufende Linie, welche Proklus als in der Mitte am breitesten und gegen die Enden sich verengernd schildert. Geht die Ebene von der Axe aus gesehen diesseits des Mittelpunktes des erzeugenden Kreises, aber immer noch durch den ganzen Wulst, so ist die Curve nach den Worten desselben Schriftstellers länglich, in der Mitte eingedrückt und breiter an den beiden Enden. Die Schleifenlinie entsteht, wenn die Schnittebene der Axe noch näher rückt, so dass sie den Wulst an einem inneren Punkte berührt, welcher alsdann der Doppelpunkt der Curve ist. Die genaueren Eigenschaften der Hippopede des Eudoxus auseinanderzusetzen ist hier um so weniger der Ort, als dieselben in den Quellen nicht angegeben sind, man also in vollständiger Ungewissheit sich befindet, wie viel oder wie wenig von dem, was man auseinandersetzt, dem Eudoxus selbst bekannt gewesen sein kann.

Das Letzte, worüber wir noch zu berichten hätten, wären die Bogenlinien, *καμπύλαι γραμμαί*, mittels deren Eudoxus die Würfelverdoppelung vollzog. Eudoxus den Gottähnlichen nennt ihn Eratosthenes mit Rücksicht auf diese Leistung in einem Epigramm, welches den Schluss seines Briefes an König Ptolemäus über die Würfelverdoppelung bildet. Es muss also gewiss eine hervorragende Arbeit gewesen sein. Welcher Art aber jene Bogenlinien gewesen sein mögen, darüber fehlt auch die dürftigste Angabe, so dass wir keinerlei Vermuthung Ausdruck zu geben im Stande sind.

Das Mathematikerverzeichniss vereinigt nun wieder drei Namen, von welchen zwei uns schon bekannt geworden sind: „Amyklas von Heraklea, einer von Platons Gefährten, und Menächmus, der Schüler des Eudoxus und auch mit Platon zusammenlebend, und sein Bruder Dinostratus machten die gesammte Geometrie noch vollkommener."

Ueber Amyklas und seine Verdienste wissen wir gar Nichts. Menächmus war jener Würfelverdoppler, welcher Parabel und Hyperbel bei der Lösung seiner Aufgabe benutzte. Wir haben seine Auflösungen durch Eutokius kennen gelernt (S. 198) und uns aus denselben klar zu machen gesucht, wie viel Kenntnisse aus der Lehre von den Kegelschnitten Menächmus bereits besessen haben muss. Wir erinnern uns aus demselben Berichte des Eutokius, dass Isidorus von Milet einen Parabelzirkel erfunden hat. Nun kommt allerdings in dem oft benutzten Briefe des Eratosthenes der Satz vor (S. 181), die Zeichnungen der verschiedenen Würfelverdoppler hätten sich nicht leicht mit der Hand ausführen und in Anwendung bringen lassen „ausser etwa einigermassen die des Menächmus, doch auch nur mühsam.“ Man hat daraus den Schluss gezogen, Menächmus habe bereits gewisse Vorrichtungen zur Zeichnung seiner Curven gekannt, und unmöglich ist diese Deutung nicht. Einen eigentlichen Widerspruch gegen die bei Eutokius vorkommende Bemerkung bildet sie gewiss nicht, da erstens die Vorrichtungen des Menächmus keine Zirkel gewesen zu sein brauchen und zweitens Eutokius nicht sagt, dass man vor der Erfindung, die er seinem Lehrer nachrühmt, Parabel und Hyperbel nicht mechanisch habe zeichnen können. Dass die Namen Parabel und Hyperbel jüngeren Datums als Menächmus sind, haben wir betont. Sie gehören dem Apollonius von Pergä an. Die Namen, welche vorher in Uebung waren, gehen ebenso wie die Entstehung jener Curven aus einer durch Eutokius in seinem Commentare zu Apollonius uns erhaltenen Stelle des Geminus hervor.[1]) Die Alten kannten nur grade Kreiskegel und definirten dieselben als durch die Umdrehung eines rechtwinkligen Dreiecks um die eine seiner Katheten entstanden. Sie unterschieden aber drei Gattungen solcher Kegel, je nachdem die Umdrehungsaxe mit der Hypotenuse des den Kegel erzeugenden Dreiecks einen Winkel machte, der kleiner, gleich oder grösser als die Hälfte eines rechten Winkels war. Der Winkel an der Spitze des Kegels wurde natürlich doppelt so gross, also in den drei Fällen spitz, recht oder stumpf. Nun schnitt man jeden Kegel durch eine zur Kegelseite, d. h. zur Hypotenuse des erzeugenden Dreiecks senkrechte Ebene und erhielt so die dreierlei Curven, welche ihrer Hervorbringung gemäss Schnitt des spitzwinkligen, des rechtwinkligen und des stumpfwinkligen Kegels genannt wurden. Schon Demokritus von Abdera (S. 164) scheint Kegel durch Ebenen durchschnitten zu haben. Die dabei auf der Kegeloberfläche hervortretenden Curven hat er indessen wohl kaum beobachtet, da wieder Geminus in einer anderen durch Proklus uns aufbewahrten Stelle versichert, Menächmus habe die Kegelschnitte erfunden.[2]) Eben dasselbe geht auch aus einer Bemerkung des Eratosthenes hervor. In jenem Epigramme nämlich, mit welchem er seinen Brief über die Würfelverdoppelung beschliesst, und in welchem er Eudoxus den Göttlichen nennt, wie wir oben sagten, spricht er von den aus dem Kegel geschnittenen Triaden des Menächmus.

Menächmus, der Entdecker der Kegelschnitte und einiger ihrer Haupteigenschaften, scheint aber nicht im Zusammenhange von

---

[1]) Apolonii Conica (ed. Halley). Oxford, 1710, pag. 9. [2]) Proklus (ed. Friedlein) pag. 111.

denselben gehandelt zu haben. Wenigstens sagt uns Pappus, dass ein gewisser Aristäus der Aeltere zuerst über die Elemente der Kegelschnitte 5 Bücher herausgab. An einer zweiten Stelle erzählt er uns, dass Euklid dem Aristäus nachgerühmt habe, dass er sich durch die Herausgabe der Kegelschnitte verdient gemacht habe. Eine dritte Stelle des Pappus bestätigt endlich, was wir vorher nach Geminus über die Namen sagten, indem es dort heisst, Aristäus und alle anderen Mathematiker vor Apollonius nannten die drei Kegelschnittlinien den Schnitt des spitzwinkligen, rechtwinkligen und stumpfwinkligen Kegels.[1]) Demselben Aristäus rühmt Pappus an der gleichen Stelle auch noch nach, dass er die bis jetzt einzig vorhandenen 5 Bücher körperlicher Oerter in Zusammenhang mit den Kegelschnitten verfasst habe, und Hypsikles weiss im zweiten vorchristlichen Jahrhundert, dass er eine Vergleichung der fünf regelmässigen Körper verfasste.[2]) Das Zeitalter des Aristäus des Aelteren lässt sich aus diesen Angaben ziemlich genau ableiten. Er muss mit seinem Werke über die regelmässigen Körper später als Theätet, der zuerst über diesen Gegenstand schrieb, mit seinem Werke über die Kegelschnitte später als Menächmus, der diese Curven entdeckte, früher als Euklid, der das Werk lobte, aufgetreten sein. Man wird folglich keinenfalls weit fehlgehen, wenn man die schriftstellerische Thätigkeit des Aristäus auf die Jahrzehnte um 320 bestimmt. Das Mathematikerverzeichniss schweigt auffallender Weise über diesen ohne allen Zweifel hervorragenden Mann, und auch die anderen Quellen lassen uns im Stiche, wenn wir die Frage aufwerfen, wer wohl der Aristäus der Jüngere war, in Gegensatz zu welchem Pappus von dem Aelteren redet?

Menächmus muss, wie wir soeben begründet haben, vor Aristäus gesetzt werden. Der Zeit nach könnte er mithin leicht Mathematiklehrer Alexanders des Grossen gewesen sein, wie in einem allerdings an sich wenig glaubwürdigen Geschichtchen erzählt wird.[3])

Dinostratus, der Bruder des Menächmus, bediente sich Pappus zufolge zur Quadrirung des Kreises jener krummen Linie, deren Erfindung wir für Hippias von Elis in Anspruch nehmen mussten, und welche muthmasslich nur von ihrer neuen Anwendung den Namen der Quadratrix erhielt (S. 167). Auch über das dabei eingeschlagene Verfahren gibt Pappus uns erwünschte Auskunft.[4]) Es wird nämlich zunächst die Länge des Kreisquadranten gesucht und alsdann der Inhalt des Kreises als Hälfte des Rechtecks berechnet, welches

---

[1]) Alle drei Stellen bei Pappus, VII, Praefatio (ed. Hultsch) 672; 676 und wieder 672. [2]) Hypsikles, Buch von den 5 regelmässigen Körpern, Satz 2. [3]) Vergl. Bretschneider 162—163. [4]) Pappus IV, 26 (ed. Hultsch) pag. 256.

die Kreisperipherie, oder das Vierfache des Quadranten, zur Grundlinie und den Kreishalbmesser zur Höhe hat. Jene Länge des Quadranten aber ist erstes Glied einer stetigen geometrischen Proportion, deren Mittelglied der Halbmesser und deren letztes Glied die Entfernung des Kreismittelpunktes von dem Endpunkte der Quadratrix ist. (Figur 39.) Wäre nicht, wie behauptet wird, $BE\Delta : \Gamma\Delta = \Gamma\Delta : \Gamma\Theta$, so wäre etwa $BE\Delta : \Gamma\Delta = \Gamma\Delta : \Gamma K$ und $\Gamma K > \Gamma\Theta$. Man beschreibe mit Γ als Mittelpunkt und ΓK als Halbmesser einen zweiten Quadranten ZHK, welcher die Quadratrix in H schneidet. Da die Proportionalität der Quadranten und ihrer Halbmesser $BE\Delta : ZHK = \Gamma\Delta : \Gamma K$ zur Folge hat, so verbindet sich dieses Verhältniss mit dem Vorhergehenden zu $ZHK = \Gamma\Delta = B\Gamma$. Wegen der Grundeigenschaft der Quadratrix ist auch Bogen $BE\Delta$: Bogen $E\Delta = B\Gamma : H\Lambda$ und, weil die concentrischen Quadranten $BE\Delta$, ZHK durch den Halbmesser ΓHE geschnitten sind, ist ferner Bogen $BE\Delta$: Bogen $E\Delta$ = Bogen ZHK : Bogen $HK = B\Gamma$: Bogen HK. Daraus folgt wieder durch Verbindung zweier Verhältnisse Bogen $HK = H\Lambda$, was unmöglich ist. In ähnlicher Schlussreihe wird nachgewiesen, dass das Schlussglied der Proportion, deren Anfangsglied die Quadrantenlänge und deren Mittelglied der Halbmesser ist, auch nicht kleiner als $\Gamma\Theta$ sein kann, also muss $\Gamma\Theta$ selbst jenes Schlussglied sein.

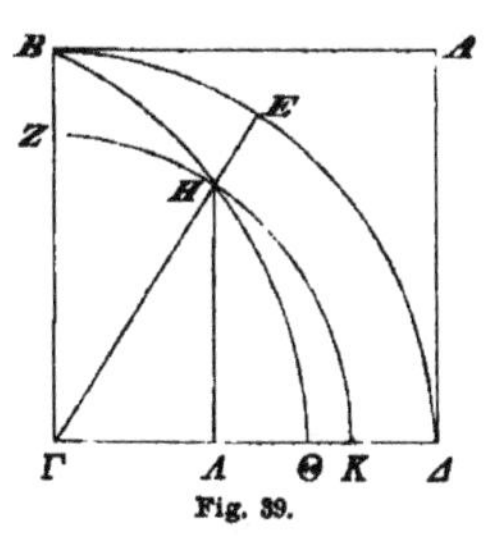

Fig. 39.

Dieser Beweis ist der erste indirekte Beweis, welchem wir begegnet sind, wenn wir auch keineswegs annehmen, hier sei wirklich zuerst die Zurückführung auf Widersprüche vorgenommen worden. Die analytische Methode, das haben wir ja gesehen, musste den Beweis aus dem Gegentheil bevorzugen, als denjenigen, der eine nachfolgende Synthese entbehrlich machte (S. 189), und so wird auch wohl spätestens mit dieser Methode der apagogische Beweis entstanden sein — spätestens, denn es ist keineswegs unmöglich, dass er zum Zwecke der dem Hippokrates schon nicht fremden Exhaustion erfunden worden wäre. Zu dem bewiesenen Satze selbst wollen wir noch besonders hervorheben, was wir oben gelegentlich gesagt haben. Der Name der Quadratrix darf uns nicht irren, als ob es hier wirklich um eine Quadratur sich handelte. Diese folgt erst in zweiter Linie. Eine Rectification des Kreisquadranten ist vielmehr vorgenommen, und zwar dürfte es das erste Mal gewesen sein, dass diese Aufgabe behandelt wurde, um welche von jetzt an die Zahl der grossen Probleme der Geometrie vermehrt ist.

„Theydius von Magnesia scheint sowohl in der Mathematik als auch in der übrigen Philosophie bedeutend zu sein; er schrieb auch sehr gute Elemente, wobei er vieles Specielle verallgemeinerte. Ganz ebenso war Kyzikenus von Athen, um die nämliche Zeit lebend, sowohl in den anderen Wissenschaften als ganz besonders auch in der Geometrie berühmt. Alle diese verkehrten in der Akademie mit einander, indem sie ihre Untersuchungen gemeinschaftlich anstellten. Hermotimus von Kolophon führte das früher von Eudoxus und Theätet Gefundene weiter aus, entdeckte vieles zu den Elementen Gehörige und schrieb Einiges über die Oerter. Philippus von Mende, des Platon Schüler und von ihm den Wissenschaften zugeführt, stellte nach Platons Anleitung Untersuchungen an und nahm sich das zur Bearbeitung, wovon er glaubte, dass es mit Platons Philosophie zusammenhänge. Die nun die Geschichte geschrieben haben, führten bis zu diesem Punkte die Entwicklung der Wissenschaft fort."

So der Schluss des alten Mathematikerverzeichnisses. Von den vier Männern, welche hier genannt sind, ist auch keine einzige bestimmte Leistung bekannt, wenn wir von dem sehr allgemein gehaltenen Ausspruche des Verzeichnisses selbst absehen, Hermotimus habe über die Oerter geschrieben. Ein geometrischer Ort im Allgemeinen ist der Inbegriff von Punkten, welche insgesammt gewisse Bedingungen erfüllen, die hinwiederum durch keinen Punkt ausserhalb des geometrischen Ortes erfüllt werden. Pappus sagt uns weiter, dass man verschiedene Arten von Oertern unterschied[1]). Ebene Oerter, *τόποι ἐπίπεδοι*, wurden die genannt, welche gerade Linien oder Kreislinien sind; körperliche Oerter, *τόποι στερεοί*, die, welche Kegelschnitte sind; lineare Oerter, *τόποι γραμμικοί*, die weder gerade Linien, noch Kreislinien, noch Kegelschnitte sind. Es muss dabei einigermassen auffallen, dass nach einer Nachricht, die wir ebendemselben Pappus verdanken, Aristäus der Aeltere in zwei verschiedenen Schriften über Kegelschnitte und über körperliche Oerter geschrieben haben soll. Man muss wohl annehmen, dass das eine Mal sein Zweck dahin ging, Eigenschaften der Kegelschnitte auseinander zu setzen, das andere Mal Aufgaben zu lösen, bei denen Kegelschnitte als Mittel zur Auflösung dienten.

Wenn von Allen zugleich behauptet wird, sie hätten in der Akademie verkehrt, so kann dieser Verkehr auch stattgefunden haben, nachdem der Stifter dieser Schule gestorben war. Platons unmittelbarer Nachfolger, Speusippus, ist zwar, wie es scheint, mit keiner mathematischen Leistung hervorgetreten, wohl aber der zweite Nachfolger, Xenokrates (geboren um 397, gestorben um 314), der wahrscheinlich 339 v. Chr. die Leitung der Akademie übernahm. Wir haben (S. 185) dessen bekannten Ausspruch über die Mathematik als

[1]) Pappus VII, Praefatio (ed. Hultsch) pag. 662 und 672.

Handhabe der Philosophie angeführt. Wir haben (S. 98) erwähnt, dass er möglicherweise eine historische Schrift über die Geometer verfasst hat, welche, wie wir jetzt nach Diogenes Laertius ergänzen, aus 5 Büchern bestand. Noch andere vielleicht mathematische Schriften von ihm werden uns durch den gleichen Gewährsmann genannt.[1] Leider sind es nur Ueberschriften, die auf uns gelangt sind, ohne selbst die leiseste Andeutung über den Inhalt. Nur über eine Leistung des Xenokrates ist uns eine kurze Notiz erhalten, welche bedauern lässt, dass sie so kurz ist. Er habe auch gezeigt, sagt Plutarch, dass die Anzahl der aus allen Buchstaben zusammensetzbaren Silben 1 002 000 000 000 betrage.[2] Die Frage ist eine wesentlich combinatorische. Combinatorisch ist, wenn man will, bis zu einem gewissen Grade die Bemerkung Platons von den 59 Theilern, welche in 5040 enthalten seien (S. 193). Allein dort schien es nothwendig zuzugeben, dass eine empirische Zählung zu diesem Ergebnisse geführt haben werde. Bei der Aufgabe des Xenokrates schliesst die Grösse der Zahl jede Zählung, ihre Abweichung von einer runden Zahl jede allgemein hingeworfene Abschätzung aus. Xenokrates muss gerechnet, nach einer combinatorischen Formel gerechnet haben, und wenn dieselbe auch offenbar unrichtig gewesen sein muss, so wäre es nicht weniger wissenswerth, die Formel und ihre Ableitung zu kennen. Eine Wiederherstellung derselben aus jener Zahl ist uns nicht gelungen.

Suchen wir ganz kurz zusammenfassend unserem Gedächtnisse einzuprägen, welcherlei Bedeutung Platon, seine ausserhalb des Pythagoräismus stehenden Vorgänger und seine eigenen Schüler für die Entwicklung der Mathematik besassen. Die Mathematik gewinnt in dieser Zeit an Umfang in einem zweifachen Sinne dieses Ausdrucks. Der Umfang nimmt zu durch neu entdeckte Sätze und Methoden. Der Umfang nimmt zu durch die Zahl der Persönlichkeiten, die mit Mathematik sich beschäftigen. Die letztere Zunahme begründet sich durch die Nothwendigkeit, durch die Mathematik hindurch zur Philosophie zu gelangen. Die Neuentdeckungen gehören zum einen Theile den Elementen an, welche seit Hippokrates in wiederholter Ausarbeitung durch Leon und durch Theydius sich wesentlich vervollkommnen. Die philosophisch begründenden Kapitel der Mathematik bilden sich. Definitionen werden ausgesprochen. Methoden werden erfunden. Fragen nach der Möglichkeit des Geforderten, an die man früher kaum dachte, bilden jetzt eine unbedingte Voraussetzung. Aber diese Methoden, vornehmlich die Analyse und der Diorismus, äussern ihre hauptsäch-

---

[1]) Diogenes Laertius IV, 13. [2]) Plutarchus, *Quaest. Conviv.* VIII, 9, 13: *Ξενοκράτης δὲ τὸν τῶν συλλαβῶν ἀριθμὸν ὃν τὰ στοιχεῖα μιγνύμενα πρὸς ἄλληλα παρέχει μυριάδων ἀπέφηνεν εἰκοσάκις καὶ μυριάκις μυρίων.*

liche Wichtigkeit in der Lehre von den Oertern, in der höheren Mathematik des Alterthums, welcher der andere Theil der Neuentdeckungen angehört. Es sind der Hauptsache nach drei Probleme, durch welche die höhere Mathematik, der Zirkel und Lineal nicht genügen, hervorgerufen wird: die Quadratur des Kreises, in der Form, wie Dinostratus sie behandelt, die Rectification mit einschliessend, die Dreitheilung des Winkels, die Verdoppelung des Würfels. Die beiden letzten Probleme führen zur Erfindung mannigfacher Curven, unter welchen die Kegelschnitte durch die später gewonnene Ausbildung ihrer Lehre an Wichtigkeit hervorragen. An sich aber sind sie kaum merkwürdiger als jene anderen krummen Linien, von denen eine, durch Archytas zum Zwecke der Würfelverdoppelung ersonnen, sogar eine Linie doppelter Krümmung ist. Die Kreisquadratur hat noch eine besondere Seite, mittels deren die höhere Mathematik des Alterthums mit der der Neuzeit sich berührt. Sie erfordert Infinitesimalbetrachtungen. Das Unendlichgrosse wie das Unendlichkleine sind dem Alterthume keineswegs fremd. Nur wagte man nicht — zunächst vielleicht aus Scheu vor Angriffen, wie die eleatische Schule sie übte — eine unmittelbare Benutzung des Unendlichen sich zu gestatten. Die mittelbare Methode der Zurückführung auf das Unmögliche, später für diese Gattung von Aufgaben unter dem Namen der Exhaustion bekannt, diente zum Ersatze und zeigte sich als so wirksam, dass von nun an ein anderes Beweisverfahren gar nicht mehr gestattet worden wäre. So bleibt der Form nach die gesammte Mathematik einheitlich gestaltet als Geometrie, ohne dass ein äusserer Unterschied der Beweisführung zwischen niederer und höherer Geometrie obwaltete. Auch die Arithmetik fügt sich diesem einheitlichen Zusammenhange, sie nimmt mehr und mehr ein geometrisches Gewand an, dessen sie auch in dem nun folgenden Jahrhunderte, in der Glanzperiode griechischer Mathematik, sich nicht entkleiden wird.

Mit diesem Ueberblicke könnten wir füglich dieses Kapitel schliessen. Wir sollten es vielleicht. Ganz äusserliche Gründe bestimmen uns einen kurzen Anhang nachzuschicken, und in demselben Dinge zur Sprache zu bringen, die zur Bildung eines eigenen Kapitels stofflich nicht ausreichend den einheitlichen Charakter des folgenden Kapitels nur noch viel mehr entstellen würden, wenn wir vorzögen sie dorthin zu verweisen. Wir meinen die mathematische Bedeutung von Aristoteles und seinen nächsten Schülern.

Aristoteles[1]) ist 384 geboren, 322 gestorben. Seine Vaterstadt Stagira lag in der thrakischen, aber grösstentheils von Griechen bewohnten Landschaft Chalkidike; sein Vater war Leibarzt des Königs Amyntas von Makedonien. Diese beiden Erbüberlieferungen beeinflussten

[1]) Vergl. Zeller, Die Philosophie der Griechen. Bd. II, 2 S. 1 flgg.

sein Leben. Griechenland hat ihn gebildet, durch Makedoniens Könige hat er einen wesentlichen Theil seiner grossartigen Kulturmission ausgeübt. Aristoteles war im 18. Jahre seines Lebens in die platonische Schule in Athen eingetreten, wo er Mitschüler des Xenokrates war, und verliess diese Stadt, in welcher er übrigens auch selbst eine Rednerschule im Gegensatze zur Akademie eröffnete, im Jahre 347 nach Platons Tode. Von 343 bis 340 etwa war er als Erzieher Alexanders des Grossen am makedonischen Hofe, verwandte dann die nächsten Jahre zur Abfassung von für seinen Zögling bestimmten Schriften und eröffnete etwa 334 in Athen bei dem Tempel des Apollo Lykeios seine Vorträge. Lustwandelnd in den Baumgängen des anstossenden Gartens wurden die Peripatetiker die zahlreichste Philosophenschule. Die Beziehungen des Aristoteles zu Alexander blieben auch aus der Ferne die besten, bis 328 die Leidenschaftlichkeit des aufbrausenden Fürsten einen unheilvollen Riss hervorbrachte. Das hinderte freilich nicht, dass die nach Alexanders Tode 322 sich aufraffenden Athener Aristoteles mit ihrem Hasse bedrohten. Er floh nach Chalkis und starb dort innerhalb Jahresfrist.

Wir haben von den Leistungen des grossen Stagiriten hier nur einen kleinsten Bruchtheil zu besprechen. Seine astronomischen, seine physikalischen, seine naturbeschreibenden Schriften kümmern uns als solche nicht. Seine eigentlich philosophischen Werke haben für uns nur mittelbare Bedeutung. So haben wir dessen, was er in seiner Physik über das Unendlichgrosse und das Unendlichkleine sagt, schon früher (S. 173) gedacht, und mit Bewunderung bei ihm eine Auffassung erkannt, welche den Anschauungen unserer eigenen Zeit recht nahe kommt.

Man könnte vielleicht erwarten, dass wir in den Schriften des Aristoteles die zahlreichen Beispiele absuchten, welche der Geometrie und der Arithmetik entnommen sind[1]). Wir werden uns dieser Mühe nicht unterziehen, denn nur verhältnissmässig wenige dieser Stellen besitzen eine geschichtliche Bedeutsamkeit. Auf Einiges durften wir hinweisen, als wir mit der Mathematik der Pythagoräer uns beschäftigten, so insbesondere auf die Erklärung des Gnomon (S. 137), auf das Vorkommen des Wortes Dreieckszahl (S. 143), auf den Beweis der Irrationalität von $\sqrt{2}$ (S. 154), welche uns werthvoll waren. Auf Anderes wollen wir jetzt die Aufmerksamkeit lenken, an den viel häufigeren uns unwichtig scheinenden Stellen mit Schweigen vorübergehend. Wir erwähnen zunächst, dass, während bei Platon der Gegen-

---

[1]) Eine derartige wenn auch nicht vollständige Zusammenstellung hat ein bologneser dem Jesuitenorden angehöriger Professor der Mathematik Biancani (Blancanus) unter dem Titel *Aristotelis loca mathematica* 1615 veröffentlicht.

satz der Rechenkunst und der Zahlenlehre, Logistik und Arithmetik, scharf und bestimmt vorhanden war, erst bei Aristoteles ein ähnlicher Gegensatz zwischen der Feldmesskunst und der wissenschaftlichen Raumlehre, Geodäsie und Geometrie, nachweisbar ist.[1]) Wir können anführen, dass Aristoteles weiss, dass eine cylindrische Rolle, welche durch eine Ebene parallel oder geneigt zur Endfläche geschnitten wird, im aufgerollten Zustande das eine Mal eine grade Linie, das andere Mal eine Curve zeigt[2]), dass ihm somit der Cylinderschnitt neben dem Kegelschnitte schon bis zu einem gewissen Grade merkwürdig war. Wir können hinweisen auf Aristoteles als vermuthlich den Ersten, der die so bedeutsame Frage sich vorlegte, warum wohl nahezu alle Menschen nach der Grundzahl 10 zählen, und der in der Fingerzahl unserer Hände den Grund erkannte.[3]) Wir finden auch bei Aristoteles den Keim zu einem Gedanken, der der fruchtbarsten Einer für die ganze Mathematik geworden ist. Aristoteles bezeichnete nämlich unbekannte Grössen, und zwar nicht bloss Längen, durch einfache Buchstaben des Alphabetes.[4]) Eine Stelle lautet z. B.: Wenn A das Bewegende, B das Bewegtwerdende, Γ aber die Länge, in welcher es bewegt worden ist, und Δ die Zeit ist, in welcher es bewegt worden ist, so wird die gleiche Kraft wie A in der gleichen Zeit auch die Hälfte des B doppelt so weit als Γ bewegen, oder auch in der Hälfte der Zeit Δ gerade so weit als Γ. Man hat in diesen und ähnlichen Sätzen der Physik des Aristoteles die Ahnung des Principes der virtuellen Geschwindigkeit gefunden.[5])

Andere mechanische Betrachtungen hat Aristoteles in einem besonderen Werke[6]) niedergelegt, bei welchem wir einen Augenblick verweilen müssen. Die Echtheit der Mechanik des Aristoteles ist allerdings mehrfach geleugnet worden, und unter den Zweiflern befinden sich Männer, die, wenn auch dem Inhalte jenes Werkes gegenüber Laien, jedenfalls mit der Ausdrucksweise des vermutheten Verfassers auf's Genauste bekannt waren.[7]) Wir besitzen selbst die sprachlichen Kenntnisse nicht in dem Maasse, welches erforderlich wäre um über die Berechtigung oder Nichtberechtigung der Aus-

---

[1]) Aristoteles, Metaphys. II, 2 *ἅμα δὲ οὐδὲ τοῦτο ἀληθές, ὡς ἡ γεωδαισία τῶν αἰσθητῶν ἐστι μεγεθῶν καὶ φθαρτῶν.* [2]) Aristoteles Problem. XVI, 6. [3]) Aristoteles Problem. XV. [4]) Aristoteles, Physic. VII und VIII passim z. B. Bd. I, pag. 240—250 der Aristoteles-Ausgabe der Berliner Akademie. [5]) Poggendorff, Geschichte der Physik. Leipzig, 1879, S. 242. [6]) *Aristotelis Quaestiones mechanicae ed. J. P. van Cappelle.* Amsterdam, 1812. Vergl. auch eine Abhandlung von Burja, *Sur les connaissances mathématiques d'Aristote* in den *Mémoires de l'académie de Berlin* für 1790 und 1791. [7]) Vergl. z. B. Brandis, Geschichte der Entwicklungen der griechischen Philosophie und ihrer Nachwirkungen im römischen Reiche. Berlin, 1862. I, 396.

scheidung der Mechanik zu entscheiden. So viel dürfte indessen zu behaupten sein, dass die Mechanik im aristotelischen Geiste verfasst ist, dass ein innerer Widerspruch gegen andere Schriften des grossen Gelehrten nicht nachgewiesen ist. Behaupten darf man auch, dass die Möglichkeit einer aristotelischen Mechanik ebensowenig geleugnet werden kann als die geistige Bedeutsamkeit der unter diesem Titel auf uns gekommenen Schrift.

Eine Mechanik konnte Aristoteles schreiben. Es war zu seiner Zeit schon eine solche von Archytas von Tarent vorhanden (S. 203), der sich bei dieser seiner methodischen Behandlung der Mechanik geometrischer Grundsätze bediente.[1]) Es waren auch von der eleatischen Schule aus gegen die ganze Bewegungslehre Angriffe erfolgt (S. 170), die es nicht unwahrscheinlich machen, dass Aristoteles, der seine allgemeinen Abweisungen jener Zenonischen Lehren in einer besonderen Schrift über untheilbare Linien weitläufiger ausführte, ergänzend auf positive Weise zeigen wollte, wie die als möglich und als wirklich behauptete Bewegung vor sich gehe.

Die sogenannte Mechanik des Aristoteles würde, sagen wir, seines Namens nicht unwürdig sein. Ein Schriftsteller des XVIII. S. hat zwar darüber so ziemlich das entgegengesetzte Urtheil gefällt[2]), dürfte jedoch damit vermuthlich allein stehen. Ein Werk, in welchem die Zusammensetzung rechtwinklig zu einander wirkender Kräfte gelehrt ist, in welchem ausdrücklich die an dem Hebel anzubringenden sich im Gleichgewicht haltenden Lasten den Längen der Hebelarme umgekehrt proportional gefunden werden[3]), in welchem als Grund dafür der grössere Kreisbogen genannt ist, durch welchen die vom Stützpunkte des Hebels weiter entfernte Last sich bewegen muss: ein solches Werk ist wahrlich keines antiken Schriftstellers unwürdig, mögen auch einige Fragen in demselben nicht richtig beantwortet sein.

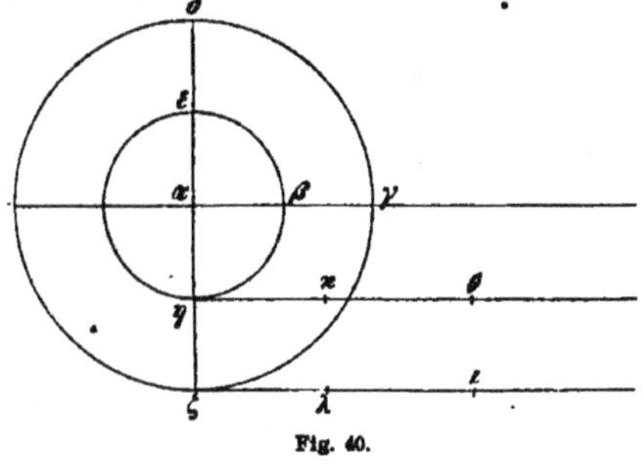

Fig. 40.

Zu diesen nicht richtig beantworteten Fragen gehört eine, welche schon überhaupt gestellt zu haben einen feinen mathematischen Geist verräth. Es seien (Figur 40) zwei concentrische Kreise $\varepsilon\beta\eta$ und $\delta\gamma\zeta$. Rollt der

[1]) Diogenes Laertius VIII, 83. [2]) Montucla, *Histoire des mathématiques (II. édition)* I, 187. [3]) *Quaest. mechan.* cap. IV, pag. 29. Burja hat l. c. diese Stelle missverstanden, wie van Cappelle in seinen Anmerkungen S. 183 mit Recht bemerkte.

kleinere Kreis allein auf der Geraden $\eta\theta$, so wird $\eta\varkappa$ seinem Quadranten gleich; mithin, wenn β nach $\varkappa$ gekommen ist, wird die $\beta\alpha$ senkrecht auf $\eta\theta$ stehen. Rollt der grössere Kreis allein auf der Geraden $\zeta\iota$, so wird $\zeta\iota$ seinem Quadranten gleich; mithin steht die $\gamma\alpha$ senkrecht auf $\zeta\iota$, wenn γ nach ι gekommen ist. Nun seien die beiden concentrischen Kreise zu einem Rade verbunden. Jetzt stellen $\alpha\beta$ und $\alpha\gamma$ eine starre Linie vor, die nicht getrennt werden kann, und es muss folglich beim Rollen des inneren Radkreises längs $\eta\theta$ schon, wenn β in $\varkappa$ angekommen ist, γ in λ angekommen sein, also der Bogen $\zeta\gamma$ einmal der Strecke $\zeta\iota$, einmal der Strecke $\zeta\lambda$ gleich sein. Dieses Paradoxon wusste allerdings Aristoteles nicht zu lösen, und er hatte darin Nachfolger bis in das XVII. S. n. Chr. Erst rationelle Zerlegung der zusammengesetzten Kreisbewegung konnte zur richtigen Erkenntniss führen, dass in der That das Wälzen einer Curve auf einer Geraden nicht immer die Gleichheit des krummlinigen und des gradlinigen Stückes zur Folge haben müsse, die nach einander zur Deckung kommen.[1])

Bei Aristoteles sind wir auch wohl berechtigt Kenntnisse jenes Kapitels der allgemeinen Wissenschaftslehre vorauszusetzen, von welchem wir bei Xenokrates die ersten uns zur Kenntniss gekommenen Spuren bemerkten. Wir meinen die Combinatorik. Aristoteles hat die Dialektik der Sophisten zur eigentlichen Syllogistik ausgebildet, und die verschiedenen Arten von Schlüssen, welche er in der Auseinandersetzung dieser Lehre unterscheidet, erschöpfen in der That sämmtliche Möglichkeiten. Es ist somit hier thatsächlich eine Aufzählung der Combinationen gewisser Elemente in ihrer Vollständigkeit gegeben. Später zählte man auch die Gebilde logisch möglicher Begriffszusammenstellungen. Der Stoiker Chrysippus, welcher 282 bis 209 lebte, hat die Zahl der aus 10 Grundannahmen möglichen Vereinigungen auf über eine Million veranschlagt. Allerdings setzt Plutarch, der uns die Sache erzählt, hinzu, die Arithmetiker seien mit Chrysippus keineswegs einverstanden, und Hipparch, der zu den Arithmetikern gehöre, habe gezeigt, dass, wenn man die Axiome bejahend ausspreche 103 049, wenn man sie verneinend benutze 310 952 Verbindungen entstehen[2]). Wir stehen der Bedeutung dieser Zahlen grade so verständnisslos gegenüber, wie früher bei Xenokrates seiner Zahl möglicher Silben. Wir ziehen aber aus den Zahlen selbst die gleiche Folgerung, dass den Griechen combinatorische Fragen nicht vollständig fremdartig waren, und dass sie auf irgend eine Weise Formeln, mit grösster Wahrscheinlichkeit falsche Formeln, zu deren Beantwortung benutzten.

---

[1]) Ueber das Rad des Aristoteles vergl. Klügel, Mathematisches Wörterbuch (fortgesetzt von Mollweide) Bd. IV, S. 171—174 unter: Rad, aristotelisches. [2]) Plutarchus, *Quaestion. Convivial.* VIII, 9, 11 und 12 sowie auch *De Stoicorum repugnantiis* XXIX, 3 und 5.

Bei einem Schüler des Aristoteles begegnen wir gleichfalls praktischer Combinatorik in der Gestalt einer vollständigen Aufzählung aller Möglichkeiten der Vereinigung gewisser Elemente. Wir denken dabei an Aristoxenus von Tarent, den Erfinder der aus Längen und Kürzen zusammengesetzten Versfüsse.

Unter den anderen ältesten Peripatetikern nennen wir Theophrastus von Lesbos und Eudemus von Rhodos, deren Ersteren Aristoteles selbst zu seinem Nachfolger ernannte. Beide haben, wie im 4. Kapitel erzählt worden ist, historisch mathematische Schriften angefertigt, deren Inhalt wir jetzt annähernd schätzen können, da er grade so weit reichen konnte, als wir in unseren bisherigen auf Griechenland bezüglichen Auseinandersetzungen erörtert haben. Mit der Schätzung dieses Inhaltes steigert sich das Bedauern über den Verlust jener umfangreichen Schriften. Theophrast und Eudemus waren für Jahrhunderte die Letzten, welche der Geschichte der Mathematik eigene Werke zuwandten, oder es haben doch ihre Nachfolger, wenn sie welche hatten, nicht gewagt weiter als sie in der Zeit des Berichteten hinabzusteigen. Das liegt in den Worten, die uns (S. 214) den Schluss des Mathematikerverzeichnisses bildeten: „Die nun die Geschichte geschrieben haben, führten bis zu diesem Punkte die Entwicklung der Wissenschaft fort.“ Mag dieser Ausspruch dem Verfasser des Verzeichnisses angehören, mag er ein Zusatz des Proklus sein, jedenfalls nahm dieser ihn unverändert auf und bezeugt damit die Thatsache selbst. Zugleich hat man aber in jenen Worten einen Beweggrund gefunden das Mathematikerverzeichniss als von Eudemus herrührend anzusehen, eine Meinung, zu welcher auch wir uns bekennen.

Kapitel XII.

Alexandria. Die Elemente des Euklid.

Athen sank von seiner Höhe. Der junge makedonische Fürst, der mit 18 Jahren in der Schlacht bei Chäronea den ersten Sieg erfocht, der mit 33 Jahren aus dem Leben schied den Beinamen des Grossen hinterlassend, ein Bezwinger der damals bekannten Welt, hatte auch die Wissenschaft genöthigt seinen Befehlen zu gehorchen. In der eigenen Heimath ihr einen Wohnsitz anzuweisen, daran dachte er nicht. Er mochte empfinden, dass die rauhe Natur des Landes und der Menschen nicht dazu angethan waren einen Bildungsmittelpunkt abzugeben. Dafür erwuchs ein solcher in der jungen Stadt, welche Alexander auf der Landzunge gründete, die zwischen dem Mittelmeere und dem mareotischen See bis zum Nilkanal von Kanopus sich erstreckt. Als grosse ägyptische Hauptstadt sollte sie den Besitz des eben unterworfenen Aegyptens sichern. In Form eines ausgebreiteten makedonischen Reitermantels war der Plan der Stadt entworfen. Den Namen führte sie nach dem, dessen Machtgebot sie entstehen liess, Alexandria.[1])

Hauptstadt Aegyptens hatte Alexandria alle Anlage das zu werden, als was Alexander selbst sie vielleicht dachte, die Hauptstadt einer Weltmonarchie von kulturbringendem Charakter, einer Monarchie, welche die verschiedenst gearteten Völker einander näher bringen, ihre Gegensätze ausgleichen, ihnen allen den Schliff griechischer Feinheit gemeinsam machen sollte. Wir brauchen gewiss nicht auseinanderzusetzen, wieso gerade in Aegypten der geeignete Ort für die Anlegung einer solchen Hauptstadt sich fand. Haben wir doch in der Wissenschaft, auf deren Geschichte es uns allein ankommt, Aegypten als ein Mutterland, wenn nicht als das Mutterland, erkennen dürfen. Gereift und gekräftigt kehrte die Mathematik nach dem Lande ihres Entstehens zurück, und es war, als ob die Sage von dem Riesen, der die Muttererde berührend aus ihr neue Stärke zieht, zur Wahrheit werden sollte. Hier auf ägyptischem Boden erprobten sich Kräfte, wie sie bisher der Mathematik noch nicht zugewandt worden waren.

Eine in der Weltgeschichte mehr als einmal sich wiederholende Erfahrung lehrt, dass es in der Wissenschaft eine Mode gibt. Sie pflegt nicht ohne Grund aufzutreten, sie entstammt nicht gerade den Launen eines unberechenbaren Geschmackes, aber sie ist vorhanden, und ihrem Gesetze beugen sich die hervorragendsten Geister in dem Sinne, dass sie vorzugsweise der Modewissenschaft sich widmen. So gibt es Zeiten, in welchen theologische Geisteskämpfe die grossen Männer beschäftigen, und Zeiten, in welchen der Kriegsruhm nur die Wissenschaft des Krieges des Denkers würdig macht; Zeiten, in welchen vorzugsweise die Rechtsbildung gelingt, Zeiten, die zur Entwicklung des Schönen dem Gedanken und der Ausführung nach führen. Das war in dem Athen des Perikles der Fall gewesen, das hatte in der Schule Platons nachgelebt. Aristoteles und die Peripatetiker verbreiteten ein vielfach gediegeneres, vielfach nüchterneres Wissen, und Nüchternheit um nicht zu sagen Trockenheit ist der Stempel, welcher der ganzen alexandrinischen Literaturperiode aufgedrückt ist, einer Zeit, welche man etwa von den Jahrzehnten nach dem Tode Alexanders des Grossen bis kurz vor die Einverleibung Alexandrias in das römische Reich, etwa von 300 bis 50 v. Chr., durch volle 250 Jahre zu rechnen hat.

---

[1]) Ueber die alexandrinische Entwicklung vergl. die Abhandlung „Alexandriner“ von R. Volkmann in Pauly's Realencyklopädie der classischen Alterthumswissenschaft (II. Auflage) mit reichen Quellenangaben alter und neuer Literatur.

Aegypten war unter den Feldherrn, die das Erbe des verstorbenen Weltbeherrschers unter einander theilten, dem geistig hervorragendsten, Ptolemäus, Sohn des Lagus, zugefallen, und er, der als Ptolemäus Soter 305 den Königstitel annahm, wie seine beiden Nachfolger, Ptolemäus Philadelphus (285—247) und Ptolemäus Euergetes (247—222), welcher letztere durch die adulitische Inschrift wie durch das mit ihr in bestimmten Einzelheiten übereinstimmende Edikt von Kanopus (S. 35) als mächtiger Eroberer ebenso wie als Freund der Wissenschaften bezeugt wird, begründeten das Ptolemäerreich. Unter ihnen wurde Alexandria vollends, wozu die Anlage schon gegeben war, zum Sitze der exakten Wissenschaften und der Grammatik, zum Aufbewahrungsorte der grossartigen alexandrinischen Bibliothek, zum Mittelpunkte, wohin Alles strömte, wer nur in den Wissenschaften lernend oder lehrend, sich oder Andere fördern wollte. Fand er doch dazu in Alexandria das sogenannte Museum, einen Verein gelehrter Männer, denen aus königlichen Mitteln ein ehrenvoller Unterhalt gewährt wurde. Die drei ersten Ptolemäer gaben, wie gesagt, den Anstoss zu dieser wissenschaftlichen Entwicklung. Ptolemäus Euergetes insbesondere vermehrte aufs Bedeutsamste die Bibliothek, zu welcher er den ganzen Bücherschatz beifügte, der einst Aristoteles und Theophrastus angehört hatte. Aber auch die späteren Ptolemäer liessen nicht von der Unterstützung der Gelehrten, welche in ihrem Hause ebenso herkömmlich geworden war, wie Unzucht und Verwandtenmord.

Der erste der grossen Mathematiker, welche uns in dem mit der Regierung des Ptolemäus Soter anhebenden Jahrhunderte begegnen, und welche sämmtlich in Alexandria blühten oder zu Alexandria in Beziehung traten, war Euklid.[1]) Proklus erzählt an das Mathematikerverzeichniss anknüpfend sein Auftreten in der Wissenschaft:

„Nicht viel jünger aber als diese ist Euklides, der die Elemente zusammenstellte, vieles von Eudoxus Herrührende zu einem Ganzen ordnete und vieles von Theätet Begonnene zu Ende führte, überdies das von den Vorgängern nur leichthin Bewiesene auf unwiderlegliche Beweise stützte. Es lebte aber dieser Mann unter dem ersten Ptolemäer. Archimed nämlich gedenkt beiläufig auch in seinem ersten Buche des Euklid, und man sagt ferner, Ptolemäus habe ihn einmal gefragt, ob es nicht bei geometrischen Dingen einen abgekürzteren Weg als durch die Elemente gebe; er aber ertheilte den Bescheid,

---

[1]) Ueber Euklid vergl. David Gregory's Vorrede zu seiner grossen Euklidausgabe (Oxford, 1702). Fabricius, *Bibliotheca Graeca edit. Harless* (Hamburg, 1795) IV, 44—82. Gartz, *De interpretibus et explanatoribus Euclidis Arabicis* (Halle, 1823). Der von Lacroix verfasste Artikel *Euclide* in der *Biographie universelle*. M. Cantor, Euklid und sein Jahrhundert im Supplementheft zu Bd. XII der Zeitschr. Math. Phys. (Leipzig, 1867). Hankel 381—404.

zur Geometrie hin gebe es keinen geraden Pfad für Könige. Er ist somit jünger als die Schüler Platons, älter als Eratosthenes und Archimed; denn diese sind Zeitgenossen, wie Eratosthenes angibt. Seiner wissenschaftlichen Stellung nach ist er Platoniker und dieser Philosophie angehörig, daher er denn auch als Endziel seines ganzen Elementarwerkes die Construction der sogenannten platonischen Körper hinstellte."[1])

Viel mehr, als in diesen Sätzen ausgesprochen ist, wissen wir nicht über die Lebensumstände des Schriftstellers, dessen Elemente unmittelbar oder mittelbar die Grundlage der gesammten Geometrie bis auf unsere Zeit geworden sind. Nicht einmal das Vaterland des Euklid steht fest, wenn wir nicht der Angabe eines syrischen Berichterstatters, des Abulpharagius, unbedingten Glauben schenken wollen, welcher ihn einen Tyrer nennt. Andere wollen Euklid in Aegypten geboren sein lassen. Noch Andere, aber sicherlich mit Unrecht, verwechseln ihn mit Euklides von Megara, dem Zeitgenossen Platons, welcher rund 100 Jahre früher lebte. Auffallend genug findet sich dieser Irrthum schon bei einem Schriftsteller aus dem Zeitalter des Tiberius, bei Valerius Maximus. Auch Geburts- und Todesjahr des Euklid sind durchaus unbekannt, und nur die Blüthezeit[2]) um 300 etwa wird durch den ersten Ptolemäer, unter welchen sie, wir wir durch Proklus erfahren haben, gefallen sein soll, bezeugt. Von seinem Charakter hat sich bei Pappus eine höchst liebenswürdige Schilderung erhalten. Er sei sanft und bescheiden, voll Wohlwollen gegen Jeden, der die Mathematik irgend zu fördern im Stande war, gewesen und habe absichtlich an früheren Leistungen so wenig als möglich geändert.[3]) Pappus gibt auch ausdrücklich an, das Euklid in Alexandria gelebt habe.

Schriften des Euklid sind uns mehrfach erhalten. Das Hauptwerk bilden die Elemente, *στοιχεῖα*. Wir müssen annehmen, dass es an Bedeutung allen früheren Elementarwerken weit überlegen war. So schildert es uns Proklus und die Bestätigung des Urtheils liegt in der Thatsache, dass alle Bücher seiner Vorgänger in dem Kampfe um das Dasein untergegangen sind, dass von Elementen, die durch einen Griechen nach Euklid verfasst worden wären, nirgends ein Wort gesagt ist, dass vielmehr er ausschliesslich gemeint zu sein scheint, wo griechische Schriftsteller später von dem Elementenschreiber schlechtweg reden, ohne einen Namen zu nennen.[4])

---

[1]) Proklus (ed. Friedlein) 68. [2]) *Γέγονε* heisst es bei Proklus und dieses bedeutet hier sicherlich „blühte" und nicht „ward geboren". Vergl. E. Rohde „*Γέγονε* in den Biographica des Suidas" Rheinisches Museum für Philologie XXXIII neuer Folge, 161—220 (1878). [3]) Pappus VII, *praefatio* (ed. Hultsch) 676 flgg. [4]) So Archimed, *De sphaera et cylindro* I, 6 (ed. Torelli pag. 75, ed. Nizze S. 48) wahrscheinlich mit Beziehung auf Euklid XII, 2. Diese Stelle

Die in 13 Bücher gegliederten Elemente des Euklid zerfallen in vier Haupttheile. Erstens behandeln sie Raumgebilde, welche auf einer Ebene gezeichnet sind und das Verhältniss ihrer gegenseitigen Grösse, die theils gleich, theils ungleich ist. Im ersteren Falle genügt der Nachweis der Identität, im letzteren verlangt man etwas mehr: man will die Ungleichheit messen. Dazu aber dient die Zahl, das Maass einer jeden Grösse, und folglich wird es Bedürfniss, Untersuchungen über die Zahl anzustellen. Damit ist der zweite Haupttheil des Werkes erfüllt. Die vollständig bestimmte Zahl reicht indessen nicht aus, um alle Grössen zu messen, welche der geometrischen Betrachtung unterworfen werden. Es gibt vielmehr Raumgebilde, seien es nun Längen oder Flächen, welche mit der Grösseneinheit derselben Art kein genau angebbares gemeinsames Maass besitzen, ohne dass sie desshalb aufhören selbst Grössen zu sein. Man nennt sie nur im Gegensatze zu dem genau Messbaren mit der Einheit incommensurabel. Die Betrachtung solcher Incommensurabilitäten ist somit unerlässlich, sie bildet den dritten Haupttheil des Ganzen. Endlich im vierten Theile verlässt die Betrachtung das bisher eingehaltene Feld der Zeichnungsebene, die Verhältnisse des allgemeinen Raumes werden untersucht, die gegenseitige Lage und Grösse von Flächen und Körpern werden besprochen. Das ist freilich nur der ganz allgemeine Inhalt des Werkes[1]), es dürfte sich empfehlen näher auf die Einzelheiten desselben einzugehen.

Im I. Buche handelt Euklid von den Grundbestandtheilen gradliniger Figuren in der Ebene, von geraden Linien, welche sich entweder schneiden und mit einer dritten Linie ein Dreieck bilden, über dessen Bestimmtheit durch gewisse Stücke gesprochen wird — Congruenz der Dreiecke — oder welche sich nicht treffen, so weit man sie verlängert — Parallellinien. Um mit Hilfe der Parallellinien eine Figur zu erzielen bedarf es zweier schneidenden Geraden, und so entsteht das Viereck, insbesondere das Parallelogramm, sofern die Schneidenden selbst unter sich parallel sind. Die Eigenschaften der Parallelogramme vereinigt mit denen der Dreiecke führen zum Begriffe von Figuren, welche aus an und für sich identischen Theilen bestehen, aber nicht in identischer Weise zur gegenseitigen Deckung gebracht werden können, Gleichheit von nichtcongruenten Flächenräumen. Bei solchen Flächen kommt es also darauf an die identischen Theile abzusondern, in anderer Weise zusammenzufügen, und so lehrt der 44. Satz an eine gegebene gerade

---

dürfte Proklus im Auge gehabt haben, als er zum Beweis, dass Archimed später als Euklid lebte, sagte, dass dieser jenen in seinem ersten Buche erwähne.
[1]) In diesen klaren Umrissen hat ihn z. B. Gregory in der Vorrede seiner Euklidausgabe entworfen.

Linie unter gegebenem Winkel ein Parallelogramm anzulegen, παραβάλλειν, welches einem gegebenen Dreiecke gleich sei; es lehrt der 45. Satz die Verwandlung jeder gradlinigen Figur in ein Parallelogramm von gegebenen Winkeln, bis im 47. und 48. Satze das Buch mit dem interessantesten Falle einer derartigen Umwandlung, mit dem pythagoräischen Lehrsatze und dessen Umkehrung abschliesst.

Das II. Buch ist gewissermassen ein Zusatz zu dem pythagoräischen Lehrsatze. In ihm wird die Herstellung eines Quadrates aus Quadraten und Rechtecken in den verschiedensten Combinationen, theils als Summe, theils als Differenz gelehrt, bis auch wieder eine Zusammenfassung in der Aufgabe erfolgt, ein jeder gegebenen gradlinigen Figur gleiches Quadrat zu zeichnen. Zugleich lässt aber dieses Buch eine andere Auffassung zu, welche mit der doppelten Bedeutung des pythagoräischen Satzes in Verbindung steht. Wir wissen, dass dieser Satz, sofern er der Arithmetik angehört, besagt, dass es zwei Zahlen bestimmter Art gebe, welche als Summe eine dritte Zahl liefern von gleicher Art wie die beiden Posten. Als Zusatz zu dem pythagoräischen Lehrsatze in diesem Sinne lehrt das 2. Buch die Rechnung insbesondere die Multiplikation mit additiv und subtraktiv zusammengesetzten Zahlen In moderner Schreibweise heissen die 10 ersten Sätze alsdann:

$$1)\ ab + ac + ad + \cdots = a(b + c + d + \cdots) \quad 2)\ ab + a(a - b) = a^2$$

$$3)\ ab = b(a - b) + b^2 \quad 4)\ a^2 = b^2 + (a - b)^2 + 2b(a - b)$$

$$5)\ (a - b)b + \left(\frac{a}{2} - b\right)^2 = \left(\frac{a}{2}\right)^2 \quad 6)\ (a + b)b + \left(\frac{a}{2}\right)^2 = \left(\frac{a}{2} + b\right)^2$$

$$7)\ a^2 + b^2 = 2ab + (a - b)^2 \quad 8)\ 4ab + (a - b)^2 = (a + b)^2$$

$$9)\ (a - b)^2 + b^2 = 2\left(\frac{a}{2}\right)^2 + 2\left(\frac{a}{2} - b\right)^2$$

$$10)\ (a + b)^2 + b^2 = 2\left(\frac{a}{2}\right)^2 + 2\left(\frac{a}{2} + b\right)^2$$

Als 11. Satz erscheint die Aufgabe des goldenen Schnittes. Ihre geometrische Beziehung zur Construction des regelmässigen Fünfecks haben wir früher (S. 151) besprochen. Arithmetisch, oder vielmehr algebraisch aufgefasst ist die Tragweite der Aufgabe „eine gegebene Strecke so zu schneiden, dass das aus dem Ganzen und einem der beiden Abschnitte gebildete Rechteck dem Quadrate des übrigen Abschnittes gleich sei" dahin zu bestimmen, dass eine Auflösung der Gleichung $a(a - x) = x^2$, beziehungsweise der Gleichung $x^2 + ax = a^2$ gesucht wird[1]). Euklid findet $x = \sqrt{a^2 + \left(\frac{a}{2}\right)^2} - \frac{a}{2}$ und beweist die Richtigkeit dieser Auflösung durch folgende Schlüsse, bei deren Darstellung wir uns die einzige Aenderung gestatten, dass wir die

[1]) Diese Auffassung der Aufgabe II, 11 dürfte zuerst bei Arneth, Geschichte der reinen Mathematik (Stuttgart, 1852) S. 102 zu finden sein.

geometrisch klingenden Wörter in algebraische Buchstaben und Zeichen umsetzen. Wegen 6) ist $\left(a+\left(\sqrt{a^2+\left(\frac{a}{2}\right)^2}-\frac{a}{2}\right)\right)\left(\sqrt{a^2+\left(\frac{a}{2}\right)^2}-\frac{a}{2}\right)$ $+\left(\frac{a}{2}\right)^2=\left(\frac{a}{2}+\left(\sqrt{a^2+\left(\frac{a}{2}\right)^2}-\frac{a}{2}\right)\right)^2=\left(\sqrt{a^2+\left(\frac{a}{2}\right)^2}\right)^2=a^2+\left(\frac{a}{2}\right)^2$ Man zieht auf beiden Seiten $\left(\frac{a}{2}\right)^2$ ab, so bleibt $\left(a+\left(\sqrt{a^2+\left(\frac{a}{2}\right)^2}-\frac{a}{2}\right)\right)$ $\left(\sqrt{a^2+\left(\frac{a}{2}\right)^2}-\frac{a}{2}\right)=a^2$, und zieht man weiter $a\left(\sqrt{a^2+\left(\frac{a}{2}\right)^2}-\frac{a}{2}\right)$ auf beiden Seiten ab, so bleibt $\left(\sqrt{a^2+\left(\frac{a}{2}\right)^2}-\frac{a}{2}\right)^2=$ $=a\left(a-\left(\sqrt{a^2+\left(\frac{a}{2}\right)^2}-\frac{a}{2}\right)\right)$.

Das III. Buch wendet sich zu der einzigen krummen Linie, welche der Behandlung unterzogen wird, zum Kreise und zu den Sätzen, welche auf Berührung zweier Kreise, oder eines Kreises und einer Geraden sich beziehen. Alsdann folgen Betrachtungen über die Grösse von Winkeln und mit denselben irgendwie in Verbindung stehenden Kreisabschnitten. Insbesondere der 16. Satz ist im III. oder IV. S. schon Gegenstand beiläufiger Erörterung, in späteren Zeiten Ausgangspunkt interessanter Streitigkeiten zwischen Gelehrten des XVI. und XVII. S. geworden und dadurch, aber auch durch seinen Inhalt bemerkenswerth. Er behauptet nämlich, der Winkel, welchen der Kreisumfang mit einer Berührungslinie bildet, sei kleiner als irgend ein gradliniger spitzer Winkel. Dieser gemischtlinige Winkel heisst bei Proklus[1]) hornförmiger Winkel, γωνία κερατοειδής, ein Name, der bei Euklid noch nicht vorkommt. In den Definitionen, welche den einzelnen Büchern vorausgeschickt werden, ist sogar von ihm keine ausdrückliche Rede. Im ersten Buche heissen die 8. und 9. Definition: „Ein ebener Winkel ist die Neigung zweier Linien gegen einander, wenn solche in einer Ebene zusammenlaufen ohne in einer geraden Linie zu liegen. Sind die Linien, die den Winkel einschliessen, gerade, so heisst derselbe ein geradliniger Winkel." Dazu ergänzt die 7. Definition des III. Buches: „Der Winkel des Abschnittes ist der vom Umkreise und der Grundlinie eingeschlossene Winkel", aber den Winkel, wenn man von einem solchen reden darf, auf der convexen Bogenseite gegen die Berührungslinie hin erläutert der Verfasser nicht. Endlich schliesst das III. Buch mit den einzeln betrachteten Fällen zweier Geraden, die sich gegenseitig und ebenso einen Kreis schneiden, und aus deren Abschnitten gewisse Rechtecke zusammengesetzt werden, welche Flächengleichheit besitzen.

Der Schüler wird nun im IV. Buche weiter mit den Figuren bekannt gemacht, welche entstehen, wenn mehr als zwei Gerade mit

---

[1]) Proklus (edit. Friedlein) pag. 104 und öfters.

dem Kreise in Verbindung treten. Er lernt die dem Kreise ein- und umschriebenen Vielecke insbesondere die regelmässigen Vielecke kennen. Unter diesen ist das Fünfeck, und dessen Construction macht die erste Anwendung des im II. Buche, wie wir entwickelten, zu anderem Zwecke gelehrten goldnen Schnittes nothwendig. Das IV. Buch kommt an den äussersten mit den bisherigen Mitteln erreichbaren Zielpunkten an. Die Gleichheit von Strecken und Flächenräumen ist nach allen Seiten erörtert.

Nun kommt die Ungleichheit in Betracht, insofern sie gemessen werden kann, und zwar ist diese Messung eine zweifache, eine geometrische und eine arithmetische. Beide beruhen auf der Lehre von den Proportionen, welche desshalb in dem V. Buche an dem Sinnbilde gerader Linien in vollständiger Ausführlichkeit dargelegt wird. Die im Verhältnisse aufgefassten Grössen sind als Linien gezeichnet, damit nicht hier schon der Schwierigkeit zu begegnen sei eine Unterscheidung zu treffen, je nachdem Commensurables oder Incommensurables auftritt. Die Linien sind aber nur nebeneinander gezeichnet, ohne Figuren zu bilden, damit man einsehe, wie es sich hier um Allgemeineres handle als um die Vergleichung geometrischer Gebilde.

Erst das VI. Buch zieht die geometrischen Folgerungen aus dem im V. Buche Erlernten. Die Aehnlichkeit von Figuren geht aus der Proportionenlehre hervor und dient selbst wieder dazu Proportionen an geometrischen Figuren zur Anschauung zu bringen. Einen Satz und zwei Aufgaben dieses Buches, welche die Bezeichnung als Satz 27., 28., 29. führen, müssen wir besonders erwähnen. Satz 27. enthält das erste Maximum, welches in der Geschichte der Mathematik nachgewiesen worden ist, und welches als Function geschrieben besagen würde: $x\,(a-x)$ erhalte seinen grössten Werth durch $x=\frac{a}{2}$. In den beiden darauf folgenden Aufgaben hat man die Auflösungen der Gleichungen $x\,(a-x)=b^2$ und $x\,(a+x)=b^2$ erkannt. Der 27. Satz erscheint bei der unmittelbaren Aufeinanderfolge von 27. und 28. unzweifelhaft als der Diorismus des Letzteren. Es darf eben b^2 nicht grösser sein als $\left(\frac{a}{2}\right)^2$, wenn die Aufgabe lösbar sein soll.[1]) Geometrisch ausgesprochen haben die beiden Aufgaben in Satz 28. und 29. gleichfalls einen, wie spätere Erörterungen uns lehren sollen, hochwichtigen Inhalt. Es handelt sich um die Anlegung eines einem gegebenen Parallelogramme gleichwinkligen Parallelogrammes an eine grade Linie, welches um so viel grösser (kleiner) an Fläche als eine

[1]) Diese Auffassung zuerst vertreten bei Matthiessen, Grundzüge der antiken und modernen Algebra der litteralen Gleichungen. Leipzig, 1878, S. 926—931.

gleichfalls gegebene Figur sei, dass wenn so viel abgeschnitten (zugesetzt) wird, als nöthig ist um Flächengleichheit zu erzielen, dieses Stück selbst dem erstgegebenen Parallelogramme ähnlich werde. Euklid drückt diese Forderung durch die Worte aus, der Flächeninhalt Γ solle an der Linie AB Etwas übrig lassen, ἐλλείπει, oder darüber hinausfallen, ὑπερβάλλει.

Das VII., VIII. und IX. Buch beschäftiget sich mit der Lehre von den Zahlen. Der nächste Zweck ist das arithmetische Messen der Ungleichheit, also diejenigen Folgerungen aus der Proportionenlehre zu ziehen, welche an Zahlengrössen hervortreten. Allein damit verbindet Euklid, vielleicht weil nirgend eine passendere Gelegenheit sich finden wird, eine Zusammenstellung aller ihm bekannten Eigenschaften der ganzen Zahlen. Rechnungsoperationen mit denselben hat er, wie wir uns erinnern, schon im II. Buche ausführen lassen. Das VII. Buch beginnt mit der Unterscheidung von theilerfremden Zahlen und solchen, welche ein gemeinsames Maass besitzen, und mit der Auffindung dieses letzteren. Euklid findet dasselbe vollständig in der heute noch üblichen Weise durch fortgesetzte Theilung des letztmaligen Divisors durch den erhaltenen Rest, mithin, wenn wir es nicht scheuen auch moderne Namen zu gebrauchen, wo moderne Verfahren angewandt sind, durch einen Kettenbruchalgorithmus. Dann ist von Zahlen die Rede, welche dieselben Theile anderer Zahlen sind, wie wieder andere von vierten, und damit ist also die Zahlenproportion eingeführt. Abgesehen von den vielen neuen Proportionen, welche in der mannigfaltigsten Weise aus den erstgegebenen abgeleitet werden, führt der Satz von der Gleichheit der Produkte der inneren und der äusseren Glieder einer Proportion auf die Theilbarkeit eines solchen Produktes durch einen der Faktoren des anderen Produktes und zur Theilbarkeit überhaupt. Der Rückweg zur Untersuchung theilerfremder Zahlen ist damit gewonnen, und den Schluss des Buches bildet die Auffindung des kleinsten gemeinsamen Dividuums gegebener Zahlen.

Das VIII. Buch setzt die Lehre von den Proportionen fort, indem es zu Gliedern der Proportion nur solche Zahlen wählt, welche selbst Produkte sind, und zwar zum Theil Produkte aus gleichen Faktoren. An die früheren geometrischen Lehren erinnern eben noch die Benennungen, welche in diesem Buche zur Anwendung gelangen: Flächenzahlen, ähnliche Flächenzahlen, Quadratzahlen, Körperzahlen, Kubikzahlen, lauter Wörter, deren Erklärung wir in früheren Kapiteln zu geben Gelegenheit hatten. Vieleckszahlen anderer Art als die Quadratzahlen kommen bei Euklid nicht vor.

Das IX. Buch setzt gleichfalls denselben Gegenstand fort, geht indessen dadurch wieder zu anderweitigen Betrachtungen über, dass es besondere Rücksicht auf etwa in einer Proportion vorkommende

Primzahlen nimmt. Bei dieser Gelegenheit wird nämlich ziemlich ausser allem Zusammenhange als 20. Satz bewiesen, dass die Menge der Primzahlen grösser sei als jede gegebene Menge derselben, wofür wir kürzer sagen, dass es unendlich viele Primzahlen gibt. Noch weniger Zusammenhang ist von dem 20. Satze zu den ihm nachfolgenden Sätzen wahrnehmbar. Mancherlei Eigenschaften grader und ungrader Zahlen, von deren Summen und deren Produkten werden erörtert, bis der 35. Satz die Summirung der geometrischen Reihe lehrt und auf diejenige geometrische Reihe angewendet, welche von der Einheit beginnend durch Verdoppelung der Glieder weiterschreitet, endlich im 36. Satze wieder zu den Primzahlen zurückführt und so das Bewusstsein erweckt, wie Euklid bei scheinbarem Abspringen von seinem Thema es immer unverrückt im Auge behält. Jener 36. Satz gibt nämlich an, die Summe der Reihe $1 + 2 + 4 + 8 \cdots$ sei mitunter eine Primzahl. Dieses tritt z. B. ein, wenn die Reihe aus 2, aus 3, aus 5 Gliedern besteht. Werde diese die Summe darstellende Primzahl mit dem letzten in Betracht gezogenen Gliede der Reihe vervielfacht, so entstehe eine vollkommene Zahl (eine Zahl, welche der Summe aller ihrer Theiler gleich ist).

Im X. Buche ist der dritte Hauptheil des euklidischen Werkes behandelt, die Lehre von den Incommensurablen. An der Spitze des Buches steht der Satz, welcher bei Euklid die Grundlage der Exhaustionsmethode bildet, der Satz: „Sind zwei ungleiche Grössen gegeben, und nimmt man von der grösseren mehr als die Hälfte weg, von dem Reste wieder mehr als die Hälfte und so immer fort, so kommt man irgend einmal zu einem Reste, welcher kleiner ist als die gegebene kleinere Grösse." Dieser Satz, wesentlich verschieden von dem, dessen sich (S. 209) Eudoxus und vielleicht schon Hippokrates zu ähnlichen Zwecken bediente, ist in dieser Form vielleicht Euklids Eigenthum, vielleicht auch dessen, von welchem das X. Buch der Hauptsache nach herrührt. Fürs Erste freilich zieht Euklid keine Folgerung aus ihm, nicht einmal die, welche man vor allen Dingen erwarten sollte, dass wenn zwei Grössen incommensurabel sind, man immer ein der ersten Grösse Commensurables bilden könne, welches von der zweiten Grösse sich um beliebig Weniges unterscheide. Statt dessen sind zwar geistvolle aber doch nach unseren Begriffen masslos weitläufige Untersuchungen darüber angestellt, unter welchen Voraussetzungen Grössen sich wie gegebene Zahlen verhalten, also commensurabel sind, und unter welchen Voraussetzungen keine solche Zahlen sich finden lassen, die Grössen also incommensurabel

[1]) Vergl. Nesselmann, Die Algebra der Griechen S. 165—182. Diesem Werke entnehmen wir auch die Uebersetzungen der Namen der verschiedenen Formen von Irrationalzahlen.

sind. Ein besonderes Gewicht legt Euklid auf die Irrationalzahlen, deren er vielfältig unterschiedene Formen aufzählt. Dabei ist zu beachten, dass das Incommensurable, ἀσύμμετρον, des Euklid sich mit unserem Begriffe der Irrationalzahl deckt, während sein Rationales, ῥητὸν, und Irrationales, ἄλογον, von dem, was wir unter diesen Wörtern verstehen, abweicht. Rational ist ihm das an sich und das in der Potenz Messbare, d. h. diejenigen Linien sind rational, welche selbst durch die Längeneinheit oder deren Quadratfläche durch die Flächeneinheit genau ausmessbar sind, also a sowohl als $\sqrt{a}$, während das Wort irrational für jeglichen mit Wurzelgrössen behafteten Ausdruck ausser der einfachen Quadratwurzel $\sqrt{a}$ Anwendung findet. Demgemäss ist das Produkt a mal $\sqrt{b}$ oder $\sqrt{a}$ mal $\sqrt{b}$ bei Euklid irrational, weil jedes dieser beiden Produkte als Produkt schon eine Fläche bedeutet, also nicht mehr „in der Potenz messbar" sein kann. Irrational ist um so mehr die Linie, welche $a \cdot \sqrt{b}$ oder $\sqrt{a} \cdot \sqrt{b}$ als Quadrat besitzt, d. h. $\sqrt{a\sqrt{b}}$ und $\sqrt[4]{ab}$ und diese Gattung von Irrationalitäten heisst μέση, die Mediallinie. Addition und Subtraktion zweier Längen, von denen mindestens eine incommensurabel ist, gibt die Irrationalität von zwei Benennungen, ἡ ἐκ δύο ὀνομάτων, und die durch Abschnitt Entstandene, ἀποτομή, d. h. die Binomialen $a + \sqrt{b}$ oder $\sqrt{a} + \sqrt{b}$ und die Apotomen $a - \sqrt{b}$ oder $\sqrt{a} - b$ oder $\sqrt{a} - \sqrt{b}$. Wir würden allzu weitschweifig werden müssen, wenn wir alle Verbindungen zwischen diesen Medialen, Binomialen und Apotomen erörtern wollten, welche in dem X. Buche vorkommen. Statt dessen nur die Bemerkung, dass wir hier wieder ein Beispiel praktischer Combinatorik vor uns haben, indem alle Verschiedenheiten berücksichtigt sind, die überhaupt eintreten können. Eines freilich ist vorausgesetzt, dass nämlich nur Wiederholungen von Quadratwurzelausziehungen vorkommen, dass also sämmtliche im X. Buche behandelten Irrationalitäten der Construction mit Hilfe von Zirkel und Lineal unterworfen sind, und solche Irrationalitäten sollen uns von nun an euklidische Irrationalitäten heissen, wie sie thatsächlich in späterer Zeit genannt worden sind. Wir heben zwei Sätze des X. Buches besonders hervor, das erste Lemma, welches auf Satz 29. folgt, und welches zwei Quadratzahlen bilden lehrt, deren Summe wieder Quadratzahl ist, und den letzten Satz des Buches von der gegenseitigen Incommensurabilität der Seite und der Diagonale eines Quadrates. Letzteren Satz haben wir nebst seinem muthmasslich altpythagoräischen Beweise daraus, dass sonst Grades und Ungrades einander gleich wären, schon (S. 155) besprochen. Die Herstellung rationaler rechtwinkliger Dreiecke ist uns auch kein neuer Gegenstand. Methoden des Pythagoras (S. 157) und des Platon (S. 192) sind uns bekannt geworden, jene von ungraden, diese von graden Zahlen ausgehend. War nämlich aus $a^2 = b^2 + c^2$ die Folgerung $c^2 = (a + b)(a - b)$ gezogen, und daraus die weitere Folgerung, dass $a + b$ und $a - b$ ähnliche Flächenzahlen sein müssen, so nahmen wir an, dass jene Männer die besonders einfachen Versuche angestellt hätten, einmal $a - b = 1$ und einmal $a - b = 2$ zu setzen. Das Verfahren des Euklid kann als Bestätigung unserer Vermuthungen gelten. Nach der besonderen Annahme konnte und musste man dazu übergehen für $a + b$ und $a - b$ irgend welche ähnliche Flächenzahlen zu wählen, und dieses that Euklid. Er lässt ähnliche Flächenzahlen, d. h. solche, welche proportionirte Seiten haben (Definition 21. des VII. Buches), und deren Produkt eine Quadratzahl geben muss (Satz 1. des IX. Buches), bilden, etwa $\alpha \cdot \beta^2$ und $\alpha \cdot \gamma^2$, und verlangt dabei, dass beide grade oder beide ungrade seien, damit ihr Unterschied halbirbar ausfalle. Unter dieser Voraussetzung wird sodann $\alpha\beta^2 \cdot \alpha\gamma^2 + \left(\frac{\alpha\beta^2 - \alpha\gamma^2}{2}\right)^2 = \left(\frac{\alpha\beta^2 + \alpha\gamma^2}{2}\right)^2$, mithin sind die Seiten des rechwinkligen Dreiecks $\alpha\beta\gamma$, $\frac{\alpha\beta^2 - \alpha\gamma^2}{2}$, $\frac{\alpha\beta^2 + \alpha\gamma^2}{2}$ gefunden.

Wir haben noch den Inhalt des letzten Haupttheiles der euklidischen Elemente anzugeben, der in dem XI., XII. und XIII. Buche enthaltenen Stereometrie. Im XI. Buche beginnt diese Lehre genau in der Weise, wie sie auch heute noch behandelt zu werden pflegt, mit den Sätzen, welche auf parallele und senkrechte grade Linien und Ebenen sich beziehen, woran Untersuchungen über Ecken sich schliessen. Alsdann wendet sich der Verfasser zu einem besonderen Körper, dem Parallelopipedon und geht nur in dem letzten Satze des Buches zu dem allgemeineren Begriffe des Prisma über.

Das XII. Buch enthält die Lehre von dem Maasse des körperlichen Inhaltes der Pyramide, des Prisma, des Kegels, des Cylinders und endlich der Kugel. Eine wirkliche Berechnung findet sich allerdings bei Euklid nie, weder wo von Flächeninhalten noch wo von Körpermaassen die Rede ist, und namentlich bei solchen Raumgebilden, zu deren Erzeugung Kreise oder Kreisstücke beitragen, ist nirgend angegeben, wie man eigentlich zu rechnen habe. Sollte die Ausrechnung des Kreisinhaltes von den Aegyptern bis zu Euklid verloren gegangen sein? Die Unwahrscheinlichkeit dieser Annahme der mehrfachen Beschäftigung mit der Quadratur des Kreises bei Anaxagoras, bei Antiphon, bei Bryson, bei Hippokrates gegenüber wird vollends für einen in Alexandria lebenden Mathematiker zur Unmöglichkeit. Aegypten, welches das Althergebrachte mit Zähigkeit festhielt, welches ein Exemplar des Rechenbuches des Ahmes noch mehr als 2000 Jahre später als Euklid uns unversehrt überliefert hat, war nicht das Land, in welchem so unbedingt Nothwendiges wie die Kreisrechnung vergessen wurde, und ebensowenig lässt sich annehmen, dass die ägyptische Geometrie den griechischen Gelehrten, welche unter dem Schutze des ägyptischen Königs sich dort aufhielten, unbekannt hätte bleiben können. Wir stehen vielmehr hier vor einer absichtlichen Weglassung, vor einem grundsätzlichen Widerstreite zwischen Geometrie und Geodäsie. Letztere, deren Vorhandensein zur Zeit des Aristoteles wir (S. 218) hervorgehoben haben, war ihrem Wesen nach eine rechnende Geometrie. In der eigentlichen oder theoretischen Geometrie war Rechnung als solche ausgeschlossen. Aristoteles hat ausdrücklich gesagt: „Man kann nicht Etwas beweisen, indem man von einem anderen Genus ausgeht, z. B. Nichts Geometrisches durch Arithmetik... Wo die Gegenstände so verschieden sind, wie Arithmetik und Geometrie, da kann man nicht die arithmetische Beweisart auf das, was den Grössen überhaupt zukommt, anwenden, wenn nicht die Grössen Zahlen sind, was nur in gewissen Fällen vorkommen kann"[1]), und was hier von den Beweisen gesagt ist, scheint auch auf Rechnungsoperationen ausgedehnt worden zu sein. So zeigt also Euklid in diesem XII. Buche nur, dass Kreise wie die Quadrate ihrer Durchmesser sich verhalten, was Hippokrates von Chios schon wusste; er zeigt, dass, wie die Pyramide der dritte Theil des Prisma von gleicher Höhe und Grundfläche ist, ein ganz gleichlautender Satz für Kegel und Cylinder stattfindet, was Eudoxus von Knidos schon erkannt hatte; er schliesst mit dem Satze, dass Kugeln im dreifachen Verhältnisse ihrer Durchmesser stehen. Euklid benutzt zum Beweise dieser Sätze den an der Spitze des X. Buches stehenden von der Möglichkeit durch fortgesetzte Halbirung einen beliebigen Grad der Kleinheit zu erreichen. Geben wir als Beispiel seines Verfahrens den Satz vom Kreise, wobei wir, wie schon öfter, zur bequemeren Uebersicht uns moderner Zeichen bedienen, im Uebrigen aber uns genau an Satz 2. des XII. Buches anschliessen. Vorausgeschickt ist der Satz, dass die Flächen ähnlicher in zwei Kreise eingeschriebener Vielecke sich wie die Quadrate der Durchmesser der betreffenden Kreise verhalten. Heissen nun K_1 und K_2 die beiden Kreisflächen, deren Durchmesser δ_1 und δ_2 sind, so sei angenommen, dass $K_1 : K_2$ in kleinerem Verhältnisse stehen wie $\delta_1^2 : \delta_2^2$. Sicherlich gibt es eine Oberfläche Ω, welche dem Verhältnisse $K_1 : \Omega = \delta_1^2 : \delta_2^2$ genügt, und weil $K_1 : K_2 < K_1 : \Omega$, so wird $K_2 > \Omega$ sein müssen. Dann ist es aber unmöglich, dass dasselbe Verhältniss $\delta_1^2 : \delta_2^2$ auch obwalte zwischen einer Fläche, die kleiner ist als K_1 und einer anderen, die grösser ist als Ω, und gleichwohl lässt sich das Vorhandensein eines solchen unmöglichen Verhältnisses unter der gemachten Voraussetzung nachweisen und damit die Un-

[1]) Aristoteles, Analyt. post. I, 7. 75, a.

zulässigkeit der Voraussetzung selbst. Denn beschreibt man in K_1 und K_2 einander ähnliche Vielecke Φ_1 und Φ_2, so ist jedenfalls $\Phi_1 : \Phi_2 = \delta_1^2 : \delta_2^2$ und zugleich $\Phi_1 < K_1$. Es genügt also noch zu zeigen, dass es ein Φ_2 gibt, welches grösser als Ω und kleiner als K_2 ist, und dazu wird die Exhaustion angewandt. Ein dem Kreis umschriebenes Quadrat ist offenbar grösser als der Kreis und zugleich genau doppelt so gross als das dem Kreise eingeschriebene Quadrat. Mithin ist Letzteres grösser als die halbe Kreisfläche, oder unterscheidet sich von der Kreisfläche um weniger als deren Hälfte. Wird in jedem der vier diesen Unterschied bildenden Kreisabschnitte der Bogen halbirt und mit dem Halbirungspunkte und den Endpunkten als Spitzen ein Dreieck gebildet, so ist dieses die Hälfte eines Rechtecks, innerhalb welches der Kreisabschnitt eingeschlossen liegt, also grösser als die Hälfte des Abschnittes. Das entstandene Achteck unterscheidet sich somit von dem Kreise um weniger als den vierten Theil desselben. Ebenso wird zu zeigen sein, dass der Unterschied zwischen dem regelmässigen Vielecke von 16 Seiten und seinem Umkreise geringer als $\frac{1}{8}$ der Kreisfläche ist. Bei jedesmaliger Verdopplung der Seitenzahl des Vielecks wird der Flächenunterschied desselben gegen den Kreis mehr als nur halbirt, und schon immerwährende Halbirung genügt nach dem Satze der Exhaustion, um jede beliebige Grenze der Kleinheit zu erreichen. Es ist also damit sicher gestellt, dass endlich ein Vieleck Φ_2 erscheinen muss, dessen Fläche sich von der des Kreises um weniger als Δ unterscheidet, wenn $\Delta = K_2 - \Omega$ ist, und das ihm ähnliche dem Kreise K_1 eingeschriebene Vieleck ist jenes zugehörige Φ_1, welches den ersten Widerspruch liefert. Dass ein zweiter Widerspruch aus der Annahme $K_1 : K_2 > \delta_1^2 : \delta_2^2$ hervorgeht, und dass dieser Widerspruch gleichfalls mit Hilfe des Satzes von der Exhaustion klargestellt wird, bedarf nicht erst der ausführlichen Auseinandersetzung. Keine dieser beiden Annahmen findet also statt, sondern nur die zwischen ihnen liegende $K_1 : K_2 = \delta_1^2 : \delta_2^2$. Das ist der von Euklid eingeschlagene Weg, der in jedem einzelnen Falle mit aller Strenge in ermüdender Einförmigkeit eingehalten wird, ohne dass jemals eine Abkürzung des Verfahrens für statthaft angesehen würde.

Das XIII. Buch endlich kehrt zu einem Gegenstande zurück, dem das IV. Buch theilweise gewidmet war. Es handelt von den regelmässigen einem Kreise eingeschriebenen Vielecken, insbesondere von den Fünfecken und Dreiecken. Dann aber benutzt es diese Figuren als Seitenflächen von Körpern, welche in eine Kugel eingeschrieben werden und schliesst mit der wichtigen Bemerkung, dass es keine weiteren regelmässigen Körper geben könne als die fünf zuletzt erwähnten, nämlich das Tetraeder, das Octaeder, das Ikosaeder, die von Dreiecken begrenzt sind, den Würfel, dessen

Seitenflächen Quadrate sind, das Dodekaeder, welches von Fünfecken eingeschlossen ist.

Wir haben von diesem merkwürdigen Werke einen weit ausführlicheren Auszug hier mitgetheilt als von den meisten der bisher besprochenen. Die Wichtigkeit des Werkes rechtfertigt unser Verfahren. Sie rechtfertigt zugleich die Frage nach dem Zwecke, welchen Euklid bei der Niederschrift im Auge hatte? Proklus sagt uns, wie wir oben (S. 224) erwähnten, Euklid habe als Endziel seines ganzen Elementarwerkes die Construction der sogenannten platonischen Körper hingestellt.[1]) Dass dieses unrichtig ist bedarf für den, der auch nur unseren Auszug mit einiger Aufmerksamkeit gelesen hat, keiner Auseinandersetzung. Die künstlerisch vollendete Gliederung des Werkes machte es möglich, dass es in dem einen Gipfelpunkte abschloss, aber der Zweck des Werkes war nur durch dessen ganzen Verlauf gegeben und erfüllt. Die 13 Bücher der Elemente sind sich selbst Zweck. „Elemente werden die Dinge genannt, deren Theorie hindurchdringt zum Verstehen der anderen, und von welchen aus die Lösung ihrer Schwierigkeiten uns gelingt."[2]) So sagt derselbe Proklus an einer anderen Stelle mit viel treuerer Wiedergabe dessen, was beabsichtigt war. Euklid wollte, wie die übrigen Elementenschreiber vor ihm es schon versucht hatten, eine vollständige Uebersicht aller Theile der Mathematik geben, welche in den folgenden Theilen der Wissenschaft zur Anwendung kommen, wollte zugleich die encyclopädisch zusammengestellten und geordneten Dinge auf strenge Beweise stützen, welche einen Zweifel nicht aufkommen lassen, sondern vielmehr gestatten wie in eine Rüstkammer blindlings dorthin zu greifen mit der Gewissheit stets eine tadellose Waffe zu erfassen.

Wie weit wir Euklid als selbständigen Verfasser seines Werkes zu bezeichnen haben, ist kaum zu sagen. Jeder Verfasser eines Handbuches irgend eines Theiles der Mathematik ist von seinen Vorgängern abhängig, und man muss die Schriften der Letzteren kennen, um abzuschätzen, wie weit er von den vorgetretenen Bahnen sich entfernte. Euklid war ohne allen Zweifel ein grosser Mathematiker. Dieses Urtheil werden die übrigen Schriften, die er verfasst hat, rechtfertigen. Damit stimmt auch die Bewunderung, welche alle Zeiten seinem vorzugsweise bekannt gewordenen Elementenwerke entgegenbrachten, überein, und der von uns schon hervorgehobene Umstand, dass im Schatten dieses Riesenwerkes die früher vorhandenen ähnlichen Erzeugnisse verkümmerten und zu Grunde gingen,

---

[1]) Proklus (ed. Friedlein) 68. *τῆς συμπάσης στοιχειώσεως τέλος προεστήσατο τὴν τῶν καλουμένων Πλατωνικῶν σχημάτων σύστασιν.* [2]) Proklus (ed. Friedlein) 72, 3—6.

spätere nicht entstehen konnten. Auch die wenigen Beweise, deren Ursprung mit Bestimmtheit auf Euklid sich zurückführt — wir erinnern an den Schulbeweis des pythagoräischen Lehrsatzes — lassen in Euklid den feinen geometrischen Kopf erkennen. Ein grosser Mathematiker wird auch da, wo er Anderen folgt, seine Eigenthümlichkeit nicht ganz verleugnen, und so war es sicherlich auch bei Euklid. Aber wo haben wir diese Eigenthümlichkeit zu suchen? Das ist und bleibt wohl eine unbeantwortbare Frage, um so unbeantwortbarer als Pappus, wie wir gleichfalls schon (S. 224) hervorgehoben haben, den Euklid geradezu wegen seiner pietätvollen Anlehnung an ältere Schriftsteller lobt, und wenn Pappus dabei allerdings ein anderes Werk des Euklid im Auge hat, so dürfte sich diese Charaktereigenschaft auch in den Elementen nicht verleugnet haben.

Wir sind sogar thatsächlich im Stande einige und nicht unwesentliche Stellen des grossen Werkes anzugeben, in welchen, wie wir schon früher sahen, Euklid nicht selbständig gearbeitet hat. Das V. Buch gehört, wie wir (S. 208) einem alten Scholiasten nacherzählt haben, dem Eudoxus an. Von ebendemselben stammen nach aller Wahrscheinlichkeit die fünf ersten Sätze des XIII. Buches. Spuren von Vorarbeiten des Theätet sind (S. 204) im X. Buche nicht zu verkennen. Das stimmt gleichfalls mit der Aussage des Proklus überein, dass Euklid „vieles von Eudoxus Herrührende zu einem Ganzen ordnete und vieles von Theätet Begonnene zu Ende führte" (S. 223). Eben diese alten Spuren geben uns aber Veranlassung zur Untersuchung einer anderen Frage.

Die Form des V., des X., des XIII. Buches ist von der der anderen Bücher nicht im Mindesten verschieden. Höchstens könnte man betonen, dass, während sonst überall nur synthetisch verfahren ist, die 5 ersten Sätze des XIII. Buches Analyse und Synthese verbinden. Aber auch bei ihnen ist die Form, welche man euklidische Form zu nennen pflegt, gewahrt. Der Lehrsatz ist ausgesprochen, die Vorschrift was an der Figur vorgenommen werden soll ist ertheilt, der Beweis schliesst sich an. Und in anderen Fällen ist eine Aufgabe gestellt. Ihr folgt die Auflösung, dieser die zum Beweise der Richtigkeit der Auflösung nöthigen Vorbereitungen durch Ziehen von Hilfslinien u. s. w. und endlich der Beweis selbst. „Was zu beweisen war", *ὅπερ ἔδει δεῖξαι* (quod erat demonstrandum) ist die Schlussformel des Lehrsatzes oder Theorems, bei welchem es sich um den Nachweis, *ἀπόδειξιν*, des Behaupteten handelt, und die Aufgabe, das Problem, bei welchem es auf die Ausführung, *κατασκευήν*, des Geforderten ankommt, hat eine ganz ähnliche Schlussformel: Was zu machen war", *ὅπερ ἔδει ποιῆσαι* (quod erat faciendum). Euklid habe diese Schlussformeln benutzt, sagt uns

Proklus[1]), und der Augenschein bestätigt es. Aber rühren diese Schlussworte, rührt die ganze Form von Euklid her?

Wir bezweifeln es auf's Allerhöchste. Wir haben in dem Uebungsbuche des Ahmes eine Sammlung von Beispielen kennen gelernt, deren griechische Nachbildung in Inhalt und Form, insbesondere in Letzterer, uns auf alexandrinischem Boden begegnen wird. „Mache es so" heissen die regelmässig wiederkehrenden Worte jener Uebungsbücher. Wir haben (S. 36 und 63) davon gesprochen, dass ägyptische Lehrbücher neben den Uebungsbüchern vorhanden gewesen sein müssen. Werden sie weniger eine herkömmliche unabänderliche Form besessen haben als Alles andere in dem Lande der sich stets gleich bleibenden Ueberlieferungen? Und sind jene euklidischen Schlussworte für Lehrsätze und Aufgaben nicht von anheimelnder Aehnlichkeit zu dem ägyptischen „Mache es so?" Ist es ferner nicht in hohem Grade wahrscheinlich, dass Eudoxus, von dem, wie wir sagten, das V. Buch, dass Theätet, von dem Theile des X. und des XIII. Buches theilweise wörtlich übernommen wurden, der gleichen Form sich schon bedienten? Ist endlich wohl anzunehmen, Euklid habe eine für den Unterricht, soweit er Gedächtnisssache ist, ungemein zweckmässige Form neu erfunden, und diese Form sei nur der Geometrie, keiner anderen Wissenschaft zu Gute gekommen? Diese Gründe werden zwar noch nicht Gewissheit hervorbringen; noch immer wird von Manchen behauptet werden, der Name euklidische Form sei durchaus gerechtfertigt, denn Euklid sei der selbständige Erfinder derselben; aber Andere werden ebenso sicher mit uns der Ueberzeugung gewonnen sein, die ägyptische Form eines Lehrbuches der Geometrie in Griechenland eingedrungen, seit überhaupt Geometrie dort gelehrt wurde, in Alexandria durch die neuerdings ermöglichte Kenntnissnahme ägyptischer Originalwerke aufgefrischt, habe bei Euklid nur ihre vollendete Abrundung erlangt.

Eines haben wir bei Besprechung dieser Ursprungsfrage stillschweigend vorausgesetzt: dass nämlich dasjenige, was uns handschriftlich als die Elemente des Euklid überliefert wurde, in der That jenes Werk ist, wie es unter dem Griffel des Verfassers entstand. Zweifel daran wären, trotz der ungemeinen Verbreitung, deren die euklidischen Elemente im Alterthum sich erfreuten, oder vielleicht eben wegen dieser Verbreitung nicht unmöglich, denn grade häufig abgeschriebene Schriftstücke verderben leicht durch sich forterbende und durch bei jeder Abschrift neu hinzutretende Fehler, wenn nicht gar durch allmälige Einschaltung von Randglossen, welche nach und nach in den Text eindrangen, dem sie als Fremdlinge nur angehören. Euklids Elemente sind in antiken Schriften nicht gar

[1]) Proklus (ed. Friedlein) 81.

oft erwähnt[1]), aber die Uebereinstimmung der genannten Büchernummer mit der Ziffer, welche sie in den Handschriften führt, ist meistentheils vorhanden. Uns wenigstens ist nur ein Beispiel des Gegentheils bekannt, welches auf römischem Boden im 27. Kapitel zu besprechen sein wird. Fremde spätere Zusätze sind in dem, was man die Elemente des Euklid nennt, allerdings vorhanden. Eines solchen machte Theon von Alexandria in seiner Ausgabe, ἔκδοσις, der euklidischen Elemente am Ende des VI. Buches sich schuldig, wie er selbst in seinem Commentare zum I. Buche des ptolemäischen Almagestes erzählt.[2]) Aus dieser ungemein wichtigen Stelle im Zusammenhange mit dem Umstande, dass jener Zusatz des Theon seinem Inhalte nach sich vollständig mit dem Zusatze zu Satz 33. des VI. Buches deckt, geht somit hervor, dass es eine theonische Textausgabe der euklidischen Elemente ist, deren wir uns bedienen, und dass wenn auch nicht grade zahlreiche, doch einige Aenderungen durch jenen Schriftsteller vom Ende des IV. S. stattgefunden haben mögen.

Theon kann es vielleicht gewesen sein, welcher den berüchtigten 11. Grundsatz des I. Buches: „Zwei Gerade, die von einer dritten geschnitten werden, so dass die beiden inneren an einerlei Seite liegenden Winkel zusammen kleiner als zwei Rechte sind, treffen genugsam verlängert an eben der Seite zusammen“ an diese unpassende Stelle brachte, während es gar kein Grundsatz, sondern die Umkehrung des Satzes 17 des I. Buches ist[3]), und dort als Folgerung ohne Beweis ausgesprochen immer noch frühzeitig genug stehen würde, um bei Satz 29. des I. Buches benutzt zu werden, wie es der Fall ist.

Theon mag auch die Schuld einiger Definitionen des V. und VI. Buches treffen, welche häufig angegriffen worden sind.[4])

Eine Definition des V. Buches, nämlich die 5., hat freilich unschuldigerweise solche Angriffe erlitten, veranlasst, wie im folgenden Bande besprochen werden muss, durch Uebersetzungsirrthümer zweier Sprachen. Diese Definition geht offenbar ursprünglich auf Zeiten zurück, die vor Euklid liegen. Sie will erklären, was es heisse, wenn man von 4 Grössen sage, dass sie in Proportion stehen. Da von Grössen die Rede ist und nicht von Zahlen, so musste die Definition soweit gefasst werden, dass auch Incommensurables hineinpasste, und dieses erreichte der Verfasser, sei es Eudoxus oder wer sonst gewesen, indem er ausser den Grössen A, B, Γ, Δ noch irgend

[1]) Untersuchungen darüber von Savilius abgedruckt in Gregory's Vorrede zu seiner Euklidausgabe. Die gleichen Untersuchungen mit einigen neuen Zuthaten bei Hankel 386—388. [2]) *Commentaire de Théon sur la composition mathématique de Ptolémée* edit. Halma I, 201. Paris, 1821. [3]) Das erkannte schon Savilius. [4]) Ausführliches hierüber bei Hankel 389—401.

zwei ganze Zahlen μ und ν sich dachte und behauptete, es sei $A : B = \Gamma : \Delta$, wofern immer wenn $\mu A \gtreqless \nu B$ zugleich auch $\mu \Gamma \gtreqless \nu \Delta$. Der Wortlaut ist folgender: „In einerlei Verhältniss sind Grössen A, B, Γ, Δ, die erste zur zweiten und die dritte zur vierten, wenn von beliebigen Gleichvielfachen der ersten und dritten A, Γ und beliebigen Gleichvielfachen der zweiten und vierten B, Δ die Vielfachen der ersten und dritten zugleich entweder kleiner oder eben so gross oder grösser sind als die Vielfachen der zweiten und vierten nach der Ordnung mit einander verglichen.“

Kapitel XIII.

Die übrigen Schriften des Euklid.

Euklid hat neben und ausser den Elementen noch mehrfache andere Schriften verfasst, die uns leider nicht sämmtlich vollständig erhalten sind. So ist uns von einem Werke, welches gewiss höchst interessant war, nur die fast mehr als nothdürftige Schilderung übrig geblieben, die Proklus davon mit folgenden Worten gibt: Auch überlieferte er Methoden des durchdringenden Verstandes, mit deren Hilfe wir den Anfänger in dieser Lehre in der Aufsuchung der Fehlschlüsse üben und selbst unbetrogen bleiben können. Die Schrift, durch welche er uns diese Ausrüstung verschafft, betitelt er Trugschlüsse, ψευδάρια. Er zählt die verschiedenen Arten derselben der Reihe nach auf und übt bezüglich jeder unseren Verstand in allerlei Lehrsätzen, indem er dem Falschen das Wahre gegenüberstellt und den Beweis des Truges mit der Erfahrung zusammenhält.[1])

Verloren sind auch die 3 Bücher der Porismen, welche Euklid verfasste, deren Inhalt jedoch aus Spuren in genügender Weise erkannt werden konnte, um eine vermuthlich in der Hauptsache richtige Wiederherstellung zu gestatten.[2]) Mit den genannten Spuren hat es folgendes Bewandtniss. Pappus hat in seiner Mathematischen Sammlung, von welcher schon wiederholt die Rede war, neben eigenen Untersuchungen auch vielfach Auszüge aus fremden Schriften gegeben, welche gleichzeitig bis zu einem gewissen Grade erläutert werden. Unter diesen fremden Schriften befinden sich denn auch die euklidischen Porismen, von welchen im VII. Buche der Sammlung die Rede ist, und zu deren Verständniss Pappus eine Anzahl von Lemmen mittheilt.[3]) Freilich wäre der Gebrauch, welchen man von

---

[1]) Proklus (ed. Friedlein) 70. [2]) *Les trois livres de Porismes d'Euclide retablis pour la première fois d'après la notice et les lemmes de Pappus et conformément au sentiment de R. Simson sur la forme des énoncés de ces propositions par M. Chasles.* Paris, 1860. [3]) Pappus (ed. Hultsch) 648 sqq.

diesen Hilfssätzen allein machen könnte, um aus ihnen den Inhalt des Werkes, zu welchem sie erfunden sind, zu erschliessen, kein unbedingter. Wir besitzen nämlich auch noch Lemmen des Pappus zu Werken, deren Urschrift nicht verloren gegangen ist, und an diesen zeigt sich, dass der geometrische Scharfsinn des Verfassers ihn nicht selten weit abseits führte, und dass er sich wohl grade dadurch verleiten liess etwas verschwenderisch mit der Benennung Lemma umzugehen. Es kommen Sätze bei Pappus vor, welche so gut wie in gar keiner Beziehung zu den Schriften stehen, als deren Hilfssätze sie bezeichnet werden, und wir haben zum Voraus keinerlei Gewähr dafür, dass es sich mit den Hilfssätzen zu den euklidischen Porismen nicht ebenso verhalte. Nachträglich scheint freilich die gelungene Wiederherstellung, von der wir sprachen, und welche für das tiefe Eindringen ihres Verfassers in den geometrischen Geist der Alten ein glänzendes Zeugniss ablegt, jene Gewähr zu liefern. Es ist schwer an einen Zufall zu denken, wo die Ergebnisse vollste Uebereinstimmung mit den 38 Lemmen des Pappus, mit der Inhaltsangabe der 3 Bücher Porismen, wie sie bei ebendemselben sich findet, mit der Erklärung des Wortes Porisma bei Pappus und mit einer solchen bei Proklus[1]) zu Tage fördert.

Der sprachliche Zusammenhang des Wortes Porisma, *πόρισμα*, mit *πείρω*, mit Pore, mit parare, mit forschen, mit dem Sanskritworte pri पृ lässt einen Grundbegriff des Vorwärtsbringens wohl erkennen, doch ist damit nur die eine Bedeutung von Porisma als Zusatz, corollarium, gegeben, welche gleichfalls durch das Vorkommen in geometrischen Schriften bestätigt wird. Porisma als Kunstname einer besonderen für sich bestehenden Gattung von Sätzen wird dadurch um Nichts klarer. Von diesen sind dagegen ausdrückliche Definitionen vorhanden. Pappus in der Einleitung zu seinem VII. Buche sagt, Porisma sei ein Ausspruch, bei welchem es sich um die Porismirung des Ausgesprochenen handle, und fügt dieser Erklärung durch ein fast gleiches Wort die Erläuterung bei: „Diese Definition des Porisma wurde von den Neueren verändert, welche nicht Alles finden können, sondern auf die Elemente gestützt nur zeigen, dass das, was gesucht wird, vorhanden ist, nicht aber dieses selbst finden. So schrieben sie, obschon durch die Definition selbst und das Erlernte widerlegt, mit Bezug auf einen Nebenumstand, ein Porisma sei das, was zur Hypothese eines Ortstheorems fehle.“ Eine weitere Definition, sagten wir oben, gebe Proklus. Sie enthält gleichfalls zweierlei, wenn auch nicht dieselben beiden Unterscheidungen wie Pappus sie trennt. „Einmal nennt man es ein Porisma, wenn ein Satz aus dem Beweise eines anderen Satzes mit erhalten wird, als

[1]) Proklus (ed. Friedlein) 301 sqq.

Fund oder grade vorhandener Gewinn bei dem Gesuchten, zweitens aber auch, wenn Etwas zwar gesucht wird, aber um von der Erfindung Gebrauch zu machen und nicht von der Entstehung oder der einfachen Anschauung. ... Man hat es nicht mit der Entstehung des Gesuchten zu thun, sondern mit dessen Erfindung, und auch eine blosse Anschauung genügt nicht. Man muss das Gesuchte in das Gesichtsfeld bringen und vor den Augen ausführen. Von dieser Art sind auch die Porismen, welche Euklid schrieb, als er seine Bücher der Porismen verfasste." Diese Erklärungen haben gewiss keinen Anspruch auf den Ruhm unbedingter Deutlichkeit, aber Eines lassen sie erkennen: dass das Wort Porisma allmälig einen anderen Sinn annahm, als es ursprünglich besass. Man versteht diese Begriffsverschiebung jetzt gewöhnlich so, dass die verhältnissmässig jüngeren Schriftsteller — jünger im Sinne des Pappus gesagt für diejenigen, welche auftraten, seit es Elemente gab — dabei an einen Nebenumstand sich hielten, der von den Alten nicht berücksichtigt wurde, dass aber jedenfalls zu allen Zeiten das Merkmal untrüglich hervortrat, dass ein Porisma gewissermassen eine Verbindung von Theorem und Problem war, ein Theorem, welches ein Problem anregte und einschloss. Ein sehr allgemeines Beispiel davon bildet auf einem der Mathematik durchaus fremden Gebiete die ärztliche Diagnose. Sie ist ein wahres Porisma. Sie erhärtet als Theorem den gegenwärtigen Zustand des Kranken, wobei sie ebensowohl die bei allen Individuen gemeinsamen Erscheinungen der bestimmten Krankheitsform, als die von einem Menschen zum anderen veränderlichen Naturkundgebungen berücksichtigt. Sie schliesst aber auch ein Problem in sich: die weitere Entwicklung des Krankheitsprocesses vorauszusehen und womöglich zu leiten. Sie zeigt sich als unvollständig, so lange nicht eben dieses Problem seiner Lösung entgegengeführt wird. Uebersetzen wir nun eben diese Gedankenfolge in die Sprache der Mathematik, so können wir sagen: Ein Porisma ist jeder unvollständige Satz, welcher Zusammenhänge zwischen nach bestimmten Gesetzen veränderlichen Dingen so ausspricht, dass eine nähere Erörterung und Auffindung sich noch daran knüpfen. Ein schon von Proklus angegebenes Beispiel liefert etwa der Satz, dass, wenn ein Kreis gegeben ist, der Mittelpunkt desselben immer gefunden werden könne, denn an ihn knüpft sich die Aufgabe, die Construction zu ermitteln, durch welche man den Mittelpunkt wirklich erhält, mit Nothwendigkeit an. Oder um ein zweites den Griechen noch durchaus unverständliches Beispiel zu wählen, so ist es ein Porisma, wenn man sagt: Jede rationale ganze algebraische Function einer Veränderlichen könne immer in einfachste reelle Faktoren zerlegt werden, denn an diesen Satz knüpft sich unmittelbar die weitere Frage, von welchem Grade jene einfachsten Faktoren sein werden, sowie die mit den Mitteln gegenwärtiger Algebra nicht lösbare Aufgabe in jedem einzelnen Falle die betreffenden einfachsten Faktoren selbst aufzufinden. Wenn durch diese Auseinandersetzung der Begriff des Porisma im älteren Sinne des Wortes zu einiger Klarheit gelangt sein dürfte, so können wir jetzt auch die spätere Bedeutung des Wortes ins Auge fassen.

Nachdem man nämlich bemerkt hatte, dass die Veränderlichkeit mitunter in der Ortsveränderung von Punkten bestehe, so klammerte man sich an diesen Nebenumstand fest und setzte als Regel, dass das Veränderliche ausschliesslich von der Art sein sollte, dass man es mit einem mangelhaften Ortstheoreme zu thun habe. Eines der berühmtesten Porismen in diesem Sinne, welches bei Pappus sich erhalten hat,[1]) lautet in der Sprache heutiger Geometrie etwa so: Schneiden die Linien eines vollständigen Vierseits sich in 6 Punkten, von denen 3 in einer Geraden liegende gegeben sind, und sind von den 3 übrigen Punkten 2 der Bedingung unterworfen je auf einer gegebenen Geraden zu bleiben, so wird auch der letzte Punkt eine Gerade zum geometrischen Orte haben, welche aus den vorhandenen Angaben bestimmt werden kann. Man sieht augenblicklich, erstens dass es sich hier um einen geometrischen Ort handelt, zweitens dass in der Hypothese die Lage der von zwei Punkten beschriebenen Geraden nicht näher bezeichnet ist, dass also an der Hypothese Etwas fehlt, drittens dass demgemäss auch die Folgerung an Bestimmtheit zu wünschen übrig lässt, dass aber viertens die Folgerung zu vollständiger Bestimmtheit ergänzt werden kann, indem man die Lage der dritten Geraden zu den gegebenen Raumgebilden in Beziehung setzt, sie als eine darzustellende Function derselben betrachtet. Mit anderen Worten: die Ortsveränderung eines Punktes ist in Abhängigkeit gebracht zu den Ortsveränderungen zweier Punkte, so dass sie der Art nach bestimmt ist, der Lage nach aber erst bestimmt wird, wenn jene Ortsveränderungen der beiden anderen Punkte, so wie drei feste Punkte wirklich gegeben sind.

Dieses vollständiger als die übrigen erhaltene Porisma wurde, wie wir gleichfalls durch Pappus wissen, in 10 einzelnen Fällen behandelt, je nach der Verschiedenheit der Lage der einzelnen Punkte und Geraden. Man erkennt an diesem einen Beispiele, welche gewaltige Ausdehnung eine Sammlung von Porismen gewinnen konnte, wenn die theils als Bedingungen, theils als Ergebnisse in jedem Porisma vorkommenden geometrischen Oerter jeder beliebigen Gattung von Raumgebilden angehören durften. Euklid legte sich die freiwillige Beschränkung auf, nur solche Oerter zu benutzen, deren Lehre aus seinen Elementen zur Genüge bekannt war. In den beiden ersten Büchern seiner

---

[1]) Pappus VII, praefatio (ed. Hultsch) 652 sqq.

Porismen treten nur Gerade auf, in dem dritten Buche ausser solchen auch Kreise. Trotz dieser engen Beschränkung waren 171 Sätze in dem Werke enthalten, welche Pappus je nach den Ergebnissen, also abseits der Bedingungen, in 29 Gattungen abgetheilt hat. Eine Gattung war es z. B., wenn sich herausstellte, dass ein Punkt auf einer der Lage nach bekannten Geraden liegen müsse; eine zweite, wenn man erfuhr, dass eine gewisse Gerade in allen ihren Lagen durch einen bestimmten Punkt gehen müsse; eine dritte, wenn wieder eine bewegliche Gerade auf zwei gegebenen Geraden Abschnitte von bestimmten Produkten bildete, während man bei der Aufstellung jener Gattungen als solcher zunächst davon absah, welcherlei Bedingungen in jener ersten Gattung die Bewegung des Punktes, in den beiden anderen die Bewegung der Geraden regeln. Von dieser Auffassung ist wenigstens die von uns schon gerühmte Wiederherstellung der euklidischen Porismen ausgegangen, auf welche für die genauere Kenntniss des Gegenstandes verwiesen werden muss. Er ist trotz des Scharfsinnes, welchen der neue Bearbeiter als Geometer wie als Historiker an den Tag legte, nicht so weit über allen und jeden Zweifel erhoben, dass wir es verantworten könnten über die Ergebnisse der Wiederherstellung unter dem Verfassernamen des Euklid zu berichten. Nur Eines entnehmen wir ihr noch: die Verwandtschaft, welche Euklids Porismen nach zwei Seiten hin besassen. Im Hinblicke auf ihren Inhalt, auf die Lehre von der veränderlichen Lage grenzten sie an die sogenannten geometrischen Oerter; in ihrer Form näherten sie sich einem andern euklidischen Werke, den Daten.

Die Daten[1]), *δεδόμενα*, des Euklid sind vollständig auf uns gekommen, versehen mit einer Vorrede des Marinus von Neapolis in Palästina, eines Schülers des Proklus, in ihrer Echtheit bestätigt durch eine Beschreibung des Pappus, welche wenn auch nicht in allen Punkten, doch der Hauptsache nach mit unserem Texte übereinstimmt.[2]) Was man unter einem Gegebenen, *δεδόμενον*, zu verstehen habe, sagt Euklid in einer Reihe von Definitionen, welche an der Spitze dieser Schrift stehen. Der Grösse nach gegeben heissen Räume, Linien und Winkel, wenn man solche, die ihnen gleich sind, finden kann. Ein Verhältniss heisst gegeben, wenn man ein Verhältniss, welches mit jenem einerlei ist, finden kann. Der Lage nach gegeben heissen Punkte, Linien und Winkel, wenn sie immer an demselben Orte sind u. s. w. Nach diesen Definitionen folgen 95 (Pappus zufolge nur 90) Sätze, in welchen nachgewiesen wird, dass, wenn ge-

---

[1]) Eine deutsche Uebersetzung hat J. F. Wurm (Berlin, 1825) herausgegeben, den griechischen Text der ersten 24 Sätze nach einem münchner Codex Fr. Buchbinder in dem Programm der Landesschule Pforta für 1866: Euklids Porismen und Data. [2]) Pappus VII (ed. Hultsch) pag. 638–640.

wisse Dinge gegeben sind, andere Dinge gleichzeitig mitgegeben sind. Zur besseren Einsicht in den Gegenstand heben wir einige Sätze aus den verschiedensten Theilen der Schrift hervor:

Satz 1. Gegebene Grössen haben zu einander ein gegebenes Verhältniss.

Satz 3. Wenn gegebene Grössen, wie viele ihrer sein mögen, zusammengesetzt werden, so ist ihre Summe gegeben.

Satz 25. Wenn zwei der Lage nach gegebene Linien einander schneiden, so ist ihr Durchschnittspunkt gegeben.

Satz 40. Wenn in einem Dreiecke jeder Winkel der Grösse nach gegeben ist, so ist das Dreieck der Art nach gegeben.

Satz 41. Wenn in einem Dreiecke ein Winkel gegeben ist und die um diesen Winkel liegenden Seiten ein gegebenes Verhältniss zu einander haben, so ist das Dreieck der Art nach gegeben.

Satz 54. Wenn zwei der Art nach gegebene Figuren ein gegebenes Verhältniss zu einander haben, so haben auch ihre Seiten zu einander ein gegebenes Verhältniss.

Satz 58 und 59. Wenn ein gegebener Raum einer gegebenen graden Linie angefügt, aber um eine der Art nach gegebene Figur zu klein, *ἔλλειπον* (zu gross, *ὑπέρβαλλον*) ist, so sind die Seiten der Ergänzung (des Ueberschusses) gegeben.

Satz 84 und 85. Wenn zwei Gerade einen gegebenen Raum unter einem gegebenen Winkel einschliessen und ihr Unterschied (ihre Summe) gegeben ist, so ist jede derselben gegeben.

Satz 89. Wenn in einem der Grösse nach gegebenen Kreise eine der Grösse nach gegebene Gerade gegeben ist, so begrenzt sie einen Abschnitt, welcher einen gegebenen Winkel fasst.

Die Vergleichung dieser Proben mit dem, was über Porismen gesagt wurde, lässt augenblicklich die angekündigte Formverwandtschaft erkennen. Auch hier schliesst das Theorem, in dessen Gewande die Sätze aufzutreten pflegen, ein künftiges Problem ein, und die Beweisführung erfolgt fast regelmässig so, dass jenes Problem gelöst wird. So ist in dem oben angeführten Satz 3. die Aufgabe mit eingeschlossen, die Summe der gegebenen Grössen auch wirklich zu finden, und in der That wird der Satz dadurch als richtig erwiesen, dass man zwar nicht die Summe selbst, denn dieses würde nicht in dem Charakter des Buches der Gegebenen liegen, aber eine der Summe gleiche Grösse darstellt. Aber auch dafür ist umgekehrt gesorgt, dass man nicht Daten und Porismen ganz verwechseln könne. Dagegen schützt der gewaltige Unterschied des Inhaltes, der sich kurz dahin bezeichnen lässt, dass bei den Daten die Bedingung der veränderlichen Grösse wegfällt, welche zum eigentlichen Wesen des Porisma gehört und dessen wissenschaftliche Stellung nach unseren heutigen Begriffen zu einer weit höheren macht als die der Daten, deren eigentliche Berechtigung uns fast zweifelhaft erscheint, weil in ihnen im Grunde Nichts steht, was nicht schon in anderer Form und anderer Reihenfolge in den Elementen steht oder wenigstens stehen könnte.

Die Data, kann man sagen, sind Uebungssätze zur Wiederauffrischung der Elemente; die Porismen sind Anwendungen derselben von selbständigem Werthe. Der Stoff, welcher dem, der die Daten auswendig weiss, zu Gebote steht, führt ihn doch nicht über die Elemente hinaus; der Stoff, welcher in den Porismen dem Gedächtnisse sich einprägt, kommt in der Lehre von den Oertern, in der höheren Mathematik der Griechen, zur Geltung. Daten kann es in frühester Zeit gegeben haben, Porismen im euklidischen Sinne erst seitdem der Ortsbegriff entstand.

Die nahen Beziehungen der Daten zu den Elementen lassen sich auch auf jenem Gebiete verfolgen, welches ein gemischtes ist, insofern dort Arithmetisches und Algebraisches geometrisch eingekleidet erscheinen. Vergleichen wir z. B. Satz 58. und 59. mit den Aufgaben in Satz 28. und 29. des VI. Buches (S. 228), so liegt die Wechselverbindung auf der Hand.[1]) Satz 84. und 85. lehren aus $xy = b^2$ und $x \mp y = a$ die Wurzeln der beiden Gleichungen, oder, was auf dasselbe hinausläuft, die Wurzel der quadratischen Gleichung $x^2 \mp b^2 = ax$ zu finden.[2]) Wir erinnern dabei an den 11. Satz des II. Buches der Elemente (S. 226), in welchem die Gleichung $x^2 + ax = a^2$ erkannt wurde, ein besonderer Fall der Gleichung $x^2 + ax = b^2$ des 29. Satzes des VI. Buches. Wir erinnern an die Gleichung $x^2 = ax + b^2$ des 28. Satzes des VI. Buches, und haben jetzt hier in den Daten den einzigen noch übrigen Fall $x^2 + b^2 = ax$ der quadratischen Gleichung mit lauter positiven Gliedern vor uns. Die Daten sind hier die nothwendige Ergänzung der Elemente. Der Schriftsteller, der beide verfasste, war im Besitz der Mittel eine Wurzel jeder quadratischen Gleichung, welche überhaupt eine reelle Lösung zulässt, zu finden, wenn auch vielleicht das Bewusstsein hier eine grosse Gruppe von Problemen vor sich zu haben, deren Bedeutung nicht nur eine geometrische ist, bei Euklid noch nicht vorausgesetzt werden darf. Immerhin würde die geometrische Form, in welcher jene Aufgaben bei Euklid erscheinen, nicht genügen, jedes algebraische Bewusstsein zu leugnen, denn jene Form werden wir, als Ueberbleibsel alter Uebung, bei Schriftstellern und in Zeiten noch vorwalten sehen,

---

[1]) Matthiessen, Grundzüge der antiken und modernen Algebra der literalen Gleichungen S. 928—929 hat darauf hingewiesen. [2]) Darauf dürfte Chasles, *Aperçu historique sur l'origine et le développement des méthodes en géometrie, 2e édition.* Paris, 1875, pag. 11, Note 2 oder deutsche Uebersetzung von Sohncke. Halle, 1839, S. 9, Anmerkung 11 zuerst aufmerksam gemacht haben. Dieses Werk heisst bei uns künftig Chasles, *Aperçu hist.*

denen man wohl eher umgekehrt das geometrische Bewusstsein absprechen darf.

Wie verhält es sich aber mit der Fähigkeit des Euklid auch solche Gleichungen zu lösen, welche in durchaus anderem Gewande erscheinen? In einer Sammlung griechischer Epigramme, von welcher im 23. Kapitel die Rede sein wird, kommt als euklidisches Problem eines vor, welches in deutscher Uebersetzung folgendermassen lautet:[1])

Esel und Maulthier schritten einher beladen mit Säcken.
Unter dem Drucke der Last schwer stöhnt' und seufzte der Esel.
Jenes bemerkt es und sprach zu dem kummerbeladnen Gefährten:
„Alterchen, sprich, was weinst Du und jammerst schier wie ein Mägdlein?
Doppelt so viel als Du grad' trüg' ich, gäbst Du ein Maass mir;
Nähmst Du mir eines, so trügen wir dann erst beide dasselbe."
Geometer, Du Kundiger, sprich, wieviel sie getragen.

Wie verhält es sich mit der Berechtigung dieser Aufgabe, den ihr beigelegten Namen zu führen? Die meisten Schriftsteller leugnen diese Berechtigung vollständig. Jedenfalls muss man zwei Dinge hier unterscheiden, ob Euklid eine derartige Aufgabe lösen konnte und ob er sie so, wie sie überliefert ist, löste oder gar stellte. An der Möglichkeit der Lösung wird man nicht zweifeln. Euklid dürfte, seiner Gewohnheit nach Alles an Linien versinnlichend, gesagt haben, wenn man die Last des Maulesels durch eine Linie A darstellt, so wird, wenn die Längeneinheit abgeschnitten ist, $A - 1$ als übrige Last der bereits um die Einheit vergrösserten Last des Esels gleich sein; die ursprüngliche Last des Esels war also $A - 2$, oder um 2 geringer als die des Maulthiers. Nimmt man zu A noch eine Längeneinheit hinzu, so ist $A + 1$ doppelt so gross wie das um die Einheit verminderte $A - 2$, oder wie $A - 3$, d. h. $A + 1$ und $2A - 6$ sind gleiche Längen; daraus folgt $A + 7 = A + A$ und $A = 7$ nebst $A - 2 = 5$. Solche Schlüsse, sagen wir, waren Euklid vollständig angemessen, und die Durchführung von Satz 11. des II. Buches der Elemente, die wir (S. 226) als Probe vorgenommen haben, dürfte jedem Zweifel in dieser Beziehung begegnen. Ein ganz Andres ist es, ob die epigrammatische Form der Räthselfrage von Euklid herstamme. Aehnliche Fragen werden uns wiederholt begegnen, theilweise auch auf alte Quellen zurückgeführt. Jedenfalls dient die eine Aufgabe der anderen zur Bestätigung, oder zur vernichtenden Kritik. Ist die eine echt, dann kann auch die andere echt sein; ist die eine verhältnissmässig späte Unterschiebung unter den Namen eines Verfassers, der weniger als Verfasser, denn als Vertreter mathematischer Wissenschaft gemeint ist, so dass euklidisches Problem nur heissen soll: Problem, wie es Euklid zu lösen im Stande war, dann dürfte

[1]) Vergl. Nesselmann, Algebra der Griechen S. 480.

das Gleiche auch für die andere Aufgabe gelten. Wir müssen uns enthalten eine Entscheidung zu treffen, zu welcher dem Mathematiker so gut wie keine bestimmenden Gründe vorliegen. Nur die vollständige Verschiedenheit des Epigrammes von allen sonstigen euklidischen Schriften lassen wir als Gegengrund gegen die Echtheit nicht gelten. Ein Gedichtchen ist nun einmal keine Abhandlung. Beide müssen von einander abweichen, und dass es dem Ernste des Mathematikers nicht widerspricht, auch einmal an die Scherzform der Poesie sich zu wagen, haben Beispiele aller Zeiten bewiesen. Zudem würde dieser Gegengrund vollends schwinden, wenn man zu der eben durch ein Wort angedeuteten Auffassung sich bekennen wollte, Euklid habe die Aufgabe nicht gestellt, sondern gelöst, und sie sei desshalb unter seinem Namen bekannt geblieben.

Proklus berichtet[1]) noch von einer weiteren geometrischen Aufgabensammlung, welche Euklid verfasste, und welche den Namen des Buches von der Theilung der Figuren, *περὶ διαιρέσεων βιβλίον*, führte.[2]) Bis in die zweite Hälfte des XVI. S. war diese Schrift, abgesehen von den Auszügen aus derselben, von denen man nicht wusste, dass sie daher stammten, für das Abendland verschollen. Da fand John Dee um 1563 eine arabische Schrift gleichen Titels, welche er, wiewohl Mohammed Bagdadinus (so lautet der Name in der uns allein bekannten latinisirten Form) als Verfasser genannt war, für euklidisch hielt, und deren lateinische Uebersetzung er anfertigte, die alsdann in die Gregory'sche Euklidausgabe von 1702 Aufnahme fand. Dee's Vermuthung hat an Wahrscheinlichkeit gewonnen, seit Wöpcke in Paris ein zweites arabisches Bruchstück auffand, welches, mit dem Dee'schen Manuscripte wenn auch nicht wörtlich doch dem Wesen nach übereinstimmend, namentlich eine Lücke jenes ersten Textes ergänzte. Proklus erwähnt nämlich ausdrücklich Sätze über die Theilung des Kreises, und diese fehlten in dem Dee'schen, fanden sich in dem Wöpcke'schen Bruchstücke. Nimmt man hinzu, dass in letzterem Euklid als Verfasser gradezu genannt ist, so wird es fast zur Gewissheit, dass hier eine Bearbeitung des euklidischen Textes vorliegt. Eine wörtliche Uebersetzung anzunehmen hindern einige vorkommende mathematische Unrichtigkeiten, die einem Euklid nicht wohl entstammen können.[3]) Einige Beispiele der uns erhaltenen Aufgaben sind folgende. Das Dreieck wie das Viereck werden durch eine einer gegebenen Geraden parallele Linie

---

[1]) Proklus (ed Friedlein) pag. 69 und 144. [2]) Vergl. Gregory in der Vorrede zu seiner Euklidausgabe. Woepcke im *Journal Asiatique* für September und October 1851 und ganz besonders: Ofterdinger, Beiträge zur Wiederherstellung der Schrift des Euklid über die Theilung der Figuren. Ulm, 1853. [3]) Das bemerkte bereits Savilius, *Praelectiones tresdecim in principium Elementorum Euclidis*. Oxford, 1621, pag. 17.

nach gegebenem Verhältnisse getheilt. Für das Fünfeck ist die Aufgabe nicht ganz so allgemein gestellt, aber immerhin wird die Theilung desselben nach gegebenem Verhältnisse verlangt, sei es von einem Punkte einer Fünfecksseite aus, sei es durch eine zu einer Fünfecksseite unter gewissen Voraussetzungen parallele Gerade. Endlich schliesst die pariser Handschrift, wie bemerkt, die Aufgaben ein eine von einem Kreisbogen und zwei einen Winkel bildenden Geraden gebildete Figur durch eine Gerade in zwei gleiche Theile zu theilen, und von einem gegebenen Kreise einen bestimmten Theil abzuschneiden, Aufgaben, zu deren Lösung ein ziemlicher Grad geometrischer Gewandtheit erforderlich ist, wenn auch die Grundlage derselben durchaus elementarer Natur bleibt. Die Figur $AB\Gamma\Delta$ z. B. (Figur 41) wird, wenn E die Mitte der Sehne $B\Delta$ bezeichnet, offenbar durch die gebrochene Linie $AE\Gamma$ halbirt. Wird alsdann EZ parallel zu $A\Gamma$ gezogen, so haben die Dreiecke $AZ\Gamma$ und $AE\Gamma$ gleichen Inhalt, und mithin halbirt auch die Gerade ΓZ unsere Figur.

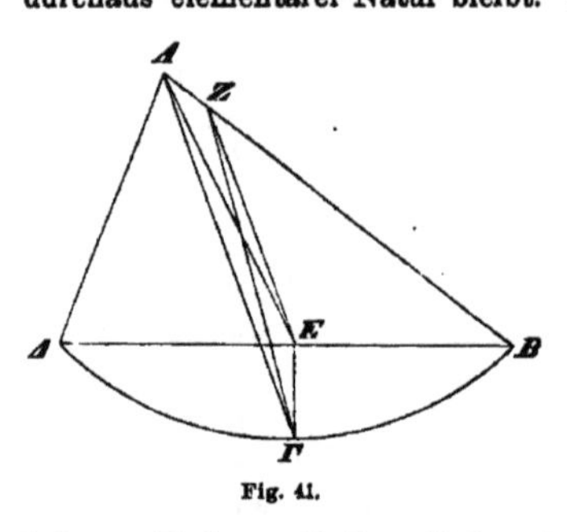

Fig. 41.

Einige andere Schriften des Euklid können als die geistige Fortsetzung seiner Porismen betrachtet werden, indem sie sich zur höheren Mathematik ihrer Zeit ordnen lassen: Vier Bücher über die Kegelschnitte und zwei Bücher über die Oerter auf der Oberfläche. Das letztgenannte Werk, die *τόποι πρὸς ἐπιφάνειαν*, hat als Spur ausser seinem Titel nur 4 Lemmen bei Pappus hinterlassen.[1]) Wenn man daher gemeint hat, Euklid habe in diesen Oertern auf der Oberfläche Umdrehungsflächen zweiten Grades behandelt[2]), so ist diese Vermuthung nur mit äusserster Vorsicht zu wiederholen.

Das Werk über die Kegelschnitte ist gleichfalls bei Pappus erwähnt, welcher sogar behauptet, die 4 ersten Bücher des Apollonius stützten sich wesentlich auf diese Vorarbeit des Euklid.[3]) Man wird dadurch leicht verleitet den Inhalt der Kegelschnitte des Euklid einigermassen zu überschätzen und insbesondere einen Zusammenhang mit dem 44. Satze des I. Buches, dem 28. und 29. Satze des VI. Buches der Elemente zu vermuthen, der doch wohl nicht stattfindet. Wir haben diese Sätze (S. 226 und 229) schon erwähnt, wir haben vorher (S. 145) angekündigt, wir würden bei Gelegenheit der euklidischen

[1]) Pappus VII *propos.* 235 sqq. (ed. Hultsch) pag. 1004 sqq. [2]) Chasles, *Aperçu hist.* 273. (Deutsch: 272). [3]) Pappus VII *Procemium* (ed. Hultsch) pag. 672.

Geometrie auf die Wörter Parabel, Ellipse, Hyperbel und deren Bedeutung eingehen, wir müssen jetzt diese Zusage einlösen. Wir nehmen dabei zur grösseren Einfachheit der Betrachtung an, dass die Parallelogramme, von welchen in jenen drei Sätzen der Elemente die Rede ist, immer Rechtecke seien; bei schiefwinkligen Parallelogrammen wird die Behandlung jener Aufgaben langwieriger, aber keineswegs wesentlich schwieriger.

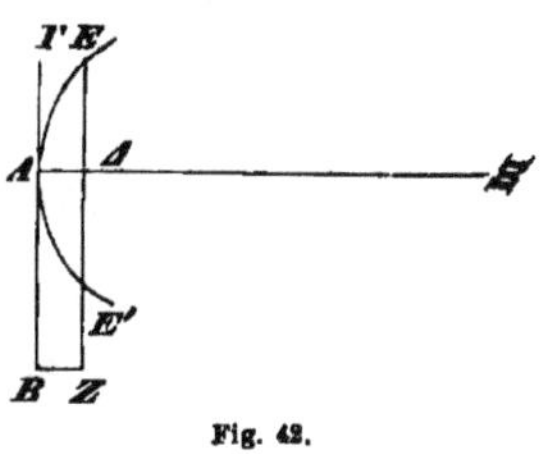

Fig. 42.

Es sei (Figur 42) $AB = p$ eine gegebene Länge senkrecht zu $A\Xi$ aufgetragen; ist nun ferner $A\Gamma$ gegeben, so gibt es immer einen einzigen Punkt Δ, welcher zur Bildung des Rechteckes $ABZ\Delta$ führt, das einen bekannten Flächenraum, nämlich den des Quadrates über $A\Gamma$, oder über der der $A\Gamma$ gleichen ΔE, besitzt. Wählt man umgekehrt bei bekanntem $AB = p$ auf der Geraden $A\Xi$ einen beliebigen Punkt Δ so gibt es senkrecht über und unter Δ die Punkte E, E', welche das Quadrat von $\Delta E (\Delta E')$ dem Rechtecke aus p und $A\Delta$ gleich werden lassen. Werden verschiedene Punkte Δ gewählt, so nimmt auch E verschiedene Lagen an, aber immer ist das an AB angelegte, παραβαλλόμενον, Rechteck dem Quadrate über ΔE genau gleich. Nennen wir nach heutigem Brauche $A\Delta = x$, $\Delta E = y$, so spricht sich die letzte Bemerkung symbolisch $y^2 = px$ aus, d. h. der geometrische Ort von E, wenn wir einen solchen durch das Fortrücken von Δ auf $A\Xi$ erzeugt denken, ist eine Parabel.

Ausser dem $AB = p$ sei (Figur 43) auf der dazu senkrechten $A\Xi$ ein Stück $AA = a$ bekannt, so ist $ABKA$ ein durchaus gegebenes Rechteck, welchem jedes andere Rechteck ähnlich ist, dessen B gegenüberliegende Winkelspitze H auf der Diagonale BA des erstgenannten Rechtecks sich befindet. Ist nun wieder ein Flächenraum — das Quadrat über $A\Gamma$ oder ΔE — gegeben, so wird es einen einzigen Punkt H der BA geben, mit dessen Hilfe das Rechteck $A\Delta H\Theta$ gleich jenem Flächenraum wird, oder mit anderen Worten, welcher es möglich macht, dass das an AB angelegte Rechteck ausser dem Theile $A\Theta$ von AB, welchen es mit dem dem Quadrate von $A\Gamma$ gleichen Flächenraume in Anspruch nimmt, noch ein Stück-

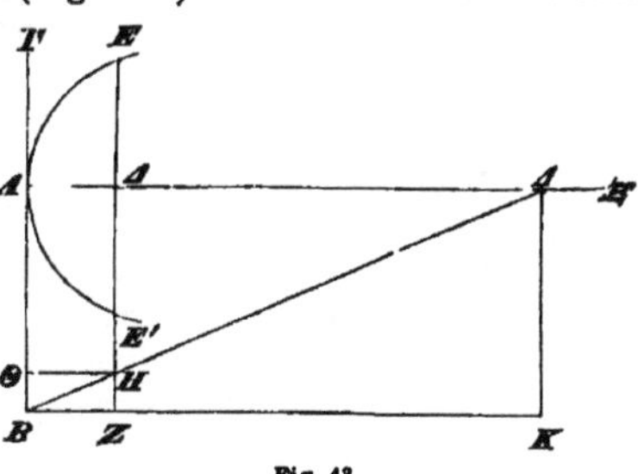

Fig. 43.

chen ΘB übrig lässt, ἐλλείπει, über welchem das dem Rechtecke $AB K \Lambda$ ähnliche kleine Rechteck ΘBZH steht. Denken wir uns auch hier die Aufgabe umgekehrt, so wird zu jedem Punkte Δ ein Punkt E senkrecht über ihm, ein Punkt E' senkrecht unter ihm gefunden werden können, so dass das Quadrat von ΔE dem jetzt bekannten Rechtecke $A\Delta H\Theta$, dessen Eckpunkt H auf der Diagonale $B\Lambda$ des vollständig gegebenen Rechtecks $ABK\Lambda$ sich befindet, gleich sei. Auch hier ist der symbolische Ausdruck übersichtlicher. Ist nämlich $\Theta B = \alpha \cdot p$, wo α eine Zahl bedeutet, so muss $\Theta H = \alpha \cdot a$ sein, und die Fläche ΘBZH ist $= \alpha^2 \cdot ap$. Mit Hülfe von $A\Delta = x$, $\Delta E = y$ werden wir also schreiben $y^2 = px - \alpha^2 \cdot ap$, d. h. der geometrische Ort von E, wenn wir einen solchen durch das Wechseln der Lage von Δ erzeugt denken, ist eine Ellipse.

Entsprechen (Figur 44) die griechischen sowohl als die lateinischen Buchstaben denen des vorigen Falles mit dem Unterschiede, dass $A\Lambda = a$ jetzt auf der jenseitigen Verlängerung von $A\Xi$ aufgetragen, im Uebrigen aber der Punkt H wieder so gewählt wird, dass er auf der verlängerten Diagonale ΛB des Rechtecks $ABK\Lambda$ aus den Seiten a und p liegt, dass also die Rechtecke $ABK\Lambda$ und ΘBZH einander ähnlich sind, und das Rechteck $A\Delta H\Theta$ denselben Flächenraum besitzt, wie das Quadrat über $A\Gamma$ oder ΔE, so

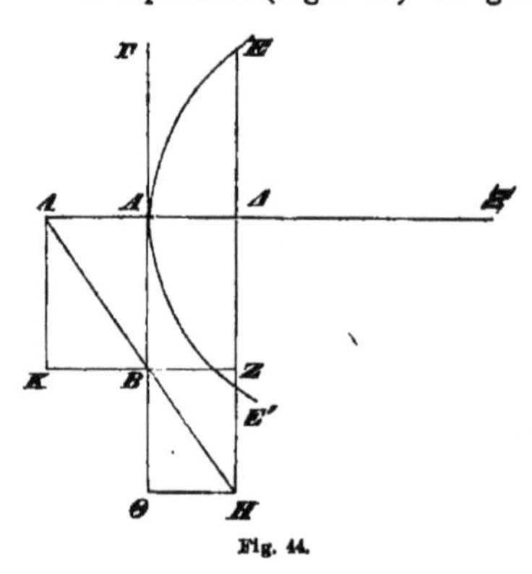

Fig. 44.

ist dabei die Forderung erfüllt, dass das an AB angelegte Rechteck, um den ihm zugewiesenen Flächenraum zu erlangen, über AB hinausreicht, ὑπερβάλλει, und zwar mit einem dem gegebenen Rechtecke $ABK\Lambda$ ähnlichen Rechtecke. Es ist fast überflüssig auf's Neue hervorzuheben, dass man auch diese Aufgabe so umzukehren im Stande ist, dass nicht mehr H sondern E, beziehungsweise E', gesucht werden und die Gleichung $y^2 = px + \alpha^2 \cdot ap$ sich erfüllen soll. Der geometrische Ort von E, wenn wir einen solchen durch Wechsel der Lage von Δ erzeugt denken, ist eine Hyperbel.

Die Dinge, welche wir hier auseinandergesetzt haben, lassen sich in grösster Kürze in die jetzt verständliche Ausdrucksweise zusammenfassen, dass es drei geometrische Aufgaben der Flächenanlegung gebe, sämmtlich pythagoräischen Ursprunges, sämmtlich in Euklids Elementen aufbewahrt, bei deren Ausspruch die drei Zeitwörter vorkommen, welche den Namen der Parabel, Ellipse, Hyperbel zu

Grunde liegen. Bei Umkehrung dieser Aufgaben, eine Umkehrung aber, welche in den euklidischen Elementen nicht vorkommt, würden als geometrische Oerter eben jene Curven entstehen müssen.

Jetzt sind wir im Stande die Fragen genauer zu stellen, um deren Beantwortung willen wir grade hier auf die Aufgaben pythagoräischer Flächenanlegung näher einzugehen veranlasst waren. Hat Euklid, von dem wir wissen, dass er über Kegelschnitte schrieb, die Umkehrung jener Aufgaben, für die der Natur der in ihnen vorkommenden Curven nach in den Elementen kein Platz war, überhaupt gekannt? Haben schon vor Euklid die Pythagoräer das Auftreten dieser Curven und ihre Eigenschaften bemerkt, die freilich nicht in Form der 3 Gleichungen, deren wir uns bedienten, um kürzer sein zu dürfen, aber in einem geometrischen Wortlaute sehr wohl von einem Griechen verstanden werden konnten? Hat Euklid erkannt, dass diese in der Ebene erzeugten Curven dieselben seien, welche auf dem Mantel geschnittener Kegel entstehen?

Man hat diese Fragen verschiedentlich beantwortet.[1]) Uns scheinen sie insgesammt verneint werden zu müssen. Um mit der Letzten anzufangen, so hat Euklid die Identification der Curven von den genannten Eigenschaften, die sich auf Flächenanlegung bezogen, mit Kegelschnitten keinenfalls gekannt, weil nach des Pappus' ausdrücklichem Zeugnisse Apollonius erst diese doppelte Entstehungsweise entdeckte.[2]) Die Bekanntschaft der Pythagoräer mit jenen Curven werden wir gleichfalls leugnen dürfen, wenn wir nur zu begründen vermögen, dass auch die erste Frage nicht zu bejahen ist, dass vielmehr Euklid, als er die Elemente schrieb, von jener Umkehr, von den dabei entstehenden krummen Linien, ganz abgesehen von ihrer Uebereinstimmung mit Kegelschnitten, Nichts wusste. Das scheint uns daraus zu schliessen gestattet, weil er sonst in den Elementen die drei Aufgaben, welche schon um ihres gemeinsamen Ursprungs bei den Pythagoräern willen bis zu einem gewissen Grade zusammengehörten, wenn sie eine weitere Zusammengehörigkeit dadurch an den Tag gelegt hätten, dass sie alle drei zu eigenthümlichen Curven führten, muthmasslich nicht getrennt hätte.

Es ist wohl richtig, dass die Sätze 28. und 29. des VI. Buches erst behandelt werden konnten, wo der Begriff der Aehnlichkeit bekannt war; es ist eben so richtig, dass Satz 44. des I. Buches schon vor dem VI. Buche Verwerthung fand; aber Euklid war nicht der Mann, dem eine kleine Umformung dieses 44. Satzes des I. Buches

---

[1]) Für die Bejahung besonders Arneth, Geschichte der reinen Mathematik (Stuttgart, 1852) S. 92—93, an dessen Darstellung wir uns hier vielfach anlehnten ohne seine Folgerungen zu theilen. [2]) Pappus, VII *Prooemium* (ed. Hultsch) 674.

sonderliche Mühe verursacht hätte, so dass er den Sinn desselben in anderem Wortlaute im VI. Buche neuerdings neben den verwandten Aufgaben wiederholen konnte, wie er es mit dem goldenen Schnitte gemacht hat, von dem bei der Uebersicht der Elemente die Rede war. Euklid lehrte ihn als 11. Satz des II. Buches; er wandte ihn im 10. Satze des IV. Buches an; er brachte ihn um des Zusammenhanges willen im 1. Satze des XIII. Buches in anderer Form noch einmal. Das Gleiche wäre für Satz 44. des I. Buches zu erwarten, wenn der Verfasser der Elemente die Parabel, die Ellipse, die Hyperbel als Curven in der Ebene gekannt hätte. Dass sie als solche auch in den euklidischen Büchern von den Kegelschnitten nicht vorkommen konnten, ist durch den Titel jener Bücher festgestellt, und so scheint unser nach allen Seiten verneinendes Urtheil auf ziemlich sicheren Füssen zu ruhen.

Wenn wir so ausgeschlossen haben, was in den 4 Büchern der Kegelschnitte nach unserem Dafürhalten nicht gestanden haben kann, so wissen wir doch von mancherlei Dingen, die dort ihren Platz finden mussten. Vor Allem werden dort diejenigen Dinge gestanden haben, welche Menächmus schon kannte, insbesondere werden die Asymptoten vorgekommen sein, mit deren Eigenschaften Menächmus vertraut war. Ob Anwendungen der Kegelschnitte auf die Verdoppelung des Würfels bei Euklid gelehrt wurden ist fraglich. Es wäre auffallend, wenn er an so wichtigen älteren Dingen vorübergegangen wäre; es wäre auffallender, wenn er sich dabei aufhielt und weder Eratosthenes noch Eutokius in ihrem historischen Berichte über das delische Problem den Namen des Euklid genannt hätten; von der auffallendsten Erscheinung zu schweigen, die darin wieder bestände, wenn Euklid sich keiner einzigen der antiken höheren Aufgaben zugewandt hätte, er der mitten in seiner Zeit lebend wie kaum je ein Anderer ihre Gesammtergebnisse in sich vereinigte.

Damit sind die hier zu behandelnden Schriften des Euklid erschöpft. Wohl sind noch andere ihm zugeschriebene Bücher über Musik, über Astronomie, über optische Dinge und ein kleines Bruchstück mechanischen Inhaltes vorhanden; wohl tragen diese Bücher im Ganzen einen geometrischen Stempel; aber sie gehören doch allzuwenig in das Bereich unserer Untersuchungen, als dass sie die Entwicklung der Mathematik, als dass sie nur den Grad unserer Werthschätzung ihres wirklichen oder vermeintlichen Verfassers beeinflussen könnten. Wir entschlagen uns daher gern bei schweigendem Vorübergehen der Nothwendigkeit wieder mit so feinen und schwierig zu entscheidenden Streitfragen der Echtheit oder Unechtheit uns beschäftigen zu müssen.

Kapitel XIV.

Archimedes und dessen geometrische Leistungen.

Wir stehen an der Schilderung des Schriftstellers, welcher der Zeit nach unmittelbar auf Euklid folgt, dem Gehalte nach dagegen Allen den Vorrang abgewann, die im Alterthum mit Mathematik sich beschäftigt haben. Wir brauchen nach dieser in wenigen Worten enthaltenen Würdigung wohl kaum zu sagen, wen wir meinen. Archimedes ist einer der wenigen Mathematiker des Alterthums, welchen die Nachwelt zu allen Zeiten nach Gebür ihre dankbare Erinnerung zuwandte. Er hat sogar einen eigenen Biographen in Heraklides gefunden, einem Schriftsteller von nicht näher zu bestimmender Lebenszeit, als dass er jedenfalls vor das VI. S. zu setzen ist, da Eutokius aus ihm geschöpft hat.[1] Dieses vermuthlich wichtige Quellenwerk über das Leben des Archimedes ist uns verloren, und so muss, was über seine persönlichen Verhältnisse zu sagen ist, aus den verschiedensten Schriftstellern zusammengesucht werden.[2] Archimed wurde in Syrakus wahrscheinlich 287 v. Chr. geboren. Nach einer Angabe war er dem Könige Hieron verwandt, nach einer anderen dagegen, welche mehr Glauben verdienen dürfte, war er von niederer Geburt. Sein nahes fast freundschaftliches Verhältniss zu dem Könige steht jedenfalls ausser Zweifel. Wer die Lehrer des Archimed gewesen sind, ist nicht bekannt. So viel gibt Diodor an[3]), und ein unbekannter arabischer Schriftsteller bestätigt es, dass er in Aegypten war, er wird daher jedenfalls zu den Alexandrinern in Beziehung getreten sein. Auch von einem Aufenthalte Archimeds in Spanien wird erzählt. Nach Syrakus zurückgekehrt lebte er dort der Wissenschaft, deren praktische Anwendung er jedoch so wenig verschmähte, dass grade seine Leistungen in der Mechanik zu denen gehören, welche ihn am Berühmtesten gemacht haben. Vor Allem waren die Dienste, die er seiner Vaterstadt Syrakus im Kriege gegen Rom leistete, geeignet seinem Namen Glanz zu verleihen. Die Bemühungen des Archimed waren es ganz allein, so erzählt Livius, welche die Angriffe des Marcellus auf die belagerte Stadt durch zwei Jahre vereitelten. Nur durch eine Ueberrumpelung von der Landseite aus gelang es 212 v. Chr. Syrakus zu nehmen, und bei dieser

---

[1]) Archimedes (ed. Torelli) pag. 204 citirt Eutokius: *Ἡρακλείδης ἐν τῷ Ἀρχιμήδους βίῳ.* [2]) Die Hauptquellen sind Plutarch (vita Marcelli), Livius XXV, Cicero (Tusculan. und Verrin.), Diodor, Silius Italicus, Valerius Maximus, Tzetzes. Die neuste Zusammenstellung in der Koppenhagner Doctordissertation von 1879: J. L. Heiberg, Quaestiones Archimedeae. [3]) Diodor V, 37.

Gelegenheit starb Archimed im Alter von 75 Jahren[1]), ein Opfer der Rohheit eines römischen Soldaten, welcher ihn niedermachte, während er des Tumultes nicht achtend seine geometrischen Figuren in den Sand zeichnete. Ob er dabei die Worte aussprach: *παρὰ κεφαλὰν καὶ μὴ παρὰ γραμμάν*, jener möge lieber den Kopf als die Linien ihm verletzen, oder nur um Schonung seiner Figuren bat, *ἀπόστηθι, ὦ ἄνθρωπε, τοῦ διαγράμματός μου*, wie ein anderer Berichterstatter in jedenfalls unrichtigem Dialekte ihn ausrufen lässt[2]), ist ziemlich gleichgiltig. Marcellus, der römische Feldherr, empfand grosse Trauer über den Tod des berühmten Gegners und liess ihm ein Grabmal setzen mit einer mathematischen Figur als Inschrift, wie jener es einst selbst angeordnet hatte. Das Grabmal scheint indessen von Archimeds Landsleuten schmählich vernachlässigt worden zu sein, da Cicero, der es bei seinem Aufenthalte in Syrakus, wo er 75 v. Chr. als Quästor von Sicilien verweilte, aufsuchte, es nur mit Mühe unter dem überwuchernden Gestrüppe entdeckte und an der Inschrift erkannte. Er liess es darauf auf's Neue in Stand setzen.

Die Schriften Archimeds[3]) sind nur zum Theil auf uns gekommen und zudem nicht alle im reinen unverderbten griechischen Grundtexte. Die besterhaltenen tragen als besonderes Kennzeichen noch an sich, dass sie im dorischen Dialekte abgefasst sind, wodurch sie auch sprachliche Wichtigkeit besitzen. Durch Vergleichung der Persönlichkeiten, welche in den einzelnen Schriften des Archimed genannt sind, nämlich des Konon, des Zeuxippus, des Dositheus, des Königs Gelon, durch fernere Vergleichung der nicht allzuseltenen Benutzung in späteren Schriften von Sätzen, welche in früheren bewiesen worden waren, ist es gelungen folgende wahrscheinlich zutreffende Anordnung der vorhandenen archimedischen Schriften nach ihrer Entstehungszeit zu erhalten: 1. Zwei Bücher vom Gleichgewichte der Ebenen, zwischen welche eine Abhandlung über die Quadratur der Parabel mitten eingeschoben ist. 2. Zwei Bücher von der Kugel und von dem Cylinder. 3. Die Kreismessung. 4. Die Schneckenlinien oder Spiralen. 5. Das Buch von den Konoiden und Sphäroiden. 6. Die Sandeszahl. 7. Zwei Bücher von den schwimmenden Körpern. 8. Wahlsätze.

Es will nicht gut angehen wieder, wie wir es bei Euklid gethan haben, den Inhalt dieser Schriften einzeln und der Reihe nach durchzusprechen. Dass einer solchen Darstellung nothwendigerweise die

---

[1]) Nach Tzetzes. Auf dieser Angabe beruht die Berechnung seines Geburtsjahres. [2]) Die erste Redensart nach Zonaras, die zweite nach Tzetzes. [3]) Die beste Ausgabe des Textes und des Commentars von Eutokius von Askalon, so viel davon vorhanden ist, ist noch immer die von Torelli. Oxford, 1792. Die beste deutsche Uebersetzung von Nizze. Stralsund, 1824. Eine Textausgabe durch Dr. Heiberg, welche in Leipzig erscheinen wird, ist im Drucke.

Uebersichtlichkeit abgeht, wird der Leser grade in den Euklid gewidmeten Kapiteln bemerkt haben. Dort mussten wir aber diese sonst wesentliche Bedingung opfern, weil es darauf ankam zu zeigen, was Alles unter dem Namen Elemente der Geometrie einbegriffen wurde. Eine ähnliche Nothwendigkeit wird uns im 18. und 19. Kapitel noch zwingen die für uns vielfach unzusammenhängenden Gegenstände, die Herons grosses feldmesserisches Werk behandelte, einzeln zu nennen. Archimed aber hat kein uns erhaltenes Sammelwerk geschrieben. Er verfasste vorwiegend einzelne Abhandlungen, in denen er zumeist Neues, von ihm selbst Erdachtes mittheilte, und da wird es für die Würdigung der Grösse der Entdeckungen sich als zweckmässiger empfehlen, die Gegenstände aus den einzelnen Abhandlungen herauszureissen und nach ihrem Inhalte zu neuen Gruppen zu vereinigen. Wir werden zu reden haben von den Entdeckungen Archimeds in der Geometrie der Ebene und des Raumes, in der Algebra und Arithmetik, endlich im Zahlenrechnen, wobei wir des griechischen Zahlenrechnens überhaupt gedenken müssen, wir werden auch nicht umhin können seine mechanischen Leistungen in's Auge zu fassen.

Vielleicht beginnen wir am Besten mit einem geometrischen Spielwerke. Ein Metriker aus dem Jahre 500 etwa, Atilius Fortunatianus, erzählt[1]) von dem loculus Archimedius. Ein elfenbeinernes Quadrat war in 14 Stücke von verschiedener vieleckiger Gestalt zerschnitten, und es handelte sich darum aus diesen Stücken das ursprüngliche Quadrat, aber auch sonst beliebige Figuren zusammenzulegen. Es bleibe dahingestellt, ob Archimed wirklich selbst dieses Spiel erdachte, oder ob man nur als archimedisch, d. h. als sehr schwierig bezeichnen wollte, die einzelnen Gestaltungen herzustellen.

Als archimedisch wird auch häufig die Definition genannt, die Gerade sei die kürzeste Entfernung zweier Punkte. Diese Behauptung ist richtig und unrichtig, je nachdem man den Nachdruck auf den Wortlaut des Satzes oder auf seine Eigenschaft als Definition legt. Archimed benutzt den Satz allerdings in seinen Büchern über Kugel und Cylinder, aber er beabsichtigt keineswegs durch ihn die Gerade zu erklären. Er nehme an, sagt er vielmehr ausdrücklich[2]), von den Linien, welche einerlei Endpunkte haben, sei die grade Linie die kürzeste; er nehme ferner an, von Linien in einer Ebene, die mit einerlei Endpunkten versehen nach einer Seite hin hohl seien, müsse die umschlossene die kürzere sein.

Als geometrisch interessant bieten sich uns ferner einige Wahlsätze. Das unter diesem Titel bekannte, aus 15 Sätzen der ebenen

---

[1]) Veteres Grammatici (ed. Putschius) pag. 2684. [2]) Archimed (ed. Torelli) 65, (ed. Nizze) 44.

Geometrie bestehende Buch ist aus dem Arabischen in's Lateinische übertragen worden. Dass es in der Form, wie wir es besitzen, keinenfalls von Archimed selbst herrühren kann, dessen Name im 4. und 14. Satze genannt ist, während in anderen Sätzen andere Unzuträglichkeiten nicht zu verkennen sind, ist mit Recht bemerkt worden.[1]) Einige Sätze scheinen uns gleichwohl archimedischen Ursprunges zu sein, unter welchen namentlich der 11., der 14., der 8. hier genannt seien. Der 11. Satz besagt, dass wenn in einem Kreise zwei Sehnen sich senkrecht durchschneiden, die Quadrate der vier so gebildeten Abschnitte zusammen dem Quadrate des Durchmessers gleich sein müssen. Der 14. Satz lehrt den Flächeninhalt des Salinon messen, der Wogengestalt, wie man den ausdrücklich als von Archimed herstammend bezeugten Namen vielleicht übersetzen darf.[2]) Diese Figur entsteht (Figur 45), wenn über und unter derselben Geraden als Richtung des Durchmessers von demselben Mittelpunkte aus aber mit verschiedenen, in beliebigem Verhältnisse zu einander stehenden Halbmessern Halbkreise beschrieben werden, zu welchen noch zwei Halbkreischen nach der Seite des grossen Halbkreises hin gerichtet über dem durch den nach der Jenseite sich wölbenden kleineren Halbkreis freigelassenen Stückchen des Durchmessers treten.

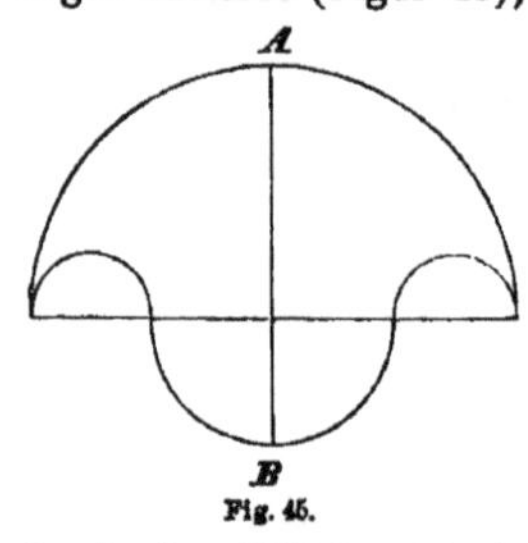

Fig. 45.

Wird durch den Mittelpunkt der beiden erstgezeichneten Halbkreise und senkrecht zu deren Durchmesser die Strecke AB gezeichnet, so ist der um dieselbe als Durchmesser beschriebene Kreis dem Salinon flächengleich. Der 8. Satz hat folgenden Inhalt. Wenn (Figur 46) eine willkürliche Sehne AB eines Kreises verlängert und die Verlängerung $B\Gamma$ dem Halbmesser des Kreises gleich gemacht wird, wenn hiernächst Γ mit dem Mittelpunkte Δ des Kreises verbunden und diese Verbindungslinie bis zum abermaligen Durchschnitte des Kreises nach E verlängert wird, so ist der Bogen AE das Dreifache des Bogens BZ.

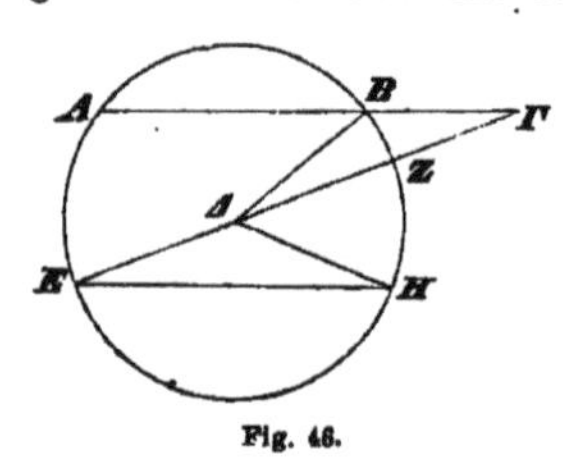

Fig. 46.

Man ziehe EH parallel zu AB und die Halbmesser ΔB und ΔH. Der Parallelismus von AB und EH bringt $\sphericalangle\, \Gamma = E$ hervor; Gleichschenkligkeit von Dreiecken zeigt, dass $\sphericalangle\, \Gamma = B\Delta\Gamma$ und $\sphericalangle\, E = H$. Ferner $\sphericalangle\, \Gamma\Delta H = 2E = 2\Gamma = 2B\Delta\Gamma$ und $\sphericalangle\, B\Delta H = 3\,B\Delta\Gamma$ also arc. $BH = AE = 3BZ$.

---

[1]) Heiberg, *Quaestiones Archimedeae*, 24. [2]) Von σάλος = das Schwanken des hohen Meeres?

Die beiden letzterwähnten Sätze haben, wie uns scheint, eine besondere Tragweite durch die Ziele, auf welche Archimed mit ihrer Hilfe hinsteuerte. Bei dem 8. Satze, glauben wir, dachte er an die zu vollziehende Dreitheilung des Bogens AE. Sie war vermöge seines Satzes gelungen, sobald man eine Sehne AB versuchsweise fand, deren Verlängerung bis zur Verbindungsgeraden von E mit dem Kreismittelpunkte Δ die Länge des Kreishalbmessers besass. Die vorerwähnte Quadratur des Salinon im 14. Satze wird wohl nicht minder richtig dahin aufzufassen sein, dass Archimed im Anschlusse an die Arbeiten des Hippokrates von Chios geometrisch versuchte, den Flächeninhalt des Kreises mit dem anderer Figuren in Gleichheit zu setzen. Nur war vielleicht die Absicht beider die entgegengesetzte. Hippokrates wollte zuverlässig aus den dem Kreise gleichen Figuren die Fläche des Kreises ermitteln. Archimed beabsichtigte möglicherweise anderweitige krummlinig begrenzte Figuren auf den als bekannt vorausgesetzten Kreis zurückzuführen.

Bekannt war ihm nämlich allerdings der Kreis durch seine Kreismessung. Diese merkwürdige Abhandlung ist nach ihrem geometrischen Gehalte wie mit Hinsicht auf die Geschichte des Zahlenrechnens der höchsten Beachtung werth. Wir haben es für's Erste nur mit dem Geometrischen zu thun. Archimed geht davon aus, dass er beweist, der Kreis sei einem rechtwinkligen Dreiecke gleich, dessen eine Kathete die Länge des Halbmessers, die andere die des Kreisumfangs besitzt. Wäre dieses Dreieck kleiner als der Kreis, so müsste irgend ein angebbarer Unterschied vorhanden sein, und es wäre möglich durch Einzeichnung eines Quadrates in den Kreis und fortgesetzte Halbirung der Bogen ein Vieleck zu erlangen, welches den Kreis bis auf gewisse kleine Abschnitte erfüllte, deren Summe endlich kleiner als jener Ueberschuss des Kreises über das Dreieck wäre. Nennt man etwa K, V, D die Inhalte des Kreises, des Vielecks, des Dreiecks, so wäre mithin $K > V > D$, zugleich aber $U < P$ sofern U den Umfang des Vielecks, P die Kreisperipherie bedeutet, und zwar begründet sich diese letztere Ungleichung aus jener Annahme über die Gerade als kürzeste Entfernung zweier Punkte, von der oben die Rede war. Nun ist V gleich einem rechtwinkligen Dreiecke, welches als grössere Kathete U, als kleinere die Senkrechte h besitzt, die vom Kreismittelpunkte aus auf irgend eine Seite des Vielecks gefällt war, und die selbst kleiner als der Kreishalbmesser r sein muss. Mit anderen Worten $V = \frac{U.h}{2}$, $D = \frac{P.r}{2}$ und wegen $V > D$ auch $U.h > P.r$, während jeder Faktor des grösseren Produktes kleiner ist als ein ihm entsprechender Faktor des kleineren Produktes, und darin liegt ein Widerspruch. Zu einem ferneren Widerspruch führt auch die Annahme $K < D$. Ausgehend von dem dem Kreise umschriebenen Quadrate wird durch fortgesetzte Verdoppelung der Seitenzahl ein umschriebenes Vieleck gefunden werden können, dessen Inhalt V' der Ungleichung $K < V' < D$ genügen muss, während sein Umfang $U' > P$ ist, und die Senkrechte h' vom Kreismittelpunkte auf die Seiten dieses Vielecks nothwendig $h' = r$ sein muss. Trotzdem müsste hier $\frac{U'.h'}{2} < \frac{P.r}{2}$ sein oder $U' < P$ und doch auch $U' > P$. Es bleibt also nur die Annahme $K = D = \frac{r.P}{2}$ übrig. Freilich hat man die an die Spitze gestellte Voraussetzung, es gebe eine Gerade von der Länge P, welche als Seite eines rechtwinkligen Dreiecks auftreten könne, bemängelt. Wir erinnern daran, dass Dinostratus die gleiche Annahme schon sich gestattet hatte (S. 213). Auch Eutokius nimmt Archimed gegen den angeführten Vorwurf, welcher ihm damals schon gemacht worden war, in Schutz. Er habe nichts Unziemliches ausgesprochen. Die Kreislinie sei eine Grösse von bestimmter Abmessung, der irgend eine Gerade gleich sein müsse, und es sei keineswegs unstatthaft, das Vorhandensein jener Geraden in einem Satze vorweg zu benutzen, noch bevor man sie finden gelehrt habe. Allerdings ist nun diese Auffindung das nächste Problem und ihm geht jetzt Archimed rechnend zu Leibe, nach einer Methode also, welche Euklid, wie wir (S. 233) besprochen haben, sich wahrscheinlich untersagt hätte, nicht geometrisch, sondern geodätisch. Archimed sucht zwei Grenzen, zwischen welche er das Verhältniss der Kreisperipherie P zum Durchmesser d einschliessen will und findet

$$P : d < 3\tfrac{1}{7} : 1 \text{ und } P : d > 3\tfrac{10}{71} : 1.$$

Wir bemerken, dass Archimed bei seinem früheren Beweise $K = \frac{r.P}{2}$ von den Quadraten ausging, welche dem Kreise ein- und umgeschrieben werden können, wie es (S. 234) Euklid im 12. Buche der Elemente gethan hat um die Proportionalität von Kreisinhalt und Durchmesserquadrat festzustellen, wie es (S. 172) schon viel früher Antiphon gethan hatte. Bei der Aufsuchung der Zahlengrenzen für das Verhältniss des Kreisumfanges zum Durchmesser ging Archimed dagegen von einem ganz anderen Versuche aus, welcher die grössere Grenze ihm verschaffen sollte. Er benutzte dasjenige gleichseitige Dreieck, welches seine Spitze im Kreismittelpunkte besitzt, während die dritte dieser Spitze gegenüberliegende Seite Berührungslinie an den Kreis ist. Heisst die Seite dieses Dreiecks a, der Kreishalbmesser r, so ist leicht ersichtlich $a = \frac{2r}{\sqrt{3}}$ und $r : \frac{a}{2} = \sqrt{3} : 1$. Archimed behauptet ohne weitere Begründung, es sei $r : \frac{a}{2} > 265 : 153$ und wirklich ist $\left(\frac{265}{153}\right)^2 = \frac{70225}{23409} = 3 - \frac{2}{23409}$ also $\sqrt{3} > \frac{265}{153}$. Ferner ist $a : \frac{a}{2}$

$= 306 : 153$. Die beiden Verhältnisse vereinigt geben folglich $(r + a) : \frac{a}{2} > 571 : 153$. Nun kommt eine kleine geometrische Betrachtung. Wenn (Figur 47) die $A\varDelta$ den Winkel $BA\varGamma$ halbirt, so ist $AB : A\varGamma = B\varDelta : \varDelta\varGamma$, $(AB + A\varGamma) : A\varGamma = (B\varDelta + \varDelta\varGamma) : \varDelta\varGamma$ oder $(a + r) : r = \frac{a}{2} : \varDelta\varGamma$. Aus dieser Proportion folgt weiter $r : \varDelta\varGamma = (r + a) : \frac{a}{2} > 571 : 153$. Dieses Ergebniss zu nachheriger Benutzung aufsparend folgert Archimed weiter $r^2 : \varDelta\varGamma^2 > 571^2 : 153^2$ und $(r^2 + \varDelta\varGamma^2) : \varDelta\varGamma^2 > (571^2 + 153^2) : 153^2$ oder $A\varDelta^2 : \varDelta\varGamma^2 > 349\,450 : 153^2$ und $A\varDelta : \varDelta\varGamma > 591\frac{1}{8} : 153$. Auch diese Zahlen sind richtig gewählt, denn $\left(591\frac{1}{8}\right)^2 = 349\,428\frac{49}{64} < 349\,450$. Der Winkel $\varDelta A\varGamma$ wird durch die AE halbirt. Dadurch gewinnt man neue Proportionen $A\varDelta : A\varGamma = \varDelta E : E\varGamma$, dann $(A\varDelta + A\varGamma) : A\varGamma = (\varDelta E + E\varGamma) : E\varGamma$ und $(A\varDelta + A\varGamma) : (\varDelta E + E\varGamma) = A\varGamma : E\varGamma$, d. h. $(r + A\varDelta) : \varDelta\varGamma = r : E\varGamma$. Nun erinnern wir uns an

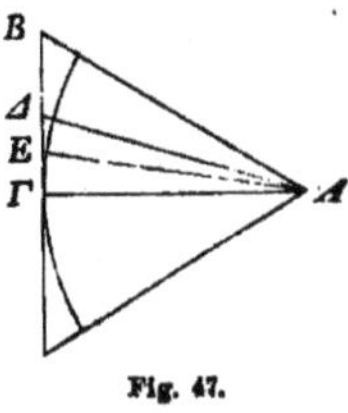

Fig. 47.

$$r : \varDelta\varGamma > 571 : 153$$

nebst

$$A\varDelta : \varDelta\varGamma > 591\tfrac{1}{8} : 153.$$

Die Vereinigung beider Verhältnisse gibt $(r + A\varDelta) : \varDelta\varGamma > 1162\frac{1}{8} : 153$

oder auch

$$r : E\varGamma > 1162\tfrac{1}{8} : 153.$$

Die gewonnenen Ergebnisse stellen wir übersichtlicher zusammen:

$$r : B\varGamma > 265 : 153$$
$$r : \varDelta\varGamma > 571 : 153$$
$$r : E\varGamma > 1162\tfrac{1}{8} : 153.$$

$B\varGamma$ ist die halbe Sechsecksseite, $\varDelta\varGamma$ die halbe Zwölfecksseite, $E\varGamma$ die halbe Vierundzwanzigecksseite, wenn immer die regelmässigen dem Kreise umschriebenen Vielecke gemeint sind. Die Umfänge U_6', U_{12}', U_{24}' dieser Vielecke sind $U_6' = 12\,B\varGamma$, $U_{12}' = 24\,B\varGamma$, $U_{24}' = 48\,B\varGamma$ und somit

$$r : U_6' > 265 : 1836$$
$$r : U_{12}' > 571 : 3672$$
$$r : U_{24}' > 1162\tfrac{1}{8} : 7344.$$

Archimed setzt nun das Verfahren mit Winkelhalbirung, Verbindung von Verhältnissen, Einsetzen von nahezu richtigen, aber immer etwas zu kleinen Quadratwurzelwerthen fort bis zu

$$r : U_{96}' > 4673\frac{1}{2} : 29376$$

und schliesst daraus umgekehrt

$$U_{96}' : d < 14688 : 4673\frac{1}{2} < 3\frac{1}{7} : 1,$$

da aber $P < U_{96}'$ ist, so muss um so sicherer

$$P : d < 3\frac{1}{7} : 1 \text{ sein.}$$

Nun kommt die entgegengesetzte Aufgabe, eine untere Grenze für das Verhältniss des Kreisumfanges zum Durchmesser zu finden an die Reihe, und hierzu nimmt Archimed die dem Kreise eingeschriebenen Vielecke zu Hilfe, indem er, wie Antiphon bei einem seiner Versuche, das eingeschriebene gleichseitige Dreieck zum Ausgange wählt, dessen Seite sich zum Halbmesser verhält wie $\sqrt{3} : 1$, d. h. $< 1351 : 780$. Winkelhalbirungen u. s. w. führen hier zu

$$U_{96} : d > 6336 : 2017\frac{1}{4} > 3\frac{10}{71} : 1$$

und um so gewisser zu $P : d > 3\frac{10}{71} : 1$.

Nächst dem Kreise beschäftigte sich Archimed bei seinen geometrischen Untersuchungen mit den Kegelschnitten. Mat hat wohl angenommen, Archimed habe eine uns verloren gegangene Schrift Elemente der Kegelschnitte, *στοιχεῖα κωνικά*, verfasst. Man hat sich dabei auf zwei Stellen gestützt, die eine in der Abhandlung über die Quadratur der Parabel Satz 3.[1]), die andere in dem Buch von den Konoiden und Sphäroiden Satz 4.[2]), in welchen Archimed auf ein solches Werk verweist ohne einen Verfasser zu nennen. Das that, sagt man, Archimed nur, wo er auf eigene Arbeiten zurückgriff. So richtig diese Behauptung im Allgemeinen ist, so erinnern wir uns doch einer Ausnahme. Archimed beruft sich, wie wir (S. 224) hervorgehoben haben, im 6. Satze des ersten Buches über Kugel und Cylinder[3]) auf die Elemente und meint damit den Elementenschriftsteller, der vorzugsweise diesen Namen geführt hat, Euklid. Möglich, dass er denselben im Sinne hatte, als er von Elementen der Kegelschnitte sprach, da Euklid bekanntlich auch über diesen Gegenstand ein Werk verfasst hat. Vielleicht ist eine kleine Bestätigung dieser Vermuthung folgendem Umstande zu entnehmen. Pappus gibt nämlich an, die vier ersten Bücher der Kegelschnitte des Apollonius, mit welchen wir uns bald zu beschäftigen haben, stützten sich wesentlich auf die Vorarbeiten Euklids. Bei Appollonius finden wir aber

---

[1]) Archimed (ed. Torelli) 19, (ed. Nizze) 13. [2]) Archimed (ed. Torelli) 265, (ed. Nizze) 158. [3]) Archimed ed. Torelli) 75, (ed. Nizze) 48.

I, 20, 35, 46; II, 5; III, 17, 18, die Lehrsätze, welche Archimed als in den Elementen der Kegelschnitte enthalten benutzt.

Mag dem sein, wie da wolle, jedenfalls rühren werthvolle Einzeluntersuchungen über Kegelschnitte von Archimed her, unter welchen seine Quadratur der Parabel obenansteht. Wir haben schon gesagt, dass diese Abhandlung zwischen die beiden Bücher vom Schwerpunkte und dem Gleichgewichte der Ebene eingeschaltet erscheint. Die Methode, deren Archimed sich bedient, um zu seinem Ziele zu gelangen, ist ihren Hauptzügen nach folgende.[1]) Wird ein Parabelabschnitt durch eine durch die Mitte der denselben bildenden Sehne der Axe parallel gezogene Gerade geschnitten, so ist die Berührungslinie an die Parabel in dem Schnittpunkte der Sehne selbst parallel. Somit ist die Senkrechte aus diesem Schnittpunkte auf die Sehne die grösste Senkrechte, welche überhaupt aus einem Punkte innerhalb des gegebenen Parabelbogens auf die Sehne gefällt werden kann, oder dieser Punkt ist als höchster Punkt des Parabelabschnittes über seiner Sehne zu bezeichnen. Daraus folgt weiter, dass der Parabelabschnitt durchaus eingeschlossen ist in dem Rechtecke, welches jene Senkrechte als Höhe, die Sehne nebst der ihr parallelen Berührungslinie als Grundlinie besitzt. Bildet man nun das Dreieck, welches die Sehne zur Grundlinie, den genannten Höhepunkt als Spitze besitzt, und welches folglich von dem ersten Parabelabschnitte um zwei neue kleinere Abschnitte sich unterscheidet, so muss dasselbe als Hälfte des Rechteckes und als eingeschrieben in den Parabelabschnitt grösser sein als die Hälfte des Abschnittes, kleiner als sein Ganzes. Man kann aber auch die umgekehrte Folgerung ziehen und die Fläche des Abschnittes grösser als das betreffende Dreieck, kleiner als das Doppelte desselben nennen. In jeden der beiden neuen kleineren Abschnitte wird nach ähnlicher Regel wieder ein Dreieck beschrieben, deren jedes mehr als die Hälfte des ihn enthaltenden Abschnittes einnimmt und genau den achten Theil des ersten Dreiecks als Flächeninhalt besitzt. Der Parabelabschnitt wird dadurch in zweiter Annäherung grösser als $1\frac{1}{4}$, kleiner als $1\frac{1}{2}$ des ersten Dreiecks, welches ihm eingezeichnet worden war. Nun werden in die neuen immer kleineren Parabelabschnitte wieder neue Dreiecke beschrieben und dem eben Behaupteten ähnliche Folgerungen gezogen. Nach heutiger Schreibweise kommt die Reihenfolge der so zu gewinnenden Sätze auf die Summirung der unendlichen Reihe $1 + \frac{1}{4} + \left(\frac{1}{4}\right)^2 + \left(\frac{1}{4}\right)^3 + \ldots$ hinaus, deren Anfangsglied 1 den Flächeninhalt des ersten Dreiecks, deren Summe den Flächeninhalt des ganzen Parabelabschnittes darstellt. Archimed, freilich das

[1]) Archimed (ed. Torelli) 30—34 (ed. Nizze) 22—25.

Unendliche nur mittelbar in seine Betrachtungen einbegreifend, begnügt sich mit der Summirung der endlichen geometrischen Reihe, deren letztes Glied wir $\left(\frac{1}{4}\right)^n$ nennen wollen. Deren Summe sei, sagt er, nur um den dritten Theil des niedersten Gliedes kleiner als $\frac{4}{3}$, d. h. also $= \frac{4}{3} - \frac{1}{3} \cdot \left(\frac{1}{4}\right)^n$. Daran schliesst sich der apagogische Theil des Beweises, welchen wir wiederholt als Ersatz für Unendlichkeitsbetrachtungen haben eintreten sehen. Aus der Möglichkeit den Unterschied zwischen dem Parabelabschnitte und $\frac{4}{3}$ des ersteingezeichneten Dreiecks kleiner als irgend eine angegebene Grösse werden zu lassen, folgt die doppelte Unmöglichkeit, dass der eine oder der andere Flächenraum der grössere sei.

Was die beiden anderen Kegelschnitte, die Hyperbel und die Ellipse betrifft, so scheint Archimed der Ersteren besondere Aufmerksamkeit nicht zugewandt zu haben. Dagegen hat er die Quadratur der Ellipse gefunden und zwischen den Untersuchungen über Konoide und Sphäroide als Satz 5. und 6. eingeschaltet.[1])

Die merkwürdigste uns erhaltene Schrift des Archimed über einen Gegenstand der ebenen Geometrie ist das Buch von den Schneckenlinien, *περὶ ἑλίκων*. Die Schneckenlinie ist die erste krumme Linie, welche durch eine doppelte Gattung von Bewegungen und von bewegten Elementen zugleich erzeugt worden ist. Die Quadratrix des Hippias benutzte freilich auch eine drehende und eine fortschreitende Bewegung zu ihrer Entstehung, aber die bewegten Elemente sind doch zwei gerade Linien, deren Durchschnittspunkt die genannte Curve zum Orte hat. Wir halten es durchaus nicht für unmöglich, dass Archimed, der bei seinen Studien mit der Quadratrix und deren Anwendungen bekannt geworden sein muss, grade durch die Abhandlungen des Hippias und des Dinostratus über ihre Curve mehrfache Anregung gewann, die bei einem Archimed zu einem Fortschritte für die Wissenschaft werden musste. Ein Fortschritt war es, wenn Archimed nicht mehr wie Dinostratus einfach annahm, dass die Kreisfläche einem rechtwinkligen Dreiecke von den Katheten r und P gleich sei, sondern diese Gleichheit streng bewies. Eine nicht geringere Bereicherung der Wissenschaft war es, als er, anstatt die fortschreitende Bewegung einer Geraden mit der Drehung einer zweiten Geraden zu verbinden, wie Hippias es gethan hatte, darauf verfiel jene fortschreitende Bewegung einem Punkte beizulegen. Die archimedische Definition sagt ausdrücklich[2]): „Wenn eine gerade Linie in einer

---

[1]) Archimed (ed. Torelli) 265—267 (ed. Nizze) 160—161. [2]) Archimed (ed. Torelli) 219, (ed. Nizze) 118.

Ebene um einen ihrer Endpunkte, welcher unbeweglich bleibt, mit gleichförmiger Geschwindigkeit sich bewegt, bis sie wieder dahin gelangt, von wo die Bewegung ausging, und wenn zugleich in der bewegten Linie ein Punkt mit gleichförmiger Geschwindigkeit von dem unbewegten Endpunkte anfangend sich bewegt, so beschreibt dieser Punkt eine Schneckenlinie in der Ebene."

Gehört diese Schneckenlinie, die archimedische Spirale, wie man sie gegenwärtig zu nennen pflegt, wirklich Archimed als Erfinder an? Man hat mit sich forterbendem Irrthume lange behauptet, nicht Archimed, sondern sein Freund Konon habe die Spirale erfunden und die sich auf dieselben beziehenden Sätze entdeckt. Letzteres ist durchaus unrichtig[1]) und folglich Ersteres nicht hinlänglich begründet. Archimed hatte vielmehr jene Sätze an Konon zum Beweise geschickt, eine Sitte, welche in den allerverschiedensten Jahrhunderten, aber stets in Zeiten reger mathematischer Arbeit uns wieder begegnen wird, und hatte auch nach Konons Tode noch viele Jahre gewartet „ohne dass irgend Jemand sich mit einer dieser Aufgaben beschäftigt hätte".[2]) Alsdann erst setzte er die Beweise in der Schrift über die Schneckenlinien auseinander. Wir können die Gedrungenheit der Beweise in keinem wiederholt abkürzenden Berichte deutlich machen. Wir verweisen auf die Abhandlung selbst, in welcher gerade der moderne Leser, der gewohnt ist Curven von der Natur der Spirallinien nur mit Hilfe der Infinitesimalrechnung zu untersuchen, während er in der Lehre von den Kegelschnitten noch heute häufiger von synthetisch geometrischen Anschauungsbeweisen Gebrauch macht, die bewunderungswürdige Gewandtheit des Archimed in der Handhabung einfachster Hilfsmittel staunend erkennen wird. Einige wenige leicht abzuleitende Proportionen und Ungleichheiten, letztere wieder unerlässlich für das apagogische Verfahren der alterthümlichen Exhaustion, die Zerlegung des Raumes der Schneckenlinie in Ausschnitte, deren jeder kleiner als ein äusserer, grösser als ein innerer Kreisausschnitt ist, das ist der ganze wissenschaftliche Vorrath, mittels dessen die Quadratur der Schneckenlinie gefunden, die Berührungslinie an irgend einen Punkt derselben gezogen wird.

Manche andere Schriften des Archimed würden an dieser Stelle noch zu besprechen sein, wenn sie nicht verloren gegangen wären. Kaum dass die Ueberschriften uns durch arabische Berichterstatter erhalten blieben.[3]) Ihnen zufolge verfasste Archimed ein Buch über das Siebeneck im Kreise; ein anderes beschäftigte sich mit der gegenseitigen Berührung von Kreisen; ein drittes war den

---

[1]) Das hat Nizze S. 281 in seinen kritischen Anmerkungen nachgewiesen. [2]) Archimed (ed. Torelli) 218, (ed. Nizze) 116. [3]) Heiberg, *Quaestiones Archimedeae* 29 – 30.

Parallellinien, ein viertes den Dreiecken gewidmet, letzteres möglicherweise auch unter anderem Titel noch genannt. Auch Daten und Definitionen soll Archimed in einem Buche vereinigt haben.

Unter dem, was der Verfasser für die Geometrie des Raumes leistete, ist zunächst eine Untersuchung zu erwähnen, von der wir nicht einmal wissen, bei welcher Gelegenheit und in welchem Zusammenhange er sie angestellt hat. Die Untersuchung selbst dagegen ist von Pappus, dem einzigen Schriftsteller, der von ihr spricht, mit genügender Deutlichkeit geschildert[1]), dass man nach ihm darüber berichten kann. Euklid hatte die Lehre von den fünf einzigen regelmässigen Körpern erschöpfend behandelt. Archimed erfand zu ihnen 13 halbregelmässige Körper, welche durch regelmässige Vielecke von mehr als nur einer Gattung begrenzt werden. Der Anzahl nach können 8, 14, 26, 32, 38, 62 oder 92 Grenzflächen vorhanden sein. Der Art nach sind es 3ecke, 4ecke, 5ecke, 6ecke, 8ecke, 10ecke und 12ecke, welche auftreten. Bei 10 von den archimedischen Körpern sind nur Flächen zweierlei Art, bei den 3 übrigen dreierlei Flächen vorhanden. Kein geringerer Mathematiker als Keppler[2]) hat zuerst nach Archimed seine Aufmerksamheit diesem Gegenstande wieder zugewandt, worauf auf's Neue eine zweihundertjährige Pause eintrat, bis seit Anfang des XIX. S. die halbregelmässigen Vielflächner Eigenthum der elementaren Stereometrie geworden sind.

Archimed selbst stellte von allen seinen Entdeckungen diejenigen am Höchsten, welche er in den zwei Büchern von der Kugel und dem Cylinder niedergelegt hat. Es handelt sich darin um den Beweis von drei neuen Sätzen[3]): 1. dass die Oberfläche einer Kugel dem Vierfachen ihres grössten Kreises gleich sei; 2. dass die Oberfläche eines Kugelabschnittes (die Kugelcalotte) so gross sei als ein Kreis, dessen Halbmesser einer geraden Linie vom Scheitel des Abschnittes bis an den Umfang des Grundkreises gleich sei; 3. dass der Cylinder, welcher zur Grundfläche einen grössten Kreis der Kugel habe, zur Höhe aber den Durchmesser der Kugel, mit anderen Worten der der Kugel umschriebene Cylinder, anderthalb mal so gross sei als die Kugel, und dass auch seine Oberfläche das Anderthalbfache der Kugeloberfläche sei. Dass Archimed grade auf diese Sätze einen wohlberechtigten Stolz empfand, geht daraus hervor, dass er die Kugel mit dem sie umgebenden Cylinder auf seinen Grabstein eingemeiselt wünschte, und dass es grade diese Figur war, an welcher Cicero die Begräbnissstätte des grossen Mannes erkannte. Dieselbe Figur erhielt sich, offenbar zum Gedächtnisse Archimeds, auf Münzen der Stadt Syrakus.

---

[1]) Pappus V (ed. Hultsch) 350 sqq. [2]) In der *Harmonice mundi*.
[3]) Archimed (ed. Torelli) 63, (ed. Nizze) 42.

Archimed hat in demselben Werke über Kugel und Cylinder, im 4. und 5. Satze des II. Buches[1]), noch zwei andere die Kugel betreffende Aufgaben gestellt, welche ihn geraume Zeit beschäftigten. Eine Kugel soll durch eine Ebene der Art geschnitten werden, dass Oberflächen und Körperinhalte der beiden so gebildeten Kugelabschnitte in gegebenem Verhältnisse stehen. Die erstere Aufgabe hat, sofern die Berechnung der Kugelcalotte vorher bekannt ist, wie es der Fall war, keine Schwierigkeit; sie führt alsdann auf eine rein quadratische Gleichung. Anders verhält es sich mit der zweiten Aufgabe. Sie ist nur dann lösbar, wenn, wie Archimed ausdrücklich sagt, eine Länge gefunden werden kann, welche in die Proportion sich einfügt, die in Buchstaben $(a - x) : b = c^2 : x^2$ lauten würde, wenn also eine Lösung der kubischen Gleichung $x^3 - ax^2 + bc^2 = 0$ gefunden werden kann. Archimed geht nun noch einen grossen Schritt weiter, er gibt den Diorismus der Aufgabe. Sie sei, sagt er, nicht allgemein möglich, sondern unter der Voraussetzung $c = 2(a - c)$ nur bei Anwendung eines $a - c$, welches selbst grösser als b ist. Mit anderen Worten er nennt die Gleichung $x^3 - ax^2 + \frac{4}{9}a^2 b = 0$ lösbar d. h. mit einer positiven Wurzel versehen, so lange $b < \frac{a}{3}$. Beides, so fährt Archimed fort, d. h. die Nothwendigkeit des Diorismus und zugleich die Construction der Aufgabe unter der Annahme, dass jene Bedingung erfüllt sei, solle am Ende seine Analyse und Synthese finden. Es ist undenkbar, dass Archimed eine so bestimmte Zusage gegeben haben sollte, wenn er nicht der gestellten Aufgabe in jeder Beziehung Herr gewesen wäre. Aber wo sind die versprochenen Ergänzungen? Schon sehr bald nach Archimed zur Zeit des Diokles waren sie verloren, wie wir im 17. Kapitel sehen werden. Ob eine von Eutokius im VI. S. aufgefundene alte Handschrift in dorischer Mundart wirklich, wie er vermuthete, der Originalarbeit des Archimed nachgebildet war, ist mit Bestimmtheit nicht zu behaupten noch zu leugnen. An Wahrscheinlichkeit fehlt es übrigens der Vermuthung des Eutokius um so weniger, als jene Auflösung sich zur Construction nur einer Parabel und einer Hyperbel bedient, mithin Curven benutzt, welche zur Auflösung einer anderen räumlichen Aufgabe, der Würfelverdoppelung, ziemlich lange vor Archimed, wie wir wissen, bereits in Anwendung waren.

Mit der Geometrie des Raumes hat es ferner das Buch von den Konoiden und Sphäroiden zu thun. Archimed kennt unter diesen Namen die Körper, welche durch die Umdrehung einer Parabel, einer Ellipse, einer Hyperbel entstehen. Er theilt diese Umdrehungs-

---

[1]) Archimed (ed. Torelli) 155 sqq., (ed. Nizze) 91 figg.

körper durch einander parallele gleich weit von einander entfernte ebene Schnittflächen und erhält so zwischen je zwei Schnittebenen ein Körperelement, das von einem Cylinder eingeschlossen einen anderen Cylinder in sich enthält. Die Summirung sämmtlicher grösserer Cylinder nebst der der sämmtlichen kleineren Cylinder wird somit zwei Grenzen bilden, zwischen welchen der Körperinhalt des gegebenen Umdrehungskörpers enthalten ist, und welche bei gegenseitiger Annäherung der Schnittflächen selbst beliebig wenig von einander unterschieden sind. Einige auf Widersprüche führende Vergleichungen vollenden wieder die Exhaustion, und so wird die Kubatur der genannten Körper gefunden.

Gelegentlich zeigt dabei Archimed im 8., 9. und 10. Satze[1]), wie zu jeder Ellipse unendlich viele Kegel und Cylinder gefunden werden können, auf deren Mantel sie sich befindet, offenbar ein Anfang dessen, was man perspektivische Eigenschaften krummer Linien zu nennen pflegt.

Wir können die Entdeckungen Archimeds im Gebiete der Raumgeometrie nicht verlassen ohne zweier falscher Sätze zu gedenken, welche er absichtlich, wie er ausdrücklich sagt[2]), seiner Zeit beweislos in die Oeffentlichkeit gab „um eben solche Leute, die da Alles zu finden behaupten, und doch nie einen Beweis vorbringen, zu überführen, dass sie auch einmal etwas Unmögliches zu finden verheissen hätten.“ Es waren Sätze, die sich auf den Körperinhalt von Kugelabschnitten bezogen und damit unsere Bemerkung bestätigen, dass Archimed sich geraume Zeit mit Fragen, welche auf die Durchschneidung einer Kugel durch eine Ebene sich bezogen, beschäftigte.

Kapitel XV.

Die übrigen Leistungen des Archimedes.

Wir gehen zu Dingen über, welche einen algebraischen Charakter tragen. In erster Linie haben wir einer Gesellschaftsrechnung zu gedenken, welche Archimed anstellte, und welche nicht etwa der Methode des Rechnens halber, die schon den alten Aegyptern (S. 34) geläufig war, aber wegen des Verfahrens, durch welches Archimed die zur Rechnung nothwendigen Zahlen sich verschaffte, zu grosser Berühmtheit gelangt ist. Wir meinen die sogenannte Kronenrechnung. Vitruvius, der Schriftsteller über Architektur im augusteischen Zeitalter, erzählt die Sache folgendermassen.[3]) König Hiero habe von einem Goldarbeiter eine Krone aus Gold anfertigen lassen

---

[1]) Archimed (ed. Torelli) 268—274, (ed. Nizze) 162—168. [2]) Archimed (ed. Torelli) 218, (ed. Nizze) 116. [3]) Vitruvius IX, 3.

und dieselbe alsdann dem Archimed übergeben, um zu ermitteln, ob nicht, wie man zu vermuthen Grund hatte, der Künstler nur Gold in Rechnung gebracht, in Wirklichkeit aber theilweise Silber zur Masse hinzugethan habe. Zufällig sei nun Archimed in ein Badhaus getreten und habe beim Einsteigen in eine mit Wasser ganz angefüllte Wanne bemerkt, dass ebensoviel Wasser auslief, als sein Körper verdrängte. Nun schloss Archimed so: die Menge des verdrängten Wassers hängt nur von der Ausdehnung nicht von dem Gewichte des eingetauchten Körpers ab, das Gewicht dagegen verändert sich bei gleicher Ausdehnung nach der Natur des Stoffes. Andere Stoffe werden bei gleicher Ausdehnung verschiedenes Gewicht, bei gleichem Gewichte verschiedene Ausdehnungen haben. Bildet man sonach eine reine Goldmasse und eine reine Silbermasse, beide von genau gleichem Gewichte mit der Krone, so wird das Silber am Meisten Flüssigkeit aus einem bis zum Rande gefüllten Gefässe verdrängen, nächstdem die aus beiden Metallen gemischte Krone, das Gold endlich am Wenigsten. Diese Schlüsse, wenn auch noch nicht in der hier ausgeführten Deutlichkeit, scheinen dem Geiste Archimeds sich plötzlich dargeboten zu haben. Die drei Wassermengen σ, $\varkappa$, γ, welche durch das Silber, die Krone, das Gold verdrängt wurden, boten das Mittel die Mischungsverhältnisse der Krone zu berechnen. Wog nämlich die Krone k Gewichtstheile, worunter s Gewichtstheile Silber und g Gewichtstheile Gold, so musste erstlich $s+g=k$ sein. Zweitens verdrängte aber das Silber nur $\frac{s}{k}\times\sigma$ Raumtheile Wasser und das Gold $\frac{g}{k}\times\gamma$ Raumtheile derselben Flüssigkeit, die ganze Krone also $\frac{s\sigma+g\gamma}{k}$ Raumtheile, oder $\varkappa$ Raumtheile, demnach war auch $s\sigma+g\gamma=k\varkappa$. Die beiden Angaben führten dann vereint in Betracht gezogen zu $s=\frac{\varkappa-\gamma}{\sigma-\gamma}\times k$. In der Freude über diese Entdeckung sei Archimed unbekleidet in's Freie und nach seiner Wohnung gelaufen mit dem Rufe: ich habe es gefunden, εὕρηκα εὕρηκα. Eine zweite Auffassung findet sich in einem Lehrgedichte „Ueber die Gewichte und Maasse", welches man wohl dem Grammatiker Priscianus zuschrieb, eine Meinung, von welcher man aber allgemein zurückgekommen ist, um die Entstehung des Gedichtes etwa auf das Jahr 500 zu verlegen.[1]) Dort ist nämlich die Auffindung des specifischen Gewichtes eines Stoffes, auf welche allein es ankommt, an eine doppelte Abwägung geknüpft. Wird die zu prüfende Substanz einmal im Freien und das zweite Mal in Wasser eingetaucht gewogen, so wird sie das zweite Mal

[1]) *Scriptores metrologici Romani* (ed. Hultsch) pag. 88 sqq. Die auf die Kronenrechnung bezügliche Stelle v. 124—208. Ueber die Datirung vergl. Hultsch's Prolegomena § 118.

so viel von ihrer Gewichtswirkung auf den Wagebalken, an welchem sie hängt, einbüssen, als die verdrängte Flüssigkeitsmenge beträgt. Man wird folglich in dem Verhältnisse des ursprünglichen Gewichtes zu dem Gewichtsverluste das specifische Gewicht des Stoffes besitzen, und man findet $s = \frac{k'-g'}{s'-g} \times k$ wenn s', k', g' die Gewichtsverluste im Wasser der an Gewicht ausserhalb des Wassers gleiche Mengen Silber, Kronenmetall und Gold bedeuten. Welche von den beiden Methoden also Archimed auch anwandte, und die Wahrscheinlichkeit für die eine wie für die andere zu erörtern gehört der Geschichte der Physik an, die Rechnung als solche war immer die gleiche, war, wie wir zum Voraus bemerkten, eine Gesellschaftsrechnung, dergleichen ähnliche wenn auch nicht völlig übereinstimmende im Uebungsbuche des Ahmes erledigt sind.

Dem Archimed wird ferner eine unbestimmte Aufgabe zugeschrieben, welche in Distichen abgefasst unter dem Namen des Rinderproblems bekannt ist.[1]) Es handelt sich um die Auffindung von vier Unbekannten in ganzen Zahlen mittels dreier zwischen ihnen gegebenen Gleichungen vom ersten Grade. Zu dieser ursprünglichen Form des Problems sind alsdann in späterer Ueberarbeitung, wie es scheint, noch anderweitige Zusätze getreten, welche zu ihrer Berücksichtigung Kenntnisse in der Lehre von den Quadratzahlen und von den Dreieckszahlen voraussetzen, welche wir wohl berechtigt sind, einem Archimed als zugänglich anzunehmen, wenn schon Philippus Opuntius (S. 143) über vieleckige Zahlen schreiben konnte. Bezüglich der Echtheit dieses Problems sind die Ansichten getheilt. Der letzte Schriftsteller, der in eingehender Weise mathematisch wie philologisch mit Archimed sich beschäftigt hat, steht nicht an das Gedicht, wie es erhalten ist, als archimedisch anzuerkennen.[2]) Wir selbst enthalten uns eines bestimmten Urtheils, wie wir (S. 247) uns entschieden, die Frage nach der Echtheit des sogenannten euklidischen Problems als eine offene zu betrachten. Zu einem Ergebnisse kommen wir allerdings auch hier: dass nämlich ein Grund das Rinderproblem darum für untergeschoben zu erklären, weil Archimed es nicht habe lösen können, in keiner Weise vorliegt.

Eine Beschäftigung mit Quadratzahlen ist Archimed jedenfalls

---

[1]) Aeltere Ansichten über das Rinderproblem bei Nesselmann, Algebra der Griechen S. 481—491 wissen einen nur halbwegs erträglichen Sinn nicht herauszubringen. Dieses gelang Vincent in dem als Anhang zu den *Nouvelles annales de mathématiques* T. XV (Paris, 1856) erschienenen *Bulletin de bibliographie etc.* I, 39 figg. Einen anderen Sinn haben die Verfasser der neusten Abhandlung Krumbiegel & Amthor „das *Problema bovinum* des Archimed“ ermittelt. Vergl. Zeitschr. Math. Phys. Bd. XXV. Histor. literar. Abtheilung (1880).
[2]) Heiberg, *Quaestiones Archimedeae* 26.

nachzurühmen. Er hat nämlich in dem Buche von den Schneckenlinien die Summirung der auf einanderfolgenden Quadratzahlen von 1 anfangend gelehrt und bewiesen. Er kleidet die Summenformel in folgenden Satz: „Wenn man eine willkürliche Anzahl von Linien annimmt, die nach einander gleiche Unterschiede haben, so dass die kleinste dem Unterschiede selbst gleich ist, und wenn eine eben so grosse Anzahl anderer Linien angenommen wird, welche einzeln der grössten von jenen gleich sind, so wird die Summe aller Quadrate von denen, welche der grössten gleich sind, nebst dem Quadrate der grössten selbst und dem Rechtecke unter der kleinsten und einer Linie, welche so gross ist als die Summe aller um gleiche Unterschiede verschiedener, dreimal so viel betragen als die Summe aller Quadrate der um gleiche Unterschiede verschiedenen Linien."[1]) In Zeichen geschrieben heisst das $3\,[a^2+(2a)^2+(3a)^2+\ldots+(na)^2]=(n+1)\,(na)^2+a\cdot(a+2a+3a+\ldots+na)$. Da Archimed, wie aus dem Beweise sich ergeben wird, die Summenformel der arithmetischen Reihe anzuwenden wusste, so ist es einigermassen auffallend, dass er nicht $a+2a+3a+\ldots+na$ zu $\frac{n(n+1)a}{2}$ vereinigte, um schliesslich $a^2+(2a)^2+(3a)^2+\ldots+(na)^2 = \frac{n(n+1)(2n+1)a^2}{6}$ zu erhalten. Wir erkennen daraus, dass ein so lautender Satz bei Archimed nicht vorkommt, wie sehr man sich hüten muss den Schluss, dieser oder jener Schriftsteller konnte so oder so schliessen, hat es also gethan, anzuwenden, wenn nicht besondere anderweitige Gründe für jenen Schluss vorhanden sind. Noch eine Bemerkung drängt sich auf. Wir sagten Archimed habe die Summirung der Quadratzahlen vollzogen, und in dem Wortlaute seines Satzes, wie seines Beweises, kommen nur Linien vor. Allein es sind unzusammenhängende Linien, wie sie im V. Buche der euklidischen Elemente zur Versinnlichung von Zahlen dienen, und haben hier gleichfalls keine andere Bedeutung. Wir lassen nun den Beweis folgen, an welchem wir keine andere Veränderung vornehmen, als dass wir Archimeds Worte in Zeichen übersetzen. Es ist $na=(n-1)\,a+1a=(n-2)\,a+2a=(n-3)\,a+3a=\ldots=1a+(n-1)\,a$. Quadrirt man alle diese unter sich gleichwerthigen Formen von na, so erhält man ebensoviele verschiedene Formen von $(na)^2$, nämlich $(na)^2=((n-1)\,a)^2+(1a)^2+2\,.\,(n-1)\,a\,.\,1a = ((n-2)\,a)^2+(2a)^2+2\,(n-2)\,a\,.\,2a=((n-3)\,a)^2+(3\,a)^2 + 2\,.\,(n-3)\,a\,.\,3a=\ldots=(1a)^2+((n-1)\,a)^2+2\,.\,1a\,.\,(n-1)\,a$. Jede solche Form besteht aus zwei quadratischen Gliedern und einem doppelten Produkte. Addirt man die sämmtlichen Formen nebst

[1]) Archimed (ed. Torelli) 226—228, (ed. Nizze) 125—128.

$2(na)^2 = (na)^2 + (na)^2$ und ordnet die quadratischen Glieder erst fallend dann steigend, und die doppelten Produkte nach fallendem erstem Faktor, so entsteht $(n+1)(na)^2 = (na)^2 + ((n-1)a)^2 + ((n-2)a)^2 + \ldots + (1a)^2 + (1a)^2 + \ldots + ((n-2)a)^2 + ((n-1)a)^2 + (na)^2 + 2[(n-1)a \cdot 1a + (n-2)a \cdot 2a + \ldots + 1a(n-1)a]$. Addirt man ferner auf beiden Seiten $a(a+2a+\ldots+na)$, so erhält man $(n+1)(na)^2 + a(a+2a+\ldots+na) = 2[a^2 + (2a)^2 + \ldots + (na)^2] + 2[(n-1)a \cdot 1a + (n-2)a \cdot 2a + \ldots + 1a \cdot (n-1)a] + a[a + 2a + \ldots + na]$. Damit der zu Anfang ausgesprochene Satz bewiesen sei, bedarf es also nur noch Eines: es muss gezeigt werden, dass $a^2 + (2a)^2 + \ldots + (na)^2 = 2[(n-1)a \cdot 1a + (n-2)a \cdot 2a + \ldots + 1a \cdot (n-1)a] + a[a + 2a + \ldots + na]$ sei. Die beiden Ausdrücke rechts vom Gleichheitszeichen sind aber $a \cdot A$ und $a \cdot B$ oder vereinigt $a(A+B)$, wobei

$$A = 2(n-1)a + 4(n-2)a + \ldots + (2n-2) \cdot 1a$$
$$B = na + (n-1)a + (n-2)a + \ldots + 1a$$
$$A + B = 1 \cdot na + 3 \cdot (n-1)a + 5 \cdot (n-2)a + \ldots + (2n-1) \cdot 1a$$
$$(A+B) \cdot a = a[1 \cdot na + 3 \cdot (n-1)a + 5 \cdot (n-2)a + \ldots + (2n-1) \cdot 1a] = R$$

Von den n Quadraten, als deren Summe R zu beweisen ist, wird nun das höchste $(na)^2$ umgeformt in $a(1 \cdot na + (n-1)na)$. Aber die arithmetische Reihe $(n-1)a + (n-2)a + \ldots + 1a$ hat als Summe $\frac{(n-1) \cdot n \cdot a}{2}$, eine Formel, welche demnach, wie oben angekündigt, von Archimed benutzt wird. Demnach ist $(n-1)na = 2[(n-1)a + (n-2)a + \ldots + 1a]$ und $(na)^2 = a[1 \cdot na + 2(n-1)a + 2(n-2)a + \ldots + 2 \cdot 1a]$. Ziehen wir diesen Werth von R ab, so bleibt ein Rest R_1 ähnlicher Form wie R, nämlich $a[1 \cdot (n-1)a + 3(n-2)a + \ldots + (2n-3) \cdot 1a] = R_1$. Nun könnte $((n-1)a)^2$ umgeformt und von R_1 abgezogen werden, wodurch ein Rest R_2 entstünde, dem gegenüber das Verfahren fortzusetzen ist. Schliesslich bleibt Nichts übrig, es ist also $a^2 + (2a)^2 + \ldots + (na)^2 = R$, wie zu beweisen war.

Wir haben vorher bei der archimedischen Aufgabe von der durch eine Ebene geschnittenen Kugel die cubische Gleichung $x^3 - ax^2 + \frac{4}{9}a^2 b = 0$ angeschrieben (S. 265), zu welcher diese Aufgabe führt. Wir haben dieses zur deutlicheren Einsicht in die Frage für unsere an die Gleichungsform gewohnten Leser gethan. Man muss sich jedoch wohl hüten das, was wir dort thaten, als den gleichen Gesichtspunkten entsprechend zu betrachten, wie das, was uns bei unserer letzten Darstellung der Summirung aufeinanderfolgender

Quadratzahlen leitete. Wir haben hier nur Zeichen statt der Worte gesetzt, den archimedischen Gedanken in keiner Weise verändernd. Wir haben dort eine Gleichung aus einer Proportion entwickelt. Archimed hätte eine solche Entwicklung dem ganzen Zustande der damaligen Wissenschaft gemäss, welche Körperzahlen kannte, vornehmen können, aber er hat es nicht gethan. Er blieb bei der Proportion $(a - x) : b = \frac{4}{9} a^2 : x^2$ stehen, und wir würden in ihn hineinlesen, was er nicht gewusst zu haben scheint, wenn wir auch nur annähmen, Archimed habe eine wesentliche Aehnlichkeit zwischen seiner Aufgabe und der Aufgabe der Würfelverdoppelung, geschweige denn zwischen ihr und der Aufgabe der Winkeldreitheilung bemerkt. Die Würfelverdoppelung verlangte die Einschaltung zweier geometrischer Mittelglieder zwischen gegebenen Grössen; von einer derartigen Einschaltung ist bei der archimedischen Kugeltheilung nicht die Rede, mag man auch, um die Unbekannte nach innen zu bringen, die Proportion in der Form $b : (a - x) = x^2 : \frac{4a^2}{9}$ oder in der Form $b : x^2 = (a - x) : \frac{4a^2}{9}$ schreiben.

Wir müssen hier vielleicht einem Vorwurfe begegnen, den man uns darüber machen könnte, dass wir, als wir es mit Euklid und dessen durch quadratische Gleichungen darstellbaren Aufgaben zu thun hatten, nicht auch so streng an den Wortlaut des griechischen Schriftstellers uns halten zu müssen glaubten. Wahr ist es, es wäre vorsichtiger gewesen auch dort nicht als Gleichung zu schreiben, was nur eine Proportion war, allein wir können doch Einiges hervorheben, welches einen grundsätzlichen Unterschied zwischen der euklidischen und der archimedischen Aufgabe bedingt und dadurch auch eine formelle Verschiedenheit der Darstellung gestattet, ganz abgesehen davon, dass wir wenigstens nicht versäumt haben (S. 245), unsern Zweifel darüber zu äussern, ob Euklid eine Ahnung von dem algebraischen Inhalte seiner Aufgaben gehabt habe. Quadratische und kubische Aufgaben — man gestatte uns diese leicht verständlichen, wenn auch sonst nicht grade üblichen Benennungen — sind geometrisch gewaltig verschieden. Die quadratische Aufgabe gehört den Elementen in dem geometrischen Sinne des Wortes an. Sie lässt sich, sofern Nichtbeachtung des Diorismus nicht Grössen als gegeben wählen liess, welche jede reelle positive Lösung ausschliessen, jedesmal durch Zirkel und Lineal bewältigen. Die kubische Aufgabe ist durch die Elemente nicht lösbar. Sie bedarf besonderer Curven, deren Eigenschaften in besonderen Schriften erörtert zur Zeit, als Archimed lebte, überhaupt erst anfingen genau studirt zu werden und die höhere Geometrie bildeten. Man darf daher wohl einen Unterschied machen zwischen der Tiefe, bis zu welcher Euklid und Archimed in das eigentliche Wesen quadratischer und kubischer Aufgaben einzudringen vermochten. Daneben ist auch für rechnendes Verfahren ein nicht minder gewaltiger Unterschied zwischen quadratischen und kubischen Aufgaben, die einem Griechen gestellt waren. Die Ausziehung der Kubikwurzel durch Umkehrung des Verfahrens, welches zur Erhebung auf die dritte Potenz führt, also von der Formel $(\alpha + \beta)^3 = \alpha^3 + 3\alpha^2\beta + 3\alpha\beta^2 + \beta^3$ ausgehend, hat, wie wir vorgreifend bemerken dürfen, kein griechischer Schriftsteller des Alterthums oder des Mittelalters jemals gelehrt; ob ein anderes Rechnungsverfahren zu dem gleichen Zwecke angewandt wurde, müssen wir hier noch dahingestellt sein lassen. Eine Ausziehung von Quadratwurzeln dagegen durch Rechnung, und zwar auch bei solchen Zahlen, welche nur eine Annäherung an den wahren Werth gestatten, hat die griechische Mathematik vielleicht, wie wir (S. 191) sahen, schon seit Platon besessen, jedenfalls hat Archimed in seiner Kreismessung den Beweis geliefert, dass er im Besitze sehr vollkommener Methoden zur Auffindung solcher Wurzelwerthe gewesen sein muss. Damit ist aber, wie zum Schlusse dieser Ausführungen hingeworfen werden mag, zugleich auch die Möglichkeit, vielleicht die Wahrscheinlichkeit gegeben, dass man in sehr früher Zeit bei den Griechen quadratische Aufgaben rechnend löste, d. h. thatsächlich mit quadratischen Gleichungen sich beschäftigte, denn wie wäre man sonst zu Methoden der Quadratwurzelausziehung gelangt, die das leisteten, was z. B. von Archimed, zu dessen Arbeiten wir so zurückkehren, geleistet worden ist?

Archimed hat in seiner Kreismessung eine ganze Anzahl von angenäherten Quadratwurzeln berechnen müssen. Er hat dabei erkannt, dass $\frac{1351}{780} > \sqrt{3} > \frac{265}{153}$, dass $\sqrt{349\,450} > 591\frac{1}{8}$, dass $\sqrt{1\,373\,943\frac{33}{64}} > 1172\frac{1}{8}$, dass $\sqrt{5\,472\,132\frac{1}{16}} > 2339\frac{1}{4}$. Wie hat er diese Zahlen gefunden? Die Frage ist vielfach aufgeworfen, verschiedentlich beantwortet worden.[1] Man kann wohl sagen, dass sämmtliche Versuche in einem Punkte zusammentreffen, nämlich in dem Bestreben ein mehr oder weniger bewusstes Zusammentreffen der Methode des Archimedes mit dem modernen Kettenbruchverfahren nachzuweisen, d. h. mit den Formeln

[1] Die letzte Zusammenstellung der auf diesem Gebiete ausgesprochenen Meinungen bei S. Günther, Antike Näherungmethoden im Lichte moderner Mathematik (in den Abhandlungen der k. böhmischen Gesellschaft der Wissenschaften VI. Folge, 9. Band, Prag, 1878) und bei Heiberg, *Quaestiones Archimedeae* 60—66. Bei Letzterem auch das bei dem Ersteren fehlende Referat über Abhandlungen von Mollweide (1808) und Oppermann (1875). Ueber die Abhandlung Mollweide's vergl. auch einen Bericht von Gauss in den Göttinger gelehrten Anzeigen vom 9. Januar 1808.

$$\sqrt{a^2+b} = a + \cfrac{b}{2a + \cfrac{b}{2a + \cfrac{b}{2a + \cdots}}}$$

und

$$\sqrt{a^2-b} = a - \cfrac{b}{2a - \cfrac{b}{2a - \cfrac{b}{2a - \cdots}}}$$

Nun ist von vornherein zuzugeben, dass der Näherungswerth

$$\sqrt{2} = \sqrt{1+1} = 1 + \cfrac{1}{2 + \cfrac{1}{2 + \cfrac{1}{2 + \cdots}}}$$

bei griechischen Schriftstellern mit aller Bestimmtheit auftritt, wie wir bei der näheren Betrachtung des Werkes des Theon von Smyrna im 21. Kapitel erkennen werden. Es ist ferner (S. 229) darauf hingewiesen worden, dass die Art und Weise, in welcher Euklid den grössten gemeinschaftlichen Theiler zweier ganzer Zahlen aufsucht, einen vollständigen Kettenbruchalgorithmus darstellt, und dennoch können wir die Frage, wie eigentlich Archimed verfuhr, noch nicht als vollständig beantwortet erachten. Die Werthe, welche Archimed als angenäherte Quadratwurzeln benutzt, andere Werthe, die bei späteren griechischen Schriftstellern auftreten, entstehen nämlich, mit Ausnahme der von uns schon betonten $\sqrt{2}$ und einer weiteren Ausnahme, nicht aus den obigen Kettenbruchformeln, es sei denn, dass man sie auf ein Prokustesbett spannte, wie wir es nicht verantworten zu können glauben. Die erwähnten archimedischen Werthe von $\sqrt{3}$ z. B. entstehen nicht aus $\sqrt{4-1} = 2 - \cfrac{1}{4 - \cfrac{1}{4 - \cdots}}$, sondern die aufeinanderfolgenden Näherungsbrüche dieses Kettenbruches sind $2, \frac{7}{4}, \frac{26}{15}, \frac{97}{56}, \frac{362}{209} \cdots$, unter welchen wir $\frac{26}{15}$ hervorheben als die weitere Ausnahme, von welcher soeben die Rede war, da dieser Werth für $\sqrt{3}$ in der That geschichtlich nachweisbar bei Griechen vorkommt, wie das 19. Kapitel uns lehren wird. Wir lassen also die Frage nach der Art und Weise, in welcher Archimed seine Quadratwurzeln fand, offen, soviel zugestehend, dass bestimmte Beispiele auf Anwendung von Kettenbruchformeln bei anderen Schriftstellern hinweisen, die somit jener Formeln sich bedient haben werden, wenn auch natürlich nicht als Kettenbrüche, an deren Vorhandensein nicht zu denken ist, bevor eine Schreibweise der Brüche durch räumlich unterscheidbare Zähler und Nenner sich verbreitet hatte.

Es ist nur ein unglücklicher Zufall, dass wir über die Wurzelausziehungsmethoden Archimeds im Dunkeln tappen. Eutokius, der einen Commentar zur archimedischen Kreismessung geschrieben hat, sagt, wo er an die Quadratwurzelwerthe kommt: „Wie man aber die Quadratwurzel, die einer gegebenen Zahl sehr nahe kommt, finden könne, ist von Heron in seinem metrischen Werke gezeigt worden, ebenso von Pappus, Theon und mehreren anderen Exegeten der grossen Zusammenstellung des Klaudius Ptolemäus. Es ist daher nicht nöthig Untersuchungen über diesen Gegenstand anzustellen, da Freunde der Mathematik bei Jenen darüber nachlesen können."[1]) Von allen diesen Schriften, auf welche Eutokius verweist, ist nur eine erhalten, der letztgenannte Commentar des Theon zu dem sogenannten Almageste. Auch von diesem wird später im 24. Kapitel zu handeln sein. Wir bemerken hier nur vorgreifend, dass Theon die heute noch übliche Schulmethode lehrt mit der einzigen Abänderung, welche durch die Anwendung von Sexagesimalbrüchen statt der gegenwärtig benutzten Decimalbrüche bedingt ist. Wir bemerken ferner, dass die archimedischen Werthe sich nach dieser Methode gleichfalls nicht bestätigen lassen, indem nach ihr

$$\sqrt{349650} > 591\frac{1}{7}, \quad \sqrt{1373943\frac{33}{64}} > 1172\frac{1}{7},$$

$$\sqrt{5472132\frac{1}{16}} > 2339\frac{1}{2}$$

gefunden worden wäre, sämmtlich in den Brüchen, also da wo das eigentliche Annäherungsverfahren erst beginnt, von den archimedischen Werthen abweichend.

Versagt uns der Commentar des Eutokius den Dienst, wo wir seiner am dringendsten bedürfen, so lässt er uns doch nicht ganz ohne Ausbeute. Er vollzieht auf's Ausführlichste mehrere Multiplicationen, und diese Stellen gehören zu den bedeutsamsten für die Kenntniss griechischer Rechenkunst. Der Gebrauch der Stammbrüche (S. 107) beim wirklichen Rechnen geht daraus auf's Unzweideutigste hervor, dann aber auch dass die Griechen bei ihren Multiplicationen den entgegengesetzten Weg einschlugen, den wir zu verfolgen pflegen. Sie fingen nämlich mit dem, was wir die Ziffer höchsten Ranges im Multiplicator nennen, an und stiegen dann zu den niedrigeren Stellen herab, sie beobachteten die gleiche Reihenfolge innerhalb der Theile des Multiplicandus. So wird z. B. $2016\frac{1}{6}$ folgendermassen quadrirt. Es ist $2000 . 2000 = 4\,000\,000$, $2000 . 10 = 20\,000$, $2000 . 6 = 12\,000$, $2000 . \frac{1}{6} = 333\frac{1}{3}$; $10 . 2000 = 20\,000$, $10 . 10 = 100$, $10 . 6 = 60$, $10 . \frac{1}{6} = 1\frac{1}{2}\frac{1}{6}$; $6 . 2000 = 12\,000$, $6 . 10 = 60$,

[1]) Archimed (ed. Torelli) 208.

$6 \cdot 6 = 36$, $6 \cdot \frac{1}{6} = 1$; $\frac{1}{6} \cdot 2000 = 333\frac{1}{3}$, $\frac{1}{6} \cdot 10 = 1\frac{1}{2}\frac{1}{6}$, $\frac{1}{6} \cdot 6 = 1$, $\frac{1}{6} \cdot \frac{1}{6} = \frac{1}{36}$ und alle diese Theilprodukte vereinigt geben $4\,064\,928\frac{1}{36}$.

Man könnte bei diesem Fortschreiten von den grösseren Theilen der Zahlen zu immer kleineren an die mehrerwähnte Stelle des Herodot[1]) denken, dass die Hellenen beim Rechnen die Hand von links nach rechts bewegen. Links befand sich (S. 111) auf der Rechentafel mit gegen den Rechner senkrechten Kolumnen die höchste Rangstelle. Man dürfte auch die Vermuthung aussprechen, die Vereinigung der Theilprodukte, welche als vollzogen gedacht wird, ohne zu erklären, wie man dabei verfuhr, sei auf der Rechentafel erfolgt, deren Gebrauch zur Zeit des Polybius, mithin nur ein halbes Jahrhundert nach Archimed (S. 111) wir uns ins Gedächtniss zurückrufen.

Wir nannten die hier erwähnten Stellen des Eutokius als zu den bedeutsamsten für die Kenntniss griechischer Rechenkunst gehörend. Vieles ist leider verloren gegangen. Unter den Schriften des Xenokrates, welche wir nur dem Titel nach kennen[2]) (S. 215), soll eine Logistik gewesen sein. Ein Rechenmeister Apollodorus wird uns genannt (S. 152). Von der Logistik des Magnus erwähnt Eutokius Rühmendes am Schlusse seines Commentars zur archimedischen Kreismessung.[3]) Aber was lässt mit so dürftigen Angaben sich machen? Sogar die Lebenszeit dieser Schriftsteller mit Ausnahme des Xenokrates ist in tiefstes Dunkel gehüllt. Es ist sehr wahrscheinlich, dass Archimed selbst ein Buch verfasst hat, welches mit der Rechenkunst sich beschäftigte. Zu dieser Vermuthung geben wenigstens einige Bruchstücke und deren Titel Veranlassung. Die Schrift hiess die Grundzüge, *ἀρχαί*, und war dem Zeuxippus zugeeignet.[4]) Archimed lehrte darin unter Anderen das dekadische Zahlensystem in übersichtlicher Gliederung weit über die Grenzen derjenigen Zahlen ausdehnen, mit welchen man insgemein zu thun hat. Archimed fasst nämlich 8 auf einander folgende Rangordnungen in eine Oktade zusammen.[5]) Die erste Oktade geht also von der Einheit bis zur Myriade der Myriaden, d. h. bis zu 100 000 000, welche Zahl die Einheit der zweiten Oktade bildet. Die Einheit der dritten Oktade ist ihm folglich die Zahl, welche wir durch Eins mit 2 mal 8 oder mit 16 Nullen schreiben. Die Einheit der 26. Oktade ist in unserer Schreibweise 1 mit 25 mal 8, d. h. mit 200 Nullen. Diese Oktaden setzt Archimed fort bis zur 10 000 mal 10 000sten und sämmtliche Zahlen bis zur höchsten dieser letzten Oktade bilden die erste Periode. An sie schliesst sich aber eine neue zweite Periode, deren Einheit

[1]) Herodot II, 36. [2]) Diogenes Laertius VIII, 12. [3]) Archimed (ed. Torelli) 216. [4]) Archimed (ed. Torelli) 319, 320, (ed. Nizze) 209, 212. [5]) Archimed (ed. Torelli) 325, (ed. Nizze) 217.

folglich nach unserer Zahlenschreibweise eine 1 mit 800 Millionen Nullen ist! Es schwindelt Einem bei dem Gedanken, auch mit dieser zweiten Periode von 10 000 mal 10 000 Oktaden die Zahlenreihe nicht abgeschlossen zu finden, sondern vielmehr die Möglichkeit zugeben zu müssen, noch höhere Perioden oder gar höhere Gruppenordnungen als die Perioden selbst zu bilden.

Für die Richtigkeit dieses Auszuges bürgt, dass er von Archimed in eigener Person herrührt. Er gibt ihn uns in einer vollständig erhaltenen Abhandlung, der Sandrechnung, ψαμμίτης (lateinisch: *arenarius*). In ihr ist die Aufgabe gestellt eine Zahl anzugeben, welche grösser sei als die Zahl der Sandkörner, die eine Kugel fassen würde, deren Halbmesser die Entfernung des Erdmittelpunktes von dem Fixsternhimmel wäre. Vorausgesetzt nun, dass 10 000 Sandkörner hinreichen ein Körperchen von der Grösse eines Mohnkornes zu liefern, und dass der Durchmesser eines Mohnkornes nicht kleiner als der 40. Theil eines Fingerbreite sei, vorausgesetzt ferner, dass der Weltdurchmesser kleiner als 10 000 Erddurchmesser, der Erddurchmesser endlich kleiner als eine Million Stadien sei, findet Archimed eine Zahl, welche die Sandkörnerzahl einer der Weltkugel gleich gedachten Sandkugel überschreitet in 1000 Einheiten der 1. Oktade der 7. Periode. Ja Archimed geht noch weiter. Er nimmt nach astronomischen Anschauungen des Aristarchus von Samos[1]) die Weltkugel, die er alsdann Fixsternkugel nennt, noch grösser an und erkennt, dass Sandkörner 1000 Myriaden der 8. Periode an Zahl mehr als nur ausreichen würden, selbst diese Fixsternkugel zu bilden.[2])

Was ist die Bedeutung dieser eigenthümlichen Aufgabe? Mannigfache Vermuthungen sind darüber ausgesprochen worden. Man hat vielleicht nicht ganz unglücklich versucht den Zweck der Schrift in jenem Bruchstücke der Grundzüge zu finden. Mit anderen Worten man hat es als einzigen Zweck der Sandrechnung bezeichnet, ein Beispiel davon zu liefern, wie man die Aussprache der Zahlen von einer gewissen Höhe an bedeutend vereinfachen und dabei eine Einsicht in die Art ihres Wachsthums gewähren könne. Neben diesem Zwecke hat man einen anderen wichtigeren zu erkennen geglaubt, die Sandrechnung sei dazu bestimmt, die arithmetische Ergänzung der geometrischen Exhaustionsmethode zu bilden. Dem Unendlichkleinen gegenüber ist das Unendlichgrosse der zweite Pol des Unendlichkeitsbegriffes, wenn wir so sagen dürfen; um beide dreht sich die ganze Infinitesimalrechnung. Will man aber beide Gegensätze deutlicher hervortreten lassen, so eignen sich geometrische Betrachtungen nahezu zusammenfallender Raumgebilde vorzugsweise dazu, das Un-

[1]) Vergl. über diesen Wolf, Geschichte der Astronomie 35—37. [2]) Archimed (ed. Torelli) 331, (ed. Nizze) 223.

endlichkleine zu versinnlichen, während das Unendlichgrosse unmöglich an Figuren zu begreifen ist, welche dem Auge innerhalb des Raumes begrenzt erscheinen. Nur durch die Zahl wird es dem Verständnisse näher gebracht. Man kann zeigen, dass jede noch so grosse, aber gegebene Zahl durch eine im Uebrigen nicht näher bestimmte Zahl überstiegen werden kann, man kann über jede noch so ferne Grenze dabei als zu nahe gelegen hinausgehen. Das grade hat Archimed in seiner Sandrechnung geleistet.

Ist die Frage nach dem Zwecke der Sandrechnung schon eine schwierige, so ist die Frage nach ihrer Heimath womöglich noch weniger sicher zu beantworten. Auf der einen Seite ist unzweifelhaft die philosophische wie die mathematische Erkenntniss des Unendlichen ein Gegenstand griechischer Forschung schon in einer Zeit gewesen, die um reichlich ein Jahrhundert vor Archimed liegt. Auf der anderen Seite ist die griechische Denkart im Ganzen so übertrieben grosser Zahlen nicht gewohnt. Nicht vor, nicht nach Archimed finden wir Aehnliches in griechischer Sprache. Man könnte erwidern, nicht vor, nicht nach Archimed finde man unter den griechischen Schriftstellern einen Archimed! Allein auch eine andere Auskunft ist nicht unmöglich. Es könnte hier ein auswärtiges Problem vorliegen, welches Archimed irgend wie, irgend wo einmal zu Ohren gekommen wäre, welches er mit seinem allumfassenden Geiste aufnahm und im Sinne seiner Absicht, die vielleicht von der des ursprünglichen Stellers der Aufgabe himmelweit verschieden war, behandelte. Man möchte fast für diese Auffassung auf die einleitenden Sätze der Sandrechnung verweisen: „Manche Leute glauben, König Gelon, die Zahl des Sandes sei von unbegrenzter Grösse. Ich meine nicht des um Syrakus und sonst noch in Sicilien befindlichen, sondern auch dessen auf dem ganzen festen Lande, dem bewohnten und unbewohnten. Andere gibt es wieder, welche diese Zahl zwar nicht für unbegrenzt annehmen; sondern nur dass noch keine so grosse Zahl jemals genannt sei, welche seine Menge übertrifft. Wenn sich nun eben diese einen so grossen Sandhaufen dächten, wie die Masse der ganzen Erde; dabei sämmtliche Meere ausgefüllt und alle Vertiefungen der Erde so hoch wie die höchsten Berge, so würden sie gewiss um so mehr glauben, dass keine Zahl zur Hand sei, die Menge derselben noch zu überbieten. Ich aber will mittels geometrischer Beweise, denen Du beipflichten wirst, zu zeigen versuchen, dass unter den von mir benannten Zahlen, welche sich in meiner Schrift an den Zeuxippus befinden, einige nicht nur die Zahl eines Sandhaufens übertreffen, dessen Grösse der Erde gleichkommt, wenn sie nach meiner Erklärung ausgefüllt ist, sondern auch die eines solchen, dessen Grösse dem Weltalle gleich ist.“ So der Anfang der Abhandlung, und man wird zugeben müssen, dass Archimed in ihm die eigenthümliche

Gruppirung und Benennung der grossen Zahlen für sich in Anspruch nimmt, aber keineswegs den Gedanken eines der Erdkugel gleichen Sandhaufens selbst als einen neuen bezeichnet, welchen noch Niemand vor ihm geäussert habe.

Wir haben (S. 255) zugesagt, auch die Kenntnisse Archimeds im Gebiete der Mechanik in das Bereich unserer Darstellung zu begreifen. Bei Archimed war mehr als bei irgend früheren Schriftstellern die Mechanik der Geometrie eng verschwistert. Geometrische Betrachtungen feinster Art standen ihm im Dienste der Mechanik, mechanische Lehren wurden aber auch zur Beweisführung geometrischer Sätze von ihm angewandt. Wir haben wiederholt von der Stellung der Abhandlung über die Quadratur der Parabel mitten zwischen den beiden Büchern vom Gleichgewicht der Ebenen gesprochen, und diese Stellung ist kennzeichnend nach beiden Seiten hin. Eine Stetigkeit des Inhaltes vom I. Buche zur Zwischenabhandlung, von dieser zum II. Buche ist unverkennbar, so unverkennbar, dass es schwer wird zu sagen, welcher einzelne Satz für Archimed mit der Geltung eines mechanischen, welcher mit der eines geometrischen Satzes versehen ist. Es handelt sich in der ganzen Schrift um Schwerpunktbestimmungen, welche auf Grund des Satzes[1]) gefunden werden, dass der Schwerpunkt einer aus zwei gleich schweren nicht denselben Schwerpunkt besitzenden Grössen zusammengesetzten Grösse in der Mitte derjenigen geraden Linie liegen muss, welche die Schwerpunkte der beiden Theile verbindet, zu welchem der andere bereits in der aristotelischen Mechanik (S. 219) enthaltene Satz[2]) kommt, dass commensurable wie incommensurable Grössen im Gleichgewicht stehen, sobald sie ihren Entfernungen von dem Stützpunkte des Hebels, an welchem sie wirkend gedacht sind, umgekehrt proportionirt sind. So findet Archimed den Schwerpunkt eines Parallelogrammes, eines Dreiecks, eines Paralleltrapezes und hat damit das nöthige Material, um nun endlich bis zum 17. Satze der Zwischenabhandlung mechanisch die Quadratur der Parabel abzuleiten[3]), von deren sich alsdann noch anknüpfender geometrischen Begründung wir im vorigen Kapitel gesprochen haben. Der Gang ist in aller Kürze folgender. Zuerst (Figur 48) wird an dem gleicharmigen in B gestützten Hebel $AB\Gamma$ ein Dreieck $\Gamma\Delta H$ mit den Befestigungs-

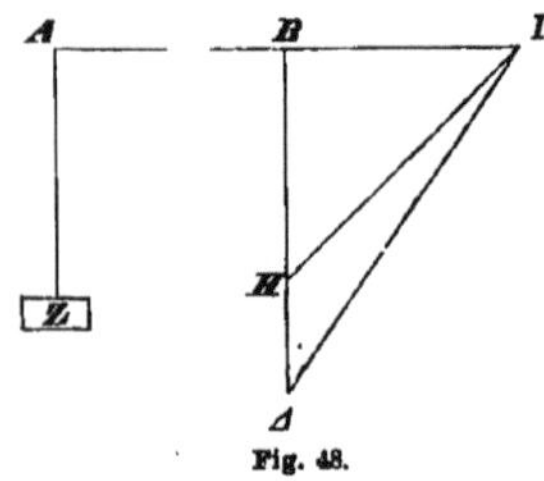

Fig. 48.

[1]) Gleichgewicht der Ebenen Buch I, Satz 4 (ed. Torelli) 4, (ed. Nizze) 2.
[2]) Gleichgewicht der Ebenen Buch I, Satz 6 und 7, (ed. Torelli) 5—7, (ed. Nizze) 3—5. [3]) Archimed (ed. Torelli) 17—29, (ed. Nizze) 12—22.

punkten B und Γ an dem Wagbalken $B\Gamma$ aufgehängt gedacht. Es wird gezeigt, dass dieses Dreieck mit einer in A aufgehängten Figur Z in Gleichgewicht ist, wenn Z der dritte Theil des Dreiecks $\Gamma\Delta H$ ist. Des Weiteren wird (Figur 49) ein Paralleltrapez aufgehängt gedacht, dessen nicht parallele Seiten sich in Γ schneiden, während die parallelen Seiten senkrecht gegen den Wagbalken sind. Für die diesem Trapeze ΔKPT bei A das Gleichgewicht haltende Figur Z wird bewiesen, dass sie zwischen zwei Grenzen, dem $\frac{BE}{B\Gamma}$ und dem $\frac{BH}{B\Gamma}$fachen des Trapezes enthalten ist. Jetzt geht Archimed (Figur 50) zur Aufhängung eines Parabelabschnittes über. Er hat schon im Eingange der Abhandlung einige Eigenschaften dieser Curve erwähnt. Er zeigt nun, dass wenn die den Abschnitt bildende Sehne $B\Gamma$ in beliebig viele gleiche Theile getheilt wird, wenn aus jedem Theilpunkte eine Parallele zu $K\Delta$ und aus den Schnittpunkten dieser Parallelen mit der Parabel Verbindungslinien nach Γ gezogen werden, welche man noch jenseits des Parabelpunktes bis zur nächsten Parallelen verlängert, der Parabelabschnitt alsdann als zwischen zwei Summen von trapezartigen Stücken enthalten sich kundgibt. Durch Aufsuchung der jedem Trapezchen in A das Gleichgewicht haltenden Figur, sowie durch Verbindung der beiden genannten Gleichgewichtssätze für das Dreieck und das Trapez ergibt sich endlich der Parabelabschnitt als Drittel des grossen Dreiecks $B\Gamma\Delta$. Andrerseits ist unter der Voraussetzung, es sei $EM\Theta$ die der $B\Gamma$ parallele Berührungslinie an die Parabel, M die Mitte von $H\Lambda$, H die Mitte von $B\Gamma$ und Λ die Mitte von $\Gamma\Delta$, folglich $HM = \frac{B\Delta}{4}$. Daraus ergibt sich, dass der Parabelabschnitt $\frac{4}{3}$ des kleinen Dreiecks $BM\Gamma$ ist, wie erwiesen werden sollte. Im II. Buche des Gleichgewichts der Ebenen geht dann Archimed dazu über, den Schwerpunkt des parabolischen Abschnittes zu finden.

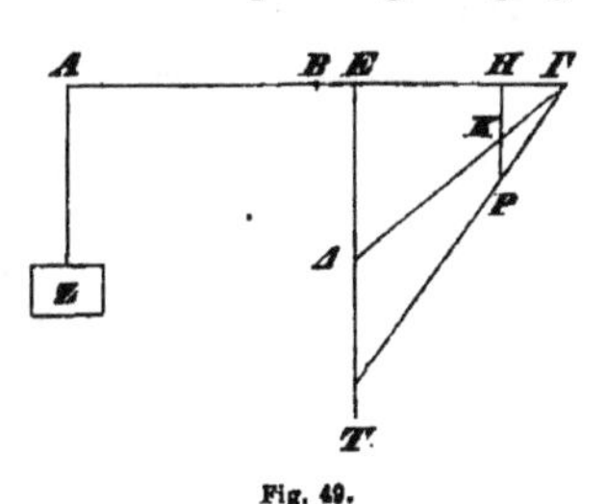

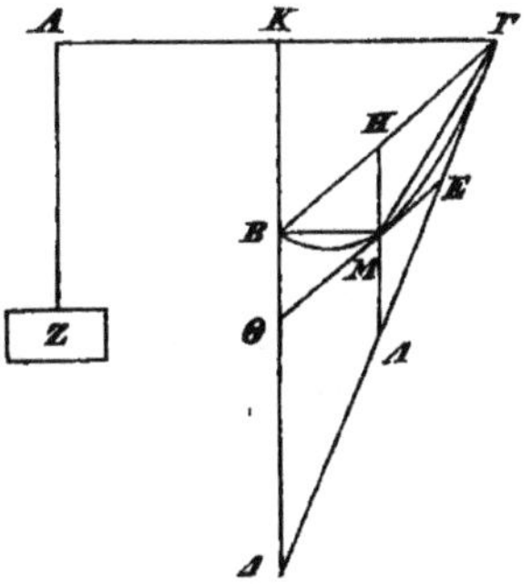

Fig. 49.

Fig. 50.

Noch gewaltiger förderte Archimed die Erkenntniss der Gesetze gegenseitigen Druckes flüssiger und fester Körper. Er entdeckte das nach ihm benannte hydrostatische Princip[1]), welches als Lehrsatz gekleidet von ihm folgendermassen ausgesprochen wurde: Jeder feste Körper, welcher, leichter als eine Flüssigkeit, in diese eingetaucht wird, sinkt so tief, dass die Masse der Flüssigkeit, welche so gross ist als der eingesunkene Theil, ebenso viel wiegt, wie der ganze Körper.[2]) Daraus folgt ein weiterer Satz: Wenn ein Körper, leichter als eine Flüssigkeit, in diese getaucht wird, so verhält sich sein Gewicht zu dem einer gleich grossen Masse Flüssigkeit, wie der eingesunkene Theil des Körpers zum ganzen Körper.[3]) Dieser Satz bildet selbst die wissenschaftliche Definition des specifischen Gewichtes für solche Stoffe, die leichter als die zur Dichtigkeitseinheit gewählte Flüssigkeit sind.

Das specifische Gewicht dichterer Körper hatte Archimed, wie wir (S. 267—268) besprochen haben, bei seiner Kronenrechnung zu benutzen verstanden. Wir lehnten es dort ab, zu entscheiden, welcher von den beiden berichteten Methoden Archimed sich thatsächlich bediente. Auch jetzt, wo der Zusammenhang mit den Büchern von den schwimmenden Körpern uns nahe legen würde, von jener unparteiischen Zwischenstellung uns zu entfernen, sprechen wir nur mit besonderem Vorbehalte unsere persönliche Meinung über jene Frage aus. Die Methode mehrfacher Abwägungen liess jedenfalls ein genaueres Ergebniss finden als die Methode der Abmessung der auslaufenden Flüssigkeit, und grade desshalb scheint uns, da nun einmal beide Methoden berichtet werden, beide also mindestens zur Zeit, als der Berichterstatter lebte, wahrscheinlich aber viel früher, bekannt gewesen sein müssen, die letztgenannte Methode die ersterfundene gewesen zu sein.[4]) Der Gedankengang ist doch wohl der natürlichere, dass dem Archimed zuerst unmittelbare Messung des verdrängten Wassers vorschwebte, und dass erst später, sei es durch ihn selbst, sei es durch Nachfolger, das mittelbare Verfahren erfunden wurde, nachdem die praktische Unausführbarkeit erkannt war, das verdrängte Wasser vollständig und genau aufzufangen und zu messen. Sei dem nun, wie da wolle, jedenfalls hat, wie wir schon andeuteten, die Kronenrechnung frühzeitig ein verdientes und ungewöhnliches Aufsehen verursacht. Vitruvius nennt sie neben der Incommensurabilität der Diagonale eines Quadrates und neben dem pythagoräischen Drei-

---

[1]) Ueber das hydrostatische Princip vergl. Ch. Thurot, *Recherches historiques sur le principe d'Archimède* in der *Revue Archéologique* 1869. [2]) Archimed, Von schwimmenden Körpern Buch I, Satz 6 (ed. Torelli) 335, (ed. Nizze) 227. [3]) Archimed, Von schwimmenden Körpern Buch II, Satz 1 (ed. Torelli) 339, (ed. Nizze) 232. [4]) Montucla, *Histoire des Mathématiques* I, 229 vertritt die entgegengesetzte Ansicht und Thurot scheint ihm zu folgen, wenn er sich auch nicht so bestimmt ausspricht.

ecke aus den Seiten 3, 4, 5 in gleicher Linie. Sie stellen ihm gemeinschaftlich die drei grössten mathematischen Entdeckungen dar.[1] Proklus erzählt, König Gelon habe im Hinblick auf die Kronenrechnung gesagt, er werde hinfort Nichts bezweifeln, was Archimed behaupte.[2]

Dasselbe geflügelte Wort, erzählt Proklus weiter, werde auch auf König Hiero zurückgeführt, und knüpfe sich an eine andere mechanische Leistung, welche dem Laien noch wunderbarer vorkommen musste, weil ihm selbst eine unbegreifliche Handlung ermöglicht wurde. Archimed habe nämlich mit Hilfe von eigenthümlich zusammengesetzten Herrichtungen es fertig gebracht, dass König Hiero ganz allein ein schweres Schiff von Stapel lassen konnte. Ob die Herrichtung der Hauptsache nach ein Flaschenzug[3]), *τρισπάστος*, war, ob eine Spirale,[4]) *ἕλιξ*, sie darstellte ist ziemlich gleichgiltig. Jedenfalls ist der Name des Archimed für alle Zeiten mit dem einer dritten Gattung von Vorrichtungen, mit der Schraube[5]), *κοχλία*, verbunden geblieben, welche er als Wasserhebewerk benutzte, und das ihm innewohnende Bewusstsein der grossen Leistungsfähigkeit seiner Maschinen spiegelt sich in dem stolzen Worte: Gib mir wohin ich gehen kann, und ich setze die ganze Erde in Bewegung[6]), *πᾶ βῶ καὶ χαριστίωνι τὰν γᾶν κινήσω πᾶσαν*, oder gib mir wo ich stehe und ich bewege die Erde[7]) *δός μοὶ ποῦ στῶ καὶ κινῶ τὴν γῆν*.

Wir übergehen das, was von einem vielleicht durch Wasserkraft in Bewegung gesetzten Himmelsglobus[8]) des Archimed erzählt wird, was sich auf ein für König Hiero erbautes grosses Schiff mit 20 Ruderbänken[9]), was sich auf die Brennspiegel bezieht, mittels deren Archimed bei der Römerbelagerung die feindlichen Schiffe in Brand gesetzt haben soll.[10]) Das sind Gegenstände, die noch weniger als die zuletzt besprochenen der Geschichte der Mathematik angehören, und die, mag an ihnen wahr sein was da wolle, die Verdienste Archimeds für unsere Zwecke weder erhöhen, noch beeinträchtigen.

Kapitel XVI.

Eratosthenes. Apollonius von Pergä.

Etwa 11 Jahre nach der Geburt des Archimedes, im Jahre 276 oder 275 wurde in Kyrene, der therischen Kolonie an der Nordküste

---

[1]) Vitruvius IX, 1—3. [2]) Proklus (ed. Friedlein) 63. [3]) Tzetzes II, 35. [4]) Athenaeus V p. 217. [5]) Diodor I, 34 und V, 37. [6]) Tzetzes II, 130. [7]) Pappus VIII, 11 (ed. Hultsch) 1060. [8]) Hultsch, Ueber den Himmelsglobus des Archimedes. Zeitschr. Math. Phys. XXII, Histor. literar. Abtheilung 106 (1877). [9]) Athenaeus V, pag. 207. [10]) Heiberg, *Quaestiones Archimedeae* 39—41.

Afrikas, Eratosthenes, Sohn des Eglaos geboren.[1]) Er verbrachte den grössten Theil seines Lebens in Alexandria. Dort ward er erzogen unter der Leitung seines Landsmannes Kallimachus, des gelehrten Vorstehers der grossen Bibliothek, sowie eines anderen sonst unbekannten Philosophen Lysanias. Dann wandte er sich nach Athen, wo er der Schule der Platoniker sich näherte, sodass er selbst als Platoniker bezeichnet wird, und wo er wahrscheinlich auch zuerst in das Studium der Mathematik eindrang. Ptolemäus Euergetes — der dritte Ptolemäer, wie Suidas erzählt, dem die Notizen für das Leben des Eratosthenes fast ausschliesslich zu verdanken sind — berief Eratosthenes wieder nach Alexandria zurück als Nachfolger seines Lehrers Kallimachus in der Vorstandsstellung bei der Bibliothek, und von da an scheint sein Verhältniss zu diesem Fürsten wie zur Fürstin Arsinoe ein besonders freundschaftliches geworden zu sein. Es ist folglich keinerlei Grund vorhanden anzunehmen, Eratosthenes sei in späteren Jahren von der Bibliothek entfernt in's Elend gerathen, wenn auch andrerseits die Nachrichten allzu übereinstimmend sind um sie zu verwerfen, dass Eratosthenes augenleidend, vielleicht sogar erblindet, seinem Leben ungefähr 194 v. Chr. durch freiwilligen Hungertod ein Ende machte.

Die wissenschaftliche Bedeutung des Eratosthenes war eine mannigfaltige. Das Hauptgewicht scheint er selbst auf seine literarische und grammatische Thätigkeit gelegt zu haben, wenigstens gab er sich den Beinamen des Philologen. Allein auch in den meisten anderen Lehrgegenständen trat Eratosthenes als Schriftsteller auf, wie die erhaltenen Ueberschriften seiner Werke bezeugen, und sicherlich nicht mit Unrecht nannten ihn desshalb die Schüler des Museums Pentathlon, den Kämpfer in allen fünf Fechtweisen, welche bei den Kampfspielen in Gebrauch waren. Um diese Vielseitigkeit zu kennzeichnen mag nur der Schrift über das Gute und Böse neben der Erdmessung, des Werkes über die Komödie neben der Geographie, der Chronologie neben dem Buche über die Würfelverdoppelung gedacht sein.

In der Erdmessung war zum ersten Male von einem Griechen der Versuch gemacht die Grösse der Erde genau zu bestimmen. Er fand den Grad zu 126 000 Meter, während die wahre Länge des Breitengrades in Aegypten 110 802,6 Meter beträgt, so dass also Eratosthenes bei seiner Schätzung um fast $13\,^3/_4$ Procent irrte, ein Irrthum, den man aber nicht so beträchtlich finden wird, wenn man erwägt, dass

---

[1]) Vergl. Fabricius, *Bibliotheca Graeca* (ed. Harless) IV, 120—127. *Eratosthenis geographicorum fragmenta* (ed. Seidel) Göttingen, 1789. G. Bernhardy, *Eratosthenica*. Berlin, 1822 und desselben Verfassers Artikel Eratosthenes in Ersch und Grubers Encyklopädie. *Eratosthenis Carminum reliquiae* (ed. Hiller) Leipzig, 1872.

dem Eratosthenes dabei höchstens bis zur zweiten Katarakte wirkliche Landesvermessungsergebnisse zu Gebote standen, während er für das obere Land bis zu den Nilkrümmungen und nach Meroe von den ganz unbestimmten Angaben der wenigen Reisenden abhängig war, welche die Hauptstationen und ihre Entfernungen in Tagemärschen aufgezeichnet hatten.[1])

Den erhaltenen Bruchstücken der Geographie hat man entnommen, dass Eratosthenes nicht nur eine klare Beschreibung des Vorhandenen lieferte, sondern auch allgemeine Betrachtungen über das Werden und die Ursachen der Veränderungen der Erdoberfläche mit Glück gewagt hat.[2])

Für die Chronologie ist seit Auffindung des Ediktes von Kanopus ein Inhalt bekannt geworden, an welchen Niemand früher dachte, Niemand denken konnte. Wir haben gelegentlich (S. 35) von dieser Verordnung gesprochen. Die in Kanopus, nur wenige Wegstunden von Alexandria entfernt, versammelte Priesterschaft verkündete unter dem Datum des 19. Tybi des 9. Regierungsjahres Ptolemäus III., Euergetes I. d. i. am 7. März 238 v. Chr. den Befehl,[3]) dass „damit auch die Jahreszeiten fortwährend nach der jetzigen Ordnung der Welt ihre Schuldigkeit thun und es nicht vorkomme, dass einige der öffentlichen Feste, welche im Winter gefeiert werden, einstens im Sommer gefeiert werden, indem der Stern um einen Tag alle vier Jahre weiterschreitet, andere aber, die im Sommer gefeiert werden, in späterer Zeit im Winter gefeiert werden, wie das sowohl früher geschah, als auch jetzt wieder geschehen würde, wenn die Zusammensetzung des Jahres aus den 360 Tagen und den 5 Tagen, welche später noch hinzuzufügen gebräuchlich wurde, so fortdauert, von jetzt an 1 Tag als Fest der Götter Euergeten alle 4 Jahre gefeiert werde hinter den 5 Epagomenen und vor dem Neuen Jahre, damit Jedermann wisse, dass das, was früher in Bezug auf die Einrichtung der Jahreszeiten und des Jahres und das hinsichtlich der ganzen Himmelsordnung Angenommene fehlte, durch die Götter Euergeten glücklich berichtigt und ergänzt worden ist.“ Ob Eratosthenes selbst diese wichtige chronologische Neuerung veranlasste ist unsicher. Kallimachus soll nämlich um die CXXXV. oder CXXXVI. Olympiade gestorben sein. Der Anfang der ersteren war 240, der der zweiten 236. Zwischen beide Anfänge fällt das Edikt von Kanopus. Da nun Eratosthenes erst nach dem Tode des Kallimachus wieder nach Alexandria zurückkehrte, so hängt es wesentlich von der

[1]) Lepsius, Das Stadium und die Gradmessung des Eratosthenes auf Grundlage der ägyptischen Maasse (in der Zeitschr. f. ägypt. Sprache und Alterthumskunde 1877, 1. Heft). [2]) Alex. v. Humboldt, Kosmos II, 208 und die zugehörige Anmerkung S. 435. [3]) Lepsius, Das bilingue Dekret von Kanopus. Berlin, 1866, Bd. I.

genauen Bestimmung dieses Todesjahres ab, ob Eratosthenes bei Erlass des Ediktes zur Stelle war oder nicht. Aber sei dem, wie da wolle, irgend eine Beziehung zwischen der Schaltjahreinrichtung und der Chronologie des Eratosthenes wird nicht wohl von der Hand zu weisen sein. Wir machen zugleich darauf aufmerksam, dass von dieser merkwürdigen Thatsache des Vorhandenseins eines ägyptischen Schaltjahres in der frühen Ptolemäerzeit der Alterthumsforschung vor Auffindung des Ediktes selbst nicht eine Silbe bekannt war. Nicht die leiseste Anspielung auf diese jetzt durchaus feststehende bedeutsame Reform kommt in uns erhaltenen alexandrinischen Schriften vor, ein Wink nicht gar zu viel auf das negative Zeugniss fehlender Belege für eine an sich wahrscheinliche Vermuthung zu vertrauen.

Ueber alle diese Schriften müssen kurze Andeutungen hier genügen. Bevor wir zum Briefe über die Würfelverdoppelung und damit zur mathematischen Seite der Thätigkeit des Eratosthenes übergehen, wollen wir nur eines weiteren Beinamens noch gedenken, unter welchem er mitunter vorkommt. Man nannte ihn nämlich Beta. Die Bedeutung dieses Beinamens ist sehr zweifelhaft. Die Einen wollen, er habe ihn desshalb erhalten, weil er der zweite Vorsteher der grossen Bibliothek gewesen sei. Allein dieses ist einestheils unrichtig, wenn, wie sonst angenommen wird, Zenodotus der erste, Kallimachus der zweite, Eratosthenes also erst der dritte Vorsteher war, anderntheils ist nirgends eine Spur zu finden, dass Zenodotus oder auch Kallimachus etwa Alpha, oder eines der Nachfolger des Eratosthenes Gamma oder Delta genannt worden wäre. Wahrscheinlicher ist die andere Ableitung, wonach das Wort Beta ihn als zweiten Platon kennzeichnen sollte, oder allgemeiner als denjenigen, der überall den zweiten Rang wenigstens sich zu erobern wusste, wenn der erste Rang auch ehrfurchtsvoll den Altvordern eingeräumt werden muss. Endlich kommt noch in Betracht, dass Buchstaben als Beinamen, und zwar unter den seltsamsten Begründungen, auch anderweitig bei den Griechen um das Jahr 200 v. Chr. vorkommen. So wird ein Astronom Apollonius, der zur Zeit des Königs Ptolemäus Philopator sich mit Untersuchungen beschäftigte und dadurch sich weithin bekannt machte, als Epsilon bezeichnet; denn der Buchstabe ϵ sehe der Gestalt des Mondes gleich.[1])

Der Brief über die Würfelverdoppelung ist von uns bereits mehrfach benutzt worden. Dem Anfange desselben entnahmen wir (S. 181) die Geschichte der Entstehung jenes Problems. Als wir von Eudoxus und Menächmus und ihren Würfelverdoppelungen redeten (S. 210 und 211), bezogen wir uns auf ein Epigramm,[2]) welches

---

[1]) Ptolemaeus Hephaestio bei Photius cod. CXC. [2]) Hiller in seiner Ausgabe der poetischen Fragmente des Eratosthenes hält aus sprachlichen

den Schluss des Briefes bildet. Der Haupttheil des Briefes lehrt selbst eine Verdoppelung des Würfels unter Anwendung eines eigens dazu erfundenen Apparates, des Mesolabium, wie es genannt wurde, weil es dabei auf die Auffindung zweier geometrischer Mittel zwischen zwei gegebenen Grössen ankam.[1]) Das Mesolabium bestand aus drei einander gleichen rechtwinkligen Täfelchen von Holz, Elfenbein oder Metall, welche zwischen zwei mit je 3 Rinnen versehenen Linealen eingeklemmt in diesen Rinnen über einander weg verschoben werden konnten. Die Anfangslage ist in der Figur, welche Eutokius in seinem Commentare zu Archimeds Büchern von der Kugel und dem Cylinder, wo der ganze Brief des Eratosthenes eingeschaltet sich findet, beigibt, mit den Buchstaben (Figur 51) $AEZA$, $AZHI$, $IH\Theta\Delta$ versehen, wobei, wie wir im Vorübergehen bemerken, der Buchstabe I auffallen mag. Auch in der in dem gleichen Commentare erhaltenen Figur zur Würfelverdoppelung des Archytas (S. 196 Fig. 35) kommt ein I vor, während wir (S. 177) bemerkt haben, dass Euklid

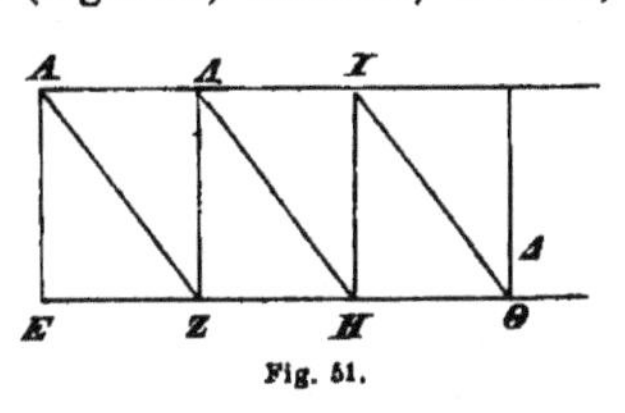

Fig. 51.

grundsätzlich diesen Buchstaben vermeide. Wohl möglich, dass diese Sitte zur Zeit des Eudemus, dessen Aufzeichnungen Eutokius das Verfahren des Archytas entnimmt, noch nicht aufgekommen war. Für das Vorkommen des I in einer Figur des Eratosthenes wissen wir keine andere Erklärung, als dass an dem ursprünglichen Texte mancherlei, wenn auch den Inhalt wenig berührende Aenderungen vorgenommen worden sein müssen, von denen unter Anderen die Buchstaben der einen Figur betroffen wurden. War nun AE die grössere, $\Delta\Theta$ die kleinere Linie, zwischen welche die beiden mittleren Proportionalen einzuschalten waren, so musste man (Figur 52) die Rechteckchen so verschieben, dass das erste einen Theil des zweiten, dieses einen Theil des dritten verbarg, und zwar der Art, dass die

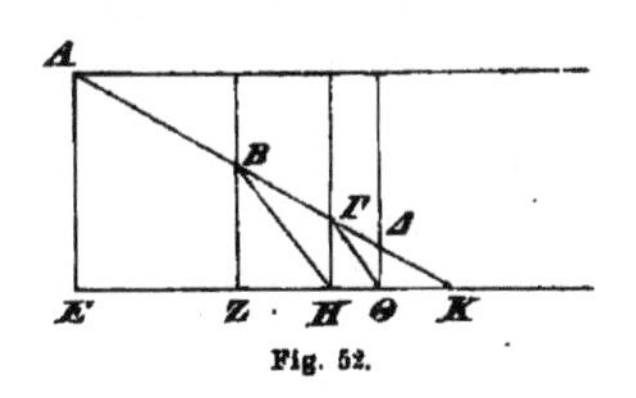

Fig. 52.

Gründen das Schlussepigramm sowie vielleicht den ganzen Brief für unecht. Die sprachliche Form geben wir desshalb preis, da wir uns nicht berechtigt glauben auf diesem Gebiete zu widersprechen, den Inhalt aber halten wir der wesentlichen Uebereinstimmung wegen mit Allem, was wir wissen, nach wie vor für echt. [1]) Den Namen des Mesolabium kennen wir aus Vitruvius IX, 3 und aus Pappus III, 4 (ed. Hultsch) 54. Die Beschreibung des Apparates bei Pappus III, 5 (ed. Hultsch) 56 sq. weicht in Einzelheiten aber nicht in dem Hauptgedanken von dem eratosthenischen Briefe ab und bestätigt so unsere in der vorigen Anmerkung ausgesprochne Meinung.

von A nach Δ gezogene Grade durch die Punkte B, Γ hindurchging, von welchen an die Diagonalen des zweiten und dritten Rechteckchens sichtbar waren; die BZ und ΓH sind alsdann, wie leicht zu beweisen ist, die beiden gesuchten mittleren Proportionallinien. Eratosthenes schlug diese seine Erfindung so hoch an, dass er zum ewigen Gedächtnisse derselben ein Exemplar als Weihgeschenk in einem Tempel aufhängen liess. Die von ihm selbst entworfene Inschrift, welche die Gebrauchsanweisung enthielt, soll das mehrgenannte Schlussepigramm des eratosthenischen Briefes sein.

Ob ein von Pappus an zwei Stellen[1]) erwähntes Werk des Eratosthenes über Mittelgrössen, *περὶ μεσοτήτων* oder *τόποι πρὸς μεσότητας*, sich gleichfalls auf die Würfelverdoppelung bezog, ist ungewiss. Wäre dem so, so würde daselbst möglicherweise eine geometrische Lösung gelehrt worden sein, da Pappus das eine Mal bemerkt, diese Schrift stehe mit den linearen Oertern ihrer ganzen Voraussetzung nach in Zusammenhang.

Noch geringfügiger sind die Spuren eines weiteren Werkes des Eratosthenes, welche auf wenige unbedeutende Citate bei Theon von Smyrna[2]) sich beschränken. Wenn auch der Schluss gerechtfertigt sein mag, in jenem Werke sei von den Proportionen und sonstigen arithmetischen Fragen die Rede gewesen, so schwebt doch die Behauptung[3]) ganz in der Luft, sie habe den Titel Arithmetik geführt.

Vielleicht gehört ebendahin ein Bruchstück, welches bei Nikomachus von Gerasa und in dem Commentare zu dessen Arithmetik von Jamblichus sich vorfindet.[4]) Vielleicht aber bildet auch dieses Bruchstück einen Theil einer besonderen Schrift, welche den Titel des Siebes führte. Das Sieb, *κόσκινον* (lateinisch: *cribrum Eratosthenis*) ist eine Methode zur Entdeckung sämmtlicher Primzahlen. Man schreibt, so lautet die Regel, alle ungraden Zahlen von der 3 an der Reihe nach auf. Man streicht nun jede dritte Zahl hinter der 3 durch, so sind die Vielfachen der 3 entfernt. Dann geht man zur nächsten Zahl 5 über und streicht jede fünfte Zahl hinter ihr durch ohne Rücksicht darauf, ob sie schon durch einen früheren Strich vernichtet ist oder nicht, so sind die Vielfachen der 5 entfernt. Fährt man weiter so fort, indem man beim Abzählen und Durchstreichen die bereits durchstrichenen Zahlen den unberührten gleichachtet und nur den Unterschied macht, dass man keine durchstrichene Zahl als Ausgangspunkt einer neuen Aussiebung benutzt, so bleiben schliesslich nur die Primzahlen übrig. Sämmtliche zusammengesetzte Zahlen

[1]) Pappus VII, *Prooemium* (ed. Hultsch) 636 und 662. [2]) Theon Smyrnaeus (ed. Hiller) 82, 107, 111. [3]) Fabricius, *Bibliotheca graeca* (ed. Harless) IV, 121. [4]) Nicomachus (ed. Hoche) 29 figg. *Jamblichus in Nicomachi arithmeticam* (ed. Tennulius) 41, 42.

dagegen sind vernichtet, und am Anfange fehlt auch noch die Primzahl 2, welche Jamblichus, weil sie grad sei, nicht unter die Primzahlen gerechnet wissen will, trotzdem Euklid sie fehlerhafter Weise dorthin verwiesen habe[1]).

Die Siebmethode des Eratosthenes ist grade keine solche, zu deren Ersinnung ein übermässiger Scharfsinn gehörte. Trotz dessen glauben wir sie ihrer geschichtlichen Stellung wegen für einen ziemlich bedeutenden Fortschritt in der Zahlentheorie halten zu müssen. Man erwäge nur, wie die Sache der Zeitfolge nach liegt. Zuerst unterschied man Primzahlen von zusammengesetzten Zahlen und leitete wohl manche Eigenschaften der Letzteren aus den Ersteren ab. Der zweite Schritt war der, dass Euklid zeigte, wie die Anzahl der Primzahlen unendlich sei, wie es folglich nicht möglich sei, alle Primzahlen zu untersuchen. Jetzt erst gewinnt es als dritter Schritt Bedeutung, wenn Eratosthenes zeigt, wie man wenigstens im Stande sei, die Primzahlen, so weit man in der Zahlenreihe gehen will, zu entdecken, und somit der Unausführbarkeit der Darstellung sämmtlicher Primzahlen eine von der Willkür des Rechners abhängende untere Grenze zu setzen. An und für sich hätte die Erfindung des Eratosthenes ebensogut vor als nach Euklid gemacht werden können; nur, meinen wir, wäre ihr wissenschaftlicher Werth geringfügiger gewesen, wenn sie älter war. Damals hätte das Sieb ein verunglückter Versuch sein können die genaue Anzahl der Primzahlen zu ermitteln. Jetzt dagegen, nach Euklid, konnte es nur eine Methode sein, bei deren Aussinnung man von Anfang an grade das beabsichtigte, was sie zu leisten im Stande ist. Darin aber schon liegt ein Zeugniss höherer Vollkommenheit, wenn Methoden zu bestimmten Zwecken gesucht und auch wirklich gefunden werden.

Das Jahrhundert von 300 bis 200 v. Chr., welches, weil am Anfang desselben Euklid blühte, das Jahrhundert des Euklid genannt werden kann, schloss würdig ab mit Apollonius von Pergä.[2]) Den Beinamen, der ihn von ausserordentlich vielen bekannten Männern, welche gleichfalls Apollonius hiessen, unterscheiden soll, führt er nach seinem Heimathsorte, einer Stadt in Pamphilien. Ob er mit dem früher erwähnten Astronomen, dem der Beiname Epsilon

---

[1]) *Jamblichus in Nicomachi arithmeticam* (ed. Tennulius) 42. [2]) Das Material für die Biographie des Apollonius von Pergä ist zusammengestellt in der Vorrede von Halley's Ausgabe der Kegelschnitte des Apollonius (Oxford, 1710). Vergl. auch Fabricius, *Biblioth. Graeca* (ed. Harless) IV, 192—203. Montucla, *Histoire des mathématiques* I, 245—253. Terquem, *Notice bibliographique sur Apollonius* in den *Nouvelles annales de mathématiques* (1844) III, 350—352 und 474—488, endlich die Vorrede von H. Balsam zu seiner deutschen Bearbeitung (nicht Uebersetzung) der Kegelschnitte des Apollonius von Pergä. Berlin, 1861.

beigelegt wurde, zusammenfällt oder nicht, steht in Zweifel. Die Lebenszeit der Beiden ist allerdings übereinstimmend. Apollonius von Pergä wurde während der Regierung des Ptolemäus Euergetes geboren und hatte seine Blüthezeit, gleich jenem Astronomen, während der bis 205 dauernden Regierung des Ptolemäus Philopatór. Eine fernere Uebereinstimmung könnte man darin finden, dass auch von Apollonius von Pergä bekannt ist, dass er mit Sternkunde sich beschäftigte. Wenigstens geht die beste Lesart einer Stelle des 1. Kapitels des XII. Buches des ptolemäischen Almagestes dahin, dass Apollonius von Pergä über den Stillstand und die rückläufige Bewegung der Planeten geschrieben habe, und sie mit Hilfe der Epicyklen zu erklären suchte. Ein freilich nur negativer Gegengrund liegt darin, dass Ptolemäus von den Untersuchungen über den Mond gar Nichts sagt, welche doch grade die vorzüglichste Leistung des Apollonius Epsilon gebildet haben müssen.

Von den Lebensverhältnissen des Apollonius von Pergä ist Nichts weiter bekannt, als dass er schon als Jüngling nach Alexandria kam, wo er seine mathematische Bildung von den Nachfolgern des Euklid erhielt. Ein bestimmter Lehrer wird nicht genannt. Später ist ein Aufenthalt in Pergamum gesichert, wo Apollonius einem gewissen Eudemus befreundet war, welchem er mit Wachrufung der Erinnerung an jenes Zusammenleben sein Hauptwerk, die acht Bücher der Kegelschnitte, *κωνικά*, widmete.

Zeitgenossen und Nachkommen bewunderten dieses Werk und ehrten dessen Verfasser durch den Beinamen des grossen Mathematikers. So erzählt ausdrücklich Geminus, dessen Bericht Eutokius in seinem Commentare zu den 4 ersten Büchern der Kegelschnitte des Apollonius uns aufbewahrt hat.[1]) Eutokius will damit den Ungrund des Vorwurfes darlegen, welchen Heraklides, der Biograph des Archimed (S. 253) gegen Apollonius ausspricht, als habe derselbe nur einen literarischen Raub an noch unveröffentlicht gebliebenen Schriften des Archimed begangen. Mit gleichem Rechte lässt der Bericht des Geminus sich gegen die früher (S. 248) erwähnte Behauptung des Pappus verwerthen, als stützten sich die vier ersten Bücher des Apollonius wesentlich auf die Kegelschnitte des Euklid.[2]) Apollonius wird gewiss so wenig wie ein Schriftsteller irgend einer Zeit und irgend eines Volksstammes versäumt haben die Vorarbeiten auf dem Gebiete, welches er zu behandeln wünschte, kennen zu lernen. Er wird sicherlich von den Vorarbeiten, insbesondere wenn sie von einem Euklid, einem Archimed herrührten, Vortheil gezogen haben; er sagt auch nirgend in seinen Schriften, dass das Ganze

---

[1]) Apollonius, Conica (ed. Halley) 9. [2]) Pappus, VII *Prooemium* (ed. Hultsch) 672.

seiner Kegelschnitte sein ausschliessliches Eigenthum sei. Aber von der Benutzung fremder Vorarbeiten als Grundlage, als untere Voraussetzung eines Werkes zu unrechtmässiger Aneignung fremder Entdeckungen ist doch eine unermessliche Kluft, und es fällt schwer einem Manne von der sonst allseitig anerkannten Bedeutung des Apollonius letztere Handlung zuzutrauen. Zwei ganz grundlegende Neuerungen haben wir überdies unter allen Umständen dem Apollonius zuzuschreiben.

Geminus sagt ausdrücklich, wie uns Eutokius an der oben erwähnten Stelle berichtet, die Alten hätten nur gerade Kegel geschnitten und die Schnitte stets senkrecht zur Seite des Kegels geführt, woraus sie je nach dem Winkel an der Spitze des Kegels den Schnitt des spitzwinkligen, des rechtwinkligen, des stumpfwinkligen Kegels unterschieden (S. 211). Apollonius dagegen habe gezeigt, dass alle diese Schnitte an einem einzigen Kegel hervorgebracht werden können, und dass man zu diesem Schnitte ebenso wie den geraden Kegel auch den schiefstehenden verwenden könne.

Von der anderen Neuerung wissen wir durch Pappus[1]), der gleichzeitig auch das von Geminus Mitgetheilte bestätigt. Apollonius habe, wie er die Herstellbarkeit jedes Kegelschnittes auf der Oberfläche eines jeden Kegels erkannte, für dieselben neue Namen eingeführt, und zwar die Namen Ellipse, Parabel, Hyperbel mit Rücksicht auf gewisse Eigenschaften der Flächenanlegung.

Wir haben auf diese mit äusserster Bestimmtheit ausgesprochene Angabe uns gestützt, um (S. 251) Euklid die Kenntniss abzusprechen, dass die pythagoräischen Sätze von Flächenanlegungen zu Kegelschnitten als geometrischen Oertern führen konnten. Mit Rücksicht auf die gleiche Stelle hat man gewiss mit Recht die Zuverlässigkeit einiger archimedischen Handschriften in Zweifel gezogen[2]), in welchen die Wörter Parabel und Ellipse statt des Schnittes des rechtwinkligen und spitzwinkligen Kegels vorkommen. Der Name der Parabel insbesondere erscheint nur in der Ueberschrift der Abhandlung über die Quadratur dieser Curven, und auch wo der Name der Ellipse im fortlaufenden Texte der Abhandlung von den Konoiden und Sphäroiden 3 mal sich vorfindet, dürfte eine späte Einschiebung durch Abschreiber, welche den Wortlaut ganz unbeschadet des Sinnes abkürzen zu dürfen meinten, anzunehmen sein.

Hat aber Apollonius zuerst die Entstehung aller Kegelschnitte an jedem Kegel, zuerst die Eigenschaften derselben erkannt, die wir heutigen Tages aus den Scheitelgleichungen der drei Kegelschnitte

---

[1]) Pappus VII, *Prooemium* (ed. Hultsch) 674. [2]) Archimed (ed. Nizze) 285. Die entgegengesetzte Meinung bei Chasles, *Aperçu hist.* 17 in der Anmerkung (Deutsch 15).

herauszulesen gewohnt sind, dann ist seine Bearbeitung der Kegelschnitte unzweifelhaft ein Originalwerk, mögen auch noch so viele Lehrsätze in den 4 ersten Büchern vorkommen, die von Euklid, wenn nicht schon von Menächmus und Aristäus dem Aelteren gekannt waren. Zwei andere Vorgänger nennt übrigens Apollonius selbst in der Vorrede zum IV. Buche[1]): Konon von Samos und Nikoteles von Kyrene, deren Ersterer uns schon als geistreicher Freund des Archimed bekannt geworden ist, wenn auch der Umstand, dass seine Schriften uns sämmtlich verloren sind, uns abhielt ihm eine besondere Stelle ausführlicher Beachtung zu gewähren.

Gehen wir nun mit raschen Schritten an dem Inhalte der Kegelschnitte des Apollonius vorüber.[2]) Im I. Buche wird nach der allgemeinen Definition des Kegels als der Oberfläche, die durch eine Gerade sich erzeugt, welche um eine Kreisperipherie herumgeführt wird, während sie zugleich durch einen festen ausserhalb der Ebene der Kreisperipherie liegenden Punkt geht, die so erhaltene Fläche durch Ebenen geschnitten. Jeder Schnitt durch den festen Punkt, d. h. durch die Spitze des Kegels, erzeugt ein Dreieck, und liegt in dieser Schnittebene auch die Axe des Kegels, die Verbindungsgerade der Spitze zum Mittelpunkte des bei der Erzeugung des Kegels mitwirkenden Kreises, so entsteht das Axendreieck. Nun wird vorgeschrieben neue Schnittebenen senkrecht zum Axendreiecke zu führen, und Apollonius zeigt, wie je nach der Richtung dieser Schnitte zur Seite des Axendreiecks die verschiedenen Kegelschnittscurven auf der Kegeloberfläche erscheinen. Die Durchschnittslinie der Schnittebene mit dem Axendreiecke ist jedesmal ein Durchmesser des Kegelschnittes, d. h. sie halbirt alle Sehnen des Kegelschnittes, welche unter sich und einer jedesmal bestimmten Geraden parallel gezogen werden. Der Punkt, in welchem der Durchmesser die Oberfläche des Kegels trifft, ist der Scheitel des Kegelschnittes. Durch diesen Scheitel wird nun in der Schnittebene, also senkrecht zum Axendreiecke und parallel zu dem durch den Durchmesser halbirten Sehnensysteme eine Gerade errichtet, deren Länge durch gewisse Methoden geometrisch bestimmt wird, und welche jenes p darstellt, jene Länge, an welche nach unseren früheren Auseinandersetzungen (S. 249) ein gewisser Flächenraum in Gestalt eines Parallelogrammes angelegt werden soll. Diese Linie, welche man in moderner Sprache den Parameter des Kegelschnittes nennt, heisst bei Apollonius schlechtweg die Errichtete, ὀϱϑή, ein Name, der alsdann in den lateinischen Uebersetzungen zum *latus rectum* geworden ist. Man sieht leicht

---

[1]) Apollonius, Conica (ed. Halley) 217—218. [2]) Eine sehr hübsche Zusammenstellung von Housel in Liouville's *Journal des Mathématiques* (1858) XXIII, 153—192.

ein, dass Apollonius mittels dieser Vorschriften genau die gleichen Linien ziehen lässt, deren man noch heute bei Anwendung der Methoden der analytischen Geometrie sich bedient. Es ist ein förmliches Coordinatensystem gezeichnet, dessen Anfangspunkt auf dem Kegelschnitte selbst liegt, dessen Abscissenaxe ein Durchmesser des Kegels, und dessen Ordinatenaxe die jenem Durchmesser conjugirte Berührungslinie im Coordinatenanfangspunkte ist. Diese gegebenen Elemente handhabt nun Apollonius in griechischer Weise. Er rechnet natürlich nicht mit Formeln und Gleichungen, wie wir es thun, aber er verknüpft und verbindet Proportionen von Längen und von Flächenräumen, welche nur einen anderen Ausdruck des in den Gleichungen der Kegelschnitte enthaltenen Gedankens darstellen, um zu den gleichen Folgerungen zu gelangen. Läuft der Schnitt der Seite des Kegels parallel, so kann nur von einem Scheitel der Parabel die Rede sein. Im entgegengesetzten Falle wird ausser dem einen Schenkel des Axendreiecks auch der zweite entweder selbst oder in seiner Verlängerung über die Spitze des Kegels hinaus durch den Schnitt getroffen, und so entsteht ein zweiter Scheitel der Curve bei der Ellipse, ein Scheitel der Gegencurve bei der Hyperbel. Die Entfernung der beiden Scheitel begrenzt die Länge des Durchmessers. In der Mitte zwischen beiden ist der Mittelpunkt der Curve, d. h. ein Punkt, in welchem alle durch ihn gezogenen Sehnen halbirt sind. Mit dem Mittelpunkte tritt auch der Begriff des dem ersten Durchmesser conjugirten Durchmessers auf, der eine gleichfalls begrenzte Länge besitzt, wenn auch bei der Hyperbel die Begrenzung nicht äusserlich sichtbar ist. Zwei zu einander senkrechte conjugirte Durchmesser werden Axen genannt. Apollonius knüpft daran ferner Betrachtungen über die Berührungslinie an irgend einen Punkt eines Kegelschnittes und über die Vielheit von Paaren conjugirter Durchmesser, welche möglich sind.

In dem II. Buche sind zunächst Eigenschaften der Asymptoten der Hyperbel auseinandergesetzt, d. h. der Linien, welche den Hyperbelarmen sich mehr und mehr nähern, ohne mit denselben zusammenzutreffen. Die geometrische Definition ist folgende: Man ziehe an einen Hyperbelpunkt eine Berührungslinie, trage auf derselben die Länge des ihr parallelen Durchmessers auf und verbinde den so gefundenen Punkt mit dem Mittelpunkt der Hyperbel geradlinig, diese Gerade wird eine Asymptote sein. Aus den übrigen Sätzen des II. Buches mag noch hervorgehoben werden, dass die Gerade, welche den Durchschnittspunkt zweier Berührungslinien mit der Mitte der Berührungssehne verbindet, ein Durchmesser des Kegelschnittes ist, sowie der andere, dass in jedem Kegelschnitte nur ein einziges senkrechtes Axenpaar existirt.

In dem III. Buche bilden die ersten 44 Sätze einen besonderen

Abschnitt, dessen Charakter schon in dem 1. Satze sich dahin ausweist, dass hier Verhältnisse von Produkten aus Tangenten und Sekanten der Kegelschnitte auftreten. Jener erste Satz heisst etwa folgendermassen: Es seien M_1 und M_2 zwei Punkte eines Kegelschnittes, dessen Mittelpunkt in O liegt (bei der Parabel wäre O unendlich entfernt, und somit die OM_1 mit OM_2 und mit der Axe der Parabel parallel); die Berührungslinien in beiden Punkten seien M_1T_1 und M_2T_2, indem T_1 den Durchschnitt der Berührungslinie an M_1 mit der OM_2 bezeichnet, und eine ähnliche Definition für T_2 gilt; die M_1T_1 und die M_2T_2 schneiden einander in R. Alsdann sind die Dreiecke M_1T_2R und M_2T_1R flächengleich. Die folgenden Sätze stützen sich auf diesen ersten, und lassen sich, in so vielfältiger Theilung sie auch im Originale ausgesprochen sind, in zwei Hauptsätze zusammenfassen. Der eine Satz, dass, wenn von einem Punkte zwei Sekanten gezogen werden, das Produkt der Entfernungen des Ausgangspunktes nach den beiden Schnittpunkten der einen Sekante dividirt durch dasselbe Produkt in Bezug auf die zweite Sekante einen Quotienten gibt, der sich nicht verändert, wenn man von irgend einem anderen Ausgangspunkte ein den ersten Sekanten paralleles Sekantenpaar construirt. Der zweite Satz, dass eine Sekante, aus deren einem Punkte man zwei Berührungslinien zieht, durch diesen Ausgangspunkt, den Durchschnitt mit der Berührungssehne und die beiden Durchschnittspunkte mit dem Kegelschnitte eine harmonische Theilung darbietet.[1]) Noch einige auf Flächen bezügliche Wahrheiten schliessen sich ziemlich naturgemäss an, wie z. B. dass die Dreiecke, welche durch die Asymptoten und irgend eine Berührungslinie der Hyperbel gebildet werden, einen constanten Flächeninhalt haben, da derselbe Satz, anders ausgesprochen, dahin gehen würde, dass jede Berührungslinie der Hyperbel auf den Asymptoten Stücke von constantem Produkte abschneide. Alsdann kommt der Verfasser in dem 45. Satze zu den Punkten, welche er *σημεῖα ἐκ τῆς παραβολῆς* nennt, eine Bezeichnung, welche schwierig zu verdeutschen ist, da Punkte, die bei der Anlegung entstehen, kaum den Anspruch erheben können, nur einigermassen einen Begriff davon zu gewähren, welche Punkte gemeint sind; es sind aber die Brennpunkte der Ellipse und Hyperbel, während der Brennpunkt der Parabel in dieser Zeitperiode noch nicht vorkommt. Die Definition der Brennpunkte bei Apollonius und die Eigenschaften, welche er besonders hervorhebt sind folgende: ein Brennpunkt ist ein Punkt, der die grosse Axe in zwei Theile theilt, deren Rechteck einem Viertel der Figur gleich ist; unter Figur aber ist das Recht-

---

[1]) Apollonius benutzt dabei allerdings noch nicht das Wort: harmonische Theilung sondern schreibt den Satz als Proportion.

eck des Parameters mit der grossen Axe zu verstehn, oder, was dem Werthe nach gleichbedeutend ist, das Quadrat der kleinen Axe. Wenn man das Stück einer Berührungslinie, welches zwischen den beiden Senkrechten zur grossen Axe in den Endpunkten derselben abgegrenzt ist, zum Durchmesser eines Kreises nimmt, so schneidet dieser Kreis die grosse Axe in den Brennpunkten. Die 4 Punkte, welche der Art bestimmt sind, nämlich 2 Brennpunkte und 2 Punkte einer Berührungslinie werden paarweise verbunden, je ein Punkt der Berührungslinie, mit dem einen, der andere mit dem anderen Brennpunkte. Diese Verbindungsgrade nennt man conjugirte Linien. Sie schneiden einander auf der Normallinie, d. h. auf der Senkrechten, welche zur Berührungslinie im Berührungspunkte errichtet ist. Nun folgt der Satz über Winkelgleichheit für die Winkel, welche die Normallinie mit den beiden Brennstrahlen des Berührungspunktes bildet; ferner der Satz, dass die Fusspunkte der Senkrechten von den Brennpunkten auf Berührungslinien sämmtlich in einer um die grosse Axe als Durchmesser beschriebenen Kreisperipherie liegen; endlich der Satz von der constanten Summe, beziehungsweise Differenz der Brennstrahlen. Alle diese Wahrheiten entwickelt Apollonius der Reihe nach in dem III. Buche, welches dadurch fast für sich allein den Charakter einer elementaren Kegelschnittslehre gewinnt.

Waren die drei ersten Bücher dem Eudemus gewidmet, so beginnt das IV. Buch mit einem Sendschreiben an Attalus, in welchem der Tod jenes Freundes beklagt, nebenbei aber auch der Inhalt des beigefügten Buches kurz dahin bezeichnet wird, es beschäftige sich mit der Frage, wie viele Punkte Kegelschnitte mit Kreisperipherien und mit anderen Kegelschnitten gemein haben können ohne ganz und gar zusammenzufallen. Apollonius weiss dabei sehr wohl eine Berührung von einer Durchschneidung zu unterscheiden. Er hebt z. B. hervor, dass 2 Kegelschnitte 4 Durchschnittspunkte haben können, oder 2 Durchschnittspunkte und 1 Berührungspunkt oder 2 Berührungspunkte; ferner dass 2 Parabeln nur 1 Berührungspunkt haben können, ebenso Parabel und Hyperbel, wenn die Parabel die äussere Curve ist, ebenso Parabel und Ellipse, wenn die Ellipse die äussere Curve ist u. s. w.

Es ist einleuchtend, dass die Sätze dieses IV. Buches für die Griechen eine viel höhere Bedeutung hatten als für neuere Mathematiker. Waren es doch grade die Durchschnittspunkte der Curven, deren zum Zwecke der Würfelverdoppelung nothwendige Ermittelung die Curven selbst hatten untersuchen oder gar erfinden lassen. Die Methode, nach welcher Apollonius die Punkte bestimmt, welche zwei Curven gemeinsam sind, kommt auf eine apagogische Beweisführung hinaus, die sich grossentheils auf das Lemma des III. Buches bezüglich der harmonischen Theilung stützt. So musste das IV. Buch der Form und dem ganzen Inhalte nach gleichmässige Verbreitung mit den 3 ersten Büchern gewinnen, deren Abschluss es gewissermassen für solche Mathematikstudirende bildete, welche von der damaligen höheren Mathematik grade das in sich aufnehmen wollten, was bis zur Lösung der delischen Aufgabe, diese mit inbegriffen, nothwendig war. Ja diese innere Zusammengehörigkeit engerer Art der 4 ersten Bücher bewährte sich geschichtlich auch dadurch, dass nur sie im griechischen Texte sich erhielten, während das V., VI. und VII. Buch erst in der Mitte des XVII. S. aus einer arabischen Uebersetzung bekannt wurden, das VIII. Buch sogar als ganz verloren wird betrachtet werden müssen.

Das V. Buch lässt die vorhergehenden weit hinter sich. Apollonius erhebt sich bewusstermassen hoch über seine Zeit, indem er Sätze über die längsten und kürzesten Linien, die von einem Punkte an den Umfang eines Kegelschnittes gezogen werden können, hier vereinigt. Es hatten, so erklärt Apollonius in einleitenden an Attalus gerichteten Worten, Mathematiker, welche vor ihm und zu seiner Zeit lebten, die Lehre von den kürzesten Linien gleichfalls behandelt, aber ihre Behandlungsweise muss nach Inhalt und Zweck eine andere als die des V. Buches der Kegelschnitte gewesen sein. Dem Inhalte nach begnügten sie sich mit einer geringeren Anzahl von Sätzen, und ihren Zweck fanden sie in dem Diorismus zu gestellten Aufgaben. Wir haben bei Euklid, bei Archimed Beispiele solcher Maximal- und Minimalwerthe auftreten sehen, und die geringste Ueberlegung führt zum Bewusstsein, dass fast jeder Diorismus neben die Bedingung, unter welcher eine Aufgabe gelöst werden kann, den Grenzwerth stellen wird, bis zu welchem eine in der Aufgabe vorkommende Grösse wachsen oder abnehmen darf, ohne die Ausführbarkeit zu gefährden. Aufgaben grösster und kleinster Werthe mussten also vorkommen und wurden gelöst, aber ohne dass man darüber sich klar gewesen wäre, dass man hier eine eigenartige, auch ausser ihrer zum Diorismus führenden Wirkung bedeutsame Gattung von Fragen behandelte. Apollonius dagegen schliesst jene Einleitung zum V. Buche mit den Worten: „Das so Behandelte ist für die dieser Wissenschaft Beflissenen besonders nothwendig, sowohl zur Eintheilung und zum Diorismus, als zur Construction der Aufgaben, abgesehen davon, dass dieser Gegenstand zu den Dingen gehört, welche würdig sind, um ihrer selbst willen betrachtet zu werden." Die Art vollends, in welcher Apollonius Einzelfälle dieses Gebietes unterscheidet und durch deren Zusammenfassung die Gesammtheit der Möglichkeiten erschöpft, die merkwürdige Verschlungenheit, man kann fast sagen Unnatürlichkeit der Beweise sind bewunderungswürdig nicht minder als wunderlich. Man kann kaum umhin zu argwohnen, was zu glauben man doch nicht wagen darf, dass Apollonius irgend geheime Methoden besass, um diejenigen Sätze zu entdecken, deren künstliche Beweise er erst nachträglich aufsuchte. Was Apollonius aus der Lehre vom Grössten und Kleinsten kennt, das sind, wie gesagt, insbesondere die längsten und kürzesten Linien, welche aus irgend einem Punkte der Ebene nach einem Kegelschnitte gezogen werden können, Linien, welche Apollonius zuerst für die Fälle bestimmt, in denen der gegebene Punkt auf der Axe liegt, und die Construction durch Abschnitte erfolgen kann, die selbst auf der Axe des Kegelschnittes auftreten. Dann folgt eine Reihe von Sätzen, die etwa mit dem modernen Begriffe der Subnormalen sich beschäftigen. Die Constanz dieser Strecke bei der Parabel wird bewiesen. Später gelangt Apollonius zu dem Nachweise, dass die am Anfange des Buches besprochenen grössten und kleinsten Linien Normallinien zum Kegelschnitte sind, dass also auch die Aufgabe im Früheren zur Lösung vorbereitet ist: von irgend einem Punkte einer Ebene Normalen zu einem in der Ebene befindlichen Kegelschnitte zu zeichnen. Er geht an die Aufgabe selbst heran und findet eine Construction, bei welcher von Durchschnitten mit Hyperbeln Gebrauch gemacht ist. Indem er nun sich bewusst wird, dass in der Zahl der Senkrechten, welche von einem Punkte aus nach einem Kegelschnitte gezogen werden können, keine Willkür herrscht, dass dieselbe vielmehr einestheils von der Art des Kegelschnittes, anderntheils von der Lage des gegebenen Ausgangspunktes abhängt, findet er, dass in dieser Beziehung gewisse Punkte eine Ausnahmestellung einnehmen. Diese Punkte, aus welchen man nach dem gegenüberliegenden Theil des Kegelschnittes nur eine Normale ziehen kann, sind die Krümmungsmittelpunkte, deren Vorhandensein somit Apollonius bekannt war, so fremd ihm der Begriff der Krümmung geblieben ist. Möglicherweise ist es sogar nicht zu weit gegangen, wenn man annimmt, Apollonius habe die stetige Aufeinanderfolge der Krümmungsmittelpunkte geahnt, d. h. jene Curve geahnt, wenn auch nicht untersucht, welche wegen anderer Eigenschaften den Namen der Evolute erhalten hat.

Das VI. Buch handelt von gleichen und ähnlichen Kegelschnitten, sofern dieselben auf graden einander ähnlichen Kegeln auftreten. Am Schlusse wird sogar die Aufgabe behandelt, durch einen gegebenen Kegel eine Schnittfläche zu legen, welche eine gleichfalls gegebene Ellipse erzeugen soll.

Zwischen dem VII. und dem VIII. Buche scheint wieder ein engerer Zusammenhang stattgefunden zu haben, wie uns Apollonius selbst versichert. In seiner Zuschrift sagt er, das VII. Buch beschäftige sich mit Sätzen, welche zu Bestimmungen führen, das VIII. Buch enthalte wirklich bestimmte Aufgaben über Kegelschnitte. Auch aus Pappus lässt eine solche Zusammengehörigkeit der beiden Bücher sich folgern.

Derselbe theilt nämlich eine ziemlich beträchtliche Zahl von Lemmen zu den Kegelschnitten des Apollonius mit. Die Lemmen zu allen übrigen Büchern sind nach den Büchern gesondert; nur die Lemmen zum VII. und VIII. Buche sind vereinigt.[1]) Auf diese Grundlage hin hat man sogar eine Wiederherstellung des verlorenen VIII. Buches versucht[2]), welche indessen doch zu unsicher scheint, um näher besprochen zu werden. Wir begnügen uns mit der Bezeichnung einiger interessanten Theorien aus dem erhaltenen VII. Buche. In ihm finden sich die Sätze über complementäre Sehnen, welche conjugirten Durchmessern parallel laufen, in ihm die Sätze über die constante Summe der Quadrate conjugirter Durchmesser, in ihm die Entwicklung des Flächenraumes jener Parallelogramme, deren zwei aneinanderstossende Seiten die Hälften zweier conjugirter Durchmesser sind. Auch diese Sätze, begreiflicherweise geometrisch und nicht durch Rechnung abgeleitet, erfordern bei Apollonius die Unterscheidung zahlreicher Einzelfälle, bei welcher er wiederholt die Gewandtheit an den Tag legt, welche man schon in den früheren Büchern bewunderte.

Dieses in Kürze der Inhalt des merkwürdigen Werkes, wohl geeignet unsere Neugier anzuregen, inwieweit derselbe Mathematiker seinen erfinderischen Geist auch noch anderen Gebieten unserer Wissenschaft zuwandte. Leider können wir diese Neugier nicht vollauf befriedigen. Wir wissen von solchen anderen Arbeiten nur eben genug, um die Vielseitigkeit des Apollonius zu ahnen, aber bei Weitem nicht so viel, um den Werth der Untersuchungen abschätzen zu können, deren Titel nur bei Pappus[3]) mehrentheils sich erhalten haben, und die Vermuthung zu einer wahrscheinlichen machen, dass Anwendungen der Kegelschnitte auf bestimmte geometrische Aufgaben in denselben behandelt wurden. Die Titel dieser verloren gegangenen Schriften sind: Berührungen, *περὶ ἐπαφῶν (de tactionibus)*; ebene Oerter, *ἐπίπεδοι τόποι (loci plani)*; Neigungen, *περὶ νεύσεων (de inclinationibus)*; Raumschnitt, *περὶ χωρίου ἀποτομῆς (sectio spatii)*; bestimmter Schnitt, *περὶ διωρισμένης τομῆς (sectio determinata)*. Hypsikles führt ausserdem, wie wir im nächsten Kapitel zu besprechen haben, eine Schrift des Apollonius über die in dieselbe Kugel eingeschriebenen Dodekaeder und Ikosaeder an, Proklus eine *περὶ τοῦ κοχλίου*[4]) von gänzlich unbekanntem Inhalte.

Nur eine einzige Schrift, die 2 Bücher vom Verhältnissschnitt, *περὶ λόγου ἀποτομῆς (de sectione rationis)* ist in arabischer Sprache der Neuzeit überblieben und aus dieser übersetzt

---

[1]) Pappus VII, 298—311, (ed. Hultsch) 990—1004. [2]) Halley S. 137—169 der zweiten, mit dem V. Buche anfangenden, Abtheilung seiner Ausgabe der Kegelschnitte. [3]) Pappus VII, *Prooemium*. [4]) Proklus (ed. Friedlein) 105.

worden [1]). Die Aufgabe des Verhältnissschnittes ist folgende: Es sind zwei unbegrenzte Gerade in derselben Ebene der Lage nach gegeben, entweder gegenseitig parallel oder einander schneidend, und in jeder derselben ist ein Punkt gegeben, auch ist ein Verhältniss und überdies ein Punkt ausserhalb der Linie gegeben; man soll durch den gegebenen Punkt eine Gerade ziehen, welche von den der Lage nach gegebenen Geraden Stücke abschneide, deren Verhältniss dem gegebenen gleich sei. Man erkennt leicht, dass diese Aufgabe durch einen grossen Reichthum an Fällen sich auszeichnet, je nach der Lage des Punktes ausserhalb der beiden Geraden zu diesen Geraden selbst und zu der durch die beiden auf den Geraden gegebenen Punkten gezogenen Transversalen, und ferner je nach der Richtung, in welcher jene in Verhältniss tretenden Stücke von den gegebenen Punkten aus liegen sollen. Das ist dem geometrischen Charakter des Apollonius so recht angemessen. Er löst die Aufgabe mit Hilfe von Kegelschnitten.

Wir nannten oben eine ganze Reihe von Schriften als verloren, ohne dass man mehr als deren Titel kenne. Aus der Schrift von den Berührungen kennen wir möglicherweise eine Thatsache, welche interessant genug ist, da sie das, was wir früher (S. 215 u. 220) von Spuren combinatorischer Betrachtungen bei griechischen Schriftstellern anmerken durften, zu ergänzen geeignet ist. Bei der über den eigentlichen Urheber herrschenden Unsicherheit ziehen wir indessen vor den Gegenstand im 22. Kapitel bei Pappus zur Rede zu bringen.

Auch dem rechnenden Theile der Mathematik hat Apollonius, wie wir durch Eutokius wissen, seine Aufmerksamkeit zugewandt. Eutokius sagt uns nämlich in dem mehrfach bereits benutzten Commentare zur archimedischen Kreismessung: „So viel in meinen Kräften stand, habe ich nun die von Archimedes angegebenen Zahlen einigermassen erläutert. Wissenswerth ist aber noch, dass auch Apollonius von Pergä in seinem Okytokion dasselbe durch andere Zahlen bewiesen hat, wodurch er sich der Sache noch mehr näherte.“ [2]) Wir haben hier die Lesart *ὠκυτόκιον* aufgenommen, welche durch zwei pariser Handschriften verbürgt auffallend genug lange Zeit

[1]) Edm. Bernard fand die ziemlich verderbte Handschrift am Ende des XVII. S. und begann dieselbe ins Lateinische zu übersetzen. Als er kaum den zehnten Theil bewältigt hatte, gab er die Arbeit auf. Nun vollendete der des Arabischen vorher unkundige Halley die Uebersetzung, des von Bernard hinterlassenen Bruchstückes als Grammatik und Wörterbuch sich bedienend. Halley's Ausgabe von 1706; eine deutsche Ausgabe von Aug. Richter. Elbing, 1836.
[2]) Archimedes (ed. Torelli) 216 und 462, die Varianten der Pariser Handschriften. Torelli benutzte sie in seiner Uebersetzung. Neuerdings wurde dann durch Knoche und Maerker im Herforder Gymnasialprogramm für 1854 auf diese Lesart hingewiesen, so wie von M. Schmidt in Mützell's Zeitschrift für die Gymnasialwissensch. 1855, S. 805.

durch das sprachlich ganz räthselhafte Wort *ὠκυτόβοον* verdrängt war. Vollständigen Einblick in die Art, wie Apollonius seine Kreismessung vollzog, die noch genauer als die des Archimed gewesen sein muss, erhalten wir freilich auch durch den Namen Okytokion keineswegs. Dem Wortlaute nach übersetzt sich dieser Titel als Mittel zur Schnellgeburt, es handelte sich also höchst wahrscheinlich um raschere Rechnungsverfahren, aber wie dieselben zu dem oben genannten Ziele führten, darüber sind wir doch nicht besser aufgeklärt.

Eine dem gewöhnlichen griechischen Verfahren gegenüber einfachere und dadurch abgekürzte Multiplication des Apollonius, welche daher möglicherweise einen Abschnitt des Okytokion bildete, kennen wir aus Pappus. In dem auf uns gekommenen Bruchstücke des zweiten Buches seiner Sammlung[1]) berichtet Pappus von zwei zusammenhängenden, aber doch begrifflich zu trennenden Gegenständen.

Erstens entnehmen wir seinem Berichte, dass Apollonius in ähnlicher Weise wie Archimed die Zahlen in Gruppen zu theilen wusste, welche eine leichtere Aussprache und zugleich eine grössere Uebersichtlichkeit gewährten, als sie ohne Gruppirung zu erreichen gewesen wäre. Es ist derselbe Gedanke, der beiden Schriftstellern gleichmässig vorschwebte, ja es ist eigentlich dieselbe Gruppirung, welche wir von beiden gelehrt finden. Denn wenn auch Archimed (S. 275) Oktaden bildete, während Apollonius sich mit Tetraden begnügte, so ist doch die Gleichheit des Princips dadurch hergestellt, dass zwei Tetraden des Apollonius neben einander geschrieben nach moderner Bezeichnung der Zahlen einer Oktade des Archimed gleichkommen, dass Archimed also nur eine höhere Gruppeneinheit annahm als Apollonius, aber eine Einheit, aus welcher die des Apollonius, als in jener enthalten, sich leicht ableiten liess, ebenso wie es denkbar ist, dass beide Gruppirungen unabhängig von einander aus dem griechischen Sprachgebrauche hervorgehen konnten, welchem die Myriade das letzte unzusammengesetzte Zahlwort, die Myriade der Myriaden das letzte einfach zusammengesetzte Zahlwort war. Die Namen, welche Apollonius für seine Tetraden benutzt, sind für die erste Tetrade, welche von 1 bis 9999 sich erstreckt, der Name der Einheiten; dann folgt die Tetrade der Myriaden; auf diese die der doppelten Myriaden, der dreifachen, vierfachen u. s. w. Myriaden, bis zur $\varkappa$ Myriade als allgemeine Bezeichnung einer beliebigen Höhe[2]), wobei wir

---

[1]) Pappus II (ed. Hultsch) 2—29. [2]) Pappus (ed. Hultsch) 4. *διπλῆ μυρίας*; 6. *τριπλῆ μυρίας*; 20. *ἐνναπλῆ μυρίας*; 18. *μυριάδες ὁμώνυμοι τῷ* $\varkappa$ für die $\varkappa$ fache (nicht die 20fache) Myriade oder für 10 000 auf die $\varkappa$. Potenz.

freilich dahingestellt sein lassen müssen, ob diese an sich hochbedeutsame Allgemeinheit Apollonius oder dem Berichte des Pappus eigenthümlich ist.

Mit diesen Zahlen werden nun zweitens Multiplicationen ausgeführt, und dabei ist die Vorschrift gegeben die Multiplication irgend welcher Zahlen auf die ihrer Wurzelzahlen, πυθμένες, zurückzuführen. Das Wort Pythmen findet sich in einer arithmetischen Bedeutung schon bei Platon[1]), ob aber genau in derselben wie bei Apollonius ist bei dem vielbestrittenen Sinne der platonischen Stelle nicht zu erhärten. Apollonius verstand unter der Wurzelzahl die Anzahl der Zehner oder der Hunderter, die in einer nur aus Zehnern, beziehungsweise nur aus Hundertern bestehenden Zahl enthalten sind. So ist 5 der Pythmen von 50 wie von 500, 7 der Pythmen von 70 wie von 700 u. s. w. Wurzelzahlen von Tausendern, Zehntausendern u. s. w. kommen wenigstens unter den mit einander zu vervielfachenden Zahlen nicht vor. Der Grund dafür, wie für das Hervorheben der anderen Pythmenes liegt in der uns bekannten griechischen alphabetischen Bezeichnung der Zahlen (S. 106—107). Die moderne Ziffernschrift lässt sofort 3 als die Wurzelzahl von 30, von 300, von 3000 erkennen. Ebenso war dem Griechen ein leicht ersichtlicher Zusammenhang zwischen γ und ,γ, nicht aber zwischen γ und λ, zwischen γ und τ geboten, letzterer musste erst gezeigt werden. Vielleicht haben wir unseren Lesern durch die Wahl des Wortes zeigen einen Hinweis gegeben, wie der Gedanke an die Pythmenes bei einem Griechen entstehen konnte: nicht wenn er die schriftliche Aufzeichnung der Zahlen vor sich sah, wohl aber wenn er ihren Wortlaut hörte. Der Aehnlichklang von τρεῖς, τριάκοντα, τριακόσιοι sagte ihm, was an γ, λ, τ erst gezeigt werden musste, und so glauben wir nicht irre zu gehen, wenn wir in den Pythmenes eine Frucht des mündlichen Rechenunterrichtes, nicht schriftlicher Erörterung erblicken. Sei dem, wie da wolle, jedenfalls vollzog Apollonius die Multiplication nunmehr an den Pythmenes, und die Ordnung des jedesmaligen Produktes wird aus der Anzahl der Faktoren unter besonderer Berücksichtigung, wie viele derselben Zehner, wie viele Hunderter waren, abgeleitet. Eine Unterscheidung von zahlreichen Einzelfällen, die dabei vorkommen, kann uns bei Apollonius am Wenigsten überraschen; wir bemerken sie auch nur mit der ausgesprochenen Absicht gelegentlich wieder daran zu erinnern.

Endlich müssen wir noch einer Arbeit des Apollonius über Irrationalgrössen gedenken, von welcher schwache Spuren in einer arabischen Handschrift entdeckt worden sind.[2]) Wir haben

---

[1]) Platon, Staat VIII, 546 C, ὧν ἐπίτριτος πυθμήν. [2]) Woepcke, *Essai d'une restitution de travaux perdus d'Apollonius sur les quantités irrationelles*

(S. 230—231) über das X. Buch der euklidischen Elemente und über die dort unterschiedenen Irrationalitäten, die Medialen, die Binomialen und die Apotomen berichtet. Zu diesem X. Buche hat ein griechischer Schriftsteller Erläuterungen geschrieben, deren Uebersetzung in das Arabische aufgefunden worden ist. Wer der Verfasser war, darüber ist volle Bestimmtheit nicht vorhanden, wenngleich die Wahrscheinlichkeit dafür spricht, man habe es hier mit dem überliefertermassen gleich dieser Uebersetzung aus zwei Büchern bestehenden Commentare zum X. Buche der Elemente von Vettius Valens, einem byzantinischen Astronomen aus dem II. S. n. Chr. zu thun. Dieser Commentator erzählt, die Irrationalgrössen hätten ihren Ursprung in der Schule des Pythagoras gehabt. Theätet habe, nach den Mittheilungen des Eudemus, die Lehre vervollkommnet, indem er Irrationalgrössen unterschied, die durch Multiplication, durch Addition und durch Subtraction unter einander verbunden eine verwickeltere Form besassen. Euklid habe vollends Ordnung in den Gegenstand gebracht durch genaue Bestimmung und Scheidung der verschiedenen Gattungen von Irrationalitäten. Dieser Bericht stimmt soweit durchaus mit unseren aus anderen Quellen geschöpften Mittheilungen überein und bestätigt dieselben, wie andrerseits ihm selbst dadurch eine um so grössere Glaubwürdigkeit erwächst. Der Commentator fährt fort: „Apollonius war es, welcher neben den geordneten (*τεταγμένος* des Proklus) Irrationalgrössen das Vorhandensein der ungeordneten (*ἄτακτος*) nachwies und durch genaue Methoden eine grosse Anzahl derselben herstellte.“ Jetzt folgt der eigentliche Commentar, dem freilich die Klarheit, welche man von einem derartigen Werke zu fordern berechtigt ist, gar sehr abgeht. Selbst der Versuch aus ihm herauszulesen, worin die bedeutende Erweiterung, bestand, welche Apollonius zu verdanken ist, mit anderen Worten was man unter ungeordneten Irrationalgrössen zu verstehen habe, ist trotz allen aufgewandten Scharfsinnes nur Versuch geblieben und hat eine blosse Vermuthung zu Tage gefördert. Eine Erweiterung meint man demgemäss, könne nach zwei Richtungen hin stattgefunden haben; es könne statt der aus zwei Theilen bestehenden Binomialen oder Apotomen eine additive, beziehungsweise subtractive Verbindung von mehr als zwei Quadratwurzeln in Untersuchung genommen worden sein; es könne auch um Ausziehung von Wurzeln mit höheren Wurzelexponenten als 2 sich gehandelt haben, oder anders ausgesprochen um die Einschaltung von 2, 3, . . . n mittleren geome-

---

d'après les indications tirées d'un manuscrit arabe in den *Mémoires présentés à l'académie des sciences* XIV, 658—720. Paris, 1856. Vergl. auch den Bericht von Chasles über diese Abhandlung in den Compt. Rend. XXXVII, 553—568 (17. October 1853).

trischen Proportionalen zwischen zwei gegebenen Grössen, d. h. um Aufgaben, von welchen das delische Problem den einfachsten Fall darstellt.

Kapitel XVII.

Die Epigonen der grossen Mathematiker.

In den fünf letzten Kapiteln haben wir uns mit den grossen Mathematikern, welche das Jahrhundert von 300 bis 200 etwa durch ihre Thätigkeit erfüllten, bekannt zu machen gesucht. Zusammenfassende Uebersichten, wie wir sie anderen Kapiteln wohl als Schluss dienen liessen, waren hier nicht zu geben. Haben wir doch überhaupt auf das Nothwendigste und Wichtigste uns beschränken müssen, so dass unsere ganze Darstellung gewissermassen als die vielleicht vermisste Zusammenfassung zu gelten hat. Nur das sei noch besonders hervorgehoben, dass Euklid, Archimed, Eratosthenes und Apollonius die Mathematik auf eine Stufe förderten, von welcher aus mit den alten Hilfsmitteln, insbesondere ohne Erweiterung der Infinitesimalbetrachtungen zu einer allgemeinen Methode, was die Exhaustion nicht war, wenn sie es auch hätte sein können, ein Höhersteigen nicht möglich war. Zur Infinitesimalmethode, wie zur mathematischen Allgemeinheit überhaupt war der griechische Geist mit vereinzelten Ausnahmen, zu welchen vermuthlich Apollonius gerechnet werden darf, nicht angethan. Das ist ein Erfahrungssatz, welcher wesentlich auf dem Fehlen allgemeiner Methoden beruht. War aber ohne sie ein weiteres Steigen nicht möglich, so war der erreichte Gipfel nach allen Richtungen hin gar bald durchforscht. Es blieb nur ein Abwärtsgehen und bei dem Abwärtsgehen ein Anhalten da und dort, ein Umsichschauen nach Einzelheiten übrig, an welchen man beim jähen Aufwärtsklimmen vorher vorübergeeilt war. Damit ist die Zeit gekennzeichnet, zu deren Betrachtung wir in diesem Kapitel übergehen.

Die Elemente der Planimetrie waren erschöpft. Sie blieben, was Euklid aus ihnen gemacht hatte, abgesehen von Zuthaten, die der Lehre von den grössten und kleinsten Werthen entstammten. Auch die Lehre von den Kegelschnitten konnte nach Apollonius eine wesentliche Ergänzung nicht finden. In der Stereometrie blieb dagegen nach Euklid und selbst nach Archimed noch Manches zu thun. Am Meisten war von theoretisch Neuem in der Lehre von den von Kegelschnitten verschiedenen Curven zu finden, einem Gebiete, zu dessen Bearbeitung Archimeds Spiralen entschieden aneifern mussten. Und endlich war die rechnende Geometrie ein Gegenstand, an welchem Archimeds Kreisrechnung auch verwöhnten Geistern Geschmack beigebracht haben mochte. Das sind die Felder, auf denen die Epigonen sich tummelten, deren Bewegungen wir uns zu vergegenwärtigen haben.

Die meisten Schriftsteller freilich, die wir hier nennen werden, sind ihrer Lebenszeit nach höchst unbestimmt. Von Einigen ist es, wie wir selbst erklären, zweifelhaft, ob sie mit Recht grade in diesem Kapitel zur Rede kommen. Am sichersten ist dieses wohl für Nikomedes und Diokles anzunehmen, die Erfinder der Conchoide und der Cissoide, mithin zweier Curven, deren Namen Geminus um das das Jahr 70 v. Chr. kannte[1]), die also zu dieser Zeit jedenfalls vorhanden waren, während andrerseits Nikomedes nach dem Berichte des Eutokius[2]) sich im Vergleiche zu Eratosthenes mit seiner Erfindung brüstete, also sicherlich auch nicht früher als um das Jahr 200 etwa gelebt haben kann.

Die Conchoide oder Muschellinie des Nikomedes ist der geometrische Ort eines Punktes, dessen geradlinige Verbindung mit einem gegebenen Punkte durch eine gleichfalls gegebene Gerade so geschnitten wird, dass das Stück zwischen der Schneidenden und dem Orte eine gegebene Länge besitzt. Je nach dem Grössenverhältnisse des Abstandes des gegebenen Punktes von der gegebenen Geraden zu der gleichbleibenden Länge des Abschnittes zwischen der Geraden und der Conchoide besitzt letztere 3 verschiedene Formen, doch ist kaum anzunehmen, dass die Griechen diese Formen kannten, deren wesentlichste Verschiedenheit auf dem Zweige der Curve beruht, welcher von der festen Schneidenden aus gesehen auf derselben Seite wie der feste Punkt liegt, und von diesem Zweige ist überhaupt nicht die Rede. Allerdings wird, falls diese Meinung als richtig gilt, vollends unverständlich, was Pappus in seinem IV. Buche die zweite, dritte und vierte Conchoide genannt haben mag, die zu anderen Zwecken als die erste benutzt worden seien?[3]) Nikomedes nannte, wie wir durch Eutokius und Pappus wissen, den festen Punkt Pol, πόλον. Er erfand auch, wie beide Berichterstatter uns melden, eine Vorrichtung zur Zeichnung der Conchoide, die aus der Figur sofort verständlich ist (Figur 53). Sie bestand aus 3 miteinander verbundenen Linealen. Zwei derselben waren senkrecht zu einander fest vereinigt, und während das eine fast seiner ganzen Länge nach durch

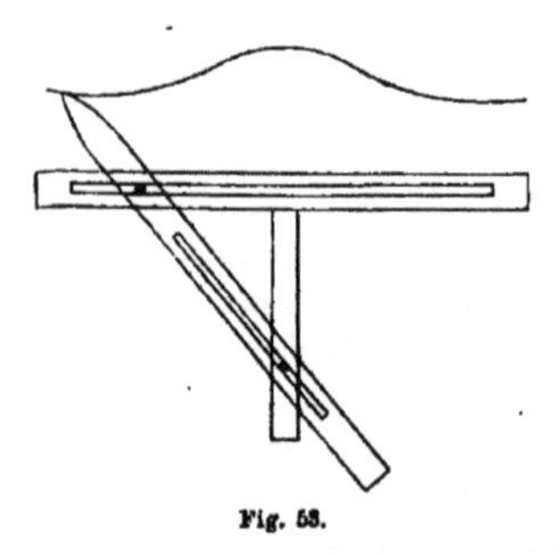
Fig. 53.

[1]) Proklus (ed. Friedlein) 177. [2]) Archimedes (ed. Torelli) 146.
[3]) Pappus (ed. Hultsch) 244.

eine Ritze durchbrochen war, trug das andere ein kleines rundes Zäpfchen. Das durchbrochene Lineal stellte die feste Gerade, das Zäpfchen auf dem anderen stellte den Pol der Muschellinie vor. Das dritte Lineal trug unweit des spitzen Endes ein Zäpfchen ähnlich dem Pole, etwas weiter davon entfernt eine Ritze ähnlich der auf der festen Geraden; die Entfernung des Zäpfchens von der Spitze stellte den gleichbleibenden Abstand vor. Offenbar musste nun die Spitze dieses dritten Lineals eine Muschellinie beschreiben, wenn das Lineal selbst alle möglichen Lagen annahm, deren es fähig war, während sein Zäpfchen in der Ritze der festen Geraden sich befand und seine Ritze das als Pol dienende Zäpfchen einschloss.

Nikomedes hat gezeigt: 1. dass die Muschellinie der festen Geraden sich mehr und mehr nähert[1]); 2. dass jede zwischen der festen Geraden und der Muschellinie gezogne Gerade die Muschellinie schneiden muss; 3. dass mittels der Muschellinie die Aufgabe der Würfelverdoppelung gelöst werden kann.

Den Ideengang seiner Auflösung und seines Beweises lassen wir hier folgen, wobei wir nur diejenigen geringfügigen Abänderungen vornehmen, welche nothwendig sind, um statt eines Rechnens mit Proportionen das uns geläufigere Rechnen mit Gleichungen einzuführen. Aus den Strecken $\alpha\lambda = 2a$ und $\alpha\beta = 2b$ wird (Figur 54) das Rechteck $\alpha\beta\gamma\lambda$ gebildet und $\beta\gamma$ um weitere $2a$ nach η verlängert. Ausserdem wird in der Mitte ε von $\beta\gamma$ die $\varepsilon\zeta$ senkrecht zu $\beta\gamma$ errichtet und deren Endpunkt ζ durch $\gamma\zeta = \beta\delta = b$ bestimmt. Somit ist auch $\eta\zeta$ gegeben, und ihr parallel wird durch γ die $\gamma\theta$ gezogen. Diese letztere wird als feste Gerade, ζ als Pol, b als Abstand benutzt und die Muschellinie construirt, welche die Verlängerung von $\beta\gamma$ in $\varkappa$ schneidet, d. h. welche $\theta\varkappa = b$ werden lässt. Verbindet man nun endlich $\varkappa$ mit λ und verlängert $\varkappa\lambda$ bis zum Durchschnitte μ mit der verlängerten $\alpha\beta$, setzt man dabei $\alpha\mu = x$, $\gamma\varkappa = y$, so ist $2a : x = x : y = y : 2b$, und die Aufgabe zwischen $2a$ und $2b$ zwei mittlere Proportionalen einzuschalten ist gelöst. Aus den Dreiecken $\alpha\lambda\mu$, $\gamma\varkappa\lambda$ folgt nämlich $\frac{x}{2a} = \frac{2b}{y}$ und $x = \frac{4a \cdot b}{y} = \frac{\eta\gamma \cdot \theta\varkappa}{\gamma\varkappa}$. Daraus

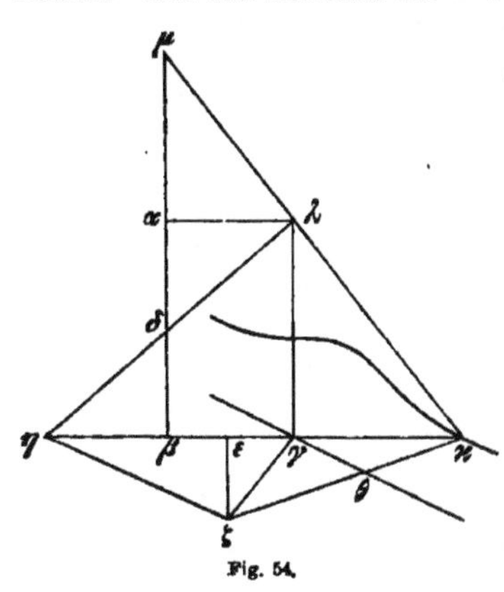

Fig. 54.

[1]) Proklus (ed. Friedlein) 177 ist geradezu von der Asymptote der Conchoide die Rede.

erkennt man $\zeta\theta = x$ und folglich $\zeta\varkappa = x + b$. Nun ist $\varepsilon\zeta$ Kathete zweier rechtwinkliger Dreiecke $\gamma\zeta\varepsilon$ und $\varkappa\zeta\varepsilon$. Das erstere hat $\gamma\zeta = b$ als Hypotenuse, $\gamma\varepsilon = a$ als zweite Kathete. Das zweite hat $\varkappa\zeta = x + b$ als Hypotenuse, $\varkappa\varepsilon = y + a$ als zweite Kathete. Mithin ist $b^2 - a^2 = (x + b)^2 - (y + a)^2$ oder $x(x + 2b) = y(y + 2a)$ und $\frac{x}{y} = \frac{y + 2a}{x + 2b}$. Man kennt ferner denselben Bruch $\frac{y + 2a}{x + 2b} = \frac{\varkappa}{\beta\mu}$ $= \frac{\gamma\varkappa}{\gamma\lambda} = \frac{y}{2b}$ wegen der Aehnlichkeit der Dreiecke $\beta\varkappa\mu$ und $\gamma\varkappa\lambda$. Man weiss also auch $\frac{x}{y} = \frac{y}{2b}$, $2bx = y^2$. Diese Gleichung abgezogen von dem vorher gefundenen $x(x + 2b) = y(y + 2a)$ lässt $x^2 = 2ay$ zum Reste, und die Umstellung der beiden Gleichungen $x^2 = 2ay$, $y^2 = 2bx$ in Proportionen liefert das verlangte $2a : x = x : y = y : 2b$. Auflösung und Beweis sind gleichmässige Zeugnisse für den Scharfsinn des Erfinders, der schon um des oben beschriebenen Conchoidenzeichners willen einen rühmlichen Platz in der Geschichte der Mathematik verdient.

Lineal und Zirkel sollen als älteste Hilfsmittel geometrischen Zeichnens von den Griechen auf den Neffen des Dädalus zurückgeführt worden sein[1]), d. h. auf einen mythischen Ursprung. Die Vorrichtungen des Platon und des Eratosthenes zur Würfelverdoppelung beruhen auf Geschicklichkeit des Benutzers, der versuchsweise gewisse Lagenverhältnisse der Theile der Apparate hervorbringen musste. Etwaige Mittel die Kegelschnitte zu zeichnen sind, wenn Menächmus wirklich dergleichen besass (S. 211), nicht zu unserer Kenntniss gelangt. Die Quadratrix, die Hippopede, die Spirale mechanisch zu zeichnen gab es kein Mittel. So ist die Muschellinie des Nikomedes neben der Geraden und dem Kreise die älteste Linie, von deren mechanischer Construction in einem fortlaufenden Zuge wir genügenden Bericht besitzen.

Dieselbe Muschellinie hat auch zur Auflösung einer anderen Aufgabe, nämlich zur Dreitheilung des Winkels Anwendung gefunden. Soll man den Worten des Pappus Glauben schenken, so hätte dieser sich jene Anwendung zuzuschreiben.[2]) Dagegen sagt Proklus ausdrücklich, Nikomedes habe mit Hilfe der Muschellinie jeden Winkel in drei gleiche Theile zerlegt[3]), und so glauben wir es gerechtfertigt hier von dieser Anwendung zu reden.

Wir wissen, dass Archimed (S. 257) die Dreitheilung des Winkels auf die Zeichnung einer Geraden von einem gegebenen Punkte aus zurückführte, welche einen Kreis und eine Gerade so schneiden sollte,

---

[1]) So behauptet Montucla, *Histoire des Mathématiques* I, 104 ohne Quellenangabe. Woher mag die Angabe stammen? [2]) Pappus IV, 27 (edit. Hultsch) 246. [3]) Proklus (ed. Friedlein) 272.

dass die zwischen beiden Schnittpunkten liegende Strecke einer gegebenen gleich werde. Konnte man hier den Kreis durch noch eine Gerade ersetzen, so war die Aufgabe nur noch: von einem Punkte aus durch eine gegebene Grade hindurch bis zum Durchschnitte mit einer zweiten gegebenen Geraden eine Gerade zu zeichnen, welche zwischen beiden Durchschnittspunkten einen bekannten Abstand zeige, und das gelingt mit Hilfe der Muschellinie, deren Pol der gegebene Punkt, deren feste Gerade die erste gegebene Gerade, deren gleichbleibender Abstand die gegebene Strecke ist. Pappus hat uns eine derartige Umformung überliefert.[1]) Es sei (Figur 55) $\alpha\beta\gamma$ der in 3 gleiche Theile zu theilende spitze Winkel. Von α aus wird $\alpha\gamma$ senkrecht zu $\beta\gamma$ gezogen und das Rechteck $\alpha\gamma\beta\zeta$ vollendet. Die $\beta\varepsilon$ dritttheilt nun

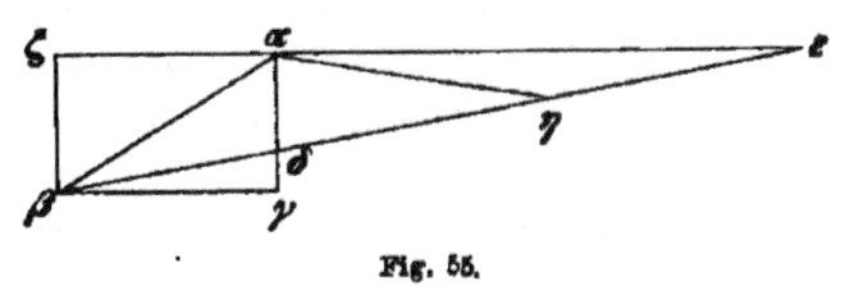

Fig. 55.

den gegebenen Winkel, wenn die Strecke $\delta\varepsilon$ zwischen ihren Durchschnitten mit der $\alpha\gamma$ und der Verlängerung der $\zeta\alpha$ doppelt so gross ist wie $\alpha\beta$. Weil nämlich $\alpha\delta\varepsilon$ ein rechtwinkliges Dreieck, so wird, wenn η der Mittelpunkt der Hypotenuse $\delta\varepsilon$ ist, $\frac{\delta\varepsilon}{2} = \delta\eta = \eta\varepsilon = \eta\alpha$ sein. Folglich sind zwei gleichschenklige Dreiecke $\alpha\beta\eta$ und $\alpha\eta\varepsilon$ in der Figur vorhanden. Da überdies $\sphericalangle\,\alpha\eta\beta$ Aussenwinkel des Dreiecks $\alpha\eta\varepsilon$ ist, und $\beta\varepsilon$ als Transversale mit den Parallelen $\zeta\varepsilon$, $\beta\gamma$ gleiche Wechselwinkel bildet, so ist $\sphericalangle\,\alpha\beta\varepsilon = \alpha\eta\beta = \eta\alpha\varepsilon + \eta\varepsilon\alpha = 2\eta\varepsilon\alpha = 2\varepsilon\beta\gamma$, d. h. $\varepsilon\beta\gamma = \frac{\alpha\beta\gamma}{3}$.

Ist die Annahme wirklich gerechtfertigt, dass diese Auflösung, oder eine ihr alsdann jedenfalls sehr ähnliche, bereits dem Nikomedes zuzuschreiben sei, so bietet es ein eigenthümliches Interesse, dass hier die Aufgabe der Würfelverdoppelung und die der Dreitheilung des Winkels mit Hilfe derselben Curve bewältigt werden, wie sie, modern ausgedrückt, beide auf Gleichungen dritten Grades sich zurückführen lassen. Sollte ein dunkles Gefühl der Zusammengehörigkeit beider Probleme bei den griechischen Mathematikern nach Archimed zu den Möglichkeiten gehören? Müssen wir doch auch eine ideelle Zusammengehörigkeit zwischen der allgemeinen Theilung des Kreisbogens und seiner Rektification zugestehen, welche beide, wie wir wissen, mittels der Quadratrix vollzogen wurden.

Der Zeit nach nur wenig von Nikomedes entfernt dürfen wir Diokles setzen, den gleichfalls oben genannten Erfinder der Cissoide oder Epheulinie. Er muss früher gelebt haben als Geminus, der diese seine Curve neben der Muschellinie nennt; er muss aber auch

[1]) Pappus IV, 38 (ed. Hultsch) 274.

später als Archimed angesetzt werden, mit dessen Aufgabe von der Durchschneidung einer Kugel durch eine Ebene zu gegebenem Verhältnisse der beiden Kugelabschnitte er sich beschäftigte in der Annahme, Archimed selbst habe sein auf diese Aufgabe bezügliches Versprechen nicht eingelöst[1]) (S. 265). Er hat die Aufgabe mit Hilfe zweier Kegelschnitte in seinem Werke περὶ πυρείων gelöst, aus welchem Eutokius sie entnahm[2]) und aus demselben Werke theilt der gleiche Berichterstatter die Definition der Cissoide und deren Anwendung zur Würfelverdoppelung uns mit.[3]) Der Name jenes Werkes lässt den Inhalt kaum erkennen. Das Wort πυρεῖον bedeutet Feuerzeug, insbesondere eine aus zwei Reibhölzern bestehende Zündvorrichtung. Es ist unklar, wie dieser Gegenstand mit den genannten geometrischen Aufgaben zusammenhing, und wenn man aus ihm den Schluss hat ziehen wollen, Diokles sei das gewesen, was man heute einen Ingenieur nennen würde, so ist die Möglichkeit davon zuzugeben, mehr aber keinenfalls.

Diokles lässt seine Cissoide in durchaus anderer Weise entstehen, als es gegenwärtig gebräuchlich ist. Man soll (Figur 56) in einem Kreise zwei zu einander senkrechte Durchmesser $\alpha\beta$ und $\gamma\delta$ ziehen. Werden symmetrisch zu $\alpha\beta$ zwei Gerade $\eta\zeta$, $\varkappa\varepsilon$ senkrecht auf $\gamma\delta$ errichtet und δ mit dem Endpunkte ε der einen Senkrechten verbunden, so liegt der Durchschnittspunkt θ dieser Verbindungslinie mit der anderen Senkrechten, gleichwie der ähnlich ermittelte Punkt o u. s. w. auf der Cissoide. Zugleich findet die fortlaufende Proportion statt $\gamma\eta : \eta\zeta = \eta\zeta : \eta\delta = \eta\delta : \eta\theta$.

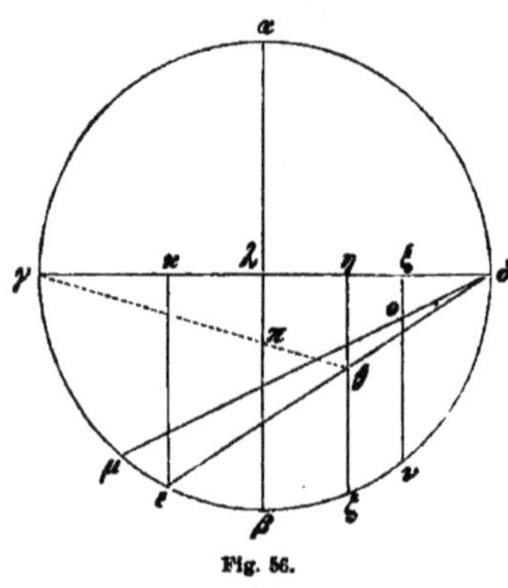

Fig. 56.

Der erste Theil dieser Proportion ist augenscheinlich richtig, weil $\eta\zeta$ als Senkrechte von einem Peripheriepunkt auf den Durchmesser das geometrische Mittel der Theile, in welche sie den Durchmesser theilt, ist. Weil auch $\varkappa\varepsilon$ eine solche Senkrechte ist, muss ebenso $\gamma\varkappa : \varkappa\varepsilon = \varkappa\varepsilon : \varkappa\delta$ sein. Ferner sind die Dreiecke $\varkappa\varepsilon\delta$, $\eta\theta\delta$ ähnlich und darum $\varkappa\varepsilon : \varkappa\delta = \eta\theta : \eta\delta$, folglich auch $\gamma\varkappa : \varkappa\varepsilon = \eta\theta : \eta\delta$ und nicht minder $\varkappa\varepsilon : \gamma\varkappa = \eta\delta : \eta\theta$. Berücksichtigt man endlich $\varkappa\varepsilon = \eta\zeta$, $\gamma\varkappa = \eta\delta$, so nimmt die letztgeschriebene Proportion die Form $\eta\zeta : \eta\delta = \eta\delta : \eta\theta$ an, und die zu Anfang behauptete fortlaufende Proportion

[1]) Archimed (ed. Torelli) 163. [2]) Ebenda 171. [3]) Ebenda 138.

ist nachgewiesen, d. h. zwischen $\gamma\eta$ und $\eta\theta$, die in der Figur senkrecht zu einander gezogen erscheinen, sind die $\eta\zeta$ und $\eta\delta$ als die beiden mittleren Proportionalen eingeschaltet.

Nun kann man auch zwischen irgend zwei Strecken a, b zwei mittlere Proportionalen einschalten. Man zeichnet einen beliebigen Kreis mit zugehöriger Cissoide. Man sucht auf dem vertikalen Durchmesser $\alpha\beta$ den Punkt π nach Maassgabe der Proportion $\gamma\lambda : \lambda\pi = a : b$ und zieht die $\gamma\pi$, welche bis zum Durchschnitte θ mit der Cissoide verlängert wird. Sofort zeigt sich, dass auch $\gamma\eta : \eta\theta = a : b$ ist. Es brauchen daher nur die Strecken $\eta\zeta$ und $\eta\delta$, welche zwischen $\gamma\eta$, $\eta\theta$ als mittlere Proportionalen bekannt geworden sind, in dem Verhältnisse $\gamma\eta : a$ verändert zu werden, um die Lösung der Aufgabe zu erhalten.

Ein dritter Geometer der gleichen Zeit etwa dürfte Perseus gewesen sein. Wir werden ihn nicht leicht für älter als die alexandrinische Schule halten, weil Proklus, der seiner gedenkt, dieses wohl irgend bemerkt haben würde, um die Lücke in dem alten Mathematikerverzeichnisse, in welchem sein Name nicht vorkommt, auszufüllen. Später als zwischen 200 und 100 kann er aber auch nicht gelebt haben, wie wir aus folgendem Umstande entnehmen. Eine Spire war, wie wir (S. 209) besprochen haben, eine wulstartige Oberfläche. Heron von Alexandria definirt sie, wie wir damals sahen, als Umdrehungsfläche erzeugt durch Drehung eines Kreises um eine nicht durch seinen Mittelpunkt hindurchgehende Axe[1]) und setzt hinzu: „Aus den Schnitten derselben entstehen gewisse eigenthümliche Curven.“ Daraus geht hervor, dass zu Herons Zeit Schnitte jener Oberflächen bereits vorgenommen worden waren, und Geminus ergänzt diese Mittheilung zur Brauchbarkeit für unseren gegenwärtigen Zweck durch die Angabe,[2]) die spirischen Schnitte seien von Perseus erdacht. Es ist bis zu einem gewissen Grade wahrscheinlich, dass damit jene Schnitte gemeint sind, die wir an der oben angeführten Stelle im Zusammenhange mit der Hippopede des Eudoxus beschrieben haben, Schnitte also, welche auf dem Wulste durch eine der Durchgangsaxe parallele Ebene hervorgebracht wurden, wobei die Entfernungen des Schnittes und des Mittelpunktes des die Spire erzeugenden Kreises von der Drehungsaxe die unterscheidenden Merkmale für die einzelnen spirischen Curven lieferten. Bemerken wir noch, dass eine Untersuchung solcher Curven der Zeit, in welche wir Perseus setzen, angemessen erscheint, so ist damit das Wenige erschöpft, was wir über diesen Schriftsteller sagen können, dessen Heimath und sonstige persönliche Verhältnisse uns genau ebenso unbekannt sind, wie die des Nikomedes, des Diokles.

[1]) Heron, Definit. 98 (ed. Hultsch) 27, bestätigt durch Proklus (ed. Friedlein) 119. [2]) Proklus (ed. Friedlein) 111—112.

Ebenso verhält es sich mit Zenodorus,[1]) dem Verfasser eines höchst interessanten Buches über Figuren gleichen Umfanges. Die Grenzen, in welche sein Leben eingeschlossen werden kann, sind als feststehende obere Grenze die Zeit des Archimed, dessen Name bei ihm vorkommt, als mit an Sicherheit grenzender Wahrscheinlichkeit anzugebende untere Grenze die Zeit des Quintilian, der von den Dingen redet, welche in der Abhandlung des Zenodorus vorkommen, wenn auch ohne ihn selbst zu nennen. Quintilian, mit welchem wir es im 26. Kapitel zu thun haben werden, lebte 35—95 n. Chr. Demgemäss würde die Thätigkeit des Zenodorus etwa zwischen 200 v. Chr. und 90 n. Chr. fallen. Man hat aber wohl mit Recht darauf aufmerksam gemacht, dass seine etwas breite Schreibart ihn als nicht allzuweit nach Euklid lebend betrachten lasse,[2]) und demzufolge nehmen wir keinen Anstand ihn hier zu behandeln. Die Abhandlung des Zenodorus ist uns in mehrfacher Ueberlieferung erhalten. Einmal finden sich die Sätze über Figuren gleichen Umfanges ohne Angabe ihres Erfinders bei Pappus im V. Buche seiner mathematischen Sammlung,[3]) zweitens stehen dieselben in dem Commentare des Theon von Alexandria[4]) zum I. Buche des ptolemäischen Almagestes. Bei Theon ist ausdrücklich Zenodorus als Verfasser der auszugsweise mitgetheilten Abhandlung genannt, und Proklus bestätigt mittelbar diese Namensnennung. Er sagt uns nämlich, das Viereck mit einspringendem Winkel heisse hohlwinklig, *κοιλογώνιον*, nach Zenodorus,[5]) und dieses Wort in der angegebenen Bedeutung kommt wirklich in Theons Auszuge vor. Wir können drittens auf eine Abhandlung in griechischer Sprache über die Figuren gleichen Umfanges hinweisen, welche den Namen keines Verfassers als Ueberschrift trägt und in wesentlicher Uebereinstimmug mit, wahrscheinlich in einem Abhängigkeitsverhältnisse zu Zenodorus steht,[6]) von Nachbildungen in anderen Sprachen zu schweigen. Von den vierzehn Sätzen des Zenodorus, welche fast gleichlautend bei Pappus und bei Theon sich erhalten haben, mögen der 1., 2., 6., 7. und 14. hier einen Platz finden: 1. Unter regelmässigen Vielecken von gleichem Umfange hat dasjenige den grösseren Inhalt, welches mehr Winkel hat. 2. Der Kreis hat einen grösseren Inhalt als jedes ihm

[1]) Vergl. Nokk, Programm des Freiburger Lyceums von 1860 und unsere Besprechung des II. Bandes des Pappus (ed. Hultsch) in der Zeitschr. Math. Phys. XXII (1877), Histor. literar. Abthlg. 173—174. Eine Verwechslung des Zenodorus mit einem bei Proklus genannten Zenodotus, welche, so lange die Friedlein'sche Proklusausgabe noch nicht vorhanden war, zu entschuldigen gewesen sein dürfte, veranlasste uns früher zu gegenwärtig ganz unhaltbaren Zeitbestimmungen für Zenodorus. [2]) Pappus (ed. Hultsch) 1190. [3]) Pappus V, pars 1 (ed. Hultsch), 308 sqq. [4]) *Théon d'Alexandrie* (ed. Halma. Paris, 1821) 33 sqq. Zum besseren Vergleich mit der Wiedergabe durch Pappus auch abgedruckt bei Pappus (ed. Hultsch) 1190—1211. [5]) Proklus (ed. Friedlein) 165. [6]) Pappus (ed. Hultsch) 1138—1165.

isoperimetrische regelmässige Vieleck. 6. Zwei ähnliche gleichschenklige Dreiecke auf ungleichen Grundlinien sind zusammen grösser als zwei auf den nämlichen Grundlinien gleichschenklige Dreiecke zusammen, welche unter sich unähnlich sind, aber mit jenen ähnlichen gleichen Gesammtumfang haben. 7. Unter den isoperimetrischen $n$ecken hat das regelmässige den grössten Inhalt. 14. Unter den Kreisabschnitten, welche gleich grosse Bogen haben, ist der Halbkreis der grösste. Im Raume hat die Kugel bei gleicher Oberfläche den grössten Inhalt. Die theoretische Bedeutsamkeit dieser Sätze, welche einen durchaus neuen geometrischen Gegenstand behandeln, der nach rückwärts nur an die Vielecke wachsender Seitenzahl in der Kreisrechnung des Archimed und an die Lehre von den grössten und kleinsten Werthen bei Apollonius anknüpft, liegt auf der Hand, und es ist nur um so mehr zu bedauern, dass unser Wissen von ihrem Erfinder so dürftig ist.

Wir nennen weiter immer noch auf blosse Wahrscheinlichkeitsgründe uns stützend im Jahrhunderte zwischen 200 und 100: Hypsikles von Alexandria. Seine Leistungen liegen auf verschiedenen Gebieten. Die Handschriften des Euklid enthalten mehrfach nach den 13 Büchern der Elemente noch zwei Bücher stereometrischen Inhaltes, welche als XIV. und XV. Buch der Elemente, oder als die beiden Bücher des Hypsikles von den regelmässigen Körpern benannt zu werden pflegen. Neuere Untersuchungen[1]) haben einen solchen Gegensatz im Werth und Inhalt der beiden Bücher aufgedeckt, dass sie nothwendig verschiedenen Verfassern überwiesen werden müssen, und zwar das erste dem Hypsikles, das zweite einem mehrere Jahrhunderte n. Chr. lebenden Schriftsteller. Wir haben es demgemäss hier mit dem ersten Buch allein zu thun, welches aus folgenden sechs Sätzen über die regelmässigen Körper[2]) besteht: 1. Die vom Mittelpunkt eines Kreises auf die Seite des eingeschriebenen regelmässigen Fünfecks gefällte Senkrechte ist die halbe Summe des Halbmessers und der Seite des eingeschriebenen regelmässigen Zehnecks. 2. Einerlei Kreis fasst des in einerlei Kugel beschriebenen Dodekaeders fünfseitige und Ikosaeders dreiseitige Grenzfläche. 3. Die Oberfläche des Dodekaeders sowie des Ikosaeders sind beide dem 30fachen Rechtecke gleich, welches aus der Seite des Körpers und der aus dem Mittelpunkte einer Grenzfläche auf die Seite gefällten Senkrechten gebildet wird. 4. Die

[1]) Der Erste, welcher die Verschiedenheit beider Bücher erörternd sie zwei verschiedenen Autoren beilegte, war Friedlein im Bulletino Boncompagni 1873, 493—529. Ihm folgte Th. H. Martin ebenda 1874, 263—266. [2]) Gewöhnlich werden 7 Sätze angenommen, aber der 7. Satz (Zwei nach stetiger Proportion geschnittene Gerade verhalten sich wie ihre grösseren Abschnitte) ist offenbar kein Satz für sich, sondern nur Theil des Beweises des 6. Satzes.

Oberfläche des Dodekaeders verhält sich zur Oberfläche des Ikosaeders, wie die Seite des Würfels zur Seite des Ikosaeders. 5. Die Seite des Würfels verhält sich zur Seite des Ikosaeders, wie sich die Hypotenusen zweier rechtwinkligen Dreiecke verhalten, welche eine Kathete gemeinschaftlich und als andere Kathete den grösseren beziehungsweise den kleineren Abschnitt besitzen, der entsteht, indem die gemeinschaftliche Kathete nach stetiger Proportion geschnitten ist. 6. Der Körper des Dodekaeders verhält sich zum Körper des Ikosaeders wie die Seite des Würfels zur Seite des Ikosaeders. Diese Sätze, deren Wortlaut wir bei dem 1., 3., 5. Satze etwas mundgerechter zu fassen uns erlaubt haben als in den gewöhnlichen Uebersetzungen, bilden ein einheitliches Ganzes, welches seinem Verfasser wohl Ehre macht, und lassen nicht zu, dass man jenes andere früher gleichfalls Hypsikles zugeschriebene Buch damit in Verbindung setze, welches aus 7 Aufgaben besteht, die Construction eines Tetraeders in einen Würfel, eines Oktaeders in ein Tetraeder, eines Oktaeders in einen Würfel, eines Würfels in ein Oktaeder, eines Dodekaeders in ein Ikosaeder zu vollziehen, die Zahl der Ecken und der Seiten, endlich die gegenseitigen Neigungen der Grenzflächen in den fünf regelmässigen Körpern zu finden. Ueber den Verfasser des ersten Buches gibt dessen Einleitung einige Auskunft. Ihr Wortlaut ist:[1])

Basylides von Tyrus, mein lieber Protarch, kam einst nach Alexandria, war an meinen Vater wegen beider gemeinschaftlicher Liebe zur Mathematik empfohlen, und brachte die meiste Zeit seines Aufenthaltes in dem Umgange mit ihm zu. Als sie eines Tages des Apollonius Schrift über Vergleichung des in einerlei Kugel beschriebenen Dodekaeders und Ikosaeders und deren Verhältnisse zu einander durchgingen, so schien ihnen der Vortrag des Apollonius nicht ganz richtig zu sein, und sie schrieben, wie mir mein Vater gesagt hat, ihre Verbesserungen nieder. Nach der Zeit fiel mir jedoch eine andere von Apollonius herausgegebene Schrift in die Hände, welche eine richtige Auflösung der erwähnten Aufgabe enthält, deren Untersuchung mir ein ausnehmendes Vergnügen gewährt hat. Das von Apollonius herausgegebene Werk kann jeder selbst nachsehen, da es überall zu haben ist, weil man es für eine sorgsame Arbeit hielt. Dasjenige aber, was ich nachher aufgesetzt habe, glaube ich Dir wegen Deiner vorzüglichen Einsicht in allen Wissenschaften, besonders aber in der Geometrie, als einem kundigen Beurtheiler meines Vortrags zuerst vorlegen zu müssen: in der gewissen Erwartung, dass Du sowohl aus Freundschaft für meinen Vater, als aus Wohlwollen gegen mich, geneigt sein wirst meinem Versuche Deine Aufmerksam-

[1]) Vergl. z. B. Euklids Elemente fünfzehn Bücher aus dem Griechischen übersetzt von Johann Friedrich Lorenz. Halle. S. 425–426.

keit zu schenken. Doch es ist Zeit, dass ich meine Vorrede schliesse und zur Sache selbst komme.

Es war offenbar eine Jugendarbeit, welche Hypsikles mit diesen Worten dem noch lebenden Freunde seines Vaters widmete. Seine Mittheilungen geben uns Auskunft über eine sonst unbekannte Schrift des Apollonius und wurden in diesem Sinne von uns (S. 296) benutzt. Man hat aber aus denselben auch, wie uns scheint, richtige Folgerungen auf die Lebenszeit des Hypsikles gezogen.[1]) Der Vater des Hypsikles, welcher eine Abhandlung des Apollonius noch nicht kannte, welche dem Sohne nachher bekannt war und zu dessen Lebzeiten „überall zu haben" war, muss ein älterer Zeitgenosse des Apollonius gewesen und gestorben sein, bevor dessen verbesserte zweite Abhandlung zur Veröffentlichung gelangte. Da nun Apollonius etwa 200 gestorben ist, so mag Hypsikles etwa 180 seine Abhandlung geschrieben haben, eine Zeitbestimmung, zu welcher uns gleich nachher noch eine kleine Bestätigung zu gut kommen wird.

Eine zweite Abhandlung des Hypsikles, welche sich erhalten hat, ist das Buch von den Aufgängen der Gestirne, *ἀναφορικός*. Auf den astronomischen Inhalt dieses äusserst dürftigen Werkchens von nur sechs Sätzen haben wir nicht einzugehen, es sei denn um zu bemerken, dass die Methode desselben Berechtigung nur zu einer Zeit hatte, zu welcher trigonometrische Betrachtungsweisen noch nicht erdacht waren, und dass andererseits als wichtige Neuerung in den Aufgängen des Hypsikles die Eintheilung des Kreisumfanges in 360 Grade benutzt ist. Autolykus, ein astronomischer Schriftsteller kurz vor Euklid, hat diese Gradeintheilung noch nicht. Ebensowenig scheint sie Eratosthenes gekannt zu haben, wenn es richtig ist[2]), dass er sich eines so unbequemen Ausdruckes wie „$\frac{11}{83}$ des Kreisumfanges" bediente, während andererseits die Thatsache seiner vollzogenen Gradmessung (S. 282) uns wieder stutzig machen kann. Starb nun Eratosthenes um 194 und ist seine Benutzung jener unbequemen $\frac{11}{83}$ richtig auf das Jahr 220 bestimmt, schrieb dann Hypsikles um 180, so ist die Zeit der Einführung der Gradeintheilung des Kreises, also muthmasslich auch des davon untrennbaren babylonischen Sexagesimalsystems in Alexandria in sehr enge Grenzen gebracht. Von den sechs Sätzen des Anaphorikos sind die drei ersten arithmetischen Inhalts und rechtfertigen unser auch nur beiläufiges Verweilen bei

---

[1]) Vossius, *De scientiis mathematicis* pag. 328 (Amsterdam, 1650). Bretschneider 182. Falsche Ansichten bei Fabricius, *Bibliotheca Graeca* (edit. Harless) IV, 20, bei Montucla, *Histoire des mathématiques* I, 315, bei Nesselmann, Algebra der Griechen 246 flgg. [2]) Montucla, *Histoire des mathématiques* I, 304. Wolf, Geschichte der Astronomie S. 130.

dem Schriftchen. In moderner Aussprache sagen sie, dass in einer arithmetischen Reihe von grader Gliederzahl die Summe der zweiten Hälfte der Glieder die der ersten Hälfte um ein Vielfaches des Quadrates der halben Gliederzahl übertreffe[1]), dass die Summe einer arithmetischen Reihe bei ungerader Gliederzahl gleich dem Produkte der Gliederzahl in das mittlere Glied, bei grader Gliederzahl gleich dem Produkte der halben Gliederzahl in die Summe der beiden mittleren Glieder sei.

Bei so elementaren Kenntnissen blieb aber Hypsikles nicht stehen. Vielmehr war ihm die allgemeine Definition der Vieleckszahlen bekannt, welche er in die Worte kleidete: „Wenn beliebig viele Zahlen von der Einheit an von gleichem Unterschiede sind, und dieser Unterschied 1 ist, so ist die Summe eine dreieckige Zahl; ist der Unterschied 2, so ist die Summe eine viereckige Zahl, für 3 eine fünfeckige; die Anzahl ihrer Winkel ist um 2 grösser als der Unterschied, und ihre Seiten sind der Anzahl der vorgelegten Zahlen gleich.“ So berichtet Diophant im 8. Satze seiner Schrift über die Polygonalzahlen, von welcher im 23. Kapitel die Rede sein wird. Diophant nennt als seine Quelle: Hypsikles ἐν ὅρῳ. Die Uebersetzer dürften mit Recht diesen Ausdruck deutsch durch „in einer Definition“ übertragen haben, da ὅρος neben der Bedeutung Grenze (lateinisch: terminus oder limes) oder Reihenglied unzweifelhaft auch die Bedeutung der Begrenzung eines Begriffes, d. h. einer Definition besitzt. Bei welcher Gelegenheit Hypsikles sich jener Definition der Vieleckszahlen bedient haben mag, wissen wir durchaus nicht.

Wir schliessen dieses Kapitel mit der Nennung des einzigen Schriftstellers, für dessen Leben etwas genauere Angaben bekannt sind. Wir meinen Hipparch, der zwischen 161 und 126 v. Chr. astronomische Beobachtungen anstellte.[2]) Er ist in Nicäa in Bithynien geboren. Er beobachtete auf der Insel Rhodos, vielleicht auch in Alexandria. Seine hervorragendsten Verdienste rühmt die Geschichte der Astronomie, welcher er als Schöpfer einer wissenschaftlichen Sternkunde gilt. Er war aber auch der Urheber eines Theiles der Wissenschaft, welcher das Grenzgebiet zwischen Astronomie und Geometrie bildet, der Trigonometrie, und berechnete eine Sehnentafel.[3]) Leider wissen wir von dieser Leistung nur durch ein berichtendes Wort eines späten Schriftstellers, des Theon von Alexandria, der um 365 schrieb, und können also dieses Kapitel griechischer Mathematik nicht in seinen Ursprüngen verfolgen. Jedenfalls

---

[1]) Ist a das erste Glied, d die Differenz, $2n$ die Gliederzahl, so sind die beiden Summen $na + \frac{(3n-1)nd}{2}$ und $na + \frac{(n-1)nd}{2}$, deren Unterschied dn^2 ist. [2]) Wolf, Geschichte der Astronomie S. 45, Anmerkung 1. [3]) Ebenda S. 111.

aber stimmt die Erfindung trigonometrischer Betrachtungen etwa 150 v. Chr. mit der Nothwendigkeit überein, zu welcher wir weiter oben aus anderen Gründen gelangt waren, dem Anaphorikos des Hypsikles kein späteres Datum als das von 180 beilegen zu dürfen. Von Hipparch's Verdiensten um Einführung der geographischen Länge und Breite[1]) reden wir im nächsten Kapitel.

Wir sind einem Hipparch „der zu den Arithmetikern gehörte" begegnet (S. 220), von welchem combinatorische Berechnungen uns mitgetheilt wurden. Wir haben keinen Grund in diesem Schriftsteller, der nach Chrysippus (282—209) lebte, einen anderen als den Astronomen zu vermuthen. Wir glauben ebenso auch an die Richtigkeit arabischer Angaben, denen zufolge Hipparch als Schriftsteller über quadratische Gleichungen aufgetreten wäre.[2]) Eine Sehnentafel setzt zu ihrer Berechnung arithmetische wie algebraische Gewandtheit geradezu voraus.

Wir haben dieses Kapitel mit Nennung der Gebiete begonnen, auf welchen wir die Thätigkeit der Schriftsteller im Jahrhunderte von 200 bis 100 ungefähr entfaltet sehen würden. Unsere Darstellung ist mit unserer Ankündigung in Einklang geblieben. Nikomedes, Diokles, Perseus waren für uns die Männer, welche der Curvenlehre sich widmeten. Zenodorus widmete den planimetrischen Lehren vom Grössten und Kleinsten seine Kräfte. Hypsikles vervollkommnete die Stereometrie und führte durch das, was wir aus der Arithmetik von ihm wissen, den Beweis, dass auch dieser Theil der Mathematik in dem Jahrhunderte, welches auf das des Euklid folgte, nicht vernachlässigt wurde. Hipparch bestätigte uns in dieser letzten Ueberzeugung, der rechnende Astronom, welcher den naturgemässen Uebergang zu dem rechnenden Feldmesser bildet, der nunmehr unsere Aufmerksamkeit auf sich zieht.

Kapitel XVIII.

Heron von Alexandria.

Um das Jahr 100 v. Chr. etwa blühte Heron von Alexandria.[3]) Die Heimath dieses Mathematikers und Physikers geht aus der Ueberschrift mehrerer seiner uns erhaltenen Abhandlungen hervor, wird

---

[1]) Wolf, Geschichte der Astronomie S. 153. [2]) Vergl. *L'algèbre d'Omar Alkhayyâmi* (ed. Woepcke) Paris, 1851, *Préface* XI und *Journal Asiatique série* 5, T. V, pag. 251—253. [3]) Ueber Heron vergl. Venturi, *Commentari sopra la storia e le teorie dell'ottica, tomo* I. Bologna, 1814. Th. H. Martin, *Recherches sur la vie et les ouvrages d'Héron d'Alexandrie* etc. im IV. Bande der *Mémoires présentés par divers savants à l'académie des inscriptions et belles lettres: Série I. Sujets divers d'érudition.* Paris, 1854. Cantor, Die römischen

auch durch Pappus und durch einen Anonymus, der um das Jahr 938 in Byzanz lebte, bestätigt, welche beide von einem Heron von Alexandria zu reden wissen. Herons Lehrer war, wie jener Anonymus von Byzanz berichtet, Ktesibius, und diese Angabe findet gleichfalls Bestätigung sowohl dadurch, dass Proklus den Heron zugleich mit Ktesibius als Erfinder wunderbarer auf Luftdruck beruhender Vorrichtungen erwähnt, als wieder durch die Ueberschrift einer Abhandlung, welche ihren Verfasser „Heron des Ktesibius" nennt, eine Verbindung zweier Namen, welche von alten Zeiten her nicht bloss dem Verhältnisse von Sohn und Vater, sondern auch dem von Schüler und Lehrer entsprach. Ktesibius als Lehrer des Heron ist aber ein Zeugniss für das Zeitalter, in welchem dieser gelebt haben muss. Ktesibius[1]) nach einer Angabe in Alexandria geboren, nach den Meisten nur dort ansässig, während Askra sein Geburtsort war, hatte als Sohn eines Bartscheerers sich zuerst dem Gewerbe seines Vaters widmen müssen, war aber als geistvoller Erfinder physikalischer Apparate, z. B. einer Wasserorgel, einer Wurfmaschine, welche Geschosse unter Anwendung zusammengepresster Luft schleuderte, zu hohem Ansehen gelangt. Seine Blüthe fiel in die Regierung von Ptolemäus IX., Physkon (der Schmerbauch) oder Euergetes II. genannt, d. h. innerhalb des Zeitraums von 170 bis 117, und somit dürfte die Wirksamkeit eines Schülers des Ktesibius nicht leicht früher als 120, nicht leicht später als 80 gesetzt werden dürfen. Ein zweites Zeugniss[2]) für das Zeitalter des Heron hat man mit grosser Wahrscheinlichkeit einer Schrift des Heron selbst zu entnehmen gewusst. Dort sind Beobachtungen an zwei weit von einander entlegenen Standorten zu einem geodätischen Beispiele vereinigt und als diese Standorte sind Alexandria und Rom gewählt. Ptolemäus XIII. Neos Dionysos war aber der erste ägyptische König, welcher im Jahre 81 durch die Römer eingesetzt wurde. Von da an waren alle Augen in Alexandria nach Rom gerichtet, während vorher mit grösserer Wahrscheinlichkeit als an sich beliebiger Ort in einem blossen Beispiele Rhodos, vielleicht auch Athen gewählt worden wäre, so dass das Datum jener einen Abhandlung dadurch fast mit Gewissheit bis etwa zum Jahre 80 herabrückt. Die Zusammenfassung der beiden Momente lässt es zu, so wie wir es gethan haben, die Blüthe Herons von Alexandria auf das Jahr 100 anzusetzen, ein oder zwei Jahrzehnte nach aufwärts oder abwärts als Grenzen freigegeben.

Agrimensoren und ihre Stellung in der Geschichte der Feldmesskunst. Leipzig, 1875. Die geometrischen griechischen Texte herausgegeben von Hultsch: *Heronis Alexandrini geometricorum et stereometricorum reliquiae.* Berlin, 1864, theilweise auch von Vincent in den *Notices et extraits des manuscrits de la bibliothèque imperiale Tome XIX, Partie 2.* Paris, 1858. [1]) Agrimensoren, 9 und 16. [2]) Martin, *Recherches sur la vie* etc. pag. 91.

Dieser Heron war allem Anscheine nach der einzige seines Namens, welcher in der Geschichte der Mathematik einen Platz verdient. Pappus, der an verschiedenen Stellen von Heron redet, nennt ihn Heron schlechtweg oder Heron von Alexandria. Proklus, pedantisch genau in Vermeidung der Verwechslungen von Schriftstellern, wo dieselben möglich wären, wie wir (S. 165) gesehen haben, redet zweimal von dem Mechaniker Heron, viermal vorher und nachher von Heron schlechtweg, und unter diesen vier Stellen ist gerade diejenige, in welcher Heron mit Ktesibius zusammen genannt ist, so dass Heron ohne Beinamen bei Proklus jedenfalls derselbe ist wie Heron der Mechaniker oder der Schüler des Ktesibius. Eutokius in seinen Erläuterungen zur archimedischen Kreismessung (S. 274) redet gleichfalls nur von Heron, als wenn es eben nur einen solchen allbekannten mathematischen Schriftsteller gäbe.

Dazu kommt die Unmöglichkeit einen anderweitigen Mathematiker oder Mechaniker Heron irgendwie geschichtlich unterzubringen. Der Schriftsteller, welchen man ehedem als Heron den Jüngeren zu bezeichnen pflegte, ist der vorerwähnte Byzantiner des X. S., welcher selbst Heron von Alexandria citirt, und dem den gleichen Namen beizulegen auch nicht der geringste Grund vorliegt. Heron, der Lehrer des Proklus, welcher in dem zweiten Viertel des V. S. lebte, hat überhaupt keine bekannt gewordene mathematische Schrift verfasst; ihn hat Proklus insbesondere sicherlich bei keiner seiner Anführungen im Sinne gehabt, sonst würde der überaus pietätvolle Schüler für ihn eine andere Bezeichnung als das einfache Heron, oder Heron der Mechaniker gewählt haben. Heronas, der, wie Eutokius erzählt, einen Commentar zu Nikomachus schrieb, mithin zwischen den von ihm erläuterten Schriftsteller und den, der seiner erwähnt, zwischen das II. und VI. S., fällt, ist eine im Uebrigen durchaus unbekannte Persönlichkeit, so dass es eine leichtfertige Vermuthung wäre in ihm den Verfasser solcher Schriften erkennen zu wollen, welche als von Heron verfasst bezeichnet sind.

So einfach sich demnach die sogenannte heronische Frage, d. h. die Frage nach dem Verfasser der mathematischen und physikalischen Schriften, welche einem Heron beigelegt werden, zu lösen scheint, so sind doch noch Schwierigkeiten vorhanden, wie nicht anders zu vermuthen, da ja sonst Wunder nehmen dürfte, dass überhaupt jemals eine heronische Frage entstand. Die Handschriften der als heronisch bekannten Bücher sind ziemlich späten Ursprungs und verschiedenen Inhaltes. Kaum eine ist mit einer anderen zur vollen Deckung zu bringen. Bald fehlt eine, bald eine andere Abhandlung, und zum Ersatze findet sich wieder in der zweiten Handschrift, was man in der ersten vergeblich suchte. Schon dadurch ist vollgültige Gewissheit über die Echtheit aller Stücke erheblich erschwert. Dazu kommt die sichere Unechtheit mancher Stücke. Ein alle Spuren des Verfalles der Literatur an sich tragendes Griechisch, Maasse eines späten Zeitalters, Erwähnungen von Schriftstellern, die wie Modestus und Patrikius am Ende des IV. S. n. Chr. gelebt haben, können unmöglich dem Heron von Alexandria um 100 v. Chr. angehören.

Man hat neuerdings die Lösung aller dieser Schwierigkeiten darin zu finden sich geeinigt, dass man die Schriften des Heron im Grossen und Ganzen als echt in unserm Sinne, d. h. als dem früher sogenannten älteren Heron aus dem Jahre 100 v. Chr. angehörig erkennt, dass man aber annimmt, diese Schriften seien wesentlich verderbt worden. Sie seien, behauptet man, ungemein verbreitet, in zahllosen Abschriften und Auszügen vorhanden gewesen. Nun habe bald dieser, bald jener Anfertiger später Exemplare Randbemerkungen der mannigfachsten Art, wie sie seiner Lebenszeit angemessen schienen, beigefügt, und noch spätere unwissende Abschreiber haben bald solche Randbemerkungen in den Text herübergezogen, bald ihnen unverständlich gewordene Stellen weggelassen. So sei die gegenwärtige Gestalt der Schriften Herons entstanden. Man sei berechtigt alle als echt, wie alle als unecht zu bezeichnen, als echt dem Ursprunge nach, als unecht vermöge ihrer keineswegs unbedeutenden Verschlimmbesserungen.

Die Schriften Herons sind theils physikalischen, theils mathematischen Inhaltes. Wenn wir uns auch der Erörterung jener ersten Gruppe, so weit nicht Mathematisches in ihnen zur Rede kommt, hier grundsätzlich enthalten, so können wir doch nicht umhin auf eine schriftstellerische Eigenthümlichkeit Herons hinzuweisen, welche in ihnen vorzüglich zu Tage tritt, und auch in den Schriften, welche unsere Auseinandersetzung fordern, sich nicht verleugnet. Heron begnügt sich niemals mit bloss theoretischen Erörterungen. Er schreitet von der wissenschaftlichen Grundlage aus zur Anwendung, und zwar meistens zu einer doppelten Anwendung: neben dem Nutzen für die menschliche Gesellschaft erscheint auch das Vergnügen des Einzelnen ihm werth die Fürsorge des Gelehrten in Anspruch zu nehmen.

An der Grenze zwischen Physik und Mathematik liegen die streng mechanischen Schriften, welche Heron von Alexandria verfasst hat. Ein Werk über die Mechanik wird uns genannt, ein zweites, der Gewichtezieher, welches die von Archimed gestellte Aufgabe zu lösen sucht, eine gegebene Last mittels einer gegebenen Kraft in Bewegung zu setzen. Von beiden sind bei Pappus ziemlich umfangreiche Ueberreste erkannt worden, welche indessen wenig Gelegenheit für uns bieten, Bemerkungen daran zu knüpfen.

Ein Buch über angewandte Mechanik ist es, welches uns zuerst den Geometer Heron von achtunggebietender Seite kennen lehren wird. Er handelt darin von der Anfertigung von Geschützen.[1]) Er lehrt, dass, wenn eine dreifach stärkere Kraft erzielt werden will, die den Geschossen ihre Bewegung ertheilende Sehne dreifach stärkere Spannung erleiden muss. Diese ihr zu verschaffen, während die ganze Gestalt des Geschützes sich ähnlich bleibt, muss ein gewisser cylindrischer Theil desselben unter der gleichen geometrischen Bedingung, die für das Ganze gilt, dreimal grösser werden. Nun verhalten sich ähnliche Cylinder wie die Kuben einer Abmessung, z. B. des Durchmessers, also muss hier sich verhalten $d_1^3 : d_2^3 = 1 : 3$ (allgemeiner wie $1 : n$). Das ist die delische Aufgabe der Würfelverdoppelung in verallgemeinerter Form. Heron löst desshalb hier in einem Buche praktischen Inhaltes die theoretische Aufgabe zwischen zwei gegebenen Längen zwei mittlere geometrische Proportionalen einzuschalten. Seine Auflösung ist eine vollkommen gesicherte, indem sie ausdrücklich als heronisch benannt auch von Pappus aufbewahrt worden ist und an beiden Orten so genau zusammentrifft, dass sogar die Figur bei Pappus fast durchaus mit der in der heronischen Abhandlung (Figur 57) übereinstimmt.[2]) Der einzige Unterschied besteht darin, dass bei Pappus die Gerade $\eta\theta$ fehlt und demzufolge der Punkt η gar nicht und Herons Punkt θ durch η als den im Alphabete auf ζ folgenden Buchstaben bezeichnet ist. Die zwei mittleren geometrischen Proportionalen sollen zwischen die beiden Strecken $\alpha\beta$, $\beta\gamma$ eingeschaltet werden. Man bildet aus den gegebenen Strecken das Rechteck $\alpha\beta\gamma\delta$, dessen beide gleichen einander in θ halbirenden Diagonalen gezogen werden. Ein um die Ecke β sich drehendes Lineal wird alsdann empirisch in die Lage gebracht, dass seine

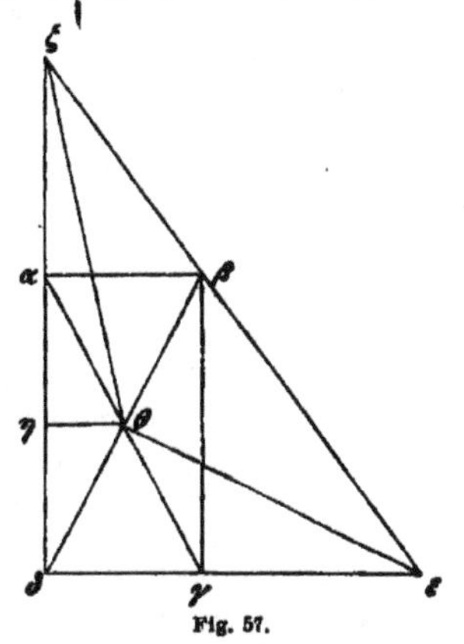

Fig. 57.

Durchschnitte mit den Verlängerungen von $\delta\alpha$ und $\delta\gamma$, nämlich ζ und ε, gleichweit von θ abstehen, so ist $\alpha\beta : \alpha\zeta = \alpha\zeta : \gamma\varepsilon = \gamma\varepsilon : \gamma\beta$. Die Zeichnung der Hilfslinien $\theta\varepsilon$, $\theta\zeta$, $\theta\eta$ (letztere senkrecht auf $\alpha\delta$) lässt erkennen $\theta\zeta^2 = \theta\eta^2 + (\eta\alpha + \alpha\zeta)^2 = \theta\eta^2 + \eta\alpha^2 + \alpha\zeta\,(2\eta\alpha + \alpha\zeta) = \theta\alpha^2 + \alpha\zeta\,.\,\delta\zeta$. Entsprechend dieser ersten Gleichung $\theta\zeta^2 = \theta\alpha^2 + \alpha\zeta\,.\,\delta\zeta$ muss zweitens $\theta\varepsilon^2 = \theta\gamma^2 + \gamma\varepsilon\,.\,\delta\varepsilon$ sein. Nun ist $\theta\zeta = \theta\varepsilon$ vorausgesetzt, es ist ferner $\theta\alpha = \theta\gamma$, folglich muss auch $\alpha\zeta\,.\,\delta\zeta$

[1]) Ἥρωνος Κτησιβίου βελοποιικά abgedruckt in dem von Thevenot herausgegebenen Bande: *Veteres mathematici*. Paris, 1693. [2]) Vergl. *Veteres mathematici* pag. 142 mit Pappus (ed. Hultsch) 63.

$= \gamma\varepsilon : \delta\varepsilon$ sein und $\alpha\zeta : \gamma\varepsilon = \delta\varepsilon : \delta\zeta$. Nun ist weiter $\alpha\beta : \alpha\zeta = \delta\varepsilon : \delta\zeta$ und $\delta\varepsilon : \delta\zeta = \gamma\varepsilon : \beta\gamma$, also endlich $\alpha\beta : \alpha\zeta = \alpha\zeta : \gamma\varepsilon = \gamma\varepsilon : \beta\gamma$, was zu beweisen war.

Wir gehen zu den eigentlich mathematischen Schriften des Heron über. Man kennt von ihm einige wenige Aussprüche elementaren Inhaltes und Beweise zweier Sätze aus dem ersten Buche der euklidischen Elemente, die sich in dem oft benutzten Commentare des Proklus vorfinden. Man kennt Definitionen in grösserer Zahl, welche als heronisch in den Handschriften vereinigt sind. Man kennt Bücher, welche die Titel führen: Geometrie, Geodäsie, Stereometrie, Ausmessungen, Buch des Landbaues. Man kennt eine Abhandlung von der Dioptra. Was oben über die Handschriften im Allgemeinen gesagt ist, gilt mit nur geringen Abänderungen von diesen Einzelschriften. Wir meinen dieses so, dass nicht jede Abhandlung von jeder anderen durchaus verschieden ist. Uebereinstimmungen des Inhaltes finden zwischen Schriften von abweichender Ueberschrift statt. Daneben finden sich Widersprüche, die es mitunter zweifelhaft erscheinen lassen, ob es möglich sei, dass Heron das eine Mal so, das andre Mal so gesagt habe. Dann ist wieder die Form auch bei widersprechendem Inhalte so durchaus die gleiche, dass ein Zweifel am gemeinsamen Ursprunge kaum aufkommen kann.

Eine um so wichtigere Frage ist desshalb die, ob man einen ursprünglichen Zusammenhang aller geometrischen Schriften Herons anzunehmen habe, oder ob es von Anfang an lauter gesonderte Werke waren. Beide Meinungen haben ihre Vertreter gefunden, für keine von beiden liegen eigentliche Beweisgründe vor. Wir stimmen der Ansicht bei[1]), es sei ein einziges grosses geodätisches Werk gewesen, welches Heron vielleicht veranlasst durch den Beherrscher Aegyptens geschrieben habe; es sei ein officielles Lehrbuch der Feldmessung von ihm verfasst worden, geeignet die alten Vorschriften, deren Mangelhaftigkeit man täglich mehr erkennen musste, und die gleichwohl, wie wir den Tempelinschriften von Edfu (S. 60–61) entnehmen konnten, zu Herons Lebzeiten noch immer in voller Uebung waren, zu verdrängen und neben sie bessere, genauere, aber noch immer der Berechnung leichte Bahnen eröffnende Regeln zu stellen. Dieses grosse Werk zerfiel dann, glauben wir, unter den Händen der Abschreiber und Abkürzer in einzelne Abhandlungen, je nachdem bald das Eine, bald das Andere vorzugsweise ausgezogen wurde.

Man hat hauptsächlich die Verschiedenartigkeit des Inhaltes der kleineren geometrischen Schriften zur Stütze der Meinung verwerthet,

---

[1]) *Metrologicorum scriptorum reliquiae* (ed. Hultsch, Leipzig, 1864–66). T. I. *Prolegomena* pag. 15, Note 9. Agrimensoren 30–31 und 36.

diese Dinge könnten nicht ursprünglich einem einzigen Werke als Bestandtheile angehört haben. Wir können diesem Einwurfe zu begegnen auf jüngere, auf ältere Aehnlichkeiten hindeuten. Spätere Nachahmungen waren bestrebt in ein Ganzes zu vereinigen, was in heronischen Schriften verzettelt vorlag; sollte das geschehen sein ohne damals wache Ueberlieferung einstmaliger Zusammengehörigkeit? Wir haben das Uebungsbuch des Ahmes in seinem bunten Inhalte; sollte es, das, wie wir noch sehen werden, in der sprachlichen Form als Muster beibehalten wurde, im Uebrigen nicht nachgeahmt worden sein?

Ahmes gab ein Rechenbuch heraus. Ihm war die eigentliche Feldmessung, wenn sie auch wichtige und häufig vorkommende Rechenbeispiele bot, immerhin etwas Nebensächliches. Nichtsdestoweniger fanden wir bei ihm die Berechnung des Flächen- und des Körperraumes geometrischer Gebilde und Maassvergleichungen. Beides durfte ein Schriftsteller, dem nachgrade die Feldmessung Hauptsache geworden war, um so weniger vermissen lassen. Daneben musste dieser aber auch noch Anderes geben, falls man einmal gewohnt war, in einem einzigen Buche Antwort auf alle Fragen zu suchen, welche das praktische Bedürfniss stellen liess. Er musste Auskunft geben über die Operationen der Feldmessung selbst im weitesten Sinne des Wortes. Er musste, wenn das Werk zu einer Zeit und an einem Orte geschrieben wurde, wo eine wissenschaftliche Geometrie Volkseigenthum geworden war, Definitionen der vorkommenden Raumgrössen und Beweise wenigstens für solche Formeln geben, die neu waren, und deren Richtigkeit nicht ohne Weiteres einleuchtete. Insbesondere aber durfte der Nachahmer alter ägyptischer Musterwerke, mochten die Zielpunkte sich einigermassen verschoben haben, doch unter keiner Bedingung die Rechnungsaufgaben als solche ganz vernachlässigen. Auch algebraische Aufgaben werden uns bei ihm nicht unerwartet sein, und unerwartet wieder nicht Vorschriften zur Vollziehung bestimmter Rechnungsoperationen, wenn nur Erstere in näherer oder fernerer Beziehung zur rechnenden Geometrie stehen, wenn nur Letztere, z. B. die Quadratwurzelausziehung, grade in der rechnenden Geometrie ihre vorzugsweise Anwendung finden.

So ist es uns gelungen ein — ob festes lassen wir dahin gestellt sein — geistiges Band um Gegenstände zu schlingen, welche der Vereinigung zu widerstreben schienen, und genau diese Gegenstände sind es, über welche Heron geschrieben hat. Die Maassvergleichungen, soweit sie alt sein können, sind neben und mit den Berechnungen der Flächen und Körper in der Geometrie und Stereometrie enthalten. Die Lehre von der Feldmessung selbst liefert die Abhandlung über die Dioptra. Die Definitionen haben wir erwähnt. Beweise sind bei Proklus aufbewahrt gefunden worden; einen Beweis, und zwar den der berühmten heronischen Formel für den Dreiecksinhalt aus den drei Seiten, werden wir der Abhandlung über die Dioptra noch zu entnehmen haben. Algebraisches muss aus verschiedenen heronischen Schriften zur Besprechung gezogen werden, und wenn wir über die Methode der Quadratwurzelausziehung, über welche Heron, wie wir wissen (S. 274), schrieb, nicht berichten, so unterbleibt es nur aus bedauernswerther Nothwendigkeit, weil diese zu Eutokius Zeiten allgemein zugänglichen Kapitel aus dem geometrischen Werke des Heron, als dessen Bestandtheile sie von Eutokius ausdrücklich bezeichnet werden, heute durchaus verschwunden sind. Es muss jedenfalls eine gute Methode gewesen sein, über welche Heron verfügte, da die bei ihm massenhaft auftretenden Quadratwurzelausziehungen durchgehends sehr nahe richtig sind. Wir erwähnen endlich noch, dass in den Definitionen selbst, wie man erkannt hat,[1] von Vorbemerkungen zu den Elementen der Arithmetik, sowie von Vorbemerkungen zu den Elementen der Geometrie die Rede ist.

Ob letztere insbesondere auch dem grossen geodätischen Werke Herons angehörten, oder ob sie einen Theil eines Commentars zu den Elementen des Euklid bildeten, wird mindestens so lange zweifelhaft bleiben, als über die Thatsache selbst Unsicherheit herrscht, ob Heron überhaupt einen solchen Commentar verfasste. Zum Voraus klingt es weder wahrscheinlich, dass in verhältnissmässig so früher Zeit Commentare zu Euklid geschrieben worden sein sollten, noch ist eine erläuternde schriftstellerische Thätigkeit einem Manne wie Heron zuzutrauen, der die Gewohnheit besass fast nirgend einen Vorgänger zu nennen.[2] Freilich müssten diese Zweifel zurückgedrängt werden, wenn es sich als wahr erweisen sollte, was immer noch bestätigender oder widerlegender Untersuchung wartet, dass eine arabische Uebersetzung heronischer Erläuterungen zu den Elementen des Euklid in einer Handschrift der leidner Bibliothek sich erhalten habe.[3])

Bevor wir mit diesen vorläufigen Bemerkungen abschliessen ist

---

[1]) Diese Bemerkung hat Martin gemacht. Vergl. Agrimensoren 37. [2]) In den geometrischen Schriften kommen nur folgende Namen vor: Archimed, Dionysius, Euklid, Modestus, Patrikius, Platon, Pythagoras. Von diesen sind Modestus und Patrikius jedenfalls spätere Einschaltungen. Dionysius kommt nur als Anrede in der Einleitung zu den Definitionen vor, während die Echtheit der Definitionen selbst mehr als die irgend einer heronischen Schrift angezweifelt wird. So bleiben nur Archimed, Euklid, Platon, Pythagoras übrig. Auch diese Citate können unmöglich sämmtlich echt sein, da z. B. für den Werth $\pi = \frac{22}{7}$ in der *Geometria* (ed. Hultsch) pag. 136 l. 5—11 auf Archimed und ebenda pag. 115 l. 7—10 auf Euklid verwiesen ist. Letzteres Citat stammt sogar aus der ältesten sonst zuverlässigsten Handschrift der *Geometria*. [3]) Martin, *Recherche sur la vie* etc. pag. 96.

eine letzte Frage zu stellen: War Heron der erste, der einzige griechische Schriftsteller über Geodäsie? Eine befriedigende Antwort können wir nicht geben. Ursprünglich, das lehrt die übereinstimmende Ueberlieferung aller Völker, ging die Feldmesskunst der eigentlichen wissenschaftlichen Geometrie als theoretische Raumlehre voraus und liess sie erfinden. Dann aber scheint bei den griechischen Schriftstellern wenigstens die Geometrie weitaus häufiger als der praktische Theil bearbeitet worden zu sein, wie schon daraus hervorgeht, dass das Wort Geodäsie überhaupt erst seit der Zeit des Aristoteles (S. 212) in der griechischen Literatur nachgewiesen werden kann. Begann man damals geodätische Schriften in dem Sinne, in welchem wir von einer Geodäsie Herons reden, zu verfassen? Waren in Alexandria ägyptische Musterwerke aus verhältnissmässig junger Zeit vorhanden? Wir möchten namentlich die letztere Frage lieber bejahen als verneinen. Erhalten sind uns freilich auch nicht die leisesten Spuren solcher Schriften, aber ist es denn anders mit den Elementenwerken vor Euklid gegangen? Was wüssten wir von einem Hippokrates von Chios, von einem Leon, von einem Theydius, wenn nicht ein Commentator des letzten und grössten Elementenschreibers, wenn nicht Proklus uns darüber berichtete? Heron hat nun keinen Proklus gefunden, was bei der praktisch hohen, philosophisch aber geringfügigen Bedeutung seiner Schriften uns nicht einmal in Erstaunen setzen kann, und so sind wir auf die einfache Thatsache beschränkt, dass wir unter Herons Namen Werke von hoher Vollendung vor uns sehen, Werke, welche, soweit es sich um Berechnungen handelt, allerdings an den theoretischen Vorarbeiten eines Euklid und Archimed meistens ausreichende Begründung finden, welche aber auch die Kunst der Feldmessung, wir meinen die eigentlichen messenden und ortsbestimmenden Arbeiten auf dem Felde, so vortrefflich darstellen, dass wir uns nicht denken können, es sei hier unvorbereitet, unvermittelt eine ganz neue Kunst beschrieben. Wir stellen uns damit keineswegs in Widerspruch zu unserer früheren Behauptung, das Werk des Heron sei nothwendig gewesen um mit dem alten Schlendrian vererbter Unzulänglichkeit aufzuräumen. Wir leugnen nicht das Ueberragen Herons über seine Vorgänger, wenn wir an Vorgänger glauben. Es gab Feldmesser Jahrtausende vor Heron in Aegypten, Seilspanner, Harpedonapten, wie der alte Grieche (S. 55) sie nannte, und an welche wir gleich nachher uns erinnern wollen. Sie müssen gewisse Vorschriften, wie man zu verfahren habe, unter sich vererbt haben. Ihr Erbe muss auf Heron gelangt sein. Ohne Zweifel hat er auch in diesem praktischen Theile es an wesentlichen Verbesserungen nicht fehlen lassen. Ihm ist vielleicht die Erfindung der Dioptra zuzuschreiben, während man früher mit mangelhafteren Vorrichtungen sich begnügte, aber Vorrichtungen hatte man z. B. den sogenannten Stern, und deren Gebrauch muss, wir wiederholen es, eine ältere mündlich oder schriftlich überlieferte Feldmesskunst gelehrt haben. Der letzte geodätische Schriftsteller blieb Heron allerdings für lange Zeit. Euklid und Heron waren nachgrade ihrer Persönlichkeit beinahe entkleidet worden. Sie waren Titel von Schulbüchern geworden, welche auch zu Völkern drangen, die in anderen Sprachen als in der griechischen dachten und redeten. Mochten in diesen „Euklid" der Theoretiker, in diesem „Heron" der Praktiker Dinge eingedrungen sein, an welche der lebende Euklid, der lebende Heron nie gedacht hatte, für die Nachkommen blieb es der „Euklid," der „Heron." Ja, es ist gar nicht unmöglich, dass bei derartigem neben einander hergehenden Gebrauche aus dem „Euklid" dieses oder jenes, z. B. Definitionen, in den „Heron" überging; auch das Entgegengesetzte wäre möglich, wenn es gleich an Beispielen dafür uns fehlt, aber die heronische Dreiecksformel etwa hätte ganz gut in eine Handschrift des Euklid sammt ihrem Beweise eindringen können.

Gehen wir nun zur Feldmesskunst des Heron über, wie sie in der Abhandlung über die Dioptra[1]) beschrieben ist, und beginnen wir mit der Schilderung der Dioptra selbst. Sie bestand aus einem 4 Ellen langen Lineal, welches an beiden Enden Plättchen zum Hindurchvisiren oder, wie man heute sagt, Dioptervorrichtungen trug. Sie ruhte auf einer kreisrunden Scheibe, auf welcher sie in Drehung versetzt werden konnte, und eine vertikale Drehung war mit der Scheibe auf einem die ganze Vorrichtung tragenden Fusse ermöglicht. Wir dürfen in der Dioptra den Keim des Theodolithen der neueren Feldmesskunst erkennen. Sie diente zum Abstecken von Geraden in den mannigfachsten Richtungen, wenn auch eine Winkelmessung auf dem Felde nicht stattfand. Um eine Senkrechte zu einer gegebenen Richtung sich zu verschaffen dienten zwei kleine Zäpfchen auf der Dioptrascheibe, bis zu welchen die Dioptra gedreht werden musste, um einen rechten Winkel zu erhalten. Den oben erwähnten vorheronischen Stern bildeten zwei in horizontaler Ebene sich rechtwinklig schneidende Lineale, also eine Art von Winkelkreuz. Die Vorrichtung zum Hindurchvisiren aber fehlte, und ebenso fehlten verschiedene Hilfsapparate, die mit der Dioptra in Verbindung standen. Bei ihr war die vertikale Stellung des Fusses verbürgt durch einen herabhängenden Bleisenkel, welcher längs einer auf dem Fusse eingeritzten Geraden seinen Verlauf nehmen musste. Die Horizon-

---

[1]) *Ἥρωνος Ἀλεξάνδρεως περὶ διόπτρας* abgedruckt mit französischer Uebersetzung von Vincent, mit den Anmerkungen von Venturi und Vincent in den *Notices et extraits des manuscrits de la bibliothèque impériale* XIX, 2 (Paris, 1858).

talität der Scheibe entnahm man einer Wasserwage. Statt beider mussten bei dem Sterne Bleisenkel dienen, welche an den 4 Enden des Winkelkreuzes hingen, welche aber, wie Heron tadelnd hervorhebt, namentlich bei einigermassen stark gehendem Winde, nicht leicht zur Ruhe kamen und somit die Brauchbarkeit des Apparates, welche von der gesicherten richtigen Aufstellung untrennbar ist, wesentlich verringerten. Mit Hilfe der Dioptra und abgetheilter selbst mit Bleisenkel versehener Signalstangen wurden die wichtigsten Aufgaben auf dem Felde gelöst. Nivellirungen; Absteckung einer Geraden zwischen zwei Punkten, deren keiner von dem anderen aus gesehen werden kann; Bestimmung der Entfernung eines sichtbaren aber unzugänglichen Punktes; Auffindung der Breite eines Flusses ohne ihn zu überschreiten; Auffindung der Entfernung zweier Punkte, die beide sichtbar, beide unzugänglich sind; Absteckung einer Senkrechten zu einer unzugänglichen Geraden in einem unzugänglichen Punkte derselben, Bestimmung der Höhe eines entfernten Punktes über dem Standorte des Beobachters; Aufnahme eines Feldes; Wiederherstellung der mit Ausnahme von 2 oder 3 durch Grenzsteine gesicherten Punkten verloren gegangenen Umfriedigung eines Feldstückes unter Anwendung des vorhandenen Planes: das dürften etwa die interessantesten Aufgaben sein, welche Heron in seiner Schrift von der Dioptra, welche wohl den praktischen Theil seines geodätischen Werkes bildete, behandelt hat, bei späteren Aufgaben stets früher gelehrte Operationen benutzend, wodurch das Einheitliche dieser Abhandlung sich erweist.

Es würde zu weit führen, wollten wir genau schildern, in welcher Weise Heron jedesmal verfährt. Nur die beiden letztgenannten Aufgaben müssen aus besonderen Gründen hier zur Rede kommen. Die Aufnahme eines Feldes erfolgt durch Absteckung eines Rechteckes, welches 3 seiner Eckpunkte auf der Umgrenzung selbst besitzt. Die Seiten dieses Rechtecks werden nun freilich mit den Grenzen des Feldes nicht zusammentreffen, aber die zwischenliegenden Grenzstrecken bestimmen sich durch die senkrechten Entfernungen einzelner Punkte derselben von den Rechtecksseiten unter genauer Bemerkung derjenigen Punkte der Rechtecksseiten, in welche jene meist kleinen Senkrechten eintreffen. Der geschickte Feldmesser wird, nach Herons ausdrücklicher Vorschrift, es so einzurichten wissen, dass die Grenze zwischen zwei zur Bestimmung ihrer Endpunkte dienenden Senkrechten leidlich gradlinig aussieht. Wenn wir noch so vorsichtig uns davor hüten wollen neue Gedanken in alte Methoden hineinzulesen, hier müssen wir ein bewusstes Verfahren mit rechtwinkligen Coordinaten erkennen. Nicht als ob wir behaupten wollten, Heron habe nach einem gemeinsamen Gesetze gesucht, welchem die vertikalen und horizontalen Entfernungen zu bestimmender Punkte von gegebenen Linien gehorchen, das thut nicht einmal die moderne Feldmesskunst, welche sehr wohl empirische Linien von geometrischen Curven zu unterscheiden weiss. Aber denken wir daran, dass Hipparch (S. 313) die Erde mit Coordinaten überzog, welche die Lage jedes Punktes derselben bestimmen sollten, dass dieser die Breite von dem Aequator, die Länge von dem Meridiane von Rhodos, mithin von ganz genau definirten Anfangslagen beginnen und messen liess, so werden wir in Herons Verfahren die Wiederholung auf kleinerem Felde finden von dem, was sein etwas älterer Zeitgenosse für die Erde in ihrer Gesammtoberfläche gelehrt hat, beide vielleicht abhängig von uralten Vorbildern, aber über jene hinausgehend. Wir erinnern daran, dass die ägyptischen Bildhauer unter König Seti I. die mit Bildwerk zu versehenden Wände zunächst mit einem Netze kleiner Quadrate überzogen (S. 58). Das waren auch Coordinaten. Aber ob und wie Linien der beabsichtigten Figuren in diese Quadratchen hineinfielen, dürfte an sich unerheblich gewesen sein. Vermuthlich sollten nur bei der Ausführung im Grossen dieselben Verhältnisse beibehalten werden, welche der Künstler in seiner Handskizze dem Augenmaasse oder der Uebung nach sich vorgezeichnet hatte. Jetzt entwarf Heron kleinere rechtwinklige Figuren zu bestimmtem Zwecke und wählte Zahl und Entfernung der Senkrechten in bewusster Beliebigkeit. Früher war es eine zufällige, jetzt eine absichtliche Bestimmung einzelner Punkte mittels senkrecht zu einander gezeichneter Strecken.

Nicht minder lehrreich ist für uns die Rückübertragung des gezeichneten Planes auf das Feld, wenn nur einige Punkte desselben gegeben sind. Erhalten seien (Figur 58) die Grenzsteine α, β, deren Inschriften gestatten, sie auf dem Plane zu identificiren; gesucht werden die beiden Hauptrichtungen auf dem Felde, welche zu einander senkrecht dem ganzen Plane als Grundlage dienen, so dass wenn z. B. $\alpha\gamma$ einer dieser Hauptrichtungen gleichlaufend und $\beta\delta$ zu ihr senkrecht wäre, die Längen $\alpha\delta$, $\beta\delta$ mit den Inschriften der beiden Grenzsteine in Einklang stehen. Jedenfalls kann man auf dem Felde $\alpha\beta$ abstecken und auf dieser Strecke einen Punkt ε ziemlich nahe bei α sich genau bemerken. Nun ist auf dem Plane das Dreieck $\alpha\beta\delta$ bekannt und vermöge der erfolgten Abmessung von $\alpha\beta$ auch das Verhältniss der Längen auf dem Plane zu denen auf dem Felde. Das Dreieckchen $\alpha\varepsilon\zeta$ muss dem $\alpha\beta\delta$ ähnlich sein, aus der gemessenen Länge $\alpha\varepsilon$ folgen daher durch Rechnung die Längen von $\alpha\zeta$ und $\zeta\varepsilon$, welche auf einem Seile $\rho\sigma\tau$ durch Strichelchen angemerkt werden. Nun befestigt man dieses Seil mit ρ in α, mit τ in ε und

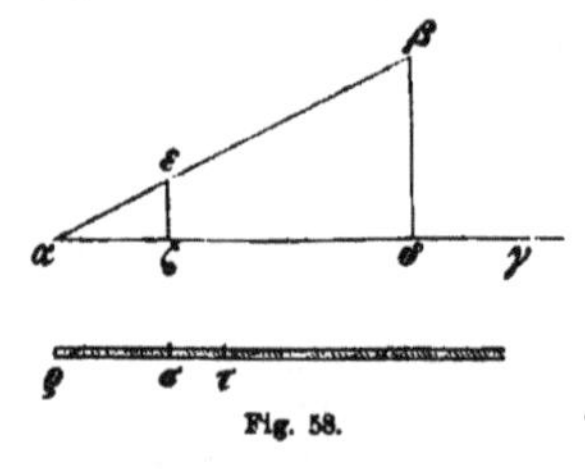

Fig. 58.

spannt es in σ an, so wird bei σ ein rechter Winkel entstehen und ζ gefunden sein und damit zugleich die Richtung $\alpha\zeta\delta\gamma$. Das geschichtlich Bedeutsame bei diesem Verfahren besteht darin, dass der rechte Winkel durch Anspannung eines Seiles gewonnen wird, welches mit zwei durch Striche oder Knoten bezeichneten Stellen an zwei Pflöcken im Boden befestigt wurde. Das ist ja nichts anderes als die ägyptische Seilspannung (S. 55—56) bei der Grundsteinlegung der Tempel, ein Verfahren, welches, wie wir wissen, vielleicht schon zur Zeit des Königs Amenemhat I. um das Jahr 2300 nicht wesentlich anders geübt worden war als 237 bei der Gründung des Tempels von Edfu. Damit gewinnt aber auch die Vermuthung einigen Halt: im Jahre 237 werde man etwa so verfahren sein, wie im Jahre 100, und das letztere uns genau bekannte Verfahren sei mit einigen Abänderungen, wie wir früher auszusprechen wagten, in ältester Zeit bereits zur Erlangung rechter Winkel benutzt worden. Natürlich können die damals angenommenen Zahlen für die gegenseitigen Entfernungen der 3 Knoten hier, wo es sich um Herstellung eines einem bestimmten rechtwinkligen Dreiecke ähnlichen Dreiecks handelt, nicht zur Bestätigung kommen. Noch eine Veränderung ergab sich, wie wir finden, im Laufe der Jahrhunderte. Demokritus nannte die Seilspanner Harpedonapten, das Seil selbst also Harpedon mit einem Worte, dessen Klang schon den ägyptischen Ursprung verräth. Zu Herons Zeit führte das aus Binsen geflochtene Seil den griechischen Namen Schoinion und wurde, wie Heron in der Geometrie sagt,[1]) abwechselnd mit dem Rohre, Kalamos, zu Messungen benutzt. Wir bemerken hiezu beiläufig, dass κάλαμος und das dem σχοινίον nahe verwandte σχοῖνος neben der allgemeinen Bedeutung Messstab und Messschnur auch die besonderer und zwar unter einander verschiedener Maasse besitzen.

Wir haben noch bei einem Paragraphen der Schrift über die Dioptra zu verweilen, bei demjenigen, der, wie wir schon sagten, den Beweis für die sogenannte heronische Dreiecksformel liefert.[2]) Das Dreieck $\alpha\beta\gamma$ erweist sich (Figur 59) bei Einbeschreibung

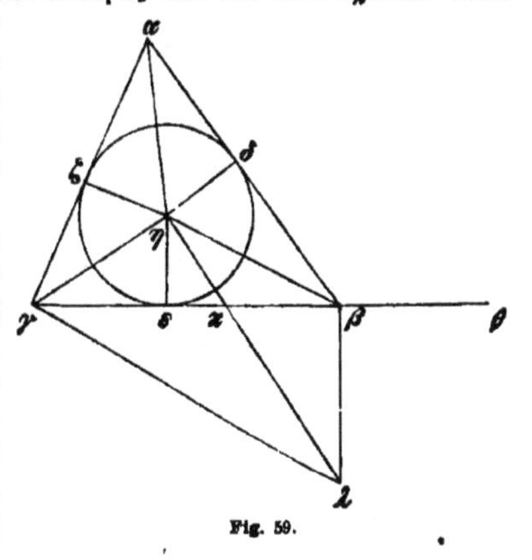

Fig. 59.

[1]) Heron (ed. Hultsch) 43. [2]) Vergl. Hultsch, Der heronische Lehrsatz über die Fläche des Dreiecks in der Zeitschr. Math Phys IX, 225—249.

des Kreises mit dem Halbmesser $\eta\varepsilon$ als gleich dem Doppelten eines Dreiecks mit diesem Halbmesser als Höhe und dem halben Umfang von $\alpha\beta\gamma$ oder mit $\gamma\theta$ als Grundlinie (sofern $\beta\theta = \alpha\delta$ genommen ist). Nun wird die Hilfsconstruction $\eta\lambda$ senkrecht zu $\eta\gamma$, $\beta\lambda$ senkrecht zu $\beta\gamma$ und $\gamma\lambda$ vollzogen nebst den Halbmessern $\eta\delta$, $\eta\varepsilon$, $\eta\zeta$ des eingeschriebenen Kreises und den Verbindungsgeraden $\eta\alpha$, $\eta\beta$, $\eta\gamma$ seines Mittelpunktes mit den Endpunkten des Dreiecks. Weil $\sphericalangle\, \gamma\eta\lambda = \gamma\beta\lambda = 90^0$, muss $\gamma\lambda$ der Durchmesser des umschriebenen Kreises für die beiden Dreiecke $\gamma\eta\lambda$ und $\gamma\beta\lambda$ sein, d. h. $\gamma\eta\beta\lambda$ ist ein Sehnenviereck und

$$\sphericalangle\, \gamma\eta\beta + \gamma\lambda\beta = 180^0.$$

Aber $\sphericalangle\, \gamma\eta\beta = \gamma\eta\varepsilon + \varepsilon\eta\beta = \frac{\zeta\eta\varepsilon}{2} + \frac{\varepsilon\eta\delta}{2}$, und addirt man dazu noch $\alpha\eta\delta = \frac{\delta\eta\zeta}{2}$ und berücksichtigt $\zeta\eta\varepsilon + \varepsilon\eta\delta + \delta\eta\zeta = 360^0$, so zeigt sich auch
$$\sphericalangle\, \gamma\eta\beta + \alpha\eta\delta = 180^0,$$
folglich
$$\sphericalangle\, \gamma\lambda\beta = \alpha\eta\delta;$$
ferner $\sphericalangle\, \gamma\beta\lambda = 90^0 = \alpha\eta\delta$, folglich sind die Dreiecke $\beta\gamma\lambda$, $\delta\alpha\eta$ ähnlich und $\beta\gamma : \beta\lambda = \delta\alpha : \delta\eta$ oder, was dasselbe ist, $= \beta\theta : \eta\varepsilon$, somit $\frac{\gamma\beta}{\beta\theta} = \frac{\beta\lambda}{\eta\varepsilon}$. Aber aus der leicht ersichtlichen Aehnlichkeit der Dreiecke $\beta\lambda\varkappa$, $\varepsilon\eta\varkappa$ folgt auch $\frac{\beta\lambda}{\eta\varepsilon} = \frac{\varkappa\beta}{\varepsilon\varkappa}$, mithin $\frac{\gamma\beta}{\beta\theta} = \frac{\varkappa\beta}{\varepsilon\varkappa}$. Durch Addition der Einheit auf beiden Seiten des Gleichheitszeichens folgt: $\frac{\gamma\theta}{\beta\theta} = \frac{\varepsilon\beta}{\varepsilon\varkappa}$ oder $\frac{\gamma\theta^2}{\gamma\theta\cdot\beta\theta} = \frac{\gamma\varepsilon\cdot\varepsilon\beta}{\gamma\varepsilon\cdot\varepsilon\varkappa}$ oder $\frac{\gamma\theta^2}{\gamma\theta\cdot\beta\theta} = \frac{\gamma\varepsilon\cdot\varepsilon\beta}{\eta\varepsilon^2}$ und daraus $(\gamma\theta\cdot\eta\varepsilon)^2 = \gamma\varepsilon\cdot\varepsilon\beta\cdot\beta\theta\cdot\gamma\theta$. Nun war der Flächeninhalt des Dreiecks $\alpha\beta\gamma$ (als des doppelten des Dreiecks $\gamma\eta\theta$) $= 2\cdot\frac{\gamma\theta\cdot\eta\varepsilon}{2} = \gamma\theta\cdot\eta\varepsilon$ und somit ist, wenn man die Fläche des Dreiecks $\alpha\beta\gamma$ durch Δ bezeichnet, $\Delta = \sqrt{\gamma\varepsilon\cdot\varepsilon\beta\cdot\beta\theta\cdot\gamma\theta}$. Setzt man endlich $\alpha\beta = c$, $\alpha\gamma = b$, $\beta\gamma = a$, so lassen die Faktoren unter dem Wurzelzeichen sich leicht anders ordnen und schreiben, so dass $\Delta = \sqrt{\frac{a+b+c}{2}\cdot\frac{a+b-c}{2}\cdot\frac{a-b+c}{2}\cdot\frac{-a+b+c}{2}}$ entsteht, eben die Formel, die Herons Namen führt. Ob sie ihm angehört, d. h. ob Heron hier eine eigene oder fremde Erfindung mittheilt, ist nicht vollständig festzustellen. Heron ist, wie wir sahen, kein Freund von Citaten, und so wäre es möglich, dass er einen zu seiner Zeit schon anderweitig bekannten Satz hier vortrüge. Den Beweis dürfen wir wohl mit grösserer Sicherheit sein Eigenthum nennen, weil sonst kein Grund abzusehen wäre, warum er ihn mittheilte. Da überdies Heron in jeder Beziehung der Mann ist, dem man die Erfindung auch des Satzes füglich zutrauen darf, so ist und bleibt uns die Formel die heronische, so lange ein früherer Erfinder nicht wahrscheinlich gemacht wird.

Kapitel XIX.

Heron von Alexandria. (Fortsetzung.)

Von der Abhandlung über die Dioptra wenden wir uns zu einem raschen Ueberblicke über die anderen Schriften, um die Reihenfolge wenigstens kennen zu lernen, in welcher hier die einzelnen Formeln auftreten.

Geometrische Definitionen, zwischen welche eine historische Notiz über den Ursprung der Geometrie mit Hinblick auf den jährlichen Austritt des Nils eingeschaltet ist, und eine Maasstabelle eröffnen das Buch der Geometrie. Nach diesen kommt die Berechnung von Quadraten und Rechtecken, deren Fläche und deren Diagonale gesucht wird. Das rechtwinklige Dreieck folgt, auf dieses die aneinanderhängenden Dreiecke, das gleichseitige, das gleichschenklige, das beliebige Dreieck. Beim rechtwinkligen Dreiecke werden die Methoden des Pythagoras und des Platon zur Auffindung rationaler Seitenlängen gelehrt; beim beliebigen Dreiecke wird die Senkrechte von der Spitze auf die Grundlinie gefällt und unterschieden, ob diese Senkrechte die Basis selbst trifft und Abschnitte auf ihr erzeugt, oder ob sie jenseits der Basis eintreffend eine Ueberragung hervorbringt; es wird aber auch die heronische Formel unmittelbar angewandt, welche ohne Durchgang durch die Berechnung des Abschnittes, beziehungsweise der Ueberragung und der Höhe die Dreiecksfläche sofort aus den drei Seiten ableitet. Nun folgt die Rückkehr zum Vierecke und zu den mannigfaltigsten Zerlegungen einer Figur durch Hilfslinien. Quadrate in gleichschenklige Dreiecke eingezeichnet, Rhomben oder verschobene Quadrate, Rechtecke, Parallelogramme, rechtwinklige Trapeze, gleichschenklige Trapeze, beliebige Vierecke werden so der Berechnung unterzogen. Nach den gradlinig begrenzten Figuren wendet Heron sich zum Kreise und zu dessen Theilen. Durchmesser, Umfang, Inhalt des Kreises werden gegenseitig aus einander abgeleitet. Die Fläche eines Kreisabschnittes und die Länge seines Bogens werden aus der Sehne und Höhe des Abschnittes ermittelt, und auch der Ring zwischen zwei concentrischen Kreisen wird berechnet. Vom Kreise kehrt der Verfasser zu den regelmässigen Vielecken zurück, indem er Formeln gibt, welche die Flächen dieser Vielecke vom Fünfecke bis zum Zwölfecke aus der Seitenlänge finden lehren. Damit dürfte der richtige Text im Ganzen abschliessen, indem das noch folgende Stück (5 Seiten der Druckausgabe füllend) ziemlich unzweifelhaft als unecht sich erweist. Dort ist nämlich eine dem Patrikius, also einem sehr späten Schriftsteller, angehörende Vorschrift, dort die Wiederholung der Vorschriften für die Vielecksberechnung, die Wiederholung der geschichtlichen Bemerkung über den Ursprung der Geometrie mit kaum erwähnenswerthen Varianten, dort am Schlusse wieder eine Maasstabelle zu finden.

Eine andere Schrift heisst Geodäsie. Auch sie beginnt mit Definitionen, mit einer historischen Notiz, mit Maassvergleichungen; auch sie berechnet den Flächeninhalt von Quadraten und Rechtecken, bevor sie zum Dreiecke sich wendet, und zwar wieder zum rechtwinkligen Dreiecke, welches nach Pythagoras und Platon aus ganzzahligen Seiten bestehen kann, zu den aneinanderhängenden Dreiecken, zu dem gleichseitigen, zu dem beliebigen Dreiecke, bei welchem die heronische Formel den Schluss bildet.

Die sogenannte Stereometrie ist begreiflicherweise wesentlich anderen Inhaltes. Hier sind es Rauminhalte von Körpern und Körperoberflächen, welche den Gegenstand der Berechnungen bilden. Die Kugel, der Kegel, der abgestumpfte Kegel, der in langgestreckter Form bald Obelisk, bald Säule heisst, der Cylinder geben Beispiele, bevor zu den allseitig eben abgegrenzten Körpern: Würfel, Parallelopipedon, Keil übergegangen wird, als dessen nicht ganz deutlich beschriebene Sonderfälle wohl der Huf, der Mäuseschwanz, der Ziegel zu betrachten sind. Fast eben diese, eben auch andere eben begrenzte Körper erscheinen sofort noch einmal als Pyramiden mit quadratischer, mit rechteckiger, mit gleichseitig dreieckiger, mit rechtwinklig dreieckiger Grundfläche, jede derselben sowohl ganz als abgestumpft der Untersuchung unterworfen. Dann kommen mancherlei der Praxis, aber nicht der eigentlichen Stereometrie angehörige Körperformen an die Reihe. Von dem Inhalt einer Muschel, einer Schale, von dem Umfange eines Amphitheaters und von der Menschenmenge, welche ein Zuschauerraum fassen kann unter der Annahme, dass die Bänke sich nach dem Gesetz einer arithmetischen Reihe verjüngen, von Speisesälen und Badezimmern, von Brunnen, von Kufen und Butten, von Transportschiffen ist die Rede, und wo man bei der Berechnung über die aus den Namen nicht mit genügender Klarheit hervorgehende Gestalt sich Raths erholen will, lässt jene uns meistentheils erst recht im Stiche.

Eine zweite Sammlung mit der Ueberschrift als Stereometrie und dem Verfassernamen Herons gibt auch nur meist zweifelhafte Ergebnisse, bald mit denen der ersten Sammlung übereinstimmend, bald ihnen widersprechend. Die Reihenfolge ist dahin verändert, dass hier räthselhafte Körperformen, die selbst nicht durchweg die gleichen wie die der ersten Sammlung sind, die Reihe eröffnen. Zwischendrein ist die Messung der Höhe einer Säule mittels ihres Schattens angegeben, das erstmalige Auftreten dieser von Thales (S. 116) herrührenden Methode in einem geometrischen Werke. Die Schatten der Säule sowie eines seiner Länge nach bekannten Stabes werden gemessen, und dann wird die Proportion Stabschatten : Säulenschatten = Stab : Säule in Anwendung gebracht. Nun folgen erst Pyramiden, und zwar solche auf rechtwinklig dreieckiger oder gleichseitig dreieckiger Grundlage und solche, deren Grundfläche regelmässige Fünfecke, Sechsecke und Achtecke sind. Nach einer unverständlichen Stufenpyramide kommt der Satz, dass jede Pyramide der dritte Theil des Prisma von gleicher Grundfläche und Höhe ist, worauf mit der Berechnung einer abgestumpften Pyramide auf rechteckiger Grundfläche unter dem Namen Altarstufe und mit der gegenseitigen Multiplication von Längenmaassen zu Flächenmaassen diese Stereometrie abschliesst.

Ausmessungen haben wir den Titel *μετρήσεις* einer weiteren Schrift heronischen Namens übersetzt, welche ungleich den vorigen, denen doch annähernd gleichartige Probleme zum Gegenstande dienen, bald Flächen, bald Körperinhalte durch einander gewürfelt in zweimaliger Abwechslung darbietet. Zuerst erscheinen nämlich Körper, dann Flächen, dann wieder Körper, zuletzt Flächen. Wir heben aus der wirren Sammlung nur hervor, dass auch hier wieder Körper eigener Art auftreten, zu deren Verständniss noch gar Manches fehlt, und dass zwischen die Inhaltsberechnungen auch Brunnenaufgaben eingeschaltet sind, d. h. Aufgaben, in welchen die Zeit gesucht wird, binnen welcher eine Cisterne durch mehrere Röhren gefüllt werden kann, wenn man weiss, wie lange die Füllung durch jede einzelne Röhre dauern würde.

Die letzte heronische Sammlung, das Buch des Landbaues, *γεηπονικὸν βιβλίον*, geht aus von Definitionen. Ihnen folgen Flächenausmessungen mancherlei Vierecke und Dreiecke, wobei die Vierecke den Dreiecken vorangehen, sowie rechnende Auflösung von Aufgaben, in welchen Kreise vorkommen. Nach Ausrechnung der Pyramiden auf quadratischer Grundfläche kehrt die Sammlung zu ebenen Aufgaben, zu den Durchmessern der dem regelmässigen Fünfecke und Sechsecke umschriebenen Kreise zurück. Wieder erscheinen Aufgaben, welche, dem Gegenstande nach unerwartet, Einschaltungen sein könnten, und die sich auf die Auffindung von Rechtecken beziehen, deren Umfänge so wie deren Inhalt in gegebenem Zahlenverhältnisse stehen sollen, Aufgaben, welche also eigentlich zahlentheoretischer Natur freilich in planimetrischer Einkleidung sind, so dass die Unterbrechung des Gedankenganges nicht allzu auffällig und die Rückkehr zu wirklich geometrischen Aufgaben vom Rhombus, vom Rechtecke, von regelmässigen Vielecken, von Kreisen eine leichte ist. Nur einmal gegen das Ende der Sammlung kehren stereometrische Aufgaben wieder, welche aber auf Fässer und Fruchtmaasse eigenthümlicher Gestalt bezüglich dem Buche des Landbaues nicht ganz unangemessen erscheinen. Den Schluss bilden Vergleichungen zwischen Kubikfussen und Fruchtmaassen.

Das ist in dürftiger, keineswegs erschöpfender, aber eben desshalb vielleicht übersichtlicher Zusammenstellung die Reihenfolge der Gegenstände, welche in den verschiedenen Schriften, die Herons Namen tragen, behandelt sind. Durch diese Zusammenstellung dürfte um so wahrscheinlicher gemacht werden, was wir über das muthmassliche grosse Werk Herons und dessen für unsere modernen Begriffe höchst ungleichartigen Inhalt gesagt haben, denn mit Ausnahme der praktischen Operationen, deren Darstellung, abgesehen von der selbst eine Ausnahme bildenden Schattenmessung in der zweiten streometrischen Schrift, nur in der Abhandlung über die Dioptra enthalten ist, bieten die als heronisch betitelten Bücher meistens die ganze Reichhaltigkeit des bunten Mancherlei, welches wir dort vereinigt glauben.

Wir haben nun noch ziemlich viele Einzelheiten hervorzuheben. In erster Linie bemerken wir, dass Herons Geometrie jedenfalls in zwei Ausgaben vorhanden war, und dass manche Verschiedenheiten zwischen den einzelnen Sammlungen darin ihre Erklärung finden dürften, dass dem einen Zusammensteller die eine, dem andern die andere Ausgabe, wieder einem dritten beide Ausgaben vorlagen. Dafür ist schon darin ein Beweis vorhanden, dass in der Ausmessung der Vielecke[1]) die Berechnung der Fläche des Fünfecks und des Sechsecks nach zwei Vorschriften gelehrt wird. Die Fläche des Fünfecks sei das Quadrat der Seite 12mal genommen und durch 7 getheilt; nach einem andern Buche des Heron finde man sie, wenn man das Quadrat der Seite mit 5 vervielfache und durch 3 theile. Das Sechseck habe zur Fläche das Quadrat der Seite 13mal genommen und durch 5 getheilt; anders in einem anderen Buche, wo die Vorschrift sei $\frac{1}{3}$ und $\frac{1}{10}$ des Seitenquadrats 6fach anzusetzen. Eine dem andern Buche entnommene Stelle über den Kreis besprechen wir noch in diesem Kapitel in anderem Zusammenhange. Weitere Beweise werden wir bei Nachahmern Herons auf anderem Boden liefern können.

Von der Form Herons können wir kurz sagen, sie sei vollständig ägyptisch, und Manches liest sich geradezu wie eine Uebersetzung ähnlicher Dinge aus dem Rechenbuch des Ahmes. „Mache es so“ waren fast regelmässig die Worte, in welche Ahmes seine Auflösungen einkleidete (S. 21) und „Mache es so“, ποίει οὕτως, sagt Heron zu demselben Zwecke. Eine eigentliche Vorschrift findet sich bei Ahmes nur in den seltensten Fällen (S. 21); kaum anders bei Heron, der dem Leser meistens auch die Pflicht auferlegt aus den vielfältigen Beispielen für ein und dieselbe Aufgabe sich eine Regel

[1]) Heron, *Geometria* 102 (ed. Hultsch) pag. 134.

herauszuschälen. Merit heisst bei Ahmes die obere Linie einer gezeichneten Figur (S. 49); Scheitellinie, *κορυφή*, nennt sie Heron, und definirt geradezu, Scheitellinie sei die oberhalb der Grundlinie hingelegte Gerade.[1]) Das gleichschenklige Paralleltrapez war seit Ahmes bis zu den Edfuinschriften eine von den Aegyptern bevorzugte Figur (S. 49 und 61); Heron widmete derselben Figur in der Geometrie 9 aufeinanderfolgende Kapitel.[2]) Ahmes zerlegte Figuren durch Hilfslinien in Figuren einfacherer Natur, wie es scheint, wenn auch die genaue Uebersetzung der betreffenden Aufgaben noch nicht möglich ist; die Tempelvorsteher von Edfu übten dieselbe Zerlegung bei Berechnung ihrer Felder; Heron bedient sich der Zerlegung durch Hilfslinien zur Messung von unregelmässig begrenzten Grundstücken in der Abhandlung von der Dioptra, löst gleicherweise verschiedentliche planimetrische Aufgaben in der Geometrie. Bei den Aegyptern heisst das Wort Qa, dessen Hieroglyphe ein die Arme in die Höhe streckendes Männchen ist, sowohl Höhe als allgemeiner die grösste Ausdehnung eines Raumgebildes (S. 51); genau dasselbe gilt für das Wort *μῆκος* der Alexandriner[3]); bei Heron steht sodann der grösseren Höhenabmessung die Breite, *πλάτος*, als geringfügigere Ausdehnung gegenüber, wie besonders deutlich aus einer Stelle seiner Geometrie hervorgeht, wo nach Einzeichnung zerlegender Hilfslinien in eine Figur, ohne dass eine Drehung vorgenommen wäre, plötzlich Höhe heisst, was in der ungetheilten Figur Breite war[4]), offenbar nur desswegen, weil durch die Theilung die wirkliche Höhe abnahm, so dass sie geringer als die unverändert gebliebene Breite wurde. Bei Ahmes war von Flächen zuerst das Quadrat, dann das Dreieck, dann das aus dem Dreiecke durch Abstumpfung gewonnene Trapez zur Ausmessung gebracht (S. 50); in den Edfuinschriften ergab sich eine Veränderung dahin, dass das Dreieck als Trapez mit einer verschwindenden Seite aufgefasst wurde (S. 61); Heron bleibt dem Beispiele des Ahmes getreuer als selbst die priesterlichen Landsleute: bei ihm geht, wie wir bei flüchtiger Schilderung der Reihenfolge der in seinen Schriften behandelten Gegenstände wiederholt bemerken mussten, die Flächenausmessung des Quadrats, demnächst auch des Rechteckes voraus; ihnen folgt das Dreieck in seinen verschiedenen Formen, und nach diesem kehrt die Betrachtung zum Trapeze und zu andern Vierecken zurück, dieselben zwar nicht als abgestumpfte Dreiecke untersuchend, aber Verwandlungen und Theilungen durch Hilfslinien mannigfach vornehmend, wie wir schon be-

[1]) Heron, *Geometria* 3 (ed. Hultsch) pag. 44: *κορυφὴ δέ ἐστιν ἡ ἐπὶ τῇ βάσει ἐπιτιθεμένη εὐθεῖα.* [2]) Heron, *Geometria* 72—80 (ed. Hultsch) pag. 103—108. [3]) In der Geographie des Ptolemäus I, 6 (ed. Halma) pag. 17 heisst es ausdrücklich *καθόλου μὲν τῇ μείζονι τῶν διαστάσεων προςάπτομεν τὸ μῆκος.* [4]) Heron, *Geometria* 47, 48 (ed. Hultsch) pag. 88.

tont haben. Ahmes hat, worauf wir gleichfalls wiederholt aufmerksam machen, Maassvergleichungen (S. 46), Heron dessgleichen. Ahmes bedient sich ausschliesslich der Stammbrüche, zu welchen auch $\frac{2}{3}$ gezählt wird (S. 22); Heron verfährt vorzugsweise ebenso, wenn er auch im Stande ist Brüche mit beliebigem Zähler und Nenner in Rechnung zu bringen, ohne sie vorher in eine Summe von Stammbrüchen zu zerlegen. Die Hausaufgabe Nr. 28. des Ahmes (S. 33) hat den Wortlaut „$\frac{2}{3}$ hinzu, $\frac{1}{3}$ hinweg bleibt 10 übrig"; wir erklärten sie durch $(x + \frac{2}{3}x) - \frac{1}{3}(x + \frac{2}{3}x) = 10$; man vergleiche damit etwa die Art, wie in den Ausmessungen ein Kreisbogen aus Sehne und Höhe desselben berechnet wird:[1] „Es sei ein Abschnitt, und er habe die Grundlinie von 40 Fuss, die Höhe von 10 Fuss; seinen Umfang zu finden. Mache es so. Füge immer Durchmesser[2]) und Höhe zusammen. Es entstehen 50 Fuss. Nimm allgemein davon $\frac{1}{4}$ weg. Es ist $12\frac{1}{2}$. Rest $37\frac{1}{2}$. Zu diesen füge allgemein $\frac{1}{4}$ hinzu. Es ist $9\frac{1}{4}\frac{1}{8}$. Setze zusammen. Es sind Fusse $46\frac{1}{2}\frac{1}{4}\frac{1}{8}$. So viel misst der Umfang des Abschnittes. Wir haben aber ein Viertel weggenommen und ein Viertel hinzugefügt, weil ein Viertel der Theil ist der Höhe von der Grundlinie." Als Gleichung übersieht sich diese Vorschrift noch deutlicher in ihrer Aehnlichkeit zu der Ausdrucksweise des Ahmes. Sie lautet $B = \left[(s+h) - \frac{h}{s}(s+h)\right] + \frac{h}{s}\left[(s+h) - \frac{h}{s}(s+h)\right]$, wenn s die Sehne, h die Höhe, B die Bogenlänge des betreffenden Abschnittes bedeutet.

Alle diese Aehnlichkeiten vereinigt dürften jeglichen Zweifel an einer unmittelbaren Abhängigkeit Herons von altägyptischen Formgewohnheiten vernichten. Was wir früher (S. 237) schon ankündigten hat sich bestätigt: die Form der arithmetisch-geometrischen Beispielssammlung, eine in sich abgeschlossene von der anderer Werke sich wesentlich unterscheidende Form ist durch und durch ungriechisch, ist altägyptisch, und damit gewinnt die andere Vermuthung erneuerte Wahrscheinlichkeit, es dürfte mit der Form des theoretisch-geometrischen Lehrbuches, mit der Form der Elemente, sich ganz ebenso verhalten.

Ein Anderes freilich gilt für den Inhalt der heronischen Sammlungen, welcher näher in Erwägung gezogen neben mancher überraschenden Aehnlichkeit auch manche bei den Fortschritten, welche

---

[1]) Heron, *Mensurae* 33 *μέτρησις ἑτέρου τμήματος* (ed. Hultsch) pag. 199—200.
[2]) Soll heissen: Grundlinie.

die Geometrie gemacht hatte, ziemlich selbstverständliche Abweichungen von dem ägyptischen Verfahren offenbart. Von überraschender Aehnlichkeit ist die Anwendung der beiden Formeln $\frac{a_1 + a_2}{2} \times \frac{b}{2}$ und $\frac{a_1 + a_2}{2} \times \frac{b_1 + b_2}{2}$ (S. 61) zur Auffindung der Fläche eines Dreiecks oder Vierecks, welche wir in den Ausmessungen und in dem Buche des Landbaues wiederfinden.[1]) Dass Heron sie gelehrt haben sollte war uns früher so unglaublich, dass wir dieselben für Einschiebungen eines Compilators hielten. Man hat uns entgegnet[2]), es sei für Heron umgekehrt geradezu unmöglich gewesen in Aegypten in einer vollständigen Sammlung von geometrischen Rechnungsverfahren jene Formeln wegzulassen, und wir gestehen zu, dass diese Umkehrung der geschichtlichen Wahrheit wohl näher kommen dürfte als unsere erste Meinung. Wir neigen nunmehr selbst der Auffassung zu, auch diese theoretisch zwar unhaltbaren, praktisch aber mitunter ganz erträglichen Näherungsverfahren habe Heron neben den theoretisch richtigen Formeln gelehrt, die meistens nicht unmittelbar zum Ziele, d. h. zur Kenntniss der verlangten Flächenräume führten, sondern vorher die Berechnung von Hilfsstrecken, als Höhen und dergleichen nöthig machten. Vielleicht mag sogar die vorzugsweise sogenannte heronische Dreiecksformel ihre Entdeckung dem Bedürfnisse verdankt haben aus den 3 Dreiecksseiten unmittelbar, aber richtiger als mittels $\frac{a_1 + a_2}{2} \times \frac{b}{2}$ die Dreiecksfläche zu gewinnen.

Einen wesentlichen Nachtheil besass freilich in den Augen des handwerksmässigen Feldmessers die heronische Formel gegenüber von der der Aegypter: sie verlangte eine Wurzelausziehung. Die Ausführung dieser Operation überschritt, wie wir wissen, die Höhe des gemeinen Rechnens. Schriftstellerische Arbeiten wurden ihr gewidmet, von deren einstigem Vorhandensein wir Kenntniss erlangt haben, wenn sie auch selbst uns verloren sind. Um eine solche Vielen Missbehagen erzeugende Rechnungsaufgabe herumzukommen war fast Nothwendigkeit, wenn Praktiker mit der Ausführung betraut gewesen wären, und so blieben Näherungswerthe für häufig auftretende ein für alle Mal berechnete Quadratwurzeln in Gebrauch. Wir haben in $\sqrt{2} = \frac{7}{5}$ ein Beispiel kennen gelernt, welches (S. 191) vielleicht schon zu Platons Zeit in Uebung war, wir haben auch $\sqrt{3} = \frac{26}{15}$ hervorgehoben, auf dessen Entstehung wir (S. 273) viel-

---

[1]) Die Dreiecksformel in den *Mensurae* (ed. Hultsch) pag. 207, lin. 1—5; die Vierecksformel in dem *Liber geeponicus* (ed. Hultsch) pag. 212, lin. 15—21.
[2]) Agrimensoren 43 und dagegen S. Günther in der Beilage zur Allgemeinen Zeitung No. 81, vom 21. März 1876.

leicht einiges Licht werfen durften. Beide Näherungswerthe hat Heron selbst anzuwenden nicht verschmäht, er, der doch unter die Schriftsteller zählt, die über Ausziehung der Quadratwurzeln schrieben.

Den Näherungswerth $\sqrt{2} = \frac{7}{5}$ glauben wir im Buche des Landbaus an zwei verschiedenen Stellen zu erkennen.[1]) Die erstere Stelle behandelt das rechtwinklige Dreieck von den Seiten 30, 40, 50, bei welchem $50 = \sqrt{30^2 + 40^2}$ sei; aber, heisst es weiter, es ist auch $50 = (30 + 40) \cdot 5 \cdot \frac{1}{7}$. Will man diese Ausrechnung nicht für baaren Unsinn nehmen, so kann man ihre Entstehung nur folgendermassen erklären. Im gleichschenklig rechtwinkligen Dreiecke von den Seiten c, c, h ist $h = c.\sqrt{2} = \frac{2c}{\sqrt{2}} = \frac{c+c}{\frac{7}{5}} = (c + c) \cdot 5 \cdot \frac{1}{7}$. Daraus wurde nun weiter geschlossen, dass auch bei ungleichen Katheten c_1 und c_2 gerechnet werden dürfe $h = (c_1 + c_2) \cdot 5 \cdot \frac{1}{7}$, ein Schluss, der uns bei Leuten, die gewohnt waren in ungerechtfertigter Weise arithmetische Mittel ungleicher Seiten einer Figur in Rechnung zu ziehen, nicht sonderlich auffallen kann. Die andere Stelle werden wir weiter unten besprechen.

Die Anwendung, welche Heron von $\sqrt{3} = \frac{26}{15}$ macht, tritt bei den auf das gleichseitige Dreieck bezüglichen Aufgaben hervor. Die Höhe desselben ist offenbar gleich dem Produkte der Seite in $\frac{1}{2}\sqrt{3}$ und dafür setzt Heron $\frac{13}{15}$, sei es nun dass er dafür $\frac{2}{3}\,\frac{1}{5}$, sei es dass er $1 - \frac{1}{10} - \frac{1}{30}$ dafür schreibt. Die Höhe des gleichseitigen Dreiecks, sagt er ausdrücklich[2]), sei $1 - \frac{1}{10} - \frac{1}{30}$ mal der Seite, und die andere Werthform ist in der wiederholt auftretenden Angabe enthalten, die Fläche des gleichseitigen Dreiecks, mithin das Produkt der Seite in die halbe Höhe, sei $\frac{1}{3}\,\frac{1}{10}$ vom Quadrat der Seite.[3]) Namentlich die Form dieser letzteren Vorschrift kehrt bei Nachahmern Herons fortwährend wieder.

Für spätere Vergleichungen müssen wir auch die bei Heron vorkommenden aneinanderhängenden rechtwinkligen Dreiecke,[4]) τρίγωνα ὀρθογώνια ἡνωμένα, uns bemerken, worunter muthmasslich zwei rechtwinklige Dreiecke mit rationalen Seiten gemeint sind,

[1]) Heron, *Liber Geeponicus* 50 und 152—153 (ed. Hultsch) pag. 212, lin. 28—30 und pag. 226, lin. 9—16. [2]) Heron, *Geometria* 15 (ed. Hultsch) pag. 58, lin. 26—28. [3]) Heron, *Geometria* 14 und *Geodaesia* 13 (ed. Hultsch) pag. 58 und 147. [4]) Heron, *Geometria* 13, 4 und *Geodaesia* 12, 4 (ed. Hultsch pag. 58 und 147.

welche eine Kathete gleich haben, und an dieser zusammenstossen, so dass die beiden andern Katheten als gegenseitige gradlinige Fortsetzungen von einander erscheinen.

Bei der Dreiecksberechnung finden der Abschnitt, ἀποτομή, und die Ueberragung, ἐκβληθεῖσα häufige Anwendung. Bedeuten b die Grundlinie, a, c die beiden andern Seiten des Dreiecks und α, ε den Abschnitt, die Ueberragung von der einen oder der anderen Richtung her an a anstossend, so rechnet Heron $\alpha = \frac{b^2 + a^2 - c^2}{2b}$, $\varepsilon = \frac{c^2 - b^2 - a^2}{2b}$.

Bezüglich der Vielecke erwähnten wir Formeln, welche die Fläche des regelmässigen Vielecks als Produkt des Quadrates der Seite in gewisse Zahlengrössen finden lassen. Jedenfalls scheint das übereinstimmende Auftreten wenigstens einiger dieser Formeln in den 3 Sammlungen der Geometrie, der Ausmessungen und des Buches des Landbaues[1]) genügende Gewähr für den echt heronischen Ursprung, und somit haben wir hier die ältesten auf uns gekommenen trigonometrischen Formeln vor uns. Heisst F_n die Fläche des regelmässigen $n$ecks von der Seite a_n und c_n der Zahlencoefficient, mit welchem a_n^2 vervielfacht werden muss um die Gleichung

$$F_n = c_n \,.\, a_n^2$$

zu liefern, so ist, wie man leicht einsieht, $c_n = \frac{n}{4} \,.\, \operatorname{cotg} \frac{180^0}{n}$. Berechnet man darnach die aufeinanderfolgenden c auf je 6 Decimalstellen und stellt daneben die heronischen Werthe in ihrer ursprünglich auftretenden Form und daneben gleichfalls in Decimalbrüche von 6 Stellen umgewandelt, so erhält man nach Heron:

$c_3 = \frac{13}{30} = 0{,}433\,333$	richtig ist $c_3 = 0{,}433\,012$
$c_4 = 1 = 1{,}000\,000$	$c_4 = 1{,}000\,000$
$c_5 = \frac{12}{7} = 1{,}714\,285$ und $= \frac{5}{3} = 1{,}666\,666$	$c_5 = 1{,}720\,477$
$c_6 = \frac{13}{5} = 2{,}600\,000$	$c_6 = 2{,}598\,176$
$c_7 = \frac{43}{12} = 3{,}583\,333$	$c_7 = 3{,}633\,910$
$c_8 = \frac{29}{6} = 4{,}833\,333$	$c_8 = 4{,}828\,427$
$c_9 = \frac{51}{8} = 6{,}375\,000$ und $= \frac{38}{6} = 6{,}333\,333$	$c_9 = 6{,}181\,824$
$c_{10} = \frac{15}{2} = 7{,}500\,000$	$c_{10} = 7{,}694\,208$

---

[1]) Heron, *Geometria* 102, *Mensurae* 51—53, *Liber Geeponicus* 75—77 und 172—179 (ed. Hultsch) pag. 134, 206, 218, 229.

$c_{11} = \frac{66}{7} = 9{,}428\,571$ $\qquad\qquad$ $c_{11} = 9{,}370\,872$

$c_{12} = \frac{45}{4} = 11{,}250\,000$ $\qquad\qquad$ $c_{12} = 11{,}196\,152$

wodurch die meistens recht genügende Annäherung hervortritt. Dass Heron solche Rechnungen vollziehen konnte, setzt uns nicht in Erstaunen: wissen wir doch (S. 312), dass Hipparch eine Sehnentafel berechnet hatte, d. h. dass die Coefficienten k_n bekannt waren, mit deren Hilfe $a_n = k_n \cdot r$ war, wo r den Kreishalbmesser bedeutet. Nun ist $c_n = \frac{n}{4}\sqrt{\frac{4}{k_n^2} - 1}$, und so war der Theil der Rechnung, welcher für Heron übrig war, bei seiner Gewandtheit im Ausziehen von Quadratwurzeln ein verhältnissmässig unbedeutender. Eine Abänderung der Hipparchischen Ergebnisse, welche Heron vornahm, ist von geschichtlicher Bedeutung. Hipparch und schon vor ihm Hypsikles bedienten sich (S. 311) der Sexagesimalbrüche, Heron der gewöhnlichen Brüche. Das beweist uns, was auch anderwärts sich bestätigt, dass die Sexagesimalbrüche bei den Griechen dem gewöhnlichen Leben fremd blieben, dass sie von Anfang an waren, als was man sie später noch benannte: astronomische Brüche, dass überhaupt die Trigonometrie zunächst ein Kapitel der Astronomie bildete und keineswegs dazu diente auch auf der Erde Dreiecke oder aus Dreiecken zusammengesetzte Figuren einer Berechnung zu unterwerfen.

Wir haben die Formel $c_n = \frac{n}{4}\sqrt{\frac{4}{k_n^2} - 1}$ angeschrieben. Ob Heron sich ihrer zur Auffindung seiner Coefficienten c wirklich bediente, ob er überhaupt diese Coefficienten mittelbar der Sehnentafel entnahm oder sie in irgend einer Weise unmittelbar ableitete, darüber fehlt uns jede, auch die leiseste Andeutung. Man sollte sagen, die eigenthümliche Formel (S. 332) zur Auffindung der Bogenlänge aus Sehne und Höhe eines Kreisabschnittes müsse auf die Spur von Herons Verfahren führen können, doch ist uns das Errathen nicht gelungen.

Ausser dem Flächeninhalt des regelmässigen $n$ecks war unter allen Umständen der Halbmesser r, der Durchmesser d des umschriebenen Kreises von Wichtigkeit. Offenbar lehrte die Sehnentafel durch einfaches Nachschlagen $a_n = \frac{k_n \cdot d}{2}$ und so wird der heronische Ursprung der im Buch des Landbaues sich vorfindenden[1] Formeln $a_n = \frac{3d}{n}$ und $d = \frac{n \cdot a_n}{3}$, noch dazu durch einen Mangel an Folgerichtigkeit bei $n = 8$ entstellt, indem es $a_8 = \frac{5d}{12}$ heisst, ungemein

[1]) Heron, *Liber Geeponicus* 146—164 (ed. Hultsch) pag. 225—228.

verdächtig. Nur bei $n = 6$ ist $a_6 = r = \frac{3d}{6}$, aber die Ausdehnung dieses einen zufälligen Ergebnisses zur allgemeinen Formel kann Heron unmöglich verschuldet haben. Wir können die Ueberzeugung dieser Unmöglichkeit selbst durch Erinnerung an zwei andere Angaben Herons über das regelmässige Achteck stützen, welche ohnehin der Erörterung unterzogen werden müssen.

In demselben Buche des Landbaues, in welchem die falschen Formeln sich breit machen, ist nur wenige Seiten später die Regel gegeben,[1] man solle zur Construction eines regelmässigen Achteckes sich eines Quadrates mit seinen Diagonalen bedienen. Die Hälfte der Diagonale von jedem Endpunkte des Quadrates aus auf den beiden in ihm zusammentreffenden Seiten des Quadrates aufgetragen liefern 8 Punkte, welche mit einander verbunden das regelmässige Achteck geben.

Eine zweite Angabe über das regelmässige Achteck findet sich in der zweiten stereometrischen Sammlung,[2] wo bei Gelegenheit der Ausmessung des Körperinhaltes der Pyramide auf achteckiger Grundfläche von der Formel $\left(\frac{d}{2}\right)^2 = \left(\sqrt{2\left(\frac{a_8}{2}\right)^2} + \frac{a_8}{2}\right)^2 + \left(\frac{a_8}{2}\right)^2$ Gebrauch gemacht wird.

Bevor wir den Zusammenhang dieser beiden richtigen Behauptungen nachweisen, wollen wir zeigen, dass die letztere mittels eines Rechenfehlers zu der einen abweichenden Achtecksformel $a_8 = \frac{5d}{12}$ im Buche des Landbaues Anlass gab. Setzen wir nämlich $\sqrt{2} = \frac{7}{5}$, so wird $\left(\sqrt{2\left(\frac{a_8}{2}\right)^2} + \frac{a_8}{2}\right)^2 + \left(\frac{a_8}{2}\right)^2 = \left(\frac{7}{5} \cdot \frac{a_8}{2} + \frac{a_8}{2}\right)^2 + \left(\frac{a_8}{2}\right)^2 = \frac{169}{25}\left(\frac{a_8}{2}\right)^2 = \left(\frac{13}{5}\frac{a_8}{2}\right)^2$ und da dieser Werth das Quadrat von $\frac{d}{2}$ sein soll, so ist $a_8 = \frac{5}{13}d$. Daraus kann aber sehr leicht irrthümlich $a_8 = \frac{5}{12}d$ entstanden sein. Gibt man uns dieses zu, so ist hier die zweite Anwendung von $\sqrt{2} = \frac{7}{5}$ bei Heron nachgewiesen, welche wir (S. 334) angekündigt hatten.

Man könnte freilich einen Einwand erheben, indem man sagte $d = \frac{13}{5}a_8$ führe zu $F_8 = \frac{24}{5}a_8^2$, während doch Heron $F_8 = \frac{29}{6}a_8^2$ rechne. Allein dieser Widerspruch scheint uns geduldet werden zu müssen. Wir geben nämlich zu bedenken, dass weder d noch F_8

[1] Heron, *Liber Geeponicus* 199 μέτρησις ὀκταγώνου (ed. Hultsch) pag. 231.
[2] Heron, *Stereometrica* II, 37 πυραμίδα ἐπὶ ὀκταγώνου βάσεως βεβηκυῖαν μετρῆσαι (ed. Hultsch) pag. 184, lin. 10—17.

genau richtig, sondern nur angenähert berechnet sind, und dass die Einsetzung eines Näherungswerthes in eine zweite Näherungsformel nicht immer zu den gleichen Ergebnissen führt, wenn sie in einem früheren oder in einem späteren Augenblicke erfolgt. Jedenfalls weicht $c_8 = \frac{29}{6} = 4{,}833\,333$ von dem wahren Werthe $c_8 = 4{,}828\,427$ weniger ab als $c_8 = \frac{24}{5} = 4{,}800\,000$.

Die beiden richtigen Behauptungen über das Achteck lassen nun eine Ableitung mit Hilfe einer und derselben Figur zu, welche ein Einwohner Aegyptens oft zu sehen in der Lage war, und deren Anblick einen Mathematiker umgekehrt auf die Erfindung jener beiden Sätze bringen konnte. Die Figur, welche wir meinen, ist die (Figur 8) zweier einander symmetrisch durchsetzender Quadrate, ein, wie wir uns erinnern (S. 58), häufiges Gewebemuster. Dass die Schnittpunkte dieser Quadratseiten ein regelmässiges Achteck in der Figur erscheinen lassen ist augenscheinlich. Eines Beweises bedarf (Figur 60) nur die Behauptung $\alpha\beta = \beta\gamma$ und ferner die zwischen $\alpha\gamma = \frac{d}{2}$ und $\gamma\delta = \frac{a_8}{2}$ aufgestellte Gleichung. Der Achteckwinkel bei γ ist 135^0, dessen Hälfte $\alpha\gamma\beta$ mithin $67\frac{1}{2}{}^0$. Ferner ist der Winkel $\alpha\beta\gamma$ die Hälfte eines rechten Winkels oder 45^0, und demnach $\gamma\alpha\beta = 180^0 - 67\frac{1}{2}{}^0 - 45^0 = 67\frac{1}{2}{}^0 = \alpha\gamma\beta$, folglich $\alpha\beta = \beta\gamma$.

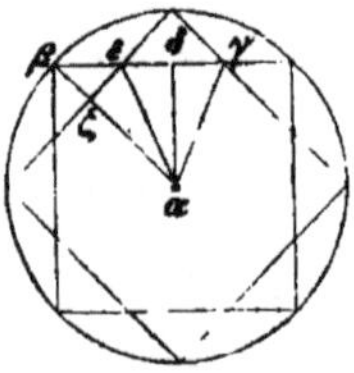

Fig. 60.

Zweitens ist $\alpha\gamma^2 = \alpha\delta^2 + \gamma\delta^2$. Dabei ist $\alpha\delta = \beta\delta = \beta\varepsilon + \varepsilon\delta = \beta\varepsilon + \gamma\delta$ und $\beta\varepsilon^2 = \beta\zeta^2 + \zeta\varepsilon^2 = 2\zeta\varepsilon^2 = 2\gamma\delta^2$, mithin $\alpha\gamma^2 = (\sqrt{2\gamma\delta^2} + \gamma\delta)^2 + \gamma\delta^2$, was zu beweisen war. Wir werden im 26. Kapitel noch deutlicher erkennen, dass in der That ein dem hier gegebenen Beweise sehr ähnlicher von unserer Figur ausgehender Gedankengang zu den beiden heronischen Sätzen vom Achtecke geführt haben muss. Wenn wir heronische Sätze sagen, so meinen wir begreiflicherweise solche, die uns am Frühsten bei Heron begegnen, ohne Herons Erfindung für die möglicherweise noch älteren Wahrheiten ausdrücklich in Anspruch zu nehmen.

Haben wir hier eine, wie sich herausstellte, wichtige Zwischenbemerkung aus der zweiten stereometrischen Sammlung in Betracht ziehen dürfen, so liefern uns die eigentlich stereometrischen Angaben als solche im Allgemeinen wenig Ausbeute. Es mag ja immerhin sein, dass eine Vorschrift, welche in den Ausmessungen sich findet,[1]) eine nicht regelmässige Oberfläche, etwa die einer Bildsäule zu messen,

[1]) Heron, *Mensurae* 46 (ed. Hultsch) pag. 204.

indem man Leinwand oder Papier herumwickle, welches dann ausgebreitet als Maass diene, uralten Ursprung verrathe, viel wird mit diesem Bewusstsein nicht gewonnen sein. Dass wir aber den stereometrischen Aufgaben so wenig abgewinnen können, hat einen zweifachen Grund. Bald steht ungenügende Verständniss, welche Körper eigentlich gemeint seien, hindernd im Weg, bald die Thatsache, dass recht viele Rechnungsergebnisse, auch wo sie verständlich sind, sich als falsch erweisen. Der Diorismus, ob eine Aufgabe wie die gestellte überhaupt möglich sei, ist nicht selten versäumt. So ist z. B. eine abgestumpfte Pyramide mit rechteckiger Grundfläche zur Ausrechnung vorgelegt,[1]) deren untere Fläche aus den Seiten 14 und 20, die obere aus den Seiten 2 und 4 gebildet wird, während dieser Körper bei mangelnder Aehnlichkeit der beiden Flächen gar nicht als Pyramidenstumpf aufgefasst werden kann.

Unmittelbar vor dieser Stelle ist eine andere,[2]) bei welcher der mangelnde Diorismus zum erstmaligen Erscheinen einer Quadratwurzel aus einer negativen Zahl geführt hat, welches in der Geschichte der Mathematik hat nachgewiesen werden können. Der Körperinhalt I einer abgestumpften Pyramide von quadratischer Grundfläche wird gesucht. Nennt man nun a_1 die Seite des unteren grösseren, a_2 die Seite des oberen kleineren Quadrates, k die Kante des Pyramidenstumpfes, H dessen senkrechte Höhe; h die Höhe einer der parallelotrapezischen Seitenflächen, so ist offenbar $h = \sqrt{k^2 - \left(\frac{a_1 - a_2}{2}\right)^2}$, $H = \sqrt{h^2 - \left(\frac{a_1 - a_2}{2}\right)^2}$ oder auch $H = \sqrt{k^2 - \frac{1}{2}(a_1 - a_2)^2}$ und endlich $I = H . \left[\left(\frac{a_1 + a_2}{2}\right)^2 + \frac{1}{3}\left(\frac{a_1 - a_2}{2}\right)^2\right]$. Eine Ableitung dieser Formel findet so wenig statt wie die irgend einer anderen (mit Ausnahme der in der Abhandlung über die Dioptra bewiesenen heronischen Dreiecksformel), aber sie wird in einem ersten Beispiele, in welchem $a_1 = 10$, $a_2 = 2$, $k = 9$ gewählt ist, mit gutem Erfolge angewandt. Es erscheint nämlich $H = \sqrt{9^2 - \frac{1}{2}(10 - 2)^2} = 7$ und daraus $I = 7\left[\left(\frac{10+2}{2}\right)^2 + \frac{1}{3}\left(\frac{10-2}{2}\right)^2\right] = 289\frac{1}{3}$. Der Grund der Brauchbarkeit liegt darin, dass, wie es aus der Formel für H hervorgeht, $k^2 > \frac{1}{2}(a_1 - a_2)^2$ sein muss und bei den angewandten Zahlenwerthen auch ist. Geometrisch heisst das: ein Pyramidenstumpf mit quadratischen Grundflächen existirt nur dann, wenn bei senkrechter Projicirung der oberen Fläche auf die untere zwischen zwei benachbarten Eckpunkten der ursprünglich unteren

---

[1]) Heron, *Stereometrica* I, 35 (ed. Hultsch) pag. 163. [2]) Heron, *Stereometrica* I, 33 und 34 (ed. Hultsch) pag. 162—163.

Fläche und der Projektion eine Entfernung obwaltet, die kleiner ist als die Kante des verlangten Stumpfes. In einem zweiten Beispiele mit $a_1 = 28$, $a_2 = 4$, $k = 15$ findet dieses aber nicht statt; es ist vielmehr $15^2 < \frac{1}{2}(28 - 4)^2$. Der Rechner, der an der Formel, welche H unmittelbar aus a_1, a_2, k liefert, diese Schwierigkeit bemerkt haben mag und sich ihr nicht gewachsen fühlte, suchte sich durch einen Umweg über h zu helfen. Er rechnete $h = \sqrt{15^2 - \left(\frac{28-4}{2}\right)^2} = 9$, worauf er $H = \sqrt{\left(\frac{a_1 - a_2}{2}\right)^2 - h^2} = \sqrt{63} = 8$ weniger $\frac{1}{16}$ setzte. Mit anderen Worten: die von Rechtswegen negative Differenz 81—144 unter dem Quadratwurzelzeichen wird zur absoluten Differenz der beiden Zahlen 81 und 144; es wird $\sqrt{-1} = 1$ gesetzt. Ob dieser Rechner Heron war, ob damals die Stereometrie noch immer ein weniger übliches Kapitel mathematischer Untersuchungen bildete und in sofern einem so hervorragenden Manne der Fehler den Diorismus vernachlässigt zu haben begegnen konnte, oder ob hier Unwissenheit der Abschreiber sündigte, dürfte nicht zur Entscheidung gebracht werden können. Welche von beiden Annahmen aber auch der Wahrheit entsprechen mag, unter allen Umständen haben wir hier das älteste Auftreten des sogenannten Imaginären vor uns.

Wenden wir uns zu den Beispielen, in welchen der Kreis vorkommt, so tritt die Verhältnisszahl π, welche fast bei allen solchen Kreisaufgaben eine Rolle spielt, in zweifachem Werthe auf. Weitaus am häufigsten ist $\pi = \frac{22}{7}$ angenommen, aber im Buche der Ausmessungen[1]) ist regelmässig $\pi = 3$. Wir haben (S. 91) den babylonischen Ursprung dieses Werthes zu begründen gesucht. Und der ägyptische Werth, kann man fragen, $\pi = \left(\frac{16}{9}\right)^2$, welchen Ahmes angewandt hat (S. 50), kommt er nirgend vor? Nein, und wenn es auch insgemein misslich ist negative Erscheinungen erklären zu wollen, hier wären wir am wenigsten in Verlegenheit einen einleuchtenden Grund anzugeben. Die Neuerung $\pi = \frac{22}{7}$ statt $\pi = \left(\frac{16}{9}\right)^2$ war durch die grössere Genauigkeit der Ergebnisse bedeutsam, aber was die Rechnungsausführung betrifft, kaum redenswerth. Ob der Praktiker mit dieser oder mit jener gebrochenen Zahl vervielfachte, das konnte ihm gleich sein. Er musste aus Bequemlichkeit alte und neue angenäherte Dreiecks- und Vierecksformeln ohne Wurzelausziehung festzuhalten suchen, um jener für ihn schwierigen Rechnungsoperation zu entgehen. Er musste $\pi = 3$ als ganzzahligen Multiplicator vor-

[1]) Heron, *Mensurae* (ed. Hultsch) pag. 188 sqq.

ziehen. Aber dass er nicht auf $\pi = \frac{256}{81}$ zu Gunsten von $\pi = \frac{22}{7}$ verzichten sollte, dafür gab es gar keinen Grund.

Eine Stelle, welche auf den Kreis sich bezieht, verdient aus mehrfachen Gründen eine nähere Besprechung. Es ist dieselbe Stelle, welcher wir (S. 330) im Voraus unsere Aufmerksamkeit zusicherten, als wir von der zweiten Ausgabe der Geometrie Herons sprachen.[1]) Es handelt sich um Berechnung des Kreisdurchmessers d aus der Summe S der in einer Zahl vereinigten Kreisfläche K, Peripherie P und Durchmesser d selbst. Die Thatsache der durch S angedeuteten Summenbildung ist an sich eine höchst merkwürdige. Eine Flächengrösse und zwei Längenausdehnungen zu vereinigen widerspricht dem geometrischen Bewusstsein und ist nur denkbar, wenn wir zugeben, dass Heron hier auf durchaus algebraischem Boden stand, dass ihm die Zahlenwerthe als solche und ohne Rücksicht auf ihren geometrischen Ursprung dienten. Unter dieser Voraussetzung gestattet aber Herons Rechnungsergebniss sein Verfahren rückwärts zu ergänzen. Er rechnet $d = \frac{\sqrt{154\,S + 841} - 29}{11}$. Bekannlich ist $K = \frac{\pi}{4}\,d^2$, $P = \pi\,d$, folglich ist $S = K + P + d = \frac{\pi}{4}\,d^2 + (\pi + 1)\,d$, und ersetzt man π hierin durch $\frac{22}{7}$, so ist die nach d quadratische Gleichung

$$\frac{11}{14}\,d^2 + \frac{29}{7}\,d = S$$

der Auflösung unterbreitet. Nun sind von vorn herein zwei Wege zur Auflösung vorhanden. Entweder man dividirt die Gleichung durch $\frac{11}{14}$ um eine neue Gleichung zu erhalten, in welcher das quadratische Glied den Coefficienten 1 besitzt, oder man vervielfacht die Gleichung mit einer derartigen ganzen Zahl, dass im Produkte das quadratische Glied einen ganzzahligen quadratischen Coefficienten besitze, während auch im Uebrigen nur ganzzahlige Coefficienten auftreten. Den letzteren Weg wird vorziehen, wer das Rechnen mit Brüchen so lange als möglich hinausschiebt. Befolgen wir ihn, so haben wir mit 14 mal 11 zu vervielfachen und erhalten $121\,d^2 + 638\,d = 154\,S$, daraus ferner $121\,d^2 + 638\,d + 841 = 154\,S + 841$ oder $(11\,d + 29)^2 = 154\,S + 841$. Daraus entsteht der Reihe nach $11\,d + 29 = \sqrt{154\,S + 841}$, $11\,d = \sqrt{154\,S + 841} - 29$, endlich mit Heron $d = \frac{\sqrt{154\,S + 841} - 29}{11}$. Damit ist also der Beweis geliefert, dass Heron die unreine quadratische Gleichung

[1]) Heron, *Geometria* 101, 7—9 (ed. Hultsch) pag. 133, lin. 10—23. Das ganze Kapitel 101 trägt in der ältesten und besten Handschrift den Titel: *ὅρος κύκλου εὑρεθεὶς ἐν ἄλλῳ βιβλίῳ τοῦ Ἥρωνος.*

$ax^2 + bx = c$ bereits als Rechnungsaufgabe betrachtete, dass er sie zu lösen verstand, und dass die Ergänzung zu einem vollständigen Quadrate auf beiden Seiten des Gleichheitszeichens so erfolgte, dass $\left(ax + \frac{b}{2}\right)^2 = ac + \left(\frac{b}{2}\right)^2$ gesetzt wurde, woraus $x = \frac{\sqrt{ac + \left(\frac{b}{2}\right)^2} - \frac{b}{2}}{a}$ gefolgert wurde, nachdem schon am Anfange, wenn nöthig, solche Multiplicationen vorgenommen waren, welche a, b, c zu ganzen Zahlen zu machen sich eigneten.

Allerdings setzen diese Schlüsse, deren grosse Tragweite Niemand verkennen wird, Eines voraus: dass Heron wirklich der Urheber der besprochenen Aufgabe sammt ihrer Auflösung war. Wir sehen jedoch keine Veranlassung dieser Voraussetzung zu widersprechen. Wir haben zu zeigen gesucht, dass schon Euklid unreine quadratische Gleichungen, allerdings in vollständig geometrischem Gewande, nicht fremd waren. Die Aufgabe, an welche wir gegenwärtig unsere Folgerungen knüpften, steht in derjenigen Sammlung heronischer Schriften, welche die verhältnissigmässig grösste Zuverlässigkeit besitzt. Sie stammt aus dem anderen Buche Herons, in welchem, wie wir im 26. Kapitel sehen werden, höchst wahrscheinlich noch eine Aufgabe enthalten war, bei der es gleichfalls auf die Summe zweier Stücke, gleichfalls auf eine quadratische Gleichung ankam. Sie steht mitten unter anderen Aufgaben vollkommen heronischen Gepräges. Sie ist so gefasst, dass erst eine kleine Ueberlegung die Ueberzeugung beibringen kann, dass die Stelle überhaupt richtig ist und auf einer quadratischen Gleichung beruht, ein in unseren Augen sehr schwer wiegender Grund spätere Einschiebung auszuschliessen. Und zu allen diesen die bestimmte Aufgabe betreffenden Erwägungen kommt eine allgemeine Erscheinung hinzu, deren Erwähnung wir absichtlich bis zum Schlusse dieses Kapitels aufgeschoben haben, weil sie den abschliessenden Bemerkungen über Herons schriftstellerische Thätigkeit schon angehört: die Entwicklungen Herons sind in den verschiedensten Kapiteln so aneinander gereiht, dass man sich dem Gedanken nicht verschliessen kann, jener Mathematiker habe eine Formel aus der anderen gleichungsmässig hergeleitet, nicht eine jede für sich geometrisch ermittelt, und diese Ueberzeugung bricht sich insbesondere bei den Aufgaben Bahn, in welchen der Kreis in Betracht kommt.

So haben wir mit steigender Achtung die Leistungen Herons von Alexandria durchmustert, des Mannes, der es reichlich verdiente, dass seine Schriften als Lehrgebäude der Geodäsie durch viele, viele Jahrhunderte unmittelbar oder mittelbar ihre Wirksamkeit behielten. Er ist und bleibt uns der vorzugsweise Vertreter antiker Feldmesskunst und Feldmesswissenschaft, wenn ersteres Wort uns die Lehre von den eigentlichen feldmesserischen Operationen, letzteres die von den anzuwendenden Formeln bedeuten soll. Er ist uns aber auch der Vertreter einer entwickelten Rechenkunst bis zur Ausziehung von Quadratwurzeln, der Vertreter einer eigentlichen Algebra, soweit von einer solchen ohne Anwendung symbolischer Zeichen die Rede sein kann, bis zur Auflösung unreiner quadratischen Gleichungen einschliesslich.

Kapitel XX.

Geometrie und Trigonometrie bis zu Ptolemäus.

Kurze Zeit nach der Blüthe des hervorragenden Geodäten, mit welchem wir uns in zwei Kapiteln beschäftigt haben, lebte wahrscheinlich Geminus von Rhodos. Er schrieb eine Einleitung in die Astronomie, *εἰςαγωγὴ εἰς τὰ φαινόμενα*, welche zwar erhalten ist,[1]) aber um ihres eigentlichen Inhaltes willen uns nicht weiter beschäftigen darf, als dass wir bemerken, dass darin eine gute Darstellung der Sonnentheorie des Hipparch sich findet,[2]) allerdings ohne dass der Name ihres Urhebers dabei genannt wäre. Ausserdem verfasste er ein leider verlorenes mathematisches Werk von fast unbekanntem Titel und Inhalte. Unser Bedauern über den Verlust gründet sich auf etwa 16 Stellen, in welchen Proklus in seinem Commentare zu den euklidischen Elementen aus Geminus geschöpft hat, auf andere, die bei Eutokius sich erhalten haben, und deren zum Theil geschichtlich werthvollen Inhalt wir verschiedentlich zu benutzen Gelegenheit fanden. Ein eigentlich mathematisch-historisches Werk hat freilich Geminus gewiss nicht geschrieben, wenn man auch früher dieser Annahme zuneigte.[3]) Das ist aus dem Mathematikerverzeichnisse bei Proklus gefolgert worden.[4]) Wenn Proklus dort erklärt, die Schriftsteller über Geschichte der Mathematik hätten die Entwicklung bis dahin, d. h. bis kurz vor Euklid geschildert, wenn er dann in demselben Commentare aus Geminus Auszüge gibt, welche für die Zeitbestimmung des Nikomedes, des Diokles, des Perseus verwerthbar waren, so ist eben das Werk des Geminus eine Geschichte nicht gewesen. Auch die nähere Prüfung der Notizen aus Geminus selbst würde zu der gleichen Schlussfolgerung führen. Sie sind gewiss nicht von der Art, wie man sie in einem Geschichtswerke suchen würde, sie haben ihre Bedeutsamkeit für historische Zwecke nur da-

[1]) Dieses Werk ist mehrfach gedruckt, z. B. mit französischer Uebersetzung von Halma in dessen Ausgabe des Ptolemäus hinter dem Kanon desselben. Paris, 1819. [2]) Wolf, Geschichte der Astronomie S. 201. [3]) Montucla, *Histoire des Mathématiques* I, 266. [4]) Nesselmann, Algebra der Griechen 6.

durch erlangt, dass in ihnen Namen vorkommen, dass also die Träger dieser Namen, beziehungsweise die Erfinder krummer Linien, welche Geminus nennt, früher als er gelebt haben müssen, dass seine genau ermittelte Lebenszeit daher eine untere Grenze für die Anderer bildet.

Um so nothwendiger ist es in dieser Ermittelung jeden Zweifel auszuschliessen. Man hat die Zeit, zu welcher Geminus schrieb, regelmässig dem 6. Kapitel seiner Einleitung in die Astronomie entnommen. Dort heisst es:[1]) Die Griechen nehmen auf die Aegypter und Eudoxus sich stützend an, das Isisfest treffe mit dem kürzesten Tage überein. Das ist vor 120 Jahren einmal so gewesen, aber alle 4 Jahre verschiebt sich die Uebereinstimmung um 1 Tag und beträgt jetzt einen Monat.

Der Nutzen, welcher aus dieser Angabe zu ziehen sein kann, ist augenscheinlich. Weiss man, wann das Fest der Isis nach ägyptischem Kalender stattfand, weiss man ferner, wann das betreffende ägyptische Datum genau auf das Wintersolstitium fiel, so hat man von dem so gewonnenen Jahre nur 120 Jahre weiter zu zählen, um zu der Zeit zu gelangen, zu welcher Geminus seine Einleitung in die Astronomie verfasste. Diese Rechnung hat man angestellt und ist zu zwei sehr von einander abweichenden Ergebnissen gekommen. Ein gelehrter Chronologe, Mitglied des Jesuitenordens am Anfange des XVII. S., *Denis Petau*,[2]) hat in dem Isisfeste die Feier der Auffindung des Osiris erkannt, welche in Aegypten vom 17. bis zum 20. Athyr begangen wurde. Diese Feier, d. h. der 17. Athyr, fiel 197 auf das Wintersolstitium und die Abfassung der Einleitung in die Astronomie 120 Jahre später auf 77 v. Chr. Dagegen hat am Ende des XVII. S. ein anderer Gelehrter, Bonjour, folgende Ansicht begründet.[3]) Nach römischer Ueberlieferung ist ein Isisfest vom 1. bis zum 5. Athyr gefeiert worden; der 1. Athyr fiel 257 auf das Wintersolstitium, und somit geben 120 Jahre weiter die Jahreszahl 137, in welcher Geminus geschrieben haben muss. Mit davon verschiedenen Gründen ist ein späterer Forscher gleichfalls zu dem Jahre 140 gekommen, auf welches die Blüthe des Geminus zu setzen sei.[4])

---

[1]) Unsere Uebersetzung ist nicht wörtlich, kürzt vielmehr die Stelle wesentlich ohne jedoch den Sinn zu verändern. Vergl. ed. Halma pag. 48. [2]) Petavius, *De doctrina temporum* (Paris, 1627), Lib. II, cap. 6, § 4 und desselben Verfassers *Uranologion sive systema variorum autorum qui de sphaera ac sideribus eorum motibus graece commentati sunt* (Paris, 1630) in den Anmerkungen zu der dort abgedruckten Schrift des Geminus an dem betreffenden Orte. [3]) Bonjour, *De nomine Josephi a Pharaone imposito*. Rom, 1696. Vergl. eine Besprechung dieses Buches von Heinr. Pipping in den *Acta Eruditorum* für 1697, pag. 6 sqq. [4]) H. Brandes, Ueber das Zeitalter des Astronomen Geminus und des Geographen Eudoxus in den Jahn'schen Jahrbüchern XIII, Supplement S. 199—230, besonders 219.

Zwischen diesen beiden Möglichkeiten hat man sich zu entscheiden, und wir tragen Bedenken Geminus, welcher nach Hipparch gelebt haben muss, um dessen Sonnentheorie, wie wir zu Anfang bemerkten, deutlich darzustellen, der auch Hipparch in seiner Einleitung in die Astronomie einmal mit Namen nennt,[1]) während die Beobachtungen Hipparchs von 161 bis 126 fallen, früher als 77 als Schriftsteller anzunehmen. Das zweite Datum, dem wir in unserer Anordnung des Stoffes folgten, indem wir sonst Geminus vor Heron hätten nennen müssen, steht auch im Einklang mit anderen Umständen, die für sich allein nicht entscheidend gewesen wären. Geminus nennt in seiner Einleitung in die Astronomie Eratosthenes,[2]) der etwa 194 starb, den Geschichtsschreiber Polybius,[3]) dessen Universalgeschichte, *ἱστορία καθολική*, bis 146 herabreicht, Krates den Grammatiker,[4]) wahrscheinlich denjenigen dieses Namens, der aus Mallus 167 nach Rom kam, wo er etwa 144 starb, den Philosophen Boethus, welcher einen Commentar zu Aratus geschrieben haben muss,[5]) den man aber nicht bestimmt zu identificiren vermag; sie alle können im Jahre 137 eben so gut wie im Jahre 77 genannt worden sein. Auch darauf wird man kein zu grosses Gewicht legen dürfen, dass die Beobachtungen, von welchen Geminus Gebrauch macht, auf Rhodos, Alexandria und Rom Bezug nehmen. Ein Alexandriner, das haben wir (S. 314) erörtert, würde kaum schon 137 Rom seine Aufmerksamkeit in so hohem Grade gewidmet haben, anders ein Rhodier, nachdem seine Landsleute die Bundesgenossen der Römer seit dem syrischen Kriege im Jahre 190 v. Chr. waren. Aber Folgendes gibt endgiltig den Ausschlag. Nach einer Angabe des Simplicius im Commentare zum II. Buche der aristotelischen Physik fertigte Geminus einen Auszug aus der *ἐξήγησις μετεωρολογικῶν* des Posidonius. Nun gab es allerdings einen Posidonius von Alexandria, Schüler des 259 verstorbenen Zenon, aber ihn würde Simplicius nicht ohne sonstige Bezeichnung nur Posidonius genannt haben. Dazu musste die Persönlichkeit eine allgemein bekannte sein, und von einer solchen haben wir Kenntniss: Posidonius von Rhodos,[6]) der Lehrer Ciceros, der Freund des Pompeius, der auf der Insel Rhodos gestorben ist, auf welcher Geminus allem Anscheine nach lebte. Dieser Posidonius wird frühstens um das Jahr 90 als Schriftsteller aufgetreten sein, und wer aus seinem Werke einen Auszug machte, kann nur 77, nicht 137 eine Einleitung in die Astronomie verfasst haben. Damit stimmt aber endlich noch eine Thatsache überein. Die 120 Jahre rückwärts von Geminus fallen entweder auf 257 oder auf 197. Nach der

[1]) *Εἰσαγωγή κ. τ. λ.* (ed. Halma) pag. 19. [2]) Ed. Halma pag. 44. [3]) Ed. Halma pag. 67. [4]) Ed. Halma pag. 30, 31, 32, 66. [5]) Ed. Halma pag. 76. [6]) Wolf, Geschichte der Astronomie S. 167.

ersteren Annahme würde das Edikt von Kanopus vom 7. März 238 die 120 Jahre unterbrochen und vermöge der in ihm angeordneten Einrichtung des Schaltjahres, so lange oder so kurz es in Giltigkeit war, die 30tägige Verschiebung des Isisfestes binnen 120 Jahren zu einer Unwahrheit gemacht haben. Rechnet man dagegen jene 120 Jahre von 197 an, so ist dem nicht so. Man hat vielmehr alsdann eine Grenze gewonnen, wie lange das Edikt von Kanopus, von welchem man ohnedies weiss, dass es in Vergessenheit gerieth, wirksam gewesen sein kann: von 238 an höchstens durch 40 Jahre hindurch.

Wer Geminus war, ist nicht bekannt. Der Name besitzt einen entschieden römischen Klang, und wenn auch die Rechtschreibung *Γεμῖνος*, deren Proklus wie Pappus sich bedient, der römischen Aussprache widerspricht, so kann eine Ausgleichung darin gefunden werden, dass Simplicius den Ton auf die erste Silbe, *Γέμινος*, legt. Man hat demzufolge in Geminus wohl den Freigelassenen eines edeln Römers erkennen wollen.

Das mathematische Hauptwerk des Geminus kann vielleicht den Titel: Ueber die Anordnung der Mathematik geführt haben.[1]) Von dessen Inhalt haben wir in negativer Weise behauptet, er sei nicht wesentlich geschichtlich gewesen. Proklus entnimmt ihm gern die Entscheidung, wo es sich um Streitfragen mehr allgemein logischer als mathematischer Natur handelt, um geometrische Erklärungen, Grundsätze und dergleichen. Eine einzige geometrische Entdeckung des Geminus kennen wir aus Proklus:[2]) „Unter den auf Körpern construirten Linien sind die einen in ihren Theilen gleich und ähnlich wie die cylindrischen Schraubenlinien, andere dagegen nicht, nämlich alle übrigen. Es ergibt sich nun aus diesen Unterschieden, dass es nur drei Linien gibt, welche in allen ihren Theilen gleich und ähnlich sind, die Gerade, der Kreis und die cylindrische Schraubenlinie, von denen zwei ganz in der Ebene liegende einfache sind, eine aber eine gemischte ist und auf einem Körper liegt. Auch dies beweist ganz klar Geminus, indem er noch hinzufügt, dass wenn an eine solche in allen Theilen gleich und ähnliche Linie von einem Punkte aus zwei Gerade gezogen werden, die mit ihr gleiche Winkel bilden, diese Geraden einander gleich sind.“

Muthmasslich darf als mit Geminus annähernd gleichaltrig Theodosius von Tripolis[3]) genannt werden. Wenigstens kommt der

[1]) Pappus VIII, 3 (ed. Hultsch) 1026 heisst es: *Γεμῖνος ὁ μαθηματικὸς ἐν τῷ περὶ τῆς τῶν μαθημάτων τάξεως*. [2]) Proklus (ed. Friedlein) 112 -113. Bretschneider 177. [3]) Vergl. Fabricius, *Bibliotheca Graeca* (edit. Harless) IV, 21. Die Sphärik ist griechisch mit lateinischer Uebersetzung von Pena (Paris, 1558) herausgegeben. Eine deutsche Uebersetzung von Ernst Nizze. Stralsund, 1826. Von eben demselben eine griechische Textausgabe mit lateinischer Uebersetzung. Berlin, 1852.

Name dieses von Ptolemäus benutzten Mathematikers und Astronomen bei Strabon und Vitruvius vor, so dass er vor Christi Geburt gelebt haben muss, und dem Gegenstande seiner Untersuchungen nach etwa im letzten Jahrhunderte dieser Zeit. Seine Heimath Tripolis lag an der phönikischen Küste. Seine Sphärik in drei Büchern ist eine ziemlich vollständige Geometrie der Kugeloberfläche mit Ausschluss des messenden, also trigonometrischen Theiles..

Auch Dionysodorus wird von Strabon[1]) und von Plinius[2]) genannt, muss also vor Christus gelebt haben. Strabon berichtet, Amisus im Pontus am asiatischen Südufer des schwarzen Meeres sei seine Heimath gewesen. Plinius weiss eine Wundergeschichte zu erzählen, in welcher er eine Rolle spielt. Dem Mathematiker dürfte die Lösung der archimedischen Aufgabe der Kugeltheilung nach gegebenem Verhältnisse der Abschnitte interessant sein, zu welcher Dionysodorus, nach den Mittheilungen des Eutokius,[3]) den Durchschnitt einer Parabel mit einer Hyperbel benutzte.

Sicherlich nach Christi Geburt lebte Serenus von Antissa, von welchem uns zwei Abhandlungen erhalten sind. Er selbst gibt zur Bestimmung seines Zeitalters nur durch eine Bemerkung einen wenig ergiebigen Beitrag. Er sagt nämlich im 16. Satze seines Cylinderschnittes, er habe Erklärungen zu den Kegelschnitten des Apollonius herausgegeben. Man hat nun wahrscheinlich machen wollen, dass seine Lebenszeit dieser oberen durch Apollonius dargestellten Grenze ziemlich nahe gelegen habe.[4]) Antissa auf der Insel Lesbos, die Heimath des Serenus, wurde 167 v. Chr. von den Römern aufs Gründlichste zerstört, Serenus müsse also vor dieser Zerstörung gelebt haben. Dagegen hat mit Recht der Einwand erhoben werden können,[5]) Serenus sei selbst ein römischer, vollständig ungriechischer Name, dessen Träger falle also nicht in das alte, sondern in das neue Antissa, welches zu Strabons Zeiten wieder aufgebaut gewesen sei.[6]) In welches Jahrhundert nach dieser Wiederherstellung von Antissa Serenus zu setzen ist, darüber ist allerdings gar keine Angabe vorhanden. Er wird nur ein einzigesmal genannt: von Marinus, dem Herausgeber der euklidischen Daten,[7]) der als Nachfolger des Proklus am Ende des V., oder am Anfange des VI. S. jene Vorrede schrieb, in welcher Serenus vorkommt. Dieser unteren Grenze wird man wegen des Charakters der von Serenus hinterlassenen Schriften nicht allzunahe kommen wollen. Dagegen wollen wir ebensowenig auch nur eine persönliche Meinung über das Jahrhundert, in welchem

---

[1]) Strabo XII, 3. [2]) Plinius, *Historia naturalis* II, 109. [3]) Archimed (ed. Torelli) 163. [4]) Bretschneider 183. [5]) F. Blass in Fleckeisen & Masius, Neue Jahrbücher f. Philolog. u. Pädagog. (1872), Bd. 105, S. 34. [6]) Strabon XIII, 2. [7]) Euklid (ed. Gregory) pag. 457.

Serenus wirklich gelebt hat, dadurch aussprechen, dass wir seiner hier, als an der Schwelle der möglichen Zeit gedenken.

Die beiden Abhandlungen des Serenus[1]) haben zum Inhalte den Schnitt des Cylinders und den Schnitt des Kegels. Der Schnitt des Kegels ist die unbedeutendere von beiden Schriften. Serenus beschäftigt sich darin mit solchen Schnittebenen, welche durch die Spitze des Kegels gelegt ein Dreieck auf dem Kegelmantel erzeugen, weil keiner seiner Vorgänger sich um diese Dreiecke gekümmert habe. Von einigem Interesse ist höchstens, dass dabei die Frage nach dem grösstmöglichen Inhalte der so entstehenden Dreiecke auftaucht. Der Schnitt des Cylinders lehrt zunächst, dass die den Cylinder schneidende Ebene auf dessen Mantel eine Ellipse horvorbringe und löst alsdann Aufgaben wie die in Satz 22. und 23. Zu einem gegebenen Kegel (Cylinder) einen Cylinder (Kegel) zu finden und beide durch eine und dieselbe Ebene so zu schneiden, dass der Schnitt ähnliche Ellipsen bilde. Von Sätzen, die bewiesen werden, heben wir hervor: Satz 31. Gerade Linien, welche aus demselben Punkte ausgehend eine cylindrische Oberfläche berühren, haben sämmtlich die Berührungspunkte in den Seiten eines einzigen Parallelogramms und Satz 34. Alle Geraden, welche aus demselben Punkte als Berührungslinien an einen Kegelmantel gezogen werden, haben ihre Berührungspunkte in den Seiten eines einzigen Dreiecks. Endlich sei bemerkt, dass im Satz 33. ganz gelegentlich die Grundlage zu dem geschaffen wird, was mit modernem Namen die Lehre von den Harmonikalen genannt zu werden pflegt. Es wird nämlich behauptet, dass wenn (Figur 61) von δ aus die $\delta\varepsilon\eta\zeta$ zum Schnitte eines Dreiecks $\alpha\beta\gamma$ gezeichnet und η so auf ihr gewählt wird, dass $\delta\varepsilon:\delta\zeta = \varepsilon\eta:\eta\zeta$ und die Gerade $\alpha\eta$ gezogen wird, alsdann jede neue von δ ausgehende Transversale $\delta\varkappa\lambda\mu$ das entsprechende Verhältniss $\delta\varkappa:\delta\mu = \varkappa\lambda:\lambda\mu$ bieten werde.

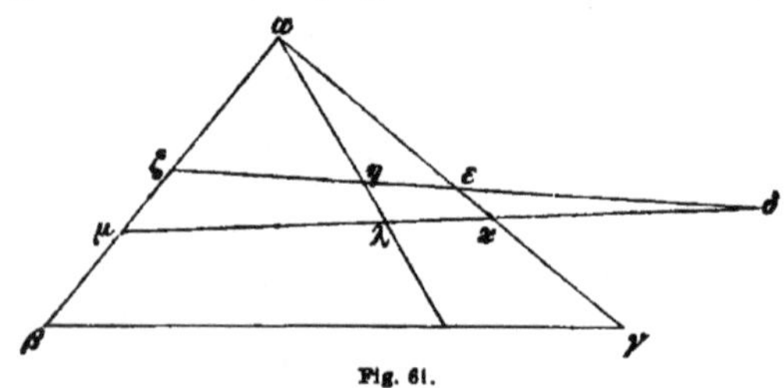

Fig. 61.

Ausser diesen beiden Abhandlungen hat Serenus noch Hilfssätze verfasst, aus welchen ein geometrischer Satz über Winkel im Kreise

[1]) Der griechische Text ist als Anhang zur Halley'schen Ausgabe der Kegelschnitte des Apollonius gedruckt. Deutsche Uebersetzungen hat E. Nizze als Programmbeilagen des Stralsunder Gymnasiums veröffentlicht: Ueber den Schnitt des Cylinders 1860. Ueber den Schnitt des Kegels 1861.

mit excentrischem Scheitelpunkte aber auf gleichen Bögen aufstehend in einer Handschrift des astronomischen Theiles des Werkes Theons von Smyrna aufgefunden worden ist.[1]) Könnte man annehmen, Theon habe selbst den Serenus benutzt, so würde durch die bekannte Lebenszeit dieses Schriftstellers eine untere Zeitgrenze mit dem Jahre 130 etwa angegeben sein; doch wäre jene Annahme durchaus willkürlich. Man hat vielmehr, wie bemerkt worden ist, wohl nur an eine Vereinigung ähnlicher Dinge in einer Handschrift zu denken, ohne dass festgestellt wäre, wer es gewesen sein mag, der von jenem Satze aus den Lemmen des Serenus eine astronomische Anwendung machte.

Festen chronologischen Boden unter den Füssen gewinnen wir mit Menelaus von Alexandria. Zwei in Rom angestellte Beobachtungen dieses Astronomen aus dem ersten Regierungsjahre Trajans, d. h. aus dem Jahre 98 n. Chr., sind im Almageste erhalten,[2]) und so kann über die Zeit der wissenschaftlichen Thätigkeit des Menelaus kein Zweifel stattfinden.

Er verfasste 6 Bücher über die Berechnung der Sehnen, welche aber gleich dem ähnlichen Werke seines Vorgängers Hipparch verloren gegangen sind. Seine 3 Bücher der Sphärik sind im griechischen Originaltexte gleichfalls nicht bekannt, doch sind einander gegenseitig bestätigende arabische und hebräische Uebersetzungen aufgefunden worden, nach welchen weitere lateinische Uebersetzungen sich herstellen liessen, welche mehrfach herausgegeben sind.[3]) Die Sphärik des Menelaus ist im Gegensatze zu der des Theodosius eine Art von sphärischer Trigonometrie. In ihr finden sich schon die Sätze, dass in jedem sphärischen Dreiecke die Summe der drei Seiten kleiner als ein Grössterkreis der Kugel, die Summe der drei Winkel grösser als zwei Rechte sein muss; dass gleichen Seiten desselben sphärischen Dreiecks gleiche, ungleichen Seiten ungleiche Winkel, und zwar den grösseren Seiten die grösseren Winkel gegenüberstehen. In ihr finden sich die hauptsächlichsten Congruenzsätze sphärischer Dreiecke, der Satz, dass die drei Hauptbögen, welche die Winkel eines sphärischen Dreiecks halbiren, sich in einem gemeinschaftlichen Durchschnittspunkte treffen, sowie der Satz, dass der Hauptbogen, welcher einen Winkel eines sphärischen Dreiecks halbirt, die dem Winkel gegenüberliegende Seite so schneidet, dass die Sehnen der verdoppelten Abschnitte im gleichen Verhältnisse stehen, wie die Sehnen der gleichfalls verdoppelten jeweils anliegenden Seiten. Dazu kommen die Sätze über Transversalen im ebenen und im sphärischen

---

[1]) *Theonis Smyrnaei liber de astronomia* ed. Th. H. Martin. Paris, 1849, pag. 340 und Martins Bemerkungen pag. 79—81. [2]) *Ptolemaei Almagestum* VII, 3 (ed. Halma) T. II, pag. 25 und 27. [3]) Die beste Uebersetzung von Halley. Oxford, 1758.

Dreiecke, welche man jetzt gemeiniglich unter dem Namen der Sätze der Menelaus zu bezeichnen pflegt. Der planimetrische Satz spricht sich dahin aus, dass bei Durchschneidung der 3 Seiten eines ebenen geradlinigen Dreiecks durch eine Gerade Abschnitte erscheinen, welche das gleiche Produkt aus je 3 Abschnitten, die keinen Endpunkt gemein haben, hervorbringen; der sphärische Satz verändert diesen Ausspruch nur dahin, dass die Abschnitte der Bögen durch die Sehnen der verdoppelten Abschnitte ersetzt werden. Menelaus selbst hat freilich so wenig wie seine Nachfolger bis in das XVI. S. seine Sätze in dieser Weise ausgesprochen. Es heisst niemals $a_1 \cdot a_2 \cdot a_3 = b_1 \cdot b_2 \cdot b_3$ oder das Parallelopipedon der betreffenden Abschnitte habe gleichen Inhalt, sondern das Verhältniss $a_1 : b_1 = b_2 \cdot b_3 : a_2 \cdot a_3$ ist gebildet und so ausgesprochen, dass gesagt wird, a_1 stehe zu b_1 in dem zusammengesetzten Verhältnisse von b_2 zu a_2 und von b_3 zu a_3. Der Name, unter welchem der Satz bekannt blieb, ist der des Satzes von den sechs Grössen, *regula sex quantitatum*.

Menelaus hat auch in der Curvenlehre sich Verdienste erworben. Er hat, wie Pappus ungemein kurz sich fassend und desshalb für uns sehr fruchtlos erzählt,[1]) einer krummen Linie, mit welcher vorher zwei uns gänzlich unbekannte Geometer Demetrius von Alexandria und Philo von Tyana sich beschäftigten, seine besondere Aufmerksamkeit zugewandt und derselben den Namen der aussergewöhnlichen oder seltsamen, *παράδοξος γραμμή*, beigelegt.

Klaudius Ptolemäus führte zu Ende, was Hipparch und Menelaus vor ihm begonnen hatten. Er schuf für den astronomischen Gebrauch eine Trigonometrie von so vollendeter Form, dass sie weit über ein Jahrtausend nicht überboten wurde und nicht weniger als die unter dem Namen des ptolemäischen Weltsystems bekannte Lehre von den Bewegungen der Gestirne aber mit besserem Erfolge die Wissenschaft beherrschte. Beides, das astronomische und das trigonometrische Lehrgebäude, ist vereinigt in den 13 Büchern der grossen Zusammenstellung, *μεγάλη σύνταξις*.[2]) Als dieses Werk später, wie wir im 32. Kapitel zu schildern haben werden, aus dem Griechischen ins Arabische, aus dieser Sprache noch später ins Lateinische übersetzt wurde, erhielt es den durch Zusammenschweissung des arabischen Artikels al mit dem griechischen Superlativ *μέγιστος* gebildeten Bastardnamen Almagest, unter welchem es meistens bekannt ist, und dessen auch wir uns bedienen, einigemal weiter oben schon vorgreifend bedient haben.

---

[1]) Pappus IV, 30, (ed. Hultsch) pag. 270. [2]) Die beste Ausgabe ist die von Halma unter Beigabe einer französischen Uebersetzung in 2 Quartbänden veranstaltete. Paris, 1813—16.

Im Almageste sind viele astronomische Beobachtungen verwerthet, theils dem Ptolemäus eigenthümliche, theils von Anderen herrührend. Die späteste der so aufgenommenen Datirungen ist die einer Venusbeobachtung aus dem 14. Regierungsjahre des Antoninus, also aus dem Jahre 151, und die Abfassung des Almagestes muss somit später fallen. Andrerseits ist die frühste eigene Beobachtung des Ptolemäus, von der wir wissen, im Jahre 125 angestellt, und damit erreichen wir als engste Grenzen seiner Wirksamkeit die Jahre 125 bis 151. Das ist aber neben einem Aufenthalte in Alexandria auch Alles, was wir von den persönlichen Verhältnissen des Ptolemäus mit Gewissheit aussagen können. Nach später aus arabischer Quelle geflossener Angabe[1]) wäre Ptolemäus in Alexandria geboren und aufgewachsen; er sei, heisst es dort, 78 Jahre alt geworden; auch weiss der Bericht von seiner hellen Farbe, seinen kleinen Füssen, einem rothen Muttermale an der rechten Kinnlade, dem schwarzen dichten Barte, seinen Lebensgewohnheiten und Charaktereigenschaften so viel zu erzählen, dass man sehr in Zweifel geräth, soll man der Genauigkeit trauen, oder der Uebergenauigkeit misstrauen. Meistens entschliesst man sich zu Letzterem und gibt zu, dass sogar über den Geburtsort des Ptolemäus völlige Ungewissheit herrsche.

Wir haben es hier zunächst mit dem 9. Kapitel des I. Buches des Almagestes zu thun, dem wir die Berechnung einer Sehnentafel zu entnehmen haben.[2]) Ptolemäus theilt den Kreisumfang in 360 Theile, *τμήματα*, und jeden dieser Theile halbirt er zunächst nochmals. Ferner theilt er den Durchmesser des Kreises gleichfalls und zwar in 120 Theile, *τμήματα*, setzt aber hier die Theilung sogleich sexagesimal fort. Die Unterabtheilungen bringen 60 erste, 60 zweite Theile hervor, welche in den lateinischen Uebersetzungen zu partes minutae primae und partes minutae secundae wurden, woraus andere Sprachen ihre Minuten und Sekunden hernahmen. Ein Neues hat Ptolemäus mit diesen Theilungen gewiss nicht gegeben. Wie die Gradeintheilung des Kreises über Geminus, über Hipparch bis auf Hypsikles in Alexandria verfolgbar nach Babylon als Mutterland hinweist, so dürfte Aehnliches für die Theilung des Kreishalbmessers nach sexagesimaler Grundzahl gelten müssen, die jedenfalls seinen alexandrinischen Vorgängern bekannt gewesen sein wird. Das Verdienst des Ptolemäus liegt dagegen in seiner Sehnenberechnung selbst. Theon von Alexandria, der Commentator des Almagestes, sagt uns ausdrücklich,[3]) Hipparch habe die Lehre von den Sehnen in 12 Büchern

---

[1]) B. Boncompagni, *Della vita e delle opere di Gherardo Cremonese* etc. Roma, 1851, pag. 16—17. [2]) Ein vortrefflicher Auszug von L. Ideler unter dem Titel: „Ueber die Trigonometrie der Alten" in Zachs Monatlicher Correspondenz zur Beförderung der Erd- und Himmelskunde (Juli 1812). Bd. XXVI, 3—38. [3]) Theon Alexandrinus (ed. Halma) I, pag. 110.

und Menelaus in 6 Büchern abgehandelt, man müsse aber erstaunen, wie bequem Ptolemäus mit Hilfe weniger und leichter Sätze ihre Werthe gefunden habe. Den Ausgangspunkt bildet der sogenannte ptolemäische Lehrsatz vom Sehnenviereck,[1]) dass das Produkt der Diagonalen der Summe der Produkte je zweier einander gegenüberliegender Seiten gleich sei, und neben diesem Satze die Kenntniss einiger ganz bestimmter Sehnen, nämlich der Seiten der regelmässigen dem Kreise eingeschriebenen Dreiecke, Vierecke, Fünfecke, Sechsecke, Zehnecke als der Sehnen von Bögen von 120, von 90, von 72, von 60, von 36 Bogengraden jedesmal in Theilen des Durchmessers, beziehungsweise des Halbmessers des Kreises dargestellt.

Nun folgt aber aus den Sehnen zweier Bögen die Sehne ihres Unterschiedes, aus der Sehne eines Bogens die Sehne des halb so grossen Bogens, aus den Sehnen zweier Bögen die Sehne ihrer Summe.

Die Beweise der betreffenden Sätze bestehen dem Sinne nach in Folgendem. Aus (Figur 62) $\alpha\beta$ und $\alpha\gamma$ soll $\beta\gamma$ gefunden werden. Man zieht von α aus den Durchmesser $\alpha\delta$, der also 120 Theile enthält und vollendet das Sehnenviereck $\alpha\beta\gamma\delta$ nebst seinen Diagonalen. Nun ist $\gamma\delta = \sqrt{120^2 - \alpha\gamma^2}$, $\beta\delta = \sqrt{120^2 - \alpha\beta^2}$, $\alpha\gamma . \beta\delta = \alpha\delta . \beta\gamma + \alpha\beta . \gamma\delta$ oder $\alpha\gamma . \sqrt{120^2 - \alpha\beta^2} = 120 . \beta\gamma + \alpha\beta . \sqrt{120^2 - \alpha\beta^2}$, woraus $\beta\gamma$ gefunden werden kann.

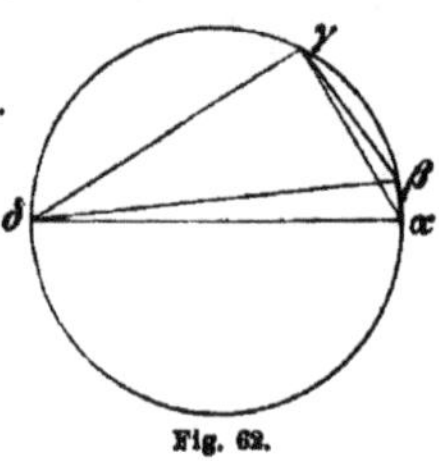
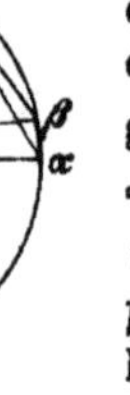

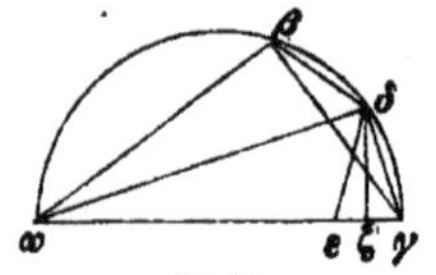

Fig. 62.

Soll ferner (Figur 63) aus $\beta\gamma$ die Sehne $\gamma\delta$ des halb so grossen Bogens ermittelt werden, so zieht man den Durchmesser $\alpha\gamma$, ausserdem $\alpha\beta$, $\alpha\delta$, $\beta\delta$, schneidet auf dem Durchmesser $\alpha\gamma$ das Stück $\alpha\varepsilon = \alpha\beta$ ab, zieht $\delta\varepsilon$ und endlich $\delta\zeta$ senkrecht zum Durchmesser $\alpha\gamma$.

Fig. 63.

Die Dreiecke $\beta\alpha\delta$, $\varepsilon\alpha\delta$ sind nun congruent, weil die beiden gleichen in α ihre gemeinschaftliche Spitze besitzenden Winkel von gleichen Seiten gebildet werden. Demgemäss sind auch die dritten Seiten gleich $\beta\delta = \delta\varepsilon$, und da überdies $\beta\delta = \delta\gamma$ als Sehnen gleicher Bögen, so ist das Dreieck $\delta\varepsilon\gamma$ gleichschenklig, und die Senkrechte $\delta\zeta$ auf dessen Grundlinie halbirt dieselbe d. h. es ist $\zeta\gamma = \frac{\varepsilon\gamma}{2} = \frac{\alpha\gamma - \alpha\varepsilon}{2} = \frac{120 - \alpha\beta}{2} = 60 - \frac{1}{2}\sqrt{120^2 - \beta\gamma^2}$. Ferner sind die beiden recht-

[1]) Almagest (ed. Halma) I, pag. 29.

winkligen einen spitzen Winkel gemeinschaftlich enthaltenden Dreiecke $\gamma\delta\zeta$, $\gamma\alpha\delta$ ähnlich, also $\zeta\gamma : \gamma\delta = \gamma\delta : \alpha\gamma$ und $\gamma\delta^2 = \alpha\gamma \, . \, \zeta\gamma = 120\,[60 - \frac{1}{2}\sqrt{120^2 - \beta\gamma^2}]$, woraus endlich $\gamma\delta$ sich ergibt.

Die letzte Aufgabe ist die (Figur 64) aus den Sehnen $\alpha\beta$ und $\beta\gamma$ die Sehne $\alpha\gamma$ zu finden. Zu diesem Zwecke werden die Durchmesser $\alpha\delta$ und $\beta\varepsilon$ ausserdem $\beta\delta$, $\delta\gamma$, $\gamma\varepsilon$ und $\delta\varepsilon$ gezogen, welche letztere wegen der Congruenz der Dreiecke $\alpha\beta\zeta$, $\delta\varepsilon\zeta$ der $\alpha\beta$ gleich sein muss. Der auf das Sehnenviereck $\beta\gamma\delta\varepsilon$ angewandte ptolemäische Lehrsatz liefert nunmehr $\beta\delta \, . \, \gamma\varepsilon = \beta\gamma \, . \, \delta\varepsilon + \beta\varepsilon \, . \gamma\delta$ oder $\sqrt{120^2 - \alpha\beta^2} \, . \sqrt{120^2 - \beta\gamma^2} = \beta\gamma \, . \, \alpha\beta + 120 \, . \sqrt{120^2 - \gamma\delta^2}$, wodurch $\gamma\delta$ bestimmt ist.

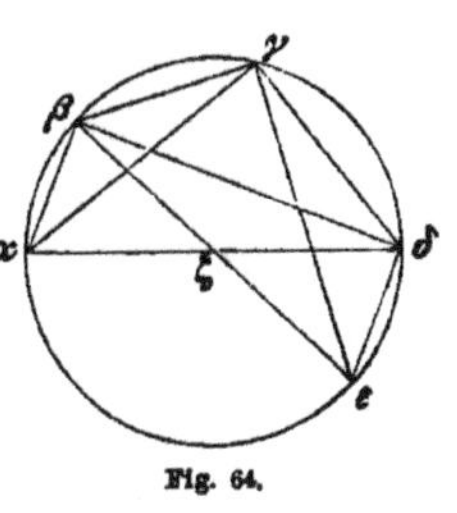

Fig. 64.

Zu den als bekannt vorausgesetzten Sehnen zurückkehrend erhält demnach Ptolemäus aus den Sehnen von 72° und von 60° die von 72°—60° oder von 12°. Wiederholte Halbirung des Bogens lehrt alsdann die Sehne von 6°, von 3°, von $1\frac{1}{2}^0$, von $\frac{3}{4}^0$ kennen. Ptolemäus beabsichtigt aber die Sehnen der um je $\frac{1}{2}$ Grad steigenden Bögen in eine Tabelle zu vereinigen, er bedarf also dazu in erster Linie der Kenntniss der Sehne von 1°, und dazu verhilft ihm ein Vergleichungssatz von höchster Eleganz. Es seien (Figur 65) zwei Bögen $\alpha\beta$, $\beta\gamma$ desselben Kreises gegeben, deren letzterer grösser als der erstere, und es seien die Sehnen der einzelnen Bögen sowie der Summe der beiden gezogen, wobei wir zur Unterscheidung der Bögen und Sehnen jene z. B. als arcus $\alpha\beta$, diese als chorda $\alpha\beta$ oder als $\alpha\beta$ schlechtweg bezeichnen wollen. Der Winkel bei β werde durch die $\beta\delta$ halbirt; $\delta\alpha$ und $\delta\gamma$ werden gezogen, auch $\delta\zeta$ senkrecht zu $\alpha\gamma$, und mit $\delta\varepsilon$ d. h. mit der Entfernung des Punktes δ vom Durchschnitte der $\beta\delta$ mit der $\alpha\gamma$ als Halbmesser und mit δ als Mittelpunkt wird ein Kreisbogen beschrieben, der einestheils die $\delta\alpha$ anderntheils die $\delta\zeta$, selbst oder in ihrer Verlängerung, in η und θ schneidet. Nach dem bekannten Satze von der Halbirung eines Dreieckswinkels ist $\alpha\beta : \beta\gamma = \alpha\varepsilon : \varepsilon\gamma$, aber $\alpha\beta < \beta\gamma$, also auch $\alpha\varepsilon < \varepsilon\gamma$ d. h. $\alpha\varepsilon$ ist weniger als die Hälfte von $\alpha\gamma$, ε fällt zwischen α und ζ und es ist demzufolge $\delta\alpha > \delta\varepsilon > \delta\zeta$, woraus weiter folgt, dass η auf $\delta\alpha$ selbst, θ auf der Verlängerung von $\delta\zeta$ liegen muss. Dann ist aber der

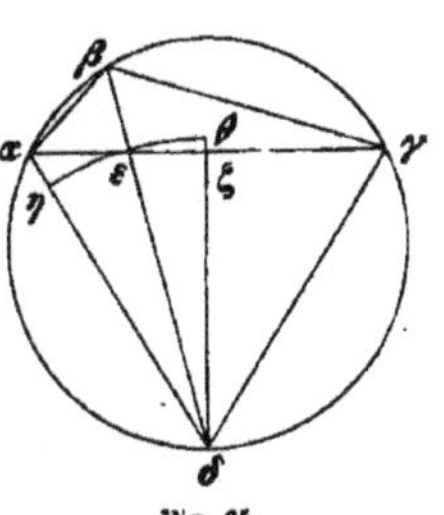

Fig. 65.

Kreissektor $\delta\varepsilon\eta$ kleiner als das Dreieck $\delta\varepsilon\alpha$, und der Kreissektor $\delta\varepsilon\theta$ grösser als das Dreieck $\delta\varepsilon\zeta$. Aus diesen Vergleichungen folgen die beiden anderen:

$$\frac{\text{Dreieck } \delta\varepsilon\zeta}{\text{Sektor } \delta\varepsilon\eta} < \frac{\text{Sektor } \delta\varepsilon\theta}{\text{Sektor } \delta\varepsilon\eta} \text{ und } \frac{\text{Dreieck } \delta\varepsilon\zeta}{\text{Sektor } \delta\varepsilon\eta} > \frac{\text{Dreieck } \delta\varepsilon\zeta}{\text{Dreieck } \delta\varepsilon\alpha},$$

aus deren Verbindung hervorgeht, dass

$$\frac{\text{Dreieck } \delta\varepsilon\zeta}{\text{Dreieck } \delta\varepsilon\alpha} < \frac{\text{Sektor } \delta\varepsilon\theta}{\text{Sektor } \delta\varepsilon\eta}.$$

Aber $\frac{\text{Dreieck } \delta\varepsilon\zeta}{\text{Dreieck } \delta\varepsilon\alpha} = \frac{\varepsilon\zeta}{\varepsilon\alpha}$ und $\frac{\text{Sektor } \delta\varepsilon\theta}{\text{Sektor } \delta\varepsilon\eta} = \frac{\text{arcus } \varepsilon\theta}{\text{arcus } \varepsilon\eta}$. Die gewonnene Ungleichung heisst also auch $\frac{\varepsilon\zeta}{\varepsilon\alpha} < \frac{\text{arcus } \varepsilon\theta}{\text{arcus } \varepsilon\eta}$. Wird beiderseits die Einheit hinzugefügt und alsdann verdoppelt, so entsteht $\frac{\alpha\gamma}{\varepsilon\alpha} < \frac{2 \text{ arcus } \eta\theta}{\text{arcus } \varepsilon\eta}$. Nun vermindert man wieder beiderseits um die Einheit und gewinnt damit $\frac{\gamma\varepsilon}{\alpha\varepsilon} < \frac{\text{arcus } \theta\varepsilon + \text{arcus } \theta\eta}{\text{arcus } \eta\varepsilon}$. Da aber weiter $\frac{\gamma\varepsilon}{\alpha\varepsilon} = \frac{\beta\gamma}{\alpha\beta}$ und $\frac{\text{arcus } \theta\varepsilon + \text{arcus } \theta\eta}{\text{arcus } \eta\varepsilon} = \frac{\sphericalangle\, \beta\delta\gamma}{\sphericalangle\, \beta\delta\alpha} = \frac{\text{arcus } \beta\gamma}{\text{arcus } \alpha\beta}$, so ist endlich

$$\frac{\text{chorda } \beta\gamma}{\text{chorda } \alpha\beta} < \frac{\text{arcus } \beta\gamma}{\text{arcus } \alpha\beta}$$

d. h. der Quotient der grösseren Sehne durch die kleinere Sehne ist kleiner als der Quotient der von den Sehnen bespannten Bögen. Werden nun Sehne und Bogen von 1^0 mit denen von $1\frac{1}{2}^0$ und von $\frac{3}{4}^0$ verglichen, so ergibt sich

$$\frac{\text{chorda } 1^0}{\text{chorda } \frac{3}{4}^0} < \frac{\text{arcus } 1^0}{\text{arcus } \frac{3}{4}^0} \text{ und } \frac{\text{chorda } 1\frac{1}{2}^0}{\text{chorda } 1^0} < \frac{\text{arcus } 1\frac{1}{2}^0}{\text{arcus } 1^0}.$$

Aber $\frac{\text{arcus } 1^0}{\text{arcus } \frac{3}{4}^0} = \frac{4}{3}$, $\frac{\text{arcus } 1\frac{1}{2}^0}{\text{arcus } 1^0} = \frac{3}{2}$ und somit leicht $\frac{2}{3}$ chorda $1\frac{1}{2}^0$ $<$ chorda $1^0 < \frac{4}{3}$ chorda $\frac{3}{4}^0$. Die beiden äusseren Werthe heissen nun bis in den Sekunden übereinstimmend $1 . 2' . 50''$, und somit wird mit einer Genauigkeit, welche die Sekunden noch zuverlässig erscheinen lässt, auch der dazwischenliegende Werth chorda $1^0 = 1 . 2' . 50''$ sein müssen. Nun ist die Sehne von 1^0 und die von $1\frac{1}{2}^0$, folglich auch die Sehne von $\frac{1}{2}^0$ bekannt, und die Sehnen aller um je $\frac{1}{2}^0$ wachsenden Bögen von 0 bis 180^0 einschliesslich können gefunden werden.

Sie alle hat Ptolemäus in seiner Sehnentafel vereinigt, grössere Bögen ausschliessend. Er thut dieses nicht etwa, weil die Sehne, die einen Bogen bespannt, der grösser als der Halbkreis ist, zugleich auch zu einem anderen kleineren Bogen gehört, der den ersten zu einem ganzen Kreise ergänzt, sondern weil Bögen, die grösser als der Halbkreis sind, bei ihm überhaupt nicht vorkommen. Wenigstens führt er diesen letzten Grund ausdrücklich an,[1]) während wir den erstgenannten nicht bei ihm finden. Für die Auffindung der Sehnen von Bögen, welche zwischen zwei in der Tabelle befindlichen enthalten sind, sorgt eine weitere Kolumne der Proportionaltheile oder, wie Ptolemäus sagt, der Sechzigstel, ἑξηκοστῶν, indem angenommen wird, dass die Veränderung der Sehnen der Bögen innerhalb der tabellarischen Angabe von $\frac{1}{2}^{0}$ zu $\frac{1}{2}^{0}$ oder von 30′ zu 30′ der Veränderung der Bögen proportional sei. So steht beispielsweise neben dem Bogen 20° 0′ die Chorde 20 . 50 . 16, neben dem Bogen 20° 30′ die Chorde 21 . 21 . 12. Der Zunahme des Bogens um 30′ entspricht eine Zunahme der Chorde um 0 . 30 . 56, und findet diese im Verhältnisse der Bogenzunahme statt, so ist der mittlere Zuwachs der Chorde 0 . 1 . 1 . 52 für jede Minute, um welche der Bogen zwischen 20° und 20° 30′ zunimmt. Diese Zahl 0 . 1 . 1 . 52 steht denn auch in der dritten Kolumne neben den Zahlen 20 . 0 der ersten, 20 . 50 . 16 der zweiten Kolumne. Ein Beweis für diese angenommene Proportionalität in engem Bereiche ist dagegen nicht vorhanden.[2])

War das 9. Kapitel der Entwerfung der Sehnentafel gewidmet, so ist im 11. Kapitel die Trigonometrie, und zwar hauptsächlich die sphärische Trigonometrie enthalten, sich aufbauend auf den Sätzen des Menelaus, die hier ohne Quellenangabe vorkommen,[3]) so dass man sie lange für Erfindungen des Ptolemäus hielt, bis im XVII. S. Pater Mersenne sie ihrem Urheber zurückerstattete.[4]) Der Hauptsatz der ebenen Trigonometrie, dass im Dreiecke zwei Seiten sich verhalten wie die Sehnen der doppelten Bögen, welche die den Seiten gegenüberliegenden Winkel messen, ist allerdings nicht deutlich ausgesprochen, sondern nur in anderen Sätzen inhaltlich mit enthalten. Vollständiger sind die Sätze der sphärischen Trigonometrie angegeben. Dem Wortlaute, aber nicht dem Gedanken nach modernisirt lautet seine Darstellung etwa folgendermassen.[5]) Wenn Ptolemäus (Figur 66) das bei H rechtwinklige Dreieck AHB berechnen will, so construirt er den Pol P von AH, dann den zu A als Pol ge-

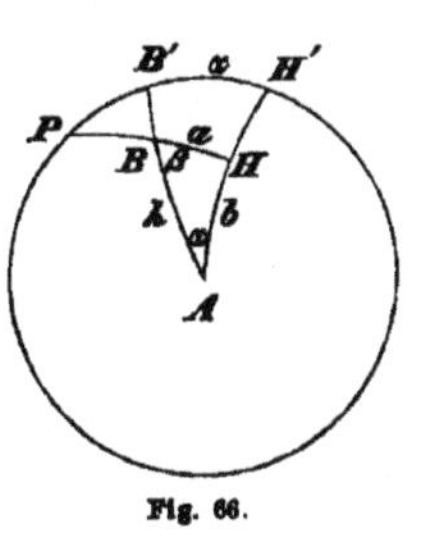

Fig. 66.

[1]) Almagest I, 11 (edit. Halma) I, pag. 51: *καὶ ἐπὶ τῶν ἑξῆς δὲ λαμβανομένων περιφερειῶν τὸ ὅμοιον ὑπακουέσθω* (sc. *ἐλάσσονα εἶναι ἡμικυκλίου*). [2]) Ideler l. c. S. 23 hat die Richtigkeit der ptolemäischen Zahlen geprüft und hat gefunden, dass sie auf 5 Decimalstellen genau sind. [3]) Almagest (ed. Halma) I, pag. 50 der Satz für das ebene Dreieck, pag. 55 der Satz für das sphärische Dreieck. [4]) Vergl. Chasles, *Aperçu hist.* 293, Deutsch 289. Chasles selbst ist geneigt die Sätze auch dem Menelaus wieder abzusprechen und hält Euklid für den Erfinder, in dessen Porismen sie vorgekommen seien. [5]) Wir

hörigen Aequator $PB'H'$, der in B', H' die verlängerten Seiten AB, AH schneidet. Somit wird $B'H' = \alpha$ und alle in der Figur vorkommenden Bögen lassen sich durch a, b, h, α und deren Complemente ausdrücken. Nun kann der Satz des Menelaus viermal angewandt werden, nämlich auf die Dreiecke ABH, PBB', PHH', $AB'H$. Die zugehörigen Transversalen sind in gleicher Ordnung $PB'H'$, AHH', $B'BA$, PBH, und die Anwendung des Satzes von den 6 Grössen liefert die vier Gleichungen:

1. $\cos h = \cos a \,.\, \cos b$ oder $\cos h = \cos a \,.\, \cos b$
2. $\sin a = \sin \alpha \,.\, \sin h$ oder $\sin a = \sin h \,.\, \sin \alpha$
4. $\cos a \,.\, \sin b \,.\, \sin \alpha = \cos \alpha \,.\, \sin a$ oder $\operatorname{tng} a = \sin b \,.\, \operatorname{tng} \alpha$
4. $\sin b \,.\, \cos h = \cos b \,.\, \cos \alpha \,.\, \sin h$ oder $\operatorname{tng} b = \cos \alpha \,.\, \operatorname{tng} h$

Die Beweise hat Ptolemäus nicht immer gegeben und die Commentatoren haben nicht unterlassen hier die sehr nöthigen Ergänzungen eintreten zu lassen.[1])

Die Trigonometrie als Kapitel des I. Buches des Almagestes behandelt entspricht vollständig dem, was wir (S. 336) schon andeuteten. Die Trigonometrie ist wesentlich zu astronomischen Zwecken entstanden, so dass die sphärische Trigonometrie nothwendiger und demzufolge auch früher ausgebildet war als die ebene Trigonometrie. Eine ebene Trigonometrie im Dienste der theoretischen Planimetrie ist dem Alterthume eben so fremd wie eine solche im Dienste feldmesserischer Untersuchungen, wenn man von der einzigen Ausnahme der Zahlenformeln Herons für den Flächeninhalt regelmässiger Vielecke absieht. Die Thatsache mag uns beim ersten Anblicke auffallen, eine Erklärung derselben scheint nicht schwer zu sein. Trigonometrische Ausdrücke als Durchgangspunkte, von welchen man wieder zu anderen Grössengattungen gelangen will, sind nicht denkbar, so lange noch keine ausgebildete Zeichensprache der Mathematik vorhanden ist. Bis dahin liefern trigonometrische Ausdrücke mit Hilfe von Sehnentafeln in Zahlen umgesetzt nur näherungsweise richtige Ergebnisse. Der wissenschaftliche Geometer war aber abgeneigt sich mit einer blossen Annäherung, und sei sie noch so nahe, zufrieden zu geben. Der unwissenschaftliche Feldmesser war abgeneigt das Wissen sich zu erwerben, welches zur Erlernung des trigonometrischen Rechnens unerlässlich war. So überliessen beide die missachteten oder gescheuten Verfahrungsweisen der Trigonometrie dem Astronomen, der weniger heikel als der Eine, weniger denkfaul als der Andere der guten Ergebnisse dieser Näherungsmethoden sich freute und bediente.

---

entnehmen diese Zusammenfassung fast wörtlich aus Hankel S. 285—286, Anmerkung, da wir es kaum für möglich halten eine bündigere und übersichtlichere Darstellung zu liefern. [1]) Theon Alexandrinus (ed. Halma) I, pag. 243 sqq.

Gehören die übrigen Bücher des Almagestes der Geschichte der Astronomie an,[1]) und ist für uns höchstens noch ein Werth von $\pi = 3 \,.\, 8 \,.\, 30$ d. h. $= 3\frac{8}{60}\,\frac{30}{3600} = 3\frac{17}{120} = 3{,}141\,666\ldots$ bemerkenswerth,[2]) so hat die Entwicklungsgeschichte der Mathematik den Namen des Ptolemäus noch wegen anderer Werke aufzubewahren, die theilweise wieder für sie und für andere Disciplinen ein gemeinsames Interesse besitzen, theilweise rein mathematisch sind.

Wir reden hier zuerst von der mathematischen Geographie des Ptolemäus.[3]) Wir erinnern uns, dass Hipparch (S. 324) die Punkte der Erde durch Coordinaten der Länge und Breite bestimmte. Er ging von dem Meridiane von Rhodos als Anfang für die Längen aus. Marinus von Tyrus im ersten Jahrhunderte n. Chr. dürfte den Anfangsmeridian nach den canarischen Inseln verlegt haben, dem damals äussersten nach Westen gelegenen bekannten Punkte.[4]) Ptolemäus folgte auf Marinus und fusst in vielen Dingen auf dessen Untersuchungen, in andern ihn tadelnd und verbessernd. Auch ihm heissen die Ausdehnungen von Ost nach West und von Nord nach Süd Länge, *μῆκος*, und Breite, *πλάτος*, weil die Erde, wie Jedermann zugestehe, mehr Ausdehnung in der ersten als in der zweiten Abmessung besitze, und Länge eben die grössere Abmessung (S. 331) bezeichne.[5]) So hat sich also das Coordinatenbewusstsein in seiner geographischen Anwendung fortwährend erhalten.

Ptolemäus ging aber vielleicht in dem Bewusstsein, dass man auf gewisse Grundrichtungen sich beziehen müsse, noch weiter. Wir denken dabei an eine Notiz, welche wir Simplicius, dem bekannten Erklärer des Aristoteles, schulden. In den Erläuterungen zum I. Buche vom Himmel berichtet er, Ptolemäus habe über die Ausdehnungen, *περὶ διαστάσεων*, geschrieben und dort gezeigt, dass nur drei Ausdehnungen eines Körpers möglich seien. Bei der Unbestimmtheit dieser Angabe müssen wir allerdings dahingestellt sein lassen, ob man glauben will, es seien in jener Schrift Gedanken enthalten gewesen, welche dem Begriffe von Raumcoordinaten nahe kommen.

Wieder an Hipparch sich anlehnend lehrte Ptolemäus in der Geographie die Anfertigung von Landkarten, und das 24. Kapitel des I. Buches[6]) ist wohl das älteste erhaltene Schriftstück, welches in seiner Ueberschrift als der Abbildung der bewohnten Erde auf einer Ebene gewidmet bezeichnet ist, so dass die Maasse der Lagen-

---

[1]) Wolf, Geschichte der Astronomie S. 61—63, eine sehr hübsche Uebersicht über den Inhalt des Almagestes. [2]) Almagest VI, 7 (ed. Halma.) [3]) *Traité de Géographie de Claude Ptolémée d'Alexandrie* (edit. Halma). Paris, 1828. [4]) Wolf, Geschichte der Astronomie S. 153. [5]) *Ptolémée, Géographie* (ed. Halma) pag. 17. [6]) *Ptolémée Géographie* (ed. Halma) pag. 59.

verhältnisse auf der Kugel beibehalten werden sollen. Verschiedene Projektionsmethoden werden hier gelehrt, mit welchen Ptolemäus auch in zwei anderen Schriften, dem Planisphaerium und dem Analemma, sich beschäftigt hat.[1]) Ptolemäus benutzt vorzüglich die Projektion, bei welcher das Auge als im Pole befindlich gedacht wird und die Aequatorialebene die Zeichnungsebene bildet, die Projektion also, welcher Aiguillon 1613 den Namen der stereographischen beigelegt hat.

Schriften des Ptolemäus über die Harmonielehre, d. h. über die Verhältnisse, welche, wie man heute sagen würde, zwischen den Schwingungszahlen der einzelnen Töne stattfinden, und über Optik[2]) begnügen wir uns zu nennen, da sie der Geschichte der Mathematik nicht angehören. Von Arbeiten über Mechanik wissen wir nur überhaupt, dass sie vorhanden waren; Pappus erwähnt ihrer in seinem VIII. Buche, Eutokius in seinen Erläuterungen zu der archimedischen Schrift über das Gleichgewicht.

Dagegen hat uns Proklus Auszüge aus einem reingeometrischen Buche des Ptolemäus überliefert,[3]) welche verdienen, dass wir bei ihnen verweilen. Aus diesen Auszügen geht hervor, dass Ptolemäus jedenfalls der erste Mathematiker war, von welchem bekannt geworden ist, dass er das sogenannte 11. Axiom des Euklid nicht als selbstverständlich betrachtet wissen wollte, dass er die zahllose Reihe derer eröffnet hat, welche durch Versuche die Parallelentheorie zu beweisen vergeblich sich abmühten, bis im XIX. S. der unendlich viel kühnere Versuch auftauchte, die Parallelentheorie als anfechtbar zu erklären und eine Geometrie zu schaffen, welche von ihr absehend als antieuklidische oder absolute Geometrie Geltung beansprucht.

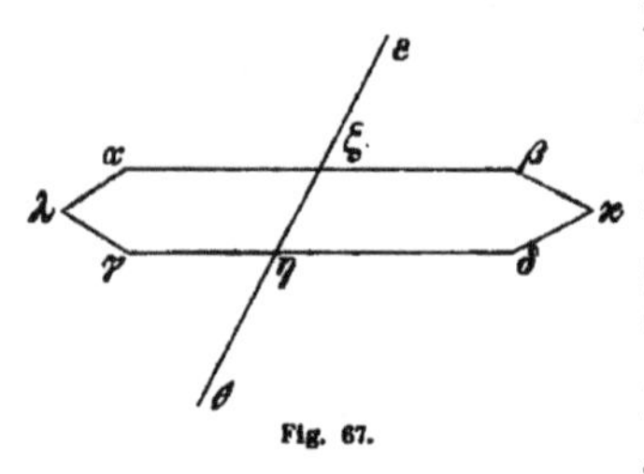

Fig. 67.

Ptolemäus beweist zunächst, dass Gerade, welche durch eine Transversale so geschnitten werden, dass die Winkel auf derselben Seite der Transversalen und auf entgegengesetzten Seiten der Geschnittenen sich zu zwei Rechten ergänzen, parallel sein müssen, d. h. sich nicht treffen. (Fig. 67.) Gesetzt $\alpha\beta$ und $\gamma\delta$ schnitten sich in $\varkappa$, während die Winkel $\beta\xi\eta$ und $\delta\eta\xi$ sich zu zwei Rechten ergänzen. Wegen

---

[1]) Diese Abhandlungen hat Commandinus 1558 und 1562 übersetzt und herausgegeben. [2]) Vergl. Poudra, *Histoire de la perspective*. Paris, 1864. pag. 28—32. Eine früher als Ptolemäus, *De speculis* bezeichnete Katoptrik ist nicht von Ptolemäus, sondern von Heron. S. Agrimensoren 18—19. [3]) Proklus (ed. Friedlein) 362—368. Vergl. L. Majer, Proklos über die Petita und Axiomata bei Euklid. Tübingen, Gymnasialprogramm 1875.

des Satzes über Nebenwinkel werden auch die Winkel $\alpha\zeta\eta$ und $\gamma\eta\zeta$ sich zu zwei Rechten ergänzen, und folglich wird auch auf der Seite, wo α und γ steht, ein Durchschnitt der beiden Geraden in λ stattfinden. Die Geraden $\alpha\beta$ und $\gamma\delta$ schneiden sich also zweimal in $\varkappa$ und λ ohne zusammenzufallen, d. h. sie schliessen einen Raum ein, was nicht möglich ist. So wenig gegen diesen Beweis sich einwenden lässt, so wenig zutreffend ist der Beweis, den Ptolemäus von dem umgekehrten Satze liefert, dass bei wirklich vorausgesetztem Parallelismusse die entsprechenden Winkel auf derselben Seite der Transversalen sich zu zwei Rechten ergänzen müssen. Die beiden $\alpha\zeta$ und $\gamma\eta$, sagt er nämlich, sind nicht weniger parallel als die $\zeta\beta$ und $\eta\delta$. Wäre also die Summe der Winkel $\beta\zeta\eta$ und $\delta\eta\zeta$ mehr oder weniger als zwei Rechte, so müsste genau das Gleiche für die Summe der Winkel $\alpha\zeta\eta$ und $\gamma\eta\zeta$ gelten. Die 4 Winkel zusammen müssten also sei es nun mehr, sei es weniger als vier Rechte betragen, während sie als zwei Paar Nebenwinkel genau vier Rechten gleich sind.

Wie Ptolemäus die euklidischen Elemente in der Theorie der Parallellinien für ergänzungsbedürftig hielt, so scheint es damals auch mit anderen Büchern des darum nicht minder bewunderten Werkes gegangen zu sein. Wir bringen in Erinnerung (S. 300), dass im II. S. der byzantinische Astronom Vettius Valens einen aus 2 Büchern bestehenden Commentar zum X. Buche der euklidischen Elemente verfasste, dessen arabische Uebersetzung sich möglicherweise erhalten hat.

Die Schriftsteller, mit welchen wir in diesem Kapitel bekannt geworden sind, zeigen uns eine gewisse Gleichartigkeit unter sich und mit denjenigen, welche in dem 17. Kapitel besprochen wurden. Wieder haben wir es mit Geometern zu thun, welche der Curvenlehre ihre Aufmerksamkeit zuwandten, welche die Stereometrie ausbildeten von allen Körpern hauptsächlich die Kugel beachtend, welche der rechnenden Geometrie die Vollendung zur Trigonometrie gaben, indem sie gewisse Linien berechneten und tabellarisch zusammenstellten, welche zu gewissen Winkeln gehörten. Die Sehnentabelle ist — wir können uns nicht versagen unsere Augen so weit nach rückwärts zu werfen — die für lange Zeit letzte Entwicklung eines alten Keimes. Das Seqt genannte Verhältniss des Ahmes wuchs dazu heran, und es scheint fast, als ob die ganze Entwicklung auf ägyptischem Boden vor sich ging.

Ist aber eine Art von Gemeinsamkeit der Mathematiker von Nikomedes und Diokles bis auf Menelaus und Ptolemäus, von 200 v. Chr. bis 150 nach Chr. nicht zu verkennen, so ist es nicht minder nothwendig auf allgemeine kulturhistorische Veränderungen hinzuweisen, welche innerhalb dieser Zeit eintraten, und welche nunmehr beginnen werden auf dem Gebiete, welches wir zu unserem Arbeitsfelde ausgewählt haben, sich deutlich bemerkbar zu machen. In der Einleitung zum 12. Kapitel haben wir (S. 222) die alexandrinische Literaturperiode ihrem allgemeinen Charakter nach kurz umrissen. Wir haben als untere Grenze derselben die Einverleibung Alexandrias in das römische Reich bezeichnet in der Mitte des ersten vorchristlichen Jahrhunderts. Ueber diese Grenze hat uns das hier abschliessende Kapitel hinübergeführt und noch über eine andere von weltgeschichtlich grösster Bedeutung. Geminus 77 v. Chr., Ptolemäus 150 nach Chr. bilden Anfang und Schluss unseres Kapitels. Müssen wir erst sagen, was zwischen beiden Jahreszahlen liegt? Und dennoch war die Entstehung des Christenthums für die Geschichte unserer Wissenschaft ein zunächst fast nebensächliches Ereigniss, weit geringfügiger in seinen unmittelbaren Einwirkungen als jene Machtverschiebung, die wir schon andeuteten. Rom kommt in den feldmesserischen Beispielen des Heron, in den astronomischen Beobachtungen des Geminus vor. Auch Menelaus beobachtete in Rom. Ptolemäus entnahm seine Datirungen den Regierungsjahren römischer Kaiser. Daran erkennen wir äusserlich, dass neue staatliche Combinationen innerhalb des Lebens grade der Männer sich gebildet haben, welche wir in diesem Kapitel friedlich nach einander betrachteten. Solche weltgeschichtliche Thatsachen dürfen auch in der historischen Darstellung einer Wissenschaft nicht mit Schweigen übergangen werden. Die Entwicklung der Wissenschaft knüpft sich an die Träger der Wissenschaft, die Träger der Wissenschaft gehören als Menschen ihrer Zeit an. Deutlicher oder in verwischteren Spuren wird die Zeit auch in der Wissenschaft zu erkennen sein. Ueberblicken wir darum in raschestem Fluge die allgemeinen Verhältnisse. Wir gelangen damit zugleich zu denjenigen mathematischen Dingen, deren Erörterung uns der Zeit nach etwas zurückgreifend nunmehr obliegt.

Kapitel XXI.

Neupythagoräische Arithmetiker. Nikomachus. Theon. Thymaridas.

Rom hatte nach und nach in Italien das unbestrittene Uebergewicht über die Mitbewohner des Landes südlich von den Alpen errungen. Der Tod des Archimed knüpft sich für uns an die Eroberung von Syrakus, das Todesjahr des Apollonius war es ungefähr, in welchem Rom mit Macedonien handgemein wurde und den Sieg bei Kynoskephalä erfocht. Zehn Jahre später und der syrische Krieg gegen Antiochus den Grossen war geschlagen. Die seegeübten Bewohner der Insel Rhodos wie die Krieger von Pergamum waren den

Römern zur Seite gestanden und fühlten von jetzt an den Einfluss der mächtigen Weltbefreier, wie man die Römer noch nannte. Deutlicher wurde das Streben des die Stellung als Weltmacht sich erobernden Staates, als um 150 die Nebenbulerschaft Karthagos vernichtet ward, und mehr und mehr drängte sich in dem nun folgenden Jahrhunderte römischer Wille den orientalischen Ländern mit Einschluss Aegyptens auf. Gegen Aegypten selbst führte Cäsar im Jahre 47 seine Truppen zum alexandrinischen Kriege, und der Eroberung der Stadt leuchtete mit bildungsfeindlicher Flamme der Brand des Brucheion.

Wir haben von dem grossartigen Sammeleifer der ersten Ptolemäer gesprochen. Ihnen fast voraus war die Gier, mit welcher König Attalus von Pergamum Bücher sich zu verschaffen suchte, und diese Wettbewerbung soll die Ursache nachweisbar vorgekommener Fälschungen gewesen sein. Im II. vorchristlichen Jahrhunderte tauchten plötzlich Schriften auf, von welchen der sein sollende alte Verfasser nie eine Ahnung gehabt hatte, und welche wissenschaftlich nur so weit Verwerthung finden können, als sie den Beweis liefern, dass man im II. S. mit den Dingen bekannt war, die den Inhalt derselben bilden. Durch Ankäufe echter und unterschobener Schriften wuchs die alexandrinische Bibliothek so, dass sie in einem Gebäude nicht mehr Platz fand. Nachdem das Brucheion in der Nähe des Hafens angefüllt war, legte man eine zweite Sammlung im Tempel des Serapis an. Jene erste Hauptsammlung war es, die der Feuersbrunst zum Opfer fiel, die mit mehr als 400000 Bänden das vernichtende Element nährte.

Das war ein harter Schlag für die Wissenschaft und deren alexandrinische Vertreter. Bis zu einem gewissen Grade wurde zwar Ersatz geboten. Der römerfreundliche König von Pergamum, Attalus III., hatte sterbend im Jahre 133 v. Chr. den römischen Senat zum Erben seiner Schätze eingesetzt, und Antonius überliess die pergamenische Büchersammlung der Stadt, welche durch die Reize Kleopatras an ihm einen Gönner gewonnen hatte. So war auf's Neue eine grossartige Bibliothek, jetzt im Serapeion, vereinigt. War die grammatische Thätigkeit, welche wir bei unserem früheren Berühren der alexandrinischen Wissenschaft als im Museum vorzugsweise neben und wohl vor der Mathematik gepflegt nannten, eine solche, die als Stoff ihrer Untersuchung ältere Schriften verwerthen musste, so mag jetzt, nachdem man gesehen, wie ein Unglücksfall unschätzbar Vieles zerstört hatte, mehr noch als zuvor eine Neigung erwacht sein durch Erläuterungen und Zusammenstellungen die alte Wissenschaft in Sicherheit zu bringen. Andere Momente waren gleichfalls vorhanden, anderen Beweggründen entstammend, aber für unsere Zwecke mit der commentirenden Thätigkeit zusamenfallend.

Alexandria war der Ort, wo Helenenthum, wo Aegyptisches, wo aber auch Asiatisches sich begegneten. Assyrier, Inder, Hebräer trafen dort ein, ihre ältere oder jüngere Bildung mit sich bringend, austauschend, ergänzend. Was bei einem solchen Zusammenströmen Weitgereister einzutreffen pflegt, fehlte auch hier nicht. Der Wissensdurst schöpfte mit nothwendigem Eklekticismusse bald da, bald dort; das Wunderbarste übte die grösste Anziehung; man fühlte sich versucht selbst nach jenen Gegenden, dem Schauplatze mährchenhafter Erzählungen, aufzubrechen; man gewann aber auch neues Interesse an Solchen, die ehedem gleiche Reisen ausgeführt hatten, denen man zu den wirklich erlebten Abenteuern neue hinzudichtete. Die Phantasie gewann das Uebergewicht über den nüchtern denkenden Verstand. Die Dialektik des Aristoteles entsprach den Neigungen nicht mehr in dem Maasse wie Platons die Einbildungskraft anregende und voraussetzende Schriften. Platon als Schriftsteller, Pythagoras als Persönlichkeit zu verehren wurde allgemeiner und allgemeiner. Ein gewisser mystischer Pythagoräismus, von Wissenschaft freilich weit entfernt, war nie gänzlich verschollen. Er erholte sich zu neuem, kräftigem Leben. Die neue Akademie bildete sich heran, die Neupythagoräer entstanden. Sie studirten, sie erläuterten Platon im pythagoräischen Sinne, so weit derselbe zu ermitteln war.

So kamen selbstverständlich auch diejenigen mathematischen Forschungen wieder in eifrigere Uebung, welche schon vorher vorhanden gegen die Geometrie zurückgetreten waren, wenn auch ein Verschwinden derselben nicht behauptet werden kann. Die pythagoräische Arithmetik wurde jetzt Mode in dem Sinne, wie wir dieses Wort schon einmal (S. 222) gebraucht haben. Männer wie Nikomachus, wie Theon standen auf.

Nikomachus war in Gerasa zu Hause, einem Orte, der wahrscheinlich in Arabien zu suchen ist.[1]) Er nennt in einer musikalischen Abhandlung Thrasyllus, womit jedenfalls der unter der Regierung des Tiberius lebende Platoniker aus Mende gemeint ist, er kann also nicht früher als etwa 30 n. Chr. geschrieben haben. Ihn übersetzte Appuleius von Madaura unter den Antoninen ins lateinische,[2]) und damit ist als untere Grenze das Jahr 150 etwa gewonnen. Gemeiniglich setzt man Nikomachus von Gerasa auf einen mittleren Zeitpunkt zwischen diese Grenzen, um das Jahr 100 n. Chr., denkt ihn also etwa als Zeitgenossen des Menelaus von Alexandria.

Nikomachus war als Pythagoräer bekannt[3]), als Arithmetiker be-

---

[1]) Die Stellen, welche diese Annahme unterstützen vergl. bei Nesselmann, Die Algebra der Griechen S. 189, Note 33. [2]) So berichtet Cassiodorius. Die Uebersetzung selbst ist verloren. [3]) Pappus III, 18 (ed. Hultsch) pag. 84 *Νικόμαχος ὁ Πυθαγορικός*.

rühmt. Neben der Thatsache einer Uebersetzung so kurz nach dem Erscheinen des Werkes, wie die des Appuleius, ist der Ausspruch des Lucian dafür bemerkenswerth, der um 160 etwa einen Rechner nicht besser zu beloben wusste als mit den Worten, er rechne wie Nikomachus von Gerasa[1]), und auch von Commentaren zu den Büchern des Nikomachus, welche deren grosse Berühmtheit verbürgen, werden wir weiter unten zu reden haben.

Die musikalischen Schriften des Nikomachus werden wir nicht zu betrachten haben, so wenig wir andere Musiker in das Bereich unserer Besprechung ziehen. Uns kümmert in erster Linie nur die Einleitung in die Arithmetik in zwei Büchern[2])", *εἰςαγωγὴ ἀριθμητική*, eben jenes von Appuleius alsbald übersetzte Werk, dessen geschichtliche Stellung wir zu erörtern haben. Ein Schriftsteller aus dem Anfange des VII. S., Isidorus von Sevilla, hat behauptet, Nikomachus habe weitläufiger auseinandergesetzt, was Pythagoras über die Zahlenlehre schrieb.[3]) Wir sind weit entfernt an die übertreibungslose Wahrheit dieser Aussage zu glauben, allein eben so gewiss scheint uns, das von dem Inhalte der Einleitung in die Arithmetik Vieles auf ältere und älteste Quelle zurückzuführen sein wird. Nikomachus ist uns auf arithmetischem Gebiete das, was uns Euklid, was uns Heron für die Elemente der theoretischen, der praktischen Geometrie gewesen ist. Er ist der erste Schriftsteller, von dem wir wissen, dass er die arithmetischen Lehren als solche zu einem Lehrkörper zusammenstellte. Euklid hatte auch Arithmetisches behandelt, aber als Einschaltung zwischen geometrische Untersuchungen und in geometrischer Einkleidung. Anders Nikomachus. Er hat die Zahlenlehre für sich behandelt, und wenn er auch schon vorhandenen Stoff sicherlich nicht verschmähte, wenn er ebenso auch die Gewohnheit griechischer Mathematiker nicht so weit abzustreifen vermochte, dass er geometrische Begriffe gänzlich aus seiner Darstellung verbannte, er hat doch nicht fortwährend mit Linien oder höchstens beiläufig mit Zahlen zu thun. Er ist, wenn wir so sagen dürfen, der Elementenschreiber griechischer Arithmetik. Er hat eine Liebhaberei, von welcher wir unsere Leser in Kenntniss setzen müssen. Er sucht so viel als möglich nach Dreitheilungen, auch wo dieselben nur mit einem gewissen Zwange erlangt werden können. Die an sich gerechte Bemängelung, die manchen seiner Eintheilungen geworden ist,

---

[1]) *ἀριθμέεις ὡς Νικόμαχος ὁ Γερασηνός.* [2]) Schon 1538 in Paris gedruckt, ist sie 1817 zugleich mit dem anonymen Buche (des Jamblichus) *θεολογούμενα τῆς ἀριθμητικῆς* durch Ast herausgegeben, dann 1866 durch Hoche. Wir citiren nach letzterer Ausgabe. [3]) Isidorus Hispaliensis, *Origines* III, 2: *Numeri disciplinam apud Graecos Pythagoram autumant conscripsisse ac deinde a Nicomacho diffusius esse dispositam, quam apud Latinos primus Appuleius deinde Boethius transtulerunt.*

musste stets an diese Thatsache anknüpfen[1]), eine Thatsache freilich, deren nähere Besprechung durchaus der Geschichte der Philosophie und der Theologie angehört, welche mit dem Ursprunge und der Entwicklung des Trinitätsbegriffes sich abzufinden haben. Nach dieser Vorbemerkung berichten wir in aller Kürze über die Einleitung in die Arithmetik.[2]) Unsere Leser werden, auch ohne dass wir sie besonders aufmerksam machen, ohne Zweifel Vieles erkennen, was wir in früheren Kapiteln dem Werke des Nikomachus entlehnten, um es für Pythagoras und seine Schule bis auf Platon und dessen nächste Nachfolger in Anspruch zu nehmen.

Die Zahlen sind nach Nikomachus grade und ungrade, jede selbst von drei verschiedenen Gattungen. Die graden Zahlen sind nämlich 1. grademalgrad, *ἀρτιάκις ἄρτιοι*, d. h. führen durch fortwährende Halbirung auf die Einheit zurück; oder sie sind 2. gradeungrad, *ἀρτιοπέριττοι*, d. h. führen durch einmalige Halbirung auf eine ungrade Zahl; oder sie sind 3. ungradegrade, *περισσάρτιοι*, d. h. führen durch mehrmals fortgesetzte Halbirung auf eine ungrade Zahl. Die ungraden Zahlen sind 1. unzusammengesetzte Primzahlen, 2. zusammengesetzte Sekundärzahlen, 3. unter sich theilerfremde Zahlen. Unter den graden Zahlen wird eine neue Gruppirung in 1. vollkommene, 2. überschiessende, 3. mangelhafte Zahlen vorgenommen. Von zwei gemeinsam betrachteten Zahlen ist die Grössere entweder ein Vielfaches der Kleineren, die alsdann selbst Untervielfaches der Grösseren ist, oder nicht. Im letzteren Falle werden die Namen angegeben, welche jedesmal der Grösseren, beziehungsweise der Kleineren gegenüber von der andern beigelegt werden, Namen, die jedes beliebige Verhältniss ausdrücken können, die aber ganz besondere später auch in die lateinische Sprache übergegangene Formen erhalten, wenn das Verhältniss wie 1 zu $n + \frac{1}{m+1}$ oder wie 1 zu $n + \frac{m}{m+1}$ ist, wo n sowohl als m ganze Zahlen bedeuten, die mindestens der Einheit gleich sind. Um die Sache recht klar zu machen bedient sich Nikomachus einer schachbrettartig aus 100 Feldern bestehenden Tafel.[3]) Die erste Horizontalzeile enthält einfach die Zahlen 1 bis 10, die zweite die Doppelten derselben, 2, 4 bis 20, die dritte die Dreifachen, 3, 6 bis 30 und sofort; endlich die zehnte Horizontalzeile enthält die Zehnfachen jener Zahlen oder 10, 20 bis 100. Sieht man die Tafel als aus zehn Vertikalkolumnen bestehend an, so gleicht jede Vertikalkolumne ganz genau und Zahl für Zahl der entsprechend be-

---

[1]) So Nesselmann, Algebra der Griechen S. 195: „Nikomachus hätte sicherlich diesen Fehler nicht begangen, wenn er nicht der Analogie wegen durchaus drei Theile hätte herausbringen wollen.“ [2]) Ein ausführlicher Auszug bei Nesselmann l. c. S. 191—216. [3]) *Nicomachi, Introductio* etc. (ed. Hoche) pag. 51.

zifferten Horizontalzeile, die erste der ersten, die zweite der zweiten, die zehnte der zehnten. Wir halten uns bei dieser Beschreibung etwas länger auf, weil die Benutzbarkeit der Tafel als Einmaleinstabelle einleuchtet. Das Produkt zweier einziffriger Zahlen steht an der Kreuzungsstelle der durch die beiden Faktoren bezifferten Zeile und Kolumne. Ausserdem stehen zwei Zahlen derselben Kolumne je in dem gleichen Verhältnisse wie die ihre Zeile eröffnenden Zahlen. Alle diese verschiedenen Verhältnisse lassen sich aber aus einer Terne von Einheiten durch eine gewisse Reihenfolge von Verbindungen hervorbringen, welche symbolisch geschrieben darauf hinauslaufen, dass aus den drei Zahlen a, b, c die drei neuen Zahlen $a, a + b, a + 2b + c$ gebildet werden sollen. Der Reihe nach erhält man:

1, 1, 1
1, 2, 4 oder die Verdoppelungen,
1, 3, 9 oder die Verdreifachungen,
1, 4, 16 oder die Vervierfachungen, u. s. w.

Schreibt man eine dieser Reihen z. B. die der Verdoppelungen rückläufig 4, 2, 1 d. h. benutzt man bei gleichem Bildungsgesetze wie oben $a = 4, b = 2, c = 1$, so entsteht als neue Reihe

4, 6, 9 oder die Veranderthalbfachungen u. s. w.

Im zweiten Buche ist die Lehre von den figurirten Zahlen und daran sich anschliessend die von den Proportionen enthalten. Die figurirten Zahlen erscheinen als vieleckige und als körperliche Zahlen. Die vieleckigen Zahlen sind solche, welche durch einzelne Punkte dargestellt ein regelmässiges Vieleck zu bilden im Stande sind. Vielecke auf einander gehäuft bilden einen Körper, und so wird der Sinn der körperlichen Zahl erkennbar, die freilich zunächst Nichts mit dem Produkte dreier Faktoren gemein hat, welches Platon als Körperzahl bezeichnet, wenn auch Nikomachus in zweiter Linie auf diese Begriffsbestimmung zurückkommt. Aehnlich geht es schon vorher mit der Flächenzahl, welche für Nikomachus nicht wie für Platon ein Produkt zweier Faktoren bedeutet, während nachträglich diese Bedeutung doch eingeführt wird. Jede vieleckige Zahl ist bei Nikomachus, wie bei Hypsikles, Summe einer mit 1 beginnenden arithmetischen Reihe, deren Differenz stets um 2 kleiner ist als die Eckenzahl, und diese erzeugende arithmetische Reihe heisst auch die Reihe der Gnomonen der betreffenden Vieleckszahlen, weil jede neu hinzutretende Gnomonzahl die Vieleckszahl nur in die nächsthöhere ähnlicher Art verwandelt. Eine beliebige $n$eckszahl mit der an Rang um 1 niedrigeren Dreieckszahl vereinigt gibt stets die $n + 1$eckszahl gleichen Ranges. So ist z. B. die vierte Sechseckszahl 28, die dritte Dreieckszahl 6, deren Summe $28 + 6 = 34$ wird die vierte Siebeneckszahl sein. — Die Summe auf einander folgender ungrader Zahlen von der 1 an bildet, der vorher angegebenen Regel für Vieleckszahlen gemäss, eine Quadratzahl. Die Summe aufeinander folgender grader Zahlen von der 2 an bildet eine heteromeke Zahl. — Die Kubikzahlen erscheinen als Summen auf einander folgender ungrader Zahlen[1]), und zwar ist die erste Kubikzahl der ersten Ungraden gleich: $1^3 = 1$; die zweite Kubikzahl entsteht als Summe der zwei folgenden Ungraden: $2^3 = 3 + 5$; die dritte Kubikzahl als Summe der drei nachfolgenden Ungraden: $3^3 = 7 + 9 + 11$ u. s. w.[2]) Dieser durch seine Verwendung zur Summirung der Kubikzahlen selbst, wie wir im 26. Kapitel sehen werden, ungemein interessante Satz dürfte wohl von Nikomachus herrühren.[3]) — Die Proportionenlehre zählt alsdann als die 3 wichtigsten Proportionen die arithmetische, geometrische, harmonische auf, an welche die sieben andern sich anschliessen, über die wir (S. 207) uns verbreitet haben. Den Schluss des Ganzen bildet die vollkommenste Medietät, *μεσότης τελειοτάτη*, die Nichts anderes ist als die musikalische, welche Jamblichus zufolge Pythagoras aus Babylon mitbrachte (S. 141).

Ausser der Einleitung in die Arithmetik muss Nikomachus auch eine solche in die Geometrie geschrieben haben, von welcher uns aber nur eine Erwähnung bei Nikomachus selbst bekannt ist.[4])

Ein aus arabischen Quellen schöpfender Schriftsteller des XII. S., O'Creat, spricht von einer regula Nichomachi, welche die Quadrirung einziffriger Zahlen vollziehen lässt. Soll man a^2 finden, so zieht man a von 10 und die Differenz $d = 10 - a$ wieder von a ab. Weil nun $(a - d) \cdot (a + d) = a^2 - d^2$, so ist auch $a^2 = (a - d) \cdot (a + d) + d^2$ oder wegen $a + d = 10$ in diesem Falle $a^2 = 10 . (a - d) + d^2$ und das ist die Regel des Nikomachus. Wo dieselbe ausgesprochen sein mag, wissen wir nicht.

Nikomachus scheint ferner eine Schrift über mystische Bedeutung der Zahlen, über Zahlentheologie mag der Titel gewesen sein, verfasst zu haben, und sie dürfte auszugsweise oder erweitert einem gleichnamigen Buche des Jamblichus zu Grunde liegen, welches im 23. Kapitel genannt werden wird; der Geschichte der Mathematik gehören diese Dinge kaum an.

Theon von Smyrna ist nach aller Wahrscheinlichkeit derselbe, welchen Ptolemäus als den Mathematiker Theon bezeichnet[5]), indem er 4 durch denselben in den Jahren 128 und 132 vorgenommene Beobachtungen des Merkur und der Venus benutzt. Der Commentator

---

[1]) Nicomachi *Introductio* etc. (ed. Hoche) pag. 119, lin. 12—18. [2]) Die allgemeine Formel, welche Nikomachus nicht gekannt zu haben scheint, ist $n^3 = (n^2 - n + 1) + (n^2 - n + 3) + .. + (n^2 + n - 1)$. [3]) So nimmt auch Nesselmann S. 210 an. [4]) Nicomachi *Introductio* etc. (ed. Hoche) pag. 83, lin. 4: *ἐν τῇ γεωμετρικῇ παραδίδοται εἰςαγωγῇ*. [5]) Almagest IX, 9; X, 1 und X, 2.

des Almagestes, Theon von Alexandria, erklärt nämlich jenen Mathematiker Theon als den alten Theon, τὸν παλαιὸν Θέωνα, als ob ein Missverständniss nicht möglich wäre.[1]) Unser Theon selbst erwähnt als jüngsten Schriftsteller noch den Thrasyllus, der, wie wir bei Bestimmung der Lebenszeit des Nikomachus bemerkten, in die Regierung des Tiberius fällt, und den Adrastus, der wohl noch etwas später gelebt hat.[2])

Wir haben (S. 132) schon zu schildern gehabt, welcherlei Inhalt Theon von Smyrna seinem Werke ausgesprochenermassen geben wollte. Er beabsichtigte vorzutragen, was von mathematischen Kenntnissen für das Studium Platons nothwendig sei. Er ging dabei aus von der Arithmetik mit Inbegriff der musikalischen Zahlenverhältnisse, darauf sollte die Behandlung der Geometrie, der Stereometrie, der Astronomie, der Musik der Welten folgen. Man hat daraus lange Zeit die Vermuthung geschöpft, es seien 5 Bücher ziemlich gleichen Umfanges gewesen, welche das Werk des Theon von Smyrna bildeten, und diese Vermuthung fand eine Art von Begründung in dem Umstande, dass zwei verschiedene umfangreiche Bruchstücke sich vorfanden, das eine vorzugsweise arithmetischen, das andere vorzugsweise astronomischen Inhaltes. Beide wurden getrennt herausgegeben.[3]) In dem einen glaubte man das erste, in dem zweiten das vierte Buch zu erkennen. Man vermisste drei ganze Bücher von ähnlichem Charakter: der Geometrie, der Stereometrie, der Musik der Welten gewidmet. Wir sind nicht dieser Meinung und stehen in unserer durchaus abweichenden Ansicht auch nicht vereinzelt.[4]) Wir erkennen vielmehr in jenen beiden Fragmenten das ganze Werk Theons. Nach einer philosophischen Einleitung erscheinen Eintheilungen der Zahlen in Gattungen ähnlicher Art, wie sie bei Nikomachus uns bekannt wurden. Da ist von der Entstehung der Quadratzahl als Summe ungrader Zahlen aber auch als Summe von je zwei Dreieckszahlen, von Viereckszahlen und Pyramidalzahlen, von vollkommenen Zahlen und Verwandtem die Rede, darunter von zwei Gegenständen,

---

[1]) Die betreffende Stelle ist abgedruckt bei Nesselmann, Algebra der Griechen 224, Note 58. [2]) Vergl. Th. H. Martin in der Abhandlung, welche seiner Ausgabe der astronomischen Abtheilung von Theons Werke (Paris, 1849) als Einleitung dient pag. 6—12. Martin bezweifelt die Identität des Theon von Smyrna mit dem von Ptolemäus genannten Mathematiker, setzt ihn aber in die gleiche Zeit, worauf es uns schliesslich allein ankommt. [3]) Die sogenannte Arithmetik von Bullialdus. Paris, 1644 und von De Gelder. Leiden, 1827, die sogen. Astronomie von Martin. Paris, 1849. [4]) Prof. E. Hiller, welchem wir unsere Ansicht brieflich darlegten, theilte uns mit, dass er die genau gleiche in seiner bonner Habilitationsschrift (1869), welche ungedruckt geblieben ist, ausgesprochen und begründet habe. Diese Auffassung liegt auch der durch ihn besorgten Ausgabe des Theon von Smyrna (Leipzig, 1878), nach welcher wir citiren, zu Grunde.

denen wir nachher besondere Aufmerksamkeit schenken wollen. Daran knüpfen sich Kapitel über die Tonzahlen untermischt mit weitläufig ausgesponnenen zahlensymbolischen Tüfteleien, die auch schon in der ersten Abtheilung spukten, untermischt mit Erörterungen über die verschiedenen Proportionen. In kurzen kaum mehr als einige Worterklärungen bietenden Abschnitten ist von Geometrie und von Stereometrie die Rede.[1]) Weitaus am Ausführlichsten ist alsdann die Astronomie behandelt, vielleicht in diesem mangelnden Ebenmaasse der Ansicht förderlich, dass Theon von Smyrna vorzugsweise Astronom, mithin der von Ptolemäus genannte Beobachter war. Die Schlussworte heissen: „Das sind die nothwendigsten Dinge und vorzugszugsweise aus der Astronomie zur Kenntnissnahme platonischer Schriften. Da wir aber sagten, die Musik und Harmonie sei theils an Instrumenten, theils an Zahlen, theils am Weltall, und dass wir über die Musik der Welten das Nothwendige nach der Astronomie angeben würden — denn auch Platon sagt, sie sei die fünfte Wissenschaft nach Arithmetik, Geometrie, Stereometrie, Astronomie — so ist auch darüber mitzutheilen, was hauptsächlich Thrasyllus zeigte zugleich mit dem, was wir früher selbst ausgearbeitet haben." Diese Sätze machen auf uns den Eindruck, als wenn sie einem Werke, nicht bloss einem Abschnitte als Schluss gedient hätten, als ob Theon die zuletzt versprochene weltharmonische Erörterung sich vorbehalten hätte. Mag dem nun sein wie da wolle, wesentliche Lücken zwischen dem Erhaltenen können wir uns unter keinen Umständen entschliessen anzunehmen; höchstens könnten wir uns dazu verstehen an eine Umstellung mancher Kapitel zu glauben, da es eigenthümlich sich ausnimmt wie Theon verschiedentlich auf früher Besprochenes zurückkommt, ohne dass eine künstlerische Anordnung des Werkes die Wiederholung erforderte. Vielleicht sind solche Mängel auch der geringeren Befähigung Theons anzurechnen. Theon war bei Weitem kein Nikomachus! Seiner Zusammenstellung fehlt nach Form und Inhalt die Folgerichtigkeit. Erwähnen wir ein Beispiel, welches geschichtlichen Werth besitzt.

„Die Einheit ist nicht Zahl, sondern Anfang der Zahl" sagt Theon[2]) den pythagoräischen Gedanken deutlicher als irgend ein anderer Grieche aussprechend; das hindert ihn aber nicht 1 neben 3, 5 ... als ungrade Zahl[3]) oder mit nachfolgenden 2, 3, 4 ... in der natürlichen Zahlenreihe auftreten zu lassen.[4])

Es fällt uns nach dieser nicht sehr hohen Meinung, welche wir

---

[1]) Theon Smyrnaeus (ed. Hiller) pag. 111, lin. 14 — pag. 113, lin. 8 und pag. 117, lin. 12 — pag. 118, lin. 8. Die erstere Stelle enthält planimetrische und stereometrische Definitionen, die letztere die geometrische Construction eines geometrischen Mittels. [2]) Theon (ed. Hiller) pag. 24, lin. 23. [3]) Theon pag. 28, 5 und 32, 11. [4]) Theon pag. 33, 4.

von Theon besitzen, schwer in ihm den Erfinder bedeutsamer arithmetischer Neuerungen zu sehen, und damit wächst umgekehrt die historische Benutzbarkeit seiner Angaben für alte Zeiten. Aelteren Datums dürften daher auch die Dinge sein, auf welche zurückzukommen wir oben zugesagt haben. Jede Quadratzahl, sagt uns Theon[1]), ist entweder selbst oder nach Verminderung um eine Einheit durch 3 wie auch durch 4 theilbar, und so entstehen vier Arten von Quadratzahlen durch Vereinigung jener beiden selbständigen je zwei Unterarten bedingenden Unterscheidungen. Es ist ziemlich gleichgiltig, wann man diesen Satz entdeckte, der freilich der Lehre von den quadratischen Resten angehört, aber eine grosse praktische Bedeutung nicht besitzt.

Ganz anders verhält es sich mit den Seiten- und Diametralzahlen, πλευρά und διάμετρος, mit welchen Theon sich beschäftigt.[2]) Die Entstehung dieser Zahlen ist folgende. Ausgehend von zwei Einheiten bildet Theon neue Zahlen, indem er einmal die beiden gegebenen Zahlen addirt $1 + 1 = 2$ und das anderemal das Doppelte der einen Zahl zur anderen fügt $2 \cdot 1 + 1 = 3$. Von den beiden so gewonnenen Zahlen heisst ihm die kleinere 2 die Seite, die grössere 3 die Diametralzahl. Diese Bildungsweise wird alsdann fortgesetzt, indem die Summe einer Seite und ihrer Diametralzahl die folgende Seite, die Summe der doppelten Seite und der Diametralzahl die folgende Diametralzahl liefert. Heissen etwa alle Seiten α, alle Diametralzahlen δ mit jedesmal beizufügender Ordnungszahl, so ist das Bildungsgesetz $\alpha_{n-1} + \delta_{n-1} = \alpha_n$ und $2\alpha_{n-1} + \delta_{n-1} = \delta_n$. Das Quadrat einer jeden Diametralzahl, behauptet nun Theon, unterscheidet sich von dem doppelten Quadrate der zugehörigen Seite nur um eine Einheit, um welche bald die eine bald die andere Zahl abwechselnd grösser ist. Einen Beweis für diesen Lehrsatz:

$$\delta_n^2 = 2\alpha_n^2 \pm 1$$

wird man bei Theon vergeblich suchen, richtig aber ist er, wie die Werthe $\alpha_1 = 1$, $\delta_1 = 1$; $\alpha_2 = 2$, $\delta_2 = 3$; $\alpha_3 = 5$, $\delta_3 = 7$; $\alpha_4 = 12$, $\delta_4 = 17$ u. s. w. zeigen. Jedenfalls kann man aus dem als wahr angenommenen Satze die Folgerung ziehen, dass $\frac{\delta_n}{\alpha_n}$ sich nur wenig von $\sqrt{2}$ unterscheide, dass also $\frac{1}{1}, \frac{3}{2}, \frac{7}{5}, \frac{17}{12}$ u. s. w. auf einander folgende Näherungswerthe von $\sqrt{2}$ sein müssen. Wir haben $\frac{7}{5}$ mehr-

[1]) Theon pag. 35, 17 etc. [2]) Theon pag. 43, 5 etc. Nesselmann, Algebra der Griechen S. 228—231 hat eine von unserer Auffassung verschiedene Erklärung dieser Stelle. Mit uns stimmt dagegen überein Unger in einem Erfurter Gymnasialprogramm von 1843: Kurzer Abriss der Geschichte der Zahlenlehre von Pythagoras bis auf Diophant S. 17—19.

fach als muthmasslich seit Platon bekannten Näherungswerth von $\sqrt{2}$ auftreten sehen. Der darauf folgende Bruch $\frac{17}{12}$ wird im 30. Kapitel uns erinnerlich werden müssen. Dadurch wächst die Wahrscheinlichkeit, dass man der erwähnten Folgerung von dem Zusammenhange zwischen $\sqrt{2}$ und $\frac{\delta_n}{\alpha_n}$ sich bewusst war, wenn die Folgerung selbst bei Theon auch nicht gezogen ist. Berücksichtigt man weiter, dass die Bildungsgesetze der Seiten und der Diametralzahlen genau dieselben sind, welche die Nenner und Zähler der auf einanderfolgenden Näherungsbrüche für den Kettenbruch

$$1 + \cfrac{1}{2 + \cfrac{1}{2 + \cfrac{1}{2 + \cdots}}}$$

entstehen lassen, so wird man wohl zu der (S. 273) ausgesprochenen Behauptung genöthigt, die Griechen seien natürlich nicht der Form nach, aber der Sache nach mit der Kettenbruchentwicklung von $\sqrt{2}$ und mit dem Gesetze der Näherungsbrüche dieses Kettenbruches bekannt gewesen. Wir brauchen nun nicht mehr zu sagen, wie wichtig es wäre, darüber unterrichtet zu sein, ob auch die Bildung der Seiten und der Diametralzahlen, wie sie bei Theon sich vorfindet, vorplatonischen Ursprunges war?

Um die Zeit des Nikomachus und des Theon dürfte ein dritter Arithmetiker gelebt haben, dessen Name Jamblichus uns aufbewahrt hat: Thymaridas. Wir werden im 29. Kapitel erkennen, wie wichtig es wäre eine genaue Zeitangabe für diesen Schriftsteller zu besitzen, allein wir sind einer solchen mit dem geringen uns zu Gebote stehenden Quellenmateriale nicht fähig. Der Grund, weshalb wir Thymaridas für später als Theon halten, ist z. B. Nichts weniger als zwingend. Er besteht in Folgendem. Jamblichus berichtet, Thymaridas habe die Primzahlen gradlinig und nicht gradmessbar genannt;[1] nun gebraucht Theon grade das Wort *ἀριθμὸς εὐθυμετρικός*; das dazu gegensätzliche *ἀριθμὸς εὐθυγραμμικός* des Thymaridas müsste also jüngeren Datums sein, wenn wir wüssten, dass es allgemein angenommen das ältere Wort mit Nothwendigkeit verdrängt habe. Von Wichtigkeit ist allerdings jenes Wort nicht, und grössere Bedeutung hat auch nicht die dem Thymaridas zugeschriebene Definition der Einheit als durchdringende Grösse, *περαίνουσα ποσότης*. Thymaridas hat aber ein Verfahren zur Auflösung gewisser Aufgaben besessen, welches von hoher Tragweite ist, und welches wir nach Jamblichus

[1]) Jamblichus in Nicomachum (ed. Tennulius) pag. 36.

auseinander setzen müssen.[1]) Das Verfahren muss sehr verbreitet gewesen sein. Dafür bürgt ausser Gründen, welche auf indischem Boden sich uns ergeben werden, der doppelte Umstand, dass Jamblichus es gradezu als eine Methode, ἔφοδος, bezeichnet und es mit einem bestimmten Namen nennt, welcher demselben schon früher eigenthümlich gewesen zu sein scheint. Das Epanthem d. h. die Nebenblüthe des Thymaridas besteht in Folgendem:[2]) „Wenn gegebene (ὡρισμένα) und unbekannte Grössen (ἀόριστα) sich in eine gegebene theilen und eine von ihnen mit jeder anderen zu einer Summe verbunden wird, so wird die Summe aller dieser Paare nach Subtraction der ursprünglichen Summe bei 3 Zahlen der zu den übrigen addirten ganz zuerkannt, bei 4 deren Hälfte, bei 5 deren Drittel, bei 6 deren Viertel und so fort.“ Damit ist gemeint, dass, wenn n Unbekannte $x_1, x_2, x_3, \cdots x_n$ heissen, und wenn ausser ihrer Gesammtsumme $x_1 + x_2 + x_3 + \cdots + x_n = s$ die Summe der ersten Unbekannten x_1 mit jeder der folgenden Unbekannten einzeln gegeben ist, also $x_1 + x_2 = a_1$, $x_1 + x_3 = a_2$, $\cdots$ $x_1 + x_n = a_{n-1}$, dass alsdann $x_1 = \frac{a_1 + a_2 + \cdots + a_{n-1} - s}{n-2}$ sein muss. Das ist, wie man sieht, vollständig gesprochene Algebra, welcher nur Symbole fehlen um mit einer modernen Gleichungsauflösung durchaus übereinzustimmen, und insbesondere ist mit Recht auf die beiden Kunstausdrücke der gegebenen und der unbekannten Grösse aufmerksam gemacht worden. Seit wir das Wort Hau des Ahmes für die unbekannte Grösse uns merken mussten (S. 32) ist hier zuerst wieder ein ähnliches Wort in griechischer Sprache nachgewiesen, womit keineswegs gesagt werden will, dass ein solches Wort nicht fortwährend in Alexandria in Uebung gewesen sein könnte, ohne dass wir Nachricht davon besässen, da wir ja wiederholt gesehen haben, dass es eine griechische Algebra gegeben haben muss, deren mittelbare Spuren nur auf uns gelangt sind.

Kapitel XXII.

Sextus Julius Africanus. Pappus von Alexandria.

Wir gelangen zum III. S. nach Christi Geburt. Um die Zeit des Kaisers Alexander Severus, welcher 220—230 regierte, schrieb Sextus Julius Africanus seine Kesten. Der römische Name des Schriftstellers würde ihm in einem anderen Kapitel seinen Platz anweisen, wenn nicht die griechische Sprache, deren er sich bediente,

[1]) Jamblichus l. c. pag. 88. Diese verderbte und darum ungemein schwierige Stelle hat zuerst Nesselmann, Algebra der Griechen S. 232 figg. richtig erklärt. [2]) Wir benutzen die Uebersetzung Nesselmanns.

uns veranlasste, seiner hier zu gedenken. Kesten bedeutet wörtlich „mit der Nadel durchstochenes" und als Titel eines Werkes soll das wohl so viel sagen als „Aneinandergeheftetes". Aneinandergeheftete Bemerkungen der verschiedensten Art sind es auch, die Sextus Julius Africanus dort vereinigt hat, und fast zufällig befinden sich darunter auch zwei Stellen, von welchen die Geschichte der Mathematik Nutzen zu ziehen hat.

Das XXXI. Kapitel der Kesten [1]) beschäftigt sich mit praktischer Kriegsgeometrie, insbesondere mit der Auffindung der Breite eines Flusses, dessen jenseitiges Ufer vom Feinde besetzt ist, und mit der Auffindung der Höhe der Mauern einer belagerten Stadt, um darnach im Voraus die Grösse der herzustellenden Kriegsmaschinen, Thürme u. s. w. ermessen zu können. Grundlage des ganzen Verfahrens ist ein geometrischer Satz, dessen Beweis, wie der Verfasser sagt, nur von dem I. Buche der euklidischen Elemente abhängt, der Satz nämlich, dass sämmtliche Seiten eines rechtwinkligen Dreiecks halbirt erscheinen, wenn aus der Mitte einer Kathete parallel zur anderen eine Gerade nach der Hypotenuse, und aus deren Durchschnittspunkte wieder eine neue Parallele zur ersten Kathete bis zum Durchschnitte mit der zweiten gezogen wird. (Figur 68.) Sei $\alpha\beta$ die erste Kathete und ausser den vorgeschriebenen $\delta\varepsilon$, $\varepsilon\zeta$ noch die Hilfslinie $\delta\zeta$ gezogen. $\alpha\delta = \delta\beta$, $\delta\beta = \varepsilon\zeta$ als Parallele zwischen Parallelen, folglich auch $\alpha\delta \# \varepsilon\zeta$, und somit treten in der Figur zwei Parallelogramme auf $\gamma\varepsilon\delta\zeta$, $\delta\beta\varepsilon\zeta$, vermöge deren $\delta\varepsilon = \gamma\zeta = \beta\zeta$ und $\delta\zeta = \varepsilon\gamma$, während (aus dem in dem Beweise nicht genannten Parallelogramme $\alpha\delta\zeta\varepsilon$ folgend) auch $\delta\zeta = \alpha\varepsilon$ ist. Von diesem Satze aus wird die Breite eines Flusses gemessen. Liegt α am feindlichen Ufer (Figur 69), während $\varepsilon\varepsilon$ die diesseitige Uferlinie bezeichnet, so stellt man die Dioptra in ι auf, weiter vom Flusse entfernt als der Fluss breit ist und visirt sowohl (senkrecht zur Flusslinie $\varepsilon\varepsilon$, was aber nicht ausdrücklich gesagt, sondern nur aus der Figur zu entnehmen ist) nach α, als rechtwinklig zu dieser ersten Linie nach υ, so dass dabei der Punkt $\varkappa$ in der Mitte von $\iota\upsilon$ gewonnen wird. Steckt man nun von υ aus die Richtung $\upsilon\alpha$, von $\varkappa$ aus $\varkappa\theta \# \iota\alpha$ und endlich $\theta\varrho \# \iota\upsilon$ ab, so ist $\alpha\iota$ doppelt so gross, $\alpha\varrho$ genau gleich gross

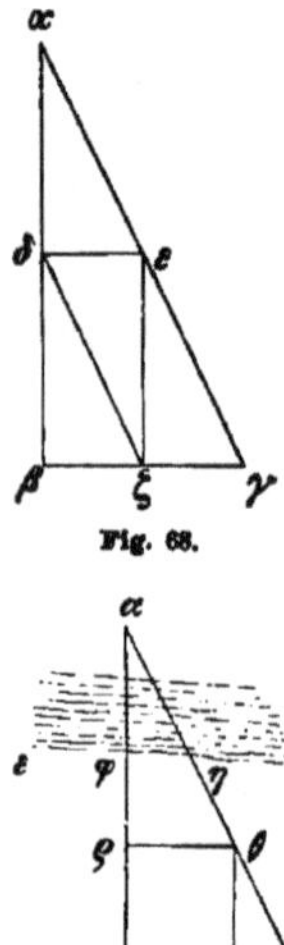

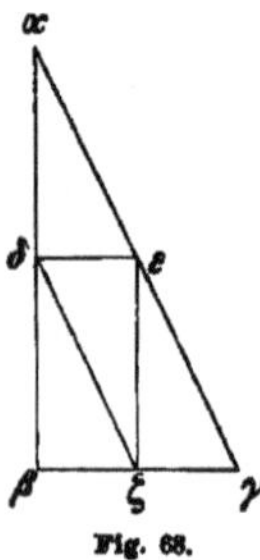

Fig. 68.

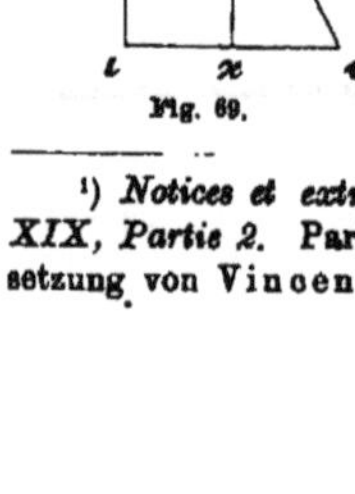

Fig. 69.

[1]) *Notices et extraits des manuscrits de la Bibliothèque impériale. Tome XIX, Partie 2.* Paris, 1858, pag. 407—415 ist der Text nebst französ. Uebersetzung von Vincent abgedruckt. Vergl. Agrimensoren S. 110 flgg.

mit $\iota\rho$ und lässt nach Abziehung von $\varphi\rho$ die gesuchte $\alpha\varphi$ übrig. Man kann als wesentlich bei dieser Methode auffassen, dass die gesuchte Breite, beziehungsweise eine ihr gleiche Breite, wirklich auf dem Felde dargestellt wird. Man kann bei dem uns erhaltenen Berichte auf die von allen geometrischen Gewohnheiten abweichende Buchstabengebung für die einzelnen Punkte hinweisen. Nicht nur, dass ι nicht vermieden ist, das hörte überhaupt um die Zeit, in welcher wir uns befinden, auf, und noch spätere Geometer ersten Ranges benutzen unterschiedlos ι wie andere Buchstaben, es ist überhaupt kein System zu erkennen, nach welchem α, ε, η, θ, ι, $\varkappa$, ρ, υ, φ als Buchstaben an eine Figur gewählt worden sein mögen. Das war anders in der vorhergehenden Figur, anders in der folgenden (Figur 70), an welcher unmittelbar anschliessend eine von Dreiecksähnlichkeiten ausgehende Methode die Flussbreite zu messen gelehrt wird. Man soll längs dem Flusse in der gemessenen Linie $\beta\gamma$ einhergehen und dabei einen massiven rechten Winkel von augenscheinlich ziemlich bedeutender Grösse, der das Kennzeichnende des Verfahrens bildet, und uns wiederholt begegnen wird, mitnehmen. Auf dem einen Schenkel dieses rechten Winkels in ε ist überdies eine Signalstange senkrecht zur Ebene des rechten Winkels befestigt. Wird nun γ so gewählt, dass jene Signalstange bei ε mit dem den Punkt α bezeichnenden Gegenstande und dem Standpunkt γ in einer Geraden liegt, so ist aus der Aehnlichkeit der Dreiecke $\beta\gamma:\gamma\delta = \alpha\beta:\varepsilon\delta$, mithin $\alpha\beta$ gefunden. Dieselbe Figur, so beschliesst der Verfasser dieses interessante Kapitel, dient die Höhe einer Mauer von Weitem zu messen. Die Dioptra wird dazu in δ als $\delta\varepsilon$ aufgestellt und ihr Lineal in die Neigung $\varepsilon\alpha$ gebracht, wo α einen Punkt des oberen Mauerrandes bedeutet. Die rückwärtsige Verlängerung dieser Richtung $\varepsilon\alpha$ nach γ lehrt $\gamma\delta$ neben dem bekannten $\delta\varepsilon$ und neben dem nach der vorigen Aufgabe ermittelten $\gamma\beta$ finden und nun ist $\gamma\delta:\delta\varepsilon = \gamma\beta:\beta\alpha$. Der Schüler Herons ist hier unverkennbar, und die Paragraphe von dessen Abhandlung über die Dioptra, an welche das angegebene Verfahren sich anlehnt, haben nachgewiesen werden hönnen, wenn auch der massive rechte Winkel bei Heron nicht vorzukommen scheint.

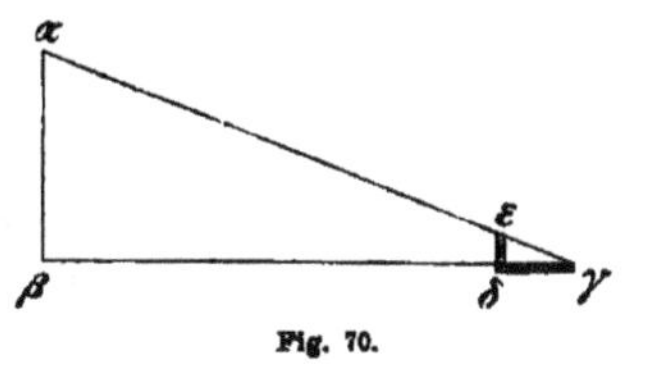

Fig. 70.

Das LXXVI. Kapitel der Kesten[1]) lehrt eine Art von Feuertelegraphie kennen. Die Römer hätten, so erzählt der Sammler, an leicht sichtbaren Plätzen drei Signalstangen aufgerichtet, je eine

---

[1]) Vergl. Vincent in den *Comptes Rendus de l'académie des sciences* vom 3. Januar 1842, XIV, 43 und Friedlein im *Bulletino Boncompagni* 1868, pag. 49—50.

links, eine rechts, eine in der Mitte. An jeder Stange konnten bis zu neun Fackeln befestigt werden, und zwar bedeuteten dieselben Einer, wenn sie an der Stange links, Zehner, wenn sie an der mittleren Stange, Hunderter, wenn sie an der Stange rechts befestigt wurden. Sie sollten nämlich von Weitem gesehen werden, und für den gegenüberliegenden Beobachter kehrt sich natürlich rechts in links, links in rechts, so dass die Ordnung der Zahlenwerthe ihm von rechts nach links zunehmend erscheint, wie es z. B. auch bei der salaminischen Tafel (S. 111) der Fall war. Zahlen als solche sollten freilich nicht mitgetheilt werden. Man machte von den Zahlen Gebrauch um Buchstaben des griechischen Alphabetes zu erkennen zu geben, deren jeder je einen der Werthe 1 bis 9, 10 bis 90 oder 100 bis 900 besitzt, und so konnten an der richtigen Stange sichtbar gemachte Fackeln die Buchstaben eines Wortes, eines Satzes nach und nach dem entfernten Freunde bekannt machen.

Eine Sammlung ganz anderen wissenschaftlichen Werthes ist die des Pappus von Alexandria, eines Schriftstellers, der muthmasslich dem Ende des III. S. angehört hat.[1]) Wir besitzen über seine Lebenszeit überhaupt nur zwei, beide aber bestimmt lautende und einander gradezu widersprechende Angaben, beide selbst aus der gleichen Zeit, nämlich aus dem X. S. Die leidner Bibliothek besitzt eine in den Jahren 913—920 angefertigte Handschrift der theonischen Handtafeln, welche am Rande der Regentenliste verschiedene literärgeschichtliche Glossen aus der Zeit der ersten Niederschrift besitzt. So steht neben der Regierung des Diokletian die Bemerkung: *ἐπὶ τούτου ὁ Πάπος ἔγραφεν*, unter diesem schrieb Pappus. Dass der Name hier nur mit einem *π* geschrieben auftritt, kann uns nicht beirren. In der Mitte des Namens bricht nämlich die Zeile ab und macht eine Spaltung in *Πά* und *πος* nothwendig, wobei leicht ein *π* verloren gegangen sein kann, für welches in der ersten Zeile etwa kein Platz mehr vorhanden war. Ausserdem ist, wenn der Mathematiker Pappus nicht gemeint sein wollte, kein Schriftsteller gleichen oder nur wenig abweichenden Namens aus der Zeit des Diokletian bekannt. Dieser regierte 284 bis 305, folglich wäre Pappus in dieselbe Zeit zu setzen. Dem gegenüber steht unvermittelt, was Suidas, der bekannte Lexikograph, an zwei sachlich übereinstimmenden Stellen sagt. Unter Theon heisst es bei ihm, er sei Zeitgenosse des Pappus, der wie er in Alexandria zu Hause gewesen sei, und Beide hätten unter der Regierung des älteren Theodosius gelebt. Unter Pappus heisst es, er habe unter der Regierung des älteren Theodosius gelebt,

[1]) Vergl. Zeitschr. Math. Phys. XXI, Histor. liter. Abthlg. S. 70 flgg. (1876) über die Lebenszeit und die Handschriften des Pappus. In Bezug auf Letztere diente die Einleitung zu Hultschs Pappusausgabe als Quelle.

zur Zeit, als auch der Philosoph Theon in seiner Blüthe stand, welcher über den Kanon des Ptolemäus schrieb. Die Werke des Pappus seien eine Erdbeschreibung, ein Commentar zu den 4 Büchern der grossen Zusammenstellung des Ptolemäus, ferner über die libyschen Flüsse und über Traumdeutung. Auch diese Angabe ist von bestimmtester Klarheit. Theon hat, wie wir aus seinem chronologischen Werke selbst entnehmen, jedenfalls 372 noch gelebt; Theodosius I. regierte 379—395; diese Zahlen stimmen zu einander, und folglich wäre Pappus wie Theon an das Ende des IV. S. zu setzen, was auch alle Geschichtswerke der Mathematik ohne Anstand gethan haben. Wenn wir gleichwohl der Meinung folgen, welche den älteren Zeitpunkt für Pappus als zutreffend erachtet, so leitet uns folgender Gedanke. Bei zwei einen Widerspruch enthaltenden gleichzeitigen Angaben müssen wir einestheils uns fragen, ob und wie ein Irrthum des einen, beziehungsweise des anderen Gewährsmannes Erklärung finden kann, müssen wir anderntheils überlegen, ob innere Gründe die eine oder die andere Meinung unterstützen. Die Behauptung des Schreibers des leidner Codex ist nun, wenn falsch, auf keine Weise zu verstehen. Suidas könnte dagegen dadurch zu seinem Irrthume gelangt sein,[1]) dass in seiner Quelle die beiden Schriftsteller Pappus und Theon von Alexandria ihrer Heimath, ihrer verwandten literarischen Thätigkeit wegen unmittelbar hinter einander aufgeführt waren, oder aber dadurch, dass er einen aus den Erläuterungen des Pappus und des Theon gemischt zusammengesetzten Commentar zum Almageste vor Augen hatte, eine Möglichkeit, die im 24. Kapitel sich uns ergeben wird, und dass er nun auf eine gar nicht angegebene, weil überhaupt nicht vorhandene Gleichzeitigkeit der beiden Erklärer schloss. Als unterstützend dienen folgende Gesichtspunkte. Suidas war mit des Pappus Werken nicht auf's Beste bekannt. Er nennt unter denselben gar nicht dasjenige, welches allein in einiger Vollständigkeit sich erhalten hat, und welches genügt um unsere Bewunderung des Verfassers zu rechtfertigen. Der andere Berichterstatter ist in seinem Schweigen entschuldigt, weil er gar kein Werk des Pappus mit Namen anführt. Ferner wäre es sehr auffallend, wenn Pappus und Theon an dem gleichen Orte lebend zur selben Zeit einen Commentar zu demselben Werke, dem Almageste des Ptolemäus, geschrieben hätten. Weit wahrscheinlicher wird diese Thatsache, wenn Pappus hundert Jahre vor Theon von Alexandria schrieb. Fraglich erscheint dabei, ob Pappus den ganzen Almagest erklärt haben mag, oder nur 4 Bücher. Die Vermuthung, es habe bei Suidas ursprünglich $I\Gamma$ = 13 Bücher geheissen, der wirklichen Bücherzahl des Almagestes entsprechend,

---

[1]) Diese Hypothese rührt von Usener her. Neues Rheinisches Museum 1873, Bd. XXVIII, S. 403.

und daraus sei $\varDelta$ = 4 Bücher verschrieben worden,[1]) ist ausgesprochen worden und hat manche Wahrscheinlichkeit, nachdem es sich erwiesen hat, dass Pappus jedenfalls zum 1., zum 5. und zum 6. Buche des Almagestes einen Commentar verfasste, dass der zum 5. und 6. Buch gehörende Theil sich noch erhalten hat.[2]) Wahr ist es, dass Theon seinen Vorgänger niemals genannt hat ausser in Ueberschriften, deren Ursprung ja immer zweifelhaft ist. Mag aber Theon 100 oder ein Paar Jahre nach Pappus gelebt haben, so ist dieses Schweigen gleich auffallend, zu derselben Zeit auch gleich einfach damit zu erklären, dass Theon den Pappus recht fleissig benutzte. Es bildet, wie uns von philologischer Seite versichert wird, gradezu eine Eigenthümlichkeit der Commentatoren des IV. S. etwa ein wahres Plünderungssystem an älteren Schriftstellern auszuüben, welche niemals genannt werden, so dass nur in einzelnen Fällen ein glückliches Ohngefähr es möglich gemacht hat, diesen unrechtmässigen Aneignungen auf die Spur zu kommen. So nehmen wir also an, Pappus habe an der Schwelle vom III. zum IV. S. gelebt und geschrieben.

Er stand, wie wir durch Proklus wissen,[3]) an der Spitze einer Schule. Unter den Schriften, welche er verfasste, fanden seine Bemerkungen zum Almageste mehrfache Erwähnung. Wir erinnern daran, dass (S. 274) Eutokius auch sie unter den Schriften genannt hat, welche über die Ausziehung von Quadratwurzeln zu Rathe gezogen werden können. Pappus selbst spricht von einem Commentare, welchen er zu dem Analemma des Diodorus angefertigt habe [4]) Von jenem Schriftsteller ist zwar auch bei Anderen wiederholt die Rede,[5]) jedoch ohne dass dadurch sein Zeitalter oder der Inhalt seiner Schrift genauer bekannt würde; deren Titel stimmt allerdings mit demjenigen eines Buches des Ptolemäus überein, in welchem (S. 358) von Projektionen gehandelt ist. Eine weitere schriftstellerische Leistung des Pappus scheint ein Commentar zu den euklidischen Elementen gebildet zu haben.[6]) Diesem Commentare dürfte eine Anzahl von Bemerkungen entnommen sein, welche bei Proklus sich erhalten haben, und deren eine verdient, dass wir ihrer erwähnen.

Pappus habe, berichtet Proklus,[7]) Einspruch gegen den Satz erhoben, dass der Winkel, der einem Rechten gleich sei, immer selbst

---

[1]) So glaubt Hultsch pag. VIII, Anmerkung 3 der Praefatio, welche den dritten Band seiner Pappusausgabe eröffnet. [2]) Hultsch l. c. pag. XIV. [3]) Proklus (ed. Friedlein) 429, 13. [4]) Pappus IV, 27 (ed. Hultsch) pag. 246. [5]) Vergl. Hultschs Praefatio zum III. Bande seiner Pappusausgabe IX—XI. [6]) Archimed (ed. Torelli) 90 in dem Commentare des Eutokius heisst es: *εἴρηται καὶ Πάππῳ εἰς τὸ ὑπόμνημα τῶν στοιχείων.* [7]) Proklus (ed. Friedlein) 190.

ein Rechter sein müsse. Er stellte nämlich (Figur 71) zwei gleich lange Grade $\alpha\beta$, $\beta\gamma$ senkrecht zu einander und beschrieb über jede derselben einen Halbkreis. Da diese Halbkreise sich decken, müssen die Winkel $\alpha\beta\varepsilon$, $\gamma\beta\zeta$ vollkommen gleich sein. Wird sodann von dem rechten Winkel $\alpha\beta\gamma$ der eine jener identischen Winkel weggenommen, der andere beigefügt, so muss also ein Etwas entstehen, welches einem rechten Winkel wieder gleich ist, ohne dass man doch sagen könnte, dieser Winkel $\varepsilon\beta\zeta$ sei ein rechter Winkel. Diese Betrachtung über nicht geradlinige Winkel ist das Vorbild späterer Spitzfindigkeiten ähnlichen Inhaltes geworden (S. 227).

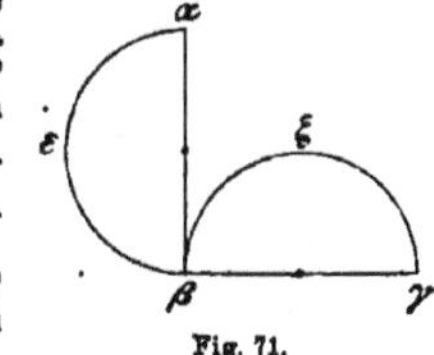

Fig. 71.

Das mathematische Werk des Pappus, welches auf uns gekommen ist, und welches merkwürdigerweise durch keine bekannt gewordene Erwähnung von Seiten irgend eines Mathematikers oder sonstigen Schriftstellers in seinem Vorhandensein bestätigt wird, führte den Namen der Sammlung, συναγωγή, und bestand aus 8 Büchern.[1]) Titel und Eintheilung verbürgt uns eine vatikanische Pappus-Handschrift aus dem XII. S., welche selbst sämmtlichen übrigen, keineswegs seltenen Abschriften unmittelbar oder mittelbar zu Grunde liegt. Der Charakter dieser Sammlung besteht darin, dass Pappus den Inhalt von zu seiner Zeit hochgeschätzten mathematischen Schriften kurz angibt und zu denselben erklärende, aber auch erweiternde, oftmals nur den allerlosesten Zusammenhang mit dem grade in Rede Stehenden wahrende Sätze hinzufügt. Diese Beziehung, oder fast besser diese Beziehungslosigkeit lassen uns die Sätze erkennen, von denen Pappus uns sagt, dass sie zu Werken gehören, welche, wie die Kegelschnitte des Apollonius von Pergä, auf uns gekommen sind und den Vergleich gestatten. Die Freiheit, welche Pappus sich demgemäss bei seinen Zusätzen gestattet hat, die Genauigkeit, deren er daneben bei übersichtlichen Inhaltsangaben sich befleissigte, machen den doppelten Werth seiner Sammlung aus. Jene Gewissenhaftigkeit, welche wir als zweite Tugend des Pappus erwähnten, macht, dass seine Sammlung als Ersatz für werthvolle im Urtexte verloren gegangene Abhandlungen dienen kann, so dass wir nach dem Vorgange aller Schriftsteller über Geschichte der Mathematik keinen Anstand nahmen, sie im Verlauf dieses Bandes wieder-

[1]) Eine lateinische Uebersetzung durch Commandinus erschien 1588, dann in mehrfachen neuen Abdrücken bis 1602. C. J. Gerhardt gab 1871 das VII. und VIII. Buch im Urtexte mit nicht tadelloser deutscher Uebersetzung heraus. Eine vortreffliche Textausgabe mit lateinischer Uebersetzung und reichhaltigen Anmerkungen veranstaltete Fr. Hultsch in 3 Bänden. Berlin, 1875, 1877, 1878.

holt zu solchem Zwecke zu benutzen. Jene Selbständigkeit, die wir zuerst rühmend betonten, hat uns Dinge geliefert, die, theils nicht anderweitig rückwärts verfolgbar, theils von Pappus ausdrücklich für sich in Anspruch genommen, den zuverlässigen Beweis für die hohe Meisterschaft des Verfassers insbesondere in solchen geometrischen Untersuchungen liefern, welche unser Jahrhundert unter dem Namen der neueren oder der höheren synthetischen Geometrie kennt.

Welchen Gang Pappus bei Ausarbeitung seiner Sammlung einschlug, ob er überhaupt einen bestimmten Gedanken planmässiger Reihenfolge zu Grunde legte, ist mit Sicherheit nicht zu ermitteln, weil das erste Buch und die muthmasslich grössere Hälfte des zweiten Buches verloren gegangen ist, die Darstellung sich mithin auf die übrigen Bücher beschränken muss. Dabei ist überdies vorausgesetzt, dass alle vorhandenen Bücher Pappus angehören. Allerdings nimmt man dieses gegenwärtig an, und ein vereinzelter Versuch [1]) nur das III. und IV. Buch, welche ursprünglich ein einziges gebildet hätten, dann das VII. und das VIII. Buch Pappus zuzuschreiben, alles übrige als unechte spätere Einschaltung auszuscheiden, ist, soviel wir wissen, ohne jegliche Beistimmung geblieben.

Der vorhandene Ueberrest des II. Buches enthält die Multiplicationsmethode des Apollonius von Pergä.

Im III. Buche sind vier verschiedene Abhandlungen vereinigt. Die erste beschäftigt sich mit der Aufgabe zwischen zwei gegebenen Längen zwei mittlere geometrische Proportionalen einzuschalten nach Methoden des Eratosthenes, des Nikomedes, des Heron, des Pappus selbst. Die zweite Abhandlung lehrt die drei verschiedenen Mittel, welche zwischen zwei Strecken bestehen, das arithmetische, das geometrische und das harmonische Mittel, von welchen übrigens auch in den einleitenden Kapiteln der ersten Abhandlung des III. Buches schon die Rede war, an einer und derselben Figur zur Erscheinung bringen. Aber dieses geometrische Problem dient nur zum Anknüpfungspunkte für eine ganze Lehre von den Medietäten, welche mit einer Tabelle von ganzzahligen Beispielen für sämmtliche zehn Formen von Medietäten abschliesst. Die dritte Abhandlung beschäftigt sich wieder mit einer ganz anderen Untersuchung. Der 21. Satz des I. Buches der euklidischen Elemente behauptet, dass, wenn innerhalb eines Dreiecks ein Punkt gewählt und mit den Endpunkten der Grundlinie geradlinig verbunden wird, die Summe dieser Geraden kleiner ausfalle als die Summe der sie umfassenden Dreiecksseiten. Ganz anders, wenn die inneren Geraden nicht nach den

---

[1]) C. J. Gerhardt, Die Sammlung des Pappus von Alexandria. Programm des Gymnasiums in Eisleben für 1875. Vergl. dazu die Besprechung in der Zeitschr. Math. Phys. XXI, Histor. literar. Abtheilung 37—42 (1876).

Eckpunkten, sondern nach zwischen denselben liegenden Punkten der Dreiecksgrundlinie gezogen werden. Alsdann kann die Summe der inneren Geraden unter Umständen ebenso gross sein, sie kann auch mehr betragen als die der umfassenden Seiten und zwar in mannigfachen Abstufungen, und diese sämmtlichen Fälle werden ausführlich durchgenommen. Die vierte Abhandlung geht zur Einbeschreibung der fünf regelmässigen Vielflächner in die Kugel über, bei welcher Gelegenheit die Sphärik des Theodosius von Tripolis mehrfach benutzt aber auch ergänzt wird. Es ist mit grossem Rechte bemerkt worden,[1]) dass die Auffassung der Aufgabe eine wesentlich andere ist als die, von welcher Euklid im XIII. Buche seiner Elemente ausgeht, und dass dadurch die erneute Behandlung um so höheren Werth erhalte. Euklid kommt es auf die metrischen Zusammenhänge zwischen Polyederseite und Kugeldurchmesser an; er bildet sich zuerst die Polyeder und beweist hinterdrein ihre Einbeschreibbarkeit. Pappus will die Polyeder selbst erhalten; er geht aus von der Kugel und verschafft sich die Parallelkreise auf der Kugeloberfläche, welche je eine Polyederfläche als eingeschriebenes Vieleck besitzen.

Das IV. Buch zerfällt gleichfalls in mehrere Abtheilungen, wenn schon die Sonderung derselben nicht auf den ersten Blick in die Augen fällt. Es beginnt mit der Lehre von den Kreistransversalen, an welche sich die Aufgabe knüpft, den drei einander äusserlich berührende Kreise umschliessenden Kreis zu construiren. Noch andere Berührungsaufgaben vollenden das, was wir die erste Abhandlung des IV. Buches nennen möchten. Auf sie folgen eine Anzahl von Sätzen aus der Lehre von der archimedischen Spirale sowie von der nikomedischen Conchoide und darauf eine ziemlich ausgedehnte Abhandlung über die Quadratrix, in welche verschiedene andere Untersuchungen sich ziemlich naturgemäss einfügen. Wir nennen die Rectification des Kreises; wir nennen Beziehungen zwischen Quadratrix und Spirale; wir nennen die Trisektion des Winkels und die allgemeinere Aufgabe der Theilung des Kreises in beliebigem Verhältnisse der Bögen mittels der Quadratrix, aber auch mittels der Spirale; wir nennen endlich die Benutzung der Quadratrix zur Lösung der 3 Probleme: ein regelmässiges Vieleck von beliebiger Seitenzahl in einen Kreis zu beschreiben, zu einer gegebenen Sehne einen Kreisbogen zu finden, welcher ein bestimmtes Längenverhältniss zur Sehne besitze, zu einander incommensurable Winkel zu zeichnen.

Das V. Buch beginnt mit dem Auszuge aus der Abhandlung des Zenodorus über Figuren gleichen Umfanges, so weit ebene Figuren

---

[1]) Woepcke im *Journal Asiatique série 5, T. V (Février-Mars 1855)* pag. 238—240.

in Frage stehen. Dann geht Pappus zu dem Raume über, lehrt die archimedischen Körper kennen und zeigt, dass bei gleicher Oberfläche Kegel sowohl als Cylinder kleineren Rauminhaltes als Kugeln sind. Damit ist der Rückweg zur Abhandlung des Zenodorus, soweit sie auf Raumkörper sich bezieht, gewonnen, und der Beweis wird ihr nachgebildet, dass von den fünf platonischen regelmässigen Körpern bei gleicher Oberfläche stets der mehreckige den grösseren Inhalt einschliesse.

Das VI. Buch stellt sich in einer Ueberschrift die Aufgabe Auflösungen zu den Schwierigkeiten zu finden, welche in dem sogenannten kleinen Astronomen, μικρὸς ἀστρονομούμενος, enthalten sind. Der Gegenstand, der damit gemeint ist, ist uns keineswegs neu, nur der Name begegnet uns hier zuerst, und desshalb haben wir bis hierher es aufgespart uns desselben zu bedienen. Der kleine Astronom ist nämlich eine Sammlung von Schriften, deren Studium nach dem der Elemente des Euklid und vor dem des Almagestes des Ptolemäus eingeschoben werden musste, wenn letzteres vollen Erfolg haben sollte. Ob der kleine Astronom eine endgiltig begrenzte Sammlung war, ob nicht vielmehr der an sich lose Zusammenhang gestattete, bald diese bald jene kleinere Schrift aufzunehmen oder auszuschliessen, dürfte zweifelhaft sein. Der Commentar des Pappus verbreitet sich über nachfolgende Bücher, welche demgemäss zum kleinen Astronomen gehörten: Die Sphärik des Theodosius, die Abhandlung des Autolykus über die sich drehende Kugel, die des Theodosius über Tag und Nacht, die des Aristarchus über Grösse und Entfernung von Sonne und Mond, die Optik des Euklid, die Phänomena desselben Verfassers. Ein Commentar des Menelaus zu dem letztgenannten Werke hatte zwar nach einer durch Pappus gegebenen Zusage[1]) auch noch erläutert werden sollen, doch findet sich davon in dem auf uns gekommenen Texte keine weitere Spur. Wir bemerken, dass die beiden Astronomen Autolykus und besonders Aristarchus von Samos in der Geschichte ihrer Wissenschaft hochbedeutsame Persönlichkeiten sind. Autolykus[2]) lebte kurz vor Euklid um 330 etwa, Aristarch[3]) ein gutes halbes Jahrhundert später um 270. Wir bemerken ferner, dass die Erläuterungen des VI. Buches, auch wo sie auf astronomische Werke sich beziehen, ihrer grössten Mehrzahl nach geometrischer Natur sind.

Wer die Elemente des Euklid inne hat und von ihnen aus der Astronomie sich zuwenden will, bedarf, wie vorher bemerkt, des Studiums des kleinen Astronomen, bei welchem das IV. Buch ihn zu unterstützen bestimmt ist. Wer, mit den allgemeinen Elementen

---

[1]) Pappus (ed. Hultsch) pag. 602, lin. 1. [2]) Wolf, Geschichte der Astronomie S. 113–116. [3]) Wolf, l. c. S. 35–37.

vertraut, erlernen will, wie man durch Construction mannigfacher Linien die Auflösung gestellter Aufgaben vollende, bedarf dazu eines anderweitigen eignen Uebungsstoffes, der unter dem Namen des aufgelösten Ortes von Euklid, von Apollonius von Pergä, von Aristäus dem Aelteren behandelt worden ist. Die hierzu nothwendigen Hilfssätze und Erläuterungen hat Pappus in seinem VII. Buche vereinigt. Gleichwie im vorhergehenden Buche sind Unterabtheilungen gebildet, welchen die Namen der einzelnen Werke als Ueberschriften dienen, welche Pappus zu empfehlen wünscht. Er nennt die Daten des Euklid, den Verhältnissschnitt, den Raumschnitt, den bestimmten Schnitt, die Berührungen des Apollonius, die Porismen des Euklid, dann wieder von Apollonius die Neigungen, die ebenen Oerter, die Kegelschnitte, endlich die körperlichen Oerter des Aristäus, die Oerter auf der Oberfläche des Euklid, die Mittelgrössen des Eratosthenes. Es sind dies, sagt Pappus, 33 Bücher, deren Inhalt bis zu den Kegelschnitten des Apollonius ich Dir übersichtlich herausgestellt habe,[1]) und in der That entspricht dieser Angabe eine Einleitung von ziemlichem Umfange. An sie knüpft sich eine grosse Anzahl von Hilfssätzen zu den Büchern des Apollonius über den Verhältnissschnitt und den Raumschnitt, über den bestimmten Schnitt, über die Neigungen, über die Berührungen, über die ebenen Oerter. Weitere Hilfssätze zu den Porismen des Euklid folgen. Die zu den Kegelschnitten des Apollonius und endlich zu Euklids Oertern auf der Oberfläche bilden den Beschluss des Buches.

Das VIII. Buch kündigt sich als solches an, welches verschiedene interessante mechanische Aufgaben zur Sprache bringe. Ich habe für gut gehalten, erklärt Pappus, die mit Hilfe der Geometrie gewonnenen, nothwendigsten Theoreme über die Bewegung der schweren Körper, die in den Schriften der Alten vorhanden und die von uns selbst geschickt aufgefunden sind, kürzer und deutlicher niederzuschreiben und auf eine bessere Weise, als es früher geschehen, zusammenzustellen.[2]) Zu diesen geometrisch begründeten mechanischen Lehren gehören die Theorie des Schwerpunktes, der schiefen Ebene, gehört die Aufgabe mit Hilfe von Zahnrädern, die in gewissem gegenseitigen Verhältnisse der Durchmesser stehen, eine gegebene Last durch gegebene Kraft zu bewegen. Hierher gehört auf's Neue die Aufgabe der Einschiebung zweier geometrischen Mittel, welche schon im III. Buche in anderem Zusammenhange aufgetreten war, und welche jetzt wiederkehrt, weil auf ihr die Vergrösserung eines durch mechanische Vorrichtungen irgendwie in Bewegung zu bringenden Körpers unter Festhaltung seiner Gestalt beruht. Weiter lässt Pappus

[1]) Pappus (edit. Hultsch) pag. 636, lin. 25. [2]) Pappus (ed. Hultsch) pag. 1028.

die Aufgabe folgen den Kreisumfang eines geraden Cylinders zu finden, aus welchem überall Stücke herausgebrochen sind, so dass eine unmittelbare Messung an keiner Stelle stattfinden kann. Ohne bemerkbaren Zusammenhang, wie wir es bei Pappus nicht selten gewohnt wurden, treffen wir alsdann auf Fragen, bei denen es sich um Auffindung gewisser Punkte auf einer Kugel handelt, z. B. des Punktes, der einer gegenüberliegenden Ebene am Nächsten liegt, und der Punkte, in welchen eine gegebene Gerade die Kugel durchdringt. Daran schliesst sich die Einbeschreibung von sieben einander gleichen regelmässigen Sechsecken in einen gegebenen Kreis, so dass das eine denselben Mittelpunkt mit dem Kreise hat, die übrigen sechs auf je einer Seite des mittleren aufstehen und die dieser gegenüberliegende Seite jedesmal als Kreissehne besitzen. Diese Aufgabe dient zur Herstellung von Zahnrädern, und nun bilden Auszüge aus dem Gewichtezieher und aus der Mechanik des Heron (S. 316) den Schluss, der vielleicht von fremder Hand dem ursprünglichen VIII. Buche beigefügt sein dürfte.

Mag man aus dieser schematischen Zeichnung des Gerippes der Sammlung des Pappus, sowie dieselbe auf uns gekommen ist, den Eindruck eines Ganzen oder lose und fast zufällig an einander gereihter Einzelheiten erhalten, mag ein leitender Gedanke dem Einen auffindbar, dem Anderen unentdeckbar erscheinen, jedenfalls wird, trotz stylistischer Schönheiten, die an manchen Stellen eine geradezu dichterische Veranlagung des Schreibers enthüllen,[1]) die Achtung vor Pappus dem Mathematiker eine höhere sein als die vor Pappus dem Schriftsteller, und diese relative Werthschätzung wird noch festeren Boden fassen, wenn wir Einzelheiten herausgreifen, deren Entdeckung nicht wohl einem Anderen als Pappus selbst anzugehören scheint.

An die Spitze stellen wir einen Satz des VII. Buches, der den Körperinhalt eines Umdrehungskörpers als dem Produkte der gedrehten Figur in den Weg des Schwerpunktes porportional erkennt,[2]) einen Satz, der als Guldin'sche Regel seit dem XVII. S. wieder in der Geschichte auftritt.

Wir fügen aus dem VIII. Buche einen Satz bei dahin gehend, dass der Schwerpunkt eines Dreiecks zugleich Schwerpunkt eines zweiten sei, dessen Eckpunkte auf den drei Seiten des ersten Dreiecks so liegen, dass dadurch jene Seiten sämmtlich in gleichem Verhältnisse getheilt erscheinen.[3])

---

[1]) Z. B. die Einleitung in das V. Buch (ed. Hultsch) pag. 304, welche der Herausgeber mit Recht als kennzeichnend für die Schreibweise des Pappus erklärt hat. [2]) Pappus (ed. Hultsch) pag. 682. [3]) Pappus (ed. Hultsch) pag. 1034 sqq.

In geometrischer Beziehung möchten wir auf eine geschichtlich bedeutsame, wenn auch ein besonderes Verdienst des Pappus nicht grade bezeugende, Bemerkung des VIII. Buches aufmerksam machen, welche keinen Zweifel darüber lässt, dass bei den Griechen eine Geometrie mit einer einzigen Zirkelöffnung, *τὰ ἑνὶ διαστήματι γραφόμενα*, bekannt war.[1])

Wir heben jenen Abschnitt des IV. Buches hervor, der mit der Quadratrix sich beschäftigt.[2]) Die Quadratrix wird diesem Abschnitte zufolge ausser nach dem Gesetze, welches wir bei der ersten Nennung der Curve schon kennen gelernt haben, auch noch durch zwei viel verwickeltere Entstehungsarten erzeugt, welche man in folgende Worte fassen kann: Es sei eine Schraubenlinie auf einem geraden Kreiscylinder beschrieben, dann bilden die Perpendikel, welche von den einzelnen Punkten derselben auf die Axe des Cylinders gefällt werden, eine Schraubenfläche. Legt man durch eines dieser Perpendikel unter passender Neigung gegen die Grundfläche des Cylinders eine Ebene, so schneidet diese Ebene die Schraubenfläche in einer Curve, deren senkrechte Projektion auf die Grundfläche des Cylinders die Quadratrix ist. Und zweitens wählt man eine archimedische Spirale zur Basis eines geraden Cylinders und denkt man sich einen Umdrehungskegel, dessen Axe diejenige Seitenlinie des Cylinders ist, welche durch den Anfangspunkt der Spirale geht, so schneidet dieser Kegel die Cylinderfläche in einer Curve doppelter Krümmung. Die Perpendikel, welche von den verschiedenen Punkten dieser Curve auf die erwähnte Seitenlinie des Cylinders gefällt werden, bilden die Schraubenfläche, welche Pappus an dieser Stelle plektoidische Oberfläche nennt. Legt man nun durch eine dieser Linien unter passender Neigung eine Ebene, so schneidet diese die Oberfläche in einer Curve, deren senkrechte Projektion auf die Ebene der Spirale die verlangte Quadratrix sein wird. Welche tiefe Kenntniss krummer Oberflächen musste nicht vorausgehen, damit diese Erzeugungsarten der Quadratrix erfunden werden konnten! Welchen Weg hat auch in dieser Beziehung die griechische Geometrie von Archytas, der, wie wir uns erinnern (S. 197), gekrümmte Oberflächen zur Würfelverdoppelung benutzte, bis auf Pappus zurückgelegt! Um so bedauerlicher ist es, dass uns die euklidischen Oerter auf der Oberfläche fehlen, aus denen wir ermessen könnten, in welcher Periode der grössere Theil jenes Weges zurückgelegt worden ist.

---

[1]) Pappus (ed. Hultsch) pag. 1074. [2]) Dieser Abschnitt (ed. Hultsch) pag. 258—264 hat in dem eislebner Programm von 1875 durch Gerhardt eine deutsche Uebersetzung erhalten. Der Text Gerhardts weicht indessen in wesentlichen Dingen von dem Hultschs ab. Letzterer befindet sich in vollem Einklang mit Chasles, *Aperçu hist.* 31, deutsch 28, dem wir hier vorzugsweise folgen.

Pappus geht hier in seiner Betrachtung von Oberflächen und auf denselben hervortretenden Curven doppelter Krümmung noch weiter. Er lässt eine sphärische Spirale entstehen, indem ein grösster Kugelkreis um seinen Durchmesser mit gleichmässiger Geschwindigkeit sich dreht, während zugleich ein Punkt mit ebenfalls gleichmässiger Geschwindigkeit die Peripherie des gedrehten Kreises durchläuft,[1]) und er findet die Fläche eines durch diese sphärische Spirale begrenzten Stückes der Kugeloberfläche, eine Complanation, welche unsere Bewunderung um so lebhafter in Anspruch nimmt, wenn wir daran denken, dass die gesammte Kugelfläche zwar seit Archimed bekannt war, Stücke der Kugeloberfläche aber zu messen, wie z. B. sphärische Dreiecke, damals und noch lange später eine ungelöste Aufgabe darstellte.

Sätze aus der Geometrie der Ebene, welche bei Pappus den Leser überraschen, finden sich namentlich in dem VII. Buche, dessen Inhalt von selbst einlud, Erweiterung zu jenen feinen Analysen vorzunehmen, die in den meistens verlorenen Schriften eines Euklid und Apollonius enthalten gewesen sein müssen.[2]) Hier findet sich in den Lemmen zum bestimmten Schnitte des Apollonius die Lehre von der Involution von Punkten, in den Lemmen zu den Berührungen des Apollonius die Aufgabe durch 3 in einer Geraden gelegenen Punkte ebensoviele Gerade zu ziehen, welche ein Sehnendreieck in einem gegebenen Kreise bilden. Hier enthält ein Lemma zu den Porismen des Euklid die Lehre von der Constanz des anharmonischen Verhältnisses und ein Lemma zu den Oertern auf der Oberfläche ebendesselben den Satz, dass die Entfernungen eines jeden Punktes irgend eines Kegelschnittes vom Brennpunkte und der zu demselben gehörigen Leitlinie in constantem Verhältnisse stehen, was Apollonius noch nicht gewusst zu haben scheint. Hier ist in den Lemmen zu den Berührungen des Apollonius der Lehre von den Aehnlichkeitspunkten zweier Kreise soweit vorgearbeitet, als wenigstens bekannt ist, dass die Verbindungsgerade der entgegengesetzten Endpunkte paralleler Halbmesser zweier sich äusserlich berührender Kreise durch den Berührungspunkt geht.[3])

Hier endlich spricht Pappus zu den Kegelschnitten des Apollonius die Aufgabe aus, welcher, seit Descartes die Aufmerksamkeit der Mathematiker aufs Neue auf sie gelenkt, der Name der Aufgabe des Pappus vorzugsweise geblieben ist.[4]) Wenn mehrere gerade Linien der Lage nach in einer Ebene gegeben sind, den geometrischen

[1]) Pappus (ed. Hultsch) pag. 264 sqq. Vergl. Klügels Mathematisches Wörterbuch Bd. IV, S. 449 figg. [2]) Für das Folgende vergl. namentlich Chasles, *Aperçu hist.* 33—44, deutsch 31—41. [3]) Pappus (edit. Hultsch) pag. 840. [4]) Pappus (edit. Hultsch) pag. 678.

Ort eines solchen Punktes zu finden, dass, wenn man von ihm Perpendikel, oder allgemein Linien unter gegebenen Winkeln, nach den gegebenen Geraden zieht, das Produkt gewisser unter ihnen zu dem Produkt aller übrigen in einem constanten Verhältnisse stehe.

Aber nicht die Geschichte der Mechanik und der Geometrie allein kann aus der Sammlung des Pappus ihre merkwürdigen Ergebnisse schöpfen. Auch anderen mathematischen Lehren ist sie eine wenn auch nicht ganz ebenso ergiebige Fundgrube. Betrachten wir z. B. eines der Lemmen zum Verhältnisschnitte und Raumschnitte des Apollonius.[1]) Wir haben (S. 228) im 27. Satze des VI. Buches der euklidischen Elemente die Wahrheit erkannt, das Produkt zweier Theile, in welche man eine gegebene Grösse theile, werde ein Maximum, wenn die Theile einander gleich sind. So fest wir an dieser Auffassung des betreffenden Satzes halten, so ist immerhin eine Auffassung dazu erforderlich. Der Wortlaut des Satzes sagt nicht ausdrücklich, was wir in demselben gefunden haben. Pappus dagegen spricht an der genannten Stelle jene Wahrheit klar und durchsichtig aus. Sein Beweis lautet in Buchstaben übertragen folgendermassen. Wird a in zwei Theile zerlegt, so ist der eine x kleiner als $\frac{a}{2}$ und zwar um y. Der andere Theil ist, wie man erkennt, $x + 2y$ und das Produkt $x^2 + 2xy$ stets kleiner als $x^2 + 2xy + y^2 = (x + y)^2$, oder kleiner als $\frac{a^2}{4}$, so lange y von Null verschieden ist.

Pappus, wissen wir, hat der Ausziehung der Quadratwurzeln seine Aufmerksamkeit zugewandt. Er hat auch die Aufgabe der Einschiebung zweier mittleren Proportionalen zwischen gegebene Grössen, die analytisch zur Kubikausziehung führt, aber von den Griechen stets geometrisch bearbeitet wurde, an zwei verschiedenen Orten im III. und im VIII. Buche verschiedenen Schriftstellern nachbehandelt. Eine solche von ihm durchgesprochene Lösung ist besonders merkwürdig, weil sie falsch ist, und Pappus den Irrthum durch Rechnung nachweist, also den geometrischen Gang zu Gunsten einer arithmetischen Prüfung unterbricht. Man hat gezeigt[2]), dass jene thatsächlich unrichtige Methode, wenn fortgesetzt angewandt, eine wirkliche näherungsweise richtige Kubikwurzelausziehung liefert, und damit wäre ein ungemein wichtiger Fortschritt griechischer Wissen-

---

[1]) Pappus (ed. Hultsch) pag. 694. [2]) Pappus (ed. Hultsch) pag. 32 sqq. Vergl. Pendlebury, *On a method of finding two mean proportionals* im *Messenger of the mathematics Ser. 2, Tom. II*, pag. 166 sqq., dann Glaisher in dem Jahrbuch über die Fortschritte der Mathematik V, 244 und beide ergänzend S. Günther, Antike Näherungsmethoden im Lichte moderner Mathematik (aus den Abhandlungen der K. böhm. Gesellschaft der Wissenschaften VI Folge, 9. Band. Prag, 1878) S. 32—41 des Sonderabdruckes.

schaft enthüllt, wenn wahrscheinlich gemacht werden könnte, dass der Erfinder jenes Verfahrens wirklich beabsichtigte, was nachträglich aus seinem Versuche gemacht worden ist. Wir können für jetzt nicht daran glauben, weil ein Mann wie Pappus, gelehrt und geometrisch gewandt wie kein Zweiter seiner griechischen Zeitgenossen, sonst wohl kaum mit einer gewissen Geringschätzung von jenem Versuche gesprochen haben würde.

Zu den Berührungen des Apollonius macht Pappus zwei Bemerkungen, von welchen wir (S. 297) andeutungsweise redeten, ihre eigentliche Erwähnung bis hierher aufsparend, da es mindestens zweifelhaft ist, ob wir hier dem Apollonius bereits Bekanntes, ob einen Zusatz des Pappus vor uns haben. Pappus sagt nämlich, aus 3 Elementen, deren jedes beliebig oft gesetzt werden darf, lassen sich 10 Ternen und nur 6 Amben bilden.[1]) Das sind wahre combinatorische Lehrsätze von einem Mathematiker verwerthet. Neben der Ursprungsfrage bleibt noch eine zweite zu stellen, die wir nicht zu entscheiden wagen, ob die beiden Sätze als specielle Fälle, ob als in einer allgemeinen Hauptwahrheit enthalten bekannt waren. Wir neigen der Meinung zu, es sei nur Ersteres der Fall gewesen, und Pappus, oder wer nun die Sätze fand, habe durch thatsächliches Bilden der Combinationsformen sich von ihrer Anzahl überzeugt.

Die drei hauptsächlichen Mittelgrössen sind schon mehrfach von uns besprochen. Wir wissen, dass Nikomachus von Gerasa, dass Theon von Smyrna sich mit ihnen beschäftigte, aber keiner von Beiden leitete so, wie Pappus in seinem III. Buche es thut[2]), alle 3 durch eine gleichmässige Erzeugungsweise ab. Zwischen a und c ist Pappus zufolge eine dritte Grösse b arithmetisches, geometrisches oder harmonisches Mittel, je nachdem die beiden Differenzen $a - b$ und $b - c$ in dem Verhältnisse $a : a$ oder $a : b$ oder $a : c$ stehen.

Wir möchten ferner die Aufmerksamkeit unserer Leser auf die dem III. Buche angehörige Aufgabe lenken zu einem gegebenen Parallelogramme ein zweites zu finden, so dass die Seiten des zweiten zu denen des ersten in einem gegebenen Längenverhältnisse stehen, während die Flächenräume in einem anderen gleichfalls gegebenen Verhältnisse stehen sollen.[3]) Die Aufgabe ist an sich leicht und eine vollständig bestimmte, aber sie gewinnt an geschichtlicher Tragweite, wenn wir sie mit jener unbestimmten Aufgabe im Buche des Landbaues vergleichen (S. 329) zwei Rechtecke zu finden, bei welchen die Summe der Seiten in einem, die Flächeninhalte in einem anderen gegebenen Verhältnisse stehen sollen, eine Aufgabe, welche uns noch wiederholt begegnen wird, und deren Ursprung durch das blosse

---

[1]) Pappus (ed. Hultsch) pag. 646 und 648. [2]) Pappus (ed. Hultsch) pag. 70 und 72. [3]) Pappus (ed. Hultsch) pag. 126 sqq.

Vorkommen im heronischen Buche des Landbaues noch keineswegs gesichert ist, da grade dieses Buch spätere Einschiebungen mit grosser Wahrscheinlichkeit vermuthen lässt.

Endlich kommen wir auf die Multiplikationsmethode des Apollonius im II. Buche des Pappus zurück und auf eine Bemerkung, welche wir bei unserer ersten Erörterung dieses Verfahrens (S. 298) dazu machten. Jene Bemerkung bezog sich auf das Auftreten $\varkappa$ter Myriaden. Die Allgemeinheit der Darstellung beschränkt sich nicht auf sie. Bei den Zahlenbeispielen, an welchen die Multiplikation mit Hilfe der Wurzelzahlen gelehrt wird, kommen natürlich griechischer Gewohnheit gemäss Buchstaben als Vertreter von Zahlen vor. Aber neben den zu diesem Zwecke verwandten Buchstaben des Alphabetes erscheinen auch grosse Buchstaben in der Bedeutung allgemeiner Zahlen. So ist $\alpha = 1$, $\beta = 2$, $\gamma = 3$, $\delta = 4$, $\varepsilon = 5$, und von den entsprechenden grossen Buchstaben wird angenommen, es sei[1] $A = 20$, $B = 3$, $\Gamma = 4$, $\Delta = 5$, $E = 6$ und Z sei die Wurzelzahl von A oder 2. Offenbar ist hier ein ungemeiner Fortschritt enthalten. Es ist nicht bloss von einer gesuchten Grösse, einem Hau der Aegypter die Rede; es werden nicht bloss, wie in dem Epantheme des Thymaridas, zwei Gattungen von Grössen, gegebene und unbekannte unterschieden; es liegt die Möglichkeit vor, so viele allgemeine Grössen als es nur grosse Buchstaben gibt zu unterscheiden, Operationen an ihnen anzudeuten und damit Regeln selbst in ihrer Allgemeinheit auszusprechen, ohne den Leser zu nöthigen die Regel erst aus dem besonderen Beispiele zu abstrahiren. Es ist in der That eine Buchstabenrechnung. Schon Aristoteles hat (S. 218) eine Kraft, eine Zeit durch einen einfachen Buchstaben bezeichnet. Bezeichnungen durch einfache Buchstaben hat man auch aus Ciceros Briefen nachzuweisen vermocht.[2] Aber eine so freie Bewegung mit den Symbolen allgemeiner Grössen wie im II. Buche des Pappus ist doch neu. Dem Vorgange des Aristoteles gegenüber ist es nicht erlaubt ohne Weiteres zu leugnen, dass Apollonius schon diesen gewaltigen Fortschritt vollzog. Es ist noch weniger gestattet Solches geradezu zu behaupten und anzunehmen weder ein Geometer noch ein Arithmetiker, kein Heron, kein Nikomachus seien in die Fusstapfen des Apollonius getreten. Vielleicht ist der Fortschritt in zwei Bewegungen erfolgt, wenn man uns diese Ausdrucksweise gestatten will. Apollonius, das wissen wir aus Pappus, hat sein Verfahren geometrisch dargestellt[3]), d. h. er sprach offenbar, gleich Euklid an manchen Stellen der Elemente, von Linien und Flächen, wo wir von Zahlen und ihren Produkten zu reden gewohnt

---

[1]) Pappus (ed. Hultsch) pag. 8. [2]) *Epistolae ad Atticum* Lib. II, *epistola* 3. [3]) *τὸ δὲ γραμμικὸν ὑπ̓ ... ν̄ Ἀπολλωνίου δέδεικται* bei Pappus (ed. Hultsch) pag. 8.

sind. Auch Euklid bezeichnete solche Zahlenlinien regelmässig durch einfache Buchstaben. Dieselbe Gewohnheit, sollten wir meinen, habe Apollonius gehabt; er habe seine Zahlenlinien durchgängig mit je einem grossen Buchstaben benannt. Pappus, vermuthen wir dann, habe die Buchstaben beibehalten, die lineare Versinnlichung fallen lassen. So war der Fortschritt vielleicht ein halb unbewusster, aber er war darum doch gemacht, und die Algebra der Zeitgenossen wie der Nachkommen konnte Nutzen davon ziehen.

Kapitel XXIII.

Die Neuplatoniker. Diophantus von Alexandria.

Wir sehen in diesem Kapitel Männer auftreten, deren richtige Würdigung kaum möglich ist, ohne dass wir ein Anlehen bei der Geschichte der Philosophie uns gestatten.[1]) Nicht als ob wir gesonnen wären die Unterschiede deutlich zu machen, welche zwischen dem Neupythagoreismus, von welchem wir in der Einleitung zum 21. Kapitel (S. 362) gesprochen haben, und dem Neuplatonismus, zu welchem wir uns jetzt wenden, obwalten; so tief dürfen wir in das uns fremde Gebiet nicht eindringen; aber die Persönlichkeiten müssen wir wenigstens kennen lernen, welche im Neuplatonismus tonangebend waren, und die vielleicht ein Recht in der Geschichte der Mathematik mit Ehren genannt zu werden nur dadurch einbüssten, dass ihre mathematischen Schriften verloren gingen, Schriften, deren arithmetischer Inhalt, sofern wir nach dem Erhaltenen auf das Verlorene schliessen dürfen, eine Fortsetzung dessen darstellen würde, was die Neupythagoräer Nikomachus und Theon uns zu entwickeln nöthigten. Noch in einem anderen Berührungspunkte treffen die Neuplatoniker, von denen wir besondere mathematische Erinnerung besitzen, mit den genannten neupythagoreischen Arithmetikern überein. Wie Gerasa und Smyrna, so gehört die Heimath des Porphyrius, des Jamblichus dem asiatischen Welttheile an, und gehen wir von dem Satze aus, dass sich häufende Zufälligkeiten wahrscheinlich ähnlichen Gründen entstammen und damit aufhören Zufälligkeiten zu sein, so werden wir die Thatsache uns zu bemerken haben, dass vorderasiatische Philosophen, welche der Mathematik sich zuwandten, vorzugsweise Arithmetiker wurden. Eine Begründung dieser Thatsache aber zu geben reichen die heutigen Mittel nicht aus. Kaum anzudeuten wagen wir, dass es heimathliche Einflüsse gewesen sein dürften, die diese bestimmte Geistesrichtung hervor-

[1]) Unsere Hauptquelle: Zeller, Die Philosophie der Griechen in ihrer geschichtlichen Entwicklung III. Theil, 2. Abtheilung (2. Auflage) 1868 citiren wir als Zeller III, 2.

brachten, heimathliche Einflüsse, die aber jedenfalls nach Zeit und Ort weiter verfolgbar sein müssen, in eine vielleicht graue Vergangenheit, in weiter östlich liegende Gegenden.

Der Verkehr mit diesem Osten, selbst mit dem äussersten Osten, war wenn auch kein lebhafter doch immer vorhanden. Alexandrinische Handelscaravanen wagten sich nach Indien; aber auch indische und chinesische Gesandtschaften erschienen bei römischen Kaisern. Der Hof des Augustus, des Claudius, des Trajan, des Constantin des Grossen, des Julianus hat solche Botschafter fremdartigster Gestalt gesehen.[1]) In II. S. n. Chr. soll Scythianus magische Schriften aus Indien nach Alexandria gebracht haben, die dort gierig verschlungen wurden. In eben diese Zeit fällt die Gründung der neuplatonischen Schule in Alexandria durch Ammonius. Ammonius aber war der Lehrer des Plotinus, eines Aegypters, in dem nunmehr die Neigung aus den orientalischen Quellen selbst zu schöpfen so lebhaft erwachte, dass er 39 Jahre alt dem Heere sich anschloss, welches unter Gordian gegen die Perser zu Felde zog. Die selbständige Wirksamkeit des Plotinus entfaltete sich in Rom, wo er etwa 244 als Lehrer auftrat und eines grossen Zulaufs sich erfreute, bis er 270 in Campanien einer lange dauernden Krankheit erlag.

Der Lieblingsschüler Plotins erhielt den Auftrag die Schriften des Lehrers zu sammeln und herauszugeben. Es war der Tyrier Malchus, der etwa 232 auf asiatischem Boden geboren zuerst in Athen unter einem Philosophen Longinus, der für uns kein weiteres Interesse besitzt, studirte, dann nach Rom zu Plotinus gelangte und dort den Namen Porphyrius erhielt, unter welchem er uns schon wiederholt vorgekommen ist. Porphyrius erreichte jedenfalls ein hohes Alter, da er selbst von einem Vorfalle aus seinem 68. Lebensjahre erzählt hat, und somit sicherlich erst nach 300 starb. Er war ausser in Rom, wohin er am Ende seiner Laufbahn nochmals zurückkehrte, auch in Sicilien schriftstellerisch und als Lehrer thätig. Von seinen Schriften haben wir das Leben des Pythagoras sowie den Commentar zu der Musik des Ptolemäus als Quelle mancher werthvollen geschichtlichen Angabe kennen gelernt. Die letztere Schrift ihrem eigentlichen wissenschaftlichen Inhalte nach zu besprechen haben wir keine Veranlassung. Wichtiger wären vielleicht für die Geschichte der Sternkunde und ihrer Ausartungen die astrologischen Anklänge, welche bei Porphyrius vorhanden sind, welche von da an unter den Neuplatonikern nicht verhallen, von welchen aber auch

---

[1]) Vergl. Reinaud, *Relations politiques et commerciales de l'empire Romain avec l'Asie centrale* im *Journal Asiatique, 6. série, T. I* (1863) und eine Notiz von Woepcke in demselben Bande pag. 458 mit Berufung auf Wilson, Vishnu Purana. London, 1840 in 4° pag. VIII und IX.

schon Ptolemäus, der strenge Forscher, nicht frei war; ihrem Ursprunge nachgehend könnte man möglicherweise zu auch anderwärts verwerthbaren Ergebnissen gelangen. Von Geometrischem, was Porphyrius geschrieben, ist uns nur Weniges in des Proklus Commentare zu dem ersten Buche der euklidischen Elemente erhalten [1]) und dieses Wenige ist nicht von solcher Bedeutung, dass wir dabei zu verweilen hätten.

Zwei Schüler des Porphyrius werden als bedeutendste genannt. Der ältere, ein gewisser Anatolius, scheint häufig aber mit Unrecht mit dem Peripatetiker gleichen Namens verwechselt worden zu sein, welcher seit 270 Bischof von Laodicea war. Der Neuplatoniker Anatolius, von welchem mancherlei mystisch-arithmetische Bruchstücke an verschiedenen Orten sich erhalten haben, dürfte gar nicht Christ gewesen sein. Ausserdem muss er eine philosophische Lehrthätigkeit zu einer Zeit noch ausgeübt haben, als jener andere Anatolius durch die Pflichten seines bischöflichen Amtes vollauf in Anspruch genommen war, wenn er überhaupt noch lebte. Sein Schüler und erst später Schüler des ihnen somit gemeinsamen Lehrers Porphyrius, war nämlich der zweite, den wir zu nennen haben: Jamblichus.

Jamblichus ist aus reicher und angesehener Familie zu Chalcis in Cölesyrien geboren, also Vorderasiate, wie wir oben bemerkten. Er folgte wahrscheinlich in Rom dem Unterrichte des Anatolius und des Porphyrius, als dieser aus Sicilien wieder zurückgekehrt war. Später verlegte Jamblichus seinen Aufenthalt in seine syrische Heimath, wo er selbst schulebildend auftrat. So sehr seine Anhänger ihn verehrten, — den Göttlichen nannte ihn die Schule — so sind doch die Angaben über seine Lebenszeit von Widersprüchen behaftet. [2]) An und für sich könnte es ja richtig sein, dass er am Ende des III. S. in Rom zu den Füssen des Porphyrius sass, dass er während der Regierung Constantin des Grossen (306—337) wirkte, dass noch Kaiser Julianus Apostata (361—363) in Briefwechsel mit dem greisen Philosophen stand. Wie aber will man dann begreiflich machen, das Kaiser Constantin den Sopater, einen Schüler des Jamblichus, der erst nach des Lehrers Tode an den Kaiserhof kam, hinrichten liess, wie damit wieder in Einklang bringen, dass Kaiser Julianus in einem seiner Briefe von Sopater als einem damals noch lebenden Schüler des Jamblichus redet? Soll man wirklich den Tod des Jamblichus etwa auf 330 setzen, die Briefe des Julian an Jamblichus für untergeschoben erklären? Wir verzichten auf die Entscheidung dieser Fragen, welche eine grosse Wichtigkeit für uns

[1]) Die betreffenden Stellen sind mit Hilfe des Namensverzeichnisses der Friedlein'schen Proklusausgabe leicht aufzufinden. [2]) Zeller III, 2, 613, Anmerkung 2.

nicht besitzen. Dass Jamblichus unzweifelhaft am Anfange des IV. S. lebte, dass von ihm genannte Persönlichkeiten, wie Thymaridas, allerspätestens in eben diese Zeit gesetzt werden dürfen, genügt uns. Wie lange Jamblichus im IV. S. seine Thätigkeit fortsetzte, ist uns ziemlich gleichgiltig.

Von den Werken des Jamblichus[1]) kümmern uns vorzugsweise einige Bücher, welche zwar getrennt von einander herausgegeben worden sind, aber ursprünglich ein einziges Werk von 10 Büchern bildeten und den Gesammttitel: Sammlung der pythagoräischen Lehren, *συναγωγὴ τῶν πυθαγορικῶν δογμάτων*, führten. Das I. Buch enthielt das Leben des Pythagoras, das II. eine Einleitung in die Philosophie, des III. eine solche in die Mathematik, das IV. Erläuterungen zu Nikomachus, das V. Physikalisches, das VI. Ethisches, das VII. theologisch-arithmetische Auseinandersetzungen, das VIII. eine Musik, das IX. eine Geometrie, das X. eine Sphärik. Die Hälfte des Werkes, das I., II., III., IV., VII. Buch haben sich erhalten[2]), die andere Hälfte ist verloren gegangen. Verloren ist auch ein Werk über Chaldäisches, aus dessen 28. Buche eine Notiz sich erhalten hat, woraus auf den grossen Umfang des Werkes ein Schluss gezogen werden kann. An ihm dürfte die Geschichte der Wissenschaften überhaupt, der Mathematik insbesondere, viel eingebüsst haben, und jedenfalls reicht dessen einstmaliges Vorhandensein aus, die Glaubwürdigkeit dessen, was Jamblichus, der sich somit erwiesenermassen mit den chaldäischen Ueberlieferungen beschäftigt hatte, über den Ursprung mancher mathematischen Sätze in Babylon berichtet, wesentlich zu erhöhen. Die sonstigen vielen Schriften, welche Jamblichus mit Recht oder Unrecht beigelegt werden, welche theils ganz verloren, theils in Bruckstücken vorhanden sind, haben für uns keine weitere Bedeutung.

Von den 10 Büchern pythagoräischer Lehren haben wir das IV., welches schon mehrfach von uns ausgebeutet worden ist, dem wir z. B. das Epanthem des Thymaridas entnahmen, noch nach der Richtung hin zu prüfen, was wohl in den Erläuterungen zur Arithmetik des Nikomachus, die übrigens Nichts weniger sind als ein fortlaufender Commentar zum Texte des erklärten Werkes, erwähnenswerth sein möchte, und als älteren Schriftstellern nicht überweisbar dem Jamblichus angehören könnte. Da ist freilich das Auszuzeichnende ungemein dürftig. Der Satz, dass jede Dreieckszahl mit 8 vervielfacht

[1]) Zeller III, 2, 616, Anmerkung 2. [2]) Buch I ist am besten von Kiessling, Leipzig, 1815, Buch II von ebendemselben, Leipzig, 1813, herausgegeben, Buch III ist bei Villoison, *Anecdota Graeca* Bd. II. Venedig, 1781 abgedruckt. Buch IV gab Tennulius heraus. Arnheim, 1668, Buch VII besorgte Ast zum Abdruck. Leipzig, 1817. Ast selbst leugnete freilich noch, dass die *Θεολογούμενα τῆς ἀριθμητικῆς* von Jamblichus herrühren.

und alsdann noch um die Einheit vermehrt zur Quadratzahl werde, ist keinenfalls des Jamblichus Eigenthum, da derselbe mindestens schon bei Plutarch im I. S. n. Chr. vorkommt (S. 142). Auch was Jamblichus von Seiten und Diametralzahlen weiss, kennen wir schon von Theon von Smyrna her. Ihm dagegen gehört vielleicht der Satz an, dass jede Zahl mit einer der beiden ihr zunächst liegenden gleichartigen (d. h. grade mit graden, ungrade mit ungraden) vervielfacht unter Hinzufügung der Einheit zu dem Produkte ein Quadrat gibt, und zwar ein grades Quadrat wenn von ungraden, ein ungrades wenn man von graden Faktoren ausging[1]), ein Satz, der freilich keines weiteren Beweises bedarf, als der sich aus der Identität $a\,(a+2)+1=(a+1)^2$ ergibt.

Jamblichus darf sich wohl auch die Erfindung zuschreiben, welche jede Quadratzahl in ihrer Entstehung als Summe zweier auf einander folgenden Dreieckszahlen mit dem Bilde einer Rennbahn vergleicht.[2]) Von der Einheit als Schranke durchläuft man alle Zahlen bis zu einem Wendepunkte a, von wo aus auf der anderen Seite wieder durch die sämmtlichen Zahlen die Rückkehr zur Einheit als Ziel erfolgt; d. h. $1+2+\cdots+(a-1)+a+(a-1)+\cdots+2+1=a^2$. Daneben weiss Jamblichus auch, dass $1+2+\cdots+(a-1)+a+(a-2)+\cdots+2=(a-1)$. a eine heteromeke Zahl wird, und stellt auch diese Vorwärts- und Rückwärtssummirung, bei der freilich beim Zurückgehen ein Sprung von a nach $a-2$ erfolgt, und ausserdem das Ziel bei 2 und nicht bei 1 ist, an dem Bilde einer Rennbahn dar. Ja er hetzt das Bild einer Rennbahn zu Tode, indem er von $1+2+3+\cdots+9+10+9+\cdots+3+2+1=100$ durch Vervielfachung jeder Zahl mit 10, mit 100 u. s. w. zu 1000, zu 10000 u. s. w. gelangt und die Zahlen 1, 10, 100, 1000 die Einheiten des ersten, des zweiten, des dritten, des vierten Ganges mit den Pythagoräern nennt, woraus hervorgeht, dass den Pythagoräern ein genaues Bewusstsein des dekadischen Zahlensystems innewohnte, wie es auch aus dem Begriff der Wurzelzahlen bei Apollonius deutlich hervorgeht. Die Wurzelzahlen selbst, aber nicht Pythmenes, sondern Einheit, μονάς, genannt, spielen in einem letzten Satze des Jamblichus eine Rolle. Addirt man drei in der natürlichen Zahlenreihe unmittelbar auf einander folgende Zahlen, deren grösste durch 3 theilbar ist, nimmt die Ziffernsumme der Summe (d. h. bei Jamblichus die Summe der Monaden), von dieser Ziffernsumme abermals die Ziffernsumme u. s. f., so gelangt man endlich zu der letzten

---

[1]) Jamblichus in *Nicomachum* (ed. Tennulius) pag. 127. Vergl. Nesselmann, Algebra der Griechen S. 236, Anmerkung 70. [2]) Für diese und die folgenden Bemerkungen zu Jamblichus vergl. Nesselmann, Algebra der Griechen S. 237—242.

Ziffernsumme 6. So erweist sich uns Jamblichus immerhin als erträglicher, wenn auch nicht als bedeutender Arithmetiker. Bedürfte der negative Theil dieses Ausspruches einer Bestätigung, so könnten wir sie in dem Tadel finden, den Jamblichus gegen Euklid sich erlaubt, weil derselbe die Zahl 2 eine Primzahl nenne, während es nach Nikomachus nur ungrade Primzahlen gebe.

Der Zeit des Jamblichus gehören möglicherweise die arithmetischen Epigramme der griechischen Anthologie an.[1]) Sammlungen kleiner griechischer Gedichte wurden seit dem letzten Jahrhundert vor Christi Geburt vielfach zusammengestellt. Aber was damals, was später während der Regierungen Trajans, Hadrians gesammelt wurde, ist verloren gegangen. Nur die Erinnerung daran ist geblieben, nur was theilweise mit Anlehnung an diese Vorgänger am byzantinischen Hofe zuerst im X. S. von Constantin Kephalus, dann wiederholt in der ersten Hälfte des XIV. S. von Maximus Planudes, einem Vielschreiber, welcher uns noch mehrmals als Verfasser mathematischer Schriften begegnen wird, zu einer Blumenlese vereinigt worden ist. Darunter findet sich nun eine grosse Anzahl algebraischer Räthselfragen. Wir haben (S. 246) das sogenannte euklidische Epigramm von den beladenen Thieren kennen gelernt; es steht in der Anthologie. Das Rinderproblem des Archimed (S. 268) steht nicht in derselben, gehört aber seinem Inhalte wie der dichterischen Einkleidung nach gleichfalls hierher, und man wird vielleicht nicht irre gehen, wenn man Inhalt und Form der Epigramme von einander trennt, letztere erheblich später als ersteren entstehen lässt. Für mehrere von den algebraischen Epigrammen gilt Metrodorus als Verfasser, und da dieser unter Constantin dem Grossen gelebt haben soll,[2]) so wählten wir diese Stelle um von den Epigrammen zu reden. Wir wollen freilich nur zwei derselben hervorheben, welche eine gewisse Bedeutung zu besitzen scheinen.

Wir meinen erstens eine Brunnenaufgabe, wenn dieses Wort den Sinn behalten soll, unter welchem wir es (S. 329) bei Besprechung der Ausmessungen des Heron eingeführt haben:

> Vier Springbrunnen es gibt. Die Cisterne anfüllet der erste
> Täglich; der andere braucht zwei Tage dazu, und der dritte
> Drei, und der vierte gar vier. Welche Zeit nun brauchen zugleich sie?

Wir meinen zweitens ein Epigramm, welches seinem Gegenstande nach an die Kronenrechnung des Archimed erinnert, durch die Art

---

[1]) Die besten Ausgaben der Anthologie von Friedr. Jacobs in 3 Bänden (Leipzig, 1813—17) und von Brunck. Die 47 arithmetischen Epigramme hat Zirkel in einem bonner Gymnasialprogramme vom Herbst 1853 mit deutscher Uebersetzung und einigen Erläuterungen herausgegeben. Vergl. auch Nesselmann, Algebra der Griechen S. 477 figg. [2]) Jacobs, *Comment. in Anthologiam Graecam T. XIII,* pag. 917.

aber, wie die gegebenen Grössen in ihm mit den Unbekannten verbunden sind, die Anwendung des Epanthems des Thymaridas erheischt:

Schmied' mir die Krone und menge das Gold mit dem Kupfer zusammen,
Füg' auch Zinn noch hinzu sammt sorglich bereitetem Eisen.
Sechzig der Mienen sie hab' an Gewicht. Zwei Drittel der Krone
Wiege das Gold mit dem Kupfer gemengt; drei Viertel dagegen
Gold mit dem Zinn im Gemisch; drei Fünftel betrage das Gold noch,
Wenn du es fügst zu dem Eisen. Wohlan! nun sage mir pünktlich,
Was du an Gold musst nehmen und Kupfer, zu treffen die Mischung;
Wie viel Mienen an Zinn; auch nenne die Masse des Eisens,
Dass du zu schmieden vermagst von 60 der Mienen die Krone.

Wie wir verschiedentlich Widersprüche in den Zeitangaben auftreten sahen, so ist es auch hier wieder der Fall. Weil Metrodorus der Regierungszeit Constantin des Grossen d. h. dem ersten Drittel des IV. S. angehören soll, haben wir die dichterische Gestaltung unserer Epigramme derselben Zeit zugewiesen, und wenn Metrodorus wirklich alle die Epigramme verfasste, die unter seinem Namen erhalten sind, muss er frühstens im letzten Drittel jenes Jahrhunderts gelebt haben. Ein ihm zugeschriebenes Epigramm kann nämlich erst nach dem Tode des Mannes verfasst sein, zu dessen Besprechung wir jetzt übergehen: Diophantus von Alexandria.[1])

Der Name dieses Schriftstellers war selbst dem Zweifel unterworfen, so lange man in griechischer Sprache nur die Genitivform kannte, welche ebensowohl von einer Endung ης als ος sich herleiten konnte. Man berief sich aber auf die arabische Form des Namens, welche mit der hier benutzten übereinstimmt und fand alsdann volle Bestätigung in einer Stelle des Commentars Theons von Alexandria zum ersten Buche des Almagestes, wo unzweideutig *Διόφαντος* steht und unser Algebraiker gemeint sein muss, weil es sich bei Theon[2]) um einen Satz handelt, der bei Diophant wirklich in dem dort angegebenen Wortlaute vorkommt. Der gleichen Form *Διόφαντος* hat sich auch Johannes von Jerusalem bedient.[3]) Am Ende des VIII. S. lebte nämlich Johannes von Damaskus, der gleich seinem Vater Sergius als Christ Schatzmeister des Chalifen Abdalmelik war. Er zog sich jedoch bald in das Kloster Saba zurück, wo er, wie die Einen sagen, 780, nach anderer Meinung 760 gestorben ist.[4]) Das

[1]) Ueber Diophant hat Cossali, *Origine, trasporto in Italia, primi progressi in essa dell' algebra* I, 56—95. Parma, 1797 gehandelt; dann Otto Schulz in der Einleitung und den Anmerkungen zu seiner deutschen Uebersetzung des Diophant. Berlin, 1822. Nesselmann, Algebra der Griechen S. 243—476. Hankel 157—171. [2]) *Théon d'Alexandrie* (ed. Halma) I, 111. [3]) Vossius, *De scientiis mathematicis* (Amsterdam, 1650) pag. 432 hat die betreffenden Worte abgedruckt und citirt dafür „pag. 683 edit. Basil." [4]) A. von Kremer, Kulturgeschichte des Orientes II, 402—403 (Wien, 1877).

Leben dieses Johannes von Damaskus hat nun sein jerusalemitischer Namensgenosse beschrieben und ihm dabei nachgerühmt, er sei in der Geometrie so bewandert gewesen wie Euklid, in der Arithmetik wie Pythagoras und Diophantus.

Für das Leben des Diophantus sind uns zwei weit getrennte Grenzen gegeben. Damit Theon seiner erwähnen konnte, müssen seine Schriften spätestens um 370 vorhanden gewesen sein. Damit er Hypsikles nennen konnte, dessen Definition der Vieleckszahlen er uns aufbewahrt hat (S. 312), muss er später als 180 v. Chr. gelebt haben. So ist ein Zwischenraum von ganzen 550 Jahren gewonnen, in welchem Diophant unterzubringen ist. Die Gründe, wesshalb man vermuthet, Diophant müsse ganz am Ende der überhaupt möglichen Zeit gelebt haben, sind theils negative, theils ein positiver. Negativ lässt man sich dadurch bestimmen, dass weder bei Nikomachus, noch bei Theon von Smyrna, noch bei Jamblichus eine Erwähnung des Diophant oder seiner Lehren aufgefunden worden ist, so nahe dieselbe grade diesen Schriftstellern gelegen hätte, dass überhaupt eine Einwirkung des Diophant auf griechische Arithmetik nicht nachzuweisen ist, was nur dann begreiflich erscheint, wenn man annimmt, er habe erst nach den Männern gelebt, welche ihn einigermassen, wenn auch nicht vollkommen zu verstehen im Stande waren. Dazu kommt dann das positive Zeugniss des Abulpharagius, eines syrischen Geschichtsschreibers aus dem XIII. S., Diophant sei Zeitgenosse des Julianus Apostata gewesen, welcher 361—363 regierte. Damit gewinnt eine Vermuthung Wahrscheinlichkeit, es sei unser Diophant gewesen, welchen Suidas Lehrer des Sophisten Libanius nennt, da Letzterer bekanntlich unter Kaiser Julian, wie unter dessen Nachfolgern in Ansehen stand und nicht vor 391 starb. Der einzige Gegengrund ist der, den wir oben schon berührten, und der auf einem Epigramme über die Lebensdauer des Diophant beruht. Wenn dieses wirklich, wie in der Anthologie angegeben ist, von Metrodorus herrührt, und wenn Metrodorus unter Constantin dem Grossen lebte, so muss auch Diophant so spät als möglich gesetzt am Anfange des IV. S. gelebt haben, später als Nikomachus und als Theon von Smyrna, dagegen nicht später als Jamblichus.

Jenes Epigramm enthält Alles, was wir von den persönlichen Verhältnissen des Diophantus wissen.

Hier dies Grabmal deckt Diophantus. Schauet das Wunder!
Durch des Entschlafenen Kunst lehret sein Alter der Stein.
Knabe zu sein gewährte ihm Gott ein Sechstel des Lebens;
Noch ein Zwölftel dazu, sprosst' auf der Wange der Bart;
Dazu ein Siebentel noch, da schloss er das Bündniss der Ehe,
Nach fünf Jahren entsprang aus der Verbindung ein Sohn.
Wehe das Kind, das vielgeliebte, die Hälfte der Jahre
Hatt' es des Vaters erreicht, als es dem Schicksal erlag.

Drauf vier Jahre hindurch durch der Grössen Betrachtung den Kummer
Von sich scheuchend auch er kam an das irdische Ziel.

Demgemäss hat er zu 33 Jahren sich verheirathet, zu 38 Jahren einen Sohn bekommen, der selbst nur 42 Jahr alt wurde, und ist mit 84 Jahren gestorben. Wer aber Diophantus von Alexandria war, darüber sagt uns auch das kleine niedlich erfundene Räthselgedicht nicht das Mindeste. Es fällt in das Gebiet der durchaus ungestützten Vermuthungen, wenn man hat behaupten wollen, Diophant von Alexandria habe in dieser Stadt nur seinen Wohnsitz gehabt und sei selbst gar nicht Grieche gewesen, so wenig wie seine Wissenschaft griechischen Ursprunges sei. Die Möglichkeit dieser Annahme ist nicht ausgeschlossen; man kann ihr beipflichten ohne in bestimmter Weise Widerlegung zu finden; aber sie ist nicht nothwendig. Erinnern wir uns der algebraischen Begriffe, welche wachsend und an Gewicht zunehmend bei Euklid, bei Archimed, bei Heron, bei den Neupythagoräern, bei Pappus uns begegneten, und wir haben nicht nöthig die Brücke abzubrechen, welche auf dem Boden Alexandrias, den jedenfalls Euklid, Heron und Pappus bewohnten, in fast unmerklicher Steigung, wenn man die Weite der Jahreskluft erwägt, von den Hausaufgaben des Ahmes zu den Gleichungen des Diophantus hinaufführt. Uns ist Diophant mit seinem in Griechenland mehrfach vorkommenden Namen wirklicher Grieche, Schüler griechischer Wissenschaft, wenn auch ein solcher, der weit über seine Zeitgenossen hervorragt, Grieche in dem, was er leistet, wie in dem, was er zu leisten nicht vermag. Eines wollen wir dabei keineswegs ausgeschlossen haben, was wir übrigens zu Anfang dieses Kapitels anzudeuten schon Gelegenheit nahmen: dass nämlich die griechische Wissenschaft, wie sie von Alexandria aus nach Westen und nach Osten erobernd vordrang, wovon folgende Abschnitte unseres Bandes Zeugniss ablegen, von den gleichen Eroberungszügen auch neuen Werth an Ideen mit nach Hause brachte, dass die griechische Mathematik als solche nie aufgehört hat sich anzueignen, was sie da oder dort aneignenswerthes fand.

Diophant hat ein Werk unter dem Namen Arithmetisches,[1] *ἀριθμητικά*, verfasst, über dessen Eintheilung er sich in der Vorrede folgendermassen äussert: „Da aber bei der grossen Masse der Zahlen der Anfänger nur langsam fortschreitet, und überdies das Erlernte leicht vergisst, so habe ich es für zweckmässig gehalten, diejenigen Aufgaben, welche sich zu einer näheren Entwicklung eignen und vorzüglich die ersten Elementaraufgaben gehörig zu erklären und

[1]) Die beste Textausgabe ist die von Bachet de Meziriac mit den Anmerkungen von Fermat. Toulouse, 1670. Eine deutsche Uebersetzung von O. Schulz erschien Berlin, 1822. Wir citiren nach Letzterer.

dabei von den einfachsten zu den verwickelteren fortzuschreiten. Denn so wird es dem Anfänger fasslich werden, und das Verfahren wird sich in seinem Gedächtnisse einprägen, da die ganze Behandlung der Aufgaben 13 Bücher umfasst."[1])

Dreizehn Bücher waren es also, und nur von einem Werke des Diophant ist bei zwei arabischen Schriftstellern, die seiner erwähnen, die Rede.[2]) Dem gegenüber enthalten die griechischen Handschriften, welche sich erhalten haben,[3]) nur 6 Bücher (eine einzige enthält den gleichen Text in 7 Bücher abgetheilt), enthalten sie eine besondere Schrift des Diophant über Polygonalzahlen, verweisen sie an einzelnen Stellen auf eine Schrift des Diophant, welche den Namen der Porismen geführt habe.

Man hat aus der stylistischen Verschiedenheit zwischen der wesentlich synthetischen Abhandlung über die Polygonalzahlen und den wesentlich analytischen arithmetischen Büchern geschlossen, es müssen hier zwei getrennte Werke vorliegen; man hat vermuthlich daraus, dass in den arithmetischen Büchern die Porismen ausdrücklich genannt werden, gefolgert, auch sie müssten eine besondere Schrift gebildet haben. Man hat von anderer Seite weniger auf die Ungleichartigkeit der Form, als auf den stets arithmetischen Inhalt Gewicht gelegt, und vermuthet, es seien die Polygonalzahlen wie die Porismen ursprünglich Bestandtheile der 13 Bücher des Diophant gewesen.[4]) Wir neigen uns der ersteren Meinung zu, deren wirkliche Gründe nicht vornehm beseitigt oder unberücksichtigt gelassen werden können. Glücklicherweise stimmen die Vertreter beider sich schroff ausschliessenden Ansichten in einer Meinung überein, der wir uns gleichfalls durchaus anschliessen, und welche weitaus Wichtigeres betrifft als die Frage der Zusammengehörigkeit oder Nichtzusammengehörigkeit der genannten Stücke. Man hält nämlich allgemein dafür:[5]) 1. dass uns von Diophant viel weniger fehlt, als man gewöhnlich glaubt, wenn man sich an das Zahlenverhältniss von 6 : 13 hält; 2. dass der Defect nicht am Ende, sondern in der Mitte des Werkes, und zwar hauptsächlich zwischen dem I. und II. Buche zu suchen ist; endlich 3. dass diese Verstümmelung des Werkes ziemlich frühe, gewiss aber vor dem XIII. oder XIV. S. und bereits in Griechenland stattgefunden hat.

Der dritte Satz ist dadurch zur Gewissheit erhoben, dass die älteste der vorhandenen Handschriften, ein Vatikancodex vom XIII. S.,

---

[1]) Diophant (Schulz) S. 14. [2]) Nesselmann, Algebra der Griechen S. 274, Note 37. [3]) Die Handschriften sind einzeln aufgezählt bei Nesselmann S. 256, Note 23. [4]) Vertreter der ersten Meinung sind Reimer und Hankel, der zweiten Colebrooke und Nesselmann. [5]) Nesselmann l. c. S. 265 hat die drei Thesen am deutlichsten und zwar in dem Wortlaute ausgesprochen, den wir uns hier aneignen.

den gleichen Text wie die übrigen besitzt, dass ein Commentar zu den beiden ersten Büchern, welcher im XIV. S. entstand, ebenfalls für diese zwei Bücher wenigstens den heutigen Wortlaut bestätigt, dass ein deutscher Astronom, der berühmte Regiomontanus, in einem Briefe an seinen Fachgenossen Bianchini in Ferrara vom Monate Februar 1464 erzählt, er habe in Venedig einen griechischen Arithmetiker Diophant entdeckt, der aber leider nur aus 6 Büchern bestehe, während deren 13 in der Einleitung versprochen seien.[1] Die beiden anderen Sätze folgen allerdings nicht mit der gleichen objektiven Gewissheit, sondern mehr für die Ueberzeugung dessen, der sich genau mit dem Studium der vorhandenen Theile beschäftigt hat, aus diesen selbst. Man gewinnt das Gefühl, Diophant sei über das, was in den erhaltenen sechs Büchern steht, nicht hinausgekommen, es seien nur gewisse der Zahl nach beschränkte Kunstgriffe gewesen, über welche er verfügte, und mittels deren nicht viel mehr zu leisten war, als wir thatsächlich geleistet sehen. Man kommt so zu der Wahrscheinlichkeit, um nicht zu sagen zu der Gewissheit, dass am Schlusse unmöglich so viel fehlen kann, dass man von einer Erhaltung nur der 6 oder 7 ersten Bücher zu reden berechtigt wäre. Dazu kommt die vorher angegebene Verschiedenheit, dass eine Handschrift in 7 Bücher theilt, was den anderen zufolge 6 Bücher waren. Dazu kommt der gelungene Nachweis, dass innerhalb der ersten 3 Bücher Verschiebungen stattgefunden haben müssen, dass insbesondere eine Ablösung der beiden letzten Aufgaben des II. Buches von dem Vorhergehenden ebenso wie eine Vereinigung derselben mit den ersten Aufgaben des III. Buches durch den Sinn als nothwendig erzwungen ist. Dazu kommt endlich eine unbedingt vorhandene Lücke, über deren Ausfüllung ein Zweifel nicht bestehen kann. In der Einleitung ist nämlich, wie wir noch sehen werden, die Auflösung der gemischten quadratischen Gleichung mit einer Unbekannten zugesagt. In den späteren Büchern ist dieselbe als bekannt vorausgesetzt. Gelehrt muss sie also worden sein, aber die Vorschrift dazu fehlt. Diese bildete jedenfalls einen Theil und einen nicht unbeträchtlichen Theil des Verlorenen, da wir annehmen dürfen und müssen, die Lösung der gemischten quadratischen Aufgaben sei in drei Sonderfällen vorgetragen worden, deren jeder an zahlreichen Beispielen erläutert vielleicht ein ganzes Buch füllen mochte. Der Platz für diese Lösungen war am Naturgemässesten zwischen dem I. und II. Buche, also dort, wo die grosse Lücke angenommen zu werden pflegt.

[1] Ch. Th. v. Murr, *Memorabilia Bibliothecarum publicarum Norimbergensium et universitatis Altdorfinae* I, 135 (Nürnberg, 1786) ist der Wortlaut des Briefes abgedruckt, die einzelne auf Diophant bezügliche Stelle schon bei Doppelmayr, Historische Nachricht von den Nürnbergischen Mathematicis und Künstlern S. 5, Anmerkung *y* (Nürnberg, 1730).

Die Aufgaben, welche Diophant behandelt hat, sind von zwei wesentlich verschiedenen Gattungen. Es sind algebraisch bestimmte und algebraisch unbestimmte Gleichungen, mit denen er sich beschäftigte. Auf dem einen Gebiete besteht seine grosse Bedeutung darin, dass er Bekanntes in neuer Form vortragend ein organisches Ganzes schuf, wo früher, mindestens bei den Schriftstellern, die wir besitzen, nur zersplitterte Theile vorlagen. Auf dem anderen Gebiete stellt er uns den Pfadfinder vor, der abgesehen von einzelnen Vorgängern, die nur die Vorhalle des Gebäudes betraten, zuerst unter den Griechen, so viel wir wissen, durch das Labyrinth der verwickeltsten Zahlenbedingungen und Beziehungen sich hindurchzuwinden weiss, sei es, dass er dabei nur dem eigenen Genius vertraute, sei es, dass ihm hier wirklich aus der Fremde der Faden der Ariadne gereicht war, der ihn vor Irrgängen sicherte.

Wir reden zuerst von Diophants Leistungen in der bestimmten Algebra. Diophant selbst lehrt uns die Reihenfolge einhalten, da er in der schon erwähnten Vorrede grade über die bestimmten Aufgaben sich auslässt und die unbestimmten Aufgaben kaum andeutet. Diophant beginnt mit den Worten: „Ich sehe, mein theuerster Dionysius, mit welchem Eifer Du die Auflösung arithmetischer Aufgaben zu erlernen wünschest; ich habe daher versucht, das Verfahren wissenschaftlich darzustellen, indem ich mit der eigentlichen Grundlage desselben anfange, nämlich mit einer Entwicklung der eigenthümlichen Natur und Beschaffenheit der Zahlen. Die Sache scheint vielleicht etwas schwierig, da sie noch gar nicht bekannt ist, und Anfänger haben immer wenig Hoffnung eines glücklichen Fortganges; aber Dein Eifer und meine Darstellung wird Dir Alles recht fasslich machen, denn man lernt schnell, wenn Eifer und Unterweisung zusammenkommt."[1])

Die Worte „da sie noch gar nicht bekannt ist", ἐπειδὴ μήπω γνώριμόν ἐστι, wurden mitunter so verstanden, als behaupte Diophant damit, er trage ganz Neues in Griechenland nicht Bekanntes vor. Die neueren Bearbeiter sind übereinstimmend der Meinung, der Sinn sei grade umgekehrt der, dass Diophant die Unbekanntschaft des Dionysius allein mit den Auflösungen der arithmetischen Aufgaben betone. Ihm zu Liebe will er das Verfahren wissenschaftlich darstellen von den Anfängen zu dem Gipfel aufsteigend.

Die Richtigkeit dieser Auffassung wird durch die weitere Einleitung bestätigt, in welcher algebraische Begriffe der Reihe nach entwickelt sind, welche uns einzeln genommen schon hier und dort bei griechischen Schriftstellern begegnet sind, und welche auch wohl

[1]) Diophant (Schulz) S. 3.

in ihrer Fortbildung zu Diophants Zeiten schon wesentliche Fortschritte gemacht haben müssen, sonst wäre die Kürze der Darstellung bei ihrer Einführung unbegreiflich. Quadratzahlen und Kubikzahlen z. B. mit ihren griechischen Namen *δύναμις* und *κύβος* sind uns längst bekannt. Diophant geht darüber hinaus und nennt Quadratoquadrat (*δυναμοδύναμις*), Quadratokubus (*δυναμόκυβος*), Kubokubus (*κυβόκυβος*) das was durch stets wiederholte Vervielfachung mit der Grundzahl entsteht. Eigentlich versteht er unter diesen Namen auch das nicht, was wir ihm folgend ausgesprochen haben. Nicht die 2. bis zur 6. Potenz irgend einer Zahl, sondern nur diese Potenzen der unbekannten Zahl, um deren Auffindung es sich in der betreffenden Aufgabe handelt, hat Diophant im Sinne. Für sie gelten die abgekürzten Bezeichnungen, welche er weiter erörtert, und welche aus den Anfangsbuchstaben *δ* und *κ* bestehen, denen noch rechts oben ein *υ*, der zweite Buchstabe sowohl von *δύναμις* als von *κύβος*, angehängt wird. Was also die moderne Algebra durch x^2, x^3, x^4, x^5, x^6 bezeichnet, schreibt Diophant:

$$\delta^{\tilde{\upsilon}},\ \kappa^{\tilde{\upsilon}},\ \delta\delta^{\tilde{\upsilon}},\ \delta\kappa^{\tilde{\upsilon}},\ \kappa\kappa^{\tilde{\upsilon}}$$

gewissermassen unter Ersetzung der Potenzen durch ihre Exponenten und dem entsprechend unter Addition der Exponenten, wo es sich um die Multiplikation der Potenzen handelt. Die gesuchte Zahl selbst, welche eine unbekannte Menge von Einheiten enthält, heisst schlechtweg die Zahl, *ἀριθμός*, und wird durch ein finales Sigma, *ς*, bezeichnet, den einzigen Buchstaben des geschriebenen Alphabets, dem an sich eine bestimmte Zahlenbedeutung nicht innewohnt, und der desshalb, auch wenn beliebig viele durch Buchstaben dargestellte Zahlen daneben vorkommen, zu einer Verwirrung nicht Anlass geben kann. Dabei ist zu bemerken, dass die unbekannte Einheitsmenge in Diophants Definition *πλῆθος μονάδων ἄλογον* heisst, also unter Anwendung des Wortes, welches sonst irrational bedeutet, und dass das *ἀόριστον* des Thymaridas (S. 371) zwar auch bei Diophant sich findet,[1]) aber nur im Verlaufe des Werkes. Endlich gibt es noch ein ständiges Zeichen für bestimmte Zahlen, welche Einheit *μόνας* heissen und μ° geschrieben werden.

Diophant begnügt sich nicht mit den bisher genannten Zahlenarten. Er bedarf zu seinen Aufgaben auch noch der Brüche, welche jene Benennungen im Nenner führen, algebraische Stammbrüche, wie man sie insgesammt nennen möchte, um nicht von Potenzen mit negativen Exponenten reden zu müssen. Diophant nennt den Stammbruch der Zahl *ἀριθμοστόν*, den der zweiten Potenz *δυναμοστόν* und so fort bis zu dem Stammbruche der sechsten Potenz

---

[1]) Nesselmann l. c. S. 291, Anmerkung 54 hat die Stellen gesammelt.

κυβοκυβοστόν. Man hat diese Wörter ganz zweckmässig mit einfachem Bruche, quadratischem Bruche, endlich kubokubischem Bruche übersetzt.[1]) Diophant lehrt hierauf die Multiplikation solcher Potenzen und algebraischer Stammbrüche unter sich in den vielfachsten Veränderungen. Natürlich gibt er dafür lauter einzelne Regeln z. B. ein quadratoquadratischer Bruch multiplicirt mit der Kubokubikzahl gibt das Quadrat. Wir würden schreiben $\frac{1}{x^4} \cdot x^6 = x^2$. Nur der Fall wird allgemein vorausgeschickt, dass eine dieser Potenzgrössen mit dem gleichnamigen Stammbruche vervielfacht die bestimmte Zahl als Produkt liefere d. h. $x^n \cdot \frac{1}{x^n} = 1$, und dass, da bestimmte Zahlen bei allen Rechnungen wieder bestimmte Zahlen geben, das Produkt einer bestimmten Zahl und eines allgemeinen Ausdruckes wieder ein Ausdruck derselben Art sein werde.

Diophant unterscheidet hinzuzufügende und abzügliche Zahlen. Die Addition nennt er ὕπαρξις, die Subtraktion λεῖψις und besitzt für erstere zwar nicht, wohl aber für letztere ein eigenes Abkürzungszeichen, nämlich, wie er selbst sagt, ein verstümmeltes umgekehrtes ψ in der Gestalt ⋔. Ja er rechnet mit Differenzen, vervielfacht sie und spricht dabei ohne Weiteres die Regel aus: Eine abzügliche Zahl mit einer abzüglichen vervielfacht gibt eine hinzuzufügende, eine abzügliche mal einer hinzuzufügenden gibt eine abzügliche.[2]) Dass dabei von positiven und negativen Zahlen als Maasse entgegengesetzter Grössen keine Rede ist, bedarf wohl kaum besonderer Erwähnung. Nur mit Differenzen weiss Diophant umzugehen, mit solchen Differenzen, die einen wirklichen Zahlenwerth besitzen, d. h. deren Subtrahend kleiner ist als der Minuend. Mit solchen aber rechnet er in vollster Gewandtheit und schlägt seinem Dionysius vor sich die gleiche Gewandtheit zu erwerben: „Es ist aber sehr zweckmässig, ehe man sich an die Auflösung von Aufgaben macht, sich in der Addition, Subtraktion und Multiplikation dieser Ausdrücke zu üben; besonders wie man eine Reihe hinzuzufügender und abzüglicher Ausdrücke mit ungleichen Zahlenfaktoren zu anderen allgemeinen Ausdrücken addirt, die entweder bloss hinzuzufügende sind oder aus hinzuzufügenden und abzüglichen Gliedern bestehen; ferner wie man von einer Reihe hinzuzufügender und abzüglicher Zahlen andere subtrahirt, die entweder bloss hinzuzufügende sind, oder auch aus hinzuzufügenden und abzüglichen Gliedern bestehen.“[3]) Die Subtraktion der grösseren Zahl von der kleineren ist aber für Diophant unmöglich, gibt ihm keine Zahl, kann daher als Auflösung

---

[1]) Diophant (Schulz) S. 6–7. [2]) λεῖψις ἐπὶ λεῖψιν πολλαπλασιασθεῖσα ποιεῖ ὕπαρξιν, λεῖψις δὲ ἐπὶ ὕπαρξιν ποιεῖ λεῖψιν. [3]) Diophant (Schulz) S. 12–13.

irgend einer Aufgabe nicht vorkommen. Dem entspricht die Thatsache, dass negative Gleichungswurzeln bei Diophant nirgend erscheinen, wenn auch die hier erörterte Begründung nicht ausgesprochen ist.

Abgesehen von dem Nichtvorhandensein negativer Zahlen als solcher ist es aber eine hoch entwickelte Buchstabenrechnung, welcher wir uns bei Diophant gegenüber befinden. Es fehlt ihr nicht einmal ein Gleichheitszeichen, indem der Buchstabe *ι* als Abkürzung des Wortes *ἴσοι* (gleich) benutzt wird. Das hat sich aus erneuter Vergleichung der pariser Handschrift, nach welcher Bachet de Méziriac 1621 einen Abdruck ausführen liess, ergeben.[1] Nur in einer allerdings nicht unbedeutenden Verschiedenheit kann man einen gewissen Gegensatz der diophantischen Schreibweise gegen diejenige, welche seit dem XVI. S. sich allmälig einbürgerte, erkennen. Die moderne Buchstabenrechnung hat es durchgehend mit Symbolen zu thun, welche sich selbst zur Aussprache einer Wahrheit genügen. Diophant rechnet und schreibt mit Abkürzungen, welche mit ausgeschriebenen Wörtern abwechseln und gleich diesen grammatischer Beugung unterworfen sind, wie sie auch unbedenklich durch Partikeln und dergleichen von einander getrennt werden. Man vergleiche z. B. $10x + 30 = 11x + 15$ mit dem diophantischen ϛϛ^{οὶ} *ἄρα* $\bar{ι}$ μ$^{\bar{o}}$ $\bar{λ}$ *ἴσοι εἰσὶν* ϛϛ^{οῖς} $\overline{ια}$ *μονάσι* $\overline{ιε}$ und man wird sich des Gegensatzes sofort bewusst werden.[2]

Wie Gleichungen aufgelöst werden ist in Diophants Einleitung überaus klar und bestimmt gelehrt: „Wenn man nun bei einer Aufgabe auf eine Gleichung kommt, die zwar aus den nämlichen allgemeinen Ausdrücken besteht, jedoch so dass die Coefficienten an beiden Seiten ungleich sind, so muss man Gleichartiges von Gleichartigem abziehen, bis ein Glied einem Gliede gleich wird.[3] Wenn aber auf einer oder auf beiden Seiten abzügliche Grössen vorkommen, so muss man diese abzüglichen Grössen auf beiden Seiten hinzufügen, bis auf beiden Seiten nur Hinzuzufügendes entsteht. Dann muss man wiederum Gleichartiges von Gleichartigem abziehen, bis auf jeder Seite nur ein Glied übrig bleibt."

Die Zurückbringung einer Gleichung durch Additionen und Subtraktionen auf die Form $ax^m = bx^n$, wo m und n ganze von einander verschiedene Zahlen bedeuten, deren eine auch Null sein kann, ist damit in eine Regel gebracht, so unzweideutig wie wir nur selten im Alterthum Regeln ausgesprochen finden. Bemerkenswerth ist das Wort *εἶδος* für Glied, welches später in lateinischer Uebersetzung

---

[1]) Vergl. Rodet im *Journal Asiatique*. *7 ième série*, *T. XI* (*Janvier* 1878) pag. 42. [2]) Vergl. Nesselmann l. c. S. 300—301. [3]) *ἕως ἂν ἓν εἶδος ἑνὶ εἴδει ἴσον γένηται.*

durch *species* wiedergegeben den Ursprung des Namens *arithmetica speciosa* für Buchstabenrechnung gebildet hat.

„In der Folge, sagt Diophant noch weiter, will ich Dir zeigen, wie man die Aufgabe löset, wenn zuletzt ein zweigliedriger Ausdruck einem eingliedrigen gleich wird."

Damit beabsichtigte Diophant aber sicherlich nicht in gleicher Allgemeinheit wie bei dem vorigen Falle die Auflösung der Gleichung $ax^m + bx^n = cx^p$ zu versprechen, sondern es kann sich nur um die gemischten quadratischen Gleichungen handeln. Allerdings treten dabei drei Möglichkeiten auf, indem nach Ausführung der vorbereitenden Operationen, die im Obigen mitgetheilt wurden, entweder $ax^2 + bx = c$ oder $bx + c = ax^2$ oder $ax^2 + c = bx$ als Gleichheit eines zweigliedrigen Ausdruckes mit einem eingliedrigen erhalten wird, a, b, c selbstverständlich als positiv gedacht. Das ist die früher erwähnte Zusage der Auflösung gemischtquadratischer Gleichungen, welche im vorhandenen Texte nirgend erfüllt vielfach als erfüllt vorausgesetzt wird, und daher den Beweis des Verlustes jener Auflösung liefert.

Ueber den von Diophant bei der Auflösung einer gemischten quadratischen Gleichung eingeschlagenen Weg gibt die 25. Aufgabe des VI. Buches[1]) wohl die deutlichste Auskunft. Die dort erhaltene Gleichung heisst in modernen Zeichen geschrieben

$$\frac{1}{x^2} + 196x^2 - 336x - \frac{24}{x} + 172 = 196x^2 + \frac{1}{x^2}.$$

Diophant sagt nun wörtlich wie folgt, wobei nur wieder moderne Zeichen statt der griechischen Abkürzungen gebraucht sind: „Man addire auf beiden Seiten die abzüglichen Grössen, ziehe Gleichartiges von Gleichartigem ab und vervielfache Alles mit x, so erhält man $336x^2 + 24 = 172x$. Diese Gleichung aber lässt sich nicht auflösen, wenn nicht das Quadrat des halben Coefficienten von x, nachdem man das Produkt der 24 Einheiten in den Coefficienten von x^2 davon abgezogen hat, ein Quadrat wird."

Was uns zuerst auffallend erscheinen mag, ist die Abhängigkeit der Auflösbarkeit der Gleichung von einer Bedingung, welche nicht etwa besagt, es müsse die unter dem Quadratwurzelzeichen erscheinende Zahl ein Hinzuzufügendes sein, was gleich bei dieser Aufgabe, in welcher $x = \frac{86 + \sqrt{-668}}{336}$ ist, nicht eintreffen würde, sondern welche, wie einige Ueberlegung uns zeigt, darauf hinausläuft, dass die Wurzel der Gleichung rational werde. Ersetzen wir nämlich die bestimmten Zahlen durch allgemeine Buchstaben, so ist in der angeführten Aufgabe von der dritten Gleichungsform $ax^2 + c = bx$ die Rede und

[1]) Diophant (Schulz) S. 311.

als Kennzeichen der Auflösbarkeit ausgesprochen, es müsse $\left(\frac{b}{2}\right)^2 - ac$ ein Quadrat sein. Wird aber die Gleichung mit dem Coefficienten a von x^2 vervielfacht und durch beiderseitige Subtraktion von $abx + ac - \left(\frac{b}{2}\right)^2$ in die Form $a^2x^2 - abx + \left(\frac{b}{2}\right)^2 = \left(\frac{b}{2}\right)^2 - ac$ oder $\left(ax - \frac{b}{2}\right)^2 = \left(\frac{b}{2}\right)^2 - ac$ übergeführt, so entsteht $ax - \frac{b}{2} = \sqrt{\left(\frac{b}{2}\right)^2 - ac}$ und Diophant knüpft, wie wir vorhin sagten, die Auflösbarkeit der Gleichung an die Rationalität der Quadratwurzel. Jene andere Bedingung, deren wir gewärtig sein durften, dass nur Hinzuzufügendes unter dem Wurzelzeichen nach vollzogener Zusammenziehung der dort auftretenden Werthe stehen dürfe — abzügliche Zahlen als solche sind, wie wir oben sahen, bei Diophant überhaupt nicht gestattet, also auch nicht unter einem Wurzelzeichen — steckt wohl in der diophantischen Bedingung enthalten, aber letztere geht noch bedeutend weiter und schränkt die Anzahl der auflösbaren Gleichungen beträchtlich mehr ein. Woher diese Beschränkung stammt, ist, wenn man weiter nachdenkt, unschwer zu erkennen. Die eigentliche Algebra sieht ab von der geometrischen Bedeutung der vorkommenden Glieder. Sie vereinigt z. B. wie in jener heronischen Aufgabe (S. 341) Flächen und Längen, beide nur als Maasszahlen aufgefasst, in eine Summe. Dieser allgemeinere Standpunkt gestattet geometrisch undenkbare Fragestellungen, schliesst aber zugleich nur geometrisch denkbare Antworten aus. Jede Quadratwurzel aus positiven Werthen lässt mit Zirkel und Lineal sich geometrisch herstellen, so gut wie die Diagonale des Quadrates eine geometrisch genau bestimmte Länge besitzt, aber in Zahlen ist eine Quadratwurzel nur möglich, wenn sie rational ist. Man halte uns nicht die heronische Aufgabe entgegen, auf welche wir eben uns bezogen haben, nicht die geodätischen Beispiele Herons, in welchen Näherungswerthe von Quadratwurzeln vielfach benutzt sind, nicht Archimeds Rechnungen in seiner Kreismessung. Heron blieb Feldmesser, auch wo er der algebraischen Anschauung sich nähert, und die Feldmesswissenschaft begnügt sich mit dem Maasse geometrischer Gebilde, so genau es in Zahlen hergestellt werden kann, während die Gebilde selbst geometrische Grössen sind und bleiben. Archimed aber, gleichfalls von geodätischen Zwecken ausgehend, blieb noch strenger den Gesetzen geometrischer Behandlung auch bei seinen Zahlengrössen getreu: er bediente sich niemals angenäherter Gleichungen, sondern sprach Ungleichungen aus, welche er nur immer näher an einander brachte. Die griechische Algebra, ein Theil der Arithmetik, kennt dagegen nur Zahlen als solche, Zahlen, die ausgesprochen werden können. Wir haben schon früher (S. 159) hervorgehoben, dass die Beschränkung sogar auf positive ganze Zahlen der griechischen Arithmetik lange eigenthümlich war. Nikomachus, Theon von Smyrna, Jamblichus haben uns keine Veranlassung gegeben, diese Ansicht zu widerrufen. Brüche kommen bei ihnen nur in der Gestalt von Verhältnissen ganzer Zahlen vor. Auch die Seiten und Diametralzahlen bei Theon (S. 369) waren wesentlich ganze Zahlen, deren Verhältniss nur nach unserem Dafürhalten statt des Verhältnisses $1:\sqrt{2}$ näherungsweise eintreten konnte. Diophant hielt sich an die Ganzzahligkeit nicht mehr gebunden, und das ist ein zwar allmälig vorbereiteter aber darum nicht minder wichtiger Fortschritt. Dagegen ist ihm das Irrationale immer noch keine Zahl.

Kehren wir mit diesem Bewusstsein zu dem diophantischen Verfahren bei der Auflösung gemischter quadratischer Gleichungen zurück, so ist uns höchst bemerkenswerth die Art, in welcher er die Auflösung vorbereitet. Genau so, wie wir es bei Heron kennen gelernt haben, vervielfacht er die Gleichung mit dem Coefficienten des Quadrates der Unbekannten, statt durch diesen Coefficienten zu dividiren. Darauf wies uns die bereits besprochene 25. Aufgabe des VI. Buches. Eine Bestätigung besitzen wir in der 45. Aufgabe des IV. Buches:[1] „Man findet, dass $2x^2$ grösser als $6x+18$ sein muss. Um nun hier eine Vergleichung anzustellen, so erhebe ich den halben Coefficienten von x ins Quadrat und erhalte 9. Nun multipliciren wir den Coefficienten von x^2 mit der bestimmten Zahl 18, gibt 36. Dazu addiren wir 9, gibt 45, und davon ist die Wurzel nicht kleiner als 7. Dazu addiren wir den halben Coefficienten von x und dividiren durch den Coefficienten von x^2, so finden wir, dass x nicht kleiner sein darf als 5.“

Hier ist freilich eine Ungleichung, keine Gleichung zu behandeln, allein das verändert das anzuwendende Verfahren nur so weit, als hier eine Grenze der betreffenden irrationalen Quadratwurzel eingesetzt werden darf, weil unter Annahme der richtigen Zahl statt 18, die Ungleichung $2x^2 > 6x+18$ in die Gleichung $2x^2 = 6x+18+k$ d. h. in eine Gleichung der zweiten Form übergehen würde, bei welcher z. B. durch $k=2$ die Irrationalität verschwände. Diophant geht nun folgendermassen zu Werk. Aus $ax^2 = bx+c+k$ erhält er $\left(ax-\frac{b}{2}\right)^2 = ac+\left(\frac{b}{2}\right)^2+ak$, daraus $x = \frac{\sqrt{ac+\left(\frac{b}{2}\right)^2+ak}+\frac{b}{2}}{a}$ oder endlich $x > \frac{\sqrt{ac+\left(\frac{b}{2}\right)^2}+\frac{b}{2}}{a}$.

Noch eine andere Eigenthümlichkeit, welche freilich bei der eben

[1]) Diophant (Schulz) S. 212.

betrachteten Ungleichung nicht zu Tage treten kann, weil negative Zahlen als solche für Diophant nicht existiren, besteht darin, dass nirgend zwei Auflösungen einer quadratischen Gleichung vorkommen, indem die Wurzelgrösse sowohl hinzufügend als abzüglich mit einer anderen Zahl höheren Werthes verbunden ist. Man hat allerdings die Bemerkung gemacht, unter den Beispielen, welche bei Diophant sich vorfinden, sei kein solches, bei welchem eine zweifache Möglichkeit positiver Wurzeln auftrete, weil immer noch gewisse zahlentheoretische Nebenbedingungen zu erfüllen seien, welche sich der Annahme der Wurzel mit negativer Quadratwurzel widersetzen, es sei also ein Zufall, der diese Lücke schuf, und man sei nicht berechtigt anzunehmen, Diophant habe wirklich nicht gewusst, dass es Aufgaben mit zwei von einander verschiedenen Auflösungen gebe.[1]) Es würde sich lohnen die freilich nicht mühelose Arbeit zu unternehmen, sämmtliche Aufgaben des Diophant von diesem Gesichtspunkte aus einer Prüfung zu unterwerfen. Jedenfalls könnte sie aber nicht mehr als nur die entfernte Möglichkeit und keineswegs die Wahrscheinlichkeit zur Folge haben, dass Diophant von zweierlei Lösungen gewust haben könnte, wofür wir nur im 35. Kapitel eine Art von Bestätigung finden werden.

In diesem Zusammenhange müssen wir auch von solchen quadratischen Gleichungen reden, welche gewöhnlich mit Hilfe zweier Unbekannter gelöst bei Diophant nur das Aufsuchen einer einzigen freilich mit besonderem Geschick ausgesuchten Grösse verlangen. Wenn Diophant in der 30. Aufgabe des I. Buches[2]) zwei Zahlen aus ihrer Summe und ihrem Produkte finden will, so nimmt er die halbe Differenz der beiden Zahlen zur Unbekannten und erhält beide Zahlen je nachdem er die Unbekannte zur halben Summe addirt oder von ihr abzieht; das gegebene Produkt ist daher gleich dem Quadrat der halben Summe verringert um das Quadrat der Unbekannten, die somit durch einfache Qudratwurzelausziehung sich ergibt. Derselben Unbekannten bedient er sich in der 31. Aufgabe,[3]) wenn zwei Zahlen aus ihrer Summe und aus der Summe ihrer Quadrate gefunden werden sollen. Wieder erhält er beide Zahlen, je nachdem er die Unbekannte zur halben Summe addirt, oder von ihr abzieht, und die Summe der Quadrate wird gleich dem Doppelten des Quadrates der halben Summe und des Quadrates der Unbekannten, die wieder durch einfache Quadratwurzelausziehung sich ergibt. Nicht anders werden in der 32. Aufgabe[4]) zwei Zahlen aus ihrer Summe und dem Unterschiede ihrer Quadrate gewonnen, welche letztere sich als doppeltes Produkt

[1]) So L. Rodet im *Journal Asiatique. 7 ième série, T. XI (Janvier* 1878) pag. 89—90. [2]) Diophant (Schulz) S. 49. [3]) Ebenda S. 50. [4]) Ebenda S. 51.

der Unbekannten in die gegebene Summe erweist, so dass einfache Division hinreicht die Unbekannte zu finden. Sind in der 33. Aufgabe[1]) Differenz und Produkt zweier Zahlen gegeben, so wird die halbe Summe als Unbekannte gewählt, welche die beiden Zahlen in der Gestalt erscheinen lässt, dass die halbe Differenz zur Unbekannten addirt, beziehungsweise von ihr subtrahirt wird. Das gegebene Produkt ist also das Quadrat der Unbekannten vermindert um das Quadrat der halben Differenz, und die Unbekannte wird wiederholt durch eine Quadratwurzelausziehung gefunden. Aehnlich verfährt Diophant noch in anderen Fällen, die wir nicht alle einzeln vorführen dürfen, um uns nicht zu lange bei dem Gegenstande zu verweilen.

Eine kubische Gleichung kommt in der 20. Aufgabe des VI. Buches[2]) vor, aus welcher aber keinerlei gesicherte Schlussfolgerung sich ziehen lässt. Es heisst bei Diophant nur: „Es ist $x^3 - 3x^2 + 3x - 1 = x^2 + 2x + 3$, hieraus findet man $x = 4$“ ohne die leiseste Andeutung, wie „man“ diesen Wurzelwerth finde? Ob man die Gleichung zunächst in die Form $x^3 + x = 4x^2 + 4$ brachte und dann daraus durch Division mit $x^2 + 1$ den Werth $x = 4$ erhielt?[3]) Es ist wohl möglich, aber über die Möglichkeit hinaus können wir die Vermuthung nicht erheben.

Bis hierhin haben wir mit Diophant in der ersten Bedeutung, die wir ihm beilegten, uns beschäftigt. Wir wenden uns zu dem Gebiete der unbestimmten Aufgaben, auf welchem wir Diophant als Bahnbrecher, als Pfadfinder zu erkennen haben. Er setzt sich dabei die gleichen Schranken, welche auch seiner bestimmten Algebra anhaften, keine anderen. Die Wurzelwerthe, welche er den vorgelegten Gleichungen zu geben sich bemüht, dürfen keine abzüglichen, keine irrationalen sein, denn sonst wären es keine Zahlen, aber weiter gehen seine Anforderungen nicht. Insbesondere verlangt Diophant nicht ganzzahlige Auflösungen, und nur in einzelnen Fällen, wo etwa das Weglassen eines denjenigen Zahlen, die gemeinschaftlich die gestellte Aufgabe erfüllen, insgesammt anhaftenden Nenners den Uebergang zu ganzzahligen Auflösungen allzunahe legt, gibt er solche an. Was also heute Diophantische Analytik genannt zu werden pflegt, was man als Diophantische Gleichungen dem Schulunterrichte einverleibt hat, das darf man bei Diophant nicht suchen. Diophant, sagen wir, löst unbestimmte Aufgaben in rationalen Zahlen, und er weiss dieses nicht nur dann auszuführen, wenn die Gleichungen vom ersten Grade sind, sondern auch und vorzugsweise, wenn der Grad sich auf den zweiten erhebt, ja in nicht wenigen

---

[1]) Diophant (Schulz) S. 52. [2]) Ebenda S. 304. [3]) So meint Schulz S. 589 in seinen Anmerkungen zu der betreffenden Aufgabe.

Fällen weiss er noch Aufgaben vom dritten und vierten Grade zu bewältigen.

Unsere Leser werden nun vielleicht nach den Methoden fragen, deren Diophant sich bei Auflösung dieser unbestimmten Aufgaben bedient, sie werden diese Frage um so sicherer stellen, wenn sie wissen, dass der Geschichtsschreiber neuerer Zeit, der am eingehendsten mit Diophant sich beschäftigt hat, einem umfangreichen Kapitel gradezu die Ueberschrift „Diophants Auflösungsmethoden" gegeben hat.[1]) Aber neben dem Umfange jenes Kapitels selbst sind dessen erste Worte geeignet die durch die Ueberschrift geweckten Erwartungen zurückzudrängen: „Diophants Methoden in ihrer ganzen Mannigfaltigkeit vollständig darstellen, hiesse nichts anderes, als sein Buch abschreiben." Darin liegt das Zugeständniss, dass Diophant keine einheitliche Methode besass, ja nicht einmal eine Anzahl von Methoden, deren jede für sich zur Bewältigung einer umgrenzten Gruppe von Aufgaben diente. „Diophant war", wie ein anderer genauer Kenner seiner Werke sich sehr bezeichnend ausgedrückt hat[2]) „ein glänzender Virtuos in der von ihm erfundenen Kunst der unbestimmten Analytik, die Wissenschaft hat jedoch, wenigstens unmittelbar, diesem glänzenden Talente wenig Methoden zu verdanken, weil es ihm an dem spekulativen Sinne fehlte, der in dem Wahren mehr als das Richtige sieht." Seine Virtuosität zeigt er vornehmlich in der Wahl der unbekannten Grösse. Was wir oben bei Gelegenheit bestimmter Aufgaben mit zwei Unbekannten, die er auf die Auffindung einer einzigen Unbekannten zurückzuführen wusste, rühmen durften, gilt auch für Diophants unbestimmte Aufgaben. Er greift die zu suchende Grösse so geschickt heraus, dass verhältnissmässig geringe Mühe noch erforderlich ist, die Aufgabe vollends zu bewältigen, während andrerseits die Willkürlichkeit der Voraussetzungen, welche er sich gestattet, in keiner Weise zu rechtfertigen gesucht wird, eine Rechtfertigung auch nicht gestattet.

Wenn Diophant z. B. in der 7. Aufgabe des III. Buches[3]) drei Zahlen von der Beschaffenheit sucht, dass sowohl die Summe von allen dreien als die Summe von je zweien ein Quadrat sei, und die Gesammtsumme $x^2 + 2x + 1$ setzt, so kann dagegen keinerlei Einwand erhoben werden. Wer aber berechtigt ihn die Summe der ersten und zweiten Zahl als x^2 anzunehmen, so dass die dritte Zahl für sich $2x + 1$ wird? Wer berechtigt ihn vollends die Summe der zweiten und dritten Zahl als $x^2 - 2x + 1$ zu setzen, wie er es thut? Unter dieser Annahme wird allerdings eine Lösung gefunden. Die erste Zahl allein muss nämlich erhalten werden, wenn die Summe

---

[1]) Nesselmann, Algebra der Griechen S. 355—436. [2]) Hankel S. 165.
[3]) Diophant (Schulz) S. 110.

der zweiten und dritten von der Gesammtsumme, d. h. wenn $x^2 - 2x + 1$ von $x^2 + 2x + 1$ abgezogen wird, sie muss $4x$ sein, und die zweite Zahl allein ist die um die erste Zahl $4x$ verringerte Summe x^2 der ersten und zweiten Zahl oder $x^2 - 4x$. Es bleibt jetzt nur noch zu erfüllen, dass die Summe der ersten $4x$ und der dritten $2x + 1$, d. h. dass $6x + 1$ ein Quadrat werde, und dazu setzt Diophant $6x + 1 = 121$, mithin $x = 20$ und die drei Zahlen sind 80, 320, 41. Diophant verschweigt uns sogar, warum er $6x + 1 = 121$ setzt und nicht eine kleinere Quadratzahl ähnlicher Form wählt, wenn auch der Grund hiervon nachträglich zu erkennen ist. Die Annahme $6x + 1 = 25$ gibt nämlich die drei Zahlen 16, 0, 9, unter welchen die 0 vorkommt, die ihm keine Zahl ist; und die Annahme $6x + 1 = 49$ gibt die Zahlen 32, 32, 17, welche er wohl desshalb vermeidet, weil die beiden ersten unter sich gleich sind, also streng genommen keine drei Zahlen darbieten.

Virtuosität legt Diophant auch darin an den Tag, dass er die zu lösende Aufgabe theilt, dass er gewisse Bedingungen derselben zunächst willkürlich durch irgend Zahlenannahmen erfüllt, dass er dann diese Annahmen als falsch erkennt und vermöge anderer Bedingungen der Aufgabe in die richtige umwandelt, ein Weg, der uns unwillkürlich an den falschen Ansatz erinnert, dessen Ahmes in seiner schwierigsten Aufgabe von der arithmetischen Reihe (S. 36) sich bedient hat, ein Weg, der künftig unseren forschenden Blicken wiederholt erkennbar sein wird, von vielen Fussspuren durchkreuzt, die den mannigfachsten Betretern angehören.

Als einfachste Aufgabe dieser Art wird die 22. des IV. Buches[1]) genannt. Drei proportionale Zahlen von der Beschaffenheit zu suchen, dass der Unterschied von je zweien ein Quadrat werde. Ist die erste Zahl x, so setzt Diophant die zweite $x + 4$, die dritte $x + 13$, damit der Unterschied der ersten und zweiten, sowie der zweiten und dritten ein Quadrat werde. Die angegebenen Zahlen lassen aber den Unterschied der ersten und dritten nicht zu einem Quadrat werden. Die als Summe der Quadrate $4 + 9$ entstandene Zahl 13 muss also so umgewandelt werden, dass sie die selbst quadratische Summe zweier Quadrate werde. Man wählt z. B. $25 = 9 + 16$ und setzt x, $x + 9$, $x + 25$ für die drei Zahlen. Jetzt endlich ist die Hauptbedingung $x : (x + 9) = (x + 9) : (x + 25)$ oder $x^2 + 18x + 81 = x^2 + 25x$ zu erfüllen, was durch $x = \frac{81}{7}$ geschieht, und die drei Zahlen sind $\frac{81}{7}, \frac{144}{7}, \frac{256}{7}$. Es kann auffallen, dass Diophant hier versäumt sämmtliche Brüche mit 49 (dem Quadrate ihres Nenners) zu vervielfachen, um die ganzzahlige Auflösung 567, 1008, 1792 sich zu verschaffen;

[1]) Diophant (Schulz) S. 168.

vielleicht schienen diese Zahlen ihm zu gross. Noch mehr drängt sich die Frage auf, warum grade 9 und 25 als die Unterschiede der ersten Zahl von der zweiten und dritten gewählt wurden, warum nicht mindestens gesagt ist $9 + 16 = 25$ sei die kleinste ganzzahlige Auflösung der vorauszulösenden Gleichung $a^2 + b^2 = c^2$, so dass man daraus entnähme, auch andere die gleiche Bedingung erfüllende Zahlen hätten benutzt werden dürfen.

Auf alle solche Fragen, die wir zu stellen geneigt sind, lässt sich stets nur dieselbe Antwort ertheilen, die nämlich, dass für Diophant diese Fragen nicht so nahe lagen, wie wir zu meinen geneigt sind. Diophant suchte meistens eine Lösung, nicht die Lösung. Er beantwortete Räthselfragen, er hatte es nur in seltenen Ausnahmsfällen mit folgerungsreichen Theorien zu thun. Er stand damit innerhalb seiner Zeit, innerhalb seines Volkes. Seine Genialität in Erreichung der vorgesteckten Ziele gehört ihm persönlich zu, die Beschränkung dessen, was er zu erreichen suchte, verschuldet mit ihm die gesammte griechische Arithmetik, wenn von einer Schuld gesprochen werden kann, wo auch das entfernteste Bewusstsein fehlt, man hätte anders handeln können.

Statt daher bei Diophant Methoden zur Auflösung unbestimmter Gleichungen vom ersten oder von höherem Grade zu suchen, werden wir uns begnügen müssen zuzusehen, ob ihm unterwegs bei seinen künstlichen Windungen einzelne zahlentheoretische Wahrheiten bekannt geworden sind, welche der späteren Zeit zu gute kamen.

Solche Wahrheiten finden wir nun z. B. in der 22. Aufgabe des III. Buches[1]), wo es zuerst heisst, dass in jedem rechtwinkligen Dreiecke das Quadrat der Hypotenuse auch dann noch ein Quadrat bleibt, wenn man das doppelte Produkt der Katheten davon abzieht oder hinzufügt, und später dass die Zahl 65 sich von selbst auf zweierlei Art in zwei Quadrate, nämlich zuerst in 16 und 49 und dann wieder in 64 und 1 zerlegen lasse, welches seinen Grund darin habe, dass 65 aus der Multiplikation der Faktoren 5 und 13 entstanden sei, deren jeder die Summe von zwei Quadraten sei. Das heisst erstlich, dass $a^2 + b^2 \pm 2ab$ ein Quadrat gebe und zweitens, dass $(a^2 + b^2)(c^2 + d^2)$ auf zwei Arten als Summe zweier Quadrate dargestellt werden könne. Wenn auch Diophant nicht sagt, dass ihm die Zerlegungen selbst $(ac - bd)^2 + (ad + bc)^2$ und $(ac + bd)^2 + (ad - bc)^2$ bekannt seien, so ist doch wohl nicht daran zu zweifeln, da andernfalls die zweifache Möglichkeit der Zerlegung ihm nicht so einleuchtend hätte sein können.

Dass jedes Quadrat auf beliebig viele Arten als Summe zweier Quadrate aufgefasst werden könne, lehrt Diophant

---

[1]) Diophant (Schulz) S. 134—135.

in der 8. und 9. Aufgabe des II. Buches[1]) wie folgt. Ist a^2 die zu zerlegende Quadratzahl, so denke man x^2 als den einen, $(mx - a)^2$ als den anderen Theil, wo m ganz beliebig gewählt werden kann. Demnach muss $a^2 = x^2 + m^2x^2 - 2amx + a^2$, also $x = \frac{2am}{m^2+1}$ und $mx - a = \frac{a(m^2-1)}{m^2+1}$ sein, oder man hat $a^2 = \left(\frac{2m}{m^2+1} \cdot a\right)^2 + \left(\frac{m^2-1}{m^2+1} \cdot a\right)^2$ unter ganz willkürlicher Anahme von m. Das ist einer von den seltenen Ausnahmefällen, in welchem Diophant sich zur vollen Allgemeinheit erhebt und wie wir von dem $m$fachen, von „irgend einem Vielfachen" und von „einem beliebigen Vielfachen" spricht.

Wir nennen ferner die Wahrheit, dass keine Zahl von der Form $4n + 3$ die Summe zweier Quadrate sein könne, welche in der 12. Aufgabe des V. Buches[2]) gelegentlich ausgesprochen ist. Ob Diophant auch wusste, dass jede Primzahl von der Form $4n + 1$ als Summe zweier Quadrate aufgefasst werden kann? Schwerlich! und noch weniger wird man annehmen dürfen, falls er wirklich diese oder eine ähnliche Umkehrung sich gestattet hätte, er habe einen vollgiltigen Beweis dafür besessen.

Diophant geht vielmehr in Umkehrungen nicht mit der nöthigen Vorsicht zu Werke, wie aus einem seiner Porismen sich ergibt. Wir haben (S. 397) gesagt, dass Diophant an verschiedenen Stellen auf seine Porismen verweise. Drei Porismen sind ausdrücklich angeführt in der 3., 5. und 19. Aufgabe des V. Buches.

Das erste derselben lautet:[3]) „Wenn man zwei Zahlen hat und nicht nur jede dieser Zahlen für sich, sondern auch das Produkt ein Quadrat wird, wenn man die nämliche vorgeschriebene Zahl dazu addirt, so sind sie von zwei unmittelbar auf einander folgenden Quadraten entstanden", d. h. wenn $x + a = m^2$, $y + a = n^2$, $xy + a = p^2$ sein soll, so müssen m, n auf einander folgende ganze Zahlen sein. Hier hat man zeigen können,[4]) dass Diophant eine falsche Umkehrung vornahm. Wenn m und n auf einander folgende ganze Zahlen sind, findet allerdings der ausgesprochene Satz statt, aber derselbe kann auch stattfinden, ohne dass diese Bedingung erfüllt würde.

Das zweite Porisma lautet[5]) „dass wenn man zu zwei auf einander folgenden Quadratzahlen noch eine dritte Zahl suche, welche um 2 grösser ist als die doppelte Summe jener beiden, man dann drei Zahlen von der Beschaffenheit habe, dass das Produkt von je zweien, sowohl wenn die Summe der zwei multiplicirten, als auch wenn die dritte Zahl dazu addirt wird, ein Quadrat werde." Die drei

---

[1]) Diophant (Schulz) S. 69—70. [2]) Ebenda S. 230 und die Anmerkung des Uebersetzers S. 518—520. [3]) Ebenda S. 220. [4]) Nesselmann, Algebra der Griechen S. 441—442. [5]) Diophant (Schulz) S. 222.

Zahlen sind a^2, $(a+1)^2$, $4a^2+4a+4$ und dass diese in der That die ausgesprochenen Eigenschaften besitzen, ist leicht erkennbar.

Endlich das dritte Porisma heisst[1]) „dass der Unterschied zweier Kubikzahlen auch allemal Summe von zwei Kubikzahlen sei". Der Satz ist wahr, aber einen Beweis gibt Diophant an der Stelle, wo er das Porisma anwendet, nicht. Das würde auch Niemand erwarten dürfen, denn Verweisungen haben ja grade den Zweck Beweise zu ersparen. Dagegen ist es allerdings einigermassen auffallend, dass auch die praktische Ausführung jenes als möglich Erklärten fehlt. Der Satz selbst wird uns erst im XVI. S. wieder begegnen, wo er den Ausgangspunkt interessanter Untersuchungen bildete.

Neben den drei besonders genannten Porismen hat man auch wohl die vorher von uns hervorgehobenen Wahrheiten als Porismen des Diophant aufgefasst, was wenigstens mit dem Charakter der Sätze nicht in Widerspruch steht.

Bei den erhaltenen 6 arithmetischen Büchern noch einen Augenblick verweilend müssen wir Eins betonen, welches von geschichtlicher Bedeutung sein dürfte. Wir haben arithmetische Untersuchungen griechischer Schriftsteller durch Jahrhunderte verfolgen können und haben deren enge Verbindung mit der Theorie des rechtwinkligen Dreiecks in den verschiedensten Perioden hervortreten sehen. Auch Diophant beschäftigt sich mit solchen Zahlen, welche die Längenmaasse der Seiten eines rechtwinkligen Dreiecks sind, und zwar treten diese Aufgaben, abgesehen von einigen wenigen[2]), die wohl bei der Zerstörung, welche der ursprüngliche Text unter allen Umständen erlitt, an eine unrechte Stelle gekommen sein mögen, durchaus im VI. Buche auf. Man gewinnt dadurch die Empfindung, es seien zuerst arithmetische, dann geometrisch-arithmetische Fragen behandelt worden. Wir haben uns (S. 398) der Meinung angeschlossen, es sei nicht wahrscheinlich, dass am Ende der auf uns gekommenen 6 Bücher Vieles fehle. Wir sind nicht gewillt solches gegenwärtig zu wiederrufen, aber wenn auch nicht Vieles, so könnte ein Gegenstand hier verloren gegangen sein, den wir nennen möchten. Die geometrisch-arithmetischen Fragen des VI. Buches beziehen sich insgesammt auf das rechtwinklige Dreieck. Die Möglichkeit geometrisch-arithmetischer Fragen vom Rechtecke ist nicht ausgeschlossen. Solche Aufgaben kennen wir bereits. Sie stehen in dem Buche des Landbaues (S. 329), wir mussten bei Gelegenheit einer Stelle aus dem III. Buche der Sammlung des Pappus (S. 386) daran erinnern. Die Aufgaben verlangen: 1. zwei Rechtecke zu finden, deren Umfänge wie deren Flächeninhalte im Verhältnisse wie 1 : 3 stehen; 2. zwei Rechtecke zu finden, deren Umfänge ein-

[1]) Diophant (Schulz) S. 244. [2]) Nesselmann, Algebra der Griechen S. 436 hat dieselben gesammelt.

ander gleich seien, deren Flächen aber im Verhältnisse von 1 : 4 stehen. Die Auflösung der ersten Aufgabe bilden die Rechtecke aus den Seiten 54, 53 und 318,3, die der zweiten die Rechtecke aus den Seiten 3,60 und 15,48. Eine wenn auch nur geringe Familienähnlichkeit dazu besitzt die 8. Aufgabe des V. Buches[1]) bei Diophant: „Man soll drei rechtwinklige Dreiecke suchen, deren Flächen einander gleich sind.“ Hat Diophant, was wir nicht für unmöglich halten, Aufgaben behandelt, welche näher mit denen im Buche des Landbaues übereinstimmen, so wird er es schwerlich in dem gleichen Buche gethan haben, in welchem von den rechtwinkligen Dreiecken die Rede war. Jedes rechtwinklige Dreieck ist zwar für die arithmetische Betrachtung nicht minder wie für die geometrische die Hälfte eines Rechtecks, d. h. die Katheten eines rationalen rechtwinkligen Dreiecks können auch als Seiten eines rationalen Rechtecks betrachtet werden; aber das gilt nicht umgekehrt. Die Seiten vieler Rechtecke z. B. alle obigen Paare 54, 53 wie 318,3 wie 3,60 wie 15,48 können nicht als Katheten eines rationalen rechtwinkligen Dreiecks benutzt werden. Dieser Gegensatz erscheint auch in der Natur der gestellten Fragen wieder. Jene Aufgaben von den Rechtecken verlangten sowohl den Inhalt als den Umfang gewissen Zahlenbedingungen zu unterwerfen. Die angeführte diophantische Aufgabe von Dreiecken schrieb nur für den Inhalt eine Bedingung vor, weil die Rechtwinkligkeit der Dreiecke den Seitenlängen von selbst gewisse Bedingungen auferlegt, die nicht erst ausgesprochen zu werden brauchen.

Wie es nun damit sei, ob Diophant in einem Schlussbuche seines Werkes Aufgaben über Rechtecke behandelte oder nicht, unter allen Umständen ist die Form der meisten geometrisch-arithmetischen Aufgaben des VI. Buches zu beachten, bei welchen, wie in jener Aufgabe Herons vom Kreise (S. 341), Flächen und Linien so sehr als Zahlen behandelt werden, dass man Summen und Differenzen aus ihnen bildet. Wir führen als einfaches Beispiel die 9. Aufgabe des VI. Buches[2]) an: „Man soll ein rechtwinkliges Dreieck von der Beschaffenheit suchen, dass die Fläche desselben einer gegebenen Zahl gleich wird, wenn man die beiden Katheten davon abzieht“ oder in Zeichen geschrieben $\frac{xy}{2} - x - y = c$.

Wir wenden uns zu der kleinen 10 Sätze umfassenden Abhandlung über Polygonalzahlen, welche in den Handschriften mit den arithmetischen Büchern vereinigt ist. Um den Inhalt[3]) der Abhandlung richtig zu verstehen müssen wir uns des Satzes von den Dreieckszahlen erinnern, die 8 fach genommen und um 1 vermehrt

[1]) Diophant (Schulz) S. 224—225. [2]) Ebenda S. 288. [3]) Eine sehr klare Uebersicht bei Nesselmann, Algebra der Griechen S. 463—469. Die Abhandlung selbst in Diophant (Schulz) S. 317—336.

stets zu Quadraten werden. Wir haben diesen Satz bei Plutarch, später bei Jamblichus (S. 392) gefunden. Ihn verallgemeinert Diophant und behauptet, jede Polygonalzahl werde zu einem Quadrate, wenn man sie mit einem Zahlencoefficienten vervielfache, der von der Anzahl der Ecken der Polygonalzahl abhänge, und das Quadrat einer gleichfalls aus dieser Eckenzahl sich ergebenden Zahl hinzuaddire. Er spricht ihn später dahin aus, dass wenn etwa p_m^r das Symbol der $r$ten $m$eckszahl, und p_m allgemeiner das Symbol irgend einer $m$eckszahl darstellt, stets $8(m-2)p_m+(m-4)^2$ eine Quadratzahl werde. Er findet sodann diese Quadratzahl, welche nicht bloss von m, sondern auch von dem jedesmaligen r abhängt, als $[(m-2)(2r-1)+2]^2$. Damit ist zugleich eine Doppelformel gegeben, welche zeigt, wie die $r$te $m$eckszahl gefunden werden kann, sobald m und r bekannt sind, wie aber auch die Seite r einer bekannten $m$eckszahl p_m^r sich berechnen lässt. Denn einmal ist

$$p_m^r=\frac{[(m-2)(2r-1)+2]^2-(m-4)^2}{8(m-2)},$$

was bei Diophant im 9. Satze folgendermassen lautet: „Wir nehmen die Seite (r) der Polygonalzahl doppelt, ziehen davon die Einheit ab; den Rest vervielfältigen wir durch die um 2 verkürzte Zahl der Ecken (m); zu dem Produkte wird 2 gezählt und die Summe quadrirt; von dem Quadrate ziehen wir ab das Quadrat der um 4 verkleinerten Anzahl der Ecken; den Rest theilen wir durch das 8fache der um 2 verkürzten Anzahl der Ecken, so werden wir die Polygonalzahl finden.“ Zweitens findet sich aus dieser Formel durch Rückwärtsentwicklung

$$r=\frac{1}{2}\left[\frac{\sqrt{8(m-2)p_m^r+(m-4)^2}-2}{m-2}+1\right]$$

und Diophant fährt auch wirklich fort: „Ist diese (i. e. die Polygonalzahl) gegeben, so finden wir deren Seite auf folgende Art. Wir vervielfältigen sie durch das 8fache der um 2 verkürzten Anzahl der Ecken; zum Produkte zählen wir das Quadrat der um 4 verkürzten Anzahl der Ecken, so werden wir eine Quadratzahl erhalten, wenn die gegebene wirklich eine Polygonalzahl war. Von der Seite dieses Quadrates ziehen wir 2 ab; den Rest theilen wir durch die um 2 verkleinerte Anzahl der Winkel, setzen die Einheit hinzu und nehmen von der Summe die Hälfte: so werden wir die Seite der gesuchten Quadratzahl erhalten.“ Als Satz 10. schliesst sich noch die Aufgabe an, zu erforschen, auf wie viele Arten eine gegebene Zahl Polygonalzahl sein könne? Der Sinn dieser Frage ist klar. Die Zahl 36 z. B. ist die 8. Dreieckszahl, die 6. Viereckszahl, die 3. Dreizehneckszahl und die 2. Sechsunddreissigeckszahl, kann also auf vier Arten Polygonalzahl sein, und diese Anzahl 4 wird eben gesucht. Leider ist die Antwort auf diese Frage nicht so verständlich wie die Frage selbst. Sie bricht in der Mitte ab, ohne dass es bisher gelungen wäre, das Bruchstück dem Sinne entsprechend zu ergänzen.

Wir haben schon früher (S. 397) bemerken müssen, dass die Abhandlung über die Polygonalzahlen ein ganz anderes Gepräge trage als die arithmetischen Bücher. Die arithmetischen Bücher, sagten wir, seien wesentlich analytisch, die Schrift über die Polygonalzahlen wesentlich synthetisch. Letztere lehnt sich, wie wir jetzt ergänzend sagen möchten, vornehmlich an die arithmetischen Bücher des Euklid an. Wie dort sind die Sätze erst behauptungsweise ausgesprochen, dann bewiesen. Wie dort schliesst der Beweis häufig mit den Worten: „welches zu zeigen war.“ Wie dort sind die Beweise an Linien geführt, welche aber Nichts anderes sind noch sein wollen als Versinnlichungen von Zahlen, und geometrische Vorkenntnisse werden nicht beansprucht.[1]) Das Alles sind nur erschwerende Einzelheiten geeignet die Uebersichtlichkeit der Sätze für den Leser, aber auch für den Erfinder bedeutend zu verringern. Man vergleiche doch die beiden Hauptformeln mit der Einkleidung derselben in Worte bei Diophant, welche wir ihnen zur Seite gestellt haben, und man wird ein Gefühl davon erhalten, wie schwer es bei solcher Fassung war auch nur die zweite Formel aus der ersten herzuleiten.

Was in dieser Abhandlung über die Polygonalzahlen dem Diophant eigenthümlich ist, was er von Vorgängern entlehnte, ist zweifelhaft. Fehlen uns auch die Schriften des Philippus Opuntius (S. 143), des Hypsikles (S. 312) über diesen Gegenstand, so wissen wir doch, dass Ersterer den Namen der Vieleckszahlen überhaupt, Letzterer eine sachgemässe Definition derselben kannte, auf welche grade Diophant, bei dem allein sie sich erhalten hat, Rücksicht nimmt. Es ist also jedenfalls unrichtig, dass Diophant zuerst von Vieleckszahlen im Allgemeinen gehandelt habe, wie wohl gesagt worden ist. Möglich ist es dagegen, dass die Doppelformel, in welcher Diophants Abhandlung gipfelt, von ihm herrühre, möglich auch, wie im 26. Kapitel verständlich werden wird, dass in dem verloren gegangenen Schlusse der Abhandlung noch Sätze über Pyramidalzahlen und deren Beziehung zu den Polygonalzahlen enthalten waren. Ja es ist selbst nicht ausgeschlossen, dass Hypsikles bereits sich mit Untersuchungen über diesen letzteren Gegenstand beschäftigte.

Lassen wir die weniger bedeutenden Schriftsteller, denen die zufällige Zeit ihres Lebens einen Platz in den beiden letzten Kapiteln

---

[1]) Ganz vereinzelt ist auch die Aufgabe V, 18 der arithmetischen Bücher an einer Linie versinnlicht. Diophant (Schulz) S. 232.

anwies, bei Seite, so bleiben die beiden Alexandriner: Pappus, Diophantus als reicher Inhalt. Beide hervorragende Geister, Mathematiker, welche jedem Volke, jedem Jahrhunderte zur Zierde gereicht hätten, welche aber da, wo ihnen zu wirken das Geschick verlieh, einer unmittelbaren Wirkung entbehrten, entbehren mussten. Pappus stand, wie wir gesehen haben, an der Spitze einer Schule (S. 376), und von seiner geometrischen Sammlung ist bei keinem Griechen die Rede! Diophantus Name war, wie wir aus den Aeusserungen von Theon von Alexandria, von Johannes von Jerusalem (S. 395) wissen, von dem Strahlenglanze algebraischen Ruhmes umschlossen, und doch ist kein griechischer Algebraiker nach ihm aufgetreten, der seine Geistesrichtung verfolgte! Vereinzelte Zuthaten, Einschiebungen von nicht immer zweifellosem Werthe in die Sammlung des Pappus, dürftige Commentare zu alten Arithmetikern, zu Diophantus selbst, das war Alles, wozu griechische Schriftsteller sich noch zu erheben vermochten. Pappus und Diophantus muthen uns an, wie riesige erratische Blöcke in einer weiten Ebene. Sie bilden weit sichtbare Punkte, an denen das Auge des Beschauers haften muss, aber sie durchbrechen nur, sie verändern nicht die allgemeine Flachheit. Die Griechen am Ende des IV. S. waren längst nicht mehr das Volk, dem Leben gleichbedeutend war mit Fortschreiten in Kunst und Wissenschaft. Die commentirende Thätigkeit, welche, wie wir erörtert haben, eine Hauptbeschäftigung der philosophischen Sekten jener Zeit bildete, schloss den Geist in die engeren Schranken des bereits Vollendeten, statt ihm Flügel zum Ausschweifen in unentdeckte Fernen zu verleihen. Immer tiefer sinkt griechische Mathematik herab, und gälte es nicht das Gebot der Vollständigkeit zu erfüllen, wäre es nicht historisch nothwendig zu sehen, wie eine Wissenschaft abstirbt, man schlösse am liebsten mit Diophant die Besprechung der in griechischer Sprache geschriebenen mathematischen Werke.

Kapitel XXIV.

Die griechische Mathematik in ihrer Entartung.

Wir haben in den Schlusssätzen des vorigen Kapitels wohl hinlänglich entschuldigt, wesshalb wir mit Diophant wenigstens ein Kapitel abzuschliessen für nöthig fanden. Es widerstrebte uns auf ihn noch Schriftsteller folgen zu lassen, die zwar auch noch dem Ende des IV. S. angehören, deren Einer sogar nicht unbedeutender Berühmtheit sich erfreut, die aber doch einen gar zu grellen Abstich gegen Diophant bieten würden.

Wir meinen zunächst Patrikius,[1]) einen Schriftsteller, von

[1]) Th. H. Martin in dem IV. Bande der *Mémoires présentés par divers*

welchem nur in zwei heronische Bücher, in die Geometrie und in die erste stereometrische Sammlung, unbedeutende Ueberreste sich eingeschlichen haben. Die erste Stelle lehrt bei grösserer Länge eines Grundstückes dessen Breite an verschiedenen Stellen zu messen, daraus eine Durchschnittsbreite zu berechnen und die Fläche als Rechteck zwischen dieser Durchschnittsbreite und der Länge zu betrachten.[1]) Die zweite Stelle gibt eine ähnliche Vorschrift für Körperräume: eine nach oben sich verjüngende kreisrunde Säule soll als Cylinder von gleicher Höhe betrachtet werden, für dessen Grundfläche ein Mittelkreis gilt, dessen Durchmesser die halbe Summe des obersten und untersten Säulendurchmessers ist.[2]) So Patrikius, wenn die Sätze wirklich in der Einschiebung in heronische Schriften, aus der wir sie kennen, auf den richtigen Urheber zurückgeführt sind, da sie ihrem Charakter nach ebensogut, ja fast noch besser, uralt sein könnten. Wer aber dieser Patrikius selbst war, ist zweifelhaft. Man kennt zwei Männer des Namens, einen der aus Lydien stammend 374 hingerichtet wurde, also in der That noch dem Ende des IV. S. angehört, einen zweiten aus Lykien, der schon in das V. S. hinüberreicht und am Bekanntesten ist durch seinen Sohn Proklus, von welchem wir weiter unten zu reden haben.

Der andere Schriftsteller, an welchen wir vorher dachten, ist Theon von Alexandria.[3]) Er lebte, wie wir schon bei Gelegenheit der Zeitbestimmung des Pappus (S. 374) angeben mussten, während der Regierung Theodosius des Grossen und zwar in Alexandria, wo er, nach der Angabe des Suidas, am Museum lehrte. Wir wissen durch ihn selbst, dass er in Alexandria im Jahre 365 eine Sonnenfinsterniss beobachtete. Seine Bemerkungen zu den chronologischen Handtafeln des Ptolemäus erstrecken sich bis auf das Jahr 372. Das Todesjahr seiner nachher zu erwähnenden Tochter ist 415. Das sind lauter zusammenstimmende Jahreszahlen, welche an seiner Lebenszeit einen Zweifel nicht aufkommen lassen.

Den Mathematiker interessiren vorzugsweise zwei Reihen von Arbeiten, welchen Theon sich unterzog. Zuerst gab er die Elemente des Euklid heraus, wie wir bei Besprechung dieses Werkes selbst (S. 238) anführten, und vermehrte — bereicherte dürfen wir kaum sagen — dieselben durch Zusätze von geringfügigem Werthe. Später verfasste er einen Commentar zu dem ptolemäischen Almageste, in welchem von der Euklidausgabe die

---

savants à l'académie des inscriptions et belles-lettres. Série I. Sujets divers d'érudition (Paris, 1854) pag. 220. Agrimensoren S. 112. [1]) Heron (ed. Hultsch) pag. 136. Vergl. ebenda pag. 207, lin. 16—20. [2]) Heron (ed. Hultsch pag. 159. [3]) Fabricius, *Bibliotheca Graeca* (ed. Harless) IX, 176, 178—179.

Rede ist,[1]) wodurch die Reihenfolge dieser Arbeiten sich feststellt. Der Commentar erstreckte sich, wenigstens so weit er im Drucke und auch handschriftlich bekannt ist, nicht auf sämmtliche 13 Bücher des Almagestes. Der Commentar zum III., zu einem Theile des V., zum XI. und XII. Buche fehlt. Als Anfang der Erläuterungen zum V. Buche enthalten die Handschriften ein Bruchstück des Pappusschen Commentars und an diese knüpft sich als Fortsetzung bezeichnet eine Ergänzung Theons.[2]) Wie das gekommen ist, ob man darin einen Widerspruch gegen unsere früher (S. 376) ausgesprochene Meinung, Theon habe Pappus fleissig benutzt, erblicken will, das müssen wir dem Scharfsinn unserer Leser überlassen. Jedenfalls scheint als Ergebniss dieser Art der Vereinigung der beiden Commentare angesehen werden zu müssen, dass Theon später als Pappus lebte, wie gross oder wie klein auch der Zwischenraum zwischen Beiden gewesen sein mag.

Theons Commentar zum I. Buche des Almagestes ist für uns weitaus am Wichtigsten. Nicht als ob Dinge darin enthalten wären, geeignet unser ziemlich geringschätziges Urtheil über den Verfasser zu entkräften, aber weil er als Quelle mancher geschichtlicher Angaben dient, die wir durch andere zu ersetzen nicht im Stande sind. Dort steht jenes Citat des Diophantus, welches die untere Grenze seiner Lebenszeit bildet, dort der Beweis dafür, dass Theon eine ἔκδοσις, eine Herausgabe, des Euklid vollzogen hatte, dort eine Darstellung des Rechnens mit Sexagesimalbrüchen.

Ueber das sexagesimale Rechnen gibt es eine besondere Abhandlung, welche durch die Handschriften, in welchen sie sich erhalten hat, dem Pappus oder gar dem Diophantus zugeschrieben wird.[3]) Wir beabsichtigen keineswegs die Möglichkeit anzuzweifeln, dass namentlich Pappus bei der Commentirung des I. Buches des Almagestes, wo er über Quadratwurzelausziehungen sich verbreitete, vom Rechnen mit sechzigtheiligen Brüchen überhaupt geschrieben haben mag. Nur ist alsdann, falls die jetzt bekannte Abhandlung ein Bruchstück jenes Commentars bildete, der interessantere Theil immer noch verloren, und wir glaubten der Werthschätzung, die man Pappus und Diophantus schuldet, nur Rechnung zu tragen, wenn wir bei Erörterung ihrer Werke jene elementaren Betrachtungen

---

[1]) *Commentaire de Théon sur la composition mathématique de Ptolémée* (ed. Halma, Paris, 1821) I, 201. [2]) *Τοῦ Θέωνος εἰς τὸ λεῖπον τοῦ Πάππου.* [3]) Vergl. Hultsch in der *Praefatio*, welche er dem III. Bande seiner Pappusausgabe vorangeschickt hat, pag. XII und XVI. Dann die durch C. Henry besorgte Ausgabe des *Opusculum de multiplicatione et divisione sexagesimalibus Diophanto vel Pappo attribuendum*. Halle, 1879, und die kritischen Bemerkungen dazu von Hultsch in der Zeitschr. Math. Phys XXIV. Histor. literar. Abthlg. S. 199—203.

unberücksichtigt liessen, von wem dieselben auch herrühren mögen — ein Löwe ist aus dieser Klaue keinesfalls zu erkennen.

Theons Darstellung ist umfangreicher und vollständiger.[1]) Die Multiplikation beginnt mit dem grössten Theile des Multiplikators, genau so wie wir (S. 274) nach Eutokius das Verfahren des Archimed bei nicht sexagesimal fortschreitenden Zahlen geschildert haben. Um z. B. $37^0\ 4^{I}\ 55^{II}$ mit sich selbst zu vervielfachen wird zuerst das Produkt von 37^0 in die vorgelegte Zahl als $1369^0\ 148^{I}\ 2035^{II}$ angeschrieben, wobei allerdings das Zeichen für Grad ebenso wie für die kleineren Theile nur in dem Sinne von Einheiten und Bruchtheilen der Einheit aufzufassen nöthig ist, und nicht etwa an eine von Theon nicht beabsichtigte Multiplikation beziehungsweise später an eine Division oder Radicirung benannter Zahlen gedacht werden darf. Dann folgt das durch 4^{I} hervorgebrachte Produkt $148^{I}\ 16^{II}\ 220^{III}$; endlich das Produkt mittels der 55^{II} oder $2035^{II}\ 220^{III}\ 3025^{IV}$, indem die Benennung der einzelnen Theilprodukte den Gesetzen diophantischer Multiplikation allgemeiner Grössen folgt. Bei dieser Gelegenheit erscheint eben das Citat des Diophantus. Theon glaubt eine Unterstützung durch geometrische Beweisführung geben zu müssen, für seine Landsleute und Zeitgenossen eine vermuthlich nicht überflüssige Zugabe, bei der wir uns jedoch nicht aufhalten wollen. Nun fasst Theon erst sämmtliche Theilprodukte zusammen und vollzieht dabei durch wiederholte Theilung durch 60 die zur Uebersichtlichkeit nothwendigen Reduktionen: 3025^{IV} sind $50^{III}\ 25^{IV}$; nunmehr sind 490^{III} vorhanden oder $8^{II}\ 10^{III}$; ferner erscheinen 4094^{II} oder $68^{I}\ 14^{II}$; des weiteren 364^{I} oder $6^0\ 4^{I}$; und da endlich 1375^0 sich ergeben, so ist das ganze Produkt $1375^0\ 4^{I}\ 14^{II}\ 10^{III}\ 25^{IV}$, oder unter Vernachlässigung der beiden kleinsten Bruchgattungen nahezu $1375^0\ 4^{I}\ 14^{II}$.

Die Division lässt alle bei der Multiplikation gethanenen Schritte rückwärts ausführen. So vollzieht Theon die Division von $25^0\ 12^{I}\ 10^{II}$ in $1515^0\ 20^{I}\ 15^{II}$ folgendermassen. Zunächst ist 25 in 1515 mehr als 60, weniger als 61 mal enthalten; der erste Theilquotient ist demnach 60^0. Zieht man 60 mal 25 von 1515 ab und verwandelt den Rest 15 in Minuten, mit welchen die vorhandenen 20^{I} vereinigt werden müssen, so hat man deren 920. Von ihnen sind 60 mal 12^{I} abzuziehen, wobei 200^{I} und, unter Berücksichtigung der vorhandenen 15^{II}, im Ganzen $200^{I}\ 15^{II}$ als Rest bleiben. Davon ist wieder 60

[1]) *Commentaire de Théon* (ed. Halma) I, 110—119 und 185—186. Durch falsche Paginirung folgt auf pag. 120 nicht 121, sondern 181, der Zwischenraum zwischen beiden Stellen, an welchen von unserem Gegenstande die Rede ist, beträgt also nur etwa 5 Seiten. Vergl. eine Uebersicht bei Nesselmann, Algebra der Griechen S. 138—147.

mal 10^{II} oder 10^{I} abzuziehen, und so entsteht 190^{I} 15^{II} als Gesammtrest nach Abziehung des vollen ersten Theilproduktes. Nun sucht Theon den zweiten Theilquotienten mittels der Division von 25^{0} in 190^{I} und erhält ihn als 7^{I}. Wieder wird 7^{I} mal 25 von 190^{I} 15^{II} abgezogen; von dem Reste 15^{I} 15^{II} oder 915^{II} werden 7^{I} mal 12^{I}, von dem Reste 831^{II} endlich 7^{I} mal 10^{II} oder 1^{II} 10^{III} abgezogen, so dass als Gesammtrest 829^{II} 50^{III} übrig bleibt. Der letzte Theilquotient durch die Division von 25^{0} in 829^{II} erhalten ist ungefähr 33^{II}, und hier gibt die Subtraktion der einzelnen Stücke des Theilproduktes zuerst den Rest 4^{II} 50^{III} oder 290^{III}, wovon das etwas zu grosse 396^{III} abgezogen werden musste. Es ist also 1515^{0} 20^{I} 15^{II} getheilt durch 25^{0} 12^{I} 10^{II} gleich 60^{0} 7^{I} 33^{II} nahezu, ἔγγιστα.

Die Ausziehung der Quadratwurzel aus 4500 Einheiten lehrt endlich Theon nach einer Methode, welche wir wohl genugsam kennzeichnen, wenn wir sie der heute üblichen genau gleich nennen abgesehen von dem Gebrauche von Sexagesimalbrüchen statt der heute üblicheren Decimalbrüche. Das nächste rationale Quadrat unterhalb 4500 ist 4489, dessen Wurzel 67 heisst. Zieht man (Figur 72) 4489 von 4500, so bleiben die 11 Einheiten oder 660^{I} in Gestalt eines Gnomon, welcher selbst zunächst aus zwei Rechtecken und einem Quadrate besteht, dessen Seite gesucht werden muss. Man dividirt mit dem Doppelten der 67 Einheiten oder mit 134 Einheiten in 660^{I}. Das gibt 4^{I} als Quotient. Die beiden neuen Rechtecke sind also jedes 67 mal 4^{I} oder 268^{I}, zusammen 536^{I}, und das neue Quadrat ist 4^{I} mal 4^{I} d. h. 16^{II}. Als Rest bleibt zunächst $660^{I} - 536^{I} = 124^{I} = 7440^{II}$, dann $7440^{II} - 16^{II} = 7424^{II}$, welches wieder in Gestalt eines Gnomon zu denken ist. Um die neue Zerlegung in zwei Rechtecke und ein Quadrat zu finden, nimmt man das Doppelte von 67^{0} 4^{I} d. h. 134^{0} 8^{I} und dividirt damit in 7424^{II}, wodurch man den Quotienten 55^{II} etwa erhält, dessen Quadrat alsdann ausser den beiden Rechtecken noch wegzunehmen sein wird. Die erste Subtraktion gibt als Rest $7424^{II} - 134^{0}\ 8^{I} \times 55^{II} = 46^{II}$ 40^{III}, und dieses ist, sagt Theon, nahezu das Quadrat von 55^{II}. Thatsächlich würde als Rest 45^{II} 49^{III} 35^{IV} übrig bleiben, welcher als Gnomon gedacht eine noch bessere Annäherung als diejenige $\sqrt{4500^{0}} = 67^{0}\ 4^{I}\ 55^{II}$ gestatten würde, mit welcher Ptolemäus sich begnügte.

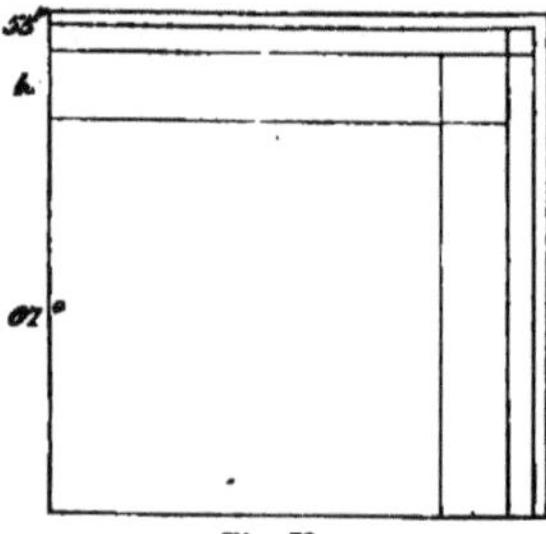

Fig. 72.

Die letztere Thatsache ist insofern von geschichtlicher Tragweite, als sie beweist, dass auch Ptolemäus schon von dem durch Theon gelehrten Näherungsverfahren Gebrauch machte, während Archimed wie Heron andere Verfahrungsweisen besessen haben müssen. Es mag wohl sein, dass je nach dem Umstande, ob man mit Sexagesimalbrüchen rechnete oder nicht, ein Wechsel des Verfahrens eintrat, ein Wechsel, der seine leichte Begründung darin findet, dass bei Sexagesimalbrüchen sofort und ein für allemal eine Grenze — etwa die des zweiten Sechzigstels — festgesetzt werden konnte, bis zu welcher man die Annäherung treiben wollte, während in gewöhnlichen Brüchen eine solche Grenze sich weder von selbst darbot, noch auch ihre Erreichung im Augenblicke bekannt werden konnte, mithin eine andere Methode leicht als vorzuziehende sich erwies.

Theons Tochter Hypatia[1]) war, wie Suidas angibt, selbst eine Gelehrte von umfassendem Wissen. Die Angabe eben desselben, sie sei die Gattin des Philosophen Isidorus gewesen, ist vermuthlich irrthümliche Einschiebung eines späten Glossators. Hypatia war vielmehr stets unverheirathet. Richtig ist wieder die Zeitbestimmung des Suidas, sie habe ihre Blüthezeit unter der Regierung des Arkadius gehabt. Ihr Tod erfolgte unter des Arkadius Nachfolger im März 415 in tragischster Weise. Die Philosophenschulen hatten sich, auch nachdem das Christenthum die Religion der römischen Kaiser geworden war, der neuen Lehre keineswegs in dem Maasse angeschlossen wie die sonstige Bevölkerung. Der Schutz, den Kaiser Julianus Apostata insbesondere ihnen gewährt hatte, wirkte noch Jahrzehnte nach seinem Tode fort und liess die Heidin Hypatia in Ansehen selbst bei einem christlichen Bischofe von Ptolemais, wie Synesius, und bei dem kaiserlichen Präfecten Orestes in Alexandria stehen, ohne dass eine besonders auffallende Erscheinung darin zu suchen wäre. Aber grade das Ansehen, in welchem sie bei Orestes stand, wurde ihr Verderben. Der Präfect wies hierarchische Ansprüche des Bischofs Cyrillus zurück. Hypatias Einfluss wurde als Ursache verdächtigt, und der fanatische Pöbel der Stadt zerriss die Unglückliche. War es doch derselbe Pöbel, der 392 schon in dem Zerstörungstaumel religiöser Wuth ein Verbrechen begangen hatte, welches die Wissenschaft noch heute schwer empfindet. Theodosius der Grosse erliess in dem genannten Jahre den Befehl zur Vernichtung der heidnischen Tempel, und dieser Befehl wurde von der plünderungssüchtigen Horde so genau ausgeführt, dass auch der Serapistempel, die zweite alexandrinische Bibliothek, wie wir uns erinnern (S. 361), von Grund auf mit zerstört wurde. Von da an gibt es eine Universalbibliothek des Alterthums nicht mehr. Von da an beginnt die

[1]) R. Hoche, Hypatia, die Tochter Theons, in der Zeitschrift: Philologus (1860) XV, 435—474.

Seltenheit alter Originalwerke zur Unmöglichkeit solche zu beschaffen auszuarten.

Wenn wir der Hypatia hier zu gedenken hatten, so liegt der Grund darin, dass ihr auch mathematische Schriften von Suidas nachgerühmt werden,[1]) Werke freilich, deren Ueberschriften ebenso zweifelhaft sind wie ihr Inhalt. Die Einen machen mit kühner Interpunktion und noch kühnerer Handhabung der griechischen Sprache daraus einen Commentar zum Diophant, eine astronomische Tafel, einen Commentar zu den Kegelschnitten des Apollonius. Die Anderen übersetzen wahrscheinlich richtiger:[2]) „Sie schrieb einen Commentar zu der astronomischen Tafel des Diophant und einen Commentar zu den Kegelschnitten des Apollonius.“ Gesichert ist keine der beiden Auffassungen. Gibt man, wie wir es thun, der zweiten den Vorzug, so ist Zweifel darüber, ob Diophant, der Verfasser einer astronomischen Tafel, und Diophant, der Algebraiker, ein und dieselbe Persönlichkeit gewesen sein mögen. Das Beispiel Hipparchs zeigt uns, dass die Möglichkeit der Verbindung beider schriftstellerischer Richtungen mindestens nicht auszuschliessen ist.

Hypatia war für geraume Zeit eine der letzten, wenn nicht die letzte durch die Abfassung mathematischer Schriften bekannte Persönlichkeit in Alexandria. Früher bildete die Lokalisation an diesem Mittelpunkte mathematischer Bildung die wenn auch nicht ausnahmslose Regel. Von Archimed bis Jamblichus verband doch immer ein oder der andere Faden geistiger Zusammengehörigkeit die Schriftsteller, die nicht in Alexandria lebten, mit jenem Centrum. Allmälig wurde umgekehrt die Lostrennung von jenem Boden, der den Erzeugnissen schriftstellerischer Thätigkeit wie den Schriftstellern als gleich gefährlich sich erwiesen hatte, zur Regel. Der Neuplatonismus setzte sich fort, aber hauptsächlich an jenem Orte, wo die Grundlegung der alten Schule stattgefunden hatte, in Athen, wo eine Universität entstand an Einrichtungen, Sitten und Unsitten, Gebräuchen und Missbräuchen deutschen Universitäten vergleichbar.[3])

Der Keim zur neuen athenischen Schule wurde vermuthlich nicht von Alexandria aus, sondern von dem syrischen Ableger der Alexandriner, von den Nachfolgern des Jamblichus gepflanzt. Mit der örtlichen Rückkehr aus dem Oriente nach Hellas streifte der Neuplatonismus einen Theil seiner Ueberschwänglichkeit, seiner Mystik ab. Das Studium der aristotelischen Schriften und damit verbunden

---

[1]) *ἔγραφεν ὑπόμνημα εἰς Διοφάντην τὶν ἀστρονομικὸν κανόνα εἰς τὰ κωνικὰ Ἀπολλωνίου ὑπόμνημα.* [2]) Nesselmann, Algebra der Griechen S. 248, dessen Auseinandersetzungen Hoche in seiner Abhandlung nicht gekannt zu haben scheint. [3]) Zeller III, 2, 675 figg. und Hertzberg, Geschichte Griechenands unter den Römern Bd. III. Halle, 1875.

dialektische Geistesübungen kamen wieder zu ihrem Recht, und neben und nach Erklärern platonischer Schriften wurden die Jünger der athenischen Schule die emsigsten Scholiasten des Aristoteles. Für uns haben indessen die ersten Schulvorstände in Athen und selbst der berühmte Syrianus kaum soviel Bedeutung, dass wir deren Namen anführen dürften.

Erst Proklus,[1]) der Schüler Syrians, verlangt wieder unsere Aufmerksamkeit. Als Sohn des byzantinischen Anwaltes Patrikius von Lykien, den wir (S. 417) vielleicht als Urheber zweier geodätischer Näherungsvorschriften kennen gelernt haben, ist Proklus 410 geboren. Sein Tod erfolgte am 17. April 485. Marinus, sein Schüler und Nachfolger, der eine Biographie des Proklus verfasst hat, erzählt von ihm, er habe als Knabe in der Heimath seiner Eltern, wohin er denselben bald nach seiner Geburt folgte, die Schule eines Grammatikers besucht, worauf ihn ein Rhetor Leonas mit sich nach Alexandria nahm, wo er Grammatik und Rhetorik studirte. Nach kurzer Heimkehr in seine Vaterstadt Byzanz lag er neuerdings in Alexandria philosophischen und mathematischen Studien ob, letzteren unter der Leitung eines gewissen Heron, von welchem aber abgesehen von dieser einen Notiz durchaus Nichts bekannt ist. Der Unterricht der alexandrinischen Lehrer genügte bald dem strebsamen Jünglinge nicht. Sein Wissensdurst führte ihn nach Athen, wo er von Syrian an die eigentlichen Quellen menschlichen Denkens hingeleitet wurde. So ward Proklus der naturgemässe Erbe Syrians als Schulvorstand in Athen und erhielt als solcher den Beinamen des Nachfolgers, *διάδοχος*, Diadochus, unter welchem er vielfach bekannt ist. Von den Schriften des Proklus Diadochus kümmern uns weder die philosophischen Originalabhandlungen, noch die zahlreichen Commentare zu platonischen Schriften. Auch seine Sphärik, *σφαῖρα*, ein blosser Auszug aus dem astronomischen Werke des Geminus, ist für uns ohne jede Bedeutung. Wir haben es nur mit dem Commentare des Proklus zu den euklidischen Elementen zu thun, welcher uns im Verlaufe unserer bisherigen Untersuchungen so vielfach als Quelle dienen musste, dass die Besprechung sich als nothwendig erweisen würde, selbst wenn wir gar Nichts mathematisch Neues daraus mitzutheilen hätten.

Der Commentar des Proklus zum I. Buche der euklidischen Elemente ist mehrfach herausgegeben,[2]) und schon dem

[1]) Zeller l. c. 700 flgg. Hertzberg l. c. 516 flgg. [2]) Den ersten griechischen Abdruck besorgte Grynaeus in der Basler Euklidausgabe von 1533. Eine lateinische Uebersetzung gab Barocius 1560. Auch Commandinus gab die Scholien zum I. Buche und zu den späteren lateinisch in seiner Euklidausgabe von 1572. Friedleins Textausgabe der Scholien zum I. Buche (Leipzig, 1873) ist jetzt allgemein verbreitet.

Uebersetzer desselben in der zweiten Hälfte des XVI. S. legte sich die Frage vor, ob Proklus nur zum I. Buche der Elemente einen Commentar verfasst habe, verfassen wollte? Die letztere Frage war sofort zu verneinen, da Proklus selbst am Ende des Commentars zum I. Buche einen solchen zu den gesammten Elementen in Aussicht stellt,[1]) und auch an sonstigen Stellen vorläufig ankündigt, was er in dem Commentare zum II., zum VI. Buche auseinandersetzen werde. Ob aber dieser Plan in Erfüllung ging, ob nicht etwa Proklus vorhatte, was er nicht ausführte, darüber haben erst Entdeckungen neuer Scholien in griechischen Handschriften Aufschluss gegeben, welche mit einer an Sicherheit grenzenden Wahrscheinlichkeit dem Proklus zugeschrieben werden.[2]) Proklus hat also wirklich zu allen Büchern der euklidischen Elemente, wenige ausgenommen, einen Commentar verfasst. Darüber freilich wird immer einiger Zweifel übrig bleiben, ob auch zu den späteren Büchern ein so umfassender Commentar des Proklus existirt haben müsse wie zu dem I., ob die geringen Bruchstücke, welche uns davon erhalten sind, nur Splitter eines grossen Ganzen, ob sie etwa die Hauptsache des nicht Vorhandenen darstellen. Wie man sich zu dieser Frage stellt, hängt wesentlich von der Meinung ab, welche man von dem Zwecke des Proklus sich bildet. Wer da glaubt,[3]) Proklus wollte nicht Geometrie lehren, sondern die geometrische Genauigkeit für die philophische Dialektik nutzbar machen, und nur philosophisches Interesse habe seinem ganzen Commentare als Richtschnur gedient, der kommt natürlich zur Vermuthung, das vornehmliche Interesse des Proklus müsse erschöpft gewesen sein, als es sich in dem erläuterten Werke um wirklich geometrische Sätze und nicht mehr um Erklärungen, um Forderungen, um Grundsätze und Grundwahrheiten handelte. Wer dagegen[4]) Proklus als Mathematiker anerkennt, dem es auf einen Versuch der Verbesserung des grossen Meisters ankam, einen Versuch, zu welchem er Vorarbeiten älterer Exegeten und selbständiger Geometer, eines Heron, eines Geminus, eines Ptolemäus, eines Pappus, eines Theon verwerthen konnte, ohne darum die pietätsvolle

---

[1]) Proklus (ed. Friedlein) 432, 9 sqq. [2]) Die Scholien des Proklus zu späteren Büchern hat C. Wachsmuth entdeckt. Vergl. dessen Aufsatz: „Handschriftliche Notizen über den Commentar des Proklus zu den Elementen des Euklides" im Rhein. Museum für Philologie (1863). Neue Folge XVIII, 132—135. Ebenda (1864) XIX, 452 einen Aufsatz von Hultsch. Programme von Knoche, Herford, 1862 und 1865 und von L. Majer, Tübingen, 1875. [3]) Dieser Meinung ist Knoche in seinen beiden Programmen. Vergl. Untersuchungen über des Proklus Diadochus Commentar zu Euklids Elementen 1862, S. 14 und 21. Untersuchungen über die neu aufgefundenen Scholien des Proklus Diadochus zu Euklids Elementen 1865, S. 36 und 45. [4]) So L. Majer, Proklus über die Petita und Axiomata bei Euklid 1875, S. 29.

Bewunderung dessen aus den Augen zu verlieren, den er mit dem ganzen Alterthume vorzugsweise den Elementenschreiber nennt, wer dieser Meinung huldigt, kann nicht anders als auch für die auf das I. Buch folgenden Bücher einen gleich vollständigen Commentar anzunehmen, muss den Verlust schmerzlich bedauern, mit welchem ihm zugleich die reichste Quelle für die Geschichte griechischer Mathematik verloren ging. Wir selbst möchten in dieser persönlichem Dafürhalten weiten Spielraum lassenden Frage nicht Partei ergreifen, wenn wir auch mit der zuletzt dargelegten Meinung uns besser als mit der ersteren befreunden können. Wir besitzen aber neben dem fortlaufenden Commentare des Proklus zum I. Buche der Elemente nur kürzere, theilweise allerdings geschichtlich werthvolle Scholien zu einzelnen Sätzen späterer Bücher und müssen wohl oder übel uns damit begnügen.

Was von eigenen Leistungen des Proklus hervorgehoben werden kann, ist theilweise ziemlich dürftig,[1]) theilweise lässt sich nicht mit Bestimmtheit ermessen, ob Proklus der Erfinder oder nur der Berichterstatter ist. Ersteres dürfte höchst wahrscheinlich für verschiedene Einwürfe gegen die euklidische aber auch gegen die ptolemäische Parallelenlehre der Fall sein,[2]) so wie für die Entstehung der Ellipse als geometrischer Ort eines bestimmten Punktes einer gegebenen Strecke von beständiger Länge, welche alle Lagen annimmt, bei denen die beiden Endpunkte die Schenkel eines rechten Winkels durchlaufen.[3])

Nach dem Tode des Proklus ging es auch mit der Universität Athen entschieden abwärts. Es ist nicht unsere Aufgabe diesen Satz allgemein zu begründen, aber eine blosse Nennung der Namen derer, die als Schulvorstände auf Proklus folgten, und der mathematischen Leistungen, welche von ihnen berichtet werden, genügt, die Wahrheit desselben für unsere Wissenschaft festzustellen. Da erscheint zuerst Marinus von Neapolis, einer Stadt, die man sich wohl hüten muss mit Neapel zu verwechseln. Die Heimath des Marinus war vielmehr Flavia Neapolis in Palästina, das alte Sichem. Von Marinus ist uns als Mathematisches nur eine Vorrede zu den euklidischen Daten bekannt. Noch bei Lebzeiten des Marinus und auf dessen eigenen Wunsch liess Isidorus von Alexandria sich bestimmen an seine Stelle zu treten. Isidorus erfreute sich allerdings verhältnissmässig grosser Berühmtheit. Ihm ward ein Beiname zu Theil, welcher überhaupt nur zweimal, und, so viel bekannt ist, nur von zwei Schriftstellern einem griechischen Philosophen beigelegt worden ist,[4]) der Beiname des Grossen. Der Verfasser des Sophisten,

[1]) Knoche, Programm von 1862, S. 16 flgg. [2]) Vergl. Majers Programm. [3]) Proklus (ed. Friedlein) pag. 106, lin. 12—15. [4]) Th. H. Martin, *Sur*

sei es dass dieser Dialog von Platon oder von einem Anderen herrühre, spricht von Parmenides dem Grossen, und Damascius, von dem wir gleich noch zu reden haben, gleichfalls von Parmenides dem Grossen, aber auch von Isidorus dem Grossen. Den Grund oder Ungrund dieser Auszeichnung zu prüfen haben wir nicht Veranlassung. Mathematische Schriften des Isidorus kennen wir nicht, wenn auch dem Geiste der neuplatonischen Schule nach nicht zu zweifeln ist, dass er gleich allen anderen Schulhäuptern solche von höherem oder vermuthlich von geringerem Werthe verfasst haben wird.

Der Schüler und, wie wir schon sahen, der jedenfalls dankbar begeisterte Schüler des Isidorus war Damascius von Damaskus, der etwa um das Jahr 510 die Schulvorstandschaft in Athen übernahm, nachdem Isidorus, missmuthig und verstimmt darüber seine Kräfte einer verlorenen Sache zu widmen, sich nach Alexandria zurückgezogen hatte. Damascius soll, nach einer scharfsinnigen Vermuthung, der Verfasser des sogenannten XV. Buches der euklidischen Elemente sein, welches man sonst auch als II. Buch des Hypsikles über die regelmässigen Körper zu bezeichnen pflegte. Wir haben (S. 309—310) dieses Buch mit dem I. Buche des Hypsikles verglichen und sind zu dem Ergebnisse gekommen, das II. Buch sei viel unbedeutender als das I., mit welchem es nicht zusammenhänge. Im 7. Satze dieses Buches spricht nun der Verfasser von seinem grossen Lehrer Isidorus,[1] und dieser Ausdruck gab eben die Veranlassung die ihrer Sprache nach unbedingt ziemlich spät verfasste Abhandlung dem Damascius zuzuschreiben. Ein scharfer Beweis dürfte allerdings in dem einen Worte nicht zu finden sein, und gäbe es, wie es den Anschein hat, Scholien zu diesem sogenannten XV. Buche des Euklid, die den gleichen Ursprung mit den sonstigen Scholien zu Euklid verrathen, die also auch von Proklus herrühren müssten, so wäre umgekehrt der Gegenbeweis gegen das Verfasserrecht des Damascius geliefert, und die Abhandlung müsste von dem Schüler irgend eines anderen Isidorus herrühren, welcher zwischen dem IV. und V. S., weder viel früher noch keinenfalls später, gelebt haben möchte. Der Name Isidorus ist ohnedies Nichts weniger als selten, und aus dem VI. S. selbst ist ein Baumeister Isidorus von Milet berühmt, der in Gemeinschaft mit Anthemius von Tralles im Auftrage des Kaisers Justinian den Prachtbau der Sophienkirche in Konstantinopel herstellte.

Schüler dieses letzteren Isidorus war Eutokius von Askalon, der mithin etwa in der zweiten Hälfte des VI. S. die Commentare zu verschiedenen Schriften des Archimed und zu den Kegelschnitten des Apollonius verfasste, eine Fundgrube für den Geschichtsforscher, aus

---

l'époque et l'auteur du prétendu XV. livre des éléments d'Euclide im *Bulletino Boncompagni* 1874, pag. 263—266. [1]) Ἰσίδωρος ὁ ἡμέτερος μέγας διδάσκαλος.

der wir gleich unseren Vorgängern zahlreiche Aufschlüsse gewonnen haben, aber mathematisch unbedeutend.

Wir kehren zu Damascius von Damaskus zurück. In ihm war[1]) „noch einmal ein Mann des schroffsten antiken Heidenthums" an die Spitze der Schule getreten. Die Rückwirkung blieb nicht aus. Gesinnungsgenossen eilten noch einmal herbei, unter ihnen Simplicius, der Erklärer aristotelischer Schriften, der neben Damascius lehrte. Aber auch die Feindschaft des gekrönten Theologen, der als Kaiser Justinian 527 den Thron bestiegen hatte, war mit den Lehrern der Schule erworben. Schärfere und schärfere Verordnungen gegen die Bekenner jeder Gattung von Irrlehren folgten einander. Im Jahre 529 erging endlich ein allgemeines Verbot dagegen, dass in Athen noch irgend Jemand Philosophie lehrte. Noch einige Jahre fristeten die letzten Lehrer der geschlossenen Hochschule auf dem Boden von Hellas ein kümmerliches Dasein, dann vollzogen sie eine freiwillige Selbstverbannung nach dem Hofe des Perserkönigs Chosroe I. Nuschirwan.

Der Ruhm des „gerechten" Sassaniden hatte freilich die Wahrheit übertroffen. Damascius und seine Freunde fanden eine weit geringere Bildung der Hofkreise, grobere Unsitte des Volkes als sie vermuthet hatten, und als Chosroe 533 mit Justinian einen Frieden abschloss, der vorangegangenem dreissigjährigem Kriege ein Ziel setzte, und in den Vertrag die ungehinderte Rückkehr der athenischen Gelehrten mit aufnahm, war Niemand froher als diese die Heimath wieder zu sehen.

Die athenische Schule aber war und blieb dahin. Da und dort tauchen noch Schüler derselben auf, welche selbst neue Schüler bilden, Philosophen und Mathematiker, in letzterer Beziehung von herzlich geringer Bedeutung. Dahin gehört vielleicht der von Eutokius erwähnte Heronas, welcher einen Commentar zum Nikomachus geschrieben haben soll (S. 315); dahin mit Commentaren zu eben demselben Schriftsteller die beiden alexandrinischen Gelehrten Asklepius von Tralles und dessen als Grammatiker vorzugsweise berühmter Schüler Johannes Philoponus. Der Commentar des Ersteren ist nur handschriftlich, der des Zweiten auch im Drucke vorhanden[2]), enthält aber kaum irgend bemerkenswerthe Stellen.

Johannes Philoponus ist vielfach durch die von Abulpharagius berichtete Geschichte bekannt, er sei es gewesen, der 640 bei der Einnahme Alexandrias durch die Araber für den Bestand der dortigen

[1]) Hertzberg, die Geschichte Griechenlands unter der Herrschaft der Römer III, 536—545 über die letzte Zeit der Universität Athen. [2]) *Joannes Philoponus in Nicomachi introductionem arithm.* (ed. R. Hoche) Heft 1. Leipzig, 1864. Heft 2. Berlin, 1867.

Bibliothek sich verwandt habe. Omar aber habe deren Vernichtung befohlen, denn „entweder enthalten die Bücher das, was im Koran steht, dann brauchen wir sie nicht zu lesen, oder sie enthalten das Gegentheil dessen, was im Koran steht, dann dürfen wir sie nicht lesen", und nun sei während 6 Monaten die Feuerung der Bäder Alexandrias mit den Bücherrollen der Bibliothek vollzogen worden. Die zweimalige Zerstörung der Bibliotheken im Brucheion und im Serapistempel hat aber gewiss nicht eine dritte grossartige Bibliothek in Alexandria entstehen lassen, am Wenigsten eine so umfangreiche, wie Abulpharagius in der von ihm behaupteten Verwendung der Bücher bezeugt, und so wird der ganze Bericht dieses auch unter dem Namen Barhebräus bekannten den Arabern keineswegs günstig gesinnten syrischen Christen des XIII. S. einigermassen verdächtig, wenn auch andererseits nicht verkannt werden soll, dass Antwort und Handlungsweise mit dem Charakter des zweiten Nachfolgers Mohammeds wohl verträglich sind, der in der That nach Unterwerfung der Hauptstadt der Sassaniden die dort vorhandenen Bücher in den Tigris werfen liess und auch sonst sich bildungsfeindlich erwies.[1])

Nach Konstantinopel, wie seit 330 das alte Byzanz hiess, noch bevor es die Hauptstadt des besonderen Reiches wurde, welches man nach dem älteren Namen des Kaisersitzes das byzantinische zu nennen pflegt, hatte Justinian ganz besonders Rechtsgelehrte, der Zahl wie der Bedeutung nach überwiegend, berufen, aus deren Vereinigung eine Rechtsschule als Mittelpunkt einer dort ansässigen Gelehrsamkeit entstand. Auch Mathematiker werden uns hier begegnen, welche aber nur den Eindruck zu verstärken geeignet sind, den wir schon erhalten haben, dass es in immer rascheren Sprüngen bergab ging mit der einstmals so hoch emporgedrungenen griechischen Wissenschaft, dass dann später für die Mathematik wie für benachbarte Kenntnissreihen eine Pause im Niedergange wieder eintrat, dass aber auch für jene späte Zeit — es handelt sich um das XIV. S. — den Byzantinern nicht mehr nachgerühmt werden kann, als ein neuerer Vertheidiger ihrer Bildung für sie in Anspruch nimmt,[2]) nämlich eine erhaltende Thätigkeit ausgeübt zu haben. Man möchte, insbesondere für die Zeit vom IX. bis zum XI. S., meinen, es seien die geistig bedeutenderen Leute gewesen, die in der Fremde ihre Kenntniss der griechischen Sprache und anderer Idiome dazu benutzten, Uebersetzungen der grossen griechischen Mathematiker anzufertigen, die man zu Hause nicht mehr studirte, jedenfalls in meist unfruchtbarer Weise studirte.

---

[1]) Schöll-Pinder, Griechische Literaturgeschichte III, 8. [2]) Demetrius Bikélas, Die Griechen des Mittelalters und ihr Einfluss auf die europäische Cultur (deutsch von W. Wagner) Gütersloh, 1878.

Wir verweilen einen Augenblick bei einer geodätischen Abhandlung, welche, seit sie 1572 in lateinischer Uebersetzung des Barocius bekannt wurde, für das Werk eines Heron des Jüngeren galt, den man wohl in das VII. auch in das VIII. S. zu setzen liebte. Gegenwärtig ist der griechische Text nebst einer französischen Uebersetzung leicht zugänglich,[1]) und über Ort und Zeit der Entstehung ist kaum ein Zweifel geblieben.[2]) Die Oertlichkeit, auf welche die in der Abhandlung vorgenommenen Messungen sich beziehen, ist als die Rennbahn von Konstantinopel erkannt worden, jene berühmte Rennbahn, welche so oftmals zu grossen politischen Versammlungen diente, von wo aus meuterische Volkshaufen sich in die Strassen der Hauptstadt ergossen, Umwälzungen einleitend und vollendend. Vorkommende Beobachtungen von Sterndistanzen haben ferner zur Zeitbestimmung führen können und haben ergeben, dass jene Geodäsie in Konstantinopel ziemlich genau im Jahre 938 geschrieben worden sein muss. Wie aber der Verfasser hiess, ob Heron, wie man sonst zu sagen pflegte, ob anders, darüber ist nicht das Geringste bekannt, und vielleicht befreundet man sich am Ersten damit ihn mit uns als den ungenannten Feldmesser von Byzanz zu bezeichnen. Wir haben seiner Abhandlung (S. 121) ganz im Vorübergehen gedenken dürfen, als in welcher ein sehr spätes Zeugniss für den Beweis der Winkelsumme des Dreiecks von der Winkelsumme des Vierecks aus vorlag. Wir möchten jetzt an eben diesen Beweis in dem Sinne erinnern, als er für das Musterwerk des ungenannten Verfassers zur Vermuthung führt, dasselbe habe die Betrachtung des Vierecks überhaupt der des Dreiecks vorangehen lassen. Welches Musterwerk aber ihm diente, ist auf den ersten Anblick klar: kein anderes als das feldmesserische Werk des Heron von Alexandria, der übrigens selbst genannt ist[3]), und dessen Abhandlung über die Dioptra insbesondere man in der Nachbildung nicht verkennen kann. Damit ist zugleich gesagt, dass die Schrift des Ungenannten nicht schlecht ist. Wer so wenig wie er von einem trefflichen Muster sich entfernte, konnte Unbrauchbares nicht liefern.

Das gelang viel besser einem Michael Psellus. Dessen letzte Schrift ist von 1092 datirt, er lebte also bis zum Ende des XI. S. Er hatte den Beinamen Erster der Philosophen, ein Beiname, der ihn nicht zu schmücken vermag, sondern nur den Zeitgenossen zur Unehre gereicht. Er hat unter vielem Anderen auch über die

---

[1]) *Géodésie de Héron de Byzance* ed. Vincent. *Notices et extraits des manuscrits de la bibliothèque impériale.* Paris, 1858. *T. XIX, 2. partie.* [2]) Die abschliessenden Untersuchungen von Th. H. Martin in seiner häufig angeführten Abhandlung: *Recherches sur la vie et les ouvrages d'Héron d'Alexandrie.* [3]) *Géodésie de Héron de Byzance* (ed. Vincent) pag. 368.

4 mathematischen Disciplinen: Arithmetik, Musik, Geometrie und Astronomie geschrieben, eine Schrift, welcher die Herausgabe im Ganzen und im Einzelnen[1]) nicht gefehlt hat, aber man kann nicht behaupten, dass diese Mühe sich lohnte. Die Einheit ist keine Zahl, sondern Wurzel und Quelle der Zahlen. Einmal eine Zahl ist von der Zahl nicht verschieden, wohl aber zweimal und dreimal die Zahl. Zwei mal zwei ist mit zwei und zwei gleichwerthig, was bei anderen Zahlen nicht vorkommt. Die Zahlen sind bald grad, bald ungrad, bald zusammengesetzt, bald einfach. Die Primzahlen können mittels einer Siebmethode erkannt werden. Es gibt vollkommene, mangelhafte und überschiessende Zahlen. Zwischen den Zahlen gibt es Verhältnisse. Zehn Analogien sind zu unterscheiden. Es gibt vieleckige Zahlen und körperliche Zahlen. Das ist die ganze arithmetische Weisheit des Psellus. Er mag sie aus irgend einem Neupythagoräer oder Neuplatoniker geschöpft haben. Vermehrt hat er sie keinesfalls, auch nicht um den Schatten eines eigenen Gedankens.

Es trat eine geistige Versumpfung ein, die als natürliche Begleiterin der steten Palastrevolutionen zu betrachten ist, von welchen die Geschichte des byzantinischen Reiches wimmelt. Auch die Kreuzzüge, um 1100 beginnend, brachten diesen inneren Unruhen keinen Stillstand, brachten ebensowenig neue Bildungselemente, und als 1204 die Unordnung aufs Höchste gestiegen war, rückte das lateinische Kreuzheer, Franzosen und Venetianer, vor Konstantinopel, eroberte am 12. April die Stadt und hauste fürchterlich, mit Raub und Brand ganze Viertel zerstörend. Es entstand unter Theilung des Reiches in Konstantinopel ein lateinisches Kaiserthum, welches bis 1261 dauerte. Dann kehrte ein eingeborener Fürst, Michael Paläologus, mit genuesischer Hilfe zurück, bemächtigte sich der Herrschaft, und unter den Paläologen kam im ersten Viertel des XIV. S. für unsere Wissenschaft eine neue Anregung zu Stande.[2])

Im Jahre 1322 wurde von unbekanntem Uebersetzer eine griechische Bearbeitung eines persischen astronomischen Werkes angefertigt, als dessen Verfasser *Σαμψ μπουχαρης* genannt ist, eine Verketzerung, in welcher man Schamsaldîn von Bukhara wiedererkannt hat, wahrscheinlich denselben Astronomen, der unter dem Namen Schamsaldîn von Samarkand vermuthlich im Jahre 1276 ein Büchlein über die Fixsterne in persischer Sprache geschrieben hat, und der seinen Aufenthalt wechselnd in Samarkand und Bukhara gehabt haben mag.

---

[1]) Ψέλλου τῶν περὶ ἀριθμητικῆς σύνοψις. Paris, 1538. 4° lag uns vor.
[2]) Vergl. Usener, *Ad historiam astronomiae symbola*, Bonner Universitätsprogramm zur Geburtstagsfeier Kaiser Wilhelm I. am 22. März 1876.

Nun folgten sich ziemlich rasch weitere byzantinische Bearbeitungen persischer Schriften, mittelbare Abflüsse des im griechischen Texte nahezu vergessenen Almagestes, welcher selbst die vorzüglichste Quelle persischer Gelehrsamkeit bildet. Chioniades von Konstantinopel, welcher jedenfalls vor 1346 lebte, Georg Chrysococces im Jahre 1346 selbst, Theodorus Meliteniota, wie es scheint unter der Regierung des Kaisers Johannes Paläologus 1361 lebend, der Mönch Isaak Argyrus vor 1368, das sind die Hauptvertreter persisch-griechischer Astronomie. Der Letztgenannte schrieb[1]) auch eine handschriftlich gebliebene Geodäsie und Scholien zu den ersten sechs Büchern der euklidischen Elemente. Und nun tritt in der zweiten Hälfte des XIV. S. ein neuer Umschlag ein. Mit Nikolaus Cabasilas beginnt ein Geschlecht von Gelehrten, welche auf Ptolemäus selbst zurückgreifen und so die Wiedergeburt klassischer Wissenschaft in Europa vorbereiten. Während auf astronomischem Gebiete die hier kurz geschilderte Bewegung sich vollzog, war es kaum möglich, dass die Mathematik unberührt geblieben wäre, und wirklich haben wir Isaak Argyrus als mathematischen Schriftsteller nennen müssen. Neben ihm treten im XIV. S. noch Andere auf, zu welchen wir uns jetzt wenden. Der Hauptsache nach ist ihre Thätigkeit freilich als blosse Compilation aufzufassen. Höchstens Einer könnte eine Ausnahme bilden, für welchen die Urquelle seines Wissens wenigstens nicht nachzuweisen ist. Ein Vorzug, der ihnen insgesammt zukommt, besteht darin, dass sie mit nicht breitgetretenen Stoffen sich abmühen, wie es die früheren Byzantiner thaten, sondern solche Gegenstände wählten, die hier in griechischer Sprache zum ersten Male erscheinen.

Der Mönch Barlaam schrieb am Anfange des XIV. S. eine Logistik in 6 Büchern, worin in mühseliger Weise die Rechenkunst an ganzen Zahlen, an gewöhnlichen Brüchen und an astronomischen oder Sexagesimalbrüchen gelehrt wurde. Dieses Werk ist im Jahre 1600 mit lateinischer Uebersetzung gedruckt.[2])

Johannes Pediasimus auch Galenus, γαληνός = der Heitere, genannt war Siegelbewahrer des Patriarchen von Konstantinopel während der Regierungszeit von Andronikus III. Paläologus 1328—1341. Von ihm sollen handschriftlich, ausser literär-kritischen Schriften, Bemerkungen zu einigen dunkeln Stellen der Arithmetik und eine Abhandlung über Würfelverdoppelung vorhanden sein. Seine Geometrie ist im Druck erschienen.[3]) Man kann das Urtheil über

[1]) Nach Montucla, *Histoire des mathématiques* I, 345. [2]) So nach Montucla, *Histoire des mathématiques* I, 344. Uns ist das Werk noch nie zu Augen gekommen. [3]) Die Geometrie des Pediasimus (griechischer Text) herausgegeben von G. Friedlein als Herbstprogramm der Studienanstalt Ansbach für

dieselbe kurz dahin fassen, dass Pediasimus sich ganz ähnlich wie jener unbekannte Byzantiner des X. S. eng an Heron von Alexandria anschliesst. Nur dass Jener, wie wir gesagt haben, die praktisch-feldmesserische Abhandlung über die Dioptra als Vorbild benutzte, während Pediasimus sich an die rechnende Geometrie des Heron hält, wie sie in den als Geometrie und als Geodäsie betitelten heronischen Schriften vertreten ist. Die Anlehnung ist eine so enge, dass mitunter Pediasimus dazu dienen kann Stellen des Heron zu erläutern.

Maximus Planudes gehört etwa derselben Zeit an. Dieser aus Nikomedien stammende Mönch vertrat 1327 das byzantinische Kaiserreich als Mitglied einer Gesandtschaft an die Republik Venedig. Er lebte noch 1352. Sein Todesjahr ist nicht bekannt. Maximus Planudes hat einen Commentar zu den ersten Büchern des Diophant verfasst, der uns erhalten ist,[1]) und als Beweis (S. 398) benutzt wurde, dass die Gestalt, in welcher ihm diese Bücher vorlagen, in keiner Weise von der heutigen Gestalt abwich. Maximus Planudes ist in diesem Commentar mit weiser Vorsicht Allem aus dem Wege gegangen, was der Erläuterung wirklich bedurft hätte, und hat sich nur bei Selbstverständlichem aufgehalten. Wir haben ferner (S. 393) der griechischen Anthologie gedacht, welche Maximus Planudes aus früheren Sammlungen auszog, und in welcher auch algebraische Epigramme sich vorfanden. Wir haben es jetzt mit einer Schrift zu thun, die den widerspruchsvollen Namen Markenlegung nach Art der Inder, *ψηφοφορία κατ' Ἰνδούς*, führt und gemeiniglich das Rechenbuch des Maximus Planudes[2]) genannt wird. Der Verfasser beginnt mit den Worten: „Da die Zahl das Unendliche umschliesst, aber eine Erkenntniss des Unendlichen nicht möglich ist, so haben hervorragende Denker unter den Astronomen eine Methode gefunden, wie man Zahlen beim Gebrauch übersichtlicher und genauer darstellen kann. Solcher Zeichen gibt es nur neun und zwar folgende[3]) 1 2 3 4 5 6 7 8 9. Man fügt auch ein andres Zeichen hinzu, was Tziphra genannt wird und bei den Indern das Nichts darstellt. Auch jene neun Zeichen stammen von den Indern. Die Tziphra wird folgendermassen geschrieben 0.“ Hier ist also zum

---

1866. Die allgemeinen Notizen über den Verfasser entnehmen wir der Friedlein'schen Einleitung, in welcher die wünschenswerthen Verweisungen sich finden. [1]) Er ist lateinisch abgedruckt in Xylanders gleichsprachiger Diophantübersetzung. Basel, 1571. [2]) Eine griechische Textausgabe hat C. J. Gerhardt veranstaltet. Halle, 1865. Eine deutsche Uebersetzung von H. Waeschke erschien Halle, 1878. Die allgemeinen Notizen über Maximus Planudes entnehmen wir der Gerhardtschen Einleitung. Die deutsche Fassung einzelner Sätze ist bis auf geringe Aenderungen, die wir für nöthig hielten, der Wäschke'schen Uebersetzung entlehnt. [3]) Die von Maximus Planudes gebrauchten Zeichen vergl. auf der hinten angehefteten Tafel.

ersten Male im XIV. S. das indische Zifferrechnen nach Byzanz gedrungen, wie wir später sehen werden mindestens 200 Jahre nachdem es auf anderem Wege bereits zur Kenntniss des westlichen Europas gekommen war, wo die sogenannten Algorithmiker in Spanien, in England, in Deutschland, in Frankreich mit den Abacisten ringen, um sie seit Anfang des XIII. S. siegreich zu verdrängen. Wir könnten in der uns hier gegenübertretenden fremdländischen Kunst eine Hindeutung finden, dass wir mit Unrecht auch diese späte Zeit in dem der griechischen Mathematik gewidmeten Abschnitte behandeln, wenn uns nicht umgekehrt grade das so späte Auftreten, welches wir soeben betonten, darin bestärkte, dass wenigstens verhältnissmässige Abgeschlossenheit der griechisch schreibenden Mathematiker gegen im beginnenden Mittelalter allerwärts sich verbreitende Einflüsse stattfand, und dass sie somit hinter ihrer Zeit stehend und darum ohne Einwirkung auf dieselbe nur als Vertreter einer selbst sich verspätenden Nationalität erscheinen. Der Inhalt des Rechenbuches des Maximus Planudes bedarf dagegen hier keiner auf das eigentlich indische Verfahren eingehenden Erörterung. Die Bemerkung muss uns genügen, dass Addiren und Subtrahiren, Multipliciren und Dividiren an ganzen Zahlen, dann an Sexagesimalbrüchen gelehrt wird nach Methoden und unter Anwendung von Proben, von welchen wir an anderem Orte zu reden Gelegenheit nehmen. Es folgt alsdann noch die Quadratwurzelausziehung und zwar auf folgende Weise: „Nimm die Quadratwurzel der nächstniedrigen wirklichen Quadratzahl und verdoppele dieselbe; dann nimm von der Zahl, deren Wurzel du suchst, das gefundene nächstniedrige Quadrat weg, und dem Reste gib als Nenner die aus der Verdoppelung der Wurzel gefundene Zahl. Z. B. wenn 8 das Doppelte der Wurzel wäre, so nenne den Rest Achtel, wenn 10 Zehntel u. s. w. Willst du z. B. 18 als Quadrat darstellen und die Wurzel suchen, so nimm die Wurzel der nächstniedrigen Quadratzahl also von 16. Sie ist 4. Verdopple dieselbe, ist 8. Nimm 16 von 18, bleibt 2. Diese nenne (nach 8) Achtel und sage so: die Seite des Quadrates 18 ist 4 und 2 Achtel, 2 Achtel ist aber gleich einem Viertel, also ist die Seite auch 4 und ein Viertel.“ Nun zeigt der Verfasser, dass $4\frac{1}{4} \cdot 4\frac{1}{4} = 18\frac{1}{16}$ ist, wobei, wie im Vorhergehenden angedeutet worden ist, Brüche nicht in Zeichen, sondern nur mit Worten geschrieben werden. Die Methode sei daher nicht ganz richtig. „Welche Methode aber die genauere und der Wahrheit nähere ist, die ich zugleich als meine mit Gottes Hilfe gemachte Erfindung in Anspruch nehme, das wird in der Folge gesagt werden.“ Die vorher gelehrte Methode muss jedenfalls nach des Verfassers Meinung die indische sein, denn er spricht nachher von der indischen Methode, wie von einer bereits vorgetragenen,[1]) während nur diese Auseinandersetzung und die geometrische Begründung ihrer nicht genau zutreffenden Richtigkeit vorausgegangen ist, bevor er an die eigene Methode gelangt, welche er nochmals mit wahren Posaunenstössen ankündigt: „Es ist nun an der Zeit, dass wir die Methode, die wir selbst erfunden haben, und die nur um Weniges vom wahren Werthe abweicht, vorlegen."

Worin besteht diese eigene Methode? Darin, dass die Zahl, aus welcher die Wurzel gezogen werden soll, vorher durch Multiplikation mit 3600 in Sekunden verwandelt wird, worauf die Wurzel in der Gestalt von Minuten sich zeigt! Damit brüstet sich ein Leser von Theons Commentar zum Almagest, der als solcher sich ausdrücklich zu erkennen gibt, indem er zugesteht, seine Methode sei doch umständlich, wenn es um recht grosse Zahlen sich handle, wie um die Zahl 4500, aus welcher Theon die Wurzel zu ziehen habe. Alsdann könne man aus der indischen Methode, aus der des Theon und aus seiner eigenen folgende Mischmethode bilden. Zunächst sucht er jetzt die nächste ganzzahlige Wurzel 67 und verschafft sich den Rest $4500 - 67^2 = 11$. Diese 11 Ganze werden als Minuten zu 660, und durch $2 \cdot 67 = 134$ getheilt entstehen $4'$ als Quotient. Der neue Rest $660 - 4 \cdot 134 = 124'$ wird in Sekunden verwandelt und dadurch zu 7440, wovon $16''$ d. h. das Quadrat von $4'$ abgezogen wird. Der neue Rest besteht aus $7424''$. In ihn dividirt man mit dem Doppelten von $67^0\ 4'$ d. h. mit $60 \cdot 134 + 2 \cdot 4 = 8048'$, nachdem man ihn selbst in $60 \cdot 7424 = 445\,440'''$ verwandelt hat. So erscheint der Quotient $55''$, und mit ihm ist die Wurzel zu $67^0\ 4'\ 55''$ ergänzt, und zwar, wie der Vergleich mit dem (S. 420) von uns gegebenen Auszuge aus Theon zeigt, genau in der von diesem gelehrten Weise, nur mit dem Umwege über die Eselsbrücke eingeschalteter Multiplikationen mit 60 vor Ausführung der die Theilziffern der Wurzel liefernden Divisionen, die einzige Beimischung, deren Maximus Planudes sich rühmen kann.

Sind aber das die grossen Gedanken eines Schriftstellers, der „sich vorgenommen hat über das zu handeln, was zur astronomischen Rechnung gehört,"[2]) so ist kaum anzunehmen, dass ebendemselben zwei Aufgaben eigenthümlich sein sollten, mit welchen unmittelbar nach Auseinandersetzung der letzterwähnten Methode zur Quadratwurzelausziehung das Rechenbuch abschliesst. Die zweite Aufgabe ist die uns schon bekannte, ein Rechteck zu finden, das einem anderen Rechtecke am Umfange gleich, an Inhalt ein Vielfaches desselben

---

[1]) *Ἑτέρα μέθοδος μίγμα οὖσα τῆς τε Ἰνδικῆς καὶ τοῦ Θέωνος καὶ τῆς ἡμετέρας* (ed. Gerhardt) pag. 45, lin. 3. [2]) *Ἐπεὶ δὲ ὡς ἐν εἴδει περὶ τῶν συμβαλλομένων εἰς τὸν ἀστέρων ψῆφον διελάβομεν* (ed. Gerhardt) pag. 29, letzte Zeile.

sei. Die Auflösung wird in Worten gelehrt, welche in eine Formel umgesetzt $n - 1$ und $n^3 - n$ als die Seiten des einen, $n^2 - 1$ und $n^3 - n^2$ als die Seiten des n mal so grossen Rechtecks bezeichnen. Bei $n = 4$ entstehen die Seiten 3 und 60, beziehungsweise 15 und 48, welche wir auch im Buche des Landbaus (S. 413) fanden. Die erste Aufgabe ist eine heute gleichfalls sehr bekannte, da sie in ziemlich allen Aufgabensammlungen Platz gefunden hat. Eine Summe Geldes soll dadurch in lauter gleiche Theile zerlegt werden, dass der erste Theilhaber 1 Stück und den n. Theil des Restes, der zweite alsdann 2 Stück und den n. Theil des Restes, der dritte hierauf 3 Stück und den n. Theil des Restes erhalte, und dieses Gesetz der Bildung der Theile bis zum Letzten festgehalten bleibe. Als Auflösung wird $(n - 1)^2$ als die zu theilende Summe, $n - 1$ als die Zahl der Theilhaber erklärt. Zunächst ist freilich $n = 7$ gesetzt, doch ist ausdrücklich die Allgemeinheit der Auflösung hervorgehoben, und als Andeutung wie die Auflösung gefunden werde, der Satz bemerklich gemacht, dass immer $a^2 - 1 = (a - 1) \cdot (a + 1)$ sei. Es würde wohl einer besonderen Untersuchung werth sein, Spuren auch dieser Aufgabe zu verfolgen.

Vielleicht etwas später als Maximus Planudes lebte Nikolaus Rhabda von Smyrna mit dem Beinamen Artabasdes.[1]) Er schreibt an einen Theodor Tschabuchen von Klazomenä einen Brief über Arithmetik,[2]) welcher handschriftlich auf der pariser Bibliothek sich vorfindet, und an dessen Schlusse eine Sammlung von Beispielen das erste uns bekannte Vorkommen der Wortverbindung politische Arithmetik[3]) bietet. Wir haben es hier mit einer anderen Schrift des Rhabda zu thun, mit der mehrfach gedruckten Abhandlung über das Fingerrechnen,[4]) *ἔκφρασις τοῦ δακτυλικοῦ μέτρου*. Wir haben gesehen (S. 108), dass bei den griechischen Zeitgenossen des Lustspieldichters Aristophanes etwa um 420 v. Chr. das Fingerrechnen in Uebung war. Wir haben keinerlei Grund anzunehmen, es sei jemals ganz in Vergessenheit gerathen, aber doch ist die Darstellung des Rhabda die einzige in griechischer Sprache, in welcher förmlich gelehrt wird, was meistens durch mündliche

---

[1]) Schöll-Pinder, Geschichte der griechischen Literatur III, 345 stellt die ungeheuerliche Vermuthung auf, Artabasdes sei vielleicht aus *abacista* entstanden. [2]) Gerhardts Einleitung zu seiner Ausgabe des Rechenbuchs des Maximus Planudes S. XII, Anmerkung. [3]) *μέθοδος πολιτικῶν λογαριασμῶν*. [4]) Ein Abdruck z. B. in *Nicolai Caussini de eloquentia sacra et humana libri XVI.* Lib. IX, cap. VIII, pag. 565 sq. Cöln, 1681. Vergl. auch Rödiger, Ueber die im Orient gebräuchliche Fingersprache für den Ausdruck der Zahlen im Jahresber. der deutsch. morgenländ. Gesellsch. für 1845–46 und H. Stoy, Zur Geschichte des Rechenunterrichtes I. Theil (Jenaer Inaugural-Dissertation von 1876) S. 36 flgg.

Ueberlieferung sich fortgesetzt haben mag. Rhabda schildert aufs Ausführlichste, wie man durch Beugung der Finger die einzelnen Zahlen darstellen solle. Die Finger der linken Hand dienen zur Bezeichnung der Einer und Zehner, die der rechten zur Bezeichnung der Hunderter und Tausender, und zwar ist die Aufeinanderfolge des Stellenwerthes, wenn wir so sagen dürfen, von links nach rechts der Art festgehalten, dass der kleine Finger, der Ringfinger und der Mittelfinger der linken Hand für die Einer, Zeigefinger und Daumen der Linken für die Zehner in Bewegung gesetzt werden, Daumen und Zeigefinger der Rechten für die Hunderter, und endlich die drei letzten Finger der Rechten für die Tausender. Wir brauchen vielleicht nicht einmal hervorzuheben, wie sich in dieser Reihenfolge eine Uebereinstimmung mit früheren Bemerkungen unserer Einleitung (S. 6) zu erkennen gibt. Es können also mittels beider Hände sämmtliche Zahlen von 1 bis 9999 bezeichnet werden, vollauf ausreichend für den gewöhnlicden Gebrauch und in Uebereinstimmung mit der Sprachgewohnheit der Griechen, für welche 10000 das äusserste einfache Zahlwort darstellt.

Mit Rhabda gleichzeitig lebte Manuel Moschopulus, der von Jenem genöthigt eine Anleitung zur Bildung von Quadratzahlen verfasste.[1]) Jedenfalls muss dieser Moschopulus vor dem XV. S. gelebt haben, da eine Handschrift seiner Abhandlung in dieser Zeit niedergeschrieben ist, und da überdies ein älterer Gelehrter dieses Namens als am Ende des XIV. S. lebend genannt wird, so hat man um so mehr Grund Moschopulus und mit ihm Rhabda, der nach seinem Leben bestimmt worden ist, grade dahin, das ist eben etwas später als Maximus Planudes zu setzen. Ein letzter Bestätigungsgrund liegt darin, dass eine dem XV. S. entstammende Handschrift des Rechenbuches des Maximus Planudes Zusätze von Rhabda enthält, während solche in Handschriften jenes Rechenbuches aus dem XIV. S. fehlen. Manuel Moschopulus hat, sagten wir, die Bildung von Quadratzahlen gelehrt, d. h. er hat gezeigt, wie man magische Quadrate herstelle, wie man die Zahlen von 1 bis zu irgend einer Quadratzahl n^2 in eben so viele schachbrettartig geordnete Felder vertheile, so dass die Summe der Zahlen in jeder Längsreihe, wie in jeder Querreihe und auch in den beiden Diagonalreihen stets dieselbe werde, natürlich $\frac{n^3+n}{2}$, da die Zahlen $1+2+3+\cdots+n^2=\frac{(n^2+1)\,n^2}{2}$ in n gleichsummige Reihen geordnet sind. Wenn wir sagten, Moschopulus habe

[1]) S. Günther, Vermischte Untersuchungen zur Geschichte der mathematischen Wissenschaften. Leipzig, 1876, cap. IV, Historische Studien über die magischen Quadrate. Der Abdruck des griechischen Textes des Moschopulus nach einer Münchener Handschrift des XV. S. findet sich S. 195—203, dessen Discussion S. 203—212.

die Herstellung des magischen Quadrates für irgend eine Quadratzahl n^2 gelehrt, so müssen wir von dieser Behauptung einen Theil wieder zurücknehmen. Nur zwei Hauptfälle sind erhalten, der eines ungraden n und der eines gradgraden n, d. h. wenn n von der Form $4m$ ist. Der dritte noch übrige Fall eines gradungraden n, d. h. wenn n von der Form $4m+2$ ist, fehlt in der uns erhaltenen Handschrift, es ist aber kaum zweifelhaft, dass Moschopulus auch ihn in einer verlorenen Schlussbetrachtung behandelt haben wird, wie er es zum Voraus angekündigt hat.[1]) Er hat dabei einen Gedanken und ein Wort benutzt, welche in der modernen Mathematik eine bedeutsame Rolle spielen, bei Moschopulus aber zuerst aufgefunden worden sind. Wir meinen den Ausdruck „Herumzählung im Kreise",[2]) ὥσπερ ἀνακυκλοῦντες, wo ein Kreis eigentlich gar nicht vorhanden ist, sondern an das gedacht werden muss, was man gegenwärtig cyklische Anordnung, cyklische Vertauschung und dergleichen zu nennen pflegt. Es will uns recht zweifelhaft erscheinen, ob wirklich Moschopulus selbst der Erfinder der Methoden zur Auflösung der Nichts weniger als leichten zahlentheoretischen Aufgabe war. Wenn er auf Andringen des Rhabda die Niederschrift vollzog, so ist damit keineswegs gesagt, dass er Eigenes niederschrieb, und die Gesellschaft, in welcher wir Moschopulus zu nennen hatten, gibt keinenfalls der Vermuthung Unterstützung einen besonders geistreichen Erfinder mathematischer Dinge hier anzutreffen. Dazu kommt, dass jedenfalls im X. S. magische Quadrate eine geheimnissvolle Rolle innerhalben der arabischen Philosophensekte der sogenannten lauteren Brüder spielten,[3]) dass insbesondere die Quadrate mit 9, 16, 25, 36, 64 und 81 Feldern denselben bekannt waren, dass also sicherlich damals schon eine Methode vorhanden gewesen sein muss solche zu bilden.

Die Zeit griechischer Mathematik, wir wiederholen es zum letzten Male, und man wird uns am Schlusse dieses Kapitels gern glauben, war vorbei. Wenn im XV. S. die vor dem Osmanenthum fliehenden letzten Byzantiner Handschriften altklassischen Werthes mit sich führten, deren Kenntniss im Abendlande zündend auf die Geister wirkte und jene glänzende Flamme entfachte, bei deren Scheine die Meisterwerke der Renaissance entstanden, so haben die Byzantiner selbst daran nicht mehr noch weniger Theil als Insekten, welche werthvollen Blüthenstaub mit sich führen, während sie an dem Orte der Befruchtung sich verkriechen. Wie es aber kam, dass die Griechen

---

[1]) Günther l. c. pag. 197, lin. 2—5. [2]) Günther pag. 198, wo auch in einer Note auf die Wichtigkeit der in diesem Ausdrucke enthaltenen Anschauung aufmerksam gemacht ist. [3]) Dieterici, Die Propädeutik der Araber im X. Jahrhundert S. 42 flgg. Berlin, 1865 und Günther l. c. S. 192 flgg.

ihre durch Jahrhunderte bewährte mathematische Kraft verloren, das ist eine Frage, zu deren Erörterung weitläufigere Auseinandersetzungen nöthig wären, als sie hier im Vorübergehen möglich und gestattet sind. Eine Einwirkung politischer Verhältnisse wird ebensosehr angenommen werden müssen, wie eine weiter und weiter abseits führende Verschiebung des wissenschaftlichen Interesses. Theologie und Jurisprudenz hatten in den Zeiten des Verfalles unserer Wissenschaft sich vorgedrängt. Die letztere insbesondere war die bevorzugte Wissenschaft der nüchtern Denkenden geworden, und dass dem so war, dazu waren wieder politische Verhältnisse die Veranlassung. Die philosophischen Griechen waren die Unterthanen eines fremden Reiches geworden, dessen Gepräge sich auch ihnen um so deutlicher aufdrückte, je näher ihnen der Mittelpunkt des Reiches rückte. Die geistige Aufgabe dieses Reiches war eine andere. Ihm war es beschieden die Rechtswissenschaft zu begründen. Seine leitenden Gedanken gab aber ein anderes Volk als die Griechen an, ein Volk, welches der Mathematik gegenüber grade den höchstens erhaltenden Charakter an den Tag legte, den wir seit den Neuplatonikern deutlicher und deutlicher sich offenbaren sahen: das Volk der Römer.

IV. Römer.

Kapitel XXV.

Aelteste Rechenkunst und Feldmessung.

Wenn wir die Geschichte der Mathematik, wie sie auf italienischem Boden geworden ist, zum Gegenstande unserer Untersuchung machen, so müssen wir fast mehr als bei anderen Schauplätzen menschlicher Gesittung uns hüten Verschiedenartiges durcheinander zu mengen. Der Süden Italiens ist es gewesen, wo die hellenische Bildung des Pythagoräismus ihre Blüthe hatte. Das geographisch von Italien nicht zu trennende Sicilien hat die mächtige Küstenstadt Syrakus entstehen sehen, und es ist ein halbwegs berechtigter Nationalstolz italienischer Gelehrter, wenn sie Pythagoras und Archimedes ihre Landsleute nennen. Aber freilich mehr als nur halbberechtigt können wir diese Ansprüche auf den Ruhm der grössten Mathematiker des Alterthums für die eigne Vergangenheit nicht nennen, weil unserer Auffassung gemäss das Volk und die Sprache vor dem Lande die Zugehörigkeit bestimmt, und desshalb waren uns jene Männer Griechen. Zwischen den von Norden kommenden Kriegern, unter deren Streichen Archimedes verblutete, nachdem er seine Vaterstadt gegen sie lange vertheidigt hatte, und denen, die im gleichen Dialekte mit Archimed sprachen und schrieben, muss die Kulturgeschichte einen Gegensatz erkennen lassen. Wir denken diesen Gegensatz recht laut zu betonen, wenn wir in diesem Abschnitte unseres Bandes überhaupt nicht von italischer, sondern von römischer Mathematik reden. Mag ja auf italischem Boden Mancherlei an mathematischem Wissen vorhanden gewesen sein noch bevor Rom entstand. Wir leugnen es so wenig, dass wir den Spuren nachzugehen bemüht sein werden. Immer aber soll, was wir finden, unter dem römischen Sammelnamen vereinigt werden.

Ueber die älteste Geschichte der Bevölkerung des Landes von Nordosten her sind die Akten noch keineswegs abgeschlossen, wenn man auch gegenwärtig der Annahme zuneigt, eine altitalische Nation habe sich gebildet in der Ebene des Po, nachdem sie vorher von den Hellenen, dann von den Kelten sich getrennt hatte.[1]) Von dort

[1]) H. Nissen, Das Templum, antiquarische Untersuchungen. Berlin, 1869. Vergl. besonders Kapitel IV. Italische Stammsagen.

ging der Zug nach Süden und trieb ältere Bewohner vor sich her, vielleicht verwandt mit den Sikulern, den Einwohnern von Sicilien, deren Name in alten ägyptischen Urkunden zu den bekanntesten gehört. Wann diese Ereignisse stattfanden, ob mehr als 1000 Jahre vor unserer Zeitrechnung, wie aus der Zusammenstellung mit Persönlichkeiten des trojanischen Krieges, die vielleicht mehr als eine Sage ist, hervorgehen könnte, darüber schwebt wieder tiefes Dunkel, kaum erhellt seit Auffindung jener alten Todtenstadt am Albanersee[1]), deren Graburnen unter einer Aschendecke vulkanischen Urprungs sich erhalten haben, über welche Jahrhunderte einen Pflanzenwuchs hervorriefen, der selbst wieder in einer einen halben Meter mächtigen Peperinschicht eine zerstörende und zugleich schützende Decke fand. Welche Rolle bei den Wanderungen und Niederlassungen auf der appeninischen Halbinsel die Etrusker spielten, welchem Völkerstamme überhaupt diese angehörten, ist ein weiterer Gegenstand wissenschaftlichen Zweifels, und dieser Zweifel erstreckt sich soweit, dass man nicht einmal darüber einig ist, ob diejenigen Sitten und Gebräuche thatsächlich als etruskisch gelten dürfen, welche römisch-priesterliche Ueberlieferung uns als etruskisch bezeichnet hat.

Wir können und müssen uns genügen lassen, auf das Vorhandensein dieser vielen Räthselfragen von ausgesuchter Schwierigkeit hinzuweisen, so wichtig deren Lösung grade für die Geschichte der Mathematik wäre. Den Etruskern nämlich gehören muthmasslich die Zeichen an, welche als Zahlzeichen den Römern dienten, ihnen wird zugeschrieben, was als praktische Feldmessung der Römer sich erhalten hat.

Wir wollen mit den Zahlzeichen unsere Erörterungen beginnen. Zahlenbezeichnung, wenn auch nicht durch Zahlzeichen, war es, wenn die Etrusker, wenn ihnen folgend die Römer in dem Heiligthume der Minerva alljährlich einen Nagel einschlugen um die Zahl der Jahre vorzustellen.[2]) Zahlzeichen sind diejenigen Charaktere, welche allmälig zu Buchstabenform sich abändernd das bilden, was gegenwärtig als römische Zahlzeichen bekannt ist.[3]) Wie die ganze Schrift der Römer und der Etrusker bei hervorragender Aehnlichkeit

---

[1]) *De Rossi* in den *Annal. dell' Instit.* 1867, pag. 36 sqq. [2]) Livius VII, 3. Vergl. für andere Stellen Friedlein, Die Zahlzeichen und das elementare Rechnen der Griechen und Römer und des christlichen Abendlandes vom 7. bis 13. Jahrhundert. Erlangen, 1869, S. 19. Noch andere Analoga wie z. B. einzelne Striche, farbige Steinchen als Zahlenbezeichnung sind mit Beispielen belegt bei Rocco Bombelli, *Studi archeologico-critici circa l'antica numerazione italica Parte I.* Roma, 1876, pag. 31. [3]) Ottfried Müller, Die Etrusker Bd. II, S. 312—320. Breslau, 1828. Th. Mommsen, Die unteritalischen Dialekte (besonders S. 19—34). Leipzig, 1850. Math. Beitr. Kulturl. S. 161 flgg. Friedlein l. c. S. 27 flgg. R. Bombelli l. c. pag. 33.

es doch auch an wesentlichen Unterschieden nicht fehlen lässt, die eine unmittelbare Ableitung der einen aus der anderen zur Unmöglichkeit machen, ist seit einem halben Jahrhundert festgestellt. Schon die linksläufige Schrift der Etrusker gegenüber von der rechtsläufigen der Römer deutet darauf hin, dass der Ursprung jener in eine Zeit zu setzen ist, während deren die Griechen noch nicht durch die Uebergangsperiode einer in der Richtung von Zeile zu Zeile wechselnden Schrift hindurchgegangen waren, wogegen die römische Schrift diese Veränderung bereits voraussetzt. Die Annahme nicht unmittelbarer Ableitung aus einander findet noch Bestätigung darin, dass im römischen Alphabete das altgriechische Koppa als Q erhalten ist, welches die Etrusker nicht kennen, während umgekehrt manche Buchstaben dem tuskischen Alphabet angehören, die dem römischen fehlen. Wann das etrurische Alphabet, welches nach Tacitus[1]) durch den Korinther Demaratus nach Italien kam, daselbst zur Einführung gelangte, wissen wir ungefähr. Es wird zwischen 650 und 600 v. Chr. gewesen sein.[2]) Die Trennung des römischen Alphabetes von dem gräkoitalischen Mutterstamme ist nicht zeitlich so bestimmt, doch muss sie jedenfalls eingetreten sein, bevor die Benutzung der Buchstaben als Zahlzeichen den Griechen bekannt war, also (S. 100) vor 500 v. Chr., denn bei den Römern sind niemals nach griechischem Muster die aufeinanderfolgenden Buchstaben des Alphabetes als Zahlzeichen verwerthet worden.[3]) Und dennoch sehen die ältesten Zahlzeichen der Römer, sehen die der Etrusker Buchstaben ungemein gleich und ähneln sich unter einander so sehr (vergleiche die hinten angeheftete Tafel), dass die vorhandenen Uebereinstimmungen unmöglich als Zufälligkeiten erklärt werden können. Zufällig erscheint vielmehr die Verwandtschaft mit den späteren römischen Zeichen I V X L C M, welche aus der Aehnlichkeit mit Buchstaben durch Volksetymologie sich in diese Buchstabenformen selbst verwandelten, noch ein Zeichen D für 500 zwischen C und M und ein Zeichen ϥ vielleicht aus VI entstanden, für die 6 sich aneignend und C und M mit den Anfangsbuchstaben der Wörter centum und mille vergleichend.

Neben der alphabetischen Reihenfolge ist auch die Benutzung der Anfangs-Buchstaben von Zahlwörtern als Zeichen für die Zahlen begreiflich nächstliegend, und so erscheint die Frage nicht müssig, ob vielleicht die Buchstabenähnlichkeit der tuskischen Zahlzeichen so erklärt werden könne? Es ist bisher den Gelehrten, welche mit etrus-

---

[1]) Tacitus, *Annales XI*, 14. [2]) A. Riese, Ein Beitrag zur Geschichte der Etrusker. Rhein. Museum für Philologie (1865) XX, 295—298. [3]) Ueber andere Benutzung von Buchstaben als Zahlzeichen bei Römern in vermuthlich recht später Zeit vergl. Friedlein l. c. S. 20—21.

kischen Studien sich beschäftigt haben, nicht möglich gewesen diese Frage vollgiltig zu beantworten, doch neigen sie zur Verneinung derselben. Wie schwierig übrigens die Beantwortung ist, geht schon daraus hervor, dass der Wortlaut der etruskischen Zahlwörter keineswegs feststeht. Man hat im Jahre 1848 alte etruskische Würfel gefunden, deren sechs Flächen mit Wörtern beschrieben sind, welche man mach, thu, zal, huth, ki, sa liest.[1]) Man hat allseitig diese Wörter für die Namen der sechs ersten Zahlen gehalten, aber man ist uneinig darüber, welche Zahl jedes einzelne Wort bedeute.[2])

Sei nun der Ursprung der tuskisch-römischen Zeichen welcher er wolle, eines tritt bei beiden Völkern hervor, was als hochbedeutsam hervorgehoben werden muss: die subtraktive Bedeutung eines Zeichens kleineren Werthes, sofern es vor einem Zeichen höheren Werthes, also bei den Etruskern rechts, bei den Römern links von demselben auftritt, wie IV = 4, IIX = 8, IX = 9, XL = 40, XC = 90, CD = 400, wovon das Zeichen für 8 schon zu den Seltenheiten gehört.[3]) Ein sprachliches Subtrahiren haben wir (S. 10—11) auch bei der Bildung der Zahlwörter anderer Völker in Erwägung ziehen dürfen, nirgend aber als bei den Etruskern und Römern findet sich die Subtraktion in den Zeichen versinnlicht, und es gehört zu den weiteren Eigenthümlichkeiten, dass Zeichen und Sprache bei den Römern sich nicht decken. Schriftlich ist die Subtraktion nur bis X, nicht bei den späteren Zehnern in Gebrauch, wie sich auch leicht verstehen lässt, weil z. B. IXXX dem Zweifel Raum gäbe, ob 29 (XXX weniger I) oder 11 (XX weniger IX) gemeint sei. Dagegen wird sprachlich die Eins wie die Zwei nie von Zehn, sondern nur von den Zehnern: Zwanzig bis Hundert abgezogen. Wir fügen hinzu, dass die Römer gleichfalls allein unter allen Völkern subtraktiver Ausdrücke auch bei Datirungen ihrer Monatstage sich bedienten. Wir werden endlich sehen, dass das Rechnen der Römer mit grosser Wahrscheinlichkeit eben dieses Subtrahiren in Gestalt complementärer Methoden verwerthet.

Was die schriftliche Darstellung von Zahlen über Tausend betrifft, so ist zu verschiedenen Zeiten wahrscheinlich verschiedentlich verfahren worden. Eine Uebereinstimmung in der Auffassung der einzelnen Stellen ist indessen nicht vorhanden[4]), nur die vertausend-

---

[1]) *Bulletino dell' Instituto di correspondenza archeologica.* Roma, 1848, pag. 60, 74. [2]) Vergl. Zeitschr. Mathem. Phys. XXII, Histor. literar. Abthlg. S. 55, wo die Ansichten von Isaac Taylor denen der italienischen Gelehrten gegenübergestellt sind. [3]) Die subtraktiven Ziffern sollen bei den Etruskern häufiger als bei den Römern zur Anwendung gekommen sein. Corssen, Ueber die Sprachen der Etrusker I, 39—41 (Leipzig, 1874) gibt XIIIXX = 27, ↑III = 47, auch das zweimal subtrahirende ↑XII = 50 — 10 — 2 = 38 als etruskisch an. [4]) Math. Beitr. Kulturl. S. 162—165. Th. H. Martin in den *Annali di matematica* (1863) V, 295—297. Friedlein l. c. S. 28—31.

fachende Wirkung eines über Zahlzeichen hinweggezogenen Horizontalstriches z. B. $\overline{\overline{XXX}} = 30\,000$, $\overline{\overline{C}} = 100\,000$, $\overline{\overline{M}} = 1\,000\,000$ scheint ausser Zweifel.

Wenden wir uns zu den Zahlen unterhalb der Einheit, zu den Brüchen, so stehen wir hier vor einem ausgesprochenen **Duodecimalsystem**. Wir haben es mit einem ähnlichen Gedanken zu thun wie bei dem Sexagesimalsystem der Babylonier und der griechischen Astronomen. Nur dass dort der jedesmalige Zähler seinerseits angeschrieben wurde, als wenn er als ganze Zahl vorhanden wäre, und der Nenner durch Stellung oder durch ein eigenthümliches dem Zähler anhaftendes Zeichen, Strichelchen oder dergleichen sich kund gab; bei den Römern sind dagegen für alle Zwölftel von $\frac{1}{12}$ bis zu $\frac{11}{12}$ besondere Bruchzeichen und Bruchnamen vorhanden. Die Aehnlichkeit beider Systeme zeigt sich beispielsweise in Ausdrücken wie anderthalb Zwölftel. Unseren Begriffen nach ist das weit umständlicher gesprochen, als wenn wir ein Achtel sagen; dem Römer ist offenbar dieses Umständlichere das Einfachere und Fasslichere, weil er eben ein Zeichen für $\frac{1}{12}$, sowie für die Hälfte von $\frac{1}{12}$ besitzt, ein solches für $\frac{1}{8}$ dagegen nicht hat.[1]) Auch der Grieche würde nur von 7 Sechzigsteln und von 30 zweiten Sechzichsteln reden, wenn er nicht neben und vor den Sexagesimalbrüchen die Stammbrüche besässe, die dem Römer fehlen. Eine weitere Aehnlichkeit zwischen den Sexagesimalbrüchen und den römischen Duodecimalbrüchen dürfte darin gefunden werden, dass beide von einer ganz bestimmten Theilung hergenommen sind, also ursprünglich benannte Zahlen waren, bis allmälig der Bruchgedanke über den des kleinen Bogentheiles der Babylonier, des kleinen Gewichtstheils der Römer die Oberhand gewann. Wie alt freilich die Bruchzeichen bei den Römern gewesen sein mögen, ist nicht genau zu ermitteln. Etruskische Inschriften[2]) von muthmasslich hohem Alter enthalten das Zeichen $\cap = \frac{1}{2}$. Andererseits lässt ein Ausspruch von Varro die Deutung zu, als sei die kleinste Brucheinheit von $\frac{1}{288}$ As in der Zeit vor den punischen Kriegen entstanden[3]).

Es ist vielleicht zweckmässig hier anzuknüpfen, was man über

---

[1]) Auch nach **Volusius Maecianus**, der in der Mitte des II. S. n. Chr. lebte (vergl. **Mommsen** in den Abhandlungen der Sächs. Gesellsch. der Wissensch. III, 281—285. 1853), setzt in seinen Zeichen $\frac{1}{8} = \frac{1\frac{1}{2}}{12}$. [2]) Vergl. **Corssen** l. c. [3]) **Varro**, *De re rustica I, 10: Habet iugerum scriptula CCLXXXVIII quantum as antiquus noster ante bellum Punicum pendebat.*

das gewöhnliche Rechnen der Römer weiss mit Ausschluss eines denselben vielleicht bekannten wissenschaftlichen Rechnens, von welchem unter Boethius die Rede sein muss. Das gewöhnliche Rechnen wird wohl auf dreierlei Art geübt worden sein: als Fingerrechnen, als Rechnen auf einem Rechenbrett, als Rechnen unter Benutzung vorhandener Tabellen.

Das Fingerrechnen hat die älteste Ueberlieferung für sich, indem nach Plinius[1]) schon König Numa Zahlendarstellung mittels der Finger kannte. Er liess nämlich ein Standbild des doppeltbeantlitzten Janus errichten, dessen Finger die Zahl 355 als Zahl der Jahrestage andeuteten. Ein später römischer Schriftsteller, Macrobius[2]), weiss von derselben Sitte den Janus mit gekrümmten Fingern abzubilden, nur nennt er nicht König Numa als Urheber und gibt die dargestellte Zahl der Jahrestage zu 365 an, offenbar dem späteren römischen Jahre diese Zahl entnehmend, ohne dass ein altes Bildwerk ihm vor Augen gewesen wäre. Martianus Capella[3]) lässt die als Göttin auftretende Arithmetik die Zahl 717 mittels der Finger darstellen. Neben diesen Angaben ganz bestimmter durch Fingerbeugung angedeuteter Zahlen, kann man noch viele Stellen römischer Schriftsteller aus den verschiedensten Zeiten anführen, welche das Fingerrechnen im Allgemeinen bestätigen. Die rechte Hand, sagt Plautus[4]), bringt die Rechnung zusammen. Mit Wort und Fingern lässt Suetonius[5]) die Goldstücke abzählen. Bei Quintilian[6]) ist von einer Abweichung von der Rechnung durch unsichere oder unschickliche Bewegung der Finger die Rede und ähnlich bei Anderen[7]) Wir führen nur eine Stelle noch besonders an, weil sie die fortschreitende Reihenfolge von links nach rechts bestätigt, welche wir zuletzt noch bei Nikolaus Rhabda (S. 436) als Regel kennen gelernt haben. Juvenal[8]) lässt nämlich den mehr als Hundertjährigen die Zahl seiner Jahre schon an der rechten Hand zur Darstellung bringen. Eine ausführliche Beschreibung, wie man Zahlen durch Fingerbewegungen kenntlich mache, von Beda Venerabilis, dem schottischen Mönche aus dem VII. und VIII. S. gehört bereits der Litteratur des Mittelalters an, und wird uns im 38. Kapitel beschäftigen.

Vielleicht mit jener mittelalterlichen Verbreitung des Finger-

---

[1]) Plinius, *Histor. natur.* XXXIV, 16. [2]) Macrobius, *Conviv. Saturn.* I, 9. [3]) Martianus Capella, *Satura VII init.* [4]) Plautus, *Miles gloriosus Act. II sc. 3: Dextera digitis rationem computat.* [5]) Suetonius, Claudius XXI ... *ut oblatos aureos voce digitisque numeraret.* [6]) Quintilian I: *si digitorum solum incerto aut indecoro gestu a computatione dissentit.* [7]) Eine Zusammenstellung, bei welcher auch die Kirchenväter berücksichtigt sind, bei Rocco Bombelli l. c. pag. 101—107. [8]) Juvenalis, *Sat.* X, v. 248 *suos jam dextra computat annos.*

rechnens, vielleicht aber auch schon mit römischen Gewohnheiten sind Spuren in Verbindung zu setzen, welche bis auf den heutigen Tag sich erhalten haben. In der Wallachei[1]) bedient man sich der Finger, um das Produkt zweier einziffriger Zahlen, die grösser als 5 sind, zu finden. Die Finger jeder der beiden Hände erhalten vom Daumen zum Kleinenfinger aufsteigend die Werthe 6 bis 10. Hat man nun zwei Zahlen, z. B. 8 mal 9 zu multipliciren, so streckt man den Achterfinger (Mittelfinger) der einen und den Neunerfinger (Ringfinger) der anderen Hand vor. Die nach dem Kleinenfinger hin übrigen Finger beider Hände (2 Finger und 1 Finger) multiplicirt man mit einander und hat damit die Einer ($2 \cdot 1 = 2$) des Produktes. Die von den Daumen aus vorhandenen Finger mit Einschluss der ausgestreckten Finger (3 Finger und 4 Finger) addirt man und hat damit die Zehner ($3 + 4 = 7$) des Produktes ($8 . 9 = 72$). Die Richtigkeit dieser complementären Multiplikation ist einleuchtend. Heissen a und b die zu vervielfältigenden Zahlen, so sind $10 - a$ und $10 - b$ die noch übrigen Finger zum Kleinenfinger hin, $a - 5$ und $b - 5$ die Finger vom Daumen an. Die Regel lässt also $(10 - a) . (10 - b) + 10 (a - 5 + b - 5) = 100 - 10a - 10b + ab + 10a + 10b - 100 = ab$ bilden. Der Zweck, der erreicht wird, besteht darin, dass hauptsächlich nur der Anfang des Einmaleins bis zu 4 mal 4 auswendig behalten werden muss und die Erlernung der Abtheilung, die mit 6 mal 6 beginnt, erspart bleibt.

Wenn wir nun die Muthmassung wagen, es sei hier römisches Fingerrechnen zu verfolgen, so veranlassen uns dazu die eigenthümlichen Thatsachen, dass die römischen Zahlzeichen VI, VII, VIII oder IIX, VIIII oder IX sehr leicht zur Beachtung der Ergänzungszahlen, die hier benutzt sind, führen konnten; dass ein ganz ähnliches Verfahren auch bei französischen Bauern gefunden worden ist; dass wir im Mittelalter ähnlichen Regeln begegnen werden, die im 40. Kapitel zu besprechen sind; dass auch ein complementäres Divisionsverfahren unsere Aufmerksamkeit mehrfach in Anspruch nehmen wird, für welches ein anderer Ursprung als ein römischer zunächst nicht zu Gebote steht. Wir sagen zunächst, denn es wäre immerhin möglich, dass auch die complementären Rechnungsverfahren bis nach Griechenland verfolgt werden müssten, wenn die nöthigen Voraussetzungen, wir meinen griechische Lehrbücher der Rechenkunst, vorhanden wären. Wir erinnern an jenes dem Nikomachus zugeschriebene Verfahren die Quadrate von Zahlen zu finden (S. 366), welches zwar mit der complementären Multiplikation sich

[1]) D. Pick in Hoffmanns Zeitschr. für math. und naturw. Unterricht V, 67 (1874).

nicht deckt, aber eine entschiedene Familienähnlichkeit zu demselben nicht verkennen lässt.

Nächst dem Fingerrechnen war bei den Römern das Rechnen auf dem Rechenbrette üblich und bildete einen Gegenstand des elementaren Unterrichtes. Auch dafür ist eine ganze Anzahl von Stellen gesammelt worden,[1]) welche meistens auf einen mit Staub überdeckten Abacus Bezug nehmen, auf welchem man alsdann geometrische Figuren aller Art entwerfen konnte, welchen man aber auch im Stande war durch Ziehen gerader Striche in Kolumnen abzutheilen, welche mit Steinchen, calculi, belegt zum Rechnen dienten. Neben diesem somit für römische Uebung gesicherten Kolumnenabacus gab es aber auch einen Abacus mit Einschnitten und in diesen Einschnitten verschiebbaren Knöpfchen. Vier solcher Vorrichtungen[2]) haben sich bis in die neuere Zeit erhalten, darunter wenigstens eine, deren alterthümlicher Ursprung von dem Beschreiber ganz besonders hervorgehoben worden ist.[3])

Eine solche römische Rechentafel, eigens zum Rechnen, nicht zu mehrfachem Gebrauche hergerichtet, war von Metall und hatte 8 längere und 8 kürzere Einschnitte, je einen von jenen mit einem von diesen in gerader Linie. In den Einschnitten waren bewegliche Stifte mit Knöpfen, in einem der längeren 5 Stück, in den übrigen 4, in den kürzeren je 1. Jeder längere Einschnitt war oben, also nach der Seite, wo der kürzere Einschnitt ihn fortsetzte, mit einer Ueberschrift versehen. Der Gebrauch der Rechentafel ergibt sich von selbst. Sie wurde mit zu dem Rechner senkrechten Einschnitten auf eine beliebige Unterlage aufgestellt, zu welchem Zwecke unten an der Tafel Füsschen angebracht waren. Dem Rechner am Nächsten waren, wie wir schon andeuteten, die längeren Einschnitte; die kürzeren waren weiter von ihm entfernt. Die Marken in den längeren Einschnitten bedeuteten einzelne Einheiten ihrer Klasse; die in den kürzeren Einschnitten galten 5 solcher Einheiten. Nur der erste kürzere Einschnitt von rechts bildete dabei eine Ausnahme, indem dessen einzelne Marke 6 Einheiten bedeutete. Dieser äusserste Einschnitt (sofern man die beiden Einschnitte, den längeren und den kürzeren, nur als Abtheilungen eines einzigen in der Mitte unterbrochenen Einschnittes betrachtet) war nämlich mit Θ bezeichnet und enthielt die Unzen, deren 12 auf eine Ass gingen. Die übrigen für die Asse bestimmten Einschnitte trugen in nach links dekadisch aufsteigender Reihenfolge die Bezeichnungen I, X, C u. s. f. bis zu IXI oder einer Million. Der erste Einschnitt von rechts

---

[1]) Rocco Bombelli l. c. pag. 116 sqq. [2]) Deren Beschreibung bei Becker-Marquart, Handbuch der römischen Alterthümer V, 100. [3]) *Claude du Molinet, Le cabinet de la bibliothèque de Ste. Geneviève.* Paris, 1692, pag. 25.

aus konnte darnach zur Angabe von 11 Unzen noch dienen, wenn man die ursprünglich so weit als möglich von einander getrennten Knöpfchen der beiden Abtheilungen sämmtlich gegen die Mitte des Brettes vorschob, wo die schriftlichen Bezeichnungen standen, und so einander näherte. An diesem Orte erhielten sie den Zählwerth von 5 einzelnen Unzen und 1 Sechsunzenmarke. Kamen dann noch weitere Unzen hinzu, so ersetzte man ihrer 12 durch eine gegen die Mitte vorgeschobene Marke der nächsten Linie, d. h. der Einheiten der Asse. In den folgenden 7 Einschnitten konnte man durch ähnliches Verfahren bis zu je 9 Einheiten in jeder Klasse von den Einern bis zu Millionen von Assen darstellen. So zeigten 3 verschobene Knöpfe in einem längeren Einschnitte und der einzelne in dem zugehörigen kürzeren Einschnitte gleichfalls nach der Mitte des Abacus fortgerückt die Zahl 8 in der entsprechenden Klasse an. Neben den Einschnitten der Unzen waren noch drei kleinere Einschnitte, die beiden oberen mit je einer Marke, die unterste mit zwei Marken versehen. Die Bedeutung dieser Einschnitte war den beigeschriebenen Zeichen zufolge von oben nach unten die halbe Unze semuncia, die viertel Unze siciliquus, die drittel Unze duella. Das Alles ergibt sich aus der Betrachtung der Rechentafel selbst mit Ausnahme dessen, was wir über die nöthige Verschiebung der Knöpfchen bemerkt haben, und wofür wir eine alterthümliche Quelle anzugeben allerdings nicht im Stande sind. Es muss eben der Natur der Sache nach so oder umgekehrt verfahren worden sein, und da scheint uns, dass die Uebersicht wesentlich erleichtert ist, wenn die wirklich zu zählenden Knöpfchen in der Mitte des Brettes vereinigt waren dicht bei den Zeichen, die den Werth des einzelnen Knöpfchens angaben, dass also, wo die Nützlichkeit den Ausschlag geben durfte, nicht leicht eine andere Wahl getroffen worden sein wird, als die wir andeuteten.

Auf diesem Rechenbrette konnten, wie auf jedem ähnlichen Apparate mit festen Marken, Additionen und Subtraktionen leicht vollzogen werden. Wollte man multipliciren oder dividiren, so war es nöthig die Zahlen, an welchen jene Operationen vorgenommen werden sollten, besonders, etwa schriftlich, anzumerken, und der Abacus vermittelte nur die Vereinigung der Theilprodukte, beziehungsweise die Subtraktionen der aus den Theilquotienten entstandenen Zahlen.

Dabei war ein Kopfrechnen mit Benutzung des Einmaleins nicht zu umgehen, und bei diesem konnte vielleicht die beschriebene Fingermultiplikation Anwendung finden. Wir wissen, dass römische Knaben in ihren Schulen im Kopfrechnen geübt wurden, dass dem Vorübergehenden die einförmigen Töne des 2 mal 2 sind 4, bis bina quatuor, welches die Knaben gemeinsam herzusingen (decantare) hatten, entgegenzudringen pflegten, dass damit noch andere Misstöne sich häufig genug vereinigten, das Klatschen der Ruthe oder der Peitsche und das Heulen der in solcher Weise Unterrichteten.

Kamen freilich Multiplikationen hoher Zahlen, oder gar solche von Brüchen vor, so nutzte dem ungeübten Rechner nicht Rechenbrett noch gewöhnliches Einmaleins, er musste die Produkte von einem tabellarisch geordneten Rechenknechte hernehmen, und das ist es, was wir weiter oben ein Rechnen unter Benutzung vorhandener Tabellen genannt haben. Ein solcher Rechenknecht hat sich erhalten, dessen freilich sehr später Verfasser überdies nicht auf italischem Boden lebte. Gleichwohl wird ein Zweifel darein nicht gesetzt werden können, dass es Römisches und nur Römisches ist, was hier vorliegt, mag auch darüber gestritten werden können, ob ältere Musterwerke bloss benutzt oder geradezu abgeschrieben sind.

Wir meinen den Calculus des Victorius,[1]) eines Schriftstellers, der mitunter aber wahrscheinlich unrichtig auch Victorinus genannt wird. Seine Persönlichkeit bestimmt sich dahin, dass er aus Aquitanien stammte und im Jahre 457 n. Chr. eine sogenannte Osterrechnung, d. h. eine Anleitung zur Auffindung des richtigen Osterdatums verfasste. Vor oder nach diesem canon paschalis, das Eine ist eben so gut möglich als das Andere, richtete der als eifriger und gewissenhafter Rechner von seinen Commentatoren gerühmte Victorius diese Tabellen her, aus welchen Vervielfältigungen sowohl ganzer als gebrochener Zahlen in grosser Ausdehnung entnommen werden können. Mathematischer Werth ist den Tabellen selbstverständlich nicht beizulegen. Wir müssen nur bemerken, dass auf ihnen eigenthümliche Bruchzeichen sich befinden, verschieden von denen der älteren Schriftsteller, dagegen sich forterbend durch das ganze Mittelalter.

Wir leiteten diese Erörterungen, welche uns, wie man sieht, chronologisch aber nicht mathematisch sehr weit geführt haben, mit der Behauptung ein, wie die Zahlzeichen der Römer, so werde auch deren praktische Feldmessung auf etruskische Ursprünge zurückgeführt, sei nun die Ueberlieferung eine berechtigte oder nicht. Wir wenden uns zu diesem zweiten Gegenstande, welcher ebenfalls eine weitläufigere Erörterung fordert.

Der älteste uns bekannte römische Schriftsteller, welcher mit nicht misszuverstehenden Worten es ausspricht, die Art, wie die Begränzungen festgestellt werden, rühre von den Etruskern her,[2]) ist

---

[1]) Vergl. Christ in den Sitzungsberichten der Münchner Akademie 1863, S. 100–152. Dann Friedlein in der Zeitschr. Math. Phys. XVI, 42–79 (1871) und im *Bulletino Boncompagni* 1871, pag. 443–463, wo der, wie es scheint, zuverlässigste Text aus einer Vatikanhandschrift abgedruckt ist. [2]) *Limitum prima origo, sicut Varro descripsit, a disciplina Etrusca.* Römische Feldmesser

Varro etwa 50 bis 80 Jahre vor dem Anfange der christlichen Zeitrechnung, und von ihm aus begegnen wir dieser Ueberlieferung durch Jahrhunderte.

Die Begrenzungen, von denen die Rede ist, sind sehr allgemeiner Natur. Demselben Grundgedanken gehorchend finden sie sich überall, wo es um gesetzliche räumliche Absonderung sich handeln kann, bei der Anlage der Stadt wie des Lagers, bei der Vermessung des angebauten Landes, bei dem Grundrisse des bürgerlichen Hauses wie des Hauses, als dessen Eigenthümer eine Gottheit gilt. Dieses letztere, der Tempel, führt sogar den Namen nach dem Abschneiden (τέμνειν) aus dem umgebenden Grund und Boden, und ein templum ist bis zu einem gewissen Grade jedes Grundeigenthum.[1]) Wenn auch der Begriff des Templum in der römischen Religion und allen mit ihr zusammenhängenden Verrichtungen eine massgebende Rolle spielt, er hat sich gleichwohl so wenig aus dem des Heiligen, Gottgeweihten entwickelt, dass er sich mit diesem nicht einmal deckt. Eines der höchsten Heiligthümer in Rom, das der Vesta, war sogar kein Templum. Die städtische Anlage dagegen gehört unter den genannten Begriff. Die italische Stadt nämlich entsteht nicht gleich der modernen und mittelalterlichen im langsamen Verlaufe der Zeiten von einzelnen Häusern zum Dorf, vom Dorfe zur Stadt anwachsend. Sie wird auf einmal geschaffen durch eine einzige politisch-religiöse Handlung. Sie weiss ihren Gründer, ihr Gründungsjahr, oftmals ihren Gründungstag zu nennen, den man dann alljährlich als städtisches Fest feiert.

Die Bedingung, welche nun solcher Absteckung von Grenzen die Gesetzmässigkeit verleiht, besteht darin,[2]) dass der Gesichtskreis durch zwei senkrecht zu einander stehende Gerade in 4 Theile geschnitten werde, und dass die Geraden ein für alle Mal die Richtungen für die Seiten der rechteckigen Einzelgebilde abgeben, mögen Häuser oder Feldstücke, Zimmer oder Tempelräume diese Einzelgebilde sein. Die beiden Richtungen werden überdies nicht willkürlich angenommen, sondern sollen mit den Verbindungslinien der einander gegenüberliegenden Haupthimmelsgegenden übereinstimmen.

Wir erinnern uns, dass eine derartige Orientirung religiösen Zwecken dienender Baulichkeiten uns auch an anderen Orten bemerklich wurde, dass wir (S. 13) zum Voraus ankündigten, wir würden in der häufig vorkommenden Thatsache selbst keinen Grund erkennen eine Uebertragung von einem Volke zum anderen mit Nothwendig-

---

I, 27. [Unter dem Citate „Römische Feldmesser" verstehen wir die Schriften der Römischen Feldmesser herausgegeben und erläutert von F. Blume, K. Lachmann und A. Rudorff. Berlin, 1848 und 1852.] [1]) Nissen, Das Templum S. 7, 8, 10, 55 und häufiger. [2]) Agrimensoren S. 65 flgg.

keit annehmen zu müssen. Wir finden es angemessen zusätzlich hier zu bemerken, dass eine solche Uebertragung für die altitalischen Orientirungen weniger als irgend sonst wo anzunehmen sein wird. Jedenfalls hat hier und nur hier der Orientirungsgedanke eine Entwicklung gewonnen wie sonst nirgend, hat er die Errichtung fast jedes Gebäudes, fast jeder Verbindung von Gebäuden in so folgerichtiger Weise, wie wir es schon andeuteten, beeinflusst. Nicht bloss ein einzelner Tempel, die römischen Gesetzen unterworfene Welt war nach einem einzigen rechtwinkligen Coordinatensysteme geordnet,[1]) und wir werden auf diesen Gedanken noch zurückzugreifen haben.

Die Abscissenaxe des gemeinsamen Systems war die Ostwestlinie, dessen Ordinatenaxe die Südnordlinie oder Mittagslinie. Allerdings zeigen die Trümmer von Tempeln, von Städteanlagen und dergleichen, welche man genauer auf ihre Lage zu prüfen noch nicht gar lange begonnen hat, nicht ganz unerhebliche Abweichungen von der wahren astronomischen Mittagslinie. Es ist für unsere Zwecke durchaus gleichgiltig, ob diese Verschiedenheiten unabsichtlich, ob sie absichtlich entstanden sind; ob sie, wie man früher annahm, aus einem ungeschickten Verfahren derer hervorgingen, welche die Richtungen bestimmten, oder ob, wie eine jedenfalls geistreiche und genaue Prüfung verdienende Vermuthung es will,[2]) die Richtung nach dem Punkte des Sonnenaufgangs am Gründungstage des betreffenden Tempels in der Abscissenaxe festgehalten werden sollte, einem Tage, der selbst keineswegs willkürlich angenommen wurde, sondern der jedesmalige Hauptfeiertag derjenigen Gottheit sein musste, welcher das Heiligthum geweiht werden sollte.

Wir haben für die Grundrichtungen uns der ganz modernen Namen der Coordinatenaxen bedient. Den Römern hiessen dieselben Decimanus und Cardo, offenbar sehr alterthümliche Namen, wie man gewiss mit Recht schon daraus gefolgert hat, dass als Abkürzung für Cardo stets ein K benutzt worden ist, ein Buchstabe, der der römischen Schrift im Uebrigen schon frühzeitig abhanden kam. Die Bedeutung von Decimanus dürfen wir heute wohl nur als unbekannt bezeichnen.[3]) Wie die antike Ableitung des Wortes Decimanus von einem selbst mehr als zweifelhaften duocere, zweitheilen, weil der Raum überhaupt in zwei Abtheilungen zerfällt worden sei, sprachlich

---

[1]) Nissen, Das Templum S. 165: „Seit Augustus war der Culturkreis des Mittelmeeres zu einem einzigen politischen Ganzen geschlossen worden; das Templum, welches einst auf den palatinischen Hügel beschränkt gewesen war, hatte sich ausgedehnt in immer weiteren Kreisen und anjetzt war das letzte und grösste Templum constituirt worden.“ [2]) Diese Theorie ist von Nissen in seinem mehrerwähnten Werke über das Templum aufgestellt. [3]) Vergl. Agrimensoren S. 66 mit Nissen, das Templum S. 12 und 27.

ganz und gar unhaltbar ist, so ruht eine moderne Ableitung, welche Decimanus einfach aus decem entstanden wissen will, sachlich auf gar schwachen Füssen. Die Italiker, sagt man, bedienten sich von uralters her eines Decimalsystems. Der Zehnte macht daher die Reihe voll, und die Linie, welche eine Flächeneinheit begrenzt, erhielt passend von ihm den Namen, grade wie diejenige, welche die Flächeneinheit halbirt, die fünfte heisst. Wir vermögen diese Schlüsse als genügend nicht anzuerkennen. Zuerst würde man uns nachweisen müssen, dass die begrenzte Flächeneinheit wenigstens nach einer Richtung die Seitenlänge 10 hatte, und dann müsste man uns noch erklären, wie neben dem Worte via quintana für eine Querstrasse auch die Wortverbindung decimana quintaria entstehen konnte, bevor wir jene Deutung als gesichert anerkennen. Um so zweifelloser ist Cardo die Angel, um welche das Weltall sich dreht, die Weltaxe.

Jedenfalls zog bei irgend einer Gründung der Augur[1]) zuerst einen Decimanus, dann senkrecht zu ihm einen Cardo, und somit sind es zwei praktische Thätigkeiten, welche er von Anfang an auszuüben verpflichtet und folglich auch befähigt sein musste: die Ostwestlinie zu bestimmen und zu einer gegebenen Geraden auf dem Felde eine Senkrechte zu ziehen.

Für die Bestimmung der Ostwestlinie sind drei verschiedene Methoden durch Hyginus, einen Feldmesser etwa aus dem Jahre 100 n. Chr. beschrieben. Die erste Methode[2]) richtete ein zum Visiren geeignetes Instrument, von welchem wir noch zu reden haben, nach dem Punkte des Horizontes, wo wirklich die Sonne aufging. Diese Richtung wurde als Ostwestlinie, die zu ihr senkrechte als Cardo bestimmt, und, fügt der Beschreiber im stolzen Gefühle seiner Ueberlegenheit hinzu, um Mittag stimmte diese Mittagslinie nicht mit der Wirklichkeit überein. Die zweite Methode[3]) befestigte auf geebneter Grundlage einen senkrechten Stift als Schattennehmer, sciotherum, und beschrieb um denselben als Mittelpunkt einen Kreis, dessen Halbmesser kleiner als die grösste Schattenlänge des Stiftes gewählt werden musste. Sowohl des Morgens als des Nachmittags musste der Schatten einmal so lang werden, dass sein Endpunkt genau in diesen Kreisumfang eintraf, und die beiden Punkte, in welchen Solches stattfand, hatte man zu beobachten und anzumerken, endlich zu verbinden. Die Verbindungsgerade war der gewünschte Decimanus. Die dritte Methode[4]) machte von drei un-

---

[1]) Der Namen Augur wird (nach Nissen l. c. S. 5, Anmerkung 1) von J. Schmidt mit *aio*, *auctor*, *autumari*, *εὔχεσθαι* in Verbindung gebracht. [2]) *Hygini gromatici de limitibus constituendis* in Römische Feldmesser I, 170. [3]) Hyginus, Römische Feldmesser I, 188—189. [4]) Hyginus, Römische Feld-

gleichen Schattenlängen Gebrauch, welche in kurz auf einander folgenden Zeitpunkten, aber sämmtlich vormittags, auf der Grundebene des Sciotherums verzeichnet worden waren.

Die letzte Methode, unter deren Vorzügen wir nur den einen hervorheben wollen, dass sie unabhängig davon war, ob die Sonne in einem gewissen Momente unbewölkt am Himmel stand und die vorausbestimmte Schattenlänge wirklich liefern konnte oder nicht, setzt Kenntnisse der Stereometrie in einem Maasse voraus, dass wir ihre Entstehung nur bei einem Schriftsteller vermuthen dürfen, dessen wissenschaftliche Bildung eine weit höhere war, als Römer sie je besassen. Es muss eine griechische Methode aus der Zeit entwickelter Stereometrie sein, wenn es auch nicht möglich gewesen ist, sie bei irgend einem der uns erhaltenen griechischen Astronomen aufzufinden.

Die von uns als zweite bezeichnete Methode dürfte, wenn auch nicht der ältesten Zeit, doch einem erheblich früheren Zeitalter als dem des Hyginus angehören. Ebendieselbe beschreibt nämlich auch Vitruvius[1]) um das Jahr 15 v. Chr. Andrerseits kann sie in Rom nicht früher als frühstens 250 v. Chr. etwa bekannt gewesen sein, wie daraus hervorgeht, dass sie den Gebrauch einer Art von Sonnenuhr als bekannt annimmt, während eine solche nach einer Angabe im Jahr 293, nach einer anderen gar erst 263 erstmalig in Rom aufgerichtet wurde.[2])

So bleibt uns als ältestes italisches Verfahren kein anderes übrig als jenes dem Gedanken nach einfachste Hinschauen nach der Gegend, wo die Sonne zuerst sichtbar wurde, ein Verfahren, welches bei aller Unzuverlässigkeit doch eine erträgliche Orientirung liefern kann, wenn es zu einer Jahreszeit vorgenommen wurde, welche nicht gar zu entfernt von der Tagundnachtgleiche lag.[3])

Ihm war nur ein Apparat unentbehrlich, der wo möglich zwei Zwecken zu dienen hatte: eine Richtung einzuvisiren, eine andere Richtung senkrecht zur ersteren auf dem Felde zu bestimmen; von einem solchen altitalischen Instrumente sprechen uns aber die Berichterstatter unter dem Namen Groma. Auch dieses Wort ist nach Ursprung und Bedeutung keineswegs über jeden Zweifel erhoben.[4]) Die alte Annahme groma komme von dem griechischen *γνώμων* her ist unhaltbar, weil nicht bloss die beiden unter diesen Namen bekannten Dinge verschieden sind, sondern auch der griechische

---

messer I, 189—191. Vergl. Agrimensoren S. 68—69. [1]) Vitruvius Lib. I, cap. 6, § 6. [2]) Agrimensoren S. 71. [3]) Roms Geburtstag wurde durch das Parilienfest am 21. April begangen. Nissen, das Templum S. 166. [4]) Vergl. Agrimensoren S. 72 figg. mit Hultschs Recension in Fleckeisen und Masius, Jahrbücher der Philol.

Gnomon, die Sonnenuhr, mit dem Namen in römische Schriftsteller Eingang fand. Dagegen ist nicht ausgeschlossen, dass beiden Wörtern ein und dasselbe Stammwort zu Grunde liege, ein Stammwort, welches italisch geschrieben vielleicht gnorma hiess, und ein Senkrechtes im Allgemeinen bedeutet haben mag, wie früher *γνώμων*. Dieses gnorma konnte sowohl in norma als in groma übergehen. Als aber die Römer viel später den Gnomon der Griechen herrübernahmen, mochte die Ableitung des Groma längst aus dem Bewusstsein geschwunden gewesen sein, so dass es möglich wurde, dass beide Bezeichnungen, ursprünglich verwandt, jetzt unbedenklich zur Benennung zweier verschiedener Vorrichtungen gebraucht wurden, nachdem der Heimathsschein des älteren Wortes, wenn wir so sagen dürfen, verloren gegangen war. Gegen diese im Allgemeinen sehr annehmbare Auffassung lässt sich, so viel wir sehen, nur der eine nicht unbedenkliche Einwand erheben, dass alsdann der Name, welchen das Groma (oder auch cruma, wie es sich wohl findet) bei den Etruskern, welche eines gleichen Instrumentes sich bedienten, besass, besessen haben muss, spurlos verloren gegangen wäre, ein etwas misslicher Umstand gegenüber von den verschiedenen älteren und jüngeren Namen, die sich erhalten haben.

Solche jüngere Namen sind machinula und stella, und wenn von groma der Name der Feldmesser, gromatici, sich hergeleitet hat, eine Art amtlicher Personen, die in ältester wie in jüngster Zeit eine fest gegliederte Genossenschaft, fast eine Zunft, bildeten, wenn Groma selbst auch den Platz in der Mitte der Hauptstrasse eines Lagers oder einer Stadt bezeichnete, wo bei der Gründung das Instrument aufgestellt worden war, so lässt die Variante stella uns erkennen, welcherlei Gestalt jenes Instrument gehabt haben muss. Es war der Stern, welcher zu Herons Zeiten bereits durch die Dioptra überholt noch immer bei Einzelnen in Gebrauch war (S. 322). Was aber aus diesem Namen geschlossen werden konnte, findet Bestätigung in der Abbildung eines Groma (Figur 73), die bei Jvrea auf dem Grabsteine eines römischen Feldmessers aufgefunden worden ist.[1]) Das Groma war wirklich ein Winkelkreuz gebildet durch zwei in horizontaler Ebene sich schneidende Lineale und aufgestellt auf einem mit Eisen beschlagenen Fussgestelle, dem

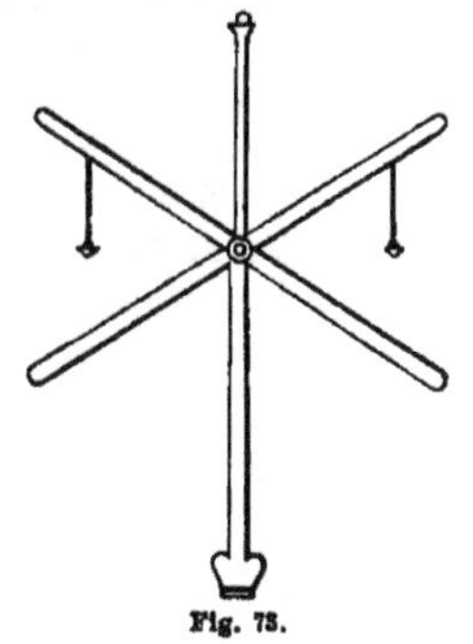
Fig. 73.

[1]) Gazzera hat die betreffende Grabschrift 1854 mit 33 anderen im XIV. Bande der II. Serie der Abhandlungen der turiner Akademie veröffentlicht.

ferramentum. An den Enden der Lineale herabhängende Bleisenkel, muthmasslich 4 an der Zahl, wenn auch die Abbildung auf dem Grabsteine nur noch deren 2 erkennen lässt, verbürgten die wagrechte Aufstellung.

Mittels dieses Kreuzes liessen in der That die beiden Handlungen sich vollziehen, die wir den Auguren bei Absteckung des Templum zuweisen mussten: es liess sich das eine Lineal in die Richtung nach dem Aufgange der Sonne bringen, und das andere Lineal zeigte dann von selbst die dazu senkrechte Richtung an. Decimanus und Cardo konnten abgesteckt werden. Noch eine weitere feldmesserische Vorrichtung haben wir als uralt auf italischem Boden zu denken: die Abmessung von bestimmten Strecken in gegebener Richtung, denn die Ländereien waren in lauter gleiche Rechtecke abgetheilt, deren Seiten ursprünglich wohl von gleicher Länge gewesen sein werden, in späterer Zeit im Verhältnisse von 1 zu 2 standen.[1])

Die Vereinigung des Groma mit der Messstange genügte alsdann bereits zur Auflösung praktisch nicht unwichtiger Aufgaben, z. B. der Aufgabe die Breite eines Flusses von einem Ufer aus zu messen ohne den Fluss zu überschreiten, eine Aufgabe, für welche ein bestimmter Name, fluminis varatio, bekannt ist. Bei einem allerdings vermuthlich ziemlich späten Schriftsteller hat sich eine Methode zur Lösung dieser Aufgabe erhalten,[2]) die wohl mit Recht eine altitalische genannt und im Vergleich zu ganz ähnlichen Verfahrungsweisen gebracht worden ist, zu welchen nordamerikanische Naturvölker unbeeinflusst von europäischer Wissenschaft sich aufzuschwingen vermocht haben. Das Verfahren ist nämlich, wenn auch zutreffend, über die Maassen schwerfällig. Es zeichnet die nicht unmittelbar zugängliche Länge selbst auf das Feld mittels congruenter Dreiecke und lässt sie in dieser getreuen Wiederholung messen, statt dass Berechnung einträte aus Verhältnissen von Seiten ähnlicher Dreiecke.

Mit diesen Bemerkungen haben wir aber keinenfalls zu wenig der altitalischen Geometrie zugewiesen, welche somit als eine nur dem täglichen Bedürfnisse gewidmete eines wissenschaftlichen Anstriches entbehrende sich kennzeichnet.

Cavedoni lenkte dann in *Bulletino archeologico napoletano*, *nuova Seria, anno* 1° die Aufmerksamkeit auf den 11. Stein mit der Abbildung des Groma. Vergl. *Giov. Rossi*, *Groma e squadro* 1877, pag. 43 und *Figura* 3. [1]) Stellen dafür vergl. Agrimensoren Anmerkung 260. [2]) Römische Feldmesser I, 285—286. Vergl. Agrimensoren S. 108, Günthers Recension dieses Buches in der Beilage zur Allgemeinen Zeitung, 21. März 1876 und *Narrative of the travels and adventures of Monsieur Violet ect. by Capt. Marryat. Chapter IX* (*Tauchnitz-edition* pag. 64—65).

Kapitel XXVI.

Die Blüthezeit der römischen Geometrie. Die Agrimensoren.

Was ist bei den Römern im Laufe der Jahrhunderte aus altitalischer Rechenkunst, aus altitalischer Feldmessung geworden? Erscheint es doch unmöglich, dass eine Stadt, die als weltbeherrschender Mittelpunkt bedeutende Männer aus allen Provinzen des grossen Reiches anzuziehen wusste, nicht auch von solchen zum Wohnort gewählt worden sein soll, welche der Mathematik sich befleissigten. Wenn wir nur in Erinnerung bringen, was uns beiläufig begegnete: in Rom hat im Jahre 98 n. Chr. Menelaus Beobachtungen angestellt (S. 349), in Rom hat um 244 Plotinus seine vielbesuchte Schule eröffnet (S. 389), in welcher gewiss auch nach damaligem Geschmacke modernisirte altgriechische Arithmetik einen Gegenstand der Lehre bildete. So mögen zu verschiedenen Zeitpunkten in Rom Persönlichkeiten gelebt und gewirkt haben, die um Mathematik sich kümmerten — Spuren davon werden sich deutlich erkennen lassen — aber sie waren beinahe verstohlener Weise Mathematiker. Was wir (S. 438) schon angedeutet haben, ist jetzt nur stärker zu betonen. Die ganze geistige Anlage des römischen Volkes war nach anderen Gebieten gerichtet als der Mathematik, und das Wort Ciceros, die Geometrie sei bei den Griechen in höchsten Ehren gestanden, desshalb sei Nichts glänzender als ihre Mathematiker, bei den Römern aber sei das Maass jener Kunst durch den Nutzen des Rechnens und Ausmessens begrenzt,[1]) hat fast für alle Zeiten Giltigkeit. Nur eine kurze Spanne bildet vielleicht eine Ausnahme und gab Anlass zu Anfängen einer eigenen mathematischen Literatur, die aber bald ausartete, so dass nur Uebersetzungen oder handwerksmässige Vorschriften neben beiläufigen Andeutungen das Material liefern, aus welchem wir Belehrung ziehen.

Jene Ausnahmsperiode eröffnete sich, während ein Mann an der Spitze des römischen Staates sich befand, der selbst mathematischen Sinn besass und als Schriftsteller in unserem Fache aufgetreten ist: Julius Cäsar. Er hat ein Buch de astris verfasst,[2]) welches in der Mitte des I. S. n. Chr. dem älteren Plinius vielfach als Quelle für das XVIII. Buch seiner Naturgeschichte gedient hat, und welchem um das Jahr 400 Macrobius das Beiwort eines nicht ohne Gelehrsamkeit verfassten Werkes beilegte. Dasselbe hängt, wie man anzunehmen berechtigt ist, mit einer Aufgabe zusammen, welche Cäsar sich als

---

[1]) Cicero, *Tuscul. Quaest.* Lib. I, cap. 2, § 5. [2]) Agrimensoren S. 78 flgg.

seiner würdig gestellt hatte, mit der Aufgabe der Kalenderverbesserung.

Das römische Jahr,[1]) der Sage nach von König Romulus zu 304 Tagen angenommen, wurde durch Numa auf 355 Tage verlängert, womit jenes Janusdenkmal zusammenhängt, dessen gekrümmte Finger eben diese Zahl darstellten. Der noch immer mangelhaften Jahreslänge wurde im Jahre 304 der Stadt durch die Decemvirn, wie es scheint, mittels eines Schaltmonates nachgeholfen, der alle zwei Jahre abwechselnd mit 22 und mit 23 Tagen eingeschoben wurde. Jetzt war das Jahr wieder zu lang, und zwar nahezu um 1 Tag, denn $4 . 355 + 22 + 23 = 1465 = 4 . 366\frac{1}{4}$. Es musste also von Zeit zu Zeit ein Schaltmonat weggelassen werden, erst regellos dann im 24jährigen Schaltcyklus. So trat allmälig eine heillose Unordnung ein, so zwar, dass die Chronologie hinter dem wirklichen Jahre um volle 85 Tage zurückblieb. Cäsar war eben siegreich aus dem alexandrinischen Feldzuge zurückgekehrt, welcher die Jahre 48 und 47 in Anspruch nahm, als er berathen von Sosigenes die chronologische Frage ins Reine brachte, so dass die Vermuthung nahe liegt Sosigenes, der von Simplicius ein Aegypter, von Plinius ein Peripatetiker genannt wird,[2]) sei selbst Alexandriner gewesen, und habe noch aus den Schätzen der alexandrinischen Gelehrsamkeit schöpfend von der Kalenderverbesserung aus dem Jahre 238 unter König Ptolemäus Euergetes I. gewusst, deren wir (S. 283) gedacht haben. Jedenfalls war Cäsars Einrichtung die gleiche, welche damals in Alexandria getroffen worden war. Das Jahr 46 war das letzte Jahr der Confusion, ein Name, welcher ihm geblieben ist. Die 85 fehlenden Tage wurden in ihm eingeschaltet, und nun sollte jedes Jahr aus 365 Tagen bestehen, und zur Ergänzung alle 4 Jahre zwischen dem 26. und 27. Januar oder römisch gesprochen zwischen dem dies septimus und sextus ante Calendas Februarias ein Tag als bissextus eingeschaltet werden, woraus der Name des bissextilen Jahres für das Schaltjahr entstand.

Noch ein zweiter grosser Gedanke war in Cäsars Geiste erwacht oder erweckt worden, der einer Vermessung des ganzen römischen Reiches, wie sie unserer früheren Bemerkung (S. 452) gemäss schon insofern nöthig war, als das ganze Reich ein Templum sein musste, ein wohlorientirtes Eigenthum mit gleichmässig gerichteten, gleichmässig abgesteckten Grenzen. Auch für diesen Gedanken war Cäsar schriftstellerisch thätig, wenn man einer Aus-

---

[1]) Ludw. Ideler, Handbuch der mathematischen und technischen Chronologie. Berlin, 1826, Bd. II, S. 67 flgg., 119—124 und 130—132. [2]) Ueber Sosigenes vergl. den von Baehr verfassten Artikel in Paulys Realencyklopädie.

sage trauen darf, welche den Ursprung römischer Feldmesskunst mit einem Briefe Cäsars in Verbindung setzt.[1]) Doch leider ist von diesem Briefe so wenig wie von der astronomischen Schrift ein eigentlicher Ueberrest auf uns gekommen. War der Gedanke der Reichsvermessung durch Andere in Cäsar angeregt worden, so müssen offenbar auch hier Alexandriner mit im Spiele gewesen sein. Wenigstens waren es Männer mit durchaus griechisch klingenden Namen, welchen verschiedenen Quellen nach Cäsar die Ausführung seines Gedankes anzuvertrauen gedachte oder schon übertragen hatte, als er am 15. März 44 v. Chr. unter Mörderhand verblutete.

Augustus liess das Werk nicht unerfüllt.[2]) Keinen Geringeren als M. Vipsanius Agrippa betraute er mit der Leitung des ganzen Unternehmens, und unter diesem scheint ein Oberwegemeister Balbus thätig gewesen zu sein, der Eine wie der Andere vielleicht nur mit ihrem Namen bei der Angelegenheit betheiligt, um dem Unternehmen wenigstens einen römischen Anstrich zu verleihen, wenn es von Römern nicht ins Werk gesetzt werden konnte. Fühlte man auch, dass Griechen allein fähig waren das Gewünschte zu leisten, so trug man doch wohl eine gewisse Scheu sie den Ruhm ihrer Leistung davontragen zu lassen, und so ist von der Reichsvermessung bald des Augustus, bald des Agrippa, bald des Balbus die Rede, welche die Zeit von 37 bis 20 v. Chr. im Ganzen in Anspruch genommen haben dürfte. Ergebniss derselben war die verbürgtermassen einst vorhandene grosse Landkarte, welche den Namen des Agrippa führte, und welche in einer besonders dazu aufgebauten Säulenhalle „der Welt die Welt als Schauspiel darbot;[3])" Ergebniss die geographischen Commentarien des Agrippa, auf welche ganze Bücher aus der Naturgeschichte des Plinius sich stützen.

Die gleiche Zeit ungefähr dürfen wir zuversichtlich als diejenige betrachten, während welcher die mathematischen Schriften den Römern einigermassen bekannt wurden, deren die griechischen Feldmesser sich bei ihren Arbeiten bedienten, und deren Werth auch für den Nicht-Sachverständigen aus der Trefflichkeit dieser Arbeiten sich erschliessen liess. Was das aber für Schriften waren, ist keinem Zweifel unterworfen. Es war vor Allen der „Heron", das feldmesserische Handbuch des Alexandriner, welcher so auf italischem Boden Eingang fand. Es war aus ihm ebensowohl die Feldmesskunst

---

[1]) *Nunc ad epistolam Julii Caesaris veniamus quod ad huius artis originem pertinet.* Römische Feldmesser I, 395. [2]) Die letzte Schrift über die grosse Reichsvermessung ist die breslauer Habilitationsschrift von J. Partsch, Die Darstellung Europas in dem geographischen Werke des Agrippa 1875. Aeltere Literatur vergl. Agrimensoren S. 82—84. [3]) Plinius, *Histor. natural.* III, 2: *Orbem terrarum orbi spectandum propositurus erat.*

als die Feldmesswissenschaft, wenn wir diese beiden unterscheidenden Namen weitergebrauchen, um durch den ersteren die eigentlichen praktischen Arbeiten auf dem Felde, durch den zweiten die daran anknüpfenden Rechnungen zu bezeichnen, welche letztere wir auch wohl rechnende Geometrie nennen (S. 343). Jetzt verdrängte die vollkommenere Dioptra das alterthümliche Groma, jetzt bürgerten sich Regeln zur Ausrechnung der Felder ein, während man bisher vielleicht jede derartige Regel entbehrte ohne sie zu vermissen, weil das ausgemessene Land in gleichmässigen Rechtecken von bekannter Grösse bestehend einer Flächenberechnung nicht bedurfte, nicht ausgemessenes Land aber seinen Besitzer nicht leicht änderte; wenigstens wurden nur über Besitzstücke mit gradlinigen, zu einander senkrechten Grenzen Flurkarten öffentlichen Glaubens angefertigt.

Um die Zeit, zu welcher unter dem Einflusse des Machthabers die Veränderung römischen Geschmackes stattfand, welche nur zu wenig nachhaltig sich erwies, als dass sie der Mathematik zu Fortschritten hätte verhelfen können, schrieb Marcus Terentius Varro, der Freund des Cicero, des Pompejus, in späterer Zeit des Cäsar, dessen Leben nach der wahrscheinlichsten Annahme die Jahre 116 bis 27 v. Chr. erfüllte. In politischen Kreisen spielte er trotz seiner Beziehungen eine nur selten und wenig hervorragende Rolle. Desto bedeutender war die litterarische Thätigkeit, der er sich hingab. Er gebot über fast unerschöpfliches Arbeitsmaterial, da er nicht nur Besitzer der grossartigsten Privatbibliothek war, sondern auch von Cäsar einer öffentlichen Büchersammlung vorgesetzt wurde. Wie er aber dieses Material zu benutzen verstand, beweist seine eigene Aeusserung[1]), nach welcher er am Ende seiner siebziger Jahre 490 Bücher geschrieben hatte, und so kann man wohl dem Urtheile des Terentianus Maurus, eines Grammatikers aus den Zeiten der Kaiser Nerva und Trajan, beistimmen, der Varro den Gelehrtesten aller Gegenden nannte. Die erhaltenen Schriften des Varro beziehen sich auf Landwirthschaft und auf Grammatik und nehmen unter den Arbeiten aus diesen beiden Gebieten einen ehrenvollen Rang ein. Um so mehr bedauern wir den Verlust grade der Werke, welche uns wichtig sein würden.[2]) Verloren ist eine Schrift über Vermessungen, mensuralia; verloren ist ein Buch Geometrie, in welchem, nach dem Bericht des Cassiodor, die Gestalt der Erde als eirund angegeben war, ein in so

---

[1]) Aul. Gellius, *Noctes Atticae* III, 10, 17: *M. Varro ibi (in primo librorum qui inscribuntur Hebdomades vel De imaginibus) addit se quoque jam duodecimam annorum hebdomadem ingressum esse et ad eum diem septuaginta hebdomadas librorum conscripsisse.* [2]) Gast. Boissier, *Étude sur la vie et les ouvrages de M. T. Varron*. Paris, 1861. Ueber die wissenschaftlichen Schriften, welche zu dem Letzten zu gehören scheinen, was Varro schrieb, vergl. pag. 327—331. S. auch Teuffel, Geschichte der römischen Literatur (III. Auflage) S. 288.

weit verdienstlicher Gedanke als damit in origineller Weise unter Beibehaltung der runden Körpergestalt der Erde ihre Abweichung von der Kugelform gemuthmasst wurde; verloren ist allem Anscheine nach ein arithmetisches Werk Varros, Atticus sive de numeris, welches Vertranius Maurus, der eine Biographie des Varro geschrieben hat, noch im Jahre 1564 in Rom gesehen haben will[1]); verloren ist auch ein Werk aus 9 Büchern bestehend, de disciplinis, in welchem, wie man annimmt, encyklopädisch über die einzelnen Wissenschaften gehandelt war, und welches somit das Urbild für viele ähnliche Sammelwerke abgab, die uns noch begegnen werden, aber selten mehr liefern als einzelne fast nur zufällig verwerthbare Notizen. Die Reihenfolge der neun Wissenschaften bei Varro war 1. Grammatik, 2. Dialektik, 3. Rhetorik, 4. Geometrie, 5. Arithmetik, 6. Astrologie, 7. Musik, 8. Medicin, 9. Architektur, und es ist zweifelhaft, ob nicht die oben erwähnte Geometrie als das hier genannte 4. Buch zu betrachten ist. Würde sich eine bei Plinius vorkommende Notiz[2]) auf das 8. Buch beziehen, so hätte Varro dieses Werk in seinem 83. Lebensjahre verfasst. Als ganz originell ist übrigens auch bei ihm die Zusammenstellung nicht anzusehen, da die griechische Wissenschaft schon den Begriff der freien Künste ausgebildet hatte, der jetzt in wechselnder Zahl (meistens 7 artes liberales anführend) und in wechselnder Wahl der Gegenstände die ganze Folgezeit bis durch das Mittelalter hindurch beherrscht. Ob freilich Varro, der römisch gesinnte Römer, seine Abhängigkeit von griechischen Mustern nicht theilweise zu verbergen suchte, wird schwerlich mehr zu ermitteln sein. Wir kamen zu dem Gedanken an diese Möglichkeit von der Erwägung ausgehend, dass es Varro vorzugsweise ist, der die Feldmesskunde der Römer auf etruskische Anfänge zurückgeführt hat.

Der nächste römische Schriftsteller, welchem tiefer gehende mathematische Kenntnisse nicht bloss in allgemeiner Weise zuzutrauen sind, sondern aus dessen Schriften wir Belege dafür zu schöpfen vermögen, ist Vitruvius, der Verfasser von 10 Büchern über Architektur, die vermuthlich im Jahre 14 v. Chr. vollendet wurden und dem Augustus zugeeignet sind. Das ist Alles, was über die Persönlichkeit des Vitruvius mit Sicherheit gesagt werden kann. Sogar sein Beiname Vitruvius Pollio schwebt einigermassen in der Luft, indem der Verfasser eines Auszuges aus der vitruvischen Architektur, welcher uns denselben überliefert hat, eine selbst räthselhafte Persönlichkeit von ganz unbekanntem Zeitalter ist, der nur aus sprachlichen Gründen meistens für dem Zeitalter des Vitruvius ziemlich nahestehend und dem entsprechend glaubwürdig gehalten wird.

[1]) Vossius, *De scientiis mathematicis* pag. 39 (Amsterdam, 1650). [2]) Plinius, *Histor. natural.* XXIX, 18, 65.

In den Schriften des Vitruvius, sagten wir, stecken mancherlei Belege jenes mathematischen Wissens. In einem Werke über Architektur findet sich an und für sich an den verschiedensten Stellen Veranlassung ein solches Wissen an den Tag zu legen, um wie viel mehr bei Vitruvius, dessen schriftstellerische Eigenthümlichkeit es genannt werden kann, dass er mit fast possierlicher Geschwätzigkeit Bemerkungen beizufügen und Geschichtchen zu erzählen liebt, die zu dem behandelten Gegenstande nur in entferntester Beziehung stehen, oft aber uns erwünschte Mittheilungen enthalten. Ueberall verräth sich dabei Vitruvius als das, als was wir ihn zu finden erwarten mussten, als Schüler der Griechen, wenn auch als einen solchen, der es mitunter wagt von der Ansicht des Lehrers sich zu entfernen. Wir nennen als der Mathematik angehörig[1]) eine Auseinandersetzung über die Grössenverhältnisse der einzelnen Körpertheile des Menschen; einen Abriss der arithmetischen Harmonielehre nach Aristoxenus; eine Schilderung dessen, was nach Vitruvs Geschmack die drei grössten mathematischen Entdeckungen waren: die Irrationalität der Diagonale eines Quadrates, das pythagoräische Dreieck aus den Seiten 3, 4, 5 und die archimedische Kronenrechnung. Wir nennen Beschreibungen von feldmesserischen Apparaten verschiedener Art und Anweisungen sich derselben zu bedienen. Da ist der Gnomon mit der Bestimmung der Mittagslinie aus zwei Beobachtungen gleicher Schattenlängen am Vor- und Nachmittage. Da sind wesentlich auf Heron zurückführbare Nivellirungen mittels der Dioptra und ein Wegemesser. Bei der Beschreibung des letzteren ist gelegentlich der Umfang eines Rades von 4 Fuss Durchmesser zu $12\frac{1}{2}$ Fuss angegeben, was ein Verhältniss der Peripherie zum Durchmesser von $3\frac{1}{8} : 1$ bezeugt, wie es uns noch nicht vorgekommen ist, wie es aber unter Anwendung von Duodecimalbrüchen entschieden bequemerer Rechnung, wenn auch weniger genau als $3\frac{1}{7} : 1$ ist. Wir nennen endlich Berechnungen des Kalibers von Wurfmaschinen aus dem Gewichte der Massen, welche sie zu schleudern bestimmt waren, wobei Brüche in Menge vorkommen, allerdings nur ziemlich angenäherte Werthe hervorbringend, so dass von der Rechenkunst des Vitruvius auch hierdurch uns keine übermässig hohe Meinung erweckt wird.[2])

L. Junius Moderatus Columella[3]) aus Gades (Cadix) war Militärtribun der VI. gepanzerten Legion und lebte als solcher längere

[1]) Vitruvius III, 1; V, 4; VIII, 6; IX, 1, 2, 3, 8; X, 14, 15, 17, 21. Vergl. Agrimensoren S. 157 und 86–89. [2]) Hultsch, Die Bruchzeichen des Vitruvius in Fleckeisen und Masius, Jahrbücher der Philol. [3]) Agrimensoren S. 89–93.

Zeit in Syrien. Von dort heimgekehrt widmete er sich mit begeisterter Anhänglichkeit der Landwirthschaft, welche er in zwei Werken nach einander verherrlichte. Von der ersteren kürzeren Ausarbeitung ist nur ein Bruchstück erhalten, die zweite ausführliche Schrift ist dagegen vollständig auf uns gekommen. Die XII Bücher De re rustica, wahrscheinlich 62 n. Chr. geschrieben, sind eine fast unerschöpfliche Fundgrube reichster Art für alle Gebiete, welche zur Landwirthschaft irgendwie in Beziehung gesetzt werden können, da der begabte und gelehrte Verfasser seinen Gegenstand in weitestem Umfange behandelt. Freilich ist damit für ihn die Unbequemlichkeit entstanden, dass man, wie er selbst klagt, über alle möglichen Dinge Auskunft von ihm begehre. Er hilft sich so gut er kann. Er zieht befreundete Fachmänner verschiedener Gattung zu Rathe, und so gesteht er auch zu, dass das 2. Kapitel des V. Buches, in welchem er Feldmessung lehrt, kein Erzeugniss seines eigenen Geistes sei.[1]) Für Vollständigkeit oder Unvollständigkeit, sowie für die Richtigkeit der gegebenen Vorschriften sind diejenigen verantwortlich, welche ihm hier mit ihrer Erfahrung beigestanden haben.

Zuerst macht Columella seinen Leser mit den unentbehrlichsten Ackermaassen bekannt, dann löst er 9 geometrische Aufgaben je an einem bestimmten Zahlenbeispiele. Allgemeine Vorschriften, wie bei anderen Zahlenangaben zu verfahren sei, gibt er nicht; diese soll der Leser sich selbst aus der Musterrechnung entnehmen.[2]) Schon an dieser Eigenthümlichkeit wird man den Schüler des Heron von Alexandria vermuthen, und die Vermuthung wird zur Gewissheit, wenn man die Aufgaben des Columella selbst ansieht. Es sind sämmtlich Aufgaben, welche mit solchen in Herons Geometrie identificirt worden sind, und zwar mit höchster Wahrscheinlichkeit mit derjenigen Ausgabe, welche das andere Buch heisst (S. 330). Wir erinnern uns, dass Heron in der Sammlung, welche die Ueberschrift Geometrie führt, die Fläche des Sechsecks nach zwei Methoden berechnet. Zuerst lässt er das Quadrat der Sechsecksseite 13 mal nehmen und dann durch 5 theilen; anders, heisst es hierauf, in einem andern Buche, wo die Vorschrift gegeben sei $\frac{1}{3}$ und $\frac{1}{10}$ des Seitenquadrats 6fach anzusetzen; als Beispiel dient das Sechseck von der Seite 30. Vergleichen wir damit Columellas 9. Aufgabe, so erkennen wir in der Rechnung der Fläche des Sechsecks von der Seite 30 durch die Zahlen 900, 300, 90 und der Summe 390 dieser beiden letzten hindurch zum 6fachen derselben Summe mit 2340 genau den

[1]) *Ne dubites id opus geometrorum magis esse quam rusticorum, desque veniam, si quid in eo fuerit erratum, cuius scientiam mihi non vindico.* [2]) *Cuiusque generis species subiciemus, quibus quasi formulis utemur.*

Gang und die Zahlen Herons. Heronische Formeln bieten nun auch die anderen Aufgaben Columellas, so die 4. Aufgabe, welche das gleichseitige Dreieck als $\frac{1}{3}$ und $\frac{1}{10}$ des Seitenquadrats berechnet, die 8. Aufgabe, welche die Fläche eines Kreisabschnittes, der kleiner ist als der Halbkreis aus der Sehne s und der Höhe h des Abschnittes, nach der Formel $\frac{s+h}{2} \cdot h + \frac{\left(\frac{s}{2}\right)^2}{14}$ findet u. s. w. Aber bei allen diesen acht ersten Aufgaben sind Columellas Zahlen fortwährend andere als die in unserem Texte der heronischen Geometrie. Der Grund ist leicht ersichtlich. Columellas Gewährsmann entnahm ohne Zweifel Zahlen und Aufgaben demselben Texte, welchem er Zahlen und Formel der 9. Aufgabe schuldete, d. i. eben dem sogenannten anderen Buche. Diese wichtige Bemerkung hat auch für die übrigen römischen Schriftsteller, mit denen wir uns noch zu beschäftigen haben, ihre hohe Bedeutung. Die Einzelforschung, auf welche selbstverständlich hier als auf eine vollzogene verwiesen werden muss, hatte derselben stets eingedenk zu bleiben. Bei dem Fahnden auf Gleichheiten zwischen römischen und heronischen Aufgaben durfte sie nie ausser Augen lassen, dass uns derjenige Text, dessen die Römer sich bedienten, das andere Buch, nicht zu Gebote steht, dass also Veränderungen in den Zahlen nicht bloss möglich sondern sogar wahrscheinlich sind, dass es ebenso wahrscheinlich ist, dass hier und da eine Aufgabe vorkommen mag, zu der wir selbst mit anderen Zahlen das Muster in unserem griechischen Heron nicht auffinden können.

Etwa gleichaltrig mit Columella war M. Fabius Quintilianus, dessen Lebenszeit ungefähr von 35—95 angesetzt wird. Er verfasste XII Bücher Vorschriften für Redner, und es ist ein glücklicher Zufall zu nennen, dass im 1. Buche dieses Werkes eine Stelle von mathematischer Wichtigkeit sich vorfindet, welche wir um ihrer nach verschiedenen Seiten wirkenden Bedeutung Willen in wörtlicher Uebersetzung folgen lassen:[1] „Wer wird einem Redner nicht vertrauen, wenn er vorbringt, der Raum, der innerhalb gewisser Linien enthalten sei, müsse der gleiche sein, sofern jene Umfassungslinien dasselbe Maass besitzen? Doch ist dieses falsch, denn es kommt sehr viel darauf an, von welcher Gestalt jene Umfassung ist, und von den Geometern ist Tadel gegen solche Geschichtsschreiber erhoben worden, welche da glaubten, die Grösse von Inseln werde zur Genüge durch die Dauer der Umschiffung gekennzeichnet. Je vollkommener eine Gestalt ist, um so mehr Raum schliesst sie ein. Stellt daher jene Umfassungslinie einen Kreis dar, welches die vollkommenste der

[1]) *Quintilianus, Institutiones oratoriae* (ed. Halm, Leipzig, 1868) I, 10, 39—45 (pag. 62).

Gestalten der Ebene ist, so schliesst sie mehr Raum ein, als wenn sie bei gleicher Küstenstrecke ein Quadrat bildete. Das Quadrat hinwiederum schliesst mehr Raum ein als das Dreieck, das gleichseitige Dreieck mehr als das ungleichseitige. Doch dieses andere mag vielleicht zu dunkel sich erweisen; verfolgen wir dagegen einen auch dem Ungeübten sehr leichten Versuch. Es wird nicht wohl irgend Jemandem unbekannt sein, dass das Maass des Jucharts[1]) 240 Fuss in die Länge beträgt, während es nach der Breite um die Hälfte sich öffnet; was also der Umfang ist, und wie viel Feld er in sich schliesst ist bequem zusammenzubringen. Aber 180 Fuss an jeder Seite bilden dieselbe Ausdehnung der Grenzen, dagegen weit mehr von den vier Linien eingeschlossenen Flächenraum. Wer widerwillig ist das auszurechnen, kann dasselbe an kleineren Zahlen lernen. Je 10 Fuss ins Quadrat sind 40 Fuss ringsum, inwendig 100 Fuss. Sind je 15 Fuss seitlich, je 5 in der Fronte, so wird man bei gleichem Umfange von dem, was eingeschlossen ist, den vierten Theil abziehen müssen. Wenn aber 19füssige Seiten nur um je 1 Fuss von einander abstehen, so werden sie nicht mehr Quadratfusse in sich fassen als die Zahl, nach welcher die Länge wird gezogen worden sein. Die Umfassungslinie aber wird von derselben Ausdehnung sein wie die, welche 100 Quadratfuss enthält. Was man also von der Quadratgestalt abzieht, das geht auch von der Menge zu Grunde. Es kann folglich auch das erreicht werden, dass mit einem grösseren Umfange eine geringere Menge Feldes eingeschlossen sei. So in der Ebene, denn dass bei Hügeln und Thälern die Bodenfläche eine grössere ist als die der darüber befindlichen Himmelsdecke liegt auch für den Unerfahrenen zu Tage.“ Wir haben diese Stelle wiederholt früher beigezogen. Wir haben (S. 146) mit ihr belegt, dass irrige Meinungen fast zäher festgehalten werden als richtige. Wir möchten beinahe entschuldigend ergänzen, dass Römer, deren Felder, wie wir gesehen haben, thatsächlich gleiche Gestalten besassen, leichter dem gerügten Irrglauben verfallen konnten. Durften sie doch beinahe dem Beispiele, durch welches Quintilian sie eines Besseren belehren wollte, entgegenhalten solche Felder von 180 Fuss ins Quadrat kämen nicht vor. Zweitens ist, wie uns scheint, durch die Sätze über den Flächenraum der verschiedenen, weniger vollkommnen und vollkommneren, Figuren der Beweis geliefert (S. 308), dass Zenodorus, welchen man für den Erfinder jener Sätze hält, vor Quintilian gelebt haben muss, wodurch mindestens eine untere Lebensgrenze für denselben gewonnen wird, die weit höher hinaufreicht als das Zeitalter des Pappus. Drittens endlich ist uns Quintilian ein Beispiel fast heimlicher Beschäftigung

[1]) *jugerum* ist das römische Doppelfeldmaass, welches z. B. Varro definirt hat: *Jugerum dictum iunctis duobus actibus quadratis.*

mit mathematischen Dingen, wie wir sie oben (S. 457) angekündigt haben, er weiss, dass er von seinen Lesern nicht verstanden werden wird, dass er mit seinem Wissen vereinzelt dasteht, aber er kann es doch nicht unterlassen wenigstens nebenbei Sätze zu erwähnen, die für ihn Interesse besitzen.

Dem Geburts- wie dem Todesjahre nach wieder nahe bei Quintilian wird Sextus Julius Frontinus[1]) von 40—103 angesetzt. Er gehörte dem Staatsdienste an, während Vespasianus, Titus, Domitianus, Nerva und Trajanus als Kaiser auf einander folgten. Unter Domitianus Regierung scheint er mit Vorschriften über die Feldmesskunst erstmalig als Schriftsteller aufgetreten zu sein. Kriegswissenschaftliche Schriften folgten rasch. Ein uns einzig vollständig und unverfälscht durch fremde Zuthaten erhaltenes Werk in zwei Büchern über Wasserleitungen, unter Nerva begonnen, unter Trajan etwa im Jahre 98 beendigt, bildet den Schluss seiner schriftstellerischen Thätigkeit. Für die Geschichte der Mathematik bietet es kaum Etwas mit Ausnahme von ziemlich zahlreichen Berechnungen von Umfängen von Wasserleitungsröhren aus ihren Durchmessern, bei welchen die Verhältnisszahl $\pi = 3\frac{1}{7}$ benutzt ist, so weit die römischen Duodecimalbrüche, mit denen allein operirt ist, es gestatten die Verhältnisszahl zu erkennen. Wenn Frontinus in der Vorrede zu dieser Schrift sagt: nachdem Kaiser Nerva ihn dem sämmtlichen Wasserwesen vorgesetzt habe, schreibe er dies Büchlein um sich selbst über seine Pflichten klar zu werden, es könne dann möglicherweise auch seinen Nachfolgern im Amte sich nützlich erweisen; was er dagegen früher geschrieben, habe sich stets auf Dinge bezogen, mit welchen er durch lange Uebung vertraut war, und sei daher der Hauptsache nach mit Rücksicht auf die Belehrung seiner Nachfolger entstanden, so sind diese Bemerkungen reichlich dazu angethan uns den Verlust des feldmesserischen Werkes bedauern zu lassen. Wir wissen nur aus einer Randbemerkung[2]) eines Schreibers vermuthlich zu Anfang des XII. S., dass dieser ein Buch des Frontinus gekannt hat, in welchem Flächeninhalte von Vierecken berechnet wurden. Wir wissen ferner von einzelnen Stellen aus jenem feldmesserischen Werke und von der fast wörtlichen Wiederkehr solcher Stellen in einem berühmten Buche aus dem Anfange des XIII. S.,[3]) welche die Vermuthung erweckt, gewisse dort beschriebene und, wie der Verfasser sich ausdrückt, alten Weisen zu verdankende feldmesserische Operationen möchten, wiewohl in den Fragmenten des Frontinus selbst fehlend, ursprünglich von ihm beschrieben worden sein.

Die uns erhaltenen Bruchstücke des Frontinus finden sich ver-

[1]) Agrimensoren S. 93 flgg. [2]) Agrimensoren S. 94 und Anmerkung 186. [3]) Agrimensoren S. 179 flgg. über Frontinus und Leonardo von Pisa.

einigt mit anderen für die Geschichte der Mathematik hochwichtigen Fragmenten in einer Sammelhandschrift, welche von 1566—1604 im Besitze von Johannes Arcerius in Gröningen war und desshalb von dem nachfolgenden Eigenthümer Petrus Scriverius in einer Beschreibung aus dem Jahre 1607 den Namen der arcerianischen Handschrift erhielt, als welche sie heute noch bekannt ist.[1]) Sie ist eine der ältesten grösseren Handschriften, welche man überhaupt besitzt, und nach dem Urtheile der Fachgelehrten nicht später als im VII., vielleicht schon im VI. S. niedergeschrieben. Man nimmt an, es seien um das Jahr 450 aus älteren Schriften, sämmtlich auf Gebietseintheilung, Agrargesetzgebung und dergleichen bezüglich, amtliche Auszüge veranstaltet worden als rechtswissenschaftlich-statistisches Nachschlagebuch für Verwaltungsbeamte des römischen Kaiserreichs, und eine wieder um ein oder anderthalb Jahrhundert jüngere Abschrift dieser Sammlung sei als Codex Arcerianus auf uns gekommen, die sauber und schön geschriebene Arbeit eines vielleicht als Beamter sehr brauchbaren Mannes, der aber von Feldmessung wenig oder gar Nichts verstand und daher zu den Fehlern, welche bereits in seiner Vorlage vorhanden gewesen sein mögen, noch weitere nicht seltene eigene Versehen und Schreibfehler hinzufügte. Man sieht, dass es insofern keine sehr reine Quelle ist, aus welcher wir genöthigt sind unser Wissen zu schöpfen. Es steht keineswegs fest, dass die verschiedenen Bruchstücke grade von den Schriftstellern herrühren, welchen sie zugeschrieben sind; es steht keineswegs fest, wie die Namen, welche mitunter in mehrfachen Schreibformen vorkommen, wirklich gelautet haben; es steht keineswegs fest, wann die Träger dieser Namen gelebt haben, ob, wie man aus ihrer Vereinigung und aus manchen anderen Umständen schliessen möchte, sie alle etwa der Zeit von 50 bis 150 angehören, d. h. dem Jahrhunderte, in dessen Mitte Kaiser Trajan lebte, unter welchem, wie wir uns wiederholt erinnern wollen, Menelaus von Alexandria in Rom seinen Aufenthalt aufgeschlagen hatte, oder ob man für sie zum Theil wesentlich späterer Datirungen bis um das Jahr 400 sich bedienen muss.

Inmitten dieser Zweifel begnügen wir uns die Namen der Feldmesser Frontinus, Hyginus, Balbus, Nipsus, Epaphroditus, Vitruvius Rufus, die als Verfasser kleinerer oder grösserer Bruchstücke[2]) genannt sind, anzugeben, ferner kurz zu berichten, was man von den Persönlichkeiten des Hyginus und des Balbus weiss, und schliesslich ein Gesammtbild der in jenen Bruchstücken enthaltenen

[1]) Ueber den *Codex Arcerianus* der Wolfenbüttler Bibliothek vergl. Agrimensoren S. 95. [2]) Die Bruchstücke des Epaphroditus und des Vitruvius Rufus vergl. Agrimensoren; alle übrigen s. Römische Feldmesser I. Uebersetzungen wichtiger Theile bei E. Stoeber, Die römischen Grundvermessungen. München, 1877.

mathematischen Kenntnisse zu geben, ohne eine genauere Zeitbestimmung daran zu knüpfen als diejenige, dass Alles vorhanden war, als der Schreiber des Codex Arcerianus es zu Papier brachte.

Der Name Hyginus tritt mehrfach in der römischen Literatur auf. Hyginus, ein Zeitgenosse des Augustus, hat ein astronomisches Werk verfasst. Ein Militärschriftsteller Hyginus hat über die Anlage von Lagern muthmasslich zwischen 240 und 267 gehandelt.[1]) Von Beiden verschieden ist der Feldmesser Hyginus, der unter Trajan lebte und ein grösseres feldmesserisches Werk wahrscheinlich im Jahre 103, im Zwischenraume zwischen den beiden dacischen Kriegen verfasste.[2])

Auch der Name Balbus tritt mehrfach auf. Wir haben einen Oberwegemeister Balbus aus der Zeit des Augustus zu nennen gehabt, dem die Aufsicht über die grosse Reichsvermessung übertragen war. Der Balbus, von welchem uns Bruchstücke überliefert sind, gehört der trajanischen Zeit an.[3]) Er begleitete den Kaiser auf seinem dacischen Feldzuge, und nach errungenem Siege, mithin 103 oder wenn der zweite Feldzug gemeint war spätestens 117, nach Hause zurückkehrend richtete er eine feldmesserische Schrift an einen Celsus, welcher nicht genau bekannt ist, aber den Worten des Balbus gemäss eine erste Autorität des Ingenieurfaches gewesen sein muss.

Die anderen Namen Marcus Junius Nipsus, Epaphroditus, Vitruvius Rufus sind ausser in Verbindung mit den ihnen zugeschriebenen Bruchstücken nicht näher bekannt. Den Erstgenannten, wahrscheinlich einen griechischen Freigelassenen eines Römers aus dem Hause der Junier, hat man gewichtige Gründe nicht später als in das II. S. zu setzen. Um jene Zeit dürfte nämlich das Geschlecht der Junier erloschen sein, um jene Zeit wurde es auch Sitte 4, 5 sogar 6 Namen nach einander zu führen, während Marcus Junius Nipsus wie in guter alter Zeit nur Pränomen, Nomen und Cognomen erkennen lässt.

Fassen wir sämmtliche Schriftsteller des Codex Arcerianus zusammen, so lässt sich unschwer bestätigen, was wir schon vorher behaupten durften: auch diese Feldmesser sind als Schüler des Heron von Alexandria anzusehen, daneben vielleicht noch anderer griechischer Schriftsteller; auch sie bedienten sich des andern Buches von Herons Geometrie, sei es im Originale, sei es in einer lateinischen Uebersetzung, deren Vorhandensein freilich nur daraus erschlossen ist, dass es unwahrscheinlich gefunden wird, dass Feldmesser untergeordneten

---

[1]) H. Droysen im Rhein. Museum für Philologie (1875) XXX, 469. [2]) Lachmann in Römische Feldmesser II, 139 und Hultsch, *Scriptores metrologici* II, *Prolegomena* pag. 6. [3]) Römische Feldmesser I, 91, 93 und II, 146 flgg. (Mommsen.)

Geistes im Stande gewesen sein sollten den Urtext zu verstehen. Andrerseits könnte freilich die Art, wie der Text dieser Feldmesser mit dem Herons in Uebereinstimmung tritt, eine Uebereinstimmung, die mitunter einem Gegensatz ähnelt, zur Vermuthung führen, sie hätten ein in fremder Sprache geschriebenes Buch missverstanden, oder aber, wenn sie selbst griechischen Stammes waren, sie hätten sich in der ihnen fremden lateinischen Sprache nur mangelhaft auszudrücken gewusst.

Es lassen sich bei ihnen Allen ähnlich wie bei Heron gewisse Hauptabschnitte erkennen, von welchen freilich bei dem einen Schriftsteller der eine, bei dem andern der andere bevorzugt wird: sie werden gebildet durch Maassbestimmungen, durch geometrische Definitionen, durch praktisch feldmesserische Vorschriften, durch rechnende Geometrie, wozu noch bei Epaphroditus und Vitruvius Rufus, für welche gemeinschaftlich ein grösseres Bruchstück durch den Schreiber des Codex Arcerianus beansprucht ist, ein Abschnitt über Vieleckszahlen und Pyramidalzahlen kommt, wohl einen anderen Ursprung verrathend als Heron, in dessen Schriften, wenigstens so weit die uns erhaltenen Sammlungen Aufschluss geben, derartiges nicht vorkam.

Maassbestimmungen und Definitionen waren für Jeden nothwendig, der ohne Geometer zu sein Geometrisches lesen wollte oder musste. Sie hier zu treffen kann uns daher nicht in Erstaunen setzen, und wir bemerken nur, weil grade die Gelegenheit sich bietet, dass Parallellinien durch *lineae ordinatae* übersetzt sind,[1]) das Wort, welches viele Jahrhunderte später für die einer bestimmten Richtung parallelen Geraden (Ordinaten) in Anwendung blieb. Dem Charakter des Verwaltungshandbuches gemäss, welchem es nicht auf die Auffindung von Entfernungen, nicht einmal auf die Ausmessung von Grundstücken, sondern auf die Rechtsverhältnisse schon ausgemessener Felder und etwa auf die Berechnung ihres Rauminhaltes aus gegebenen Ausdehnungen zum Zwecke von Versteuerung und dergleichen ankam, sind die Stücke über das, was wir Feldmesskunst nennen, am kärglichsten vertreten, und wir wissen aus dem Vorhandenen kaum mehr, als dass Entsprechendes aus der Feder eines Frontinus, eines Balbus, eines Celsus einstmals vorhanden gewesen sein muss. Schon um dieser wichtigen Gemeinsamkeit des Inhaltes willen und wegen des vereinigten Vorkommens der Bruchstücke in dem mehrgenannten Codex Arcerianus wollen wir für die Verfasser derselben uns eines häufig benutzten Sammelnamens bedienen und sie die Agrimensoren nennen.

Die Schüler des Heron erkennen wir in ihnen ferner an einer ziemlichen Anzahl von Wörtern, die als genaue Uebersetzungen er-

[1]) Agrimensoren S. 98.

scheinen.[1]) Die Scheitellinie insbesondere heisst, wie wir uns erinnern, bei Heron κορυφή, bei den Agrimensoren *vertex* oder *coraustus*, letzteres eine offenbare Verstümmelung von κορυστὸς (*sc.* γραμμή).[2]) Wird in einem Dreiecke eine Senkrechte aus der Spitze auf die Grundlinie gefällt, und trifft sie dieselbe zwischen ihren Endpunkten, so bildet sie einen Abschnitt, der bei Heron ἀποτομή, bei den Agrimensoren *praecisura* heisst. Trifft die Senkrechte jenseits des Endpunktes auf die Grundlinie, so entsteht eine Ueberragung, bei Heron ἐκβληθεῖσα, bei den Agrimensoren *eiectura*. Wenn die Aufgabe gestellt ist, leitet Heron die Auflösung durch die Worte ποίει οὕτως, die Agrimensoren durch *sic quaeres* ein, häufig abgekürzt in S. Q. Wenn Heron das rechtwinklige Dreieck ὀρθογώνιον, die dem rechten Winkel gegenüberliegende Seite ὑποτείνουσα, einen Schenkel des rechten Winkels κάθετος, den Flächeninhalt ἔμβαδον, die Ausmessung nach Fussen ποδισμός nennt, so schreibt ein Agrimensor fast die gleichen Wörter nur mit lateinischen Buchstaben, so dass sie bei ihm *hortogonium*, *hypotenusa*, *chatetus*, *embadum*, *podismus* lauten.

Gleichwie bei Heron findet sich die Berechnung der Fläche des Dreiecks aus seinen drei Seiten. Aufgaben über Dreiecke, in welchen eine Höhe gezogen ist, sind gradezu wörtlich aus Herons Geometrie übersetzt. Wie bei Heron sind rationale rechtwinklige Dreiecke angegeben, ausgehend von ungraden so wie von graden Zahlen. Die heronische Berechnung des gleichseitigen Dreiecks findet sich zwar nicht vollständig, aber doch ist dessen Einwirkung unverkennbar. Das gleichseitige Dreieck von der Seite 30 habe, heisst es nämlich, als Quadrat der Seite 900, als Quadrat der halben Seite 225, als Höhe 26 und darin liegt eingeschlossen, dass nach der Ansicht des Verfassers $26 = \sqrt{900 - 225} = \sqrt{675} = 15\sqrt{3}$ sei, also $\sqrt{3} = \frac{26}{15}$ wie bei Heron. Wir bedürfen wohl nicht einer noch genaueren Beweisführung für die Abhängigkeit der Agrimensoren von Heron von Alexandria und wollen vielmehr auf einige Dinge aufmerksam machen, welche in unserem Heron nicht ermittelbar doch ohne Zweifel griechischen Ursprunges gewesen sein müssen.

Unter dem Namen Nipsus ist die Aufgabe überliefert aus der Fläche $\triangle$ und der Hypotenuse h eines rechtwinkligen Dreiecks die Katheten c_1 und c_2 zu finden. Die Auflösung wendet die Formeln $c_1 + c_2 = \sqrt{h^2 + 4\triangle}$, $c_1 - c_2 = \sqrt{h^2 - 4\triangle}$ an. Dabei ist dem Schreiber das Versehen begegnet bei dem Satze „der Podismus der Hypotenuse beträgt 25 Fuss" das wichtigere Wort Hypotenuse zu

---

[1]) Genauere Beweisführung des hier Behaupteten in unseren „Agrimensoren".
[2]) Diese Ableitung wurde 1840 durch Gottfried Hermann gegeben. Vergl. Zeitschr. Math. Phys. XX. Histor. liter. Abthlg. S. 68.

vergessen und nur zu schreiben „der Podismus beträgt 25 Fuss." Wir werden uns diesen interessanten Schreibfehler zu merken haben, welcher uns im 39. Kapitel dienen wird, im Codex Arcerianus die Quelle eines Werkes aus dem X. S. zu erkennen.

In dem als von Epaphroditus und Vitruvius Rufus herrührend bezeichneten Bruchstücke ist der Durchmesser des in ein rechtwinkliges Dreieck beschriebenen Kreises als der Rest berechnet, welcher bei Abziehung der Hypotenuse von der Summe der beiden Katheten übrig bleibt.

Ebenda wird die Oberfläche von Bergen nach einer Näherungsmethode berechnet, welche derjenigen nahe verwandt ist, von der (S. 417) unter dem Namen des Patrikius die Rede war, welche aber, da sie, wie wir dort bemerkten, fast wahrscheinlicher uralt ist, zur Datirung des Epaphroditus Nichts beitragen kann, auch wenn wir genau wüssten, welcher Patrikius in der betreffenden Stelle gemeint ist. Die Berechnung erfolgt, indem das arithmetische Mittel von 3, ein andermal von 2 Kreisperipherien als durchschnittlicher Umfang des Berges das eine Mal mit dessen Höhe, das andere Mal mit der halben Summe zweier an Abhängen von verschiedener Steilheit zu messenden Höhen vervielfacht wird.

Wieder in einer anderen Aufgabe ist mit Hilfe eines massiven gleichschenkligen rechtwinkligen Dreiecks, längs dessen Hypotenuse man bei horizontaler Lage der einen Kathete den Gipfel eines Baumes einvisirt, eine der vertikalen Höhe des Baumes gleiche Entfernung von seinem Fusse bestimmt, die alsdann abgemessen werden kann und somit eine Höhenmessung liefert, welche von der Benutzung der Schattens absieht; eine Methode, welche sowohl an sich bemerkenswerth ist, als auch dadurch, dass sie durch die in einem Zwischensatze hervorgehobene Ausschliessung der Schattenbeobachtung[1]) bestätigt, dass die Höhenmessung aus dem Schatten, das Verfahren also, welches man bis auf Thales zurückzuführen liebt, die Regel bildete.

Am merkwürdigsten sind einige Paragraphe des gleichen Fragmentes, welche mit arithmetischen Sätzen sich beschäftigen, und zwar merkwürdig nach zwei Richtungen: erstlich dadurch, dass sie erkennen lassen, was Einzelne in Rom aus offenbar griechischer Quelle einmal gewusst haben, zweitens dadurch, dass sie bezeugen, wie spätestens zur Zeit der Abfassung der Sammlung, welche uns als Quelle dient, die Dinge bereits missverstanden wurden. Wir haben (S. 312) bei Hypsikles um 180 v. Chr. die Definition der $r$ten $m$eckszahl kennen gelernt als $p_m^r = 1 + (m-1) + (2m-3) + \dots$

[1]) *ut sine umbras solis et lunae mensuris* (Agrimensoren S. 215, lin 8—9).

$+ (1 + (r - 1)(m - 2))$. Wir haben (S. 414) bei Diophant um 360 n. Chr. vielleicht allerdings aus früherer Quelle die beiden Gleichungen auftreten sehen $p_m^r = \frac{[(m-2)(2r-1)+2]^2 - (m-4)^2}{8(m-2)}$ und $r = \frac{1}{2}\left[\frac{\sqrt{8(m-2)p_m^r + (m-4)^2} - 2}{m-2} + 1\right]$. Diese beiden Formeln nun, welche bei bekannter Ordnung m einmal die Vieleckszahl aus ihrem oberen Index r, das andere Mal jenen Index r aus der $r$ten Vieleckszahl ableitet, kommen in unserem Fragmente vor, zwar nicht wie bei Diophant als in Worte gekleidete allgemeine Formeln, aber in ihrer Anwendung auf die Vieleckszahlen aufeinanderfolgender Ordnung von der Dreieckszahl bis zur Zwölfseckszahl, mit zwei Rechenfehlern, wo es um Fünf- und Sechseckszahlen sich handelt. Dort wäre nämlich richtig $p_5^r = \frac{3r^2 - r}{2}$, $p_6^r = \frac{4r^2 - 2r}{2}$ während die irriger Weise statt der Subtraktionen in den betreffenden Zählern vorgenommenen Additionen die falschen Formeln $p_5^r = \frac{3r^2 + r}{2}$, $p_6^r = \frac{4r^2 + 2r}{2}$ hervorbrachten, nach welchen gerechnet ist. Es ist gewiss berechtigt, daraus den Schluss zu ziehen,[1] dass dabei die allgemeinen Wortformeln den Ausgangspunkt bildeten, denn es ist unendlich viel wahrscheinlicher, dass zwei Fehler mangelhafter Substitution vorkommen, als dass bei der Einzelbetrachtung der aufeinfolgenden Vieleckszahlen zwei in Rechenfehler ausartende Schreibfehler just bei niedrigem Werthe von m sich hätten einschleichen sollen.

Auch eine merkwürdige Formel für Pyramidalzahlen lässt aus den Einzelfällen sich erkennen, deren Ableitung freilich nirgend gegeben ist, aber nachträglich sich leicht errathen lässt, ohne irgend Kenntnisse in Anspruch zu nehmen, welche nicht bei den Griechen sich nachweisen liessen. Nennt man die Summe der r ersten $m$ecks-zahlen die $r$te $m$eckige Pyramidalzahl und schreibt dafür P_m^r, so ist die Definitionsgleichung $P_m^r = p_m^1 + p_m^2 + \ldots + p_m^r$. Nun nehmen wir an, es sei ausgehend von dem bekannten Satze $\alpha^2 - \beta^2 = (\alpha + \beta) \cdot (\alpha - \beta)$ die Umformung vorgenommen worden:

$$\frac{[(m-2)(2r-1)+2]^2 - (m-4)^2}{8(m-2)}$$

$$= \frac{[(m-2)(2r-1)+2+(m-4)] \cdot [(m-2)(2r-1)+2-(m-4)]}{8(m-2)}$$

$$= \frac{(m-2)\, 2r\, [(m-2)\, 2r + 8 - 2m]}{8(m-2)} = \frac{m-2}{2} \cdot r^2 - \frac{m-4}{2} \cdot r.$$

[1]) Agrimensoren S. 126.

Setzt man die entsprechenden Werthe in alle Vieleckszahlen von p_m^1 bis p_m^r ein, so erhält man

$$P_m^r = \frac{m-2}{2}(1^2 + 2^2 + \ldots + r^2) - \frac{m-4}{2}(1 + 2 + \ldots + r).$$

Aber spätestens zu Archimeds Zeiten (S. 269—270) war bekannt $1 + 2 + \ldots + r = \frac{r(r+1)}{2}$ und $1^2 + 2^2 + \ldots + r^2 = \frac{r(r+1)(2r+1)}{6}$, wenn auch letzteres noch nicht in der kurzen Form, deren wir uns bedienen. Diese Werthe liefern $P_m^r = \frac{m-2}{2} \cdot \frac{r(r+1)(2r+1)}{6} - \frac{m-4}{2} \cdot \frac{r(r+1)}{2}$ beziehungsweise $P_m^r = \frac{r+1}{6}\left[\frac{m-2}{2} \cdot 2r^2 + \frac{m-2}{2} \cdot r - \frac{m-4}{2} \cdot 3r\right] = \frac{r+1}{6}\left[\frac{2(m-2)}{2} r^2 - \frac{2(m-4)}{2} \cdot r + \frac{m-2}{2} \cdot r - \frac{m-4}{2} \cdot r\right] = \frac{r+1}{6}\left[2p_m^r + r\right]$ und dieser letzteren Formel bedient sich der römische Schriftsteller.

Ja er kennt sogar die Summirung der r ersten Kubikzahlen: $1^3 + 2^3 + \ldots + r^3 = \left(\frac{r(r+1)}{2}\right)^2$. Auch hier ist die Auffindung des Weges, auf welchem ein Grieche zu dieser Formel gelangen konnte, mag er nun geheissen und gelebt haben wie und wann er wollte, nicht allzuschwierig. Nikomachus, sagten wir (S. 366), habe um 100 n. Chr. die Beziehung zwischen den Kubikzahlen und aufeinanderfolgenden ungeraden Zahlen erkannt, welche dahin sich ausspricht, die erste Kubikzahl sei gleich der ersten ungeraden Zahl, die zweite gleich der Summe der zwei darauf folgenden ungeraden Zahlen, die dritte gleich der Summe der darauf wieder folgenden drei ungeraden Zahlen u. s. w. Ueber sämmtliche r ersten Kubikzahlen ausgedehnt liefert das als deren Gesammtsumme die Summe der $1 + 2 + \ldots + r$ d. h. der $\frac{r(r+1)}{2}$ auf einander folgenden ungeraden Zahlen von der 1 anfangend. Die alten Pythagoräer wussten aber schon (S. 135), dass diese das Quadrat ihrer Anzahl bilden. Die Gesammtsumme ist mithin $1^3 + 2^3 + \ldots + r^3 = \left(\frac{r(r+1)}{2}\right)^2$, und genau so rechnet unser Schriftsteller.

Diese arithmetischen Kenntnisse: eine Darstellung der Vieleckszahl aus ihrer Seite, der Seite aus der Vieleckszahl, der Pyramidalzahl aus Vieleckszahl und Seite, endlich die Summirung der auf einander folgenden Kubikzahlen einem griechischen Schriftsteller auch ohne Beweis entnommen zu haben, würde schon ein gewisses mathematisches Verdienst der Männer voraussetzen, welche es verständnissvoll unternahmen die interessanten Formeln aufzubewahren. Ob wir aber dem Epaphroditus und Vitruvius Rufus das Beiwort des Verständnisses zuerkennen dürfen? Eine Figur, welche in den Text hineingerathen ist, lässt daran gerechte Zweifel entstehen.

Figuren finden sich auch bei griechischen Arithmetikern, wie wir wissen, zur Versinnlichung der Vieleckszahlen, ja diese Zahlen selbst haben von Anfang an ihre Namen von dieser Versinnlichung her bekommen, und so wird die Quelle unserer Römer mit an Gewissheit streifender Wahrscheinlichkeit die Figuren des regelmässigen Fünfecks, Sechsecks, ... Zwölfecks enthalten haben, welche neben den Formeln übernommen werden durften, wenn nicht mussten. Aber bei der Ausrechnung der Achteckszahl ist nicht bloss das regelmässige Achteck, es ist auch in einen Kreis eingezeichnet die Figur zweier sich symmetrisch durchsetzender Quadrate vorhanden, die wir früher um einige vom Kreismittelpunkte gezogene Hilfslinien vermehrt und mit einer Buchstabenbezeichnung einiger Punkte versehen kennen gelernt haben (Figur 60). Diese Figur ist unter keinen Umständen arithmetischen Charakters. Sie kann sich nur auf die geometrische Entstehung des regelmässigen Achtecks aus dem Quadrate beziehen, und ihr Vorkommen bei Epaphroditus gewährt unseren früher (S. 338) ausgesprochenen Vermuthungen über die Anwendung jener Figur eine nicht geringfügige Unterstützung. Wer aber die beiden Figuren, das arithmetische und das geometrische Achteck, wenn wir so sagen dürfen, um unsere Meinung in recht scharfe sprachliche Gegensätze zu kleiden, neben einander abbildete, der bewies damit, dass er die arithmetische Figur nicht verstand, dass er glaubte beidemal mit geometrischen Dingen zu thun zu haben. Wir fürchten, es waren jene Römer, welche dem Missverständnisse unterlagen, und sollten Epaphroditus und Vitruvius, oder wenigstens einer derselben, an der Vermengung dieser Dinge unschuldig sein — die Vermuthung liegt ja nahe, dass von jenen beiden Männern der eine eine geometrische, der andere eine arithmetische Schrift verfasste, aus welchen nur ein Auszug vorliegt, dessen Blätter einigermassen durcheinandergekommen sind — so hat jedenfalls der Schreiber des Codex Arcerianus unter dem Banne der vermengenden Verwechslung gestanden. Lässt sich doch schon zum Voraus, und ohne des uns triftig erscheinenden Beweisgrundes der beiden Achtecke sich zu bedienen, die Behauptung aussprechen, Arithmetisches als solches habe in der Sammlung eines Verwaltungsbeamten keinen Platz gefunden. Es konnte sich dort überhaupt nur einschleichen, wenn man wähnte, es handle sich um Geometrisches, also nicht um Vieleckszahlen, sondern um den Flächeninhalt regelmässiger Vielecke, und bei den Pyramidalzahlen, bei den Kubikzahlen, welche dort vorkommen, mag der Schreiber sich wohl gar Nichts gedacht haben. Diese Behauptungen finden auch ihre Bestätigung in den vielen bei den arithmetischen Sätzen auftretenden Schreibfehlern.

Fassen wir also das bisher Gewonnene zusammen, so wird das Ergebniss sich gestalten wie folgt: Die Römer sind, wenn sie auch eine uralte Feldmesskunst besassen und des Rechnens zum täglichen Gebrauche nicht entbehren konnten, zur Mathematik schlecht genug veranlagt gewesen. Ein bis anderthalb Jahrhunderte lang, von Cäsar bis nach Trajan etwa, war eine verhältnissmässige Blüthezeit römischer Geometrie und vielleicht auch römischer Arithmetik, beide auf griechische Quellen zurückgehend, unter welchen sich jedenfalls das sogenannte andere Buch der Geometrie des Heron von Alexandria befand. Allmälig jedoch verschwand sogar das Verständniss des damals ins Lateinische Uebersetzten.

Kapitel XXVII.

Die spätere mathematische Literatur der Römer.

Die Behauptung, dass die Römer in den Zeiten Cäsars bis Trajans auch arithmetischer und damit bei den Griechen schon enge verbundener algebraischer Leistungen bis zu einem gewissen Grade fähig waren, ist ausser aus dem Bruchstücke des Codex Arcerianus, welches wir zu diesem Zwecke verwandt haben, auch aus den Rechtsquellen zu bestätigen.

Zinszahlungen, also auch Zinsberechnungen sind bei den Römern ungemein alt, so dass von anderen Erleichterungen überbürdeter Schuldner abgesehen schon im Jahre 342 v. Chr. die freilich nicht eingehaltene Lex Genucia gegen jede Zinsverleihung Gesetzeskraft gewann. Auch eine entsprechende Verminderung für vorzeitigen Genuss eines erst später zu erlangenden Besitzes, das sogenannte Interusurium oder die Repräsentation, wie der Römer sagte, ist alt, wenn auch die Grösse der Verminderung und die Regeln, nach welchen sie abgeschätzt wurde, weit entfernt davon sind, im Klaren zu sein. Ulpian, der am Ende des II. und Anfang des III. S. n. Chr. lebte, stellte bereits Berechnungen ähnlicher Art unter Voraussetzung einer wahrscheinlichen Lebensdauer an,[1]) allerdings wieder ohne dass wir eine Ahnung haben, wie jene wahrscheinliche Lebensdauer gewonnen wurde.

Zu anderen Rechnungsaufgaben gab das Erbrecht der Römer, gaben die vielfach ungemein verzwickten letztwilligen Verfügungen Anlass, die gradezu Regel bei ihnen waren. Im Jahre 40 v. Chr. stellte die Lex Falcidia fest, dass dem eigentlichen Erben mindestens ein Viertheil des hinterlassenen Vermögens verbleiben musste. Waren also Vermächtnisse im Gesammtbetrage von mehr als Dreiviertel des

[1]) *Ad legem Falcidiam* XXXV, 2, 68.

Vermögens testamentarisch verheissen, so mussten diese mittels einer Gesellschaftsrechnung herabgemindert werden, so dass die sogenannte falcidische Quart nicht angegriffen wurde.

Ein für die Geschichte der Mathematik in seiner Eigenthümlichkeit, welche eine Uebertragung von einem Werke zum anderen sichert, höchst bedeutsamer Fall ist der eines Erblassers, der seine Wittwe in schwangerem Zustande hinterlässt und Bestimmungen für die beiden Möglichkeiten getroffen hat, dass sie einem Knaben oder einem Mädchen das Leben schenkt, während der thatsächlich eintreffende Fall, dass Zwillinge, und zwar Zwillinge von verschiedenem Geschlechte, geboren werden, nicht vorgesehen war. Ein daran sich knüpfender Rechtsstreit ist durch Salvianus Julianus,[1]) einen Juristen, der unter den Kaisern Hadrian und Antoninus Pius wirkte, berichtet; ein zweiter verwandter Fall kommt bei Cäcilius Africanus,[2]) ein dritter bei Julius Paulus,[3]) einem glänzenden Juristen des III. S. vor, der unter Kaiser Alexander Severus der römischen Rechtswissenschaft zur Zierde gereichte. Die älteste Entscheidung des Julianus lautet folgendermassen: „Wenn der Erblasser so schrieb: Wenn mir ein Sohn geboren wird, so soll dieser auf $\frac{2}{3}$ meines Vermögens, meine Frau aber auf die übrigen Theile Erbe sein; wird mir aber eine Tochter geboren werden, so soll diese auf $\frac{1}{3}$, auf das Uebrige aber meine Frau Erbe sein, und ihm nun ein Sohn und eine Tochter geboren wurden, so muss man das Ganze in 7 Theile theilen, so dass von diesen der Sohn 4, die Frau 2 und die Tochter 1 Theil erhält. Denn auf diese Weise wird nach dem Willen des Erblassers der Sohn noch einmal so viel erhalten als die Frau, und die Frau noch einmal so viel als die Tochter. Denn obgleich nach den Bestimmungen des Rechtes ein solches Testament umgestossen werden sollte, so verfiel man doch aus rein vernünftigen Gründen auf die genannte Entscheidung, da ja nach dem Willen des Erblassers immer die Frau Etwas erhalten soll,[4]) mag ihm ein Sohn oder eine Tochter geboren werden. Auch Juventius Celsus stimmt hiermit vollkommen überein." Dieser letztere Jurist, auf welchen Julianus sich bezieht, der die Aufgabe also jedenfalls kannte, lebte unter Trajan um das Jahr 100 n. Chr., war also sicherlich ein Zeitgenosse jenes Celsus, an welchen, wie wir uns erinnern, Balbus sein feldmesserisches Werk gerichtet hatte. Unmöglich erscheint es daher

---

[1]) *Lex 13 principio. Digestorum lib. XXVIII, tit. 2.* [2]) *Lex 47, § 1. Digestorum lib. XXVIII, tit. 5.* [3]) *Lex. 81 principio. Digestorum lib. XXVIII, tit. 5.* [4]) Wäre nämlich das Testament umgestossen und somit als nicht vorhanden zu betrachten, so würden nach römischem Rechte die Kinder allein geerbt haben, die Wittwe aber leer ausgegangen sein.

nicht, dass diese beiden Persönlichkeiten mit Namen Celsus in eine verschwimmen müssten, dass der gelehrte Jurist Celsus auch Ingenieur gewesen, auch in der Geometrie als Schriftsteller aufgetreten wäre, dass von ihm auch jene Erbtheilungsaufgabe herrührte, welche eben so gut in einem mathematischen Buche als in einer Sammlung von Rechtsfällen einen Platz einnehmen konnte.

Zeitgenosse des Julianus um die Mitte des II. S. war ein Schriftsteller, der uns gleichfalls für das unter den Antoninen noch vorhandene Interesse an arithmetischen Dingen Bürge ist. Appuleius, geboren zu Madaura, einer blühenden Kolonie an der Grenze Numidiens gegen Gätulien hin, machte seine Studien vornehmlich zu Athen, begab sich aber alsdann zu weiterer Ausbildung auf grössere Reisen. Von schönschriftstellerischer Seite ist er als Verfasser eines witzigen Romans bekannt. Aber auch als mathematischer Schriftsteller ist er aufgetreten. Cassiodor[1]) im zweiten Drittel des VI., Isidor von Sevilla[2]) am Anfang des VII. S. bezeugen ausdrücklich, die Arithmetik des Nikomachus sei erstmalig durch Appuleius, dann zum zweiten Male durch Boethius ins Lateinische übertragen worden. Unmittelbare Ueberreste der Bearbeitung durch Appuleius sind nicht erhalten, so dass ein Urtheil darüber nicht gefällt werden kann, in wie weit die Behauptung, Appuleius habe auch Rechenbeispiele in grösserer Anzahl gelehrt, nur auf einem Missverständnisse beruht, indem die betreffenden Gewährsmänner seine Arithmetik gleichfalls nur vom Hörensagen kannten und aus dem Titel ihre falschen Schlüsse zogen, oder aber Wahrheit ist. Im XV. und XVI. S. wurde mit Sicherheit an die Wahrheit geglaubt. Ein handschriftliches Rechenbuch, algorithmus linealis genannt, aus jener Zeit, der erlanger Universitätsbibliothek angehörig, beginnt ausdrücklich mit den Worten: „Um die vielen Irrthümer der Kaufleute und die Schwierigkeiten des andern Theiles der Arithmetik zu vermeiden ist bei Appuleius, dem in allen Wissenschaften hocherfahrenen Manne, eine andere Anschauung dieser Kunst erfunden, welche ebenso viel berühmter als leichter und den Geisteskräften eines Jeden angepasster ist als die erste; bei uns heisst sie Rechnung auf den Linien.“[3]) Ein 1540 in Paris anonym erschienenes Rechenlehrbuch sagt: „Die ganze Kraft dieser Disciplin ruht in den Beispielen der Addition und Subtraktion; wer das ganze Kapitel vollauf kennen lernen will, der lese den Appuleius, welcher zuerst den Römern diese Dinge beleuchtete.“[4]) Es hält so bestimmten Aeusserungen gegenüber schwer, des Glaubens sich zu

[1]) Cassiodor, *Opera* (ed. Garet). Venedig, 1729, Bd. II, pag. 555, Col. 2, lin. 14 v. u. [2]) Isidor Hispalensis, *Origines* Lib. III, cap. 2. [3]) Friedlein, Zahlzeichen und elementares Rechnen u. s. w. S. 48. [4]) Math. Beitr. Kulturl. Anmerkung 351.

erwehren, dass, wer so sprach, die Schrift des Appuleius selbst vor Augen gehabt habe. Nicht minder schwer freilich fällt die Annahme, Appuleius habe die Arithmetik des Nikomachus, die wir im Originale wie in der Bearbeitung des Boethius zur Genüge kennen, so selbständig oder unter Zuziehung anderer Quellenschriften behandelt, dass er Rechenbeispiele einfügen konnte. Oder sollen wir annehmen, Nikomachus habe neben der Arithmetik ein uns bis auf eine geringfügige Spur (S. 366) ganz verschollenes Rechenbuch verfasst? Auf dieses beziehe sich der Ausspruch Lucians: Du rechnest wie Nikomachus? Dieses habe Appuleius übersetzt, und das Missverständniss rühre von Cassiodor und dem ihn ausschreibenden Isidor her, welche die Uebersetzungen zweier verschiedener Werke des Nikomachus ins Lateinische vermengten? Wir fühlen wohl, wie viele Gründe sich auch dieser Annahme entgegenthürmen, wollten aber keinenfalls versäumen, jede der verschiedenen Möglichkeiten jene Aeusserungen später Zeit zu erklären anzuführen.

Auch auf geometrischem Gebiete ist die wenn nicht selbstschöpferische doch an Uebertragungen griechischer Schriftsteller sich übende Thätigkeit der Römer keineswegs mit den Zeiten Trajans abgeschlossen. Neben den im Codex Arcerianus vereinigten, wie wir sahen, um die Mitte des V. S. schon zusamengestellten vielleicht zum Theil später als Trajan, sogar später als Diophant zu datirenden Stücken ist uns ein sehr bedeutsames Fragment aus dem IV. S. erhalten, welches zeigt, dass nicht bloss der „Heron" der Praktiker, sondern auch der „Euklid" der Theoretiker der römischen Sprache mächtige Liebhaber besass. Dieses Fragment,[1]) auf welches zuerst 1820 hingewiesen worden ist, und welches seitdem unausgesetzt die Aufmerksamkeit philologicher Forscher in Spannung erhielt, gehört der unteren Schrift eines Palimpsestes an, der in der Kapitelbibliothek zu Verona früher unter der Nummer 38, jetzt unter der Nummer 40 aufbewahrt wird. Die jüngere dem IX. S. angehörende Schrift enthält einen Theil der „Moralischen Betrachtungen zum Buch Hiob" vom Papst Gregor dem Grossen († 604). Die darunter erkennbare ältere Schrift stammt nach dem Dafürhalten aller neueren Sachkundigen unter Beachtung aller Merkmale der Schrift wie der Sprache, welche zur Entscheidung beitragen können, aus dem IV. S. Kaum mit blossem Auge erkennbar gab sie mühevollster Entzifferung ihren Inhalt kund. Es sind Bruchstücke des Vergilius, des Livius und Geometrisches, welche im IX. S. würdig

---

[1]) Vergl. die von Niebuhr 1820 in Rom herausgegebenen Bruchstücke der Reden Ciceros für Fonteius und Rabirius pag. 20. Blume, *Iter Italicum* I, 263. Keil auf pag. XI der Vorrede zu seiner Ausgabe des Probus. Reifferscheid, Sitzungsber. d. philol. Abthlg. der Wiener Akademie XLIX, 59. Mommsen, Abhdlg. der Berliner Akademie 1868, S. 153, 156, 158.

schienen theologisch-moralischen Betrachtungen den Platz zu räumen. Das geometrische Fragment[1]) gibt sich selbst als dem XIV. und XV. Buche des Euklid entstammend an. Seine Nummerirung ist aber keineswegs mit der gebräuchlichen gleichlaufend. Als XIV., als XV. Buch der euklidischen Elemente bezeichnet man bekanntlich (S. 309) jene von zwei verschiedenen Schriftstellern herrührenden stereometrischen Abhandlungen, welche, man weiss nicht recht wie und wann, an die dreizehn Bücher der Elemente angehängt worden sind. Diesen Abhandlungen gleicht das lateinische Bruchstück nicht im Geringsten. Ohne Satz für Satz und Figur für Figur mit dem griechischen Euklidtexte zur Deckung gebracht werden zu können, ist es doch unter allen Umständen den echt euklidischen mit Stereometrie sich beschäftigenden Büchern, dem XII. und XIII. Buche unserer griechischen Texte entnommen. Es ist entweder Auszug, oder Uebersetzung eines Auszuges, jedenfalls Arbeitsexemplar des Unbekannten, von welchem es herrührt, wie der Entzifferer mit grossem Scharfsinne aus der Thatsache geschlossen hat, dass einzelne Wörter durchstrichen und durch anders lautende Synonyma ersetzt sind. Das kann selbstverständlich nur auf den Schriftsteller, beziehungsweise den Uebersetzer selbst zurückgeführt werden, und zwar in einer Zeit, in welcher seine Arbeit noch in Vorbereitung, noch nicht abgeschlossen war.

Die andere Seite unserer zum Schlusse des vorigen Kapitels ausgesprochenen Behauptung, dass das Verständniss der aus Griechenland überkommenen mathematischen Kenntnisse der Römer mehr und mehr schwand, findet gleichfalls Bestätigung, wenn wir die Magerkeit uns betrachten, zu welcher im Laufe der Jahrhunderte die römische Mathematik zusammenschrumpfte.

Theodosius Macrobius, ein vielleicht aus Afrika stammender Schriftsteller, von welchem uns Commentare erhalten sind,[2]) die um 400 entstanden sein dürften, und in welchen hier und da zerstreut auch einige mathematische Erläuterungen vorkommen, ist noch bei Weitem der dürftigste nicht. Wir denken auch nicht an den kurz vor oder nach 457 entstandenen Calculus des Victorius, dessen Nothwendigkeit wir oben (S. 450) eingesehen haben, begründet in der Schwierigkeit mit den römischen Duodecimalbrüchen Rechnungen auszuführen. Wir denken zunächst an Martianus Mineus Felix Capella. Er war in der ersten Hälfte des V. S. in Karthago geboren und stieg bis zur Würde eines römischen Proconsuls empor.

---

[1]) Der Entzifferer, Prof. W. Studemund, hat längst eine Herausgabe zugesagt. Unser Bericht entstammt den mündlichen Mittheilungen, welche er so freundlich war, unter Vorzeigung seines vorbereiteten Materials uns zu machen, und deren Veröffentlichung er uns gestattet hat. [2]) Macrobius, *Opera* (ed. v. Jan) Quedlinburg und Leipzig, 1848—52.

Er hat uns ein aus neun Büchern bestehendes encyklopädisches Werk, welches den Gesammtnamen *Satira* führt, hinterlassen,[1]) dessen Entstehung etwa auf das Jahr 470 fällt. Die beiden ersten Bücher führen den besonderen Titel der Vermählungsfeier der Philologie mit Merkur und stellen ein kleines Ganzes dar, eine Art von philosophischem und allegorischem Romane, der als Einleitung dient. Zur Vermählung erscheinen alsdann die sieben Wissenschaften, welche, um den Ausspruch Quintilians zu benutzen, den Kreis der freien Lehre ausmachen.[2]) Es sind dieselben freien Künste, in derselben Reihenfolge, wie wir sie durch Varros Werk kennen, dessen Eintheilung uns wenigstens erhalten blieb (S. 461). Jede Wissenschaft bringt ihr Symbol mit. Nach der Grammatik, der Dialektik und der Rhetorik tritt die Geometrie auf. Sie hat den mit blauem Sande bestreuten Abacus in Händen,[3]) auf welchen also diesmal die Figuren gezeichnet werden sollen, mit welchen die Geometrie sich abgibt. Freilich eine sonderbare Geometrie, deren räumlicher Hauptbestandtheil in geographischen Begriffen, in einer Aufzählung historisch interessanter Orte, deren Gründer zugleich genannt werden, aufgeht. Dann kommen Definitionen von Linien, Figuren, Körpern, dann die nothwendigsten Forderungen, Alles nach Euklid und unter Benutzung der griechischen Benennungen. Sind aber die Vorbereitungen erst so weit getroffen, dass die Göttin auf dem Abacus eine gerade Linie zieht und die Frage stellt: Wie lässt sich über einer gegebenen Strecke ein gleichseitiges Dreieck errichten, da erkennen sofort die in dichtem Haufen sie umstehenden Philosophen, sie wolle den ersten Satz der euklidischen Elemente bilden, brechen in lautes Klatschen und Hochrufen auf Euklid aus ...[4]) und das VI. Buch und mit ihm die Geometrie ist zu Ende. Von Feldmessung, von rechnender Geometrie, mit einem Worte von Heronischem ist in keiner Weise die Rede. Im VII. Buche macht die Arithmetik ihre Aufwartung mit ihren Fingern die Zahl 717 darstellend, durch welche sie den Gott der Götter begrüsst. Wir haben dieses Zeugniss für die auch damals bekannte Fingerrechnung (S. 446) anrufen dürfen. Wir fügen hinzu, dass Pallas auf die Frage der Philosophie, was jene Zahl zu bedeuten habe? erwidert: die Arithmetik grüsse Jupiter mit seinem eigenen Namen. Diese Stelle ist jedenfalls richtig dahin erklärt worden, Jupiter sei der Anfang der Dinge und ἡ ἀρχή stelle durch den Zahlenwerth der Buchstaben $8 + 1 + 100 + 600 + 8$ die Zahl 717 vor.

---

[1]) *Martiani Capellae De nuptiis philologiae et Mercurii de septem artibus liberalibus libri* IX (ed. Ulr. Kopp). Frankfurt a. M., 1836. [2]) *Quintilianus* I, 10, 1. [3]) *Hyalini pulveris respersione coloratam mensulam.* [4]) *Quo dicto cum plures philosophi, qui undiquesecus constipato agmine consistebant, primum Euclidis theorema formare eam velle cognoscerent, confestim acclamare Euclidi plaudereque coeperunt.*

Auch Pythagoras ist bei den der Vermählung wegen versammelten Gästen und tritt nun näher hinzu, er, der bisher bei den Zeichnungen auf dem Abacus als Zuschauer gestanden hatte. Der kundige Leser ist durch die symbolische Begrüssung, durch das persönliche Auftreten des Pythagoras zur Genüge auf das vorbereitet, was er im VII. Buche nun entwickelt finden wird: eine wesentlich pythagoräische Arithmetik nach dem Muster des Nikomachus, wie sie den Römern, wenn nicht schon seit Appuleius, jedenfalls seit Plotinus unter ihnen gelebt hatte, geläufiger geworden war, wie sie jetzt in einer Zeit, während welcher mancher von den tonangebenden vornehmsten Römern zu den Füssen des Proklus in den Vorlesungsräumen von Athen gesessen hatte, gewiss auf Verständniss zählen durfte. Wir sind mit der Bemerkung, dass diese Erwartung nicht getäuscht wird, einer genaueren Berichterstattung über das VII. Buch überhoben. Wir machen nur auf die negativ eigenthümliche Erscheinung aufmerksam, dass der vieleckigen Zahlen, die bei Nikomachus eine so wichtige Rolle spielen, kaum gedacht ist. Wohl heisst es, die Ebene habe verschiedene Gestaltungen, nach welchen die Zahlen geordnet werden können,[1]) aber nach einer arithmetisch vernünftigen Ausführung dieses Gedankens fahndet man vergeblich. Es kann unsere Aufgabe nicht sein zu erörtern, wie viel oder wie wenig im VIII. Buche der Astronomie, im IX. Buche der Musik in den Mund gelegt wird. Wir sind von der Mühe befreit die Geschichte auch dieser Wissenschaft zu verfolgen, und ohne irgend welchen Zwang der Durchforschung wird man die schwülstigen und zugleich langweiligen Auseinandersetzungen des Martianus Capella sich lieber schenken.

In die Blüthezeit des eben besprochenen Schriftstellers etwa auf 475 fällt die Geburt eines anderen Mannes, zu welchem wir uns nun zu wenden haben, Magnus Aurelius Cassiodorius Senator.[2]) Er war im südlichen Italien in Bruttien geboren, unweit von Scyllacium, an einer von Naturschönheiten so reich erfüllten Stelle, dass er sie später von Allen aussuchte, sein Leben dort zu beschliessen. Noch in sehr jugendlichem Alter von kaum 20 Jahren trat er in den Staatsdienst, frühstens im Herbst 500,[3]) zu einer Zeit, wo Theodorich eben den gothischen Staat in Italien gegründet hatte, und zu

---

[1]) *Ipsa autem planities varias formas habet, numeris ad similitudinem figurarum ordinatis.* [2]) A. Thorbecke, *Cassiodorus Senator.* (Heidelberger Lyceumsprogramm von 1867.) Die Lesart Cassiodorius hat Usener, *Anecdoton Holderi* (Festschrift zur 32. Philologenversammlung. Wiesbaden, 1877), S. 16, wie wir glauben, sicher gestellt. [3]) Nach Usener l. c. S. 70 datirt sich der erste bekannte Brief des Cassiodorius von 501. Dafür, dass Cassiodorius damals noch am Anfange der zwanziger Jahre gestanden haben muss, vergl. Thorbecke S. 7—10, Usener S. 4.

diesem Fürsten trat Cassiodorius in die Stellung eines Geheimschreibers, äusserlich genommen Theodorichs Dolmetscher, in Wirklichkeit sein einflussreicher Rathgeber. Die vielseitigen, wenn auch nicht überall tiefen Kenntnisse des Ministers — als solchen dürfen wir ihn vielleicht bezeichnen — machten ihn dem Könige unentbehrlich, sowohl in den Geschäften der Regierung, als in den verschiedensten Privatbeziehungen, und erst der Tod Theodorichs 526 löste das Band, welches Gewohnheit und gegenseitige Zuneigung um beide Männer geschlungen hatte. Auch unter den Nachfolgern Theodorichs blieb Cassiodorius, so verhasst ihm Persönlichkeiten und einzelne Handlungen oft sein mochten, der gothischen Sache getreu, um von dem Staatsbaue seines königlichen Freundes zu retten, was noch zu retten war. Man besitzt Staatsschriften von 538, die Cassiodorius unterzeichnet hat. Am Hofe erlebte er noch den Ausbruch des Krieges gegen die Byzantiner, und erst 540 etwa, nachdem Ravenna schon in Belisars Händen war, zog Cassiodorius sich in das von ihm selbst gestiftete Kloster in seiner Heimath zurück, dort eine reiche literarische Thätigkeit zu entfalten. Cassiodorius war einer der Ersten, welche dem Beispiele folgend, das Benedict von Nursia in seinem 529 zu Monte Casino bei Neapel gestifteten Kloster so segensreich aufstellte, dem klösterlichen Leben einen anderen Inhalt als den der blossen Zurückgezogenheit und Beschaulichkeit gaben. Eine Bibliothek entstand, lernende und forschende Thätigkeit entfaltete sich. Das Theologische stand naturgemäss obenan, aber auch die weltlichen Wissenschaften, als nützliche Vorbereitungsschule zu Höherem, wurden keineswegs vernachlässigt. Tag und Nacht wurden von emsigen Händen in schönen Zügen Schriften von mitunter zweifelhaftem mitunter wirklichem Werthe zu Pergament gebracht. Preist doch Cassiodor im 30. Kapitel seines Buches *De institutione divinarum literarum* das Bücherabschreiben als die verdienstlichste körperliche Arbeit in begeisterten Worten, hat er doch Lampen eigener Art für die Nachtarbeit erfunden, Sonnen- und Wasseruhren aufgestellt, um Zeit und Thätigkeit zu ordnen. Dass er aber im Fleisse sich von Keinem seiner Untergeordneten übertreffen liess, beweist neben anderen Schriften eine Abhandlung über Orthographie, welche er bereits 93 Jahre alt noch verfasst hat. Es ist anzunehmen, dass diese seine letzte Arbeit war und dass er um 570 gestorben ist. Cassiodorius hat 12 Bücher Briefe[1]) hinterlassen, aus welchen auch für die Geschichte der Mathematik unterschiedliche Notizen gewonnen worden sind. Theils sind es unveränderte Abschriften früherer staatlicher oder privater Schreiben, welche Cassiodor für Theodorich zu fertigen hatte, theils neue Redaktionen solcher

[1]) *Variarum (epistolarum) libri XII.*

Schreiben, in wenig angenehmer Weise durch Schwulst und Ueberladung ausgezeichnet, welche dem VI. S. im Allgemeinen, welche aber vorzugsweise unserem Schriftsteller eigenthümlich sind.

Von seinen übrigen Werken nennen wir eine kurzgefasste Encyklopädie, *De artibus ac disciplinis liberalium literarum*, welche in ähnlichen 7 Abtheilungen, wie wir sie bei Martianus Capella theilweise zu schildern hatten, die Wissenschaften behandelt. Die Eintheilung in 7 Wissenschaften war für Cassiodorius geradezu verführerisch. Er besass eine im letzten Grunde muthmasslich den Ausläufern des Neuplatonismus entstammende Verehrung für heilige Zahlen.[1]) Er hatte die Zwölfzahl der Bücher seiner Briefe nur um der zahlreichen Vergleichspunkte willen gewählt; er witterte, wie sein Psalmencommentar beweist, hinter der Ordnungszahl eines jeden Psalmen tiefere Beziehungen; so war ihm die Zahl 7 der Wissenschaften Symbol der Ewigkeit. Die Reihenfolge hat Cassiodorius gegen Varro und Martianus Capella geändert. Ihm folgen jetzt Grammatik, Rhetorik, Dialektik, Arithmetik, Musik, Geometrie, Astronomie auf einander. Ein weiterer einigermassen wesentlicher Unterschied gegen Martianus Capella besteht darin, dass bei diesem die griechischen Wortformen theilweise sogar in griechischen Schriftzügen vorherrschen, während Cassiodorius hier mit mitunter recht ungeschickten Uebersetzungen als lateinischer Sprachreiniger auftritt. Er beabsichtigt nicht das Ausführliche dieser Wissenschaften zu lehren. Er will vielmehr die Schriftsteller der Griechen und Römer bezeichnen, bei welchen man sich mit den einleitenden Kenntnissen versehen ausführlicher unterrichten könne.[2]) So ist es gewissermassen entschuldigt, wenn Arithmetik und Geometrie, auf die wir wieder allein unser Augenmerk richten, noch mehr zu einer blossen Sammlung von Definitionen geworden sind. Seinem Versprechen getreu empfiehlt er Pythagoras, Nikomachus und die Uebersetzer des Letzteren Appuleius und Boethius, aus deren Schriften, wie man sage — *ut aiunt* — man sich mit den klarsten Anschauungen durchdringen könne, eine Ausdrucksweise, welche in Zweifel setzt, ob er selbst diese Schriften kannte und somit dem, was wir über eine mögliche Vermengung verschiedener durch Appuleius und Boethius übersetzten Schriften oben (S. 478) andeuteten, an und für sich nicht im Wege steht. Dem Abschnitte über Geometrie fügt er bei, in dieser Wissenschaft seien bei den Griechen Euklid, Apollonius, Archimed und andere annehmbare Schriftsteller aufgetreten, von welchen Euklid durch

[1]) Thorbecke l. c. S. 52. [2]) *Nec illud quoque tacebimus quibus auctoribus tam Graecis quam Latinis, quae dicimus, exposita claruerunt: ut qui studiose legere voluerit, quibusdam compendiis introductus, lucidius Majorum dicta percipiat.*

denselben grossartigen Mann Boethius in die römische Sprache übertragen worden sei, *ex quibus Euclidem translatum in Romanam linguam idem vir magnificus Boethius dedit.* Für die Musik wird auf die Griechen Euklid, Ptolemäus und so weiter, in lateinischer Sprache auf Appuleius von Madaura verwiesen. Aus dem astronomischen Abschnitte endlich erwähnen wir der Empfehlung der Schriften von Ptolemäus. Der Name des Boethius kommt in diesen beiden letzten Abschnitten nicht vor, einer lateinischen Uebersetzung des Ptolemäus ist überhaupt nicht gedacht.

Wir verweilen etwas länger, als der Gegenstand und die encyklopädische Behandlung desselben es eigentlich verdienen, bei Cassiodorius und seiner Wissenschaftslehre, um zugleich ein Bild mönchischen gelehrten Treibens zu entwerfen, wie es von diesem Zeitpunkte an uns jeden Augenblick wieder begegnen wird. Diesem Bilde würde ein nicht unwesentlicher Strich fehlen, und uns zugleich die Gelegenheit entgehen, hier schon eines regelmässigen Arbeitsstoffes mittelalterlicher Gelehrten zu gedenken, wenn wir nicht noch über einen ganz kurzen Aufsatz redeten, der unter den Werken des Cassiodorius abgedruckt worden ist. Wir meinen einen *Computus paschalis* vom Jahre 562.

Man hat Einsprache dagegen erhoben, dass diese Osterrechnung von Cassiodor herrühren könne. In der Vorrede zur Abhandlung über Orthographie, welche Cassiodorius, wie wir schon sagten, mit 93 Jahren schrieb, sind die Schriften desselben aufgezählt, und unter diesen ist kein Computus enthalten. Sollte derselbe daher später geschrieben sein, etwa im 94. Lebensjahre, so müsste durch Rückwärtsrechnung Cassiodor im Jahre 500 bei seiner ersten Anstellung mindestens 32 Jahre alt gewesen sein im Widerspruch gegen die früher angeführte wohlbegründete Annahme, er habe damals am Anfange der zwanziger Jahre gestanden. Diesen Widerspruch zu heben und zugleich den Computus für Cassiodor zu retten hat man die Vermuthung ausgesprochen, dieses Schriftstück sei bereits mehrere Jahre vor der Abhandlung über Orthographie entstanden und nur um seiner geringfügigen Ausdehnung willen in dem genannten Verzeichnisse eigener Schriften ausgelassen worden. Sei dem nun, wie da wolle, sicher ist, dass im Jahre 562 ein Computus paschalis möglicherweise durch Cassiodor verfasst wurde, wie wir auch schon (S. 450) gelegentlich gesehen haben, dass Victorius von Aquitanien 457 eine solche Anleitung zur Auffindung des richtigen Ostertages schrieb.[1])

Solche theologisch-chronologische Abhandlungen waren wesent-

---

[1]) Ueber den Computus des Victorius vergl. L. Ideler, Handbuch der mathematischen und technischen Chronologie II, 275—284.

lich durch das auf dem Concilium von Nicäa, 325, ergangene Verbot der mit den Juden gleichzeitigen Feier des Osterfestes hervorgerufen worden. Das Passahfest, d. h. das Fest der Verschonung, womit die Verschonung von den Plagen in Aegypten gemeint war, fand bei den Juden stets vom 14. bis zum 21. des Monats Nisan statt, und zwar wurde dieser Monat dem Mondjahre der jüdischen Zeitrechnung gemäss immer so durch periodisch eingeschobene Schaltmonate bestimmt, dass der 14. auf die Frühlingstagundnachtgleiche fiel. Das christliche Osterfest mit seiner ganz anderen Bedeutung war zunächst auf dem altherhergebrachten Datum des 14. Nisan verblieben. Erst das nicäanische Concil fasste, wie gesagt, diese Zeitbestimmung als ketzerisch auf, und man verfolgte die, welche bei den alten Ostertagen blieben, als Quatuordecimani oder Tessareskaidekasiten. Ostern solle von den strenggläubigen Bekennern der christlichen Religion stets am Sonntage nach der Frühlingstagundnachtgleiche gefeiert werden, niemals an diesem Tage selbst, auch nicht wenn die Frühlingstagundnachtgleiche auf einen Sonntag fiel; dann musste der folgende Sonntag als Ostersonntag gewählt werden, damit das Zusammentreffen mit dem Passahfest unter allen Umständen vermieden blieb. Es kam also darauf an die Frühlingstagundnachtgleiche sowohl ihrer Lage im Sonnenjahre als im Mondjahre nach genau zu kennen, beziehungsweise eine Ausgleichung zwischen dem Sonnen- und Mondjahre zu treffen, welche auf gewissen Cyklen beruhte, in welchen beide Jahresgattungen genau enthalten waren. Das nicäanische Concil nahm an: 19 Sonnenjahre seien genau 235 Mondsmonate. Damit war ein Irrthum verbunden, da nach strenger Rechnung zu den 235 Mondsmonaten noch etwa $1\frac{1}{2}$ Stunden hinzuzufügen sind. Die Nothwendigkeit anderer genauerer Cyklen wurde eingesehen, und nach Auffindung solcher Gleichungen zwischen Sonnen- und Mondzeit die Berechnung des Ostertages für jedes Jahr vorzunehmen, die sogenannte goldene Zahl, die Epacte zu finden[1]), zu finden ob das Jahr Schaltjahr sei oder nicht und dergleichen, das ist der algebraisch ziemlich dürftige Inhalt derjenigen Schriften, welche sämmtlich den gleichen Titel des *computus paschalis* führen.

Unter den von Cassiodorius zum genaueren Studium empfohlenen Schriftstellern ist uns wiederholt der Name des Boethius erschienen. Anicius Manlius Severinus Boethius[2]) stammte aus einer der reichsten und berühmtesten Patricierfamilien Roms, deren Mitglieder längst gewohnt waren hohe Staatsstellen zu bekleiden, aber auch den

---

[1]) Ideler, Handbuch der mathematischen und technischen Chronologie II, 239 und häufiger. [2]) Usener, *Anecdoton Holderi* pag. 37—66. Aeltere Quellen sind benutzt in Math. Beitr. Kulturl. S. 176—230.

Wechsel der Schicksale durch fürstliche Ungnade zu empfinden. Er war zwischen 480 und 482 etwa geboren[1]) und verlor kurz darauf seinen Vater, so dass seine Erziehung von Fremden geleitet werden musste. Wahrscheinlich und zum Glück für die geistige Ausbildung des begabten Jünglings wurde er der Sorge des Patriciers Symmachus[2]) anvertraut, der vollständig geeignet war Vaterstelle an ihm zu vertreten. Später wurden aus den Beziehungen Beider enge Familienbande, indem Boethius die Tochter des Symmachus heirathete. Boethius war schon Lehrer in dem Alter, wo Andere zu lernen pflegen.[3]) König Theodorich forderte in einem, selbstverständlich durch Cassiodor geschriebenen und in dessen Briefsammlung uns aufbewahrten Briefe ihn auf, auch für den Burgunderkönig Gundobad eine Wasser- und Sonnenuhr zu besorgen. Im Jahre 507 entbrannte Krieg zwischen Teodorich und Gundobad. Jener ein freundliches Verhältniss Beider voraussetzende Brief kann demnach nicht später als 506 geschrieben sein.[4]) Wir werden aus jenem Briefe nachher noch entnehmen, welche schriftstellerische Thätigkeit als Uebersetzer aus dem Griechischen Boethius damals schon entfaltet hatte. Fürs Erste ist er uns ein Zeugniss für das Ansehen, in welchem Boethius bei dem Könige stand, und dieses ebenso wie das des Symmachus wuchs beständig. Allein mit der steigenden Bedeutung des Boethius stieg auch sein eifriges Bemühen die Freiheit und das Ansehen des römischen Senates wieder herzustellen, wodurch er den Höflingen, die schon lange neidisch auf ihn waren, Gelegenheit gab ihn beim Könige zu verdächtigen. Untergeschobene Briefe mussten die Ansicht begründen helfen, als habe Boethius aus Ehrgeiz sich zum Verrathe verleiten lassen. Schuldig befunden, weil man ihn schuldig wollte, wurde er seines Vermögens beraubt, seiner Würden entsetzt und wahrscheinlich nach Pavia, dem damaligen Ticinum, verwiesen. Dort wurde er wenigstens nach längerer Gefangenschaft enthauptet, vermuthlich 524, der Kirchensage nach am 23. Oktober, welcher zu Pavia, Brescia und an anderen Orten wohl schon seit dem VIII. S. als Tag des heiligen Boethius gefeiert wurde. Symmachus konnte seinem Schmerze über den gewaltsamen Tod seines Schwiegersohnes nicht gebieten. Seine Aeusserungen darüber, denen es an berechtigter Schärfe nicht gefehlt haben mag, wurden dem Könige hinterbracht, der sie ebenso ahndete wie das angenommene Verbrechen dessen, dem die Klagen des Symmachus galten. Symmachus wurde in Fesseln nach Ravenna gebracht und im Gefängnisse getödtet. Auch dafür gibt die Sage einen bestimmten Tag, den 8. Mai. Theodorich folgte seinen Opfern,

---

[1]) Usener pag. 40. [2]) Ueber Symmachus vergl. Usener pag. 17–37. [3]) Ennodius sagt von ihm: *Boethius patricius, in quo vix discendi annos respicis et intelligis peritiam sufficere iam docendi.* [4]) Usener pag. 39.

deren Geister sein zerrüttetes Nervensystem ihm unaufhörlich vor die Augen zauberte, noch 526 nach. Wie viel theologische Streitigkeiten zwischen dem formell rechtgläubigen Boethius und dem arianischen Hofe Theodorichs zu der Entwicklung beigetragen haben mögen, ist unklar. Dass Boethius die ihm eine Zeit lang abgesprochenen theologischen Schriften wirklich verfasst hat, dürfte nach Auffindung eines Zeugnisses des Cassiodor nicht länger zweifelhaft erscheinen.[1]) Ein Widerspruch gegen das Werk „über die Tröstungen der Philososophie," welches Boethius im Gefängnisse zu seiner eigenen Geistesberuhigung verfasste, ist nur scheinbar, keinesfalls so gross um Boethius nicht als möglichen Verfasser auch der theologischen Abhandlungen erkennen zu lassen. Die Geistesrichtung des Boethius, der an griechischen Schriftstellern sich durchweg gebildet hatte, war, trotz formaler Strenggläubigkeit im Christenthum, eine dem Heidnischen nicht abgeneigte, und überdies lehnt sich jenes Werk der Tröstungen an griechische Vorbilder an, an Schriften von Aristoteles verquickt mit spätplatonischen Commentatoren. Man muss sich ganz im Allgemeinen wohl davor hüten bei Boethius viele eigene Gedanken zu suchen, oder aus der Hochschätzung der Zeitgenossen und der Nachkommen eine zu grosse Meinung von der Bedeutung des Mannes sich zu machen, dessen Uebersetzungsarbeiten selbst nicht auf die Höhe ihrer Aufgabe gelangt sind, und der darum noch lange kein Riese war, wenn er Zwerge überragte.

Uns interessiren namentlich diejenigen Uebersetzungen, welche Boethius, wie wir gesehen haben, in seinem 24. Lebensjahre schon vollendet haben muss. In jenem Briefe des Theodorich an Boethius[2]) heisst es: „In deinen Uebertragungen wird die Musik des Pythagoras, die Astronomie des Ptolemäus lateinisch gelesen. Nikomachus der Arithmetiker, der Geometer Euklid werden von den Ausoniern gehört. Plato der Forscher göttlicher Dinge, Aristoteles der Logiker streiten in der Sprache des Quirinals. Auch Archimed den Mechaniker hast Du lateinisch den Sikulern zurückgegeben, und welche Wissenschaften und Künste auch das fruchtbare Griechenland durch irgend welche Männer erzeugte, Rom empfing sie in vaterländischer Sprache durch Deine einzige Vermittlung." Vorzugsweise Wichtigkeit besitzen für uns von diesen Uebersetzungen die der Arithmetik und Geometrie; daneben kann die der Musik, der Astronomie, der Mechanik uns gelegentliche Notizen liefern, die sich vielleicht werthvoll erweisen.

Von den mechanischen Schriften nach Archimed ist uns freilich ausserhalb der hier angeführten Briefstelle keinerlei Erwähnung bekannt.

---

[1]) Usener pag. 48—59 über die theologischen Schriften des Boethius, namentlich auch über deren scheinbaren Widerspruch gegen die Bücher *De consolatione*. [2]) Cassiodorius, Varia I, 45.

Was die Astronomie und Musik betrifft, die Boethius lateinisch schrieb, so erinnern wir daran, dass von ihnen in der Encyklopädie des Cassiodorius keine Rede ist. Doch ist für die Astronomie wenigstens mehr als ein späteres Zeugniss vorhanden. Wir werden später sehen, dass Gerbert in einem entweder 982 oder 985 geschriebenen Briefe aus Mantua seine Freude darüber kundgibt, dass er acht Bücher gefunden habe: Boethius über Astronomie, über Geometrie und Anderes nicht weniger Bewundernswerthes.[1]) Aber auch noch 1515 war die Astronomie nach aller Wahrscheinlichkeit vorhanden, wenigstens beruft sich ein in jenem Jahre zu Augsburg gedrucktes Buch auf deren Benutzung.[2])

Dafür dass Boethius eine Arithmetik und eine Geometrie schrieb ist das unabwendbarste Zeichen vor allen Dingen die Encyklopädie des Cassiodorius. Dieser konnte nicht auf beide Werke und am Bestimmtesten auf die Geometrie verweisen, wenn sie nicht vorhanden waren. Die Ausflucht, mit welcher man wohl gegen die ältere Briefstelle Misstrauen zu erregen gesucht hat, Cassiodorius habe Schriften, die schon verfasst waren, aber auch solche genannt, welche noch zu erwarten waren, hat keine Wirksamkeit für die Zeit als Cassiodorius ins Kloster zurückgezogen seine Encyklopädie schrieb. Boethius war damals längst todt. Von ihm liess sich Nichts mehr erwarten. Von einem „vermeintlichen" Faktum[3]) kann aber bei so ausdrücklicher Verweisung desjenigen, der sich genauer unterrichten wollte, auf die genannten Bücher unmöglich die Rede sein. Ein gewissenhafter, pünktlicher Lehrer — und pünktlich war Cassiodorius durchaus — verweist nicht auf Schriften, die er nur von Hörensagen kennt, geschweige denn von deren Vorhandensein er kaum weiss, ohne einschränkende Bemerkung. Wir würden daher allenfalls begreifen können, wenn man nach den Worten Cassiodors bezweifeln wollte, dass Boethius wirklich die Arithmetik des Nikomachus übersetzt habe, an das Vorhandensein der Uebersetzung der euklidischen Geometrie ist ihm gegenüber jeder Zweifel unstatthaft. Andere Zeugnisse kommen dazu. Für die Arithmetik gilt als sicherstes Zeugniss, dass nach Briefen, welche zwischen Gerbert und Otto III. gegen 994 gewechselt wurden, Ersterer dem Letzteren ein Exemplar der Arithmetik des Boethius zugeschickt hat. Für die Geometrie wird der vorerwähnte Brief Gerberts aus Mantua angerufen und für beide Werke noch ein der Zeit nach früheres Zeugniss. Der Bibliothekar

[1]) *Reperimus octo volumina Boethii de astrologia praeclarissima quoque figurarum geometriae aliaque non minus admiranda.* [2]) M. Curtze in dem *Bulletino Boncompagni* 1868, pag. 140. [3]) Weissenborn, Die Boetiusfrage im Supplementheft zur Histor. literar. Abthlg. der Zeitschr. Math. Phys. XXIV, S. 190.

Regimbertus auf Reichenau hat nämlich 821 einen Katalog der damals unter seiner Obhut vorhandenen Handschriften hinterlassen, und darin ist von Boethius die Arithmetik in 2 Büchern, die Geometrie in 3 Büchern genannt.[1])

Zu diesen verschiedenen mittelbaren Zeugnissen kommt noch, dass eine ganze Anzahl von Handschriften sich bis auf den heutigen Tag erhalten hat, in welchen den Titeln nach die Arithmetik, die Musik, die Geometrie des Boethius aufgezeichnet sind. Die älteste Handschrift der Arithmetik soll dem IX. bis X. S. entstammen,[2]) die älteste Handschrift der Musik dem IX. S.,[3]) endlich die älteste Handschrift der Geometrie dem XI. S.[4])

Diese Thatsachen fassen sich also dahin zusammen, dass jedenfalls Boethius über die 4 genannten Wissensgebiete nach griechischen Mustern sich verbreitet hat, und dass noch erhaltene Handschriften der drei ersten Werke mit Ausschluss der den Schluss bildenden Astronomie um das Jahr 1050 vorhanden gewesen sind und damals für von Boethius verfasst galten.

In der Einleitung zur Arithmetik bestätigt Boethius gleichfalls, was wir aus anderen Quellen erfahren haben, dass er über die vier verwandten Gegenstände schreiben wolle. Er bezieht sich in dem Widmungsschreiben an Symmachus darauf, dass er von den vier mathematischen Wissenschaften die Arithmetik, welche die erste sei, vollendet habe,[5]) und wenn auch die Stelle, in welcher die Reihenfolge, Arithmetik, Musik, Geometrie, Astronomie angedeutet ist, weil die Menge an und für sich betrachtet in der Arithmetik, die Menge bezogen auf andere in der Musik, die unbewegte Grösse in der Geometrie, die bewegte in der Astronomie behandelt werde, sowie eine andere, in welcher noch näher erklärt wird, wesshalb von der Arithmetik ausgegangen werden solle, nur freie Uebersetzungen aus dem Nikomachus sind,[6]) so kann auch darauf für die Absicht des Boethius Bezug genommen werden. Er hätte jene Stellen der Einleitung, wenn sie nicht seine eigenen Pläne ausdrückten, unzweifelhaft bei Seite gelassen, denn grade hier hat sich Boethius mit grösster Unabhängigkeit seines Stoffes bedient. Bei dieser Gelegenheit findet

---

[1]) Agrimensoren, Anmerkung 245. [2]) Boetius (ed. Friedlein) Leipzig, 1867, pag. 2: *codex r.* [3]) Boetius (ed. Friedlein) pag. 175: *codex g.* [4]) Boetius (ed. Friedlein) pag. 372: *codex e.* Friedlein gibt zwar dem *codex n = cod.* Vatican. 3123 ein höheres Alter, indem er ihn in das X. S. setzt, aber Usener (pag. 47) rückt nach eigener Anschauung diesen Codex herunter in das XI.—XII. S. [5]) *Cum igitur quattuor matheseos disciplinarum de arithmetica, quae est prima, perscriberem, tu tantum dignus eo munere videbare.* [6]) Darauf hat Th. H. Martin aufmerksam gemacht: *Les signes numéraux et l'arithmétique ches les peuples de l'antiquité et du moyen-age. Annali di matematicha* V. Roma, 1864, Cap. XIII, pag. 44 der Separatausgabe.

sich z. B. zum ersten Male das Wort quadruvium benutzt, um den Kreuzweg der viergetheilten mathematischen Wissenschaften zu bezeichnen, welche von Cassiodorius mit anderem Bilde die vier Pforten der Wissenschaft genannt wurden.[1]) Wir bemerken, dass das von Boethius gewählte Wort als Gemeingut sich forterbte, dass dem Quadruvium noch das Trivium zugesellt wurde, um die Gesammtheit der 7 freien Künste in ihren beiden grossen Gruppen zu benennen. In der Musik hat alsdann Boethius den einmal eingeschlagenen Weg weiter für den richtigen erklärt. Er gibt nämlich wiederholt den Unterschied der vier Wissenschaften und ihre Reihenfolge in gleicher Weise an, wie er es nach Nikomachus gethan hatte.[2]) Eine Widmung ist der Musik nicht vorausgeschickt. Die Geometrie dagegen beginnt mit der Anrede „mein Patricier", *mi Patrici*, was ohne jede Schwierigkeit auf den Patricier Symmachus bezogen werden kann, der in der Widmung der Arithmetik mit aller Deutlichkeit genannt ist. In der Geometrie ist sodann von der Arithmetik des gleichen Verfassers die Rede.[3]) Wieder in der Geometrie ist von der Arithmetik und der Musik gesagt, dass dort gewisse Dinge zur Genüge besprochen seien.[4]) Auf die Arithmetik wird für den Satz verwiesen, dass die Einheit keine Zahl sei, sondern Quelle und Ursprung der Zahlen.[5]) Das sind lauter Kennzeichen, dass die Geometrie von Boethius herrührt, oder dass wer sie verfasste für Boethius gehalten sein wollte.

Dieser Satz mag mit Recht dem Leser auffallen. Wir bemerken desshalb einschaltend, auch um die Tragweite der folgenden Untersuchung zum Voraus erkennen zu lassen, dass gegen die Echtheit der Arithmetik und Musik, wie sie uns handschriftlich als von Boethius herrührend überliefert sind, ein Zweifel nie erhoben worden ist, dass dagegen die Geometrie, deren Echtheit oder Unechtheit eine geschichtliche Bedeutung ersten Ranges besitzt, von Vielen für untergeschoben gehalten wird.[6])

Wir müssen nun den Inhalt sowohl der Arithmetik als der Geometrie prüfen, welcher uns erst die Berechtigung geben soll, die Frage zu einigem Abschlusse zu bringen. Die Arithmetik ist das, was sie nach der Erklärung des Cassiodorius, was sie aber auch nach den eigenen Worten des Boethius[7]) sein soll, eine Bearbeitung der

---

[1]) Cassiodorius, Varia I, 45: *Tu artem praedictam ex disciplinis nobilibus natam per quadrifarias Mathesis ianuas introisti.* [2]) Boetius (ed. Friedlein) *Musica* Lib. II, cap. 3, pag. 228—229. [3]) Boetius (ed. Friedlein) pag. 390, 3—5. [4]) Boetius (ed. Friedlein) pag. 396, 3—6. [5]) Boetius (ed. Friedlein) pag. 397, 20—398, 1. [6]) So namentlich von Friedlein und zuletzt von Weissenborn: Die Boetiusfrage in dem Supplementheft zur Histor. literar. Abthlg. der Zeitschr. Math. Phys. XXIV (1879). [7]) Boetius (ed. Friedlein) pag. 4, 30—5, 4.

Arithmetik des Nikomachus, wobei bald Weitläufigeres zusammengezogen, bald Dinge, die rascher durchlaufen dem Verständniss einen allzuengen Zugang boten, einigermassen erweitert wurden. Man wird daher bei Boethius die auffälligsten Dinge wiederfinden, welche aus dem griechischen Texte uns schon bekannt sind, Sätze dagegen, die mathematisch von Wichtigkeit sind, nicht selten vermissen. Die Einmaleinstabelle fehlt so wenig,[1]) wie die figurirten Zahlen, deren hier ausgesprochener Name numeri figurati,[2]) die wörtliche Uebersetzung von *ἀριθμοὶ σχηματογραφθέντες*, seit Boethius immer allgemeiner in Gebrauch gekommen ist. Auch die Proportionslehre ist ausführlich gelehrt, und damit ist vielleicht die Sage in Verbindung zu bringen, welche übrigens wohl auch auf Wahrheit beruhen kann, Boethius habe im Gefängnisse zu seiner Unterhaltung ein Zahlenkampf genanntes Spiel ausgedacht, welches wesentlich auf Anwendung von Zahlenverhältnissen beruht.[3]) Bemerkenswerth erscheint dem gegenüber, dass unter den weggebliebenen Dingen jener Satz des Nikomachus enthalten ist, der von der Entstehung der Kubikzahlen aus der Summe ungrader Zahlen handelt, und ebenso der Satz, dass die $n$eckzahl von der Seite r und die Dreieckszahl von der Seite $r-1$ zusammen die $n+1$eckszahl von der Seite r bilden (S. 365—366). Wir sehen an solchen Dingen bewahrheitet, was wir ankündigten, sehen bestätigt, was wir weiter oben (S. 487) behauptet hatten. Es ist kein ebenbürtiger Bearbeiter, der sich an den griechischen Zahlentheoriker gewagt hat. Grade den feinsten arithmetischen Dingen ist er aus dem Wege gegangen. Sein Griechisch reichte aus zur Uebersetzung, seine Mathematik nicht, und wenn den Namen Boethius bis in das späte Mittelalter hin ein gewisser Nimbus umgibt, so ist dieser Glanz zum Theil der allgemeinen Dunkelheit zuzuschreiben, zum Theil Wiederstrahl der Märtyrerkrone, mit welcher, wie wir schon sahen, die Kirche ihn bedacht hat.

Wir wenden uns zur Geometrie des Boethius, wie sie von den Handschriften uns überliefert ist. Zwar sind und waren die Handschriften weder in Bezug auf die Anzahl der Bücher noch auf den Text durchweg übereinstimmend. Es gibt und gab Geometrien des Boethius in 5 Büchern,[4]) in 4 Büchern,[5]) in 3 Büchern,[6]) in 2 Büchern. Letztere sind wohl allgemein als die besten Handschriften anerkannt, und ein drittes Buch, welches in älteren Druckausgaben des Boethius damit vereinigt vorkommt, in den Manuscripten

---

[1]) Boetius (ed. Friedlein) pag. 53. [2]) Boetius (ed. Friedlein) pag. 101 in der Ueberschrift von *Arithmetica* II, 17. [3]) R. Peiper in dem Supplementheft zur histor. literar. Abthlg. der Zeitschr. Math. Phys. XXV (1880). [4]) Math. Beitr. Kulturl., Anmerkung 399. [5]) Friedleins Münchner Codex *m* aus dem XI.—XII. S. [6]) Z. B. das alte Exemplar, welches im Reichenauer Bibliothekskatalog von 821 beschrieben ist.

aber keineswegs dem Boethius zugeschrieben wird, sondern nur Beweis der Geometrie, demonstratio artis geometricae, ohne Namensnennung des Verfassers heisst,[1]) ist unter allen Umständen jüngeren Ursprunges. Sein Inhalt ist bunt zusammengewürfelt, und es haben ganze Stücke aus der Arithmetik des Boethius selbst darin nachgewiesen werden können. Die zwei Bücher der Geometrie leiden nun allerdings auch an einer Buntheit, welche auffallen muss, und welche keineswegs mit dem übereinstimmt, was ein moderner Bearbeiter des Euklid liefern würde. Sind wir aber berechtigt, dem Aehnliches zu erwarten? Wir glauben nicht. Griechische Arithmetik war, wie wir gesehen haben, den Römern nicht grade neu. Griechischer Geometrie in irgend gegliederter Aufeinanderfolge, euklidischer Strenge der Beweise sind wir noch nicht begegnet. Auch jene Bearbeitung der Stereometrie in dem Veroneser Palimpseste (S. 479) schliesst sich vermuthlich nur an ein Excerpt des Euklid, nicht an den wirklichen Euklid an, und ein Excerpt muss Boethius vor sich gehabt haben, denn wie wollte er sonst die gesammten Elemente in 2, 3, 4, 5 Bücher fassen, wenn wir die Gliederung zulassen wollen, welche die meisten Bücher der Geometrie des Boethius angibt? Es kann also die Geometrie des Boethius zu der des Euklid gewiss nicht in dem gleichen Verhältnisse gestanden haben, wie die Arithmetik desselben zu der des Nikomachus. Auch Boethius selbst in der Einleitung zur Geometrie gestattet uns keineswegs solche Ansprüche zu erheben: „Da ich, mein Patricier, auf Dein Ansuchen, da Du von den Geometern wohl die meiste Uebung besitzest, auf mich genommen habe, das, was von Euklid über die Figuren der geometrischen Kunst dunkel vorgetragen wurde, auseinanderzusetzen und für einen leichteren Eingang zuzubereiten, so glaube ich zuerst den Begriff des Messens erläutern zu müssen."[2]) Die Figuren geometrischer Kunst, das ist es, was Boethius auseinandersetzen will, und über die Figuren der Geometrie handelte, was Gerbert gemeinschaftlich mit der Astronomie des Boethius in Mantua fand (S. 488). Wenn dann Cassiodorius, der noch weniger Mathematiker war als Boethius, daraus entnimmt, es sei eine Uebersetzung des Euklid gewesen, die jener verfasste; wenn ein Abschreiber in der Ueberschrift sagt: „Es beginnt die Geometrie des Euklid von Boethius einleuchtender ins Lateinische übersetzt,"[3]) eine Ueberschrift, die schon ihrem Wortlaute nach nicht von Boethius herrührt, wie überhaupt auf eine Ueberschrift niemals ein grösseres Gewicht zu legen ist als nach der Richtung, dass sie die Ansicht der Zeit der Abschrift uns kundgibt;

---

[1]) Chasles, *Aperçu hist.* 463, deutsch 525. Math. Beitr. Kulturl. 197. [2]) Boetius (ed. Friedlein) pag. 373, 21—24. [3]) *Incipit geometria Euclidis a Boetio in latinum lucidius translata* (ed. Friedlein, pag. 373).

so ist Boethius uns an beidem unschuldig. Er wollte nur die Figuren geometrischer Kunst auseinandersetzen. Er that es, indem er nach Definitionen den Inhalt des I. Buches der Elemente und Weniges aus dem III. und IV. Buche aussprach,[1]) ohne dass der geringste Beweis die Wahrheit des Ausgesprochenen bestätigte. Dann sagt er,[2]) er wolle das bisher wörtlich aus Euklid Uebersetzte theilweise wiederholen, um in der Beleuchtung einzelner Beispiele dem Leser Freude zu bereiten. Wesentlich aus dieser Stelle ist der Schluss gezogen worden,[3]) die Vorlage des Boethius sei selbst schon ein recht dürftiger griechischer Auszug aus den Elementen gewesen, und dieser Meinung schliessen wir uns an. Was alsdann Boethius als seine Zusätze liefert, ist freilich eigenthümlicher Art. Es ist die Auflösung der drei Aufgaben: über einer gegebenen Strecke ein gleichseitiges Dreieck zu beschreiben; von einem gegebenen Punkte aus eine Gerade von gegebener Länge zu ziehen; von einer grösseren Strecke eine kleinere abzuschneiden. Das sind die 3 ersten Sätze des I. Buches der Elemente, und der Text stimmt fast wörtlich mit dem euklidischen überein. Welcher wirklichen Euklidausgabe Boethius diese Stücke entnahm, das können wir nicht entscheiden. Die Annahme,[4]) es sei die theon'sche Ausgabe gewesen, und Boethius habe den Euklid nur für den Erfinder der Sätze, Theon dagegen für den der Beweise gehalten, die um so unbedenklicher zu entnehmen seien, hat jedoch viel für sich. Jedenfalls hat er ohne Weiteres sein genannt, was nur aus einer anderen Quelle stammte als das unmittelbar vorher Uebersetzte, eine Unbefangenheit, welche bei Boethius fast als schriftstellerische Eigenthümlichkeit gelten kann, wie sein Werk über die Tröstungen beweist.[5]) An die drei Aufgaben schliesst sich nun die merkwürdige Stelle an:[6]) „doch es ist Zeit zur Mittheilung der geometrischen Tafel überzugehen, welche von Architas, einem nicht gemeinen Schriftsteller dieser Wissenschaft für Latium zurecht gemacht wurde, wenn ich zuerst wie viele Gattungen von Winkeln und Linien es gäbe vorausgeschickt und Weniges über Flächen und Grenzen gesagt haben werde.“ Er erfüllt letzteres Versprechen wieder durch einige Definitionen und kommt dann zu der berühmt gewordenen Stelle vom Abacus.

Fingerzahlen, digiti, wurden nach ihm von den Alten alle Zahlen unterhalb der ersten Grenze, limes, d. h. bis 9 genannt.[7]) Gelenkzahlen, articuli, heissen die Zahlen, welche in der Ordnung

---

[1]) Eine genauere Vergleichung bei Weissenborn l. c. S. 196 und 204. [2]) Boetius (ed. Friedlein) pag. 389, 18–23. [3]) Von H. Th. Martin. [4]) Weissenborn l. c. S. 206 flgg. [5]) Usener l. c. pag. 51–52. [6]) Boetius (ed. Friedlein) pag. 393, 6–10. [7]) Die Engländer nennen in ihren Lehrbüchern der Rechenkunst heute noch die Einer *digits*.

der Zehner und so fort ins Unendliche sich befinden. Zusammengesetzte Zahlen sind Alle zwischen der ersten Grenzzahl 10 und der zweiten Grenzzahl 20 gelegenen und die übrigen der Reihe nach mit Ausnahme der Grenzzahlen selbst. Diese nebst den Fingerzahlen heissen nicht zusammengesetzt, incompositi.[1])

Er fährt dann fort: „Männer von alter Einsicht, welche der pythagoräischen Schule angehören, und als Forscher über platonische Weisheit mit merkwürdigen Spekulationen sich beschäftigten, haben den Gipfelpunkt der ganzen Philosophie in die Eigenschaften der Zahlen gesetzt. In der That wer wird die Maasse des musikalischen Einklangs verstehen, wenn er glaubt, sie hingen nicht mit Zahlen zusammen? Wer wird unbekannt mit der Natur der Zahlen die aus Sternen zusammengesetzten Sternbilder der Himmelsfeste erkennen oder den Aufgang und Untergang der Thierzeichen erfassen? Was endlich soll ich von der Arithmetik und Geometrie sagen, die selbst nicht in nichtnennenswerther Gestalt erscheinen, so wie die Eigenschaften der Zahlen verloren gehen? Doch davon ist in der Arithmetik und in der Musik zur Genüge die Rede gewesen, kehren wir daher zu dem zurück, was jetzt zur Sprache kommen soll. Die Pythagoräer haben sich, um bei Multiplikationen, Divisionen und Messungen nicht in Irrthümer zu verfallen (wie sie in allen Dingen voller Feinheiten und Einfälle waren) einer gewissen gezeichneten Figur bedient, welche sie ihrem Lehrer zu Ehren die pythagoräische Tafel, mensa Pythagorea, nannten, weil die ersten Lehren in den so dargestellten Dingen von jenem Meister ausgegangen waren. Von den Späteren wurde die Figur Abacus genannt. Sie beabsichtigten damit das, was tiefsinnig erdacht worden war, leichter zur allgemeinen Kenntniss zu bringen, wenn man es gewissermassen vor Augen sähe, und gaben der Figur die hier folgende merkwürdige Gestalt.“[2])

Wir haben diese ganze Stelle wörtlich aufgenommen, um jeden Zweifel verschwinden zu lassen, wie Boethius, der sich hier wiederholt auf seine früheren Schriften bezieht, über den Ursprung der von ihm gezeichneten Figur denkt: es ist eine pythagoräische Erfindung, aber freilich keine altpythagoräische, denn sonst würde nicht der Forschungen über platonische Weisheit jener Angehörigen der pythagoräischen Schule gedacht sein können. Also Neuplatoniker oder vielleicht Neupythagoräer haben nach der Ansicht unseres Schriftstellers die Figur gebildet, welche zuerst Tafel des Pythagoras, dann Abacus genannt wurde. Sie wurde Abacus genannt, unterschied sich mithin von dem früher als solcher vorhändenen Rechenbrette, und der Unterschied liegt in der Art der Benutzung.

---

[1]) Boetius (ed. Friedlein) pag. 395, 3—16. [2]) Boetius (ed. Friedlein) pag. 395, 25—396, 16.

Kolumnen, feste oder gezeichnete, hatten zwar auch die alten und ältesten Rechenbretter, aber deren Ausfüllung beim Rechnen erfolgte mittels Marken, deren jede die Einheit der betreffenden der Kolumne oder der Kolumnenabtheilung angehörenden Rangordnung bezeichnete. Jetzt war eine wesentliche Aenderung eingetreten. „Man hatte Apices (Kegelchen?) oder Charaktere von verschiedener Gestalt.“[1])

Jede dieser Marken war mit einer Bezeichnung versehen, welche ihr den Werth einer der neun Fingerzahlen beilegte, und diese Bezeichnung wird nun im fortlaufenden Texte genau so abgebildet wie es auf dem vorhergezeichneten Abacus der Fall war. Damit ist also widerspruchslos bewiesen, dass die Zeichen gleichen Alters und gleichen Ursprunges wie der sie umgebende Text sind, und nicht erst nachträglich auf die vorher von derartigen Zeichen freigewesene Tafel eingeschmuggelt werden konnten. Wohl aber wäre es möglich, dass es sich so mit gewissen eigenthümlichen Wörtern verhielte, die nicht im Texte sondern einzig und allein auf der Figur sich finden.

Wir würden der ganzen Untersuchung einen selbst für die Wichtigkeit, welche ihr innewohnt, unverhältnissmässig grossen Raum widmen müssen, wenn wir fortführen wörtlich zu übersetzen oder gar zu erläutern. Wir wollen nur kurz berichten, dass Regeln der Multiplikation und der Division nachfolgen, jene breiter und deutlicher angelegt, diese dunkler, wie der Verfasser selbst fühlt, wenn er sagt „Ist es irgendwie dunkel gehalten, so müssen wir dem fleissigen Leser die Einübung überlassen.“[2]) Bei der Multiplikation kommen die Einzelfälle zur Sprache, welches Produkt also entstehe, wenn Zehner mit Hundertern, mit Tausendern u. s. w. vervielfacht werden. Bei der Division erscheint die complementäre Divisionsmethode, von der ankündigend (S. 447) die Rede war. Das Complement, die Differentia des Boethius, ist die Zahl, um welche ein Divisor kleiner ist als die nächste nicht zusammengesetzte Zahl, letzteres Wort in dem oben definirten Sinne genommen. Der Divisor 16 z. B. hat bis zu 20 die Differenz 4, der Divisor 78 bis zu 80 die Differenz 2, der Divisor 623 hätte bis zur nächsten nicht zusammengesetzten Zahl 700 die Differenz 77. Nun wird mit dem vergrösserten Divisor dividirt, und jedesmal dem Reste das Produkt des Quotienten in die Differenz ergänzend wieder beigefügt, bis man fertig ist. Man wird leicht erkennen, dass diese Methode, wenn auch mehr Theildivisionen als die gewöhnliche erfordernd, weit zuverlässiger ist, weil hier, wo mit einer einfachen Zahl die Theildivision vorgenommen

[1]) Boetius (ed. Friedlein) pag. 397, 2—3. [2]) Boetius (ed. Friedlein) pag. 400, 28—30.

wird, niemals der Fall eintreten kann, dass irrthümlich ein zu grosser Quotient angesetzt würde. Eine etwas abgeänderte Anordnung der complementären Division tritt ein, wenn der Divisor aus Hundertern und Einern besteht. Man soll alsdann die Einer des Divisors zunächst unberücksichtigt lassen, dagegen auch vom Dividenden eine Einheit höchster Ordnung bei Seite lassen, damit nachträglich das Produkt des Quotienten in die Einer des Divisors bis zu jener Einheit ergänzt und die Ergänzung dem erstgewonnenen Divisionsreste beigefügt werde.

Fragen wir nun wiederholt, woher diese Dinge stammen mögen, so sollte man vermuthen, wir würden in erster Linie die auf den Apices befindlichen Zahlzeichen über ihren Ursprung befragen. Wir werden diese Frage jedoch erst im 33. Kapitel stellen. Jetzt bemerken wir, dass die Apices selbst ungemein an die Pythmenes oder Stammzahlen des Apollonius erinnern, und das Multipliciren der verschiedenen Rangordnungen an die von Jenem gegebenen Einzelvorschriften (S. 299). Ein Fortschritt ist ja in der Benutzung der Apices unbedingt enthalten, aber doch ein solcher, den wir späteren Alexandrinern zutrauen dürfen. Ob das Divisionsverfahren Erfindung eines Römers war? Wir wissen es nicht, wenn auch unser Gefühl sich dagegen sträubt einen römischen Geist als so erfinderisch in mathematischen Dingen annehmen zu sollen. Wir können nur wiederholt auf die Dinge hinweisen, welche wir zur complementären Multiplikation (S. 447) in Beziehung gesetzt haben, dass subtraktive Zeichen entschieden römisch sind, dass von Nikomachus muthmasslich Rechnungsvortheile gelehrt wurden, welche dem complementären Verfahren ähneln. Boethius selbst scheint Alles einer und derselben Vorlage entnommen zu haben, einem lateinisch schreibenden Architas. Auch von diesem soll erst weiter unten die Rede sein, wenn wir die Geometrie des Boethius zu Ende besprochen haben.

Jetzt nämlich, nachdem das Rechnen d. h. Multipliciren und Dividiren gelehrt worden, kommt der Verfasser zum zweiten Buche und in ihm zur rechnenden Geometrie. Wir finden uns auf völlig bekanntem Boden. Wir haben die Geometrie der römischen Feldmesser vor uns, in einigen Dingen wieder etwas tiefer gesunken und von den wenigst genauen heronischen Vorschriften Gebrauch machend. So z. B. finden wir die Flächenberechnung des gleichseitigen Dreiecks[1]) durch die nicht verstandene Formel $a^2 - \frac{17}{30}a^2$. Wir finden Gebrauch gemacht von der schlechten Annäherung zur Fläche eines unregelmässigen Vierecks[2]) durch Bildung des Produktes der arith-

[1]) Boetius (ed. Friedlein) pag. 404, 14—405, 10. [2]) Boetius (ed. Friedlein) pag. 417, 16—28.

methischen Mittel von je zwei einander gegenüberliegenden Seiten. Auch die Vieleckszahlen als Vielecksflächenräume kommen hier vor. Bei dem Achtecke ist nur die aus zwei Quadraten verschränkte Figur gezeichnet. Bei dem Fünfeck und Sechseck sind falsche Formeln angewandt. Dagegen ist hier die deutliche Spur der allgemeinen Formel für die $r$te $m$eckszahl vorhanden, welche wir bei Epaphroditus (S. 472) nur muthmassten.[1] Die Vorlage für dieses zweite Buch scheint im Allgemeinen Frontinus verfasst zu haben.[2] Als Ausnahme wohl ist der Satz vom Durchmesser des Innenkreises des rechtwinkligen Dreiecks (S. 471) dem Architas zugeschrieben, nachdem er vorher durch Euklid hinzuerfunden worden sei.[3]

Auf eben diesen Architas bezieht sich Boethius noch einmal zum Schlusse des zweiten Buches, um nach den Regeln der rechnenden Geometrie die Bruchrechnung zu erörtern. Die ganze Stelle gehört sammt der Tabelle, welche ihr beigefügt ist, noch immer zu dem Dunkelsten, was man besitzt. Nur Eins ist einleuchtend: warum nämlich gerade am Schlusse der Geometrie diese Lehre vorgetragen wird.[4] Das geschieht und muss geschehen, weil nunmehr die Astronomie folgte, in welcher Bruchrechnungen in grösster Menge nothwendig wurden. Wie der Abacus zwischen den beiden Büchern der Geometrie den Uebergang von der eigentlichen theoretischen Geometrie zur Feldmesswissenschaft bildete, so bildet jetzt die Bruchrechnung den weiteren Uebergang zu den uns verloren gegangenen Büchern der Astronomie. Es zeigt sich somit, dass die Geometrie des Boethius nach vorwärts und rückwärts Beziehungen zu den drei anderen mathematischen Schriften desselben Verfassers darbietet.

Es ist daher nur eine einzige Wahl gestellt: entweder die ganze Geometrie des Boethius mit dem Inhalte, über welchen wir berichtet haben, ist echt oder aber sie ist das Werk eines Fälschers, der mit vollbewusster Absicht den Anschein sich gab, als sei er Boethius. Man hat diese letztere Meinung zu vertheidigen gesucht[5] und sich dabei auf Einzelheiten gestützt. Man hat nämlich zu zeigen gesucht, dass die Redeweise der Arithmetik zu der der Geometrie in Widerspruch stehe, dass somit wenn Erstere von Boethius herrühre, Letztere nur unterschoben sein könne. Solche Widersprüche sind, wir geben es zu, vorhanden, aber sie sind ganz von der gleichen Natur wie derjenige, welchen wir (S. 368) bei Theon von Smyrna nachzuweisen im Stande waren, der sich in einem und demselben

---

[1] Boetius (ed. Friedlein) pag. 423, 1—7. [2] Boetius (ed. Friedlein) pag. 402, 27—403, 2 und 428, 16—19. [3] Boetius (ed. Friedlein) pag. 412, 20—413, 9. [4] Math. Beitr. Kulturl. S. 228—229. [5] Zuletzt und am Scharfsinnigsten Weissenborn in der schon wiederholt angeführten Abhandlung „Die Boetiusfrage."

Werke nicht scheut die Einheit keine Zahl zu nennen und als Zahl zu benutzen. Will man Boethius dessen für unfähig halten, so muss man seine geistige Bedeutung zu einer Höhe hinaufschrauben, auf welche er nach unserer wiederholt ausgesprochen Ueberzeugung nie gelangte. Wir geben ferner zu bedenken, dass man zur Möglichkeit einer Fälschung, die spätestens im XI. S. vollzogen worden sein musste — denn aus dieser Zeit rühren ja unsere ältesten Handschriften des gefälscht sein sollenden Werkes her — anzunehmen gezwungen ist, dass damals bereits die echte Geometrie des Boethius verloren gegangen war, trotz der übertriebenen Werthschätzung, die man dem Manne zu zollen nie aufgehört hatte, oder dass man falls solches nicht stattfand Wahrscheinlichkeitsgründe dafür geltend zu machen hätte, warum nur Abschriften der gefälschten Geometrie und daneben keine der echten sich erhielten.

Sei aber auch die der unsrigen entgegengesetzte Meinung die richtige, so kommt immerhin das Schlussergebniss darauf hinaus, dass der Verfasser der sogenannten Geometrie des Boethius, dass Pseudoboethius, wie man ihn unter dieser Voraussetzung nennt, wesentlich feldmesserische Quellen benutzt haben muss, dass er auf dem Boden griechischer Bildung steht, und somit, wenn auch unter Herabrückung der Zeit, in welcher seine Schrift entstanden ist, für die Geschichte späterer römischer Mathematik Verwendung finden darf.

Gehen wir nach dieser Zwischenbemerkung noch einmal und mit vermehrter Sicherheit zum I. Buche der Geometrie des Boethius zurück, und zwar zu der Stelle, wo die Uebersetzung des Auszuges aus den Elementen des Euklid aufhört. Die letzten Sätze, die ausgesprochen sind, lauten[1]: „Um einen gegebenen Kreis ein gleichseitiges und gleichwinkliges Fünfeck zu zeichnen lehren die Geometer. In einen gegebenen Kreis ein Fünfeck zu zeichnen, welches gleichseitig und gleichwinklig sei, ist nicht unpassend.“ Die Fortsetzung wagen wir nicht zu übersetzen. Sie begründet die unmittelbar vorhergehende Behauptung mittels gewisser auf das Verhältniss von Zahlen herauskommenden Rücksichten, aus denen wir einen guten Sinn nicht mit Sicherheit zu entnehmen vermögen. Gleichwohl ist an der Echtheit der floskelhaften Begründung nicht zu zweifeln, da sie sich wortgetreu in 28 darauf hin untersuchten Handschriften, die

---

[1]) Boetius (ed. Friedlein) pag. 389, 8—16: *Circum datum circulum quinquangulum aequilaterum et aequiangulum designare geometres praecipiunt. Intra datum circulum quinquangulum, quod est aequilaterum atque aequiangulum designare non disconvenit. Nam omnia, quaecunque erint, numerorum ratione sua constant et proportionabiliter alii ex aliis constituuntur circumferentiae aequalitate multiplicationibus suis quidem excedentes atque alternatim portionibus suis terminum facientes.*

in anderen Punkten Unterschiede gegen einander zeigen, wiederfindet.[1]) Dagegen hat keine dieser Handschriften eine Figur damit verbunden, während die älteren Druckausgaben der Geometrie des Boethius, wir wissen nicht aus welcher Quelle,[2]) ein in den Kreis eingezeichnetes regelmässiges Fünfeck mit seinen sämmtlichen fünf Diagonalen beigegeben haben. Zumeist aus dieser Nichts weniger als authentischen Figur hat man einen Sinn jener dunkeln Worte abgeleitet, als wenn neben dem gewöhnlichen Fünfeck das Sternfünfeck beschrieben werden sollte,[3]) welches Boethius darnach gekannt haben würde. Wir sind gegenwärtig nicht geneigt diese Meinung aufrechtzuhalten. Nicht als ob es uns unmöglich schiene, dass Boethius das schon alte Sternfünfeck gekannt hätte, aber wir trauen ihm so wenig Geometrie zu, dass er wohl nicht aus eigenen Gedanken das Pentagramm mit dem regelmässigen Sehnenfünfeck in Verbindung brachte, und bei Euklid konnte er entschieden keine Anregung dazu erhalten, weder in dem Auszuge, noch in dem vermeintlichen Commentare des Theon. Dort fand er höchstens, dass die Winkel eines aus zwei Diagonalen und einer Fünfecksseite gebildeten Dreiecks sich wie 1 : 2 : 2 verhalten, und das soll möglicherweise in den dunkeln Worten ausgesprochen sein.

Wir kommen ferner auf ein Anderes zurück, wovon erst andeutungsweise die Rede war. Architas, ein nicht gemeiner Schriftsteller dieser Wissenschaft, hat nach Boethius die geometrische Tafel d. h. den Kolumnenabacus mit seinen Kegelchen, für Latium zurecht gemacht. Wer war dieser Architas, welcher in dem Zwischenstücke zwischen dem I. und II. Buche und in dem II. Buche der Geometrie, im Ganzen an fünf Stellen[4]) genannt ist: für die geometrische Tafel und für die Bruchrechnung; für den Satz vom Durchmesser des Innenkreises des rechtwinkligen Dreiecks und für die Bildung rationaler Seiten eines rechtwinkligen Dreiecks von der graden Zahl ausgehend, also für die Methode, welche sonst Platon zugeschrieben wird; endlich für eine falsche Berechnung der Fläche eines Dreiecks als doppeltes Quadrat seiner Höhe? Auch hier stehen zwei Meinungen einander gegenüber. Die Einen halten Architas für den alten tarentiner Pythagoräer, auf welchen die Ueberlieferung gar Vieles mit Recht und mit Unrecht zurückgeführt habe, und welcher auch in der Arithmetik und in der Musik des Boethius mehrfach vorkam, so dass Boethius oder der seinwollende Boethius ihn anzuführen Grunde hatte. Die Anderen meinen Architas, der lateinisch

---

[1]) *Boncompagni* im *Bulletino Boncompagni* 1873, 341—356. [2]) Etwa aus einem griechischen Euklid IV, 11? [3]) Chasles, *Aperçu hist.* 477, deutsch 545—546. [4]) Boetius (ed. Friedlein) pag. 393, 7; 408, 14; 412, 20; 413, 22; 425, 23.

schrieb, der nach der Stelle vom Kreisdurchmesser später als Euklid gelebt habe, könne nicht der Tarentiner sein. Es sei vielmehr ein römischer Schriftsteller, ein Feldmesser oder dergleichen gewesen, der alsdann sicherlich vor Verfassung der Geometrie, in welcher er genannt ist, aber unbestimmt wann gelebt haben muss. Mit dieser Annahme ist die Geschichte der Mathematik bei den Römern um einen Namen reicher, um den Architas Latinus, aber die Schriften des Mannes bleiben auch uns, die wir an ihn glauben, unbekannt.

Im Gegensatze dazu haben wir von einigen bekannten Schriften völlig unbekannter Verfasser zu reden. Der Aelteste von ihnen wird vermuthlich derjenige sein, den wir anderwärts den Anonymus von Chartres genannt haben,[1]) den man auch wohl für Julius Frontinus gehalten hat. Bei ihm tritt die Dreiecksberechnung aus den drei Seiten nach der sogenannten heronischen Formel auf, bei ihm die Formel für rationale Seiten rechtwinkliger Dreiecke, bei ihm der Satz vom Innenkreis des rechtwinkligen Dreiecks, bei ihm die Berechnung der Kugeloberfläche gleich der vierfachen Fläche des grössten Kreises, bei ihm das Verhältniss 22 : 7 des Kreisumfangs zum Durchmesser, kurzum richtige Dinge, welche den Verfasser wohl noch mehr als die bei ihm gerühmte Latinität in die Blüthezeit römischer Feldmesswissenschaft hinaufrücken, während der Römer an den als Flächenformeln benutzten Formeln für Vieleckszahlen mitten zwischen geometrischen Betrachtungen kenntlich bleibt.

Ein anderes Stück in demselben Sammelbande in Chartres enthalten, aber wohl nicht von dem Anonymus verfasst,[2]) hat eine Abhandlung über das Abacusrechnen zum Inhalte, welche der des Boethius sehr ähnlich ist, aber noch weniger als die Geometrie des Anonymus sich datirungsfähig erweist.

Eine andere geometrische des Namens ihres Verfassers entbehrende Schrift ist diejenige, welche die Ueberschrift führt: Von der Ausmessung der Jucharte, *de iugeribus metiundis*. Sie ist in der sogenannten Gudianischen Handschrift der Wolffenbüttler Bibliothek enthalten, mithin im IX. bis X. S. jedenfalls vorhanden gewesen.[3]) Mehr wissen wir nicht zu sagen. Der Verfasser, zu seiner Zeit vielleicht als grosser Mathematiker anerkannt, hat unverstandene Bruchstücke aus den verschiedensten Vorlagen vereinigt, alte Mängel getreu übernehmend, neue hinzufügend. Wir haben nicht nöthig auf dieses bunte Allerlei einzugehen, nur das wollen wir uns bemerken, dass die Vierecksfläche als Produkt der arithmetischen Mittel gegenüberstehen-

[1]) Agrimensoren S. 132. Vergl. Chasles, *Aperçu hist.* 457—459, deutsch 517 flgg. [2]) Das hat Weissenborn l. c. S. 223 gegen uns, mit Berufung auf Chasles, den wir hierin missverstanden hatten, mit Recht betont. [3]) Agrimensoren S. 135—138.

der Seiten erhalten wird, dass sogar der Kreis quadratisch gedacht ist, indem dessen Fläche sich aus der Vervielfältigung des vierten Theiles des Umfanges mit sich selbst bildet, was vermöge $\left(\frac{2\pi r}{4}\right)^2 = \pi r^2$ auf $\pi = 4$ hinausläuft, oder darauf den Kreisdurchmesser dem vierten Theile des Kreisumfangs gleich zu setzen. Grade dieses so ungenaue Verhältniss zwischen Kreisumfang und Durchmesser wird uns nöthigen der dasselbe enthaltenden Schrift noch einmal zu gedenken, wenn wir mit den mittelalterlichen Schriftstellern uns beschäftigen, zu welchen dieser weise Anonymus jedenfalls hinüberführt, vielleicht gehört.

Für jetzt verlassen wir den europäischen Boden. Wir müssen unter allen Umständen zusehen, was in der Heimath älterer Kultur, in Asien, aus der Mathematik geworden ist, und dass wir grade diesen Augenblick dazu wählen jene Umschau zu halten hat seinen vollwichtigen Grund. Wir haben in diesem Kapitel immer deutlicher den Untergang geometrischen Verständnisses bei römischen Schriftstellern verfolgt. Wir haben zu unserem Erstaunen daneben die Ueberbleibsel einer entwickelteren Rechenkunst erscheinen sehen, verbunden mit Zahlzeichen, aus welchen, wie wir jetzt verrathen wollen, die gegenwärtig in Europa gebräuchlichen als blosse Umformungen sich herleiten lassen. Wir haben die Vermuthung durchblicken lassen jene Rechnungsweisen könnten vielleicht griechischen Ursprunges sein. Nach Griechenland, nach dem geistigen Mittelpunkte griechischer Mathematik in Alexandria würden wir daher versuchen müssen auch jene Zeichen rückwärts zu verfolgen, wenn nicht laute Einsprache zu gewärtigen wäre.

Die Anfechter der Echtheit der Geometrie des Boethius sind zu diesem von beiden Seiten hartnäckig geführten Streite eigentlich nur durch die Abacusstelle vermocht. Sie können und wollen, von ihrer Fälschungstheorie aus, derselben kein höheres Alter als etwa bis in das X., frühstens IX. S. verstatten. Sie leiten alsdann die Zahlzeichen und deren Benutzung auf dem Kolumnenabacus aus dem Oriente her: von den Indiern erdacht, durch Araber verbreitet sollen die Zeichen in Europa sich eingebürgert haben.

Dieser Möglichkeit gegenüber müssen wir die Heimath der Null, durch deren Vorhandensein das Ziffernrechnen sich wesentlich vom Kolumnenrechnen, auch von dem mit Apices, unterscheidet, aufsuchen. Wir begeben uns zu diesem Zwecke nach Indien.

V. Index.

Kapitel XXVIII.

Einleitendes. Elementare Rechenkunst.

Zu einer selbst möglicherweise aus zweierlei Völkern, deren eines die krausen Haare der Australneger besass, gemischten Ureinwohnerschaft des heutigen Dekkans wanderte vielleicht 1400 Jahre v. Chr. der Stamm der Arier ein, die niedriger stehenden Besitzer des Landes theils vertreibend, theils unterjochend.[1] In der späteren Kasteneintheilung des indischen Volkes sind die Nachkommen der alten Besiegten als die dienende, verachtete Kaste der Çûdras übrig geblieben, deren Berührung schon befleckte, und die streng ausgeschlossen waren von den Segnungen einer Bildung, deren Träger freilich zumeist in den beiden oberen Kasten der Brâhmaṇas und Kshattriyas, der Priester und Krieger, zu suchen sind, während sie kaum noch auf die Vaiçyas, den bürgerlichen Kern des Volkes sich erstreckte. Die Sprache der Arier, der Trefflichen nach der späteren Bedeutung des Namens, ist dieselbe, welche man Sanskrit zu nennen pflegt. Sie wurde die herrschende Sprache von ganz Vorderindien, vermochte aber in dieser Ausdehnung sich nicht zu erhalten. Das Sanskrit verblieb nur als Gelehrtensprache in den Priesterschulen der Brahmanen, während es als Volkssprache ausstarb, beziehungsweise durch Töchtersprachen verdrängt wurde.

Zwei Momente mögen bei dieser Verdrängung wirksam gewesen sein. Einmal die Seltenheit schriftlicher Ueberlieferung, welche so weit ging, dass Fremde, welche nur kurze Zeit im Lande verweilten, an den Mangel jeder schriftlichen Aufzeichnung glauben durften, zweitens die jene Seltenheit selbst wohl verschuldende mehr und mehr hervortretende Centralisation der Gelehrsamkeit bei den Brahmanen.

Das Volk lebte unter einem heftigen Drucke, welchem die Einführung einer neuen Religion entsprang, des Buddhismus, etwa

---

[1] Für die allgemeinen Verhältnisse waren unsere Quellen der Artikel „Indien" von Benfey in Ersch und Grubers Encyklopädie 1840. *Reinaud, Mémoire sur l'Inde* in den *Mémoires de l'Académie des Inscriptions et Belles lettres* XVIII, 2. Paris, 1849. Albr. Weber, Vorlesungen über indische Literaturgeschichte. 2. Auflage. Berlin, 1876.

seit der Mitte des VI. S. v. Chr. Rasch um sich greifend nach mühseligen Anfängen wurde der Buddhismus durch den König Açoka am Beginn des III. S. zur Staatsreligion erhoben, und diese herrschende Stellung besass er auch noch zur Zeit des Königs Kanishka um 50 v. Chr., eines zweiten indischen Fürsten von in der Erinnerung der Nachkommen sich fast sagenhaft mehrendem Ruhme. Um die Zeit von Christi Geburt etwa gelang es dem Brahmanismus in den Ländern westlich vom Ganges wieder die Oberhand zu gewinnen, während der Buddhismus weiter nach Asien siegreich fortschritt, beziehungsweise sich dort erhielt.

Der Buddhismus war ebenso schreibselig wie der alte Brahmanismus der schriftlichen Arbeit abgeneigt. Eine reiche buddhistische Literatur hatte sich erzeugt, aber der neu erwachende Brahmanismus vertilgte schonungslos, wessen er nur habhaft werden konnte, und das bot eine neue Veranlassung, die Sanskritsprache in Indien selbst zur Unverständlichkeit zu bringen. Sie behielt nur noch das Wesen und den Charakter einer heiligen Sprache, als solche allen höheren Zwecken dienstbar. Religion und Wissenschaft waren an sie geknüpft, und auch was wir von der Mathematik der Inder wissen, ist aus Sanskrittexten geschöpft, wenn nicht aus Schriftstellern anderer Völker erschlossen.

Ein Verkehr Indiens mit dem Westen wie mit dem Osten ist nämlich für fast alle Zeiten von den ältesten an gesichert. Sind es insbesondere sprachliche Gründe, welche für die allerältesten Zeiten den Ausschlag geben müssen, so treten bestimmte Ueberlieferungen seit dem IV. S. v. Chr. bestätigend hinzu. Nach dem Alexanderzuge entstanden dicht an den Grenzen Indiens griechische Königreiche, welche Verbindungen mit dem Mutterlande ununterbrochen aufrecht erhielten, und mittels deren herüber und hinüber auch Wissenschaft und wissenschaftliche Berufsthätigkeit in Austausch treten mussten. Kanishka, den wir vorher erwähnten, schloss ein Bündniss mit dem Triumvirn Marcus Antonius, und von seinen Truppen befanden sich unter den Geschlagenen bei Aktium. Indische Gesandtschaften erschienen, wie wir in dem griechischer Entwicklung gewidmeten Abschnitte (S. 389) zu erwägen gaben, an dem Kaiserhofe in Rom wie später in Byzanz. Augustus, Claudius und Trajan, Constantinus und Julian durften die aus dem fernen Osten kommenden Botschafter begrüssen. Und keineswegs weniger gesichert ist der Verkehr zwischen Indien und der Ostküste Aegyptens über das indische Meer hin. In den beiden Jahrhunderten, welche zwischen der Regierung Trajans und dem Jahre 300 liegen, scheint insbesondere der Handel auf dieser durch Passatwinde begünstigten Wasserstrasse stetig an Ausdehnung gewonnen zu haben, so dass eine Schwierigkeit die Art und Weise der Uebertragung zu erklären keineswegs besteht für den Fall, dass indische Bildungselemente in griechischen, griechische in indischen Werken sich nachweisen liessen. Beides ist aber der Fall.

Philosophie und Theologie der alexandrinischen Neuplatoniker und Gnostiker haben indische Gedanken sich angeeignet. Dass auch umgekehrt indische Literatur vielfach von griechischen Quellen zeuge, ist eine Thatsache, welche gegenwärtig wohl von keinem Sanskritologen mehr in schroffe Abrede gestellt wird. Nur über den Grad der Beeinflussung, stellenweise über die Richtung derselben findet ein Zwiespalt statt, da ja an und für sich betrachtet Dinge, die an zwei Orten gefunden werden, falls man an ein selbständiges doppeltes Auftreten aus diesem oder jenem Grunde zu glauben nicht geneigt ist, eben so leicht von dem östlichen Fundorte nach dem westlichen gelangt sein können als umgekehrt.

Wir werden nunmehr prüfen müssen, welcherlei mathematisches Wissen bei den Indern sich nachweisen lässt, und wie sich dasselbe zur griechischen Wissenschaft verhält.

Eins schicken wir voraus: die Form indischer Mittheilung darf uns, wenn sie von der griechischen noch so weit abweicht, nicht als Beweis der Selbständigkeit derer gelten, die sich ihrer bedienten. Ein arabischer Schriftsteller, Albyruny, hat am Anfange des XI. S. die Erfahrung gemacht, dass Auszüge aus Euklid und Ptolemäus, welche er indischen Gelehrten mittheilte, von diesen sofort in Verse so dunkeln Verständnisses umgesetzt wurden, dass er kaum mehr wiedererkannte, was er selbst sie gelehrt hatte.[1]) Nicht viel anders scheint das Verhältniss der indischen Heilkünstler des Mittelalters zu Hippokrates aufzufassen.[2])

Wir haben von dunkeln Versen gesprochen. Es ist das eine besondere Eigenthümlichkeit indischer Gelehrten, dass sie wissenschaftliche Werke in Versen zu verfassen liebten. Es hängt das offenbar mit der brahmanischen Neigung zusammen dem Gedächtnisse zu vertrauen und Aufzeichnungen zu vermeiden. Nicht unwichtige Folgen ergeben sich aber daraus. Einmal ist die indische Prosodie eine auf sehr feste Regeln gegründete, so dass Irrthümer in einem alten Texte unter Umständen ausser aus dem Sinne auch aus holperndem Versmaasse erkannt werden können. Zweitens aber hat, wie wir schon sagten, die Versform häufig Dunkelheit erzeugt und so die Nöthigung zu ausführlichen Erklärungen der für die Schüler fast unverständlichen Schriften mit sich getragen, Erklärungen, die selbst dazu dienen den älteren Text in unzweifelhafter Reinheit zu bewahren, weil sie fortlaufende Commentare bilden, Wort für Wort des Textes wiederholen, zur Sache selbst aber meistens recht

[1]) Reinaud, *Memoire sur l'Inde* pag. 334, Anmerkung 2. [2]) E. Haas in der Zeitschr. der deutsch-morgenländischen Gesellsch. XXXI, 647—666.

wenig bieten, indem sie sich mit blossen Umschreibungen zu begnügen pflegen.

Eigentlich mathematische Schriftsteller scheint es nach der gegenwärtigen Kenntniss, die wir von der Sanskritliteratur besitzen, in Indien nicht gegeben zu haben. Astronomie und Astrologie fanden dagegen ihre berufsmässigen Vertreter, und da diese genöthigt waren mathematische Vorkenntnisse vorauszusetzen, so entwickelten sie das, was ihnen unentbehrlich war, in Einleitungskapiteln oder in gelegentlichen Abschweifungen. So hielten es wenigstens die drei vorwiegend mathematischen Astronomen, deren Werke wir besitzen.

Âryabhaṭṭa geboren 476 n. Chr. in Pâṭaliputra am oberen Gangeslaufe schrieb ein Werk Âryabhâṭṭîyam betittelt, dessen dritter Abschnitt der Mathematik gewidmet ist.[1])

Brahmagupta geboren 598 schrieb „das verbesserte System des Brahma", *Brâhma-sphuṭa-siddhânta*, aus welchem das 12. und 18. Kapitel der Mathematik angehören.

Bhâskara Âcârya, d. h. Bhâskara der Gelehrte, schrieb „die Krönung des Systems", *Siddhântaçiromaṇi*, dessen zwei für uns wichtige Kapitel mit besonderer Ueberschrift *Lîlâvati* (die Reizende) und *Vîjagaṇita* (Wurzelrechnung) genannt sind.[2]) Bhâskara ist 1114 geboren.

Die Geburtsdaten dieser drei Schriftsteller sind vollständig sicher, da sie aus eigenen Angaben der betreffenden Männer, welche in ihren Werken aufgefunden worden sind, hergestellt werden konnten.[3]) Wir fügen dem hinzu, dass andere Astronomen oder Mathematiker, welche wir noch nennen werden, insgesammt viel jüngeren Datums als Âryabhaṭṭa sind, dass ein astronomisches Werk, von dem wir sogleich reden wollen, auch nicht älter als frühestens aus dem IV. oder V. S. nachchristlicher Zeitrechnung ist.

Wir meinen den Sûrya Siddhânta oder das Wissen der Sonne[4]), indem Sûrya (die Sonne) ihre Siddhânta (Erkenntniss, Wissenschaft, System) dem Asura Maya d. h. dem Dämon Maya offenbart, der es niederschreibt. Wer dieser dämonische Schriftsteller

---

[1]) Eine Uebersetzung von L. Rodet im *Journal Asiatique* von 1879. *(Série 7, T. XIII.)* [2]) Die mathematischen Kapitel von Brahmagupta und von Bhâskara sind in einer englischen Uebersetzung vorhanden, welche wir als *Colebrooke* citiren: *Algebra whith arithmetic and mensuration from the Sanscrit of Brahmegupta and Bhascara translated by H. Th. Colebrooke.* London, 1817. [3]) *Bhaû Dâji, On the age and authenticity of the works of Varâhamihira, Brahmegupta, Bhattotpala and Bhaskarâchârya* in dem *Journal of the Asiatic society* 1865 (*New Series* I, pag. 392—418). [4]) Herausgegeben mit englischer Uebersetzung von Burgess und Anmerkungen von Whitney in dem *Journal of the American Oriental Society Vol. VI (New-Haven,* 1860).

selbst sei, wann er gelebt hat, ist nur durch eine ziemlich kühne Vermuthung erschliessbar. In dem Werke selbst kommen nämlich unzweifelhaft griechische Ausdrücke vor, welche in der indischen Verkleidung leicht erkannt worden sind. Wenn Kendra die Entfernung eines Planeten von einem Störungsmittelpunkte bedeutet, so ist das eben das griechische ἡ ἐκ κέντρου, wenn *liptâ* oder *liptikâ* die Winkelminute heisst, so ist das λεπτόν das Geschabte, das Bruchtheil, Ableitungen die trotz der Stammverwandtschaft indischer und griechischer Sprache angenommen werden müssen, indem für *kendra* und *liptâ* eine unmittelbar indische Herkunft nicht zu ermitteln ist. Dazu kommt dass einzelne Lehren des Sûrya Siddhânta griechisches Gepräge tragen. Die Ostwestlinie für einen Punkt wird mittels der zwei Schattenbeobachtungen gleicher Länge am Vormittage und am Nachmittage gewonnen, welche wir bei Vitruvius und Hyginus (S. 453) kennzeichnen mussten. Anderes scheint auf den ptolemäischen Almagest hinzuweisen. Grade diese Annahme vereinigt sich sodann mit einer höchst merkwürdigen Thatsache: dass nämlich ägyptische Könige aus der Ptolemäerfamilie in indischen Inschriften als Turamaya vorkommen mit eigenthümlicher Verketzerung des Namens. Man hat desshalb vermuthet[1]), auch der Astronom Ptolemäus sei zu einem Turâmaya geworden, der volksthümlich sich weiter in einen Asura Maya verketzerte. Zu einer solchen sagenhaften Personenveränderung bedarf es einiger Zeit und so kann der Sûrya Siddhânta nicht allzurasch nach Ptolemäus Leben d. h. nach dem II. S. n. Chr. verfasst sein. Andererseit hat Varâhamihira von dem Sûrya Siddhânta Gebrauch gemacht und dessen Blüthezeit fällt nach der Aussage eines noch späteren Astronomen Bhaṭṭa Utpala nach 505, dessen Tod einem anderen Berichterstatter Âmarâja zufolge auf 587. Beide Daten vereint lassen uns in Varâhamihira einen jüngeren Zeitgenossen von Âryabhaṭṭa finden, und der Sûrya Siddhânta muss dem entsprechend zwischen Ptolemäus und Varâhamihiras Lebzeiten d. i. etwa im IV. oder V. S. entstanden sein.

Varâhamihira gibt übrigens den Ursprung mancher seiner Kenntnisse mit ehrlicherer Gewissenhaftigkeit an, als es sonst bei Indern der Fall zu sein pflegt. Er bezieht sich für die Namen der Sternbilder, welche er benutzt, geradezu auf den Yavaneçvarâcârya d. h. auf den ionischen oder griechischen Meister, indem die Yavana sicherlich Griechen bedeuten. Bei ihm und anderen Astronomen und Astrologen ist sodann von Romaka Pura d. h. von Rom und von Yavana Pura, d. h. der Stadt der Ionier nämlich von Alexandria die Rede, lauter Momente, welche den alexandrinisch-indischen Be-

---

[1]) Albr. Weber, Zur Geschichte der indischen Astrologie in den Indischen Studien II, 243.

ziehungen entstammen und die Abhängigkeit indischer Astronomie auch von alexandrinischem Wissen bestätigen, wie anderntheils ein Zusammenhang ältester indischer Sternkunde mit Babylon (S. 82) nicht abzuweisen sein dürfte.

Wir haben ausserordentlich wenig für uns Brauchbares dem Sûrya Siddhânta entnehmen können, eigentlich Nichts weiter, als dass ein griechischer Einfluss auf indische Wissenschaft damals schon, mithin vor Âryabhaṭṭa feststeht. Wir haben daneben einige weitere Namen indischer Astronomen kennen gelernt. Wir lassen hier andere folgen. Von einiger Bedeutung dürften Çrîdhara und Padmanâbha gewesen sein. Beide sind bei Bhâskara erwähnt, bei Brahmagupta noch nicht, haben daher vermuthlich in der Zwischenzeit zwischen diesen Beiden gelebt. Es kommt dazu Paramâdîçvara, der Commentator Âryabhaṭṭas, welcher später als Bhâskara gelebt hat, welchen er kennt. Ferner kommen Bhâskaras Commentatoren hinzu, wie Gangâdhara, der 1420 lebte, Sûryadâsa um 1540, Ganeça um 1545, Ranganâtha um 1640, Râma Krishṇa vielleicht um dieselbe Zeit, jedenfalls nicht viel älter, und Andere. Sie alle lassen uns rathlos in der wichtigsten Frage, welche wir ihnen so gern vorlegen würden, in der Frage: Und was war vor Âryabhaṭṭa?

Sollen die Inder mit mathematischen Kenntnissen erst zu einer Zeit vertraut geworden sein, welche später liegt als diejenige, in welcher die Nachblüthe alexandrinischer Wissenschaft unter Pappus und Diophant bereits zu Grabe getragen war? Es genügt die gestellte Frage von der Höhe der allgemeinen Bildungsstufe aus, welche das Volk der Inder erreicht hat, sich wiederholt zu vergegenwärtigen, um zur Verneinung zu gelangen. Aber worin die älteren Kenntnisse bestanden haben, davon wissen wir ungemein wenig. Sogar wo uns in nicht-mathematischen Schriften Aufgaben berichtet werden, deren Alterthum kaum bezweifelbar ist, zwingt die Jugend des Berichtes zum Eingeständniss, dass die Methoden der Auflösung jener Aufgaben möglicherweise um viele Jahrhunderte später entstanden oder eingeführt sein können als die Aufgaben selbst. Wir haben in Rom es gesehen, dass die Festlegung der Ostwestlinie, eine alterthümliche Aufgabe, ein geradezu priesterliches Geschäft, bald so, bald so vorgenommen wurde; wir haben durch einen günstigen Zufall, das Bestreben eines Schriftstellers Hyginus nach Vollständigkeit, von drei Methoden offenbar aus verschiedenen Zeiten stammend Kenntniss gewonnen; wir haben eine Datirung der drei Methoden versucht, versuchen können. Wie aber, wenn Hyginus uns nur die jüngste Versuchsweise mitgetheilt hätte, wenn Vitruvius ganz darüber schwiege, würden wir die berichtete Methode als die der ältesten Zeiten anerkennen müssen? Vergegenwärtigen wir uns nun noch die schon berührte

Fähigkeit der Inder Fremdländisches rasch in einheimische Form zu giessen, so kommen wir nothgedrungen zu der Ueberzeugung, es werde in vielen Fällen nur spät Eingeführtes oder mindestens durch Einführungen wesentlich Verändertes sein, wovon uns berichtet wird, so weit wir auch in Aufsuchung mathematischen Stoffes zu greifen geneigt sind.

Daraus folgt aber die Unmöglichkeit eine chronologische Uebersicht der indischen Mathematik zu geben, und wir werden in jeder Beziehung uns besser stehen, wenn wir versuchen eine Gruppeneintheilung des indischen mathematischen Wissens nach dem Inhalte vorzunehmen. Es wird dabei in ein helleres Licht treten, was als Leitfaden durch diesen ganzen Abschnitt benutzt werden kann: ein gewisser Gegensatz zwischen griechischer und indischer Denkungsart und schöpferischer Kraft.

Die Griechen waren das vorzugsweise geometrische Volk, sie waren es in solchem Maasse, dass wir den einengenden Zusatz: des Alterthums uns füglich erlassen dürfen. An den Indern werden wir die vorzugsweise rechnerische Begabung zu bewundern haben. Bei ihnen ist dem entsprechend muthmasslich die Heimath einer staunenerregenden Entwicklung der Rechenkunst zu suchen. Und umgekehrt tritt uns mit der einzigen Ausnahme einer selbst auf Rechnung gegründeten Trigonometrie keinerlei indische Geometrie gegenüber, deren Spuren wir nicht mit Leichtigkeit nach Alexandria zurückverfolgen könnten, insbesondere zurückverfolgen zu derselben Quelle, aus welcher griechische Geometrie auch nach Westen, nach Rom, abfloss, zu Heron dem Feldmesser. Mit der Algebra endlich wird sich uns ein Gebiet eröffnen, das beiden Begabungen zugänglich war. Die Griechen gingen von einer geometrisch eingekleideten Algebra aus, welche sie bis zur Auflösung unreiner quadratischer Gleichungen fortführten, nur allmälig des geometrischen Gewandes sich entäussernd. Spuren griechischer Algebra müssen mit griechischer Geometrie nach Indien gedrungen sein und werden sich dort nachweisen lassen. Aber entweder stiess die griechische Algebra in Indien auf eine einheimische oder vielleicht aus Babylon frühzeitig eingedrungene Schwesterwissenschaft, mit der sie sich vereinigte, oder sie entwickelte sich dort rechnerisch, also recht eigentlich algebraisch bis zu einer Höhe, die sie in Griechenland niemals zu erreichen vermocht hat.

Bei der nunmehr zu beginnenden Besprechung indischer Rechenkunst tritt uns vor Allem das Zifferrechnen gegenüber, welches nach vielfach verbreiteter Ueberlieferung indischen Ursprungs ist. Ein arabischer Schriftsteller des X. S., Massudi, erzählt[1]), unter

---

[1]) *Reinaud*, *Mémoire sur l'Inde* pag. 324.

Brahmas, des ersten indischen Königs, Regierung habe die Wissenschaft ihre grössten Fortschritte gemacht. Man habe damals in den Tempeln Himmelskugeln abgebildet; die Regeln der Astrologie, des Einflusses der Sterne auf Menschen und Thiere seien festgestellt worden; die vereinigten Gelehrten verfassten den Sindhind (d. h. den Siddhânta), das Buch der Zeit der Zeiten; astronomische Tafeln wurden zusammengestellt; endlich erfand man die neun Zeichen, mit welchen die Inder rechnen. In diesem Berichte spukt offenbar indischer Nationalstolz, welcher den Sûrya Siddhânta wie Alles was mit Sternkunde in engerer oder weiterer Verbindung steht als einheimisch betrachtet wissen und darum in ein graues Alterthum hinaufrücken will. Noch deutlicher zeigt sich die gleiche Eigenschaft in der Fortsetzung des Berichtes, der Massudi von indischer Seite zugetragen wurde, so dass er nur als Sprachrohr uns erscheint. Die Inder, heist es nämlich weiter, hätten nach Âryabhaṭṭa einen Almagest verfasst, aus welchem Ptolemäus sein Werk gleichen Titels entnommen habe, eine Umkehrung der Thatsachen, die ihres Gleichen sucht. Gegenwärtig haben wir es indessen mit den Ziffern zu thun, und da scheint gegen das, was man Massudi erzählt hat, kein Widerspruch sich zu erheben. Aehnlich lauten auch andere Berichte. So heisst es in einer um 950 an der Nordküste von Afrika entstandenen rabbinischen Abhandlung[1]): die Inder haben 9 Zeichen erfunden um die Einheiten anzuschreiben. Weitere Bestätigung finden wir bei dem Byzantiner Maximus Planudes, dessen bezügliche Aeusserungen (S. 432) mitgetheilt worden sind, in welchen auch der Erfindung der Null besonders gedacht ist.

Ob freilich die Null gleichen Alters ist mit den anderen Zahlzeichen, diese Frage möchte eher zu verneinen als zu bejahen sein. Es scheint fast nachweisbar, dass die ältere indische Zahlenschreibung der Null noch entbehrte, welche erst später hinzuerfunden wurde.

Die Insel Ceylon hat ihre Kultur von Indien her erhalten, sei es schon im V. S. v. Chr., sei es im III. S. als König Açoka den Buddhismus auch dorthin über das Meer trug. Auf Ceylon wurde aber im Gegensatze zum Festlande, wo ein Fortschritt wenigstens in manchen Jahrhunderten mit grösster Deutlichkeit hervortritt, die Bildung vollständig stationär, und eine am Anfange unseres Jahrhunderts noch auf Ceylon bei den Gelehrten übliche Zahlenschreibart kann sehr wohl ältesten indischen Ursprunges sein.[2]) Während das

---

[1]) Es ist ein Commentar von *Abu Sahl ben Tamim* in hebräischer Sprache zu der bekannten kabbalistischen Schrift *Sepher Yecira* und handschriftlich in Paris vorhanden. Reinaud, *Mémoire sur l'Inde* pag. 565. [2]) Die Untersuchungen des dänischen Gelehrten Rask über diesen Gegenstand, stammen aus

Volk sich der gewöhnlichen europäischen Ziffern bedient, welche mit den Kolonisten der letzten Jahrhunderte eingewandert in der veränderten Gestalt, welche sie durch diese erhalten hatten, sich unweit der alten Heimath wie fremd neu einbürgerten, haben die Gelehrten folgendes Verfahren aufbewahrt. Sie besitzen 9 Zeichen für die verschiedenen Einer, ebensoviele für die Zehner, 1 Zeichen für Hundert, 1 für Tausend und schreiben mittels dieser 20 Zeichen sämmtliche Zahlen von 1 bis 9999, indem die Hunderter und Tausender dadurch ausgedrückt werden, dass man die Anzahl derselben vervielfachend den Zeichen für 100 und 1000 vorsetzt. So schreibt man z. B. 7248 mit sechs Zeichen, nämlich 7, 1000, 2, 100, 40, 8. Vier Zeichen nämlich 7000, 200, 40, 8 würden genügen, wenn man auch für die einzelnen Hunderter und für die einzelnen Tausender wie für die Zehner besondere Zeichen, im Ganzen demnach 36 Zeichen besässe, und das wird auch den allergelehrtesten Einwohnern nachgerühmt. Das ist freilich ein Verfahren, welches dem, was man indische Rechenkunst zu nennen pflegt, weit weniger gleicht, als z. B. altägyptischer hieratischer Zahlenbezeichnung.

Eine Aehnlichkeit gibt sich nur darin zu erkennen, dass jene singhalesischen Zeichen Nichts anders sein sollen als abgekürzte Zahlwörter. Auch die alten indischen Ziffern, d. h. die Zeichen von eins bis neun, wie sie ursprünglich aussahen und nicht wie sie in der späteren indischen Schrift sich verändert haben, sollen Nichts anders gewesen sein als die Anfangsbuchstaben der betreffenden neun Zahlwörter, wobei wohl zu beachten ist, dass im Sanskrit eine Verschiedenheit der neun Anfänge obwaltet, wie sie in anderen indogermanischen Sprachen nicht stattfindet, so dass in diesen ein einfacher Anfangsbuchstabe nicht genügen würde, das Zahlwort unzweideutig zu bestimmen. Man denke nur an die deutschen Zahlwörter sechs und sieben; an die lateinischen *sex* und *septem*, aber auch *quatuor* und *quinque;* an die griechischen ἕξ und ἑπτά. Allerdings wechselten im Laufe der Jahrhunderte auch die Buchstaben ihre Formen, und es scheint,[1]) als ob Buchstaben des II. S. n. Chr. vorzüglich zur Ziffernbildung gedient hätten. Aus ihnen leiten sich am Ungezwungensten die Zeichen ab, welche die Apices des Boethius heissen, welche auch bei den Westarabern uns noch begegnen werden. (Siehe die lithographirte Tafel am Ende des Bandes.) Freilich ist diese Meinung nicht die allgemeine, und wir dürfen nicht verschweigen, dass andere Forscher von hoher Glaubwürdigkeit[2]) nicht viel von

---

dem Jahre 1821. Vergl. Brockhaus, Zur Geschichte des indischen Zahlensystems in der Zeitschrift für die Kunde des Morgenlandes IV, 74—83. [1]) So hat Woepcke im *Journal asiatique* von 1863, pag. 75 bemerkt. [2]) Burnell, *Elements of South-Indian Palaeography. Mangalore*, 1874, pag. 47—48.

jener Buchstabenableitung halten. Die Apices seien allerdings indischen Ursprunges, stammten aber von nichtalphabetischen Zahlzeichen aus Höhleninschriften des II. S. n. Chr. Für uns geht mithin als gesichert hervor, was beiden widersprechenden Annahmen gemeinschaftlich ist: dass im II. S. Zahlzeichen, gleichviel welcher ursprünglichen Entstehung, in Indien vorhanden waren, und von da nach Alexandria gekommen sein können, welche zur Ableitung der Apices vollkommen genügen.

Die Inder bedienten sich sehr verschiedener Bezeichnungsarten der Zahlen, von denen wir reden müssen. Eine solche wird von Âryabhaṭṭa berichtet, der sich ihrer im ersten Kapitel, und nur im ersten Kapitel des Âryabhaṭṭîyam bediente.[1]) Zu deren Verständniss, wie überhaupt für das Folgende sind wir genöthigt, Weniges über das Alphabet der Sanskritgrammatik einzuschalten.

Es besteht aus 25 Consonanten in 5 Abtheilungen, deren jede als ein Varga bezeichnet zu werden pflegt. Es sind das die Kehllaute, die Gaumenlaute, die Zungenlaute, die Zahnlaute, die Lippenlaute. Die 5 Buchstaben, aus welchen jeder Varga besteht, sind der harte und der weiche, jeder von beiden ohne und mit Aspiration sich unmittelbar folgend, und der Nasenlaut, Unterschiede, die dem europäischen Ohre fast unmerklich sind, insbesondere was die Nasenlaute betrifft, da wir den Lippenlaut allerdings als *m* zu unterscheiden wissen, die Nasenlaute der 4 ersten Vargas dagegen sämmtlich als *n* hören. Nach den 25 Consonanten kommen 4 Halbvokale *y*, *r*, *l*, *v*. Als 30. bis 32. Buchstabe erscheinen drei Zischlaute, das Gaumen-*ç*, das Zungen-*sh*, das Zahn-*s*. Als 33. Buchstabe wird das *h* gezählt. Dazu treten 14 Vokale und Diphthongen gleichfalls von unseren europäischen Gewohnheiten weit abweichend. Vokale sind nämlich *a*, *i*, *u*, *ṛi*, *ḷi* ein jeder in kurzer und in gedehnter Aussprache vorhanden. Diphthonge sind *e*, *ai*, *o*, *au*. Von diesen Buchstaben werden die Vokale und Diphthongen nur dann durch den anderen Lauten gleichberechtigte Zeichen geschrieben, wenn sie für sich allein eine Silbe ausmachen, also in der Regel nur am Anfange eines Wortes oder gar einer Zeile. Folgt hingegen der Vokal auf einen Consonanten, so wird er durch kleinere Nebenzeichen ausgedrückt, welche über oder unter dem Consonanten angebracht werden, etwa wie in den semitischen Sprachen. Das kurze *a* bedarf jedoch keines Zeichens, indem es ein für allemal inhärirt, d. h. indem jeder der Buchstaben von *k* bis *h*, wenn kein anderer Vokal ihm folgt, er aber der letzte Consonant einer Silbe ist, als mit kurzem *a* behaftet ausgesprochen wird. Stehen zwischen zwei Vokalen, die einem

---

[1]) Lassen in der Zeitschr. f. d. Kunde des Morgenlandes II, 419—427. Rodet, *Leçons de calcul d'Aryabhatta (Journal Asiatique 1879)* pag. 8.

oder auch zwei Wörtern angehören können, mehrere Consonanten, so werden diese in zusammengesetzter Form geschrieben, indem Theile eines jeden einzelnen Consonanten zu einem oft sehr fremdartig aussehenden Buchstaben vereinigt werden.

Âryabhaṭṭa gibt nun den Consonanten durch ihre 5 Vargas hindurch die Zahlenwerthe 1 bis 25. Ihm ist also $k = 1$, $kh = 2$, $g = 3$, ... $m = 25$. Die Halbvokale, die Zischlaute und das h bedeuten die hier sich anschliessenden Zehner, also $y = 30$, $r = 40$, ... $h = 100$. Diese Bedeutungen finden statt, wenn der betreffende Buchstabe mit nachfolgendem kurzen oder langen a verbunden ausgesprochen wird. Die weiteren Vokale des Alphabets, ohne Rücksicht auf Länge und Kürze, und dann noch die vier Diphthonge vervielfachen den Consonanten, welchem sie angehängt sind mit aufeinanderfolgenden Potenzen von 100. So ist also *ga* = 3, *gi* = 300, *gu* = 30 000, *ge* ist eine 3 mit 10 Nullen, *gau* eine 3 mit 16 Nullen. Zwei verbundene Consonanten sind als mit demselben Vokale begabt anzusehen, und ihr Werth ist zu addiren. So ist *kvi* z. B. aufzulösen in *ki* + *vi* = 1 . 100 + 60 . 100 = 6100.

Die Aehnlichkeit mit dem Systeme der singhalesischen Gelehrten ist nicht zu verkennen. Die Vokale und Diphthonge stellen hier die Zeichen für Einheiten höheren Ranges vor, welche durch vorausgehende Consonanten gewissermassen als Coefficienten vervielfacht werden. Positionsarithmetik dagegen ist diese Bezeichnung nicht, und wenn wir bei unserer Schilderung von Nullen sprachen, so geschah dieses um uns unseren Lesern in kürzester Form verständlich zu machen, nicht aber weil die Methode selbst es verlangte. Es wäre übrigens falsch, wenn man die Folgerung ziehen wollte, Âryabhaṭṭa habe überhaupt die Positionsarithmetik nicht gekannt. Das Gegentheil geht vielmehr, wie wir sehen werden, aus seinen im zweiten Kapitel des Aryabhaṭṭîyam enthaltenen Vorschriften für die Ausziehung der Quadrat- und Kubikwurzeln hervor.[1])

Positionsarithmetik ist auch die Grundlage zweier anderer Systeme. Das eine soll den Mathematikern des südlichen Indiens angehören, ein Erfinder wird jedoch nicht angegeben.[2]) Die einzelnen Ziffern werden hier durch Buchstaben ausgedrückt, und zwar jede einzelne nach Belieben durch verschiedene Buchstaben. Die Ziffern 1 bis 9 entsprechen nämlich der Reihe nach erstens den 9 ersten Consonanten, also dem Varga der Kehllaute und den 4 ersten Gaumenlauten; zweitens dem 11. bis 19. Consonanten, also dem Varga der Zungenlaute und den 4 ersten Zahnlauten; drittens den 4 Halbvokalen, den 3 Zischlauten, dem h und einem in Südindien noch vorkommenden consonantischen *lr*. Der Varga der Lippenlaute be-

[1]) Rodet l. c. pag. 19. [2]) Math. Beitr. Kulturl. S. 68.

deutet die Ziffern 1 bis 5. Endlich die noch übrigen Buchstaben, nämlich der Nasenton der Gaumenlaute und der Zahnlaute, sowie alle initiale Vokale und Diphthonge sind Nullen. Völlig bedeutungslos dagegen sind durch Nebenzeichen geschriebene oder inhärirende Vokale und Diphthonge, ebenso wie die zuerst auszusprechenden Theile zusammengesetzter Consonanten, deren letzter allein als werthgebend in Geltung tritt. Die so geschriebenen Zahlen werden alsdann gemäss der hier wirklich vorkommenden Nullen nach den Regeln des Stellungswerthes gelesen. Die Möglichkeit eine und dieselbe Zahl nach dieser Methode auf verschiedene Weise darzustellen ist eine fast unbegrenzte und gewährt durch den Sinn der jedesmal gewählten Worte nicht bloss eine wahre Gedächtnisshilfe, sondern auch die Benutzbarkeit im fortlaufenden Versmaass unter Einhaltung der strengen Regeln indischer Prosodie.

Noch geeigneter zu solcher Benutzung in Versen erscheint die zweite hier zu erwähnende Methode einer symbolischen Positionsarithmetik,[1]) die ziemlich weite Verbreitung erlangt hat, da sie bei den Indern, wie in Tibet, wie bei den Eingeborenen der Insel Java vorkommt. Es werden dabei für die Einer und auch für manche zweiziffrige Zahlen gewisse symbolische Wörter gewählt, welche alsdann mit Positionswerth zusammengesetzt werden. Die Reihenfolge ist die der Sprache in den Zahlen unter Hundert, nicht die der Schrift. Das Zahlenschreiben befolgt, wie wir wissen, das Gesetz der Grössenfolge. Die Sprache ist nicht immer so folgerichtig, und so lässt sie im Sanskrit wie im Deutschen, wie im Arabischen, in dem Gebiete unterhalb von Hundert das kleinere Element dem grösseren vorausgehen z. B. dreiundsiebzig, *trisaptati*. Ebenso macht es diese symbolische Bezeichnung, welche wir um dieser Eigenthümlichkeit willen lieber eine Aussprache der Zahlen mit Stellungswerth, als eine Schreibweise nennen möchten. So heisst *abdhi* (der Ocean, deren es vier gibt) die Zahl 4, *sûrya* (die Sonne mit ihren zwölf Wohnungen) die Zahl 12, *açvin* (die beiden Söhne des Sûrya) die Zahl 2 und *abdhisûryâçvinas* in seiner Zusammensetzung 2124. Da mehr als ein Wort für jede einzelne Zahl zur Verfügung steht, für 4 z. B. auch *kṛita* (die erste der vier Weltperioden), ausserdem die mehrziffrigen Zahlen auch nach verschiedenen Gruppen getheilt werden können (z. B. 2124 = 2 . 12 . 4 = 2 . 1 . 24 = 2 . 1 . 2 . 4) so ist hier die Combinationsfähigkeit eine gleichfalls ausserordentliche, und die Einfügung in das Versmaass ist damit so erleichtert, dass man es begreiflich findet, dass Astronomen wie Brahmagupta mit Vorliebe

---

[1]) *Nouveau Journal Asiatique* XVI, 12, 25 und 34—40, sowie *Journal Asiatique 6. série,* I, 284—290 und 446.

grade der symbolischen Zahlenbenennung in ihren dialektischen Gedichten sich bedienten.

Ein derartiges bewusstes Spielen mit den Begriffen der Stellungsarithmetik mit Einschluss der Null erklärt sich am Leichtesten in der Heimath dieser Begriffe, für welche uns Indien bereits gilt. Als mit der Stellungsarithmetik in offenbarem Zusammenhange und vermuthlich als Vorbereitung zu derselben zu betrachten stossen wir in Indien auf eine Reihe eigenthümlicher Zahlennamen, wie keine andere Sprache der Erde sie besitzt, die westlicher als Indien sich entwickelte. Bei den Griechen waren Namen für 1, 10, 100, 1000, 10 000 vorhanden, aus denen die der höheren Einheiten sich zusammensetzten. Bei den Römern war die Anzahl selbständiger Namen noch beschränkter, da 10 000 bereits zur Zusammensetzung nöthigte. Das Gleiche findet, wie wir vorausschickend bemerken, im Arabischen statt. Das Sanskrit besitzt dagegen von 100 Millionen an die Gewohnheit durch Beifügung des Wortes *mahâ* (gross) eine Verzehnfachung vorzunehmen, z. B. *arbuda* = 100 Millionen, *mahârbuda* = 1000 Millionen; *padma* = 10000 Millionen, *mahâpadma* = 100000 Millionen u. s. w., aber sonstige wirklich multiplikative Zusammensetzungen wie *decem millia*, *ἑκατονταχισμύριοι* kommen nicht vor, und die eigenthümlich gebildeten Wörter erstrecken sich[1]) bis zur Bezeichnung der 1 mit 20 Nullen *akshauhinî* und der 1 mit 21 Nullen *mahâkshauhinî*. Es ist mit Recht bemerkt worden, dass diese Aussprechbarkeit jeder einzelnen Rangordnung deren Gleichberechtigung ganz anders zu Bewusstsein bringe, als die griechischen und römischen Zusammenfassungen in Tetraden und Triaden es gestatten, dass hier eine Wurzel der Stellungsarithmetik zu Tage trete.[2]) Aber freilich müsste man, um ein vollgiltiges Urtheil fällen zu können, genau wissen, wie alt jene Sanskritwörter sind, wie alt dann wiederum die Erfindung der Null und beides wissen wir nicht. Was die Wörter betrifft so erstreckt sich Zweifel über ihre Anzahl wie über ihren Klang, da Bhâskara z. B. in der Lîlâvatî ganz andere Zahlwörter als die obigen angibt, die sich bis zur 1 mit 17 Nullen erstrecken, und auch andere Formen noch berichtet werden.[3]) Noch zweifelhafter stehen wir der zweiten Frage gegenüber, wann die Null erfunden worden sei. In Indien selbst haben wir keinen Beleg für das Vorhandensein der Null, der höher hinaufreichte als der Sûrya Siddhânta. Fremde Quellen reichen gleichfalls nicht höher hinauf,

---

[1]) *Pihan, Exposé des signes de numération usités chez les peuples orientaux anciens et modernes.* Paris, 1860, pag. 59. [2]) Wöpcke im *Journal Asiatique* für 1863, pag. 443, Anmerkung 1. [3]) Colebrooke pag. 4, Note 4 und Albr. Weber, Vedische Angaben über Zeittheilung und hohe Zahlen in der Zeitschr. der deutsch. Morgenländ. Gesellsch. XV, 132—140.

da wir allgemein gestellten Fragen (S. 75) doch nicht die Bedeutung von Quellen geben dürfen. Eine negative Erscheinung lässt uns an viel älterem Vorkommen überhaupt zweifeln. Wenn die indischen Zahlzeichen es waren, wie wir annehmen, die um das II. S. n. Chr. durch indisch-alexandrinischen Verkehr nach Westen drangen, um dort zu Apices zu werden, so ist undenkbar, dass die Null und mit ihr die Positionsarithmetik nicht auch zugleich herübergekommen wäre, falls sie vorhanden waren. Das Kolumnenrechnen mit den Apices setzt alsdann nothwendig voraus, dass in Indien selbst die Null erst nach dem II. S. entstand. Ist aber dieser Schluss richtig, dann ist es auch wahr, dass die der frühesten religiösen Literatur, den sogenannten vedischen Schriften bereits angehörenden hohen Zahlwörter älter als Null und Stellungswerth sind und vielleicht, wie oben gesagt wurde, zu deren Erfindung leiteten. Gesichert freilich, und damit schliessen wir diese Bemerkungen, ist nur das Vorkommen der Null etwa seit 400 n. Chr.

Wie die Inder rechneten, bevor das Stellensystem ihnen bekannt war, würde in mancher Beziehung sich als von geschichtlicher Bedeutung erweisen können. Leider befinden wir uns hier im dichtesten Dunkel. Nicht die leiseste Andeutung ist zu unserer Kenntniss gelangt, dass bei den Indern vor Zeiten ein Fingerrechnen oder ein instrumentales Rechnen stattgefunden hätte. Sollen wir daraus den Schluss ziehen, dass ähnliche Hilfsmittel dem Inder fremd waren? dass die Inder vielmehr, unterstützt durch die bequemen Zahlennamen, und ihrer Natur nach zu in sich gekehrtem, von der Aussenwelt abgewandtem Grübeln geneigt, wesentlich Kopfrechnen übten, welches naturgemäss sich nicht zu verändern brauchte, als die dem gesprochenen Worte abgelauschte Positionsarithmetik erfunden ward? Das ist nicht unmöglich und findet vielleicht Unterstützung in gewissen Verfahren, von welchen wir noch zu reden haben, und welche an das Zahlengedächtniss ziemlich hohe Anforderungen stellen. Es ist aber auch ein Anderes möglich, worauf wir weiter oben bereits einmal hingewiesen haben. Unvollkommeneres kann bis zur Vergessenheit durch Vollkommeneres verdrängt werden, und bei den Indern fand vielleicht diese Verdrängung bezüglich der Rechnungsverfahren statt, so zähe die Ueberlieferung auch die Aufgaben festgehalten haben mag, deren Ausführung verlangt wurde.

Das Rechnen der Inder seit Einführung des Stellenwerthes ist theils aus indischen Werken selbst bekannt, theils und zwar hauptsächlich aus dem Rechenbuche des Maximus Planudes, welches ausdrücklicher Angabe des Verfassers gemäss nach indischen Quellen bearbeitet ist. Wir kommen jetzt auf die Dinge zu reden, an welchen wir bei unserer ersten Besprechung jenes Werkes (S. 433) rascher vorübergehen durften. Wir heben in erster

Linie die Ausführung der Subtraktion hervor, welche unter der Voraussetzung, dass eine Stelle des Subtrahenden einen höheren Werth als die entsprechende Stelle des Minuenden besitzt, nach zwei Regeln gelehrt wird. Man borgt entweder die zur Ergänzung des Minuenden nothwendigen 10 Einheiten des betreffenden Ranges von der nächsthöheren Stelle, oder man gleicht die Vergrösserung des Minuenden dadurch aus, dass man auch den Subtrahenden, und zwar in der nächsthöheren Stelle um 1 vergrössert. Um also 821—348 zu finden sagt man entweder: 8 von 11 lässt 3, 4 von 11 lässt 7, 3 von 7 lässt 4, also Rest 473 oder aber: 8 von 11 lässt 3, 5 von 12 lässt 7, 4 von 8 lässt 4 mit demselben Ergebnisse wie vorher.

Die Multiplikation wird in sehr unterschiedenen Verfahren gelehrt. Wir erwähnen nur beiläufig der Zerlegung des Multiplikators in Faktoren, mit welchen nach einander multiplicirt wird, der Auffassung des Multiplikators als Summe aber auch als Differenz von Zahlen, die eine im Verhältnisse leichtere Vervielfältigung zulassen, Methoden also, welche dem Kopfrechnen vorzugsweise dienen. Beim schriftlichen Rechnen ist darauf Rücksicht genommen, dass der Inder vielfach mit einem Griffel auf einer mit Sand bestreuten Tafel rechnete und rechnet, dass also das Weglöschen einer Zahl und ihr Ersetzen durch eine andere nicht dem ganzen Exempel ein unreinliches, hässliches Aussehen verschafft. Die einzelnen Theilprodukte können demzufolge beginnend mit der höchsten Stelle des Multiplikandus, über welche das erste und hauptsächlichste Theilprodukt geschrieben wird, gebildet werden. Jedes hinzutretende folgende Theilprodukt vereinigt sich mit dem schon dastehenden Ergebnisse zu einem neuen, dessen Ziffern an die Stelle der rasch verwischten früheren Ziffern treten, bis schliesslich das Produkt über dem Multiplikandus, oder gar statt dessen erscheint, da man auch wohl so weit geht, die Ziffern des Multiplikandus selbst wegzulöschen, sobald jede derselben so weit in Betracht gezogen wurde, als es für das Gesammtergebniss nothwendig ist. Eine die nachträgliche Kontrole nicht zur Unmöglichkeit machende Multiplikation wurde wahrscheinlich gerade so ausgeführt, wie wir noch heute in Europa verfahren. Meistens jedoch wurden dabei alle Zwischenoperationen dem Gedächtnisse überlassen. Das gab dasjenige Verfahren, welches Tatstha (es bleibt stehen) oder Vajrâbhyâsa (blitzbildend) genannt wurde.[1]) An einem Beispiele mit allgemeinen Buchstabensymbolen erläutert sich dieses Verfahren wie folgt. Es ist $(a_0 + 10 \,.\, a_1 + 100 \,.\, a_2 + ..) \times (b_0 + 10 \,.\, b_1 + 100 \,.\, b_2 + \ldots) = a_0 b_0 + 10\,(a_0 b_1 + a_1 b_0) + 100\,(a_0 b_2 + a_1 b_1 + a_2 b_0) + \ldots$ Nach dem so zu Tage tretenden Gesetze

[1]) Colebrooke pag. 6, Note 1 und pag. 171, Note 5.

verschaffte man sich jede Rangziffer sogleich vollständig genau und mit Zurechnung dessen, was von früheren Ziffern hinzutreten musste, also ohne irgend weitere Verbesserung nöthig zu machen. Eine andere Methode möchten wir das grade Gegentheil der eben geschilderten nennen, in sofern sie dem Gedächtnisse auch gar nichts ausser dem gewöhnlichen Einmaleins zumuthet. Die Vorbereitung besteht in der Herstellung einer schachbrettartigen Figur,[1]) deren einzelne Felder durch gleichlaufende von rechts oben nach links unten geneigte Diagonalen nochmals in je zwei Dreiecke abgetheilt sind, in welche dann die Einer beziehungsweise Zehner jedes Einzelproduktes zu stehen kommen. Die Additionen erfolgen nach den durch jene Diagonalen gebildeten schrähliegenden Kolumnen. Die Multiplikation 12 × 735 = 8820 sieht mithin folgendermassen aus

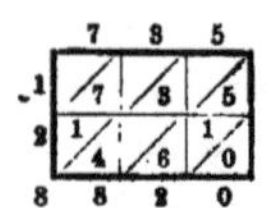

Bei der Addition, der Subtraktion und der Multiplikation findet die sogenannte Neunerprobe statt, welche in dem zahlentheoretischen Satze begründet ist, dass die Ziffernsumme einer Zahl durch 9 getheilt den gleichen Rest wie die Zahl selbst liefert. Wir kommen auf diese Probe später im 35. Kapitel zurück.

Die Division ist wenigstens in den uns überkommenen Quellen sehr stiefmütterlich behandelt. Bei dem Abziehen der den einzelnen Quotientenziffern entsprechenden Theilprodukte wird vom Wegwischen vorhandener Ziffern, vom Ersetzen derselben durch andere Gebrauch gemacht. Am Wichtigsten erscheint die freilich nur negative also nicht unzweifelhaft feststehende durch neue Entdeckungen möglicherweise umzuwerfende Thatsache, dass noch keine Spur eines Verfahrens angetroffen worden ist, welches den complementären Operationen der Römer zu vergleichen wäre.

Ist schon an und für sich zu vermuthen, dass das Rechnen mit ganzen Zahlen historisch weit hinaufreiche, so ist es sagenmässig, und zwar an sehr grossen Zahlen geübt, bis in die Jugendzeit des Reformators der indischen Religion zurückzuverfolgen. Der Lalitavistara, dessen Abfassungszeit freilich durchaus unbekannt ist, beschäftigt sich mit der Jugend des Bodhisattva. Er bewirbt sich bei Daṇḍapâṇi um dessen Tochter Gopâ, deren Hand ihm aber nur unter der Bedingung zugesagt wird, dass er einer Prüfung in den wichtigsten Künsten sich unterziehe. Die Schrift, der Ringkampf, das Bogenschiessen, der Sprung, die Schwimmkunst, der Wettlauf, vor

[1]) Colebrooke pag. 7, Note 1.

Allem aber die Rechenkunst liefert den Inhalt dieser von dem Jüngling mit glänzendem Erfolge bestandenen Prüfung. In der Arithmetik erweist er sich sogar geschickter als der weise Arjuna und gibt Zahlennamen an bis zu tallakshana d. i. eine 1 mit 53 Nullen. Das sei aber nur ein System, und über dieses System gehen noch fünf oder sechs andere hinaus, deren Namen er gleichfalls angibt. Jetzt fragt man ihn, ob er die Zahl der ersten Elementartheilchen berechnen könne, welche aneinandergelegt die Länge eines Yôjana erfüllen, und er berechnet die Zahl mittels folgender Verhältnisszahlen: 7 Elementartheilchen geben ein sehr feines Stäubchen, 7 davon ein feines Stäubchen, 7 davon ein vom Winde aufgewirbeltes Stäubchen, 7 davon ein Stäubchen von der Fussspur des Hasen, 7 davon ein Stäubchen von der Fussspur des Widders, 7 davon ein Stäubchen von der Fussspur des Stieres, deren 7 auf einen Mohnsamen gehen; 7 Mohnsamen geben einen Senfsamen, 7 Senfsamen ein Gerstenkorn, 7 Gerstenkörner ein Fingergelenk; 12 von diesen bilde eine Spanne, 2 Spannen eine Elle, 4 Ellen einen Bogen, 1000 Bögen einen Kroça, deren endlich 4 auf einen Yôjana gehen. Letzterer besteht also in unserer modernen Schreibweise aus 7^{10}. 32. 12 000 Elementartheilchen, d. h. aus 108 470 495 616 000 solchen Theilchen. Wenn nun auch die im Lalitavistara angegebene Zahl von dieser richtigen abweicht, so hat doch nachgewiesen werden können,[1]) dass eine Entstehung der falschen Zahl aus der richtigen wahrscheinlich sei, und es ist auch die stoffliche Verwandtschaft der Aufgabe zur Sandrechnung des Archimed gebührend hervorgehoben worden. Wäre also gesichert, was freilich nicht der Fall ist, dass der Lalitavistara vor 300 v. Chr. entstand, so bekäme damit die (S. 277) angedeutete weitere Annahme Wahrscheinlichkeit, Archimed sei mit seiner Aufgabe als einer schon älteren bekannt geworden, die er dann aber immerhin nicht unwesentlich veränderte.

Nächst den ganzen Zahlen kommen Brüche in den Rechnungen vor. Wir begegnen bei den Indern sowohl Stammbrüchen als auch Brüchen, deren Zähler von der Einheit verschieden sind. Die Schreibweise besteht darin, dass der Zähler über dem Nenner steht, ohne dass sich ein horizontaler Bruchstrich dazwischen befände. Bei dem Rechnen mit Brüchen kommt es hauptsächlich auf die Einführung eines gemeinsamen Nenners an, bei dessen Auffindung mancherlei Vortheile zur Uebung kamen. Natürlich fällt die Nothwendigkeit der Zurückführung auf gemeinsamen Nenner bei den Sexagesimalbrüchen weg, welche vorzugsweise den indischen Astronomen ge-

[1]) Woepcke im *Journal Asiatique* für 1863, pag. 260—266.

dient haben und ihnen wohl nicht minder als den Griechen unmittelbar aus der babylonischen Heimath zugeflossen sein dürften, so dass ein gräkoindischer Einfluss hier nicht nothwendig anzunehmen ist.

Kapitel XXIX.

Höhere Rechenkunst. Algebra.

Wir haben im vorigen Kapitel uns mit dem Inhalte des gewöhnlichsten, allgemeinst bekannten Rechnens der Inder beschäftigt. Etwas höher steht schon das Erheben einer Zahl zur zweiten und dritten Potenz, sowie die Ausziehung von Quadrat- und Kubikwurzeln. Den Indern gehörte freilich Potenzerhebung und Wurzelausziehung noch zu den elementaren Operationen, deren sie demzufolge 6 zählten, *shadvidham* die sechs Rechnungsverfahren.[1]) Die zu Grunde liegenden Formeln waren, wie nicht anders zu erwarten steht, die der Binomialentwicklungen $(a+b)^2 = a^2 + 2ab + b^2$, $(a+b)^3 = a^3 + 3a^2b + 3ab^2 + b^3$, Âryabhatta weiss schon von den zwei-, beziehungsweise dreistelligen Abschnitten zu reden, in welche man die Zahlen zum Zwecke der beiden Wurzelausziehungen zu theilen habe[2]), was uns gestattete zu behaupten (S. 515) er müsse die eigentliche Stellungsarithmetik gekannt haben. Wurzel überhaupt, auch in der Bedeutung der Wurzel einer Pflanze, heisst *mûla* oder *pada*; *varga* bedeutet eine Reihe gleicher Gegenstände, dann ein Quadrat im geometrischen wie im arithmetischen Sinne des Wortes; *ghana* ist ein Körper; und durch Zusammensetzung dieser Ausdrücke gewann man die Namen Quadratwurzel, *varga mûla*, und Kubikwurzel, *ghana mûla.*[3])

Ist nach unserem Dafürhalten die Erfindung der Null eine indische, so ist das Rechnen mit der Null schon zu Brahmaguptas Zeit Gegenstand besonderer Vorschriften gewesen.[4]) Null getheilt durch Null ist Nichts. Zahlen getheilt durch Null geben Brüche mit Null als Nenner. Das sind freilich dürftige Bestimmungen, mit welchen nicht viel zu machen ist. Ganz anders weiss Bhâskara Bescheid, wenn er sagt: Diese Grösse, nämlich der Bruch, dessen Nenner Null ist, lässt keine Aenderung zu, mag auch Vieles hinzugesetzt oder weggenommen werden. Findet doch gleichermassen in der unendlichen und unveränderlichen Gottheit kein Wechsel statt zur Zeit wo Welten zerstört oder geschaffen werden, wenn auch zahl-

---

[1]) Vergl. L. Rodet in der Abhandlung: *L'algèbre d'Al Khârismi et les méthodes indienne et grecque. Journal Asiatique, 7. ième série* XI, 21 (1878). [2]) L. Rodet, *Leçons de calcul d'Aryabhata* pag. 9 und 18 flgg. [3]) Colebrooke pag. 9, Note 2 und pag. 12, Note 1. [4]) Colebrooke pag. 339—340.

reiche Ordnungen von Wesen aufgenommen oder hervorgebracht werden.[1]) Der Commentator Krishṇa erläutert den Gegenstand mit den Worten: Je mehr der Divisor vermindert wird, um so mehr wird der Quotient vergrössert. Wird der Divisor aufs Aeusserste vermindert, so vergrössert sich der Quotient aufs Aeusserste. Aber so lange er noch angegeben werden kann, er sei so und so gross, ist er nicht aufs Aeusserste vergrössert; denn man kann alsdann eine noch grössere Zahl angeben. Der Quotient ist also von unbestimmbarer Grösse und wird mit Recht unendlich genannt.[2]) Es ist auffallend genug, dass bei so verständiger Auffassung Bhâskara an anderer Stelle[3]) das Rechnen mit der Null in haarsträubender Weise missbraucht, und dass auch seine Erklärer Nichts dabei zu erinnern wissen. Eine Zahl soll nämlich aus folgenden Angaben gefunden werden: Ihr Quotient durch Null vermehrt um die Zahl selbst und vermindert um 9 wird zum Quadrat erhoben, alsdann die Wurzel dieses Quadrates hinzugefügt und die Summe mit Null vervielfacht, so soll 90 herauskommen. Die Rechnung ist folgende. $\frac{x}{0} + x - 9$ ist immer noch $\frac{x}{0}$, das Quadrat $\frac{x^2}{0}$. Dazu $\frac{x}{0}$ addirt gibt $\frac{x^2}{0} + \frac{x}{0}$ und nach Vervielfältigung mit der Null $x^2 + x = 90$, woraus $x = 9$ folgt!

Wir sind mit diesem Beispiele schon zur Algebra der Inder übergegangen, welche trotz des wenig bestechenden Einganges, den wir gewählt haben, sich uns in überraschender Entfaltung vorstellen wird. Doch bevor wir uns mit ihr beschäftigen haben wir zu bemerken, dass die Inder Rechnungsaufgaben mitunter auch in nicht algebraischer Weise lösten, und dass für einzelne Regeln besondere Namen üblich waren, theils auf das Verfahren, theils aber auch weit weniger folgerichtig auf den Inhalt der Aufgaben sich beziehend.

Unter den ersteren nennen wir die Umkehrung, *vilôma kriyâ*, bei welcher die Reihenfolge der Operationen, welche vorzunehmen waren um zur gegebenen Zahl zu gelangen gradezu umgekehrt wird. Aryabhaṭṭa gibt in der 28. Strophe seines mathematischen Kapitels[4]) die Regel in seiner lakonischen Weise: „Multiplikationen werden Divisionen, Divisionen werden Multiplikationen; was Gewinn war wird Verlust, was Verlust Gewinn; Umkehrung.“ Um dieser Kürze die poetisch anmuthende Form gegenüberzustellen, welche Bhâskara namentlich in dem Lîlâvatî überschriebenen Kapitel anzuwenden liebt, lassen wir ein Beispiel aus diesem Kapitel folgen.[5]) „Schönes Mädchen mit den glitzernden Augen sage mir, so du die richtige Methode der Umkehrung verstehst, welches ist die Zahl, die mit 3 vervielfacht, sodann

[1]) Colebrooke pag. 138. [2]) Ebenda pag. 137, Note 2. [3]) Ebenda pag. 213. [4]) L. Rodet, *Leçons de calcul d'Aryabhata* pag. 14 und 37—38. [5]) Colebrooke pag. 21.

um $^{3}/_{4}$ des Produktes vermehrt, durch 7 getheilt, um $^{1}/_{3}$ des Quotienten vermindert, mit sich selbst vervielfacht, um 52 vermindert, durch Ausziehung der Quadratwurzel, Addition von 8 und Division durch 10 die Zahl 2 hervorbringt." Die Rechnung nimmt hier den Gang $(2 \cdot 10 - 8)^2 + 52 = 196$, $\sqrt{196} = 14$ und $14 \cdot 1\frac{1}{2} \cdot 7 \cdot \frac{4}{7} : 3 = 28$ als Anfangszahl.

Eine zweite Regel ist das Verfahren mit der angenommenen Zahl, *ishta karman*; es ist genau dasselbe Verfahren, welches wir (S. 36) als Methode des falschen Ansatzes bei den Aegyptern kennen gelernt haben, mit dem einzigen Unterschiede, dass jetzt als bewusste Methode auftritt, was ehedem fast instinktiv geübt wurde. So sollen[1]) 68 erhalten werden, indem man eine Zahl verfünffacht, $\frac{1}{3}$ des Produktes abzieht, den Rest durch 10 dividirt und $\frac{1}{3}$, $\frac{1}{2}$ und $\frac{1}{4}$ der ursprünglichen Zahl addirt. Bhâskara wählt versuchsweise 3 und erhält so 15, 10, 1 und $1 + \frac{3}{3} + \frac{3}{2} + \frac{3}{4} = \frac{17}{4}$. Man muss also mit $\frac{17}{4}$ in 68 dividiren und den Quotient 16 mit 3 multipliciren um die Zahl 48 zu finden. Der Commentator Ganeça bemerkt dazu ganz richtig, dass bei dieser Methode nur Multiplikationen, Divisionen und Additionen oder Subtraktionen von Bruchtheilen der Ergebnisse vorkommen dürfen.

Die Regeldetri kommt bei Âryabhaṭṭa vor,[2]) dann in mehreren Regeln direkten und indirekten Ansatzes zerspaltet und zur Regel mit mehreren Verhältnissen erweitert bei Brahmagupta, bei Çridhara, bei Bhâskara. Wir geben wieder einige Beispiele. „Eine weisse Ameise bewegt sich in einem Tage um die Länge von 8 Gerstenkörnern weniger $\frac{1}{5}$ eines solchen vorwärts; sie kriecht in 3 Tagen um $\frac{1}{20}$ Finger zurück; in welcher Zeit wird sie unter diesen Verhältnissen ein Yojana weit vorrücken?"[3]) Die Verhältnisszahlen sind 8 Gerstenkörner = 1 Finger, 24 Finger = 1 Elle, 4 Ellen = 1 Stab, 8000 Stab = 1 Yojana und so findet man 98 042 553 Tage. Die Aufgabe „eine 16jährige Sklavin kostet 32 Nishkas, was wird eine 20jährige kosten?[4])" wird nach umgekehrter Proportion behandelt, weil „der Werth lebender Geschöpfe (Sklaven und Vieh) sich nach deren Alter regelt." Das ältere ist das billigere.

Von den Regeln, deren Name an die behandelten Gegenstände erinnert, nennen wir die Zinsrechnung, bei welcher ebensowohl

[1]) Colebrooke pag. 23. [2]) K. Rodet, *Leçons de calcul d'Aryabhata* pag. 14 und 37. [3]) Colebrooke pag. 283, Note 2. [4]) Colebrooke pag. 34.

die Anrechnung von Zinseszinsen[1]) als der Zinsfuss von 5 Procent monatlich[2]) auffallen mag.

Wir nennen ferner die Mischungsrechnung von Esswaaren[3]), wo um eine gegebene Summe etwa Reis und Bohnen im Verhältnisse von 2 zu 1 Maasstheilen gekauft werden will, während der Preis dieser Gegenstände einzeln bekannt ist. Dem Gedanken nach können wir ebendazu auch die Aufgaben rechnen, welche wir Brunnenaufgaben genannt haben (S. 329), die aber bei den Indern keinen ähnlichen Namen führen.[4])

Hierhin sind auch die Aufgaben über Reihen zu zählen.[5]) Aryabhaṭṭa, Brahmagupta und Bhâskara lehren die Summirung der arithmetischen Reihe sowie auch der von 1 an auf einander folgenden Quadratzahlen und Kubikzahlen. Mit geometrischen Progressionen hat Bhâskara, hat auch Pṛithûdaka, ein Erklärer des Brahmagupta, sich beschäftigt.[6]) Die Ergebnisse gehen in keiner Beziehung über diejenigen hinaus, welche wir bei den Griechen theils genau nachweisen konnten, theils voraussetzen mussten, weil wir sie bei Epaphroditus in offenbar erst nachgeahmter Form wiederfanden, während kein Zweifel obwalten kann, dass schon Epaphroditus mehr als ein Jahrhundert früher als Aryabhaṭṭa gelebt haben muss.

Eine besondere Gruppe von Aufgaben bilden endlich die Versetzungen. Wenn man nicht als älteste Spur derselben bei den Indern die 24 Namen gelten lassen will, welche den Abbildungen des Vischnu je nach der Ordnung, gemäss welcher er in seinen 4 Händen die Keule, die Scheibe, die Lotosblume und die Muschel hält, beigelegt wurden,[7]) so muss man jedenfalls jene Kapitel der indischen Prosodie hierher rechnen,[8]) in welchen die verschiedenen Möglichkeiten gezählt werden, welche bei Versen von gegebener Silbenmenge in Bezug auf Länge und Kürze der einzelnen Silben auftreten, eine Aufgabe welche auf Versetzungen theilweise unter einander gleicher Elemente führt. Formeln der Combinatorik ohne Beweise zusammengestellt finden sich bei Bhâskara.[9]) Dort ist die Zahl der Combinationen ohne Wiederholung zu bestimmter Klasse angegeben, dort die Zahl der Permutationen mit lauter ungleichen oder theilweise gleichen Elementen, dort die Summe, welche entsteht, wenn man alle Permutationsformen als dekadisch geschriebene Zahlen betrachtet und zu einander addirt, lauter Dinge, welche in dieser

---

[1]) L. Rodet, *Leçons de calcul d'Aryabhata* pag. 14 und 36—37. [2]) Colebrooke pag. 39. [3]) Colebrooke pag. 43 [4]) Colebrooke pag. 42 und 282, Note 1. [5]) L. Rodet, *Leçons de calcul d'Aryabhata* pag. 12—13 und 32—36. Colebrooke pag. 290 flgg. und 51 flgg. [6]) Colebrooke pag. 55 und 291, Note. [7]) Colebrooke pag. 124, Note 1. [8]) Albr. Weber, Ueber die Metrik der Inder. Indische Studien VIII, besonders S. 326—328 und 425 flgg. [9]) Colebrooke pag. 49 und 123—127.

Vollkommenheit gewiss keinem Griechen jemals bekannt waren, wenn auch, wie wir gezeigt haben, die Meinung aufzugeben ist, als sei den Griechen die Combinatorik überhaupt durchaus fremd gewesen.

Gehen wir nun zu der eigentlichen Algebra der Inder über, so haben wir erstens von ihren Bezeichnungen und Benennungen, zweitens von ihrer Auflösung bestimmter Gleichungen, drittens von ihren zahlentheoretischen Kenntnissen zu reden.

In den Bezeichnungen und Benennungen ist bei den Indern selbst ein Fortschritt zu erkennen, welcher sie von unvollkommenen Anfängen zu einer Höhe führt, welche die Entwicklung, zu welcher Diophant diese Dinge brachte, ziemlich tief unter sich lässt. Âryabhaṭṭa [1]) nennt die unbekannte Grösse einer Aufgabe: Kügelchen, *gulikâ*, die bekannte Grösse: mit Zeichen versehene Münzen, *rûpakâ*. Das letztere Wort ist ohne die Anhängsilbe *kâ*, welche im Sanskrit sehr häufig wiederkehrt, als *rûpa* geblieben; für die Unbekannte tritt bei Brahmagupta schon das allgemeinere Wort: so viel als (*quantum tantum*), *yâvattâvat* ein. Einen Vergleich mit dem ägyptischen *hau*, dem Diophantischen *ἀριθμός* unterlassen wir, als zu unbestimmter Natur. Die Inder besassen für beide Gattungen von Grössen, für die bekannte wie für die unbekannte, Zeichen, die in den Anfangssilben jener Wörter *rû* und *yâ* bestanden, mithin erst eingeführt worden sein dürften, als *gulikâ* zu Gunsten von *yâvattâvat* abgängig geworden war. Sollten derartige Grössen addirt werden, so wurden die zu vereinigenden Ausdrücke ohne Weiteres einander nachgesetzt, wie es von Diophant auch geschah. Bei der Subtraktion ist ein Unterschied zwischen der griechischen und der indischen Bezeichnung, welcher zu Gunsten der letzteren ausschlagen möchte. Wir wissen, dass Diophant das Subtraktionszeichen ⋔ dem Abzuziehenden vorsetzte, dass bei ihm nur von Differenzen, von abzüglichen aber keineswegs von negativen Grössen die Rede war (S. 401). Anders die Inder. Bei der Subtraktion wird über den Zahlencoefficient des Abzuziehenden, seien es *rû* oder *yâ* um die es sich handelt, ein Pünktchen gemacht, welches die Subtraktion in eine Addition anders gearteter, entgegengesetzter Grössen verwandelt. Es sind wirklich positive und negative Zahlen mit denen man operirt. Die positiven Zahlen heissen *dhana* oder *sva*, die negativen *ṛiṇa* oder *kshaya*, erstere mit der Bedeutung Vermögen, letztere Schulden bedeutend.[2]) Ja die Erläuterung des Gegensatzes positiver und negativer Zahlen durch den Gegensatz der Richtung einer Strecke ist dem Inder nicht fremd.[3]) Diophant blieb bei der Bezeichnung der ersten Potenz der Unbekannten nicht stehen. Ebensowenig thut es der Inder. Allein auch hier ist eine

---

[1]) L. Rodet, *Leçons de calcul d'Aryabhata* pag. 15 und 39—40. [2]) Colebrooke pag. 131, Note 1. [3]) Colebrooke pag. 71, § 166.

sehr wesentliche Verschiedenheit zwischen beiden Bezeichnungen. Diophant addirt (S. 400) seine Exponenten; die Inder multipliciren sie, wenn nicht das Wort *ghaṭâ* besonders anzeigt, dass eine Addition vorgenommen werden soll. Die zweite Potenz wird durch *varga* abgekürzt in *va*, die dritte durch *ghana* abgekürzt zu *gha* bezeichnet, Wörter, die uns oben bei der Wurzelausziehung schon bekannt geworden sind. Dann heisst der angedeuteten Regel gemäss *va va*, *va gha*, *va va va*, *gha gha* die $2 \cdot 2 = 4.$, $2 \cdot 3 = 6.$, $2 \cdot 2 \cdot 2 = 8.$, $3 \cdot 3 = 9.$ Potenz, und die zwischenliegenden 5. und 7. Potenz der Unbekannten führen die Namen und Zeichen *va gha ghata*, *va va gha ghata*. Ueber diese Potenzbezeichnung hinaus hat sich aber der Inder auch noch zu einer Bezeichnung der irrationalen Quadratwurzel einer Zahl mit Hilfe des Wortes *karaṇa*, geschrieben *ka*, emporzuschwingen gewusst. Die Bedeutung dieses Wortes, welches mit dem Zeitwort machen in Verbindung steht, deutet allerdings darauf hin, dass hier das indische Zeichen einem griechischen Begriffe nachgebildet sei, dass man die Länge sucht, welche eine gewisse Oberfläche als ihr Quadrat macht; denn wenn der Grieche hier auch können zu sagen liebt, so steht dem doch der Ausdruck ὁ ἀπὸ τῆς $\overline{\alpha\beta}$ d. h. das von der Strecke $\overline{\alpha\beta}$ gemachte Quadrat zur Seite.[1]) Der Inder hat ferner ein Zeichen der Multiplikation in dem den Faktoren nachzusetzenden Worte *bhâvita*, das Hervorgebrachte, geschrieben *bhâ*. Er hat endlich eine unterscheidende Bezeichnung für mehrere Unbekannte, indem nur die erste, häufig alleinige Unbekannte *yâvattâvat* heisst, während die übrigen nach Farben unterschieden werden:[2]) die Schwarze *kâlaka*, die Blaue *nîlaka*, die Gelbe *pîtaka*, die Rothe *lohitaka*, die Grüne *haritaka* regelmässig durch die Anfangssilbe bezeichnet, eine Bezeichnungsweise, deren ganz allgemeine Uebung zu dem Rückschlusse geführt hat, es müssten auch die indischen Zahlzeichen ursprünglich Anfangssilben der betreffenden Zahlwörter gewesen sein. Als Beispiel der eben erwähnten mehrere Unbekannte umfassenden Schreibweise mag *yâ kâ bhâ* gelten d. h. die Unbekannte mit der Schwarzen in Vervielfachung oder x mal y. Die Gleichsetzung zweier Zahlen vollzog Diophant durch das Wort ἴσοι, mitunter zu ι abgekürzt. Auch dem Inder fehlt nicht ein Wort dieser Bedeutung: in Gleichgewicht, *tulyau*, heissen die beiden Glieder, *pakshau*,[3]) aber sie bedürfen dessen beim Schreiben nicht. Sie setzen die einander gleichen Ausdrücke unmittelbar unter einander ohne jedes vermittelnde Wort, allerdings auch ohne Gleichheitszeichen. Sie scheuen es dabei nicht eine negative Zahl allein die eine Seite einer Gleichung bilden zu sehen, wenn sie auch freilich rein sinnlich genommen dieselbe

---

[1]) L. Rodet, *Leçons de calcul d'Aryabhata* pag. 31. [2]) Colebrooke pag. 139 und 348 figg. [3]) L. Rodet, *L'algèbre d'Al-Khârizmi* pag 17.

selten allein sehen, indem meistens die nicht vorkommenden Glieder mit dem Coefficienten 0 behaftet angeschrieben werden. Soll also bei Brahmagupta aus $10x - 8 = x^2 + 1$ die Folgerung $-9 = x^2 - 10x$ gezogen werden,[1]) so schreibt er $0x^2 + 10x - 8 = 1x^2 + 0x + 1$ und dann erst $-9 = x^2 - 10x$ oder in indischer Weise

yâ va 0 *yâ* 10 *rû* 8̇ und dann *rû* 9̇
yâ va 1 *yâ* 0 *rû* 1 *yâ va* 1 *yâ* 1̇0

Negative Wurzeln einer Gleichung waren, wenn auch nicht streng verpönt, doch auch nicht gestattet; man darf vielleicht sagen, sie wurden mit Bewusstsein ihres Vorkommens beseitigt: „Absolute negative Zahlen werden von den Leuten nicht gebilligt.[2])“

Damit sind wir aber schon bei der Auflösung bestimmter Gleichungen angelangt. Die Inder behandelten solche von verschiedenen Graden. Eine Grundoperation ging immer voraus. Nachdem nämlich der Ansatz vollzogen war, zog man entsprechende Theile von einander ab; Vielfache des Quadrats der Unbekannten, Vielfache der Unbekannten, Bekanntes wurden bei der dafür ungemein bequemen indischen Anordnung von einander subtrahirt, und man nannte dieses *sâma çôdhanam* d. h. Abziehung des Aehnlichen. Mit Fug und Recht hat man diesen Ausdruck neben das diophantische „Gleichartiges von Gleichartigem“ (S. 402) gestellt.[3]) Es ist gewiss nicht zu weit gegangen, wenn man behauptet von den Wörtern *sâma çôdhanam* und *ἀπὸ ὁμοίων ὅμοια* sei das Eine die Uebersetzung des Andern, und warum wir geneigt sind Diophant als selbständigen Schriftsteller zu betrachten, haben wir früher (S. 396) erörtert. Hier wäre somit schon eine von den verheissenen Spuren griechischer Algebra auf indischem Boden, hier eine Spur indischen Fortschrittes in Gestalt ihrer Anordnung. Âryabhaṭṭa hat in seiner 31. Strophe ein merkwürdiges Beispiel aufgestellt:[4]) „Theile bei entgegengesetzter Bewegung die Entfernung durch die Summe der Geschwindigkeiten, bei übereinstimmender Bewegung theile die Entfernung durch die Differenz der Geschwindigkeiten; die zwei Quotienten sind die Begegnungszeiten der Beiden in der Vergangenheit oder Zukunft“ das ist die allgemein gestellte Aufgabe der beiden Couriere, wie richtig erkannt worden ist. Hat aber Âryabhaṭṭa diese Aufgabe gleichungsweise gelöst in der Weise, wie wir soeben zu erörtern angefangen haben, oder hat er nur eine von auswärts erhaltene Regel wiederholt? Eine bestimmte Antwort lässt sich noch nicht geben. Jedenfalls ist bei Brahmagupta die Gleichung als solche vorhanden. Viermal der zwölfte Theil einer um 1 vermehrten Zahl

[1]) Colebrooke pag. 346—347, § 49. [2]) Colebrooke pag. 217, §. 140. [3]) L. Rodet, *L'algèbre d'Al-Khârizmi* pag. 49. [4]) L. Rodet, *Leçons de calcul d'Aryabhata* pag. 15 und 41—42.

wird um 8 vergrössert um die um 1 vermehrte Zahl zu finden.[1]) Die Zahl *yâ* wird um 1 vermehrt zu *yâ* 1 *rû* 1. Dann theilt man durch 12 und vervielfacht mit 4 zu $\frac{yâ\ 1\ rû\ 1}{3}$, vermehrt um 8 zu $\frac{yâ\ 1\ rû\ 25}{3}$. Das soll aber dem *yâ* 1 *rû* 1 gleich sein, mithin ist:

yâ 1 *rû* 25
yâ 3 *rû* 3

Der Ansatz ist soweit vollendet und nun heisst es weiter: Der Unterschied der Unbekannten ist *yâ* 2; hierdurch der Unterschied der bekannten Zahlen nämlich 22 getheilt gibt die Zahl 11. Bhâskara hat mit Vorliebe Textaufgaben behandelt, deren Form dem poetischen Gewande, in welchem das Ganze erscheint, sich trefflich anpasst. Wie er das Kapitel der Rechenkunst Lîlâvatî, die Reizende, genannt hat, und von den glitzernden Augen der Schönen (S. 523) im Zusammenhang mit dem Umkehrungsverfahren zu reden wusste, so stellt er auch folgende auf eine Gleichung ersten Grades führende Frage[2]): „Von einem Schwarm Bienen lässt $\frac{1}{5}$ sich auf einer Kadambablüthe, $\frac{1}{3}$ auf der Silindhablume nieder. Der 3fache Unterschied der beiden Zahlen flog nach den Blüthen eines Kuṭaja, eine Biene blieb übrig, welche in der Luft hin und herschwebte gleichzeitig angezogen durch den lieblichen Duft einer Jasmine und eines Pandamus. Sage mir, reizendes Weib, die Anzahl der Bienen.“ Er ahmt übrigens selbst nur Çrîdhara darin nach, auf welchen folgende Aufgabe ihrer wesentlichen Form nach zurückzuführen ist.[3]) „Bei verliebtem Ringen brach eine Perlenschnur; $\frac{1}{6}$ der Perlen fiel zu Boden, $\frac{1}{5}$ blieb auf dem Lager liegen, $\frac{1}{6}$ rettete die Dirne, $\frac{1}{10}$ nahm der Buhle an sich, 6 Perlen bleiben aufgereiht; sage, wie viel Perlen hat die Schnur enthalten?“

Bisher trat nur eine Unbekannte auf. Eine Aufgabe, welche mehrere Unbekannte bestimmt wissen will, ist diejenige, welche Âryabhaṭṭa in seiner 29. Strophe uns erhalten hat:[4]) „Die Summe einer gewissen Anzahl von Grössen je um eine derselben vermindert, alle vereinigt, man theilt durch die um 1 verringerte Anzahl der Grössen, man hat die Summe.“ Wir fürchten keinen Widerspruch, wenn wir in dieser Aufgabe und in dem Epantheme des Thymaridas (S. 371) so nahe Verwandte erkennen, dass an einen Zufall nicht zu

[1]) Colebrooke pag. 344, § 45. [2]) Ebenda pag. 24—25, § 54. [3]) Ebenda pag. 25, Note 5. [4]) L. Rodet, *Leçons de calcul d'Aryabhata* pag. 14—15 und 38—39.

denken ist. Vollkommen ist zwar die Uebereinstimmung nicht. Nennen wir s wieder die Summe der n Unbekannten $x_1, x_2, \cdots x_n$ und die Differenzen $s - x_1, = d_1, s - x_2 = d_2, \cdots s - x_n = d_n$, so behauptet Âryabhatta, es sei $s = \frac{d_1 + d_2 + \cdots + d_n}{n - 1}$ und fügt hinzu, dass durch einzigweise Subtraktion von $d_1, d_2, \cdots d_n$ von dem so gefundenen s die Unbekannten $x_1, x_2, \cdots x_n$ erhalten werden können; aber nur um so wahrscheinlicher wird dadurch, was auch durch die selbst nur mangelhaft bekannte jedenfalls vor dem Anfang des IV. S. (S. 370) anzusetzende Lebenszeit die Thymaridas an die Hand gegeben wird, dass Thymaridas der Erfinder war, als welchen Jamblichus ihn ausdrücklich nannte, dass Âryabhaṭṭa in echt indischer Weise, genau so wie Albîrûnî es uns schildert (S. 507), das Erlernte unkenntlich zu machen wusste. Ist aber diese Folgerung gerechtfertigt, so ist eine neue Spur griechischer Algebra in Indien aufgedeckt, und damit immer grössere Sicherheit gewonnen, dass wirklich auf diesem Gebiete die Inder von den Griechen lernten, keineswegs aber umgekehrt, und dass die Inder alsdann nur, wie wir wiederholt erklären, in dem ihrer Geistesrichtung besonders zusagenden Gedankenkreise überraschende Fortschritte auf eigenen Füssen machten.

So glauben wir auch deutlich die griechische Auflösung der quadratischen Gleichung, wie Heron (S. 342), wie Diophant (S. 404) sie übte, in der mit ihr nicht bloss zufällig übereinstimmenden Regel des Brahmagupta zu erkennen:[1]) „Zu der mit dem Coefficienten des Quadrates vervielfachten absoluten Zahl füge das Quadrat des halben Coefficienten der Unbekannten. Die Quadratwurzel dieser Summe weniger dem halben Coefficienten der Unbekannten getheilt durch den Coefficienten des Quadrates ist die Unbekannte.“ D. h aus

$$ax^2 + bx = c \text{ folgt } x = \frac{\sqrt{ac + \left(\frac{b}{2}\right)^2} - \frac{b}{2}}{a}.$$

Bei Âryabhaṭṭa ist die gleiche Auflösungsmethode wenigstens vorausgesetzt[2]), da die in seiner 20. Strophe gelehrte Auffindung der Gliederzahl einer arithmetischen Reihe aus Summe, Differenz und Anfangsglied die vorhergehende Möglichkeit eine unreine quadratische Gleichung auflösen zu können in sich schliesst.

Çrîdhara hat Brahmaguptas Regel verbessert[3]), indem er die gegebene Gleichung statt mit a sogleich mit $4a$ vervielfachen lässt, wodurch die Möglichkeit Brüche unter dem Wurzelzeichen zu erhalten verschwindet; aus $ax^2 + bx = c$ erhält er nämlich $4a^2x^2 + 4abx = 4ac$ oder $(2ax)^2 + 2b \cdot (2ax) = 4ac$, also

[1]) Colebrooke pag. 346, §. 48. [2]) L. Rodet, *Leçons de calcul d'Aryabhata* pag. 13 und 33. [3]) L. Rodet, *L'algèbre d'Al-Khârizmi* pag. 71.

auch $(2ax + b)^2 = 4ac + b^2$ und $x = \frac{\sqrt{4ac + b^2} - b}{2a}$. Die Ergänzung des quadratischen Theiles, welche in Wirklichkeit dahin führt statt eines quadratischen Gliedes und eines Gliedes mit der ersten Potenz der Unbekannten nur das Quadrat eines Binoms ersten Grades als unbekannt aber bestimmungsfähig zu erhalten, wird seit Brahmagupta „Wegschaffung des mittleren Gliedes," *madhyama haraṇam*, genannt.[1])

Der wichtigste Fortschritt, welchen die Lehre von den unreinen quadratischen Gleichungen schon bei Brahmagupta vollzogen hat, besteht aber darin, dass die drei verschiedenen Formen (S. 403) $ax^2 + bx = c$, $bx + c = ax^2$, $ax^2 + c = bc$ verschwunden sind, wie es vermöge der Gewohnheit mit negativen Zahlen zu rechnen gestattet war.

Nun ist Bhâskara noch wesentlich über Brahmagupta hinausgegangen. Er kennt die bei den Quadratwurzeln sich ergebenden Doppelsinnigkeiten und Unmöglichkeiten. Er fasst sie in die Regel:[2]) „Das Quadrat einer positiven wie einer negativen Zahl ist positiv, und die Quadratwurzel aus einer positiven Zahl ist zwiefach, positiv und negativ. Es gibt keine Quadratwurzel aus einer negativen Zahl, denn diese ist kein Quadrat." Dem entsprechend kennt er die paarweise auftretenden Wurzeln einer quadratischen Gleichung, gibt sie aber aus dem oben angegebenen Grund, dass „absolute negative Zahlen von den Leuten nicht gebilligt werden", nur dann an, wenn beide Wurzelwerthe positiv ausfallen und keinen Durchgang durch ein Negatives voraussetzen; er folge dabei Padmanâbha.[3]) Folgende Beispiele mögen die Meinung der einschränkenden Klausel erläutern.[4]) „Der 8. Theil einer Heerde Affen ins Quadrat erhoben hüpfte in einem Haine herum und erfreute sich an dem Spiele, die 12 übrigen sah man auf einem Hügel mit einander schwatzen. Wie stark war die Heerde?" Hier gibt es zwei Auflösungen: 48 und 16. „Das Quadrat des um 3 verminderten 5. Theil einer Heerde Affen war in einer Grotte verborgen, 1 Affe war sichtbar, der auf einen Baum geklettert war. Wie viele waren es im Ganzen?" Bhâskara sagt 50 oder 5, aber der zweite Wurzelwerth dürfe nicht genommen werden. Ein Commentator erklärt uns, wie das gemeint sei. Man könne den 5. Theil von 5, oder 1, nicht um 3 vermindern, ohne dass, wenn auch nur vorübergehenderweise, die absolute negative Zahl -2 auftrete.

Bhâskara hat auch an anderer Stelle[5]) gezeigt, wie mit Hilfe der Formel $\sqrt{a + \sqrt{b}} = \sqrt{\frac{a + \sqrt{a^2 - b}}{2}} + \sqrt{\frac{a - \sqrt{a^2 - b}}{2}}$ Quadratwur-

[1]) L. Rodet, *L'algèbre d'Alkârismi* pag. 76. [2]) Colebrooke pag 135. [3]) Ebenda pag. 218, § 142. [4]) Ebenda pag. 215—217. [5]) Ebenda pag. 149—155. Die Bemerkung über falsche Ergebnisse pag. 155, § 51.

zeln aus Summen rationaler und irrationaler Zahlen gezogen werden können, und hat die Wurzelausziehung auf noch verwickelter zusammengesetzte Grössen wie $\sqrt{10 + \sqrt{24} + \sqrt{40} + \sqrt{60}} = \sqrt{2} + \sqrt{3} + \sqrt{5}$ ausgedehnt. Er erklärt diese Darstellung ausdrücklich für seine Erfindung, welche aber einer sehr behutsamen Benutzung bedürfe, widrigenfalls man zu falschen Ergebnissen geführt werde; die Erzielung eines solchen beweise alsdann, dass eine Wurzelausziehung eben nicht gelinge, und alsdann müsse man sich damit begnügen statt der einzelnen vorkommenden Irrationalitäten deren Näherungswerthe in Rechnung zu haben.

Das Rechnen mit Irrationalgrössen führt Bhâskara ferner zu der Aufgabe, Brüche rational zu machen.[1]) Man soll Zähler und Nenner mit einem dem Nenner ähnlichen Ausdrucke vervielfachen, bei welchem nur das Vorzeichen einer Irrationalzahl entgegengesetzt gewählt wird, und soll dieses Verfahren so lange fortsetzen, bis man wirklich im Stande sei die noch geforderte Division zu vollziehen.

Endlich ist bei Bhâskara noch ein letzter grosser Fortschritt vorhanden. Er hat auch Gleichungen von höherem als dem zweiten Grade in Angriff genommen.[2]) So z. B. $x^3 + 12x = 6x^2 + 35$. Er zieht $6x^2 + 8$ auf beiden Seiten ab und gewinnt so $x^3 - 6x^2 + 12x - 8 = 27$, wo beiderseits vollständige dritte Potenzen erscheinen, nämlich $(x - 2)^3 = 3^3$. Die Kubikwurzelausziehung gibt ihm $x - 2 = 3$, woraus endlich $x = 5$ folgt. Aehnlich behandelt er

$$x^4 - 2(x^2 + 200x) = 9999.$$

Er addirt auf beiden Seiten $4x^2 + 400x + 1$ und gewinnt dadurch nach vollzogener Umformung $(x^2 + 1)^2 = (2x + 100)^2$. Quadratwurzelausziehung führt zu der selbst noch quadratischen Gleichung $x^2 + 1 = 2x + 100$, aus welcher $x = 11$ folgt. „In diesem Falle bedarf es des Scharfsinnes“ sagt Bhâskara, und man kann ihm diese kleine Ruhmredigkeit nicht verargen. Es ist nicht unmöglich, dass Diophant, welcher gleichfalls eine kubische Aufgabe gelöst hat (S. 407), den Anstoss auch zu diesen Untersuchungen gab, aber wieder ist ein ungeheures Mehr auf Seiten Bhâskaras zu verzeichnen. Er hat einen Kunstgriff erdacht, den er uns ausdrücklich kennen lehrt, und der richtig gehandhabt zu einer Methode der Gleichungsauflösung werden konnte.

So ist wohl nach beiden Seiten hin gerechtfertigt, was wir über die Algebra bestimmter Gleichungen angekündigt haben: dass Manches davon griechischer Herkunft zu sein scheint, dass die Inder mit dem ihnen fremd Zugetragenen staunenswerthe eigene Leistungen zu verbinden wussten.

Noch bedeutender ist es, was die Inder in der Zahlentheorie

[1]) Colebrooke pag. 147, § 34–35. [2]) Ebenda pag. 214–215.

leisteten, in welcher sie uns zum ersten Male Gelegenheit geben werden, wirkliche allgemeine Methoden kennen zu lernen. Zwei Bemerkungen müssen wir vorausschicken. In den indischen Schriften, welche uns bekannt sind, kommen die altpythagoräischen Zahlenbetrachtungen nicht vor. Den Begriff vollkommner oder befreundeter Zahlen aufzustellen ist, so viel wir wissen, keinem Inder in den Sinn gekommen. Auch figurirte Zahlen kommen als solche kaum vor, jedenfalls nicht in der Ausdehnung, in welcher Diophant sich mit ihnen beschäftigte. Nur die Summirung $1 + 3 + 6 + \ldots + \frac{n(n+1)}{2} = \frac{n(n+1)(n+2)}{6} = \frac{(n+1)^3 - (n+1)}{6}$ als Anzahl der Kugeln in einem dreieckigen Haufen ist seit Âryabhaṭṭas 21. Strophe[1]) bekannt, aber von Fünfeckszahlen oder gar $m$eckszahlen ist nirgend die Rede. Einen Griechen und Indern gemeinschaftlichen Gegenstand der Untersuchung, muthmasslich von Jenen zu Diesen gelangt, bildet nur die Auffindung rationaler rechtwinkliger Dreiecke.[2]) Das ist das Eine, was wir uns merken wollten. Zweitens aber ist ein noch viel grundsätzlicherer Widerstreit zwischen indischer und griechischer Zahlentheorie vorhanden. Für die unbestimmte Analytik ist nämlich die Bedingung ganzzahliger Auflösungen maassgebend, eine Forderung, welche Diophant (S. 407) niemals stellt und nur ausnahmsweise erfüllt. Das sind so wesentliche Gegensätze, dass wir auf diesem Gebiete fast nur selbständige Leistungen im Westen wie im Osten zu erwarten haben.

Gehen wir jetzt darauf aus, einen Ueberblick über die indischen Leistungen in der unbestimmten Analytik zu gewinnen, und beginnen wir mit den unbestimmten Gleichungen ersten Grades. Schon Âryabhaṭṭa hat sich in der 32. und 33. Strophe seines mathematischen Kapitels mit solchen Gleichungen beschäftigt[3]) und dabei eine Methode in Anwendung gebracht, der Brahmagupta wahrscheinlich den Namen Zerstäubung, *kuṭṭaka*, beigelegt hat, unter welchem sie sich auch bei Bhâskara auseinandergesetzt findet.[4]) Bhâskara beginnt ihre Darstellung mit der Aufgabe das gemeinschaftliche Maass zweier Zahlen zu finden. Diese löst er, wie sie eben gelöst werden muss, wie Euklid verfuhr, wie auch Bhâskara sehr wohl selbständig erdacht haben oder von selbständigen indischen Vormännern übernommen haben kann. Er vollzieht fortlaufende Divisionen des früheren Divisors durch den bei Theilung mittels desselben verbliebenen Rest, und der letzte dieser Reste ist der gesuchte grösste gemeinsame Divisor der beiden gegebenen Zahlen. Durch

[1]) L. Rodet, *Leçons de calcul d'Aryabhata* pag. 13 und 35. [2]) Colebrooke pag. 306, § 35 und pag. 340, § 38. [3]) L. Rodet, *Leçons de calcul d'Aryabhata* pag. 15 und 42—46. [4]) Colebrooke pag. 112 flgg.

ihn verkleinert werden sie feste Zahlen, *dridha*, oder theilerfremd, ein Begriff, den Brahmagupta durch die Namen *niccheda* oder *nirapavarta* dem deutschen Worte entsprechender bezeichnet.[1]) Soll nun eine Zerstäubungsaufgabe gelöst werden, so muss vor allen Dingen Dividend, Divisor und Additive durch dieselbe Zahl verkleinert werden können. „Misst die Zahl, welche für Dividend und Divisor das Maass ist, die Additive nicht, so ist die Aufgabe schlecht gestellt.“ Die Meinung dieses Satzes, von welchem übrigens so wenig wie von der eigentlichen Methode ein Beweis gegeben ist, besteht darin, dass wenn $ax + b = cy$ in ganzen Zahlen lösbar sein soll, jeder Theiler des Dividenden a und des Divisors c auch in der Additiven b enthalten sein muss, dass es also möglich sein muss, durch Verkleinerung der vorgelegten Gleichung mittels des grössten gemeinsamen Theilers von a und c diese beiden Coefficienten theilerfremd zu machen. Denkt man sich diese Vorbereitung betroffen, so muss bei der nunmehr erfolgenden Aufsuchung des grössten gemeinsamen Theilers der neuen a und c nach dem euklidischen Kettenbruchverfahren schliesslich der Rest 1 auftreten. Die einzelnen Quotienten der aufeinanderfolgenden Divisionen seien $q_1, q_2, \cdots q_n$, die entsprechenden Reste $r_1, r_2, \cdots r_n$, wo also $r_n = 1$ sein muss. Man schreibt die Quotienten in ihrer Reihenfolge in eine Zeile und fügt am Schlusse noch die Additive b und eine Null bei, so dass diese letztere eingeschlossen $n + 2$ Zahlengrössen in einer Zeile neben einander stehen. Nun vervielfacht man das drittletzte Glied mit dem vorletzten und addirt das letzte, streicht das letzte ganz und ersetzt das drittletzte durch die eben gefundene Zahl. Man hat mithin jetzt eine Zeile von $n + 1$ Zahlengrössen vor sich, an welcher man das eben erläuterte Verfahren, welches die Anzahl wieder um eins verringert, wiederholt. Das setzt man so fort bis schliesslich nur zwei Zahlen in der Zeile sich befinden, und nun hat man zwei Fälle zu unterscheiden. War n grad, so ist von beiden Zahlen die erste y, die zweite x. War n ungrad, so muss man die erhaltenen Werthe von a und von c abzählen, um die richtigen y und x zu finden. Eine Verminderung des gefundenen y um den Betrag eines Vielfachen von a, während von x das Gleichvielfache von c abgezogen wird, ist in beiden Fällen gestattet.

Ein Beispiel, welches zu einem graden n führt, ist[2]) $100x + 90 = 63y$. Die Division 100 : 63 gibt den Quotienten $q_1 = 1$ und den Rest $r_1 = 37$. Die folgenden Quotienten und Reste sind $q_2 = 1$, $r_2 = 26$; $q_3 = 1$, $r_3 = 11$; $q_4 = 2$, $r_4 = 4$; $q_5 = 2$, $r_5 = 3$; $q_6 = 1$, $r_6 = 1$, mithin $n = 6$. Die zu bildenden Zahlenreihen sind:

---

[1]) Colebrooke pag. 330, Note 3. [2]) Ebenda pag. 115, § 255.

1,	1,	1,	2,	2,	1, 90, 0.		$1 \cdot 90 + 0 = 90$
1,	1,	1,	2,	2, 90, 90.			$2 \cdot 90 + 90 = 270$
1,	1,	1,	2, 270, 90.				$2 \cdot 270 + 90 = 630$
1,	1,	1, 630, 270.					$1 \cdot 630 + 270 = 900$
1,	1, 900, 630.						$1 \cdot 900 + 630 = 1530$
1, 1530, 900.							$1 \cdot 1530 + 900 = 2430$
2430, 1530							$x = 1530$ $y = 2430$

Nun zieht man $24 \cdot 100$ von y, $24 \cdot 63$ von x ab und erhält die kleineren Werthe $x = 18$, $y = 30$.

Zu einem ungraden n führt:[1]) $60x + 16 = 13y$. Hier ist nämlich $q_1 = 4$, $r_1 = 8$; $q_2 = 1$, $r_2 = 5$; $q_3 = 1$, $r_3 = 3$; $q_4 = 1$, $r_4 = 2$; $q_5 = 1$, $r_5 = 1$ und $n = 5$. Die Rechnung stellt sich daher folgendermassen:

4,	1,	1,	1,	1, 16, 0.		$1 \cdot 16 + 0 = 16$
4,	1,	1,	1, 16, 16.			$1 \cdot 16 + 16 = 32$
4,	1,	1, 32, 16.				$1 \cdot 32 + 16 = 48$
4,	1, 48, 32.					$1 \cdot 48 + 32 = 80$
4, 80, 48.						$4 \cdot 80 + 48 = 368$
368, 80.					$13 - 80 = -67 = x$	$60 - 368 = -308 = y$

Diesmal addirt man $6 \cdot 60$ zu y, $6 \cdot 13$ zu x und erhält die Werthe $x = 11$, $y = 52$.

Die Zerstäubungsmethode stimmt, wie vielfach bemerkt worden ist, in ihrem ganzen Gange mit der Methode der Auflösung unbestimmter Gleichungen ersten Grades durch Kettenbrüche überein, wie sie in jedem Lehrbuche der Zahlentheorie erörtert ist; wir können den Nachweis ihrer Richtigkeit füglich übergehen. Wir übergehen auch die unbestimmten Gleichungen ersten Grades mit mehr als 2 Unbekannten, welche Âryabhaṭṭa wie Brahmagupta schon kannten[2]) und in wesentlich der gleichen Art behandelten, wie die Zerstäubungsmethode es für zwei Unbekannte vorschreibt.

Wir gehen zu den unbestimmten Gleichungen zweiten Grades über. Brahmagupta behandelt hier zuerst solche Gleichungen, welche nur das Produkt der beiden Unbekannten unter sich als quadratisches Glied enthalten und dann erst solche, in welchen die Quadrate der Unbekannten vorkommen.[3]) Bhâskara schlägt den entgegengesetzten Weg ein, indem er zuerst mit Aufgaben von der Form $ax^2 + b = cy^2$, dann erst mit solchen wie $xy = ax + by + c$ sich beschäftigt.[4]) Bei der Auflösung dieser letzteren bedient er sich ent-

[1]) Colebrooke pag. 116, § 257. [2]) L. Rodet, *Leçons de calcul d'Aryabhata* pag. 15 und 48. Colebrooke pag. 348—360: *Equation of several colours.* [3]) Colebrooke pag. 361—362 *Equation involving a factum.* und 363—372 *Square affected by coefficient.* [4]) Colebrooke pag. 170—184 *Affected square,* 245—267 *Varieties of quadratics,* 268—274 *Equation involving a factum of unknown quantities.*

weder des Verfahrens die eine Unbekannte, etwa y, ganz willkürlich anzunehmen und alsdann $x = \frac{by + c}{a - y}$ zu setzen, wobei freilich ganzzahlige Lösungen nur in Folge günstigen Zufalles auftreten, oder aber er geht von einer auffälligen Verbindung geometrischer und algebraischer Anschauungen aus, die zugleich Methode und Beweis derselben enthalten. (Figur 74.) In dem Rechtecke $ABCD$ sei die Basis $AB = x$, die Höhe $BC = y$, so ist die Fläche xy. Ist nun $DE = a$, $AG = b$, so ist $CDEF = ax$, $AGHD = by$ und $ax + by =$ *Gnomon* $CFIGADC + DEIH$, oder da $DEIH = ab$, so ist *Gnomon* $CFIGADC = ax + by - ab$. Zieht man diesen Gnomon von dem ursprünglichen Rechtecke $ABCD = xy$ ab, so bleibt das Rechteck $BFIG = xy - ax - by + ab$, welches als aus den Seiten $x - b$ und $y - a$ bestehend auch die Fläche $(x - b) \cdot (y - a)$ besitzt. Nach dem Wortlaute der Aufgabe ist aber $xy - ax - by + ab = c + ab$, mithin ist auch $(x - b) \cdot (y - a) = c + ab$. Man hat also nur nöthig $c + ab$ in zwei Faktoren, etwa m und $\frac{c + ab}{m}$ zu zerlegen und den einen mit $x - b$, den anderen mit $y - a$ zu identificiren. So entsteht entweder $x - b = \frac{c + ab}{m}$, $y - a = m$ oder $y - a = \frac{c + ab}{m}$, $x - b = m$; beziehungsweise entweder $x = \frac{c + b\,(a + m)}{m}$, $y = a + m$ oder $x = b + m$, $y = \frac{c + a\,(b + m)}{m}$ und die Lösungen werden ganzzahlig, wenn m ein ganzzahliger Faktor von $c + ab$ ist.

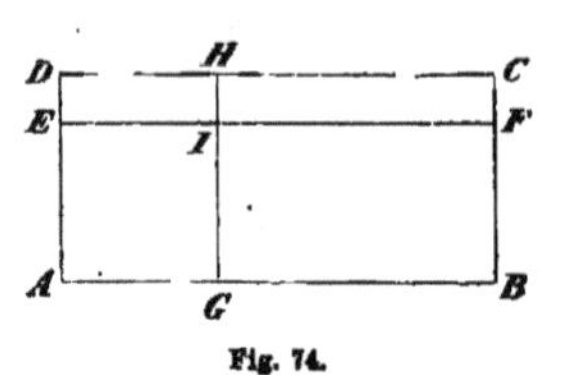

Fig. 74.

Wir haben bei dieser Auseinandersetzung des griechischen Wortes Gnomon uns bedient. Bei Bhâskara entspricht demselben kein eigenthümlicher indischer Ausdruck. Er spricht vielmehr nur von dem Unterschiede der Rechtecke $ABCD$ und $BFIG$. Wir haben die nicht unbedeutende Abweichung von dem Urtexte uns gestattet um damit unsere Auffassung kund zu geben, dass wir nicht umhin können in diesem Nichts weniger als indischen Verfahren griechische Erinnerungen zu vermuthen.

Die indische Auflösung der Gleichungen von der Form $ax^2 + b = cy^2$ hier ausführlich mitzutheilen würde uns viel zu weit führen. Wir begnügen uns mit wenigen Andeutungen. Bhâskara kennt das, was wir quadratische Reste[1]) und das, was wir kubische Reste[2]) nennen, insofern als er weiss, dass es Zahlen von gewissen Formen

[1]) Colebrooke pag. 262—263, § 202—204. [2]) Ebenda pag. 265, § 206.

gibt, die Quadrate und Kuben sein können, und Andere, bei welchen das Entgegengesetzte stattfindet. Er lehrt in der cyklischen Methode,[1] wie die Gleichung $ax^2 + 1 = y^2$ gelöst werde, ausgehend von einer beliebigen empirisch gegebenen Gleichung $aA^2 + B = C^2$, welche nur so gewählt worden ist, dass die keinen quadratischen Faktor enthaltende Zahl B so klein als möglich ausfällt, ein Verlangen, zu dessen Erfüllung es genügte $\sqrt{a}$ näherungsweise in Bruchgestalt etwa als $\frac{C}{A}$ zu suchen, und Zähler und Nenner dieses Bruches in der versuchsweise aufzustellenden Gleichung ihren Platz anzuweisen. Aus der für B ausgesprochenen Bedingung folgt von selbst ihre Theilerfremdheit gegen A. Besässen nämlich A und B einen gemeinsamen Theiler δ, so müsse derselbe wegen $aA^2 + B = C^2$ auch in C enthalten sein. In A^2 wäre δ^2, ebendasselbe auch in C^2 und schliesslich auch in B enthalten. Nun setzt man $\frac{Az_1 + C}{B} = A_1$, wobei durch Zerstäubung z_1 nebst A_1 ganzzahlig gefunden werden, und zwar wählt man von den unendlich vielen möglichen Werthen von z_1 einen solchen, der $z_1^2 - a$ kleinstmöglich macht. Setzt man hierauf $\frac{z_1^2 - a}{B} = B_1$ so ist B_1 eine ganze Zahl. Der indische Schriftsteller gibt allerdings dafür so wenig wie für die vorhergehende Theilerfremdheit zwischen A und B einen Beweis, aber die Sache ist richtig. Aus $\frac{Az_1 + C}{B} = A_1$ folgt nämlich $z_1 = \frac{BA_1 - C}{A}$, $z_1^2 - a = \frac{B^2A_1^2 - 2BCA_1 + C^2 - aA^2}{A^2} = \frac{B^2A_1^2 - 2BCA_1 + B}{A^2}$ $= \left(\frac{BA_1^2 - 2CA_1 + 1}{A^2}\right) . B$. Nun ist $z_1^2 - a$ eine ganze Zahl, also muss das Gleiche für den zuletzt erhaltenen Ausdruck gelten, und das kann, weil, wie wir sahen, B gegen A theilerfremd ist, nur dann der Fall sein, wenn A^2 in $BA_1^2 - 2CA_1 + 1$ ganzzahlig enthalten ist. D. h. $\frac{z_1^2 - a}{B} = B_1 = \frac{BA_1^2 - 2CA_1 + 1}{A^2}$ ist eine ganze Zahl. Ersetzt man rechts B wieder durch $C^2 - aA^2$, so zeigt sich $B_1 = \frac{C^2A_1^2 - aA^2A_1^2 - 2CA_1 + 1}{A^2} = \left(\frac{CA_1 - 1}{A}\right)^2 - aA_1^2$ oder $aA_1^2 + B_1$ $= \left(\frac{CA_1 - 1}{A}\right)^2 = C_1^2$. Auch $C_1 = \frac{CA_1 - 1}{A}$ muss als rationale Quadratwurzel der ganzen Zahl $aA_1^2 + B_1$ selbst ganzzahlig sein. Somit ist aus der lauter ganze Zahlen enthaltenden Gleichung $aA^2 + B = C^2$ eine neue Gleichung $aA_1^2 + B_1 = C_1^2$ hervorgegangen, in der wieder

[1]) Colebrooke pag. 175 flgg.

nur ganze Zahlen vorkommen. Man kann nun in gleicher Weise andere und andere ähnlich geformte Gleichungen ableiten, man kann aber auch gewonnene Gleichungen nach einem anderen Satz vereinigen. Dieser Satz lautet,[1]) dass $au_1^2 + b_1 = v_1^2$ und $au_2^2 + b_2 = v_2^2$ die Folgerung $au_3^2 + b_3 = v_3^2$ gestatten, wo $u_3 = u_1 v_2 + v_2 u_1$, $b_3 = b_1 b_2$, $v_3 = au_1 u_2 + v_1 v_2$. Durch solche Veränderungen und Divisionen, wo immer sie möglich sind, kann man bis auf eine Gleichung $ax^2 + 1 = y^2$ geführt werden und hat alsdann die Aufgabe gelöst. Allerdings wird dieses indische Verfahren nicht stets zum Ziele führen, namentlich nicht nach ganz vorschriftsmässigen Regeln die Wurzeln der Gleichung $ax^2 + 1 = y^2$ finden lassen. Vieles bleibt dem Takte des Auflösenden überlassen. Mit Recht sagt auch Bhâskara an einer anderen Stelle:[2]) „die Regeldetri ist Arithmetik, die Algebra aber ist makelloser Verstand. Was wäre dem Scharfsinnigen unbekannt?" Wird übrigens bei der Gleichung $ax^2 + 1 = y^2$ kein Gewicht auf die Ganzzahligkeit der Lösungen gelegt, so kann immer ohne Weiteres ein genügendes Wurzelpaar angeschrieben werden.[3]) Aus $aA^2 + B = C^2$ in Verbindung mit der noch einmal gesetzten unveränderten Gleichung ergibt sich nämlich nach der erwähnten Vereinigungsregel: $a \cdot (2AC)^2 + B^2 = (aA^2 + C^2)^2$ und daraus $a \cdot \left(\frac{2AC}{B}\right)^2 + 1 = \left(\frac{aA^2 + C^2}{B}\right)^2$.

Ueberblicken wir alle diese Untersuchungen, welche natürlich, so algebraisch begabt wir die Inder uns denken mögen, die Kraft der bedeutendsten Geister in Jahrhunderte weit aus einanderliegenden Zeiten in Anspruch genommen haben können, so ist ein nicht unbedeutendes Interesse mit der Frage verknüpft, wo denn die Wurzel aller zahlentheoretischen Untersuchungen für die Inder lag?[4]) Die unbestimmten Gleichungen zweiten und höheren Grades sind wohl Nichts weiteres gewesen als siegreiche Erfolge einer Spekulation, welche wachgerufen war durch Aufgaben, die nur auf unbestimmte Gleichungen vom ersten Grade geführt hatten. Diese aber waren vermuthlich astrologisch-chronologischer Natur.

Die Astronomen, welche, wie wir uns erinnern, alle diese Gegenstände in eingeschalteten Kapiteln ihrer Astronomien zu behandeln pflegten, haben wenigstens, je weiter wir im Datum zurückgehen können, um so ausschliesslicher die Zerstäubungsrechnung auf umgekehrte Kalenderaufgaben angewandt, auf die Frage, wann gewisse Constellationen am Himmel eintreten, wann also bedeutungsvolle Uebereinstimmung verschiedener Cyklen erreicht wird? Das sind,

[1]) Colebrooke pag. 171, § 77—78. [2]) Ebenda pag. 276. [3]) Ebenda pag. 172, § 80—81. [4]) Mit dieser Frage hat sich Hankel S. 197 beschäftigt, wenn auch nicht unter Ziehung aller Folgerungen, die sich ergeben können.

wie man leicht einsieht, Fragen, bei denen es darauf ankommt, aus gegebenen Resten, welche eine unbekannte ganze Zahl bei Division durch bekannte ganze Zahlen gibt, jene Zahl selbst zu erkennen.

Ist aber diese ganze Klasse von Aufgaben indisch? Wir können die Frage weder bejahen noch verneinen. Zu Beidem fehlt die nöthige Reichhaltigkeit gesicherter alterthümlicher Quellen. Wir können nur darauf hinweisen, dass die Beantwortung dieser Frage nicht früher wird gegeben werden können, als bis man entschieden haben wird, ob die altindische Sternkunde lange bevor griechische Einflüsse sich geltend machen konnten landesursprünglich oder fremden Ursprunges, ob sie, wenn Letzteres der Wahrheit entsprechen sollte, chinesischer oder babylonischer Herkunft war. Wir fühlen uns nicht befugt in dieser hochwichtigen Streitfrage das Urtheilsrecht uns anzumassen. Nur auf einige wenige Punkte sei aufmerksam gemacht, die unter den Entscheidungsgründen keinenfalls fehlen dürfen. Fehlen darf nicht die Berücksichtigung der Sexagesimalbrüche, welche mit Wahrscheinlichkeit unmittelbar aus Babylon nach Indien herüberkamen (S. 522). Verschwiegen darf nicht werden, dass astrologische Deutungen, dass Amulette und Talismane grade in Babylon zu Hause waren, dass andrerseits Zahlenspielereien den Babyloniern ebenso angehörten. Und dieser letzte Gedanke wird auch nicht in den Hintergrund gedrängt werden dürfen, wenn wir anknüpfend an diese Bemerkungen jetzt noch einige Worte über eine Spielerei zu sagen gedenken, welcher immerhin einiger mathematische Werth innewohnt.

Wir meinen die magischen Quadrate, bhadra gaṇita. Ueber diesen Gegenstand[1]) schrieb Nârâyana, ein von Gaṇeça citirter Schriftsteller; Gaṇeça selbst verfasste 1545 seinen Commentar zu Bhâskara. Das sind freilich recht späte Daten, aus welchen auch nur Vermuthungen auf eine ältere Zeit sich nicht stützen lassen. Solchen liegt nur die Thatsache zu Grunde, dass in Indien das Schachspiel erfunden worden ist,[2]) während die Zerlegung in schachbrettartige Felder der Bildung magischer Quadrate, deren Wesen wir (S. 436) erörtert haben, nothwendig vorausgehen musste. Die einzige ausführliche Mittheilung ist um anderthalb Jahrhunderte jünger als selbst Gaṇeça. Sie findet sich in einem 1691 gedruckten Berichte über das Königsreich Siam.[3]) Allerdings ist sie in ihrer Ausführlichkeit von grosser Zuverlässigkeit, indem sie die Methode kennen lehrt, nach welcher die Inder ein magisches Quadrat von ungrader Felderzahl anzufertigen wussten. Dass sie auch magische

---

[1]) Colebrooke pag. 113, Note*. [2]) Lassen, Indische Alterthumskunde IV, 905. Bonn, 1862. [3]) *La Loubère, Du royaume de Siam, Tom.* II, pag. 237, 266 sqq., 273. Amsterdam, 1691.

Quadrate von grader Zellenzahl zu bilden verstanden, behauptet Laloubère, der Verfasser jenes Reiseberichtes ebenfalls, gibt aber die betreffende Methode nicht an.[1]) Bei der mathematisch nicht gar hoch anzuschlagenden Tragweite des Gegenstandes verzichten wir, wie schon früher, auf nähere Darlegung.

Kapitel XXX.

Geometrie und Trigonometrie.

Wir gehen zur Besprechung indischer Geometrie über, in welcher wir nur einen Ableger alexandrinischer und zwar heronischer Geometrie erkennen (S. 511). So viel ist ja an sich klar, dass wenn unsere Behauptung richtig ist, die Inder seien geometrischen Entwicklungen gegenüber ebenso unzulänglich begabt gewesen, wie reich veranlagt für Alles was Rechnen heisst oder damit zusammenhängt, dass alsdann auch nicht die in strenger Beweisführung mittels scharfsinniger Constructionen sich aufbauende reine Geometrie des Euklid dort Aufnahme finden konnte, sondern nur die angewandte Geometrie des Heron, die theils mit der Zerlegung einer zu messenden Figur in andere einfachere an die Augenscheinlichkeit, theils mit den Zahlenbeispielen an den im Rechnen geübten und Rechnungsergebnisse willfährig als Prüfungsmittel zulassenden Verstand sich richtet.

Als Quellen für indische Geometrie dienen nicht bloss die wiederholt von uns benutzten Zwischenkapitel der astronomischen Schriften des Âryabhaṭṭa, des Brahmagupta und Bhâskara, sondern auch Schriften von geometrisch-theologischem Charakter, wie sie abgesehen von einigen ägyptischen Inschriften in keiner Literatur sich wiederfinden. Wir meinen die Çulvasûtras. Der indische Gottesdienst, peinlich genauen Vorschriften folgend, kann der geometrischen Regeln nicht entbehren. Wenn der Altar nicht genau in der anbefohlenen Gestalt erbaut ist, wenn eine Kante nicht rechtwinklig zur anderen steht, wenn in der Orientirung nach den Himmelsgegenden ein Fehler stattfand, so nimmt die Gottheit das ihr dargebrachte Opfer nicht an, ein dem Inder schrecklicher Gedanke, da für ihn jedes Opfer ein förmlicher Vertrag mit der betreffenden Gottheit, eine Art von Tauschgeschäft ist, und er somit auf Erfüllung seines bei dem Opfer gehegten Wunsches sich nicht die geringste Rechnung machen kann, sofern seine Gabe verschmäht würde. Die rituellen Vorschriften, soweit sie auf die Opfer überhaupt sich beziehen, sind

[1]) S. Günther, Vermischte Untersuchungen zur Geschichte der mathematischen Wissenschaften cap. IV, S. 188—191. Leipzig, 1876.

in den sogenannten Kalpasûtras enthalten, und zu jedem Kalpasûtra scheint als Unterabtheilung ein Çulvasûtra gehört zu haben, welches eben jene geometrischen Vorschriften lehrte, und deren drei in auszugsweiser Uebersetzung zugänglich gemacht sind.[1])

Die Verfasser derselben heissen Baudhâyana, Âpastamba und Kâtyâyana. Leider sind dieselben ihrem Zeitalter nach kaum annähernd zu bestimmen. Von Kâtyâyana sagt der Verfasser der neuesten indischen Literaturgeschichte: „Die Bildung des Wortes durch das Affix âyana führt uns wohl in die Zeit ausgebildeter Schulen (ayana)? Wie dem auch sei, damit gebildete Namen finden sich in den Brâhmana selbst nur selten vor, resp. nur in den spätesten Theilen derselben, und bekunden daher im Allgemeinen schon stets eine späte Zeit."[2]) Das Gleiche wie für Kâtyâyana gilt selbstverständlich auch für Baudhâyana, und von einem Träger eines derartig gebildeten Namens, von Âçvalâyana, wird sogar die Zeitgenossenschaft mit dem Grammatiker Pâṇini behauptet, welcher vielleicht erst 140 n. Chr. lebte.[3]) Ist also die Zeit, um welche es sich hier handelt, wesentlich höher als die der Aryabhaṭṭa und Brahmagupta, so reicht sie immer nicht so weit hinauf, um uns zu gestatten, geschweige denn zu nöthigen, von einer altindischen Geometrie zu reden; ja selbst wenn wir der Ansicht uns anschliessen wollen, dass zwischen Erfindung und Niederschrift der in den Çulvasûtras gegebenen Regeln ein durch mündliche Ueberlieferung auszufüllender langer Zeitraum gelegen habe,[4]) können wir die Ueberlieferung selbst nicht als eine unveränderliche anerkennen. Freilich wird an der Hand des bei alledem sehr dürftigen Quellenmaterials jede Aenderung nur mittelbar zu erschliessen sein, indem wir den Nachweis einer solchen Menge von Uebereinstimmungen zwischen den endgiltig uns überlieferten Methoden zur Auflösung an sich vielleicht uralter Aufgaben mit griechischer Wissenschaft führen, dass an Zufälligkeit nicht mehr gedacht werden kann.

Unter den auf die Errichtung von Altären bezüglichen Aufgaben handelt es sich, wie wir schon andeuteten, zunächst um deren Orientirung und deren genau rechtwinklige Herstellung. Die ostwestliche Linie, welche dabei abgesteckt werden muss,[5]) führt den Namen *prâcî*, und wir haben (S. 509) schon berührt, dass deren Richtung

---

[1]) *The S'ulvasútras by G. Thibaut. Reprinted from the Journal, Asiatic Society of Bengal, Part I for* 1875. Calcutta, 1875. Ausser auf diese (als Thibaut zu citirende Schrift) verweisen wir auf unsere daran anknüpfende Abhandlung: Gräkoindische Studien Zeitschr. Math. Phys. XXII, Histor. literar. Abtheilung (1877). [2]) Albr. Weber, Indische Literaturgeschichte (2. Auflage. Berlin, 1876), S. 58. [3]) Weber, Literaturgeschichte S. 236. [4]) Thibaut S. 44—45. [5]) Thibaut S. 9—10.

im Sûrya Siddhânta [1]) genau nach der Methode gefunden wird, welche wohl aus griechischer Quelle zu Vitruvius und zu den römischen Feldmessern gelangte. Ist die Prâcî gefunden, so werden rechte Winkel abgesteckt, und zwar mit Hilfe eines Seiles. Die Länge dieser ostwestlich gezogenen Strecke sei 36 Padas. An ihren beiden Endpunkten wird je ein Pflock in den Boden eingeschlagen. [2]) An diese Pflöcke befestigt man die Enden eines Seiles von 54 Padas Länge, in welches zuvor, 15 Padas von einem Ende entfernt, ein Knoten geschlungen wurde. Spannt man nun (Figur 75) das Seil auf dem Erdboden, indem man den Knoten festhält, so entsteht ein rechter Winkel am Ende der Prâcî. Dass das Verfahren richtig ist, und auf dem rechtwinkligen Dreiecke von den Seiten 15, 36, 39, oder in kleinsten Zahlen ausgedrückt 5, 12, 13 beruht, ist einleuchtend. Einleuchtend ist aber auch, dass es in der Kenntniss des pythagoräischen Lehrsatzes wurzelt, dass es die Seilspannung genau in der gleichen Weise anwendet, wie Heron dieselbe benutzte (S. 324 Figur 58), wie wahrscheinlich die altägyptischen Harpedonapten bei Lösung der gleichen Aufgaben verfuhren (S. 56). Man hat nun die Wahl; man kann annehmen, es sei die Art wie die Ostwestlinie abgesteckt wurde, wie der rechte Winkel auf dem Felde konstruirt wurde von den Indern nach Westen gedrungen oder von Alexandria aus nach Indien übertragen worden; man kann auch, bis die Aehnlichkeiten in geometrischen Verfahren und Begriffen mehr und mehr sich häufen, an zwei von einander unabhängige Erfindungen denken.

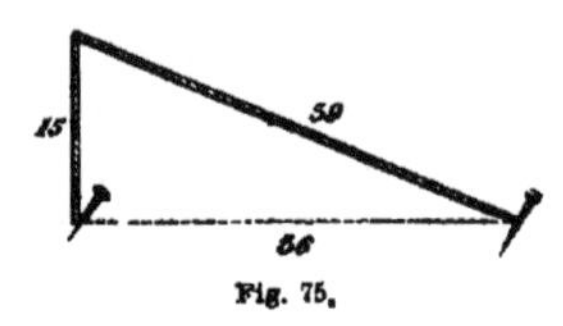

Fig. 75.

Nächst der richtigen Orientirung und Scharfkantigkeit des Altars hat seine Gestalt eine hohe Wichtigkeit. Sie hat allerdings im Laufe der Zeiten gewechselt, Formen annehmend, welche für jeden nicht-indischen Geist an das Lächerliche streifen. Welcher Europäer kann sich hineindenken, einen Altar in der Figur eines Falken oder irgend eines anderen Vogels, eines Wagenrades u. s. w. zu errichten? Dabei treten jedoch zwei mathematische Gesetze auf, [3]) jedes eine besondere Gruppe von Aufgaben erzeugend.

Wird ein Altar von gegebener Gestalt vergrössert, so muss die Gestalt selbst in allen ihren Verhältnissen dieselbe bleiben. Man muss also erstens verstehen eine geometrische Figur zu bilden, einer gegebenen ähnlich und zu derselben in gegebenem Grössenverhältnisse stehend.

---

[1]) Sûrya Siddhânta S. 239. [2]) Albr. Weber, Indische Studien X, 364 und XIII, 233 flgg. [3]) Thibaut S. 5.

Die Fläche des Altars von normaler Grösse ist ferner ohne Rücksicht auf seine Gestalt stets dieselbe. Man muss also zweitens verstehen eine geometrische Figur in eine andere ihr flächengleiche zu verwandeln.

Gleich das erste Gesetz mahnt uns mit Entschiedenheit an die Würfelgestalt, welche das Grabmal für Glaukos besitzen sollte, während es auf Geheiss des Königs Minos in doppelter Grösse aufzuführen war (S. 181). Euripides hat, wie wir uns erinnern, das vielleicht sagenhafte Geheiss in einer Tragödie verwerthet, und Euripides lebte 485—406 mehr als 70 Jahre bevor der Alexanderzug geregeltere indisch-griechische Beziehungen hervorrief. Wir fügen hinzu, dass eine indische astronomische Handschrift den Ursprung ihrer Wissenschaft nicht bloss auf einen ionischen Meister Yavaneçvarâcârya zurückführt (S. 509), sondern neben diesem eine Persönlichkeit des Namens Mînarâja anführt,[1]) ein Name, der täuschend an den König Minos zu erinnern geeignet ist.

Ein wesentlicher Unterschied besteht allerdings zwischen der Aufgabe, welche König Minos seinem Architekten stellte, und der Aufgabe, welche bei der Inhaltsveränderung indischer Altäre vorkommt. Jener sollte den Kubikraum verdoppeln, hier kommt es nur auf die Oberfläche an, so weit die Çulvasûtras uns Auskunft geben. Es galt also nur eine Vervielfachung einer ebenen Figur zu vollziehen, oder mit anderen Worten eine Quadratwurzel zu finden, was bei Griechen wie bei Indern ebensowohl geometrisch als arithmetisch geschah. Die Würfelvervielfältigung hätten die Inder arithmetisch gleichfalls vollziehen können, da, wie wir gesehen haben, Âryabhaṭṭa Kubikwurzeln auszuziehen wusste; geometrisch dagegen überstieg diese Aufgabe indische Kräfte bei Weitem, indem die Curven, mittels welcher die Würfelvervielfachung geleistet werden kann, die Kegelschnitte, die Conchoide und wie sie alle heissen, den Indern durchaus unbekannt geblieben zu sein scheinen.

Für die geometrische Ausziehung der Quadratwurzel gibt Baudhâyana folgende Regeln:[2]) Das Seil, quer über das gleichseitige Rechteck gespannt, bringt ein Quadrat von doppelter Fläche hervor. Das Seil, quer über ein längliches Rechteck gespannt, bringt beide Flächen hervor, welche die Seile längs der grösseren und kleineren Seite gespannt hervorbringen. Diesen zweiten Fall erkenne man an den Rechtecken, deren Seiten aus 3 und 4, aus 12 und 5, aus 15 und 8, aus 7 und 24, aus 12 und 35, aus 15 und 36 Längeneinheiten bestehen.

---

[1]) Brockhaus in den Verhandlungen der königl. sächs. Gesellschaft der Wissenschaften zu Leipzig. Philolog. histor. Klasse IV, 18—19 (1852). [2]) Thibaut S. 7, 8, 9.

Das ist nun offenbar der pythagoräische Lehrsatz, erläutert an Zahlenbeispielen. Das zuletzt genannte Dreieck mit den Katheten 15 und 36 ist vorher schon einmal in den kleineren Zahlen 12 und 5 genannt, offenbar ohne dass Baudhâyana dieser Wiederholung sich bewusst war, ein Zeugniss dafür, dass er den Gegenstand seiner Darstellung nicht durchaus beherrschte, sondern mindestens theilweise Hergebrachtes vortrug, welches er nicht verstand. Der pythagoräische Lehrsatz ist aber nicht als einheitlicher Satz vorgetragen, sondern in zwei Unterfällen, je nachdem die beiden Katheten gleicher Länge sind oder nicht. Es ist wahrscheinlich (S. 157), dass Pythagoras bei dem Beweise seines Satzes ebenso verfuhr. Ferner tritt bei Baudhâyana der pythagoräische Lehrsatz nicht an einem Dreiecke auf, sondern an durch die Diagonale getheilten Rechtecken. Genau dasselbe haben wir von Heron mittheilen müssen (S. 331), der in der Geometrie wie in der Geodäsie das rechtwinklige Dreieck erst auf das Quadrat und das Rechteck folgen lässt und in den beiden Vierecken die Diagonale untersucht. Sollten auch diese Uebereinstimmungen rein zufällige sein?

Die Anwendung dieser Sätze in den Çulvasûtras ist der doppelten Gattung von Aufgaben entsprechend, welche bei Herstellung eines Altars sich darbieten, eine doppelte. Es kann eine Strecke verändert werden sollen, so dass ihr Quadrat sich im Verhältnisse $1 : n$ vergrössert, es kann auch eine Figur in eine andere gleichen Inhaltes umgewandelt werden sollen. Die Auffindung der Seite eines 2, 3, 10, 40 mal so grossen Quadrates, als ein gegebenes ist, geschieht durch allmälige, sich wiederholende Anwendung des pythagoräischen Lehrsatzes, indem von dem gleichschenklig rechtwinkligen Dreiecke ausgegangen und die Hypotenuse eines Dreiecks immer als die eine Kathete eines folgenden Dreiecks benutzt wird, dessen andere Kathete der des zuerst betrachteten Dreiecks gleich ist. Dabei erscheinen Namen für $\sqrt{2}$, $\sqrt{3}$ u. s. w., gebildet durch Zusammensetzung der Zahlwörter mit dem von uns früher (S. 527) erörterten Worte *karaṇa*,[1]) also *dvikaraṇî* $= \sqrt{2}$, *trikaraṇî* $= \sqrt{3}$, *daçakaraṇî* $= \sqrt{10}$, *catvariṅçatkaraṇî* $= \sqrt{40}$ u. s. w.

Bei den Verwandlungen von Figuren in einander ist die Auffindung des einem Rechtecke gleichen Quadrates bei Baudhâyana[2]) sehr interessant, weil sie nur des pythagoräischen Lehrsatzes sich bedient, dagegen von Anwendung des Hilfsmittels, welches im 14. Satze des II. Buches der euklidischen Elemente geboten ist, d. h. von der Fällung einer Senkrechten aus einem Punkte einer Kreisperipherie auf den Durchmesser, absieht.

---

[1]) Thibaut S. 16. [2]) Thibaut S. 19.

(Figur 76.) Von dem Rechtecke $ABCD$ wird zunächst vermittelst $AE = AD$ ein Quadrat $ADFE$ abgeschnitten. Der Rest $EFCB$ wird durch GH halbirt und die obere Hälfte $GHCB$ unten rechts als $DFIK$ angesetzt. So ist $ABCD$ in einen Gnomon $AGHFIKA$ verwandelt, oder, wie Baudhâyana sagt, der des Wortes Gnomon sich so wenig bedient wie Bhâskara, bei welchem wir (S. 536) die gleiche Figur nachwiesen, in den Unterschied der beiden Quadrate $AKLG$ und $FILH$, und dieser Unterschied ist mit Hilfe des pythagoräischen Lehrsatzes leicht in die Gestalt eines Quadrates zu bringen. Bei einem griechischen Schriftsteller ist diese in zwei Schritten vollzogene Umwandlung uns nie begegnet, doch zweifeln wir, grade wegen der Zwischenrolle, die der Gnomon spielt, nicht daran, dass man eine hervorragende Aehnlichkeit mit griechisch geometrischen Gedanken anerkennen werde.

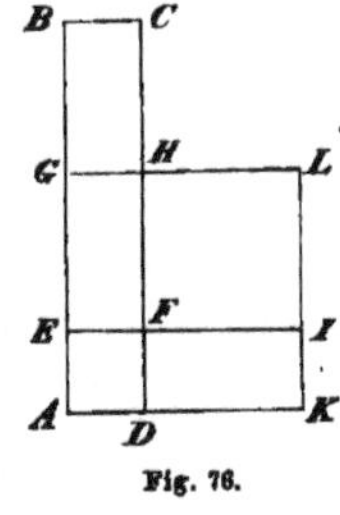

Fig. 76.

Die Quadratwurzelausziehung, welche geometrisch genau erfolgt, muss arithmetisch sich mit einer Annäherung begnügen, und zwar wird, wenn die Quadratwurzel zum Zwecke praktischer Ausmessungen gezogen worden ist, eine solche Annäherung genügen, welche auf dem Felde keinen bemerklichen Unterschied gegen die strenge Wahrheit mehr hervorbringt. So benutzten Baudhâyana und Âpastamba $\sqrt{2} = 1 + \frac{1}{3} + \frac{1}{3 \cdot 4} - \frac{1}{3 \cdot 4 \cdot 34}$. Erinnern wir uns hier an die bei Theon von Smyrna (S. 369) angegebenen Näherungswerthe für $\sqrt{2}$. Sie heissen der Reihe nach $\frac{1}{1}, \frac{3}{2}, \frac{7}{5}, \frac{17}{12}$, und dieser letztere Werth kommt uns hier in der Form $1 + \frac{1}{3} + \frac{1}{3 \cdot 4}$ also durch eine Summe von Stammbrüchen dargestellt wieder zu Gesicht. Wir sagten damals, er habe auf aussergriechischem Boden eine Rolle gespielt, und wir erkennen diese Rolle nunmehr darin, dass er Veranlassung gab, eine von ihm als Voraussetzung ausgehende grössere Annäherung zu erzielen. Die Quadrirung $\left(\frac{17}{12}\right)^2 = 2\frac{1}{144}$ lässt nämlich erkennen, dass $\frac{17}{12}$ zu gross ist. Soll aber das Quadrat um $\frac{1}{144}$ kleiner werden, so muss $\frac{1}{144}$ das doppelte Produkt des gefundenen Theiles $\frac{17}{12}$ der Quadratwurzel aus 2 in die negative Ergänzung sein, falls man von dem Quadrate jener Ergänzung absehen zu können glaubt, und nun ist $\frac{1}{144}$ getheilt durch 2 mal $\frac{17}{12}$ Nichts anderes als $\frac{1}{3 \cdot 4 \cdot 34}$, welches Baudhâyana wirklich abzieht, so dass hiermit die Entstehung des Werthes $\sqrt{2} = 1 + \frac{1}{3} + \frac{1}{3 \cdot 4} - \frac{1}{3 \cdot 4 \cdot 34}$ hinlänglich erklärt sein dürfte.[1])

Arithmetisch und zugleich geometrisch interessant sind die Auflösungsversuche der Çulvasûtras für die Aufgabe Flächengleichheit zwischen quadratischen und kreisrunden Figuren hervorzubringen,[2]) eine Aufgabe, die noch mehr als andere geeignet erscheint geschichtliche Zusammenhänge nachweisen zu lassen, weil eben hier vermöge der Natur der Aufgabe von vorn herein auf volle Genauigkeit verzichtet werden muss, und bei blossen Annäherungen — mögen die Erfinder sie als Annäherungen oder als genau richtige Werthe betrachtet haben — eine Nothwendigkeit grade dieses oder jenes bestimmte Ergebniss zu erhalten nicht vorhanden ist. In den Çulvasûtras ist nicht die Quadratur des Kreises gelehrt, sondern umgekehrt die Aufgabe gestellt, ein gegebenes Quadrat in einen Kreis zu verwandeln, eine Aufgabe, welche man füglich Circulatur des Quadrates wird nennen können. Die Lösung ist folgende.[3]) (Figur 77.) Die Diagonalen AC, BD des Quadrates $ABCD$ werden gezogen und durch ihren Durchschnittspunkt E die Gerade KI parallel zu den Seiten AD und BC des Quadrates. Von E als Mittelpunkt aus wird mit der halben Diagonale EA als Halbmesser ein Bogen beschrieben, der die über I hinaus verlängerte KI in F schneidet. Nun wird das Stück IF in G und H in drei gleiche Theile zerlegt und EH als Halbmesser des gesuchten Kreises betrachtet. Es lohnt sich zuzusehen, ob es nicht möglich wäre, diese Construction in ein Rechnungsresultat umzusetzen.

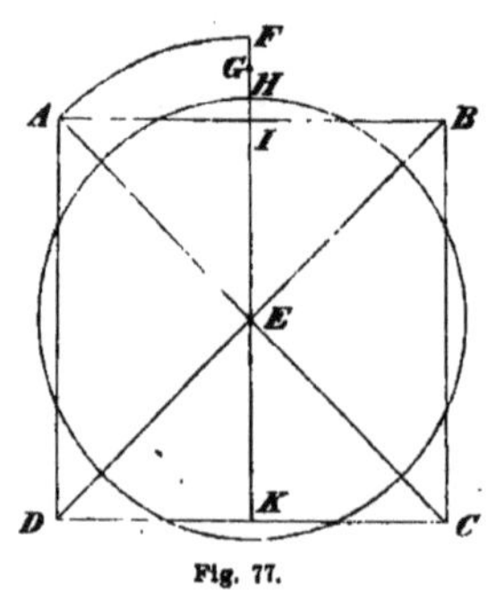

Fig. 77.

Wir gehen davon aus, dass, indem EI in drei gleiche Theile zerlegt wird, dadurch die Wahrscheinlichkeit entsteht, es sei $EI = 3$ angenommen worden, oder es sei $EA = EI + 3$ gesetzt, d. h. $EI \cdot \sqrt{2} = EI + 3$ und daraus $\overline{EI}^2 - 6\,EI = 9$, $EI = 3 + \sqrt{18}$. Das ist annähernd $EI = 7$ und $EA = 10$ oder $\sqrt{2} = \frac{10}{7}$, ein in der That gar nicht übler Werth, wenn es auch noch nicht gelungen ist, ihn bei irgend einer anderen Gelegenheit, sei es bei Indern, sei es bei Griechen, nachweisen oder auch nur muthmassen

[1]) Dem Grundgedanken nach stimmt diese Darstellung ziemlich genau mit der von Thibaut zuerst versuchten Wiederherstellung überein. Thibaut S. 13—15.
[2]) Thibaut S. 26—28. [3]) Thibaut S. 26—28.

zu können. Ist aber diese Meinung richtig, dann ist die Seite des Quadrates 14, seine Diagonale 20, der Durchmesser des gleichflächigen Kreises 16, und die Kreisfläche demnach $14^2 = (16 - 2)^2 = \left(16 - \frac{16}{8}\right)^2$. Darin ist aber eine doppelte Regel enthalten. **Erstens:** Die Circulatur des Quadrates benutzt als Kreisdurchmesser $\frac{8}{10}$ der Diagonale des Quadrates.[1] **Zweitens:** Die Quadratur des Kreises benutzt als Quadratseite $\frac{7}{8}$ des Kreisdurchmessers.

Wir erinnern daran, dass schon das altägyptische Handbuch des Ahmes eine ähnliche Vorschrift, allerdings, was man gewiss nicht ausser Augen lassen darf, mit anderen Zahlen enthält, indem dort als Seite des dem Kreise flächengleichen Quadrates $\frac{8}{9}$ des Kreisdurchmessers gilt. Wir erinnern uns um so mehr daran, als der Versuch nahe liegt durch andere Annahme des Näherungswerthes für $\sqrt{2}$ die indische Construction mit der ägyptischen Zahl in Einklang zu bringen. Diese Uebereinstimmung lässt sich aber nur mittels $\sqrt{2} = \frac{11}{8}$ erzielen, eine uns sehr unwahrscheinliche Annahme. Unsere Hypothese, die Quadratseite sei bei den Indern $\frac{7}{8}$ des Kreisdurchmessers gewesen, gewinnt aber selbst eine Bestätigung in einer arithmetischen Kreisquadratur, welche Baudhâyana lehrt, allerdings mit der Zahl $\frac{7}{8}$ sich nicht begnügend, sondern ihr eine Correktur beifügend.

Baudhâyana schreibt nämlich vor den Kreisdurchmesser mit $\frac{7}{8} + \frac{1}{8 \cdot 29} - \frac{1}{8 \cdot 29 \cdot 6} + \frac{1}{8 \cdot 29 \cdot 6 \cdot 8}$ zu vervielfachen um die Seite des dem Kreise gleichflächigen Quadrates zu erhalten. Die Correktur $\frac{1}{8 \cdot 29} - \frac{1}{8 \cdot 29 \cdot 6} + \frac{1}{8 \cdot 29 \cdot 6 \cdot 8}$ stammt daher, dass Baudhâyana offenbar nicht von $\sqrt{2} = \frac{10}{7} = 1 + \frac{1}{3} + \frac{1}{3 \cdot 4} + \frac{1}{3 \cdot 4 \cdot 7}$ seinen Ausgangspunkt zur Umsetzung der Construction in eine Formel nahm, sondern von dem oben erörterten Werthe $\sqrt{2} = 1 + \frac{1}{3} + \frac{1}{3 \cdot 4} + \frac{1}{3 \cdot 4 \cdot 34} = \frac{577}{408}$. Es war $EA = EI \cdot \sqrt{2}$, $FI = EI(\sqrt{2} - 1)$, $HI = EI \frac{\sqrt{2} - 1}{3}$, $EH = EI + IH = EI \cdot \frac{\sqrt{2} + 2}{3}$, $EI = \frac{3}{2 + \sqrt{2}} \cdot EH$, und für die doppelten Strecken d. h. Quadratseite und Kreisdurchmesser gilt derselbe Zahlenfaktor $\frac{3}{2 + \sqrt{2}}$. Mit Hilfe von $\sqrt{2} = \frac{577}{408}$ geht der-

---

[1] Genau diese Regel wird uns bei Albrecht Dürer wieder begegnen.

selbe aber über in $\frac{1224}{1393} = \frac{7}{8} + \frac{1}{8 \cdot 29} - \frac{1}{8 \cdot 29 \cdot 6} + \frac{1}{8 \cdot 29 \cdot 6 \cdot 8}$ $- \frac{41}{8 \cdot 29 \cdot 6 \cdot 8 \cdot 1393}$, dessen letzter Theil nahezu $\frac{1}{34}$ des ihm vorangehenden selbst schon sehr kleinen Bruches vernachlässigt ist.[1])

Eine andere Zahlenregel für die Quadratur des Kreises findet sich übereinstimmend bei Baudhâyana, Âpastamba und Kâtyâyana. „Theile [den Durchmesser] in 15 Theile und nimm 2 weg, das [was übrig bleibt] ist ungefähr die Seite des Quadrats.“ Um auch diese Regel nach Form und Inhalt zu verstehen müssen wir wieder auf Heron von Alexandria zurückgreifen, der (S. 334) die Höhe eines gleichseitigen Dreiecks berechnete, indem er von der Seite $\frac{1}{10}$ und $\frac{1}{30}$ d. h. $\frac{2}{15}$ abzog und damit die Annäherung $\frac{1}{2}\sqrt{3} = \frac{13}{15}$ vollzog. Was also die Çulvasûtras verlangen ist, unter Benutzung genau desselben Näherungswerthes, dessen Heron und dessen seine römischen Nachahmer wie Columella u. s. w. sich bedienten, die Annahme der Quadratseite als $\frac{1}{2}\sqrt{3}$ des Durchmessers, oder als das $\sqrt{3}$ fache des Halbmessers des gleichflächigen Kreises. Die Quadratfläche oder die ihr gleiche Kreisfläche ist somit das 3 fache Quadrat des Halbmessers und liefert $\pi = 3$. Aber auch diese Annahme ist uns ja keineswegs neu! Auch sie fanden wir (S. 340) bei Heron benutzt und erinnerten damals an die mit grösster Wahrscheinlichkeit babylonische Herkunft.

So haben sich uns bei Durchmusterung der Çulvasûtras der Berührungspunkte zwischen indischer und alexandrinischer Geometrie mehr und mehr dargeboten. Da war es die Anwendung der Seilspannung bei praktisch feldmesserischen Operationen, da war es die Benutzung des pythagoräischen Lehrsatzes, und zwar vom Rechtecke ausgehend, da war es die Figur des Gnomon, da waren es hauptsächlich einige Näherungswerthe wie $\sqrt{2} = \frac{17}{12}$, $\sqrt{3} = \frac{26}{15}$, $\pi = 3$, welche einen Zusammenhang der beiderseitigen Entwicklungsweisen der Geometrie über die blosse Möglichkeit weit erhoben. Die Durchmusterung der Schriften von Âryabhaṭṭa, von Brahmagupta, von Bhâskara wird noch mancherlei in dieser Beziehung hinzufügen ohne auch nur einen triftigen Gegengrund gegen unsere Behauptung aufkommen zu lassen, die wir nunmehr wiederholen, es sei die alexandrinische Geometrie in einer Zeit, die später liegt als das Jahr 100 v. Chr. nach Indien eingedrungen, und es sei nicht anzunehmen, dass der umgekehrte Weg der Beeinflussung stattfand, für welchen

[1]) Der Gedanke, die Constructionsregel mit der Zahlenformel in Einklang zu bringen, rührt von Thibaut her.

sonst ein entsprechend früheres Datum d. h. die Zeit vor dem Jahre 100 v. Chr. anzusetzen wäre. Hätte aber diese Nothwendigkeit schon ihre Schwierigkeit, so kommt hinzu, dass Herons Geometrie, mag sie auch von den reinen Theorien des Euklid, des Archimed, des Apollonius noch so sehr abweichen, fest in Alexandria wurzelte und, wie wir hinlänglich gezeigt zu haben glauben, zu ihrer Erklärung ausser der ägyptischen Elemente, welche ebendort zu Hause waren, nur griechisch mathematischen Wissens bedurfte. So fehlt jeder zureichende Grund auch noch indische Einflüsse auf Heron annehmen zu sollen, während umgekehrt wir die indische Geometrie nur auf indischer Grundlage nicht begreifen, wenigstens in ihrem Wachsthume nicht begleiten können.

Sehen wir uns doch Âryabhaṭṭas geometrisches Wissen an. Der Körper mit 6 Kanten d. h. die dreieckige Pyramide ist bei ihm das halbe Produkt aus der Grundfläche in die Höhe.[1]) Wir vermuthen als Ursprung dieser grundfalschen Formel, der Verfasser habe das arithmetische Mittel zwischen der Grundfläche und der als Nulldreieck betrachteten Spitze als ein Mitteldreieck betrachtet, über welchem ein Prisma gleicher Höhe mit der Pyramide gebildet den gewünschten Körperinhalt darstellte, eine Anschauung; welche der ägyptischen Dreiecksflächenberechnung ähnelt. Der Kugelinhalt ist bei ihm Produkt der Fläche des grössten Kreises in die Quadratwurzel derselben,[2]) wieder ein Unsinn, welcher in der kaum halbgeometrischen Auffassung wurzelt der Würfel derselben Seite, welche als Quadrat die Kreisfläche darstellt, müsse den Inhalt der körperlichen gleichmässigen Rundung, das ist eben der Kugel liefern. Daneben weiss aber Âryabhaṭṭa, dass 62832 : 20000 das Verhältniss des Kreisumfanges zum Durchmesser ist,[3]) oder er kennt $\pi = 3{,}1416$. Ist es denkbar, dass derartige Anschauungen mit einem Näherungswerthe, der den archimedischen an Genauigkeit übertrifft, zugleich vorkommen und sämmtlich einheimisch sein sollen? Die Berechnung des Paralleltrapezes wird gelehrt, dessen parallele Seiten genau so wie im Handbuche des Ahmes (S. 50) zur Rechten und Linken nicht oben und unten gezeichnet sind,[4]) und unmittelbar anschliessend wird in allerdings etwas dunklem von dem indischen Commentator missverstandenem[5]) Wortlaute verlangt jede auszumessende Figur der Ebene solle in Trapeze zerlegt werden, ein Verfahren, welches Ahmes, welches die Tempelpriester von Edfu übten (S. 60). Wir denken, das sind wieder einige Bausteine zur Herstellung dessen, was von Geometrie nach Indien gelangt war, Bausteine denen ihr Ursprung deutlich anzusehen ist.

---

[1]) L. Rodet, *Leçons de calcul d'Aryabhata* pag. 10 und 20. [2]) Ibid. pag. 10 und 20—21. [3]) Ibid. pag. 11 und 23. [4]) Ibid. pag. 10 und 21. [5]) Ibid. pag. 22.

Wir kommen zur weit umfangreicheren Geometrie Brahmaguptas.[1]) Sie ist eine rechnende Geometrie, eine Sammlung von Vorschriften Raumgebilde zu berechnen wie bei Heron von Alexandria. Zu Anfang heisst es, die Fläche des Dreiecks und Vierecks werde in rohem Ueberschlag gewonnen als Produkt der Hälften von je zwei Gegenseiten. Das ist die alte ägyptisch-heronische Formel, ist zugleich die Auffassung des Dreiecks als Viereck mit einer verschwundenen Seite und geht nur in einer allerdings wesentlichen Beziehung weiter, darin dass die Ungenauigkeit des Verfahrens ausdrücklich betont wird, welche Heron ohne allen Zweifel auch erkannte, aber in dem uns erhaltenen Texte nicht hervorgehoben hat. Damit man ja an dem Ursprung nicht zweifle, gibt der gleiche Paragraph die genaue Fläche des Dreiecks aus den drei Seiten nach der heronischen Formel. Als genau gilt auch die Formel für das Viereck, wenn von den Faktoren unter dem Wurzelzeichen jeder die um eine Seite verminderte halbe Seitensumme darstellt, wenn also $\sqrt{(s-a)\cdot(s-b)\cdot(s-c)\cdot(s-d)}$ gebildet wird, wo $s=\frac{a+b+c+d}{2}$ bedeutet und a, b, c, d die Vierecksseiten sind. Im folgenden Paragraphen lehrt Brahmagupta aus den Seiten eines Dreiecks die Abschnitte finden, welche eine gezogene Höhe auf der Grundlinie bildet. Genau so lehrt Heron dasselbe. Wir können unmöglich so fortfahrend alle einzelnen Paragraphe der Reihe nach durchgehen. Wir begnügen uns mit einzelnen Bemerkungen.

Eine Rechtecksseite wird Seite, die andere Aufrechtstehende genannt, die Diagonale vollendet mit beiden ein rechtwinkliges Dreieck, auf welches der pythagoräische Lehrsatz Anwendung findet; das ist heronisch. Die obere Seite eines Vierecks wird als Scheitellinie mit besonderem Namen belegt;[2]) das ist wieder ägyptisch-heronisch. Der Name selbst *mukha* oder *vadana* bedeutet Oeffnung, Mund. Der Durchmesser des Umkreises eines Dreiecks ist der Quotient des Produktes zweier Seiten getheilt durch die auf der dritten Seite errichtete Höhe; das stimmt wieder mit Heron.[3]) Die Figuren sind nicht an den Ecken mit Buchstaben bezeichnet, sondern mit den die Längen angebenden Zahlen an den Seiten selbst; so verfuhr Heron in seiner praktischen Geometrie, und nur er von allen Griechen. Der Kreisdurchmesser beziehungsweise das Quadrat des Halbmessers mit 3 vervielfacht sind für die Praxis Umfang und Inhalt des Kreises; die genauen Werthe werden durch die Quadratwurzel aus den

---

[1]) Colebrooke pag. 295—318. [2]) Ebenda pag. 72, Note 4 und pag. 307, § 36. [3]) Ebenda pag. 299, § 27 = *Heron Liber Geoponicus* cap. 58 (ed. Hultsch) pag. 214.

10fachen zweiten Potenzen jener Zahlen gefunden.[1]) Das will sagen in roher Weise ist $\pi = 3$ und genau $\pi = \sqrt{10}$.

Den ersteren Werth haben wir oben (S. 548) besprochen. Der zweite kommt uns hier zum ersten Male vor. Es ist der Versuch gemacht worden zu ermitteln, wie man auf diesen Näherungswerth gekommen sein mag.[2]) Die Seite des regelmässigen Sechsecks in dem Kreise von dem Durchmesser 10 war von Alters her als 5, der ganze Umfang somit als 30 bekannt. Nun wird behauptet, der Umfang des demselben Kreise einbeschriebenen Zwölfecks sei als $\sqrt{965}$, der des 24ecks als $\sqrt{981}$, der des 48, des 96ecks als $\sqrt{986}$, als $\sqrt{987}$ gefunden worden, und so habe man sich veranlasst gefühlt, die Grenze $\sqrt{1000} = 10 . \sqrt{10}$ als nach unendlich oft wiederholter Verdoppelung der Seitenzahl erreichbar anzusehen. Diese Wiederherstellung wäre eine ungemein glückliche zu nennen, wenn es gelänge ebenso, wie in den Commentaren zu Brahmagupta an dieser Stelle der Kreisdurchmesser mehrfach als 10 angenommen ist, auch jene Wurzelgrössen, von denen behauptet wird, sie seien für die Umfänge der Vielecke von immer verdoppelter Seitenzahl gesetzt worden, in indischen Schriften nachzuweisen. So lange aber dieses nicht geschieht, bleibt jener Werth $\pi = \sqrt{10}$ so räthselhaft wie er allen Geschichtsforschern zu erscheinen pflegte.

Heronisch ist es wieder, wenn unter Anwendung von Proportionen Höhen mit Hilfe von Schattenlängen gemessen werden.[3]) Von Interesse ist uns dann noch die stereometrische Aufgabe den Rauminhalt einer abgestumpften quadratischen Pyramide zu finden, für welche Brahmagupta drei Lösungen angibt, eine für Praktiker, eine für annähernde, eine für genaue Rechnung.[4]) Der Praktiker begnüge sich mit dem Produkte der Höhe in das Quadrat des Mittels zwischen den Seiten an der unteren und oberen Fläche des Stumpfes. Annähernd richtig, fährt Brahmagupta fort, sei das Produkt der Höhe in das Mittel der Grundflächen. Wir gehen wohl nicht fehl, wenn wir darin eine Bestätigung unserer oben ausgesprochenen Vermuthung über die Entstehung der falschen Formel für den Rauminhalt der dreieckigen Pyramide bei Âryabhaṭṭa erkennen. Richtig sei, wenn man den Inhalt des Praktikers um den dritten Theil des Unterschiedes der Inhalte des Praktikers und des annähernd Rechnenden vergrössere. Dieser letzte Ausspruch ist vollkommen wahr. Heissen a_1 und a_2 die Seiten der beiden quadratischen Grundflächen und ist h die Höhe des Pyramidenstumpfes so ist richtig dessen

---

[1]) Colebrooke pag. 308, § 40. [2]) Hankel S. 216—217. [3]) Colebrooke pag. 317. *Section IX, Measure by shadow.* [4]) Colebrooke pag. 312—313, § 45—46.

Inhalt $= h \cdot \frac{a_1^2 + a_1 a_2 + a_2^2}{3}$. Der Praktiker rechnet aber nach Brahmagupta $h \cdot \left(\frac{a_1 + a_2}{2}\right)^2$; annähernd richtig sei $h \cdot \frac{a_1^2 + a_2^2}{2}$ und nun ist $h \cdot \frac{a_1^2 + a_1 a_2 + a_2^2}{3} = h \cdot \left(\frac{a_1 + a_2}{2}\right)^2 + \frac{1}{3}\left[h \cdot \frac{a_1^2 + a_2^2}{2} - h \cdot \left(\frac{a_1 + a_2}{2}\right)^2\right]$.

Wir sind oben mit sehr kurzen Worten über die Flächenformel Brahmaguptas für das Viereck hinweggegangen, welche als besonderen Fall die heronische Dreiecksformel einschliesst. Dass die Vierecksformel als eine allgemeine nicht gelten kann, ist ersichtlich. Gleichwohl hat Brahmagupta in jenem ersten Paragraphen seiner geometrischen Lehren in keiner Weise ausgesprochen, dass er der Formel nur bedingte Zulässigkeit für gewisse Vierecke, *caturaçra*, zuschreibe. Man hat in verschiedener Weise sich dieser Schwierigkeit gegenüber einen Ausweg zu bahnen gesucht. Man hat angenommen, Brahmagupta, ein hervorragend geometrischer Geist, habe eigentlich nur vom Sehnenviereck reden wollen; auf dieses bezögen sich auch einige andere Sätze, deren wir hier Erwähnung zu thun unterlassen, und Brahmagupta sei nur aus Kürze dunkel geblieben.[1]) Man hat im schroffen Gegensatze dazu und an dem Wortlaute der Regel bei Brahmagupta festhaltend ihn beschuldigt, er habe die Regel, die er an einem besonderen Vierecke entdeckt habe, wirklich auf alle bezogen.[2]) Man hat dagegen wieder von anderer Seite in Brahmaguptas Text Alles finden wollen, was zur Verständniss nöthig sei. Im 26. Paragraphen lehre nämlich Brahmagupta die Berechnung des Durchmessers des Umkreises, und darin liege ausgesprochen, dass die gemeinten Vierecke einen Umkreis besässen; im 38. Paragraphen definire er „die Aufgerichteten und die Seiten zweier rechtwinkliger Dreiecke wechselweise mit der Diagonale vervielfacht sind vier unähnliche Seiten eines Trapezes; die grösste ist die Grundlinie, die kleinste die Scheitellinie, die beiden anderen sind die Seiten“ und diese Definition, der man trotz ihrer Dunkelheit einen guten Sinn abzugewinnen wusste, bilde einen zweiten Kern der ganzen Untersuchung, welche aber nur für Vierecke von den Gattungen stichhaltig sei, wie sie hier näher bestimmt wurden.[3]) Auch dieser Meinung ist man entgegengetreten: Brahmagupta werde doch nicht in § 38 erst definiren, was er seit § 21 benutze; er werde den Gang seiner Untersuchung doch nicht so eingerichtet haben, dass man besser daran thue, sie von hinten nach vorn als in der Folge zu lesen, wie er sie niederschrieb; er werde doch endlich nicht als

---

[1]) Chasles, *Aperçu hist.* pag. 420 sqq., deutsch 465 figg. [2]) Arneth, Geschichte der reinen Mathematik S. 145 figg. (Stuttgart, 1852.) [3]) Hankel S. 210—215.

Formel für das Tetragon, das Viereck also, aussprechen, was er vom Trapeze meinte; und nach diesen freilich nicht ungewichtigen Einwürfen hat man versucht zu zeigen, wie Brahmagupta rechnend und durch Induktion von der ihm bekannten Dreiecksformel aus zu der entsprechenden Vierecksformel gelangte, deren bedingte Giltigkeit ihm nur nach und nach klar wurde.[1]) Diese sehr verschiedenen Auffassungen können uns nur bestimmen die Dunkelheit des ganzen Kapitels bei Brahmagupta von § 21 bis § 38 als eine bisher noch nicht vollständig vernichtete zu erklären. Wir glauben dabei noch immer an die Richtigkeit einiger aus der Formel von § 26 und der Definition von § 38 gezogenen Schlüsse, möchten aber doch nicht so zuverlässig behaupten, jede Schwierigkeit sei damit verschwunden.

Wir meinen freilich ein Theil der Schwierigkeiten sei durch unglückliche Uebersetzung entstanden, welche das Worte Trapez anwandte, wo es nach dem Sinne, welchen man diesem Worte beizulegen gewohnt ist, nicht angewandt werden durfte. Caturveda Prithûdakasvâmin, ein Scholiast des Brahmagupta, der selbst vor Bhâskara lebte, der ihn anführt,[2]) gibt zu dem die Flächenformel enthaltenden § 21 eine wichtige zu wenig berücksichtigte Erläuterung:[3]) Dreierlei Dreiseite gebe es, fünferlei Vierecke und als neunte ebene Figur den Kreis; die Dreiseite seien gleichseitig, gleich für zwei Seiten und ungleichseitig; die Vierecke seien gleiche, paarweise gleiche, mit zweien gleiche, mit dreien gleiche und ungleiche Vierecke. Man sieht wohl: von Parallelismus, von Trapez und dergleichen ist dabei ausdrücklich wenigstens nicht die Rede, und wenn man die fünf Gattungen von Vierecken aus den Beispielen, die derselbe Prithûdakasvâmin beifügt, zu bestimmen sucht, so findet man, dass das gleiche Viereck das Quadrat, das paarweise gleiche das Rechteck ist; dass unter dem mit zweien gleichen und mit dreien gleichen gleichschenklige Paralleltrapeze zu verstehen sind, deren kleinere Parallelseite in dem zweiten Falle auch noch den beiden gleichen Schenkeln gleich sein soll. Die fünfte Gattung von Vierecken, nämlich die unter gewissen anderen zu erfüllenden Bedingungen ungleichen Vierecke sind im § 38 definirt. Nun sieht man, welche heillose Verwirrung entstehen musste, sobald man die Vierecke letzter Gattung Trapeze nannte, statt irgend ein anderes Wort z. B. unser ungleiches Viereck zu wählen. Man sieht aber noch mehr. Man sieht, dass die 5 Gattungen von Vierecken keineswegs richtig gewählt sind. Sie erschöpfen den Begriff des Vierecks durchaus nicht. Aber darin

---

[1]) Weissenborn, Das Trapez bei Euklid, Heron und Brahmegupta im Supplementhefte der histor. literar. Abthlg. der Zeitschr. Math. Phys. XXIV (1879). [2]) Colebrooke pag. 245, § 174 und Note 5. [3]) Colebrooke pag. 295, Note 1.

sehen wir nur einen weiteren Beweis für den ausländischen Ursprung der indischen Geometrie. Die Fünfzahl der Vierecke ist vielleicht selbst auf griechische Erinnerung zurückzuführen, da Euklid in der 30. bis 34. Definition des I. Buches seiner Elemente ebensoviele Gattungen unterscheidet: Quadrat, Rechteck, Rhombus und Rhomboid, unregelmässiges Viereck, in seinen Gattungen freilich jeder Möglichkeit einen Platz zuweisend. Nun waren den Indern nur Sätze über die fünf unberechtigten Vierecksarten, welche Prithûdakasvâmin uns nennt, bekannt geworden; nur mit ihnen also hatte man sich zu beschäftigen. Es waren das in den vier ersten Gattungen grade die Vierecke, welche Heron mit Vorliebe behandelt hat, das Quadrat und das Rechteck und das gleichschenklige Trapez, die Lieblingsfigur schon der alten Aegypter. Was die Zerfällung der Trapeze in solche mit zwei und mit drei gleichen Seiten betrifft, so kann man verschiedener Meinung sein. Man kann meinen, da bei Heron verschiedene Gattungen von Paralleltrapezen gefunden worden waren, deren Unterscheidungsgrundlage man nicht verstand, so habe man auf eigne Faust neue Gruppen gebildet; man kann aber auch an einen griechischen Ursprung denken, da beispielsweise Hippokrates von Chios (S. 175) sich mit Paralleltrapezen mit drei gleichen Seiten vielfach abquälte und es daher wohl möglich ist, dass Spätere auch noch um diese Figur sich kümmerten ohne dass wir unmittelbar davon wissen. Kehren wir jetzt zu § 26 Brahmaguptas zurück. Wenn darin von dem Halbmesser des Umkreises zuerst jedes Vierecks mit ausdrücklicher Ausnahme des ungleichen Vierecks die Rede ist, so sind eben nur die 4 ersten Gattungen gemeint, und diese vier sind zweifellos Sehnenvierecke, und wenn in demselben Paragraphe fortfahrend auch die Berechnung des Halbmessers des Umkreises der fünften Vierecksgattung gelehrt wird, so ist wieder zweifellos auch für diese Gattung die Eigenschaft als Sehnenviereck damit in Anspruch genommen.

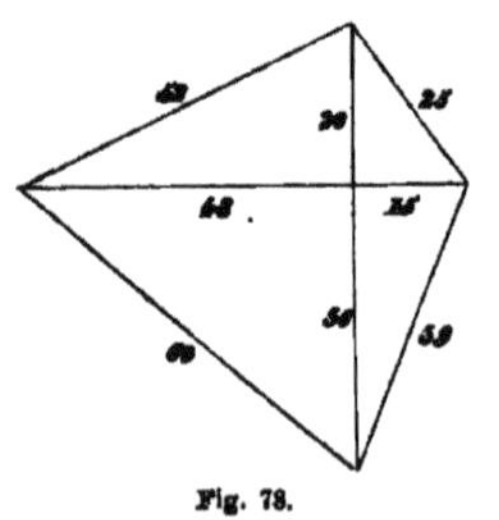

Fig. 78.

Jene ungleichen Vierecke der fünften Gattung entstehen aber gemäss § 38 auf folgende Weise. Man denke (Figur 78) zwei rationale rechtwinklige Dreiecke aus den Seiten c_1, c_2, h und C_1, C_2, H gebildet. Man vervielfache die Seiten des Ersteren zuerst mit C_1, dann mit C_2, so sind auch $c_1 C_1$, $c_2 C_1$, $h C_1$ und $c_1 C_2$, $c_2 C_2$, $h C_2$ Seiten zweier rechtwinkliger Dreiecke. Diese beiden setzt man mit den rechten Winkeln als Scheitelwinkeln aneinander, so dass $c_1 C_1$ als Fortsetzung von $c_2 C_2$ und $c_2 C_2$ als Fortsetzung von $c_2 C_1$ erscheint, beziehungsweise dass $c_1 C_1 + c_2 C_2$ und $c_1 C_2 + c_2 C_1$ zwei sich senkrecht durchkreuzende Gerade bilden, welche als Diagonalen eines leicht zu vollendenden Vierecks auftreten. Gegenseiten dieses Vierecks sind, wie wir schon wissen hC_1 und hC_2; das andere Paar Gegenseiten heisst leicht ersichtlich Hc_1 und Hc_2. Alle vier Vierecksseiten sind von einander verschieden, sind ungleich; das Viereck ist aber aus vier rationalen rechtwinkligen Dreiecken zusammengesetzt, und je zwei Scheiteldreiecke sind einander ähnlich. Diese ungleichen Vierecke sind unter denen der fünften Gattung verstanden. Zu ihrer Bildung sind also Zusammensetzungen rechtwinkliger Dreiecke nothwendig, welche Heron gekannt hat (S. 327), und für welche er in seiner Geometrie des eigenen Kunstausdruckes zusammenhängender rechtwinkliger Dreiecke, τρίγωνα ὀρθογώνια ἡνωμένα, sich bediente. Durch ähnliche Zusammensetzung ist aus den beiden rechtwinkligen Dreiecken 5, 12, 13 und 9, 12, 15 an der Kathete 12 das in allen Beziehungen rationale berühmte Dreieck 13, 14, 15 entstanden, welches Heron kannte, welches auch den Indern vielfach als Beispiel diente.

Vor der Zusammensetzung rationaler rechtwinkliger Dreiecke müssen wir aber auch die Kenntniss rationaler rechtwinkliger Dreiecke selbst als vorausgehend vertreten finden. Heron hat sich mit solchen beschäftigt; auch bei Brahmagupta fehlen sie nicht, der, wie wir schon (S. 533) andeuteten, zwei mal darauf zurückkommt, zuerst in seinem geometrischen Kapitel und dann eingeschaltet zwischen dem Rechnen mit irrationalen Quadratwurzeln, wo die Regel am deutlichsten ausgesprochen ist.[1]) Man solle a, $\frac{1}{2}\left(\frac{a^2}{b} - b\right)$ und $\frac{1}{2}\left(\frac{a^2}{b} + b\right)$ als Seiten wählen, wobei a und b ganz beliebige Werthe haben. Diese Formel, welche die unter dem Namen des Pythagoras und des Platon bekannten Sonderfälle durch $b = 1$ und $b = 2$ in sich schliesst, ist genau so bei keinem Griechen uns begegnet. Dieser Umstand ebenso wie die Stelle, wo sie sich ausgesprochen findet, geben ihr ein mehr indisches Gepräge, aber die Aufgabe, welche durch sie ihre Lösung fand, dürfte griechisch sein, dürfte, wenn man den Ausdruck gestatten will, in Indien nur noch mehr algebraisirt worden sein, als sie es schon war.

Wir denken nicht, dass alle diese kleineren und grösseren Uebereinstimmungen zwischen Heron und Brahmagupta der Annahme unseres Grundgedankens entgegenwirken können, und fragen nun was aus einer so aus der Fremde eingeführten Lehre im Lauf der Zeiten werden musste? Wesentliche Fortschritte dürfen und können wir bei einem nicht geometrisch angelegten Volksgeiste nicht erwarten. Im

---

[1]) Colebrooke pag. 340, § 38.

Gegentheil, manches anfänglich Verstandene muss verloren gegangen sein. Nur Aufgaben einer algebraischen Geometrie werden den indischen Geist ansprechend weitere Pflege erfahren und sich vielleicht in einem Umfange erhalten haben, der das bei Brahmagupta Vorhandene überragt. Die Geometrie des Bhâskara[1]) erfüllt diese unsere Erwartung.

Bis zu Bhâskara ist vor allen Dingen der Rest des Verständnisses der Formel für die Dreiecksfläche verloren gegangen. In einem Vierecke mit denselben Seiten, sagt er, gibt es verschiedene Diagonalen. „Wie kann Jemand, der weder eine Senkrechte noch eine der Diagonalen angibt, nach dem Uebrigen fragen? oder wie kann er nach der bestimmten Fläche fragen, wenn jene unbestimmt sind? Ein solcher Fragesteller ist ein tölpelhafter böser Geist. Noch mehr ist es aber der, welcher die Frage beantwortet, denn er berücksichtigt nicht die unbestimmte Natur der Linien in einer vierseitigen Figur.“[2]) Hinzugekommen ist die Kreisverhältnisszahl $\pi = \frac{22}{7}$, welches als für Praktiker genügend erklärt wird, während der feinere Umfang $\frac{3927}{1250}$ mal dem Durchmesser sei.[3]) Hier ist allerdings Etwas räthselhaft. Das erste Verhältniss ist das archimedische, das zweite das von Âryabhaṭṭa in der Form $\frac{62\,832}{20\,000}$ benutzte, während diesem die archimedische Zahl nicht bekannt oder, was noch auffallender wäre, nicht mittheilenswerth gewesen zu sein scheint, und doch soll es die Methode Archimeds gewesen sein, welche zu dem genaueren Werthe geführt hat. Archimed, erinnern wir uns, liess vom Sechsecke ausgehend die Seitenzahl des eingeschriebenen Vielecks sich immer verdoppeln bis er zum 96eck gelangte. (S. 260.) Gaṇeça, der Commentator Bhâskaras, berichtet uns, man sei vom Sechsecke durch stete Verdoppelung der Seitenzahl bis zum 384eck vorgeschritten und habe so $\pi = \frac{3927}{1250}$ gefunden. Bhâskara bedient sich übrigens auch noch einer anderen Annäherung,[4]) nämlich $\pi = \frac{754}{240} = 3{,}141\,666\cdots$ Hinzugekommen sind ferner einige Aufgaben über rechtwinklige Dreiecke, welche unsere Aufmerksamkeit verdienen. Sie finden sich nicht, wie die bisher angeführten Dinge, in der Lîlâvatî, sondern in dem Vîja Gaṇita genannten algebraischen Kapitel. Es wird verlangt die Seiten eines rechtwinkligen Dreiecks zu finden, wenn neben der Summe derselben erstens das Produkt der beiden Katheten oder zweitens das Produkt der drei Seiten gegeben ist.[5]) Die erstere Aufgabe ähnelt nämlich ebensowohl der heronischen

---

[1]) Colebrooke pag. 58—111. [2]) Ebenda pag. 73. [3]) Ebenda pag. 87. [4]) Ebenda pag. 95, § 214. [5]) Ebenda pag. 225—226, § 151—152.

Aufgabe vom Kreise, bei welcher Summen von Stücken verschiedener Dimensionen gegeben sind (S. 216), als der des Nipsus aus Hypotenuse und Fläche, d. h. also halbem Produkte der Katheten die Dreiecksseiten selbst zu finden (S. 292). Bhâskara löst die erste Aufgabe wie folgt. Ist $c_1 c_2 = p$ so ist $2p = 2c_1 c_2 = (c_1 + c_2)^2 - (c_1^2 + c_2^2) = (c_1 + c_2)^2 - h^2 = (c_1 + c_2 + h)(c_1 + c_2 - h)$. Da nun $c_1 + c_2 + h = s$ gegeben ist, so folgt $c_1 + c_2 - h = \frac{2p}{s}$ und $2h = s - \frac{2p}{s}$, $h = \frac{s^2 - 2p}{2s}$, $c_1 + c_2 = \frac{s^2 + 2p}{2s}$. Die Katheten findet man noch einzeln, indem von $(c_1 + c_2)^2 = \left(\frac{s^2 + 2p}{2s}\right)^2$ der Werth $4c_1 c_2 = 4p$ abgezogen wird; so entsteht nämlich $(c_1 - c_2)^2 = \frac{s^4 - 12ps^2 + 4p^2}{4s^2}$ und daraus $c_1 - c_2$ welches in Gemeinschaft mit $c_1 + c_2$ die Katheten liefert. In der zweiten Aufgabe ist $c_1 \cdot c_2 \cdot h = p$ und $c_1 + c_2 + h = s$ gegeben. Aus $s - h = c_1 + c_2$ erhält man $s^2 - 2sh + h^2 = c_1^2 + c_2^2 + 2c_1 c_2 = h^2 + \frac{2p}{h}$, mithin ist $s^2 - 2sh = \frac{2p}{h}$ und $2sh^2 - s^2 h = -2p$. Daraus findet man h, daraus $s - h = c_1 + c_2$ und $\frac{4p}{h} = 4c_1 c_2$, und nun ist es wieder leicht $c_1 - c_2$ und endlich die Katheten zu finden. Das sind Methoden, welche der von Nipsus angewandten entschieden ähneln, so wenig in Abrede gestellt werden soll, dass Bhâskaras Aufgaben die bei weitem verwickelteren sind. Hinzugekommen sind endlich einige Beweise geometrischer Sätze durch Rechnung, und einige auf Anschauung beruhende, wenn man letztere als Beweise gelten lassen darf. Ein Beispiel beider Auffassungen bildet der Beweis des pythagoräischen Lehrsatzes, der sich in den Vîja Gaṇita vorfindet.[1]) Das eine Mal wählt man die Hypotenuse zur Grundlinie, auf welche (Figur 79) von der Spitze des rechten Winkels aus eine Senkrechte gefällt wird, und weist auf die Eigenschaft der zwei so entstehenden rechtwinkligen Dreiecke hin mit dem ursprünglichen Proportionalitäten zu bilden. So kommen, wenn h_1 und h_2 die Stücke der Hypotenuse h heissen, die je an c_1 und c_2 anstossen, die Verhältnisse heraus

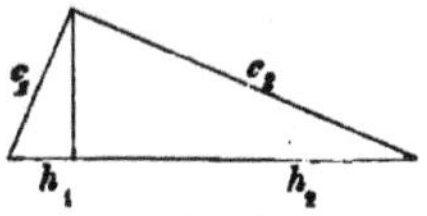

$$\frac{c_1}{h} = \frac{h_1}{c_1} \text{ und } \frac{c_2}{h} = \frac{h_2}{c_2},$$

und daraus folgt

$$h(h_1 + h_2) = h^2 = c_1^2 + c_2^2.$$

Fig. 79.

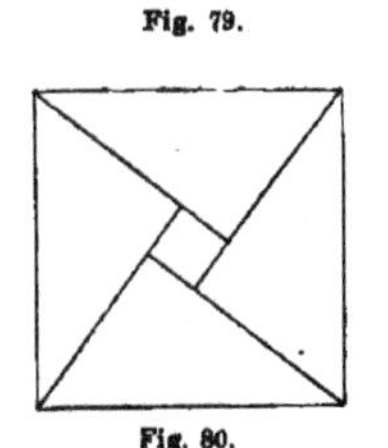

Fig. 80.

Der andere Beweis, welcher, wie im 34. Kapitel sich zeigen wird, mehr als 200 Jahre vor Bhâskara schon bekannt war, construirt (Fig. 80) über jede Seite des Quadrates der Hypotenuse nach innen zu das

[1]) Colebrooke pag. 220—222, § 146.

rechtwinklige Dreieck. „Sehet!" Damit begnügt sich Bhâskara und erwähnt nicht einmal, dass die Anschauung $h^2 = 4 \times \frac{c_1 \cdot c_2}{2} + (c_1 - c_2)^2 = c_1^2 + c_2^2$ liefre. Ganz ähnlicher Natur sind Beweise, welche der Commentator Gaṇeça zu Sätzen Bhâskaras beigebracht hat.[1]) Die Dreiecksfläche wird erhalten als Rechteck der halben Höhe und der Grundlinie. (Figur 81.) Sehet! Die Kreisfläche wird erhalten als Rechteck des halben Durchmessers in den halben Kreisumfang. (Figur 82.) Sehet!

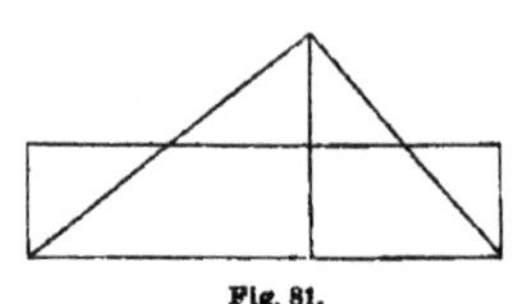

Fig. 81.

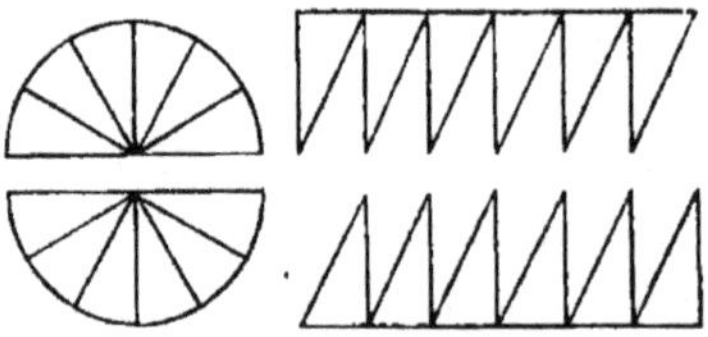

Fig. 82.

Diese Beweisform, welche bei Brahmagupta nirgend auftritt, muss wohl als indisch betrachtet werden. Sie ist mit der algebraischen Beweisform verbunden ungemein charakteristisch für die Fassungskraft jener Geometer. Rechnen in nahezu unbegrenzter Möglichkeit oder Anschauen, darüber kommen sie nicht hinaus. Das Eine wie das Andere ist zum Beweise schon bekannter Sätze gleich gut anzuwenden, die Rechnung ist strenger, die Berufung auf unmittelbare Anschauung vielfach überzeugender. Aber kann Letztere zur Erfindung neuer Sätze führen? Kann es Erstere, wenn nicht eine gewisse Summe geometrischer Sätze als Ausgangspunkt vorhanden ist, unter welchen der pythagoräische Lehrsatz einer der wichtigsten ist? Kann der pythagoräische Lehrsatz gefunden worden sein von einem Beweise ausgehend wie die beiden durch Bhâskara uns überlieferten? Wir denken, dass diesen Fragen die verneinende Antwort nicht fehlen wird. Dann aber kommen wir immer und immer zu dem gleichen Schlusse: Geometrisches in ziemlich bedeutender Menge tritt verwandter Art, vielfach sogar in voller Uebereinstimmung in Alexandria und Indien auf. In Alexandria können wir es mit Bestimmtheit in einer zum Theil sehr viel früheren Zeit nachweisen als dieses in Indien möglich ist. In Alexandria haben wir es als Frucht organischer Entwicklung reifen sehen, in Indien ist die Entstehungsweise mehr als räthselhaft. Folglich muss eine Uebertragung von Alexandria nach Indien angenommen werden, eine Uebertragung, die natürlich nicht ausschliesst, dass indische Mathematiker des überkommenen Stoffes sich in ihrer Weise bemächtigten, ihn misshandelten oder be-

[1]) Colebrooke pag. 70, Note 4 und pag. 88, Note 3.

handelten, wie sie es eben verstanden, bald einen Rückgang, bald einen Fortschritt zu Wege bringend.

Am Unzweifelhaftesten sind die Fortschritte, welche der der Rechnung am Meisten bedürftige Theil der alten Geometrie bei den Indern gemacht hat, die Trigonometrie.[1]) Hier ist zwar von Griechenland aus sicherlich die archimedische Verhältnisszahl $\frac{22}{7}$ der Kreisperipherie zum Durchmesser nach Indien gedrungen (S. 556). Vielleicht mag auch griechischen Ursprunges sein, wie die Höhe h eines Kreisabschnittes, sein *utkramajyâ* nach indischem Sprachgebrauche, mit der Sehne s und dem Kreishalbmesser r in Verbindung steht, wir meinen (Figur 83) die leicht abzuleitende Gleichung $2hr - h^2 = \frac{s^2}{4}$ oder $s = 2\sqrt{h(2r-h)}$. Aber ihre ganze weitere Rechnungsweise beginnend von dem Maasse der Linien im Kreise ist so ungriechisch wie möglich, also vermuthlich indischen Ursprunges.

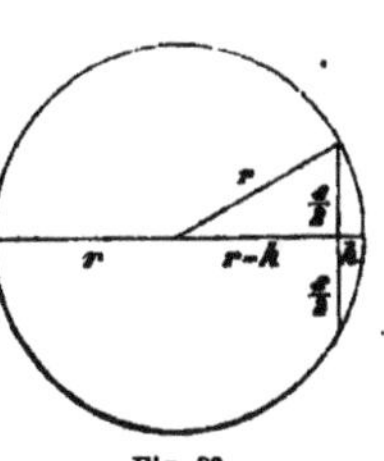

Fig. 83.

Allerdings zerlegt der Inder, wie wir schon früher betont haben, gleich dem Griechen und wahrscheinlich babylonischer Sitte folgend den ganzen Kreisumfang in 360 Grade oder in 21 600 Minuten, da jeder Grad gleich 60 Minuten ist; aber wenn dann der Grieche den Halbmesser gleichfalls in 60 Theile mit sexagesimal fortschreitenden Unterabtheilungen zerlegt, so fragt der Inder, wie gross der Kreisbogen in Minuten sei, zu welchem der Halbmesser sich zusammenbiegen lässt. Er vollzieht eine Arcufication der graden Linie und muss dazu des schon bei Âryabhaṭṭa vorkommenden Werthes $\pi = 3{,}1416$ sich bedient haben, denn nur dann folgt aus $2\pi r = 21\,600$ Minuten, $r = \frac{21\,600}{6{,}2832} = 3437{,}7\cdots$ in ganzen Zahlen am Nächsten $r = 3438$ Minuten, wie der Inder rechnet. Es ist nicht unmöglich, dass der Gedanke der Arcufication darin wurzelt, dass die Trigonometrie der Inder wie der Griechen in astronomischen Aufgaben ihren Ursprung hat, also zunächst eine sphärische Trigonometrie war, in welcher nur Bogen vorkommen, wenn auch im Uebrigen, wie wir noch bemerken werden, von sphärisch trigonometrischen Aufgaben keine Rede ist.

Von $r = 3438$ Minuten als erster Thatsache ausgehend wurde

[1]) Vergl. ausser Colebrooke den Sûryasiddhânta und das von Rodet übersetzte Kapitel des Âryabhaṭṭa. Ferner *Asiatic researches* (Calcutta) II, 225; daraus Arneth, Geschichte der reinen Mathematik S. 171—174. Woepcke, *Sur le mot kardaga et sur une méthode indienne pour calculer les sinus* in den *N. ann. math.* (1854) XIII, 386—394.

nun die ähnlicherweise in Minuten umgebogene Länge anderer Graden im Kreise gesucht. Die Sehne, welche einen Bogen bespannt, wurde *jyâ* oder *jîva* genannt, welche Wörter auch die Sehne eines zum Schiessen bestimmten Bogens bezeichnen. Die halbe Sehne hiess dann *jyârdha* oder *ardhajyâ* und wurde unter letzterem Namen auch zum halben Bogen in Beziehung gesetzt. Sie war Nichts anderes als was die spätere Trigonometrie den Sinus jenes Bogens genannt hat. Auch den Sinus versus unterschied man, wie schon bemerkt, als *utkramajyâ*, sowie den Cosinus als *kotijyâ*. Man wusste zugleich aus dem aus Sinus, Cosinus und Halbmesser bestehenden rechtwinkligen Dreiecke, dass $(\sin\alpha)^2 + (\cos\alpha)^2 = r^2 = (3438)^2$. Da nun die Sehne von 60^0 dem Halbmesser oder 3438 Minuten gleich ist, so musste ihre Hälfte oder in moderner Schreibweise $\sin 30^0 = \frac{r}{2} = 1719$ Minuten sein. Man war nun im Stande aus dem Sinus eines Bogens den des halb so grossen Bogens zu finden, da (Figur 84) $2\sin\frac{\alpha}{2}$ die Hypotenuse eines rechtwinkligen Dreiecks bildet, dessen beide Katheten $\sin\alpha$ und $\sin\text{vers}\,\alpha$ sind. Folglich musste $\left(2\sin\frac{\alpha}{2}\right)^2 = (\sin\alpha)^2 + (\sin\text{vers}\,\alpha)^2$ sein. Aber $\sin\text{vers}\,\alpha = r - \cos\alpha$ und $\sin\alpha^2 + \cos\alpha^2 = r^2$ in Berücksichtigung gezogen wird auch $\left(2\sin\frac{\alpha}{2}\right)^2 = 2r^2 - 2r\cdot\cos\alpha$ und $\sin\frac{\alpha}{2} =$

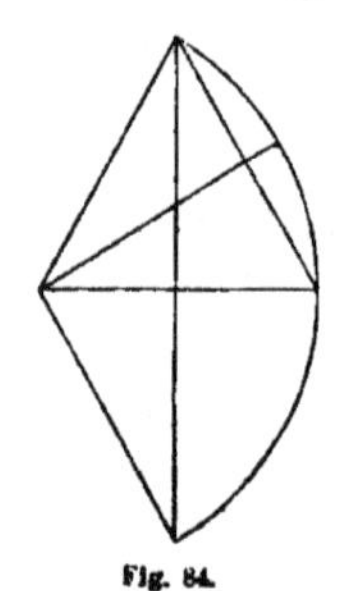

Fig. 84.

$$\sqrt{\frac{r}{2}(r - \cos\alpha)} = \sqrt{1719\,(3438 - \cos\alpha)}.$$

So verschaffte man sich vielleicht die Zahlen, welche im Sûryasiddhânta unter Anderen angegeben sind: $\sin 15^0 = 890$ Minuten, $\sin 7^0\,30' = 449$ Minuten, $\sin 3^0\,45' = 225$ Minuten. Aber $3^0\,45'$ sind selbst 225 Minuten, also bei soweit fortgesetzter Bogenhalbirung fiel der Sinus mit dem Bogen zusammen, war ihm an Länge gleich, sofern man es bei der Genauigkeit von 1 Minute bewenden liess, und um so mehr musste diese Gleichheit für noch kleinere Bögen und deren Sinus stattfinden d. h. es musste $\sin\alpha = \alpha$ sein, wofern $\alpha \leq 225'$ war. Damit war dem Bogen von 225′ oder, wie wir auch sagen können, dem 96. Theile des Kreisumfanges eine besondere Wichtigkeit beigelegt, welche ihn würdig machte durch einen besonderen Namen ausgezeichnet zu werden. Man nannte seinen Sinus und ihn selbst den graden Sinus, *kramajyâ*.

Wenn wir uns ausdrückten, man habe vielleicht von $\sin 30^0$ ausgehend durch Bogenhalbirung $\sin 225' = 225'$ gefunden, so gebrauchten wir dieses einschränkende Wort, weil möglicherweise auch der umgekehrte Weg eingeschlagen wurde. Die archimedische Verhältnisszahl $\frac{22}{7}$ war gefunden worden, indem man das 96eck als mit dem umschriebenen Kreise nahezu zusammenfallend sich dachte; daraus könnte man Veranlassung genommen haben auch $\sin \frac{360^0}{96} = \frac{360^0}{96}$ zu setzen und zum Voraus diese Annäherung als genügend zu betrachten.

Sei dem nun, wie da wollte, jedenfalls spielte von nun an der Bogen von 225′ wie dessen Vielfache und die Sinusse derselben in der indischen Trigonometrie eine Rolle, deren Wichtigkeit zur Genüge hervortreten wird, wenn wir sagen dieser Bogen bildete die Bogeneinheit einer Sinustabelle, die sich von 3° 45′ bis 90° in 24 Werthen erstreckte. Die Auffindung der Sinusse der durch Zusammensetzung von Bögen gebildeten grösseren Bögen erfolgte nach ähnligen Methoden, wie Ptolemäus sie im Almageste gelehrt hat. Nachdem die Tabelle gebildet war, erkannte man vermuthlich empirisch das Zahlengesetz, dass

$$\sin((n+1)\,225') - \sin(n \cdot 225') = \sin(n \cdot 225') - \sin((n-1)\,225') - \frac{\sin(n \cdot 225')}{225}$$

war, und benutzte nunmehr diese Interpolationsformel, um die Tabelle selbst jeden Augenblick herstellen zu können. Bhâskara ist sogar bei dieser Tabelle nicht stehen geblieben. Er hat die Sinusse und Cosinusse in Bruchtheilen des Halbmessers des Kreises angegeben:

$$\sin 225' = \frac{100}{1529},\ \cos 225' = \frac{466}{467};\ \sin 1^0 = \frac{10}{573},\ \cos 1^0 = \frac{6568}{6569},$$

wo jedesmal die betreffenden Theile des Halbmessers gemeint sind; er hat die Berechnung einer Sinustabelle gelehrt, deren Bögen von Grad zu Grad fortschreiten. Damit steht vielleicht eine in der Lîlâvatî[1]) mitgetheilte Formel in Verbindung, welche die Sehne s aus dem Kreisumfange P, dem Durchmesser d und dem Bogen B finden lehrt: $s = \frac{4\,d\,B\,(P-B)}{\frac{5}{4}P^2 - B(P-B)}$ eine Formel, deren Ableitung noch nicht enträthselt ist, welche aber eine ziemlich genügende Annäherung liefert.

Trigonometrie als Berechnung von Dreiecksstücken eines beliebigen Dreiecks mit Hilfe von Winkelfunktionen scheinen die Inder nicht gekannt zu haben. Sie führen vielmehr fast alle Aufgaben auf ebene und zwar auf rechtwinklige Dreiecke zurück und konnten so mit ihren planimetrischen Kenntnissen ausreichend die verschiedenen vorkommenden Fragen beantworten.

---

[1]) Colebrooke pag 94, § 213.

Als wesentlicher Fortschritt, den die Trigonometrie in Indien machte, bleibt darnach das übrig, was wir oben besprachen: Die Sinustabelle. Die Sehnen waren verdrängt durch ihre Hälften. Aber man kann fast hinzusetzen, dass dieser ungemein glückliche Wurf den Indern wie durch einen Zufall gelungen ist, denn die Tragweite der vollzogenen Abänderung ergab sich nicht ihnen, sondern erst ihren Nachfolgern, den Arabern.

VI. Chinesen.

Kapitel XXXI.

Die Mathematik der Chinesen.

„Wissen, dass man es weiss, von dem was man weiss, und wissen, dass man es nicht weiss, von dem was man nicht weiss, das ist wahre Wissenschaft.“ So soll Confucius, der chinesische Weise, dessen Lebensdauer von 551 bis 479 angesetzt wird, zu seinen Schülern gesagt haben.[1] Von China selbst dürfte nach dieser Definition kaum eine Wissenschaft möglich sein, denn weder was wir über dieses Reich wissen, noch was wir nicht wissen ist von Zweifel befreit.

Europäischer Nachforschung hat man mit geringen Ausnahmen, welche sich auf Männer bezogen, die keineswegs mit der kritischen Vorbereitung eines Gelehrten von Fach ausgerüstet waren, zu allen Zeiten Hindernisse in den Weg zu legen gewusst. Was uns über Chinas Vergangenheit erzählt wird, stammt ausschliesslich von der Benutzung chinesischer Quellen durch Chinesen her. Der Chinese aber liebt das Alte. Seine Anhänglichkeit an dasselbe geht so weit, dass er Neuerungen, wo möglich, als Rückkehr zu Altem und Aeltestem darstellt, und wenn ein anderer Ausspruch des Confucius, er habe neue Schriften nicht verfasst, er habe nur die Alten geliebt, erläutert und verbreitet,[2] vielleicht der persönlichen Bescheidenheit des Redners entstammt, so ist jedenfalls von Anderen diese Auffassung dahin überboten worden, dass sie für alt ausgaben, was durchaus neuen und neusten Datums war.

So gibt es kaum eine Erfindung, welche nicht mit dankbarer, vielleicht häufig ganz unbegründeter Erinnerung an bestimmte Persönlichkeiten eines längst entschwundenen Alterthums geknüpft wird. Die Schrift, nach der Ansicht einer Gelehrtenschule in namenlose Vorzeit hinaufreichend, soll nach der Ansicht einer zweiten Schule von Kaiser Fŭ hī um 2852 v. Chr. herrühren, und ein fürstlicher Gelehrter Prinz Huây nân tsè gibt (189 v. Chr.) gar an, die Schrift sei durch Tsâng kiĕ, den Minister des Kaisers Huâng tì 2637 v. Chr.

---

[1] Paul Perny, *Grammaire de la langue chinoise orale et écrite.* Paris. T. I, 1873. T. II, 1876. Der hier citirte Ausspruch II, 243, Note I.
[2] Perny II, 263.

auf Befehl des Kaisers erfunden worden.[1]) Auf Fŭ hĭ wird auch das dekadische Zahlensystem zurückgeführt,[2]) welches er abgebildet auf dem Rücken eines aus den Fluthen des gelben Stromes auftauchenden Drachenpferdes sah und dessen Bedeutung erkannte. Die chinesische Tusche soll unter Kaiser Où wâng 1120 v. Chr. schon bereitet worden sein.[3]) Confucius soll sich zum Schreiben damit eines Pinsels aus Antilopenhaar bedient haben, während Pinsel aus Hasenhaar durch Mông tiên 246 v. Chr. erfunden wurden, einen General, welcher auch eine Art von Papierbereitung lehrte und zugleich die Aufsicht über die Erbauung der chinesischen Mauer führte, eine Vereinigung von Thatsachen, in welcher wir fast eine Ironie der Geschichte zu erkennen geneigt sind. Wir würden noch anderen eben so glaubhaften oder unglaubwürdigen Nachrichten begegnen, wenn wir weiter griffen. Wir wollen lieber an der Hand chinesischer Quellen einen Blick auf die Geschichte des Reiches der Mitte werfen.[4])

Wilde Jäger waren die Ureinwohner Chinas. Zu ihnen wanderte zwischen dem XXX. und XXVII. S. von Nordwesten her das „Volk mit schwarzen Haaren" ein, Hirten die sich bald dem Landbau widmeten und eine gewisse Kultur schon mit sich brachten. Sie hatten ein Wahlkaiserthum, welches bis um 2200 währte. Nun folgten in meistens lang am Ruder bleibenden Erbfolgen verschiedene Dynastien. Die Dynastie Hin regierte 500 Jahre. Sie wurde von der Dynastie Chang gestürzt, diese um 1122 durch die Dynastie der alten Tcheōu entthront. Die Tcheōu waren ein Stamm, der unter den Chang von der alten Gemeinschaft sich trennte und westlich sich ansidelte. Dort erstarkten sie so weit, dass seit 1200 Kämpfe zwischen ihnen und den Unterthanen der Chang begannen, die in dem genannten Jahre 1122 mit der Ersetzung des letzten Chang-Kaisers Cheou sin durch Où wâng endigten. So wurde dieser Letztere Kaiser aller wieder vereinigten Stämme und gab ihnen ein neues Gesetzbuch den Tcheōu lỳ, welchen sein Bruder Tcheōu kong verfasst haben soll, während eine andere Sage den Tcheōu lỳ wenige Jahre später (1109) im sechsten Regierungsjahre von Then wâng entstanden sein lässt.[5]) Die Dynastie der Tcheōu blieb im Besitze der kaiserlichen Macht bis 221, also volle 900 Jahre.

In diese lange Periode fällt eine Einwanderung von vielleicht hochwichtigem Einflusse auf die chinesische Kultur. Eine jüdische

[1]) Perny II, 2—4, 7, 9. [2]) Biernatzki, Die Arithmetik der Chinesen in Crelles Journal für reine und angewandte Mathematik (1856) LII, 59—94. Die hier angezogene Stelle auf S. 92. [3]) Perny II, 92. [4]) Unsere Quelle war namentlich die Einleitung des zweibändigen Werkes: *Le Tcheōu Lỳ ou rites de Tcheou traduit par Ed. Biot*. Paris, 1851. [5]) Perny II, 303.

Kolonie liess sich jedenfalls im VI. S. in China nieder[1]), also etwa zur Zeit, die kurz vor die Geburt des Confucius fällt, die etwa die Blüthezeit eines andern chinesischen Weisen Laò tsè war, welcher 604—523 gelebt hat. Bei Laò tsè, von welchem übrigens auch weite Reisen nach Westen, vielleicht bis Assyrien, erzählt werden, findet sich muthmasslich eine Spur der Berührung mit diesen Einwanderern in dem dreieinigen Namen Ỳ hȳ wỳ, welche er dem Taò, d. h. dem höchsten Wesen, beilegt und in welchem man Jehovah, den der war, ist und sein wird, hat erkennen wollen.

Auf die Tcheōu folgt Tsin schè huâng tý, der sich durch eine Anordnung aus dem Jahre 213 v. Chr. den Beinamen des Bücherverbrenners verdiente.[2]) Ob er nur eine neue Schrift allgemein einführen wollte, um der wachsenden Verwirrung ein Ende zu machen, die darin ihren Ursprung hatte, dass allmälig die allerverschiedensten Verschnörkelungen der Schriftzeichen Eingang gewonnen hatten, ob er, was dem, der der Gründer eines neuen Herrschergeschlechtes zu werden beabsichtigt, weit ähnlicher sieht, Alles vernichtet wissen wollte, was auf die frühere Geschichte sich bezog, damit nicht der Geschmack der Alten über die neueren Einrichtungen ein Verdammungs-Urtheil spreche oder gar die Staatskunst des Kaisers tadle, jedenfalls wurde der Befehl des Kaisers vollzogen, so genau es möglich war, und Stösse von zusammengehefteten Bambusbrettchen mit eingeritzten Schriftzeichen, die Bücher der alten Chinesen, wurden den Flammen überantwortet.

Der Kaiser starb 211. Seinem Geschlecht verblieb die Regierung nicht. Die Dynastie der Han folgte 197, und der ihr angehörige Hoei ti hob 191 das Verbrennungsedikt wieder auf. Ja unter einem der nächsten Regenten dieses Hauses Hiao wen ti 170—156 suchte man nach Werken, welche der Vernichtung entgangen waren, und fand solche in ziemlicher Menge. Bruchstücke des Tcheōu lỳ sollen damals entdeckt und der kaiserlichen Büchersammlung einverleibt worden sein, welche sodann zwischen 32 und 6 v. Chr. durch den gelehrten Minister Lieou hin noch interpolirt wurden, um, wie es heisst, gewissen damals zu treffenden Einrichtungen den Stempel hohen Alters aufzudrücken. Die Dynastie der Han ging 223 n. Chr. zu Ende.

Wieder haben wir ein für chinesische Kulturverhältnisse ungemein bedeutsames Ereigniss aus dieser Zeit zu erwähnen. Im Jahre 61 n. Chr. fand der in Indien verfolgte Buddhismus in China Eingang, wo er insbesondere unter der niederen Bevölkerung sich unaufhaltsam und mit so dauerndem Erfolge verbreitete, dass noch jetzt

[1]) Perny II, 265, 305, 312. [2]) Vergl. Tcheōu lỳ I, pag. XIII flgg. mit Perny II, 34—36.

die grosse Masse der etwa 500 Millionen Menschen, welche chinesisch reden, ihm anhängt.

Es kann unsere Aufgabe nicht sein auch nur skizzenhaft der nun folgenden Dynastien zu gedenken. Höchstens dass wir erwähnen wollen, wie unter den Sung im Jahre 1070 ein politisch-literarischer Streit an eine Auslegung sich knüpfte, welche Wang ngan chi, der Minister des Kaisers Chin tsong, einigen Stellen des Tcheōū lÿ gab. Damals ging man so weit die Ursprünglichkeit jenes Werkes völlig zu leugnen und es für eine Fälschung des Lieou hin, also etwa aus den drei letzten Jahrzehnten vor dem Beginne der christlichen Zeitrechnung, zu erklären. Dass man nicht einen noch späteren Zeitpunkt für das unterschobene Werk annahm, war wohl vorzugsweise in der Lebenszeit der Commentatoren des Tcheōū lÿ begründet. Man kannte damals hauptsächlich drei solcher Commentatoren Tching tong dem I. S. n. Chr., Tchin khang tching dem II. S., Kiu kong yen dem VIII. S. angehörig, von welchen insbesondere der zweite zur Sicherung des Originals seit seinem Leben dienen konnte, weil sein Commentar über das ganze Werk fortläuft und stete Vergleichungen mit den Sitten und Regeln, mit den Würden und Obliegenheiten seiner Zeit anstellt.[1]) Hundert Jahre nach jenem Streite trat ein vierter Commentator Wang tchao yu hinzu, und nun am Ende des XII. S. verfocht auch der gelehrte Tchu hi wieder die volle Echtheit des Tcheōū lÿ.

Auf die Sung folgte ein fremdes Herrschergeschlecht. Mongolen drangen in China ein und gaben dem Reiche eine Dynastie, welche 1275—1368 den Kaiserthron besetzt hielt, bis sie, die sogenannte Dynastie Yuën, verdrängt wurde durch die einheimische Dynastie Ming 1368—1644. Im Gefolge der Mongolen kamen, wie mit Bestimmtheit bekannt ist, arabische Gelehrte an den Kaiserhof von China ihre wieder ganz anders geartete Wissenschaft mit sich führend, freilich nicht die ersten Araber, welche in China erschienen, denn schon 615 nach Chr., 713, 726, 756, 798 waren arabische Gesandtschaften dorthin gelangt, das heisst Handeltreibende, deren Anführer, um mehr beachtet und geachtet zu sein, sich als Abgeordnete des Herrschers der Araber aufspielten. Der Name, unter welchem die Araber erwähnt werden, ist Ta schi, das ist Tâzy der persische Name derselben.[2]) In die Mongolenzeit fallen auch die Reisen des Venetianers Marco Polo, dessen Berichte bei der 1295 erfolgten Heimkehr auf unverdienten Unglauben stiessen. Erst unter der Mingdynastie suchten andere Europäer dem Beispiele des Wundermanns, der von

[1]) Tcheōū lÿ I, pag. LX—LXI. [2]) Bretschneider, *On the knowledge possessed by the Chinese of the Arabs and Arabian Colonies.* London, 1871 und A. v. Kremer, Culturgeschichte des Orients II, 280. Wien, 1877.

seinem Umsichwerfen mit grossen Zahlen oder von seinen Reichthümern den Beinamen Messer Millione erhalten hatte, zu folgen und in das schwer zugängliche Reich einzudringen.

Dem Jesuitenmissionär Matthias Ricci gelang es 1583 zuerst Zugang zu finden und in seinem Unternehmen das Christenthum zu predigen nennenswerthe Erfolge zu erreichen. Er machte sich zugleich auch als tüchtiger Astronom am Kaiserhofe geltend, so dass ihm, bis er 1620 China wieder verliess, die Leitung des Kalenderwesens übertragen wurde, eine früher in China erbliche Würde, und von nun an blieb China ein der katholischen Mission geöffnetes Land, so dass dieselbe mehr und mehr erstarkte, so dass Missionsprediger Kenntnisse genug von Land und Leuten, von Sprache und Schrift sich erwarben, um in umfangreichen Werken davon handeln zu können. Das änderte sich auch nicht als die Mandschu, erst mit den Chinesen in Krieg verwickelt und zurückgeschlagen, von einer der in China nicht seltenen Gegenregierungen, die in China gegen den Kaiser sich erhob, zu Hilfe gerufen wurden, und ein Mandschu Schun tchi nach mehrjährigen Kämpfen 1647 die noch jetzt vorhandene Dynastie der Tsing gründete. Unter dieser Dynastie, insbesondere unter Kaiser Kang hi, wurde vielmehr das Verhältniss zwischen dem Kaiserhofe und den Missionären ein immer engeres. Schon unter Kang hi's Vorgänger war Adam Schaal aus Köln, gleich Ricci Mitglied des Jesuitenordens, gleich ihm Astronom und Missionär, in China ansässig geworden. Nun folgte ein dritter Jesuit, der Holländer Ferdinand Verbiest, den Kang hi zum Präsidenten des Collegiums für Astronomie ernannte, derselbe Kang hi der in mannigfachster Weise seine Liebe für Wissenschaft bethätigte und z. B. ein Wörterbuch der damals vorhandenen Schriftzeichen anfertigen liess, welches in 32 Bänden 42000 Zeichen enthält.[1]) Es folgten im XVIII. S. Männer wie Pater Prémare, Pater Gaubil, deren Werke für die Kenntniss Chinas unentbehrlich geworden sind, wenn ihnen auch anhaftet, was wir zu Anfang dieses Kapitels angedeutet haben, dass sie den Erzählungen chinesischer Berichterstatter und chinesischer Bücher ein allzubereites Ohr zu leihen liebten. Am Anfange des XIX. S. erfolgte ein Umschlag, als 1805 die katholische Mission eine Landkarte einer chinesischen Provinz nach Rom zu schicken wagte. Das alte Misstrauen, die alte Feindschaft gegen die Fremden erwachte, welche kaum durch die englischen und französischen Waffen zu Ende der fünfziger Jahre gebändigt, sicherlich nicht vernichtet worden ist.

Der Ueberblick, welchen wir, selbstverständlich auf Quellenwerke

---

[1]) Stanisl. Julien in dem *Journal Asiatique* vom Mai 1841. 3 *ième série* XI, 402.

zweiter Hand allein uns stützend, hier gegeben haben, soll uns mehrfache Zwecke erfüllen. Er soll uns gestatten im Verlaufe dieses Kapitels der Dynastien als Zeitbestimmungen uns zu bedienen. Er soll zweitens in ein helles Licht setzen, dass die Kultur des Reiches, mit welchem wir uns zu beschäftigen haben, doch nicht so sehr gegen auswärtige Einflüsse abgeschlossen war, als man in gebildeten Kreisen Europas zu wähnen pflegt, dass vielmehr in dem Zeitraum, welcher mit dem VI. vorchristlichen Jahrhundert beginnt, der Reihe nach jüdisch-babylonische, dann indische, dann arabische, dann europäische Wissenschaft die Gelegenheit hatte in China einzudringen, eine Gelegenheit welche kaum jemals unbenutzt verlaufen sein mag. Er soll drittens uns bemerklich machen, dass den chinesischen Zeitangaben für schriftstellerische Ueberreste nicht immer Glaube beizumessen ist, dass es häufig absichtliche Rückverlegungen sind, von Chinesen selbst wenigstens im Eifer gelehrter Streitigkeiten als solche verunglimpft und ihres Ansehens für unwürdig erklärt.

Steht es doch um die Glaubwürdigkeit chinesischer Berichte überhaupt nicht sonderlich, und ohne auf Gründe psychologischer Art uns einzulassen, die man weder behaupten noch verwerfen sollte, ohne sich auf eigne Kenntniss des betreffenden Volkscharakters stützen zu können, wollen wir nur ein Moment hervorheben: Das ist die buddhistische Neigung zur Anwendung grosser Zahlen, welche in China ihren Gipfelpunkt erreichte und in dem Namen Sand des Ganges, heng ho cha, welcher dem 10^{53} beigelegt werde[1]), ihren Ursprung deutlich an den Tag legt.

Man könnte ferner aus dem Umfange vorhandener chinesischer Encyklopädien den Rückschluss ziehen, dass viel Unwahres in denselben mit in Kauf genommen werden muss. Wenn uns gesagt wird, dass eine solche Encyklopädie, welche den Namen Yùn lŏ tá tièn führt, aus beinahe 15000 Bänden bestehe[2]), so kann uns das schon ein Kopfschütteln entlocken. Wenn nun aber gar eine neue Encyklopädie, zu deren Herstellung Kaiser Kiêu lông den Befehl gab, auf 160000 Bände veranschlagt worden ist, von welchen über 100000 bereits vollendet seien[3]), so ruft diese Mittheilung in uns persönlich keineswegs das Gefühl demüthiger Bewunderung hervor, welches den Berichterstatter offenbar durchdringt. Wir kommen vielmehr selbst unter Beschränkung der Stärke der Bände auf das Geringfügigste und unter Ausdehnung der durch Blumenreichthum der Sprache trotz der ungemein raumsparenden Wortschrift erzielten Raumverschwendung auf das Unerträglichste nur zu dem einen Ge-

---

[1]) Ed. Biot, *Table générale d'un ouvrage chinonis intitulé Souan-fa-tong-tson ou Collection des règles du calcul* im *Journal Asiatique* vom März 1839. *3 ième série*, VII, 195. [2]) Perny I, 10. [3]) Perny II, 7.

danken: Wie viel muss in einer solchen Encyklopädie unwahr sein, da für ein Volk, welches seinen Stolz darein setzt um das Ausland sich nicht zu kümmern, so viel Wahres gar nicht vorhanden sein kann.

Wir werden freilich, trotz dieser Bekenntniss unserer ungläubigen Voreingenommenheit, getreulich wieder berichten, was aus verschiedenen chinesischen Werken für die Geschichte der Mathematik bei jenem Volke ermittelt worden ist, überall so weit als möglich der Zeitangabe folgend, welche die Chinesen selbst liefern, aber wir verargen es keinem unserer Leser, wenn ihn die erheblichsten Zweifel an unsere Gewährsmänner erfüllen sollten. Man wird es um so begreiflicher finden, dass wir europäischer Uebertreibungen, die chinesischer als die Chinesen selbst der Sternkunde jenes Volkes ein Alter von 18 500 Jahren beilegen wollen, nur mit diesem einen Worte gedenken.[1])

Einem Minister des Kaisers Huâng tì, welcher 2637 v. Chr. regierte, wurde, wie wir (S. 565) gesehen haben, nach einem Berichte die Erfindung der Schrift beigelegt. Ein anderer Minister desselben Kaisers, Cheòu lỳ, wird als Erfinder des Rechenbrettes, *swán pân*, genannt[2]), und unter ebendemselben soll das erste arithmetische Werk, die neun arithmetischen Abschnitte, *Kieou tschang*, verfasst worden sein[3]), welches in fast allen nachfolgenden arithmetischen Werken als die erste Grundlage der Wissenschaft des Rechnens genannt wird, und welches schon Tcheöu kong, von welchem noch nachher die Rede sein wird, um 1100 v. Chr. im Auge gehabt haben soll bei einer Vorschrift:[4]) die Söhne der Fürsten und des hohen Adels in den sechs Künsten zu unterweisen, nämlich in den fünf Klassen gottesdienstlicher Gebräuche, in den sechs verschiedenen Arten der Musik, in den fünf Regeln für Bogenschützen, in den fünf Vorschriften für Wagenlenker, in den sechs Anweisungen zum Schreiben und endlich den neun Methoden mit Zahlen zu rechnen. Wieder Huâng tì ist es, dem die Einführung eines 60jährigen Cyklus nachgerühmt wird.[5])

Zum besseren Verständniss dieser Berichte müssen wir Einiges hier einschalten. Die Chinesen theilen ihre Zeit nach den Grundzahlen 12 und 10 ein. Zwölf Stunden bilden ihnen den Tag, und der Zehn bedienen sie sich zur höheren Zeiteintheilung[6]), nachdem eine in den heiligen Schriften vorkommende 7tägige Zeitgruppe

---

[1]) G. Schlegel, *Uranographie chinoise*. Wir selbst kennen das Werk nur aus den dessen Tendenz ablehnenden Recensionen von Jos. Bertrand *(Journal des Savans* 1875) und von S. Günther (Vierteljahresschrift der Astronomischen Gesellschaft, XII. Jahrgang, Heft 1). [2]) Perny I. 108. [3]) Biernatzki l. c. S. 62. [4]) Ebenda S. 67. [5]) Ebenda S. 62. [6]) Perny I, 104.

wieder verloren gegangen ist.[1]) Aus den beiden Grundzahlen 12 und 10 vereinigt soll nun die Zahl 60 jener Jahrescyklen entstanden sein. Jedes der 60 Jahre hat seinen besonderen Namen, das erste kiă, das zweite tsè u. s. w. wesshalb der ganze Cyklus kiă tsè genannt wird. Die auf einander folgenden Namen dieser Jahre weiss jeder Chinese auswendig, und er sagt daher über sein Alter befragt ohne Weiteres: ich bin in dem so und so genannten Jahre des gegenwärtigen oder des vergangenen, des vorvergangenen Cyklus geboren. Eine anderweitige Anwendung dieser Namen bietet die Geometrie, indem die einzelnen Punkte einer Figur durch sie unterschieden werden, in derselben Weise wie Griechen und Römer es durch die Buchstaben ihres Alphabetes zu erreichen wussten.

Wir haben ferner vom Rechenbrette swán pân gesprochen.[2]) Von demselben handelt der swán fă tŏng tsŏng in 6 Bänden von je 2 Büchern. Der Swán pân besteht aus in einen Rahmen eingespannten Drähten, welche insgesammt durch einen Querdraht in zwei Abtheilungen zerfallen, deren kleinere 2, deren grössere 5 Kugeln trägt, also abgesehen von einer sehr überflüssigen Kugel in jeder einzelnen Abtheilung genau in der Weise hergerichtet sind, wie wir den Abacus der Römer (S. 448) beschrieben haben. Die meisten Swán pâns besitzen 10 Drähte. Es soll auch solche von 15 und mehr Drähten geben. Einem Zeichnungsfehler dürfen wir es vielleicht zuschreiben, wenn eine Abbildung nur 9 Drähte aufweist[3]), während wir allerdings selbst der Ausnahmsbildung eines echt chinesischen Swán pân mit 11 Drähten begegnet sind.[4]) Wie ausnahmslos die Chinesen sich ihres Swánpân bedienten, ist schon daraus zu entnehmen, dass in den Lehrbüchern der eigentlichen Rechenkunst über Addition und Subtraktion gar keine Vorschriften gegeben sind,[5]) doch wohl nur weil man diese Rechnungsarten mit der Hand und nicht im Kopfe auszuführen gewohnt war. Für das Multipliciren und Dividiren sind dagegen Regeln vorhanden. Ersteres beginnt bei der Vervielfachung der grössten Zahlentheile, letztere wird durch wiederholte Subtraktion ausgeführt.

Da auch unter Huâng tí die Anwendung der Schrift auf arithmetische Dinge uns erwähnt wird, so müssen wir hier von der Zahlenschreibung bei den Chinesen reden. Wir dürfen dabei wohl zweierlei als bekannt voraussetzen: erstens dass die chinesische Sprache der Beugungsformen durchaus entbehrt, so dass alle syntakti-

[1]) Perny I, 107. [2]) Abbildungen desselben bei Duhalde, Ausführliche Beschreibung des chinesischen Reiches und der grossen Tartarei, übersetzt von Mosheim. Rostock, 1747, Bd. III, S. 350 und bei Perny I, 108. [3]) Perny I, 109 und 110. [4]) Das 11 drähtige Exemplar gehörte 1862 der ethnographischen Sammlung des Missionshauses in Basel an. [5]) Biernatzki S. 72.

schen Beziehungen der Wörter eines Satzes zu einander nur durch die gegenseitige Stellung sowie durch eigens dazu vorhandene Partikeln ausgedrückt werden müssen, zweitens dass die Schrift der Chinesen keine Lautschrift oder Silbenschrift, sondern eine ursprünglich bildliche Begriffsschrift ist, deren Zeichen cursiv geworden und ihrer ursprünglichen Gestalt entfremdet nunmehr aus 214 Schlüsseln [1]) durch das reichhaltigste Verbindungsverfahren hergestellt werden können. So wuchs die Anzahl chinesischer Zeichen bis auf die 42 000 des Wörterbuches Kaisers Kang hi, während freilich die vier sogenannten klassischen Bücher der Chinesen nicht mehr als die Kenntniss von 2400 Zeichen von ihrem Leser verlangen. [2]) Das sind immer noch viel mehr als eigentliche chinesische Stammwörter vorhanden sind, deren man neuerdings 304 zählt, welche sich durch verschiedenartige Betonung auf 1289 erheben [3]), aber naturgemäss weitaus nicht hinreichen jedem Begriffe ein eigenes Wort zuzuwenden, so dass 20, ja 30 chinesische Schriftzeichen durch dasselbe Wort ausgesprochen werden, beziehungsweise dass man dasselbe Wort, weil es 20 bis 30 Bedeutungen besitzt, bald so bald so zu schreiben übereingekommen ist.

Diese Armuth der Sprache nöthigte nun bei den Zahlwörtern Verbindungen weniger Elemente eintreten zu lassen, und die Elemente wurden nicht anders als wie bei den übrigen Völkern gewählt, denen wir bisher unsere Aufmerksamkeit zuwandten: das Zehnersystem der Zahlbildung ist auf das Folgerichtigste festgehalten. Der Mangel an jeglicher Beugung liess ja nicht einmal Wortverschmelzungen wie z. B. unser dreissig zu; die Wortelemente drei und zehn mussten unverändert sich zusammensetzen. Eben dieselben Wortelemente mussten zu der Bildung des Zahlwortes dreizehn ausreichen, und so ergab sich für die Chinesen als sprachnothwendig, was überall sonst mehr oder weniger Willkür war: Man musste je nachdem der Name einer kleineren Zahl dem einer grösseren voranging oder folgte bald multiplikativ bald additiv verfahren, und vermöge des Gesetzes der Grössenfolge, welches dem des Zehnersystems im Allgemeinen noch vorgeht, ergab sich die Regel von selbst aus sān $= 3$ und chĕ $= 10$ additiv chĕ sān $= 10 + 3 = 13$, multiplikativ sān chĕ $= 3 \times 10 = 30$ zu bilden. Die Schrift hat nun bei den Chinesen dieselbe Methode festgehalten. Sie unterscheidet sich freilich von der dem Europäer geläufigen Reihenfolge in so fern als der Chinese seine Wörter von oben nach unten zu Zeilen, die Zeilen von rechts nach links zu Seiten vereinigt [4]), aber diese Anordnung als bekannt vorausgesetzt schreiben

---

[1]) Perny II, 103. [2]) *Stanisl. Julien* im *Journal Asiatique* von Mai 1841, pag. 402. [3]) Perny I, 34—36. [4]) Abel Remusat, *Élémens de la grammaire chinoise* (Paris, 1822) pag. 23.

sich die Zahlwörter in der That so, wie es eben angedeutet wurde (die Zahlzeichen und Beispiele vergleiche auf der am Schlusse des Bandes beigefügten Tafel). Es gibt allerdings Wörter und Zeichen, welche noch weit über 10000, ja über das multiplikativ herstellbare 10000 mal 10000 sich erheben — wir haben vorher in 10^{33} ein überzeugendes Beispiel davon kennen gelernt — aber eben jenes Beispiel mit seinem Ursprungszeugnisse an der Stirne lässt vermuthen, was berichtet wird, dass die altchinesische Gewohnheit nicht über 10000 als höchste einfache Rangordnung sich erhob. Eine Bestätigung liefert die früher von uns (S. 72) erwähnte Unterscheidung des Heilrufes, der einem Grossen des Reiches noch 1000, dem Kaiser noch 10000 Jahre wünscht.

Ausser den Zahlzeichen, von deren Benutzung wir bisher gesprochen haben, und welche die altchinesischen heissen mögen, gibt es merkwürdiger Weise noch mehrere andere Schreibarten. Wir meinen nicht eine officielle verschnörkelte Form, welche zur Verhinderung von Fälschungen in öffentlichen Aktenstücken mit Vorliebe angewandt wird, noch eine cursive flüchtigere Form, in welcher die Gestaltung der einzelnen Zeichen sich mehr und mehr verwischt hat; diese Zeichen sind beide nur als das aufzufassen, als was wir sie benannten, als Formverschiedenheiten. Wir meinen dagegen Zahlenanschreibungen, welche einem ganz anderen Grundgedanken folgen, und zwar unter Benutzung von selbst zweierlei Zeichen, welche wir Kaufmannsziffern und wissenschaftliche Ziffern nennen wollen, und deren Form gleichfalls auf der Tafel am Schlusse des Bandes zu vergleichen ist. Die Kaufmannsziffern wie die wissenschaftlichen Ziffern werden horizontal neben einander geschrieben in derselben Richtung wie die indischen Ziffern, also so dass die höchste Ordnung am weitesten links erscheint. Die Kaufmannsziffern an Form den altchinesischen nahe verwandt sollen nie gedruckt erscheinen,[1]) sondern nur im täglichen Gebrauche des Lebens ihre Anwendung finden. Die multiplikative Ziffer, welche also angibt, wie viele Zehner, wie viele Hunderter u. s. w. gemeint sind, tritt nur äusserst selten links von dem Zeichen der betreffenden Einheit auf, dann nämlich wenn keine Einheiten von anderer Ordnung vorkommen also z. B. wenn 3000 oder 400 geschrieben werden soll. Sonst werden die Rangziffern und Werthziffern in zwei Zeilen über einander geschrieben, jene in der unteren, diese in der oberen Zeile, bis auf die Einer, welche wegen nicht vorhandenen Rangzeichens in die untere Zeile hinabrücken. Eine zweite und noch wichtigere Eigenthümlichkeit dieser Kaufmannsziffern besteht in dem

---

[1]) Ed. Biot, *Sur la connaissance que les Chinois ont eu de la valeur de position des chiffres* im *Journal Asiatique* vom December 1839, pag. 497—502.

Zeichen der Null, für welche ein kleiner Kreis in Anwendung tritt um anzudeuten, dass Einheiten einer gewissen Ordnung, welche aber selbst nicht weiter angedeutet wird, sondern aus den Nachbarziffern einleuchtet, nicht vorhanden sind.

Gewichtige Gründe sprechen dafür, dass hier erst spät von auswärts Eingeführtes, nicht ursprünglich Vorhandenes vorliegt. Das geht eben aus dem gegenseitigen Verhältnisse von Sprache und Schrift bei den Chinesen hervor. Die Schrift konnte verschiedene Zeichen für gleichlautende Wörter besitzen um den verschiedenen Sinn derselben zu erkennen zu geben, aber sie fügte kein durch die Nachbarwerthe überflüssiges Null hinzu.

Noch weniger kann in China eine vollständige Stellungsarithmetik erfunden worden sein. Wenn die Zahl 36 z. B. chinesisch durch die drei Wörter drei-zehn-sechs ausgesprochen wurde, so konnte der Chinese von sich aus unmöglich auf den Gedanken kommen beim Schreiben das Wort zehn aus der Mitte heraus fortzulassen, welches er noch immer lesen sollte. Er konnte nicht auf diesen Gedanken kommen, weil bei ihm nicht wie bei anderen Völkern das Anschreiben der Zahlen ohnedies ein aus dem Rahmen der gewöhnlichen Lautschrift heraustretendes war, weil alle Schrift vielmehr, wie wir schon sagten, für ihn Begriffschrift war, mochten es Wörter einer oder einer anderen Bedeutung sein, die aufgezeichnet werden sollten.

Nichts desto weniger hat, wie die Zeichen, welche wir wissenschaftliche Ziffern nennen, beweisen, die Stellungsarithmetik mit einem eigenen System von Zeichen, welches viel durchsichtiger ist als die bisher besprochenen, in China Eingang gefunden. Man bezeichnet nämlich die Eins durch einen senkrechten oder wagrechten, die Fünf entsprechend durch einen wagrechten oder senkrechten Strich und verbindet diese beiden Elemente zur Bezeichnung von 6 bis 9, während 1 bis 5 durch Wiederholung der Eins, Null durch einen kleinen Kreis geschrieben werden. Wenn wir zum Voraus schon diese Bezeichnungsweise als eine jedenfalls spät eingeführte schildern durften, so entspricht dem die Thatsache, dass dieselbe nicht früher als in einem Werke des Jahres 1240 etwa erscheint,[1]) in dem Su schu kieou tschang (neun Abschnitte der Zahlenkunst) des Tsin kiu tschau, der unter der Dynastie Sung gegen Ausgang derselben lebte. Andere Beispiele gehören gar der Zeit der Mongolen (1275—1368) erst an,[2]) so dass wir von den neun Abschnitten der Rechenkunst unter der Sungdynastie bis zu dem Werke gleichen Namens des

[1]) Biernatzki S. 72 und 69. [2]) Ed. Biot im *Journal Asiatique* für December 1839.

Huâng ti den weiten Weg von fast 4000 Jahren zurückverfolgen müssen, um uns wieder an der Stelle zu befinden, von welcher aus wir diese Abschweifung begannen.

Und selbst jener Ausgangspunkt war ein zu später, denn noch vor Erfindung des Rechenbrettes, vor Verfassung des ersten arithmetischen Lehrbuches muss ja ein Rechnen, muss der Begriff der Zahlen festgestanden haben. Die chinesische Ueberlieferung lässt uns auch für jene alleraltesten Zeiten nicht im Stich. Mit Knötchen versehene Schnüre in Verschlingungen gezeichnet bilden die beiden Tafeln hô tû und lŏ schu.[1]) Auf der ersteren (Figur 85) sind durch die je einer Schnur angehörigen Knoten die Zahlen 1 bis 10, auf der zweiten (Figur 86) die 1 bis 9 dargestellt. Weiss sind die ungraden Zahlen gezeichnet, denn das Ungrade ist das Vollkommene wie der Tag, die Hitze, die Sonne, das Feuer. Die graden Zahlen dagegen sind schwarz, denn das Grade ist das Unvollkommene, wie die Nacht, die Kälte, das Wasser, die Erde. Diese Tafeln sollen nun — wie? ist uns wenigstens ganz unersichtlich — in der Urzeit Chinas dazu gedient haben in der Verwaltung der öffentlichen Angelegenheiten benutzt zu werden, und Kaiser Fŭ hi um 2852 soll sie erst durch seine 8 aufgehängten Zeichen pă kuá ersetzt haben, gewöhnlich kurzweg die Kuas genannt. Sie bestehen aus bald ganzen, bald gebrochenen Linien, jene das Vollkommene, diese das Unvollkommene bezeichnend, in dieser Bezeichnung also mit dem hô tû und lŏ schu übereinstimmend, wie auch darin mit ihnen übereinstimmend, dass wir uns unter Zuhilfenahme der vorhandenen Berichte auch nicht die geringste Anschauung von der Anwendungsart der

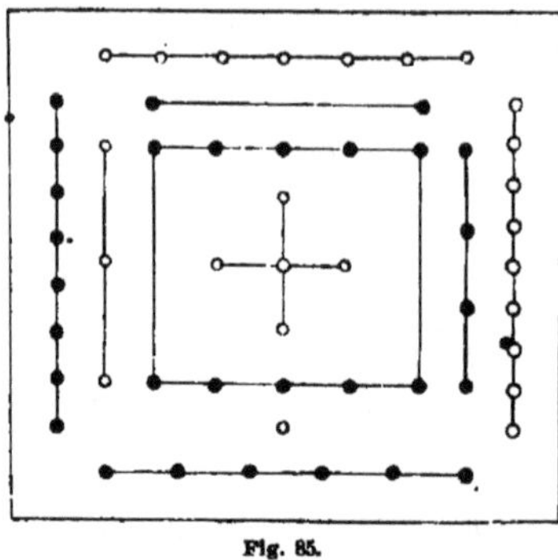

Fig. 85.

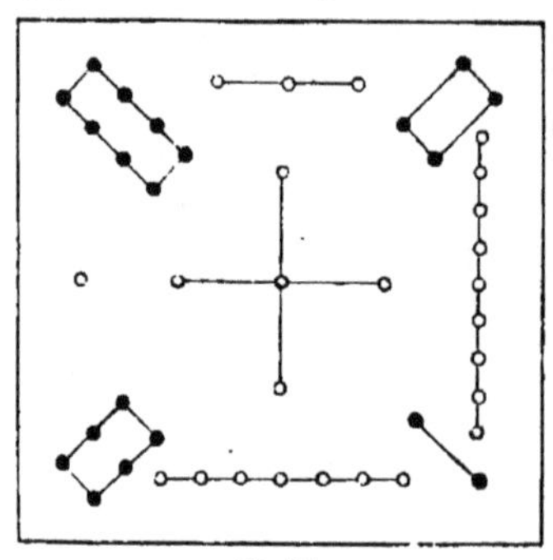

Fig. 86.

[1]) Perny II, 6—7.

Kuas zu bilden vermögen.[1]) Nur schwach vermuthend möchten wir darauf hinweisen, dass der Swán pân aus den Knotenschnüren vielleicht seine Entstehung genommen oder zu der einen Ursprung suchenden Rückerfindung jener Urbilder geführt haben kann, dass ferner in den gezeichneten Tafeln hô tû und lö schu wie in den kuá eine Art von Zahlensymbolik auftritt, welche uns daran erinnert, dass wir schon früher (S. 86) auf Uebereinstimmungen zahlenträumerischer Gedankenverbindungen zwischen chinesischen und pythagoräischen Lehren aufmerksam machen mussten, welche wohl einen geistigen wie örtlichen Mittelpunkt ihres Daseins in Babylon besassen.

Wir gehen weiter zum Tcheōu lỳ über, jenem Gesetzbuche, welches auf Où wâng oder dessen nächste Nachfolger zwischen 1122 und 1109 zurückgeführt wird. In ihm sind alle jene zahlreichen Würdenträger des chinesichen Hofstaates mit ihren Obliegenheiten genannt, welche sicherlich in späterer Zeit vorhanden waren, wenn auch vielleicht nicht in früher, da, wie wir uns erinnern, der Tcheōu lỳ von Chinesen selbst als eine Fälschung aus den letzten 30 Jahren v. Chr. angesehen worden ist. Unter diesen Würdenträgern erscheinen mehrere,[2]) welche in der Geschichte der Mathematik Erwähnung finden müssen. Da sind erbliche Würden eines Hofastronomen, fong siang schi, und Hofastrologen, pao tschang schi. Da ist ein Obermesser, liang jîn, betraut mit der Tracirung der Mauern der Paläste wie der Städte. Da ist ein eigener Beamter des Messaparates, tu fang schi, der mit dem tu kueï genannten Instrumente, das ist mit einem Schattenzeiger, den Schatten der Sonne und dergleichen bestimmen muss. Die bedeutsamste Stelle, welche wir desshalb der französischen Uebersetzung entnehmen, lautet: „Wird eine Hauptstadt angelegt, so ebnen die Erbauer, tsiang jîn, den Boden nach dem Wasser, indem sie sich des hängenden Seils bedienen. Sie stellen den Pfosten mit dem hängenden Seile auf. Sie beobachten mit Hilfe des Schattens. Sie machen einen Kreis und beobachten den Schatten der aufgehenden Sonne und den Schatten der untergehenden Sonne.“ Das hängende Seil aber wird uns dahin erläutert, es befänden sich acht Seilstücke am oberen Theile des Pfahles befestigt, 4 längs der Kanten, 4 in der Mitte der Seitenflächen, und

---

[1]) Ueber die Kuas vergl. *Le Chou king un des livres sacrés Chinois traduit par le P. Gaubil revu et corrigé par Mr. de Guignes.* Paris, 1770 an sehr verschiedenen Stellen, die im Register *s. v. koua* zu entnehmen sind. Dass man in den Kuas einmal ein chinesisches Binärsystem erkannt haben wollte, führen wir beiläufig an. Vergl. Math. Beitr. Kulturl. S. 48—49. [2]) Tcheōu lỳ Buch XXVI, Nro. 15 und 18; Buch XXX, Nro. 6—10; Buch XXXIII, Nro. 60; Buch XLIII, Nro. 19 flgg. Letztere Stelle T. II, pag. 553 der Uebersetzung.

wenn diese acht Seilstücke sämmtlich dicht am Pfahle herunterhängen, so sei keine senkrechte Aufstellung gewährleistet.

Für jeden Leser dieses Bandes muss hier Mancherlei auffallen: die Nivellirung nach der Wasserfläche, die Bestätigung des Senkrechtstehens eines Pfahles durch hängende Seilstücke, die Benutzung eines Schattenzeigers, die Beobachtung des Schattens der auf- und der untergehenden Sonne zur Orientirung nach den Himmelsgegenden, das sind Alles Dinge, die uns in Alexandria oder aus Alexandria stammend in Rom begegnet sind, die mindestens im Jahre 100 v. Chr. im Westen bekannt waren und uns nun im fernsten Osten zu Gesicht kommen. Es dürfte kaum einen anderen Ausweg geben, als entweder mit den heissspornigsten Sinologen anzunehmen, die ganze Mathematik und Astronomie sei altchinesische Erfindung und sei von dort zu den Völkern des Westens gelangt, oder aber mit den Zweiflern unter den Chinesen selbst die Entstehung des Tcheōu lỳ in eine Zeit kurz vor Christi Geburt herabzulegen und zu schliessen, es müsse damals schon aus Alexandria über Indien, wo wir auch ein sehr einfaches Wassernivellement hätten nachweisen können,[1]) oder wieder aus Babylon, dessen mathematische Vergangenheit uns von Abschnitt zu Abschnitt merkwürdiger und erforschungsbedürftiger wird, dergleichen nach China gedrungen sein. Diese Zwangswahl wird unseren Lesern noch mehr als einmal im Laufe dieses Kapitels sich aufdrängen, auch wenn wir nicht darauf aufmerksam machen, hat sich ihnen vielleicht schon geboten, als wir vom 60jährigen Cyklus des Huâng tí sprachen. Wir haben in der letztangeführten Stelle des Tcheōu lỳ: „Sie machen einen Kreis und beobachten den Schatten der aufgehenden Sonne und den Schatten der untergehenden Sonne" das uns wohlbekannte Orientirungsverfahren erkannt. Dass wir in dem vielleicht auch anderer Deutung fähigen Wortlaut nicht mehr hinein als herauslesen, beweist eine Stelle eines mathematischen Werkes, mit welchem wir uns jetzt beschäftigen müssen.

„Wenn die Sonne zu erscheinen beginnt errichte eine Beobachtungsstange und beobachte den Schatten. Beobachte den Schatten aufs Neue, wenn die Sonne untergeht. Die beiden Hauptschattenpunkte, welche sich entsprechen, bezeichnen Ost und West. Theile deren Entfernung hälftig und ziehe eine Linie nach der Beobachtungsstange hin, so wirst Du Süd und Nord bestimmt haben." So unzweideutig spricht sich der Tcheou pei aus.[2])

---

[1]) L. Rodet, *Leçons de calcul d'Aryabhata* pag. 27—28. [2]) Ed. Biot, *Traduction et examen d'un ancien ouvrage chinois intitulé Tcheou pei, littéralement: Style ou signal dans une circonférence* im *Journal Asiatique* vom Juni 1841, pag. 593—639. Die hier angeführte Stelle der künftig als Tcheou-pei zu citirenden Uebersetzung auf pag. 624.

Der Tcheou pei oder tcheou pei swan king, d. h. heiliges Buch (king) der Rechnung (swan), welches genannt ist Beobachtungsstange (pei) im Kreise (tcheou), besteht aus zwei Theilen, welche sich scharf unterscheiden lassen. Im ersten wie im zweiten Theile wird zwischen zwei Männern, von denen der Eine den Lehrer, der Andere den Schüler darstellt, ein wissenschaftliches Gespräch geführt, welches auf den Schattenzeiger sich bezieht. Aber die beiden Redner wechseln. Im ersten Theile sind es Tcheōu kong und der Gelehrte Schang kao, und sie beziehen sich auf die Kenntnisse, welche Kaiser Fū hī und der nicht minder sagenberühmte Kaiser Yu besessen haben. Im zweiten Theile wird ein Yung fang von einem Tchin tsoe unterrichtet. Die Redner des I. Theils sind Persönlichkeiten aus dem Anfange der Tcheōu Dynastie, welche um 1100 v. Chr. gelebt haben sollen. Die Redner des II. Theils kennt man nicht, doch ist hier ein Citat aus lu schi tschun tsieou des Lu pu oei vorhanden,[1]) welcher Letztere bekannt ist als Minister des Kaisers Tsīn schè huâng tў des Bücherverbrenners, also um 213 v. Chr. lebte. Drei ältere Commentatoren werden für beide Theile genannt, deren ältester Tchao kun hiang von den Einen in die Dynastie der östlichen Han etwa auf 200 n. Chr., von den Anderen erst in die Dynastie der Tsin im IV. S. gesetzt wird. Was man von den Commentatoren und von dem auf die Tcheōu Dynastie zurückgeführten Alter des I. Theiles weiss — von dem II. Theile wird ohne genau bestimmte Zeitangabe nur gesagt, er sei jünger als der I. — stammt aus einer Vorrede, welche 1213 n. Chr. unter der Dynastie Sung verfasst worden ist. In einem anderen Werke wird ferner noch berichtet,[2]) der Tcheōu pei sei unter der Dynastie Thang, dann wieder unter der Dynastie Sung „einer Durchsicht" unterworfen worden. Was man aber unter Durchsicht zu verstehen habe, geht daraus hervor, dass zugestanden wird, man habe bei der letzten 120 Zeichen, mithin Wörter, verändert und 60 weggelassen.

Fassen wir diese Angaben zusammen, so steht freilich die heutige Gestalt des Werkes nur in einem Alter von noch nicht 7 Jahrhunderten fest. Nimmt man an, es seien damals und früher unter den Thang wirklich nur unwesentliche Verbesserungen getroffen worden und die Commentatoren seien richtig datirt, so kommt man auf die Zeit zwischen 213 v. Chr. und etwa 300 n. Chr., innerhalb welcher der II. Theil entstanden sein müsste, ohne dass irgend eine Nöthigung vorläge sich der früheren Grenze mehr zu nähern als der späteren. Man könnte also z. B. eine Gleichzeitigkeit des II. Theils mit jenem Lieou hin annehmen, welcher den Tcheou ly gefälscht haben soll.

[1]) Tcheou pei pag. 616. [2]) Tcheou pei pag. 597.

Was endlich den I. Theil betrifft, so müssen wir es unseren Lesern überlassen, ob sie der Ueberlieferung, welche ihn von Tcheōu kong selbst herrühren lässt, Glauben schenken wollen. Uns scheint ein Beweis gestützt darauf, dass Tcheōu kong redend eingeführt ist, gestützt ferner auf eine Vorrede, die mehr als zwei Jahrtausende nach Tcheōu kong geschrieben ist, nicht unumstösslich festzustehen, und man gestattet uns vielleicht trotz unserer vollständigen Unbekanntschaft mit der chinesischen Sprache den Hinweis, dass bei der eigenthümlichen Doppelbedeutung von tcheou als Kreis und als Name einer Dynastie es nicht so gar weit entfernt lag, ein Werk von der Beobachtungsstange im Kreise dem Tcheōu zuzuschreiben. Dann freilich rückt auch das Datum des I. Theiles so weit herab, dass er nur vor der Lebenszeit des ersten Commentators entstanden sein muss, möglicherweise auch nicht weit von der Zeit um Christi Geburt entstand.

Der I. Theil ist kurz genug um die wichtigsten Lehren des Schang kao in Uebersetzung hier anzufügen. Schang kao spricht:

„Die Wissenschaft der Zahlen stammt vom Kreise und vom rechtwinkligen Vierecke.

Der Kreis stammt von dem rechtwinkligen Viereck, und das rechtwinklige Viereck stammt vom Kreise.

Der kuu d. h. das Winkellineal stammt von 9 mal 9, welches 81 gibt.

Theile den kuu.

Mache die Breite keou d. h. den gekrümmten Hacken gleich 3.

Mache die Länge kou d. h. die Hälfte gleich 4.

Der king yu, d. h. der Weg der die Winkel vereinigt, die Diagonale, ist 5.

Nimm die Hälfte des rechtwinkligen Vierecks aussen herum, es wird ein kuu sein.

Vereinige sie und behandle sie gemeinschaftlich mit dem Rechenbrette, so wirst Du genau 3, 4, 5 erhalten.

Die zwei kuu bilden zusammen die Grösse 25. Das ist was man die Vereinigung der kuu nennt.

Die Wissenschaft, deren Yu sich einst bediente, um was unter dem Himmel sich befindet zu regeln, beruht auf diesen Zahlen."

Hier folgen im Originale 3 Figuren, welche in der Uebersetzung, deren wir uns bedienen, nicht abgebildet, sondern nur beschrieben sind.[1]) Sie sollen die Theorie des rechtwinkligen Dreiecks klar machen. Die erste Figur heisst „Figur des Seiles" und wird folgen-

---

[1]) Tcheou pei pag. 601, Note 1. Biernatzki S. 64—66 hat eine deutsche Uebersetzung nach englischer Vorlage, von welcher die unsrige sehr abweicht. Von den hier erwähnten Figuren sagt er kein Wort.

dermassen geschildert. In einem in 49 Theile getheilten grossen Quadrate befindet sich eingezeichnet ein aus 25 Theilen bestehendes zweites Quadrat. Dieses zweite Quadrat ist selbst in 4 rechtwinklige Dreiecke und ein inneres Quadrat zerlegt. Man kann nicht sagen, dass die Klarheit dieser Schilderung Nichts zu wünschen übrig lasse. Wir entnehmen ihr, die Figur des Seiles habe so ausgesehen: (Figur 87). Ist diese Auffassung richtig, dann stellt das zweite Quadrat mit seiner Zerlegung die Figur dar (Figur 80), deren Bhâskara um 1150 sich bediente (S. 557), etwa 60 Jahre vor der Durchsicht des Tscheou pei in der Sung Dynastie.

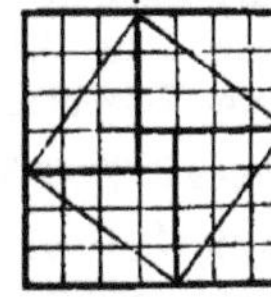

Fig. 87.

Da wir den Lauf unserer wörtlichen Wiedergabe doch einmal unterbrochen haben, so sei auf Einiges aus dem bisherigen Texte hingewiesen: auf den pythagoräischen Lehrsatz an dem Dreiecke von den Seiten 3, 4, 5; auf den Namen der Diagonale für die Hypotenuse welcher zeigt, dass der Satz am Rechtecke und nicht am Dreiecke bekannt geworden war; auf den weiteren Namen Seil für Hypotenuse, welcher täuschend an die Seilspannung der Inder erinnert, wenn wir keine andere Verwandtschaft suchen wollen.

Nach jenen Figuren folgen nun weitere Lehren, wie man den *kuu*, also das Winkellineal, benutzen soll. Eben hingelegt diene es zum Gradmachen, umgekehrt zur Höhenmessung, verkehrt zur Tiefenmessung, ruhend zur Messung der Entfernung. Der *kuu* für den Kreis d. h. der Zirkel, diene zur Herstellung des Kreises, der Doppelkuu zur Herstellung rechtwinkliger Vierecke. Die rechtwinklige Figur entspreche der Erde, die runde dem Himmel. Der Himmel sei der Kreis, die Erde sei das Quadrat.

Dieser letztere Satz bedarf gar sehr der Erläuterung. Vielleicht ist es richtig was ein Missionär, welcher lange in China war, zur Erklärung gesagt hat,[1]) Himmel und Erde seien symbolisch für die Zahlen 3 und 4; andrerseits gehöre die Zahl 3 zum Kreise, dessen Umfang als dreifacher Durchmesser galt, 4 naturgemäss zum Quadrate, und so sei die weitere Vergleichung des Himmels mit dem Kreise, der Erde mit dem Quadrate zu Stande gekommen.

Es folgen noch einige philosophische uns unverständliche Redensarten, und nun schliesst Schang kao: „das Wissen stammt vom gekrümmten Hacken, der gekrümmte Hacken vom Winkellineal, das Winkellineal mit Zahlen vereinigt regelt und leitet alle Dinge." Tcheōu kong sprach: „Das ist wundervoll!"

Hiermit schliesst der I. und, wie man behaupten will, ältere

[1]) Tcheou pei pag. 602, Note 1 mit Beziehung auf eine Bemerkung des Pater Gaubil.

Theil des Tcheou pei. Es folgt der II. viel ausführlichere Theil. Wir brauchen ihm eine weit weniger eingehende Aufmerksamkeit zuzuwenden, theils wegen des allgemein anerkannten verhältnissmässig späten Datums seiner Entstehung, theils weil es sich in ihm mehr um astronomische Verwerthung der Beobachtungsstange handelt. Nur zwei Bemerkungen scheinen uns von Wichtigkeit.

Erstlich dass die Verhältnisszahl des Kreisumfangs zum Durchmesser stets als 3 gerechnet wird.[1]) Das bestätigt jene Bemerkung, warum 3 die Zahl des Kreises sei, erinnert zugleich an die nach unserer Vermuthung altbabylonische Umfangsformel. Aus den Durchmessern 238000, $317333\frac{1}{3}$, 357000, $396666\frac{2}{3}$, $436333\frac{1}{3}$, 476000, 810000 sind die Umfänge 714000, 952000, 1071000, 1190000, 1309000, 1428000, 2430000 gefolgert, und in einem Beispiele heisst es ausdrücklich: „Nimm einen Durchmesser von $121\frac{75}{100}$ Fussen, vervielfache mit 3, Du erhältst $365\frac{1}{4}$ Fuss.“

Dieses letztere Beispiel[2]) führt uns zu unserer zweiten Bemerkung. Der Kreisumfang wird bei den Chinesen nicht in 360 Grade, sondern in $365\frac{1}{4}$ Grade eingetheilt, und die Chinesen kennen die Jahreslänge des Sonnenjahres von $365\frac{1}{4}$ Tagen. „Unter 4 Jahren sind, wie man weiss, drei von 365 Tagen und eines von 366 Tagen; daraus weiss man, dass das Jahr im Mittel aus $365\frac{1}{4}$ Tagen besteht.“ Eine deutlichere Bestätigung unserer Ansicht, dass die Kreiseintheilung in 360 Grade Nichts anderes bezwecke als die von der Sonne am Himmel scheinbar durchlaufenen Wege sichtbar zu machen (S. 83), dürfte sich kaum finden lassen. Wenn die Chinesen diese Bedeutung der Gradeintheilung überliefert bekamen und nachträglich die mit der Wahrheit besser übereinstimmende Jahreslänge von $365\frac{1}{4}$ Tagen erfuhren oder erkannten, dann, aber auch nur dann, konnten sie dem allem Zahlengefühle Hohn sprechenden Gedanken verfallen den Kreis nunmehr selbst in $365\frac{1}{4}$ Grade zu zerlegen, damit wieder jeder Grad einen Tagesweg darstelle. Ausserdem sprechen mittelbare Spuren dafür, dass den Chinesen die Kreistheilung in 360 Grade gleichfalls einmal bekannt war, denn nur von ihr aus erklärt sich die Anwendung der

---

[1]) Tcheou pei pag. 613, 614, 626. Auf pag. 614 ist zwar zu dem Durchmesser $267666\frac{2}{3}$ der Umfang 833000 statt 803000 angegeben, doch dürfte diese einzige Ausnahme auf einem Druckfehler im *Journal Asiatique* beruhen.
[2]) Tcheou pei pag. 625. Vergl. auch pag. 638—639.

Zahl 60 in dem sechzigjährigen Cyklus, nur von ihr aus die 30 Speichen in dem Rade des Kaiserwagens in der Tcheou Dynastie, wie eine Abbildung sie zeigt.[1])

Leider ist der Tcheou pei die einzige mathematische Abhandlung der Chinesen, welche durchaus übersetzt uns vorliegt. Für alle übrigen Schriften sind wir gezwungen uns auf nothdürftige Auszüge zu beziehen, von welchen nur einer eine halbwegs genügende Inhaltsanzeige des Werkes liefert, aus welchem er stammt und zugleich das Alter dieses Werkes zweifellos angibt. Die anderen Berichte leiden meistens an Unklarheit und lassen es selbst fraglich erscheinen, welches Werk von verschiedenen, die den gleichen Namen führen, eigentlich gemeint sei?

Kieou tschang oder die neun Abschnitte war (S. 571) der Titel des ältesten arithmetischen Werkes. Kieou tschang swan su d. h. Arithmetische Regeln zu den neun Abschnitten schrieb alsdann etwa ein Jahrhundert vor der christlichen Zeitrechnung ein gewisser Tschang tsang. Dieses Werk behauptet „die von den kaiserlichen Hofmeistern unter der Dynastie Tcheou befolgten arithmetischen Grundsätze zu enthalten. Jedoch gibt es sich nicht für ein neues Originalwerk aus, sondern nur für eine revidirte und verbesserte Auflage eines viel älteren Buches, dessen Verfasser unbekannt ist. Das Werk hat bis heute mehrere neue Auflagen erlebt, ist jedoch jetzt sehr selten geworden: es hat aber viele Commentatoren unter namhaften chinesichen Gelehrten gefunden.“[2]) Gegen Ende der Dynastie Sung um 1240 schrieb Tsin kiu tschau, welchen wir (S. 575) als den Schriftsteller nannten, bei welchem die sogenannten wissenschaftlichen Ziffern zuerst erwähnt werden, sein su schu kieou tschang oder die neun Abschnitte der Zahlenkunst. Werke ähnlichen Titels von noch anderen Verfassern folgten vielfach. Wenn wir uns nun der chinesischen Rückverlegungen erinnern, welche dem Götzen des nationalen Eigendünkels mit persönlicher Bescheidenheit das Opfer der eigenen Erfinderfreude zu bringen verlangten und in diesem Verlangen offenbar nirgend auf Widerstand stiessen; wenn uns dann ein Auszug aus den neun Abschnitten gegeben,[3]) aber mit keiner Silbe gesagt wird, welches von den vielen Werken, die diese Ueberschrift tragen, zu Grunde gelegt sei, welchen geschichtlichen Werth kann das für uns haben? Doch wohl keinen anderen, als dass wir dem Auszuge das alte vielleicht auf Tschang tsang, vielleicht noch weiter hinauf zurückzuverfolgende Vorhandensein von neun Abschnitten glauben, ohne jedoch annehmen zu dürfen, diese Abschnitte hätten von jeher dieselben 246 Aufgaben enthalten, oder es sei

---

[1]) Tcheou ly II, 488. [2]) Wörtlich aus Biernatzki S. 67. [3]) Biernatzki S. 73—76.

auch nur sicher, dass die Namen der Abschnitte sich nicht verändert hätten.

Die Namen „Viereckige Felder" für den ersten, „Reis und Geld" für den zweiten, „verschiedene Theilungen" für den dritten Abschnitt[1]) erinnern ungemein an Namen indischer Abschnitte, gebildet nach irgend einer Hauptaufgabe, an welche die anderen anknüpfen, wenn auch nicht immer im Inhalt ihr gleichend. Gleich im ersten Abschnitte findet sich die Regel für die Dreiecksfläche als Produkt der Grundlinie in die halbe Höhe. Die Kreisfläche zu berechnen wird nach 6 der Form nach verschiedenen Arten gelehrt: „Man multiplicire den halben Durchmesser mit dem Radius, oder nehme ein Dritttheil vom Quadrat des halben Umkreises, oder ein Zwölftel vom Quadrate des Umkreises, oder ein Viertel vom dreifachen Quadrate des Durchmessers, oder ein Viertel vom Produkte aus Durchmesser und Umkreis, oder endlich das dreifache Quadrat des Radius." Man sieht sofort, dass die fünf letzten Regeln sämmtlich auf $\pi = 3$ herauskommen. Die erste allein ist mit $\pi = 2$ gleichbedeutend und höchst auffallend dadurch, dass sie in einem Athem von dem halben Durchmesser und dem Radius spricht. Wir möchten daher hier einen Druck- oder Uebersetzungsfehler annehmen und lesen „man multiplicire den halben Umkreis mit dem Radius," eine Vorschrift, welche sonst fehlen würde, und welche nicht mit $\pi = 3$ in Widerspruch steht.

Das genauere Verhältniss des Kreisumfanges zum Durchmesser war einem Schriftsteller Tsu tschung tsche, der dem Ende des VI. S. angehören soll, als $\pi = \frac{22}{7}$ bekannt und Liu hwuy[2]) benutzte $\pi = \frac{157}{50}$.

Der 9. der neun Abschnitte beschäftigt sich mit 24 geometrischen Aufgaben, welche mittelst des rechtwinkligen Dreiecks gelöst werden. Ueber die Methode lässt uns der Auszug im Unklaren, doch dürfte wohl der pythagoräische Lehrsatz angewandt sein, der im Tcheou pei uns gleichfalls begegnet ist. Von den Körpermessungen im 5. Abschnitte ist uns nur ganz allgemein berichtet, die angewandten Formeln scheinen mithin zu besonderen Anmerkungen eine dringende Veranlassung nicht geboten zu haben. Aus den übrigen Abschnitten erwähnen wir Gesellschafts- und Vermischungsrechnungen im 3. und

---

[1]) Die wörtliche Uebersetzung der Namen der sechs weiteren Abschnitte fehlt leider in unserer Vorlage, und wir sind nicht im Stande sie selbst zu übertragen. Bei Biernatzki sind dieselben geschrieben, wie folgt: *4. Schaou kwang, 5. Schang kung, 6. Keun schu, 7. Yin nuh, 8. Fang tsching, 9. Keu ku.* [2]) Dessen Lebenszeit anzugeben sind wir nicht im Stande. Biernatzki sagt nämlich S. 73—74 er habe früher als *Tsu. tschung tsche* gelebt, und S. 68 er habe im VII. S. gelebt, und sein Werk sei im VIII. S. neu aufgelegt worden!

6. Abschnitte, Ausziehung von Quadrat- und Kubikwurzeln im 5. Abschnitte, Gleichungen im 8. Abschnitte.

Die Geometrie dürfte wohl den schwächsten Theil chinesischer Mathematik gebildet haben, kaum über die niedrigsten Anwendungen des Satzes vom rechtwinkligen Dreiecke sich erhebend; denn wenn Ko schau king um 1300 unter den Mongolen die sphärische Trigonometrie erfunden haben soll, welche in einem Werke aus der Dynastie Ming wiederholt dargestellt sei,[1]) so klingt das doch sehr nach arabischen ins Chinesische nur übersetzten Schriften.

In der Lehre von den Gleichungen dagegen müssen wir den Chinesen selbstthätiges Vorgehen nachrühmen, denn hier finden wir in der That Fortschritte, welche weder auf indischem Boden uns bekannt geworden sind, noch überhaupt anderswo so frühzeitig gemacht wurden. Hauptquelle für die Lehre von den bestimmten wie von den unbestimmten Gleichungen sind Schriften desselben Tsin kiu tschau aus der Mitte des XIII. S., welchen wir auch unter den Verfassern von Neun Abschnitten der Rechenkunst nannten. Die Lehre von den bestimmten Gleichungen findet sich in dessen Aufstellung der himmlischen Monade, *leih tien yuen yih*,[2]) und ist erläutert durch Le yay jin king, welcher während der Mongolenzeit gelebt hat.[3]) Die Monade, yuen, ist das durch ein besonderes Schriftzeichen dargestellte Symbol der ersten Potenz der unbekannten Grösse, also das yâvattâvat der Inder. Auch die Zahl, welche als ein Gegebenes in der Gleichung auftritt, die rûpa der Inder, hat einen Namen täe. Die Zeichen für yuen und täe werden rechts von den betreffenden Zahlencoefficienten geschrieben. Die Gleichungen sind vor dem Anschreiben geordnet und zwar so, dass die unbekannten Dinge den bekannten gleich gesetzt sind. Ein Gleichheitszeichen tritt dabei nicht auf, ist vielmehr aus der blossen Stellung ersichtlich. Die unterste Reihe mit rechts stehendem täe enthält die bekannte Zahl, die darüber befindliche mit rechts stehendem yuen die Unbekannte, die nächsthöhere ohne weiteren Zusatz enthält die zweite Potenz der Unbekannten u. s. f. Eine fehlende Potenz der Unbekannten muss, da die Höhe der Potenzen nach dem Stellungswerthe zu entnehmen ist, durch Null angedeutet werden. Von den beiden Wörtern täe und yuen kann Eines, beliebig welches fehlen, da die Verständlichkeit dadurch noch nicht aufgehoben ist. Positive und negative Zahlen werden durch die Farbe des Druckes unterschieden. Erstere druckt man roth, letztere schwarz. So heist z. B. unser $14x^3-27x=17$ auf chinesich, wenn wir die Benutzung unserer Ziffern beibehalten und die Farben durch die links beigesetzten Anfangsbuchstaben $_r$ (roth) und $_s$ (schwarz) unterscheiden

[1]) Biernatzki S. 70. [2]) Ebenda S. 84 flgg. [3]) Ebenda S. 70 und 84.

‚14		‚14		‚14
‚00		‚00		‚00
	oder		oder	
‚27 *yuen*		‚27		‚27 *yuen*
‚17 *täe*		‚17 *täe*		‚17

Es scheint dabei eine Annäherungsmethode für Gleichungen höherer Grade bestanden zu haben, in welcher man eine Aehnlichkeit mit der sogenannten Horner'schen Näherungsmethode entdecken will,[1]) die aber wenigstens in unserer Vorlage zu dürftig behandelt ist, als dass wir es wagten diese Meinung zu stützen oder zu widerlegen.

Die Lehre von den unbestimmten Gleichungen scheint unter dem Namen grosse Erweiterung, Ta yen, zuerst von Sun tse in dunkeln Versen beschrieben vorden zu sein,[2]) und dieser Verfasser wird gegenwärtig in die Dynastie Han im III. S. n. Chr. gesetzt. Besondere Anwendung fand die Regel Ta yen durch Yih hing, einen Geistlichen unter der Dynastie Thang, welcher 717 das Werk Ta yen lei schu darüber verfasste, und dieses Werk hat wieder unser Tsin kiu tschau neu bearbeitet. Das Hauptbeispiel heisst in wörtlicher Uebersetzung: „Dividirt durch 3 gibt Rest 2; schreibe 140. Dividirt durch 5 gibt Rest 3; schreibe 63. Dividirt durch 7 gibt Rest 2; schreibe 30. Diese Zahlen addirt geben 233, davon subtrahirt 210 gibt 23 die gesuchte Zahl. Für 1 durch 3 gewonnen setze 70. Für 1 durch 5 gewonnen setze 21. Für 1 durch 7 gewonnen setze 15. Ist die Summe 106 oder mehr, subtrahire hiervon 105 und der Rest ist die gesuchte Zahl."

Man hat nun vollständig zutreffend darauf aufmerksam gemacht,[3]) dass dieselben Divisoren 3, 5, 7 und dieselben gewonnenen Zahlen 70, 21, 15 mit deren Anwendung zur Auffindung von 23 auch in einer griechischen Aufgabe vorkommen, deren Text in einer Handschrift aus dem Ende des XIV. oder Anfang des XV. S. sich erhalten hat, während ein Verfasser nicht genannt ist. Es ist nicht unmöglich, dass die chinesische Aufgabe und ihre Auflösung etwa durch arabische Vermittlung irgend einem Byzantiner bekannt geworden sein kann, der sie sich aufnotirte. Ein umgekehrter Gang, dass also hier wie so vielfach im Westen Bekanntes nach China

---

[1]) Matthiessen, Grundzüge der antiken und modernen Algebra der litteralen Gleichungen. Leipzig, 1878, S. 964—965. [2]) Biernatzki S. 77 flgg. Vergl. besonders L. Matthiessen, Vergleichung der indischen Cuttuca und der chinesischen Ta yen Regel in der Zeitschr. f. math. u. naturw. Unterricht (1876) VII, 78—81. Ebenderselbe hatte schon 1874 in der Zeitschr. Math. Phys. XIX, 270—271 die Ta yen Regel erklärt, die vor ihm nie verstanden worden war. [3]) Matthiessen in der Zeitschr. f. math. u. naturw. Unterricht. Vergl. Nikomachus (ed. Hoche) pag. 152—153 und Friedleins Anzeige dieser Ausgabe in der Zeitschr. Math. Phys. (1866) Bd. XI, Literaturzeitung S. 71.

drang, ist kaum anzunehmen, weil nur im chinesischen Texte die Begründung des Verfahrens angedeutet ist, freilich schwer zu verstehen, aber doch zu verstehen, wie die Erfahrung gezeigt hat.

Der Sinn ist nämlich folgender. Soll eine Zahl x gefunden werden, welche durch m_1, m_2, m_3 getheilt die Reste r_1, r_2, r_3 liefere, so sucht man drei Hilfszahlen k_1, k_2, k_3 welche Multiplikatoren, *tsching su*, genannt werden, und deren jede vervielfacht mit ihrer Erweiterungszahl, *yen su*, d. h. mit dem Produkte derjenigen m, welche einen andern Index als das betreffende k führen, und dann getheilt durch ihre bestimmte Stammzahl, *ting mu*, d. h. das dritte m den Rest 1 liefern. So gibt unsere Aufgabe unter Anwenduug von Congruenzen: $5\cdot 7\cdot k_1 \equiv 1 \pmod 3$; $3\cdot 7\cdot k_2 \equiv 1 \pmod 5$; $3\cdot 5\cdot k_3 \equiv 1 \pmod 7$. Daraus werden nun gewonnen: aus 3 die Zahl $k_1 = 2$ oder $5.7\cdot 2 = 70$; aus 5 die Zahl $k_2 = 1$ oder $3\cdot 7\cdot 1 = 21$; aus 7 die Zahl $k_3 = 1$ oder $3.5\cdot 1 = 15$. Wie diese Zahlen gewonnen wurden, ist auch nicht andeutungsweise gesagt, die Vermuthung liegt daher am Nächsten, man werde sich durch Probiren geholfen haben. Nun wird jede der gewonnenen Zahlen $m_2 m_3 k_1 = 70$, $m_1 m_3 k_2 = 21$, $m_1 m_2 k_3 = 15$ mit dem entsprechenden Reste $r_1 = 2$, $r_2 = 3$, $r_3 = 2$ vervielfacht und ihre Summe $140 + 63 + 30 = 233$ gebildet, von welcher man die Stammerweiterung, *yen mu*, d. h. das Produkt der drei m, $3\cdot 5\cdot 7 = 105$, so oft als möglich abzieht und hat damit $x = m_2 m_3 k_1 r_1 + m_1 m_3 k_2 r_2 + m_1 m_2 k_3 r_3 - c m_1 m_2 m_3$ gefunden, wie z. B. $x = 2\cdot 70 + 3\cdot 21 + 2\cdot 15 - 2\cdot 105 = 23$. Es steht eben so fest, dass dieses Verfahren von der indischen Zerstäubung, mit welchem man es zu vergleichen liebte, bevor man es verstand, durchaus verschieden ist, als dass es eine wahre Methode genannt zu werden verdient, deren Erfinder mit dem glücklichsten Scharfsinne ihrer Aufgabe zu Leibe zu gehen wussten.[1])

Etwas später als Tsin kiu tschau lebte Tschu schi kih, welcher 1303 den kostbaren Spiegel der vier Elemente, *Sze yuen yuh kihn*, veröffentlichte. Hier finden sich die *lihn* bei Berechnung von Zahlen bis zur 8. Potenz als eine alte Methode. In unseren Ziffern sehen dieselben folgendermassen aus

$$
\begin{array}{c}
1 \\
1 \quad 1 \\
1 \quad 2 \quad 1 \\
1 \quad 3 \quad 3 \quad 1 \\
1 \quad 4 \quad 6 \quad 4 \quad 1 \\
1 \quad 5 \quad 10 \quad 10 \quad 5 \quad 1 \\
1 \quad 6 \quad 15 \quad 20 \quad 15 \quad 6 \quad 1 \\
1 \quad 7 \quad 21 \quad 35 \quad 35 \quad 21 \quad 7 \quad 1 \\
1 \quad 8 \quad 28 \quad 56 \quad 70 \quad 56 \quad 28 \quad 8 \quad 1
\end{array}
$$

[1]) Matthiessen hat l. c. mit Recht hervorgehoben, dass die Methode

Es sind [1]) die den Arabern freilich seit dem Ende des XI. S. bekannten Binomialcoefficienten zu der Gestalt geordnet, welche man in Europa seit dem Ende des XVII. S. das arithmetische Dreieck genannt hat. Das hier auftretende Wort *lihn* wird auch bei der früher erwähnten Annäherungsmethode zur Auflösung von Gleichungen höherer Grade mehrfach benutzt und hat dadurch Anlass zu dem gleichfalls erwähnten Deutungsversuche dieser Methode gegeben.

Das arithmetische Dreieck ist auch in einem letzten Werke wiedergefunden worden, von welchem wir einigermassen eingehender unterrichtet sind, da wenigstens die Inhaltsangabe desselben in Uebersetzung vorhanden ist.[2]) Wir meinen die Grundlagen der Rechenkunst, *swan fa tong tsong*, welche unter Wan ly aus der Dynastie Ming 1593 dem Drucke übergeben worden sind. Es heisst in demselben, jene Zahlenanordnung finde sich schon in einem älteren Werke des U schi, aber unser europäischer Gewährsmann fügt ausdrücklich hinzu, dieser Name sei ein so gewöhnlicher, dass Folgerungen aus demselben nicht zu ziehen seien, und so wissen wir nicht einmal ob dieser U schi früher oder später als Tschu schi kih gelebt hat. Im *Swan fa tong tsong* werden noch mancherlei andere Dinge gerühmt, so die Anwendung der Verhältnisszahl $\pi = \frac{22}{7}$, das Vorkommen von Dreieckszahlen und Pyramidalzahlen, magische Quadrate, Multiplikationen unter Anwendung von dreieckigen Feldern, also vielleicht so wie wir sie (S. 520) bei den Indern in Uebung fanden. Wir berichten genauer nur über eine Messungsaufgabe, welche Verwandtschaft mit in Europa vorkommenden Verfahren (S. 471) an den Tag legt. Die Höhe eines zugänglichen Baumes wird zu kennen verlangt.[3]) Man entfernt sich von dessen Fusse um eine gemessene Strecke, stellt eine Signalstange auf und entfernt sich dann noch weiter, bis man mittels eines hohlen Rohres die Spitze der Stange und des Baumes in einer geraden Linie sieht. Die Höhe des Auges über den Boden wird nun zu 4 Fuss geschätzt und alsdann die Höhe des Baumes mit Hilfe ähnlicher rechtwinkliger Dreieck berechnet.

Wir sind der Zeit schon sehr nahe, in welcher die europäischen Missionäre an dem Hofe des den Wissenschaften ergebenen Kaisers Kang hi freundliche Aufnahme fanden. Er schätzte in ihnen die

---

ta yen mit derjenigen, welche Gauss in den *Disquisitiones arithmeticae* § 32—36 gelehrt hat, übereinstimme. Vergl. Dirichlet, Zahlentheorie § 25 (III. Auflage. 1879, S. 56—57). [1]) Biernatzki S. 87—89. [2]) Ed. Biot im *Journal des Savants* 1839 pag. 270—273 und besonders im *Journal Asiatique* für März 1839 pag. 193—217. Die Bemerkung über *U schi* pag. 194. [3]) *Journal Asiatique* für März 1839, pag. 212.

höhere Bildung, welche er, sich darin als kein Nationalchinese verrathend, wohl anerkannte. Aber einen chinesischen Gelehrten Mei wuh gan, einen Anhänger der verjagten Ming Dynastie und trotzdem wegen seines Wissens bei dem fremden Kaiser wohlgelitten, wurmte das Uebergewicht dieser Europäer. Er behauptete [1]), von den durch sie eingeführten Theorien sei die bei weitem grösste Mehrzahl den Chinesen schon Jahrhunderte früher bekannt gewesen, und dieses nur aus Unkunde mit der heimischen Literatur übersehen worden. Ja aus China stamme alle Wissenschaft, übersetzt sei sie zu den Bewohnern anderer Länder gedrungen und habe dort weiter gelebt, während sie in China selbst seit der grossen Bücherverbrennung aufgehört habe sich zu entwickeln, wie sie begonnen hatte. Jetzt suchte man wieder eifriger und allgemeiner nach den alten Schriften und fand sie.

Wie viele deren echt, wie viele unecht waren, wer könnte diese Frage ohne die eingehendsten Kenntnisse der verschiedensten Art beantworten? Für die mathematischen Schriften muss nothwendigerweise neben den sprachlichen Merkmalen höheren oder niedrigeren Alters, vielleicht noch vor diesen der Inhalt zur Beantwortung beitragen, und diesem Inhalte, soviel uns davon bekannt geworden ist, entnehmen wir die gleiche Folgerung, welche (S. 570—571) als vorläufige Ansicht schon von uns geltend gemacht worden ist, als wir die Ursprungs- und Echtheitsfrage zuerst aussprachen. Wir glauben nicht an eine hohe Entwicklung der ursprünglichen chinesischen Mathematik. Wir glauben vielmehr, dass das Meiste aus verschiedenen Quellen, unter welchen die babylonische wohl nicht die mindest ergiebige gewesen ist, dorthin zusammenfloss. Wir gehen aber andrerseits auch nicht so weit, dass wir den Chinesen jede einzelne Leistung auf mathematischem Gebiete absprechen. Die Algebra scheint wie den Indern so auch den Chinesen das ihrem Geiste angemessene Arbeitsfeld geboten zu haben, und auf diesem Felde wuchsen Früchte, denen wir bis auf Weiteres die chinesische Heimath abzuerkennen in keiner Weise gerechtfertigt sind. Die Methode der grossen Erweiterung zur Auflösung gleichzeitig bestehender unbestimmter Gleichungen ersten Grades dürfte die edelste dieser Früchte sein.

[1]) Biernatzki S. 60—62.

VII. Araber.

VII. Araber.

Kapitel XXXII.

Einleitendes. Arabische Uebersetzer.

Wenn in den beiden vorigen Abschnitten der Ursprung der Kenntnisse, welche bei den Indern und Chinesen nachweislich waren, unsere Kritik herausforderte und uns die Hoffnung kaum gestattet ist, dass bei den einander schnurstracks entgegenstehenden Schulmeinungen in dieser Beziehung unsere Auffassung von allen Lesern getheilt des Charakters einer wenn auch durch Gründe gestützten doch wesentlich persönlichen Meinung entkleidet werde, so verhält es sich ganz anders mit der arabischen Mathematik.[1])

Dass ein Volk Jahrhunderte lang jedem Kultureinflusse von Seiten seiner Nachbarvölker unzugänglich war, dass es selbst in jener ganzen Zeit keinen Einfluss üben konnte, dass es dann plötzlich seinen Glauben, seine Gesetze und mit diesen seine Sprache weiten Ländern aufzwang, welche an Ausdehnung kaum von dem Machtbereiche anderer Eroberer erreicht worden sind, ist für sich eine so regelwidrige Erscheinung, dass es wohl der Mühe lohnt ihren Ursachen nachzuforschen, dass aber zugleich mit ihr die Gewissheit gegeben ist, die plötzlich auftretende anderen Entwicklungen ebenbürtige Geistesreife könne aus sich selbst unmöglich zu Stande gekommen sein.

Muḥammed floh im September 622 aus Mekka. Er starb im Juni 632. Zehn Jahre hatten ausgereicht ihn auf der Flucht aus seiner Vaterstadt, ihn kämpfend mit wechselndem Erfolge, ihn endlich auf dem Gipfel seiner Macht zu sehen, und, was nur Wenigen gleich ihm beschieden war, er starb auf einem Höhepunkt angelangt. Seine Nachfolger — Chalifen — setzten das von ihm begonnene Werk fort, die Glaubenssätze, welche Muḥammed als ihm offenbart

[1]) Wir folgen in diesem Abschnitte in der Anordnung des Stoffes wesentlich Hankel's arabischen Kapiteln S. 228—293. Von Büchern allgemeinen Inhaltes, deren wir uns ausser den auch von Hankel benutzten bedient haben, seien besonders erwähnt: G. Weil, Geschichte der islamitischen Völker von Mohammed bis zur Zeit des Sultan Selim übersichtlich dargestellt. Stuttgart, 1866 und Alfr. v. Kremer, Kulturgeschichte des Orients unter den Chalifen. Wien, 1877. Wir citiren beide Werke als Kremer und Weil.

verkündigt hatte, mit dem Schwerte in der Hand zu verbreiten. Nicht eigentliche Eroberung war der nächste Zweck der Kriege. Die Annahme der neuen Religion durch die Bekriegten genügte den Siegern in erster Linie, und auch wo der Glaubensfeldzug mit Ländererwerb endigte, blieb der erste Beweggrund an manchen Erscheinungen sichtbar. Der Fremde war nicht länger der Unterworfene, als er selbst wollte. Mit dem Uebertritte zum Islam erlangte er das Bürgerrecht, trat er in die Rechte der herrschenden Nation ein[1]), nur Eines fehlte ihm: Stammesgemeinschaft, da der Muselmann auf die alte Nationalität verzichten musste, der neuen nicht von selbst angehörte. Aber auch diesem Mangel konnte er abhelfen. Er trat meistens zu dem herrschenden Stamme, zu dessen Anführer oder zur regierenden Dynastie in das Klientelverhältniss. In der nächsten Generation waren seine Nachkommen schon vollständig den neu gewonnenen Freunden gleichartig und galten bald als echte Araber, denen sie in Sprache und Sitte so schnell als möglich sich anzuschliessen bedacht waren. Diesen durch den Uebertritt zu erwerbenden Vortheilen vereinigt mit der geschichtlichen Thatsache, dass in vielen Ländern, gegen welche die ersten Züge der Mohammedaner sich wandten, religiöse Gleichgiltigkeit, in anderen Verkommenheit und Widerstandslosigkeit ihnen gegenübertrat, vereinigt mit der weiteren Thatsache, dass nationalarabische Volkstheile an den verschiedensten Orten des Ostens längst vor dem Auftreten des Propheten verbreitet waren, welche auch den Stammesgegensatz zwischen Siegern und Besiegten zu mildern sich eigneten, mag eine wesentliche Rolle bei der raschen Ausbreitung des Islam zugefallen sein. Eben diese Art der Ausbreitung erklärt es aber, dass die arabische Sprache in fast unglaublich kurzer Zeit als herrschende Sprache sich aufdrängen, dass z. B. noch nicht volle 200 Jahre nach Muhammed unter dem Chalifen Almamûn, welcher uns noch oft beschäftigen wird, ein Statthalter in Persien seinen Wohnsitz haben konnte, der nicht ein Wort persisch verstand.[2])

Den geistig kräftigeren Elementen, welche an der Religion ihrer Väter hingen und nicht zum Uebertritte zu bewegen waren, sondern das blieben als was sie erzogen worden waren, meistens nestorianische Christen und Juden, wurde freilich dem Wortlaut des Gesetzes nach mit Bedrückung mannigfacher Art gedroht. Schon Chalife Omar 634—644, derselbe welcher das Jahr 622 der Flucht Muhammeds als Hidschra zum Anfang einer neuen Zeitrechnung schuf, erliess das Verbot, dass kein Jude oder Christ in Staatskanzleien angestellt werde.[3]) Harun Arraschîd 786—809 befahl alle Kirchen in dem Grenzgebiete niederzureissen und verordnete, dass die Nicht-Musel-

[1]) Kremer II, 147. [2]) Ebenda 150, Anmerkung 1. [3]) Weil S. 20.

männer sich einer besonderen Kleidung zu bedienen hätten.[1]) Aber viele dieser Gesetze standen nur auf dem Papiere und wurden massenhaft umgangen. Wenn wir hören, dass Hârûn Arraschîd selbst einen nestorianischen Christen Dschibrîl ibn Bachtischû' zum Leibarzt hatte, der sich bei ihm jährlich auf 280 000 Dirham (das sind über M. 200 000) stand[2]), wenn Chalife Almuktadir 869—870 das Verbot Andersgläubige anzustellen mit der Klausel versah: es sei denn als Aerzte oder Geldwechsler, so wird uns der Grund nicht lange verborgen bleiben, warum man so schonend in mancher Beziehung verfuhr.

Unter den echten Arabern war die Schreibkunst noch wenig verbreitet. Es ist zweifelhaft, ob Muhammed selbst in späteren Jahren sie sich aneignete.[3]) Gewandtheit mit dem Schreibrohre umzugehen besassen noch lange Zeit nur Christen und Juden, und so musste man wohl oder übel sich ihrer bedienen. Namentlich die nestorianischen Christen waren es, die das staatliche Rechnungswesen fast allein besorgten und ebenso als Aerzte unentbehrlich waren. Auch Juden, Perser, Inder betrieben die praktische Medizin, aber das christliche Element war entschieden vorherrschend. Erst der grosse Râzî, dessen Todesjahr auf 932 fällt, eröffnet den Reigen der mohammedanischen Aerzte.[4]) Dagegen war schon unter den persischen Sassanidenkönigen im V. S. ungefähr in der Stadt Dschundaisâbûr in der Provinz Chuzistan eine von Nestorianern geleitete und besuchte medizinische Schule gegründet worden. Diese Schule wurde durch die Eroberung in ihrer Blüthe keineswegs gehemmt, aus ihr gingen die besten und berühmtesten Aerzte ihrer Zeit hervor, aus ihr insbesondere die Leibärzte der Chalifen, und wir haben an einem Beispiele gesehen, wie dieselben bezahlt wurden. Die ungeheuren Geldsummen, welche rasch ihren Besitzer zu wechseln pflegten, bilden überhaupt ein kennzeichnendes Merkmal der damaligen Verhältnisse, und man hat gewiss mit Recht auf diesen Umstand hingewiesen[5]), um die Raschheit der Entwicklung, die eben so grosse Jähe des Verfalls der orientalisch-arabischen Bildung zu erklären. Wo nicht bloss der Beherrscher der Gläubigen über ungezählte Schätze verfügte, wo nur als ein Beispiel unter vielen von einem Kaufmanne in Al-Basra unter Al-Mahdî 775—785 uns berichtet wird, der ein tägliches Einkommen von 100 000 Dirham (beinahe 30 Millionen Mark jährlich!) besass, so begreifen wir, welche Treibhaustemperatur durch solche Mittel den Fleiss anzufeuern geschaffen wurde.

Eine ungemein fruchtbare übersetzende Thätigkeit begann, sobald das Arabische die allgemeine Literatursprache geworden war.[6])

---

[1]) Kremer II, 167. [2]) Ebenda 179. [3]) Weil S. 3. [4]) Kremer II, 183
[5]) Ebenda 190. [6]) Ebenda 169.

Aus dem Syrischen, aus dem Persischen, aus dem Griechischen, aus dem Indischen wurden durch eingeborene Andersgläubige werthvolle Werke in das Arabische übertragen. Die Regierungen der Chalifen Almanșûr 754—775, Hârûn Arraschîd 786—809, Almamûn 813—833 sind für solche Thätigkeit ganz besonders günstig gewesen, und hier beginnt auch die Geschichte der Mathematik bei den Arabern.

Vielleicht sollte man zu Gunsten einer Persönlichkeit noch um einige Chalifate weiter hinaufgreifen bis zu dem Omaijaden 'Abd Almelik 684—705, während die drei obengenannten dem Geschlechte der Abbasiden angehörten. Unter 'Abd Almelik, welcher gleich den anderen Omaijaden in Damaskus residirte, war ein Christ von echtgriechischer Herkunft, Sergius, Schatzmeister, und dessen Sohn Johannes von Damaskus folgte in noch jugendlichem Alter wahrscheinlich dem Vater bei dessen Tode in dieser Stellung nach. Bald aber zog er sich nach dem Kloster Saba zurück, wo er nach den Einen 760, nach den Andern gar erst 780 starb.[1]) Wir haben früher (S. 395) gesehen, dass ihm, dessen schriftstellerische Thätigkeit allerdings auf theologischem Gebiete liegt, nachgerühmt wird, er sei in der Geometrie so bewandert gewesen wie Euklid, in der Arithmetik wie Pythagoras und Diophantus, aber das ist auch Alles, was wir von ihm als Mathematiker wissen.

Die Abbasiden folgten im Chalifate auf die Omaijaden im Jahre 750 in der Person des grausamen, undankbaren, rachsüchtigen und meineidigen Abû'l 'Abbâs, dessen blutgetränkte Regierung nur 4 Jahre dauerte.[2]) Wir erwähnen aus dieser Zeit nur eine Neuerung. Die Heiligkeit des Nachfolgers des Propheten gestattete nicht mehr einen unmittelbaren Verkehr zwischen ihm und dem Volke. Ein Träger seiner Befehle musste die Vermittelung hinfort übernehmen, und ein solcher Träger, arabisch Wazîr, wurde demgemäss ernannt. Wir stehen jetzt wieder an dem Regierungsantritte Almanșûrs, der nach den verschiedensten Richtungen eine neue Zeit einleitete und wie zum äusseren Zeichen derselben seinen Wohnsitz von Damaskus nach Bagdad an den Tigris verlegte, an die Stelle wo im Umkreise nur weniger Meilen einst Babylon und Ktesiphon mächtigen Königen zum Mittelpunkt ihrer Herrschaft gedient hatten. Der Handel belebte sich sichtlich. Die Schifffahrt im persischen Meerbusen und darüber hinaus brachte den Kaufleuten namentlich von Al-Bașra an der Mündung des mit dem Euphrat vereinigten Tigris jene Reichthümer, von denen vorübergehend die Rede war, brachte ihnen Menschenkenntniss und Welterfahrung und Wissen der mannigfachsten Art.

---

[1]) Kremer II, 402. [2]) Weil S. 131.

Al-Basra wurde jetzt der Ort, von wo auch geistige Güter der Reichshauptstadt zugeführt wurden.[1]) 'Amr ibn 'Ubaid lebte in Al-Basra, ein Philosoph von sittlicher Reinheit und geistiger Grösse, der sich tief erbittert über die schmachvolle Regierungsweise der letzten Omaijaden lebhaft mit politischen Umtrieben beschäftigte und für seinen Theil an dem Sturze wenigstens eines Tyrannen aus jenem Geschlechte emsig mitwirkte. Als die Dynastie vollends beseitigt war, trat er zu dem Abbasiden Almansûr in nahe Beziehungen, und dieser verehrte ihn wie einen väterlichen Freund. Wahrscheinlicherweise waren es die Lehren des 'Amr ibn 'Ubaid, welche die kulturfreundlichen Anwandlungen Almansûrs in Thaten überführten. Auf Almansûrs Befehl entstanden Uebersetzungen, von denen wir andeutungsweise gesprochen haben. Aus dem Griechischen, vielleicht freilich erst mittelbar aus syrischen Bearbeitungen übertrug man medizinische Schriften;[2]) aus dem Pehlewî, die ursprünglich indischen Thierfabeln des Bidpai, welche in der zweiten Hälfte des VI. S. der Leibarzt des persischen Königs Chosrau Anôscharwân, desselben, der den flüchtigen Lehrern der athener Hochschule eine Heimath geboten hatte (S. 427), in jene Sprache übersetzt hatte;[3]) aus dem Sanskrit lernte man den Sindhind kennen, welchen Al-Fazârî arabisch herausgab[4]), und sobald einmal, sagt der arabische Geschichtsschreiber, der uns dieses erzählt, diese Werke in die Oeffentlichkeit gedrungen waren, las man sie und studirte mit Eifer die darin behandelten Gegenstände.

Wir sind namentlich über das was den Sindhind betrifft[5]) aufs Beste unterrichtet durch eine in der Einleitung zu einem astronomischen Werke enthaltene Erzählung. Aus dieser berichtet nämlich ein anderer Araber wie folgt: „Alhusain ibn Muhammed ibn Hamid, bekannt unter dem Namen Ibn Aladamî, erzählt in seinem Tafelwerke, bekannt unter dem Namen der Perlenschnur,[6]) dass im 156. Jahre der Hidschra vor dem Chalifen Almansûr ein Mann aus Indien erschien, welcher in der unter dem Namen Sindhind bekannten Rechnungsweise, die sich auf die Bewegungen der Sterne bezieht, sehr geübt war, und zur Auflösung der Gleichungen

---

[1]) Kremer II, 410—412. [2]) Wenrich, *De auctorum Graecorum versionibus et commentariis Syriacis, Arabicis, Armeniacis Persicisque.* Leipzig, 1842, pag. 13—14. [3]) Wüstenfeld, Geschichte der arabischen Aerzte und Naturforscher. Göttingen, 1840, S. 6, Nro. 7 und S. 11, Nro. 21. [4]) Kremer II, 442. [5]) Vergl. Woepcke im *Journal Asiatique* vom 1. Halbjahr 1863, pag. 474 flgg. Auch die von uns nachher zu gebenden Erläuterungen finden sich bei Woepcke, welcher sich hier zum Theil auf Colebrooke stützt. [6]) Ibn Aladami lebte um 900. Sein Tafelwerk wurde 920 nach seinem Tode von einem Schüler herausgegeben. *Notices et extraits de manuscrits de la biblioth.* VII, 126, Anmerkung 3.

Methoden, die sich auf die von einem halben Grade zu einem halben Grade berechneten Kardagas stützten, und ausserdem mannigfache astronomische Verfahren zur Bestimmung der Sonnen- und Mondfinsternisse, der Coascendenten der Zeichen der Ekliptik und anderer ähnlicher Dinge, insgesammt in einem aus einer gewissen Zahl von Kapiteln bestehenden Buche besass. Das Buch wollte er ausgezogen haben aus den Kardagas, welche den Namen eines indischen Königs Figar tragen, und welche auf eine Minute genau berechnet waren. Almanṣûr ordnete an, dass man dieses Buch ins Arabische übersetze und darnach ein Werk verfasse, welches die Araber den Planetenbewegungen zu Grunde legen könnten. Diese Arbeit wurde dem Muḥammed ibn Ibrâhîm Alfazârî anvertraut, welcher darnach ein Werk verfasste, das bei den Astronomen der grosse Sindhind heisst. Das Wort Sindhind bedeutet nämlich in der Sprache der Inder ewige Dauer. Insbesondere die Gelehrten jener Zeit bis zur Regierung des Chalifen Almamûn richteten sich darnach. Für diese wurde ein Auszug davon durch Abu Dschaʿfar Muḥammed ibn Mûsâ Alchwarizmi angefertigt, welcher sich dessen auch zur Herstellung seiner in den Ländern des Islam berühmten Tabellen bediente. In diesen Tafeln stützte er sich für die mittleren Bewegungen auf den Sindhind und wich für die Gleichungen und Deklinationen davon ab. Er stellte seine Gleichungen nach der Methode der Perser und die Deklinationen der Sonne nach der Weise des Ptolemäus auf. Er schlug auch in diesem Werke schöne von ihm erfundene Näherungsmethoden vor, welche aber wegen gewisser augenscheinlicher Irrthümer, die das Werk enthält, und die des Verfassers Schwäche in der Geometrie zeigen, unzulänglich sind. Diejenigen Astronomen der genannten Zeit, welche der Methoden des Sindhind sich bedienten, schätzten das Werk sehr und verbreiteten es rasch weiter. Noch heute ist es sehr gesucht von denjenigen, welche sich mit der Berechnung der Gleichungen der Planeten beschäftigen."

Wir müssen diesem Berichte mannigfache Erläuterungen beifügen. Der Name Sindhind ist Nichts anderes als eine offenkundige Verketzerung von Siddhânta, und es ist also nur die Frage, welches von den diesen Namen führenden astronomischen Werken der Inder gemeint sei. Da es im Jahre 156 der Hidschra, welches mit dem Jahre 773 n. Chr. übereinstimmt, nach Bagdad gekommen ist, so stehen später verfasste Siddhântas natürlich ausser Frage. Genauere Antwort gestattet sodann die Nennung des Königs Figar. Es ist sehr wahrscheinlich, dass Figar aus Vyâghra entstand, dass aber Vyâghra selbst eine Abkürzung aus Vyâghramuka ist, dem Namen des Königs, während dessen Regierungszeit Brahmagupta 628 seinen Brâhma-sphuṭa-siddhânta (S. 508) verfasste. Berücksichtigt man endlich die gleichfalls allgemein zugestandene Verketzerung

Kardaga aus kramajyâ, so dürfte folgende Vermuthung zur fast sicheren Thatsache sich gestalten: Im Jahre 773 kam durch einen Inder ein Auszug aus dem astronomischen Lehrgebäude des Brahmagupta nach Bagdad, und dieser Inder nannte seine Quelle nicht mit dem wahren Namen des Verfassers, sondern nach dem Könige, unter welchem das Werk verfasst war, darin vielleicht nur die Fragen des Chalifen beantwortend, welcher die fürstliche Macht so verstand, dass Alles nach dem benannt werden müsse, unter dem es geleistet wurde.

Die arabischen Personennamen, welche in dem Berichte und auch sonst uns bereits vorgekommen sind, erheischen gleichfalls eine erläuternde Bemerkung.[1]) Die Araber bedienten sich verhältnissmässig sehr wenig zahlreicher Namen. Um so sicherer trat es ein, dass Viele gleichnamig waren, und zur Unterscheidung wurde alsdann, verbunden durch das Wort ibn = Sohn, auch der Vatersname genannt, Muḥammed ibn ʻAbdallâh (der Sohn des ʻAbdallâh) war ein anderer als Muḥammed ibn ʻOmar (der Sohn des ʻOmar). Waren auch die Väter gleichnamig, so konnte wiederholt durch ibn eingeführt auf den Vater des Vaters zurückgegangen werden u. s. w. War eine Verwechslung nicht möglich, so liess man nicht selten dem Namen des Vaters gegenüber den des Sohnes weg und sprach nur von dem Sohne ʻOmars oder von dem Sohne ʻAbdallâhs. Auch umgekehrt hat man durch den Sohn auch wohl den Vater näher bezeichnet, der nun abû = Vater des nachfolgend Genannten hiess. Ein Muḥammed also, der einen ʻOmar zum Vater, einen ʻAbdallâh zum Sohne hatte, vereinigte die Namen beider Blutsverwandten mit dem eignen und hiess dem entsprechend Abû ʻAbdallâh Muḥammed ibn ʻOmar. Man findet dabei die eigenthümlichsten Verbindungen und Weglassungen. So konnte von dem Vater eines bekannten Mannes, von dem Sohne des Vaters eines Dritten die Rede sein, ohne dass der Name des eigentlich Gemeinten überhaupt ausgesprochen wurde. Abû Marwân war Marwâns Vater, gleichgiltig wie er hiess; Ibn Abû Marwân war der Sohn von Marwâns Vater, d. h. Marwâns Bruder. Der Araber hat nun ferner die Gewohnheit auch Eigennamen den Artikel al vorzusetzen, welcher mit Abû sich zu Abû'l vereinigt und auch andere Veränderungen erleidet z. B. vor einem anfangenden R sich in ar verwandelt. Dass dieser Artikel um so weniger bei Beinamen fehlen durfte ist einleuchtend. Wir erinnern als Beispiele an die Chalifennamen al Manṣûr = der Siegreiche, ar Raschîd = der auf richtigen Weg Geleitete, al Mamûn = der durch Vertrauen Beglückte. Die Beinamen, vielfach zur genaueren Be-

[1]) Wüstenfeld, Geschichte der arabischen Aerzte und Naturforscher. S. X–XIII.

stimmung der gemeinten Persönlichkeit beitragend, sind verschiedener Gattung. Sie können sich auf geistige oder körperliche Vorzüge oder Mängel dessen beziehen, dem sie beigelegt wurden; sie können von dem Geburtsorte oder Wohnorte des Betreffenden herrühren; sie können eine religiöse Sekte bezeichnen, welcher er angehörte; sie können den Stand oder die Beschäftigungsweise der Persönlichkeit selbst oder des Vaters angeben. Wir werden durch diese Erläuterung darauf vorbereitet, arabische Schriftsteller mit einem für unsere Gewohnheiten übermässig langen Namen auftreten zu sehen, aber auch darauf, dass man um die Länge zu vermeiden sich gern nur der Beinamen bediente. So ist in obigem Bruchstücke schon von Alhusain ibn Muhammed ibn Hamid die Rede und dabei erwähnt, man nenne ihn gemeiniglich Ibn Aladamî. So kommt ebendort Abû Dscha'far Muhammed ibn Mûsâ Alchwarizmî vor, d. h. Muhammed, der Vater des Dscha'far, der Sohn des Mûsâ aus der Provinz Chwarizm, und wir werden sehen, dass Alchwarizmî der Name blieb, unter welchem dieser Schriftsteller in weiteren Kreisen bekannt wurde.

Wir kehren nach dieser Abschweifung zu der unmittelbar vorher ausgesprochenen Behauptung zurück, dass 773 ein Auszug aus dem uns bekannten Werke des Brahmagupta nach Bagdad kam. Die arabische Ueberarbeitung durch Alchwarizmî muss um 820 etwa stattgefunden haben. Aber schon vorher wurde jener Auszug von Arabern benutzt. Ja'kûb ibn Târik schrieb schon 777 Tafeln gezogen aus dem Sindhind.[1]) Aehnliche Tafeln fertigte Hafs ibn 'Abdallâh aus Bagdad, und Ahmed ibn 'Abdallâh Habasch genannt al' Hâsib = der Rechner aus Merw stellte um 830 drei verschiedene astronomische Tafeln her, eine nach arabischen Beobachtungen, eine nach den Lehren der Perser, eine nach den Methoden der Inder.[2]) Auf ein noch späteres Datum weisen nach indischer Methode berechnete Tafeln des Abû'l 'Abbâs Fadl ibn Hâtim aus Nairiz in Persien[3]) um 900 und die Perlenschnur des Ibn Aladamî aus der gleichen Zeit. Ob jedoch alle diese Anwendungen indischer Methoden auf der einmaligen Einführung im Jahre 773 beruhten, ob spätere Verbindungen zwischen arabischen und indischen Gelehrten vorhanden waren, wenn wir von den Reisen absehen, welche Mas'ûdî († 956) und Albîrûnî († 1038) in Indien machten und ausführlich beschrieben haben, ob schon vor 773, damals als Muhammed ibn Kâsim unter dem Omaijaden Welid I., 705 bis 715, bis an den Indus vordrang,[4]) indische Wissenschaft in mündlicher Uebertragung zu den

[1]) Hankel S. 230—231. [2]) Abulpharagius, *Historia dynast.* ed. Pococke. Oxford, 1663, pag. 161 der lateinischen Uebersetzung. Vergl. auch Caussin in den Anmerkungen zu den Hâkimitischen Tafeln des Ibn Junis. *Notices et extraits de manuscrits de la Bibliothèque nationale* VII, 98, Anmerkung 2. [3]) *Notices et extraits* etc. VII, 118, Anmerkung 2. [4]) Weil S. 97. Woepcke

Arabern gelangt war, das sind Fragen, zu deren Bejahung wir freilich keinen überlieferten Anhaltspunkt haben, deren vollständige Verneinung aber uns fast noch kühner erscheinen möchte.

Ungleich gesicherter ist jedenfalls die Art und Weise, in welcher griechische Wissenschaft in sich wiederholenden Wellen den arabischen Boden durchtränkte. Ganz Syrien in den gebildeten vorzugsweise christlichen Kreisen ist fast als griechische Kolonie zu denken. Aus der Schule von Antiochia ging jener Nestorius hervor, welcher 428—431 Patriarch von Konstantinopel war, und dessen Anhänger seine Heimathsgenossen waren und bis auf den heutigen Tag geblieben sind. In Emesa und Edessa waren nestorianische Schulen, in welchen man nicht aufgehört hatte, Hippokrates und Aristoteles zu studiren. Als dann bei der Amtsentsetzung des Nestorius wegen seiner als ketzerisch verurtheilten Ansichten diese Anstalten in eine Art von Verruf kamen und die zu Edessa 489 ganz aufhörte, da verschwand das Studium griechischer Medizin nicht etwa ganz, es zog sich nur weiter zurück nach Dschundaisâbûr in der Provinz Chuzistân, wie wir (S. 595) gelegentlich gesagt haben. Die spätere Omaijaden-Residenz selbst, Damaskus, besass unter ihren Einwohnern Männer von griechischer Herkunft und griechischer Bildung. Damascius von Damaskus (S. 426) stand um 510 an der Spitze der athenischen Hochschule, entsprechend wie Johannes von Damaskus in der zweiten Hälfte des VIII. S. Vertreter griechischer Denkungsart in der Heimath war. Auch in Persien fehlte es keineswegs neben alten an neueren Beziehungen zu Griechenland. Der Hof jenes Sasaniden, Chosrau I. Anôscharwân war, woran wir eben (S. 597) erinnert haben, von 531 bis 533 etwa die Zufluchtsstätte der aus Athen vertriebenen letzten Peripatetiker gewesen, und wenn dieselben auch der Heimath sich wieder zuwandten, sobald der Friedensvertrag von 533 es ihnen gestattete, die Samen, welche sie einmal ausgestreut hatten, gingen doch nicht alle in der fremden Erde zu Grunde. So war also, als durch Verhältnisse, auf die wir aufmerksam gemacht haben, eine Neigung der Chalifen erwachte, Schriftsteller anderer Völker in arabischer Sprache kennen zu lernen, an Männern kein Mangel, welche Griechisches aus schon vorhandenen syrischen und persischen Uebersetzungen, aber auch aus der Ursprache zu übertragen im Stande waren.

Die ersten griechischen Mathematiker, welche den Arabern mundgerecht gemacht wurden, waren Ptolemäus und Euklid.

Für beide werden wir auf die Regierungszeit Arraschîds ver-

---

im *Journal Asiatique* vom 1. Halbjahr 1863, pag. 472. [1]) Gartz, *De interpretibus et explanatoribus Euclidis arabicis*. Halle, 1823, pag. 7 und Wenrich, *De auctorum Graecorum versionibus ect.* pag. 177 und 227.

wiesen, dessen Wezîr Jaḥjâ ibn Châlid der Barmekide die grosse Zusammenstellung übersetzen liess. Der erste Versuch scheint jedoch nicht von sonderlichem Erfolge begleitet gewesen zu sein. Vielleicht entstammt ihm die sprachwidrige Verbindung des arabischen Artikels al mit dem griechischen Superlativ μεγίστη, welche in dem Worte Al-Midschistî (Almagest) ein höchst ungerechtfertigtes, aber durch die lange Dauer des Besitzes unantastbar gewordenes Bürgerrecht erlangte. Erneuerte Durchsicht und Verbesserung dieser Uebersetzung erfolgte noch unter desselben Chalifen Regierung durch Abû Ḥasan und Salmân, dann durch Haddschâdsch ibn Jûsuf ibn Maṭar, welcher Letztere auch als erster Uebersetzer der euklidischen Elemente genannt wird. Euklid scheint er sogar zweimal, zuerst unter Arraschid, dann unter Almamûn, vorgenommen zu haben, da von den beiden Bearbeitungen unter den Namen jener Chalifen die Rede ist als von einer harûnischen und einer mamûnischen.

Wir stellen uns keineswegs die Aufgabe alle arabischen Uebersetzer zu nennen, oder die griechischen Schriftsteller über Mathematik sämmtlich anzugeben, welche von jenen übersetzt worden sind. Die Einen wie die Anderen dürften nicht einmal alle bekannt sein, selbst für solche, welche mit dem gediegensten Einzelwissen an die Untersuchung dieses Gegenstandes herangetreten sind. Die Anzahl der noch nicht katalogisirten oder ungenügend beschriebenen, jedenfalls von Mathematikern von Fach noch nicht durchgesehenen arabischen Handschriften, welche auf unsere Wissenschaft sich beziehen, in Bibliotheken des Ostens wie des Westens — wir nennen insbesondere die reichhaltigen spanischen Sammlungen — ist eine ungemein grosse und verbietet dadurch jedes abschliessende Wort, mag es um Uebersetzer oder um Originalschriftsteller sich handeln. Nur einige wenige Uebersetzer sind unter allen Umständen zu erwähnen.

Ḥunain ibn Isḥâḳ mit dem ausführlichen Namen Abû Zaid Ḥunain ibn Isḥâḳ ibn Sulaimân al 'Jbâdi[1]) gehörte dem christlichen arabischen Stamme der 'Jbâd an. Er kam schon mit guter Vorbildung nach Bagdad, machte dann Reisen in die griechischen Städte, wo er deren Sprache sich aneignete, und kehrte über Al-Baṣra, wo er sich noch im Arabischen vervollkommnete, nach Bagdad zurück. Jetzt begab er sich an die Uebersetzung einer ganzen Reihe griechischer Naturforscher und Philosophen, auch des Ptolemäus, dessen Almagest er bearbeitete. Andere Schriftsteller

[1]) Wüstenfeld, Geschichte der arabischen Aerzte und Naturforscher S. 26, Nro. 69. Wenrich l. c. pag. 228 glaubte fälschlich die Almagestübersetzung dem hier gleich folgenden Isḥâḳ ibn Ḥunain zuschreiben zu müssen. Vergl. Steinschneider in der Zeitschr. Math. Phys. X, 469, Anmerkung 2.

wie die meisten Werke des Euklid, die Schrift des Archimed von der Kugel und dem Cylinder, den Autolykus liess er unter seiner Aufsicht durch seinen Sohn Abû Ja'kûb Isḥâḳ ibn Ḥunain[1]) übersetzen. Der Vater starb, durch den Bischof Theodosius wegen Gotteslästerung aus der Gemeinde ausgestossen, 873, der Sohn 910 oder 911. Beiden fehlten bei aller philologischen Gewandtheit, deren sie sich rühmen durften, die sachlichen Kenntnisse, ohne welche es nun einmal nicht möglich ist, ein mathematisches Buch zu übersetzen, und so bedurften ihre Arbeiten gar sehr der fachkundigen Verbesserung.

Diese wurde ihnen durch Ṯâbit ibn Ḳurrah.[2]) Abû'l Ḥasan Ṯâbit ibn Ḳurrah ibn Marwân al Ḥarrânî wurde 836 zu Ḥarrân in Mesopotamien geboren. Er war zuerst Geldwechsler, wandte sich aber dann der Wissenschaft zu und erwarb sich in Bagdad ausgezeichnete Kenntnisse, sowohl als Mathematiker und Astronom, als auch in der griechischen Sprache, welcher er wie der syrischen und arabischen mächtig war. Ein erneuerter Aufenthalt in seiner Vaterstadt war für Ṯâbit mit Misshelligkeiten verknüpft. Er gehörte nämlich der Sekte der Sabier an, theilte aber deren Ansichten nicht in der geforderten Strenge und wurde desshalb ausgestossen. Nun kehrte er abermals nach Bagdad zurück, welches er nicht wieder verliess. Dort starb er 901 in höchstem Ansehen bei dem Chalifen Almu'taḍid,[3]) 892—902, der ihn seines nächsten Umganges würdigte. Wir werden es im 34. Kapitel mit Ṯâbit als Originalschriftsteller zu thun haben. Unter seinen Uebersetzungen nennen wir Schriften des Apollonius von Pergä, des Archimed, des Euklid, des Ptolemäus, des Theodosius.

Etwa gleichzeitig mit Ṯabit zwischen 864 und 923 ist Ḳustâ ibn Lûkâ zu nennen,[4]) ein christlicher Philosoph und Arzt, der von seinen Reisen durch die griechischen Städte eine Menge Bücher mit nach Hause brachte, deren Uebersetzung er sich angelegen sein liess. In seinen eigenen Schriften soll Reichthum an Gedanken neben Kürze der Ausdrucksweise zu bewundern sein. Er übersetzte die Sphärik des Theodosius, astronomisch-geometrische Schriften des Aristarch von Samos, des Autolykus, des Hypsikles, den Gewichtezieher des Heron von Alexandria, mit grosser Wahrscheinlichkeit auch den Diophant.

Die ganze zweite Hälfte des X. S. erfüllt Abû'l Wafâ Muḥammed ibn Muḥammed Al-Bûzdschânî 940—998 aus Bûzdschân,[5]) der als Ueber-

---

[1]) Wüstenfeld, Geschichte der arabischen Aerzte und Naturforscher S. 29, Nro. 71. [2]) Wüstenfeld l. c. S. 34, Nro. 81. [3]) Weil S. 194—198. [4]) Wüstenfeld l. c. S. 49, Nro. 100. Wenrich l. c. S. 178. Steinschneider in der Zeitschr. Math. Phys. X, 499. [5]) Eilhard Wiedemann, Zur Geschichte Abul Wefas. Zeitschr. Math. Phys. XXIV, Histor. literar. Abthlg. S. 121—122 (1879).

setzer des Diophant zu nennen ist. Er verliess schon mit 20 Jahren seine Heimath um nach 'Irâk überzusiedeln, wo er spekulative und praktische Arithmetik vermuthlich bei zwei Oheimen, Geometrie bei zwei anderen Lehrern studirte. Unter der spekulativen Arithmetik ist das zu verstehen, was die Griechen Arithmetik nannten, also Zahlentheorie und Algebra, unter der praktischen Arithmetik die eigentliche Rechenkunst, die Logistik der Griechen, wobei jedoch keineswegs jetzt schon mit Bestimmtheit ausgesprochen werden will, dass er beide nach griechischen Mustern erlernt habe.

Die griechischen Schriftsteller, deren Werke wir als von Arabern übersetzt namhaft zu machen hatten, sind neben den grossen Meistern Euklid, Archimed, Apollonius, Heron, Diophant hauptsächlich solche, welche den sogenannten kleinen Astronomen (S. 380) der Griechen ausmachten. Die Araber hatten für diese Schriften, deren Studium zwischen die Elemente des Euklid und den Almagest einzuschalten ist, gleichfalls einen besonderen Sammelnamen, sie nannten sie die mittleren Bücher.[1])

Man muss nicht glauben, dass damit die Reihe griechischer Mathematiker, von denen man weiss, dass ihre Schriften arabische Uebersetzer fanden, abgeschlossen sei, und ebensowenig, dass es eine einfache Sache sei aus arabischen Citaten klug zu werden. Wenn es natürlich ist, dass Eigennamen, bei welchen man sich, auch wenn man die Sprache des Volkes, dem ihre Träger angehörten, kennt, gar häufig Nichts denken kann oder Falsches sich zu denken versucht ist, beim Uebergang in fremde Literaturen verdorben werden, so haben die Araber ein besonderes Geschick an den Tag gelegt Namen unkenntlich zu machen. Sind nun vollends die arabischen Schriften nicht im Urtexte bekannt, sondern selbst wieder in Gestalt von Uebersetzungen ins Lateinische, welche seit dem XII. S. angefertigt wurden, so ist das Unmögliche an Verketzerungen fast das gewöhnliche. Aus Heron ist Iran und Yrinius geworden,[2]) aus Menelaus Milleius, aus Archimed bald Arsamites, bald Arsanides, bald Archimenides u. s. w.[3])

Einen Vortheil bieten diese Umgestaltungen, sobald sie einmal erkannt sind; sie geben die Möglichkeit lateinischen Uebersetzungen oder Bearbeitungen griechischer Schriftsteller, welche dieselben enthalten, auf den ersten Blick anzusehen, dass nicht der griechische Grundtext, sondern die Zwischenbehandlung eines Arabers die Vor-

---

[1]) Steinschneider, Die mittleren Bücher der Araber und ihre Bearbeiter Zeitschr. Math. Phys. X. 456-498 (1865). [2]) Zeitschr. Math. Phys. X, 489, Anmerkung 60. [3]) Steinschneider in der Hebräischen Bibliographie Juli-August 1864 (Bd. VII, Nro. 40) S. 92—93, Anmerkung 20.

lage des letzten Uebersetzers bildete, dass also nothwendigerweise der betreffende griechische Schriftsteller als einer von denen betrachtet werden muss, deren Werke auf arabische Mathematik Einfluss üben konnten. So müssen beispielsweise die Arbeiten des Zenodorus den Arabern bekannt gewesen sein, weil in einer lateinischen Abhandlung über die isoperimetrische Aufgabe, welche handschriftlich in Basel vorhanden ist,[1]) der Name Archimenides vorkommt.

Von anderen Schriftstellern, welche den Arabern bekannt waren, nennen wir neben Jamblichus und Porphyrius, deren Studium bei den Syrern niemals aufgehört hat, insbesondere Nikomachus,[2]) dessen arabische Quellen selbst gedenken. Ebenso dürfen wir eine Bekanntschaft mit Pappus vermuthen, da Pappus der Rumäer doch wohl nur irrthümlich statt der Alexandriner gesagt ist.

Die Uebersetzungsthätigkeit war auch von einer vielfach commentirenden begleitet, auf die wir aber, da sie immerhin einige Ansprüche an das Selbstdenken des Commentators erhebt, bei den Originalarbeiten zu reden kommen. Wir haben, bevor wir diesen uns zuwenden, nur eine Bemerkung noch zu machen.

Die Schriftsteller, von welchen als Uebersetzern seither die Rede war, gehörten sämmtlich dem Morgenlande an. Das Morgenland war es aber nicht allein, welches der Islam sich unterwarf, in welchem arabisch gesprochen und arabisch gelehrt wurde, und wenn wir gelten lassen, was für die früheren Abschnitte unsere Richtschnur bildete, dass es wesentlich auf die Sprache ankommt, nicht auf das örtliche Beisammenwohnen, um die Zugehörigkeit zu einem Kulturverbande zu Stande zu bringen, so werden wir neben den Ostarabern auch Westaraber berücksichtigen müssen, welcher letztere Name für die arabisch redenden Bewohner der afrikanischen Nordküste, Spaniens und Siciliens in Anspruch genommen wird.

Längs der afrikanischen Küste[3]) verbreitete sich der Islam unter der Regierung Welid I., 705—717, vornehmlich durch die Tapferkeit zweier Feldherrn, des Mûsâ und des Târiḳ. Letzterer war es auch, der sein Waffenglück über das Mittelmeer hinübertrug und im Mai 711 auf spanischem Boden jene steile Höhe besetzte, die nach ihm Târiḳs Höhe, Dschebel Târiḳ, Gibraltar genannt ist. Von diesem festen Punkte aus wurde Spanien bald zum grössten Theile unterworfen. Aber die grosse Entfernung von der Chalifenhauptstadt gab dem Emîr, d. h. dem Befehlshaber von Spanien, die Gelegenheit sich selbständiger zu gehaben, als Statthalter der näher gelegenen

[1]) In dem Sammelbande F. II. 33 der basler Stadtbibliothek. [2]) Zeitschr. Math. Phys. X, 463, Anmerkung 24 über Nikomachus und auf derselben Seite im Texte: Pappus der Rumäer. [3]) Weil S. 97 flgg.

Provinzen es wagen durften. Nachdem die Abbasiden zur Macht gelangt waren, kam es zur vollständigen staatlichen Trennung, indem Emîr 'Abd Arrahmân ein Omaijade 747 eine eigene spanische Omaijadendynastie gründete,[1]) welche Versuche des Chalifen Al-Mahdi 776—777 Spanien wieder zu unterwerfen mit Glück zurückwies.[2]) Auch das afrikanische Küstengebiet trennte sich vom Mutterlande. Seit dem Anfang des IX. S. entstand[3]) dort ein Reich mit der Hauptstadt Fez, und dieses war, kaum gegründet, kräftig genug selbst wieder erfolgreiche Kolonisten nach Sicilien auszusenden, wo auch wieder eine selbständische moslimische Dynastie ihren Herrschersitz aufschlug. Wir haben zum Glück uns nicht mit den Kämpfen und Feindseligkeiten zu beschäftigen, welche zwischen den einzelnen Dynastien herrschten. Gift und Dolch ebenso wie offene Empörungen liessen bald einzelne Persönlichkeiten, bald ganze Geschlechter in der Herrschaft wechseln und auch den Sitz der Herrschaft mehrfach verlegen.

Uns genügt die Thatsache der fast unaufhörlichen Kämpfe zur Stütze der weiteren Thatsache, dass auch wissenschaftlicher Neid zwischen den Arabern des Ostens und des Westens eine Scheidewand errichtete, welche es verhinderte, dass Manches, welches den Einen eigenthümlich geworden war, in derselben Form von den Andern übernommen wurde, und was wir damit meinen wird wohl klar, wenn wir die Jahreszahl 773, welche das Auftreten indischer Astronomie in Bagdad bezeichnet, mit der Zahl 715 der Eroberung des Westreiches, oder auch nur mit der 747 des Beginnes des spanischen Omaijadenreiches vergleichen. Wir werden sofort an diese Datenvergleichung erinnern müssen, wenn wir nunmehr an die Ausbreitung des Zahlenrechnens als ersten Theil arabisch mathematischen Originalschriftstellerthums gelangen und dabei wieder zuerst von den Zahlzeichen der Araber reden.

Kapitel XXXIII.

Arabische Zahlzeichen. Muhammed ibn Mûsâ Alchwarizmî.

Die Schreibkunst der Araber[4]) in der Zeit, zu welcher sie für die Geschichte der Mathematik unsere Aufmerksamkeit beanspruchen dürfen, war nicht weit her (S. 595). Von einer alten Schrift mit groben starken geradaufstehenden Zeichen, welche von späteren

---

[1]) Weil S. 140 flgg. [2]) Ebenda S. 150. [3]) Ebenda S. 297—336 die moslimischen Dynastien in Afrika und Sicilien. [4]) Vergl. *Silvestre de Sacy, Grammaire arabe.* Paris, 1810 und die von Gesenius verfassten Artikel Arabische Schrift S. 53—56 und Arabische Literatur S. 56—69 im V. Bande von Ersch und Grubers Encyklopädie.

arabischen Gelehrten selbst diesem Aussehen nach den Namen einer gestützten säulenartigen Schrift erhalten hat, sind nur geringe Ueberreste vorhanden. Ob Zahlzeichen darunter vorkommen, ist uns nicht bekannt. Eine neue Schrift, welche zunächst dazu angewandt wurde den Koran zu schreiben, entwickelte sich um die Mitte des VII. S. Die Schreibkunst gelangte bei diesem heiligen Zwecke bald zu höherem Range, gewerbsmässige Abschreiber bildeten sich aus, und da diese besonders zahlreich und geschickt in dem 639 am Euphrat erbauten Al-Kûfa auftreten, so erhielt die Schrift den Namen der kufischen. Am Anfange des X. S. veränderte sich diese doch immer noch grobe und rohe Schrift, welche man mit einem Stifte oder einer ungespaltenen Röhre zu schreiben pflegte, besonders unter dem Einflusse des 940 verstorbenen Wezîrs Ibn Mukla zu jener flüchtigen, abgerundeten Currentschrift, welche heute noch im Oriente dient und in Druckwerken nachgeahmt wird. Sie führt den Namen Nes-chîschrift oder Schrift der Abschreiber, und wurde, seit man sich gespaltener Rohrfedern zu ihrer Darstellung bediente, immer feiner und eleganter. Schreibkünstler wie Ibn Bauwâb († 1032), wie der berühmte Jâkût († 1221) glänzten. Spanien bewahrte seinen eigenen Schriftzug, der sich bis jetzt in Westafrika, in dem sogenannten Magrib, erhalten hat; er ist von einer alterthümlichen Steifheit und Ungefälligkeit.[1])

Die Buchstaben des arabischen Alphabetes waren ursprünglich nach Reihenfolge und Aussprache wohl übereinstimmend mit den 22 Lauten, welche auch anderen semitischen Alphabeten angehören und diese ältere Anordnung führt den Namen Abudsched durch Verbindung der drei ersten Laute, wie man Abece und Alphabet sagt. Als die Nes-chîcharaktere sich bildeten, verliess man die alte Reihenfolge, um die Buchstaben nach ihrem Aussehen zu ordnen, d. h. so, dass die einander ähnlichen Schriftzeichen neben einander gestellt wurden.

Dass die Schreibart der Zahlen bei den vielfachen Veränderungen der ganzen Schrift sich nicht gleich bleiben konnte, ist nicht mehr als natürlich. Vor Allem liebten es die Araber die Zahlwörter selbst vollständig zu schreiben, eine Methode, wenn man das Methode nennen darf, welche selbst in einem Lehrbuche der Rechenkunst noch beibehalten ist, das zwischen 1010 und 1016 in Bagdad verfasst wurde.[2])

Aus ihr wohl entstanden die einem arabisch-persischen Wörterbuche entnommenen sogenannten Diwânîziffern, welche nur abgekürzte Zahlwörter sein sollen.[3]) Am klarsten stelle sich dieses durch den Um-

[1]) Kremer II, 314. [2]) Kâfî fîl Hisâb des Abu Bekr Mohammed ben Alhusein Alkarkhî, deutsch von Ad. Hochheim. Halle, 1878. [3]) *Silv. de Sacy, Grammaire arabe* I, 76, Note a und Tabelle VIII.

stand heraus, dass in Zahlen, die aus Hunderten, Zehnern und Einern bestehen, die Einer zwischen den Hunderten und Zehnern ihren Platz finden, wie es in der Aussprache auch sei (S. 516).

Ausserdem bedienten sich die Araber ihrer in der Reihenfolge Abudsched geordneten Buchstaben in derselben Weise wie die übrigen Semiten um die Zahlen von 1 bis 400 darzustellen. Freilich ist die genannte Reihenfolge nicht aller Orten ganz streng festgehalten worden. Der gleiche Buchstabe, der in Bagdad 90 bedeutete, hatte im nördlichen Afrika den Werth 60, 300 wechselte an eben diesen Orten mit 1000 u. s. w.,[1]) und man hat daraus den Schluss gezogen, diese von den Arabern als wesentlich arabisch bezeichnete Darstellungsweise der ḥurûf aldschummal, d. h. der Zahlenwerthe der Buchstaben nach ihrer alten Reihenfolge, könne erst entstanden sein, nachdem Afrika islamisirt war, also nach 715. Damit stimmt auch eine Notiz überein,[2]) welche dem Chalifen Welid I., unter dessen Regierung jene Ausbreitung nach Westen erfolgte, das Verbot nacherzählt in die öffentlichen, wie wir uns erinnern, meist von Christen geführten Bücher griechische Einträge zu machen mit Ausnahme der Zahlen, weil arabisch eins, oder zwei, oder drei, oder acht ein halb nicht geschrieben werden könne. Eine Ausnahme, welche natürlich nur so gedeutet werden kann, dass damals um 700 die Bezeichnung der Zahlen in abgekürzter Buchstabennotation anders als mit griechischen Buchstaben noch nicht stattfand. Die Schwierigkeit Hunderte von 500 an zu bezeichnen, scheint man anfänglich ähnlich überwunden zu haben, wie zum Theil bei den Hebräern (S. 105) durch gleichzeitige additive Benutzung von zwei oder gar drei Buchstaben. Später, vielleicht erst vom XI. S. an,[3]) ersann man ein neues Mittel. Wie nämlich im Hebräischen gewisse Buchstaben existiren, welche in zweierlei Aussprache mit und ohne Aspiration vorhanden sind, so gibt es auch im Arabischen sechs Charaktere von doppelter Lautbedeutung. Man unterscheidet dieselbe durch Punkte, welche desshalb diakritische Punkte genannt werden. Diese sechs neuen punktirten arabischen Buchstaben wurden nun den 22 schon vorhandenen beigefügt und lieferten in dieser Weise nicht nur Zeichen für die Hunderte 500 bis 900, sondern, da jetzt ein Zeichen überschüssig war, auch noch für 1000. Die Vereinigung mehrerer Buchstaben zu Zahlen geschah nach dem Gesetze der Reihenfolge linksläufig, wie es die Schrift morgenländischer Völker mit sich brachte.

So war für das Volksbedürfniss, für das Schreiben und Lesen von Zahlen im fortlaufenden Texte ausreichend gesorgt, insbesondere

[1]) Woepcke im *Journal Asiatique* vom 1. Halbjahr 1863 pag. 463, Note 1 und 464. [2]) Theophanes, *Chronographia* (ed. Franc. Combefis). Paris, 1655, pag. 314. [3]) *Silv. de Sacy, Grammaire arabe* I, 74, Note b.

da den Arabern bei ihrer allmäligen Ausbreitung auch noch eine Möglichkeit offen stand, die Möglichkeit sich der in dem eroberten Lande schon vorhandenen, dort volksthümlich gewordenen Zahlzeichen zu bedienen, von der sie wirklich da und dort Gebrauch machten.[1])

Das Rechnen, dessen Kenntniss am Langsamsten unter den eigentlichen Arabern sich entwickelte, stellt andere Anforderungen. Theils war es ein schwieriges nur Geübten mögliches Kopfrechnen, bei welchem vielleicht die Darstellung der Zahlen an Fingern als Hilfsmittel diente. Sind wir auch über die Zeit durchaus im Unklaren, wann ein solches Fingerrechnen stattfand, so wissen wir aus einem kleinen Lehrgedichte eines Verwaltungsbeamten Schams addîn al Mausilî,[2]) dass es bei Arabern in Uebung war. Genau nach der gleichen Folge, wie Nikolaus Rhabda es seine Landsleute lehrte (S. 435—436), wurden die Einer und Zehner an der linken, die Hunderter und Tausender an der rechten Hand dargestellt.

Theils aber lernten die Araber beim Rechnen den indischen Stellungswerth der Ziffern kennen. Darüber kann bei der übereinstimmenden Aussage aller arabischen Quellen Zweifel nicht bestehen. Am deutlichsten spricht sich Albîrûnî darüber aus. Dieser Schriftsteller[3]) ist von arabischem Geschlechte im nordwestlichen Indien zur Welt gekommen und so von Kindheit auf mit der Landessprache vertraut geworden. Er brachte lange Jahre in Indien zu, studirte im Sanskrit geschriebene Werke, stellte astronomisch-geographische Beobachtungen an, denen namentlich auffallend genaue Breitenangaben für die von ihm bestimmten Orte verdankt werden, und schrieb ein grosses Werk über Indien, welches in jeder Beziehung zu den bedeutendsten Erscheinungen der arabischen Literatur gehört. Albîrûnî starb im Jahre 1038 oder 1039. Er sagt uns,[4]) die Inder hätten nicht die Gewohnheit ihren Buchstaben eine Bedeutung für das Rechnungswesen zu geben, wie die Araber es thäten, welche ihre Buchstaben nach dem Zahlenwerthe anordneten. Die Inder bedienten sich vielmehr gewisser Zahlzeichen, die aber verschiedener Art seien, wie denn auch die Gestalt der Buchstaben bei den Indern von einer Landesgegend zur andern wechsle. Die von den Arabern angewandten Zahlzeichen seien eine Auswahl der geeignetsten bei den Indern vorhandenen. Auf die Form komme es nicht an, wenn man nur die innen wohnende Bedeutung kenne. Ferner sagt uns Muhammed ibn Mûsâ Alchwarizmî,[5]) derselbe, welcher für Alma-

---

[1]) Woepcke im *Journal Asiatique* vom I. Halbjahr 1863 pag. 236—237.
[2]) Uebersetzt von Aristide Marre im *Bulletino Boncompagni* (1868) I, 310—312.
[3]) Kremer II, 424. [4]) Woepcke im *Journal Asiatique* vom I. Halbjahr 1863 pag. 275 figg. [5]) *Trattati d'aritmetica pubblicati da Bald. Boncompagni* I, pag. 1—2.

mûn die indische Astronomie bearbeitet hat (S. 598) und dessen schriftstellerische Leistungen uns noch in diesem Kapitel ausführlich beschäftigen müssen, es herrsche in Bezug auf die Zeichen Verschiedenheit unter den Menschen, eine Verschiedenheit, welche zumal bei der 5, der 6, der 7 und der 8 hervortrete, doch liege darin kein Hinderniss.

Sieht man sich so vorbereitet die arabischen Handschriften an, so findet man wesentliche Abweichungen zwischen den Zahlzeichen der Ostaraber und der Westaraber. Der Vergleich der auf der Tafel am Ende unseres Bandes ausgeführten Zeichen lehrt, dass die hauptsächlichen Abweichungen in den Zeichen für 5, 6, 7 und 8 stattfinden, während 1, 4, 9 ziemlich gleich aussehen, 2 und 3 nur aus horizontaler Lage in vertikale übergingen. Das kann uns nicht grade überraschen. Wohl aber überrascht es uns, dass die arabischen Zahlzeichen so ungemein abweichen von den Devanagariziffern und dass sie viel eher den Vergleich aushalten mit den Apices, beziehungsweise mit indischen Zeichen des II. bis III. S. Das gibt zu denken! Als immer wahrscheinlicher drängt sich die Vermuthung auf, es könne der ganze historisch so dunkle als merkwürdige Vorgang folgender gewesen sein: [1])

Um das II. S. n. Chr. kamen indische Zahlzeichen nach Alexandria, von wo sie sich in ihrer Anwendnng beim Kolumnenrechnen nach Rom aber auch wohl nach dem Westen Afrikas verbreiteten. Die Erinnerung an die indische Herkunft mag wach geblieben sein. Im VIII. S. lernten die Araber des Ostens die indischen Zahlzeichen in bereits wesentlich veränderter Gestalt mit der inzwischen dazugetretenen Null kennen. Die Null nannten sie *aṣ-ṣifr*, das Leere, als Uebersetzung von *sunya*, wie die Null bei den Indern heisst. Im Westen nahm man zwar die Null auf, blieb aber, und wäre es nur im bewussten Gegensatze zu den Ostarabern, den alten Zeichen treu, deren indischen Ursprungs man sich eben so wohl als ihres alexandrinischen Stempels noch lange erinnerte, und die man jetzt Ġubârziffern nannte, d. h. Staubziffern[2]) im Gedächtnisse der indischen Weise auf mit Staub bedeckten Tafeln zu rechnen.

Wenn wir behaupten dürfen, jene doppelte Erinnerung sei lange nicht verloren gegangen, so beziehen wir uns dafür auf drei Stellen ziemlich später arabischer Rechenbücher.[3]) In allen dreien ist die Form der Ġubârziffern neben der der ostarabischen, welche letztere den Namen der indischen führen, aufgezeichnet; in zweien sind die Ġubârziffern beschrieben, d. h. ihre Aehnlichkeit mit arabischen Buchstaben und Buchstabenvereinigungen ist hervorgehoben, so dass man sie deutlich erkennen kann; in allen dreien sind dann auch die

---

[1]) Diese Theorie rührt von Wöpcke her. *Journal Asiatique* vom I. Halbjahr 1863 pag. 69—79 und 514—529. [2]) Ibid. pag 243. [3]) Ibid. pag. 58—68.

Ġubârziffern als indische Formen bezeichnet. Das eine Rechenbuch erzählt in dieser Beziehung: „Ihr Ursprung bestand darin, dass ein Mann aus dem Volke der Inder feinen Staub nahm, welchen er auf eine Tafel von Holz oder anderem Stoff oder auf irgend eine ebene Fläche ausbreitete, und dass er darauf verzeichnete was ihm beliebte an Multiplikationen, Divisionen oder sonstigen Operationen, und hatte er die Aufgabe vollendet, so schloss er die Tafel wieder fort bis zum Gebrauche." Eben dieses Rechenbuch leitet aber, und das ist beweisend auch für die andere Erinnerung, die ganze Erörterung durch die Bemerkung ein, die Pythagoräer seien die Männer der Zahlen gewesen.

Mögen die Vermuthungen, mit deren Hilfe hier ein einheitlicher Ueberblick zu gewinnen gesucht wurde, richtig sein oder nicht, das Vorhandensein der ostarabischen wie der Ġubârziffern wird dadurch nicht beeinträchtigt, und wir müssen nun Schriftsteller verschiedener Zeiten und verschiedener Heimath kennen lernen und von ihnen erfahren; was sie in der Mathematik geleistet haben, auch wie sie rechneten.

Der erste arabische Schriftsteller, mit welchem wir es zu thun haben, ist Muḥammed ibn Mûsâ Alchwarizmî. Er hat, wie wir wissen, im ersten Viertel des IX. S. gelebt. Er war einer der Gelehrten, welche der Chalif Almamûn so sachgemäss zu beschäftigen wusste, indem er einen Auszug aus dem sogenannten Sindhind anfertigen, eine Revision der Tafeln des Ptolemäus vornehmen, Beobachtungen zu diesem Zwecke in Bagdad und in Damaskus anstellen, endlich die Messung eines Grades des Erdmeridians ausführen liess.[1]) Die astronomischen Tafeln Alchwarizmîs gehen uns nicht weiter an, als dass wir hervorheben müssen, dass sie von Atelhart von Bath, einem englischen Mönche, welcher um 1120 die erste Uebersetzung des Euklid aus dem Arabischen in das Lateinische anfertigte (vergl. Kapitel 40.), gleichfalls in lateinischer Sprache bearbeitet worden sind.[2]) Eingehend müssen wir uns dagegen mit zwei Schriften Alchwarizmîs beschäftigen, in welchen er zuerst die Algebra dann die Rechenkunst behandelt hat, deren Reihenfolge wir in unserer Besprechung aber umkehren.

Beide wurden hoch geschätzt und, wie wir sehen werden, nicht ohne Grund. Beide sind, oder waren in verhältnissmässig neuer Zeit im arabischen Texte vorhanden. Die Algebra freilich ist allein in diesem Urtexte veröffentlicht, während für die Rechenkunst man lange auf das Nachsprechen eines selbst arabischer Quelle entstammenden Lobes beschränkt war: das Buch übertreffe alle anderen an Kürze und Leichtigkeit und beweise den Geist und Scharfsinn der Inder in

[1]) Kremer II, 442—443. [2]) Math. Beitr. Kulturl. S. 268—269.

den herrlichsten Erfindungen.[1]) Ein lateinisches Manuskript, 1857 in der Bibliothek zu Cambridge entdeckt und im Drucke herausgegeben,[2]) erwies sich aber als Uebersetzung des vermissten Werkes, und der Umstand, dass trotz nachträglichen eifrigen Suchens kein zweites Exemplar dieser Uebersetzung ausser dem Codex von Cambridge hat aufgefunden werden können, vereinigt mit der Thatsache der Uebersetzung der astronomischen Tafeln desselben Verfassers durch Atelhart von Bath haben die Vermuthung entstehen lassen,[3]) der gleiche Uebersetzer habe auch die Arithmetik lateinisch bearbeitet, eine Vermuthung, welche wenigstens so weit grosse Wahrscheinlichkeit für sich hat, als man auf einen Landsmann und Zeitgenossen des Atelhart, wenn nicht auf ihn selbst als Uebersetzer wird schliessen dürfen.

Die Schrift beginnt mit den Worten: „Gesprochen hat Algoritmi. Lasst uns Gott verdientes Lob sagen, unserem Führer und Vertheidiger." Der Name des Verfassers Alchwarizmî ist also hier in Algoritmi übergegangen, und fast in dieser letzteren Form, nur noch etwas weniger der Urform gleichend, nämlich als Algorithmus hat das Wort Jahrhunderte überdauert[4]) und bezeichnet jetzt jedes wiederkehrende zur Regel gewordene Rechnungsverfahren. Das Bewusstsein der eigentlichen Bedeutung des Wortes ist in diesem modernen Algorithmus gänzlich verloren gegangen, aber das Gleiche gilt bereits für das XIII. S., wo man schon durch allerlei sprachliche Taschenspielerkünste sich bemühte ein Verständniss des Wortes zu gewinnen.[5]) Da sagt Einer, das Wort kommt von *alleos* fremd und *goros* Betrachtung, weil es eine fremde Betrachtungsweise ist. Nein, sagt der Zweite, es kommt von *argis* griechisch und *mos* Sitte, es ist eine griechische Sitte. Der dritte kommt zu *ares* die Kraft und *ritmos* die Zahl. Ein Vierter sieht in *algos* ein griechisches Wort, welches weissen Sand bedeute, und daher der Name, denn die Rechnung *ritmos* wurde auf weissem Sande geführt. Wieder ein Anderer legt sich das Wort auseinander in *algos* die Kunst und *rodos* die Zahl. Manchen war durch Ueberlieferung vielleicht das Bewusstsein geblieben, es handle sich um den Namen eines Mannes, aber dieser hiess ihnen bald Algorus von Indien, bald König Algor von Kastilien, bald Algus der Philosoph. Neuere Gelehrsamkeit hat sich, ehe die richtige Ableitung

---

[1]) Casiri, *Bibliotheca arabico-hispana Escurialensis* I, 427 (Madrid, 1760).
[2]) Die Schrift bildet das I. Heft der von dem Fürsten *Bald. Boncompagni* herausgegebenen *Trattati d'aritmetica*. [3]) Vergl. einen Aufsatz von Chasles in den *Comptes Rendus de l'académie des sciences* XLVIII, 1058 vom 6. Juni 1859.
[4]) In dem Algorithmus den Namen Alchwarizmî erkannt zu haben, ist das grosse Verdienst von Reinaud (*Mémoire sur l'Inde* pag. 303 sq.), der schon 1845 diesen Gedanken aussprach, also lange bevor die Entdeckung des Cambridger Codex die Vermuthung in Gewissheit verwandelte. [5]) Math. Beitr. Kulturl. 267.

bekannt war, mit scheinbarem Rechte fast am Weitesten von der Wahrheit entfernt, indem sie in ähnlicher Weise wie bei Almagest eine Zusammensetzung des arabischen Artikels *al* mit dem griechischen ἀριθμός, die Zahl, vermuthete und das dazwischengetretene *g* als sprachliche Absonderlichkeit betrachtete, die einer Erklärung nicht fähig sei, auch nicht bedürfe, da man bei dem Uebergange aus dem Griechischen durch das Arabische in das Lateinische auf Alles gefasst sein müsse. Es können Einen solche Verirrungen nicht erstaunen, wenn man berücksichtigt, dass durch neckischen Zufall alle anderen Formen des Namens unseres arabischen Gelehrten, die bekannt geworden sind, dem Algorithmus lange nicht so verwandt klingen wie das zuletzt veröffentlichte *Algoritmi*. Als solche Formen erwähnen wir *Alchoarismus*,[1]) *Alkauresmus* ja sogar *Alchocharithmus*.[2])

Eine Frage könnte noch erhoben werden dahin gehend, welche den Namen Alchwarizmî führende Persönlichkeit den Urtext zu jener lateinischen Uebersetzung geliefert habe? Wir nahmen an, es sei Muhammed ibn Mûsâ Alchwarizmî gewesen, aber eine zweite Persönlichkeit konnte gleichfalls als Verfasser gelten. Albîrûnî, nach unserer früheren Darstellung (S. 609) dem Nordwesten Indiens entstammend, hatte nach anderer Meinung seine Heimath in einem kleinen Orte Bîrûn der Landschaft Chwarizm, und diese Meinung, wenn auch muthmasslich irrig, war verbreitet genug ihm den Namen Alchwarizmî bei Manchen zuzuziehen.[3]) Ausserdem weiss man von ihm, dass er ein Rechenbuch verfasst hat,[4]) einiger Zweifel konnte daher entstehen, ob der erste ob der zweite Alchwarizmî sich in jener Schrift redend einführe. Die Sicherung in dem Sinne beruht auf dem Umstande, dass nur von dem ersten nicht von dem zweiten Alchwarizmî eine Algebra geschrieben worden ist, und dass der Verfasser des Rechenbuches nach jenem Anrufen und Preisen des Lenkers der Dinge, welches er echt arabisch noch weiter fortsetzt als wir es oben mittheilten, nach Erörterung der Verschiedenheit der Zahlzeichen unter den Menschen, auf welche wir ebenfalls (S. 610) uns schon bezogen haben, fortfährt wie folgt:[5]) „Und ich habe schon in dem Buche Aldschebr und Almuḳâbala, d. h. der Wiederherstellung und Gegenüberstellung, eröffnet dass jede Zahl zusammengesetzt sei, und dass jede Zahl sich über eins zusammensetze. Die Einheit also wird in jeder Zahl gefunden, und das ist es, was in einem anderen Buche der Arithmetik ausgesprochen ist. Weil die Einheit Wurzel jeder Zahl und ausserhalb der Zahl ist." Der Anfang dieses Satzes bis zu

---

[1]) Libri, *Histoire des sciences mathématiques en Italie* I, 298. [2]) Reinaud, *Mémoire sur l'Inde* pag. 375. [3]) Wüstenfeld, Geschichte der arabischen Aerzte und Naturforscher S. 75, Nro. 129. [4]) Reinaud, *Mémoire sur l'Inde* pag. 303. [5]) *Trattati d'aritmetica* I, 2.

der „einem anderen Buche der Arithmetik", *in alio libro arithmetico*, entnommenen Bemerkung über die Ausnahmestellung der Einheit findet sich aber nahezu wörtlich in der Algebra des Muḥammed ibn Mûsâ.[1]) Wir sind also in der That berechtigt hier unter dem Namen des Muḥammed ibn Mûsâ Alchwarizmî über jenes Rechenbuch weiter zu berichten, für ihn in Anspruch zu nehmen, was aus dem letzten Theile der hier mitgetheilten Stelle unzweifelhaft hervorgeht, dass wer so schrieb in der Zahlenlehre der Neupythagoräer wohl geschult sein musste, welche er nicht aus indischen Quellen kennen lernen konnte, dass unter jenem anderen Buche der Arithmetik die spätere sogenannte spekulative Arithmetik im Gegensatze zur praktischen Arithmetik (S. 604) gemeint ist, dass dem Verfasser darüber Kenntnisse zu Gebote standen, welche unmittelbar oder mittelbar auf Nikomachus, vielleicht auch auf Theon von Smyrna, der am deutlichsten betont hat, die Einheit sei keine Zahl (S. 368), zurückgehen.

Nun wird das eigentliche Rechnen gelehrt, das Zahlenschreiben, das Addiren, bei welchem ein besonderes Gewicht auf den Fall gelegt ist, dass die Summe der Ziffern an einer Stelle 9 übersteigt; die Zehner sollen alsdann der folgenden Stelle zugerechnet und an der ursprünglichen Stelle nur das geschrieben werden, was unterhalb 10 noch übrig bleibt. „Bleibt nichts übrig, so setze den Kreis, damit die Stelle nicht leer sei; sondern der Kreis muss sie einnehmen, damit nicht durch ihre Leerheit die Stellen vermindert werden und die zweite für die erste gehalten wird."[2]) Bei der Subtraktion wie bei der Addition soll man bei der höchsten Stelle also links anfangen, dann zur nächstfolgenden übergehen, weil dadurch die Arbeit, so Gott will, nützlicher und leichter werde. Die eigentliche Schwierigkeit der Subtraktion für Anfänger, die Behandlung des Falles, dass eine Stelle des Subtrahenden durch eine höhere Zahl als die entsprechende Stelle des Minuenden erfüllt ist, wird nicht mit einem Worte berührt. Die dritte Operation ist das Halbiren, welches in der umgekehrten Ordnung bei der niedersten Stelle zu beginnen hat. Das Verdoppeln hingegen, die vierte Operation, beginnt wieder von oben. Die Multiplikation wird nach der Weise ausgeführt, welche wir (S. 519) bei den Indern kennen gelernt haben; das Produkt wird jeweil über die betreffende Ziffer des Multiplikandus geschrieben und verbessert, wenn eine nach rückwärts folgende Stelle des Multiplikandus mit der Multiplikatorziffer vervielfacht eine Verbesserung nöthig macht. Von

---

[1]) *The algebra of Mohammed ben Musa* (edit. Rosen). London, 1831, pag. 5, § 3: *I also observed that every number is composed of units and that any number may be divided into units.* [2]) *Si nihil remanserit pones circulum, ut non sit differentia vacua: set sit in ea circulus qui occupet ea, ne forte cum vacua fuerit, minuantur differentiae, et putetur secunda esse prima. Trattati d'aritmetica* I, 8.

der Richtigkeit der genannten Operationen überzeugt man sich durch die Neunerprobe. Die Division wird nach dem gleichen Gedanken wie die Multiplikation ausgeführt, nur natürlich in umgekehrtem Gange. Die Schreibweise ist die dass der Dividend unter sich den Divisor, über sich den Quotienten erhält und erst über dem Quotienten die aufeinanderfolgenden Veränderungen erscheinen, welche mit dem Dividenden durch Abziehung der Theilprodukte vorgenommen werden. Der Divisor bleibt übrigens an seiner Stelle unter dem Dividenden nicht stehen, sondern rückt fortwährend von links nach rechts zurück. So liefert die Division 46 468 : 324 den Quotient 143 und den Rest 136. Fasst man die umständliche Beschreibung[1]) in eine kurze, vielleicht durch den Verfasser, vielleicht durch den Uebersetzer weggelassene Musterrechnung zusammen, so würde sie folgendermassen ausgesehen haben:

```
   136
    24
   110
    22
  140
  143
  46468
  324
   324
    324.
```

Von einer complementären Division ist keine Spur zu finden. Im Anschlusse an die Division kommt der Verfasser zu den Brüchen und bemerkt die Inder hätten sich der 60theiligen Brüche bedient, welche er dann schliesslich ausführlich erklärt und das Rechnen an und mit denselben erläutert.

Wir schalten hier eine Bemerkung über arabische Brüche ein, von welcher wir zwar nicht die volle Ueberzeugung besitzen, dass sie bereits für die Zeit des Muhammed ibn Mûsâ Geltung habe, aber auch für das Gegentheil keinerlei Gründe kennen, indem es mehr um Etwas Sprachliches als der Rechenkunst Angehöriges sich handelt. Die Araber unterschieden nämlich stumme Brüche von aussprechbaren.[2]) Aussprechbar sind die Brüche mit den Nennern 2 bis 9 oder anders gesagt: es gibt arabische Wörter für Halbe, Drittel, . . . Neuntel. Stumm sind Brüche mit Nennern, welche nicht 2 bis 9 sind oder aus diesen multiplikativ zusammengesetzt werden können wie etwa Sechstel des Fünftels statt Dreissigstel.

---

[1]) *Trattati d'aritmetica* I, 14—16. [2]) Kâfî fîl Hisâb (deutsch von Hochheim) Heft I, S. 11, Anmerkung 4 und Behaeddins Essenz der Rechenkunst (deutsch von Nesselmann) S. 4.

Ein stummer Bruch ist also z. B. $\frac{1}{13}$ und muss umschreibend durch ein Theil von 13 Theilen ausgedrückt werden. Man hat die Aehnlichkeit mit dem Aussprechbarmachen der Brüche durch Verwandlung in eine Summe von Stammbrüchen bei den Aegyptern (S. 27) hervorgehoben,[1]) und wenn wir uns kein bestimmtes Urtheil über die Triftigkeit dieser unter allen Umständen höchst scharfsinnigen Vergleichung zutrauen, so unterlassen wir doch nicht sie zu wiederholen und im Voraus darauf aufmerksam zu machen, dass uns noch eine weitere Vergleichung, möglicherweise eine ägyptische Erinnerung durch mündliche Ueberlieferung von Jahrtausenden in diesem Kapitel aufstossen wird.

Die zweite Schrift des Alchwarizmî, welcher wir uns jetzt zuwenden, ist die, wie wir schon gesagt haben, vor der Arithmetik desselben Verfassers entstandene Algebra,[2]) das erste Werk, so viel man weiss, in welchem dieses Wort selbst als Titel erscheint. Ja wenn man arabischen Notizen, die theils in einem Werke des XII. S., theils in Randbemerkungen zu einer Handschrift von Alchwarizmis Algebra niedergelegt sind,[3]) Glauben beimessen darf, so ist es das erste Werk, in welchem jenes Wort vorkommen kann, denn vor Alchwarizmî habe kein Araber je über den dadurch bezeichneten Gegenstand geschrieben. Wir müssen demnach sicherlich an dieser Stelle von dem Worte Algebra reden.[4])

Eigentlich sind es zwei Wörter Aldschebr walmukâbala, welche Alchwarizmî vereint als Titel benutzt hat. Dschebr ist restauratio die Wiederherstellung, mukâbala ist oppositio, die Gegenüberstellung. Allein mit diesen Wortübersetzungen ist gewiss für Niemand, der den Sinn der Wörter in der Mathematik noch nicht gekannt hat, Etwas verdeutlicht. Trotzdem fand es Alchwarizmî nicht für nothwendig, die Wörter, die ihm als Ueberschrift dienten, zu erklären, und, was noch mehr sagen will, in dem eigentlich theoretischen Theile seines Buches kommen diejenigen Operationen, welche dschebr und mukâbala genannt werden, gar nicht vor. Wir werden noch Folgerungen aus diesem höchst merkwürdigen Thatbestande ziehen. Einstweilen erläutern wir auf die Erklärungen späterer arabischer Schriftsteller uns stützend die Meinung unseres Verfassers.

Wiederherstellung ist genannt, wenn eine Gleichung der Art

---

[1]) Herr L. Rodet in einem Privatbriefe. [2]) Eine alte lateinische Uebersetzung ist abgedruckt bei Libri, *Histoire des sciences mathématiques en Italie* I, 253—297. Wir verstehen unter Mohammed ben Musa, Algebra immer die von Friedr. Rosen besorgte mit englischer Uebersetzung begleitete Ausgabe. London, 1831. [3]) Mohammed ben Musa, Algebra pag. VII. [4]) Mohammed ben Musa, Algebra pag. 177—188 und Nesselmann, die Algebra der Griechen S. 45—53.

geordnet wird, dass auf beiden Seiten des Gleichheitszeichens nur positive Glieder sich finden; Gegenüberstellung sodann, wenn Glieder gleicher Natur auf beiden Seiten weggelassen werden, so dass Glieder dieser Art nach vollzogener Gegenüberstellung nur noch auf der einen Seite vorkommen, wo sie eben im Ueberschusse vorhanden waren.

Alchwarizmî nimmt, wie gesagt, in seinem theoretischen Theile, wo er zuerst die Auflösung der Gleichungen lehrt, stillschweigend an, die betreffenden beiden Vorbereitungsoperationen seien bereits vollzogen, und er unterscheidet darnach 6 Arten von Gleichungen, welche wir schreiben würden:

$$ax^2 = bx\,,\ ax^2 = c\,,\ bx = c\,,\ x^2 + bx = c\,,\ x^2 + c = bx\,,\ x^2 = bx + c.$$

Er gibt sodann für jede dieser Gleichungen Regeln, welche er zugleich an Zahlenbeispielen erläutert.

Wir wollen die Auflösung von $x^2 + c = bx$ hier beispielsweise übersetzen, weil sie in mehreren Beziehungen die wichtigste ist.[1]) „Quadrate und Zahlen sind gleich Wurzeln; z. B. 1 Quadrat und 21 an Zahlen sind gleich 10 Wurzeln desselben Quadrates, d. h. was muss der Betrag eines Quadrates sein, welches nach Addition von 21 Dirham gleichwerthig wird mit 10 Wurzeln jenes Quadrates? Auflösung: Halbire die Zahl der Wurzeln; ihre Hälfte ist 5. Vervielfache dieses mit sich selbst; das Produkt ist 25. Ziehe davon die mit dem Quadrate vereinigten 21 ab; der Rest ist 4. Ziehe die Wurzel; sie ist 2. Ziehe dieselbe von der halben Anzahl der Wurzeln, welche 5 war, ab; der Rest ist 3. Das ist die Wurzel des gesuchten Quadrates und das Quadrat selbst ist 9. Oder du kannst jene Wurzel zu der halben Anzahl der Wurzeln addiren; die Summe ist 7. Das ist die Wurzel des gesuchten Quadrates, und das Quadrat selbst ist 49. Wenn Du auf ein Beispiel dieses Falles stössest versuche die Lösung durch Addition, und wenn diese nicht den Zweck erfüllt, dann wird Subtraktion es sicherlich thun. Denn in diesem Falle können beide — Addition und Subtraktion — angewandt werden, was in keinem anderen der drei Fälle, in welchen die Anzahl der Wurzeln halbirt werden muss, gestattet ist. Wisse auch, dass, wenn in einer Aufgabe dieses Falles das Produkt der Vervielfachung der halben Anzahl der Wurzeln in sich selbst kleiner ausfällt als die Zahl der Dirham, welche mit dem Quadrate verbunden ist, die Aufgabe unmöglich ist; ist aber jenes Produkt den Dirham selbst gleich, dann ist die Wurzel des Quadrates gleich der Hälfte der Anzahl der Wurzeln allein ohne jede Addition oder Subtraktion.“ In Zeichen

---

[1]) Mohammed ben Musa, Algebra pag. 11–12.

würden wir das so schreiben, dass aus $x^2 + c = bx$ sich $x = \frac{b}{2} \pm \sqrt{\left(\frac{b}{2}\right)^2 - c}$ ergebe, also mit zwei möglichen Werthen, vorausgesetzt dass $\left(\frac{b}{2}\right)^2 > c$; bei $c > \left(\frac{b}{2}\right)^2$ sei die Aufgabe unmöglich; bei $c = \left(\frac{b}{2}\right)^2$ gebe es nur einen Werth $x = \frac{b}{2}$.

Nachdem die verschiedenen Gleichungsformen aufgelöst sind, wendet sich Alchwarizmî zum geometrischen Nachweise der Richtigkeit des betreffenden Verfahrens. Auch hier wollen wir nur einen Fall, etwa $x^2 + bx = c$ hervorheben[1]), um zu zeigen, wie die Sache gemeint sei. Das Zahlenbeispiel lautet $x^2 + 10x = 39$. Man zeichne (Figur 88) ein Quadrat $\alpha\beta$ und an jede Seite desselben ein Rechteck, so entsteht, wenn man noch 4 kleine Quadratchen an den Ecken beifügt, ein grösseres Quadrat $\delta\varepsilon$. Soll die erste Figur $\alpha\beta$ das Quadrat x^2, sollen die 4 Rechtecke γ, η, $\varkappa$, θ die $10x$ vorstellen, so ist die Breite jedes solchen Rechteckes $\frac{10}{4} = \frac{5}{2}$ und die 4 Eckquadratchen betragen zusammen $4 \cdot \left(\frac{5}{2}\right)^2 = 25$. Das grössere Quadrat $\delta\varepsilon$ ist also $x^2 + 10x + 25$ oder 64, weil $x^2 + 10x = 39$ ist Die Seite des grösseren Quadrats ist mithin $\sqrt{64} = 8$. Eben diese Seite ist aber auch $x + \frac{10}{2}$, folglich $x = 8 - 5 = 3$ oder als Formel geschrieben

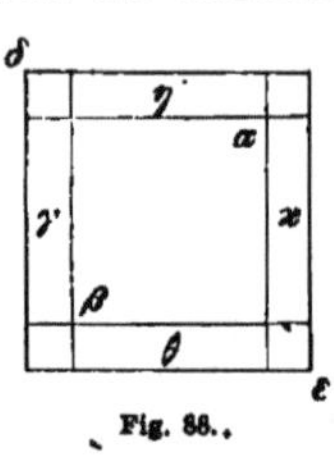

Fig. 88.

$$x = \sqrt{4 \cdot \left(\frac{b}{4}\right)^2 + c} - \frac{b}{2} \text{ beziehungsweise } x = \sqrt{\left(\frac{b}{2}\right)^2 + c} - \frac{b}{2}.$$

Alchwarizmî erklärt dann ebendenselben Fall mit Hilfe eines Gnomons. Er legt nämlich (Figur 89) an $\alpha\beta = x^2$ das $10x$ in Gestalt nur zweier Rechtecke γ, δ an 2 Seiten an, so dass ein aus $\alpha\beta$, γ und δ bestehender Gnomon gebildet ist, welchem zur Vollendung des Quadrates $\varepsilon\zeta$ nur ein Eckquadrat von der Seite $\frac{10}{2} = 5$, mithin von der Fläche 25 fehlt. Das grössere Quadrat ist nunmehr wieder $x^2 + 10x + 25 = 39 + 25 = 64$ und seine Seite $\sqrt{64} = 8$. Ebendiese ist aber auch $x + 5$ und so wieder $x = 8 - 5 = 3$.

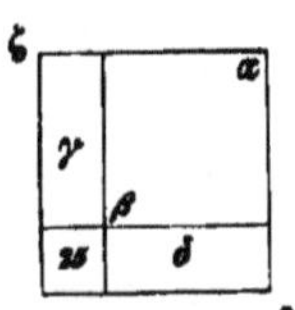

Fig. 89.

Wir bleiben in unserem Berichte hier zuvörderst stehen, um an das Bisherige die erforderlichen Bemerkungen zu knüpfen. Wir haben gesehen, dass Alchwarizmî seine Schrift Aldschebr walmukâbala

[1]) Mohammed ben Musa, Algebra pag. 13—16.

nannte. Als im Mittelalter lateinische Uebersetzungen angefertigt wurden, übernahm man erst einfach die beiden Wörter, welche man nur mit lateinischen Buchstaben schrieb[1], und welchen man allenfalls die Uebersetzung *restauratio et oppositio* beifügte, die dabei mitunter in der Reihenfolge wechselten, so dass sie *oppositio et restauratio* hiessen. Allmälig ging von den beiden arabischen Wörtern das zweite verloren, das erste blieb allein in der Form *algebra* übrig, und nun geschah das Entgegengesetzte wie bei *algorithmus*. Dort vergass man, dass es ein Mann war, der so hiess, und suchte das Wort zu übersetzen, hier vergass man, dass es ein übersetzungsfähiges Wort war, welches man vor sich hatte, und hielt *algebra* für den Namen eines Mannes. Von einem Araber Geber sollte die Kunst herrühren behauptete im XIV. S. ein Florentiner Rafaele Canacci[2], und Andere schrieben das gläubig ab, nicht selten den Erfinder in jenem Astronomen Dschâbir ibn Aflah aus Sevilla vermuthend, der gemeiniglich Geber genannt wird und mehrere Jahrhunderte nach Alchwarizmî erst lebte.[3]

Wir haben ferner gesehen, dass Alchwarizmî jene Wörter *dschebr* und *mukâbala* zwar in der Ueberschrift gebraucht aber nirgend erklärt hat, wiewohl der blosse Wortlaut ganz gewiss nicht ausreicht um die technische Bedeutung zu verstehen. Die Folgerung ist dadurch geradezu aufgezwungen, dass Alchwarizmî, mag er auch der erste arabische Schriftsteller über seinen Gegenstand gewesen sein, doch keinesfalls einen für seine Landsleute neuen Gegenstand behandelte, dass vielmehr durch mündliche Lehre, entnommen aus persönlichen Uebertragungen fremdländischen Wissens oder aus Schriften, die in nicht-arabischer Sprache verfasst waren, schon bekannt gewesen sein muss, was Herstellung und was Gegenüberstellung sei.

So sind wir zu der Frage gelangt, aus welcher Sprache die arabische Lehre von den Gleichungen sich abgeleitet hat und wann diese Ableitung erfolgte. Die letztere Frage zu beantworten reicht das bekannte Quellenmaterial nicht aus. Wir können nur behaupten, die Einführung der Algebra müsse hinlänglich lange Zeit vor Alchwarizmî stattgefunden haben, um die Möglichkeit zu gewähren, dass jene Begriffe und die für dieselben erfundenen Kunstausdrücke

---

[1]) Libri, *Histoire des sciences mathématiques en Italie* I, 253. [2]) Cossali, *Origine, trasporto in Italia, primi progressi in essa dell' algebra*. Parma, 1797. I, 35. [3]) Hankel S. 248, Note ** Dieser Geber darf ja nicht verwechselt werden mit dem Alchymisten Abû Mûsâ Dschâbir, der gleichfalls als Geber in der Literargeschichte genannt wird und ein Schüler des Dscha'for aṣ-Ṣâdiḳ (699—765) war, mithin vor Muhammed ibn Mûsâ Alchwarizmî gelebt hat. Vergl. Wüstenfeld, Geschichte der arabischen Aerzte und Naturforscher S. 12, Nro. 25.

unter den Fachleuten — denn für solche schrieb Alchwarizmi — schon landläufig geworden sein konnten. Aber woher war damals die Algebra gekommen? Zwei Quellen stehen uns, so weit wir sehen, zu Gebot. Was Alchwarizmî gibt kann griechischen, kann indischen Ursprungs sein, kann vielleicht einer aus beiden Quellen gemischten Strömung sein Dasein verdanken, wie wir ja auch in seinem Rechenbuche überwiegend Indisches und daneben einzelne griechische Spuren vorfanden. Wir wollen zu zeigen versuchen, dass, wenn die Algebra überhaupt als eine Mischung zu betrachten ist, jedenfalls griechische Elemente in ihr weitaus vorherrschen.

Schon die beiden Verfahren der Herstellung und Gegenüberstellung, welche voraussetzen, dass auf beiden Seiten der Gleichung nur Positives stehe, wenn der Ansatz vollendet ist, können nicht indisch sein, weil die Inder von dieser Bedingung Nichts wissen. Es kann hier nur auf Griechisches gemuthmasst werden, und vergleichen wir unsere Auszüge aus Diophant (S. 402), so finden wir ganz genau die Vorschrift der Herstellung und Gegenüberstellung, in welcher nur keine Namen für jenes Verfahren angegeben sind, Namen die mithin jünger und muthmasslich arabischer Herkunft sein werden. Bei Diophant finden wir ferner grade die drei Formen unreiner quadratischer Gleichungen, welche unser Araber kennen lehrt, wieder mit einem kleinen Unterschied, auf den wir noch zu reden kommen. Vergleichen wir weiter.

Alchwarizmî hat für die in den Gleichungen auftretenden Grössen verschiedene Namen. Die Unbekannte heisst schai, die Sache, oder dschidr, die Wurzel. Das Quadrat der Unkekannten heisst mâl, Vermögen, Besitz. Die bekannte Grösse wird als die Zahl benannt. Der Name des Quadrats kann nun sehr wohl aus dem griechischen δύναμις, Möglichkeit, Vermögen übersetzt sein, während es aus dem indischen varga, die Reihe, unter keinen Umständen abgeleitet werden kann.[1]) Das Wort schai für die Unbekannte entspricht weder dem indischen yâvattâvat, noch dem ἀριθμός des Diophant. Letzteres war freilich nicht mehr zu verwenden, wenn man ihm schon eine andere Bedeutung gegeben hatte, wenn man ganz zweckmässig die bekannte Grösse der Gleichung, die μονάς des Diophant, die rûpa der Inder Zahl genannt hatte. Der Name schai, Sache, für die Unbekannte erinnert, wenn man ihn nicht als in der Natur der Fragen begründet einheimisch entstanden lassen sein will, nur an das ägyptische hau, welches gleichfalls Sache heisst und für die Unbekannte gebraucht wird, eine Aehnlichkeit, auf welche wir oben (S. 616) vorbereitet

[1]) Ueber alle diese Namen vergl. Hankel S. 264, Note *, wo freilich weder Alles angegeben ist, was wir hier mittheilen, noch die gleichen Folgerungen gezogen sind.

haben.[1]) Nun bleibt noch dschidr, die Wurzel, für die Unbekannte erklärungsbedürftig. Man hat darin eine Uebersetzung des indischen mûla erkannt. Das ist ganz gewiss richtig für die Bedeutung von dschidr als Quadratwurzel einer Zahl, welche bei den Griechen stets *πλευρά*, die Seite, hiess. Aber ob nicht zugleich an das *ῥίζη* des Nikomachus, welches in der Arithmetik des Boethius sich mit erweiterter Bedeutung als radix wiederfindet[2]), erinnert werden darf, ist eine doch wohl aufzuwerfende Frage. Es könnte *ῥίζη* selbst eine Uebersetzung von mûla sein, wenn wir an die indische Beeinflussung Alexandrias im II. S. uns erinnern; es könnte mûla aus *ῥίζη* übersetzt worden sein, wenn wir an die alexandrinische Beeinflussung Indiens denken; es könnte dschidr dem einen wie dem andern Worte sein Dasein verdanken! So viel scheint daraus hervorzugehen, in diesen Wortvergleichungen werden wir den Schlüssel zu dem uns beschäftigenden Geheimnisse nicht finden.

Täuschen wir uns nicht, so liegt dieser Schlüssel in den Figuren, welche Alchwarizmî zur Begründung seiner Auflösungen der unreinen quadratischen Gleichungen gezeichnet hat, oder vielmehr in den Buchstaben, welche er zur Bezeichnung dieser Figuren verwendet.[3]) Alchwarizmî beweist Algebraisches geometrisch; das ist von vorn herein griechisch, nicht indisch, da dem Inder grade das entgegengesetzte Verfahren Gewohnheit ist, Geometrisches algebraisch zu behandeln, und nur eine unbestimmte quadratische Gleichung $xy = ax + by + c$ (S. 536) geometrische Erörterung fand, welche uns an einen griechischen Ursprung grade dieser Gleichungsauflösung denken liess. Alchwarizmî bezeichnet ferner seine Figuren mit Buchstaben; das ist wieder griechisch, nicht indisch. Und nun vollends mit welchen Buchstaben bezeichnet er sie? Allerdings mit arabischen Buchstaben, aber mit solchen, welche eine bunte Reihenfolge in dem späteren arabischen Alphabete darstellen und auch durch die Reihenfolge Abudsched nicht ganz erklärt sind, während sie durch griechische Buchstaben nach dem Gesetze gleichen Zahlwerthes, sofern man die Buchstaben als Zahlen betrachtet, ausgedrückt die vollständig richtige griechische Reihenfolge zeigen, und auch darin griechisch sich geben, dass sie das ϛ und ι ausschliessen. Welchen Grund könnte ein

[1]) Die Vergleichung zwischen *schai* und *hau* haben wir in dem Aufsatze: „Wie man vor vierthalbtausend Jahren rechnete“ in der Beilage zur Allgemeinen Zeitung vom 6. September 1877 ausgesprochen. [2]) *Radices autem proportionum voco numeros in superiore dispositione descriptos, quasi quibus omnis summa supradictae comparationis innitatur.* (Boetius ed. Friedlein pag. 60 l. 1—3.) [3]) Der den Charakter einer Methode an sich tragende Gedanke auf die Buchstaben einer Figur und deren Reihenfolge zu achten, um die Herstammung einer Lehre zu erkennen, rührt von Hultsch her, der ihn in seiner Abhandlung über den heronischen Lehrsatz, Zeitschr. Math. Phys. IX, 247 zuerst in Anwendung gebracht hat.

Araber gehabt haben seinen beiden Zeichen, welche die Zahlenbedeutung 6 und 10 haben und so den als ausgeschlossen von uns genannten entsprechen, also den *w* Laut und den *j* Laut, nicht zu benutzen? Keinen, so viel wir sehen. Der Grieche hatte solche Gründe. Das ς war ihm im Gewöhnlichen überhaupt kein Buchstabe mehr, und das ι, wie wir uns erinnern, dem einfachen Striche allzuähnlich. Der ein griechisches Muster benutzende Araber folgte ihm, aber auch nur dieser.

Wir behaupten auf diese Begründung gestützt: Zum Mindesten die geometrischen Nachweisungen für die Auflösung unreiner quadratischer Gleichungen bei Muḥammed ibn Mûsâ Alchwarizmî sind griechisch, und damit gewinnen auch frühere Behauptungen erneute, für manchen Leser vielleicht erhöhte Wahrscheinlichkeit, die Behauptung jene Auflösung der Gleichung $xy = ax + by + c$ bei Bhâskara sei griechischen Ursprungs, die Behauptung die griechische Algebra habe von Euklid zu Heron, vielleicht zu Diophant in vollkommen selbstständiger Entwicklung sich ausgebildet.

Wie Alchwarizmî zu griechischer Algebra gekommen sein kann, darüber vollends ist nach der allgemeinen kulturgeschichtlichen Uebersicht, welche wir im vorigen Kapitel zu geben uns gedrungen fühlten, kein Zweifel. Die griechischen Gelehrten, die am persischen Hofe erschienen waren, gehörten einer Zeit an, welche wohl anderthalb Jahrhunderte nach Diophant fällt, und durch sie kann und wird Manches aus Diophant, beziehungsweise aus Kenntnissen, wie sie in griechischer Sprache uns nur bei Diophant erhalten sind, mitgeführt worden sein. Wir erinnern ferner daran, dass Johannes von Damaskus im VIII. S. zum arabischen Hofe in Beziehung stand, jener Mann (S. 596) der mit Pythagoras und Diophant verglichen worden ist, vielleicht doch mehr als eine Floskel seines Lobredners, vielleicht ein Hinweis darauf, dass die Gegenstände pythagoräischer wie diophantischer Arithmetik und Algebra ihm geläufig waren.

Es fehlt freilich bei Alchwarizmî neben Dingen, in welchen er als Schüler griechischer Algebraisten sich erweist, auch nicht an Dingen, in welchen er sich wie von den Indern so auch von ihnen zu unterscheiden scheint, nicht an solchen, in welchen er über sie hinausgeht. Die Griechen, und wie die Griechen so auch die Inder (S. 530), bereiteten eine unreine quadratische Gleichung, etwa $ax^2 + bx = c$, zur Auflösung dadurch vor, das sie dieselbe mit dem Coefficienten a des quadratischen Gliedes, unter Umständen auch mit dem Vierfachen desselben $4a$ vervielfachten. Alchwarizmî schlägt den entgegengesetzten Weg ein, er lässt seine Gleichung durch jenen Coefficienten dividiren[1]) und bringt sie so in die in seinen Lösungen

[1]) *The solution is the same when two squares or three, or more or less be speci-*

vorgesehene Form $x^2 + b_1 x = c_1$. Wir erinnern uns ferner, dass es unmöglich war den bestimmten Nachweis zu führen, Diophant habe gewusst, dass manche unreine quadratische Gleichungen zwei von einander verschiedene positive Wurzelwerthe besitzen (S. 406). Alchwarizmî spricht ausdrücklich von den beiden Wurzeln der Gleichungen $x^2 + c = bx$ (S. 618). Das dürfte doch wohl auf indischen Einfluss zurückzuführen sein, so dass damit das Wort Mischung, dessen Möglichkeit wir für die arabische Algebra in sehr einschränkende Klauseln einschlossen, sich für dieses eine indische Element rechtfertigen könnte.

Indisch ist auch wohl die nur uneigentlich der Algebra zugetheilte Regeldetri, welche in der Fortsetzung von Alchwarizmîs Werke auftritt[1]) und ähnlich bei griechischen Schriftstellern uns nicht bekannt ist.

Gehen wir in unserem Berichte weiter, so kommen wir zu einem unzweifelhaft wieder griechischen Quellen entstammenden Kapitel mit der Ueberschrift die Messungen, *misâhât.*[2]) Einzelheiten mögen unsere Behauptungen bestätigen. Alchwarizmî spricht den pythagoräischen Lehrsatz aus und will ihn beweisen. Zum Beweise dient ihm (Figur 90) das in 8 gleichschenklige rechtwinklige Dreiecke zerlegte Quadrat, die Figur, deren wir als Figur 33 zur Verständniss der berüchtigten platonischen Menonstelle (S. 186) bedurften, welche auch von Pythagoras muthmasslich zum Beweise seines Satzes in dem ersten Falle, dass das vorgelegte rechtwinklige Dreieck die Hälfte eines Quadrates war, benutzt wurde, eine Muthmassung, die selbst wieder zu gesteigerter Wahrscheinlichkeit gelangt, wenn wir die dazu dienende Figur als eine griechische wirklich nachweisen können.

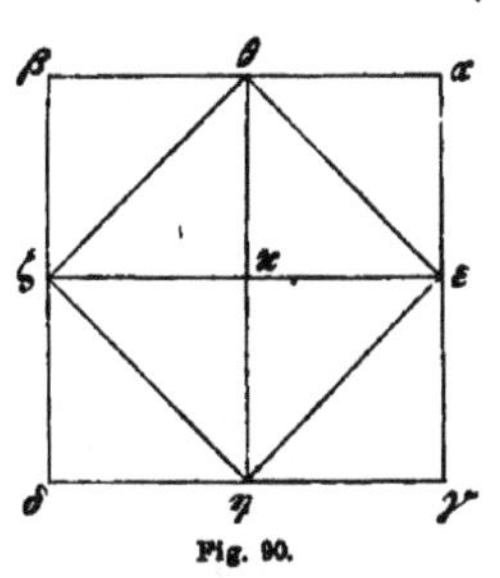

Fig. 90.

Das können wir aber trotz des arabischen Fundortes wieder mit Hilfe der Buchstaben. Unter den 12 Figuren, welche überhaupt in dem Kapitel der Messungen vorkommen, ist eine (ein durch einen vertikalen Durchmesser getheilter Kreis) ohne jede Bezeichnung. Zehn

---

fied; you reduce them to one single square and in the same proportion you reduce also the roots and simple numbers, which are connected therewith (Mohammed ben Musa, Algebra pag. 9). [1]) Mohammed ben Musa, Algebra pag. 68—70. [2]) Ebenda pag. 70—85. Eine französische Uebersetzung dieses einen Kapitels hat Aristide Marre nach Rosens englischer Uebersetzung in den *N. ann. math.* V, 557—570 gegeben. Später hat er sie nach dem arabischen Grundtexte verbessert zum erneuerten Abdruck bringen lassen in *Annali di matematica pura ed applicata T. VII.* Roma, 1866.

Figuren sind durch an die Seiten beigeschriebene Längenmaasse bezeichnet. Die einzige zum pythagoräischen Lehrsatze gehörige Figur trägt Buchstaben an den Ecken und zwar solche, die nach unserer vorerwähnten Methode ins Griechische übertragen eine richtige Reihenfolge der gewählten Buchstaben geben.[1]) Vierecke, heisst es alsdann weiter, sind von 5 Arten: Quadrate, Rechtecke, Rhomben, Rhomboide, unregelmässige Vierecke. Das sind ganz genau die fünf euklidischen Vierecke im Gegensatze zu den indischen (S. 553—554). Alchwarizmi unterscheidet dabei Länge und Breite der Figuren, unter Ersterer die grössere, unter Letzterer die kleinere Abmessung verstehend. Das ist wieder alexandrinisch und von ägyptischer Zeit her in Gebrauch (S. 331). Die Aufgabe wird gestellt in ein gleichschenkliges Dreieck, dessen beide gleiche Schenkel 10 und dessen Grundlinie 12 zur Länge hat, ein Quadrat einzuzeichnen. Die Höhe des Dreiecks ergibt sich ihm als 8, die Quadratseite als $4\frac{4}{5}$. Genau dieselbe Aufgabe mit denselben Maasszahlen findet sich bei Heron[2]), denn darin wird man doch wohl eine Verschiedenheit nicht erkennen wollen, dass Heron von seinem gleichschenkligen Dreiecke nur die Grundlinie mit 12, die Höhe mit 8 bekannt gibt, woraus man die beiden gleichen Seiten mit je 10 berechnen könnte, wenn Heron es auch unterlässt. Eine gewisse Verschiedenheit bietet nur die Art der Berechnung der Quadratseite, die in dem arabischen Texte deutlicher ist als in unserem griechischen Wortlaute. Heron nämlich verschafft sich ohne weitere Begründung die Quadratseite indem er das Produkt von Höhe und Grundlinie durch die Summe von Höhe und Grundlinie dividirt; Alchwarizmî dagegen rechnet — ob nach griechischer Vorlage lassen wir dahingestellt — dieselbe Formel erst algebraisch aus, indem er die Quadratseite als Unbekannte wählt und die vier Stücke, in welche die Einzeichnung des Quadrats das ursprüngliche Dreieck zerlegt, ihrer Fläche nach einzeln berechnet, welche alsdann zusammen der bekannten Gesammtfläche gleich gesetzt werden. Allerdings fehlen auch in dem Kapitel der Messungen gewisse Dinge, welche wir sonst bei Schriftstellern, die unmittelbar an Heron sich anlehnen, zu finden gewohnt sind. Die näherungsweise Berechnung des gleichseitigen Dreiecks unter Benutzung von $\sqrt{2} = \frac{26}{15}$, die heronische Dreiecksformel aus den drei Seiten, jene altägyptischen Annäherungswerthe für Vierecksflächen als Produkte der arithmetischen Mittel von je zwei Gegenseiten lehrt Alchwarizmî nicht. Von Stereometrischem hat nur der

[1]) Rosen hat zwar *R* wo wir *ζ* haben, doch ist dieses offenbar Wirkung eines Schreibfehlers, indem die beiden entsprechenden arabischen Buchstaben sich nur durch ein kleines Pünktchen unterscheiden. [2]) Heron (ed. Hultsch) pag. 74—75.

Inhalt einer abgestumpften quadratischen Pyramide, deren Grundfläche die Seite 4, die Abstumpfungsfläche die Seite 2 besitzt, während die Höhe 10 ist, Beachtung gefunden. Die Berechnung selbst kann nach griechischem Muster geführt sein, wiewohl grade diese Zahlen in keinem der bekannten heronischen Beispiele vorkommen. Auch ein indisches Element ist übrigens mit Bestimmtheit in diesem Kapitel nachzuweisen. Die Verhältnisszahl π wird nämlich in dreierlei Grössen angegeben. Davon werde $\frac{22}{7}$ „im praktischen Leben angewandt, wiewohl es nicht ganz genau sei; die Geometer besitzen zwei andere Methoden", und diese sind die indischen $\pi = \sqrt{10}$ und $\pi = \frac{62832}{20000}$.

Nun kommt ein letzter wieder ganz verschieden gearteter Abschnitt, an Länge ziemlich genau die Hälfte des ganzen Buches ausmachend[1]) und dadurch den Beweis liefernd, dass in den Augen des Verfassers hier wohl der Schwerpunkt seiner Aufgabe liegen mochte. Es handelt sich um die ungemein verwickelten um nicht zu sagen verworrenen Bestimmungen über Erbrecht, über Freimachung von Sklaven und dergleichen, welche in dem Koran, dem bürgerlichen nicht minder als religiösen Gesetzbuche der Araber, enthalten waren, und welche mit ihren sich oft widersprechenden Forderungen nicht selten eine Entscheidung nöthig machten, die von dem Rechte und der Rechnung gleichmässig abwich, weil es unthunlich schien nur das Eine zu Gunsten des Anderen zu verletzen. Aufgaben wie jene römische Erbschaftsfrage von der Wittwe, die nach dem Tode des Mannes Zwillinge zur Welt bringt, sind in diesem Abschnitte nicht enthalten, was ja zum Voraus keineswegs sicher war, da möglicherweise auch diese Doktorfrage einem arabischen Rechtskünstler hätte bekannt werden können und dann gewiss seine Sammlung kitzlicher Fälle zu bereichern beigetragen haben würde. Aber wenn auch Aehnlichkeiten und Uebereinstimmungen mit dem römischen Rechte bei den Arabern nachzuweisen sind, ableitbar aus der langen Geltung römischen Rechtes in Palästina und Syrien, im Erbrecht finden sich keine Vergleichungspunkte. Es ist ganz unabhängig von fremden Einflüssen auf ausschliesslich semitischem Boden entstanden, und nur die hebräische Gesetzgebung, die ebenso wie die arabische auf eine altsemitische gemeinsame Rechtsauffassung zurückreicht, hat hierbei mitgewirkt.[2]) Dieser Abschnitt der Algebra ist also arabisch durch und durch und ist als Grundlage zahlreicher späterer besonderer Schriften zu betrachten, welche geradezu von den Erbtheilungen

[1]) Mohammed ben Musa, Algebra pag. 86–174. [2]) Kremer I, 527—532.

und den dabei vorkommenden Rechnungen ausschliesslich handeln.

Wir haben die beiden Lehrbücher Alchwarizmîs, sein Lehrbuch der Rechenkunst und das der Zeit nach ältere der Algebra, verhältnissmässig sehr ausführlich besprochen. Die ganz aussergewöhnliche Wichtigkeit, welche beide Schriften für die Entwicklung der abendländischen Mathematik gewonnen haben, wird noch nachträglich dieses längere Verweilen rechtfertigen. Schon jetzt dürfte aber unsere Rechtfertigung von dem Gesichtspunkte aus geliefert sein, dass uns nunmehr die Grundlage genau bekannt ist, welche durch den ersten arabischen Schriftsteller über Mathematik natürlich aus fremdem Stoffe geschaffen war, eine Grundlage, auf welcher seine Landsleute nun fortbauen konnten und mussten, mochten sie gleich ihm die schon zubehauenen Steine den Trümmern einer fremdländischen Bildung entnehmen, oder mochten sie selbst ganz Neues schaffend ihre Befähigung mehr als blosse Aufbewahrer angeeigneten Gutes zu sein glänzend bewähren.

Was das Verhältniss betrifft, in welchem gemischt Griechisches und Indisches von Alchwarizmî aufgenommen und verarbeitet wurde, so lässt sich dasselbe kurz dahin angeben, dass als indisch vornehmlich die Rechenkunst, als griechisch dagegen, wenn auch nicht unter Ausschliessung jeglicher aus Indien stammender Veränderung, die Algebra sowie die Geometrie, mit anderen Worten die eigentliche wissenschaftliche Mathematik sich erweist.

Diese fast gegensätzliche Scheidung der beiden Richtungen, welche bei Muḥammed ibn Mûsâ Alchwarizmî sich einigermassen verwischte, scheint auch fast zwei Jahrhunderte nach ihm im Allgemeinen noch bemerklich gewesen zu sein. Erzählt doch der berühmteste unter allen arabischen Aerzten Abû ʿAlî Ḥusain ibn ʿAbdallâh ibn Ḥusain ibn ʿAlî as-Schaich ar-Raʾîs Ibn Sînâ oder Avicenna, wie man ihn gewöhnlich nennt, er habe[1]) in seinem zehnten Lebensjahre — das war zwischen 990 und 995 v. Chr. — in Buchârâ von einem Lehrer Unterricht im Lesen des Koran und in den Wissenschaften erhalten und habe bald den Gegenstand allgemeiner Bewunderung gebildet; dann habe der Vater ihn zu einem Manne geschickt, der mit Kohl handelte, und der in der indischen Rechenkunst wohl erfahren war, damit er von diesem lerne.

Selbst Muḥammed ibn Mûsâ hat neben seiner Algebra noch eine Schrift verfasst, in welcher er nach höchster Wahrscheinlichkeit Gegenstände sehr ähnlicher Natur nach einer weniger wissenschaft-

---

[1]) Wüstenfeld, Arabische Aerzte und Naturforscher S. 64—75, Nro. 128. *Abul Pharagius Historia Dynast.* (ed. Pocock) pag. 229 der lateinischen Uebersetzung.

lichen als praktischen Methode, die auch bei den Indern wenn auch etwas abweichend (S. 524) uns begegnet ist, behandelte.[1]) Wir kennen freilich nur die Ueberschrift des uns verlorenen Buches Ueber die Vermehrung und Verminderung, fîl dscham' wattafrîḳ, und aus diesem Titel selbst liesse sich gar Nichts entnehmen, wenn er nicht häufiger vorkäme, einmal begleitet von der Abhandlung, der er als Ueberschrift dient, und aus deren Inhalt man auf den der gleichbetittelten aber nicht mehr vorhandenen Arbeiten schliessen zu dürfen glaubt. So ergänzt man sich die Schrift über die Vermehrung und Verminderung des Alchwarizmî, so die des Sind ibn 'Alî, des Sinân ibn Alfatḥ. Von diesen Beiden war der Erstere einer der Astronomen, welche Chalif Almamûn zugleich mit Alchwarizmî in Diensten hatte, und ebenso wie von diesem, ebenso wie von dem vielleicht nicht viel späteren Sinân ibn Alfatḥ ist auch von ihm eine Schrift über indische Rechenkunst ausgegangen.[2]) Die zur Ergänzung dienende Schrift ist in einem dem Mittelalter entstammenden lateinischen Texte vorhanden[3]) und ist betittelt: *Liber augmenti et diminutionis vocatus numeratio divinationis ex eo quod sapientes Indi posuerunt, quem Abraham compilavit et secundum librum qui Indorum dictus est composuit.* Ob dieser Abraham, wie man vermuthet hat, der sonst unter dem Namen Ibn Esra bekannte gelehrte Jude ist, der 1093 bis 1168 lebte, ob ein Araber Ibrâhîm sich darunter verbirgt ist noch immer nur so weit ausser Zweifel gestellt, dass jede dritte Möglichkeit ausgeschlossen und die Muthmassung auf Ibn Esra als inneren Gegengründen nicht widersprechend nachgewiesen ist.[4]) Unzweifelhaft dagegen ist es, dass das gelehrte Verfahren den Indern zugeschrieben ist, da ihrer nicht bloss in der Ueberschrift gedacht wird, sondern auch im Texte, wo der Verfasser wiederholt, er habe dieses Buch nach denjenigen Erfindungen zusammengestellt, welche die Weisen der Inder über die Rechnung der Annahme gemacht haben; es sei nützlich für den, welcher es beachte und sich bemühe und beharre und dessen Meinung verstehe.

Die eigentliche Methode zu erläutern wollen wir die erste Aufgabe hier mittheilen: „Ein gewisser Besitz (*census*), von welchem man dessen Drittel und dessen Viertel weggenommen hat, liess 8 als Rest. Wie gross war der Besitz? Die Methode der Rechnung desselben ist, dass Du aus 12 eine Wagschale (*lancem*) bildest. Der dritte und der vierte Theil entstehen daraus. Du nimmst den dritten

[1]) Woepcke in dem *Journal Asiatique* I. Halbjahr 1863, pag. 514. [2]) Ebenda 490. [3]) Libri, *Histoire des sciences mathématiques en Italie* I, 304—371. Ueber einige dunkle Stellen vergl. Schnitzler Zeitschr. Math. Phys. IV, 383—389. [4]) Steinschneider in der Zeitschr. Math. Phys. XII, 42 und im Supplementheft zur historisch literarischen Abtheilung des XXV. Bandes derselben Zeitschrift.

und vierten Theil weg, welche 7 betragen und 5 bleibt übrig. Stelle 8 gegenüber, nämlich den Rest des Besitzes, und es wird klar, dass Du um 3 in der Verminderung geirrt hast. Diese bewahre. Sodann nimm Dir eine zweite Wagschale, welche durch die erste theilbar sei, etwa 24; nimm ihren dritten und vierten Theil also 14 weg, 10 bleibt übrig. Stelle 8 gegenüber, den Rest des Besitzes. Es wird klar, dass Du um 2 in der Vermehrung geirrt hast. Vervielfache jetzt den Irrthum 2 der zweiten Wagschale mit der ersten Wagschale 12 zu 24, sodann vervielfache den Irrthum 3 der ersten Wagschale mit der zweiten Wagschale 24 zu 72. Addire nun 24 und 72, weil der eine Irrthum in der Verminderung, der andere in der Vermehrung war; wären dagegen beide in der Verminderung oder in der Vermehrung gewesen, so müsstest Du die kleinere Zahl von der grösseren abziehen. Nachdem Du die 24 und 72 addirt hast, deren Summe 96 ist, addire auch die zwei Fehler 2 und 3; sie geben 5. Nun theile 96 durch 5 um zu erfahren, welche Zahl es sei, aus welcher die Aufgabe stammt, und es kommt $19\frac{1}{5}$ heraus."

Unmittelbar anschliessend fährt der Verfasser fort als Regel, offenbar aber im Gegensatze zu dem erst gelehrten Verfahren, vorzuschreiben: „Man nehme 12 als die unbekannte Zahl, aus welcher die Wegnahme des dritten und vierten Theiles 5 hervorbringt und frage nun, womit wird 5 vervielfacht um 12 hervorzubringen? Das gibt $2\frac{2}{5}$: vervielfache also die $2\frac{2}{5}$ mit 8 und es entsteht $19\frac{1}{5}$." Das ist genau die ishta karman der Inder, das Verfahren mit der angenommenen Zahl (S. 524), von welchem die Hauptregel als eine Abart sich erweist, auf welche wir gleich zurückkommen.

Die Methode der Vermehrung und Verminderung wird noch an vielen anderen Beispielen gelehrt und das Ergebniss häufig mittels noch anderer Rechnungsweisen gefunden. Darunter ist auch das Umkehrungsverfahren[1]) unter dem sonderbaren Namen der Wortrechnung, *regula sermonis*. Auch dieses haben wir bei den Indern kennen gelernt, und es kann uns als Bestätigung dienen, dass Abraham mit Recht auch die Methode der Vermehrung und Verminderung ebendenselben zuschreibt.

Die Abweichung der letzteren von dem Verfahren mit der angenommenen Zahl besteht, wie wir sehen, darin, dass dort nur ein einmaliger Versuch genügt, während hier zwei falsche Ansätze gebildet werden, wodurch sich auch der Name *regula elchatayn*, Regel der zwei Fehler, rechtfertigt,[2]) welchen die Methode bei späteren abendländischen Schriftstellern führt. Dass sie auch Methode der

---

[1]) Libri l. c. 313. [2]) Diese richtige Uebersetzung bei Hankel S. 259, Anmerkung.

Wagschalen heisst und in eigenthümlicher Schreibweise auftritt, werden wir noch im 37. Kapitel zu besprechen haben. Ihre algebraische Begründung ist sehr einfach. Es sei $ax = b$, folglich $x = \frac{b}{a}$. Nun setzt man einmal $x = n_1$, das andremal $x = n_2$ und erhält $an_1 = b - e_1$, $an_2 = b + e_2$ wo e_1 und e_2 die beiden Fehler sind, der erstere in der Verminderung, der zweite in der Vermehrung. Jetzt soll $x = \frac{e_1 \cdot n_2 + e_2 \cdot n_1}{e_1 + e_2}$ sein, und das ist auch der Fall, indem $e_1 n_2 = bn_2 - an_1 n_2$, $e_2 n_1 = an_1 n_2 - bn_1$, $e_1 n_2 + e_2 n_1 = bn_2 - bn_1 = \frac{b}{a} \cdot a(n_2 - n_1) = \frac{b}{a}(e_1 + e_2)$ ist. Der Fall, dass beide Fehler in der Verminderung, oder beide in der Vermehrung ausfallen, kann entsprechend bewahrheitet werden.

Somit gehört auch diese Methode zu dem Grundstocke mathematischer Wahrheiten, welcher in der Zeit des Muhammed ibn Mûsâ Alchwarizmî, also im ersten Drittel des IX. S., Eigenthum der Araber war. Wir werden nun bei einzelnen Schriftstellern, von denen wir zu reden haben, sehen, welche Vermehrungen theils als neuerdings erworbenes fremdes Wissen, theils als eigene Erfindung hinzutreten.

Kapitel XXXIV.

Die Mathematiker unter den Abbasiden. Die Geometer unter den Bujiden.

Als der Zeit nach Nächste fordern die sogenannten drei Brüder unsere Aufmerksamkeit.[1]) Mûsâ ibn Schâkir war in seiner Jugend Räuber gewesen, d. h. hatte wohl zu einer der räuberischen Horden gehört, welche damals wie noch jetzt Unsicherheit der Wüstengegend hervorbrachten, ohne dass die persönliche Ehrenhaftigkeit der einzelnen Mitglieder in arabischer Auffassung dadurch beeinträchtigt erschiene. Dem entsprechend nahm Mûsâ später am Hofe des Chalifen Almamûn eine hohe Stellung ein und erwarb sich die Gunst des Herrschers in solchem Maasse, dass dieser nach Mûsâs Tode sich die Erziehung der drei hinterlassenen Söhne Muhammed, Ahmed und Alhasan angelegen sein liess. Der Name des Aeltesten: Muhammed ibn Mûsâ ibn Schâkir kann, wenn der Vatersname nicht von dem des Grossvaters begleitet ist, leicht zur Verwechslung mit Alchwarizmî führen, um so leichter als alle drei Brüder tüchtige Astronomen und Mathematiker wurden. Von ihnen

---

[1]) Vergl Mohammed ben Musa, Algebra. Vorrede pag. XI, Anmerkung.

stammt die sogenannte Gärtnerconstruction der Ellipse mittels eines an zwei Punkten festgehaltenen und durch einen Stift gespannten Fadens gemäss dem Berichte eines Arabers Alsidschzî, welcher zu Ende des X. S. lebte und, selbst Mathematiker von Bedeutung, am Schlusse dieses Kapitels uns beschäftigen wird. Eine geometrische Schrift der drei Brüder ist in mittelalterlicher lateinischer Uebersetzung auf uns gekommen.[1]) Sie führt den Titel *Liber trium fratrum de geometria* und beginnt mit den Worten: „Verba filiorum Moysi, filii Schiae, id est Mahumeti Hameti et Hason“ oder nach anderer Lesart in einem zweiten Codex „Verba filiorum Moysi, filii Schaker, Mahumeti Hameti Hasen“ und darnach ist die Bezeichnung der drei Brüder, beziehungsweise der drei Söhne des Mûsâ ibn Schâkir geworden, unter welcher die Verfasser genannt zu werden pflegen. Es geht aus den bisher im Drucke veröffentlichten Auszügen hervor, dass mannigfach Interessantes dort zu finden ist. Vorzugsweise die heronische Formel für die Dreiecksfläche aus den drei Seiten hat die Aufmerksamkeit eines Forschers auf sich gezogen, der den Beweis obwohl einigermassen von dem heronischen verschieden doch als abhängig von demselben erkannte und insbesondere aus dem Buchstaben, mit welchem die Eckpunkte der Figur bezeichnet sind, den Nachweis führte, dass diese Figur einem griechischen Muster nachgebildet sein müsse, so eine vielfach mit Erfolg anwendbare (S. 621) neue kritische Methode zur Ermittelung des Ursprungs mathematischer Untersuchungen erfindend. Vielleicht war es Muhammed, der älteste der drei Brüder, welcher die Kenntniss des heronischen Satzes nach Bagdad brachte, während allerdings andere heronische Schriften schon zu Alchwarizmîs Zeiten, wie wir aus manchen bei diesem auftretenden Dingen schliessen durften, bekannt gewesen sein mögen. Jedenfalls weiss man von einer Reise nach den griechischen Gebieten, welche jener machte, und dass es auf der Rückkehr von dieser Reise war, dass er Ṯâbit ibn Ḳurra kennen lernte, welchen er aufforderte ihn nach Bagdad zu begleiten, und so kam auch dieser Letztere an den Chalifenhof, und wurde in das Astronomencollegium Almuʿtaḍids aufgenommen.

Von dem Leben (836—901) und der reichen Uebersetzungsthätigkeit des gelehrten Tâbit ibn Ḳurra haben wir (S. 603) gesprochen. Wir haben es jetzt mit ihm als Originalschrifsteller zu thun, und da finden wir eine Abhandlung von ihm, welche unsere Auf-

[1]) Vergl. Hultsch in der Zeitschr. Math. Phys. IX, 241—242 und 247 in dem Aufsatze „Der heronische Lehrsatz über die Fläche des Dreiecks als Funktion der drei Seiten“ und Jahresbericht über Mathematik im Alterthum für 1878—79 von Max Curtze. Ein von Ebendiesem besorgter Abdruck des Buches in den Nova Acta der Leop. Car. Akademie ist bei der Druckgebung dieses Bandes noch nicht erschienen.

merksamkeit zu fesseln ein entschiedenes Anrecht besitzt.[1]) Der Gegenstand ist ein zahlentheoretischer und zwar ein solcher, der nur der griechischen nicht ebenso der indischen Zahlentheorie angehört. Ṯâbit sagt auch in den Einleitungssätzen, dass es Betrachtungen seien, welche der pythagoräischen Lehre angehörten, dass Einiges über das zu Behandelnde bei Nikomachus und Euklid sich finde; er geht endlich, wieder nach seinen eigenen Worten, über diese Beiden hinaus und liefert somit für uns das erste Beispiel einer wirklich arabischen Leistung auf mathematischem Boden. Es handelt sich um vollkommene und um befreundete Zahlen. Für die Bildung der Ersteren hat Euklid die Regel angegeben (S. 230), Nikomachus sie wiederholt. Die Zweiten hat nach Jamblichus schon Pythagoras gekannt und die Zahlen 220 und 284 als Beispiele aufgestellt, wie Freunde sein sollen, ein jeder dem andern ein zweites Ich (S. 141). Aber wie man solche befreundete Zahlen finde, darüber äussert sich auch Jamblichus nicht. Ṯâbit ibn Ḳurra hat eine solche Vorschrift gegeben, welche mit der Euklids zur Bildung der vollkommenen Zahlen in Zusammenhang steht und dadurch sich als den Kern der Aufgabe enthüllend kennzeichnet. Sind $p = 3 \cdot 2^n - 1$, $q = 3 \cdot 2^{n-1} - 1$, $r = 9 \cdot 2^{2n-1} - 1$ insgesammt Primzahlen, so sind $A = 2^n \cdot p \cdot q$ und $B = 2^n \cdot r$ befreundete Zahlen. Bei $n = 2$ ist $p = 11$, $q = 5$, $r = 71$ und $A = 220$, $B = 284$.

Die befreundeten Zahlen haben übrigens von da an nicht aufgehört den Arabern bekannt zu sein. In einer mystischen Schrift über die Zwecke des Weisen hat El Madschrîṭî, der Madrider († 1007) die Vorschrift, man solle die Zahlen 210 und 284 aufschreiben und die kleinere wem man will zu essen geben und selbst die grössere essen; der Verfasser habe die erotische Wirkung davon in eigener Person erprobt,[2]) und Ibn Chaldûn, ein arabischer Gelehrter der von 1332—1406 im Occidente lebte, weiss gleichfalls von den wunderbaren Kräften eben dieser Zahlen, als Talismane gebraucht, zu erzählen.[3])

Alsidschzî berichtet auch kurz über eine Dreitheilung des Winkels durch Ṯâbit ibn Ḳurra. Figur und Wortlaut stimmen so nahe mit einem Satze aus dem IV. Buche des Pappus überein,[4]) dass an einer genauen Benutzung dieses Schriftstellers nicht zu zweifeln ist, auch scheint Ṯâbit kein Hehl daraus gemacht zu haben, dass er nicht

---

[1]) *Notice sur une théorie ajoutée par Thâbit ben Korrah à l'arithmétique spéculative des Grecs* von Woepcke im *Journal Asiatique* für October und November 1852 pag. 420—429. [2]) Steinscheider, Zur pseudoepigraphischen Literatur insbesondere der geheimen Wissenschaften des Mittelalters S. 37 (Berlin, 1862). [3]) Ibn Khaldoun, *Prolegomènes* in den *Notices et extraits des manuscrits de la bibliothèque impériale T. XXI, Partie 1*, pag. 178—179 (Paris, 1868). [4]) Pappus IV, 32. Die Figur vergl. (ed. Hultsch) pag. 275.

der Erfinder sei, da Alsidschzî ausdrücklich sagt, er wolle in seinem Berichte über Winkeldreitheilungen von den Sätzen der Alten ausgehen, worunter sehr wohl die Griechen verstanden sein können.[1])

Die Zeitfolge führt uns zu einem Manne, welcher in ganz anderer Richtung arbeitete, und dessen Name untrennbar verbunden ist mit der Geschichte der Einführung der trigonometrischen Funktionen im Abendlande, zu Albategnius, wie die Uebersetzer ihn genannt haben.[2]) Muḥammed ibn Dschâbir ibn Sinân Abû ʿAbdallâh al Battânî führt seinen Beinamen nach Battân in Syrien, wo er geboren ist, und welchem er zur Berühmtheit verholfen hat. Er stellte 878—918 in Ar-Raḳḳa astronomische Betrachtungen an, welche von seinen Landsleuten als die genauesten gefeiert worden sind, die irgend jemand gelungen seien, der unter dem Islam gelebt habe, und mit nicht geringerem Lobe haben sie seine Schrift über die Bewegung der Sterne bedacht, welche im XII. S. durch einen Uebersetzer Plato von Tivoli, der uns seiner Zeit noch beschäftigen wird, unter der Ueberschrift De motu oder De scientia stellarum in lateinischer Sprache bearbeitet wurde. Aus dieser Uebersetzung ist das Wort *sinus* als Name einer trigonometrischen Funktion in die Mathematik aller Völker eingedrungen. Der Ursprung des Wortes dürfte nach aller Wahrscheinlichkeit folgender sein.[3]) Die Benennung der Sehne war im Sanskrit jyâ oder jîva, die der halben Sehne ardhajyâ (S. 560). Allmälig wurde, da man nur die halbe Sehne trigonometrisch verwerthete, das kürzere jîva auch für diese benutzt und drang so zu den Arabern, welche es in seinem Wortlaute, wie sie ihn verstanden, übernahmen und dschîba schrieben. Genau dieselben Consonanten, welche arabisch dschîba zu lesen sind, lassen aber auch die Lesung dschaib zu, welches ein wirkliches arabisches Wort ist und den Einschnitt oder Busen bedeutet. Nun wird angenommen, die Ueberlieferung, dass man, für den Araber sinnlos, dschîba lesen müsse, sei verhältnissmässig frühzeitig abhanden gekommen, und die Lesart dschaib sei dafür die regelmässige geworden. Jedenfalls übersetzte Plato von Tivoli dschaib durch das ganz richtige Wort sinus, welches von nun an sich forterbte. Dass die Araber das indische kramajyâ in der Form kardaga übernommen haben, welches ihnen den 96. Theil des Kreisumfanges bedeutete, ist schon (S. 599) erwähnt worden.

Den Sinus wendet nun Albattânî im III. Kapitel seiner Sternkunde, welches eine Trigonometrie enthält, regelmässig an und zwar, was einen nicht hoch genug anzuerkennenden Fortschritt gegen die

---

[1]) *L'algèbre d'Omar Alkhayami* (ed. Woepcke). Paris, 1851, pag. 118. Die Uebereinstimmung T̲âbits mit Pappus hat Wöpcke hervorgehoben ibid. pag. 117, Anmerkung **. [2]) Hankel S. 241 und 281. [3]) Die hier folgende Hypothese stammt von dem pariser Orientalisten Munk her. Vergl. Woepcke in dem *Journal Asiatique*, 1863, I. Halbjahr, pag. 478, Anmerkung.

Inder bezeichnet, im Vollbewusstsein des Gegensatzes gegen die im Almageste benutzten ganzen Sehnen mit dem ausdrücklichen Zusatze, dass man so in der Rechnung das fortwährende Verdoppeln erspare.

Und ein anderer nicht weniger bedeutsamer Gegensatz gegen die griechische Trigonometrie tritt bei Albattânî noch schärfer als bei den Indern hervor. Die trigonometrischen Lehrsätze haben das Gepräge einer geometrischen Entstehungsweise durchaus verloren und den Charakter algebraischer Formeln angenommen. So berechnet Albattânî aus der Gleichung $\frac{\sin\varphi}{\cos\varphi} = D$ zunächst $\sin\varphi = \frac{D}{\sqrt{1+D^2}}$ und sucht alsdann φ in den Sinustafeln auf. Auch der Quotient $\frac{\cos\varphi}{\sin\varphi}$ spielt bei ihm eine gewisse Rolle. Wenn nämlich φ die Höhe der Sonne bedeutet und ein Schattenmesser von der Höhe h bei dieser Sonnenstellung einen Schatten von der Länge l auf die Horizontalebene wirft, so ist $l = h \cdot \frac{\cos\varphi}{\sin\varphi}$. Albattânî hat nun berechnet, wie gross l bei constantem $h = 12$ sein wird, wenn $\varphi = 1^0$, 2^0, 3^0 ... und so eine Tabelle erhalten, aus welcher umgekehrt mittels der Schattenlänge die Sonnenhöhe gefunden werden konnte, eine Art von kleiner Cotangententabelle.

Albattânî kennt selbstverständlich alle Dreiecksformeln, welche im Almageste zur Anwendung kommen, aber darüber hinaus auch noch die Formel, welche die Verbindung zwischen den 3 Seiten und 1 Winkel des sphärischen Dreiecks herstellt $\cos a = \cos b \cdot \cos c + \sin b \cdot \sin c \cdot \cos A$ und kennt deren Umformung zu $\sin \text{vers}\, A = \frac{\cos(b-c) - \cos a}{\sin b \cdot \sin c}$, welche die Multiplikation zweier Cosinusse im Zähler des Ausdruckes, welcher als Funktion des Winkels A erscheint, unnöthig macht.

Von Al-Basra war, wie wir uns erinnern (S. 597), der Anstoss ausgegangen, der den Chalifen Almamûn zu einem Beförderer der Philosophie und der Mathematik machte. In derselben an Bildungselementen der verschiedensten Länder reichen Handelstadt scheint in der zweiten Hälfte des X. S. eine Art von wissenschaftlichem Geheimbund entstanden zu sein,[1]) dessen Mitglieder in Gemeinschaft arbeiteten, wenigstens in Gemeinschaft veröffentlichten, was sie für nothwendig zur Bildung des Geistes und des Charakters hielten. Diese Abhandlungen der lauteren Brüder müssen wir bis zu einem gewissen Grade der Besprechung unterziehen. Von den, wie gesagt,

[1]) Vergl. Dieterici, Die Propädeutik der Araber im X. Jahrhundert. Berlin, 1865. Flügel, Ueber die Abhandlungen der aufrichtigen Brüder und treuen Freunde in der Zeitschr. der morgenl. Gesellsch. XIII, 1—38 (Leipzig, 1859). Sprenger ebenda XXX, 330—335 (Leipzig, 1876).

anonymen Verfassern ist es doch gelungen Einige zu enträthseln,[1]) und unter diesen dürfte Almuḳaddasî der bekannteste sein, ein anderer hiess Zaid ibn Rifâ'a. Die Abhandlungen selbst verbreiteten sich rasch sehr weit, ja sogar bis zu den Westarabern Spaniens drangen sie durch El Madschrîṭî oder durch dessen Schüler El Karmânî, von welchem Letzteren, der 1066 über 90 Jahre alt in Cordova starb, eine Studienreise nach dem Oriente bekannt ist.[2]) Und trotz dieser Thatsache, welche eine packende Bedeutung der Schriften zu erweisen scheint, hat die arabische Kritik selbst wenig Gutes ihnen nachzurühmen gewusst. Zaid sei ein unwissender Schwindler, sagte ein Zeitgenosse,[3]) und das Urtheil eines gelehrten Schaich, der die Abhandlungen einer genauen Durchsicht unterworfen hatte, lautet: Sie ermüden, aber befriedigen nicht; sie schweifen herum, aber gelangen nicht an; sie singen, aber sie erheitern nicht; sie weben, aber in dünnen Fäden; sie kämmen, aber machen kraus; sie wähnen was nicht ist und nicht sein kann.[4])

Was den mathematischen Inhalt der Abhandlungen betrifft, so können wir dieses harte Urtheil kaum ein allzustrenges nennen, und wenn wir trotz dieses geringen Werthes ihrer erwähnen, so geschieht dieses weil in dem Mancherlei, in den zusammengestoppelten und gekoppelten Dingen, wie ein anderer Araber rügend sagt, doch geschichtlich verwerthbare Körner haben aufgefunden werden können. Von den vollkommenen Zahlen heisst es,[5]) sie kämen in jeder Zahlenstufe nur einmal vor, 6 unter den Einern, 28 unter den Zehnern, 496 unter den Hundertern und 8128 unter den Tausendern. Das stimmt genau mit einer Bemerkung des Jamblichus überein[6]) und stellt es zusammengehalten mit dem, was wir aus der Einleitung zu Ṯâbits Abhandlung über befreundete Zahlen beibrachten, ausser Zweifel, dass die Schriften des Jamblichus, welche in Syrien nie aufgehört hatten gelesen zu werden (S. 605), um 900 auch den Arabern überhaupt gut bekannt waren. Um so auffallender ist eine Bemerkung, welche durch keine andere Ueberlieferung gestützt ist: die meisten Völker hätten nur 4 Zahlstufen, aber die Pythagoräer die Männer der Zahlen kannten 16 Stufen derselben tausend tausend tausend tausend tausend.[7]) Wir können das nur dahin verstehen, dass während im Arabischen die selbständigen Zahlwörter sich nicht auf andere Rangeinheiten als auf 1, 10, 100, 1000 erstrecken, die Pythagoräer solche Namen bis 10^{15} besassen. Wenn diese Auffassung richtig und die Aussage wahrheitsgetreu, so ist der Zusammenhang

---

[1]) Flügel l. c. S. 21. [2]) Flügel l. c. S. 25. Wüstenfeld, Arabische Aerzte und Naturforscher S. 61, Nro. 122 und S. 80, Nro. 137. [3]) Sprenger l. c. S. 333. [4]) Flügel l. c. S. 26. [5]) Propädeutik der Araber S. 12. Dass dort statt 8128 fälschlich 7128 steht ist wohl nur Druckfehler? [6]) Jamblichus in Nikomachum (ed. Tennulius) pag. 46. [7]) Propädeutik der Araber S. 6.

zwischen Indern und Neupythagoräern in Dingen, die auf das Zahlensystem Bezug haben, um einen neuen Beleg reicher, und die Hypothese des Eindringens indischer Zahlzeichen in jene griechische Schule wird immer wahrscheinlicher.

Wir haben (S. 605) gesehen, dass die Araber jedenfalls mit den Arbeiten des Zenodorus bekannt waren. Auch dafür haben wir hier eine Bestätigung in der Bemerkung, die Kreisfigur habe einen weiteren Umfang als alle vielwinkligen Figuren mit gleich langer Umfassungslinie,[1]) und wir können jetzt noch einen Schritt weiter gehend vermuthen aus Pappus habe man die Kenntniss grade dieser Untersuchungen geschöpft. Im V. Buche des Pappus hat, wie wir uns erinnern (S. 379), die Abhandlung des Zenodorus Platz gefunden, und an die Einleitung eben des V. Buches erinnern aufs Lebhafteste folgende Sätze:[2]) „Viele Thiere schaffen von Natur schon Werke. Das ist ihnen ohne Unterricht eingegeben. So die Bienen, die sich Häuser schaffen. Sie bauen Häuser in Stockwerken von runder Gestalt wie Schilde, eins über das andere. Die Oeffnungen der Häuser machen sie alle mit 6 Seiten und Winkeln. Dies thun sie mit sicherer Weisheit, denn es ist die Eigenthümlichkeit dieser Figur, dass es weiter ist als das Viereck und das Fünfeck."

Eine Stelle, welche auf falsche Flächenberechnung sich bezieht, haben wir schon früher (S. 147) erwähnt. Sie heisst folgendermassen:[3]) „In einem jeden Gewerk erfasst den Zweifel, der dasselbe ohne Mathematik zu verstehen unternimmt, oder nur mangelhafte Kenntnisse davon hat und sich darum nicht kümmert. Man erzählt, jemand hätte von einem Manne ein Stück Landes für 1000 Dirham gekauft, das 100 Ellen lang und ebensoviel breit sei. Darauf sprach der Verkäufer: Nimm statt dessen zwei Stück, ein jedes 50 Ellen lang und breit, und meinte damit geschehe jenem sein Recht. Sie stritten nun vor einem Richter, der nicht Mathematik verstand, und dieser war irriger Weise derselben Ansicht, dann aber stritten sie vor einem anderen Richter, der der Mathematik kundig war, und der entschied, dass dies nur die Hälfte seines Anrechts wäre." Wir machen mit wenigen Worten auf einen verhältnissmässig weitläufig behandelten Gegenstand[4]) aufmerksam, auf Verhältnisse der Abmessungen, welche zwischen den einzelnen Strichen stattfinden sollen, aus welchen die Buchstabenzeichen gebildet werden, und derjenigen welche die Natur bei den einzelnen Theilen des menschlichen Körpers uns zum sinnlichen Bewusstsein bringt, letzteres ein Gegenstand, mit welchem auch Vitruvius (S. 462) sich beschäftigt hat. Wir erwähnen endlich noch Eines, welches nicht ohne Interesse ist, magische Quadrate.[5]) Die

---

[1]) Propädeutik der Araber S. 42. [2]) Ebenda S. 32. [3]) Ebenda S. 34—35. [4]) Ebenda S. 133—137. [5]) Ebenda S. 43—44.

magischen Quadrate aus 9, 16, 25, 36 sind hergestellt; dass es auch Quadrate von 49, 64, 81 gebe wird gesagt; das Quadrat 9, heisst es, erleichtere die Nativität (?). Wir können hier so wenig als es uns früher (S. 539) gelang dem Ursprunge dieser eigenthümlichen Amulette auf die Spur kommen. Wir bemerken nur, dass sie bei den Arabern unter dem Namen *wafk* in der Zauber- und Vorbedeutungskunde eine nicht unbedeutende Rolle gespielt haben,[1]) und dass unserem Gewährsmanne zufolge jeder der 7 Planeten einen ihm eigenthümlichen *wafk* besass, vielleicht eben jene sieben den lauteren Brüdern bekannte Quadrate von 9 bis 81? Am Ausführlichsten soll darüber der unter dem Namen El Bûnî[2]) berühmte arabische Mystiker geschrieben haben, welcher in Bona geboren dieser Stadt unter den Arabern die gleiche Verherrlichung gab, welche sie als Heimath des heiligen Augustinus bei den Christen besass. El Bûnî starb 1228.

Die Schriftsteller Alchwarizmî, die drei Brüder, Tâbit ibn Kurra, Al Battânî waren an dem Hofe der Abbasiden ihren gelehrten Beschäftigungen nachgegangen. Unter demselben Chalifengeschlechte war die Verbindung der lautern Brüder entstanden. Aber wenn auch Abbasiden fortfuhren die Chalifen zu heissen, von einer Regierung derselben, ja auch nur von einem Einflusse auf die Wissenschaft durch Gelehrte, in deren Kreise sie weilten die Zügel des Reiches den stärkeren Händen ihrer Heerführer, der sogenannten Emîr Alumarâ überlassend, war nachgerade keine Rede mehr.[3]) Und die Emire selbst schienen allmälig die Schlaffheit ihrer Drahtpuppen, welche Gebieter hiessen und Sklaven waren, ererbt zu haben. Das Chalifat schrumpfte nach und nach bis auf das Weichbild von Bagdad zusammen. Eine kriegerische Horde unter dem Befehle eines Bujiden d. h. eines Nachkommen von Abû Schudschâ' Bûjeh, welcher selbst seine Abstammung von den alten Perserkönigen herleitete, zog gegen Bagdad heran und bemächtigte sich der Stadt. Der Chalif musste 945 dem Bujiden Mu'izz Eddaula den Sultanstitel verleihen und ihm alle weltliche Macht abtreten. Dieses neue Geschlecht wusste zunächst mit neuer Kraft die Herrschaft wieder aufzurichten und auszudehnen, doch dauerte es nicht lange, so entbrannten unter den Bujiden Familienkämpfe um die Gewalt, wie sie unter den Omaijaden, wie sie unter den Abbasiden stattgefunden hatten, und nach einem Jahrhunderte, im Jahre 1050, hatten die Bujiden ihrer Unfähigkeit den Sturz zu verdanken. Die Seldschukensultane lösten sie ab.

Die Wissenschaft ist in diesem Jahrhundert, von der Mitte des X. bis zur Mitte des XI. S., keineswegs zurückgegangen. Im Gegen-

[1]) *Notices et extraits des manuscrits de la bibliothèque impériale T. XXI, 1. Partie*, pag. 180, Note 4 (Paris, 1868). [2]) Hammer-Purgstall, Literaturgeschichte der Araber 2. Abtheilung, Bd. VII, S. 402, Nro. 7944. [3]) Weil S. 219–226.

theil sind es einige der hervorragendsten Mathematiker, welche wir in jener Zeit aufzuzeichnen haben. Der Bujide 'Aḍud ed Daula 978—983 rühmte sich selbst astronomische Studien gemacht zu haben. Sein Sohn Scharaf ed Daula, derselbe unter welchem die Familienzwistigkeiten zuerst entbrannten, errichtete in dem Garten seines Palastes zu Bagdad eine neue Sternwarte und berief dorthin um 988 eine ganze Vereinigung von Fachmännern.[1]) Unter ihnen waren Abû'l Wafâ, Alkûhî und Aṣ-Ṣâġânî.

Abû'l Wafâ Muḥammed ibn Muḥammed ibn Jaḥjâ ibn Isma'îl ibn Al-'Abbâs Albûzdschânî[2]) wurde, wie wir (S. 603) schon sagten, 940 in Bûzdschân einem kleinen Orte des persischen Gebirgslandes Chorasan geboren, derselben Gegend, welche so viele arabische Mathematiker hervorgebracht hat. Er erfreute sich, bald Abû'l Wafâ, bald Albûzdschâni genannt, unter den Arabern des grössten Ruhmes und drei Jahrhunderte später sagt von ihm Jbn Challikân, der über berühmte Männer im Allgemeinen nicht bloss über berühmte Gelehrte schrieb, er sei ein weitbekannter Rechner, eine der glänzenden Leuchten der Geometrie gewesen, es seien ihm in dieser Wissenschaft wunderbare Entdeckungen gelungen. Er starb 998. Seine Schriften sind ungemein zahlreich. Eine, welcher er den Titel Almagest beilegte, dadurch selbst kundgebend, nach wessen Muster er gearbeitet habe, enthält die in der Geschichte der Astronomie berühmt gewordene Stelle, über welche bis auf den heutigen Tag die Meinungen gespalten sind, ob darin die Entdeckung der sogenannten Variation enthalten sei oder nicht.[3]) Uns kümmert nur der Mathematiker, und auch als solcher hat Abu'l Wafâ grosse Verdienste. Er war einer der letzten arabischen Uebersetzer und Commentatoren griechischer Schriftsteller, und wir müssen aufs Lebhafteste bedauern, dass grade von dieser Thätigkeit gar keine unmittelbare Spur sich erhalten hat. Der Gelehrte, welcher mit Diophant sich so eingehend beschäftigte, dass er nicht bloss ihn übersetzte, ihn erläuterte, sondern ein besonderes Schriftchen mit den Beweisen der bei Diophant und in seinen Erläuterungen zu demselben enthaltenen Lehrsätze füllte, muss viel Wissenswerthes für uns auf diesem Gebiete vereinigt haben. Sein Commentar zur Algebra des Muḥammed ibn Mûsâ Alchwarizmî würde uns wohl der Mühe überhoben haben vermuthungsweise dem Ursprunge der dort enthaltenen Lehren nachzuspüren. Sein Commentar zur Algebra des Hipparch ist ein eben so gerechter Gegenstand unserer Neugier, da wir hier ja nicht einmal die unzweifelhaft wichtige Abhandlung kennen, zu welcher er gehört. Aber leider sind von diesen algebraischen Commentaren nur die Ueber-

[1]) Hankel S. 242 nach *Abulpharagius Histor. dynast.* (ed. Pocock) pag. 216 der Uebersetzung. [2]) Woepcke in dem *Journal Asiatique* für Februar und März 1855 pag. 243 flgg. [3]) R. Wolf, Geschichte der Astronomie S. 53 und 204.

schriften uns bewahrt. Eine Zusammenstellung dessen, was Rechnungsbeamten nothwendig ist, hat sich wenigstens theilweise erhalten, ist aber nur in einem dürftigen Auszuge bekannt gemacht,[1]) was Bedauern erregen kann, da ausdrücklich bemerkt ist, in jenem ganzen Werke seien wesentliche Unterschiede gegen andere arabische Rechenbücher auffallend, es sei z. B. nicht eine einzige Ziffer darin angewandt.

Dagegen ist ein genügend ausführlicher Bericht über geometrische Leistungen veröffentlicht,[2]) zu welchem wir uns jetzt wenden. Von Abû'l Wafâ selbst rührt das aus 12 Kapiteln bestehende Buch der geometrischen Constructionen freilich nicht her. Es ist vielmehr die persische Uebersetzung eines Vorlesungsheftes, welches, wie es scheint, auf Grund von öffentlichen Vorträgen Abû'l Wafâs durch einen begabten aber doch nicht Alles verstehenden Schüler angefertigt worden ist, und somit kann Abû'l Wafâ unmöglich für die Mängel verantwortlich gemacht werden, welche bei der mehrfachen Ueberarbeitung nur allzuleicht sich einschleichen konnten. Man hat mit Recht drei Gruppen von Aufgaben aus diesem Buche hervorgehoben, welche geschichtlich und sachlich unsere Aufmerksamkeit verdienen. Eine erste Gruppe beschäftigt sich mit der Auflösung von Aufgaben unter Anwendung nur einer Zirkelöffnung, ein Gegenstand, der, wie wir (S. 383) erkannten, schon für Pappus oder für einen griechischen Bearbeiter seiner Sammlung ein wohlbekannter war. Abû'l Wafâ hat die Bedingung theils aussprechend, theils sie stillschweigend verstehend nicht weniger als 18 Paragraphe mit solchen Aufgaben gefüllt.[3]) In einer zweiten Gruppe handelt es sich um Zusammenlegung von Quadraten zu einem neuen Quadrate, so dass die Methode auch Praktiker befriedigen könne, welche die geometrische Anschauung der Rechnung vorziehen. Man wird aus einigen wenigen Beispielen am deutlichsten erkennen, wie das gemeint ist. Ein Quadrat soll gezeichnet werden von der dreifachen Grösse eines gegebenen Quadrates.[4]) Man findet die Seite als Hypotenuse eines rechtwinkligen Dreiecks, welches die Seite und die Diagonale des gegebenen Quadrates als Katheten besitzt. Dagegen lehnen sich aber die Praktiker auf;

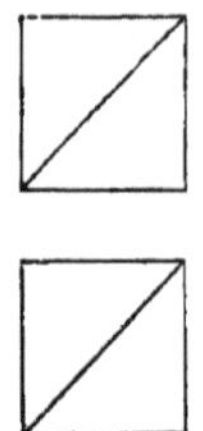
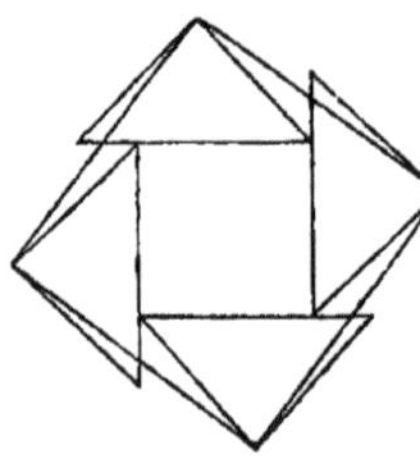

Fig. 91.

mit einer solchen Auflösung, welche ihre Sinne nicht überzeuge, könnten sie Nichts anfangen. Abû'l Wafâ befriedigt sie nunmehr durch folgende Construction (Figur 91). Er zeichnet die drei ein-

[1]) Woepke in dem *Journal Asiatique* für Februar und März 1855 pag. 246—251. [2]) Ebenda pag. 318—359. [3]) Ebenda pag. 226. [4]) Ebenda pag. 349—350

ander gleiche Quadrate hin und halbirt zwei davon durch Diagonalen. Die 4 so entstehenden gleichschenklig rechtwinkligen Dreiecke legt er nun um das dritte Quadrat herum, so dass die Hypotenusen Verlängerungen der 4 Quadratseiten in der Art bilden, dass an jeder Ecke eine und nur eine Seite verlängert ist. Endlich verbindet er die rechtwinkligen Spitzen dieser Dreiecke unter einander und hat so das gewünschte Quadrat fertig. Man möchte fast erwarten, als Beweis jene Aufforderung „Sieh!" zu lesen, welche indische Geometer ähnlichen Constructionen nachzuschicken für genügend hielten. Ja eine Construction, welche wir (S. 557) als in Bhâskaras Schriften vorhanden erörtert haben, welche mit Wahrscheinlichkeit (S. 581) in China aufgefunden worden ist, kommt bei Abû'l Wafâ vor.[1]) Zwei Quadrate sollen zu einem dritten vereinigt werden. Man zeichnet sie (Figur 92) auf einander, so dass eine Ecke und die Richtung zweier Seiten beiden gemeinsam ist. Verlängert man darauf die beiden freiliegenden Seiten des kleineren Quadrates bis zum Durchschnitte mit den Seiten des grösseren Quadrates, so ist die Summe der gegebenen Quadrate zerlegt in ein Quadratchen, dessen Seiten gleich dem Unterschiede der Seiten der ursprünglich gegebenen Quadrate sind, und in zwei Rechtecke, auf der Figur einander zum Theil überdeckend, deren jedes durch eine Diagonale in zwei rechtwinklige Dreiecke zerfällt. Die 4 rechtwinkligen Dreiecke um das Quadratchen herumgelegt bilden (Figur 80) das verlangte grosse Quadrat. Es ist unmöglich bei so übereinstimmenden Figuren so eigenartigen Gedankens nicht einen thatsächlichen Zusammenhang anzunehmen. Wir stehen nicht an der Meinung uns anzuschliessen,[2]) dass wiewohl Abu'l Wafâ fast 2 Jahrhunderte vor Bhâskara lehrte, und wiewohl es leicht möglich war, dass Arabisches von den islamisirten Indusländern aus sich weiter verbreiten konnte, dennoch hier nicht daran zu denken ist, Bhâskara habe die Construction aus arabischer Quelle. Nur das persönliche Anrecht Bhâskaras an die Figur und ihre Benutzung geht verloren, wie wir von vorn herein bemerklich machten, aber ihr indischer Stempel dürfte ihr erhalten bleiben, erhalten mit so viel älterer Datirung, dass sie schon den Praktikern, d. h. muthmasslich indischen Handwerkern, Baumeistern, mit welchen Abû'l Wafâ verkehrte, bekannt war. Die dritte Gruppe von Aufgaben hat die Beschreibung regelmässiger Vielflächner zum Zwecke. Wir wissen, dass Euklid (S. 234) und Pappus (S. 379) jeder in seiner Weise sich ebendamit beschäftigt haben. Abu'l Wafâ schliesst sich so

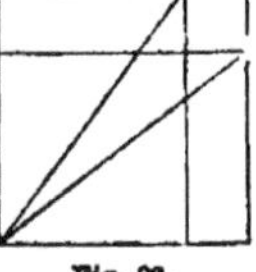
Fig. 92.

[1]) Woepcke in dem *Journal Asiatique* für Februar und März 1855 pag. 346 und 350—351. [2]) Ebenda pag. 235—238.

ziemlich an Pappus an,[1]) und bestrebt sich nur auf der Kugeloberfläche die Eckpunkte des gedachten nicht förmlich einbeschriebenen Vielflächners zu bestimmen. Mit anderen Worten er theilt die Kugeloberfläche in regelmässige, einander gleiche sphärische Vielecke. Diese drei Hauptgruppen von Aufgaben erschöpfen indessen nicht sämmtliche 12 Kapitel. Das Ende des 6., das ganze 7., der Anfang des 8. Kapitels sind verloren, und der erhaltene Rest schliesst ausser dem von uns bisher Hervorgehobenen noch manche wissenswürdige Einzelheit ein. Wir erwähnen nur zwei Sätze. Im 2. Kapitel im 6. Paragraphen und wiederkehrend im 3. Kapitel im 13. Paragraphen ist die Aufgabe ein regelmässiges Siebeneck zu construiren[2]) näherungsweise so gelöst, dass die Hälfte der Seite des einem Kreise einbeschriebenen gleichseitigen Dreiecks als Seite des demselben Kreise einbeschriebenen regelmässigen Siebenecks gilt, ein Verfahren, welches durch Jahrhunderte durch sich fortgeerbt hat. Im 1. Kapitel im 21. und 22. Paragraphen sind punktweise Constructionen der Parabel gelehrt,[3]) denen wir uns nicht erinnern bei früheren Schriftstellern begegnet zu sein. Von einem Punkte C der Parabelaxe aus (Figur 93), der um die doppelte Brennweite $2\,AF = AC$ vom Scheitelpunkte entfernt ist, als Mittelpunkt und mit der CA als Halbmesser wird ein Kreis beschrieben und in einem Punkte P der Axe die Senkrechte PL errichtet. Auf ihr nimmt man $PM = AL$ ab so ist M ein Punkt der Parabel. In der zweiten Construction verlängert man (Figur 94) die Parabelaxe über den Scheitel hinaus um den Parameter $4c = AG$. Mit der Entfernung von G bis zu einem beliebigen Punkte P der Axe als Durchmesser beschreibt man einen Kreis, an P dessen Berührungslinie und ihr parallel durch A die $L_1 L_2$. Senkrechte von L_1 und L_2 auf jene Berührungslinie treffen sie in den Parabelpunkten M_1 und M_2.

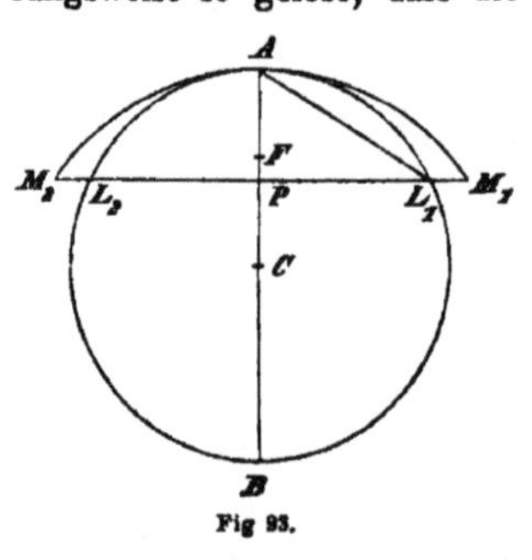

Fig 93.

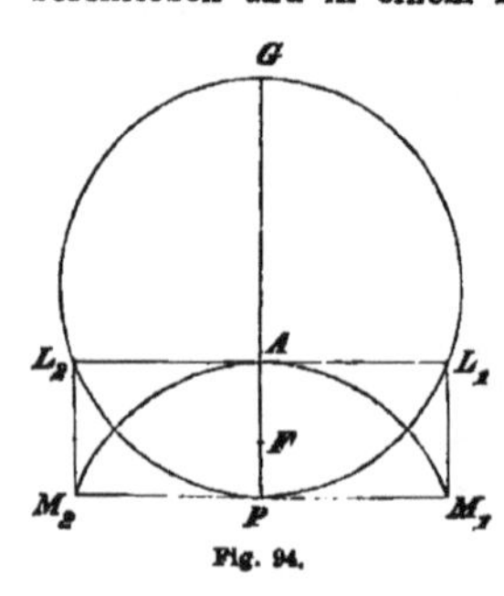

Fig. 94.

Andere Verdienste hat sich Abû'l Wafâ in der Trigonometrie

[1]) Woepcke in dem *Journal Asiatique* für Februar und März 1855 pag. 241 und 352—358. [2]) Ebenda pag. 329 und 332. [3]) Ebenda pag. 326.

erworben. Von ihm rührt eine Methode von Berechnung von Sinustafeln her,[1]) welche den Sinus des Winkels von $\frac{1}{2}$ Grade mit einer Genauigkeit liefert, welche sich bis zur Einheit der 9. Decimale erstreckt. Er geht aus von der Vergleichung $\sin(\alpha+\beta) - \sin\alpha < \sin\alpha - \sin(\alpha-\beta)$. Er beweist dieselbe nicht, aber es ist einleuchtend, dass sie Giltigkeit hat, sofern die Winkel $\alpha-\beta$, α, $\alpha+\beta$ sämmtlich dem ersten Kreisquadranten angehören, weil sofern $0 < \cos\beta < 1$ aus $\sin(\alpha+\beta) + \sin(\alpha-\beta) = 2 . \sin\alpha . \cos\beta$ sofort $\sin(\alpha+\beta) + \sin(\alpha-\beta) < 2\sin\alpha$ und daraus jene Vergleichung hervorgeht. Setzt man die Vergleichung nach rechts wie nach links fort, so erhält man:

$$\sin(\alpha+3\beta) - \sin(\alpha+2\beta) < \sin(\alpha+2\beta) - \sin(\alpha+\beta) < \sin(\alpha+\beta) - \sin\alpha < \sin\alpha - \sin(\alpha-\beta) < \sin(\alpha-\beta) - \sin(\alpha-2\beta) < \sin(\alpha-2\beta) - \sin(\alpha-3\beta)$$

und daraus:

$$\begin{aligned}
\sin(\alpha+3\beta) - \sin(\alpha+2\beta) &< \sin(\alpha+\beta) - \sin\alpha < \sin\alpha - \sin(\alpha-\beta)\\
\sin(\alpha+2\beta) - \sin(\alpha+\beta) &< \sin(\alpha+\beta) - \sin\alpha < \sin(\alpha-\beta) - \sin(\alpha-2\beta)\\
\sin(\alpha+\beta) - \sin\alpha &= \sin(\alpha+\beta) - \sin\alpha < \sin(\alpha-2\beta) - \sin(\alpha-3\beta)
\end{aligned}$$

Addirt man die drei Formeln so entsteht: $\sin(\alpha+3\beta) - \sin\alpha < 3[\sin(\alpha+\beta) - \sin\alpha] < \sin\alpha - \sin(\alpha-3\beta)$ oder endlich

$$\frac{1}{3}[\sin(\alpha+3\beta) - \sin\alpha] < \sin(\alpha+\beta) - \sin\alpha < \frac{1}{3}[\sin\alpha - \sin(\alpha-3\beta)]$$

Nun kann man $\sin 36^0$ und $\sin 60^0$ durch Quadratwurzelausziehung in beliebiger Genauigkeit finden und durch Quadratwurzelausziehung, die weiter jeden beliebigen Grad von Genauigkeit gestattet, auch zu den Sinussen der stets halbirten Winkel gelangen. So kommt man zu den Sinussen von $\frac{36^0}{64}$ und von $\frac{60^0}{128}$ oder zu $\sin\frac{18^0}{32}$ und $\sin\frac{15^0}{32}$, zwischen denen $\sin\frac{16^0}{32} = \sin 30'$ enthalten sein muss. Nun setzt man $\alpha = \frac{15^0}{32}$, $\beta = \frac{1^0}{32}$ so nimmt die letzterhaltene Vergleichung die Gestalt an: $\frac{1}{3}\left[\sin\frac{18^0}{32} - \sin\frac{15^0}{32}\right] < \sin 30' - \sin\frac{15^0}{32} < \frac{1}{3}\left[\sin\frac{15^0}{32} - \sin\frac{12^0}{32}\right]$. Ausser $\sin 30'$ ist darin nur noch $\sin\frac{12^0}{32}$ unbekannt, welches aber auch mit beliebiger Genauigkeit berechnet werden kann vermöge $\frac{12}{32} = 4 . \left(\frac{18}{32} - \frac{15}{32}\right)$ und somit ist eine neue fortlaufende Ungleichung

---

[1]) Woepcke im *Journal Asiatique* für April und Mai 1860 pag. 298—299.

$$\sin\frac{15^0}{32} + \frac{1}{3}\left[\sin\frac{18^0}{32} - \sin\frac{15^0}{32}\right] < \sin 30' < \sin\frac{15^0}{32} + \frac{1}{3}\left[\sin\frac{15^0}{32} - \sin\frac{12^0}{32}\right]$$

herstellbar, in welcher der grössere wie der kleinere Werth bekannt ist, in welcher ausserdem beide nicht weit von einander abweichen, also auch beide dem zwischen liegenden Werthe nahezu gleich sind. Um so genauer wird daher dieser Zwischenwerth als arithmetisches Mittel der beiden äusseren Werthe gelten dürfen, und diese Annahme macht dem entsprechend Abû'l Wafâ d. h. er setzt $\sin 30' = \sin\frac{15^0}{32} + \frac{1}{6}\left[\sin\frac{18^0}{32} - \sin\frac{12^0}{32}\right]$.

Noch wichtiger in ihren Folgen war eine Neuerung, welche Abû'l Wafâ in die Gnomonik einführte. Wir haben bei Al Battânî (S. 633) der Gleichung $l = h\frac{\cos\varphi}{\sin\varphi}$ erwähnt, in welcher l die horizontale Schattenlänge, h die Höhe eines senkrecht stehenden Schattenmessers, φ die Sonnenhöhe bedeutete. Abû'l Wafâ beobachtete nun[1]) den Schatten l, welchen ein horizontal in einer vertikalen Wand befestigter Schattenmesser h auf jener vertikalen Wand bildet, und welcher die Gleichung $l = h\,.\,\frac{\sin\varphi}{\cos\varphi}$ erfüllt. Er nahm h zu 60 Theilen an und berechnete die Schatten, *umbra versa* in den lateinischen Bearbeitungen, d. h. also die trigonometrischen Tangenten der Winkel φ, welche er in einer Tafel vereinigte, von welcher er auch bei anderen Aufgaben als der gnomonischen, bei der sie entstanden war, Gebrauch machte. Denn ihm ist nachträglich „die umbra eines Bogens eine Linie, welche von dem Anfangspunkte des Bogens parallel dem Sinus geführt wird in dem Intervalle zwischen diesem Anfange des Bogens und einer von dem Mittelpunkte des Kreises nach dem Ende des Bogens gezogenen Linie .... So ist die umbra die Hälfte der Tangente des doppelten Bogens, welche enthalten ist zwischen den zwei Geraden, welche vom Mittelpunkte des Kreises nach den Endpunkten des doppelten Bogens geführt werden.“ Da ist, wie wir sehen, der allgemeine Begriff der Tangente ganz fertig, da ist der Name dieser Funktion vorbereitet, da ist auch, wie schon gesagt wurde, die regelmässige Anwendung derselben in den verschiedensten trigonometrischen Aufgaben.

Der zweite Astronom, den wir, als an die Sternwarte im Palastgarten des Bujiden berufen, genannt haben, war Alkûhî.[2]) Waidschan ibn Rustam Abû Sahl Alkûhî führt den Beinamen, unter welchem

[1]) Hankel S. 284—285. [2]) M. Steinschneider, *Lettere intorno ad alcuni matematici del medio evo a D. Bald. Boncompagni*. Rom, 1863, pag. 31 sqq.

er vorzugsweise bekannt ist, nach dem Bergland Al-Kûh in Ṭabaristân. Von ihm rühren astronomische Beobachtungen des Jahres 988 her, welche er aber in ziemlich hohem Alter angestellt haben muss. Eine Jugendschrift Alkûhîs hat nämlich auf seinen Wunsch der Sohn des Ṯâbit ibn Ḳurra durchgesehen und verbessert, und dieser, welcher den Namen Sinân führte, auch selbst für einen in der Wissenschaft des Euklid sehr bewanderten Gelehrten galt, starb schon 943, mithin 45 Jahre vor jenen bagdader Beobachtungen. Alkûhîs wichtigste geometrische Leistungen, welche bekannt sind, liegen auf einem Gebiete, welches durch Griechen besonders durch Archimed und durch Apollonius von Pergä bereits urbar gemacht doch erst von den Arabern gründlich und erfolgreich bebaut worden ist: auf dem Gebiete der Lösung solcher geometrischen Aufgaben, die analytisch behandelt zu Gleichungen von höherem als dem zweiten Grade führen.

So kennen wir von Alkûhî einen Satz, der sich auf die Dreitheilung des Winkels bezieht.[1]) So kennen wir von ihm eine Auflösung dreier zusammengehöriger Aufgaben:[2]) 1. einen Kugelabschnitt zu finden, der einem gegebenen Kugelabschnitte inhaltsgleich, einem anderen ähnlich sei; 2. einen Kugelabschnitt zu finden, der mit einem gegebenen Kugelabschnitte gleiche gekrümmte Oberfläche besitze und einem anderen gegebenen Kugelabschnitte ähnlich sei; 3. einen Kugelabschnitt zu finden, der zu zwei gegebenen Kugelabschnitten in dem Zusammenhang stehe, dass er denselben Inhalt wie der eine, eine gleich grosse gekrümmte Oberfläche wie der andere besitze. Von diesen Aufgaben kommen die beiden ersten im II. Buche von Archimeds Schrift über Kugel und Cylinder im Satze 6 und 7 vor, während die dritte und schwierigste von Alkûhîs eigener Erfindung ist. Er löst sie mit Hilfe einer gleichseitigen Hyperbel und einer Parabel, deren Durchschnittspunkte die Unbekannte ausmessen lassen. Er fügt auch eine strenge Erörterung der Bedingungen bei, unter welchen allein die Aufgabe lösbar ist, also das, was die Griechen den Diorismos nannten, und was die Nachahmer der Griechen im Allgemeinen — die Araber nicht ausgeschlossen — keineswegs mit gleicher Regelmässigkeit zu beachten pflegten. Diesen Leistungen Alkûhîs gegenüber wissen wir endlich,[3]) dass es ihm nicht gelang eine Aufgabe zu bewältigen, welche auf die Gleichung $x^3 + 13\frac{1}{2}x + 5 = 10x^2$ führte.

Der dritte Name, welchen wir nannten, war Aṣ-Ṣâġânî, der aus Ṣâġân in Chorasan Herstammende.[4]) Aḥmed ibn Muḥammed Aṣ-Ṣâ-

---

[1]) *L'algèbre d'Omar Alkhayami* (ed. Woepcke) pag. 118. [2]) Ebenda pag. 103—114. [3]) Ebenda pag. 54. [4]) Hankel S. 243.

ġânî Abû Hamid al Usturlabi d. h. auch der Verfertiger von Astrolabien genannt starb 990. Er war, wie der zweite Beiname zu folgern gestattet, besonders geschickt in der Anfertigung jener astronomischen Winkelmessungsvorrichtungen, welche den Uebergang von der Dioptra des Heron zu dem modernen Theodoliten bilden. Von mathematischen Leistungen ist uns nur ein Satz über Kreissegmente bekannt,[1]) welcher mit der Dreitheilung des Winkels in einigem Zusammenhange steht.

Die Sätze des Ṯâbit ibn Kurra, des Alkûhî, des Aṣ-Ṣâġânî, welche auf Winkeldreitheilung sich beziehen, stehen insgesammt in einer grösseren Abhandlung über den gleichen Gegenstand,[2]) welche Abû Sa'îd Aḥmed ibn Muḥammed ibn 'Abd Al-Dschâlib As-Sidschzî verfasst hat, ein Schriftsteller, der gewöhnlich unter seinem Heimathsnamen Alsidschzî, mitunter aber auch statt dessen als Alsindschârî genannt zu werden pflegt,[3]) und welcher etwa 30 Jahre vor der Abfassung jener Abhandlung in Schîrâs eine mathematische Handschrift niederschrieb, die das Datum 972 tragend der pariser Bibliothek angehört. Die Aufgabe der Winkeldreitheilung wird durch Alsidschzî zunächst auf einen Satz zurückgeführt, der mit den anderen, welche er der Reihe nach unter den Namen ihrer Erfinder herzählt, zwar nicht übereinstimmt, aber doch zu ihrer aller Beweisen ausreicht. Der Peripheriewinkel M (Figur 95) sei nämlich der dritte Theil der Centriwinkels DCK, wenn $DE \times EC + EC^2 = CD^2$. Weil nämlich $CD = CA$ so sei $CD^2 = CA^2 = CE^2 + AE \times EK = CE^2 + DE \times EM$. Nun war E so gewählt, dass $CD^2 = CE^2 + DE \times EC$, folglich muss $EM = EC$ sein. In dem gleichschenkligen Dreiecke CEM sind demnach je zwei Winkel $= \alpha$, und der Aussenwinkel DEC dieses Dreiecks ist $= 2\alpha$. Der Winkel bei D ist wegen der Gleichschenkligkeit von DCM wieder $= \alpha$ und der Winkel $DCK = 3\alpha$ als Aussenwinkel des Dreiecks CDE. Die erste Aufgabe der Winkeldreitheilung ist daher auf die zweite zurückgeführt, einen Punkt E von der gewünschten Eigenschaft zu finden, und diese löst Alsidschzî, indem er mit dem der Figur schon angehörenden Kreis eine gleichseitige Hyperbel in Verbindung setzt, welche durch C hindurchgeht und den Kreishalbmesser als Halbaxe besitzt. Er beruft sich dabei ausdrücklich auf einen Satz (den 53sten) des

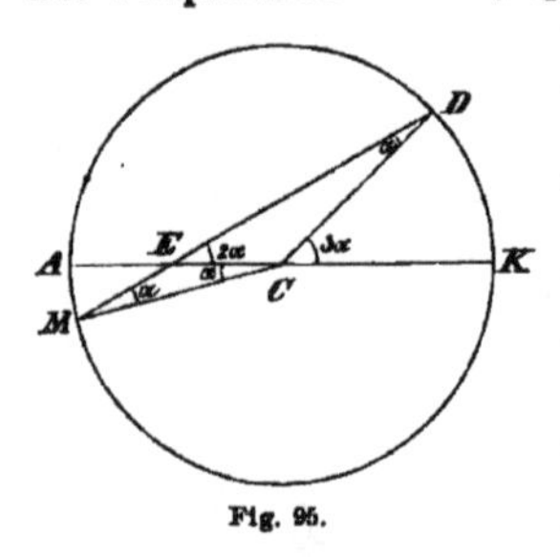

Fig. 95.

[1]) *L'algèbre d'Omar Alkhayami* pag. 119. [2]) Ebenda pag. 117—126. [3]) Hankel S. 246, Anmerkung **.

I. Buches der Kegelschnitte des Apollonius. Eine in Leiden befindliche Handschrift enthält ferner eine Abhandlung Alsidschzîs, welche mit der Zeichnung von Kegelschnitten sich beschäftigt.[1]) Andere geometrische Abhandlungen Alsidschzîs beziehen sich endlich der Hauptsache nach auf Durchschnitte von Kreisen mit Kegelschnitten,[2]) welche letztere demnach ein Lieblingsgegenstand der Untersuchungen des Verfassers gewesen sein müssen.

Kapitel XXXV.

Zahlentheoretiker, Rechner, geometrische Algebraiker von 950 etwa bis 1100.

Ganz anderer Richtung gehören die Arbeiten einiger Gelehrten der gleichen, wohl auch noch etwas früherer Zeit an, von welchen wir jetzt reden wollen. An deren Spitze steht der anonyme Verfasser einer Abhandlung, welche, wie wir am Schlusse des vorigen Kapitels gesagt haben, Alsidschzî 972 abschrieb. Die Abhandlung ist durchaus zahlentheoretischen Inhaltes und hat es hauptsächlich mit der Bildung rationaler rechtwinkliger Dreiecke zu thun.[3]) Primitive Dreiecke, deren Seiten theilerfremd zu einander sind, werden dabei von abgeleiteten unterschieden. Im primitiven Dreiecke müsse, so wird behauptet, die Hypotenuse immer ungrad und Summe zweier Quadrate sein. Die Ungradheit wird noch näher dahin bezeichnet, dass die Hypotenuse stets von der Form $12m + 1$ oder $12m + 5$ sei. Die Formen, denen Quadratzahlen und Summen von Quadratzahlen angehören können, mit anderen Worten ein Theil der Lehre von den quadratischen Resten, werden erörtert. Die Aufgabe, welche von nun an der Geschichte der Arithmetik erhalten bleibt: ein Quadrat zu finden, welches um eine gegebene Zahl vergrössert oder verkleinert wieder Quadratzahlen gibt, wird gestellt und gelöst. Das dürften die wichtigsten Sätze dieses Bruchstückes sein, dessen Anfang leider verloren gegangen ist und mit ihm der Name des arabischen Verfassers. Ein Araber war er unzweifelhaft, wie aus einer Stelle hervorgeht, in welcher er sich selbst als den Erfinder preist, aber nicht ohne hinzuzufügen: der Ruhm davon gehört Gott allein, ein geradezu kennzeichnender Ausdruck, dessen nur Araber sich zu bedienen pflegten. Vielleicht kann man, wenn auch nicht mit gleicher Bestimmtheit behaupten, der Verfasser

---

[1]) *Journal Asiatique* für Februar und März 1855 pag. 222. [2]) *Notices et extraits des manuscrits de la Bibliothèque du roi* XIII, 136—145. [3]) Woepcke *Recherches sur plusieurs ouvrages de Léonard de Pise* in den *Atti dell' Academia Pontificia de nuovi Lincei* 1861, T. XIV, pag. 211—227 und 241—269.

habe am Studium des Diophant sich gebildet. Bei diesem Schriftsteller nämlich ist, wie mit Recht betont worden ist,[1]) die erste Quelle jener Aufgabe von den drei in arithmetischer Progression stehenden Quadratzahlen, ist zugleich eine Auflösung mit Hilfe rationaler rechtwinkliger Dreiecke zu finden.[2])

Abû Muḥammed Alchodschandî aus der Stadt Chodschanda in Chorasan war vermuthlich im Jahre 992 noch am Leben, da eine astronomische Beobachtung eines Abû Maḥmûd Alchodschandi aus diesem Jahre bekannt ist und die Namen allzunahe übereinstimmen um an zwei Persönlichkeiten denken zu dürfen.[3]) Von ihm rührt ein Beweis des merkwürdigen zahlentheoretischen Satzes her, dass die Summe zweier Würfelzahlen nicht wieder eine Würfelzahl sein könne, dass $x^3 + y^3 = z^3$ rational unlösbar sei. Leider kennen wir den Beweis nicht. Es wird uns nur gesagt, dass derselbe mangelhaft gewesen sei, ebenso wie Untersuchungen des gleichen Verfassers über rationale rechtwinklige Dreiecke.

Der Berichterstatter ist der Schaich Abû Dschaʿfar Muḥammed ibn Alḥusain, welcher nach dem Tode Alchodschandîs — denn es ist von ihm mit dem Zusatze „Gott sei ihm barmherzig" die Rede — seine eigene Abhandlung über rationale rechtwinklige Dreiecke veröffentlicht hat,[4]) in welcher er übrigens nicht sehr weit über den anonymen Arithmetiker, mit welchem wir es eben erst zu thun hatten, hinausgeht, in mancher Beziehung sogar hinter ihm zurückbleibt. Auch diese Abhandlung ist vermuthlich von Alsidschzîs Hand abgeschrieben,[5]) doch müsste, wenn die verschiedenen Jahreszahlen, die uns berichtet sind, namentlich die der astronomischen Beobachtung Alchodschandîs, welche doch seinem Tode beziehungsweise der Abfassung der erst nach seinem Tode vollendeten Abhandlung des Ibn Alhusain vorangegangen sein müsste, auf Richtigkeit Anspruch erheben, ein weiter Zwischenraum von mehr als 20 Jahren die in einem Bande vereinigten Abschriften aus derselben Feder trennen, deren eine 972 datirt ist, die andere erst später als 992 entstanden sein könnte. Wenn wir sagten, dass Ibn Alḥusain nicht selten hinter dem Anonymus zurückbleibt, so bezieht sich dieses auf einige offenkundige Fehler, die bemerkt worden sind, wo er höchst wahrscheinlich eine Vorlage, nach welcher er arbeitete, nicht verstanden hatte.[6]) Sollte, fügen wir fragend bei, diese Vorlage die uns unbekannte Schrift Alchodschandîs über rationale rechtwinklige Dreiecke gewesen sein, an welcher das nach Ibn Alḥusains Meinung Mangelhafte eben

---

[1]) Woepcke l. c. S. 252. [2]) Diophant (Schulz) III, 22, S. 134 und V, 9, S. 225. [3]) Woepcke, *Recherches sur plusieurs ouvrages de Léonard de Pise* in den *Atti dell' Academia ponteficia de nuovi Lincei*. 1861. XIV, 301—302. [4]) Ebenda pag. 301—324 und 343—356. [5]) Ebenda pag. 324. [6]) Woepckes Bemerkungen pag. 307, 317, 323.

darin zu suchen wäre, dass der Tadler es nicht richtig auffasste? Sollte grade die Schrift des Alchodschandî nach Verlust der Anfangsparagraphe als anonymer Traktat übrig geblieben sein? Mehr als diese Fragen können wir nicht äussern, doch scheinen sie nicht schlechterdings verneint werden zu können. Ibn Alḥusain unterscheidet, wie der Anonymus primitive und abgeleitete Dreiecke, benutzt aber andere Wörter, um diese Unterscheidung auszusprechen. Bei dem Anonymus heisst das primitive Dreieck aṣl, bei Ibn Alḥusain auwalî; das abgeleitete Dreieck heisst dort farʿ oder mafrûʿ, hier tâbiʿ.[1]) Ibn Alḥusain gibt ausdrücklich als Zweck der ganzen Untersuchung die Lösung der Aufgabe an: ein Quadrat zu finden, welches um die gegebene Zahl vergrössert oder verkleinert wieder ein Quadrat werde.[2]) Es ist bemerkenswerth, dass eine geometrische Erläuterung der gegebenen Auflösung von ähnlichen Grundgedanken Gebrauch macht, wie wir sie bei Muḥammed ibn Mûsâ Alchwarizmî verfolgen konnten, da wo es um die Auflösung der unreinen quadratischen Gleichung mit einer Unbekannten sich handelte. Es ist weiter bemerkenswerth, dass Ibn Alḥusain bei dieser Auseinandersetzung sich ausdrücklich auf den 7. Satz des II. Buches der euklidischen Elemente bezieht. Bei der den Arabern am Schlusse des X. S. ganz allgemeinen Verehrung dieses Werkes ist freilich mit einer gelegentlichen Anführung desselben Nichts weniger als ein Ursprungszeugniss für dasjenige, um dessenwillen Euklid beigezogen ist, verbunden; aber wenn wir die Beweisführung selbst ansehen, so kann die mehrfach benutzte Figur des Gnomon uns mindestens zweifelhaft lassen, ob wir für den Ursprung nach Indien, ob wir nach Griechenland zurückschauen, ob wir an Abû'l Wafâs dem Augenschein genügende Constructionen denken sollen, um so mehr als, wie wir schon bemerkten, ähnliche Aufgaben bei Diophant, bisher aber nicht in indischen Schriften aufgefunden worden sind und Abu'l Wafâ (S. 637) der Erläuterung der diophantischen Schriften seine beste Kraft zugewandt zu haben scheint. Die Katheten $AB = c_1$ und $BC = c_2$ eines rationalen rechtwinkligen Dreiecks (Figur 96), dessen Hypotenuse h heissen soll, werden aneinander gesetzt und über ihrer Summe, aber auch über der grösseren c_1 wird ein Quadrat beschrieben. Die beiden

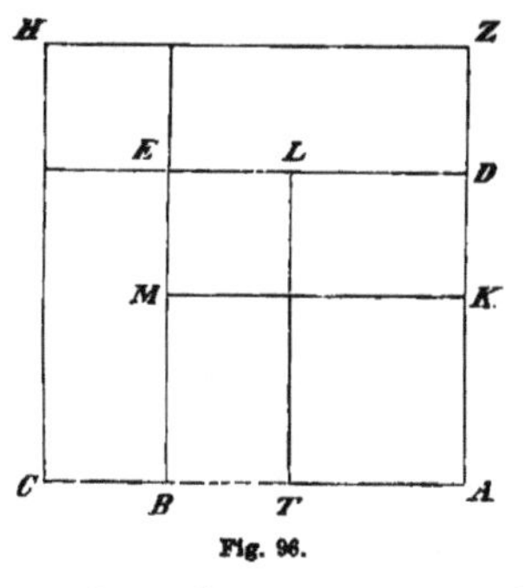

Fig. 96.

[1]) Woepcke *Recherches* etc. pag. 320. [2]) Ebenda pag. 350 figg.

freiliegenden Seiten BE, DE des letzteren Quadrates werden bis zum Durchschnitte mit den Seiten des Quadrates über der Summe $AC = c_1 + c_2$ verlängert. Aus dieser Construction geht die Zerfällung des grossen Quadrates in folgende 4 Theile hervor: AE (das Quadrat von c_1), EH (das Quadrat von c_2) und CE sowie ZE (die beiden Rechtecke zwischen c_1 und c_2). Ist nun $2c_1c_2 = k$, so folgt wegen $c_1^2 + c_2^2 = h$, dass $(c_1 + c_2)^2 = h^2 + k$ sei. Aber auch $h^2 - k$ ist ein Quadrat. Schneidet man nämlich von B gegen A hin und von D ebenfalls gegen A hin Stücke $BT = DK = c_2$ ab, so ist das Quadrat AE zerlegt in das Quadrat KT und die beiden Rechtecke DM, BL, von welchen das Quadrat LM abzuziehen ist. Mit anderen Worten es zeigt sich $AE + LM - 2BL = KT$ oder $c_1^2 + c_2^2 - 2c_1c_2 = (c_1 - c_2)^2$ oder $(c_1 - c_2)^2 = (c_1^2 + c_2^2) - 2c_1c_2 = h^2 - k$ und man findet also Zahlen, welche die verlangte Eigenschaft besitzen in den Quadraten der Summe der beiden Katheten, der Hypotenuse und der Differenz der beiden Katheten eines rechtwinkligen Dreiecks, während das doppelte Produkt der beiden Katheten die Zahl ist, um welche das erstere Quadrat grösser, das letztere kleiner als das mittlere ist. Entsprechend heisst es bei Diophant: „In jedem rechtwinkligen Dreieck bleibt aber das Quadrat der Hypotenuse auch dann noch ein Quadrat, wenn man das doppelte Produkt der Katheten davon abzieht oder dazu addirt.“[1]) Nun gibt es Methoden aus zwei beliebigen Zahlen a und b ein rationales rechtwinkliges Dreieck entstehen zu lassen, und solche Methoden werden in der anonymen Abhandlung, werden von Ibn Alhusain gelehrt; z. B. $c_1 = \frac{a+b}{2}$, $c_2 = \frac{ab}{a-b}$, $h = \frac{a^2+b^2}{2(a-b)}$. Setzt man diese Werthe ein, so wird $k = 2c_1c_2 = \frac{(a+b)\,ab}{a-b}$ und $\left(\frac{a+b}{2} \pm \frac{ab}{a-b}\right)^2 = \left[\frac{a^2+b^2}{a(a-b)}\right]^2 \pm \frac{(a+b)\,ab}{a-b}$ oder indem alle Seiten mit $2(a-b)$ vervielfacht werden $c_1 = a^2 - b^2$, $c_2 = 2ab$, $h = a^2 + b^2$ und die beiden ganzzahligen Endgleichungen $(a^2 - b^2 + 2ab)^2 = (a^2 + b^2)^2 + 4ab\,(a^2 - b^2)$ nebst $(a^2 - b^2 - 2ab)^2 = (a^2 + b^2)^2 - 4ab\,(a^2 - b^2)$. Beide Abhandlungen stimmen noch in einer weiteren Beziehung überein. Sie enthalten Zahlentabellen, gebildet in Folge von Versuchen — freilich von auf eine theoretische Betrachtung gestützten Versuchen — welche der zunächst in Behandlung tretenden Aufgabe rationale rechtwinklige Dreiecke zu finden genügen. In keinem der bisherigen Abschnitte dieses Bandes haben wir das Vorhandensein genau solcher Tabellen erwähnen können, wenn wir auch auf manche eine Vergleichung gestattende Dinge stiessen. Vergleichen lässt sich schon die alt-

---

[1]) Diophant (Schulz) III, 22, S. 134 und fast gleichlautend V, 9, S. 226.

ägyptische Zerlegungstabelle der Brüche mit ungradem Nenner und dem Zähler 2 als Summe von Stammbrüchen; vergleichen lassen sich die Tabellen der Quadrat- und Kubikzahlen in Senkereh, vergleichen die Einmaleinstafel bei Nikomachus, die kleine Liste der Diametralzahlen bei Theon von Smyrna; und auch bei den Indern fehlt es nicht an nächstverwandten Vergleichungsstücken, denn die den Çulvasûtras entlehnten Beispiele rechtwinkliger Dreiecke (S. 543) sind vielleicht ein Auszug aus einer solchen Tabelle, von deren Vorhandensein wir sonst Nichts wissen. Das sind Anhaltspunkte, welche man, wenn es einst gelingen soll auf Grundlage reichhaltiger Quellenkunde die Frage nach dem ersten Ursprunge dieser arabischen Untersuchungen zur Entscheidung zu bringen, nicht wird übersehen dürfen. Endlich gehört ebendahin das, was wir eine Art von Kenntniss quadratischer Reste genannt haben, und was uns (S. 536) bei Indern schon bekannt geworden ist, was von einem Araber ausdrücklich als indisch benannt worden ist.

Wir meinen den berühmten Arzt und Naturforscher Ibn Sinâ gewöhnlicher in abendländischer Umformung Avicenna genannt. Wir haben (S. 626) über die Erziehung dieses merkwürdigen Mannes gesprochen und über den Rechenunterricht, welchen er zwischen 990 und 995 von einem Gemüsehändler erhielt. Unter den zahllosen bändereichen Schriften, welche Avicenna trotz seines häufig wechselnden Aufenthaltes, trotz der Staatsgeschäfte welche er als Wezîr des Emirs Schems ed Daula zu Hamadân auszuüben hatte, trotz seiner grossartigen ärztlichen Thätigkeit verfasst hat, befindet sich eine handschriftlich in Leiden aufbewahrte spekulative Arithmetik[1]) d. h. also nach unserer früheren Erläuterung dieses Wortes eine Art Zahlentheorie nach griechischem Muster. Zwei Stellen derselben sind allein in Uebersetzung veröffentlicht, beide dem III. Buche angehörend. „Will man nach der indischen Methode“, besagt die eine Stelle, „Quadratzahlen auf ihre Richtigkeit untersuchen, so ist unvermeidlich 1, 4, 7 oder 9. Dem 1 entspricht 1 oder 8; dem 4 entspricht 2 oder 7; dem 7 entspricht 4 oder 5; dem 9 entspricht 3, 6 oder 9.“ Die andere Stelle fügt dann hinzu: „Eine Eigenschaft der Kubikzahlen besteht darin, dass ihre Untersuchung nach der indischen Rechenkunst, ich meine die Probe, von welcher diese Rechenkunst Gebrauch macht, immer 1, 8 oder 9 ist. Ist sie 1, so sind die Einheiten der zum Kubus erhobenen Zahl 1, 4 oder 7; ist sie 8, so sind sie 8, 2 oder 5; ist sie 9, so sind sie 3, 6 oder 9.“ Beide an sich nicht ganz leicht verständliche Stellen sind gewiss richtig dahin erklärt worden, es handle sich in ihnen um die Neunerprobe bei Potenzerhebungen, und man hat sie dem entsprechend verwerthet, um in Uebereinstimmung mit

[1]) Woepcke im *Journal Asiatique* für 1863, I. Halbjahr pag 501—504.

der Aussage des Maximus Planudes (S. 520) aber ohne unmittelbare Bestätigung durch einen der indischen Schriftsteller, welche uns bekannt sind, eben diese Probe als indisch zu erweisen. Man kann auch auf eben diese Stellen sich beziehen um die Kenntniss quadratischer und kubischer Reste bei den Indern zu bestätigen. Offenbar sagt nämlich Avicenna zuerst Nichts anderes als was wir in modernen Zeichen $(9n \pm 1)^2 \equiv 1$, $(9n \pm 2)^2 \equiv 4$, $(9n \pm 3)^2 \equiv (9n + 9)^2 \equiv 9$, $(9n \pm 4)^2 \equiv 7$ immer für den Modulus 9 schreiben würden; und in der zweiten Stelle sind nach den gleichen Modulus 9 die Congruenzen enthalten

$$(9n + 1)^3 \equiv (9n + 4)^3 \equiv (9n + 7)^3 \equiv 1,\ (9n + 8)^3 \equiv (9n + 2)^3 \equiv (9n + 5)^3 \equiv 8,\ (9n + 3)^3 \equiv (9n + 6)^3 \equiv (9n + 9)^3 \equiv 9.$$

Zurückverweisung nach Indien wird uns auch bei Albîrûnî gewiss nicht in Erstaunen setzen, der ein Zeitgenosse des Avicenna lange Reisen in Indien, wie wir wissen (S. 609), gemacht hat. Albîrûnî nimmt gegen die bisher besprochenen Persönlichkeiten insgesammt eine Ausnahmestellung ein. Er gehörte nämlich nicht zu den gelehrten Hofkreisen von Bagdad, sondern ruhte in Ġazna von seinen Reisen, am Hofe des kunstsinnigen Fürsten Maḥmûd des Ġaznawiden, der an Machtfülle wie an Fürsoge für die Wissenschaften mit den Herrschern von Bagdad wetteiferte. Albîrûnî hat in seiner Chronologie ganz gelegentlich die Summe der geometrischen Schachfelderprogression, die mit 1 beginnend auf jedem folgenden Felde Verdopplung vorschreibt, angegeben[1]) als Beispiel, wie man eine und dieselbe Zahl, um jeden Irrthum unmöglich zu machen, in drei verschiedenen Arten niederschreiben könne: mit indischen Ziffern, umgerechnet in das Sexagesimalsystem und durch die ḥurûf aldschummal oder (S. 608) Buchstaben mit Zahlenwerth. Jene Zahl sei $(((16^2)^2)^2)^2 - 1$ und betrage 18 446 744 073 709 551 619. Man finde sie nach folgenden beiden Regeln. Erstens. Das Quadrat der Zahl eines von den 64 Feldern ist gleich der Zahl des Feldes, welches von dem vorgenannten eben so weit entfernt ist als jenes von dem ersten. Ist also 16 die Zahl des 5. Feldes, so muss $16^2 = 256$ die Zahl des 9. Feldes sein wegen $9 - 5 = 5 - 1$. Zweitens. Die um 1 verringerte Zahl eines Feldes ist die Summe der Zahlen der vorhergehenden Felder. Wenn 32 die Zahl des 6. Feldes ist, so muss 31 die Summe der Zahlen der 5 früheren Felder sein, oder $31 = 1 + 2 + 4 + 8 + 16$. In einem anderen Werke, dem Buche der Ziffern kommt Albîrûnî auf den gleichen Gegenstand zu reden und lehrt die Berechnung nach einem Kunst-

---

[1]) Ed. Sachau, Algebraisches über das Schach bei Bîrunî. Zeitschr. der deutsch. morgenl. Gesellsch. (1876) XXIX, 148–156.

griffe, der sich an die obigen beiden Regeln anschliesst, welche auf den Fall des ganzen Schachbrettes angewandt Nichts anderes besagen als man solle die Zahl eines gedachten 65. Feldes berechnen und von ihr 1 abziehen. Wenn Glieder einer geometrischen Reihe $a, ae, ae^2, \ldots ae^n$ vorliegen, so kann die Gliederzahl grad oder ungrad sein, je nachdem n ungrad oder grad ist. Im ersteren Fall ist das Produkt der äussersten Glieder $a \times ae^{2m+1}$ gleich dem Produkte zweier mittleren Glieder $ae^m \times ae^{m+1}$; im zweiten Falle ist jenes Produkt der äussersten Glieder $a \times ae^{2m}$ gleich dem Produkte eines Mittelgliedes in sich selbst $(ae^m)^2$. Nennen wir nun die Zahlen, welche jedem Schachbrettfelde entsprechen, durch die das Feld bezeichnende in römischen Ziffern dargestellte Zahl, so liefern uns die Felderzahlen I, II, III, . . . LXV eine Reihe von ungrader Gliederzahl und dem gemäss I $\times$ LXV = (XXXIII)^2. Aber die Zahl I ist 1, vervielfacht also nicht, und somit ist LXV = (XXXIII)^2 und XXXIII heisst dass erste Mittel. Ebenso findet man XXXIII = (XVII)^2 und XVII heisst das zweite Mittel. Ferner ist XVII = (IX)^2, IX = (V)^2 und IX und V heissen drittes und viertes Mittel. Auch ein fünftes Mittel III, ein sechstes II wird durch V = (III)^2, III = (II)^2 gefunden und nun gerechnet. Das sechste Mittel II ist 2, das fünfte III ist $2^2 = 4$; das vierte V wird $4^2 = 16$, das dritte IX demnach $16^2 = 256$; weiter wird das zweite Mittel XVII nothwendig $256^2 = 65\,536$ und XXXIII oder das erste Mittel $65\,536^2 = 4\,294\,967\,296$. Diese Zahl endlich quadrirt gibt LXV wovon 1 abgezogen die früher erwähnte Summe liefert. Ohne diesem Kunstgriff jeden Werth absprechen zu wollen, sind wir doch nicht im Stande Folgerungen daraus zu ziehen, denn eine genaue Bekanntschaft mit den Gesetzen der geometrischen Reihe wird Niemand den Griechen so wenig wie den Indern absprechen können.[1] Ob das Buch der Ziffern, in welchem Albîrûnî den Kunstgriff gelehrt hat, jenes Lehrbuch der Rechenkunst ist, welches wir als von ihm verfasst gelegentlich (S. 613) erwähnten, können wir nur vermuthungsweise aussprechen.

Auch in der Geometrie war Albîrûnî thätig und zwar auf dem Gebiete, welches, wie wir au mehreren Beispielen schon gesehen haben, die Araber um das Jahr 1000 so vielfach beschäftigt hat, auf dem ebensowohl algebraisch als geometrisch zu nennenden Gebiete der Auflösung solcher Aufgaben, für welche der Kreis und die Gerade nicht ausreichen, mit Hilfe von Kegelschnitten. Ob freilich Albîrûnî die Auflösungen der durch ihn gestellten Aufgaben selbst

[1]) S. Günther, Zeitschr. Math. Phys. XXI. Historisch literar. Abtheilung S. 57—61 findet in der Analogie zwischen Albîrûnîs Kunstgriff und dem Verfahren in Archimeds Sandrechnung eine bedeutsame Hinweisung.

kannte, ist uns unmittelbar nicht berichtet; die Thatsache der Aufgabenstellung aber, eine Sitte, welche jedem Leser des Archimed, der sie auch ausübte, wohl bekannt sein musste, lässt darauf schliessen. Albîrûnîs Aufgaben haben die Dreitheilung des Winkels zum Gegenstande.[1])

Abû'l Dschûd, mit seinem ganzen Namen Abû'l Dschûd Muhammed ibn Allait Alschannî, ein tüchtiger Geometer aus derselben Zeit hat sich erfolgreich mit der Auflösung der Albîrûnîschen Aufgaben beschäftigt. Durch den Durchschnitt einer Parabel mit einer gleichseitigen Hyperbel hat er die Aufgabe gelöst[2]) von einem Punkte A ausserhalb einer Strecke BC eine Verbindungslinie AD nach einem derartigen Punkte D dieser Strecke zu ziehen, dass $AB \times BC + BD^2 = BC^2$ werde. Ein anderes Mal löste er die Aufgabe[3]), an welcher Alkûhî (S. 643) sich vergebens versucht hatte, und welche als Gleichung geschrieben $x^3 + 13\frac{1}{2}x + 5 = 10x^2$ heisst. Wieder eine andere Leistung Abû'l Dschûds bezieht sich auf die Einzeichnung des regelmässigen Neunecks in einen Kreis.[4]) Albîrûnî hatte im 7. Satze des 7. Kapitels des IV. Buches seiner Geometrie, wie uns berichtet wird, den Satz ausgesprochen, die Construction des Neunecks beruhe auf einer Gleichung zwischen einer Unbekannten einerseits und deren Würfel und einer Zahl andrerseits und hatte den Nachweis dieses Satzes verlangt. Abû'l Dschûd lieferte denselben wie folgt. Es sei (Figur 97) AB die gesuchte Neunecksseite und das Dreieck gleichschenklig über ihr mit der Spitze auf dem Kreisumfang beschrieben. Dann sei $AB = AD = DE = EZ$ aufgetragen und

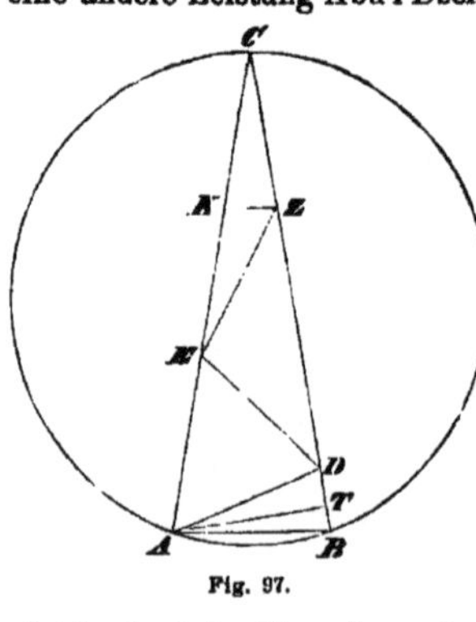

Fig. 97.

$AT \perp BC$, $ZK \perp AC$ gezogen. Der Winkel bei C ist $\frac{360^0}{18} = 20^0$, die Winkel bei B und bei A je $= 80^0$. Daraus folgt $\sphericalangle DAE = 80^0 - 20^0 = 60^0$, $\sphericalangle DEA$ ebenso gross, also auch $\sphericalangle ADE = 60^0$ und das Dreieck ADE ist gleichseitig. In dem ferneren gleichschenkligen Dreiecke DEZ ist $\sphericalangle EDZ = 180^0 - 60^0 - 80^0 = 40^0$, $\sphericalangle EZD$ ebenso gross und $\sphericalangle DEZ = 180^0 - 2.\ 40^0 = 100^0$. Folglich $\sphericalangle ZEC = 180^0 - 100^0 - 60^0 = 20^0 = \sphericalangle ZCE$, und somit

[1]) *L'algèbre d'Omar Alkhayami* pag. 114 und 119. [2]) Ebenda pag. 114—115. [3]) Ebenda pag. 54—57. [4]) Ebenda pag. 125—126.

auch Dreieck CZE gleichschenklig, d. h. $CZ = ZE = ED = DA = AB = AE$. Aus der Aehnlichkeit der Dreiecke CZK und CAT folgt $CZ : CK = CA : CT$, daraus $CZ : 2CK = CA : 2CT$ oder $AB : CE = CA : (CD + CB)$ und auch $AB : (AB + CE) = CA : (CA + CD + CB)$ oder $AB : AC = AC : (CD + 2AC)$. Nun setzt Abû'l Dschûd $AC = BC$ als Einheit, AB als Unbekannte, wofür wir x schreiben, und somit folgt aus dem letztgeschriebenen Verhältnisse $1 = x(2 + CD)$. Aus der Aehnlichkeit der Dreiecke ABC und BDA weiss man aber ferner $AC : AB = AB : BD$ oder $BD = x^2$. Folglich ist $CD = BC - BD = 1 - x^2$, und die Gleichung, aus welcher x zu ermitteln bleibt, nimmt die Gestalt $1 = x(3 - x^2)$, beziehungsweise schliesslich $x^3 + 1 = 3x$ an, wie Albîrûnî behauptet hatte. Diese Gewandtheit eine geometrische Aufgabe in eine Gleichung umzusetzen verleiht endlich einer Angabe volle Glaubwürdigkeit, es habe Abû'l Dschûd „eine besondere Abhandlung über die Aufzählung von Gleichungsformen verfasst und über die Art und Weise die meisten derselben auf Kegelschnitte zurückzuführen, freilich ohne vollständige Erörterung ihrer Fälle und ohne Scheidung der möglichen Aufgaben von den unmöglichen, sondern nur so, dass er die Entwicklungen gab, zu welchen er durch Betrachtung besonderer zu jenen Formen gehörender Aufgaben geführt wurde.[1])"

Wir werden sehen wie es einem Nachfolger Abû'l Dschûds um 1080 gelang das Kapitel einer geometrischen Algebra zum Abschlusse zu bringen, müssen aber vorher wieder zum Beginne des XI. S. zurückkehren, um zweier Schriftsteller zu gedenken, welche dem rechnenden und dem rein-algebraischen Theile der Mathematik vorzugsweise ihre Aufmerksamkeit zuwandten Alnasawî und Alkarchi.

Abû'l Ḥasan 'Alî ibn Ahmed Alnasawî war aus Nasa in der Landschaft Chorasan. Wir sind in die Lage versetzt seine Lebenszeit ziemlich genau angeben zu können, indem wir wissen[2]), dass er für die Finanzbeamten des Bujiden Madschd Addaulah, welcher 997—1029 regierte, ein Rechenbuch in persischer Sprache herausgab, und dass er auf Wunsch von dessen Nachfolger, also wohl kurz nach 1030, eine zweite neue Bearbeitung in arabischer Sprache vollendete, welche letztere er muthmasslich aus dem Grunde, weil er den Fürsten damit zufrieden stellen wollte, den befriedigenden Traktat nannte. Wir erinnern uns, dass um 820 das erste arabische Lehrbuch der Rechenkunst, von welchem wir Kenntniss haben, durch Muhammed ibn Mûsâ Alchwarizmî verfasst worden ist, dass dasselbe sich ungemein folgewichtig erwies. Andere Schriften ähnlicher Natur

[1]) *L'algèbre d'Omar Alkhayami* pag. 82. [2]) Woepcke im *Journal Asiatique* für 1863, I. Halbjahr, pag. 492.

werden uns da und dort genannt zum Theil auch in Alnasawîs Vorrede.

Alkindî[1]), der philosophischste Kopf seiner Zeit, gleich berühmt als Mediziner wie als Astronom und Mathematiker, ein Günstling der Chalifen Almamûn und Almû'taṣim, der bis in das letzte Viertel des IX. S. gelebt haben muss, weil er eine Uebersetzung des Kusta ibn Lûkâ aus dem Griechischen des Hypsikles zu verbessern den Auftrag hatte, hat, wie Alnasawî uns erzählt, ein Rechenbuch verfasst, welches diesem jedoch einen confusen und übermässig breiten Eindruck machte. Dasselbe Urtheil fällt er über ein Rechenbuch Alanṭâkîs, des Antiochiers, welcher 987 gestorben ist. Alkalwaḏânî am Ende des X. S. wird als zu schwierig bezeichnet; er gebe Regeln, welche nur für solche Personen nothwendig seien, welche mit den feinsten Aufgaben sich beschäftigen, und aus der gleichen Zeit nennt Alnasawî noch verschiedene andere Verfasser von Lehrbüchern der Rechenkunst, einen Abû Ḥanîfa, einen Kûschjâr, welchen er bei allem Lobe doch diesen oder jenen kleinen Tadel nicht erspart. Die Schriften dieser Vorgänger sind, wenn überhaupt noch vorhanden, jedenfalls nicht in Uebersetzungen veröffentlicht, und nur den befriedigenden Traktat Alnasawîs kennen wir aus einem kurzen Auszuge, der kaum mehr als Ueberschriften der einzelnen Kapitel enthält.[2])

Wir entnehmen ihm die Multiplikation und Division „nach indischer Weise", worunter die Methoden verstanden sind, die wir auch durch Maximus Planudes als indische kennen. Der Multiplikator, beziehungsweise der Divisor rückt unter dem Multiplikandus oder dem Dividendus weg von der Linken zur Rechten. Beide Operationen beginnen dort, d. h. an der höchsten Stelle, die Theilprodukte werden nach und nach addirt oder subtrahirt und die nöthigen Verbesserungen und Veränderungen entsprechend angebracht, beim wirklichen Rechnen vermuthlich so, dass man die unrichtige Zahl wegwischte und die richtige dafür hinschrieb, in den Beispielen des Lehrbuches so, dass die richtigen Zahlen über die unrichtigen gesetzt sind, welche dadurch selbst für vernichtet gelten. Die Zahlzeichen sind die ostarabischen. Auf diese, sagt Alnasawî, hätten die meisten Personen, welche mit der Rechenkunst sich beschäftigten, sich geeinigt, doch sei volle Uebereinstimmung nicht vorhanden. Mit Bruchtheilen verbundene Zahlen werden in drei Zeilen unter einander geschrieben; in der obersten Zeile stehen die Ganzen, in der zweiten der Zähler, in der dritten der Nenner

[1]) Wüstenfeld, Arabische Aerzte und Naturforscher S. 21—22, Nro. 57 und Flügel in den Abhandlungen für die Kunde des Morgenlandes Bd. I, Abhandlung 2. Leipzig, 1859. [2]) Woepcke im *Journal Asiatique* für 1863, I. Halbjahr pag. 496—500.

des Bruches; sind keine Ganzen vorhanden, so wird um Missverständnissen vorzubeugen eine Null in die oberste Zeile gesetzt. So heisst also $\begin{matrix}٠\\١\\٢\end{matrix} = \frac{1}{2}$; $\begin{matrix}٠\\١\\١١\end{matrix} = \frac{1}{11}$; $\begin{matrix}١٣\\١\\٣\end{matrix} = 13\frac{1}{3}$; $\begin{matrix}١٥\\٧\\١٩\end{matrix} = 15\frac{7}{19}$. Die Rechnungsaufgaben erstrecken sich in den drei ersten Büchern bis zur Ausziehung der Kubikwurzeln aus mit Brüchen vereinigten ganzen Zahlen. Das vierte Buch ist dem Rechnen im Sexagesimalsysteme gewidmet. Von complementären Rechnungsverfahren keine Spur!

Abû Bekr Muhammed ibn Alhusain Alkarchî ist ein Schriftsteller ganz anderen Charakters. Von ihm besitzt man zwei Schriften, welche einander fortsetzen, nämlich als ersten Theil ein Rechenbuch: Al-Kâfî fîl hisâb, Das Genügende über das Rechnen, und als zweiten Theil eine Algebra: Al-Fachrî.[1]) Der Name dieses zweiten Theils ist muthmasslich dem einer Persönlichkeit nachgebildet, zu welcher Alkarchî in naher Beziehung gestanden zu haben scheint. Abû Gâlib war es, welcher den Beinamen Fachr al mulk, Ruhm des Reiches, führte und welcher Wezîr der Wezîre gewesen sein muss zur Zeit als die beiden Schriften verfasst wurden, die zweite nach ihm den Titel Al-Fachrî erhielt. Dadurch ist aber die Zeit, in welcher Alkarchî schrieb, ganz genau bestimmt. Abû Galib nahm als Statthalter von Bagdad, wo Alkarchî lebte, die höchste Rangstufe seit 1010 oder 1011 ein. Ebenderselbe wurde, ein Beispiel orientalischen Schicksalwechsels, 1015 oder 1016 auf Befehl des Sultans hingerichtet. So bleiben nur die 5 dazwischen liegenden Jahre, in welchen Alkarchî ihm Schriften als Wezîr der Wezîre zugeeignet haben kann. Das hervorragend Wichtige an den Werken Alkarchîs besteht darin, dass er theils eingestandenermassen, theils mittelbar aus dem Inhalte zu erschliessen der Hauptsache nach auch in der Rechenkunst nicht aus indischen, sondern aus griechischen Quellen geschöpft hat, so einen Gegensatz bildend gegen die Alnasawî u. s. w. welche indische Rechenkunst lehrten und lehren wollten. Wir müssen um so mehr hier einen bewussten Gegensatz zweier Schulen, nicht bloss ein Abweichen des vereinzelten Alkarchî von der allgemeinen Gewohnheit erkennen, als, wie wir uns erinnern (S. 638), Abû'l Wafâ in der zweiten Hälfte des X. S. ein Rechenbuch verfasst hat, in welchem die indischen Ziffern keine Anwendung fanden und Alkarchî selbst sich Schüler des uns im Uebrigen unbekannten Albustî nennt.[2]) Freilich ist die von uns ausgesprochene Behauptung selbst nicht in aller Schärfe sondern nur in der Beschränkung anzunehmen, welche

---

[1]) Der Kâfî fîl hisâb des Alkarchî ist deutsch von Ad. Hochheim (Halle, 1878–80) herausgegeben, der Fachrî auszugsweise französisch von Woepcke (Paris, 1853). Unsere biographischen Notizen gründen sich vorzugsweise auf Hochheims einleitende Notizen zum I. Heft des Kâfî fîl hisâb. [2]) Kâfî fîl hisâb Heft I, S. 4.

wir ihr gegeben haben. Abû'l Wafâ, den wir zur griechischen Richtung beizuzählen die mannigfachsten Gründe haben, war, wie wir annahmen, in seiner Anschauungsgeometrie durch und durch indisch. Muhammed ibn Mûsâ Alchwarizmî rechnete nach indischen Vorschriften, und in seinem Lehrbuche der Rechenkunst vernahmen wir griechische Anklänge (S. 614). Vollständig den gegenseitigen Einfluss auszuschliessen gelang weder der einen noch der anderen Schule, wenn sie es überhaupt beabsichtigte. So wird uns trotz der vorwiegend griechischen Schulung Alkarchîs Indisches in seinen Schriften nicht in Erstaunen setzen dürfen, vorausgesetzt, dass es in homöopathisch kleinen Mengen auftritt, und diese Voraussetzung trifft ein. Indisch müssen wir wohl jedenfalls die Neunerprobe nennen[1]), indisch das, was von quadratischen Resten, wir meinen von den Endziffern, welche eine Quadratzahl besitzen kann, gesagt ist[2]), indisch ist uns die Lehre von der Regeldetri.[3]) Aber damit schliesst die Summe nachweisbaren indischen Einflusses ab, wenn wir nicht etwa den Ursprung von Multiplikationsmethoden[4]), welche auf Zerlegung eines Faktors in Unterfaktoren oder auf Betrachtung derselben als Summe oder Differenz von Zahlen, welche eine leichte Multiplikation zulassen, hinauslaufen und welche allerdings bei den indischen Schriftstellern uns ebenso begegneten, aber einem Griechen nicht minder einfallen konnten, ausschliesslich nach Indien verlegen wollen. So bedeutsam diese Dinge sind, so stellen sie doch nur einen geringfügigen Theil des Inhaltes des Kâfî fîl hisâb uns dar, geringfügig namentlich gegen das, was mit grösster Zuversicht auf griechische Quellen zurückgeführt werden muss. Da finden wir Multiplikationsmethoden, welche an die des Apollonius, des Archimed, wie sie von Pappus, von Eutokius uns berichtet werden, welche an die des Heron vielfach erinnern.[5]) Da finden wir die Definition der Multiplikation selbst fast wörtlich wie bei Euklid.[6]) Da finden wir wieder genau nach Euklid die Aufsuchung des grössten gemeinschaftlichen Divisors[7]), genau nach ihm eine ausführliche Proportionenlehre[8]), welche gewissermassen als theoretische Grundlage der nachher vom Standpunkte praktischen Geschäftsbedürfnisses erörterten Regeldetri vorausgeschickt ist. Da finden wir Stammbrüche und Brüche von Brüchen, wie sie bei Heron nicht zu den Seltenheiten gehören[9]), und wobei, beiläufig bemerkt, zwischen jenen stummen und aussprechbaren Brüchen unterschieden wird, deren Bedeutung wir bereits (S. 615) erörtert haben. Da ist die Rechnung mit Sexagesimalbrüchen, insbesondere die Ausziehung von Quadratwurzeln aus solchen, wie sie bei Ptole-

---

[1]) Kâfî fîl hisâb I, 8. [2]) Ebenda II, 13. [3]) Ebenda II, 16. [4]) Ebenda I, 6 figg. [5]) Ebenda I, 5, 6; II, 7. [6]) Ebenda I, 4. [7]) Ebenda I, 10—11. [8]) Ebenda II, 15—16. [9]) Ebenda I, 7, 14 und häufiger.

mäus und bei Theon von Alexandria in Uebung war.[1]) Da finden wir in dem geometrischen Kapitel auf Schritt und Tritt griechische Definitionen und Sätze[2]), den ptolemäischen Satz vom Sehnenviereck[3]), die heronische Dreiecksformel aus den drei Seiten[4]) u. s. w. Da finden wir einzelne Wörter, welche gradezu Uebersetzungen griechischer Ausdrücke sind, wie die aussprechbaren und nicht aussprechbaren Quadratwurzeln (*ῥητόν* und *ἄλογον*)[5]), wie die Grenze (*ὅρος*, lateinisch *limes*, auch *terminus*)[6]) um bei Sexagesimalbrüchen die Ordnung zu bezeichnen, oder sagen wir vielleicht entsprechender um das Reihenglied anzugeben, bei welchem man stehen zu bleiben wünscht.

In diesem Lehrbuche nun, dessen Reichhaltigkeit aus unseren nur besonders für den Ursprung zeugende Dinge berücksichtigenden Notizen zur Genüge erhellt, wird nicht ein einziges Mal von Ziffern irgend welcher Art gesprochen. Alle und jede Zahlen, welche in dem Texte vorkommen, sind vielmehr in ganzen ausgeschriebenen Worten angegeben. Selbst die umständlichsten Rechnungen führt Alkarchî nur in dieser Weise aus, so dass eine rasche Uebersicht ganz und gar nicht möglich ist, man sich vielmehr immer in die Lage eines durch das Ohr allein Lernenden versetzt fühlt. Die Frage, wie Alkarchî, ein Mann von glänzendem Scharfsinne, wie uns insbesondere sein zweites Werk beweisen wird, die indischen Rechenmethoden, deren Unkenntniss bei ihm, dem Zeitgenossen und Ortsgenossen des Alnasawî, zur Unmöglichkeit sich gestaltet, so sehr unterschätzen konnte, dass er nicht mit einem Worte ihrer erwähnte, enthält eine so schwere Anklage, dass uns eben die Nothwendigkeit ihr zu begegnen auf die oben ausgesprochene Vermuthung führte. Wir glauben nicht Unkenntniss oder Unterschätzung der indischen Methoden bei einem Alkarchî annehmen zu dürfen. Wir sehen hier bewussten, grundsätzlichen Schulgegensatz, der aus Verbissenheit selbst das Vortrefflichste sich entgehen lässt, wenn es seinen Ursprungsstempel so deutlich auf der Stirne trägt, wie dieses bei den indischen Zahlzeichen der Fall war.

Ist es die Heimathszugehörigkeit gewesen, welche den Einen in diese, den Anderen in jene Schulrichtung bannte? Wir wissen es nicht. Vielleicht müssen wir an eine unerwartete Rückwirkung theologischer Streitigkeiten denken, an den Gegensatz von Sunniten und Schî'iten, von Orthodoxen und Mu'tazeliten, der die ganze arabische Geschichte beeinflusst hat und zwischen 1020 und 1030 öffentliche Disputationen veranlasste, die so regelmässig in grosse Raufereien ausarteten, dass sie gänzlich verboten wurden.[7])

[1]) Kâfî fîl hisâb II, 10 und 15. [2]) Ebenda II, 18 flgg. [3]) Ebenda II, 26. [4]) Ebenda II, 23. [5]) Ebenda II, 12. [6]) Ebenda II, 4. [7]) Weil S. 225.

Wir würden uns nicht übermässig erstaunen dürfen und es keineswegs als Beweis gegen den von uns vermutheten alexandrinisch-römischen Ursprung gelten lassen, wenn die complementären Rechnungsverfahren der Multiplikation und Division Alkarchî bekannt geworden wären in einer Zeit, zu welcher, wie wir sehen werden, diese Methoden auch im christlichen Abendlande an Verbreitung gewannen. Dem ist indessen nicht so, und nur zwei leise Spuren, welche zwar nicht an jene Verfahren selbst, aber an den Weg, der zu ihnen führt, etwas erinnern, sind uns aufgestossen. Wir führen die Stellen, weil Gegner unserer Meinungen sie vielleicht in ihrem Sinne verwerthen möchten, wörtlich an.

„Wisse nun, dass man die Zahlen in zwei Klassen theilt, nämlich in einfache und zusammengesetzte. Die einfachen Zahlen sind solche, die nur einer Ordnung angehören, und die zusammengesetzten solche, die zwei oder mehreren Ordnungen angehören.“[1])

Das klingt ungemein nach Boethius und ganz und gar nicht nach der 13. und 14. Definition des VII. Buches der Euklidischen Elemente, wo die Primzahlen einfach heissen und zusammengesetzt solche Zahlen, die in Faktoren sich zerlegen lassen. Die zweite Stelle ist um ein Blatt früher in der Handschrift des Kâfî fîl hisâb zu finden. Dort heisst es:

„Was die Ordnungen anlangt, so sind diese drei: Einer, Zehner und Hunderter. Das aber, was über diese hinausgeht, ist auf sie aufgebaut wie die Eintausender, die Zehntausender, die Hunderttausender, [die Eintausendtausender], die Zehntausendtausender, die Hunderttausendtausender. Alle diese ruhen auf dem Fundamente der drei Ersten, indem mit der Eins der Ausdruck Tausend entweder einmal oder zweimal oder dreimal verbunden ist, indem dann zweitens mit der Zehn der Ausdruck Tausend entweder einmal oder zweimal oder mehrmal verbunden ist. Und so ist jede Zahl, welche einer anderen als diesen drei Ordnungen angehört, wenn Du den Ausdruck Tausend von ihr wegnimmst, entweder ein Einer, Zehner oder Hunderter.“[2])

Das sind offenbar Triaden, wie der Römer sie besass, wie das christliche Abendland sie nachahmen wird, und nicht griechische Tetraden. Man darf aber nicht vergessen, dass diese zweite Aehnlichkeit auf sprachlichem Boden beruht, dass die Araber gleich dem Römer, gleich dem Deutschen zehntausend zusammensetzen mussten, während die Griechen noch ihre einfache Myrias gebrauchten, und dass so Triaden gar wohl an den verschiedensten Orten und unabhängig von einander sich ausbilden konnten, Tetraden nur in Griechenland.

---

[1]) Kâfî fîl hisâb I, 5. [2]) Ebenda I, 4.

Alkarchî hat auch Mancherlei, was bei ihm zuerst unseren Blicken sich darbietet und vielleicht seiner eigenen Erfindung angehört. Er benutzt neben der Neunerprobe eine Elferprobe.[1]) Er nimmt als angenäherte Quadratwurzel für $\sqrt{a^2+r}$, wo der Rest r übrig bleibt nachdem die nächste Quadratzahl abgezogen wurde, mithin jedenfalls $r < 2a+1$ ist, den Werth $a+\frac{r}{2a+1}$. Er hat unter den geometrischen Rechenbeispielen Formeln,[2]) welche zwar an heronische Beispiele etwas erinnern, aber doch nicht mit denselben zur Deckung zu bringen sind, oder sich aus ihnen ableiten lassen.[3])

Die ganze Bedeutsamkeit des Mannes, mit welchem wir uns beschäftigen, tritt in seinem zweiten Werke, im Al-Fachrî, hervor, in welchem er andrerseits auch wieder als unbedingten bewundernden Schüler der Griechen, insbesondere des Diophant sich erweist, welch letzterer an häufigen Stellen mit Namen erwähnt ist. Al-Fachrî besteht selbst aus zwei Abtheilungen, einer ersten welche die Theorie, wenn man so sagen darf, enthält, nämlich die Lehre vom algebraischen Rechnen und die Auflösungen sowohl bestimmter als unbestimmter Gleichungen, und einer zweiten welche eine Aufgabensammlung darstellt. In beiden Abtheilungen finden wir, wie gesagt, Diophant in umfassendster Weise benutzt, aber in beiden Abtheilungen auch Dinge, welche über Diophant hinausgehen. Indische Methoden zur Auflösung der unbestimmten Gleichungen ersten wie zweiten Grades wird man dagegen vergebens suchen.

Diophant hat z. B. Namen der 2. bis zur 6. Potenz der Unbekannten additiv aus δύναμις und κύβος zusammengesetzt. Ganz ähnlich verfährt Alkarchî, dem *mâl* das Quadrat der Unbekannten — mitunter auch allerdings irgend eine Grösse[4]) — bezeichnet, *ka'b* den Würfel und dann weiter durch sich regelmässig wiederholende Addition *mâl mâl, mâl ka'b, ka'b ka'b, mâl mâl ka'b, mâl ka'b ka'b, ka'b ka'b ka'b* u. s. w. ins Unendliche die folgenden Potenzen der Unbekannten. Alkarchî lehrt das Rechnen mit solchen allgemeinen Grössen, zu welchen genau so wie bei Diophant auch die Brüche mit der 2., 3., u. s. w. Potenz der Unbekannten als Nenner treten, in ausführlicher und klarster Weise. Diophant hat solches Rechnen mehr vorausgesetzt als gelehrt. Alkarchî behandelt nach den Rechnungsverfahren an den Potenzen der Unbekannten oder den ihnen inversen Ausdrücken auch Irrationalitäten.[5]) Freilich bleibt er hier bei den einfachsten Fällen stehen und nähert sich nicht von Weitem den von

---

[1]) Kâfî fîl hisâb I, 9. [2]) Ebenda II, 14. [3]) Ebenda II, 24, 25, 26, 28 die Formeln für Kreissegmente, für Kreisbögen, für die Durchmesser des Um- und des Innenkreises regelmässiger Vielecke, für den Körperinhalt der Kugel. [4]) Fakhri 48. [5]) Ebenda 57—59.

den Indern auf diesem Felde erzielten Ergebnissen, sodass man nicht nöthig hat, an einen fremden Einfluss zu denken, um das Vorkommen von Gleichungen wie $\sqrt{8}+\sqrt{18}=\sqrt{50}$ oder $\sqrt[3]{54}-\sqrt[3]{2}=\sqrt[3]{16}$ zu erklären. Ein weiterer Abschnitt beschäftigt sich mit Reihensummirungen.[1]) Die hier auftretenden Sätze sind Alkarchî offenbar von anderer Seite zugegangen, und er hat nur für manche derselben Beweise geliefert, sei es algebraische, sei es geometrische, für manche künftige Beweise versprochen, ein Versprechen welches er in einem Commentare zum Al-Fachrî zu lösen gedachte, den er selbst zu schreiben beabsichtigte.[2]) Der fremde Ursprung der Summenformeln geht z. B. unzweifelhaft aus der Summirung der Quadratzahlen $1^2+2^2+3^2+\cdots+r^2=(1+2+3+\cdots+r)\left(\frac{2}{3}r+\frac{1}{3}\right)$ hervor, welche Alkarchî mittheilt, aber nicht beweisen zu können eingesteht. Als Anhaltspunkt zur Beantwortung der Frage nach der Heimath dieser Formel, weisen wir darauf hin dass es genügt $1+2+3+\cdots+r=\frac{r(r+1)}{2}$ zu setzen, um sofort $1^2+2^2+3^2+\cdots+r^2=\left(\frac{r}{3}+\frac{1}{6}\right)(r+1)r$ zu erhalten, eine

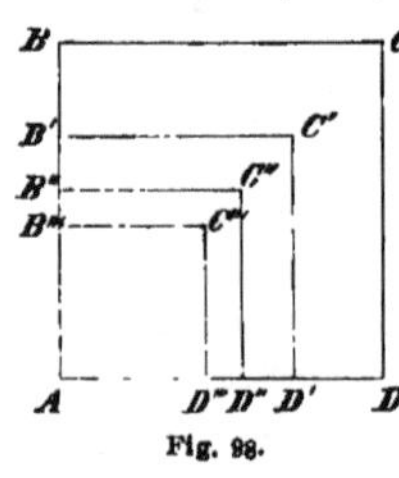

Fig. 98.

Form, welche Archimed nicht, wohl aber Epaphroditus benutzt hat.[3]) Für die Summirung der Kubikzahlen $1^3+2^3+3^3+\cdots+r^3=(1+2+3+\cdots+r)^2$ gibt Alkarchî einen geometrischen Beweis, dessen Gedankengang folgender ist.[4]) Im Quadrate AC (Figur 98) sei die Seite $AB=1+2+3+\cdots+r$, und nun schneidet man von diesem Quadrate einen Gnomon $B'BCDD'C'B'$ ab, dessen Breite $BB'=r$ ist. Die Fläche desselben ist offenbar $2r\cdot AB-r^2=2r\cdot\frac{r(r+1)}{2}-r^2=r^2(r+1-1)=r^3$. Es ist einleuchtend, dass wenn $B'B''=r-1$ gewählt wird, ein zweiter Gnomon losgetrennt werden kann, dessen Fläche $(r-1)^3$ sein muss, und dass in dem ganzen Quadrate $r-1$ derartige immer kleiner werdende Gnomone entstehen, deren letzter von der Fläche 2^3 ist, und weggenommen noch ein Quadratchen 1^2 übrig lässt. Da aber $1^2=1^3$ so ist auch $1^3+2^3+3^3+\cdots+r^3=(1+2+3+\cdots+r)^2$. Jetzt kommt Alkarchî zu den 6 Gleichungsformen, welche wir (S. 617) bei Muhammed ibn Mûsâ Alchwarizmî besprechen mussten, und setzt bei dieser Gelegenheit auseinander, was dschebr und mukâbala sei.[5]) Er versteht dabei das Wegheben gleichartiger Grössen auf beiden Seiten der Gleichung, welches wir

[1]) Fakhri 59—62. [2]) Ebenda 6—7. [3]) Agrimensoren S. 128. [4]) Fakhri 61. Vergl. Hankel S. 192 Anmerkung, der in dem Beweise ein durchaus indisches Gepräge erkennen will. [5]) Ebenda 63—64.

im Einverständnisse mit späteren Schriftstellern mukâbala genannt haben, bereits unter dschebr. Ihm ist mukâbala vielmehr nur die endgiltig zur Auflösung vorbereitete Gleichung in einer der 6 Formen. Unter den Beispielen, welche Alkarchî behandelt, ist auch $x^2 + 10x = 39$ und $x^2 + 21 = 10x$, deren beider, wie wir uns erinnern, Alchwarizmî sich bedient hat. Alkarchî hat für sie eine doppelte Auflösung, die eine geometrisch, die andere nach Diophant, wie er sich ausdrückt, und diese letztere besteht in der Ergänzung zum Quadrate. Die Gleichung $x^2 + 10x = 39$ wird also aufgelöst durch die Umwandlung in $x^2 + 10x + 5^2 = 39 + 5^2$, oder $(x+5)^2 = 8^2$ woraus $x + 5 = 8$, $x = 3$ gefolgert wird. Bei der Gleichung $x^2 + 21 = 10x$ ist das Verfahren folgendes $x^2 + 21 + (x^2 - 10x + 25) = 10x + (x^2 - 10x + 25)$, $(x^2 - 10x + 25) = 10x + (x^2 - 10x + 25) - (x^2 + 21) = 4 = 2^2$. Aber $x^2 - 10x + 25$ ist ebensowohl $(x - 5)^2$ als $(5 - x)^2$, also ist $x - 5 = 2$ und $5 - x = 2$ eine Auflösung und entsprechend $x = 7$ und $x = 3$.

Das Aufallende bei der Behandlung dieser letzteren Gleichung ist, dass Alkarchî auch von ihr des Ausdrucks „nach Diophants Art“ sich bedient. Das ist die von uns (S. 406) angekündigte Stelle, welche als Zeugniss angerufen werden könnte um damit zu belegen, dass auch Diophant bereits die beiden Wurzeln von Gleichungen der Form $ax^2 + c = bx$ gekannt habe. Vielleicht geht man alsdann nicht zu weit, wenn man die Worte Alkarchîs ganz buchstäblich auffasst und sogar die Zahlenbeispiele $x^2 + 10x = 39$, $x^2 + 21 = 10x$, die nach Diophants Art aufgelöst werden, als wirklich diophantisch annimmt, womit freilich dem Ursprunge von Alchwarizmis-Algebra noch genauer beigekommen wäre als bisher. Die ganze Annahme ist aber uns selbst noch nicht recht glaubhaft, sie müsste denn durch andere noch nicht bekannt gewordene Zeugnisse in ihrer Wahrscheinlichkeit verstärkt werden können. Nicht griechisch war unter allen Umständen die eine geometrische Darstellung Alkarchîs für die Auflösung der Gleichung $x^2 + 10x = 39$.

Alkarchî gibt zwei geometrische Darstellungen unmittelbar einander folgend. Zuerst lässt er (Figur 99) die Strecken x und 10 gradlinig an einander setzen und den Mittelpunkt der letzteren Strecke angeben. Unter Berufung auf einen „bekannten Satz des Euklid“,[1]) worunter der 6. Satz des II. Buches der Elemente verstanden ist (S. 226), folgert er sodann $(10 + x)x + \left(\frac{10}{2}\right)^2 = \left(\frac{10}{2} + x\right)^2$. Nun sei aber $(10 + x)x = 39$ also $64 = \left(\frac{10}{2} + x\right)^2$, $8 = 5 + x$, $x = 3$. Diese Beweisführung kann sehr wohl alter griechischer Ueberlieferung sein, kann bis auf Euklids nächste Nachfolger, wenn

x $\frac{10}{2}$ $\frac{10}{2}$

Fig. 99.

[1]) Fakhri 65.

nicht auf ihn selbst, zurückgehen. Nun lässt aber Alkarchî eine zweite geometrische Darstellung folgen. Die Strecken (Figur 100) $CD = x^2$, $DE = 10x$, deren Summe 39 sein muss, werden geradlinig aneinandergesetzt. Ueber DE wird das Quadrat $ABED$ errichtet, dessen Fläche folglich $100x^2$ ist.

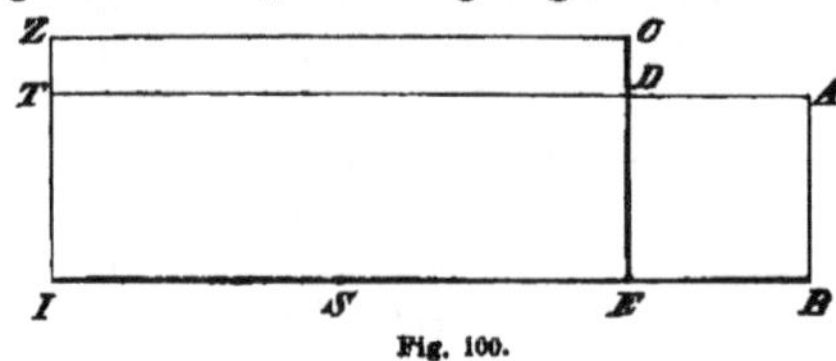

Fig. 100.

Nun bildet man über CD ein Rechteck $CDTZ = 100x^2$ d. h. man macht $CZ = 100$, das Rechteck $CZIE$ ist folglich $100(x^2 + 10x) = 100 \,.\, 39 = 3900$ und ebensogross ist das Rechteck $ABIT$. Ist jetzt S die Mitte von IE, so ist ähnlich wie im vorigen Beweise $IB \times EB + ES^2 = BS^2$ oder $3900 + 50^2 = (10x + 50)^2$, woraus $10x + 50 = 80$, $10x = 30$, $x^2 = 39 - 10x = 9$ folgt. Dieser Beweis, das können wir zuversichtlich aussprechen, rührt von keinem Griechen her. Niemals hätte ein solcher eine Strecke als x^2, eine andere als $10x$ bezeichnet und an einandergesetzt, niemals die weiteren Folgerungen gezogen. Auch die Buchstaben der Figur, wenn wir die Transcription, in welcher sie allein uns bekannt geworden sind, für zuverlässig halten dürfen, bestätigen durch das unter ihnen vorkommende I, dass sie mindestens von keinem Griechen aus der klassischen Zeit ihrer Geometrie herrühren können. Hier ist uns vermuthlich arabische Zuthat geboten, wahrscheinlich eine Erfindung von Alkarchî selbst.

Alkarchî gehört ferner wohl die Auflösung der dreigliedrigen Gleichungen von den Formen $ax^{2p} + bx^p = c$, $ax^{2p} + c = bx^p$, $bx^p + c = ax^{2p}$, welche als auf quadratische Gleichungen zurückführbar dargestellt werden, an.[1] Die theoretische Abtheilung schliesst sodann mit noch zwei Aufgaben. Deren erste bildet der istiḳrâ, d. h. wörtlich das Weitergehen von Stelle zu Stelle. Gewöhnlich versteht der Araber darunter ein auf Kenntniss aller besonderen Fälle beruhendes induktives Urtheil,[2] hier aber ist Etwas anderes gemeint: die Aufgabe ein Monom, Binom oder Trinom, welches formell keine Quadratzahl ist, durch Annahme eines bestimmten Werthes der Unbekannten zum Quadrate zu machen, also die unbestimmte Gleichung $mx^2 + nx + p = y^2$ zu lösen. Alkarchî setzt als Bedingung voraus, es müsse m oder p eine Quadratzahl sein, dann wählt er y als Binom, dessen einer Theil entweder $\sqrt{mx^2}$ oder $\sqrt{p}$ ist, so dass die ausgeführte Quadrirung von y gestattet ein Glied auf beiden Seiten zu streichen, entweder das nach x quadratische oder das constante. Die zweite der beiden Schlussaufgaben des theoreti-

[1]) Fakhri 71—72. [2]) *L'algèbre d'Omar Alkhayami* pag. 10, Anmerkung.

schen Theiles fordert die Auffindung eines Faktors, welcher mit $a + \sqrt{b}$ vervielfacht die Einheit hervorbringe.

Die Aufgabensammlung, welche in 5 Abschnitte zerfallend die zweite praktische Abtheilung bildet, ist nach der Schwierigkeit der Aufgaben als einzigem Eintheilungsgrunde geordnet. Man trifft also in ihr in bunter Mannigfaltigkeit bestimmte und unbestimmte Aufgaben von den verschiedensten Graden. Alkarchî benutzt, wie sich erwarten lässt, bei seinen Auflösungen nur positive Zahlen. Negative Gleichungswurzeln sind ihm ein Beweis der Unmöglichkeit der betreffenden Aufgaben, und, was einigermassen auffallen darf, auch der Wurzelwerth 0 wird von ihm ausgeschlossen.[1]) Die bestimmten Aufgaben höherer Grade gehören sämmtlich jenen dreigliedrigen auf quadratische Gleichungen zurückführbaren Formen an. Die unbestimmten Aufgaben sind theilweise dem Diophant entlehnt, und ein Commentator Ibn Alsirâdsch hat am Schlusse des 4. Abschnittes der Aufgaben ausdrücklich bemerkt: „Ich sage die Aufgaben dieses Abschnittes und ein Theil derer des vorhergehenden Abschnittes sind ihrer Reihenfolge nach den Büchern Diophants entnommen. So geschrieben durch Aḥmed ibn Abû Bekr ibn ʿAlî ibn Alsirâdsch Alḳalânisî. Schluss."[2]) Andere Aufgaben rühren dagegen, wie es scheint, von Alkarchî selbst her, und unter diesen mögen späterer Rückbeziehungen wegen zwei besonders angeführt werden, die in moderner Schreibart $x^2 + 5 = y^2$ und $x^2 - 10 = y^2$ heissen.[3]) Zur Auflösung der Ersteren setzt Alkarchî $y = x + 1$, zur Auflösung der Zweiten $y = x - 1$ und erhält so für jene $x^2 = 4$, $y^2 = 9$, für diese $x^2 = 30\frac{1}{4}$, $y^2 = 20\frac{1}{4}$. Man sieht, dass Alkarchî die gebrochenen Auflösungen unbestimmter Aufgaben keineswegs scheut, sondern gleich Diophant nur irrationale Werthe verpönt. An sich interessant ist es, dass Alkarchî die Auflösbarkeit von $\pm(ax - b) - x^2 = y^2$ behandelt und ihre Bedingung in der Zerlegbarkeit von $\left(\frac{a}{2}\right)^2 \mp b$ in die Summe zweier Quadrate erkannt hat.[4]) Die Auflösung von $\pm(ax - b) - x^2 = y^2$ nach x liefert nämlich $x = \pm\frac{a}{2} + \sqrt{\left(\frac{a^2}{4} \mp b\right) - y^2}$, wo die oberen, beziehungsweise die unteren Vorzeichen in der Aufgabe und in der Auflösung zusammengehören. Kann man nun $\frac{a^2}{4} \mp b$ in zwei Quadrate zerlegen, so setze man diese $y^2 + z^2$ und bekommt dadurch $x = \pm\frac{a}{2} + z$. In zwei Aufgaben

[1]) Fakhri pap. 78 und 11. [2]) Ebenda 22—23. [3]) Ebenda 84 (Aufgaben II, 22 und 23). [4]) Ebenda 113 (Aufgabe IV, 32).

bedient sich Alkarchî zweier Unbekannten, welchen er besondere Namen beilegt.[1]) Das eine Mal heisst ihm die erste Unbekannte Sache, die zweite Maass; dass andere Mal benutzt er neben Sache noch Theil. Ganz Aehnliches findet sich auch in einem anonymen muthmasslich gleichfalls dem IX. S. entstammenden arabischen Aufsatze über Winkeldreitheilung.[2]) Dass hierin ein Hinausgehen über Diophant enthalten ist leuchtet ein, da dieser, wenn er auch unter Umständen Hilfsunbekannte eingeführt hat, für dieselben stets nur die gleiche Benennung und Bezeichnung wählte wie für die Hauptunbekannte und durch den verbindenden Text dafür sorgte, dass eine Verwechslung nicht eintrete. Den Buchstaben gegenüber, welche die Inder für von einander zu unterscheidende Unbekannte in fast beliebiger Anzahl zu setzen gewohnt waren, ist Alkarchîs Verfahren ein untergeordnetes.

Ob auch hier ein absichtliches Vernachlässigen dessen, was die Inder über die Griechen hinaus geleistet haben, ob ein wirkliches Nichtwissen anzunehmen sei, dürfte schwerlich ermittelt werden können. Wahrscheinlicher ist uns jedoch das Letztere, weil auch in solchen arabischen Schriften, die ausgesprochenermassen indischen Schriften nachgebildet sind, die Methoden der Inder, Gleichungen mit mehreren Unbekannten aufzulösen, mag es um bestimmte oder um unbestimmte Aufgaben sich handeln, regelmässig fehlen.

Wir haben gesagt, dass die bestimmten Gleichungen, welche Alkarchî löst, sofern sie den 2. Grad übersteigen, stets solche sind, welche auf Gleichungen des 2. Grades sich zurückführen lassen. Bestimmte cubische Gleichungen hat er nicht behandelt, und ebensowenig lässt sich eine Spur finden, dass irgend ein anderer Araber dieser Zeit sich in algebraischer Weise erfolgreich mit denselben beschäftigt hätte. Nur geometrisch treten sie mit Glück an diese Aufgabe heran.

Wir haben an der Wende des X. zum XI. S. Männer wie Abû'l Dschûd mit cubischen Gleichungen sich abarbeiten sehen, bald in einzelnen Fällen ein Ergebniss erzielend, bald der Schwierigkeiten, die sich ihnen entgegenstellten, nicht Meister werdend. Noch andere Mathematiker des IX. S. haben im Chalifenreiche ähnliche Aufgaben sich gestellt, unter welchen uns Almâhânî und Abû Dscha'far Alchâzin von einem, wie wir gleich sehen wollen, sehr befugten Berichterstatter gelobt werden. Ersterer versuchte vergebens die archimedische Aufgabe, eine Kugel in Abschnitte von gegebenem gegenseitigem Raumverhältnisse zu theilen, welche er in eine Kuben, Quadrate und Zahlen enthaltende Gleichung umgesetzt hatte, durch

[1]) Fakhri 139—143 (Aufgaben III, 5 und 6). [2]) *Journal Asiatique* für October und November 1854 pag. 381—383.

Auffindung der Gleichungswurzeln zu lösen.[1]) Letzterer fand, dass Kegelschnitte genügten das zu zeichnen, was zu errechnen nachgrade als Unmöglichkeit galt.[2]) Unser Berichterstatter ist Alchaijâmî d. h. der Nachkomme des Zeltenverfertigers, und er wusste endlich die Lehre zum Abschlusse zu bringen. Er gehört schon einer Zeit an, die jenseits der Periode liegt, bis zu welcher wir (S. 636) der Schicksale des Chalifates in flüchtigen Umrissen gedacht haben.

Die Dynastie der Abbasiden dauerte unter dem Namen und dem Scheine des Chalifates noch fort, aber die Bujiden, die eigentlichen Machthaber, waren seit der Mitte des XI. S. gestürzt, und an ihre Stelle traten Männer aus dem Geschlechte Seldschûks, die aus der Steppe der Kirgisen gekommen neue frische Kräfte mitbrachten noch unverbraucht in der Verfeinerung und Verweichlichung städtischen und höfischen Lebens.[3]) Ṭogrulbeg der Enkel Seldschûks zog 1050 halb gerufen von dem Chalifen Alḳâ'im und achtlos des Widerspruchs der Bujidensultans Al-Melik Ar-Raḥîm in Bagdad ein. Mehrjährige Kämpfe endeten zu seinem Gunsten, und der ihm verliehene Ehrentitel „König des Ostens und des Westens" gewann wenigstens für die Umgegend der Hauptstadt einige Wahrheit. Auf Ṭogrulbeg folgte 1063 sein kriegerischer Neffe Alp Arslan, auf diesen 1073—1092 dessen Sohn Melikschâh. Den beiden letztgenannten Sultanen stand als Wezîr Niẓâm Almulk zur Seite, und dieser war der Jugendfreund unseres ʿOmar Alchaijâmî.[4]) Noch ein dritter Jüngling, Al-Ḥasan ibn Aṣ-Ṣabbâḥ, war mit beiden zusammen aufgewachsen.

Die jungen Männer hatten sich gegenseitige Unterstützung zugeschworen, wenn einer von ihnen zu Ehren und Ansehen käme. Niẓâm Almulk war in der Lage sein Versprechen einzulösen, und es lag nicht an ihm, wenn es anders kam, als die Phantasie der Freunde es sich ausgemalt hatte. Al-Ḥasan ibn Aṣ-Ṣabbâḥ, der eine Stelle als Kämmerer erhalten hatte, suchte seinen beginnenden Einfluss zum Schaden Niẓâm Almulks selbst zu verwenden, wurde durch diesen wieder vom Hofe verdrängt, begab sich nach Aegypten und kehrte von dort später als schîʿitischer Parteiführer nach Persien zurück, woher er stammte. In der Burg Alamût, deren er sich 1090 bemächtigte, gründete er den Orden der Ḥaschischesser (Ḥaschîschin), welche unter dem berückenden Einflusse jenes gefährlichen Reizmittels zu allen Verbrechen bereit waren, die ihr Führer ihnen anbefahl, den Märtyrern ewige paradiesische Genüsse versprechend, und welche so den Namen ihres Ordens gleichbedeutend mit Meuchelmördern machte, eine Bedeutung die der abendländischen Verketzerung ihres Namens Assassini beigeblieben ist.

---

[1]) *L'algèbre d'Omar Alkhayami* pag. 2. [2]) Ebenda 3. [3]) Weil S. 226 flgg.
[4]) *L'algèbre d'Omar Alkhayami Préface* pag. IV—VI.

Alchaijâmîs Leben war weniger stürmisch. Eine eigentliche Hofstellung scheint er ausgeschlagen zu haben und nur als Astronom für Melikschâh thätig gewesen zu sein, in welcher Eigenschaft er 1079 eine Kalenderreform zu Wege brachte. Sie bestand darin, dass man zum persischen Sonnenjahre von 365 Tagen zurückkehrte und alle 4 Jahre ein Schaltjahr von 366 Tagen eintreten liess, zum 8. Schaltjahre aber nicht das 4. sondern das 5. Jahr nach dem letzten Schaltjahre wählte. So bekam man für 33 Jahre die Dauer von $25 \times 365 + 8 \times 366$ Tagen und mithin 1 Jahr $= 365^d\ 5^h\ 49^m\ 5^s,45$ in einer Uebereinstimmung mit der Wirklichkeit, welche grösser ist als bei allen sonstigen Kalendereinrichtungen.[1]) Auch Alchaijâmî scheint in die religiösen Zwiespalte zwischen Schi'iten und Sunniten etwas verwickelt gewesen zu sein. Wenigstens berichtet eine ihm freilich nicht freundliche Feder er habe, nicht aus Frömmigkeit, sondern durch ein fast zufälliges Zusammentreffen, die jedem Moslim gebotene grosse Pilgerfahrt gemacht, sich aber bei der Wiederkehr nach Bagdad gegen allen wissenschaftlichen Verkehr abgeschlossen und habe dann in die Heimath nach Chorasan sich zurückgezogen.

Sein Ruhm als grosser Mathematiker blieb unbeeinträchtigt, und noch in der Mitte des XVII. S. hat Hadschi Chalfa, welcher sich sonst begnügt den Titel der Bücher nur anzugeben, welche er in seinem umfassenden bibliographischen Werke aufzählt, ein nicht unbedeutendes Stück der Algebra Alchaijâmis zum Abdrucke gebracht.

'Omar Alchaijâmî rechtfertigt durch seine Algebra vollständig den Ruhm, welcher bei seinen Landsleuten ihm nachblieb. Er war der Erste, welcher die Unterscheidung der Fälle, die dadurch, dass nur positive Glieder in den Gleichungen vorkommen dürfen, sich ergeben, auch für die cubische Gleichung durchführte, und sodann, nicht, wie es die Griechen schon mehrfach gethan hatten, diese oder jene geometrische Aufgabe löste, sondern mit diesen Gleichungen als solchen sich vollbewusst beschäftigte. Es ist wahr, er blieb hinter dem Erreichbaren in manchen Beziehungen zurück. Er sah nicht, dass es cubische Gleichungen von der Form $x^3 + bx = ax^2 + c$ gibt, welche durch 3 positive Wurzeln erfüllt, eine Aehnlichkeit mit jenem Falle $ax^2 + c = bx$ der quadratischen Gleichung an den Tag legen, welcher zwei positive Wurzeln zulässt.[2]) Er glaubte die cubischen Gleichungen könnten überhaupt nicht durch Rechnung gelöst werden, sondern man müsse mit der Construction von einander durchschneidenden Kegelschnitten sich begnügen.[3]) Ihm entgingen manche

---

[1]) R. Wolf, Geschichte der Astronomie S. 331, wo der Name Alchaijâmîs als *Omar-Cheian* angegeben ist, eine ältere Lesart, deren wir uns in Anschluss an Woepcke nicht bedienen. [2]) *L'algèbre d'Omar Alkhayami* XVI und 65, Anmerkung. [3]) Ebenda 11 und 12.

Wurzelwerthe, welche durch Zeichnung sich eigentlich hätten kundgeben müssen, dadurch, dass er von den Kegelschnitten, die er zur Construction verwandte, immer nur einen Arm zu zeichnen pflegte.[1] Er nahm es auch nicht sehr genau mit dem Diorismus der einzelnen Fälle,[2] d. h. mit der Untersuchung der Zahlenwerthe, welche die einzelnen in den Gleichungen vorkommenden Coefficienten annehmen müssen um die Möglichkeit einer Construction, wir würden sagen um eine positive Gleichungswurzel hervorzubringen. Er hielt biquadratische Gleichungen auf geometrischem Wege für unlösbar.[3] Aber diese Mängel sind doch nur geringfügige gegen den ungemein grossen Fortschritt überhaupt Gleichungen von höherem als dem zweiten Grade systematisch bearbeitet und in Gruppen zerlegt zu haben. Fragen wir, welcher Mathematiker irgend eines Volkes noch vor dem Jahre 1100 trinome cubische Gleichungen von quatrinomen unterschied unter jeden wieder zwei Gruppen bildend, je nachdem dort das Glied 2. oder 1. Grades fehlte, hier die Summe von 3 Gliedern einem, oder die Summe von 2 Gliedern der der beiden anderen gleichgesetzt war, so wird man uns sicherlich nur den einzigen Namen ʿOmar Alchaijâmî als Antwort zu nennen wissen, und das genügt dem Manne seine hervorragende Stellung in der Geschichte der Algebra zuzuweisen.

Es scheint als sei noch ein anderes Verdienst ihm zuzuschreiben, die Kenntniss der Binomialentwicklung für den Fall ganzzahliger positiver Exponenten. Er sagt nämlich: „Ich habe gelehrt die Seiten des Quadratoquadrats, des Quadratocubus, des Cubocubus etc. bis zu beliebiger Ausdehnung zu finden, was man vorher noch nie gethan hatte. Die Beweise, welche ich bei dieser Gelegenheit gab, sind einzig arithmetischer Natur und gründen sich auf die arithmetischen Abschnitte der euklidischen Elemente.“[4] Diese Behauptung kann kaum anders verstanden werden, als dass die Ausziehung der Qadratwurzel sich stütze auf die Entwicklung von $(a+b)^2$, die der Kubikwurzel auf die Entwicklung von $(a+b)^3$, die der m-Wurzel auf die Entwicklung von $(a+b)^m$, eine Auffassung, zu deren Bestätigung es dienen kann, dass Alchaijâmî unmittelbar vor der angeführten Stelle von den Methoden der Inder die Quadrat- und Kubikwurzel zu finden geredet hat und nur deren Art vermehrt zu haben sich rühmt.

Wir reihen diesen Bemerkungen noch eine geometrische Aufgabe an, welche von einem Ungenannten bearbeitet worden ist, der nach der ganzen Behandlungsweise jedenfalls der Zeit und der Schule angehört, deren Hauptvertreter wir soeben kennen gelernt haben.

---

[1] *L'algèbre d'Omar Alkhayami* 68. [2] Ebenda XVII—XVIII. [3] Ebenda 79. [4] Ebenda 13.

Es handelt sich um die Construction[1]) eines Paralleltrapezes von 3 einander gleichen gegebenen Seiten und von zugleich gegebenem Flächeninhalte. Diese an griechische wie an indische Vorbilder (S. 554) erinnernde Aufgabe führt zu einer Gleichung des 4. Grades von der Form $x^4 + bx = ax^3 + c$ und wird mittels des Durchschnittes eines Kreises und einer Hyperbel gelöst.

Kapitel XXXVI.

Der Niedergang der ostarabischen Mathematik. Aegyptische Mathematiker.

Wieder verlangen die politischen Ereignisse, dass wir einen Augenblick bei ihnen verweilen. Wir stehen an dem Zeitpunkte, von welchem an durch zwei Jahrhunderte, in runden Zahlen von 1100 bis 1300, jene Kämpfe wütheten, welche in ihrer Gesammtheit die Kreuzzüge genannt worden sind, welche aber mehr als einmal durch Zeiten unterbrochen waren, in welchen friedlichster Verkehr zwischen den Feinden stattfand. Das waren die Zeiten, in welchen die europäische Christenheit in dauernde unmittelbare Beziehung zur ostarabischen Bildung trat, eine Beziehung, welche von grösster Wichtigkeit werden musste. Nicht für die Kultur der Araber tritt uns die ganze Bedeutung der Kreuzzüge hervor. Wenigstens in den Wissenschaften, um deren Geschichte wir uns zu kümmern haben, sind die Araber von 1100 den Gelehrtesten des christlichen Abendlandes so ungemein überlegen, dass sie Nichts, wir würden noch schärfer betonen gar Nichts, von jenen lernen konnten, wenn nicht vielleicht eine an sich unbedeutende Kleinigkeit uns nachher noch die Vermuthung erwecken dürfte, es habe auch hier sich bewährt, dass keine Wirkung ohne Gegenwirkung zu denken ist. Jedenfalls aber werden wir an den Einfluss der Kreuzzüge vorwiegend in Europa zu erinnern haben.

Die Kriege gegen die Andersgläubigen, vornehmlich in Palästina und Aegypten ausgefochten, waren nicht die einzigen, welche das arabische Ostreich in diesem Zeitraume beschäftigten. Daneben dauerten wie unter allen Dynastien unaufhörliche Kämpfe gegen die Provinzen fort, die unter kühnen Feldherren und Gegenfürsten bald sich losrissen, bald zu Paaren getrieben wurden. Daneben hatte man des Andranges der Mongolen sich zu erwehren,[2]) die im ersten Viertel des XIII. S. unter Dschingiz-chân die östlichen Grenzen des Reiches überflutheten. Wieder war es der Hilferuf eines ohn-

[1]) *L'algèbre d'Omar Alkhayami* 115. [2]) Weil S. 249—255.

mächtigen Chalifen, der dem Eroberer den kaum mehr nothwendigen Vorwand gab sich in dieser Richtung weiter auszudehnen. Schon 1220 wurde Chorasan, jene Geburtsstätte zahlreicher Mathematiker, von den Mongolen besetzt. Wieder 36 Jahre später, 1256 drangen die Mongolen unter Hûlâgû abermals weiter vor, und 1258 fiel Bagdad. Der Chalife Almusta'sim wurde mit vielen Prinzen seines Hauses getödtet, das Chalifat hörte auch dem Namen nach auf wie es seit lange schon der That nach so gut wie nicht bestand.

Unter Hûlâgûs Begleitern war ein Mann, der einst vom Chalifen schwer beleidigt vielleicht zu den Anstiftern jenes Kriegszuges gehörte, jedenfalls unter die Günstlinge des mongolischen Führers zählte und auch für uns von hervorragender Bedeutung ist: Nasîr Eddîn.[1]) Der Name Nasîr Eddîn d. h. Vertheidiger der Religion ist nur Beiname. Eigentlich hiess er Abû Dscha'far Muhammed ibn Hasan al Tûsi aus Tûs, wo er 1201 geboren wurde. Er starb 1274. Seine Gelehrsamkeit umfasst die allerverschiedensten Gegenstände. Philosophie und Arzneikunde, Naturgeschichte und Geographie haben ihm Stoff zu Abhandlungen gegeben, neben welchen ein Gesetzbuch der Perser sich kaum sonderbarer ausnimmt als ein Werk über die Punktierkunst. Die Jlchânischen Tafeln, welche den Titel von den Fürsten erhalten haben, unter welchen Nasîr Eddîn die Beobachtungen anstellte, von den sogenannten Grosschânen, sind das Werk um dessen willen Nasîr Eddîn in seiner Heimath den grössten Ruhm genoss. Die Beobachtungen sind auf der Sternwarte in Marâga angestellt, deren Gründung 1259 unmittelbar nach der Einnahme von Bagdad vollzogen wurde. Die dort erbeuteten Schätze des letzten Chalifen fanden zum Theil ihre Verwendung bei der Erbauung der grossartigen Anstalt, deren Kostspieligkeit nahezu im Stande gewesen wäre noch im letzten Augenblick die Inangriffnahme zu verhindern, wenn nicht Nasîr Eddîn es verstanden hätte Hûlâgû zu bereden. Nach Fertigstellung der Sternwarte diente sie als Sammelplatz zahlreicher Astronomen, welche Hûlâgû herbeirief. Von mathematischen Schriften Nasîr Eddîns werden solche über Algebra, über Arithmetik und über Geometrie genannt, insbesondere aber eine Uebersetzung der euklidischen Elemente, wahrscheinlich das letzte derartige Uebersetzungswerk.

Erläuterungen zu Euklid wurden dagegen auch später noch geschrieben, und als Verfasser von solchen wird der Perser Kâdizâdeh Ar-Rûmî genannt[2]), der auch den Namen Maulânâ Salaheddîn

---

[1]) Ueber Nasîr Eddîn vergl. einen Aufsatz von Wurm in v. Zachs Monatlicher Correspondenz zur Beförderung der Erd- und Himmelskunde (1811) Bd. XXIII, S. 64—78 und 341—361. [2]) Gartz, *De interpretibus et explanatoribus Euclidis Arabicis* etc. pag. 30—31.

Mûsâ ibn Muḥammed führte, und von welchem ein Leben des Euklid nach griechischen Quellen herrührt, welches handschriftlich noch vorhanden sein soll. Ḳâḍîzâdeh Ar-Rûmî starb 1412 oder 1413. Er gehörte zu den Astronomen, welche wieder ein neuerer Eroberer an einen neuen Mittelpunkt zusammenrief.

Tîmûr[1]), gewöhnlich Tamerlan genannt, ein Häuptling des Tartarenstammes Berlas, schuf sich am Schlusse des XIV. S. ein neues Reich. Wenn er auch 1393 in Bagdad einzog, seine Hauptstadt hatte er in Samarḳand, welche rasch emporblühte und Sammelplatz für Handel und Gewerbe, für Künste und Wissenschaften wurde. Tîmûr selbst, noch mehr sein Sohn Schâhruch bemühten sich dieses Ergebniss hervorzubringen, und nun gar der Enkel Muḥammed ibn Schâhruch Ulûġ Beg, geboren 1393, ermordet 1449, war selbst ein hervorragender Astronom und verfertigte in Gemeinschaft mit Anderen astronomische Tafeln von hohem Werthe.[2]) Zu seinen Hilfsarbeitern gehörte vorzugsweise Ar-Rûmî, der auch als Lehrer des Ulûġ Beg angeführt wird. Der Sohn Ar-Rûmis Maḥmûd ibn Muḥammed ibn Ḳâḍîzâdeh Ar-Rûmî genannt Mîram Tschelebî schrieb 1498 Erläuterungen zu jenen Tafeln.[3])

Zu dem Ulûġ Beg'schen Gelehrtenkreise ist auch Dschamschîd ibn Mas'ûd ibn Mahmûd der Arzt mit den Beinamen Ġijâṯ eddin Al-Kâschî zu zählen, welcher eine Abhandlung „Schlüssel der Rechenkunst" verfertigte, welche handschriftlich vorhanden ist, und deren Vorrede auch übersetzt worden ist.[4]) Der Verfasser kündigt in der Vorrede einige der Sätze an, welche er mittheilen wird. Dazu gehört die Summenformel der auf einander folgenden Kubikzahlen von 1 an, wie sie unter den Arabern uns bei Alkarchî bekannt geworden ist (S. 660), aber auch die Summenformel für die mit der 1 beginnenden auf einander folgenden Biquadratzahlen, welche hier überhaupt zum ersten Male auftreten dürfte. Ġijâṯ eddîn Al-Kâschî setzt $1^4 + 2^4 + 3^4 + \ldots + r^4 = \left[\frac{(1 + 2 + 3 + \ldots + r) - 1}{5} + (1 + 2 + 3 + \ldots + r)\right] \times \left[1^2 + 2^2 + 3^2 + \ldots + r^2\right]$ eine allerdings sehr umständliche Form, deren Zurückführung in die einfachere Gestalt

$$\frac{6r^5 + 15r^4 + 10r^3 - r}{30}$$

er nicht zu vollziehen im Stande gewesen zu sein scheint, jedenfalls nicht vollzogen hat. In jener Vorrede rühmt sich der Verfasser auch eine Methode erfunden zu haben um die Sehne, die zu dem Bogen

---

[1]) Weil S. 421 figg. [2]) Sédillot hat 1853 die Einleitung zu diesen Tafeln in französischer Uebersetzung herausgegeben. [3]) *Journal Asiatique* für 1853, *série 5, T. II* 333—356. [4]) Woepcke, *Passages relatifs à des sommations de séries de cubes.* Roma, 1864, pag. 22—25.

von 1^0 gehört, in beliebiger Annäherung zu erhalten, weil es doch nicht möglich sei in genauer Weise die Sehne eines Bogens aus der Sehne des dreifachen Bogens abzuleiten. Die Unmöglichkeit der algebraischen Auflösung cubischer Gleichungen galt also damals auch bei den Arabern noch für ausgemacht.

Die Näherungsmethode Al-Kâschîs ist uns höchst wahrscheinlich bekannt, denn sein Name dürfte in der wohl durch falsche Stellung der sogenannten diakritischen Punkte veränderten Lesart Atabeddin Dschamschîd zu erkennen sein, von welchem Mîram Tschelebî in dem obengenannten Commentare zu den Ulûġ Beg'schen Tafeln uns eine solche Methode mittheilt.[1]) In modernen Zeichen stellt die Methode sich etwa folgendermassen dar. Es sei $x^3 + Q = Px$ aufzulösen, wo P und Q positive Zahlen und P gegen Q sehr gross sein soll, woraus alsdann folgt, dass x entsprechend klein, also auch x^3 gegen Q sehr klein gewählt, die Gleichung zu erfüllen vermag. Dem entsprechend wird, indem wir das Aehnlichkeitszeichen $\sim$ benutzen, um angenäherte Gleichheit auszudrücken, neben $x = \frac{Q + x^3}{P}$ auch $x \sim \frac{Q}{P}$ sein. Liefert jene Division einen Quotienten a und den Rest R so ist $Q = a \,.\, P + R$. Der genaue Werth von x wird jedenfalls $> a$ sein, etwa $= a + \beta$. Alsdann ist $a + \beta = \frac{Q + (a+\beta)^3}{P} = a + \frac{R + (a+\beta)^3}{P} \sim a + \frac{R + a^3}{P}$. Die Divsion $\frac{R + a^3}{P}$ möge den Quotienten b, den Rest S liefern, so dass $R = bP + S - a^3$. Weiter setzen wir $x = a + b + \gamma$. Daraus folgt $a + b + \gamma = \frac{Q + (a+b+\gamma)^3}{P} = a + \frac{R + (a+b+\gamma)^3}{P}$ $= a + b + \frac{S - a^3 + (a+b+\gamma)^3}{P} \sim a + b + \frac{S + (a+b)^3 - a^3}{P}$. Die letztere Division $\frac{S + (a+b)^3 - a^3}{P}$ wird nun abermals vollzogen. Sie liefere den Quotienten c mit dem Reste T oder $T = S + (a+b)^3 - a^3 - cP$. Ein weiterer Annäherungsversuch $x = a + b + c + \delta$ führt demnach zu

$$a + b + c + \delta = \frac{Q + (a+b+c+\delta)^3}{P} = a + \frac{R + (a+b+c+\delta)^3}{P}$$
$$= a + b + \frac{S + (a+b+c+\delta)^3 - a^3}{P}$$
$$= a + b + c + \frac{T + (a+b+c+\delta)^3 - (a+b)^3}{P}$$

[1]) *Journal Asiatique* von 1853, *série 5, T. II*, pag. 347. Die Vermuthung Atabeddin = Gijât Eddîn hat gestützt auf die Ansicht mehrerer Orientalisten Hankel S. 292, Anmerkung* ausgesprochen. Die Näherungsmethode selbst hat er S. 291 an einem Beispiele durchgeführt.

$$\sim a + b + c + \frac{T + (a+b+c)^3 - (a+b)^3}{P} \text{ u. s. w.}$$

Die Brauchbarkeit dieser Methode, bei welcher es nur auf Divisionen durch einen und denselben Divisor P und auf Berechnung der dritten Potenzen von a, von $a + b$, von $a + b + c$ u. s. w., also von den auf einander folgenden Näherungswerthen von x, ankommt, ist eine ziemlich bedeutende und hat nur, wie man, um allzuhochgespannten Meinungen entgegenzutreten, hervorheben muss, den einen Mangel, dass ein einzig auf die gegebene Gleichungsform unter der Bedingung eines gegen Q sehr grossen P beschränktes Verfahren damit gelehrt ist. Ist letztere Bedingung nicht erfüllt, oder ist die Form der Gleichung nicht $x^3 + Q = Px$, so lässt die Methode sich nicht anwenden. Es muss vielmehr alsdann wesentlich anders verfahren werden, und ob ein Araber, der, wie wir wissen, nur mit positiven Zahlen rechnete und desshalb so viele verschiedene Gleichungsformen unterscheiden musste, auch in jenen abweichenden Fällen sich zu helfen wusste, ist uns im höchsten Grade unwahrscheinlich, da nicht einmal andeutungsweise von solchen anderen Fällen die Rede ist.

So tief wir schon herabgerückt sind, bis zu einer Zeit welche schon später als die Einnahme von Byzanz durch die Türken liegt und eigentlich erst im folgenden Bande dieses Werkes besprochen werden dürfte, so wollen wir doch in ähnlicher Weise wie wir dieses für die Mathematik der Chinesen uns gestattet haben lieber jetzt eine zeitliche als später eine räumliche Abweichung von einem einheitlich angelegten Plane uns gestatten. Man muss nun einmal die Entwicklung der Mathematik auf asiatischem Boden unter die zu betrachtenden Dinge vollwerthig einrechnen, wird aber entschieden besser daran thun sie ein für allemal von Anfang bis zu Ende zu verfolgen als sie der Entwicklung auf europäischem Boden je und je einzureihen.

Jahrhunderte hindurch haben die Araber des Ostens einen mächtigen Vorsprung vor den Europäern, die theilweise bei ihnen in die Schule gehen. Mit den Männern, welche wir zuletzt genannt haben, hört jeder Fortschritt bei den Einen auf, während er bei den Anderen zu immer rascherer Gangart sich gestaltet. Und auch die Empfänglichkeit der Araber auf mathematischem Gebiete war dahin. Das zeigt uns der letzte orientalische Schriftsteller, von dem wir nunmehr zu reden haben Behâ Eddîn.[1]) Dieser Mathematiker lebte, wie ein in arabischer Sprache verfasstes biographisches Wörterbuch

[1]) Beha Eddins Essenz der Rechenkunst arabisch und deutsch herausgegeben von Nesselmann. Berlin, 1843. Bigraphisches in den Anmerkungen auf S. 74—75.

berichtet, 1547—1622. Er war, was aus einzelnen Stellen seines Rechenbuches mit Bestimmtheit hervorgeht, Schî'ite und demnach wahrscheinlich geborener Perser oder doch in Persien ansässig, was mit der Angabe, er sei in Ispahân gestorben, im Einklang steht. Der Titel des von ihm herrührenden Werkes lautet Essenz der Rechenkunst, Chulâsat al ḥisâb, weil es die Essenz der Bücher älterer Schriftsteller sei, die er vereinigt habe. Den Inhalt bildet ein Gemenge von arithmetischen, algebraischen, geometrischen Dingen in bunter Reihenfolge, und nicht minder bunt ist das Gemenge, wenn wir die einzelnen Dinge auf ihren Ursprung uns ansehen und Griechisch-abendländisches mit Indischem, mit Arabischem regellos wechselnd erkennen. Nur Eines muss man nicht erwarten: dass Behâ Eddîns Sammelgeist es verstanden hätte jeder Heimath die edelste Frucht zu entnehmen, welche sie zeitigte. Griechisch erscheint die Behauptung die Einheit sei keine Zahl, erscheint das ganze Kapitel der Messungen mit einer Ausnahme. Griechisch ist die Auffindung der vollkommenen Zahlen, der Summe von Quadrat- und Kubikzahlen. Ebendahin weist uns wohl die complementäre Multiplikationsmethode (S. 447), welche Behâ Eddîn kennt und folgendermassen lehrt: „Addire die beiden Faktoren und nimm den Ueberschuss über 10 zehnfach und dazu das Produkt der Ueberschüsse der 10 über jeden Faktor.“ [1]) Er dehnt die Regel, welche, wie er ausdrücklich hervorhebt, nur für zwei Faktoren zwischen 5 und 10 Geltung hat, auch mit einigen geringfügigen Abänderungen auf andere Faktoren aus. Die complementäre Division ist dagegen auch in Behâ Eddîns Essenz nicht eingedrungen, und an abendländische Zuthat erinnert bei der Division nur das Ziehen von Vertikallinien, welches freilich zur Vermeidung von Irrthümern Jedermann erfinden konnte, welches aber auch ein Ueberbleibsel von Kolumnen sein kann, welche in Europa benutzt wurden. An Heron werden wir in dieser spät entstandenen Sammlung durch Höhenmessungen aus Schattenlängen und mit Hilfe von Beobachtungsvorrichtungen [2]) erinnert, an ihn durch die Aufgabe die Breite eines Flusses zu messen. Die Ausführung dieser Messung selbst erfolgt in einer uns noch unbekannten Art: „Stelle Dich an das Ufer des Flusses und beobachte sein anderes Ufer durch das Diopterlineal; dann kehre Dich um, so dass Du durch dasselbe eine Stelle des Bodens siehst, während das Astrolabium an seinem Platze bleibt; nun ist der Abstand zwischen deinem Standpunkte und jener Stelle des Bodens gleich der Breite des Flusses. [3])“ An Indien erinnert uns das Zifferrechnen, die Neunerprobe, die Regeldetri, die Rechnung des doppelten falschen Ansatzes, die Rechnung durch Umkehrung der Reihenfolge und Ausführung der zu vollziehenden

[1]) Beha Eddin S. 9. [2]) Ebenda S. 35—36. [3]) Ebenda 36—37.

Operationen, die Netzmultiplikation[1]), welche letztere besonders deutlich gelehrt wird, während zwei andere Multiplikationsmethoden nur genannt aber nicht erläutert werden, so dass der Sinn, der mit der Multiplikation des Umgürtens und des Gegenüberstellens zu verbinden ist, räthselhaft bleibt. Wenn wir diese Dinge griechisch-abendländisch, beziehungsweise indisch nannten, so ist unsere Meinung keineswegs die, als habe Behâ Eddîn aus jenen entfernten Quellen selbst geschöpft. Er hat zuverlässig nur Schriften seiner Heimath benutzt. Aber in jene sind früher oder später die Einschiebungen schon erfolgt, und zwar, wie es uns wenigstens vorkommt, die der Kolumnenüberbleibsel, möglicherweise der complementären Multiplikation, vielleicht auch der praktisch-feldmesserischen Aufgaben erst nach den Kreuzzügen. Arabische Originalquellen lieferten daneben die Unmöglichkeit der Gleichung $x^3 + y^3 = z^3$ zu genügen[2]) oder eine Quadratzahl zu finden, welche um 10 vermehrt oder vermindert wieder eine Quadratzahl liefern. Einheimisch war, so weit wir wissen,

$$\sqrt{a^2 + r} = a + \frac{r}{2a+1}.$$

Einheimisch kann auch die Vorschrift sein den Kreisumfang durch einen Faden zu messen[3]), sowie wir die falsche Regel den Raum einer Kugel vom Durchmesser d durch

$$d^3 \left\{\left(1-\frac{3}{14}\right) - \frac{3}{14}\left(1-\frac{3}{14}\right) - \frac{3}{14}\left[\left(1-\frac{3}{14}\right) - \frac{3}{14}\left(1-\frac{3}{14}\right)\right]\right\}$$

zu berechnen[4]) einheimischem Missverständnisse später Zeit zur Last legen möchten. Einige geometrische Namen sind sowohl nach Bedeutung als Ursprung zweifelhaft, einige wenigstens in letzterer Beziehung. Einer Art von Trapez, welche Gurke genannt wird, stehen wir ebenso rathlos gegenüber wie der Commentator, der da sagt: „Eine Beschreibung dieser Art von Trapezen ist in keinem Buche zu finden, die es erläuterte; vielleicht wird Gott nach dieser Zeit es lehren.“[5]) Woher stammt die Spitzenfigur, das ist ein Sternzehneck, dessen Seiten nur bis zu ihrem gegenseitigen Durchschnitt, nicht darüber hinaus gezeichnet sind, so dass das Innere der Figur leer bleibt? Hängt der Name Figur der Braut, welcher dem pythagoräischen Dreiecke beigelegt wird[6]), etwa mit talismanischer Verwendung desselben zusammen, ähnlich wie wir solche von magischen Quadraten berichtet bekommen? Das sind Fragen, die ihrer Beantwortung noch harren. Im Ganzen aber dürften unsere Leser von Behâ Eddîns Essenz der Rechenkunst den Eindruck erhalten haben, dass hier ein Rückschritt, oder jedenfalls mindestens ein

[1]) Beha Eddin S. 12. [2]) Ebenda S. 56, Nro. 4. [3]) Ebenda S. 31. [4]) Ebenda S. 33. [5]) Ebenda S. 29 und 66, Anmerkung 17. [6]) Ebenda S. 71, Anmerkung 33.

Stehenbleiben der Wissenschaft zu bemerken ist, welche vorher ruckweise vorgeschritten war.

Man hat mit Fug und Recht als ein kennzeichnendes Merkmal der arabischen Mathematik den Umstand hervortreten lassen,[1]) dass sie durchaus von Fürstengunst abhängig war, dass es einzelne Herrscher waren, die zur Astronomie eine Vorliebe an den Tag legten, und dass unter ihnen Astronomen und Mathematiker erstanden, sonst nicht. Es ist vielleicht nicht minder kennzeichnend, dass keine einzige Herrscherfamilie ohne solche der Wissenschaft huldigende und dienende Vertreter war. Die ersten Abbasiden wie die Bujiden, seldschukische wie mongolische Fürsten, wie endlich jenen Enkel Tamerlans haben wir rühmend zu nennen gehabt. Es war, als wenn der auch nur vorübergehende Besitz von Bagdad die Geister mit Wissensdrang erfüllte und Bagdad so wirklich die Stadt des Heils war, als welche ihr Name sie bezeichnete. Und in anderer Beziehung war es, als wenn derselbe Besitz, jenem Kleinode der nordischen Sage vergleichbar, für den, der sich desselben bemächtigte, den Keim des Unheils in sich getragen hätte, so rasch verfielen die auf einander folgenden Herrscherfamilien dem Fluche der Zwietracht und des Verwandtenmordes.

Folgende Zeitpunkte traten uns in unserer ausführlichen Darstellung vor Augen, deren wir nur noch einmal unter Erwähnung der wichtigsten Namen uns erinnern wollen. Unter den Abbasiden in dem etwa 150 Jahre dauernden Zeitraum vom letzten Viertel des VIII. bis zum ersten Viertel des X. S. ist es der Hauptsache nach Aneignung indischer und mehr noch griechischer Mathematik, letztere in zahlreichen Uebersetzungsarbeiten sich äussernd, welche wir einem Muḥammed ibn Mûsâ Alchwarizmî, einem Ṯâbit ibn Ḳurra, einem Albattânî nachzurühmen haben. Bei ihnen beginnt daneben eine zahlentheoretische und eine trigonometrische Selbstthätigkeit, welche indessen gegen den Uebersetzungseifer zurücktritt. Ihm sind wir zu besonderem, zu um so grösserem Danke verpflichtet, als, wie wir noch sehen werden, die griechische Mathematik höherer Natur dem Abendlande wesentlich durch arabische Kanäle zugeführt wurde, jedenfalls von da aus weit früher bekannt wurde, als die Neuentdeckung der Originaltexte es ermöglichte. Ja in einzelnen Fällen sehen wir uns heute noch auf arabische Uebersetzungen zum alleinigen Ersatze für die verloren gegangenen Originalien angewiesen. Um das Jahr 1000 herum gruppiren sich sodann unter bujidischem Schutze die grossen Schriftsteller, welche wieder durch zahlentheoretische, aber auch durch geometrische und vorzugsweise durch algebraisch-geometrische Forschungen die Wissenschaft vermehrten, ein Abû'l Wafâ, welcher

[1]) Hankel S. 252.

daneben noch eine gewisse Stetigkeit nach rückwärts herstellend zu den Uebersetzern gehört, ein Alkûhî, ein Alsidschzî, ein Alchodschandî, ein Abû'l Dschûd, ein Alkarchî. Ihnen gleichzeitig vertrat Albîrûnî uns die Blüthe des ġaznawidischen Hofes. Im letzten Viertel des XI. S. begünstigen seldschukische Sultane 'Omar Alchaijâmî, den systematischen Algebraiker, dem zuerst mit vollem Bewusstsein die Schwierigkeit der cubischen Gleichung entgegentrat, und dem die Geometrie nur dienendes Werkzeug für seine Zwecke wurde. Die Schule Naṣîr Eddîns knüpfte in der Mitte des XIII. S. an die von mongolischen Fürsten errichtete Sternwarte zu Marâġa ihr Bestehen, und eine Schule des XV. S. hatte zu Samarkand in dem tartarischen Fürsten Ulûġ Beg Gönner und Mitglied zugleich. Die beiden letzten Schulen gehörten mehr der Geschichte der Astronomie als der der Mathematik an, und nur Ġijâṯ eddîn Al-Kâschi verdiente für uns besondere Berücksichtigung wegen einer sinnreichen Näherungsrechnung zur Auflösung kubischer Gleichungen von einer gewissen gegebenen Form.

Der Höhepunkt der Mathematik war für die Araber des Ostens etwa auf 1050 zwischen die Namen Alkarchî, Alchaijâmî anzusetzen. Von da an ging es bergab, erst mit theilweise neuen kleinen Erhebungen, dann in trostlose Oede sich verflachend, als deren Sohn allein Behâ Eddîn am Ende des XVI. und Anfang des XVII. S. uns noch beschäftigen durfte.

Die äussersten Grenzen des ostarabischen und des westarabischen Kulturbereiches sind durch ungeheure Entfernungen von einander geschieden und gewähren dadurch und durch die politische Trennung, mitunter verstärkt durch religiöse Gegensätze, die Möglichkeit und die Nothwendigkeit gesonderter Betrachtung der beiderseitigen Entwicklungen. Minder streng lässt sich aber die Sonderung für die an einander stossenden Bezirke beider Reiche durchführen, und insbesondere hätte von den beiden Persönlichkeiten, welche jetzt noch die ägyptische Mathematik uns vertreten sollen, mindestens die zweite als im Osten geboren und herangebildet mit gleichem Rechte wie hier im vorigen Kapitel behandelt werden können. Das macht, dass die ägyptischen Fürsten Schî'iten waren und darum den sunnitischen Abbasiden viel schroffer, den gleichfalls schî'itischen Bujiden dagegen kaum feindlich gegenüber standen, so dass unter diesen allmälig Beziehungen vorkommen, welche noch unter den ersten Bujiden zu den Unmöglichkeiten gehören.

Ibn Jûnus von Kairo, seinem ausführlichen Namen nach Abu'l Ḥasan 'Alî ibn Abi Sa'îd 'Abderrahmân, starb 1008, war also in der Blüthezeit seines Wirkens Zeitgenosse des Abû'l Wafâ, ähnelte in seinen astronomisch-trigonometrischen Leistungen ebendemselben und scheint doch von dessen Arbeiten in keiner Weise Notiz genommen zu haben, sei es dass er sie wirklich nicht kannte, sei es dass er sie nicht kennen wollte. Die ägyptischen Herrscher Al-ʿAzîz, 975—996, und Al-Ḥâkim, 996—1021, waren für Ibn Jûnus freigebige Gönner. Sie sorgten für seine wissenschaftlichen Bedürfnisse durch Erbauung und Ausstattung einer Sternwarte, durch Anlage einer Büchersammlung u. s. w. Er arbeitete auf ihr Geheiss seine astronomischen Tafeln aus, welche Al-Ḥâkim zu Ehren die ḥâkimitischen Tafeln genannt wurden[1]) und in der Geschichte der Astronomie eine rühmliche Stellung einnehmen. Für die Geschichte der Mathematik ist weniger daraus zu entnehmen, höchstens die Auflösung einiger Aufgaben der sphärischen Trigonometrie und die unbewiesene Näherungsformel $\sin 1^0 = \frac{1}{3} \cdot \frac{8}{9} \cdot \sin \left(\frac{9}{8}\right)^0 + \frac{2}{3} \cdot \frac{16}{15} \sin \left(\frac{15}{16}\right)^0$. Das sind aber keine grundsätzlichen Neuerungen, und ob er bei Benutzung des Wortes Schatten um den Quotienten des Sinus eines Winkels durch den Cosinus desselben Winkels zu benennen wirklich vollständig unabhängig von Abû'l Wafâ verfuhr, mag dahingestellt sein. Gewiss ist, dass er insofern unter Jenem blieb, als er seine Schattentafel nie zur Berechnung anderer Winkel als wirklicher Sonnenhöhen verwerthete, während Abû'l Wafâ, dessen Tod fast 10 Jahre früher als die letzte von Ibn Jûnus angestellte Beobachtung eintrat, die Verallgemeinerung des Schattenbegriffes, wie wir wissen (S. 642), vollzogen hat.

Der zweite Schriftsteller, welchen wir hier der Besprechung unterziehen, ist in Al-Baṣra geboren und nur im Mannesalter in Aegypten eingewandert. Sein vollständiger Name lautet Abû ʿAlî al Ḥasan ibn al Ḥasan ibn Alhaiṯam, kürzer als Ibn Alhaiṯam bezeichnet, mit an Sicherheit grenzender Wahrscheinlichkeit derselbe grosse Gelehrte, dessen Optik von lateinischen Uebersetzern mit dem Verfassernamen Alhazen überschrieben ist.[2]) Dürfen wir diese Identität festhalten, so bleibt allerdings aus der Optik, so bedeutend ihr Werth für die Geschichte der angewandten Mathematik ist, für uns nur eine Aufgabe merkwürdig, nämlich die den Spiegelungspunkt eines kugelförmig gekrümmten Spiegels zu finden, von welchem aus das Bild eines an einem gegebenen Orte befindlichen Gegenstandes in ein gleichfalls an einem gegebenen Orte befindliches Auge

[1]) Der Anfang ist von Caussin übersetzt und erläutert in den *Notices et extraits de la bibliothèque nationale T. VII*, pag. 16—240. Die ungedruckte Uebersetzung der späteren Kapitel durch Sédillot hat Delambre für seine *Histoire de l'astronomie du moyen-age* benutzt. Vergl. Hankel S. 244, 282, 288.
[2]) Wüstenfeld, Arabische Aerzte und Naturforscher S. 76—77, Nro. 130. *L'algèbre d'Omar Alkhayami* pag. 73—76, Anmerkung *** und Narducci, *Intorno ad una traduzione italiana fatta nel secolo decimoquarto del trattato d'ottica d'Alhazen, matematico del secolo undecimo ed ad altri lavori di questo scienziato* im *Bulletino Boncompagni* IV, 1—48 (1871).

geworfen wird, eine Aufgabe, welche analytisch behandelt zu einer Gleichung des 4. Grades führt.[1]) Den aus Al-Basra gebürtigen Ibn Alhaitam haben wir jedenfalls, und zwar noch zur Zeit als er im Osten lebte, als Verfasser einer in einem Vatikancodex noch vorhandenen Abhandlung über die Quadratur des Kreises anzuerkennen,[2]) von welcher ungemein zu bedauern ist, dass sie noch keinen Bearbeiter gefunden hat, weil sie die erste Abhandlung dieses Titels seit Archimed ist, von deren Erhaltung wir Kenntniss haben, und weil nach der Bedeutung des Verfassers zu urtheilen sicherlich interessante Versuche darin zu erwarten sind dem Werthe der Kreisfläche so nahe als möglich zu kommen.

Ebenderselbe Ibn Alhaitam hat auch ungemein zahlreiche sonstige Schriften zu Stande gebracht, von welchen wenigstens eine geometrische zur Uebersetzung gelangt ist, die zwei Bücher der gegebenen Dinge.[3]) Der Verfasser sagt darüber in der Einleitung: „Das I. Buch enthält vollkommen neue Dinge, deren Gattung nicht einmal von den alten Geometern gekannt war, und das II. enthält eine Reihe von Sätzen, welche denen ähneln, die in dem I. Buche von den gegebenen Dingen des Euklid zu finden sind, ohne jedoch selbst in jenem Werke vorzukommen.“ Was hier von dem II. Buche gerühmt ist, entspricht allerdings der Wahrheit, nicht so was Ibn Alhaitam als den Werth des I. Buches ausmachend schildert. Allerdings sind solche Sätze, wie sie im I. Buche enthalten sind, und welche kurzweg als Ortstheoreme, wenn nicht gar als Porismen im euklidischen Sinne des Wortes bezeichnet werden müssen, den Alten, d. h. den Griechen bekannt gewesen, und wenn auch Euklids Porismen vielleicht nicht ins Arabische übersetzt worden sind — wir wissen wenigstens Nichts von einer solchen Uebersetzung — wenn das Gleiche von den kleineren Schriften des Apollonius von Pergä gelten sollte, welche sonst auch der Ruhmredigkeit Ibn Alhaitams ihr Verbot entgegenzustellen berechtigt gewesen wären, so ist seine Ueberhebung keine minder unerlaubte angesichts der Sammlung des Pappus, von der wir wiederholt gesehen haben, dass sie Arabern des X. S. bekannt war. Wir müssen daher, wollen wir einen so tüchtigen Gelehrten, wie Ibn Alhaitam es jedenfalls war, nicht der absichtlichen Unwahrheit verbunden mit grosser Unvorsichtigkeit bezichtigen, zu der Annahme uns bequemen, die Sammlung des Pappus sei für die grosse Mehrzahl auch der arabischen

---

[1]) Chasles, *Aperçu hist.* pag. 498, deutsch S. 576. [2]) *Bulletino Boncompagni* IV, 41 sqq. [3]) *Nouveau Journal Asiatique* XIII, 436 figg. (1834). Sédillot, *Matériaux pour servir à l'histoire comparée des sciences mathématiques chez les Grecs et les Orientaux* pag. 379—400. Chasles, *Aperçu hist.* pag. 498—501, deutsch S. 577—581.

Gelehrten doch zu hoch gewesen und sei darum wenig bekannt geworden, beziehungsweise bald wieder in Vergessenheit gerathen. Die Oerter, von welchen Ibn Alhaiṯam handelt, sind übrigens ausschliesslich Kreise und gerade Linien, gehören mithin zu den einfachsten, welche überhaupt vorkommen. Wir nennen einige von den Sätzen des I. Buches: 6. Zieht man von zwei gegebenen Punkten aus Gerade, die beim Durchschnitte einen gegebenen Winkel bilden, so liegt der Durchschnittspunkt auf einer gegebenen Kreislinie. — 7. Zieht man von zwei gegebenen Punkten aus Gerade, die bei ihrem Durchschnitt einen gegebenen Winkel bilden, verlängert man darauf die eine Gerade so, dass das Verhältniss der Strecke vom Anfangspunkte bis zum Durchschnitte zu ihrer Verlängerung ein gegebenes sei, so liegt der Endpunkt auf einer der Lage nach gegebenen Kreislinie. — 8. Zieht man von zwei gegebenen Punkten gleich lange sich in ihrem Endpunkte treffende Strecken, so liegt der Durchschnittspunkt auf einer der Lage nach gegebenen Geraden. — 9. Zieht man von zwei gegebenen Punkten aus Gerade, deren Längen bis zum Durchschnittspunkte in gegebenem Verhältnisse stehen, so befindet sich der Durchschnittspunkt auf einer der Lage nach gegebenen Kreislinie. — 19. Zieht man an einen Punkt der kleineren von zwei sich innerlich berührenden Kreislinien eine Berührungslinie bis zum Durchschnitt mit der umgebenden Kreislinie und verbindet man diesen Durchschnittspunkt gradlinig mit dem Berührungspunkte der beiden Kreise, so ist das Verhältniss der beiden Strecken gegeben. Mit dem II. Buche mögen folgende Muster uns bekannt machen: 2. Die Gerade, welche von einem gegebenen Punkte aus gezogen von einem gegebenen Kreise ein der Grösse nach gegebenes Stück abschneidet, ist der Lage nach gegeben. — 5. Zieht man von einem gegebenen Punkte eine Gerade zum Durchschnitt mit einer gegebenen Strecke, so dass das begrenzte Stück der Geraden mit dem einen Abschnitte der Strecke eine gegebene Summe bilde, so ist die Gerade der Lage nach gegeben. — 12. Zieht man an einen gegebenen Kreis eine Berührungslinie bis zum Durchschnitte mit einer gegebenen Geraden, und ist die so begrenzte Berührungslinie der Länge nach gegeben, so ist sie es auch der Lage nach.

Ibn Alhaiṯam wurde nicht wegen seiner theoretisch-wissenschaftlichen Leistungen, sondern um praktischer Dinge willen nach Kairo berufen. Er hatte sich nämlich geäussert, er halte es für leicht am Nil solche Einrichtungen zu treffen, dass der Fluss jedes Jahr gleichmässig austrete, ohne dass Witterungsverhältnisse einen Einfluss üben könnten. Diese Zusage zu erfüllen, liess Al-Ḥâkim ihn kommen, ging ihm bis zur Vorstadt von Kairo entgegen und empfing ihn überhaupt mit den grössten Ehren. Ibn Alhaiṯam zog hierauf guten Muthes mit zahlreichen Gefährten nilaufwärts, bis er zu den ersten Nilfällen bei Syene gelangte, wo er erkannte, dass er zu voreilig Sicherheit an den Tag gelegt hatte, und dass die Verwirklichung seines Planes unmöglich war. So musste er sich zu entschuldigen suchen, so gut es eben ging, und als er, nunmehr in anderen Staatsarbeiten beschäftigt, sich auch hier Fehler zu Schulden kommen liess, musste er sich verbergen, um Al-Ḥâkims Zorne zu entgehen. Erst nach dessen Tode kam er wieder zum Vorschein und führte ein wesentlich schriftstellerisches Leben. Er starb 1038.

Das sind die beiden Männer, welche die ägyptische Mathematik für uns kennzeichnen sollten. Wir gehen zu der Entwicklung unserer Wissenschaft in Spanien und in dem gegenüberliegenden westlichen Theile der afrikanischen Nordküste, in Marokko, über.

Kapitel XXXVII.

Die Mathematik der Westaraber.

Von der Entstehung eines selbstständigen arabischen Reiches in Spanien im Jahre 747 unter dem Omaijaden ʿAbd Arraḥmân haben wir gelegentlich (S. 606) gesprochen. In unaufhörlichen Kämpfen gegen die westgothischen Christen sowie gegen afrikanische Araber erhob sich seine Dynastie bei 300 jährigem Bestande zu unsterblichem Ruhme, rieb sich aber auch vollständig auf.[1]) In die Zeit der Omaijaden fällt die Entstehung aller jener glänzenden Ueberreste maurischer Baukunst, die noch heute den Anschauer mit Bewunderung erfüllen sollen, und die nach den Berichten solcher Schriftsteller, welche sie in ihrer ganzen Pracht sahen, die Wundermährchen der Tausend und eine Nacht zur Wahrheit stempelten. Besonders ʿAbd Arraḥmân III. und sein Sohn Al-Ḥakam II., welche von 912 bis 976 regierten, spielten eine glänzende Rolle in der Geschichte der Entwicklung westarabischer Kultur. Eine Bibliothek von 600 000 Bänden entsteht in ihrem Palaste in Cordova. Ein Bibliotheksverzeichniss in 44 Bänden unterstützt die Benutzung. Gelehrte sammeln sich, aber, wie wir nicht für überflüssig halten, besonders zu betonen, ausschliesslich Moslims, denn ʿAbd Arraḥmân, der Vertheidiger des Glaubens, wie er sich nennen liess, würde so wenig wie sein Sohn fremde christliche Schüler geduldet haben. Dieselben beiden Fürsten fanden ihre Freude in der Herstellung baulicher Denkmale ihres Glanzes und der hohen Vollkommenheit, bis zu welcher arabische Kunstfertigkeit gelangt war. Mag Manches nach früheren praktisch gewordenen und ihres

[1]) Aschbach, Geschichte der Omaijaden in Spanien Bd. II. Frankfurt a. M., 1830.

geometrischen Grundes verlustig gegangenen Regeln hergestellt worden sein, so ist doch schlechterdings nicht möglich, dass eine solche Architektur sich nur empirisch entwickelte. Die Baumeister, und wenn nicht sie selbst, so doch diejenigen, bei welchen sie sich in gegebenen Fällen Raths erholten, mussten Mathematiker sein.

Freilich steht uns mehr als dieser zwingende Schluss nicht zu Gebote. Von westarabischen mathematischen Schriften bis zum XI. S. ist Nichts veröffentlicht. Von Namen sogar steht uns kein älterer als Abû'l Ḳâsim Maslama ibn Aḥmed Almadschrîṭî[1]) zu Gebote, der uns schon zweimal gelegentlich vorgekommen ist. Er wollte (S. 631) die befreundeten Zahlen in ihrer Wirkung kennen gelernt haben. Er oder sein Schüler Alkarmânî, von welchem letzteren Reisen in den Orient bekannt sind, sollen die Abhandlungen der lauteren Brüder in Spanien eingeführt haben (S. 634). Alkarmânî war übrigens vorzugsweise Chirurg. Die mathematische Lehrthätigkeit Almadschrîṭîs in Cordova, der Residenz der Emire, fällt in die Regierung Al-Ḥakam II. und dessen Nachfolgers. Er starb 1007. Von seinen Schülern haben Ibn aṣ-Ṣaffâr und Ibn as Samḥ el Muhandis Al-Garnâtî, der Erste in Cordova dann in Dânia, der Zweite in Granada eigene Schulen eröffnet, in welchen Mathematiker und Astronomen gebildet wurden.[2]) Der Geometer von Granada starb 1035 in einem Alter von 56 Jahren.

Die Thatsache, dass die Letztgenannten ausserhalb Cordova sich niederliessen, beruht gewiss zum Theil auf den Unruhen, welche seit 1008 in Cordova an der Tagesordnung waren und mit wechselndem Glücke der Parteien bis 1036 dauerten, um mit dem Tode Hischâms des letzten Omaijaden zu endigen. Ein einheitliches spanisch-arabisches Reich hat es seit dieser Zeit nicht mehr gegeben.[3]) Kleine Gebiete, theils als Freistädte, theils unter besonderen Fürsten, bildeten sich und gingen zu Grunde, sich gegenseitig befehdend und dabei die christlichen Nachbarn wechselweise zu Hilfe rufend, welche bei solcher Gelegenheit nicht ermangelten, eine Stadt, eine Provinz nach der anderen den Moslimen abzunehmen und für sich zu behalten. Seit der Mitte des XIII. S. war nur noch das Königreich Granada dem Islam unterworfen. Später als um diese Zeit wird uns aber auch kein westarabischer Mathematiker in Spanien begegnen. Nur von Bewohnern der afrikanischen Küstengegenden werden wir in jener späten Zeit zu reden haben und brauchen uns desshalb um die langjährigen Kämpfe nicht zu kümmern, welche erst kurz vor dem Jahre

---

[1]) Wüstenfeld, Arabische Aerzte und Naturforscher S. 61, Nro. 122. Steinschneider, Pseudoepigraphische Literatur u. s. w. S 28 flgg. und 73 flgg. [2]) Wüstenfeld, Arabische Aerzte und Naturforscher S. 62, Nro. 123 und S. 64, Nro. 127. [3]) Weil S. 284—296.

1500 mit dem gänzlichen Sturze arabischer Herrschaft auf spanischem Boden, mit der Einnahme von Granada 1492 durch Ferdinand den Katholischen endigten, denselben Fürsten, für welchen Christoph Columbus Amerika entdeckte.

Der erste Schriftsteller, von welchem wir seit dem Beginne der Zersplitterung zu reden haben, lebte im XI. S. in Sevilla. Es war Abû Muḥammed Dschâbir ibn Aflaḥ,[1]) gewöhnlich Geber genannt, von dessen Namen man, wie wir uns erinnern, (S. 619) eine Zeit lang das Wort Algebra herzuleiten sich gewöhnt hatte. Die Araber nannten ihn auch wohl Alischbîlî d. h. den von Sevilla. Er gehörte zu den hervorragendsten Astronomen seiner Zeit, verfasste aber, wie so viele seiner Zeitgenossen, auch mystische Schriften, an deren Inhalt er nicht minder fest glaubte als seine Leser. Seine Lebenszeit ist dadurch festgestellt, dass sein Sohn in Spanien mit dem berühmten Moses Maimonides persönlich verkehrte, was nur um das Jahr 1100 herum möglich war. Ibn Aflaḥ selbst muss also in der zweiten Hälfte des XI. S. am Leben gewesen sein. Sein Hauptwerk, eine Astronomie in 9 Büchern, wurde im XII. S. durch einen Uebersetzer, dessen Name noch häufig von uns genannt werden muss, durch Gerhard von Cremona (geboren 1114, gestorben 1187) ins Lateinische übertragen,[2]) und diese lateinische Bearbeitung erschien 1534 im Drucke. Das erste Buch[3]) enthält eine vollständige Trigonometrie, welche mit Vorbedacht an die Spitze gestellt wird um Wiederholungen zu vermeiden. Der Verfasser legte eine Probe geistiger Selbständigkeit ab, indem er es wagte, in dieser Trigonometrie von dem althergebrachten Gange des Ptolemäus, von der Regel der 6 Grössen (S. 350 und 356), abzuweichen und sogar polemisch gegen den alten Meister der Sternkunde an den verschiedensten Stellen vorzugehen, was die Albattânî, die Abû'l Wafâ, die Ibn Jûnus, welche in ihrer Lebenszeit Ibn Aflaḥ vorangehen, niemals auch nur versuchten. Ibn Aflaḥ stützt sich bei seinen Beweisen — und dass er solche gibt, ist eine weitere rühmliche Eigenthümlichkeit, durch welche er von den übrigen arabischen Astronomen sich unterscheidet — auf eine Regel der 4 Grössen, welche in folgendem Satze besteht. Es seien (Figur 101) $P_1 P_2$ sowie $Q_1 Q_2$ zwei Bögen grösster Kreise, welche in A sich schneiden. Von P_1 und P_2 werden die Bögen grösster Kreise $P_1 Q_1$ und $P_2 Q_2$ senkrecht zu $A Q_1 Q_2$ gezogen, so verhält sich

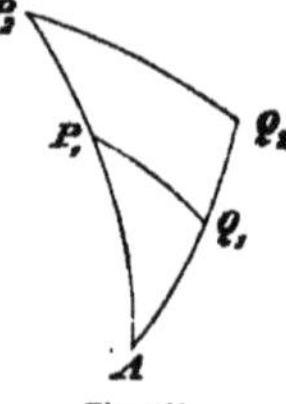

Fig. 101.

[1]) Steinschneider, Pseudoepigraphische Literatur u. s. w. S. 15 figg. und 70 figg. [2]) B. Boncompagni, *Della vita e delle opere di Gherardo Cremonese.* Roma, 1851, pag. 18. [3]) Delambre, *Histoire de l'astronomie du moyen-age* pag. 179—185. Hankel, S. 285—287.

$\sin AP_1 : \sin P_1Q_1 = \sin AP_2 : \sin P_2Q_2$. Nun sei (Figur 102) das bei H rechtwinklige sphärische Dreieck ABH vorgelegt, in welchem $\sphericalangle BAH = \alpha$, $BH = a$, $AB = h$ heisse. Man verlängert AB und AH bis zur Länge von 90^0 nach C und E, so ist A der Pol von CE, also der Bogen CE das Maass des Winkels α und der Bogen AE senkrecht auf EC. Die Regel der 4 Grössen liefert jetzt als 13. Satz das Verhältniss $\sin AC : \sin CE = \sin AB : \sin BH$ oder $\sin 90^0 : \sin \alpha = \sin h : \sin a$, mithin $\sin a = \sin h \cdot \sin \alpha$. An einer anderen Figur (Figur 103), bei welcher wieder ABH ein bei H rechtwinkliges sphärisches Dreieck darstellt und $AH = b$ und $\sphericalangle ABH = \beta$ genannt ist, werden BA und BH bis nach E und F verlängert, so dass $BE = BF = 90^0$, $EF = \beta$ und $\sphericalangle BFE = BEF = 90^0$ werden. FE und HA treffen sich verlängert in D, so ist wegen $\sphericalangle BHD = BFD = 90^0$ jener Punkt D der Pol von FH, also $DH = 90^0$. Die Regel der 4 Grössen liefert, weil jetzt AE und HF senkrecht zu EF sind, das Verhältniss: $\sin DA : \sin AE = \sin DH : \sin HF$ oder $\sin (90^0 - b) : \sin (90^0 - h) = \sin 90^0 : \sin (90^0 - a)$ also $\cos h = \cos a \cdot \cos b$ der Inhalt des 15. Satzes. In derselben Figur ist aber das Dreieck DEA bei E rechtwinklig, die Anwendung des 13. Satzes ergibt deshalb $\sin DE = \sin DA \cdot \sin DAE$ d. h. $\sin (90^0 - \beta) = \sin (90^0 - b) \cdot \sin \alpha$ oder $\cos \beta = \cos b \cdot \sin \alpha$ als Inhalt des 14. Satzes. Letzterer Satz ist weder bei Ptolemäus noch bei einem arabischen Vorgänger des Ibn Aflaḥ zu finden und wird deshalb häufig unter Anwendung des Namens, unter welchem dieser Gelehrte, wie wir sagten, bekannt zu sein pflegt, der gebersche Lehrsatz genannt. Dass wir vorzogen, hier regelmässig von Ibn Aflaḥ zu reden, hat seinen Grund darin, dass es mehrere nach Zeit, Ort und wissenschaftlicher Thätigkeit ungemein verschiedene Persönlichkeiten gegeben hat oder gegeben haben soll, welche alle Geber genannt werden, so dass Verwechslungen sehr leicht sind. Es ist mit grossem Rechte als überraschend bezeichnet worden, dass Ibn Aflaḥ, in der sphärischen Trigonometrie ein gradezu kühner Neuerer, in der ebenen Trigonometrie um keinen Schritt weiter gegangen ist als Ptolemäus, dass er sogar Sinus und Cosinus anzuwenden hier vermeidet und noch in griechischer Weise mit den Sehnen der doppelten Winkel sich begnügt. So war noch für Ibn Aflaḥ offenbar die sphärische Trigonometrie weitaus die Hauptsache und eine eigentliche ebene Trigonometrie nur zur Vollständigkeit der Betrachtungen vorhanden, aber nicht der wichtige Theil der Mathe-

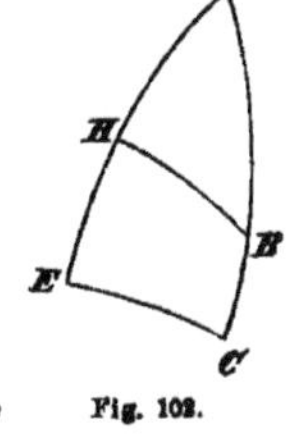

Fig. 102.

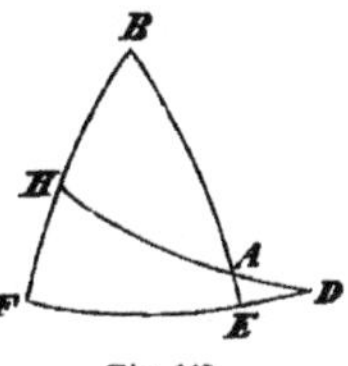

Fig. 103.

matik, zu welchem sie erst durch Regiomontan 1463 werden sollte.

Wir haben gesagt, dass Gerhard von Cremona die Astronomie des Ibn Aflaḥ etwa in der zweiten Hälfte des XII. S. übersetzte. Er hat die dazu nöthigen Kenntnisse in dem den Arabern bereits abgerungenen Toledo sich erworben, wo um jene Zeit eine wahre Uebersetzungsschule vorhanden war. Raimund, Erzbischof von Toledo zwischen 1130 und 1150, stand geistig an ihrer Spitze. Nicht als ob er selbst dabei thätig gewesen wäre, aber er veranlasste Dominicus Gondisalvi in Gemeinschaft mit einem jüdischen Schriftgelehrten, Johannes von Luna oder Johannes von Sevilla (Johannes Hispalensis) genannt,[1]) arabische Bücher und zwar hauptsächlich solche, die sich auf aristotelische Philosophie bezogen, zu bearbeiten. Die Bearbeitung erfolgte auf einem Umwege, der nicht ohne Folgen blieb. Zunächst wurde nämlich aus dem arabischen Texte ein castilianischer und erst aus diesem wieder ein lateinischer Text hergestellt. Ueberlegt man nun, dass der arabische Text durch nicht über alle Zweifel erhobene Uebersetzungskunst dem Griechischen entnommen war, so lässt sich denken welcherlei aristotelische Philosophie aus solchen dreifacher Verpfuschung ausgesetzt gewesenen lateinischen Darstellungen dem Mittelalter zur Kenntniss kam. Weniger schlimm waren die Veränderungen, welche solche Schriften erlitten, die wenigstens von Ursprung her arabisch waren und ihrem Inhalte nach nicht so dunkel wie philosophische Gegenstände, selbst in der Sprache eines Aristoteles, es einem Laien gegenüber immer sein mussten. Wir denken hierbei an diejenigen arabischen mathematischen Schriften, welche durch Johannes von Sevilla, welche etwas später durch Gerhard von Cremona übertragen wurden.

Von wem die Originalien herrühren, wissen wir nicht. Wo sie verfasst wurden, ob im Westen ob im Osten, ist uns gleichfalls unbekannt. Ebenso wenig wissen wir, ob wir gut daran thun grade in diesem Zeitpunkte, also gegen die Mitte des XII. S., von ihnen zu reden. Unsere Berechtigung entnehmen wir einzig dem Umstande, dass sie damals in Toledo vorhanden gewesen sein müssen und jedenfalls zu den geschätzten Schriften gehörten, weil sonst doch wohl nicht sie übersetzt worden wären, wenn eine Auswahl auch berühmterer Werke zu Gebote gestanden hätte. Die übersetzten Schriften sind ein Lehrbuch der Rechenkunst und eine Algebra.

---

[1]) *Nouvelle Biographie universelle* XXVI, 565 (Paris, 1858). Jourdain, *Recherches critiques sur l'age et l'origine des traductions latines d'Aristote. 2. édition.* Paris, 1843, pag. 115 figg. hält den Namen Johannes Hispalensis für entstellt aus *Johannes Hispanensis de Luna* d. h. Johannes der Spanier aus Luna. Ebenda pag 117, Anmerkung 1 ist eine Stelle aus einer Widmung des Johannes an Raimund abgedruckt, durch welche seine Lebenszeit gesichert ist.

Jenes wird in scheinbarem Widerspruche zu unseren eben geäusserten Bemerkungen von dem Uebersetzer Johannes von Sevilla dem Alchwarizmî zugewiesen. *Incipit prologus in libro alghoarismi de practica arismetrice a magistro Johanne yspalensi* lautet der Anfang.[1]) Ist aber, woran wir zu zweifeln keinen Grund haben, die Schrift, welche wir früher als Rechenbuch des Muḥammed ibn Mûsâ Alchwarizmî geschildert haben, echt, so kann es diese nicht sein. Der gleiche Schluss gilt freilich auch in umgekehrter Reihenfolge, allein wir glauben jene schon besprochene als die ältere, die von Johannes von Sevilla bearbeitete als die jüngere betrachten zu müssen, weil jene einfacher und kürzer, diese mehr als dreimal umfangreicher, weitschweifiger, ausführlicher ist, und somit eher den Charakter einer späteren Bearbeitung einer älteren Vorlage aufweist, während jene nicht wohl als Auszug aus dem grösseren Buche gedacht werden kann, weil sie einzelne die unmittelbare Abhängigkeit ausschliessende Abweichungen von demselben wahrnehmen lässt. So heisst es z. B. in der kürzeren Fassung die Zahlzeichen für 5, 6, 7, 8 würden verschiedentlich gebildet; in der längeren wird dasselbe von 7 und 4 behauptet. In der kürzeren Fassung ist die Algebra des Verfassers erwähnt; und dieses Citat, auf welches wir uns (S. 614) stützen durften, um die Persönlichkeit des Verfassers festzustellen, fehlt in der längeren Fassung u. s. w. Das Rechenbuch des Johannes von Sevilla, wie wir es von jetzt an mit dem Namen des Uebersetzers benennen wollen, da der eigentliche Verfasser nicht zu ermitteln scheint, enthält nun sehr mannigfache interessante Dinge, theils solche welche schon gegenwärtig für uns von Interesse sind, theils solche, welche ihre Bedeutung für uns erst gewinnen, wenn es sich um die Entwicklung der Wissenschaft im christlichen Abendlande handelt. Wir werden alsdann, im 40. Kapitel, auf die Schrift des Johann von Sevilla zurückverweisen, schildern sie aber gegenwärtig schon, um nicht eine Zersplitterung eintreten zu lassen.

Der Verfasser lehnt sich durchweg so viel als möglich an die Inder an, welchen er z. B. die Erfindung der Sexagesimalbrüche zuschreibt.[2]) Von ihnen hat er wohl auch die näherungsweise Ausziehung der Quadratwurzel mit Hilfe von Decimalbrüchen,[3]) natürlich nicht in einer Schreibart, wie sie den modernen Decimalbrüchen zur erhöhten Bequemlichkeit ihres Gebrauches anhaftet, aber dem Gedanken nach damit übereinstimmend. Es werden der Zahl, aus welcher die Wurzel gezogen werden soll, $2n$ Nullen angehängt, und die sodann gefundene Wurzel gilt als Zähler eines Bruches, dessen Nenner aus einer mit

---

[1]) *Trattati d'aritmetica pubblicati da Bald. Boncompagni* II. (und letztes Heft) pag 25 (der durch beide Hefte durchlaufenden Pagination). [2]) Ebenda pag. 49. [3]) Ebenda pag. 87—90.

n Nullen versehenen Einheit besteht. Die Auflösung quadratischer Gleichungen [1]) wird an drei Beispielen gelehrt den drei bekannten Fällen entsprechend. Das erste Beispiel ist wieder das althergebrachte $x^2 + 10x = 39$. Für den zweiten Fall ist dagegen $x^2 + 9 = 6x$ als Beispiel aufgestellt, eine merkwürdige Wahl insofern als bei dieser Gleichung, wegen $\left(\frac{6}{2}\right)^2 - 9 = 0$, nur eine einzige Wurzel $x = 3$ auftritt, so dass man wohl fragen möchte, ob die Wahl eine absichtliche, ob eine durch eigenthümlichen Zufall dieses Ergebniss liefernde war? Am Schlusse der Schrift [2]) ist das magische Quadrat

$$\begin{array}{ccccc} 4 & - & 9 & - & 2 \\ | & \diagdown & & \diagup & | \\ 3 & - & 5 & - & 7 \\ | & \diagup & & \diagdown & | \\ 8 & - & 1 & - & 6 \end{array}$$

mit die einzelnen Zahlen in Beziehung zu einander setzenden Strichen hergestellt, aber ohne jeden erklärenden Text. Negativ heben wir hervor, dass complementäre Rechnungsverfahren, wie wir sie schon mehrfach vergeblich gesucht haben, nicht vorkommen. Einige lateinische Ausdrücke scheinen zwar an jene Rechnungsverfahren zu erinnern, aber es ist nur Schein.

Da kommt das Wort *differentia* mehrfach vor, auch bei der Division, aber es bedeutet nur die Stelle, bis zu welcher man vor — beziehungsweise zurückrückt. Das gleiche Wort im gleichen Sinne hat auch der Uebersetzer der kleinen Abhandlung, welche wir als die des Alchwarizmî selbst anerkennen, angewandt. Da braucht Johannes von Sevilla die Wörter *digitus* und *articulus*, Finger- und Gelenkzahl, genau in dem gleichen Sinne, in welchem diese Wörter in der Geometrie des Boethius zur Anwendung kamen (S. 493). Wir könnten als Ergänzung darauf hinweisen, dass auch in einer mittelalterlichen Uebersetzung der Algebra Alchwarizmîs das Wort *articulus* für Gelenkzahl im antiken Sinne, aber ohne das Wort *digitus* vorkommt. [3]) Aber es wären Trugschlüsse aus diesen Uebersetzungen, von deren Entstehungsweise wir gesprochen haben, den Wortlaut des Urtextes wiederherstellen zu wollen und dabei an jeden einzelnen Ausdruck sich festzuklammern. Jene Uebersetzer des XII. S., die Anderen so gut wie Johannes von Sevilla, benutzten eben die Wörter, welche in ihrer Zeit die weiteste Verbreitung hatten, sofern sie mit dem Sinne des Arabischen, hier z. B. mit Einern und Zehnern, sich deckten. Sie wollten ja nicht historische Untersuchungen anstellen

---

[1]) *Trattati d'aritmetica pubblicati da Bald. Boncompagni* II pag. 112.
[2]) Ebenda pag. 136. [3]) Libri, *Histoire des sciences mathématiques en Italie* I, 265. Die Stelle entspricht in Rosen's englischer Uebersetzung pag. 21.

und darum den Wortlaut des Gegebenen so genau als möglich festhalten. Sie beabsichtigten vielmehr den verbreitungswerthen Inhalt zur Kenntniss ihrer des Arabischen nicht mächtigen Landsleute zu bringen und mussten darum darnach streben bereits bekannter leicht verstandener Ausdrücke sich zu bedienen. Nur wo Etwas dem Begriffe nach ganz Neues vorkam, wurde mit mehr oder weniger Geschick dem Wortlaute nach übersetzt. So nennt Johannes von Sevilla bei den quadratischen Gleichungen das Quadrat der Unbekannten *res*, die Unbekannte selbst *radix*,[1]) ersteres eine schlechte Uebersetzung von *mâl*, letzteres eine gute von *dschidr*, während an einer anderen Stelle die Unbekannte *tantum quantum* heisst, unerklärlich genau dem *yâvattâvat* der Inder entsprechend, für welches bei keinem Araber eine buchstäbliche Uebersetzung bekannt ist.

Wir könnten schliesslich noch räthselhafter Buchstabenfolgen gedenken, welche nur dadurch zu lesbaren Wörtern werden, dass man annimmt, es sei jeder Vokal durch den ihm nachfolgenden Consonanten ersetzt worden, und man müsse die entsprechende Rückverwandlung z. B. von *xnxm* in *unum*, von *dxp* in *duo* vornehmen.[3])

Die von Gerhard von Cremona übersetzte Abhandlung[4]) kündigt sich selbst an als das Buch, welches nach dem Gebrauche der Araber *algebra* und *almucabala* und „bei uns" *(apud nos)* Buch der Wiederherstellung *(liber restauracionis)* genannt wird, zu Toledo aus dem Arabischen in das Lateinische übersetzt durch Magister Gerhard von Cremona. Das Original muss als eine andere Bearbeitung des von Alchwarizmî in seiner ähnlich betitelten Schrift behandelten Stoffes angesehen werden. Die Beispiele $x^2 + 10x = 39$, $x^2 + 21 = 10x$ letzteres mit seinen beiden Wurzelwerthen $x = 7$ und $x = 3$ treten auf. Geometrische Beweise der drei Fälle der quadratischen Gleichungen fehlen nicht. Sonstige bedeutsame Verschiedenheit nöthigen aber an einen anderen Verfasser des arabischen Textes als an Alchwarizmî zu denken. Sehr wichtig erscheint z. B. der Umstand, dass die Auflösungen der drei Formen quadratischer Gleichungen in Gestalt von Gedächtnissversen gelehrt sind.[5]) Das ist durchaus indische Sitte, während sie den Arabern, so viele uns deren bisher zur Rede kamen, fremd ist. Und doch können grade diese Verse nicht aus indischen Mustern übersetzt sein, denn die Inder — wir wiederholen hier früher Gesagtes — wussten gar Nichts von drei Formen quadratischer Gleichungen, weil sie vermöge ihrer Fähigkeit mit negativen Zahlen zu rechnen nur eine quadratische

---

[1]) *Trattati d'aritmetica* II pag. 112. [2]) Ebenda pag. 118. [3]) Ebenda pag. 126. [4]) B. Boncompagni, *Della vita e delle opere di Gherardo Cremonese* pag. 28—51. [5]) Ebenda pag. 31, 32, 34.

Gleichung $ax^2 + bx = c$ mit bald positiven, bald negativen Coefficienten in Behandlung nahmen. Dieser Widerspruch scheint zu der Annahme zu nöthigen, der Verfasser des durch Gerhard von Cremona übersetzten Buches sei ein Gelehrter gewesen, welcher selbständig vorgehend die indische Sitte auf arabische, um nicht gradezu zu sagen auf griechisch-arabische Gegenstände anwandte. Er muss mit indischen Werken bekannt gewesen sein, muss ihnen das entnommen haben, was er für besonders brauchbar hielt, während er gleichzeitig von den unter den Arabern längst eingebürgerten drei Fällen nicht liess, sei es, dass er sie wirklich für nothwendig hielt, sei es, dass er als echter Araber anhängend an dem durch Alter der Ueberlieferung Geheiligten doch nicht allzugrosse Neuerungen wagte. Waren es doch neben den Gedächtnissversen noch andere ungemein überraschende Dinge, welche er seinen Landsleuten bot: eine algebraische Schrift durch Abkürzungen und übereinkommliche Zeichen, wie die Inder sie benutzten.

Fast ganz indisch ist die Bezeichnung abzuziehender Grössen durch einen unter die Benennung angebrachten Punkt,[1]) indisch darum wahrscheinlich auch die Darstellung der Benennung selbst durch den Anfangsbuchstaben des Benannten, sei es, dass es um die Unbekannte, oder um ihr Quadrat, oder um die absolute Zahl der Aufgabe sich handelte.[2]) Welcher Buchstaben das Original sich bediente ist nicht mit voller Sicherheit zu behaupten, indem Gerhard von Cremona einen Beweis scharfsinnigen Verständnisses als Uebersetzer ablegend, oder aber in Toledo über den abkürzenden Ursprung der im Urtexte gebrauchten Buchstaben richtig belehrt, die Anfangsbuchstaben der lateinischen Wörter gewählt hat, deren er selbst sich bedient, der Wörter: *radix* für die Unbekannte, *census* für das Quadrat derselben, *dragma* für die absolute Zahl, doch ist die Wahrscheinlichkeit eine bedeutende, es seien diese Wörter die Uebersetzungen von *dschid̠r, mâl, dirham*, deren Abkürzungen uns noch im Laufe dieses Kapitels in westarabischen Werken begegnen werden. In dem Gebrauche von *census* für *mâl* hat Gerhard von Cremona richtiger übersetzt als Johannes von Sevilla, welcher *res* dafür sagte, während eine Uebereinstimmung Beider in den Wörtern *digitus* und *articulus* herrscht, die auch Gerhard von Cremona anwendet.[3])

Wer der arabische Gelehrte war, welcher Gedächtnissverse, welcher Abkürzungen und fast algebraische Zeichen zuerst anwandte, ist uns, wir wiederholen es, nicht bekannt, denn die Vermuthung er habe Sa'îd geheissen,[4]) steht auf nicht so festen Füssen, dass wir

---

[1]) B. Boncompagni, *Della vita e delle opere di Gherardo Cremonese* pag 38—39. [2]) Ebenda pag. 36 sqq. [3]) Ebenda pag. 38. [4]) Ebenda pag 56.

ihr Vertrauen schenken möchten. Dagegen kennen wir die Namen westarabischer Schriftsteller, welche vor dem Ende des XIII. S. — ob vor oder nach dem Aufenthalte Gerhards von Cremona in Toledo wissen wir nicht — lebten und welche ähnlich verfuhren. Der Berichterstatter über die Namen ist Ibn Chaldûn, jener Schriftsteller des XIV. S., von dem wir eine Stelle über befreundete Zahlen schon (S. 631) benutzt haben. Er erwähnt[1]) ein algebraisches Werk, welches unter dem Titel: Der kleine Sattel im Magrib, also im afrikanischen Nordwesten geschrieben worden sei, und aus welchem Ibn Albannâ einen Auszug verfertigt habe. Von diesem Auszuge von der Hand des in der zweiten Hälfte des XIII. S. wirkenden Gelehrten haben wir nachher zu reden. Vorläufig bleiben wir bei dem Berichte Ibn Chaldûns, welcher fortfahrend erzählt, Ibn Albannâ habe auch einen Commentar: Die Aufhebung des Schleiers zu dem kleinen Sattel geschrieben. Dieses Werk sei ungemein werthvoll, aber schwierig für Anfänger. Ibn Albannâ habe sich dabei an zwei Vorgänger angelehnt an „die Wissenschaft des Rechnens" von Ibn Almun'im und an „den Vollkommenen" von Alaḥdab. Er habe die Beweisführungen dieser beiden Werke zusammengefasst und noch Andres, nämlich die technische Anwendung von Symbolen bei diesen Beweisen, welche zu gleicher Zeit einen doppelten Zweck erfüllen, die abstracte Schlussfolge und die sichtbare Darstellung, worin eben das Geheimniss und die Wahrheit der Erklärung von Lehrsätzen der Rechenkunst durch Zeichen bestehe. Es kann nicht wohl ein Zweifel obwalten, dass diese an sich etwas dunklen Worte richtig auf Dinge bezogen worden sind, wie sie etwa in der Vorlage des Gerhard von Cremona vorkamen, und dass diese in mindestens mittelbarer Abhängigkeit von Ibn Almun'im oder Alaḥdab stehen müsste, wenn der Beweis erbracht werden könnte, dass diese Schriftsteller bis auf das XII. S. also bis reichlich hundert Jahre vor Ibn Albannâ zurückgreifen.

Ibn Albannâ, d. h. der Sohn des Baumeisters[2]) ist 1252 oder 1257 in Marokko geboren. Der Vater stammte, wie es scheint, aus Granada. Der vollständige Name unseres Gelehrten war Abû'l Abbâs Aḥmed ibn Muḥammed ibn'Oṯmân Al-Azdî Al-Marrâkuschî ibn Albannâ Algarnâṭî. Er hat eine grosse Zahl von mathematischen und anderen Schriften verfasst, welche in seiner Lebensbeschreibung aufgezeichnet sind. Auffallenderweise fehlt in diesem von einem Landsmanne Ibn

[1]) *Journal Asiatique* für October und November 1854 pag. 371—372.
[2]) Aristide Marre, *Biographie d'Ibn Albannâ* in den *Atti dell' Academia pontificia de Nuovi Lincei* unter dem Datum des 3. December 1865 (Bd. XIX). Steinschneider, *Rectification de quelques erreurs* etc. Bulletino Boncompagni X, 313—314 (1877).

Albannâs herrührenden Verzeichnisse die durch Ibn Chaldûn so hoch gestellte Aufhebung des Schleiers, fehlt in ihm auch der Auszug aus dem kleinen Sattel. Grade dieser letztere Auszug, talchîs nennt ihn Ibn Chaldûn, dürfte uns aber erhalten sein. Ein arithmetisch-algebraisches Werk unter dem Titel „Talchîṣ des Ibn Albannâ" ist nämlich in der Bodleyanischen Bibliothek aufgefunden und in französischer Uebersetzung des arabischen Textes dem Drucke übergeben worden.[1]) Da Name und Inhalt mit der von Ibn Chaldûn erwähnten Schrift in vollem Einklange stehen, so ist an der thatsächlichen Uebereinstimmung kaum zu zweifeln, eine Zweifellosigkeit, welche sich nur noch steigert, wenn dem Leser von Zeile zu Zeile zwingender die Nothwendigkeit erläuternder Zusätze sich aufdrängt, so dass er begreift, dass Ibn Albannâ selbst die Aufhebung des Schleiers unternahm.

Spätere Gelehrte folgten seinem Beispiele, erläuterten aber nicht das ursprüngliche Hauptwerk des kleinen Sattels, sondern den Auszug, den Talchîṣ, wie wir von nun an mit dem jetzt gebräuchlich gewordenen Fremdnamen sagen wollen. Es gibt mehrere Commentare zum Talchîṣ, es gibt auch Werke, welche ohne sich als Commentare zu geben als solche benutzt werden können, weil sie dessen Auseinandersetzungen weiter ausführen, und von diesen ist eines, dem XV. S. angehörend, durch eine gedruckte Uebersetzung zugänglich. Wir werden über Manches dunkle im Talchîṣ besser aus jenem späten Werke uns unterrichten, vorher aber wenigstens einige Stellen des Talchîṣ selbst reden lassen.

Ibn Albannâ unterscheidet Rangordnungen der Zahlen unter dem Namen mukarrar und takarrur.[2]) Der Sinn ist der, dass Gruppen von je 3 Ziffern von rechts nach links abgetheilt werden, die Gruppe der Einheiten, der Tausender, der Tausendtausender u. s. w. Bildet man lauter einzelne Kolumnen für jede Ziffernordnung und begrenzt dieselben oben durch einen kleinen Bogen

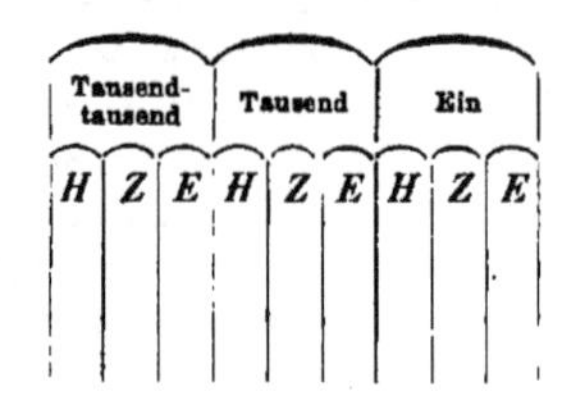

(ein kleines Gewölbe oder Dach), so sind grössere Dächer über drei Kolumnen zu spannen und damit jene Gruppeneintheilung versinn-

[1]) *Le Talkhys d'Ibn Albannâ publié et traduit par Aristide Marre.* Rome, 1865. [2]) Talkhys pag. 3 und 9.

licht. Jede vollständige Gruppe von drei Kolumnen bildet einen takarrur; mukarrar dagegen ist die Gesammtzahl der Kolumnen, in welche eine gegebene Zahl sich einträgt. Der mukarrar ist der dreifache takarrur einer Zahl nebst der Zahl der links überschiessenden Kolumnen, welche nur 2, 1 oder 0 betragen kann. So ist der mukarrar von 5 000 000, welches 2 takarrur und noch 1 Kolumne braucht $= 3 \times 2 + 1 = 7$. Der mukarrar von 30 000 ist $= 3 \times 1 + 2 = 5$, der mukarrar von 400 000 000 ist $3 \times 3 + 0 = 9$.

Wir sehen hier aufs deutlichste Kolumnenrechnen und Zifferrechnen vereint, aber wir sehen es erst hier gegen Ende des XIII. S., und es ist uns persönlich kaum fraglich, dass wir statt von einer Vereinigung der beiden Verfahren von einem Uebergreifen des Kolumnenrechnens in das Zifferrechnen zu reden haben, dass hier abendländischer Einfluss erhärtet ist, der grade an der afrikanischen Küste unabweisbar war. Hatten doch z. B. in Bugia die grossen italienischen Kaufleute schon vor dem Jahre 1200 eigene Handelscomptoire, eigene Zollbeamte, und war doch damit die Anwesenheit von im Rechnungswesen geübten Persönlichkeiten mit Nothwendigkeit verbunden. Was aber dasselbe Bugia den Arabern war, schildert ein spansicher Araber aus Valencia, welcher 1289 jene Gegend bereiste, mit beredten Worten: [1]) „Bugia ist ein grosser Seehafen und eine befestigte Stadt, deren Name in der Geschichte berühmt ist. Sie ist auf steilen Höhen und in einer Schlucht angelegt, die Mauern ziehen sich bis ans Meer. Die Festigkeit der Häuser kommt der Zierlichkeit ihrer Formen gleich. Vorwerke schützen sie, so dass der Feind vergebens einen Angriff versuchen würde. Die Wuth der kriegerischen Horden würde an diesen Mauern zerschellen. In Bugia steht eine Moschee, deren Pracht alle bekannten Gotteshäuser übertrifft, und deren Minaret sowohl von dem Meere als von dem Land aus gesehen wird Gleichsam Mittelpunkt der Stadt erfreut dieses entzückend schöne Bauwerk ebensosehr den Blick, wie es die Seele mit einem Gefühle unsäglicher Glückseligkeit erfüllt. Die Einwohner versäumen nie ihren fünf durch das Gesetz vorgeschriebenen Gebeten dort zu genügen, und sie unterhalten die Moschee mit grösster Sorgfalt, weil sie ihnen gewissermassen als Versammlungsort dient, und selbst gleich einem belebten Wesen den Menschen Gesellschaft leistet. Bugia ist eine der ältesten Hauptstädte des Islams und ist bevölkert mit berühmten Gelehrten."

Wir kehren zum Talchîs zurück. Bei Gelegenheit der Addition werden die Summenformeln für die Reihen der Quadrat- und der Kubik-

---

[1]) Einen Auszug aus dem Reisebericht des Al 'Abderî hat Cherbonneau in dem *Journal Asiatique* für 1854, II. Halbjahr, pag. 144—176 herausgegeben. Die Beschreibung von Bugia S. 158.

zahlen angegeben.[1]) Bei Gelegenheit der Subtraktion kommt der Rest zur Rede, welcher entsteht wenn von irgend einer Zahl 9, 8 oder 7 so oft als möglich abgezogen wird.[2]) Die Auffindung dieser Reste, welche alsdann als Proben bei Rechnungen angewandt werden, wie wir es von der Neunerprobe der Inder schon wissen, beruht bei der 9 auf dem Satze $10^n \equiv 1 \pmod 9$, bei der 8 auf den drei Sätzen $10^1 \equiv 2$, $10^2 \equiv 4$, $10^3 \equiv 0 \pmod 8$. Somit ist der Rest einer Zahl nach 9 ihrer Ziffernsumme gleich, der Rest nach 8 der Einerziffer nebst dem Doppelten der Zehnerziffer noch vermehrt durch das Vierfache der Hunderterziffer. Umständlicher ist das Verfahren den Rest nach 7 zu finden. Ibn Albannâ begründet es mit den Sätzen, welche nach moderner Schreibweise $10^1 \equiv 3$, $10^2 \equiv 2$, $10^3 \equiv 6$, $10^4 \equiv 4$, $10^5 \equiv 5$, $10^6 \equiv 1 \pmod 7$ heissen und setzt hinzu „von da an beginnt die Reihenfolge aufs Neue.“ Man hat also von der Rechten zur Linken fortschreitend unter die einzelnen Ziffern der zu prüfenden Zahl der Reihe nach 1, 3, 2, 6, 4, 5 sich stets wiederholend niederzuschreiben, die betreffenden Ziffern mit diesen Werthen zu multipliciren und die Summe dieser Produkte zu bilden, welche dann selbst wieder nach 7 zu prüfen ist. Die Zahlen 1, 3, 2, 6, 4, 5 besser zu behalten ersetzt man sie durch die gleichwerthigen Buchstaben des älteren arabischen Alphabetes, welche durch Einschiebung von Vokalen zu zwei nicht ganz richtig geschriebenen Wörtern sich verbinden lassen, deren Bedeutung etwa die eines ein Aufzubewahrendes bergenden Grabens ist.

Bei der Quadratwurzelausziehung unterscheidet Ibn Albannâ zwei Fälle,[3]) ob nämlich, nachdem $\sqrt{a^2+r} \sim a$ gefunden ist, der Rest sich als kleiner beziehungsweise als gleich, oder aber als grösser als der schon gefundene Wurzeltheil erweist. Ist $r \leq a$ so soll man $\sqrt{a^2+r} = a + \frac{r}{2a}$, dagegen bei $r > a$ lieber $\sqrt{a^2+r} = a + \frac{r}{2a+1}$ setzen. Wir erinnern daran, dass Alkarchî (S. 659) der letzteren Formel sich bedient hat, ohne auf das Grössenverhältniss zwischen a und r Rücksicht zu nehmen. Die Methode des doppelten falschen Ansatzes lehrt Ibn Albannâ als das Verfahren mit Hilfe der Wagschalen und sagt, es beruhe auf Geometrie.[4]) Er zeichnet eine Figur (Figur 104), welche bei einem Commentator die etwas abweichende Gestalt (Figur 105) besitzt, und welche die eigenthümliche

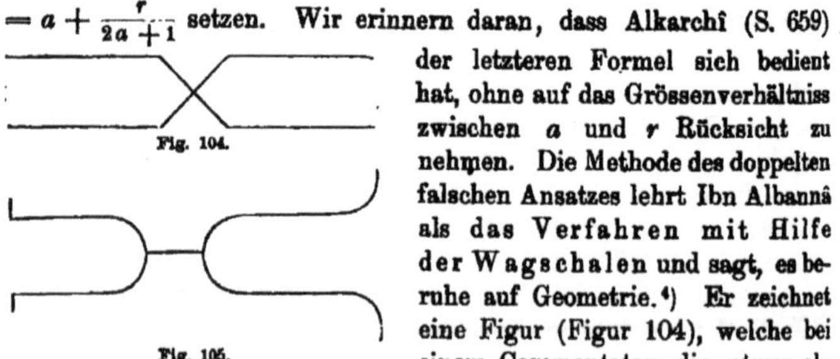
Fig. 104.
Fig. 105.

[1]) Talkhys pag. 5—6. [2]) Ebenda pag. 9. [3]) Ebenda pag. 23. [4]) Ebenda pag. 26—27.

Schreibweise gestattet, auf welche wir (S. 629) zum Voraus hingewiesen haben. Seine Vorschrift ist, wenn wir uns unserer früheren Buchstaben bedienen, folgende. Die Zahl b, welche der Gleichung $ax = b$ zufolge herauskommen muss, schreibt man in die obere Einbiegung. Die Zahlen n_1 und n_2, welche die beiden Ansätze für die Unbekannte sind, schreibt man zwischen die Parallelen rechts und links, oder, wie Ibn Albannâ sagt, man legt sie auf die beiden Wagschalen. Die Fehler e_1 und e_2 werden auf derselben Seite, wo schon n_1, beziehungsweise n_2 steht, über oder unter die beiden die Wagschale darstellenden Parallelen geschrieben, je nachdem sie positiv oder negativ sind. Dann wird der Fehler rechts mit der Annahme links, die Annahme rechts mit dem Fehler links vervielfacht und beide Produkte addirt, wenn die Fehler von entgegengesetzter Natur waren, das kleinere vom grösseren subtrahirt, wenn die Fehler gleichartig waren. Wie man mit den Produkten verfuhr, verfährt man ferner mit den Fehlern, man addirt ungleichartige, man bildet die Differenz von gleichartigen. Man dividirt endlich die aus Fehlern und Annahmen gebildete Zahl durch die aus den Fehlern allein erhaltene, so ist der Quotient die Unbekannte. Der Ausspruch, dass die Methode des doppelten falschen Ansatzes auf Geometrie beruhe, ist einigermassen auffallend. Man hat versucht, denselben zu erklären und hat zwei sehr von einander abweichende Auswege ermittelt. Entweder erklärt man die Sache mit der Klangverwandtschaft des Wortes *handasa*, welches Geometrie heisst, und *hindî* indisch;[1]) beide hiessen ursprünglich „indische Kunst," wie denn auch in der That die Methode des doppelten falschen Ansatzes indischen Ursprunges sei. Oder aber man scheut den gewichtigen Einwurf, dass alsdann übrig bleibe die unleugbar vorhandene Bedeutung von Geometrie für *handasa* zu rechtfertigen, und zwar aus derselben Klangverwandtschaft zu rechtfertigen, während die arabische Geometrie Nichts weniger als indischen Ursprunges ist, und man geräth alsdann auf den Versuch, die Methode graphisch, also geometrisch zu versinnlichen.[2]) Von A aus trage man (Figur 106) nach P_1 und nach P_2 die falschen Annahmen $AP_1 = n_1$ und $AP_2 = n_2$ auf. Ist nun der Sinn der beiden Fehler e_1 und e_2 derselbe, so errichtet

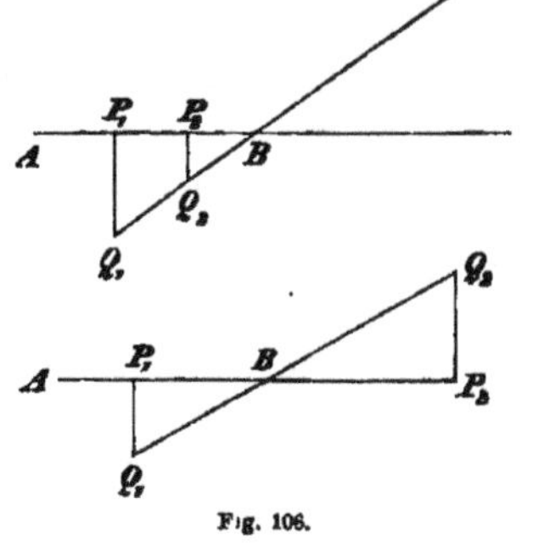

Fig. 106.

[1]) Woepcke in dem *Journal Asiatique* für 1863, I. Halbjahr, pag. 505 flgg.
[2]) Matthiessen, Grundzüge der antiken und modernen Algebra der litteralen Gleichungen S. 924–926.

man $P_1 Q_1 = e_1$ und $P_2 Q_2 = e_2$ senkrecht zu AP_1P_2 nach derselben Seite; sind e_1 und e_2 ungleichartig, so zieht man jene Senkrechten nach entgegengesetzten Seiten der Geraden AP_1P_2. Jedenfalls verbindet man Q_1Q_2 gradlinig und bestimmt den Durchschnittspunkt B mit der AP_1P_2. Alsdann ist AB der richtige Werth der Unbekannten. Das ist gewiss ungemein scharfsinnig und im Ergebnisse auch richtig, auch in eine Formel umgesetzt übereinstimmend mit der gegebenen Vorschrift. Ob aber in der Figur wirklich eine zwingende Aehnlichkeit mit der von Ibn Albannâ gezeichneten Wage zu finden ist, ob wenn Ibn Albannâ oder einem seiner Vorgänger eine solche geometrische Begründung zu eigen gewesen wäre, sie sich nicht bei einem Commentator hätte erhalten müssen, das sind Fragen, deren erste ebensowenig unbedingt bejaht, wie die zweite unbedingt verneint werden dürfte. Wir selbst sehen daher keinen der beiden Auswege als den richtigen und begnügen uns mit dem Eingeständnisse keine Erklärung für Ibn Albannâs Ausspruch, das Verfahren mit Hilfe der Wagschalen beruhe auf Geometrie, zu wissen.

Es ist kennzeichnend für den Talchîṣ, dass für alle in ihm enthaltene Regeln keinerlei Zahlenbespiele gegeben sind, dass vielmehr nur in ganz allgemeinen Worten die Vorschriften ausgesprochen werden, ein wissenschaftlicher Vorzug dieses Werkes, welchen in solcher Ausschliesslichkeit kein anderes von denen, welche uns bisher zur Kenntniss gekommen sind, theilt. Um so nöthiger aber, wir wiederholen es jetzt, war für die gleichzeitigen Leser, und noch für Leser späterer Jahrhunderte ein Commentar zum Talchîṣ oder eine scheinbar selbständige weitere Ausführung des gleichen Gegenstandes.

Zu einer solchen gehen wir jetzt über. Sie ist verfasst von Alḳalṣâdî,[1]) einem Andalusier oder nach anderer Aussage Granader, welcher 1486 oder 1477 gestorben ist. Ebenderselbe hat auch einen Commentar zum Talchîṣ verfasst, aus welchem aber nur eine Stelle veröffentlicht ist,[2]) auf welche wir uns (S. 611) bezogen haben um zu beweisen, dass bei Arabern die Erinnerung stets wach blieb, dass die Pythagoräer die Männer der Zahl gewesen seien. Der Titel des Werkes, mit welchem wir es gegenwärtig zu thun haben, ist in verschiedenen Angaben bekannt. In der einen Handschrift heisst es „Aufhebung der Schleier der Wissenschaft des Ġubâr“, in einer anderen „Enthüllung der Geheimnisse der Anwendung der Zeichen des Ġubâr“, in einem Verzeichnisse von Handschriften „Enthüllung der Geheimnisse der Wissenschaft von den Zeichen des Ġubâr.“ Ġubâr, ursprünglich Staub, wie wir uns erinnern (S. 610), heisst

---

[1]) Woepcke im *Journal Asiatique* für October und November 1854 pag. 358—360. Ḥâdschî Chalfa nennt ihn überall Alkalṣâwî. [2]) Woepcke im *Journal Asiatique* für 1863, I. Halbjahr pag. 58—62.

hier so viel wie Tafelrechnen mit Ziffern im Gegensatze zum Kopfrechnen. Ob dabei die Ġubârziffern des Westens oder ob die ostarabischen Ziffern in Anwendung kommen ist sehr gleichgiltig, wenigstens gibt es in der pariser Bibliothek eine Abschrift des Alḳalṣâdî, in welcher nur ostarabische Ziffern vorkommen, und die gleichwohl das Wort Ġubâr in ihrem Titel an der Spitze trägt. Das Werk, oder vielmehr der Auszug aus dem Werke von Alḳalṣâdî selbst angefertigt, welchen wir allein besitzen, besteht aus 4 Büchern, deren erstes die Arithmetik der ganzen Zahlen enthält, das zweite die Brüche, das dritte die Wurzeln, das vierte die Auffindung der Unbekannten. Es ist in französischer Uebersetzung gedruckt.[1])

Gleich das I. Buch ist ungemein lehrreich für Jeden, welcher sich mit der Form des arabischen Rechnens bekannt machen will, die vielfach von dem heute Gebräuchlichen abweichen, z. B. darin, dass die Rechnungsergebnisse bei der Addition, der Subtraktion und der Multiplikation nach oben angeschrieben werden, der neueren Gewohnheit geradezu entgegengesetzt und ein unbefangenes Weiterschreiben an einem Blatte, auch wenn der Text durch eine Rechnung unterbrochen wird, verhindernd, weil der Araber vor Beginn der Rechnung erst im Kopfe überschlagen muss, wie viel Raum er etwa gebrauchen werde, wie weit unten auf der Seite also er die Rechnung werde beginnen müssen. Folgende Beispiele dürften nunmehr leicht verstanden werden, wenn wir noch bemerken, dass bei der Addition das Ueberschiessende unter die Ziffer nächsthöheren Ranges angeschrieben, nicht im Kopf behalten wird, und dass ähnlicherweise bei der Subtraktion ein für den Minuenden zu borgendes 10 dem Subtrahenden als Einheit der nächsten Ordnung wieder zugesetzt wird.[2])

Die Addition 48 + 97 = 145 schreibt sich demnach:

$$\begin{array}{r} 145 \\ \hline 48 \\ 97 \\ 1 \end{array}$$

Die Subtraktion 725 — 386 = 339 schreibt sich:

$$\begin{array}{r} 339 \\ \hline 725 \\ 386 \\ 11 \end{array}$$

Die Subtraktion heisst ṭarḥ einem von taraha = wegwerfen ab-

[1]) Woepcke, *Traduction du traité d'arithmétique d'Abul Hasan Ali ben Mohammed Alkalsadi* in den *Atti dell' Academia pontificia de'nuovi Lincei* 1859, Bd. XII, pag. 230—275 und 399—438. [2]) Additionen vergl. l. c. pag. 233, Subtraktionen pag. 235, Multiplikationen pag. 237.

geleiteten Stammworte, also gleiches Stammes mit Tara, welches als Verpackung, die bei der Berechnung des Werthes oder des zu verzollenden Gewichtes einer Waare u. s. w. nicht mit eingerechnet sondern abgezogen wird, in Gebrauch geblieben ist. Die Multiplikation 73 × 52 = 3796 erfolgt „in geneigter Weise“ wenn zunächst 70 × 50 + 3 × 50 dann unter Weiterrückung des Multiplikators 73 auch 70 × 2 + 3 × 2 gebildet und Alles addirt wird. Das Exempel sieht dann so aus:

```
3796
   6
 14
 15
35
 |52
 73
  73
```

Es werden noch mancherlei andere Multiplikationsverfahren gelehrt. Ohne auf alle eingehen zu wollen erwähnen wir nur, dass die sogenannte netzförmige Multiplikation als Multiplikation dschadwal vorkommt[1]) und dass bei einem Verfahren der Stellenzeiger der mit einander zu vervielfachenden Einzelziffern, ihr ass oder Exponent berücksichtigt wird.[2]) Die complementäre Multiplikation, welche wir bei Behâ Eddîn nachweisen konnten, findet sich dagegen bei Alkalṣâdi nicht. Ebensowenig findet sich bei ihm die complementäre Division. Die Division ist überhaupt gegen die Multiplikation etwas dürftig behandelt und nur nach der einen uns von früher bekannten Weise gelehrt,[3]) dass der fortrückende Divisor unter, die Theilreste über den Dividend geschrieben werden, der Quotient wieder unter den Divisor, nachdem ein Strich dazwischen gezogen wurde. Das Beispiel 924 : 6 = 154 sieht also so aus:

```
 32
924
666
154
```

Ob man dabei den Divisor auf einmal oder in Faktoren nach einander berücksichtigt, ob man also gleich durch 15 dividirt, oder erst durch 5 und dann nochmals durch 3, übt auf das eigentliche Verfahren eine Wirkung nicht aus.

Aus dem II. Buche von den Brüchen sind die von einander abhängigen Brüche besonders bemerkenswerth, eine Art von Zahlenverbindung, welche die neuere Mathematik aufsteigende Ketten-

[1]) Alkalsadi pag. 244. [2]) Ebenda pag. 239. [3]) Ebenda pag. 249—252.

brüche zu nennen pflegt. Auch frühere Schriftsteller haben dieselben Formen, aber Alkalsadî setzt ihre Entstehung durch wiederholte Division mit Hilfe der Faktoren eines Divisors am deutlichsten auseinander.[1]) Soll etwa $\frac{253}{280}$ in eine solche abhängige Bruchform gebracht werden, so zerlegt man zunächst 280 in $5 \times 7 \times 8$ und dividirt mit 8 in 253. Das geht 31 mal und lässt 5 als Rest. Man schreibt den Rest als Zähler, den Divisor 8 als Nenner. In den früheren Quotient 31 wird wiederholt mit 7 dividirt und der Quotient 4 nebst dem Reste 3 erhalten. Dieser neue Rest nebst dem eben gebrauchten Divisor kommen über und unter dem schon gezogenen Bruchstriche rechts, aber durch einen kleinen Zwischenraum getrennt neben die von vorhin vorhandenen Zahlen zu stehen. Nun dividirt man mit 5 in den Quotient 4, das geht 0 mal und 4 bleibt Rest, worauf man mit diesem Reste und dem Divisor 5 nach der schon einmal befolgten Regel verfährt. Es ist also $\frac{253}{280} = \frac{5\ \ 3\ \ 4}{8\ \ 7\ \ 5}$ oder, wie man gegenwärtig schreibt $= \frac{4 + \frac{3 + \frac{5}{8}}{7}}{5}$. Bruchbrüche[2]) sind solche wie $\frac{4}{5}$ von $\frac{3}{7}$ von $\frac{5}{8}$, dessen Werth $\frac{60}{280}$ ist, und welcher $\frac{5}{8}\big|\frac{3}{7}\big|\frac{4}{5}$ geschrieben wird.

Im III. Buche von den Wurzelausziehungen begegnen wir interessanten Näherungsverfahren.[3]) Auch Alkalsâdî unterscheidet, ob bei Ausziehung der Quadratwurzel $\sqrt{a^2 + r}$ der erste Rest $r \leq a$ oder $r > a$. Im ersteren Falle setzt auch er wie Ibn Albannah (S. 692) $\sqrt{a^2 + r} = a + \frac{r}{2a}$, aber im zweiten Falle nicht wie jener $\sqrt{a^2 + r} = a + \frac{r}{2a + 1}$, sondern $\sqrt{a^2 + r} = a + \frac{r + 1}{2a + 2}$. Als noch genaueren Näherungswerth gibt er ohne Fälle zu unterscheiden

$$\sqrt{a^2 + r} = a + \frac{r}{2a} - \frac{\left(\frac{r}{2a}\right)^2}{2\left(a + \frac{r}{2a}\right)}$$

an. Alkalsâdî weiss auch, dass $p + \sqrt{q}$ mit $p - \sqrt{q}$ sich zu einem rationalen Produkte vervielfacht und benutzt diese Kenntniss zur Umwandlung[4]) von $\frac{m}{p + \sqrt{q}}$ in $\frac{m(p - \sqrt{q})}{p - q}$. Weitaus das Wichtigste in diesem Buche ist aber für uns das Auftreten eines Wurzelzeichens, insbesondere wenn man es mit den Zeichen des IV. Buches zusammenhält, und an die früher

[1]) Alkalsadi pag. 256 *De la dénomination* und 265 *Fractions relatives.*
[2]) Ebenda pag. 265 *Fraction divisée en parties.* [3]) Ebenda pag. 402—405.
[4]) Ebenda pag. 413.

begründete Annahme denkt, dass diese symbolischen Bezeichnungen bis jenseits Ibn Albannâ hinaufreichen. Wurzel, insbesondere Quadratwurzel heisst bei den Arabern Dschidr (S. 621), und dieses Wort wurde vor den betreffenden Zahlen, aus welchen die Quadratwurzel zu ziehen war, ausgeschrieben. Jetzt tritt statt des ganzen Wortes der Anfangsbuchstabe dschim desselben auf. Das würde freilich allein eine eigentliche Zeichenschrift nicht begründen, sondern eine Abkürzung sein können. Aber der Buchstabe ج steht nicht vor — d. h. also, da wir es mit arabischen Texten zu thun haben, zur Rechten — der betreffenden Zahl, sondern über derselben und durch einen Horizontalstrich von derselben getrennt.[1]) Die Horizontalstriche fehlen auch mitunter, wenn nicht in der Mehrzahl der Fälle, und insbesondere die beiden Beispiele $\sqrt{20\frac{4}{7}}$ und $3\sqrt{6}$ entbehren denselben im Originale. Ein die Wurzelgrösse allenfalls vervielfachender Zahlencoefficient steht noch über dem Wurzelzeichen. Mit Anwendung unserer Ziffern sieht also ein derartiger Ausdruck so aus:

$$\sqrt{48} = \overset{\text{ج}}{48} \qquad \sqrt{20\frac{4}{7}} = \overset{\text{ج}}{\frac{4}{7}20} \qquad 3\sqrt{6} = \overset{3}{\overset{\text{ج}}{6}}$$

Symbole finden sich, sagten wir, noch häufiger im IV. Buche, welches dem Aufsuchen der Unbekannten gewidmet ist. Schon bei der Regeldetri[2]) werden drei ein Dreieckchen bildende Punkte ∴ zwischen je zwei Zahlen der Proportion gesetzt und die unbekannte Grösse durch ein dschîm bezeichnet. Man vermuthet, es sei dieses dschîm nicht als Anfangsbuchstabe von dschidr gedacht, sondern als Anfangsbuchstabe des Zeitwortes dschahala = nicht kennen, des Stammwortes für madschhûl, welches gewöhnlich in dem Sinne „unbekannte Grösse" gebraucht wird. So ist $7 : 12 = 84 : x$ geschrieben:

ج ∴ 84 ∴ 12 ∴ 7

In der eigentlichen Algebra kommen folgende Symbole vor:[3]) Die Unbekannte selbst schai oder dschidr genannt wird durch ein schîn ش, das Quadrat der Unbekannten mâl durch ein mim م, der Cubus der Unbekannten ka'b durch ein kâf ك geschrieben, welche über den zugehörigen Zahlencoefficienten stehen. Ein Zeichen der Addition ist nicht vorhanden, unvermittelte Aufeinanderfolge genügt um die additive Vereinigung der so geschriebenen Glieder zu veranlassen. Die Subtraktion bedient sich des Wortes illâ (ausser) الا links von welchem der Richtung der Schrift gemäss das Abzuziehende ge-

[1]) Alkalsadi pag. 407 — 414 und *Journal Asiatique* für October u. November 1854 pag. 362—364. [2]) Alkalsadi pag. 415. *Journal Asiatique* l. c. pag. 364. [3]) Alkalsadi pag. 420—429. *Journal Asiatique* l. c. pag. 365—367.

schrieben wird. Das Merkwürdigste endlich ist ein Gleichheitszeichen. Wir erinnern uns, dass in manchen Handschriften des Diophant der Anfangsbuchstabe ι von ἴσοι gleich hiess (S. 402). Gleichsein heisst auf Arabisch ʿadala, wird aber nicht etwa durch seinen Anfangsbuchstaben, sondern durch ein finales lâm ل, mit welchem das Wort abschliesst, ersetzt, eine Bezeichnung, welche noch mehr als die übrigen das Wesen blosser Abkürzung abgestreift und das eines Symbols angenommen hat. So schreibt also Alkạlṣadî $3x^2 = 12x + 63$ in folgender Weise:

$$6\;3\;\overset{\text{ش}}{12}\;\text{ل}\;\overset{\text{م}}{3}$$

und $\frac{1}{2}x^2 + x = 7\frac{1}{2}$ in folgender Weise:

$$\tfrac{1}{2}\,7\;\text{ل}\;\overset{\text{ش}}{1}\;\overset{\text{م}}{\tfrac{1}{2}}$$

endlich den Ausdruck $2x + 8x^3 - (5 + 6x^2)$ durch

$$\overset{\text{م}}{6}\;5\;\text{الا}\;\overset{\text{ك}}{8}\;\overset{\text{ش}}{2}$$

In einzelnen Handschriften ist auch das illâ (ausser) ähnlich wie das ʿadala (gleich sein) durch eine auffallende Abkürzung, durch die Endsilbe lâ لا ersetzt, wodurch das algebraische Aussehen der Formeln noch erhöht wird. Wir haben schon des Stellenzeigers oder des Exponenten ass erwähnt, der bei Alkalsâdî vielfach vorkommt. Er tritt auch bei der Multiplikation von Potenzen der Unbekannten in Gebrauch, und zwar immer in der Einzahl des Wortes, nicht in der Mehrzahl isâs. Es heisst also nicht „der kâʿb hat 3 isâs", sondern „der ass des kʿâb ist 3" und ähnlich auch bei höheren Potenzen.

Einer nicht genau bestimmbaren Zeit gehört noch ein kleines Rechenbuch an, dessen Uebersetzung ebenfalls veröffentlicht ist.[1]) Jedenfalls ist es später als die Lebenszeit des darin citirten[2]) Ibn Albannâ entstanden, und vor Ende des XVI. S., da die Handschrift, aus welcher es übersetzt ist, am 26. Januar 1573 vollendet wurde.[3]) Das Schriftchen heisst Einleitung zum Staub- (ġubârî) und Luft- (hawâʾî) Rechnen. Letzterer Ausdruck scheint hier ganz vereinzelt aufzutreten und ist wohl mit Recht als Kopfrechnen im Gegensatze zum Ziffernrechnen verstanden worden, wenn auch sonderliche Kopfrechnungsmethoden nicht beschrieben werden. Abgesehen von der sehr geringfügigen Abänderung, dass bei der Addition wie bei der Multiplikation nicht nur ein Horizontalstrich

---

[1]) *Introduction au calcul gobârî et hawâî traduit par* F. Woepcke. *Atti dell' Academia Pontificia de' Nuovi Lincei* (1866) XIX. [2]) pag. 5 des Sonderabzugs. [3]) pag. 18 des Sonderabzugs.

über den unter einandergestellten Zahlen sich findet, sondern auch ein zweiter Horizontalstrich unter jenen Zahlen, während das Rechnungsergebniss doch wieder oben hingeschrieben wird, ist nur eine kleine Neuerung bei der Subtraktion zu bemerken.[1]) Soll nämlich eine Ziffer höheren Werthes g im Subtrahenden von der im Range entsprechenden Ziffer niedrigeren Werthes k im Minuenden abgezogen werden, wo man also 10 borgen muss, so sei es gleichgiltig, ob man g von $10 + k$ abziehe, oder aber k von g und den Rest von 10. Mit anderen Worten der Verfasser weiss, dass $(10 + k) - g = 10 - (g - k)$.

Fassen wir wieder in Kürze zusammen, was wir von westarabischer Mathematik kennen gelernt haben, so ist ein Unterschied gegen die ostarabische Mathematik namentlich in dreifacher Beziehung wahrnehmbar. Sie ist erstens einseitiger. Sie hat zweitens erst in späterer Zeit Schriftstücke geliefert, welche auf uns gekommen sind. Sie wurde drittens mindestens seit dem XII. S. dem christlichen Europa durch in Spanien angefertigte Uebersetzungen bekannt. Ihre einseitige arithmetisch-algebraische Entwicklung, welche hauptsächlich unser Augenmerk fesselte, liess sie auf diesem Gebiete Fortschritte machen, von welchen bei den Ostarabern Nichts zu bemerken ist. Es bildete sich allmälig eine förmliche algebraische Schreibweise aus, welche auch den Uebersetzungen in die lateinische Sprache sich mittheilte, und welche somit den Europäern gestattete, schon im XII. S. die Lehre von den Gleichungen in grösserer Vollkommenheit kennen zu lernen, als wenn sie deren Entwicklung einzig im Oriente bei dem durch die Kreuzzüge hervorgerufenen Zusammentreffen mit arabischer Kultur verfolgt hätten. Was die Rechenkunst, den elementareren aber weitest verbreiteten Theil der Mathematik betrifft, so sehen wir, wie sie im Westen immerhin einige äussere Verschiedenheiten von Zeit zu Zeit sich aneignete, wie wahrscheinlich durch italienische Kaufleute Elemente nichtarabischer Methoden, Spuren des Kolumnenrechnens oder mit anderen Worten eines gezeichneten Abacus, sich eingemischt zu haben scheinen, Spuren, welche wir aber freilich erst vom XIII. S. an bemerken konnten. Eines nur finden wir in keiner Weise, und dieses negative Ergebniss ist zu wichtig, um nicht fort und fort darauf aufmerksam zu machen: wir finden kein complementäres Rechnen, nicht die complementäre Division, nicht einmal die complementäre Multiplikation, während doch gerade die Multiplikation emsig gepflegt und nach verschiedenartigeren Verfahrungsweisen gelehrt wurde, als sie es eigentlich verdient.

[1]) pag. 3 des Sonderabzugs.

VIII. Klostergelehrsamkeit des Mittelalters.

Kapitel XXXVIII.

Klostergelehrsamkeit bis zum Ausgange des X. Jahrhunderts.

Wir müssen den Faden wieder anknüpfen da, wo mir ihn abgebrochen haben, um aus Europa hinüberzuschweifen nach dem Osten und die Summe zu ziehen aus dem, was asiatische Völkerschaften im Laufe der Jahrhunderte aus dem mathematischen Wissen zu machen wussten, welches ihnen, wie wir in verschiedenen Kapiteln nachzuweisen gesucht haben, wenigstens was die geometrischen Theile und nicht unwesentliche Bruchstücke der algebraischen Theile betrifft, von Griechenland aus überkam. Die Araber, das haben wir inbesondere gesehen, mit ihrer frischen Wüstenkraft, sie, die sich, zum Unheile ihres Reiches, zum Heile für die Wissenschaft, in den verschiedensten Zeiträumen mit nicht minder empfänglichen, nicht minder geistig unverbrauchten Elementen vermischten und ihnen sich unterwerfen mussten, waren die treuesten Erben. Sie haben das ihnen anvertraute Gut nicht nur zu bewahren, auch zu vermehren gewusst. Wohin die Araber, so lange ihr Reich im Wachsen begriffen war, der Eroberungspfad führte, dahin nahmen sie ihre Wissenschaft, mit Krieger und Lehrer zugleich. Wo die Araber sich eindringenden Herrschern beugten, gaben sie diesen als ersten Tribut ihre Bildung. Wo die Araber aber nicht unterjocht sondern verdrängt wurden, da nahmen sie auf der Flucht ihre Kenntnisse wieder mit fort, welche rasch sich anzueignen die Sieger noch nicht fähig waren. Das deutlichste Beispiel zeigt uns Spanien, wo mathematische Wissenschaft verkümmerte, nachdem die letzten Araber vom spanischen Boden verdrängt waren.

Jenen mittelasiatischen Steppenvölkern, die dem Dschingizchân und Tamerlan gehorchten, fehlte es an Bildungsfähigkeit keineswegs, und die Möglichkeit war einmal vorhanden, dass Stamm- oder Sittenverwandte derselben verhältnissmässig frühe in Griechenland selbst mit altgriechischer Bildung bekannt geworden wären. Eine andere Möglichkeit war die, dass der fränkische Stamm von griechisch-arabischer Bildung durchdrungen worden wäre. Beide Möglichkeiten haben sich nicht erfüllt. Theodosius der Grosse wehrte am Schlusse des IV. S. den Strom der Völkerwanderung von den Balkanländern ab, so dass er erst bei der appeninischen Halbinsel den westlichen Lauf in einen südlichen verwandeln konnte. Die Schaaren Attilas, Dschingizchâns Mongolen am Nächsten verwandt, blieben gleichfalls nördlich in ihrer Ueberfluthung Europas, die im V. S. kurz aber gefahrdrohend sich ergoss. Und als 732 ein westarabisches Heer die Pyrenäen überschritten hatte und eine Schlacht darüber zu entscheiden hatte, ob Christenthum ob Islam siegen sollte, da gelang es Karl Martel bei Poitiers seine Fahnen aufrecht zu erhalten.

Wir haben keineswegs die zwecklose Absicht Vermuthungsgeschichte zu schreiben und darüber in Ausführungen uns zu ergehen, welche Wendung die Entwicklung der Wissenschaften, in erster Linie der Mathematik, genommen hätte, wenn nur eines jener Ereignisse anders ausgefallen wäre, genug es war so wie wir sagten. Griechischer Einfluss, unmittelbarer wie durch Araber vermittelter, blieb den in Europa ausserhalb Griechenland und Italien angesiedelten Stämmen fremd, wenn wir von Spanien absehen, dessen Ausnahmestellung wir oben einige Worte gewidmet haben. Nur was durch römische Zwischenträger eingeführt werden konnte kam der nordischen Mathematik, um uns dieses wenn auch im Einzelnen nicht immer zutreffenden Sammelnamens zu bedienen, zu gut. Wir wissen aus den Kapiteln, in welchen wir mit den Römern uns besonders beschäftigten, wie blutwenig das war, wenn auch immerhin mehr als man lange Zeit meinte. Wir müssen jetzt verfolgen, wie jenes Wenige in fast noch absteigender Reihenfolge da und dort zu erkennen ist, bis seit den Kreuzzügen, also seit dem XII. S., die europäische Wissbegier sich hungrig abwandte von den stets leereren Säcken römisch-klösterlicher Speisekammern, um an den vollen Speichern arabischer Gelehrten sich so zu sättigen, dass die Ueberladung merklich wird, dass nicht Alles verdaut werden konnte.

Vorläufig befinden wir uns noch in der Zeit, welche an unseren römischen Abschnitt sich anschliesst, am Ende des VI. Jahrhunderts. Damals wurde 570 in Carthagena Isidorus geboren.[1]) Seine Mutter war die Tochter eines gothischen Königs, eine seiner Schwestern soll den Thron des Königs Levigild getheilt haben. Seine übrigen Geschwister waren sämmtlich hohe kirchliche Würdenträger. Bei solchen Verbindungen kann es nicht Wunder nehmen, dass Isidorus schon nach kaum zurückgelegtem 30. Lebensjahre im Jahre 601 Bischof von Sevilla wurde, eine Stellung, die er bis zu seinem Tode 636 bekleidete. Aber Isidorus Hispalensis, wie er von seinem Wohnsitze heisst, rechtfertigte nachträglich die Wahl, die ihn getroffen hatte. Seine Beredtsamkeit machte, um das Wort eines Schülers über ihn zu gebrauchen, die Zuhörer erstarren. Beinamen

[1]) Math. Beitr. Kulturl. S. 277—279.

wie „Zierde der katholischen Kirche", wie „der hervorragende Gelehrte" wurden ihm beigelegt, und zweimal 619 und 633 wurde ihm die Ehre zu Theil bei einem Concil den Vorsitz zu führen. Seine Schriften waren zahlreich, doch haben wir es nur mit einem Werke zu thun, einer Art von Encyklopädie in 20 Büchern, welche er verfasste, und in welcher er sich wenn nicht der Form so doch dem Inhalte nach streng an die schon vorhandenen römischen Encyklopädien eines Martianus Capella, eines Cassiodorius Senator anschloss, welche er von nun an ersetzte, fast verdrängte.

Die Ursprünge, Origines, oder auch die Etymologien ist der Titel des Werkes. Isidorus liebt es nämlich die Erklärung des Sinnes eines Ausdruckes aus dessen sprachlichem Ursprunge zu entnehmen, und so bilden Wortableitungen einen grossen Theil des umfassenden Werkes. Gleich zu Anfang ist die Wissenschaft als aus 7 Theilen bestehend angegeben. Es sind dieselben Theile, dieselbe Reihenfolge, welche wir bereits kennen. Es ist das Trivium: Grammatik, Rhetorik, Dialektik und das Quadrivium der mathematischen Wissenschaften: Arithmetik, Musik, Geometrie, Astronomie. Die Kapitel 21 bis 24 des I. Buches handeln von den Abkürzungszeichen der Alten, doch würde man fehl gehen, wenn man hier die Apices suchen wollte. Sie sind ebensowenig behandelt wie gewisse musikalische Zeichen, deren die Römer sich doch unzweifelhaft bedienten. Nur im XV. Buche, Kapitel 15 und 16 von den Ackermaassen und von den Reisemärschen und im XVI. Buche, Kapitel 24, 25, 26 von den Gewichten, von den Maassen, von den Zeichen der Gewichte[1]) finden sich Maassvergleichungen und in dem letztgenannten Zeichen von Gewichtstheilen. Es sind das dieselben von den altrömischen sich unterscheidenden Namen und Zeichen, deren auch Victorius sich bedient hatte (S. 450), die auf dem Abacus in der Geometrie des Boethius vorkommen, dem man desshalb nicht ein späteres Datum als die Lebenzeit des Isidorus zuschreiben darf[2]), sondern nur als die des Victorius, eine Nothwendigkeit, welche durch die Lebenszeit des Boethius selbst reichlich erfüllt ist. Jene vorerwähnten Kapitel des I. Buches der Origines enthalten dagegen Erklärungen von mancherlei grammatischen Zeichen, von Sternchen, von besonderen Anführungszeichen für biblische Stellen und dergleichen mehr. Das III. Buch handelt von den vier mathematischen Wissenschaften, unter welchen, wie Isidorus sagt, die weltlichen Schriftsteller alle mit Recht die Arithmetik vorangestellt haben; denn sie bedürfe zu ihrer Dar-

---

[1]) Diese 5 Kapitel sind abgedruckt bei Hultsch, *Metrologicorum Scriptorum Reliquiae* II, 106—123. Auf pag. 114 lin. 6—12 findet sich eine Ableitung von *siclus* aus dem hebräischen *sicel*. [2]) Friedlein, Zahlzeichen und elementares Rechnen u. s. w. S. 59.

legung keiner anderweitigen Vorkenntnisse, wie es bei der Musik, der Geometrie, der Astronomie der Fall sei. Diesem Beispiele folgend schickt auch Isidorus die Arithmetik voraus, deren Ursprung und Uebergang zu den Römern er in den vielfach angeführten Worten schildert: „Man hält dafür, dass Pythagoras bei den Griechen die Wissenschaft der Zahl zuerst aufgeschrieben habe, dass sie alsdann von Nikomachus weitläufiger behandelt wurde; den Römern wurde sie durch Appuleius und Boethius bekannt.“ Im 3. Kapitel erklärt Isidorus die lateinischen Zahlennamen in einer Weise, welche dem Leser mitunter als Spott erscheinen müsste, könnte man nicht die feste Ueberzeugung von dem ernstesten wissenschaftlichen Streben des Isidorus haben. Da soll decem, zehn, von dem griechischen δεσμεύειν, zusammenbinden, herkommen, weil die Zehn alle niedrigeren Zahlen erst vereinige. Da stammt centum, hundert, von κανθός, das Rad, warum wird nicht gesagt. Da wird mille, tausend, aus multitudo, die Menge, erklärt. Glücklicherweise wird der undankbare Gegenstand bald wieder verlassen, und die folgenden Kapitel bringen die bekannten Unterscheidungen der Zahlen in grade und ungrade, in vollkommene und überschiessende, in nach gegebenen Verhältnissen proportionale, in lineäre Zahlen, Flächenzahlen und Körperzahlen u. s. w. Die Zahl hat für Isidorus eine solche Würde, dass er einem anderen kirchlichen Schriftsteller folgend in die Worte ausbricht [1]), welche von ihm aus sich durch die verschiedensten Schriftsteller weiter vererbt haben: „Nimm die Zahl aus allen Dingen weg, und Alles geht zu Grunde. Raube dem Jahrhundert die Rechnung und die Gesammtheit wird von blinder Unwissenheit ergriffen, und nicht kann von den übrigen Thieren unterschieden werden, wer die Verfahren des Calculs nicht kennt.“

Aber wie hat man denn gerechnet, wird im Stillen jeder Leser fragen? Darüber gibt Isidorus keinerlei Auskunft. Nur an einer Stelle sagt er uns, wie uns scheint, wie zu seiner Zeit nicht mehr gerechnet wurde. Im X. Buche, welches nicht weiter in Kapitel abgetheilt bestimmt ist Wörter zu erklären, welche selbst in ziemlich alphabetischer Ordnung auf einander folgen, heisst es in der 43. Nummer unter *calculator: a calculis i. e. lapillis minutis, quos antiqui in manu tenentes componebant numerum*, also Rechnen von Rechenpfennigen d. h. kleinen Steinchen, welche die Alten in der Hand zu halten und die Zahlen daraus zusammenzulegen pflegten.

Was in dem III. Buche von Geometrie, Musik und Astronomie vorkommt, ist noch dürftiger als das Arithmetische, auch in dieser

---

[1]) Origines Lib. III, cap. 4, § 4: *Tolle numerum rebus omnibus et omnia pereunt. Adime seculo computum et cuncta ignorantia caeca complectitur, nec differri potest a ceteris animalibus qui calculi nescit rationem.*

Beziehung an die Vorgänger des Isidorus erinnernd. Die grosse Menge, auch der berühmten Gelehrten, wusste von diesen Theilen der Mathematik wenig mehr als einige Wort- und Sacherklärungen und musste es dabei bewenden lassen. Auch Isidorus macht hierin keinerlei Ausnahme.

Das war, wie wir schon gesagt haben, das Werk, welches für lange Zeit die eine Hauptquelle des Wissens bildete, aus welcher die Nachkommen schöpften, während die Werke des Martianus Capella, des Cassiodorius Senator in den Hintergrund traten und nur Macrobius und Boethius einer Gunst sich erfreuten, welche dem Einen für seine grössere Selbständigkeit, dem Anderen für seine grössere Ausführlichkeit in der That gebührte.

Mehr vielleicht als durch seine Schriften machte sich Isidorus durch seine Fürsorge für den Unterricht verdient. Die Regel des heiligen Benedict von Nursia hatte die Aufnahme von Kindern als Klosterzöglingen vorgesehen und Klosterschulen zum Bedürfnisse gemacht. Isidorus stiftete seit seiner Erhebung zum Bischofe gleichfalls eine Art von Schule, in welcher die nothwendigsten Lehrgegenstände eingeübt wurden.

Etwa ein Jahrhundert nach der Geburt von Isidorus von Sevilla erblickte der Mann das Licht der Welt, zu welchem wir uns jetzt zu wenden haben, und der uns nach dem fernsten Norden von Europa führen wird: Beda, genannt der Ehrwürdige, venerabilis.[1]) Die Geschichte dieses Mannes und seiner folgereichen Leistungen ist so untrennbar mit der Geschichte der Bekehrung der britischen Inseln verbunden, dass wir nothwendig etwas weiter ausholen und bei dieser einen Augenblick verweilen müssen.

Irland war schon in der ersten Hälfte des V. S. von Gallien aus bekehrt worden. Klöster entstanden dort, in welchen geistliche und weltliche Schriftsteller, lateinische sowohl als griechische, zum Gegenstande des Studiums gemacht wurden. Dazu gehörte besonders das Kloster Bangor, von welchem in der zweiten Hälfte des VI. S. der heilige Columban auszog neue Klöster an verschiedenen Orten gründend, so das Kloster Luxeuil in Burgund, so Bobbio in Oberitalien, wo er selbst 615 starb. Andere irische Mönche zogen dieselbe Heerstrasse des Glaubens durch Jahrhunderte hindurch. Die Klöster, welche von Columban, von seinen Landsleuten Gallus, Pirmin und Anderen in Deutschland, in der Schweiz, in Norditalien eingerichtet worden waren, erhielten so immer frischen Zuzug, und

---

[1]) Karl Werner, Beda der Ehrwürdige und seine Zeit. Wien, 1875. Vergl. daneben auch die Vorreden von Giles zu dem I. und VI. Bande seiner Ausgabe von Bedas Werken: *Venerabilis Bedae opera quae supersunt omnia.* London, 1843. 12 Bände 8⁰.

in zierlichen irischen Buchstaben entstanden an den verschiedensten Orten saubere Abschriften des gemischtesten Inhaltes. Die Klöster irischen Ursprungs wetteiferten so in ihren bildungsfreundlichen Bestrebungen mit denen der Benedictiner, da und dort mit ihnen verschmolzen.

Gleichfalls von Irland aus ging ein früher Zug von Missionären hinüber nach der nahe gelegenen grösseren Insel, nach Schottland und England. Allerdings war ihr Wirken dort nicht von nachhaltigem Erfolge. Nachdem am Anfange des V. S. bereits Ninian im südlichen Schottland das Christenthum verbreitet hatte, wurde es nach der erobernden Einwanderung der Angeln und Sachsen um 450 theils wieder vernichtet, theils in die Gebirge zurückgedrängt. Unter Papst Gregor dem Grossen begann von Rom aus 596 der wiederholte Versuch jene Lande zu bekehren, und bald war Canterbury der Sitz eines Erzbischofs, und der König von Kent nahm den neuen Glauben an. So gab es auf der britischen Hauptinsel zwei Kirchen, die ältere und die jüngere, örtlich von einander getrennt, in Gewohnheiten und Einrichtungen mehrfach von einander abweichend, namentlich in einem Punkte, der von Wichtigkeit wurde, so geringfügig der Streitpunkt an sich uns erscheinen mag.

Die südliche, römische Festordnung verlangte, dass die Feier des Osterfestes als des Festes der Auferstehung frühestens am Abend des 14. Nisam, spätestens am Abend des 20. Nisam jüdischer Rechnung beginne. Die nordische, britische Ordnung wollte das Fest zwischen um einen Tag früher gelegenen äussersten Grenzen feiern.

Es kam im Jahre 664 zu einer öffentlichen Disputation über diesen Gegenstand unter dem Vorsitze Königs Oswin, und dieser entschied zu Gunsten der römischen Auffassung. Es lässt sich denken, dass solche Vorgänge ein reges Interesse für den Gegenstand erwecken mussten, über den man öffentlich gestritten hatte, ein Interesse, das in letzter Linie dem Rechner und seiner Kunst zu gut kommen musste. Der nun geeinigten Kirche festeren Zusammenhalt zu geben schickte Papst Vitalian, nachdem der Bischofssitz in Canterbury 669 erledigt war, zwei neue hochbegabte Männer, Theodor als Bischof, Hadrian als seinen Rathgeber. Theodors persönliche wissenschaftliche Neigungen begegneten sich mit dem eben hervorgehobenen Interesse, sei es dass wir darin eine Gunst des Zufalles zu erblicken haben, sei es dass bei seiner Wahl Rücksicht darauf genommen worden war. Er achtete streng darauf, dass für den ihm untergebenen angelsächsischen Klerus neben der heiligen Schrift und der mit dem Studium desselben zusammenhängenden sachlichen und sprachlichen Unterweisungen auch Metrik, Astronomie und kirchliche Festrechnung Gegenstände des klösterlichen Unterrichts wurden. Sprachstudien waren nicht weniger gefördert. Es gab zu Bedas Zeiten, also wenige Jahrzehnte nach Theodors um 690 erfolgten Tode Männer in England, welche des Griechischen und Lateinischen eben so gut wie ihrer eigenen Muttersprache kundig waren. Leider waren die griechischen Werke, welche sie lasen, nicht solche, wie wir sie zum Besten der mathematischen Wissenschaften wünschen müssten.

Wie wir früher gesagt haben Alles, auch das Griechische, kam von Rom, und griechische Mathematik war in Originalwerken darunter offenbar gar nicht vertreten. Es war schon verhältnissmässig sehr viel, dass überhaupt eine gewisse Neigung zur Erledigung kirchlich mathematischer Fragen anders als auf von auswärts eingetroffene Anordnung hin in den damals an der schottisch-englischen Grenze gegründeten Klöstern grossgezogen wurde, eine Neigung, die von da aus, wie wir sehen werden, durch Schüler jener Klöster über Frankreich und Deutschland sich fortsetzte, während in den älteren irischen Klöstern z. B. an solche Fragen kaum gedacht wurde.

Um jene Zeit 674 und 682 war es, dass durch Biscop, einen edeln Than, der als Mönch und Abt den Namen Benedict erhielt, dicht an der Grenze Schottlands, wo Tyne und Were unweit von einander in das Meer sich ergiessen, zwei Klöster erbaut und St. Peter und Paul geweiht wurden. Der Einrichtung der Klöster war durch Biscop, der vielfach Reisen nach Rom machte und stets neue Bücherschätze, Reliquien, Gemälde zur Ausschmückung der Kirche von dort mitbrachte, die Regel des Benedictinerordens zu Grunde gelegt. In dieser Gegend ist Beda 672 geboren, in diesen Klöstern wurde er erzogen, hier verbrachte er den Verlauf seines ganzen Lebens in ruhiger Emsigkeit, hier starb er am 26. Mai 735, am Feste Christi Himmelfahrt.

Beda hat als ein Hauptwerk eine Kirchengeschichte hinterlassen, welche bis zum Jahre 731 hinabreicht, und an deren Ende er das Verzeichniss derjenigen Schriften gibt, welche er bis dahin — bis zu seinem 59. Lebensjahre, wie er sagt — verfasst hat. Dadurch ist einerseits die Zeit seiner Geburt genau bestimmbar geworden[1]), andererseits auch möglich geworden viele ihm früher wohl beigelegte und unter seine Werke aufgenommene Schriften als unecht wieder zu entfernen, da er unmöglich neben den Pflichten eines Messepriesters, die er zu erfüllen hatte, neben dem Unterrichte der zahlreichen Schüler, welche er heranbildete, in den vier Jahren, um welche er nur die Anfertigung jenes Verzeichnisses überlebte, Vieles schriftstellerisch geleistet haben kann. Zwei Werke sind in dem Verzeichnisse als von Beda herrührend anerkannt, die in einem ge-

[1]) Werner, Beda S. 81.

wissen geistigen Zusammenhange stehen. Das Eine, eine physische Weltbeschreibung, führt den Namen De natura rerum, über die Natur der Dinge. Es ist nach Plinius bearbeitet, wie Beda selbst an einzelnen Stellen erklärt. An die Weltkunde schliesst sich sodann die Zeitkunde an, der die Abhandlung De temporibus, über die Zeiten, gewidmet ist. Diese Schrift gibt im 14. Kapitel selbst ihr Datum an, sie ist 703 verfasst.

Eine ausführlichere Bearbeitung führt den Titel: *De temporum ratione*, über Zeitrechnung. Sie ist mindestens 14 Jahre später als die kürzere Fassung vollendet, da sie dem Abte Huaetberct zugeignet ist, welcher erst 716 in diese Stellung eintrat. In der Vorrede beruft sich Beda ausdrücklich auf die beiden genannten Schriften von der Natur der Dinge und von den Zeiten. Sie seien nach dem Urtheile derjenigen, welche sie zu benutzen Gelegenheit hatten, allzugedrängter Schreibweise gewesen, als dass sie den Nutzen hätten stiften können, den er beabsichtigte. Namentlich die Osterrechnung scheine einer weitläufigeren Auseinandersetzung zu bedürfen, und so habe er sich denn entschlossen ein derartiges Lehrbuch der Zeitrechnung seinen Schülern zu übergeben. Als Quellen, welche Beda dabei benutzte, hat man Macrobius und Isidorus nachweisen können.[1]) Für Anderes sind uns seine Quellen unbekannt, wo er der älteste Schriftsteller ist, von welchem eine ausführlichere Darstellung des Gegenstandes sich erhalten hat. Wir meinen damit gleich das 1. Kapitel der Zeitrechnung, von welchem wir schon (S. 446) ankündigend gesprochen haben. Es galt sonst auch wohl für eine selbständige Abhandlung unter dem Titel „über die Fingerrechnung" bis es auf Grund einiger Handschriften des britischen Museums an diesen seinen rechtmässigen Platz gebracht wurde. Das gleiche Schicksal theilte das 4. Kapitel, welches für eine Abhandlung „über die Rechnung mit Unzen" galt.[2]) Das 1. Kapitel beziehungsweise die ganze Schrift über Zeitrechnung leitet Beda mit den Worten ein: „Wir hielten es für nöthig erst in Kürze die überaus nützliche und stets bereite Geschicklichkeit der Fingerbeugungen zu zeigen, um dadurch eine möglich grösste Leichtigkeit des Rechnens zu geben; dann, wenn der Geist des Lesers vorbereitet ist, wollen wir zur Untersuchung und Aufhellung der Reihe der Zeiten mittels Rechnung kommen." Und einige Seiten später heisst es: „Bezüglich der oben bemerkten Rechnung kann auch eine gewisse Fingersprache gebildet werden theils zur Uebung des Geistes, theils als Spielerei." Man sieht hier einen scharfen Gegensatz.[3]) Die

[1]) Werner l. c. S. 122 und 126. [2]) Beda (ed. Giles) VI, 139—342 das Werk *De temporum ratione*. Dessen Caput 1. *De computo vel loquela digitorum* pag. 141—144 und Caput 4. *De ratione unciarum* pag. 147—149.
[3]) Stoy, Zur Geschichte des Rechenunterrichtes I, 38 (Jena, 1878) hat wohl zuerst durch Nebeneinanderstellung der beiden Ausdrücke darauf aufmerksam gemacht.

Fingersprache ist, wenn auch Geistesübung mit ihr verbunden ist, nicht mehr und nicht weniger als Spielerei. Das Fingerrechnen ist eine Nothwendigkeit. Man hat gewiss mit Recht mehrfach aus diesen Stellen gefolgert, dass zu Bedas Zeiten ein Fingerrechnen, man würde wohl besser sagen ein Kopfrechnen mit Unterstützung durch die zur besseren Erinnerung an die allmälig sich ergebenden und im Gedächtnisse festzuhaltenden Zahlen vorgenommenen Fingerbeugungen, allgemein in Uebung war. Beda lehrt in ausführlicherer Darstellung wie man von der linken Hand beginnend und zur Rechten fortschreitend die einzelnen Zahlen darstellen solle. Er lehrt es im Grossen und Ganzen in Uebereinstimmung mit Nikolaus von Smyrna (S. 435), in Einzelheiten von ihm abweichend, so dass eine unmittelbare Abhängigkeit dieses letzteren Schriftstellers von Beda, an und für sich nicht recht wahrscheinlich, nur um so weniger anzunehmen sein dürfte.[1]) Allein wenn nun der Schüler so vorbereitet ist, wenn er seinem Gedächtnisse überall, wo er geht und steht, mit den Fingern zu Hilfe kommen kann — denn das ist ja die Bedeutung der *solertia promptissima*, der stets bereiten Geschicklichkeit — wie verfuhr man dann eigentlich?

Wir sind nicht im Stande aus Bedas Schriften diese gewiss wichtigste Frage zu beantworten. Beda sagt nicht eine Silbe über die Rechnungsverfahren selbst. Nur zweierlei können wir als Schlussfolgerung ziehen. Erstens dass Beda bei seinem Schweigen nur an die verhältnissmässig sehr einfachen Rechnungen (hauptsächlich Additionen, Subtraktionen, Multiplikationen und Divisionen durch 4) dachte, welche bei der kirchlichen Zeit- und Festrechnung vorkamen, und welche in der That leicht im Kopfe auszuführen waren. Zweitens können wir ihm unmittelbar entnehmen, dass es eine weitverbreitete Sitte war, die er schilderte. Er sagt nämlich der heilige Hieronymus müsse schon das Verfahren des Fingerrechnens gekannt haben, da gewisse Anspielungen desselben nicht anders zu verstehen seien. Beda hat demgemäss bei Hieronymus das Fingerrechnen wiedererkannt, mit welchem er vertraut war und seine Schüler vertraut zu machen beabsichtigte. Eine Quelle muss also vor dem Tode des Hieronymus d. h. vor 420 vorhanden und wahrscheinlich in lateinischer Sprache vorhanden gewesen sein. Eine andere Frage ist die, ob an eine geschriebene Quelle die Lehren sich anknüpften. Uns scheint es fast natürlicher, an eine durch Jahrhunderte sich fortsetzende mündliche Ueberlieferung der Fingerbeugungen zu glauben, wie das Rechnen unter Anwendung der Finger sich unzweifelhaft nur durch mündliche Lehre fortpflanzte. Diese unsere letztere Behauptung ist in der Natur der Dinge begründet, hat aber ausserdem eine

[1]) Auch diese Bemerkung hat Stoy l. c. S. 36–37 gemacht.

wesentliche Unterstützung in der Thatsache, dass wie Beda und Nikolaus von Smyrna so auch jener Araber, der in Versen die Fingerstellungen lehrte (S. 609), über das wirkliche Rechnen keine Silbe verliert.

Ist diese Lücke schon für das Rechnen mit ganzen Zahlen vorhanden, so kann man zum Voraus versichert sein, dass ein umfassendes Bruchrechnen erst recht nicht gelehrt wird. In der That findet sich in dem 4. Kapitel über die Rechnung mit Unzen kaum mehr als die Eintheilung des aus 12 Unzen bestehenden Asses und der Unze selbst, ein Beleg, wenn ein solcher verlangt würde, für den unmittelbar römischen Ursprung des Ganzen. Beda bemerkt, der Begriff als Gewicht habe den Ausgangspunkt gebildet, dann aber sei abgeleitet davon nur der Begriff des Ganzen und seiner Theile übrig geblieben. Wenn man von einem Ganzen sein Sechstel wegnehme, so nenne man den Rest *dextans* u. s. w. Auch die Zeichen für die Brüche fehlen nicht. Solche waren, wie wir wiederholt zu bemerken hatten, seit Jahrhunderten in Gebrauch. Es hat wohl die Bedeutung des einen oder des anderen Bruchnamens sich verändert; es haben neue Namen sich eingeschoben; die Zeichen haben sich abgerundet, sind neuen Namen entsprechend neu hinzugetreten, aber begrifflich Neues tritt uns nicht entgegen.

Die Osterrechnung, der eigentliche Mittelpunkt der Zeitrechnung, gründet sich bei Beda wie bei Cassiodorius, wie bei Anderen (S. 485) auf die 19jährige Wiederkehr des Zusammenfallens von Sonnen- und Mondzeiten und stellt, wie wir oben andeuteten, an die Rechenkunst des Schülers, der nur diese Aufgabe zu lösen beabsichtigte, keine übermässige Anforderung, sodass die Erfüllung der auf einem Ausspruche des heiligen Augustinus beruhenden Vorschrift,[1]) es müsse in jedem Mönchs- und Nonnenkloster wenigstens eine Person vorhanden sein, welche es verstehe die Ordnung der kirchlichen Feste und damit den Kalender für das laufende Jahr festzustellen, nicht grade schwer war.

Dasselbe Jahr 735, in welchem Beda starb, war das Geburtsjahr Alcuins.[2]) Er war ein vornehmer Angelsachse und hiess mit heimathlichem Namen Alh-win, d. h. Freund des Tempels, woraus eben Alcuin entstanden ist. Fast noch häufiger nannte er sich selbst Albinus. Sein Lehrer war Egbert von York, ein naher Freund Bedas, wie aus einem vertrauten Briefe Bedas an ihn über kirchliche Verhältnisse hervorgeht. Egbert legte an der mit einer reichen

---

[1]) *Histoire littéraire de la France par des religieux Bénédictins* VI, 70 und Sickel, die Lunarbuchstaben in den Kalendarien des Mittelalters. Sitzungsber. d. Wiener Akademie. Philosoph. histor. Klasse XXXVIII, 153 (1875). [2]) Karl Werner, Alcuin und sein Jahrhundert. Paderborn, 1876. Kurz, aber übersichtlich ist Dümmlers Artikel „Alkuin" in der Allgemeinen deutschen Biographie I, 343—348 (1875).

Bibliothek ausgestatteten Schule seines Bischofssitzes das neue Testament aus, die übrigen Fächer waren seinem Verwandten Aelbehrt anvertraut, zu welchem Alcuin in enge Beziehungen trat. Er begleitete ihn noch als Jüngling auf einer wissenschaftlichen Reise nach Rom, dem Hauptmarkte für die Erwerbung von Handschriften, er wurde sein Nachfolger in der Leitung der yorker Schule als Aelbehrt 766 nach Egberts Tode den erzbischöflichen Stuhl bestieg.

Alcuin erzählt uns selbst, worin der Unterricht an der Schule bestand. Die Geheimnisse der heiligen Schrift wurden erläutert. Daneben wurden Grammatik, Rhetorik, Dialektik, Musik und Poesie gelehrt. Auch die exakten Wissenschaften kamen nicht zu kurz. Astronomie und eigentliche Naturgeschichte, die Osterrechnung bildeten besondere Lehrgegenstände, die in gleichem Inhalte uns auch bei Beda begegnet sind, und die von Alcuin muthmasslich nicht viel anders gelehrt wurden als es bei seinen Vorgängern aufwärts bis zu Isidorus, zu Cassidorius, zu Victorius der Fall gewesen war.

Er wurde durch die gleichen Werke römischer Gelehrsamkeit unterstützt, welche in der Büchersammlung von York sämmtlich vorräthig waren. Hat doch Alcuin in dem Gedichte,[1]) in welchem er der Unterrichtszweige gedenkt, auch ein Verzeichniss von solchen Schriften gegeben, die in York zu finden waren:

> Finden wirst dort du die Spur der alten Väter der Kirche,
> Finden was für sich der Römer im Erdkreis besessen
> Und was Griechenlands Weisheit lateinischen Völkern gesandt hat.
> Auch was das Volk der Hebräer aus himmlischem Regen getrunken,
> Oder was Afrika hat hellfliessenden Lichtes verbreitet.

Natürlich ist bei dem letzten Verse vorwiegend an Augustinus zu denken, bei dem auf Griechenland bezüglichen an ihn selbst den scharfsinnigen Aristoteles — *ipse acer Aristoteles* — welche beide im weiteren Verlaufe ausdrücklich genannt sind. Kaum festzustellen dürfte freilich sein, ob aristotelische Originalschriften, ob, worauf die Bemerkung Griechenlands Weisheit sei den Lateinern zugesandt eher zu deuten scheint, nur die lateinischen Bearbeitungen durch Boethius vorhanden waren. Von römischen Schriftstellern waren nach Alcuins Aussage unter vielen Anderen Victorinus, wahrscheinlich der Grammatiker dieses Namens aus dem IV. S., vielleicht aber auch der Schriftsteller den wir als Victorius kennen gelernt haben, Boethius, Plinius vertreten. Beda wird neben diesen als ebenbürtiger Schriftsteller genannt.

[1]) *Poema de Pontificibus et Sanctis ecclesiae Eboracensis* (d. h. von York) in den *Monumenta Alcuiniana* (ed. Wattenbach & Dümmler). Berlin, 1873 als VI. Band der *Bibliotheca rerum Germanicarum*. Der Studienplan ist geschildert v. v. 1431 sqq. (S. 124—125), das Bücherverzeichniss v. v. 1534 sqq. (S. 128).

Erzbischof Aelbehrt starb 780, und nun wurde Alcuin nach Rom gesandt, um für dessen Nachfolger die päpstliche Bestätigung einzuholen. Auf dieser Reise traf er in Parma mit Karl dem Grossen zusammen, welcher ihn schon vorher sei es persönlich, sei es durch den Ruf der Gelehrsamkeit, der um den Yorker Schulvorsteher sich weiter und weiter verbreitete, kennen gelernt hatte. Karl wünschte ihn bei sich zu haben, um den Stand des Wissens in Deutschland auf eine bessere Stufe zu bringen, und nach Einholung der Erlaubniss seiner Vorgesetzten folgte Alcuin der kaiserlichen Einladung 782. Nach 8jährigem Aufenthalte an dem Kaiserhofe, der übrigens nicht an einem und demselben Orte sich aufhielt, sondern bald da bald dort seinen Sitz hatte, kehrte Alcuin nach der Heimath zurück, dann wieder zu Karl, der ihn nicht missen wollte, und als Alcuin gebrechlich und von häufigen Krankheiten heimgesucht das beschwerliche Leben eines wandernden Hofstaates nicht länger mitmachen konnte, wurde ihm die ersehnte Zurückgezogenheit in einer Art, wie er sich dieselbe keineswegs gedacht hatte. Karl der Grosse schickte ihn 796 als Abt nach dem Kloster St. Martin in Tours, dessen Mönche einer strengeren Zucht als unter dem grade verstorbenen Abte in hohem Grade bedürftig waren. Alcuin hat hier eine berühmte Klosterschule gegründet, aus welcher zahlreiche Lehrer hervorgingen, die alsdann in gleichem Sinne, wie sie erzogen und unterrichtet worden waren, an anderen Orten wirkten. Alcuin hat auch die grossartige Büchersammlung in Tours ins Leben gerufen. So waren seine letzten Lebensjahre reich erfüllt. Er starb den 19. Mai 804.

Die Bedeutung, welche Alcuin für die Geschichte der Mathematik besitzt, liegt auf zweifachem Gebiete. Sie ist zu suchen in seinen Verdiensten um das Unterrichtswesen und in seiner schriftstellerischen Thätigkeit.

Wir haben Alcuin am Morgen seines Lebens als Lehrer in York wirken sehen. Wir haben von den nachhaltigen Erfolgen andeutungsweise gesprochen, die seine Lehrthätigkeit in Tours am Abende seines Lebens gehabt hat. Lehrer war er auch am Hofe Karls des Grossen. War doch der Kaiser selbst, der an Wissenslust es Allen zuvorthat, kaum des Schreibens kundig, und so der Schule nur dem Alter nach entwachsen. Die Rohheit der Zeit brachte das nun einmal mit sich, und ihr müssen wir es auch zuschreiben, wenn wir dem Gelehrtesten der Gelehrten, wenn wir Alcuin selbst fast Nichts nachrühmen können als eine Aneignung fremden Stoffes. Der Verkehr Alcuins mit den hochgestellten Schülern und Schülerinnen musste selbstverständlich ein anderer sein als er in der Klosterschule gebräuchlich war, ein anderer auch als er zwischen denselben Persönlichkeiten und sonstigen Hofbeamten herrschte. Damit grössere Zwanglosigkeit gestattet war, legte Alcuin allen Mitgliedern der Schule, den Kaiser und sich selbst nicht ausgenommen, Beinamen bei, die der Bibel oder dem Alterthum entnommen waren. Der Kaiser war König David oder König Salomo, Alcuin war Flaccus, die geistreiche Guntrada, Karls Geschwisterkind, war Eulalia genannt u. s. w. Damit aber der mitunter trockene Lehrgegenstand den Schülern nicht zuwider würde, kleidete der Lehrer die an sich ernsthaft gemeinten Fragen nicht selten in das Gewand scherzhafter Räthsel, mitunter sogar dem derben, unfeinen Tone huldigend, welcher am Karolingerhofe zu Hause war. Der von Alcuin auf solche Weise ertheilte Unterricht fand begeisterten Anklang. Um so dringender wurde Karls Wunsch ähnlich gebildete Lehrer seinem Volke zu geben. Ein Capitulare von 789 aus Aachen datirt bestimmt, die Domstifte und Klöster sollen öffentliche Knabenschulen unterhalten, in welchen der Unterricht in den Psalmen, in Noten, im Gesang, im Computus, in der Grammatik ertheilt werden solle.[1]) Wir haben absichtlich das Fremdwort Computus hier beibehalten um es zweifelhaft zu lassen, ob nur der vorzugsweise sogenannte *computus*, d. h. die von uns mehrfach besprochene Osterrechnung gemeint sein mag, oder, wie es uns viel wahrscheinlicher däucht, da von einem Lehrgegenstande für irgend welche Knaben nicht für angehende Mönche die Rede ist, das Rechnen überhaupt.

Wir haben von Alcuins schriftstellerischer Thätigkeit zu reden und bringen unter diesem Titel Aufgaben zur Sprache, von denen es allerdings nicht sicher ist, ob sie Alcuin angehören. Dass sie ein altes Gepräge tragen, mag schon daraus entnommen werden, dass sie früher in den Druckausgaben nicht bloss von Alcuins, sondern auch von Bedas Werken Aufnahme fanden, während sie diesem Letztgenannten wohl unter keinen Umständen angehören.[2]) Die Zuweisung an Alcuin beruht auf mehreren Gründen, deren jeder einzeln für sich nicht sonderlich schwerwiegend ist, die jedoch in ihrer Gesammtheit vielleicht genügen den Ausschlag zu geben. Wir haben erst davon gesprochen, dass Alcuin es liebte, bei seinem Unterrichte eine gefällige oft scherzhafte Form der Fragestellung oder der Beantwortung zu wählen, letztere Form insbesondere nach griechischem Muster des Atheners Secundus aus dem I. und II. S. n. Chr., von welchem einige Alcuinische Fragen und Antworten ethischer und kosmographischer Art wörtlich entlehnt erscheinen.[3]) Die Räthselform ist aber auch die der Aufgaben zur Verstandesschärfung, *propositiones ad acuendos iuvenes.* Man hat ferner darauf aufmerksam gemacht, dass deren Schreibweise überhaupt mit der Alcuins übereinstimme.[4]) Man hat weiter auf einen Brief Alcuins an Karl den Grossen sich bezogen, in welchem der Briefsteller sagt, er schicke

---

[1]) Werner, Alcuin S. 35. [2]) Bedae Opera (ed. Giles) Bd. VI. Vorrede S. XIII. [3]) Werner, Alcuin S. 18. [4]) Giles l. c.

gleichzeitig einige Proben arithmetischen Scharfsinnes zur Erheiterung[1]) und hat vermuthet diese Proben seien eben jene Aufgaben, insgesammt oder theilweise. Dem gegenüber hat man freilich einzuwenden gewusst,[2]) unter Proben arithmetischen Scharfsinnes zur Erheiterung habe Alcuin ganz Anderes verstanden, nämlich Anwendung zahlentheoretischer Begriffe auf Bibelerklärung, wie sie in einzelnen seiner Briefe und Schriften vorkommen. So habe, nach ihm, Gott, der Alles gut schuf, 6 Wesen geschaffen, weil 6 eine vollkommene Zahl sei; 8 aber ist eine mangelhafte Zahl, $1+2+4 = 7 < 8$, und „deswegen geht der zweite Ursprung des Menschengeschlechtes von der Zahl 8 aus. Wir lesen nämlich, dass in Noahs Arche 8 Seelen gewesen, von welchen das ganze Menschengeschlecht abstammt, um zu zeigen der zweite Ursprung sei unvollkommener als der erste, welcher nach der Sechszahl geschaffen wurde."[3]) Beispiele solcher Zahlenmystik könnten gehäuft werden. Man könnte an einen Brief Alcuins erinnern, in welchem von den Zahlen 1 bis 10 gesagt wird, welche Beziehungen zu Gegenständen der heiligen Schrift sie haben.[4]) Man könnte bis auf Isidorus zurück[5]) merkwürdige Gedankenverknüpfungen verfolgen, in deren Nachahmung Alcuin die Zahl 153 der Fische, welche Petrus auf einen Zug fing,[6]) zu erklären weiss, ausgehend von $153 = 3.3.17 = 1+2+3+\ldots+17$ in Verbindung mit $51 = 50 + 1$ u. s. w.[7]) Wir lassen es dahingestellt, ob diese Verweisungen, mögen sie selbst dem, was Alcuin an Karl schickte, einen anderen Inhalt geben können als nach der zuerst ausgesprochenen Vermuthung, in Widerspruch stehen zu der Annahme, Alcuin habe die Aufgaben zur Verstandesschärfung zusammengestellt. Wir geben zu bedenken, dass, wer nach der einen Richtung mit Zahlenspielereien, die ihm freilich mehr als das, die ihm heiliger Ernst waren, sich beschäftigte, auch nach der anderen Seite Freude an Zahlenbetrachtungen haben und erregen konnte.

Wir wenden uns zur Erörterung dessen, was die Handschriften zur Entscheidung der Frage, von wem die Aufgaben der Verstandesschärfung herrühren, beizutragen vermögen? Rechenräthsel, welche einander insgesammt ähnlich sehen, finden sich in den allerverschiedensten Handschriften vor.[8]) Wohl die älteste solche Handschrift

---

[1]) *Monumenta Alcuiniana, Epistula* 112, pag. 459: *Misi aliquas figuras Arithmeticae subtilitatis laetitiae causa.* [2]) Hankel S. 310—311. [3]) *Monumenta Alcuiniana, Epist.* 259, pag. 818—821. [4]) Ebenda *Epist.* 260, pag. 821—824. [5]) Isidorus, *De numeris* cap. 27. Auf diese Quelle ist zuerst aufmerksam gemacht bei Werner, Gerbert von Aurillac. Wien, 1878, S. 66, Anmerkung 2. [6]) Evangelium Johannes XXI, 11. [7]) Werner, Alcuin S. 153. [8]) Herm. Hagen, Antike und mittelalterliche Räthselpoesie. II. Ausgabe. Bern, 1877. S. 29—34.

ist diejenige, aus welcher die uns hier beschäftigenden Aufgaben zum Abdrucke gelangt sind.[1]) Sie gehört, wenn nicht alle Zeichen der Schriftvergleichung trügen, dem Ende des X. oder Anfange des XI. S. an, in runder Zahl dem Jahre 1000, und stammt aus dem Kloster Reichenau, welches auf einer Rheininsel am Ausgange des Bodensees durch den Irländer Pirmin um 725 gegründet worden war und wie wir uns erinnern (S. 489) schon 821 im Besitze einer schönen ordnungsgemäss aufgezeichneten Büchersammlung sich befand. Die Handschrift ist eine Sammelhandschrift und beginnt mit Alcuins Erläuterungen zur Genesis, welche durch den in einer Widmungsformel enthaltenen Namen ihren Verfasser selbst verrathen. Die Erläuterungen schliessen mitten auf der Vorderseite eines Blattes, und nun folgen ohne irgend welche Raumunterbrechung enge sich anschliessend die Aufgaben zur Verstandesschärfung: *incipiunt capitula propositionum ad acuendos iuvenes* von dem gleichen Schreiber auf das Pergament gebracht. Ein Verfasser ist nicht angegeben, aber eben desshalb hat man gefolgert Alcuin sei es, weil die Unmittelbarkeit des Anschlusses zu dieser Behauptung aufmunterte, welche in den schon angegebenen allgemeinen Betrachtungen Unterstützung fand.

Eines kann mit Bestimmtheit gesagt werden: die Handschrift rührt nicht von dem sachverständigen Sammler der Aufgaben her, möge er Alcuin oder wie immer geheissen haben, sondern von einem Mönche, der als Schreibkünstler geschickter war denn als Rechner, sonst würde er nicht so verhältnissmässig häufige Fehler in den Zahlen sich zu Schulden haben kommen lassen, wie sie nur einem Abschreiber nicht Einem, der selbst rechnet, vorkommen können. Auch dieser Umstand dient dazu die Entstehung der Sammlung in eine Zeit hinaufzurücken, die älter ist als das Jahr 1000, und wir machen darum von der nun einmal durch den Herausgeber[2]) von Alcuins Werken hergestellten Ueberlieferung Gebrauch jene Aufgaben, die in einer Geschichte der Mathematik unter allen Umständen besprochen werden müssen, unter Alcuins Namen einzureihen. Sollten spätere Untersuchungen je einen anderen Verfasser an das Licht ziehen, so werden sie den Umstand doch sicherlich nicht zu entkräften im Stande sein, dass er vor 1000 gelebt haben muss, dass also die Aufgaben ein Bild klösterlicher Gelehrsamkeit vor diesem Zeitpunkte uns bieten. Glänzend freilich ist das Bild nicht, aber doch nicht so farblos wie nach den dürftigen Nachrichten, welche

[1]) Ueber die Handschrift vergl. Agrimensoren S. 139–143. [2]) Abt Frobenius von St. Emmeran in Regensburg 1777. Sein weltlicher Name war Frobenius Forster. Er lebte 1709—1791. Vergl. Allgemeine deutsche Biographie VII, 163. Die *Propositiones ad acuendos iuvenes* sind abgedruckt in *Alcuini Opera* (ed. Frobenius) II, 440—448.

wir über das mathematische Wissen eines Isidorus, eines Beda allein zu geben im Stande waren, erwartet werden möchte.

Es sind algebraische und geometrische Aufgaben, welche hier auftreten, daneben solche die nicht durch Rechnung, sondern mehr durch einen witzigen Einfall gelöst werden können, und überall wo es möglich ist von einer Geschichte der betreffenden Aufgaben zu reden, d. h. ihr früheres Vorkommen zu bestätigen, sind es immer römische Quellen, auf welche man hinweisen muss. Von diesen Aufgaben seien einige hier erwähnt. Die 6. Aufgabe ist eine von denen mit nicht mathematischer Auflösung. Zwei Männer kauften für 100 solidi Schweine, je 5 Schweine zu 2 solidi. Die Schweine theilten sie, verkauften dann wieder 5 für 2 solidi und machten dabei ein gutes Geschäft, wie ging das zu? Sie hatten die 250 Schweine, welche sie gemeinschaftlich besassen in zwei gleiche Heerden von je 125 Schweinen getheilt, so dass der Eine alle fetteren, der Andere alle weniger fetten Schweine vor sich her trieb. Der Erste verkaufte 120 von seiner Heerde, indem er 2 für einen solidus gab, der Zweite verkaufte gleichfalls 120, indem er 3 für einen solidus gab. Thatsächlich wurden 5 Schweine für 2 Solidi hergegeben. Der Erlös des Ersten betrug 60, der des Zweiten 40 solidi, und damit war die Auslage gedeckt, während den Händlern noch 10 Schweine, je 5 von jeder Werthsorte, übrig blieben. — Die 8. Aufgabe ist eine Brunnenaufgabe, wie sie so häufig seit Heron uns begegneten. — Die 23. und 24. Aufgabe lehren die Fläche eines viereckigen und eines dreieckigen Feldes nach denselben Näherungsregeln messen, deren die Geometrie des Boethius (S. 496) und die Vorschrift zur Juchartausmessung (S. 500) sich bedienen: das Viereck gilt als Produkt der halben Summen gegeneinanderüberliegender Seiten, das Dreieck als Produkt der halben Summe zweier Seiten in die Hälfte der dritten Seite. — An die Juchartausmessung erinnert auch die 25. Aufgabe von dem runden Felde, dessen Fläche gefunden wird, indem der Umfang 400 durch 4 getheilt und der Quotient quadrirt, d. h. $\pi = 4$ angenommen wird. — Wir könnten noch recht vielerlei Aufgaben vergleichen und meistens Dinge erkennen, welche den römischen Ursprung wahrscheinlich machen. Nur drei Aufgaben heben wir noch hervor. Die 26. Aufgabe führt die Ueberschrift De cursu cbnks bc fugb lepprks. Nach Vertauschung von Consonanten mit ihnen im Alphabete unmittelbar vorhergehenden Vokalen, wie sie (S. 687) auch bei Johannes von Sevilla an gewissen Stellen sich als nothwendig erwies, wird daraus De cursu canis ac fuga leporis. Es ist die allbekannte Aufgabe von dem Hunde, welcher dem Hasen nachläuft, während der Hase 150 Fuss voraus ist, dagegen nur 7 Fuss weite Sprünge macht, der Hund aber 9 Fuss weit springt. Zum Zwecke der Auflösung wird 150 halbirt und daraus mit Recht gefolgert, dass der Hund den Hasen in 75 Sprüngen einholen werde. — Die 34. Aufgabe lautet wie folgt: Wenn 100 Scheffel unter ebensoviele Personen vertheilt werden, so dass ein Mann 3, eine Frau 2 und ein Kind $^1/_2$ Scheffel erhält, wie viele Männer, Frauen und Kinder waren es? Die Antwort ist 11 Männer, 15 Frauen, 74 Kinder. Das ist die erste unbestimmte Aufgabe in lateinischer Sprache, die uns vorkommt. Es ist dabei bemerkenswerth, dass der Text der Aufgabe die Möglichkeit nicht ganzzahliger Auflösungen ausschliesst, dass von den ganzzahligen Auflösungen nur eine angegeben ist, dass die Art wie dieselbe gefunden worden sei auch nicht einmal angedeutet ist. — Noch interessanter ist die 35. Aufgabe. Ein Sterbender verordnet letztwillig, dass, wenn seine im schwangeren Zustande zurückgelassene Wittwe einen Sohn gebäre, der Sohn $^9/_{12}$ oder $^3/_4$, die Wittwe $^3/_{12}$ oder $^1/_4$ des Vermögens erben solle; gebäre sie aber eine Tochter, so solle diese $^7/_{12}$, die Wittwe $^5/_{12}$ des Vermögens erben. Das ist dem Inhalte, wenn auch nicht den bestimmten Zahlen nach, die in den Pandekten enthaltene Theilungsfrage, deren römische Auflösung wir (S. 476) kennen gelernt haben. Der Sammler der Aufgaben zur Verstandesschärfung hat sich in der von ihm gegebenen Auflösung als einen Mann erwiesen, der in den Sinn letztwilliger Verfügungen einzudringen nicht im Stande war, als einen Nachahmer der Römer, der unmöglich selbst Römer gewesen sein kann. Er löst desshalb auch die Aufgabe so verkehrt, als sie überhaupt allenfalls gelöst werden kann. Er sagt: um Mutter und Sohn zu befriedigen bedarf es 12 Theile, um Mutter und Tochter zu befriedigen gleichfalls, zusammen also 24 Theile. Davon erhält in erster Linie der Sohn 9, die Mutter 3, in zweiter Linie die Mutter 5, die Tochter 7, die Theilung vollzieht sich also in dem Verhältnisse, dass die Mutter $\frac{3+5}{24} = \frac{1}{3}$, der Sohn $\frac{9}{24} = \frac{3}{8}$, die Tochter $\frac{7}{24}$ der Hinterlassenschaft zu beanspruchen hat. — Wir haben unsere Auswahl mit einer Scherzfrage begonnen, welche durch Rechnung allein nicht zu lösen ist. Mit der Erwähnung ähnlicher Aufgaben wollen wir schliessen, nachdem wir die mathematisch interessanteren durchgesprochen haben. Da dürfte vor Allem die 18. Aufgabe unsere meisten Leser wie eine Erinnerung aus der Kinderzeit anheimeln. Es ist die Aufgabe von dem Wolfe, der Ziege und dem Krautkopfe, welche in einem Boote, dessen Fährmann nur einen Reisenden gleichzeitig befördert, über einen Fluss gesetzt werden sollen, so dass niemals Ziege und Krautkopf oder Ziege und Wolf, also niemals zwei Feinde allein auf einem Ufer sich befinden sollen, während der Führer mit dem Boote unterwegs ist.[1]) Noch ein zweites Räthsel,

---

[1]) Wenn Hagen l. c. S. 31 und Anmerkung 22 dieses Räthsel als in den

welches mit einigen anderen zusammen unter der besonderen Ueberschrift: „Räthsel zum Lachen“ am Schlusse der Handschrift vereinigt ist, hat bis auf den heutigen Tag sich erhalten; es bezieht sich auf die von der Sonne verzehrte Schneeflocke, welche an dem im Winter blattlosen Baum haftete.[1])

So bergen die Aufgaben zur Verstandesschärfung mannigfachen Stoff in sich, der unverwüstliche Lebenskraft in Volkskreisen wie in halbwegs wissenschaftlichen Schulbüchern an den Tag gelegt hat. So befinden sich unter ihnen Aufgaben, welche auch nach rückwärts eine verfolgbare Geschichte besitzen, andere welche zu immer erneuten Versuchen aufforderen die noch nicht gelungene Rückverfolgung zu vollziehen. Fragen wir uns, welche mathematische Anforderungen die Aufgaben an den, welcher der Lösung sich befleissigte, stellten, so sehen wir, dass er geometrisch nicht mehr zu wissen brauchte als einige wenige dem praktischen Feldmesser gebräuchliche Formeln, algebraisch nicht mehr als die Behandlung der Gleichungen vom ersten Grade, dass Wurzelausziehungen nicht vorkommen, sondern nur die vier einfachen Rechnungsarten und diese fast ausschliesslich an ganzen Zahlen.

Aber wie führte jene Zeit, wie führte Alcuin, wenn wir voraussetzen dürfen, die Sammlung rühre von ihm her, die Rechnungen aus? Wir haben (S. 711) bei Beda die gleiche Frage mit dem Zeugnisse des Nichtwissens abgelehnt, wir sind bei Alcuin bis zu einem gewissen Grade in derselben Lage, aber nur bis zu einem gewissen Grade. Zwei Stellen aus Alcuins Schriften führen nämlich zur Vermuthung, er habe das Kolumnenrechnen und die Apices gekannt, welche wir bei Gelegenheit der Geometrie des Boethius beschrieben haben. Beide Stellen finden sich in Schriftstücken, welche wir schon angeführt haben, ohne jedoch diese bestimmten Sätze und deren Bedeutung hervortreten zu lassen. Wir haben den Unterrichtsplan, welchen Egbert an der Yorker Domschule einhalten liess, aus einem Gedichte Alcuins, welches zwischen 780 und 796 wahrscheinlich sogar zwischen 780 und 782 entstand,[2]) angegeben. Den 1445. Vers dieses langathmigen Gedichtes haben wir nachholend hier noch anzugeben: Egbert lehrte „diversas numeri species variasque figuras“, auseinandergehende Arten der Zahl und deren verschiedene Gestalten. Wir möchten so übersetzen, weil wir entschieden glauben, dass der Genitiv numeri nicht minder zu variasque figuras als zu diversas species gehört, und ist diese Meinung richtig, so kannte nicht bloss

Annales Stadenses vorkommend bezeugt, so ist damit für dessen Alter gar Nichts gewonnen, da diese Annalen erst um 1240 geschrieben worden sind. [1]) Vergl. Max Curtze in einer Recension unserer Agrimensoren in der Jenaer Literaturzeitung vom 12. Februar 1876. [2]) Ueber die Datirung vergl. Wattenbach in den *Monumenta Alcuiniana* S. 80.

Alcuin verschiedene Gestalten der Zahlen, so waren dieselben ein regelmässiger Unterrichtsgegenstand in York, muthmasslich wenn nicht zuverlässig auch später in Tours. Was aber konnten jene verschiedenen Gestalten der Zahlen sein? Wir sehen nur zwei Möglichkeiten der Erklärung. Entweder sind die Apices gemeint, wie sie in der Geometrie des Boethius beschrieben sind, oder die Dreiecke, Vierecke, Vielecke der Zahlen, die man aus der Arithmetik des gleichen Verfassers kannte. Beide Möglichkeiten sind vorhanden, und eine endgiltige Entscheidung wird wesentlich von der Auffindung neuen Materials abhängen.

Dass wir jetzt schon dazu hinneigen, die Kenntniss der Apices als richtigere Erklärung anzunehmen, dazu berufen wir uns auf die zweite Stelle. Wir haben eines Briefes gedacht, in welchem Alcuin von arithmetisch-mystischen Erklärungen zu biblischen Texten Gebrauch macht. In eben diesem Briefe heisst es:[1] „Ebenso sehen wir die Reihenfolge der Zahlen in Gelenken, gleichsam gewissen Einheiten, durch endliche Gestaltungen zum Unendlichen wachsen. Denn die erste Reihenfolge der Zahlen ist von 1 bis zu 10, die zweite von 10 bis zu 100, die dritte von der Hundertzahl bis zur Tausendzahl.“ Das ist, abgesehen von der Boethiusstelle die älteste Anwendung des Wortes articulus, Gelenk, für Zahlen, und zwar für Zahlen, welche die Rolle von Einheiten gleichsam spielen, d. h. etwas anders ausgesprochen runde Zahlen sind. Das ist zugleich die Hervorhebung der drei Hauptordnungen, in welche die Zahlen von 1 bis 1000 zerfallen, oder wieder etwas anders ausgesprochen der römischen Triaden. Wir glauben hier eine zweite Erinnerung an die Geometrie des Boethius erkennen zu dürfen, zugleich auch eine neue Bestätigung deren Echtheit, wenn Begriffe, deren Vorkommen als Zeichen der Unechtheit gelten oder wenigstens Veranlassung geben die Unechtheit nachweisen zu wollen, bis vor das Todesjahr Alcuins 804, in welchem allerspätestens jener Brief geschrieben ist, hinaufgerückt erscheinen.

Sei dem, wie da wolle, Eines können wir fortfahrend feststellen: eine Stetigkeit der Lehren, welche von dem Kloster St. Martin bei Tours ausgingen und an bestimmte Persönlichkeiten als Träger derselben sich anknüpften. Sehen wir, auf welche Weise dieselben nach Deutschland gelangten. In der Mitte des VIII. S. war in Fulda ein Kloster begleitet von einer Klosterschule entstanden. Ratzar, der

---

[1]) *Monumenta Alcuiniana*, Epist. 259, pag. 820. *Item progressionem numerorum articulis, quasi quibusdam unitatibus, ad infinita crescere per quasdam finitas formas videmus. Nam prima progressio numerorum est ab uno usque ad decem. Secunda a decem usque ad centum. Tertia a centenario numero usque ad millenarium.*

dritte Abt dieses Klosters 802—814 schickte, um die Schule auf die Höhe der Zeit zu bringen, drei junge Mönche nach St. Martin bei Tours, dass sie dort Alcuins Unterricht genössen und so zu vollendeten Lehrern würden. Einer dieser jungen jedenfalls unter den begabtesten Klosterzöglingen ausgesuchten Männer war Hrabanus Maurus,[1]) der erste Lehrer Deutschlands, *primus praeceptor Germaniae*, wie er genannt worden ist. Die Verdienste desselben um die deutsche Sprache, welche er zu einem lateinisch-deutschen Bibelglossar anwandte, wie die meisten seiner zahlreichen Schriften liegen weit ausserhalb des Bereiches unserer Untersuchungen. Wir würden uns nur mit den Schriften über die sieben freien Künste zu beschäftigen haben, welche er in mindestens ebensovielen Theilen behandelt hat, wenn dieselben uns erhalten wären. Leider ist dieses nicht der Fall. Die Arithmetik, die Musik, die Geometrie sind verloren gegangen. Statt einer eigentlichen Astronomie ist ein in Gesprächsform gehaltener Computus auf uns gekommen,[2]) welcher, wie zahlreiche Stellen beweisen,[3]) im Jahre 820 verfasst ist. Dieser Computus ist ziemlich genau nach Bedas chronologischen Arbeiten gebildet und enthält kaum Etwas für die Geschichte der Mathematik wissenswerthes, so dass man ihn wohl in negativer Weise verwerthet hat, um zu schliessen, ein Abacus und dergleichen könnten damals nicht Lehrgegenstände gewesen sein, weil auch gar nicht davon die Rede sei. Wir überlassen es unseren Lesern, wie viel Gewicht sie auf das Nichtvorhandensein einer Beschreibung in einer Schrift legen wollen, welche in innigem Zusammenhange mit anderen Schriften stand, die sämmtlich verloren gegangen sind, unter ihnen eine Geometrie, in welcher nach der Erfahrung, die wir bei Boethius machten, jene Beschreibung gewohnheitsmässiger war als in einem Computus, der niemals eine solche enthalten hat. Zu einer Bemerkung nöthigt uns die Unparteilichkeit. In einem Kapitel des Computus des Hrabanus erscheinen in auffallendem Zusammenhange die Wörter digitus und articulus.[4]) Sie betreffen nicht, wie man zunächst vermuthen könnte, Finger- und Gelenkzahlen, sondern eine eigenthümliche Gedächtnisshilfe an den Knöcheln der Hand. Von älteren Schriften sind bei Hrabanus genannt: die Arithmetik der Boethius,[5]) die Origines des Isidorus,[6]) die Osterrechnung des Anatolius.[7]) Zwei Jahre nachdem Hrabanus seinen Computus verfasst hatte wurde er zum Abte seines Klosters gewählt und stand ihm 20 Jahre hindurch bis 842 mit wirksamem Eifer vor. Dann zog er sich in ein

---

[1]) Werner, Alcuin S. 101—109. [2]) Abgedruckt in Baluze, *Miscellanea* I, 1—92. Paris, 1678. [3]) Ebenda pag. 43, 51 und häufiger. [4]) Ebenda pag. 70—71. *De reditu et computo articulari utrarumque epactarum solis et lunae.* [5]) Ebenda pag. 7. [6]) Ebenda pag. 8. [7]) Ebenda pag. 33.

stilleres Leben zurück, welches er jedoch 847 wieder aufgeben musste um Erzbischof von Mainz zu werden. Als solcher starb er 856.

Männer der fuldaer Schule trugen ihrerseits die Wissenschaft weiter, welche Hrabanus Maurus und seine Genossen aus Tours mitgebracht hatten. Walafrid Strabo, 806 in Allemanien geboren, wurde 842 Abt zu Reichenau. Aus den Schriften dieses 849 verstorbenen Mannes und anderen gleichzeitigen Werken ist 1857 durch Pater Martin Marty in Einsiedeln[1]) eine Abhandlung „Wie man vor 1000 Jahren lehrte und lernte“ zusammengestellt worden, worin die Stelle vorkommt: „Im Sommer 822 begann ich unter Tattos Leitung das Studium der Arithmetik. Zuerst erklärte er uns die Bücher des Consuls Manlius Boethius über die verschiedenen Arten und Eintheilungen, sowie über die Bedeutung der Zahlen; dann lernten wir das Rechnen mit den Fingern und den Gebrauch des Abacus nach den Büchern, welche Beda und Boethius darüber geschrieben haben.“ Leider sind Quellenverweisungen nicht beigegeben, so dass man nicht wissen kann, woher der Verfasser das, was er von dem Abacus sagt, geschöpft hat, und dass man demgemäss eine Beweiskräftigkeit dieser, wenn auf Angaben aus dem IX. S. gestützten, unwiderlegbaren Erzählung nicht zu behaupten vermag.

Ein anderer Schüler Hrabans war Heiric von Auxerre, der selbst wieder in Remigius von Auxerre[2]) seinen Nachfolger sich heranbildete. Schon vorher hatte Remigius in dem Kloster Ferrieres den Unterricht von Servatus Lupus, einem Zöglinge des Klosters St. Martin bei Tours, genossen und so aus doppelter Vermittlung die wissenschaftlichen Anregungen Alcuins in sich aufgenommen. Remigius muss daher, wenn Einer, als mittelbarer Schüler Alcuins gelten, und er selbst trat nach 877 an die Spitze einer Schule, deren spätere grosse Bedeutung uns nöthigt ihres Stifters zu gedenken. Es war eine Schule zu Paris, und zwar eine Schule, die nur als solche, nicht in Verbindung mit einem Kloster eingerichtet wurde. Aus ihr entwickelte sich später die pariser Universität. Aber vor seiner pariser Lehrthätigkeit machte sich Remigius um das Schulwesen einer Stadt verdient, welche uns im nächsten Kapitel von Wichtigkeit sein wird, um das Schulwesen von Rheims, wohin er durch den Erzbischof Fulco berufen worden war. Remigius starb 908.

---

[1]) Nicht durch Pater Gall Morel, wie man aus Hankel S. 311, Note* schliessen möchte, und wie wir auch schlossen, bis ein vom 10. August 1876 datirter Brief von Pater Benno Kühne uns eines Besseren belehrte. Möglicherweise beruhte aber Morels Nachricht an Hankel, dass „neue Quellen nicht“ benutzt seien, auf der Aussage des Verfassers, der damals vielleicht noch nicht seinen Aufenthalt in Einsiedeln mit Südamerika vertauscht hatte. [2]) Werner, Alcuin S. 110.

Führten diese Männer die Lehren und das Lehrverfahren der Schule von St. Martin bei Tours in östlicher und nördlicher Richtung weiter, freilich ohne dass ihre Bemühungen von glänzendem Erfolge begleitet gewesen wären, indem vielmehr von der Mitte des IX. S. an die Zahl derer, welche realen Lehrgegenständen sich zuwandten, mehr und mehr wieder abnahm, zuletzt aus einzelnen Persönlichkeiten nur bestehend, so knüpft sich an einen anderen Zögling derselben Mutteranstalt eine südlich gewandte Fortleitung, an Odo von Cluny.[1]) Ein Edelmann, der am Hofe Wilhelm des Starken des Herzogs von Aquitanien lebte, hatte lange kinderlos seine Nachkommenschaft, wenn ihm solche würde, dem Dienste des heiligen Martin zugelobt, und so war über die Bestimmung des jungen Odo schon verfügt, als er um 879 geboren wurde. Im Knabenalter in das Kloster St. Martin aufgenommen genoss er den Unterricht des Scholasticus d. i. des Stiftslehrers Odalric. Nicht ganz im Einklang mit seinen Lehrern, welche ihn länger bei weltlichen Lehrgegenständen festhalten wollten als es ihm behagte, verliess er Tours und begab sich zu Remigius nach Paris. Nach einiger Zeit kehrte er nach Tours zurück, wo aber das zügellose Leben, welches unter den dortigen Mönchen eingerissen war, ihn mit Widerwillen erfüllte. Nun zog er sich in die Cisterzienser-Abtei Baume zurück, welche mit verschiedenen anderen Klöstern im engsten Zusammenhange stand, und wurde 927, als der gemeinsame Abt Berno dieser Klöster starb, auf die letztwillige Verordnung des Verstorbenen hin zum Abte von Cluny gewählt. Mit eiserner Strenge führte er dort die Herrschaft, so dass sein Kloster und die damit verbundene Schule bald allgemein als Musteranstalten an Zucht und Ordnung galten, und er selbst bald da bald dorthin gerufen wurde, um gleiche Reformen einzuführen, (wie z. B. nach dem am Anfange des X. S. in der Auvergne gegründeten Kloster Aurillac, dessen dritter Abt er war, wie 937 nach dem Mutterkloster des Ordens auf Monte Casino) oder um mannigfache Streitigkeiten zu schlichten. Odo starb 942 oder 943. Ein wahrscheinlich dem XII. S. angehörender unter dem Namen des Anonymus von Melk bekannter Schriftsteller, welcher in 117 Kapiteln in überaus trockenem aber dadurch nur um so vertrauenswertherem Tone einzelne Mönche nennt und deren Werke angibt, hat im 75. Kapitel zwei Schriften Odos gerühmt:[2]) ein Werk über die Beschäftigungen von höchster Trefflichkeit und ein ziemlich brauchbares Zwiegespräch über die Kunst der Musik. Als Datum

---

[1]) Math. Beitr. Kulturl. S. 292—302. Werner, Alcuin S. 112—114.
[2]) *Dialogum satis utilem de Musica arte composuit. Scripsit praeterea librum praestantissimum monachisque utilissimum, librum videlicet Occupationum.* Als Randzahl steht daneben 926.

jener Schrift gilt 926, also die Zeit, welche der Erwählung Odos zum Abte voranging, was die Wahrscheinlichkeit der Richtigkeit der Angabe nur erhöht. Viele mittelalterliche Abhandlungen über Musik haben handschriftlich sich erhalten, nicht grade wenige davon sind auch gedruckt, und darunter sind mehrere, welche Odo von Cluny als Verfasser beigelegt werden. Eine solche Abhandlung, in verschiedenen Abschriften erhalten, entspricht der von dem Anonymus von Melk gegebenen Beschreibung in so fern, als sie allein von allen in Gesprächsform abgefasst und wirklich „ziemlich brauchbar" ist. Eine Handschrift dieser musikalischen Abhandlung stammt aus dem XIII. S. und gehört der Wiener Bibliothek an.

In demselben Bande, in welchem das Gespräch über Musik zum Abdrucke kam[1]), ist auch eine andere Schrift nach einem Wiener Codex des XIII. S. veröffentlicht, ob nach demselben, welcher jenes Gespräch enthält, ist nicht angegeben. Diese andere Schrift führt den Titel: „Regeln des Abacus von dem Herrn Oddo" und würde, wenn sie wirklich mit Recht Odo von Cluny beigelegt werden darf[2]), von ungemeiner geschichtlicher Bedeutung sein. Leider ist eine Gewissheit dafür so wenig vorhanden, dass die meisten Geschichtsforscher, welche in neuerer Zeit sich mit diesen Fragen beschäftigt haben, auch diejenigen, welche unseren Ansichten bezüglich der Entwicklung des Rechenkunst am Nächsten stehen, weit mehr der Auffassung sich zuneigen, die Regeln des Abacus seien nicht so gar lange vor Entstehung ihrer Niederschrift aus dem XIII. S. von irgend einem anderen späteren Oddo oder Odo nicht vor dem XI. oder XII. S. zusammengestellt, eine Meinung für welche man allenfalls auch auf den Umstand sich beziehen könnte, dass Odo von Cluny, wie wir oben sahen, bei seinem eigenen Bildungsgange dem Verweilen bei ähnlichen Dingen sich widerwillig zeigte. Ohne diese Gründe als zwingend anzuerkennen, da man gar oft als Schüler andere Ansichten von dem zu Erlernenden oder zu Vernachlässigenden hat als später als Lehrer, können wir doch ebensowenig eine unbedingte Widerlegung führen. Wir wollen daher der Unparteilichkeit das Opfer bringen, diese Regeln erst im 40. Kapitel unter dem XII. S. näher zu beschreiben, wo ihnen immer noch manche Schlüsse entnommen werden können.

Wir wenden uns gegenwärtig zu einer Schrift, welche gesicherterer Entstehung eine Anzahl von Jahren vor 985 geschrieben ist

---

[1]) *Scriptores ecclesiastici de musica* herausgegeben durch Abt Martin Gerbert von St. Blasien. St. Blasien, 1784. I, 252—264 der Dialog über Musik, ibid. 296—302 *Regulae Domini Oddonis super abacum*. [2]) Th. H. Martin, *Origine de notre système de numération écrite* in der *Revue archéologique* von 1856, S. 33 des Sonderabzuges hat wohl zuerst diese Autorschaft vertreten, eine Ansicht, der wir uns in den Math. Beitr. Kulturl. anschlossen.

und von Abbo von Fleury herrührt.[1]) Abbo ist in Orleans geboren, hat an den uns bekannten Schulen von Paris und Rheims, zuletzt in seiner Vaterstadt Orleans studirt, und trat darauf in das Benedictinerkloster Fleury ein. Nachdem er ihm eine Anzahl von Jahren angehört hatte, trat er eine zweijährige Reise nach England an, und von dort zurückgekehrt wurde er Abt seines Klosters. Als solcher scheint er zu Gewaltmassregeln, die sein leicht aufbrausender Zorn ihm eingab, geneigt gewesen zu sein, und er starb wirklich eines gewaltsamen Todes auf einer Reise, wie die Einen sagen auf Anstiften eines seiner Mönche ermordet, wie die Andern sagen in einem auf dem Wege enstandenen Raufhandel. Sein Todesjahr war 1003 oder 1004. Auch die Angaben über die Reise nach England wechseln von den Jahren 960—962 bis zu den Jahren 985—987. In England hat Abbo grammatische Untersuchungen angestellt, welche er als Quaestiones grammaticales niederschrieb. Unter die grammatischen Untersuchungen geriethen auch Betrachtungen über die geheimnissvolle Bedeutung der einzelnen Zahlen, welche aber Abbo ziemlich kurz abthut, weil er, wie er sagt, ausführlich darüber in einem Büchlein gehandelt habe, welches er einst durch die Bitten seiner Klosterbrüder bezwungen zu dem Rechenbuche des Victorius über Zahl, Maass und Gewicht herausgegeben habe.[2]) Da nun ein Commentar zu dem Rechenknechte des Victorius (S. 450) sich aufgefunden hat, welcher zwar namenlos ist, aber in den ersten Einleitungszeilen genau dieselbe Redewendung von den nöthigenden Bitten der Klosterbrüder, dieselbe Inhaltsangabe über Zahl, Maass und Gewichte aufweist, welcher Zahlenmystik bis zum Ueberdrusse breitschlägt, welcher handschriftlich nicht später als im XI. S. entstanden sein kann, welcher aber auch nicht früher als in karolingischer Zeit verfasst sein kann, weil darin von dem Grammatiker Virgil von Toulouse und von der erst unter Pipin eingeführten Eintheilung des Solidus in 12 Denare die Rede ist, so hat man aus allen diesen scharfsinnig entdeckten Merkmalen die Folgerung gezogen, dass man es nur mit dem Commentare des Abbo von Fleury zu thun haben könne, von welchem dieser spätestens 987 sagte, dass er ihn einst, olim, also gewiss ziemlich viele Jahre früher verfasst habe. Man konnte mit einigen Erwartungen an diesen Commentar eines Mannes herantreten, welchen ein Zeitgenosse, Fulbert von Chartres, den hochberühmten Lehrer des ganzen Frankenlandes genannt hat[3]), und

[1]) Christ, Ueber das *Argumentum calculandi* des Victorius und dessen Commentar. (Sitzungsberichte der k. bair. Akademie der Wissenschaften zu München 1863, I, 100—152.) Ueber Abbos Persönlichkeit S. 118. [2]) *In libellulo quem precibus fratrum coactus de numero mensura et pondere olim edidi super calculum Victorii.* [3]) *Summae philosophiae Abbas et omni divina et saeculari auctoritate totius Franciae magister famosissimus.*

welcher in den einleitenden Worten sich seiner Eigenschaft als Rechenlehrer gewissermassen rühmt. Seit seiner frühesten Jugend beklage er, dass die Kenntniss der freien Künste schwinde und kaum noch auf Wenige sich beschränke, die habsüchtig ihrem Wissen einen Preis stellen. Daraus, nicht aus Stolz noch aus Neid, möge man es ableiten, wenn er auf die Gemüther der weniger Unterrichteten durch Rechenunterricht wirke.[1]) Abbo nennt an verschiedenen Stellen die älteren Schriftsteller, deren Werke ihm gedient haben. Martianus Capella und Boethius werden des Oefteren angeführt, neben ihnen Chalkidius und Macrobius. Er war mit Schriften des Priscian bekannt, in welchen von den Zahlen die Rede ist, mit Isidorus und Beda, wohl auch noch mit anderen Quellen, die uns nicht mehr erhalten sind. Leider sind nur einzelne Stellen des umfassenden Commentars abgedruckt, und in diesen ist die Ausbeute keineswegs den Erwartungen entsprechend. Man kann allenfalls einen Abschnitt über Zahlenbezeichnung an und mit den Fingern erwähnen, in welchem der sprachliche Ausdruck reiner sei als bei Beda, von welchem überdies einzelne Abweichungen stattfinden, es scheine dass Abbo hier eine ältere Quelle ausschrieb.[2]) Ob über das Rechnen mit ganzen Zahlen Anweisungen bei Abbo gegeben sind, lässt sich aus den veröffentlichten Musterstücken nicht nachweisen, die Vermuthung spricht allerdings dafür. Aber besonders Auffallendes muss dort in dieser Beziehung nicht zu finden gewesen sein, sonst hätte der Auszug dessen muthmasslich gedacht. Nur über Eines sind wir unterrichtet, dass das Hersagen des Einmaleins in Wörtern der Vulgärsprache untermengt mit deutschen Klängen — z. B. cean, wohl für zehn — noch immer in den Schulen stattfand[3]), eine an sich ganz wissenswürdige Bemerkung, welche aber für die Frage, die wir schon wiederholt gestellt haben, ohne sie jemals sicher beantworten zu können, für die Frage, wie die Klosterschule jener Zeit mit ganzen Zahlen rechnen lehrte, kaum einen Beitrag zu einer Beantwortung liefert. Das Einmaleins war stets und ist zu einem bequemen Rechnen nothwendig, es ist seit den Griechen immer dabei benutzt worden, aber es ist nicht das Rechnen selbst. Es gibt uns nicht einmal Auskunft darüber, wie man Zahlen vervielfachte, deren eine mindestens grösser als 10 ist, geschweige denn dass es von den anderen Rechnungsverfahren uns unterrichte.

Ueber dieses Rechnen mit ganzen Zahlen erhalten wir erst Auskunft, wenn wir zu einem Schriftsteller uns wenden, der vielbesprochen einen geistigen Mittelpunkt seiner Zeit gebildet hat, und der unsere ganze Aufmerksamkeit nunmehr in Anspruch nehmen soll: Gerbert.

---

[1]) Christ l. c. S. 121. [2]) Ebenda S. 125—126. [3]) Ebenda S. 108—109.

Kapitel XXXIX.

Gerbert.

So interessant das Leben Gerberts ist[1]), werden wir uns mit einem nur sehr kurzen Ueberblicke über dasselbe begnügen müssen, und würden noch kürzer uns fassen, wenn seine Leistungen nicht zum Theil nur dann verständlich wären, wenn man die Kenntniss der Verhältnisse, unter welchen sie entstanden sind, besitzt. Gerbert muss in der ersten Hälfte des X. S. wahrscheinlich von armen Eltern in der Auvergne unweit des Klosters Aurillac geboren sein. Dort wuchs er dann auf, erzogen durch den Scholasticus Raimund, der selbst ein Schüler Odo's von Cluny war, und durch den nachmaligen Abt Gerald. Etwa 967 verliess Gerbert das Kloster mit Einwilligung seiner Obern um den Grafen Borel von Barcelona, den eine politische Reise an dem Kloster vorbeigeführt hatte, in seine Heimath zu begleiten, und dort in der spanischen Mark gewann er sich in Hatto dem Bischof von Vich einen väterlichen Freund, bei welchem er weitere Studien machte, sich auch in der Mathematik vielfach mit Nutzen beschäftigte.[2])

Das ist Alles, was wir über den Unterrichtsgang Gerberts aus dem Munde seines Schülers Richerus wissen, der, so wenig zuverlässig er als Geschichtsschreiber im Allgemeinen sich erweist, doch in dieser Beziehung unser Vertrauen verdient, da er seinen Lehrer aufs Höchste verehrend lieber zu viel als zu wenig gesagt haben würde, wenn er mehr gewusst hätte. Er hätte es uns z. B. nicht verschwiegen, wenn Gerbert sich bei Hatto Kenntnisse in der arabischen Sprache erworben hätte, wenn er die Gefahren nicht scheuend, welche den Christen in den arabischen Städten bedrohten und grade damals unter den glaubenseifrigsten Emîren unvermeidliche und unübersteigliche Hindernisse bildeten (S. 680), unter die Gelehrten jenes Volkes sich gemischt hätte, um deren Wissen sich anzueigenen.

So zerfällt von selbst die Notiz, welche einen Zeitgenossen Gerberts, den Chronisten Adhemar von Chabanois, zum Verfasser hat. Dieser erzählt nämlich: „Gerbert war aus Aquitanien von niederer Geburt. Er war seit seiner Kindheit Mitglied des Klosters

---

[1]) Math. Beitr. Kulturl. Kapitel XXI und XXII, S. 303—329. Olleris, *Oeuvres de Gerbert*. Clermont-Fd. et Paris, 1867. XVII—CCV. Karl Werner, Gerbert von Aurillac, die Kirche und Wissenschaft seiner Zeit. Wien, 1878.

[2]) Richerus, *Histor.* III, 43 *(Monument. German. Script.* III, 617) . . . *Hattoni episcopo instruendum commisit. Apud quem etiam in mathesi plurimum et efficaciter studuit.*

des heiligen Geraldus von Aurillac. Er durchwanderte der Weisheit wegen erst Frankreich, dann Cordova. Er wurde dem König Hugo bekannt und mit dem Bisthume Rheims beschenkt. Dann lernte Kaiser Otto ihn kennen, worauf er das Bisthum Rheims verliess und Erzbischof von Ravenna wurde. Als später Papst Gregor, der Bruder des Kaisers starb, wurde derselbe Gerbert scheinbar seiner Weisheit wegen vom Kaiser zum römischen Papste erhöht. Da veränderte er seinen Namen und hiess seit der Zeit Sylvester.[1])" In dieser fast mehr als kurzen Lebensgeschichte ist Wahres und Falsches in buntem Wechsel gemengt, und falsch ist offenbar die Durchwanderung von Cordova, welche zu der Frankreichs in Gegensatz gestellt ist. Man hat eine Erklärung dazu darin gefunden[2]), dass für Adhemar, der, ähnlich wie es auch bei Richer der Fall ist, in Frankreich erträglich, ausserhalb Frankreich ganz und gar nicht Bescheid wusste, Cordova das gesammte Land jenseits der Pyrenäen bezeichnete, die spanische Mark mit eingeschlossen, in welcher Gerbert thatsächlich seinen Aufenthalt nahm, so dass also ein eigentlicher Widerspruch gegen das von Richer uns wahrheitsgetreu Bezeugte nicht vorhanden sei.

Wohl liegt dagegen ein ausdrücklicher Widerspruch gegen die Beschränkung des Aufenthaltes Gerberts auf die spanische Mark in den Worten eines anderen Chronisten: Gerbert habe mit Bestimmtheit den Abacus den Saracenen geraubt und die Regeln gegeben, welche von den schwitzenden Abacisten kaum verstanden werden.[3]) Allein dieser Berichterstatter ist aus mancherlei Gründen zu verwerfen. Wilhelm von Malmesbury lebte als englischer Chronist aus der Mitte des XII. S. nach Zeit und Ort in einer Umgebung, in welcher durch die Uebersetzungen arabischer Schriftsteller z. B. des Rechenbuchs des Muḥammed ibn Mûsâ Alchwarizmî die Vermuthung nahe gelegt wurde, ein irgendwie vereinfachtes Rechnen könne nirgend anders als bei den Arabern entstanden sein. Ferner ist seine Glaubwürdigkeit, so weit es um Gerbert sich handelt, eine so geringe als nur irgend möglich. Er verbrämt die Geschichte von dem Raube des Abacus mit den tollsten Zaubermährchen, die desshalb nicht wahrer sind, weil sie später da und dort Glauben fanden.[4]) Er verwechselt mitunter sogar Gerbert mit Papst Johann XV. Kurz er ist alles eher als ein zuverlässiger Zeuge, wo er allein und gar in Widerspruch zu den zahlreichsten sonstigen Erwägungen aussagt.

Um 970 begleitete Gerbert den Bischof Hatto und den Grafen Borel nach Rom, wo er durch den Papst Johann XIII. dem deutschen

---

[1]) *Monument. German.* VI, 130. [2]) Büdinger, Ueber Gerberts wissenschaftliche und politische Stellung. Marburg, 1851, S. 8. [3]) *Abacum certe a Saracenis rapiens regulas dedit quae a sudantibus abacistis vix intelliguntur.* [4]) Doellinger, Papstfabeln des Mittelalters. München, 1863.

Könige Otto I. vorgestellt wurde, und auf dessen Wunsch ihn als Lehrer irgendwo anzustellen erwiderte, er wisse zu diesem Zwecke in der Mathematik zwar genug, aber nicht in der Dialektik. Um darin sich weiter auszubilden ging nun Gerbert mit Ottos Einwilligung nach Rheims, wo er vermuthlich 10 Jahre, von 972 bis 982, verweilte und eine anfangs gemischte Stellung einnahm, welche bald vollständig in die eines Stiftslehrers überging. Zu den Männern, welche ihn damals in der Dialektik, vielleicht auch noch in der Grammatik unterrichteten, welchen er aber dafür schon mathematischen Unterricht ertheilte, gehörte nach aller Wahrscheinlichkeit Constantinus, der von einem späteren Aufenthaltsorte den Namen Constantinus von Fleury erhalten hat.

Wir sind wieder durch Richerus in die Lage versetzt den Lehrplan genau schildern zu können, welchen Gerbert als Scholasticus in Rheims einzuhalten pflegte.[1]) Zuerst wurden die Schüler an philosophische Auffassung gewöhnt. Die Hilfsmittel waren griechische Werke in lateinischer Uebersetzung, zumeist in der des Consul Manlius, d. h. des Boethius. Darauf folgte die Rhetorik verbunden mit dem Lesen lateinischer Dichter, und nach ihr eigentlich dialektische Uebungen, die unter der Leitung eines besonders dazu angestellten Lehrers stattfanden. Von dieser Abtheilung der Unterrichtsgegenstände unterscheidet Richerus alsdann ganz besonders die mathematischen Fächer, auf welche Gerbert viele Mühe verwandte. Er begann mit der Arithmetik als dem ersten Theile, liess darauf die Lehre vom Monochorde und die ganze Musik folgen, ein für Frankreich fast ganz neues Kapitel der Wissenschaften, und lehrte alsdann die Astronomie, deren schwer verständlichen Inhalt er durch mancherlei Vorrichtungen zu erläutern wusste. Richerus nennt die wichtigsten astronomischen Apparate, deren Gerbert sich bediente. Sie weisen ebenso wie das beim Unterrichte in der Musik gebrauchte Monochord ausschliesslich auf griechisch-römische Quellen hin.[2]) Diesem mathematischen Unterricht von Gerbert zu Grunde gelegte Bücher nennt Richerus nicht.

Sollen wir daraus den Schluss ziehen, es seien überhaupt Bücher dabei nicht benutzt worden? Es will fast so scheinen. Wenigstens wird sonst einigermassen unbegreiflich, wie in späterer Zeit jener Constantinus, den wir eben genannt haben, an Gerbert die Bitte um schriftliche Mittheilung des früher Gelehrten richten konnte. Damit ist freilich keineswegs ausgeschlossen, dass Gerbert selbst, als Lehrer, sich an schon vorhandene Schriften anlehnte, Schriften jedenfalls griechisch-römischen Ursprunges gleich den Kenntnissen,

[1]) Richerus, *Histor.* III, 46—54. Das letzte dieser Kapitel handelt vom Abacus (*Monument. German. Script.* III, 618). [2]) Büdinger l. c. S. 38—42.

welche ihren Inhalt bildeten. Wir müssen annehmen, es sei die Arithmetik des Boethius darunter gewesen, nicht aber die übrigen Schriften des gleichen Verfassers, sondern nur Auszüge und Bearbeitungen derselben von uns freilich nicht näher bekannten Persönlichkeiten. Diese Meinung wird wesentlich unterstützt in ihrem negativen Theile durch den Umstand, dass Gerbert, wie wir noch sehen werden, erst viel später mit der Astronomie und vielleicht mit der Geometrie des Boethius bekannt wurde, in ihrem positiven Theile durch das letzte Kapitel von Richers Erzählung, in welchem von der Geometrie und von dem Rechenunterrichte die Rede ist.

„Bei der Geometrie wurde nicht geringere Mühe auf den Unterricht verwandt. Zur Einleitung in dieselbe liess Gerbert durch einen Schildmacher einen Abacus, d. h. eine durch ihre Abmessungen geeignete Tafel anfertigen. Die längere Seite war in 27 Theile abgetheilt, und darauf ordnete er Zeichen, 9 an der Zahl, die jede Zahl darstellen konnten. Ihnen ähnlich liess er 1000 Charaktere von Horn bilden, welche abwechselnd auf den 27 Abtheilungen des Abacus die Multiplikation oder Division irgend welcher Zahlen darstellen sollten, indem mit deren Hilfe die Division oder Multiplikation so compendiös von statten ging, dass sie bei der grossen Menge von Beispielen viel leichter verstanden als durch Worte gezeigt werden konnte. Wer die Kenntniss davon sich vollständig erwerben will, der lese das Buch, welches Gerbert an C. den Grammatiker schrieb. Dort findet er es zur Genüge und darüber hinaus beschrieben.“

Fragen wir uns sogleich, bevor wir weitergehen, ob diese Stelle in Einklang zu bringen wäre mit der Annahme, Wilhelm von Malmesbury hätte mit seiner allein dastehenden Behauptung von dem arabischen Ursprunge des Abacus doch Recht. Wir müssen mit entschiedenstem Nein antworten. Das Rechnen als Theil der Geometrie ist nicht arabisch. Kolumnen sind, wenigstens in der zweiten Hälfte des X. S. soweit wir irgend wissen, nicht arabisch. Der Gebrauch von nur neunerlei Zeichen, also ohne die Null, ist nicht arabisch. Das Alles stimmt aber vollkommen zur Geometrie des Boethius, wenn dieselbe, wie wir schon verschiedentlich zu beweisen gesucht haben, echt ist und zwar nicht allgemein aber doch in engsten Gelehrtenkreisen innerhalb der Klöster nachwirkte.

Wir fügen hinzu, dass diese Nachwirkung grade in der Zeit, um welche es sich gegenwärtig handelt, auch an einem anderen Orte nachweislich ist, wo Gerbert nicht lebte, wohin seine Lehre, die Lehre eines damals noch unbekannten einflusslosen Mönches, so rasch unmöglich gedrungen sein kann. Ein Mönch mit Namen Walther[1])

---

[1]) Wattenbach, Deutschlands Geschichtsquellen im Mittelalter (4. Ausgabe 1877) I, 263.

ist grade damals in Speier aufgewachsen, von wo er den Beinamen Walther von Speier erhielt. Er schrieb dann dort als Subdiaconus, und zwar im Jahre 983, ein umfangreiches Gedicht über das Leben des heiligen Christoph.[1]) Im ersten Gesange schildert er den Studiengang, welchen er selbst durchgemacht hatte. Die Einrichtung desselben geht auf Bischof Baldrich zurück, der 970—987 dem Bisthume vorstand und von St. Gallen dahingekommen die Unterrichtsweise seines früheren Aufenthaltes mitbrachte. Was also Walther von Speier 983 schildert ist Nichts anderes als die Art und Weise, in welcher vor 970 mithin zu einer Zeit, während welcher Gerbert noch in der spanischen Mark sich aufhielt, in St. Gallen unterrichtet wurde. Von dort gilt also Folgendes:

Et postquam planas limabant rite figuras
Intervallorum mensuris et spatiorum
Ordine compositis, cubicas effingere formas
Nituntur, mediumque vident incurrere triplum.
Collatum primi distantia colligat una,
Alterius numeros proportio continet aequa,
Respuit haec ambo mediatrix clausa sub imo.
Ordinibus Mathesis gaudebat rite paratis,
Haec missura tibi solatia, clare Boëti.

Inde Abaci metas defert Geometrica miras,
Cumque characteribus iniens certamina lusus
Ocyus oppositum redigens corpus numerorum
In digitos propere disperserat articulosque.

Inde superficies ponens ex ordine plures
Trigona tetragonis coniunxit pentagonisque,
Strenua Pyramidum speciem ductura sub altum.
Tum laterum miras erexit ut ipsa figuras,
Arripiens radium semetretas fecit agrorum,
Quos quodam refluus confudit tempore Nilus!
Tradidit et varias in secto pulvere metas.

Die ganze Stelle bezieht sich, wie wir um jedes Missverständniss auszuschliessen von vorn herein bemerken, auf das Zahlenkampf genannte Spiel, welches Boethius im Gefängnisse zu seinem Troste erdacht habe (S. 491). Aber wichtiger als der wesentliche Inhalt der Stelle sind die für den Verfasser nebensächlichen für uns das Hauptaugenmerk bildenden Anspielungen. Wir erlauben uns die in entsetzlichem Latein verfasste dem schwülstigen Stile des Martianus Capella augenscheinlich nachgebildete Schilderung zunächst zu übersetzen: „Nachdem sie die ebenen Figuren regelrecht genau auszuführen verstanden mit nach der Ordnung zusammengesesetzten Maassen

---

[1]) Abgedruckt in Bernh. Pez, *Thesaurus Anecdot.* II, 3, pag. 29—122. Die für uns wichtige Stelle pag. 42.

der Zwischenräume und der Strecken bestreben sie sich cubische Gestaltungen zu bilden, und sie sehen dass dieselben auf ein dreifaches Mittel hinauslaufen. Eine und dieselbe Entfernung verbindet das, was durch das erste Mittel zusammengebracht ist; gleiches Verhältniss hält die Zahlen des zweiten zusammen; diese beiden Dinge verwirft die Mittlerin, welche unter dem letzten verschlossen ist. An regelrecht bereiteten Ordnungen erfreute sich die Mathematik, Dir berühmter Boethius diesen Trost zuschickend. Hierauf bringt die Geometrie die wundersamen Linien des Abacus herbei und mit den Zeichen die Kämpfe des Spieles beginnend hatte sie schnell Ordnung hineinbringend die gegenübergestellten Körper der Zahlen in Finger- und in Gelenkzahlen zerstreut. Hierauf stellte sie mehrere Oberflächen ordnungsmässig hin, verband Dreiecke mit Vierecken und Fünfecken eifrig die Gestalt der Pyramide zur Spitze zuzuführen. Dann errichtete sie Figuren der Seiten wundersam wie sie selbst, machte den Maassstab ergreifend die regellosen Grenzen der Felder, welche zu einer Zeit zurückströmend der Nil vermengt hat, und sie überlieferte die verschiedenen Linien im Staube gezeichnet."

Wir sehen hier die Kenntniss der drei verschiedenen Mittelgrössen, des arithmetischen, des geometrischen und des harmonischen Mittels, letzteres allerdings nur negativ geschildert als weder gleiche Entfernung noch gleiches Verhältniss zu den äusseren Gliedern aufweisend. Wir hören die seit Herodot unzählig oft wiederholte Erzählung von der Verwischung der Ackergrenzen durch den aus den Ufern getretenen Nil und von der so vermittelten Erfindung der Geometrie. Wir erkennen in der letzten Zeile einen Halbvers des römischen Satyrendichters,[1]) der sich in dieser Umgebung recht verlassen vorkommen muss. Wir vernehmen, dass die Geometrie den Abacus herbeibringt und die Zahlen in Finger- und Gelenkzahlen zerstreut. Das sind aber grade dieselben Begriffsobjekte, welche Gerbert vereinigt benutzt hat, und sie weisen mit Nothwendigkeit darauf hin, dass damals an verschiedenen Orten die Erinnerung an ein Werk vorhanden gewesen sein muss, welches in seiner Anordnung an dasjenige mahnt, welches für uns die Geometrie des Boethius ist, und dass die Quelle, aus welcher diese Erinnerung geschöpft war, eine römische gewesen sein muss. Dabei sehen wir sogar von der Anrufung des Boethius selbst in unserer Stelle ab, wiewohl man in ihr eine gewisse Gedankenbeziehung zu einem Ausspruche der Chronik von Verdun[2]) erkennen möchte. In dieser Chronik ist nämlich Gerbert ein zweiter Boethius genannt, wodurch wenn nicht die Quelle alles seines Wissens doch jedenfalls so viel gesichert ist,

---

[1]) Persius Satyr. I, 132: *Nec qui abaco numeros et secto in pulvere metas scit.* [2]) *Monument. German.* VI, 8.

dass die damalige Zeit gewohnt war Boethius als den allgemeinen Lehrer insbesondere für mathematische Gegenstände zu betrachten.

Damit sind wir wieder zu Gerbert zurückgelangt, dessen Lehrthätigkeit in Rheims, wie wir sagten, bis etwa 982 gedauert hat. Etwa ein Jahr vor dem Ende dieser Zeit, um Weihnachten 980, war Gerbert als Begleiter des Bischofs Adalbero von Rheims in Ravenna am Hofe Otto II., den er gleich seinem Vater für sich einzunehmen wusste. Er zeichnete sich in einer öffentlichen Disputation über philosophisch-mathematische Gegenstände, welche er gegen einen der ersten Dialektiker der Zeit bestand,[1]) und aus welcher er wenn nicht als Sieger doch unbesiegt hervorging, indem der Kaiser am späten Abend wegen Ermüdung der Zuhörer den noch andauernden Redekampf unterbrach, rühmlichst aus, und muthmasslich in Folge dieser zum Kaiser angeknüpften Beziehungen wurde Gerbert als Abt an das Kloster Bobbio versetzt, jenes reiche Kloster an der Trebbia, wo der irische Glaubensprediger Columban gestorben ist, wo handschriftliche Schätze aller Art den wissensdurstigen Geist empfingen, wo insbesondere damals der Codex Arcerianus vorhanden war, die Sammlung römischer Feldmesser, von welcher früher (S. 467) die Rede war. Gerbert hat, das werden wir noch nachweisen, diese Sammlung in Bobbio studirt und in Verbindung mit anderen römischen Schriftstellern, deren Persönlichkeit sich nicht genau feststellen lässt, zur Grundlage einer eigenen Geometrie gemacht, welche während des Aufenthaltes in Bobbio entstand.

Dieser Aufenthalt währte allerdings nicht lange. Otto II. starb am 7. December 983. Er allein war Gerberts Freund gewesen, während Papst Johann der XIV. gradezu als dessen persönlicher Gegner aufgefasst werden muss. An diesem Letzteren hatte mithin Gerbert Nichts weniger als eine Stütze in den Kämpfen, welche er, der aufgedrungene Fremdling, als Abt von Bobbio zu bestehen hatte. Widerspenstigkeit der untergebenen Mönche, Anfeindungen umwohnender Grossen, welche Güter des Klosters an sich gerissen hatten, vereinigten sich Gerbert den dortigen Aufenthalt zu verleiden, und kurz nach dem Tode Otto II. war er wieder in Rheims, in der Umgebung seines dort lebenden Freundes, des Bischofs Adalbero. Seine äusseren Geschicke, welche mit der politischen Geschichte der damaligen Zeit in engstem Zusammenhange stehen und namentlich durch das freundschaftliche Verhältniss, welches Gerbert an die noch lebenden weiblichen Persönlichkeiten der deutschen Kaiserfamilie, an die Mutter Theophania und an die Grossmutter Adelheid des jungen Otto III. fesselte, beeinflusst worden sind, sind ungemein wechselnd. Wahrscheinlich 985 ist Gerbert vorübergehend in Mantua gewesen, und

---

[1]) Werner, Gerbert S. 46—55.

von dort schrieb er an Adalbero über wissenschaftliche Funde, welche ihm geglückt seien,[1]) er möge sich nur Hoffnung machen auf 8 Bücher des Boethius über Astronomie und ganz Ausgezeichnetes über Figuren der Geometrie und nicht minder Bewundernswerthes was er allenfalls noch finden werde. Das ist die Stelle, auf welche man sich zu beziehen pflegt, um das Vorhandensein der Geometrie des Boethius in jener Zeit zu begründen (S. 488), um zugleich zu begründen, dass Gerbert dieselbe in Bobbio noch nicht zu seiner Benutzung gehabt haben kann, und noch weniger in der früheren Zeit seines ersten Rheimser Aufenthaltes.

Wahrscheinlich 990 im Lager Hugo Capets, welcher damals Laon belagerte, schrieb Gerbert einen anderen dem Mathematiker nicht uninteressanten Brief an Remigius von Trier.[2]) Es ist allerdings nur eine im Texte recht sehr verderbte Antwort auf zwei verloren gegangene Anfragen und darum nicht mit aller Bestimmtheit herzustellen. Die wahrscheinlichste Uebersetzung lautet: „Das in Bezug auf die erste Zahl hast Du richtig verstanden, dass sie sich selbst theilt, weil einmal eins eins ist. Aber desshalb ist nicht jede sich selbst gleiche Zahl als ihr Theiler zu betrachten; z. B. einmal vier ist vier, aber desshalb ist nicht vier der Theiler von vier, sondern vielmehr zwei, denn zwei mal zwei sind vier. Ferner das Zeichen 1, welches unter der Kopfzahl X steht, bedeutet X Einheiten, welche in sechs und vier zerlegt das anderthalbmalige Verhältniss gewähren. Dasselbe liesse sich auch an zwei und drei sehen, deren Unterschied die Einheit ist."

Wieder um einige Jahre später fällt, wahrscheinlich in den Spätsommer 994, ein Brief Otto III. an Gerbert,[3]) der inzwischen 991 zum Metropolitan von Rheims gewählt worden war, wozu ihn schon 988 der sterbende Adalbero bezeichnet hatte, der aber seiner unter Widerwärtigkeiten der verschiedensten Art errungenen Stellung nicht froh werden konnte. Gerbert hatte offenbar an Otto geschrieben und ihm Verse zugeschickt, oder gefragt ob Otto welche zu machen verstehe, denn nur so hat der Schluss von Ottos Brief einen Sinn, worin es ohne jeden Zusammenhang mit Vorhergehendem heisst, dass er bisher keine Verse gemacht, wenn er aber diese Kunst mit Erfolg erlernt haben werde, wolle er so viele Verse senden als Frankreich Männer zähle. Für uns hat nur eine frühere Stelle des Briefes Be-

[1]) *Oeuvres de Gerbert* (ed. Olleris) *Epistola* 76, pag. 44: *et quos post reperimus speretis: id est VIII volumina Boetii de astrologia praeclarissima quoque figurarum geometriae aliaque non minus admiranda si reperimus.* [2]) Ebenda *Epistola* 124 pag. 68. Wir geben die Uebersetzung aus Math. Beitr. Kulturl. S. 318 nach Friedleins Verbesserungen des lateinischen Textes. Friedleins Uebersetzung dagegen [Zeitschr. Math. Phys. X, 248, Anmerkung **] halten wir am Anfange für ganz falsch, während der Schluss nicht nennenswerth von dem unsrigen abweicht. [3]) Ebenda *Epistola* 208 pag. 141—142. Vergl. Werner, Gerbert S. 93.

deutung, in welcher Otto die dringende Einladung an Gerbert ergehen lässt persönlich zu kommen, in ihm der Griechen lebendigen Geist zu erwecken und ihm das Buch der Arithmetik zu erklären, damit er vollkommen durch die Beispiele desselben belehrt Etwas von der Feinheit der Altvorderen verstehe. Mit grösster Wahrscheinlichkeit ist als das Buch der Arithmetik, von welchem hier die Rede ist, die Arithmetik des Boethius erkannt worden, und die Thatsache, dass jenes Werk damals am Kaiserhofe vorhanden war, ist durch das Auffinden einer etwa gleichaltrigen, zwar lückenhaften aber sehr richtigen Handschrift zur Gewissheit geworden.[1]) Otto war 987 der Schüler Bernwards des Bischofs von Hildesheim. Der Domschatz dieser alten Stadt bewahrt aber unter dem Namen des *liber mathematicalis* des heiligen Bernward eine durch diesen verbesserte wenn nicht gar durchweg mit einer älteren Handschrift verglichene Abschrift der Arithmetik des Boethius, an deren damaligem Vorhandensein demnach nicht der leiseste Zweifel übrig bleibt. Ob Otto bereits durch Bernward mit dem Inhalte des Werkes bekannt gemacht Gerbert noch um die nähere Erläuterung zu bitten beabsichtigte, ob er das Werk nur von Hörensagen oder durch ohne Hilfe unternommene und desshalb fruchtlos gebliebene eigene Durchsicht kannte, das sind Fragen untergeordneten Ranges, auf welche eine Antwort schwerlich gefunden werden möchte. Gerbert nahm die Einladung an und sagte dabei anknüpfend an Ottos eigene Worte: „Wahrlich Etwas göttliches liegt darin, dass ein Mann, Grieche von Geburt, Römer an Herrschermacht, gleichsam aus erbschaftlichem Rechte nach den Schätzen der Griechen- und Römerweisheit sucht.“[2])

Davon dass auch andere Weisheit möglich sei, dass Araber sich um die Mathematik verdient gemacht hätten, ist hier, wo es so nahe lag den künftigen Lehren, welche Gerbert dem jungen Fürsten ertheilen sollte und wollte, diesen erhöhten Reiz fremdartigen Ursprunges zum Voraus zu verleihen, mit keinem Buchstaben die Rede, so wenig wie an irgend einer anderen Stelle der von Gerbert herrührenden Briefe oder Werke. Es ist wahr, Gerbert redet um 984 während seines zweiten Rheimser Aufenthaltes zu zwei verschiedenen Persönlichkeiten,[3]) zu Bonafilius dem Bischofe von Girona und zu seinem alten Lehrer dem Abte Gerald von Aurillac, von einer Schrift des weisen Josephus, des Spaniers Josephus über Multiplikation und Division der Zahlen, welche Adalbero zu besitzen wünsche, und welche Ersterer oder Letzterer zu besorgen gebeten wird, Letzterer

[1]) Der *liber mathematicalis* des heiligen Bernward im Domschatze zu Hildesheim, eine historisch-kritische Untersuchung von H. Düker. Beilage zum Programm des hildesheimer Gymnasium Josephinum für 1875. [2]) *Oeuvres de Gerbert* (ed. Olleris) *Epistola* 209, pag. 142. [3]) Ebenda *Epistola* 55, pag. 34 und *Epistola* 63, pag. 38.

mit Berufung darauf, dass der Abt Guarnerius ein Exemplar in Aurillac zurückgelassen habe. Allein dass dieser „Spanier“ ein Araber gewesen sei, ist aus seinem Namen ebensowenig wie aus sonstigen Gründen zu schliessen. Die Sprache, in welcher der Betreffende schrieb, war ohne Zweifel nicht die arabische, sondern die lateinische, denn was hätte sonst Adalbero mit dem Buche anfangen können, wesshalb hätte Guarnerius es in Aurillac zurücklassen sollen zu einer Zeit, in welcher gewiss Kenntniss der arabischen Sprache in den Klöstern vergeblich gesucht worden wäre?

Auf ein arabisches Werk ist wahrscheinlich nur ein aus wenigen Zeilen bestehender Brief zu beziehen,[1]) welcher dem gleichen Zeitraume wie die beiden ebenerwähnten Briefe angehören dürfte, und in welchem Gerbert von einem gewissen Lupitus von Barcelona, um welchen er selbst sich keinerlei Verdienst erworben habe, vermöge seines hohen Geistes und seiner freundlichen Sitten das von ihm übersetzte Buch über Sternkunde erbittet und sich zu jeglichem Gegendienste bereit erklärt. Jenes Buch kann nicht leicht ein anderes als ein arabisches gewesen sein. Aber auch dieses hat Gerbert wohl nie früher und ebensowenig auf seinen Brief hin zu Gesicht bekommen, wenn man diesen Schluss aus dem Umstande ziehen darf, dass wie in früherer so in späterer Zeit keinerlei Spuren arabischer Sternkunde bei Gerbert erkennbar sind. Dergleichen bedurfte es freilich auch nicht für die Dinge, welche Gerbert vornahm, und welche von trigonometrischen Rechnungen, einem Gegenstande, bei welchem der Gegensatz zwischen griechisch-römischen und arabischen Lehren sich besonders gezeigt haben müsste, vollkommen frei waren. Solcher bedurfte er z. B. nicht durchaus bei der Herrichtung einer Sonnenuhr in Magdeburg, welche er zwischen 994 und 995 vollzog, und zu deren Richtigstellung er Beobachtungen des Polarsternes machte.[2])

Das Wanderleben Gerberts hatte mit der Reise nach dem Kaiserhofe keinen Ruhepunkt erreicht. Bald sehen wir ihn nach Frankreich zurückkehren, um auf der Synode zu Mouson sein Recht auf das Bisthum Rheims persönlich zu vertheidigen, bald finden wir ihn in Ottos Heerlager auf einem Feldzuge gegen slavische Stämme an Elbe und Oder, bald überschreitet er im Gefolge Otto III. die Alpen um dem wüsten Regimente ein Ende zu machen, welches in Rom herrschte und dem deutschen Könige sowohl Aergerniss bereitete als die erwünschte Gelegenheit zur Einmischung gab. Am 9. Mai 996 starb Papst Johann XV., unter dem Drucke der Nähe des deutschen Heeres wurde

---

[1]) *Oeuvres de Gerbert* (ed. Olleris) *Epistola* 60, pag. 36. [2]) *In Magdaburgh orologium fecit, illud recte constituens considerata per fistulam quadam stella nautarum duce* sagt darüber Thietmars Chronik L. VI, cap. 61. Thietmar † 1019 als Bischof von Merseburg. Vergl. Werner, Gerbert S. 221.

Bruno aus dem sächsischen Fürstenhause als Gregor V. zum Papste gewählt, am 21. Mai krönte der neue Papst bereits Otto in Rom zum Kaiser. Gerbert blieb auch nach des Kaisers Abreise in Rom als Rathgeber des noch jugendlichen Papstes. Er erfüllte diese Aufgabe so pflichtgetreu, dass er 998 mit dem Bisthume Ravenna belohnt wurde, und im folgenden Jahre erfüllte sich der Schicksalsspruch:

Scandit ab R Gerbertus in R, post Papa viget R,

der ihm in dreifacher Erhebung ein dreifaches *R* verheissen hatte, von Rheims nach Ravenna, von Ravenna nach Rom! Gregor V. starb am 5. Februar, Gerbert feierte am 2. April 999 seine Inthronisation unter dem Namen Sylvester II. Er verwaltete den päpstlichen Stuhl fast genau 4 Jahre lang bis zu seinem Tode, der am 12. Mai 1003 erfolgte.

Die letzten 7 Lebensjahre Gerberts, welche er demnach politisch und kirchlich überaus beschäftigt in Italien zubrachte, gaben ihm daneben Gelegenheit zu schriftstellerischer Thätigkeit. Er verfasste eine freilich nur aus 12 Hexametern bestehende Inschrift zu einem Denkmale des Boethius, mit welchem Otto III. zu Pavia auf seine Veranlassung das Grab des in den Klosterschulen beliebtesten Schriftstellers schmückte.[1]) Er schrieb muthmasslich um 997 eine Abhandlung über das Dividiren, welche dem Constantinus von Fleury gewidmet ist und als jene Schrift betrachtet wird, von der Richer spricht, indem er diejenigen, welche die Division und die Multiplikation grosser Zahlen erlernen wollen, auf das Buch verweist, welches Gerbert an C. den Grammatiker schrieb. Als Papst sogar fand Gerbert Zeit einen astronomischen Brief an einen anderen Constantinus als den eben genannten zu schreiben.[2]) Als Papst erhielt er einen Brief geometrischen Inhaltes von Adalboldus über die Ausmessung des Kreises und der Kugel,[3]) in dessen Schreiber man wohl berechtigt ist Adelbold von Utrecht zu erkennen, einen Gelehrten der in vielen Sätteln gerecht Schriften über Musik,[4]) aber auch ein Geschichtswerk hinterlassen hat, welches an Thietmars Chronik sich anlehnt.[5]) Vielleicht in die gleiche Zeit fällt ein Schreiben Gerberts an denselben Adalboldus über einen geometrischen Gegenstand, von dem wir noch zu reden haben. Gelegenheit bietet uns die Gesammtbesprechung der mathematischen Schriften Gerberts, zu welcher wir jetzt übergehen, und bei welcher wir erst die geometrischen dann die arithmetischen Dinge behandeln.

Die Geometrie[6]) Gerberts ist in mehreren lückenhaften, sodann in einer bis gegen das Ende vollständigen dem Stifte St. Peter

---

[1]) Werner, Gerbert S. 328. [2]) *Oeuvres de Gerbert* (edit. Olleris) pag. 479: *Gerbertus Papa Constantino Miciacensi Abbati.* [3]) Ebenda pag. 471—475. [4]) Werner, Gerbert S. 69. [5]) Ebenda S. 222. [6]) Agrimensoren S. 150 flgg.

in Salzburg angehörenden Handschrift erhalten. Die Glaubwürdigkeit dieser sauberen nach verschiedenen Anzeigen nicht später als höchstens 1150 mithin nicht ganz anderthalb Jahrhunderte nach Gerberts Tode entstandenen Abschrift, welche in ihren Anfangsworten sich selbst als Geometrie des Gerbert benennt, ist mit Rücksicht auf Einzelheiten und insbesondere auf die ungemein verschiedenartigen Gegenstände, welche in ihr zur Rede kommen, angezweifelt worden. Es ist nicht zu verkennen, dass kleine Widersprüche, Wiederholungen und dergleichen den Eindruck hervorbringen, es sei Einzelnes vom Abschreiber verfehlt worden, der z. B. ein Kapitel, das im Urtexte zuerst an einer Stelle vorkam, dann durch den Verfasser anderswohin gebracht und an der früheren Stelle durchstrichen wurde, zweimal abgeschrieben haben kann. Dagegen sind jene grossen Verschiedenheiten behandelter Dinge umgekehrt darnach angethan, die Echtheit der gerbertschen Geometrie vollauf zu beglaubigen. Wir haben (S. 469) uns darüber ausgesprochen, was bei römischen Feldmessern zu finden war. Geometrische Definitionen und einfachste Sätze der Geometrie der Ebene, Maassvergleichungen und feldmesserische Vorschriften, geometrische Rechnungsaufgaben und die Lehre von den figurirten Zahlen, das Alles bildete, meistens nachweislich aus Heron übernommen, den Gegenstand ihrer unselbständigen Schriftstellerei. Genau dasselbe finden wir in Gerberts Geometrie, müssen wir in ihr finden, wenn Gerbert zu sammeln und durch gleichmässige Schreibweise zu vereinigen trachtete, was ihm in Bobbio, sei es durch den Codex Arcerianus sei es durch andere Quellenschriften, bekannt geworden war. Namentlich für den dritten Theil der gerbertschen Geometrie ist der Nachweis geführt worden,[1]) dass geradezu Nichts in demselben steht, was nicht dem Codex Arcerianus entnommen sein kann, insbesondere wenn es gestattet wird über den Inhalt einer in jenem Codex nachweislich vorhandenen Lücke Vermuthungen aufzustellen, für welche es selbst wieder an anderweitigen Begründungen nicht fehlt. Am Schlagendsten für die Benutzung des Codex Arcerianus ist wohl das Auftreten jenes Schreibfehlers aus Nipsus (S. 470), wo das Wort hypotenusae hinter podismus ausgefallen ist, im 42. Kapitel der gerbertschen Geometrie. Aber Gerbert war kein gewöhnlicher Abschreiber. Er bemerkte, dass hier nicht Alles in der Ordnung war, und um den Sinn der Stelle zu retten, legte er im 10. Kapitel die Definition nieder, die schräh von oben nach unten, oder von unten nach oben gezogene Linie heisse Hypotenuse oder auch Podismus.[2]) Ja er freute sich dieser Definition so sehr, dass

[1]) Agrimensoren S. 229, Anmerkung 304. [2]) *Oeuvres de Gerbert* (edit. Olleris) pag. 417: *Illa autem quae, obliqua iusum sive susum deducta, hebetis vel acuti anguli effectrix videtur hypotenusa id est obliqua sive podismus nominatur.*

er im 12. Kapitel verschiedentlich Podismus sagte, wo Hypotenuse gemeint ist. Es war allerdings ein unfehlbares Mittel die Richtigkeit einer Nipsusstelle zu wahren, wenn man ihr zu Liebe eine neue Worterklärung schmiedete, wenn man, um dieser Eingang zu verschaffen, das neue Wort sofort in Gebrauch nahm. Aber wenn unfehlbar, so war das Mittel selbst Nichts desto weniger ein Fehlgriff und nur dann möglich, wenn Gerbert die Geometrie des Boethius nicht vor Augen hatte, als er auf ihn gerieth. In der Geometrie des Boethius findet sich eine Parallelstelle zu jener verstümmelten Aufgabe des Nipsus, in welcher das fehlende Wort der Hypotenuse vorhanden ist.[1]) Wer beide Schriftsteller kannte und so genau kannte, wie es für die damalige Zeit angenommen werden muss, in welcher die geringe Menge des Wissensstoffes eine volle Aufnahme desselben möglich und nöthig machte, konnte mit offenen Augen nicht übersehen, dass bei Nipsus das betreffende Wort ausgefallen war.

Darum haben wir oben behauptet, Gerbert könne in der ersten Rheimser Periode die Geometrie des Boethius nicht studirt haben, darum setzen wir mit Rücksicht auf die Möglichkeit, dass Gerbert eben jenes Werk 985 in Mantua auffand, die Niederschrift seiner eigenen Geometrie auf die Jahre 981 bis 983 an, die er als Abt in Bobbio zubrachte. Ist freilich in Mantua nur die Astronomie des Boethius gefunden worden, und rührte, was dem Wortlaute nach denkbar ist, das ganz Ausgezeichnete über Figuren der Geometrie von irgend einem anderen Schriftsteller her, so ist fürs Erste jene Behauptung dahin zu beschränken, Gerberts Geometrie könne nicht früher niedergeschrieben sein als damals, wo er zwischen 981 und 983 den Codex Arcerianus benutzen konnte. Aber auch unter der Voraussetzung dieser letzteren Annahme haben wir Gründe, welche das „nicht früher" in ein „zu jener Zeit" zu verwandeln geeignet sind. Nach seiner fluchtartigen Abreise von Bobbio schrieb nämlich Gerbert einen dringenden Brief an einen der wenigen Mönche, welche ihm dort zugethan waren, mit der Bitte ihm schleunigst und insgeheim die Abschrift einiger besonders genannter Werke besorgen zu lassen. Die Astronomie des Manilius, die Rhetorik des Victorinus, die Abhandlung des Demosthenes über Augenkrankheiten sind die verlangten Schriften.[2]) Ist es wahrscheinlich, dass Gerbert unterlassen hätte auch um eine Abschrift der feldmesserischen Schriften, ja vorzugsweise um diese, sich zu bemühen, wenn damals seine Geo-

---

[1]) Boetius (ed. Friedlein) pag. 111: *Nunc vero qua ratione per hypotenusae podismum cathetos et basis summa pedalis reperiri valent, demonstrare studeamus.* [2]) *Oeuvres de Gerbert* (edit. Olleris) *Epistola* 78, pag. 45: *Age ergo et, te solo conscio, et tuis sumptibus, fac ut mihi scribantur M. Manilius de astrologia, Victorinus de rhetorica, Demosthenis ophtalmicus.*

metrie noch nicht geschrieben gewesen wäre? Es ist dieses eine Erwägung, welche, wenn auch nicht vollständig beweiskräftig, uns doch mindestens erwähnenswerth erscheint.

Wir haben die unmittelbare Quelle wenigstens einer grossen Abtheilung von Gerberts Geometrie im Codex Arcerianus erkannt. Andere Quellen gibt er selbst an. Er nennt wenigstens folgende Schriftsteller: Pythagoras im 9. und 11. Kapitel, Platons Timäus im 13. Kapitel, des Chalkidius Commentar zu dieser letzteren Schrift im 1. Kapitel, Eratosthenes im 93. Kapitel, den Commentar des Boethius zu den Kategorien des Aristoteles im 8. Kapitel und endlich die Arithmetik des Boethius in der Vorrede, im 6. und im 13. Kapitel. Wir können es dahingestellt sein lassen, ob alle diese Citate Gerberts eigener Gelehrsamkeit entstammen oder selbst wieder zum Theil abgeschrieben sind, jedenfalls wird man andere Namen, Namen, welche nicht nach Griechenland und Rom verweisen, vergeblich suchen. Der mittlere Theil der Gerbertschen Geometrie, Kapitel 16 bis 40, dem Raume nach ein starkes Viertheil des Werkes, enthält kein Citat und hat bisher noch nicht zurückgeführt werden können. Es ist die praktische Feldmessung, welche hier gelehrt wird in Vorschriften Höhen, Tiefen und Entfernungen zu messen.[1])

Da begegnet uns, um nur Einiges zu nennen, im Kapitel 16. eine Methode, nach welcher der Beobachter stehend und durch ein unter 45 Grad geneigtes Astrolabium visirend eine Höhe messen soll. Da lehren die Kapitel 21 und 22, theilweise auch 24, Höhenmessungen aus dem Schatten. Da knüpft sich in dem letztgenannten Kapitel weiter eine Methode an, bei der von der Misslichkeit eines Verfahrens gesprochen wird, welches den Beobachter zwingt, sein Gesicht glatt an die Erde zu drücken. Da erinnert an Epaphroditus (S. 471) und an Sextus Julius Africanus (S. 373) eine im Kapitel 31. gelehrte Höhenmessung mit Hilfe eines massiven rechtwinkligen Dreiecks von den Seitenlängen 3, 4 und 5. Wieder eine den Hilfsmitteln nach verschiedene Höhenmessung ist sodann die im Kapitel 35., welche wir die Messung mittels der festen Stange nennen wollen, da sie darauf hinausläuft eine Stange von bekannter Höhe in den Boden zu befestigen und alsdann rückwärts gehend den Punkt aufzusuchen, von welchem aus die Sehlinie aus dem Auge des Beobachters nach der Stangenspitze in ihrer Verlängerung die Spitze des zu messenden Gegenstandes, eines Thurmes oder dergleichen, erreicht. Kapitel 38. und 39. messen Flussbreiten, die Aufgabe des Nipsus wie vor ihm des Heron. Kapitel 40 endlich kennzeichnet sich selbst als militärische Methode zur Höhenmessung. Zwei Pfeile werden, ein jeder an eine lange Schnur befestigt, gegen die Mauer abge-

[1]) Agrimensoren S. 162—165.

schossen, auf deren Höhenmessung es abgesehen ist, und zwar richtet man den einen Schuss nach der Spitze, den anderen nach dem Fusse der Mauer. Die beidemal abgewickelten Schnurlängen geben Hypotenuse und Grundlinie eines rechtwinkligen Dreiecks, dessen Höhe zu berechnen nunmehr keine Schwierigkeit mehr hat.

Solche Methoden werden nicht auf einmal erfunden, werden am Allerwenigsten von einem blossen Theoretiker erfunden, wie es Gerbert trotz seines bewegten Lebens, das ihn in Feldlager und auf Wanderungen durch Feindesland führte, immerhin war. Und noch ein weiterer Grund spricht gegen die Möglichkeit ihn selbst als Erfinder anzunehmen. Er sagt stets „die Höhe u. s. w. wird gemessen", niemals „ich messe" auf diese oder jene Weise, und ein ähnliches Wort der Aneignung würde Gerbert wohl mindestens eben so sicher bei diesen Aufgaben ausgesprochen haben, wie er Kapitel 13. höchst unbedeutende Bemerkungen durch die Worte einleitet: „Ich glaube unter keiner Bedingung schweigend an Ausblicken vorbeigehen zu sollen, welche, während ich dies schrieb, die eigene Natur mir eröffnete."[1]) Ein dritter Grund, welcher erst im folgenden Bande zur vollen Geltung kommen kann, besteht darin, dass verschiedene dieser Messungsmethoden etwa 200 Jahre nach Gerberts Tode bei einem Schriftsteller auftreten, für welchen man eine unmittelbare Abhängigkeit von Gerbert weit weniger anzunehmen geneigt sein dürfte, als eine beiden gemeinsame Abhängigkeit von einer noch älteren, jedenfalls römischen Quelle, mag deren Urheber Frontinus oder Balbus geheissen, oder einen anderen bekannten oder verschollenen Namen geführt haben. Von dieser Annahme aus steigert sich die Wichtigkeit von Gerberts Geometrie nach zwei Seiten hin. Sie lehrt uns nicht bloss was durch Jahrhunderte hindurch von Methoden der Feldmessung sich erhalten hat, sie füllt uns auch eine empfindliche Lücke in unserer Kenntniss der römischen Verfahrungsweisen aus.

Was den ersten Theil dieser Geometrie betrifft, so haben wir schon auf die Definition von *podismus* aufmerksam gemacht, welche in ihm sich befindet. In ihm kommt auch das Wort *coraustus* für Scheitellinie vor, den griechisch-römischen Ursprung bezeugend. Andere Bemerkungen lassen sich an Definitionen und einfachste Sätze der Geometrie kaum knüpfen. Sie sind uns höchstens als Stylprobe von Werth, in welcher die dem Verfasser eigene behäbige Breite hervortritt, ein Bestreben recht klar zu sein, welches er aber niemals da-

---

[1]) *Oeuvres de Gerbert* (edit. Olleris) pag. 425: *Sed nequaquam silentio puto transeundum quod interim dum haec scriptitarem ipsa mihi natura obtulit speculandum.*

durch bethätigt, dass er Sätze kürzer fasste und den Sinn Verwirrendes wegliesse, sondern stets so dass er von dem Seinigen beifügt.

Mit dem dritten Theile haben wir uns oben so weit beschäftigt, dass wir seine Quellen enthüllten. Einige wenige Gegenstände müssen wir noch aus ihm hervortreten lassen. Wir haben (S. 337) die heronische Construction des regelmässigen Achtecks ausgehend von dem Quadrate besprochen; wir haben (S. 474) die Figur, an welcher die Richtigkeit der Construction sich nachweisen lässt, bei Epaphroditus wiedergefunden; wir haben sie (S. 497) bei Boethius auftreten sehen. Gerbert hat die Construction selbst im Kapitel 89. aufbewahrt, die Figur dagegen nicht abgebildet, weder bei Gelegenheit der Construction, noch bei Gelegenheit der Achteckszahlen. Ueberhaupt fühlte Gerbert offenbar deutlicher als die römischen Schriftsteller, die ihm als Vorlage dienten, dass die Lehre von den figurirten Zahlen nur gewohnheitsmässig in die Geometrie aufzunehmen sei, nicht eigentlich dort ihren richtigen Platz habe; der ganze Gegenstand war ihm klarer. Er hat nicht eine einzige Figur in seinen arithmetischen Kapiteln benutzt. Er hat für die Fünfecks- und Sechseckszahlen die richtigen Formeln angegeben, wo Epaphroditus und Boethius sich Rechenfehler zu Schulden kommen liessen. Bei Gerbert finden wir in Kapitel 55. die allgemeine Formel um aus der Seite die Polygonalzahl, in Kapitel 65. diejenige um aus der Polygonalzahl die Seite zu entnehmen; bei ihm zweimal in Kapitel 60. und 62. die Formel, welche die Pyramidalzahl aus der Seite und der Polygonalzahl entstehen lässt. Die Summirung der Reihe der Kubikzahlen ist dagegen nicht in Gerberts Geometrie übergegangen. Es kann wohl sein, dass Gerbert den betreffenden Paragraphen des Epaphroditus nicht verstand, wie er im Codex Arcerianus auf ihn stiess, und wer möchte ihm das verübeln, da grade jener Paragraph dort eine so verderbte Gestalt angenommen hat,[1]) dass er kaum zu verstehen ist, es sei denn man wisse schon nach welcher Formel Kubikzahlen sich summiren und ermittle rückwärts aus dieser Kenntniss die richtige Lesart.

Man hat die arithmetischen Kapitel von Gerberts Geometrie als Zeugniss für die Unechtheit der ganzen Schrift angerufen. Gerbert, das haben wir in dem biographischen Theile dieser Erörterung gesagt, hat auch als Papst noch einen Brief von Adelbold von Utrecht erhalten. In demselben ist, wie oben angedeutet, von der Ausmessung des Kreises und der Kugel die Rede, deren Körperinhalt, *crassitudo*, dadurch gefunden werde, dass von dem Kubus des Durchmessers $\frac{10}{21}$ abgezogen, beziehungsweise $\frac{11}{21}$ genommen werden. Ein anderer Brief des Adelbold an Gerbert ist verloren gegangen, dagegen ist

[1]) Agrimensoren S. 127—128.

Gerberts Antwort erhalten und z. B. in der Handschrift des salzburger St. Peterstiftes, welche für Gerberts Geometrie massgebend ist, hinter der Geometrie und in unmittelbarem Anschluss an jenen Brief Adelbolds über den Kugelinhalt vorhanden. Daraus hat sich die Vermuthung gebildet, hier liege wohl die Antwort auf ein späteres Schreiben vor, und mit Rücksicht auf die Aufschrift des erhaltenen Briefes Adelbolds „an Gerbert den Papst“ musste man sie in die letzten Lebensjahre Gerberts setzen. Adelbold hatte, wie wir aus Gerberts Antwort ersehen, Skrupel darüber bekommen, dass das Dreieck in seiner Fläche zweierlei Ausmessung besitzen sollte. Er konnte nicht begreifen, wie das gleichseitige Dreieck, dessen Seite die Länge 7 besitzt, ebensowohl den Flächeninhalt 28 $\left(=\frac{7\cdot 8}{2}\right)$ als auch der Flächeninhalt 21 $\left(=\frac{7\cdot 6}{2}\right)$ besitze. Gerbert erläutert ihm die Sache ganz richtig. Der wirkliche geometrische Flächeninhalt, sagt er, ist 21 und er gibt dabei die Regel: die Höhe des gleichseitigen Dreiecks sei immer um $\frac{1}{7}$ kleiner als dessen Seite. Die andere Zahl 28, fährt Gerbert fort, sei nur arithmetisch als Fläche zu nehmen und besage, man könne in das Dreieck 28 kleine Quadrate mit der Längeneinheit als Seite einzeichnen, freilich so, dass Ueberschüsse über das Dreieck erscheinen, wie der Augenschein (Figur 107) am deutlichsten lehre. Gerbert, sagte man nun, hat also hier deutlich für die Geometrie verworfen, was in Gerberts sogenannter Geometrie gelehrt ist, mithin ist Letztere unecht.

Fig. 107.

Dieser Einwurf ist vollkommen nichtig. Wir wollen nicht bloss darauf hinweisen, dass es eine und dieselbe Handschrift aus der Mitte des XII. S. ist, welche beide Schriftstücke für Gerbert in Anspruch nimmt, noch darauf dass die Geometrie unseren Auseinandersetzungen zufolge etwa 20 Jahre älter als der Brief an Adelbold ist, und dass in 20 Jahren Ansichten auch über wissenschaftliche Dinge sich klären und ändern können. Wir geben vielmehr namentlich zu bedenken, was wir oben schon auf den Inhalt der arithmetischen Kapitel selbst uns stützend gesagt haben, dass Gerbert diesen Abschnitt seiner Geometrie als das erkannte, was er war, und ihn wohl überhaupt nur darum aufnahm, weil er auch in seinen Musterwerken sich an ähnlicher Stelle vorfand. Ja man kann umgekehrt den Brief eine willkommene Bestätigung der Geometrie nennen, wenn Adelbold, dessen Anfrage ja verloren ist, grade auf Gerberts Geometrie, wie wir vermuthen, sich berief, um die falsche Zahl 28 neben der als richtig bekannten Zahl 21 durch ein Zeugniss zu stützen, welches von dem, an welchen er seine Anfrage richtete, nicht zurückgewiesen werden konnte. Zu dieser Vermuthung führen nämlich die Anfangsworte von Gerberts Brief hin:[1]) „Unter den geometrischen Figuren, welche Du von uns entnommen hast, war ein gleichseitiges Dreieck, dessen Seite 30 Fuss lang war, die Höhe 26 Fuss, die Fläche gemäss der Vergleichung von Seite und Höhe 390.“ Diese Figur nebst den genannten Zahlenwerthen ist nämlich in Gerberts Geometrie der Inhalt von Kapitel 49.

Zugleich zeigt sich in der That eine Ansichtsänderung Gerberts. Während er in dem aus Epaphroditus entnommenen Kapitel der Geometrie noch $\sqrt{3} = \frac{26}{15}$ rechnete, sagt er jetzt, wie wir gesehen haben, im Verlaufe des Briefes, die Höhe des gleichseitigen Dreiecks sei immer um $\frac{1}{7}$ kleiner als dessen Seite, und darin steckt der Näherungswerth $\sqrt{3} = \frac{12}{7}$, dessen Vorkommen bei irgend einem früheren Schriftsteller wir nicht zu bestätigen im Stande sind, und welcher, wenn auch bequemerer Rechnung als der heronische Näherungswerth, weniger genau als jener ist.

Diese Schriften Gerberts, von welchen wir bisher gehandelt haben, waren geometrischen Inhaltes. Zwei andere beziehen sich auf Rechenkunst. Zunächst ist aus zwei dem XI. und dem XII. S. angehörenden Handschriften durch den letzten Herausgeber von Gerberts Werken eine Abhandlung: Regel der Tafel des Rechnens, *Regula de abaco computi* überschrieben und als von Gerbert herrührend bezeichnet zum Drucke befördert worden.[2]) Der Titel dieser ausführlichen Abhandlung findet seine Beglaubigung, wenn eine solche nöthig erschiene, in einer Aeusserung eines Schriftstellers des XI. S., der im folgenden Kapitel von uns besprochen werden muss, Bernelinus. Dieser redet nämlich von der „Regel“ des Papstes.[3]) Wir können rasch über den Inhalt der Regel hinauskommen, wenn wir denselben als in wesentlicher Uebereinstimmung mit den seiner Zeit im 27. Kapitel geschilderten rechnenden Abschnitten der Geometrie des Boethius anerkennen. Die Multiplikationsregeln sind so weit fortgesetzt, dass höchstens 27 Kolumnen des Abacus in Anspruch genommen werden, wodurch eine Uebereinstimmung mit Richers Schilderung des Rechenbrettes, welches Gerbert in Rheims seinem Unterrichte zu Grunde legte, hergestellt ist. Allerdings scheint ein nur flüchtiger Blick auf die Regel dieser Bemerkung zu widersprechen. Wo z. B. die Multi-

[1]) *In his geometricis figuris, quas a nobis sumpsisti, erat trigonus quidam aequilaterus, cuius erat latus XXX pedes, cathetus XXVI, secundum collationem lateris et catheti area CCCXC.* [2]) *Oeuvres de Gerbert* (edit. Olleris) pag. 311—348. [3]) Ebenda pag. 357: *Si domini papae regula de his subtilissime scripta tantum sapientissimis non esset reservata, frustra me ad has compelleres scribendas.*

plikation von Einern in Zehner, in Hunderter u. s. f. gelehrt wird, heisst es ausdrücklich es gebe 25 Fälle, und ähnlich wenn der Multiplikator und ihm entsprechend der Multiplikandus von höherer Ordnung gedacht sind. Da könnte man auf das Vorhandensein von nur 26 Kolumnen zu schliessen sich versucht fühlen, wenn man zu erwägen vergisst, dass die zählenden Ziffern beider Faktoren für sich ein zweiziffriges Produkt zu liefern im Stande sind, also in der That das Vorhandensein einer bei manchen Multiplikationen freibleibenden, bei anderen zu benutzenden 27. Kolumne voraussetzen. Das Dividiren ist das complementäre, sofern der Divisor aus Zehnern und Einern besteht. Besteht derselbe aus Hundertern und Einern, so wird wieder, wie bei Boethius, eine Einheit höchster Ordnung des Dividenden fürsorglich beseitigt und dann zunächst durch die Hunderter des Divisors getheilt, als wären sie von Einern gar nicht begleitet. Das Bruchrechnen bildet den Schluss und wendet diejenigen Brüche an, welche wir als ursprünglich römische Duodecimalbrüche wiederholt in Frage treten sahen.

Die ganze Schrift ähnelt in ihrer breitspurigen Stylistik der Geometrie Gerberts. Sie trägt, wie wir fast überflüssiger Weise bemerken, in jeder Zeile ein durchweg römisches Gepräge. Man kann sogar einiges Erstaunen darüber an den Tag legen, dass nur die gemeinen römischen Zahl- und Bruchzeichen vorkommen, dass weder im fortlaufenden Texte, noch auf den Zeichnungen des Abacus, welche in der Handschrift jüngeren Datums sich vorfinden, jene Apices benutzt sind, welche doch nach Richers nicht misszuverstehender Schilderung Gerbert in Rheims zu benutzen pflegte. Das lässt einigen Zweifel in die Meinung setzen, Gerbert habe grade während seiner Rheimser Lehrzeit die Regel aufgeschrieben, beziehungsweise seinem dortigen Unterrichte zu Grunde gelegt, eine Meinung, welche in weiterem Widerspruche gegen unsere (S. 730) begründete Ansicht steht, Gerbert habe dort überhaupt nicht nach einem den Schülern in die Hände gegebenen Buche das Rechnen gelehrt, in Widerspruch auch gegen die Worte Richers, man solle Gerberts Buch an C. den Grammatiker zu Rathe ziehen. Konnte Richer so schreiben, wenn die ausführliche Regel älteren Datums als das Buch an Constantinus war, in welchem wir sogleich eine wesentlich kürzere Darstellung kennen lernen werden? Musste Richer die Regel, wenn sie in Rheims in Gebrauch war, nicht unbedingt kennen, während seine Worte die Vermuthung erwecken, er wenigstens habe nur von einer Schrift über Rechenkunst aus Gerberts Feder gewusst?

Unsere Bedenken werden von denjenigen nicht getheilt, freilich auch nicht widerlegt, welche die soeben zurückgewiesene Meinung[1])

---

[1]) *Oeuvres de Gerbert* (edit. Olleris) pag. 582.

auf das Buch an Constantinus selbst stützen zu können glauben. Büchlein über das Dividiren der Zahlen, *libellus de numerorum divisione,* ist die Ueberschrift der Abhandlung,[1] welche durch einen Brief an Constantinus eingeleitet kürzer und weniger klar, als die Regel es thut, den genau gleichen Gegenstand behandelt gleichfalls ohne der Zahlzeichen auch nur mit einer Silbe zu gedenken. Der Einleitungsbrief lautet in seinen ersten wichtigen Sätzen wie folgt:[2] „Der Stiftslehrer Gerbert seinem Constantinus. Die Gewalt der Freundschaft macht fast Unmögliches möglich, denn wie würde ich versuchen, die Regeln der Zahlen des Abacus zu erklären, wenn Du nicht, Constantinus, mein süsser Trost der Mühen, die Veranlassung bötest? So will ich denn, obwohl etliche Jahrfünfe vergangen sind, seit ich weder das Buch in Händen hatte noch in Uebung war, Einiges in meinem Gedächtnisse zusammensuchen, und es zum Theil mit denselben Worten, zum Theil demselben Sinne nach vorbringen.“ Es geht daraus hervor, dass Gerbert zu Constantinus auch wohl früher schon in dem Verhältnisse des Lehrers zum Schüler gestanden haben muss, weil er sonst nicht den Titel Stiftslehrer mit seinem Namen in Verbindung gebracht hätte, was er ausserdem nur dreimal in den uns bekannten Briefen that.[3] Wir wissen auch, dass die Bekanntschaft beider aus den Jahren 972 bis 982 herrührt, aus der Zeit, in welcher Gerbert wechselweise lernend und lehrend aus der Stellung des Stiftsschülers in die des Stiftslehrers übersprang, um dann wieder für einzelne Stunden in die erstere zurückzukehren. An jene Zeit erinnert Gerbert offenbar mit den Worten, es seien etliche Jahrfünfe, *aliquot lustra,* vergangen, und diese Zeit von mindestens 15 bis 20 Jahren zu der des Rheimser Aufenthaltes hinzugefügt liefert etwa das Jahr 997, in welchem (S. 738) der Brief an Constantinus höchst wahrscheinlich geschrieben ist. Seit einigen Jahrfünfen, sagt Gerbert, habe er weder das Buch in Händen noch irgend Uebung gehabt, und der letzte Theil dieses Satzes bezieht sich zuverlässig nicht auf Uebung im Rechnen, sondern im Rechenunterrichte, denn das ist es was Constantinus von ihm verlangte. Ein Buch zum Rechenunterrichte war es also auch, welches als seit vielen Jahren vermisst bezeichnet ist. Damals, als Gerbert noch in Rheims lehrte, ja da hatte er das Buch, damals liess er auch die Vorschriften sich aber und abermals von den Schülern hersagen, sagte er sie ihnen vor, stets dieselben Ausdrücke gebrauchend, und nur dadurch wird

---

[1]) *Oeuvres de Gerbert* (edit. Olleris) pag. 349—356. [2]) Math. Beitr. Kulturl. S. 320 verbessert nach dem in der Ausgabe von Olleris abgedruckten gereinigten Texte. [3]) *Oeuvres de Gerbert* (edit. Olleris) *Epistola* 11: *Gerbertus quondam scolasticus Ayrardo suo salutem* (pag. 7). *Epistola* 17: *Hugoni suo Gerbertus quondam scolasticus* (pag. 10). *Epistola* 142: *Gerbertus scolaris abbas Remigio monaco Treverensi* (pag. 78).

es ihm möglich auch jetzt noch theils mit denselben Worten wie damals theils dem Sinne nach das Gleiche aus dem Gedächtnisse wieder herzustellen. Und so sind wir nun zu der letzten Frage gelangt: Was für ein Buch war es denn, von welchem Gerbert redet? Man hat vermuthet, die „Regel" sei damit gemeint. Wir haben die Gegengründe entwickelt, welche uns gegen diese Vermuthung einnehmen. Sollten sie als entscheidend angesehen werden, dann muss es freilich ein anderes Buch gewesen sein, überhaupt kein von Gerbert selbst verfasstes, für welches er auch wohl eine andere Bezeichnung gehabt hätte als kurzweg das Buch, *librum*. Auch das Buch des weisen Josephs des Spaniers kann es nicht wohl gewesen sein, da dieses im Jahre 984, wie wir sahen (S. 736), von Rheims aus gesucht wurde. Aber über diese negative Bestimmung, welches Buch es nicht war, das Gerbert vermisste, kommen wir freilich nicht hinaus. Die „Regel" ist sodann von Gerbert als Papst — wie der Ausspruch des Bernelinus gleichfalls verstanden werden kann — verfasst worden, erst nachdem das Büchlein für Constantinus aus dem Gedächtnisse zusammengeschrieben war. Gerbert, nehmen wir an, beabsichtigte, nachdem er den Gegenstand sich wieder vollständig gegenwärtig gebracht hatte, ihn endgiltig und in genügender Klarheit für jeden Leser abzuschliessen. Doch gleichviel. Diese kleinen Meinungsverschiedenheiten sind im Grunde sehr geringfügig gegenüber von der Aufgabe die uns bleibt: zu zeigen, welche Bedeutung Gerberts Lehren von Anfang an besessen und mehr und mehr gewonnen haben.

Die realistischen Studien [1]) waren mehr und mehr aus den Klöstern verschwunden, in welchen sie unter Alcuins unmittelbarem und mittelbarem Einflusse ein, wie es schien, ewiges Bürgerrecht sich erworben hatten. Nur ganz vereinzelt waren noch Mönche zu finden, welche weltliches Wissen besassen oder nach solchem strebten. Büchersammlungen von mehr als 15 oder 20 Bänden gab es nur in den wenigsten Klöstern. Die Bücher selbst waren ihrer Seltenheit wegen einzeln an Kettchen befestigt. Der Abt hatte nicht einmal das Recht sie nach auswärts zu verleihen, ausser nach bestimmten anderen Klöstern, welche einen Mitbesitz an den Büchern genossen. Nun trat Gerbert auf. Er gab dem Unterrichte zu Rheims, wo die Erinnerung an Remigius, der einst jene Schule zu Ansehen brachte, fast verloren gegangen war, ein neues Leben. Er lehrte freilich nicht wesentlich Neues, aber er lehrte es mit neuem Erfolge, und der Erfolg wuchs noch mit der Zunahme der persönlichen Bedeutung des Lehrers. Gerbert hatte allen Anfeindungen zum Trotze die höchste

[1]) Ebenda: *Vie de Gerbert* pag. XXIV—XXXIII ist eine sehr hübsche Uebersicht über den Geisteszustand der Zeit.

Stufe kirchlicher Würden erstiegen. Er war ein Papst an Sittenreinheit einzig dastehend unter den Päpsten seines Jahrhunderts, welche in wüster Sinnlichkeit dem heiligen Charakter ihrer Stellung Hohn boten, so dass ihr Regiment mit Recht als eine Pornokratie hat verunglimpft werden können. Ganz natürlich, dass jetzt die Gerbert'sche Schule an Ansehen gewann. Der Glanz des Lehrers strahlte auf seine früheren Zöglinge zurück, gab ihnen selbst eine höhere Weihe. So würde es unzweifelhaft, wenn vielleicht auch nur mit kurz andauerndem Erfolge, gewesen sein, wenn die Lehren Gerberts weniger klar, weniger nützlich, weniger vortrefflich gewesen wären. Um wie viel mächtiger musste die Wirkung sein, wo der innere Werth dem äusseren Rufe gleich kam, wo unter päpstlicher Fahne zur Modesache wurde, was verdiente keiner Mode unterworfen zu sein. Jetzt regte es sich wie auf ein gegebenes Zeichen aller Orten. Die Bibliotheken wurden wieder zahlreicher. Neue Abschreiber vervielfältigten die selten gewordenen Schriften. Der Unterricht, und was für uns allein in Betracht kommt auch der mathematische Unterricht, nahm an Umfang zu.

Gerberts Geometrie scheint freilich trotz oder vielleicht wegen ihrer verhältnissmässig höheren wissenschaftlichen Bedeutung eine rechte Wirkung nicht erzielt zu haben. Die geometrische Unwissenheit war, wie wir mehrfach hervorgehoben haben, bei Römern und folglich auch bei Schülern der Römer eine noch dichtere als die arithmetische. Der Boden war in diesem Gebiete noch weniger zubereitet fruchtbaren Samen aufzunehmen. Was wir wenigstens von mönchischen Versuchen in der Geometrie vor Gerbert kennen, beschränkt sich auf eine Zeichnung[1]), welche ein Schreiber des X. oder XI. S. einem Auszuge aus der Naturgeschichte des Plinius beifügte, und in welcher man eine graphische Darstellung unter Zugrundelegung des Coordinatengedankens erkannt hat. Wir stellen nicht in Abrede, dass hier der Anfang zu einer Betrachtungsweise vorhanden ist, die am Ende des XIV. S. an Wichtigkeit und Verbreitung gewann und das Wort latitudines, welches Plinius noch als Breite braucht, mit dem Sinne der Abscissen begabte, aber in der Zeit, in welcher jene Figur entstand, fällt es uns schwer an das Bewusstsein ihrer Tragweite zu glauben. Auch von Nachfolgern Gerberts in geometrischen Untersuchungen ist so wenig bekannt, dass wir es füglich hier anschliessen können. Das Wenige beschränkt sich nämlich auf ärmliche Bruchstücke[2]) eines von Franco

---

[1]) S. Günther, Die Anfänge und Entwicklungsstadien des Coordinatenprincipes in den Abhandlungen der naturf. Gesellsch. zu Nürnberg VI. Separatabdruck S. 20 figg. und 48—49. [2]) Ang. Mai, *Classici autores e vaticanis codicibus editi* III, 346—348. Roma, 1831.

von Lüttich verfassten und dem Erzbischofe Hermann II. von Cöln gewidmeten Werkes in 6 Büchern über die Quadratur des Zirkels.

Hermann II. war von 1036 bis 1055 Erzbischof von Cöln, wodurch die Datirung von Francos Werk in enge Grenzen eingeschlossen ist.[1]) In der Vorrede sagt Franco, die Kenntniss der Kreisquadratur von Aristoteles ausgehend habe sich, wie man behaupte, unzweifelhaft bis zu Boethius erhalten[2]), dann sei Alles so sehr verloren gegangen, dass alle Gelehrten von Italien, von Frankreich und von Deutschland hierin Fehler machten. Unter denen, welche sich vergebliche Mühe gaben, sei „unser" Adelbold gewesen, dann Wazo der grösste der Gelehrten[3]) und Gerbert der Wiederhersteller der Wissenschaft. Ueber den Inhalt des eigentlichen Werkes, dessen Anfang wir hier mittheilen, sind wir nicht unterrichtet. Vielleicht möchte ein Studium desselben sich lohnen.

Sollen wir hier, wo ein Nachfolger von Gerberts Geometrie genannt werden musste, nochmals auf die vielbesprochene Geometrie des Boethius zurückkommen, auf die Meinung von deren Unechtheit, von deren Entstehung in der unmittelbar auf Gerbert folgenden Zeit am Anfange des XI. S.? Ist es denn jetzt, wo wir mit dieser Zeit in mathematischer Beziehung bekannter geworden sind, noch immer denkbar, dass ein Fälscher auftrat diese Schrift zusammenzustellen, deren Werth weit hinter dem von Gerberts Geometrie zurückbleibt? Und warum? Um durch das Ansehen des Boethius zu stützen, was durch den Mund eines Papstes kund geworden war! Oder will man etwa zu der Erklärung greifen, jener Fälscher sei ein Gegner Gerberts gewesen, und seine Absicht habe darin bestanden, Gerbert als einen Menschen hinzustellen, welcher nur fremdes geistiges Eigenthum sich aneignete? Auch dieser Erklärungsversuch würde keineswegs genügen. Gerbert, der erwählte aber nicht bestätigte Erzbischof von Rheims, hatte Feinde von so hämischem Thun, Papst Sylvester II. nicht mehr. Und wollte man die Entstehung der Geometrie des Boethius in jene etwas frühere Zeit verlegen, wie käme es, dass niemals von dieser Angriffswaffe Gebrauch gemacht wurde? Gerberts Feinde haben mit ihren Mitteln nie gespart. Noch auf der Synode von Mouson im Juni 995 überhäufte man ihn mit Anklagen. Nur zwei Anklagen finden wir nirgend erwähnt, nicht dass er bei den Feinden der Christenheit in die Lehre gegangen sei, nicht dass er fremdes Wissen unter eigenem Namen gelehrt habe. Und so ist auch hier die gleiche Schwierigkeit, welche wir wiederholt betont

---

[1]) Werner, Gerbert S. 77. [2]) *Eius itaque scientiam haud dubium ferunt usque ad Boetium perdurâsse.* [3]) Wazo starb 1048 als Bischof von Lüttich.

haben, aufs Neue hervorgetreten. Das Vorhandensein der Geometrie des Boethius als einer spätern Fälschung ist unverständlich.

Das Kolumnenrechnen fand mit Gerberts wachsendem Ansehen allgemeine Verbreitung. Wir dürfen uns mit der so allgemeinen Behauptung nicht begnügen, wir müssen ihr näher treten. Sie wird uns die Gelegenheit geben die Männer zu nennen, welche aus Gerberts Schule hervorgegangen jene Verbreitung vollzogen, wird uns zugleich Gelegenheit geben zu sehen, wie seit 1100 etwa, seit dem Beginn der Kreuzzüge, wirklich Arabisches in das Abendland eindrang, wie ein eigenthümlicher Kampf um das Dasein zwischen der alten und neuen Rechenkunst sich entspann, zwischen dem Kolumnenrechnen und dem Zifferrechnen, deren jedes seine Vertreter besass. Man hat sich daran gewöhnt diese Vertreter als Abacisten und Algorithmiker zu bezeichnen, und unter diesen Sammelnamen wollen wir sie kennen lernen.

Kapitel XXXX.

Abacisten und Algorithmiker.

Bei den Versuchen den Abacus mit den eigenthümlichen Zeichen, die wir Apices nennen, nach aufwärts zu verfolgen ist in früheren Werken stets von einer räthselhaften Handschrift der Kapitularbibliothek von Jvrea die Rede gewesen[1]), welche nach der Ansicht eines im Allgemeinen zuverlässigen Handschriftenkenners von einer Hand des X. S. herrührte oder gar, wie eine nachgelassene Notiz desselben Gelehrten meinte, am Hofe Karls des Grossen geschrieben ward.[2]) Es sei eine Anweisung zum Dividiren in arabischen Ziffern. Alle diese Angaben sind nun freilich wesentlichen Abänderungen zu unterwerfen. Genaue wiederholte Untersuchung der Handschrift[3]) hat ergeben, dass sie erst dem XI. S. angehört, mithin in die Zeit fällt, welche wir in diesem Kapitel[4]) zu besprechen

[1]) Friedlein, Gerbert, Die Geometrie des Boetius und die indischen Ziffern. Erlangen, 1861, S. 41, Anmerkung 20 hat zuerst die Mathematiker auf diese Handschrift aufmerksam gemacht. [2]) Bethmann im Archiv der Gesellschaft für ältere deutsche Geschichtskunde, herausgegeben von Pertz IX, 623 und XII, 594. [3]) Reifferscheid in den Sitzungsberichten der philosoph. histor. Classe der k. Akademie der Wissenschaften. Wien, 1871. Bd. 68, S. 587—589 die Beschreibung des Codex LXXXIV, die dem XI. S. angehöre. Dann „f. 87. 88 Allerlei von späteren Händen." [4]) Unsere Angaben beruhen auf einem Facsimile, welches Fürst Bald. Boncompagni die grosse Güte hatte, für uns in Ivrea durchpausen zu lassen.

haben, in die Zeit nach Gerbert, wenn auch vielleicht nicht viel später als er. Der Inhalt ist ein eigenthümlicher.

Zuerst ist als Aufgabe gestellt 1 111 111 537 durch 809 zu dividiren, wobei der Quotient 1 373 438 erscheint und 195 übrig bleibt. Aufgabe und Auflösung sind theils in Worten theils in römischen Zahlzeichen geschrieben. Dann folgen 19 Hexameter, welche auf das Rechnen auf dem Abacus sich beziehen, welche aber vollständig zu verstehen uns nicht gelungen ist. Hieran schliesst sich die Wiederholung der Aufgabe und ihre Auflösung im Kolumnensysteme geschrieben, aber ohne dass senkrechte Striche die einzelnen Rangordnungen trennten. Zwölf Kopfzahlen genügen den Abacus anzudeuten. Ueber ihnen steht der Dividend, unter ihnen der Divisor, unter diesem der Rest, unter diesem wieder der Quotient, sämmtlich in richtiger Ordnung, so dass also bei Niederschreibung des Divisors 809 unter der Kopfzahl der Zehner ein freier Raum blieb. Die Kopfzahlen des 12reihigen Abacus sind durch römische Zahlzeichen angegeben, die sämmtlichen anderen Zahlen durch Apices. Endlich folgt wieder nur in Worten und ohne durch irgend ein Beispiel Unterstützung zu finden die Vorschrift, wie man bei der Division durch einen aus Hundertern, Zehnern und Einern bestehenden ununterbrochen dreiziffrigen Divisor — *tres sint divisores nullo interposito* — verfahren solle in offenbarer Anlehnung an die „Regel" Gerberts. Alles zusammen füllt nur eine einzige Seite und dürfte, wenn auch nicht so alt wie die Einen hofften, die Anderen fürchteten, doch einiges Interesse nicht entbehren, so dass ein vollständiger richtiger Abdruck des kurzen Stückes immerhin wünschenswerth erscheint.

Ein Schüler Gerberts war Bernelinus, der in Paris ein durch den Druck veröffentlichtes Buch über den Abacus geschrieben hat.[1]) Bernelinus beruft sich (S. 745) auf die Regel des Papstes Gerbert, die freilich nur für die Weisesten geschrieben sei, und darauf dass sein Freund Amelius, auf dessen Andrängen er sein Werk verfasse, es verweigerte an die Lothringer sich zu wenden, bei welchen diese Lehren in höchster Blüthe ständen. Nur diese beiden Erwägungen vereinigt hätten ihn zum Schriftsteller gemacht. Er beginnt sodann mit der Schilderung des Abacus und zeigt darin seine Selbständigkeit, denn Gerbert selbst hat weder in der Regel noch in der Abhandlung für Constantinus eine solche Schilderung an die Spitze zu stellen für nöthig gehalten, ein Umstand, welchen wir uns nur so erklären können, dass Gerbert den Abacus nicht als etwas Neues

[1]) *Oeuvres de Gerbert* (edit. Olleris) pag. 357–400 *Liber Abaci.* Die Anfangsworte lauten: *Incipit praefatio libri abaci quem iunior Bernelinus edidit Parisiis.*

oder Schwieriges betrachtete, sondern als ein alt- und allbekanntes Hilfsmittel, während die Divisionsregeln allerdings wenig bekannt gewesen sein müssen. Der Abacus war, nach Bernelinus, eine vorher nach allen Seiten sorgsam geglättete Tafel und pflegte von den Geometern mit blauem Sande bestreut zu werden, auf welchen sie auch die Figuren der Geometrie zeichneten. Bis zur Höhe der eigentlichen Geometrie wolle er sich aber nicht erheben, er bemerke nur, dass zu rechnerischen Zwecken die Tafel in 30 Kolumnen abgetheilt werde, von welchen 3 für die Brüche aufzubewahren, die übrigen 27 nach Gruppen von je 3 zu bezeichnen seien. Die erste Kolumne wird nämlich durch einen kleinen Halbkreis abgeschlossen, die zweite und dritte zusammen durch einen grösseren, alle drei gemeinsam durch einen noch grösseren. Bernelinus sagt zwar nicht Kolumnen sondern Linien, lineas, aber er meint es so wie wir es ausgesprochen haben, da ja ein Abschluss von einer, von zwei, von drei Linien durch an Grösse verschiedene Halbkreise nicht gedacht werden kann, sondern nur von Kolumnen. In jeder Dreizahl von Kolumnen, deren es unendlich viele geben kann, ist eine Kolumne der Einer, eine der Zehner und eine der Hunderter zu unterscheiden, welche der Reihe nach mit *S* und *M*, mit *D*, mit *C* bezeichnet werden sollen. *C* sei nämlich Anfangsbuchstabe von *centum*, *D* von *decem*, *M* von *monas* — Bernelinus schreibt dafür fälschlich *monos* — oder von *mille*, *S* endlich von *singularis*. In den Zahlzeichen spiegele die Gruppirung nach drei Kolumnen sich gleichfalls ab, da ein Horizontalstrich, *titulus*, über dem I, dem X, dem C dieselben vertausendfache. Der Beschreibung der Kopfzahlen, welche über sämmtliche Kolumnen sich fortsetzen und mit den Bezeichnungen der in jeder Dreizahl unterschiedenen Rangordnungen nicht zu verwechseln sind, lässt sodann Bernelinus die Schilderung und Abbildung der neun Zahlzeichen folgen. Es sind die Apices, welche hier auftreten, wenn uns dieses Wort ein für allemal die betreffenden Zeichen vertreten soll, von denen schon so viel die Rede war. Ausserdem könne man sich auch griechischer Buchstaben bedienen, und hier enthüllt Bernelinus wiederholt, wie vorher durch Anwendung des ungriechischen monos, eine mangelhafte Kenntniss dieser Sprache. Die Zahl 6 lässt er nämlich durch Σ bezeichnen, während bekanntlich ϛ das richtige Zeichen wäre. — Das Einmaleins schliesst sich an, bei welchem eine zunächst sehr auffallende Lücke sich darbietet: die Produkte gleicher Faktoren also 1 mal 1, 2 mal 2, 3 mal 3 bis 9 mal 9 fehlen, warum? ist nicht gesagt. Wir können nur einen Grund vermuthen darin bestehend, dass die Quadrirung einziffriger Zahlen, und nur um diese handelt es sich, in dem Grade eine Ausnahmerolle spielte, als die sogenannte regula Nicomachi (S. 366) zur Ausführung derselben allgemeiner bekannt war, als irgend andere Regeln. Dass freilich jene Regel besonders erwähnt werde, muss man aus unserer fast zaghaft ausgesprochenen Meinung nicht schliessen wollen. Bei der Multiplikation der einzelnen Rangeinheiten bedient sich Bernelinus der Wörter Finger- und Gelenkzahl. Eine Erklärung würde man auch hier vergebens suchen, doch steht dabei die Veranlassung auf festerem Boden. Wir wissen durch Beispiele aus den verschiedensten Zeiten, dass jene Wörter so bekannt waren, dass jede Erläuterung überflüssig erscheinen musste. Als Ende des ersten Abschnittes, der also bis zur Multiplikation einschliesslich sich erstreckt, ist die Ausrechnung von 12^2, von 12^3, von 12^4, von 12^5, von $12 + 12^2 + 12^3 + 12^4 + 12^5$ zu betrachten, wobei wir vielleicht in Erinnerung bringen dürfen, das 12 die Grundzahl des römischen Bruchsystemes ist.

Der zweite Abschnitt handelt von der einfachen Division, d. h. von denjenigen Theilungen, bei welchen der Divisor ein Einer oder ein einfacher Zehner ist. Drei Fälle sind dabei unterschieden, der erste wenn der Divisor der Reihe nach in allen Stellen des Dividendus enthalten ist und nur bei den Einern allenfalls ein Rest bleibt, wie z. B. 668 getheilt durch 6; der zweite, wenn Reste auch bei früheren Stellen bleiben, beziehungsweise wenn der Divisor einen höheren Werth hat als einzelne Stellen des Dividendus, so dass zwei Stellen des Dividendus zur Vornahme der Theilung gemeinsam betrachtet werden müssen, wie z. B. 888 getheilt durch 5 oder 333 getheilt durch 6; endlich der letzte Fall, wenn der Divisor ein Zehner ist z. B. 1098 getheilt durch 20. Die Divisionen können dabei mit oder ohne Differenz d. h. als complementäre Division oder gewöhnlich vollzogen werden. Auf dem Abacus werden dabei vier Horizontallinien gezogen, welche von oben nach unten die erste, zweite, dritte, vierte Zeile heissen mögen. Auf die erste Zeile schreibe man den Divisor, beziehungsweise bei der Division mit Differenz auch seine Ergänzung zu 10, oder im dritten Falle zu 100. Die zweite Zeile enthält den Dividendus, die dritte ebendenselben noch einmal geschrieben, die vierte den Quotienten. Die Zahl der zweiten Zeile bleibt im ganzen Beispiele unverändert. Die Zahlen der darunter folgenden Zeilen werden, wie es der Sand des Rechenbrettes leicht gestattet, fortwährend verändert. Die Division 668 : 6 sieht z. B., wenn das Auslöschen und Ersetzen von Ziffern durch Durchstreichen derselben bildlich dargestellt werden darf, folgendermassen aus:

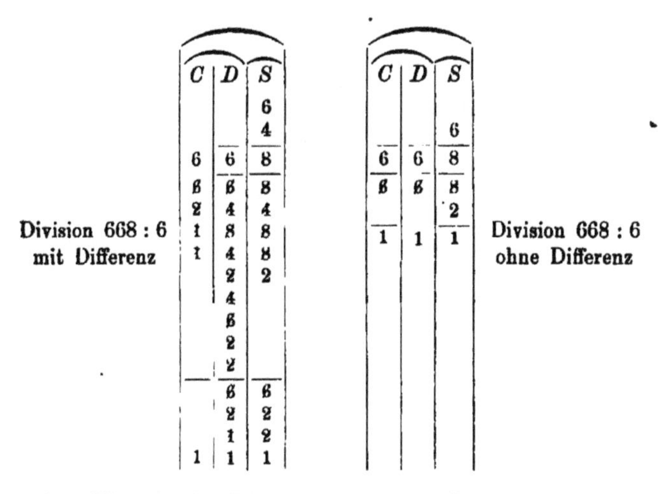

Der Wortlaut der Rechnung ist bei der Division mit Differenz folgender: 10 in 600 geht **60** mal, aber 4 mal 60 oder 240 sind wieder beizufügen; 10 in 200 geht **20** mal, aber 4 mal 20 oder 80 sind wieder beizufügen, und nun schreiben wir statt 60 + 40 + 80 ihre Summe 180 und sagen weiter 10 in 100 geht **10** mal mit einer nöthigen Ergänzung 4 mal 10 oder 40, welche mit 80 zusammen 120 liefert. Jetzt ist 10 in 100 wieder **10** mal enthalten, und die Ergänzung 4 mal 10 oder 40 gibt mit 20 zusammen 60. Man dividirt weiter 10 in 60 geht **6** mal, die Ergänzung ist 4 mal 6 oder 24. Mithin sagt man geht 10 in 20 weitere **2** mal mit der Ergänzung 4 mal 2 oder 8. In der einheitlichen Kolumne sind jetzt vorräthig 8 + 4 + 8 oder 20. Zehner sind wieder hergestellt und 10 in 20 geht **2** mal. Die Ergänzung 2 mal 4 oder 8 ist durch 10 nicht mehr theilbar, nur noch durch 6, wobei **1** als Quotient, 2 als Rest erscheint. Alle Quotiententheile vereinigt geben so den Gesammtquotient 60 + 20 + 10 + 10 + 6 + 2 + 2 + 1 = **111** nebst dem Reste 2. Wir wollen nicht versäumen hier gelegentlich auf die nicht unwichtige, wenn auch nur negative Thatsache hinzuweisen, dass die hier beschriebene Ordnung des Divisors, des zweimal angeschriebenen Dividenden, des Quotienten bei keinem Araber vorkommt.

Der dritte Abschnitt ist der zusammengesetzten Division gewidmet, welche auch wieder ohne Differenz oder mit Differenz ausgeführt wird. An neuen Gedanken ist hier so wenig zu gewinnen als an neuen Ausführungsmethoden, es ist eben nur wieder die Unterscheidung in viele Fälle, wie sie dem Geübten, insbesondere dem mathematisch denkenden Geübten sehr überflüssig erscheint, wie sie aber dem Schüler eines ersten Rechenunterrichtes wünschenswerth, ja unentbehrlich sich erweisen mag.

Ein vierter Abschnitt lehrt das Rechnen mit Brüchen, natürlich mit Duodecimalbrüchen der uns bekannten Art. „Lasse uns denn zu der Abhandlung über die Gewichtstheile und ihre Unterabtheilungen kommen, und wundere Dich nicht, wenn darin Richtiges mir entging, denn die Unbequemlichkeit der Weinlese beschäftigt meine Seele mannigfaltig, auch habe ich als Muster kein Werk als das des Victorius, und dieser ist bei dem Bestreben kurz zu sein ausserordentlich dunkel geworden.“[1]) Wir haben diese Stelle ihrem Wortlaute nach eingeschaltet, um an ihr die Richtigkeit einer Bemerkung über den Calculus des Victorius zu erweisen. Das Vorhandensein jenes Rechenknechtes (S. 450) kann nun und nimmermehr als Zeugniss dafür angerufen werden, dass der Zeit, in welcher es entstand, das Rechnen auf dem Abacus fremd gewesen sei. Wir finden hier in Bernelinus einen Mann, der dieses Rechnen selbst lehrt, der es mit einer Klarheit lehrt, welche die Darstellungen Gerberts übertrifft, und derselbe Bernelinus sieht in dem Calculus des Victorius Nichts weniger als einen überwundenen Standpunkt. Er findet ihn ausserordentlich dunkel, also schwierig und verkennt nicht die Nothwendigkeit mehr zu thun als nur hinzuschreiben, dass $\frac{1}{2}$ mal $\frac{1}{2}$ sich zu $\frac{1}{4}$ multipliciren. Er erläutert vielmehr, man müsse den einen Bruch als Einheit betrachten, von welcher so viele Theile zu nehmen seien als der andere ausspreche,[2]) und erörtert dieses an verschiedenen Beispielen, darunter an solchen, bei welchen die nur begrenzt vorhandenen Duodecimalbrüche nicht gestatten anders als nur mittels eines gesprochenen Bruches zu verfahren, wie z. B. duella multiplicirt in triens. Unter duella versteht man 8 scripulae, deren 24 auf eine uncia oder auf $\frac{1}{12}$ des as als Grundeinheit gehen; unter triens versteht man 4 Unzen. Wir würden also römische Gedankenfolge so viel als möglich uns aneignend sagen: $\frac{1}{36}$ sei mit $\frac{1}{3}$ zu vervielfachen und gebe $\frac{1}{108}$ oder $\frac{1}{9}$ von $\frac{1}{12}$, beziehungsweise $\frac{1}{9}$ Unze. Weil ferner die Unze 24 Skrupeln hat, so ist ihr $\frac{1}{9}$ so viel wie

[1]) *Nunc itaque ad unciarum minutiarumque tractatum veniamus, in quo si quid me veritas praeterierit minime mireris, cum et vindemiarum importunitate meus animus per diversa quaeque rapiatur, et nullius praeter Victorii opus habeam exemplar, qui, dum brevis studuit fieri, factus est obscurissimus.*

[2]) *Quaelibet unciarum vel minutiarum in quamcumque unciarum vel minutiarum fuerit ducta totam partem illius in qua ducitur quaerit, quota ipsa est assis.*

$\frac{24}{9} = 2\frac{2}{3}$ Skrupeln. Aber 2 Skrupeln heissen emisescla und so ist Produkt eine emisescla und ihr Drittel. Auch Bernelinus kommt zu diesem Ergebnisse. Duella in trientem ducta fit emisescla et emiseschue tertia sagt Bernelinus. Die Rechnung, die ihn dahin führt, mündet darin, es sei $\frac{1}{3}$ der duella zu nehmen, aber grade diese letzte Ausführung unterschlägt er. Das Bruchrechnen war in der That, wie an der kurzen Auseinandersetzung, die wir hier gaben, erkannt werden wird, ein schwieriges, wäre sogar für uns noch schwierig, wenn wir in derselben Gewohnheit befangen wären, die Brüche nicht durch Zähler und Nenner, sondern unter Anwendung von Namen auszusprechen, welche zwar dem Geübten beim Hören sogleich verständlich sind, aber zur Rechnung immer erst wieder in die Begriffe verwandelt werden müssen, mit welchen sie sich decken.

Ist es, fragen wir, denkbar, dass Gerbert für das ganzzahlige Rechnen, welches solchen erheblichen Schwierigkeiten nie ausgesetzt war, arabische Methoden sich angeeignet und in seiner Schule verbreitet hätte, dass er dagegen das weit anlockendere Rechnen mit Sexagesimalbrüchen vernachlässigt und weder selbst angewandt noch einem einzigen Schüler mitgetheilt hätte? Wir können unseren Unglauben damit begründen, dass die ersten Uebersetzungen aus dem Arabischen sich sofort der Sexagesimalbrüche bemächtigten (S. 615), dass die ersten nachweislichen Bearbeitungen (S. 685) es ebenso machten.

Bernelinus lehrt in Anschluss an die Multiplikation der Brüche auch noch deren Division, welche er complementär ausführt, indem er den Divisor zur nächsten ganzen Einheit ergänzt, und sodann den Quotienten jedesmal neu verbessert, nachdem die nothwendige Richtigstellung der Theilreste eingetreten ist.

Wir haben nur Eines noch unserer Darstellung hinzuzufügen, beziehungsweise zu verhüten, dass man ihr Etwas entnehme. Bernelinus, sagten wir, bilde die neun Apices ab. Man darf daraus nicht schliessen wollen, dass sie im weiteren Verlaufe der Schrift benutzt werden. Nur auf dem Abacus konnte ohne Null oder — wovon wir später auch ein Beispiel kennen lernen werden — ohne abwechselnde Verwendung von Apices und römischen Zahlzeichen ein regelmässiger Gebrauch der Apices stattfinden. Bernelinus hat aber in seinem Werke nirgend einen Abacus gezeichnet, kann sich also in der einzig in Worte gefassten Darstellung der Regeln und der Beispiele nur römischer Zahlzeichen bedienen. Wenn wir oben bei der Division den Abacus wirklich abbildeten, so haben wir uns damit eine Untreue der Berichterstattung zu Schulden kommen lassen; wir haben zur grösseren Deutlichkeit gezeichnet, was Bernelinus nur erklärt, dessen Nachahmung er seinen Lesern zumuthet, ohne ihnen ein Muster vorzulegen.

Um die Zeit des Bernelinus hat auch Guido von Arezzo sich mit dem Abacus beschäftigt, der um 1028 eine Abhandlung über die Kunst der Rechnung auf der mit Sand bedeckten Tafel verfasste.[1])

Erhalten hat sich ferner die Abhandlung über den Abacus von Hermannus Contractus.[2]) Sie ist kurz und bündig, lehrt das Multipliciren und Dividiren auf dem Abacus; dessen vier wagrechte Zeilen unterschieden werden, während von einer gruppenweisen Vereinigung der Kolumnen zu je dreien Abstand genommen ist, auch eine Beschränkung der Anzahl dieser Kolumnen nicht stattfindet, von denen vielmehr gesagt ist, dass sie Jede die Vorhergehende um das Zehnfache übersteigend in das Unendliche sich erstrecken.[3]) Das Dividiren ist einfach oder zusammengesetzt und kann in beiden Fällen mit oder ohne Differenz vollzogen werden. Hermann hat, wie wir von Radulph von Laon, einem Schriftsteller des XII. S., der uns gleich nachher beschäftigen wird, erfahren, nächst Gerbert am Meisten für die Verbreitung des Kolumnenrechnens gethan. Es hat darum Interesse hervorzuheben, dass von anderen Zahlzeichen als den gewöhnlichen römischen bei ihm mit keiner Silbe die Rede ist.

Hermannus Contractus hat noch zwei andere Schriften verfasst, deren wir trotz ihres nicht eigentlich mathematischen Inhaltes kurz gedenken möchten. Er hat über jenes eigenthümliche Zahlenspiel, die Rhitmomachie, geschrieben. In der Beschreibung einer dem XI. bis XII. S. entstammenden Handschrift dieser Abhandlung ist der Anfang derselben abgedruckt,[4]) welcher die Erfindung dem Boethius zuweist, in Uebereinstimmung, wie wir uns erinnern (S. 732), mit Walther von Speier. Diese Uebereinstimmung kann uns übrigens nicht verwundern, wenn wir uns ins Gedächtniss zurückrufen, dass Speier von St. Gallen her seinen Studienplan erhielt, kurz bevor Walther dort erzogen wurde, und zugleich berücksichtigen, dass auch in Reichenau ein strenger Abt ebendaher das Regiment führte kurz bevor Hermann in die Schule trat.

Hermann hat ferner zwei Bücher über den Nutzen des Astrolabiums verfasst, welche in dem Salzburger Codex aus der Mitte des XII. S., welcher die Haupthandschrift von Gerberts Geometrie uns darstellte (S. 738), den Anfang jenes so wichtigen Sammelbandes

---

[1]) *Nouveau traité de Diplomatique par deux religieux de la congrégation de S. Maur T. IV, préface,* pag. VII. Paris, 1759. [2]) Aus einem Karlsruher und einem Münchener Codex veröffentlicht durch Treutlein im Bulletino Boncompagni X, 643—647 (1877). [3]) *Sicque in ceteris unaquaque linea decuplum aliam superante usque in infinitum progreditur.* [4]) *Catalogue of the extraordinary collection of splendid manuscripts of G. Libri.* London, 1859, pag. 103, Nro. 483.

bildet.[1]) Die Echtheit der Bezeichung könnte, wenn man jenem Codex allein Glauben zu schenken Bedenken trüge, noch besonders nachgewiesen werden. Das 2., 3. und 4. Kapitel des II. Buches[2]) beschäftigt sich nämlich in einer muthmasslich von Macrobius abhängigen Fassung mit der seiner Zeit durch Eratosthenes vollzogenen Messung des Erdumfanges. Der Verfasser will aus dem Umfange den Durchmesser berechnen und sich dabei der archimedischen Verhältnisszahl $\frac{22}{7}$ bedienen, d. h. er hat $\frac{7}{22}$ des Erdumfanges von 252 000 Stadien zu ermitteln. Dazu ist eine mittelbare Methode angewandt,[3]) welche auch im 56. Kapitel von Gerberts Geometrie, wir wissen freilich nicht aus welcher Quelle, hat nachgewiesen werden können.[4]) Es wird nämlich um $\frac{21}{22}$ zu erhalten zuerst $\frac{1}{22}$ des Umfanges abgezogen, dann von jenen $\frac{21}{22}$ der dritte Theil genommen: „Gegeben ist der Umkreis 252 000. Sein $\frac{1}{22}$ beträgt $11454\frac{1}{2}$ und $\frac{1}{22}$. Durch Abziehen bleibt $240544\frac{1}{2}$ und $\frac{21}{22}$, deren Drittel mit $80181\frac{1}{2}$ und $\frac{7}{22}$ den Durchmesser liefert." Das waren freilich Brüche, wie sie Bernelinus z. B. nie geschrieben hätte, wie sie aber auch bei einem griechischen Schriftsteller, der Stammbrüche zu brauchen gewohnt war, nicht vorgekommen wären. Es waren Brüche, welche darauf hinweisen, dass, wer sie schrieb, das Bewusstsein hatte, man könne Bruchrechnungen auch anders als an den römischen Minutien oder zwöftheiligen Brüchen vollziehen, ohne jedoch vollständig in das andere Verfahren eingedrungen zu sein. Um so unverständlicher musste das so Herausgerechnete einem Leser erscheinen, welcher neben ganzen Zahlen nur römische Minutien kannte. Ein solcher Leser war aber Meinzo der Stiftslehrer von Constanz. In einem Briefe, der, wie man Grund hat anzunehmen, spätestens im Anfange des Jahres 1048 geschrieben ist, wandte er sich um die ihm nöthige Erklärung an Hermann, und damit ist der Beweis geliefert, dass Hermann wirklich der Verfasser jener Kapitel, beziehungsweise der sie enthaltenden und unter seinem Namen auf uns gekommenen Schrift über den Nutzen des Astrolabiums ist. Auf diesen Nachweis einiges Gewicht zu legen haben wir aber einen sehr triftigen Grund, indem die genannte Schrift unverkennbar unter arabischem Einflusse verfasst ist, und arabischer Einfluss durch dieselben deutlichen Anzeigen auch in einem anderen Texte der Bücher über das Astrolabium

[1]) Agrimensoren S. 176. [2]) Ebenda S. 177. [3]) Ein Schreiben Meinzos von Constanz an Hermann den Lahmen, herausgegeben von E. Dümmler im Neuen Archiv der Gesellschaft für ältere deutsche Geschichtskunde V, 202—206. [4]) *Oeuvres de Gerbert* (edit. Olleris) pag. 453.

zu Tage tritt, welcher im Uebrigen an Verschiedenheiten gegen die auch im Druck bekannten Texte nicht arm ist.[1]) Einigermassen verstümmelte, aber immer noch erkennbare arabische Wörter, wie walzachora, almuchantarah, almagrip, almeri, walzagene u. s. w. kommen nämlich an den verschiedensten Stellen jener Bücher vor[2]) und fordern die Frage heraus wie Hermann dazu kam, dieser Wörter sich zu bedienen?

Lassen wir Hermanns Leben rasch an uns vorüber gehen.[3]) Dem schwäbischen Grafen Wolverad wurde 1013 ein Knabe Hermann geboren, welcher mit 7 Jahren, also 1020, der Schule wahrscheinlich in Reichenau übergeben wurde, wo ein Verwandter von Hermanns Mutter mit Namen Rudpert als Mönch lebte. Hermann selbst wurde im Alter von 30 Jahren, 1043, unter die Zahl der Mönche aufgenommen. Er lehrte mit herzgewinnender Liebenswürdigkeit, welche ihm Schüler von den verschiedensten Orten herbeizog. Er starb nur 41 Jahre alt am 24. September 1054. Von sehr früher Zeit an waren seine Gliedmaassen schmerzhaft zusammengezogen, wovon ihm der Name Hermannus Contractus geworden ist. Er sass immer in einem Tragstuhle, er konnte ohne Hülfe nicht einmal seine Lage ändern, ja er konnte nur mit Mühe verständlich sprechen.

Es ist nicht denkbar, dass Hermann in Gesundheitsverhältnissen, wie wir sie schildern mussten, noch vor seinem 30. Jahre — später ist es gar nicht möglich — Reisen gemacht haben sollte, von welchen er die Kenntniss der arabischen Sprache mitgebracht hätte. Es ist nicht denkbar, dass von solchen Reisen nirgend, auch nicht andeutungsweise die Rede wäre. Er müsste also das Arabische, wenn er dessen mächtig war, in Reichenau selbst sich angeeignet haben. Das setzt voraus, dass es dort entweder Persönlichkeiten gab, welche Unterricht in jener Sprache zu ertheilen befähigt waren oder aber eine geschriebene Sprachlehre und ein desgleichen Wörterbuch, beides Annahmen, welche sich nicht wohl vertheidigen lassen. Dazu kommt, dass von Kenntnissen Hermanns im Arabischen keiner seiner zahlreichen älteren Lobredner Etwas weiss, dass nur seit dem XV. S. die Behauptung sich findet, Hermann habe Schriften des Aristoteles aus dem Arabischen ins Lateinische übersetzt, eine Behauptung, die nach aller Wahrscheinlichkeit auf einer Verwechslung beruht.[4]) Ein

---

[1]) *Catalogue of the extraordinary collection of splendid manuscripts of G. Libri.* London, 1859, pag. 103, Nro. 483. [2]) Jourdain, *Recherches critiques sur l'age et l'origine des traductions latines d'Aristote. 2. édition.* Paris, 1843, pag. 146. [3]) Wattenbach, Deutschlands Geschichtsquellen im Mittelalter (4. Ausgabe 1877) II, 36—40 unter Benutzung von Heinr. Hansjakob, Herimann der Lahme. Mainz, 1875. [4]) Jourdain l. c. pag. 135—147. Chapitre III, § XI: *D'Hermann surnommé Contractus et d'Hermann l'Allemand. Erreurs des biographes à leur égard.*

solcher Uebersetzer war nämlich ein gewisser Hermanus Alemannus, der unmöglich derselbe sein kann wie der unsrige, da er von Persönlichkeiten spricht, die erst dem XIII. S. angehören. In der Vorrede zur Uebersetzung der Poetik des Aristoteles insbesondere nennt er den Bischof Robert von Lincoln mit dem dicken Kopfe, Robertus Grossi capitis Linkolniensis episcopus, welcher 1253 starb, zwei Jahrhunderte später als der Mönch von Reichenau. Alle diese Gründe zusammengenommen lassen die gerechtesten Zweifel obwalten, ob Hermann der Lahme der arabischen Sprache mächtig war, mächtig gewesen sein kann, und da auf der anderen Seite kein Zweifel möglich ist, dass arabische Ausdrücke in seinen Büchern über das Astrolabium vorkommen, so ist nur ein Ausweg aus diesem Dilemma: dass Hermann jene Bücher unter Benutzung von damals bereits vorhandenen lateinischen Uebersetzungen arabischer astronomischer Schriften anfertigte, denen er jene verketzerten Kunstausdrücke entnahm.[1]) Dass es in der That solche Uebersetzungen gab, wenn auch vermuthlich nur in sehr geringer Anzahl, wissen wir. Wir wissen, dass Lupitus von Barcelona ein astronomisches Werk übersetzt, dass Gerbert nach dieser Uebersetzung Verlangen getragen hat (S. 737), und dieses oder ein ähnliches mag Hermanns Quelle gewesen sein.

Dem XI. S. gehören noch verschiedene andere Schriftsteller an, welche über den Abacus und verwandte Gegenstände schrieben, oder in ihren Klöstern schreiben oder abschreiben liessen.[2]) Zu denen, welche Abschriften aller Art anfertigen liessen, gehören Werner und Wilhelm von Strassburg sowie Fulbert von Chartres, und es ist gar nicht unmöglich, dass unter des Letzteren Einflusse jene Handschrift des Anonymus von Chartres entstand, der wir (S. 500) einige Bemerkungen gewidmet haben. Fulbert von Chartres hat selbst Verse über die Duodecimalbrüche, versus de uncia et partibus eius, verfasst.[3]) Als grosse Astronomen werden genannt Engelbert von Lüttich, Gilbert Maminot von Lisieux, Odo Stiftsherr von Tournai. Ueber den Abacus schrieben Heriger von Lobbes, einem bei Lüttich gelegenen vielgerühmten Kloster, Helbert von St. Hubertus in den Ardennen, Franco von Lüttich, den wir schon (S. 750) als Geometer kennen lernten. Auch Rudolf von Lüttich und Regimbold von Coeln werden aus der unmittelbar auf Gerbert folgenden Zeit als Mathematiker gerühmt.[4]) Viele, ja die meisten Pflanzstätten mathematischer

---

[1]) Jourdain l. c. pag. 147: *Il est plus naturel de croire qu'il composa ses deux traites d'après les traductions qui avaient cours alors, mais qu'il ne fit aucune version de l'arabe.* [2]) Math. Beitr. Kulturl. S. 332. [3]) Werner, Gerbert S. 64, Anmerkung 4. [4]) Ebenda S. 77.

Bildung, von welchen die hier genannten Persönlichkeiten ihren Namen, aus welchen sie ihr Wissen erhielten, liegen in ziemlich engem Kreise um Lüttich herum, damals dem geistigen Mittelpunkte von Lothringen und bestätigen so ein Wort des Bernelinus: bei den Lothringern blühe die Kunst des Abacus.[1])

Wir überspringen nun fast ein Jahrhundert, um von einem Manne zu reden, der am Anfange des XII. S. thätig war, und dessen Schrift über den Abacus, wenn gleich nur Bruchstücke derselben veröffentlicht sind, uns Gelegenheit zu vielfachen Bemerkungen gibt. Wir meinen Radulph von Laon, der als Bischof dieser Stadt 1131 gestorben ist.[2]) In Laon war um 1100 eine hochberühmte Klosterschule, welche ihre Blüthe namentlich Anselm verdankte, der Leuchte Frankreichs, wie seine Bewunderer ihn nannten, dem Lehrer des fast noch bekannteren Abelard. Radulph war Anselms Bruder und, wie er, Lehrer an der Klosterschule, bevor er zum Bischofe eingesetzt wurde. Er schrieb, wie gesagt, über den Abacus, und eine Einleitungsstelle beschäftigt sich mit der geschichtlichen Entwicklung der Rechenkunst auf dem Abacus:[3]) „Jetzt ist zu besprechen, welcher Wissenschaft diese Vorrichtung hauptsächlich dient. Der Abacus erweist sich als sehr nothwendig zur Untersuchung der Verhältnisse der spekulativen Arithmetik; ferner bei den Zahlen, auf denen die Tonweisen der Musik beruhen; desgleichen für die Dinge, welche durch die emsigen Bemühungen der Astronomen über den verschiedenen Lauf der Wandelsterne gefunden sind und über deren gleiche Umdrehung dem Weltall gegenüber, wenn auch ihre Jahre je nach dem Verhältnisse der ungleichen Kreise sehr verschiedenes Ende haben; weiter noch bei den dem Platon nachgebildeten Gedanken über die Weltseele und zum Lesen all der alten Schriftsteller, welche ihren scharfsinnigen Fleiss den Zahlen zuwandten. Am allermeisten aber zeigt der Gebrauch dieser Tafel sich bequem und wird von den Lehrern der Kunst benutzt bei Auffindung der Formeln der geometrischen Disciplinen und bei Anwendung derselben auf die Ausmessung der Länder und Meere. Allein die Wissenschaft, von der ich eben rede, ist fast bei allen Bewohnern das Abendlandes in Vergessenheit gerathen, und so wurde auch diese Kunst des Rechnens beim Aufhören der Kunst, als deren Hilfsmittel sie erfunden worden war, nicht gar gross beachtet; ja sie kam in Misskredit, und nur Gerbert, genannt der Weise, ein Mann von höchster Einsicht, und

---

[1]) *Oeuvres de Gerbert* (edit. Olleris) pag. 357. [2]) *Histoire litteraire de la France* VII, 89 sqq., 143. Auszüge aus dem Werke Radulphs hat Chasles veröffentlicht in den *Compt. Rend. de l'Académie des sciences* XVI, 1413 sqq. und theilweise vollständiger Woepcke in dem *Journal Asiatique* für 1863, I. Halbjahr, pag. 48—49 und pag. 246—247. [3]) *Compt. Rend.* XVI, 1413, Anmerkung 1.

der vortreffliche Gelehrte Hermann und deren Schüler pflanzten Einiges bis zu unseren Zeiten fort; in ihnen zeigt sich noch ein schwacher Abfluss jener Quellen der genannten Wissenschaft."

Es sind hier der zu Radulphs Zeit vorhandenen wissenschaftlichen Ueberzeugung folgend Sätze ausgesprochen, welche durchweg mit den Ansichten in Einklang stehen, welche wir schon die ganze Zeit her vertreten haben: Der Abacus ist sehr nothwendig zum Verständniss der Platoniker; die Mathematiker bedienten sich seiner hauptsächlich bei Berechnungen aus dem Bereiche der Feldmesskunst, und als diese letztere Kunst schwand, da wurde auch der Abacus fast vergessen; Gerbert und Hermann und ihre Schulen haben nicht etwa den Abacus neu eingeführt oder gar erfunden, sie haben die halbwegs vergessene Kunst nur in einiger Erinnerung erhalten. Von Arabern, bei welchen die Kunst geblüht haben könnte, ist auch bei Radulph mit keinem Worte die Rede. Wir schalten hier vorgreifend ein, dass nach den geringen Auszügen, welche uns bekannt sind, und aus dem beredten Schweigen dessen, der sie veröffentlicht hat, zu urtheilen, auch Atelhart von Bath, welcher um 1130 über den Abacus schrieb, in dieser Abhandlung der Araber nicht erwähnt zu haben scheint, er, der vollkommen arabisch kannte und Uebersetzungen aus dem Arabischen vollzogen hat, dass er dagegen des Zusammenhanges des Abacus mit der Geometrie sich wohl bewusst war.[1])

Radulph begnügt sich nicht der Verbreitung, des Verschwindens, des Auffrischens des Abacus zu gedenken; er spricht auch über dessen Erfindung und Einrichtung, und dabei bedient er sich der Apices, die wir nur der Bequemlichkeit halber in unserer Uebersetzung durch die gewöhnlichen Zahlzeichen wiedergeben:[2]) „Bei der Zeichnung dieser Tafel, wie wir zu sagen angefangen haben, wird die Menge der Zwischenräume in drei mal neun eingetheilt, d. i. nach der Gestalt eines Würfels, welcher die Länge drei auch nach der Breite und Höhe in gleichen Abmessungen vermehrt. Und da die Assyrer für die Erfinder dieses Instrumentes gehalten werden, welche der chaldäischen Sprache und Buchstaben sich bedienten, und beim Schreiben rechts anfingen und nach links fortfuhren, so beginnt gemäss des den Erfindern in fortgesetzter Verbreitung schuldigen Ansehens die Zeichnung dieser Tafel zur Rechten und setzt ihre Länge nach links fort. Die Zwischenräume selbst sind aber so unterschieden, dass, während jeder einzelne seinen oberen Abschluss hat, auch je drei von dem Anfange bis zum Ende der Tafel durch obere Abschlüsse endigen, so dass, indem je drei Zwischen-

[1]) Chasles in den *Compt. Rend.* XVI, 1410–1411 und XVII, 147. [2]) *Journal Asiatique* 1863, I. Halbjahr pag. 48–49, Anmerkung 3.

räume immer durch einen Halbkreis geschlossen sind, auf der ganzen Länge der Tafel IX obere Abschlüsse gefunden werden. Der erste Abschluss dreier Zwischenräume ist mit dem Zeichen der Einheit überschrieben, welche mit chaldäischem Namen igin heisst; 1 stellt die Gestalt eines lateinischen Buchstaben dar. Man erkennt, dass dieses desshalb geschieht, damit jene drei Zwischenräume, welche das Zeichen der Einheit vorbemerkt haben, bezeugen, dass sie dadurch den ersten Rang erlangt haben. Der zweite Abschluss von drei Zwischenräumen trägt dieses Zeichen der zwei 2, welches bei den vorgenannten Erfindern andras heisst, damit durch diese Wendung erklärt werde, jene drei Zwischenräume, über welchen es geschrieben ist, nehmen den zweiten Rang für sich in Anspruch. Der dritte Abschluss von drei Zwischenräumen lehrt, dass er den dritten Rang einnehme, dadurch, dass er mit folgender Gestalt der drei 3 bezeichnet ist, welche bei den Chaldäern ormis genannt wird. Aehnlich bezeugt auch der Abschluss der vierten Ordnung, dass er den vierten Rang behaupte, indem über ihn dieses Zeichen 4 der vier geschrieben ist, das bei den Erfindern als arbas gilt. Nicht weniger kündigt die fünfte Ordnung an, sie halte den fünften Rang ein, weil sie diese Gestalt 5 der fünf trägt, welche quimas heisst. Ebenso gehabt sich die sechste Ordnung als sechste, weil sie als Aufschrift das Zeichen 6 oder sechs hat, welches caltis heisst. Auch die siebente ist durch folgende Gestalt 7 der sieben bezeichnet, welche zenis heisst. Die achte hat folgende Form 8 der acht, welche man temeniam nennt; und die neunte ist mit dieser Figur 9 der neun bezeichnet, welche bei den Erfindern celentis genannt wird. Bei der letzten Ordnung wird auch die sipos genannte Figur ⊙ angeschrieben, welche, wiewohl sie keine Zahl bedeutet, doch zu gewissen anderen Zwecken dienlich ist, wie im Folgenden erklärt werden wird."

Wir werden Radulphs Beispiel folgend auch erst nachher von dem sipos und seiner Benutzung reden, Anderes vorausschicken. Es könnte zunächst auffallen, dass Radulph wiederholt von der Länge der Tafel redet, wo wir die Breite genannt erwarten. Allein wie Heron im Anschlusse an ägyptische Uebung (S. 331) Breite die kleinere, Höhe die grössere Abmessung nannte ohne auf die Lage selbst zu achten, so ist für Vitruvius nur derselbe Gegensatz bei der Anwendung der Wörter Breite und Länge massgebend,[1]) und Radulph steht mit Beibehaltung dieser alterthümlichen Sitte durchaus auf römischem Boden. Der mit 27 Kolumnen ausgestattete Abacus musste mehr breit als lang erscheinen, die Breite desshalb als Länge benannt werden.

[1]) Agrimensoren S. 67 und 196, Anmerkung 129.

Eine zweite Bemerkung bezieht sich auf den assyrischen oder chaldäischen Ursprung, den Radulph für den Abacus, für die Apices und für deren Namen in Anspruch nimmt. Wir pflichten entschieden der Meinung bei, welche hierin ein Anlehnen an griechische Erinnerungen findet,[1]) die manche astronomische und anderweitige Kenntnisse von den Chaldäern ableiteten. Warum sollte Radulph statt der Assyrer nicht die Araber oder die von diesen stets als Erfinder der Zahlzeichen gerühmten Inder genannt haben, wenn er von ihnen wusste? Sein Schweigen ist mithin als Beweis anzusehen, dass ihm und mit ihm gewiss den Zeitgenossen, vor welchen er durch Gelehrsamkeit sich auszeichnete, ein Vorkommen des Abacus bei den Arabern gerade so unbekannt war wie uns.

Drittens müssen wir zu jenen räthselhaften Wörtern uns wenden, die uns von Radulph als desselben chaldäischen Ursprunges wie der Abacus genannt werden. Wir haben (S. 495) von Wörtern gesprochen, welche nicht im Texte, aber auf dem Abacus zwischen dem I. und II. Buche der Geometrie des Boethius vorkommen und dort möglicherweise erst nachträglich ihren Platz gefunden haben. Es sind dieselben, die wir hier nach Radulph mitgetheilt haben. Dieselben, freilich mit Auslassung des einen Wortes *celentis* für neun, finden sich in dem Codex von Chartres, in welchem auch die Geometrie des Anonymus steht, in neun lateinischen Versen:

Ordine primigeno (sibi?) nomen possidet Igin.
Andras *ecce locum previndicat ipse secundum.*
Ormis *post numerus non compositus sibi primus.*
Denique bis binos succedens indicat Arbas.
Significat quinos ficto de nomine Quimas.
Sexta tenet Calcis *perfecto munere gaudens.*
Zenis *enim digne septeno fulget honore.*
Octo beatificos Termenias *exprimit unus.*
Hinc sequitur Sipos *est, qui rota namque vocatur.*[2])

Der Sinn dieser Verse, welche vielleicht nur als Gedächtnissverse zu betrachten sind, welche die Einprägung jener fremdartigen Wörter erleichtern sollen, dürfte aus folgendem Uebersetzungsversuche[3]) sich ergeben:

Igin führet das Zeichen in erster Stelle zum Namen.
Auf den zweiten der Plätze erhebet *Andras* den Anspruch.
Dann als erste einfache Zahl folgt *Ormis* auf jene.
Zweimal zeiget die zwei das jetzt nachfolgende *Arbas.*
Quimas bildet die fünf mit aussersonnenem Namen.

[1]) Woepcke im *Journal Asiatique* für 1863, I. Halbjahr pag. 49.
[2]) Chasles, *Aperçu hist.* pag. 473, deutsch S. 540. [3]) Math. Beitr. Kulturl. S. 244.

Ihrer Vollkommenheit freut sich die *Calcis* an sechsester Stelle.
Siebenfältiger Ehre erglänzet am Würdigsten *Zenis*.
Und die glückselige Acht zeigt nur *Termenias* einzig.
Aehnlich gestaltet dem Rade ist, was hier *Sipos* ich nenne.

Eben dieselben Wörter finden sich bei einem etwas jüngeren Zeitgenossen Radulphs, von dem wir noch zu sprechen haben, Gerland und bei verschiedenen Schriftstellern bis in das XIV. S. herab.[1]) Meistens fehlt das Wort *sipos*. Hat nun Radulph Recht, wenn er die Wörter aus dem Chaldäischen herstammen lässt, und sind sie in der That ebenso alt, eben so lange in Gebrauch als der Abacus, oder wenigstens als die Apices? Würde die letzte Frage noch weiter eingeschränkt auf die Zeit der Neubelebung und allgemeinen Verbreitung des Abacus- oder Kolumnenrechnens, so wäre sie entschieden mit Nein zu beantworten. Gerbert, Bernelinus, Hermann der Lahme benutzen jene Wörter nie, und sie sind doch als die hervorragendsten Lehrer zu betrachten. Auch aus keinem anderen Schriftsteller des XI. S. wird das Vorkommen jener Wörter uns berichtet, und erst im XII. S. scheinen sie aufzutreten. Damit aber verbunden mit dem Umstande, dass der Text des Boethius die Wörter ebensowenig enthält, gewinnt die Wahrscheinlichkeit das Uebergewicht, dass sie auf dem dort vorhandenen Abacus erst nachträglich beigeschrieben worden seien, beigeschrieben im XII. S. nachdem die Handschriften selbst schon ein Jahrhundert etwa gefertigt waren. Würde das Aussehen der Handschriften dieser Annahme allzusehr widersprechen, dann wären freilich mindestens im XI. S. die Wörter nachgewiesen, und dann würde die Beantwortung der Frage, ob sie noch älter seien, sich möglicherweise anders gestalten, da wir hier deren Verneinung wesentlich aus dem vollständigen Fehlen vor dem XII. S. abgeleitet haben. Werfen wir noch für die Bejahung das Gewicht von Radulphs Behauptung, die wir doch nicht so ganz leicht nehmen dürfen, in die Wagschale, so stehen wir vor ziemlich gleich schwer wiegenden Gründen, zwischen welchen ohne Weiteres eine Entscheidung nicht rathsam erscheint.

Vielleicht sind die Wörter selbst geeignet den Zweifel zu lösen? Ein Assyriologe will fünf derselben als assyrisch erkannt haben;[2]) *igin* sei *ischtin*, *arbas* sei *arba*, *quimas* sei *χamsa*, *zenis* wohl in der gleichfalls vorkommenden Form *zebis* sei *schibit*, *termenia* sei *schumunu*.

---

[1]) *Oeuvres de Gerbert* (edit. Olleris) pag. 578—579. [2]) Lenormant, *La légende de Sémiramis, premier mémoire de mythologie comparative* pag. 62 in den *Mémoires de l'Académie Royale des sciences et belles lettres de Belgique*. *T.* XL (Bruxelles, 1873). Frühere Untersuchungen vergl. bei Vincent in Liouville, *Journal des mathématiques* IV, 261 und in der *Revue archéologique* II, 601; Math. Beitr. Kulturl. S. 245—246; Woepcke im *Journal Asiatique* für 1863, I. Halbjahr pag. 51; *Oeuvres de Gerbert* (edit. Olleris) pag. 579—581.

Es gehört immerhin eine gewisse Phantasie dazu, um diese Verwandtschaften als offenkundig anzuerkennen. *Arbas*, *quimas*, *termenias* sind allerdings als semitisch wohl von allen Untersuchern anerkannt worden, aber ohne dass Einigkeit darüber stattfände, ob das Arabische, das Hebräische oder das Aramäische die Grundformen geliefert habe, worauf es natürlich nicht wenig ankommt, wenn das Alter und die Ueberlieferungsweise der Wörter geprüft werden wollen. Mit der semitischen Ursprungserklärung der anderen Wörter geht es nicht so leicht. Man hat sie freilich insgesammt arabisch deuten wollen, aber fraget nur nicht wie, möchte man ausrufen. *Caltis*, 6 und *zenis*, 7 sollen als *cadis* und *zebis* aus der entsprechenden arabischen Cardinal-, *igin*, 1 aus der arabischen Ordinalzahl stammen; *ormis*, 3 und *celentis*, 9 sollen ihren Werth vertauscht haben, alsdann aber wieder arabische Klänge geben, und *andra*, 2 soll diesem Ursprunge gleichfalls nicht widersprechen, vorausgesetzt dass man das arabische Wort schlecht gelesen habe. Andere, weniger leicht mit Verstümmelungen und Werthvertauschungen zufrieden, haben zwar *igin* aus dem Hebräischen, dem Persischen, der Berbersprache, *andras* aus dem Hebräischen, dem Arabischen, *zenis* aus dem Hebräischen abgeleitet, aber, wie wir durch die Nebeneinanderstellung der beigezogenen Sprachen andeuteten, wieder in fast unlösbarem Widerspruche zu einander, einig nur in dem Verzichte auf jegliche Erklärung für *ormis*, *calcis*, *celentis*. Semitisch also, den Schluss können wir allenfalls ziehen, sind die fremden Zahlwörter nicht ausnahmslos. Eine andere Richtung schlugen alsdann Gelehrte ein, welche den hebräischen Ursprung von *arbas*, *quimas*, *termenias* als mit der alexandrinischen Heimath der sämmtlichen von ihnen als neupythagoräisch vermutheten Wörter wohl vereinbarlich zugaben, dagegen die anderen aus dem Griechischen ableiteten, und zwar aus Wörtern, welche Begriffen entsprachen, die in der That in der Zahlensymbolik der späten Pythagoräer mit den betreffenden Zahlen im Zusammenhang stehen. *Igin* soll aus ἡ γυνή, *andras* aus ἀνδρές, *ormis* aus ὁρμή entstanden sein, weil die 1 das Weibliche, die 2 das Männliche, die 3 die Vereinigung beider bedeute; *calcis*, welches auch in den Formen *caltis* und *chalcus* vorkommt, sei nach einer Meinung καλότης, weil die 6 dem Begriffe des Vollkommenen und des Schönen entspreche, während die andere Meinung *chalcus*, χαλκοῦς damit rechtfertigt, dass χαλκοῦς und οὐγγία Synonyma seien, die Alten aber nach einer Behauptung des Cassiodorius in einem Briefe an Boethius [1]) für 6 auch Unze sagten. Eine Ableitung von *zenis* als Tochter des Zeus beruht darauf, dass die 7 bei Theon von Smyrna Athene genannt

---

[1]) *Variae I, epist. 10: Senarium vero, quem non immerito perfectum docta Antiquitas definuit, unciae, qui mensurae primus gradus est, appellatione signavit.*

wird,[1]) eine dem Sinne nach ähnliche von *celentis* aus σελήνη darauf dass 9 die Zahl der Jungfrau ist,[2]) die Mondgöttin aber sich vor Allen der Jungfräulichkeit erfreut. Andere dagegen wollen *celentis* von θηλυντός weibisch, oder vielmehr unter der Annahme das Anfangs-α eines Wortes könne, auch wenn es verneinende Bedeutung habe, wegfallen, von ἀθηλυντός nicht weibisch, kräftig ableiten, weil die 9 den Begriff der Kraft in sich schliesse. So steht eine nicht unbedingt zu verwerfende Auswahl von Erklärungen der fremdklingenden Zahlwörter Radulphs zu Gebote. Weiter aber als bis zur Ablehnung der unbedingten Verwerfung möchten wir unsere Zustimmung doch nicht erstrecken und betrachten das Räthsel als immer noch nicht mit Gewissheit aufgelöst, gern bereit eine zuverlässigere Deutung jener Wörter freudig zu begrüssen, welche auch die Frage nach der Zeit der Entstehung endgiltig beantworten würde.

Wir gehen nunmehr mit Radulph zu dem letzten Zeichen des *sipos* über, zu dem Kreise mit angedeutetem Mittelpunkte, jene Figur „welche, wiewohl sie keine Zahl bedeutet, doch zu gewissen anderen Zwecken dienlich ist, wie im Folgenden erklärt werden wird." (S. 764) Radulph erfüllt das gegebene Versprechen treulich.[3]) Der vorsichtige Abacist — *providus abacista* — wird, sagt er, unter den anderen Zeichen auch ein nach Art eines Rädchens — *in modum rotulae* — gestaltetes *sipos* sich auf Marken — *in calculis* — anfertigen, und nun erläutert er deren Gebrauch. Wir begnügen uns ohne wörtlich zu übersetzen auf den Kernpunkt hinzuweisen. Wenn die Multiplikation mehrziffriger Zahlen mit einander vorgenommen wird, so kommt es darauf an immer zu wissen, wo man mit dem Vervielfältigen halte. Ist dieses schon nothwendig, wofern alle Zwischenrechnungen stehen bleiben, so ist es noch weit unerlässlicher, wenn, wie wir von Bernelinus gelernt haben, Ziffern fortwährend verändert wurden. Sei es dass man auf dem Sande neue Zeichen schrieb, sei es dass man auf dem vom Schildmacher hergerichteten Abacus neue Marken auflegte, in beiden Fällen war dem vor Augen befindlichen Theilergebnisse nicht anzusehen, welchem Augenblick der Rechnung es entstamme. Da trat das *sipos* in seine Rechte. Man rückte nämlich eine solche Marke längs den Ziffern des Multiplikators von der Rechten zur Linken fort, um anzugeben, mit welcher Stelle man grade vervielfache; um aber auch zu wissen, welchen Abschnitt der Vervielfältigung jeder Multiplikatorsziffer mit dem ganzen Multiplikandus man schon ausgeführt habe, liess man gleichzeitig eine zweite *sipos*-Marke längs des Multiplikandus fortrücken. Man sieht somit: das *sipos* ist keine

---

[1]) Theon Smyrnaeus (ed. Hiller) pag. 103, lin. 1—5. [2]) Theologumena (ed. Ast) pag. 58, lin. 12 flgg. [3]) Woepcke im *Journal Asiatique* für 1863, I. Halbjahr pag. 246—247, Anmerkung 1.

Null, ist, wie Radulph ganz richtig bemerkt, überhaupt kein Zahlzeichen, sondern nur ein Rechnungsbehelf ähnlich dem Pünktchen, dessen auch wohl in der heutigen Zeit Rechner beim Dividiren sich bedienen, so wie beim Multipliciren vielziffriger Zahlen mit einander, vorausgesetzt dass sie diese letztere Rechnung so vollziehen, dass alle Zwischenrechnungen bis zum Hinschreiben der einzelnen Ziffern des Gesammtproduktes im Kopfe vorgenommen werden. Dass beim *sipos* ein Kreis das Pünktchen umschliesst, ist vielleicht nur die Zeichnung einer runden Marke überhaupt und die Aehnlichkeit mit dem Zeichen der Null eine durchaus zufällige. Was das Wort *sipos* betrifft, so ist es kaum weniger zweifelhafter Bedeutung als die anderen Wörter, von welchen wir oben gesprochen haben, denn wenn die einen es mit dem as-sifr (leer) der Araber, Andere es mit dem *saph* (Gefäss) der Hebräer in Verbindung setzen, leiten noch Andere, offenbar hier weit mehr in Uebereinstimmung mit der Verwendung des *sipos*, es von ψῆφος (Rechenmarke) ab.

Wir können hier einschaltend auch das Wort *abacista* hervorheben, durch welches Radulph den auf dem Abacus Rechnenden benennt. Der Name[1]) geht mindestens bis auf Gerbert zurück, der sich in seiner Geometrie desselben bedient, und seine Nachfolger gebrauchen bald dieses Hauptwort, bald ein von demselben abgeleitetes Zeitwort *abacisare*, welches Rechnen auf dem Abacus bedeutet. Die Hochschätzung Gerberts als desjenigen, welcher das Rechnen mehr als jemals früher zum Gemeingute gemacht hat, spricht sich in dem gleichfalls einmal aufgefundenen Worte *gerbertista* für Rechner aus.

Jüngerer Zeitgenosse Radulphs war, wie wir schon sagten, Gerland.[2]) Er war Schüler des von dem Bisthum Besançon abhängigen Benediktinerklosters in der Stadt gleichen Namens. Er wirkte selbst dort als Stiftslehrer, dann als Prior in den Jahren 1131 und 1132. Im Jahre 1148 begleitete er nebst Theodorich von Chartres den Erzbischof Adalbero von Trier zu einem Reichstage nach Frankfurt und führte mit seinem Reisegefährten während der Rheinfahrt ein glänzendes Wortgefecht. Er schrieb unter Anderem einen Computus, d. h. wie wir wissen eine Anleitung zur Osterrechnung, und eine Abhandlung über den Abacus, die in einer carlsruher Sammelhandschrift aus dem XII. S., die also jedenfalls kurz nach der Abfassung der Abhandlung entstanden sein muss, sich erhalten hat.[3])

Wir heben nur Weniges als bemerkenswerth aus ihr hervor. Gerland benutzt die fremdartigen Zahlwörter beim Rechnen selbst: *Igin pone iuxta andram*, setze *igin* neben *andras* u. s. w. Er be-

---

[1]) Math. Beitr. Kulturl. S. 331. [2]) Boncompagni im *Bulletino Boncompagni* X, 653—656. [3]) Zum Drucke befördert durch Treutlein in dem *Bulletino Boncompagni* X, 595—607.

nutzt ferner fortwährend einen gezeichneten Abacus, dessen einzelne Kolumnen Bogen, *arcus*, heissen und einen oberen Abschluss durch einen Kreisbogen finden. An einer einzigen Stelle vereinigt er, wie Bernelinus, wie Radulph es vorschrieben, überdies Gruppen von drei Kolumnen unter einem grösseren Kreisbogen und von diesen dreien selbst wieder zwei unter einem mittelgrossen Bogen; allein dabei macht sich eine Verschiedenheit gegen Bernelinus geltend, denn Bernelinus will (S. 753) den mittelgrossen Bogen über die Zehner- und Hunderterkolumne gezeichnet haben, worin ein guter Sinn liegt, der der Unterscheidung von Einern und Nichteinern der betreffenden Gruppe, Gerland dagegen vereinigt, man weiss nicht wozu, die Einer- und Zehnerkolumne unter einem mittelgrossen Bogen. Die Zahl der Kolumnen ist 12, also auch nicht mit jenen Vorgängern in Uebereinstimmung. Eine andere Handschrift von Gerlands Abacusregeln hat 15 Kolumnen, und überhaupt ist der Wechsel in diesen Anzahlen ein sehr häufiger und nur darin beschränkt, dass die Kolumnenzahl stets durch 3 theilbar die Bildung von Triaden gestattet;[1]) neben 27 kommen beispielsweise auch 30 Kolumnen vor, muthmasslich so zu erklären, dass neue Gruppen von je 3 Kolumnen mit den Wörtern *igin* bis *celentis* überschrieben waren, und dann noch eine zehnte Gruppe hinzugenommen wurde, um die Ueberschrift *sipos* verwerthen zu können, deren Sinn allmälig verloren ging, als man mit der wirklichen Null der Araber bekannt wurde. Beim Dividiren lehrt Gerland nicht das complementäre, sondern das unmittelbare Verfahren sowohl an dem Beispiele 120 : 3 als an dem Beispiele 100 : 11, bei welchem letzteren das übrig bleibende 1 zur Fortsetzung der Division in Duodecimalbrüche verwandelt wird.

Greifen wir jetzt aus der zahlreichen Menge von dem Verfasser und der Abfassungszeit nach nicht genau bestimmbaren Schriften über den Abacus noch einige heraus, die uns bemerkenswerther erscheinen und möglicherweise in die Zeit gehören, bis zu welcher wir gelangt sind. Dem XII. S. entstammen nach der Ansicht der Meisten Oddos Regeln des Abacus[2]), welche nach anderer Meinung auf Odo von Cluny zurückzuführen sind (S. 725). Diese Regeln beginnen wieder mit einer an geschichtlichen Erinnerungen reichen Einleitung: „Will Einer Kenntniss des Abacus haben, so muss er Betrachtungen über die Zahlen sich aneignen. Diese Kunst wurde nicht von den modernen Schriftstellern erfunden, sondern von den Alten, und wird desshalb von Vielen vernachlässigt, weil sie durch die Verworrenheit der Zahlen sehr verwickelt ist, wie wir aus der

---

[1]) *Compt. Rend.* XVI, 1405. [2]) *Scriptores ecclesiastici de musica* (edit. Mart. Gerbert). St. Blasien, 1784, I, 296–302: *Regulae Domni Oddonis super abacum.* Vergl. Math. Beitr. Kulturl. S. 295–302.

Erzählung unserer Vorfahren wissen. Erfinder dieser Kunst war Pythagoras, wie uns mitgetheilt wird. Deren Uebung ist bei einigen Dingen nothwendig, weil ohne Kenntniss derselben kaum irgend Jemand es in der Arithmetik zur Vollkommenheit bringen, noch die Lehren der Calculation d. h. des Computus verstehen wird. Hätten doch unsere heiligen Weisen niemals die für die heilige Kirche nothwendigen Regeln auf das Ansehen jener Heiden gestützt, wenn sie gefühlt hätten, es sei eine müssige Kunst, die jene lehrten. Will z. B. Einer die Bücher Bedas des Ehrwürdigen über den Computus lesen, so wird er ohne Besitz dieser Kunst wenig Nutzen erzielen können. Eben sie ist in dem Quadrivium, d. h. in der Musik, Arithmetik, Geometrie und Astronomie so nothwendig und nützlich, dass ohne sie fast alle Arbeit der Studirenden zwecklos erscheint. Wir glauben, dass sie vor Alters griechisch geschrieben und von Boethius ins Lateinische übersetzt wurde. Aber das Buch über diese Kunst ist zu schwer für den Leser, und so haben wir einige Regeln hier auseinandergesetzt."

Wir sehen hier in den geschichtlichen Angaben eine ziemliche Uebereinstimmung mit denen Radulphs, jedoch so, dass keiner der beiden Schriftsteller eine Abhängigkeit von dem Anderen verräth, die Allgemeinheit der Ueberlieferung also durch ihre ähnlichen Behauptungen nur um so sicherer bestätigt wird. Wenn Radulph die Nothwendigkeit des Abacus zur Verständniss Platons betont, führt Oddo das Rechnen auf demselben auf Pythagoras zurück. Wenn Radulph ihn der Geometrie dienen lässt, ist er bei Oddo dem ganzen Quadrivium ein nützliches Hilfsmittel. Wenn Radulph die Kunst in Misskredit, fast in Vergessenheit gerathen lässt bis Gerbert und Hermann sie erneuerten, spricht Oddo die Meinung aus, Boethius habe darüber eine Schrift aus dem Griechischen ins Lateinische übersetzt, aber dieses Buch sei zu schwierig, und desshalb setze er seine Regeln auseinander. Die letztere Bemerkung Oddos verdient unsere ganz besondere Aufmerksamkeit, da es schwer fällt, dieselbe nicht auf die Geometrie des Boethius zu beziehen. Dann sind aber nur zwei Fälle denkbar. Entweder behandeln wir Oddo hier am unrichtigen Orte, er schrieb vor Gerbert und kannte die Geometrie des Boethius, dann ist deren Echtheit wieder mit einer gewichtigen Stütze versehen. Oder Oddo lebte nach Gerbert, dann ist nicht abzusehen, wie er dessen bahnbrechende Thätigkeit so ganz übergehen konnte, falls er doch einmal geschichtliche Bemerkungen machte, wenn sie nicht buchstäblich wahr waren, wenn es nicht allgemein bekannt war, dass auf die Geometrie des Boethius die ganze Lehre zurückzuführen und Gerbert nur der Erneuerer sei, als welcher Radulph ihn pries, und das führt alsdann zu denselben Schlüssen wie vorher.

Die Benennung der Einer und Zehner als Finger- und Gelenkzahlen, der Kolumnen als Bögen, die Vereinigung von je drei Bögen zu einer mit einem grösseren Bogen überspannten Gruppe, das Auftreten der Apices, das sind lauter Dinge, die Oddo mit Vielen gemein hat. Die Zahlennamen *igin* u. s. w. kommen bei ihm nicht vor, und das könnte Anlass geben, ihn für Zeitgenossen eines früheren als des XII. S. zu halten. Bei der Multiplikation unterscheidet er die beiden Faktoren als Summe, *summa*, und Grundzahl, *fundamentum*, wovon jene oben, diese weiter unten geschrieben wird. Das Produkt kommt zwischen beide Zeilen zu stehen.[1]) Dabei findet zwischen den Faktoren Gegenseitigkeit statt: „Mag man 5 mal 7 oder 7 mal 5 nehmen, so entsteht XXXV." Der Gegensatz der Schreibweise in diesem Satze, die Darstellung einziffriger Zahlenwerthe durch Apices, mehrziffriger durch römische Zahlzeichen, ist die naturgemässe Folge des Nichtvorhandenseins der Null, ohne welche die Apices die längste Zeit über nur dann Stellenwerth erhielten, wenn sie einem Abacus eingezeichnet waren.

Ein einziges Beispiel vom Gegentheil ist bis jetzt bekannt geworden.[2]) In einer Handschrift der alexandrinischen Bibliothek zu Rom, welche um das Jahr 1200 herum entstanden ist, findet sich nämlich auf zwei eigenthümlichen kreisrunden Figuren eine ziemliche Menge von Zahlen, theils einziffrige, theils zweiziffrige. Sie sind mit geringfügigen Ausnahmen durch Apices geschrieben, die zu diesem Zwecke offenbar Stellungswerth erhielten. Dass aber dem Schreiber die Null noch nicht bekannt war, oder, was auf das Gleiche herauskommt, dass er sie noch nicht zu gebrauchen wagte, geht mit Bestimmtheit daraus hervor, dass mitten zwischen den Apices die römischen Zeichen für X und XX vorkommen.

Doch wir kehren zu Oddo zurück. Nach den Multiplikationsregeln gelangt er zur Division und unterscheidet, wie wir es schon bei Boethius gefunden haben, die einfache, die zusammengesetzte und die unterbrochene Division, je nachdem der Divisor einstellig ist, mehrstellig in aufeinanderfolgenden Kolumnen, oder mehrstellig aber so, dass dazwischen eine Kolumne leer bleibt. Der Dividend steht hier in der Mitte, der Divisor oben, der Quotient unten[3]), und es ist nicht zu verkennen, dass hier eine völlig gleichmässige Anordnung wie bei der Multiplikation gewählt ist, die das Produkt zwischen beide Faktoren stellt.

---

[1]) *Summa vocatur quod in summitate arcuum; fundamentum autem quidquid inferius disponitur. Et quod ex utroque numero procedit multiplicato inter duas lineas ponitur.* [2]) *Enrico Narducci, Intorno ad un manuscritto della Biblioteca Alessandrina contenente gli apici di Boezio senz' abaco e con valore di posizione* in den *Memorie dell' Accademia Reale dei Lincei, Classe di scienze fisiche, matematiche e naturali. Serie 3. Vol. 1. Seduta dell' 8. aprile 1877.* [3]) *Quidquid dividendum est in abaco in medio ponitur; divisores praeponuntur; denominationes autem, hoc est partes divisae supponuntur.*

Allerdings sind wir genöthigt die Stellung aus Oddos Worterklärungen zu entnehmen, denn die Zeichnung eines Abacus kommt bei ihm nicht vor. Er vollzieht die Divisionen unmittelbar, nicht complementär, und überhaupt fühlt er sich bei der übernommenen Aufgabe die Division in ihren drei Fällen schriftlich erklären zu müssen nicht wohl. Schon bei der zusammengesetzten Division sagt er: „das Alles lässt sich viel leichter mit einem einzigen Worte mündlich als schriftlich abmachen.“[1]) Nach der Division folgen die Brüche, d. h. wie immer Duodecimaltheile des as. Oddo prunkt dabei mit einer gewissen Gelehrsamkeit, er sagt dragma sei griechisch, sichel hebräisch u. s. w., eine Gelehrsamkeit, welche er, wie richtig bemerkt worden ist[2]), sich leicht in dem etymologischen Werke des Isidorus von Sevilla verschaffen konnte. Er dividirt sodann 1001 durch 1000 und verwandelt die zunächst übrig bleibende Einheit in immer kleinere Bruchtheile, bis deren Anzahl 1000 übersteigt und eine Fortsetzung der Division zulässt. Die Verwandlung selbst, aufeinanderfolgende Multiplikationen erfordernd, wird auf dem Abacus ausgeführt. Schliesslich kann man freilich nicht weiter zu noch niedrigeren Einheiten übergehen. Da hört denn auch die Division auf, und man könne am Ende sich nicht wundern, wenn bei den Bruchtheilen Etwas übrig bleibe, da auch andere Künste in vielen Punkten wacklig seien.[3])

„Nur der die Dinge gemacht und bewahrt mit schützendem Walten
Ist mit jedwelcher Macht allein für vollkommen zu halten.“
Rerum vero parens, qui solus cuncta tuetur,
Cum sit cunctipotens, perfectus solus habetur.

Eine anonyme Schrift über den Abacus[4]), einer münchner Handschrift aus der Mitte des XII. S. entstammend und folglich spätestens gleichzeitig mit Radulphs oder mit Gerlands Arbeiten entstanden, zieht unsere Aufmerksamkeit dadurch auf sich, dass sie einige Kunstausdrücke enthält, mit welchen wir noch nicht bekannt sind. Sie nennt nämlich das unmittelbare Divisionsverfahren das der goldenen Division, das complementäre das der eisernen, jenes weil es leicht zu verstehen und über die Annehmlichkeit des Geldes hinaus ergetzlich ist, dieses dagegen weil es allzuschwer ist und gewissermassen die Härte des Eisens überbietet.[5]) Die Apices sind einmal gezeichnet und griechische Buchstaben als mit ihnen

[1]) *Quae omnia magis unicae vocis alloquio quam scripta advertuntur.* [2]) Friedlein in der Zeitschr. Math. Phys. IX, 326. [3]) *Nec mirandum est aliquid de minutiis superesse, cum alias artes in multis videam vacillare.* [4]) Abgedruckt im *Bulletino Boncompagni* X, 607–625. Ueber die Handschrift vergl. Treutlein ebenda pag. 591 unter 2. [5]) Ebendd pag. 609: *Dicuntur aureae divisiones eo quod ad intelligendum faciles et super auri gratiam sint delectabiles; sicut contra ferreae que sunt nimis graves quasi ferri duriciam preponderantes.*

abwechselnd auftretend genannt ähnlich wie es bei Bernelinus der Fall war, und eine andere Aehnlichkeit mit diesem Schriftsteller besteht darin, dass für 6 nicht der richtige griechische Buchstabe angegeben ist, allerdings auch nicht *Σ*, sondern ein grosses lateinisches *S*. Weitere Aehnlichkeiten mit Bernelinus könnten noch darin gefunden werden, dass im ganzen Verlaufe der Schrift die Apices nicht weiter benutzt werden, dass kein Abacus gezeichnet ist, dass aber die Regeln mit ungemeiner Klarheit an Beispielen erläutert werden, bei welchen durchgängig nur römische Zahlzeichen in Anwendung kommen. Die Zahlenbeispiele selbst sind nicht die gleichen bei beiden. In dieser Beziehung sind überhaupt die Abacisten sehr unabhängig von einander.

Es ist uns nicht erinnerlich, dass irgend zwei derselben in der Benutzung des gleichen Zahlenbeispiels zusammenträfen. Dagegen ist uns ein Beispiel Gerlands in seiner ganzen Einkleidung bei einem Algorithmiker begegnet, welcher spätestens am Ende des XII. S. gelebt hat.

Unter Algorithmikern verstehen wir diejenigen Schriftsteller, welche ihre unmittelbare Abhängigkeit von arabischen Vorbildern durch das Vorkommen des bald missverstandenen Wortes algorithmus, durch Anwendung des Stellenwerthes der Ziffern mit Einschluss der Null, durch Nichtanwendung des Abacus, durch den beiden letzten Eigenthümlichkeiten entsprechende Rechnungsverfahren an den Tag legen. Wozu indessen in allgemeinen Sätzen die Erkennungszeichen algorithmischer Schriften erörtern, deren beide hervorragendsten wir in früheren Kapiteln einzeln besprochen haben, die lateinische Uebersetzung des Rechenbuchs des Muhammed ibn Mûsâ Alchwarizmî (S. 612 flgg.) und die an dasselbe Werk sich anlehnende ausführliche Schrift des Johannes von Sevilla (S. 684 flg.)?

Wir müssen einen Blick auf die allgemeinen Verhältnisse werfen, welche die Entstehung dieser Uebersetzungen begleiteten. Gerbert war für uns am Ende des X. S. vor allen Dingen der glänzende Lehrer gewesen, der den Unterricht in den mathematischen Wissenschaften, so viel oder wenig aus römischen Quellen ihm davon zur Kenntniss gelangt war, neu belebte. Auch der Geschichte der Philosophie gehört der Philosoph auf dem Stuhle St. Peters an.[1]) Nicht bloss das Rechnen auf dem Abacus wurde von seinen Schülern, als sie selbst zu Lehrern geworden waren, über Frankreich, Deutschland und Italien verbreitet, von wo sie einst zu den Füssen des Rheimser Stiftslehrers gepilgert waren, es machte überhaupt um die Mitte des XI. S. ein neuer Aufschwung des wissenschaftlichen

[1]) Herm. Reuter, Geschichte der religiösen Aufklärung im Mittelalter I, 78 flgg. Berlin, 1875.

Denkens sich geltend. Lanfrank, am Anfang des Jahrhunderts in Pavia geboren, in Frankreich herangebildet, führte die Dialektik in die Theologie ein und liess den Sinn für aristotelische Schriften erstarken. Freilich kannte man sie zunächst nur aus Bearbeitungen des Boethius, aber da und dort waren doch immer einzelne Männer zu finden, welchen das Griechische geläufig genug war, ihnen zu gestatten die Urquelle aufzusuchen, und so entstanden jetzt schon einige wenige neuere Uebersetzungen. Die dadurch genährte und wachsende Neigung mit Allem bekannt zu werden, was Aristoteles, dessen Name mehr und mehr den Inbegriff aller Wissenschaft darstellte, geschrieben hatte, trat besonders in zwei Ländern hervor: in England, wohin Lanfrank als Erzbischof von Canterbury gekommen war, und in Italien, wo gleichfalls eine bestimmte Persönlichkeit, Anselm der Peripatetiker, nicht zu verwechseln mit dem Bruder Radulphs von Laon, den geistigen Mittelpunkt der neuen Bewegung bildete. Deutschland betheiligte sich erst, nachdem man kann fast sagen Missionsreisende für die dialektischen Studien es durchzogen hatten, wozu eben jener Anselm der Peripatetiker gehörte.

Aber wie sollte man die Begierde nach der Kenntniss aristotelischer Schriften stillen? Griechische Texte waren nur in seltensten Handschriften zugänglich. Man erfuhr, dass die Araber eifrige Philosophen waren, dass auch sie keinen der Alten höher schätzten als Aristoteles, dass bei ihnen Uebersetzungen und Erläuterungen in Menge zu finden waren. Arabisches war schon früher, jedenfalls schon am Ende des X. S. ins Lateinische übersetzt worden. Wir erinnern an die Uebersetzungen astronomischer Schriften, welche Lupitus von Barcelona angefertigt, Gerbert zu besitzen gewünscht hat, wir erinnern an die Vorlage Hermann des Lahmen für seine Bücher über das Astrolabium. Wir bemerken bei dieser Gelegenheit, dass wir somit es keineswegs an sich für unmöglich halten, dass Gerbert bei seinem Aufenthalt in der spanischen Mark durch Uebersetzungen auch mit arabischer Rechenkunst hätte bekannt werden können, sondern dass wir nur durch den allerdings entscheidenden Umstand bewogen sind diese Kenntniss in Abrede zu stellen, dass gar Nichts zwischen Gerbert und den Arabern gemein ist, durchaus gar Nichts in der Anordnung wie in der Ausführung der Rechnungen als nur neun Ziffern ohne das zehnte Zeichen der Null, und dass diese Gemeinschaft sich uns hinreichend mittels der Geometrie des Boethius erklärt, während jeder andere Erklärungsversuch an der verhältnissmässigen Geringfügigkeit des Gemeinschaftlichen neben den weit überwiegenden Verschiedenheiten scheitert.

Jetzt suchte man, etwa vom Jahre 1100 an, noch mehr der arabischen Bearbeitungen griechischer Schriftsteller habhaft zu werden und sie in das lateinische zu übertragen. Dazu kommt ein anderer

Umstand, der, scheint es uns, nicht übersehen werden darf, wenn es sich darum handelt ein geistiges Bild jener Zeit zu entwerfen und die mehr und mehr sich geltend machende Einwirkung arabischer Wissenschaft auf das Abendland zu schildern. Mit dem Jahr 1100 beginnen die Kreuzzüge. Jeder wissenschaftliche Zweck war denselben fremd, aber wissenschaftliche Erfolge haben sie gehabt. Wir haben (S. 668) berührt, dass die Kreuzfahrer im Oriente auf eine ihnen überlegene Bildung stiessen, dass zwei Jahrhunderte lang der Verkehr ein meistens feindlicher aber in längeren Pausen auch ein nachbarlich freundlicher war. Wie ehedem nestorianische Christen die Aerzte der Chalifen gewesen waren und zur Einführung griechischer Wissenschaft unter die Araber das Meiste beigetragen haben, so bildete jetzt wieder medizinisches und astrologisches Wissen den Freipass, auf welchen hin arabische und jüdische in arabischer Schulung gebildete Aerzte und Sterndeuter an den christlichen Höfen erschienen. Sie kamen von Osten her, aber auch Spanien stellte seine Männer, und Sicilien lieferte für ganz Unteritalien im XII. und mehr noch im XIII. S. den belebenden geistigen Sauerstoff.

Für Italien waren die Kreuzzüge noch in mehreren anderen Beziehungen von nicht zu unterschätzenden Folgen.[1] Die Menschenmasse, welche in den Kreuzzügen sich nach Osten wälzte, die Einen getrieben von heiligem Glaubenseifer, die Anderen beseelt von dem Wunsche die äusseren Vortheile zu geniessen, zu welchen die Kreuznahme berechtigte, die Dritten mit fortgerissen von dem allgemeinen Zuge, bezifferte sich auf viele Millionen. Die Meisten nahmen ihren Weg über Italien; nicht Wenige kehrten bis dahin, aber auch nur bis dahin zurück. Der kaufmännische Geist der Italiener wusste aus dieser Strömung vielfach Nutzen zu ziehen. Italiener — Lombarden wie man sie gewöhnlich nannte — erschienen in den Mittelpunkten, wo Kreuzfahrer sich sammelten, boten gegen werthvolles Pfand und hohen Zins ihre Geldhilfe an, welche gern in Anspruch genommen ihnen gestattete aus dem Gewinne ganze Strassen zu bauen, die bis auf den heutigen Tag sich nach ihnen benennen. Die zurückkehrenden Kreuzfahrer liessen sich nicht minder ausnutzen. Sie brachten Beutestücke mit, die sie in Geld umsetzten, um den üppigeren Neigungen zu genügen, welche sie insbesondere in Bezug auf Speisen und Kleidung angenommen hatten. Und wieder waren es die Italiener, die vorzugsweise es auszubeuten wussten, dass die Gewürze, die Seide des Orients zu Lebensbedürfnissen geworden waren. An der Nordküste Afrikas, wie in Aegypten, wie an dem Strande des ehemaligen Tyrus entstanden italienische Handelsplätze, überall in

[1]) *De Choiseul-Daillecourt, De l'influence des croisades sur l'état des peuples de l'Europe.* Paris, 1809.

nächster Beziehung zu arabischen Kaufleuten und, wie wir (S. 691) schon angedeutet haben, hier nicht ohne Einfluss auf das Wissen derselben, andrerseits jedenfalls auch von ihnen Samen erhaltend, dessen Keimen wir im nächsten Bande dieses Werkes verfolgen müssen, wenn wir in den reichen italienischen Städten uns umsehen, deren Bürger die Feder nicht bloss zum Eintrag gewinnbringender Handelsgeschäfte in ihre kaufmännisch geführten Bücher, sondern auch zu streng wissenschaftlichen Arbeiten zu benutzen wussten und sich zu Trägern mathematischer Fortentwicklung machten.

Wir haben einen der ersten Schriftsteller, der nachweislich mit der Uebersetzung mathematischer Schriften aus dem Arabischen sich beschäftigte, schon einigemal genannt: Atelhart von Bath.[1]) Sein Hauptwerk „Fragen aus der Natur" enthält Bemerkungen, welche vermöge der Persönlichkeiten, auf die sie sich beziehen, nur in den ersten 30 Jahren des XII. S. niedergeschrieben sein können, und somit zur Feststellung der Lebenszeit ihres Verfassers führten. Atelhart hat um zur Kenntniss der arabischen Sprache zu gelangen, weite Reisen gemacht. Er ist in Kleinasien, in Aegypten, in Spanien gewesen, überall die gleichen wissenschaftlichen Zwecke verfolgend und um ihretwillen tausend Gefahren trotzend. Wir wissen schon, dass Atelhart die astronomischen Tafeln des Muḥammed ibn Mûsâ Alchwarizmî übersetzt hat, dass von ihm eine lateinische Bearbeitung der euklidischen Elemente[2]) nach dem Arabischen herrührt (S. 611). Ob Atelhart es war, welcher die Uebersetzung des Rechenbuches Alchwarizmîs anfertigte, konnte nicht mit Bestimmtheit festgestellt werden. Merkwürdig wäre es um desswillen, weil Atelhart auch über den Abacus geschrieben hat (S. 763) und somit Abacist und Algorithmiker in einer Person wäre.

Als Schüler Atelhart's bezeichnet sich selbst Ocreat der Verfasser eines Auszuges aus einer arabischen Schrift über Multiplikation und Division in den Einleitungsworten: *Prologus H. Ocreati in Helceph ad Adelhardum Baiotensem magistrum suum.*[3]) Man möchte zunächst in Helceph den Namen des arabischen Schriftstellers erkennen wollen, von welchem die durch O'Creat — wie der Schüler Atelharts wohl geschrieben werden muss — ausgezogene Abhandlung herrührte.

---

[1]) Jourdain, *Recherches sur les anciennes traductions latines d'Aristote (2. ième édition)* pag. 27, 97—99, 258—277. [2]) Vergl. darüber einen Aufsatz von Weissenborn in dem Supplementhefte zur historisch-literarischen Abtheilung der Zeitschr. Math. Phys. Bd. XXV (1880). [3]) Jourdain l. c. pag. 99, Anmerkung 1 hat auf diese in einer pariser Handschrift des XIII. S. enthaltene Abhandlung hingewiesen. Zum Abdrucke gelangte sie im Supplementhefte der histor. literar. Abthlg. Zeitschr. Math. Phys. Bd. XXV (1880) mit einer Einleitung von C. Henry, welcher wir die von L. Rodet herstammende im Texte folgende Vermuthung über Helceph entnehmen.

Man ist jedoch zu der nachträglichen sehr anmuthenden Meinung gekommen, es sei Helceph die Verketzerung von *Al kâfi*, die genügende Untersuchung, und O'Creats Vorlage sei ähnlich betitelt gewesen wie die Schrift Alkarchî's, von der wir unter dem Namen *Al kâfi fîl hisâb* gehandelt haben (S. 655 flg.). Wir erinnern uns, dass wir dem Auszuge O'Creat's (S. 366) die Bemerkung entnahmen, Nikomachus habe das Quadrat a^2 mittels einer Art complementärer Multiplikation sich zu verschaffen gewusst. Ob diese Angabe der arabischen Vorlage entstammt, ob sie durch O'Creat etwa einer damals noch vorhandenen Bearbeitung des Nikomachus von Appuleius entnommen wurde, ist durchaus nicht zu entscheiden.

Am Anfange des XII. S. lebte auch Plato von Tivoli oder Plato Tiburtinus,[1]) der Uebersetzer des Albattânî, durch welchen das Wort Sinus (S. 632) in die Trigonometrie eingeführt worden ist. Ausser Albattânîs Astronomie hat Plato auch verschiedene astrologische Schriften übersetzt. Eine derselben unter dem Titel: Astrologische Aphorismen von oder an Almansûr hat Plato in Barcelona angefertigt und im Jahre 530 der Hidschra, d. i. 1136 n. Chr. beendigt.[2]) Auch eine aus dem Hebräischen des Abraham Savasorda durch Plato übersetzte praktische Geometrie, welche in mehrfachen Handschriften vorhanden ist, trägt ein Datum 510 arabischer Zeitrechnung d. h. also 1116 und ist als ältestes Zeugniss seiner Wirksamkeit aufgefasst worden. Andrerseits ist die Zuverlässigkeit dieser Zeitangabe trotz der Uebereinstimmung der Handschriften in dieser Beziehung angezweifelt worden,[3]) weil Savasorda, von welchem verschiedene geometrische Schriften sich erhalten haben, in welchen es an gegenseitigen Beziehungen nicht fehlt, sich niemals auf jene praktische Geometrie beruft, welche, wenn das Datum der Uebersetzung bereits 1116 wäre, sicherlich seine älteste Arbeit sein müsste und ihrem Inhalte nach keineswegs verdient verleugnet zu werden. Die mathematisch wichtigste Schrift, welche Plato aus dem Arabischen übersetzt hat, ist die Sphärik des Theodosius.

Noch ein Uebersetzer, an welchen wir uns zu erinnern haben, ist Gerhard von Cremona.[4]) Zufolge einer sehr alten biographischen Notiz über denselben ist Gerhard 1114 in Cremona geboren, wurde frühzeitig von philosophischen Studien angezogen und fand insbesondere an der Astronomie seine Freude. Das Bedauern der grossen Zusammenstellung des Ptolemäus nicht habhaft werden

[1]) B. Boncompagni, *Delle versioni fatte da Platone Tiburtino traduttore del secolo duodecimo.* Roma, 1851. [2]) Vergl. Steinschneider in der Zeitschr. Math. Phys. Bd. XII, S. 26. [3]) Ebenda S. 18. [4]) B. Boncompagni, *Della vita e delle opere di Gherardo Cremonese traduttore del secolo duodecimo e di Gherardo da Sabbionetta astronomo del secolo decimoterzo.* Roma, 1851.

zu können vereinigt mit der, wir wissen nicht wie, erlangten Kenntniss, dass dieses Werk in arabischer Sprache vorhanden sei, führte Gerhard nach Toledo, wo er 1175 die Uebersetzung des Almagestes aus dem Arabischen in das Lateinische vollendete.[1]) Aber das war, wenn auch die Veranlassung, doch keineswegs die einzige Frucht seines toledoer Aufenthaltes. Eine fast unglaublich grosse Menge von Schriften aller Art wird uns genannt, welche Gerhard aus dem Arabischen in das Lateinische übertrug,[2]) so dass wir unter Erwägung des Todesjahres Gerhards, welches auf 1187 fiel, kaum annehmen dürfen, dass alle seine Uebersetzungen erst nach der des Almagestes angefertigt worden sein sollten. Unter den mathematischen Schriften, welche Gerhard bearbeitet haben soll, sind 15 Bücher des Euklid genannt, jedenfalls seine Elemente und die beiden Bücher, welche lange als 14. und 15. Buch mitgeschleppt wurden. Genannt wird Euklids Buch der gegebenen Dinge, die Sphärik des Theodosius, ein Werk des Menelaus. Daneben geometrische Schriften von arabischen Verfassern, von den drei Brüdern, von Ṯâbit, aber auch die Algebra des Alchwarizmî.[3]) Da Gerhard, wie wir wissen, eine Algebra übersetzt hat (S. 687), welche erhalten ist und als von des Muḥammed ibn Mûsâ verschieden sich erwies, so ist entweder in jener alten Notiz ein kleiner Irrthum vorhanden, oder wir müssen annehmen, Gerhard habe neben der Algebra des Muḥammed ibn Mûsâ auch jene andere vollkommnere übersetzt, die nur in dem genannten Verzeichnisse fehle, eine Annahme, welche darin ihre Stütze findet, dass jenes Verzeichniss auch sonst nicht ganz vollständig ist und medizinische Schriften des Râzi, des Ibn Sina, des Albucasis vermissen lässt, von deren Uebersetzung durch Gerhard uns anderweitig berichtet wird.[4]) Vielleicht darf man darauf gestützt auch einen Algorithmus des Meister Gerhard, der handschriftlich in London sich befindet,[5]) unserem Gerhard von Cremona überweisen. Das wäre alsdann der erste Algorithmus von bekanntem abendländischem Verfasser, den wir zu nennen hätten.

Auch Rudolf von Brügge, der im Jahre 1144 das Planisphärium des Ptolemäus nebst den Erläuterungen eines gewissen Molsem dazu bearbeitete,[6]) gehört unter die Uebersetzer des XII. S.

Den Algorithmus des Johannes von Sevilla müssen wir wiederholt an dieser Stelle in Erinnerung bringen, um nochmals einige Einzelheiten zu betonen, die, wenn auch nicht so wesentlich wie das Vorkommen des Wortes Algorithmus, der Null und dagegen das

---

[1]) B. Boncompagni Gherardo Crem. pag. 18. [2]) Ebenda pag. 4—7 und 12. [3]) Ebenda pag. 5: *Liber alchoarismi de iebra et almucabula tractatus* I. [4]) Ebenda pag. 12. [5]) Ebenda pag. 57. [6]) Chasles, *Aperçu hist.* pag. 511, deutsch S. 595.

Nichtvorkommen eines Abacus, doch als kennzeichnend genug sich erweisen, um sofort die Verschiedenheit der Quellen für Abacisten und Algorithmiker hervortreten zu lassen. Der Algorithmiker nennt die Inder, der Abacist nicht. Der Algorithmiker schildert Verdoppelung und Zweitheilung als besondere Rechnungsverfahren, bevor er zur Multiplikation und Division übergeht, der Abacist nicht. Der Algorithmiker lehrt Wurzelausziehungen, der Abacist nicht. Der Algorithmiker benutzt Sexagesimalbrüche nach indischem, der Abacist Duodecimalbrüche nach römischem Vorbilde. Allen diesen Verschiedenheiten gegenüber, zu welchen wir noch beifügen können, dass die Zahlwörter *igin* u. s. w., welche bei Abacisten vorkommen, bei Algorithmikern, so viel wir wissen, nie gefunden worden sind, ist es nur die Uebersetzung von Einer und Zehner durch *digitus* und *articulus*, welche Algorithmikern und Abacisten gemeinsam ist. Aber wir wiederholen hier was wir früher gesagt haben (S. 686) der Algorithmiker bediente sich dieser Wörter, weil nur sie in seiner Zeit landläufige waren. Er dachte dabei so wenig an Uebernahme von Ausdrücken aus einem ganz anderen Gedanken- und Bildungskreise, wie da wo er irgend eines Zahlwortes sich bediente. Ihm hiess *digitus* Einer, *articulus* Zehner genau mit der gleichen Unbefangenheit wie *septem* sieben, *viginti* zwanzig. Es gab ihm in lateinischer Sprache keine anderen Wörter für die Begriffe als die genannten, und er fühlte sich weder verpflichtet noch berechtigt neue Wörter einzuführen, wo es nur um alte Begriffe sich handelte. Der Algorithmiker stellt, das bleibt unter allen Umständen wahr, eine spätere Entwicklung dar als der Abacist, und hat, wenn Aehnlichkeiten auch anderer Art auftreten, sicherlich aus seinen abendländischen Vorgängern geschöpft.

Ein Beispiel solcher Art scheint ein Algorithmus zu gewähren, der einer nicht später als 1200 geschriebenen früher salemer, jetzt heidelberger Handschrift entstammt.[1]) Er enthält die sämmtlichen wesentlichen Merkmale der Algorithmiker, aber darüber hinaus die complementäre Multiplikation[2]) fast in derselben Form, wie wir sie früher (S. 447) hauptsächlich der Aehnlichkeit des Gedankens mit der complementären Division wegen als römischen Ursprunges vermuthet haben. „Ziehe, so schreibt der Verfasser vor, die Differenz des einen Faktors von dem anderen Faktor ab, der Rest gibt die Zehner, dann multiplicire die Differenzen beider Faktoren mit einander, und Du hast die Summe der ganzen Zahl.“ Wir haben freilich diese complementäre Multiplikation, die der Formel $a \cdot b = 10(a-(10-b)) + (10-a)\cdot(10-b)$ gehorcht, bei keinem älteren Schriftsteller, weder bei irgend einem Abacisten noch bei einem Araber gefunden, nur O'Creats Regel des Nikomachus ist ihr einiger-

[1]) Abgedruckt in der Zeitschr. Math. Phys. X, 1—16. [2]) Ebenda S. 5.

massen verwandt, aber um so gewisser scheint es uns, dass nur ein römisch gebildeter Rechner sich ihrer bedienen konnte. Darin beirrt uns auch der Umstand nicht, dass die complementäre Division bei unserem Verfasser nicht Eingang gefunden hat. Wohl fand solchen, wie schon (S. 774) angekündigt, ein Rechenbeispiel Gerlands. Gerland stellt die Aufgabe unter 11 Krämer die Summe von 100 Mark zu vertheilen[1]) und findet als Quotient 9 nebst Bruchtheilen, die in den bekannten duodecimalen Untereinheiten ausgesprochen werden. Unser Algorithmiker hat die Division von 100 Librae durch 11 vollzogen und jeder Theilhaber ist ihm ein Krämer, *institor*.[2]) Die eine bei der Division übrig bleibende *libra* verwandelt er nun freilich nicht in Zwölftel, sondern er setzt sie gleich 40 *solidi*. Der weitere Rest von 7 *solidi* wird in *nummi* verwandelt, deren 12 einen *solidus* ausmachen. Wieder bleiben bei der Division 7 *nummi* übrig, und für diese solle man Eier kaufen, deren die Krämer bei der Mahlzeit sich erfreuen werden. Für jeden *nummus* erhält man 13 Eier, im Ganzen also 91, und theilt man auch diese wieder durch 11, so bleibt abermals ein Rest von 3 Eiern. Die soll man dem zum Lohne geben, der die Theilung vollzogen hat, oder sie gegen Salz umtauschen, welches vermuthlich zu den Eiern gegessen werden soll.

Andere Algorithmiker aus der Zeit, welche wir hier besprechen, also bis etwa zum Jahre 1200, sind gewiss noch mannigfaltig in handschriftlichen Texten vorhanden, aber im Drucke nicht veröffentlicht worden. Spätere Schriften der gleichen Natur müssen wir zur Behandlung uns aufbewahren, wenn wir das XIII. S. zu schildern haben werden, und mit noch späteren Perioden fällt erst die Erinnerung an den Ursprung des Abacus zusammen, die z. B. in Bildwerken aus dem Jahre 1500 etwa nachzuweisen wäre.

Wir schliessen hier unsere Darstellung zunächst ab. Das Jahr 1200 ist für die Geschichte der europäischen Mathematik ein allzuwichtiges, um nicht durch das Ende eines Bandes ihm auch äusserlich die Bedeutung beizulegen, welche es verdient. Mit dem Jahre 1200 ist das christliche Abendland im Besitze der Rechenkunst aus den verschiedensten Quellen, im Besitze der Null und des durch sie ermöglichten vollen Stellenwerthes der Ziffern. Die Algebra als Lehre von den Gleichungen ersten und zweiten Grades ist durch Gerhard von Cremona zugänglich geworden. Die Geometrie des Euklid, die Astronomie des Ptolemäus, Schriften des Theodosius, des Menelaus sind in lateinischen Uebersetzungen vorhanden. Das Bewusstsein, wo weitere griechische Schriften erhaltbar sein müssen, die zum Voraus begründete Werthschätzung derselben macht sich mehr und mehr

[1]) Bulletino Boncompagni X, 604: *Sint XI institores et dividantur inter eos C marcae.* [2]) Zeitschr. Math. Phys. X, 7: *Exemplum librarum C.*

geltend. In diesem Augenblicke auftretende mathematische Geister trafen in eine glückliche Zeit. Zum ersten Male war ihnen wieder genügender Stoff gegeben, mit welchem ihre Erfindungsgabe sich beschäftigen, von welchem aus sie wesentliche Fortschritte machen konnten. Und wie das im Winde fliegende Samenkorn meistens ein Fleckchen Erde findet, in welchem es sich entwickelte, so hat die Schöpfungskraft dafür gesorgt, dass kaum jemals Gedanken zu Grunde gehen, die dem geistigen Luftzuge einmal angehören. Es finden sich zur rechten Zeit die rechten Männer. Zwei Namen seien hier ankündigend genannt, welche die Träger der neu sich entfaltenden Wissenschaft für uns werden: Leonardo der Pisaner und Jordanus Nemorarius.

Register.

A.

C.

D.

I.

J.

Q.

R.

S.

T.

U.

X.

Y.

Z.

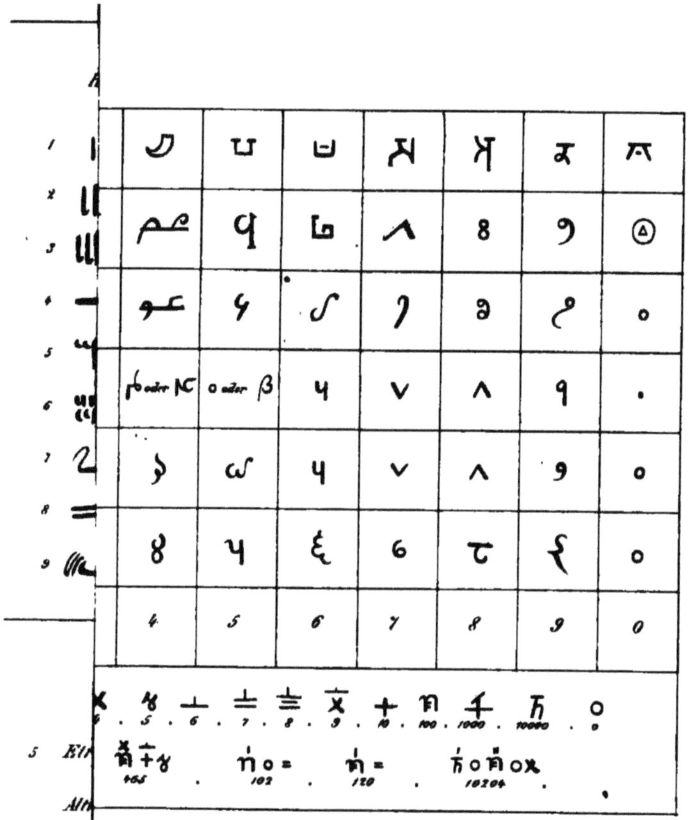

4	5	6	7	8	9	0

5 . 6 . 7 . 8 . 9 . 10 . 100 . 1000 . 10000 . 0

465 . 102 . 120 . 10204 .

5 Etr

Altr

10 Etr

Altr

50 Etr … oelker aus verschiedenen Zeiten.

Altr

100 Etr

Altr

1000 Etr

Altr

Ingram Content Group UK Ltd.
Milton Keynes UK
UKHW020915140323
418553UK00007B/601